心理学专业经典教材译丛
郭本禹 主编

《高明的心理助人者：处理问题并发展机会的助人途径（第八版）》
吉拉德·伊根著 郑维廉译

《心理助人技能练习：〈高明的心理助人者〉配套手册（第八版）》
吉拉德·伊根著 郑维廉译

《心理助人精要：有效能地处理问题并发展机会》
吉拉德·伊根著 郑维廉译

《儿童发展理论：比较的视角（第六版）》
R. 默里·托马斯著 郭本禹等译

《生涯发展理论（第四版）》
塞缪尔·H. 奥西普 路易丝·F. 菲茨杰拉德著 顾雪英等译

《学习理论导论（第七版）》
B. R. 赫根汉 马修·H. 奥尔森著 郭本禹等译

《人格理论：发展、成长与多样性（第五版）》
贝姆·P. 艾伦著 陈英敏 纪林芹等译 高峰强 王申连审校

以下为待出书目：

《儿童青少年的行为管理：从理论到实际应用（第二版）》
约翰·马格著 郑维廉译

《心理咨询与治疗理论：体系、策略与技能（第二版）》
琳达·塞利格曼著 李正云等译

《社区心理学（第四版）》
约翰·森继等著 曾守锤译

《健康心理学（第二版）》
霍华德·S. 弗里德曼著 林万贵译

《人际关系心理学》
艾伦·伯斯奇德 帕姆拉·里根著 李小平译

《心理学的历史与体系（第六版）》
詹姆斯·F. 布伦南著 郭本禹等译

《学习与教学中的心理学》
亚历山大著 王小明译

《认知心理学与教学（第五版）》
布鲁宁等著 王小明译

《心理学家及其理论：学生版》
克里斯廷·克拉普主编 郭本禹等译

《人格心理学：人的整体视角（第五版）》
丹·P. 麦克亚当斯著 郭永玉等译

心理学专业经典教材译丛　郭本禹／主编

贝姆·P.艾伦／著

陈英敏　纪林芹　王美萍　王　鹏　常淑敏　杜秀芳／等译

人格理论（第五版）

发展、成长与多样性

高峰强　王申连／审校

上海教育出版社

SHANGHAI EDUCATIONAL PUBLISHING HOUSE

"译丛"总序

任何一门学科的发展和繁荣都离不开一系列优秀教材的帮助,心理学也不例外。一本优秀的心理学教材,往往以其科学、合理的结构体系服务于心理学知识的传授,实现知识的时空转化,以其先进、系统的丰富内容满足学生的求知需要,激发学生的学习热情,以其注重能力培养的方法指引学生踏上学习和研究心理科学之路,并通过其深刻的思想内涵启发学生对心理现象进行不懈思考和探索。

自从科学心理学于19世纪末在西方诞生以来,经过一百多年的发展,西方心理学界在心理学高等教育方面积累了极为丰富的经验。西方心理学家不仅重视心理学的科学研究,还注重心理学的教学工作和人才培养。在教材建设方面,其经费和专家力量的投入在整个心理学学科建设的投入中也一直占据较高的比例。从目前来看,西方心理学教材在内容和形式上已普遍比较成熟。不仅如此,这些教材通常不断更新版本,及时调整结构和内容,从而能够迅速有效地跟进国际心理科学发展的前沿动态,始终支撑着高质量的心理学教学,这也是当前我国心理学工作者热心于引进和翻译西方教材最重要的原因。在不同的历史时期,引进和翻译国外的心理学教材对于我国心理学事业的发展和心理学专业人才的培养、心理学知识在我国的传播与普及都发挥了重要作用。

我国引进和翻译国外心理学教材的历史大致有几个相对集中的时期:一是19世纪末20世纪初对西方心理学教材的初步引进和翻译。追溯历史,中国人翻译西方心理学教材比科学心理学在中国的诞生还要早。现代西方心理学在中国的传播,最初即与翻译西方心理学教材有关。1889年,上海教会学校圣约翰书院院长颜永京翻译出版了美国牧师和学者约瑟•海文的著名教科书《心灵学》。这是中国人翻译最早的一本西方心理学教科书。此后,著名学者王国维翻译了两本西方心理学教材,即丹麦学者海甫定的《心理学概论》(1907)和禄尔克的《教育心理学》(1910)。二是20世纪上半叶(尤其是至抗日战争全面爆发之前)对西方心理学教材的集中引进和翻译。随着一大批在西方学习心理学的留学生学成归国和现代心理学在中国的确立和发展,中国出现了引进和翻译西方心理学著作的一个高潮,这其中当然不乏优秀的心理学教材,例如,陈大齐翻译的高五柏的《儿童心理学》(1925),陆志韦翻译的桑代克的《教育心理学概论》和亨特的《普通心理学》(1926),伍况甫翻译的詹姆斯的《心理学简编》(1933),高觉敷翻译的波林的《实验心理学史》(1935),吴绍熙和徐儒翻译的霍林沃思的《教育心理学》(1939),等等。三是20世纪50年代初至60年代初对苏联心理学教材的集中引进和翻译。在中华人民共和国成立以后,为了响应全面学习苏联心理学的需要,中国心理学工作者又翻译了一大批苏联心理学教科书,例如:何万福和赫葆源翻译的捷普洛夫的《心理学》(1951),高晶齐翻译的乔普洛夫的《心理学》(1951),何万福翻译的柯尼洛夫的《高等心理学》(1952),王燕春、赵璧如和佘增寿等人翻译的包若维奇等人的《儿童心理学概论》(1953),朱智贤等人翻译的查包洛塞兹的《心理学》(1954),何瑞荣翻译的贝柯夫的《心理学》(1955),赵璧如翻译的阿尔捷莫夫的《心理学概论》(1956),朱智贤翻译的斯米尔诺夫的《心理学》(1957),等等。四是 1978 年至 1999 年对国外心理学教材的再次引进和翻译。改革开放以后,为了尽快恢复和发展中国的心理学事业,中国心理学者又继续进行中断已久的对外国心理学教材的翻译工作,如周先庚等人翻译的克雷奇等人的《心理学纲要》(1980),林方和王景和翻译的墨菲和柯瓦奇的《近代心理学历史导引》(1980),朱智贤等人翻译的彼得罗夫斯基主编的《普通心理学》(1981),高觉敷等人翻译的索里和特尔福德的《教育心理学》(1982),赵璧如翻译的克鲁捷茨基的《心理学》(1984),高地等人翻译的安德列耶娃的《社会心理学》(1984),林方翻译的查普林和克拉威克的《心理学的体系和理论》(1984),周先庚等人翻译的希尔加德的《心理学导论》(1987),等等。五是 2000 年以后对西方心理学教材的系统引进和翻译。进入 21 世纪以来,中国心理学事业进入高速发展时期,随着心理学教学和研究的迅速发展,师资队伍和学生规模的加速增长,我国心理学事业对于高水平心理学教材的需求日益迫切。在这种形势下,国内多家出版机构与国外出版机构积极合作,系统引进和翻译西方心理学优秀教材,推出了一系列品种齐全、数量庞大、质量上乘的心理学教材,为推动我国心理学事业的繁荣,培养符合社会主义现代化建设需要的各级各类心理学专业人才,发挥了重要作用。在这当中,影响较大的有华东师范大学出版社的"当代心理科学名著译丛",陕西师范大学出版社的"当代心理学经典教材译丛",人民邮电出版社与美国麦格劳-希尔出版公司合作出版的"教育部高等学校心理学教学指导委员会推荐用书"系列,中国轻工业出版社的"心理学导读系列"、"教育心理学国家精品课程指定外版教材",世界图书出版公司的"中国心理学会推荐使用教材"系列,北京大学出版社的"心理学译丛·培文书系",中国人民大学出版社的"心理学译丛·教材系列",上海人民出版社的"心理学核心课程教材系列",等等。

从目前来看,随着上述一系列国外心理学教材的引进和翻译,我国高等学校尤其是本科阶段的心理学主干课程教学所需的教材已经基本完备,心理学教材体系已具雏形,并且还在不断更新完善之中。但是,我们也要看到,相对而言,某些心理学分支学科领域,特别是一些新兴学科领域、应用学科领域、专题理论领域仍然缺少一批高质量的教材,因而不能很好地满足这些专业领域的教学和学习需要,影响了心理学专业人才的培养,从某种意义上也制约了这些学科领域在我国的进一步发展。鉴于此,上海教育出版社精心策划出版这套"心理学专业经典教材译丛",以期弥补我国现有的引进和翻译国外心理学教材的不足,进一步拓展我国心理学教材的内容体系。

这套"心理学专业经典教材译丛"力图体现以下几个方面的特色。

一是专题性。这套"译丛"所遴选的不完全是传统的心理学主干或核心课程的教材,而是根据目前我国高等学校心理学教学对教材的需要,选择了各分支学科中一些专门领域的优秀教材。这些教材是对心理学主干或核心课程教材内容的补充和拓展,有助于开阔学生的知识视野和进一步培养心理学的应用技能和理论基础,这也使得这套"译丛"比较适合高年级本科生和研究生学习使用。

二是**包容性**。这套"译丛"所包含的教材中,有的注重传授心理学的实际应用技能、技术,有的注重学科基础理论的整理和总结,所涉及的学科领域既有社区心理学、生涯发展等较为新兴的应用研究领域,也有人格理论、学习理论、儿童发展理论等基础理论领域,具有一定的包容性,为广大心理学爱好者学习和研究有关领域的技能和知识提供了更多的选择。

三是**经典性**。收入这套"译丛"的教材都是经过反复修订、多次再版,经过较长时期教学实践检验的国外优秀教材。这些教材既保持了内容和知识结构的稳定性,又及时补充各专业研究领域的最新研究成果,堪称这些领域中的经典教材。这些教材一方面为我国心理学学习者和研究者提供了优秀的参考书,另一方面也为有关领域的心理学教材的编撰提供了良好范本。

四是**开放性**。为了继续适应和满足国内各级各类心理学专业人才培养的需要,"译丛"将努力保持开放、动态的特点,不断拓宽视野,扩大选题范围,更新书目,在坚持高质量、高规格原则的基础上,分批选译出版国外一些心理学分支学科领域中的优秀教材,并追踪翻译这些教材的最新修订版本。

我们希望通过翻译出版这套"译丛",在现有基础上进一步充实和完善我国高等学校心理学教材的内容体系,更好地推动我国心理学教学和研究的发展和繁荣,为培养更多高质量的心理学专业人才,满足我国社会经济和文化发展对于心理学日益旺盛的需求,做出自己的贡献。

郭本禹

2009 年 12 月 1 日

于南京郑和宝船遗址·海德卫城

译 者 序

　　《人格理论:发展、成长与多样性》这本译著从接手任务、翻译初稿、相互校对,到审校、定稿,前后历时两年有余。前几项工作 2006 年底就基本完成了,由我承担的后两项工作因 2007 年正赶上学校迎接教育部本科教学状态水平评估,诸事繁杂,不得不一拖再拖。直到 2008 年 1 月底才在上海教育出版社谢冬华编辑催粮逼债般的"恐吓"下草草收兵。如此这般,既没有如期"交纳公粮"后的轻松惬意,也未能形成关于本书完整清晰的印象或曰管见,同时肯定还有一些可能引起歧义或表述不到位的地方。在此谨表歉意,并恳请同道中人不吝赐教。

　　本书由西伊利诺斯大学资深心理学教授贝姆·P. 艾伦撰写,贝姆·P. 艾伦长期从事实验心理学、人格/社会心理学等分支学科的教学与研究工作。其主要著作有《社会行为:真实与虚假》(1978)、《人格:理论、研究与应用》(与皮特凯合著,1986)、《自我调适:人格、社会与生物学的视角》(1990)、《第二次世界大战:1939—1948:关于纳粹统治造成心灵创伤的研究》(2000)、《应对 21 世纪的生活》(2001)等。艾伦是美国心理学会、心理环境学协会、美国中西部心理学联合会、人格测评协会、美国心理协会、美国西部心理学联合会等学术组织的会员。他曾八次获西伊利诺斯大学优秀教员奖(总统授予),1990 年被评为艺术与科学学院年度优秀科研工作者,1999 年获多样性和多元文化项目优秀奖(积极行动办公室授予),2000 年被评为杰出才能教师(西伊利诺斯大学授予在校教师的最高奖项)。艾伦还担任多种学术期刊的编审工作,这些期刊包括《人格与社会心理学杂志》《人格杂志》《人格研究杂志》《美国心理学家》《多元行为研究》等。1989 年成为《人格与社会心理学杂志》的顾问主编,并在 1990 年到 1991 年获得连任。艾伦还在美国开创了多元文化课程并将其设为必修课,并在此领域进行了大量卓有建树的研究。由此,我们便不难理解为什么本书特别关注人格多样性这一话题了。他不仅热情地指导学生们的研究,而且在学校的妇女权益保护、反性虐待、反种族歧视等组织中也发挥着自己的才干。他的研究领域从目击证人的回忆、距离判断、人格、种族到学校气氛,可以说包罗万象、跨度极大。艾伦还热衷于社会活动和公益事务,积极投身于种族和谐联盟等社会团体活动,这使得他对于人性的认识更为深刻、透彻。我们翻译的《人格理论:发展、成长与多样性》一书,正是出自这样一位成果卓著的心理学大家之手,既彰显学术品位,其行文又不失幽默风趣,不经意间便将读者引入人格理论的殿堂。

　　本书初版于 1994 年,现在的中译本是第五版(2006),十几年间再版四次,足以表明这本教材受欢迎的程度。全书包括作者前言和十八章内容。作者前言简述了全书的特色、结构、应用、新添加的内容等。第一章为导论,内容涉及人格的基本定义、人格研究方法、人格测验、人格多样性、关于"科学"的结语、每一章的主体框架(介绍性陈述;人物传记;关于人的观点:普遍的哲学倾向;基本概念:理论的核心和灵魂;评价:对理论的透视;特殊部分;结论部分;电子邮件互动部分)等。第二章阐析了忝列 20 世纪最伟大学者阵营的弗洛伊德及其关于人格结构、人格发展阶段、女性等的观点,该章引入了一些新的案例并对弗洛伊德理论进行了有独到见解的评价。第三章对建构了令人望而生畏之理论体系、热衷于神秘体验的荣格有关集体潜意识、原型、人格类型及人格发展的观点进行了析解,尤其是他关于梦是来自智慧的潜意识的信使的思想。第四章介绍的是理论构建与生命历程完美结合的阿德勒之著名的自卑及其超越的理论,主要关涉发展社会情感、超越自卑、追求优越以及家庭在人格形成与发展中的作用等。第五章论说的是杰出的女人格理论家霍妮有关基本焦虑、十种神经性需要及其影响深远的女性心理学思想。第六章讲解了自身心理紊乱的沙利文关于重要他人、人际关系对人格的影响以及人格发展的诸多阶段等方面的学说。第七章论述了精神分析学派中惟一没有大学学历但又名扬天下的埃里克森及心理学界耳熟能详的人格心理社会发展八阶段理论,并提供了一些支持性的理论与实证材料。第八章独具慧眼地点评了为大多数人格心理学教材所忽略的弗罗姆及其社会性格和社会潜意识学说。第九章关注的是具有普世情怀的人本主义心理学家罗杰斯的可以彪炳心理学史的人格理论及其来访者中心治疗。第十章是有关"人本主义心理学精神之父"马斯洛自我实现理论的,这位智商超群而又特立独行的学者给世人留下了弥足珍贵的精神食粮。第十一章将我们引入颇具哲人风范的应用心理学创始人之一凯利所构建的个人构念系统及其开创的人格认知范式。第十二章论及米歇尔和罗特这对至今依然活跃在心理学舞台上的师徒的社会认知人格研究取向,让我们领略了他们与特质理论之间坚持不懈的论争,重温了认知原型、延迟满足、人际信任、内外控制点等著名的人格概念。第十三章里出场的人物是当前心理学家中最炙手可热、勇于创新突破、理论创建与实证研究相得益彰的巨擘——班杜拉,其有关观察学习、自我调节、交互作用、自我效能、集体效能等方面的理论建树几乎在所有的心理学论著中都必须被提及。第十四章隆重推出的是独占近期心理学家排行榜鳌头的、个人魅力与学术影响无人匹敌的心理学巨匠——斯金纳,其激进行为主义理念、操作条件作用原理及其在教学和社会实践中的应用,足以令其独领风骚。第十五章给我们展现的是自恋、忧郁、聪慧而又多情的"魔鬼"默里,他提出的别具一格的需要理论及创建的主题统觉测验,足以令他在人格心理学领域占有一席之地。第十六章卡特尔与艾森克联袂登台了,这两位真正意义上的人格心理学家为心理学奉献的财富、话题与启示数不胜数:16PF 测验、遗传率、种族主义、流体智力与晶体智力、人格三维度理论、天才筛查等。第十七章出场的是有着人本主义倾向的特质理论家奥尔波特。作为凡夫俗子,奥尔波特崇尚谦逊且身体力行;作为学术巨匠,他的理论观点博大而开放,其基本人格理论为人所熟知,但其关于幽默感和偏见的研究则令人眼前一亮。最后一章即第十八章论说的是人格理论将走向何方,谈到了关于人格的基本假设及形成的初步共识、概念化和方法论问题、21 世纪的人格理论将是什么样子。这些问题为我们进一步学习人格理论和研究人格现象提供了充足的展开空间。

与同类著作相比,本书有其别具匠心之处。这主要表现在:第一,立论坚实、高屋建瓴。每一章都重点介绍诸位心理学大师关于人的观点,真可谓抓住了人格理论的命门。借用凯利的著名命题"人是科学家",人格理论家本身就应该是哲学家,最起码是准哲学家,他们因关于人性的假设或关于人的看法迥然有别,才形成了各自独特的人格理论,也使他们的人格构念、研究重点、测查方法、诊疗手段各有千秋。人格心理学作为当代心理学学科体系中惟一系统探讨人性的一门学科，如果不关涉人格理论家们的人性观，毫无疑问就是一种本末倒置的做法。从他们的人性观或关于人的形象的预设入手，其实便不难逻辑地推演出他们的人格体系及其优劣。本人在讲解人格心理学时，主要的精力也是放在这一层面上，至于具体的理论观点、概念假设、研究方法等知识性的东西倒可以放在其次。第二，写作考究、引人入胜。每一章都有关于各人格理论家的传略，艾伦作为教学名师，肯定知道如何调动学生或读者的兴趣。他用生动的文笔、鲜活的事例，将他们的独特风貌、心路历程与其人格理论之间的内在关系有机地结合起来，水到渠成、顺理成章，极具可读性和趣味性。书中提供给读者很多鲜为人知的素材，比如说关于霍妮、沙利文、默里、卡特尔等的介绍，为我们更好地理解或透视他们的人格理论打开了另一扇弥足珍贵的门。第三，选材精到、重点突出。人格心理学这一学科经过70多年的萌生与发展，已经积累了大量的文献资料，书中选取的人格理论家个个都是行家里手、著作等身、成果斐然，加之同类别的教科书可谓数不胜数，如果将着眼点放在对具体理论体系和概念知识的罗列上，无疑会有鸡肋之嫌。因此，如何将学生们通过学习其他分支心理学科早已知晓的各大家的理论观点和独到视域加以提炼并升华，就显得至关重要了。本书无疑在这方面下了很大功夫，选材不求面面俱到，主要围绕人性观、基本概念展开，力求突出每一位理论家独到的学术成就。特别值得一提的是，在讲解和评价有关精神分析学家、人本主义心理学家包括凯利的理论时，艾伦广泛收集了众多的实证性或支持性的研究报告（不少发表于2003年和2004年），令人耳目一新，让我们不得不对这些学说重新进行审视和认识；再比如，在有关奥尔波特人格理论这一章，添加了其他教科书中很少涉猎的"人格与偏见"的内容；几乎每一章都强调或凸现了人格的多样性；书中开列的视窗，材料新颖、针对性强。所有这些都是特别具有新意和启发性的。书中类似的地方还有很多，在此不再赘述。第四，体系严谨、格式统一。本书第一章是引领性、框架性和概要性的说明，对每一章的编排体例做了一般性介绍，第十八章为总结性、比较性和展望性的文字，试图帮助读者形成关于人格理论之历史发展与未来走势的整体印象。其余十六章的体系与格式是相对统一的，这样有利于读者进行各理论间的比较。同时，正如艾伦所言，因每一章都自成一体，所以便于教师和学生根据自己的知识储备和兴趣爱好，有选择地进行教学和学习。每一章都以一些"引导性问题"作为开始，以激发学生的好奇心。在对人格理论进行评价时加上对比性内容，可以加深对不同理论的理解。每章最后的思考题大都是无法从教材中直接获取答案的，这有利于提高学生学习的积极性、创造性和批判思维能力。

与我们2005年翻译出版里赫曼编著的《人格理论》的工作流程大体类似，本书的翻译者既有高校年轻的心理学教师，又有在读的心理学专业博士和硕士研究生；翻译工作前后也同样经过了初译、互较、审校、定稿四个阶段。初译工作分工如下：韩利群（作者前言）、宫瑞莹（第一章）、陈英敏（第二章）、纪林芹（第三章）、杜秀芳（第四章）、王美萍（第五章）、王倩倩（第六章）、王赛男（第七章）、姜能志（第八章）、张自富（第九章）、焦亭（第十章）、梁志秀（第十一章）、伊翠莹（第十二章）、王鹏（第十三章）、常淑敏（第十四章）、张清霞（第十五章）、焦迎娜（第十六章）、曹娜（第十七章）、韩磊（第十八章）、于华林和高峰强（人名索引、主题索引、术语表）。翻译初稿完成后,分三人一组交换译稿、相互校改,历时两个多月;最后由本人用三个月的时间进行审校和定稿。

感谢丛书主编郭本禹先生对译稿提出的中肯意见,感谢上海教育出版社谢冬华编辑对本书的鼎力推荐和对翻译进程的掌控。

高峰强

2008 年 2 月谨识

补记:一部好作品的面世无疑需要一段长时间的雕琢和修缮过程,本书自然也不例外。从2006 年初拿到本书的英文版,到今年发行中文版,历时已五年有余。2008 年提交译稿时,本人想当然地以为大功告成、万事大吉了,孰不知那个版本只能算是一个"毛坯"或曰处于"社会主义初级阶段"。因译者多为在读研究生(现已在高校供职或从事心理服务与人力资源管理工作了),翻译水平和表达功力的确有所缺憾,加之本人把关不严,致使译稿存有诸多错讹与疏漏之处。郭本禹先生遂果断采取补救措施,责令其弟子王申连对译稿进行了仔细、彻底甚或是"挑剔式"的审校,几乎每一页都留有令我忐忑和愧疚的改动印记。可以说,如果没有王申连不辞劳苦的较真和付出,本译著将会成为一部"残障版"或"次品"。丛书责编谢冬华先生随后在此基础上又对这一审校稿做了两次认真修订。在此,谨代表本书译者向二位先生致以真诚的谢意。

2010 年 12 月底,谢冬华先生又将发稿版和清样转发过来,请译者对译稿进行最后一次审核和校阅。两天内,我将这两份文档转给上述译者,他们逐字逐句对照原文加以订正后,于阴历小年前后将近 600 页的校样返还回来。敬过天过、放罢鞭炮,完成迎来送往、走亲访友诸多礼仪性事体之后,自正月初七始静下心来再一次履行审校和定稿的职责,前前后后、断断续续又持续了一个来月,终于完工,终于可以长舒一口气了。敲出最后几个字,CCTV 一套的 3.15晚会刚好结束,心又不禁揪了起来:这个版本不再会是假冒伪劣产品了吧?欢迎诸位拨打打假热线:12315。

高峰强

2011 年 3 月 15 日补笔于泉城

作者前言

几乎所有的人格发展方面的教材,包括前几版的《人格理论:发展、成长与多样性》(*Personality Theories: Development, Growth, and Diversity*),都认同弗洛伊德和埃里克森的阶段理论作出的贡献。与众不同的是,本书在关于荣格、阿德勒、霍妮、沙利文、凯利、斯金纳和奥尔波特的论述中也涵盖了发展阶段和发展的其他方面的内容。荣格、沙利文和奥尔波特提出了阶段理论,这在本版中得到了详细论述,而在其他地方却被忽视了。霍妮、凯利和斯金纳的理论都突出关涉了人格发展的内容,这在霍妮(如"基本焦虑")和凯利(如"依赖构念")的著作中可以明显看出,但在斯金纳的著作中必须"逐字逐句地阅读"才能有所发现。对理解人格发展作出的所有这些贡献在本教材中是"显而易见的"。此外,其他理论家著作中的一些其他贡献(如米歇尔的"延迟满足")也得到了梳理。

人本主义观点及其关于发展的定位是本版的中心内容。霍妮早期宣称的人性悲观论已不再是强调的重点,转而强调的是她后期的人本主义倾向,这一倾向反映在她的"真实自我"概念上。弗罗姆作为人本主义运动先驱的角色在本版的《人格理论:发展、成长与多样性》中得到凸显。奥尔波特的人本主义理念也成为关注的焦点,尤其是他对宗教问题的关注(宗教本身更经常被提及)。最后,存在主义作为人本主义理论大厦中的一块基石也受到相当关注。在弗罗姆这一章节中,特别是涉及罗洛·梅的思想时,介绍了存在主义。在罗杰斯、马斯洛和奥尔波特这些章节中存在主义再次出现。总而言之,本书对人的发展问题予以浓墨重彩。

近来,"多样性"(diversity)仍然是一个相当时髦的术语。教材编著者经常会将它引入其论著中。对我而言更是如此。早在大约二十年前,我和几个同事就开始在我们的大学中开设一门关于多样性的课程。经过不断努力,我们已经克服了初期的困难,满足了所有学生的多样性需求。在此过程中,我们已经确立了一门有关多样性的核心课程,这门课程我已经讲授了近十五年之久。我还写了几篇有关多样性的文章,而且在一些国家、州和地区级的关于多样性的会议上作了介绍。

显然,我认为多样性现已被公众普遍接受。事实上,我相信,我们的学生未来成功的能力部分地取决于他们对多样性问题的把握。这一观点也已经为密歇根大学所采纳,而且最近在联邦最高法院审理的他们取得部分成功的案例中得到了证实。因此,每个章节都留出大量篇幅来专门论述多样性。学生们应该从对它的长篇思索中了解到多样性是什么(没有任何单一定义甚至一个长达数页的定义能恰当处理这一术语)和不是什么(它不是仅适用于"少数人"和女人,而是适用于我们每一个人)。

但是,有人可能仍然会感到疑惑:"为什么在一本人格理论著作中,所有内容都强调多样性?"鉴于"个体差异"是一个要考虑的核心人格因素(它显然是),"多样性"就成了人格理论研究的一个天然伴侣。实际上,我无法想到一个更好的地方来论述多样性问题。

在尝试解释心理现象的理论中，那些被用于理解人格的部分属于心理学中最古老最恒久的理论之列，其起源可追溯到古希腊和东方哲学。尽管是"老掉牙的"，但是这些古老的观点仍然被现代理论家、研究者和从业者继续探讨着。事实上，很少有集中在一个单一而复杂的现象上的几种理论能像人格理论一样存活得如此完好。举例来说，某些人格理论已经赢得许多新的支持者，而条件作用理论(工具性的和经典的)赢得的新支持者却寥寥无几。

为什么这些理论观点会经久不衰呢？它们引发了丰富的新观点，产生了帮助人们解决心理问题的途径，而且为心理学研究者的科学研究提供了原材料，就这些方面而言，它们对心理学意义重大。因此，本书背后的一项基本假设是，人格理论居于心理学思想的中心。我已经将这一假设贯彻本书。

第二项基本假设隐含在对这一问题的回答中："期望广大大学生在什么难度水平上能够有成功表现？"人格理论没有因其困难和神秘的结构而出名，物理学家的时空理论却因此广为人知。然而，人格理论的确包含极富挑战性的复杂内容和抽象概念。不过，这个问题可以用一种乐观的方式来回答：倘若以一种激发人的想象且联系生活的方式呈现这些材料，那么包括社区大学和常春藤联盟大学在内的各类学校的普通学生，也能掌握复杂且令人望而生畏的内容。因此，通过展示人格理论是如何与提出它的个体的人格联系起来的，指出通过了解人格理论如何能更为容易地找到解决生活难题的办法，以及使用人格理论激发大多数学生仍然要思考的见解深刻的思想，我已经努力使每个人格理论都变得生动鲜活起来了。

本书的第三项基本假设关涉客观性概念。虽然绝对的客观几乎不可能达到，但是可以做到公正无偏。本书设想，学生们应该从对人格理论的全面透彻的思索中意识到，每种人格理论都有它的优点和不足，而且没有任何一种能被合情合理地称为"最好的"或"最坏的"。要让学生达到这一目标，需要接受每个理论家的观点，正如我在书中对她/他的理论阐述的那样，同时还需要保持一种见多识广的、不偏不倚的观点，以便我们能把人格理论的优点和不足放在整个人格研究领域来看待。这两个互补性的定位使我在阐述有关理论家的主要贡献时充满极大热情，有时近乎狂热。同时，我退一步警告学生们，即使最值得赞赏的理论观点也存在明显的缺点，有些理论因无法处理重要的人格问题而存在诸多漏洞。

本书的读者对象

本书面向不同水平的本科生，易于阅读。然而，它确实也包括相对复杂和冗长的带有生僻词汇的句子。虽然我们建议一些学生可以偶尔使用一下词典，但是应注意，上下文通常解释了生僻词语的含义。这些惯常做法保证了那些不畏惧任何哪怕是最困难的阅读材料的学生将会发现，本书可以引起他们的兴趣。同时，那些没有广泛阅读兴趣的学生也能不过度费力地读懂本教材，而且可以提高他们阅读更具挑战性的文献的能力。

本书的组织结构

本书各章的组织既相对独立又保持着协调一致。各章的写作基本上使用相同的格式，这让学生很快地学会该关注什么，这样安排课程将会使阅读更为舒适和迅速。从我所在大学和其他许多院校的学生那里，我已经了解到许多有关本书前几版的评论意见。他们都极度赞赏本书的结构(更一般地说,学生对本教材的反应非常好)。因为对学生来说,章节的结构组织非常重要,所以我在第一章就给予了详细说明,相信大家不会错过它。在这里,我仅从理论上简要概述构成该组织结构的各章内容(想要获取更多信息请参阅第一章)。

每章开始都设计了一个介绍性陈述,以便把该章与前面诸章的内容联系起来,紧接着是本章要介绍的理论家的传记。这样,每个理论家都得到人性化介绍,并且为把他/她的人格特点和个人历史与其要阐述的理论联系起来奠定了基础。这些传记为学生们提供了掌握每种理论的"记忆钩"。

接下来是人物观点部分,它通过提供每个理论的哲学基础来引导学生。该部分回答这样的问题,如:"该理论的科学性怎样?""该理论试图通过参照过去、现在或未来了解人吗?""它强调的是心理机能的外部决定因素,还是内部决定因素?""解释人格的是先天性决定因素,还是习得性决定因素?"如果我必须指出一个对学生理解这些问题起决定性作用的部分,那么这一部分便是。本书新设的一章*将继续探讨"关于人的观点"部分提出的问题。

基本概念部分展现了每个理论的基本结构。这些关键的结构成分被联系在一起,以便学生们可以理解它们之间的密切关系,而且如果可能,它们可以根据某种熟悉的结构被组织起来。举例来说,如果一个理论包括一系列的发展阶段,它的概念就可以在由许多连续阶段构成的结构框架内展现。无论如何,要努力从较为普遍的概念开始,同时对这些概念进行鉴别,逐渐到更为具体的概念。

每个理论的评价分为贡献和局限两部分。对这两部分都适用的两大类标准被用来评价每一理论的各个方面。一个给定的标准可能被用于一种理论阐明其贡献,用于另一理论指出不足。换言之,某一理论可能在某种程度上符合给定的标准,因此可视作其贡献,或在某种程度上未能符合该标准,从而显出其局限。这些标准中没有一个能对应所有理论,因此,一个给定的标准可以用来评估一个理论但不能用来评估另一个。这两大类标准中的其中一种被称为"科学标准"。这些标准解决诸如此类的问题:"理论的建构符合逻辑吗?""这些概念是密切联系的吗?""这些概念通常是截然独立的还是相互交叠的?""概念的标签是通用的,还是模糊的?""每个标签对它对应的概念界定清晰吗,或者是它有多个含义?""概念暗含可验证性预设吗?""所做研究支持概念的效度吗?"等等。另一类是"非科学标准",它提出下列问题,如:"理论能激发心理学家产生新的见解并澄清他们的思维吗?""理论能导致一种有效的治疗方法产生吗?""理论家的著作对外行人而言是有趣和有助益的吗?"等等。本书的一个新章节将进一步讨论这类议题。

本书的内容和章节安排

本书包罗万象。编写本书写作计划的第一步是粗略地研究被认为明显对讲授人格理论的教师极为重要的理论的范围。本教材包含每一种人格理论,甚至仅为极少数人格方面的教师所感兴趣的理论也包括在内。目前还没有教材能涵盖如此多的理论,即便有,也很少,而且没

---

* 即第十八章——译者注。

3

有哪本教材能对主流理论作出比本书更好的表述。因此,大多数人格理论方面的教师将会发现,他们需要的理论都包含在本书中。而且,这一新版本对有关人格现代研究的论述极其广泛,它具备作为一本普通人格教材的条件。然而,关于这些研究的讨论是简洁易懂的,任何学生都能够轻松地理解。

书中章节被分成几个有代表性的群组,而且在群组内按流行的方式进行排序。举例来说,第三章至第八章专门论述那些以弗洛伊德的观点(第二章)作为出发点来构建自己的理论的理论家们。该群组的前几章介绍与弗洛伊德联系最密切的理论家(荣格和阿德勒),后面几章论述受弗洛伊德直接影响较小的理论家(霍妮、沙利文、埃里克森和弗罗姆)。对弗罗姆——应该被视为一位早期的人本主义者——的介绍,为进入下一群组架设了一座桥梁,该群组包括两章内容,介绍了现代人本主义者罗杰斯和马斯洛。其次,存在主义受到了极大关注。在认知理论(凯利)这一章之后,紧接着几章介绍了社会认知观点(米歇尔/罗特和班杜拉)。接下来介绍的是自称为反认知理论家的斯金纳的观点。然后有关默里理论这一章内容,将前面章节的理论传统与人本主义、认知主义和行为主义取向联系起来,而且为特质理论奠定了基础。卡特尔和艾森克的理论在接下来的章节中得到介绍,其理论强调的是用现代方法对特质进行研究。下一章专门论述奥尔波特的更具人本主义和社会性色彩的特质理论,该理论集中探讨了人格发展和偏见。应大家的要求,"人格理论将走向何方"成为最后一章内容,它将其余各章的内容联系起来,并且设想了人格理论的未来发展方向。

人格理论的选择性使用

我一直觉得内容广泛的教材比内容专一的教材更具吸引力,因为前者总是包含我想要论述的章节。然而,只有它们中的一部分这样写了,我才能"疏通"想要探讨的章节,而不必担心我已删掉理解所述章节必需的材料。在编写本书的过程中,我就特别注意各章节的相互关联,并且同时保证,如果某位教师只想从中选取某些章节来讲述,每个章节还能保持出类拔萃。我相信讲授人格的教师们将会发现,他们可以轻易地跳过本书的某些章节,集中讲述其他章节,而不必担心学生会因为缺乏所删材料而过于困惑。实际上,这部书由十八章组成,平均每章还不到 25 页,更确切地说略去一些章节,或者说除了略去一些章节外,你还了解到心理学的一个发展趋势:模块化趋向。也就是选择一些章节中的某些部分。举例来说,放弃研究某些部分,或者选择章节中的某些内容。这正是我所做的。

本书的特色

每章都设计了一些"引导性问题"作为开始,以提醒学生们注意本章讨论的关键议题,同时激发他们对该理论的好奇心。这些问题在每章开始部分出现,可以使学生准备好接受一些新材料,而这些材料与前几章讨论过的迥然有别。这些问题总会在该章正文中得到解答。

紧跟正文的是该章要点总结,可以使学生快速回顾该章内容。这些要点是该章十个主题的概要,它们并非试图重述整章内容。如果学生们已经仔细阅读了正文,则他们可以期待这些要点能够激发他们回忆该章主要问题以及有关这些问题的详细内容。要点并不能替代对书中内容的细读。

通常，一些学生阅读一章——或者更可能的是他们要接受测验的几章——然后，一旦他们不再接受有关该章的考评，他们很快就会忘记该章的内容。紧跟要点总结的是对比部分，目的是不断提醒学生以前各章的内容。这一个目标是通过比较当前所述理论与前面章节提到的理论来完成的。而且，偶尔把当前的理论与后面要探讨的理论进行比较，将有助于提高学生对新理论的预见性。如果教师想作一次综合性的期终考试，对比部分将对学生有很大帮助，因为它可以确保学生不断回顾所有各章的内容。除此之外，通过将给定理论与其他理论进行比较，对比部分加深了学生对该理论的理解。

接下来一部分内容用于提升学生的批判性思维能力。这些批判性思考题可用作问答性测验项目，另外也可以作为课堂讨论的基础。除此之外，它们还是很好的复习题。更重要的是，它们间接表明了远远超出教材范围的理论的内在含义，因而学生可以用于拓展自己的思维。甚至对最优秀的学生而言，这些问题中有许多也是有挑战性的，部分原因是它们需要分析，而不是简单机械的记忆。事实上，这些问题超出了本教材内容，因此只靠教材不可能得到解答。

在本书结尾部分将呈现一个完整的术语表，它由构成所述理论的所有概念组成。该术语表*以字母为序，并且每一条目都明确而详细地说明了其概念。我已经简化了许多词汇的定义，并且删除了一些无关紧要的词目。在主题索引中每一理论家的名字下面，也列出了相应的概念(附带书的页码)。我已经让我的学生制作了许多关于主题索引的副本，这样他们就能更容易地为有关理论家比较的问答题作准备。

每章的最后一部分是一系列问题，学生可以通过电子邮件私下里写信给我。当然，他们也可以把自己的疑问发给我。目的是满足个别学生的好奇心。当然，我也鼓励教师与我联系。我希望使用本书的老师会鼓励学生用这种现代化的方式与我互动，不仅仅为了对他们进行人格知识方面的更深层次的教育，而且因为通过使用一种将会成为他们未来特征的交流方式，他们会从中获益。我盼望与使用我这本书的学生用一种比大多数教材编著者允许的更加个性化的方式进行联系。我与数百名学生读者交流的经验告诉我，学生喜欢并能从与作者的互动中学到很多。

本书附有一个内容广泛的综合测验项目库供读者使用。多项选择项目全面涵盖了每章的内容。这些项目中有许多已经被彻底检验过了。由于要把这些项目用于我自己的测验，所以我已经删除了存在问题的项目，修订了其他项目使之更为清晰，而且还创设了一些为如今的学生易于理解的新项目。有大约1 700个项目提供给授课教师作为参考，平均每章大约100个，足够一学期的几次小测验和期末考试之用。在每章的项目库最后还包括一些额外项目，以便教师把补考题与期末测试题分开。我有多年用多项选择题编撰测验手册的经验，所以教师们可以确信这些题目的严谨性和专业性。诸如"上述都是"、"上述都不是"以及"a和b都是"等选项都是要避免的，因为它们会迷惑学生。因此，每个题目只有一个正确选项。所有不正确的选项都似乎很有道理，所以学生必须慎重选择。它们通常是某一理论其他方面的真实陈述，但

---

　　* 中文版术语表已改为按拼音排序。——译者注

就所问问题的主体而言是不正确的。这些选项要求学生对某一理论的概念作出区分。有时来自其他理论的概念也被利用，以便理论间的区分能力也能得到评价。

我一直认为测验是一种学习过程，不仅仅是为了进行评估。因此，编写这些题目是为了使学生进行分析思维训练。大部分题目都需要学生运用他们的推理能力，而不是仅仅辨认出正确选项。题目的设计，使正确的选项从逻辑上紧扣问题的主体，作出选择的过程将会增强学生的逻辑思维能力。题目本身也很有趣味性。通过销售代理商，你可以获得一个计算机化测验库。

配合本教材，我们编制了教师手册，以便教师能开展有趣而富有启发意义的课堂讨论和练习，来作为课堂教学的补充。作为国立大学教师组织的一员及其会议的一名惯常参与者，我确信，无论是对于学生还是老师来说，把整个课堂时间都花费在讲授上是不理想的。学生可以从教材中获得基本信息。课堂时间可以这样运用：引发学生对课程内容的兴趣；把难懂的材料再详细阅读一遍；为学生提供报刊密切关注的有关课程内容的最新信息；比教材更深入地论述教师本人擅长的问题。

每一章的教师手册部分还包括便于任课教师熟悉本章内容的内容概要、本章教学目标（此部分可以进一步提供讲课方向，并且可以印发给学生）、一系列为授课提供支持的阅读材料以及一系列可以被置于图书馆储备列表中供学生查找的阅读材料。除此之外，教师手册中还包括一份视频列表和埃斯特拉·门罗的个案——该个案是一种附加的多样性体验，将会使教师督促学生将所有理论应用于一个单一案历之中（埃斯特拉·门罗的个案在第一章中还会进一步介绍）。我时常提一些以埃斯特拉·门罗的个案为基础的问答题。

其他材料

书中呈现了许多案历，其中一些是关于"我所知的人"，它们阐明了许多关键概念，例如，"好母亲"（第六章）、"自恋人格"（第一章和第二章）、"成熟的人"（第十七章）、"自我实现的人"（第十章）和"一个同一性改变的案历"（第七章）——讲的是一个变为保守派的嬉皮士叛逆者。

弗洛伊德一章包含他著名的案历及其评论。这些案历中有一个是最近才发现的，它是关于一个美国妇女的，此外还有一些鲜为人知的案历，例如"姜饼男人"（The Gingerbread Man）和"牛奶人"（The Milk Man）。经典的案历——狼人（Wolf Man）和鼠人（Rat Man），如同小汉斯（Little Hans）、杜拉（Dora）和安娜O（Anna O）一样——受到广泛关注。它们触及弗洛伊德理论支柱的核心。其他的创新之处在于包括一个网络站点 student guide，该网站上载有一些供练习用的测验项目，还附有通向趣味性材料的诸多链接（登陆我的网站 www. wiu. edu/us-ers/mfbpa/bemjr. htrnl，以链接到站点 student guide 或 www. ablongman. com/allen5e）。我的网站也包含许多链接，对人格和其他心理学问题进行了广泛探讨。最后，每位理论家照片下面都列出了他们的网址。

正文标题中偶尔会增加一些记忆术，以帮助学生记忆概念（例如，"FITS"指代荣格提出的情感、直觉、思维、感觉这四种心理功能）。让学生寻找这些记忆术并鼓励他们将其他的备选方法通过电子邮件发给我。我会将这些好的方法介绍给其他学生，并授予他们学生作者的美誉令人兴奋的是,相对较新的一些主题包括:用于解释妒忌(和其他一些话题)的进化理论;如何在网页上获取迈尔斯-布里格斯类型指标(Myers-Briggs Type Indicator,MBTI)与荣格相关的那一版本(在我主页的链接中可以找到);关于"压抑性记忆"的争论;使卡特尔失去一项声望很高的奖项的优生学丑闻;有关最近比较流行的"情绪智力"的讨论。

本版最后一章不但总结了书中出现的各种人格理论,而且对人格理论的未来走向作了一些预测。它探讨了各位理论家的基本假设、关键概念和方法论,以便能把奏效的与未奏效的区分开来。结论是要把理论家们的观点综合起来,这暗示了理论家们在 21 世纪可能选择的新方向。这一部分内容应该是高年级本科生和研究生特别感兴趣的。

最后值得注意的是,与今天可用的其他任何教材相比,本书将会使学生详细了解到更多心理学界的杰出人物(Haggbloom et al.,2002)。每章都将为这一断言提供证据支持。每位理论家在心理学专业期刊引用明细表(25 处)、入门教科书引用表(25 处)、当代心理学家一览表(25 处)和总表(100 处)中的排名将在他或她所在章的末尾处列出。

致谢

我向对本书认真负责并提供支持的责任编辑卡罗·鲍尔斯(Karon Bowers)及其助手拉拉·托尔斯基(Lara Torsky)表示诚挚的感谢。我也要感谢对本书原稿提出意见的下列评论者:乔伊·帕特里夏·伯克(Joy Patricia Burke),密苏里州中央大学(Central Missouri State University);维基·德雷琴(Vicki Dretchen),瓦罗丁社会学院(Volunteer State Community College);珍·W. 亨特(Jean W. Hunt),坎伯兰郡学院(Cumberland College);邦尼·莫拉迪(Bonnie Moradi),佛罗里达州立大学(University of Florida);丹·塞格里斯特(Dan Segrist),西南伊利诺学院(Southwestern Illinois College);杰罗姆·托巴西克(Jerome Tobacyk),路易斯安那工学院(Louisiana Tech)。

目 录

第十四章　　　　　　　　　　　　　　　　　　　　308

关键在于结果：斯金纳

第十七章　　　　　　　　　　　　　　　　　　　　　　　　389

人格发展与偏见：奥尔波特

第一章

导　论

● 人格是如何被界定、被测量的？

● 人格研究者是科学家吗？

● 人格心理学家使用哪些类型的测验？

作为第一章，本章的一个目标是通过提供一个基本定义来回答"什么是人格"这一问题。另一个目标是探讨如何研究人格以及人格学家——研究人格的心理学家——使用的各种测验。最后一个目标是揭示本书各章结构背后的逻辑关系。

人格的基本定义

人格的基本定义包括个体差异、行为维度和特质这几个方面。**个体差异**（individual differences）指的是对人们多个不同方面的观测。在人格研究中，重要的个体差异包含**人格特质**（personality traits），人格特质的内部基础通常是与诸如"害羞的"（shy）、"仁慈的"（kind）、"自私的"（mean）、"外向的"（outgoing）、"支配性的"（dominant）等形容词相对应的心理特性。

每种特质对应一个**行为维度**（behavioral dimension）的一极，一个行为连续体类似于一把标尺。正如标尺的一端由 0 英寸来固定，另一端由 36 英寸来固定，一个行为维度的一极由行为的一个极端来固定，另一极由行为的另一极端来固定。例如，合群性、焦虑和责任心可以代表几种行为维度。例如："责任心：1：2：3：4：5：6：7：无责任心"表明了责任心的两个极端。

果断维度的一极由"责任心"（conscientious）固定，倾向于做事干脆利落、有条理、守时、高效率和效果好，另一极由"无责任心"（unconscientious）固定，倾向于不维护自己的权利，当心里想说"不"时却说"是"。为了方便和简单起见，上例只设了 7 种程度。实际上，我们是很难或者不可能确定一个维度的程度数量的。不管怎样，对人格而言，只有靠近维度极端值的行为才有意义。在果断维度上，除非一个人的行为能够在靠近果断这一固定点的程度上得以描述，我们才能推断说他/她具有责任心特质。一个特质维度可以被视作一个行为维度的内部表征。

综合这三个方面可以看出,个体的**人格**(personality)就是一个由在许多行为维度上对应的程度构成的特质集,因为每种程度对应一种特质。需要特别指出的是,虽然有些人可能共同拥有某种具体特质,但在拥有该特质的程度上存在个体差异。有些人拥有该特质,而其他人没有。不过,共同拥有并不适用于整个人格。由于人们在拥有的特质集上存在个体差异,所以没有两种人格是完全相同的。图 1-1 显示的是奥普拉(Oprah)的人格,她是学生最喜爱的人。连接每一特质程度(特质水平)的折线就是她的人格剖面图。如果提供足够多的维度,那么每个人的人格剖面图彼此都是不一样的。连接各维度的程度的线就是"人格轮廓线"。由于不少表示特质程度的点近似落在维度或项目上的中间位置,奥普拉在这些维度或项目上的特质倾向就不是非常明显,因而她没有这些维度的两极代表的特质。

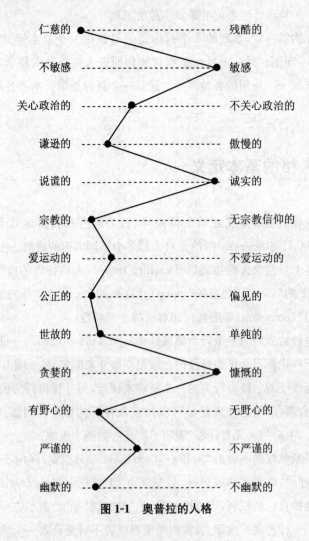

图 1-1 奥普拉的人格

建议和忠告

人格学家关于人格的观点与非专业人士或门外汉持有的常识观点具有一致性。第一,许多人格学家和外行人都认为,一个个体在不同情境中具有相当一致性(在一种情境和另一情境下,他或她的行为几乎处于果断行为维度上的同一点或同一程度)。这种观点构成了人格基本定义的最基本假设。第二,在多个单一维度上,个体可能会很相似或甚至完全相同。也就是说,平均两个或两个以上的人会表现出一种行为的相同程度,因此具有同一特质。第三,人格学家与他们的研究对象之间最大的一致是都认为人具有个体差异(Lamiell,1981)。因为在每一行为维度上都存在个体差异,所以如果考察的维度足够多,人格必定不相同。一个受人重视的估计是,特质及其对应维度的数量超过 17 000 种,从而保证每个人的人格都是不同于其他人的,因此,每个人都拥有独特的人格(Allport & Odbert,1936)。

　　遗憾的是,有些人盲目假定"个体差异"是不可改变的。如果我们把我们在各种维度上的位置——无论它们是人格维度还是智力维度——看成是"先天的",并因此就假定它们是不可改变的,那么我们的生活将是非常有限的。比约克(Bjork,2000)在一篇见解深刻的文章中质疑了个体差异不可改变这一假设。从根本上说,他接受这样一种被人们广泛持有的观点:我们是否重视与生俱来的特性。也就是说,我们往往假定,我们的行为不是落在各种行为维度的积极一端就是落在消极一端,并且认为,如果是后者,那么我们就无能为力了。按照比约克所举的例子,如果我们在小学初年级的一次标准数学测验中不及格,就想当然地认为我们在数学方面没有天赋,进而就应该放弃学数学。"[先天]倾向的作用被高估了,而经验、努力和实践被低估了。"(p.3)我们假定,既然我们靠自己不能形成科学能力倾向、责任心或识别他人情绪的能力,那么我们就不必去尝试。进一步说,如果我们假定我们的行为占据重要维度的"好的"一极,那么我们就非常小心、不接受挑战、不冒险犯错误或者不"跳出既有框框作局外的新思考",唯恐证明我们的假设——我们生来就是有天赋的——是错误的。我了解一些优等生,他们假定自己天生聪明,于是就避免挑战和"出框"思维,唯恐证明他们的假设是错误的。结果就导致工作平庸。我想对比约克的观点作一点补充,即求知欲望对于掌握某些知识可能比我们自称的"先天智力"更为重要。默里(Murray,2002)重申了比约克的观点:反对过分关注"先天能力"而忽视经验。

　　作为一名人格研究者、人格杂志的审稿者以及各种人格著作的读者,我的经验告诉我,人格的基本定义更多地被人格学家而不是其他人暗暗地——如果不是明确地的话——接受。这一定义恰好与默里、卡特尔、艾森克和奥尔波特的理论相吻合。它们在某种程度上——至少暗暗地——都接纳该定义的最基本假设:个体行为具有跨情境的一致性。这些"特质理论家"必须作出行为一致性的假设,否则,他们就无法从对一个人的行为观察中推断出某种特质。他们推断,如果一个人在一种情境中是果断的,而在另一种情境中不是这样,那么人们怎样才能推断出他/她是否有责任心这种特质呢?

　　行为一致性假设,虽然被广泛采纳,但也并非没有批评者。某些理论家,如罗特和米歇尔等,都公开反对这一假设。我也对此持严肃的保留态度。我们的基本定义的其他缺陷包括忽视生理和发展的过程。鉴于这些不足,我们可以把这一基本定义看作探讨本书理论家们的定义时的一个参照。你将会发现,每个理论家都有她或他自己的定义,某些情况下还与人格的基本定义相当吻合,但不总是。

人格研究方法

首先,我们必须具体规定一套评定人格研究方法的标准。就像在心理学其他领域一样,科学性是诸标准的一个主要源泉。一种研究方法要被称为**科学的**(scientific),它要达到的最低要求是,必须包含不带任何偏见且必须被量化以便进行系统分析的观察(Allen, 2001)。如果它们能使研究者在观察时不带有个人偏见,而且能使观察量化以便使系统分析成为可能,那么这些方法就可以恰当地被称为"科学的"。非科学方法的使用者则将对观察的选择建立在便利(只观察身边发生的事)或个人偏见(研究者独断地认为,选择性观察比他们可能进行的其他观察更重要)的基础上。另外,采用非科学方法的研究者在不考虑相关理论或前人研究的情况下,就可能对其观察的现象下结论。不管这些努力对某些目的多么重要,其使用的方法通常不具备科学的资格。

案历法

案历法(case history method),又译"个案史法",指通过搜集单个个体各方面的背景资料,并对其进行细致的观察,以发现如何对待此人或者得到可普及他人的信息(Rosenhan & Seligman, 1995)。案历法采用的是无偏见观察,基于此,我们可称之为科学的研究方法。毕竟心理学家搁置自己对人格的个人偏见是可能的。然而,无偏见观察对他们来说有一定的难度,因为被观察者可能是一个患者,心理学家本身会受其影响。另外,对单个个体的观察结果可能不适用于其他人。既定个体可能是相当与众不同的,因此根本代表不了他人。进一步讲,虽然量化观察是可能的,但进行系统分析可能是困难的或者是不可能的。例如,心理学家让一个个体做人格测验,然后获取测验分数。但我们很难进行系统分析,因为一般来说,一个人以上的分数才能进行意义分析。

尽管存在这些缺点,但案历法有时可以称得上是科学的。给一个案历被试实施人格测验,然后将她/他的得分与通过测试大量人群获得的常模或平均分进行比较,这是可能的。这样,我们就能确定如何将案历被试的得分与"常人"得分作比较,并基于此就能阐明他/她的得分是否异常或与多数人的得分类似。此外,甚至还有一些著作,整本书的写作都是仅用一个个案作为科学研究统计分析的资料来源(Davidson & Costello, 1969)。事实上,我和波特凯(Allen & Potkay, 1973a, 1977)就曾经仅用一个个案来阐释我们整个研究被试样本的研究结果。

虽然案历法通常没有资格称得上是科学的,但是从中获得的信息可能在许多方面都是有用的。基于对多个单个个体观察得出的报告作为对人格机能的阐释通常是有价值的。马斯林(Masling, 1997, p. 261)在哀叹缺乏以案历研究为特征的著作时若有所思地说:"⋯⋯真是可惜,因为一个记录细致可靠、描述清晰的个案比任何数量的学术论文都更具指导意义,通常也更有趣味。"

在本书的很多地方,我使用了许多真实且经某种精心设计的个案,以具体阐释人格机能的某些方面。视窗 1-1 就包含一个与批判人格操作定义有关的例子:人格不是一成不变的,而是可以改变的。记住这些个案可以帮助记忆与人格理论有关的某些重要模式。

视窗 1-1　福尔曼:从愤怒和压抑走向快乐和成功

6

我清楚地记得早期的乔治·福尔曼。我过去是而且现在仍然是极受欢迎的穆罕默德·阿里的粉丝,但是在"丛林之战"(Rumble in the jungle)(Zaire & Africa, 1974)时,阿里已不再风华正茂,而福尔曼却正处在鼎盛时期。他看起来是战无不胜的。乔·弗雷泽击败了阿里,而福尔曼"在两个回合里击倒弗雷泽六次"(Dahlberg, 2003, p. c4)。福尔曼超乎寻常地高大、迅捷和粗暴。他经常发怒,而且显得压抑。他令人恐惧,并且从来不微笑或大笑,除非以敌对的方式。此外,他无宗教信仰。

在扎伊尔大战前的大肆宣传中,阿里精心"培育"了世界冠军福尔曼的狂暴特征。他在场下每每觅得良机"言辞痛击"福尔曼。到了比赛时,福尔曼发誓要击毙阿里。他确实猛击了很多个回合。阿里实施了其著名的倚绳战术,靠在栏绳上,承受着福尔曼的猛烈攻击。可能阿里的帕金森病部分程度上就源于这场战斗。终于,在第八回合时福尔曼筋疲力尽了,阿里则从防御性的蜷缩中奋起,击倒了冠军。事后,福尔曼形容他自己为"世界上最令人厌烦的人"。

在 1977 年接下来的又一次失败后,福尔曼历经了一次"体外体验",虔诚地皈依了基督(Dahlberg, 2003)。你可能在哥伦比亚广播公司的"60 分钟"栏目里看到,当 1986 年作为一名比赛者再次出现的时候,福尔曼已经判若两人了:快乐、合群且平和。当然还看到他为"福尔曼烤炉"代言的广告。现在福尔曼已经是一位腰缠万贯的瘦到 100 磅左右的虔诚的牧师——养育了 5 个也叫乔治的孩子——他更为成功了,可能比在拳台搏击的那段日子更具有知名度。现在他作代言的年收入为 27 000 000 美元,与 1991 年他复出与当时的冠军伊万德·霍利菲尔德比赛并被打败时的最高收入 12 500 000 美元形成对比(Dahlberg, 2003)。今天的福尔曼洋溢着幸福、关爱他人并心满意足。他不再咆哮暴怒、自我贬损了,愤怒和怨恨曾让他输掉了重要的比赛,他发生了 180 度大转变。人格可以随着时间的改变而改变,乔治·福尔曼就是一个活生生的例子。在心理学最权威的人格杂志上,斯里瓦斯塔瓦、约翰、戈斯林和波特(Srivastava, John, Gosling & Potter, 2003)报告了证实人格可以改变——甚至在成年期——的研究。一个人的人格不是固定不变的。

你将会发现本书中的有些案历特别有趣:鼠人和狼人(及其他的,第二章);恐怖电影中的角色:招人喜爱、恶作剧的小安娜和科斯比(第三章);在谢利写的真实故事基础上,对弗兰肯斯坦和他的怪物的分析(第四章);克莱尔个案和控制者个案,前者是一个具有依赖性的女性,疯狂地追求一个自我中心的男士(第五章);好母亲(第六章);嬉皮士式的反叛者变为保守者(第七章);作为恋尸角色的希特勒(第八章);丹尼斯和贝琪,清教徒和天主教徒,彼此在遭受战争蹂躏的北爱尔兰相识(第九章);一个自我实现者(第十章);两名大学好友吉姆和琼,试图解决吉姆和一名教授的矛盾,以及一个认知简单的人(第十一章);一个外控者(第十二章);名人面对失败表现出来的心理弹性(第十三章);在箱子里养育的婴儿(第十四章);关于林德伯格的婴儿被绑架和谋杀的梦以及对一个困惑的大学生的分析(第十五章);在校女学生患群体性歇斯底里症的个案(第十六章);莱因哈特、珍妮和一个成熟者的个案(第十七章)。另外,每位理论家的生活传记也构成了一部通常令人着迷的案历,这些都会在每章的开头出现。

另外,在与《人格理论:发展、成长与多样性》相配套的教师手册(Instructor's Manual)和学生指南(Student Guide)中,你和你的教授将拥有一份完整全面的案历(要得到学生指南,请访问我的网页:www. wiu. edu/users/mfbpa/bemjr. html)。该案历被试埃斯特利亚·门罗,是一位年轻的拉丁裔母亲,经历了一次离婚,而事业却"蒸蒸日上"。她同儿子、前夫、新情人、同事以及父母的关系展现的材料,适合用本书中所有的人格理论进行分析。

相关法

相关法涉及变量。**变量**(variable)这一术语指的是用数字来具体指定的数量上的变化。与变量相关的数字被称为"值"。重量是一个变量,因为它可以呈现不同的值。某些人体重是100磅,某些人200磅,还有的140磅甚至还有的250磅。对成人而言,体重可能在远低于100磅到远高于500磅之间变化。同样,身高也是一个变量,成人的身高在低于3英尺到远高于7英尺之间不等。焦虑、智力和仁慈也是变量。每种情况下,观测都可以预设在某一范围内变化的值。

相关法用来确定某些变量的变化是否共同发生。任何两个变量,如果其中一个变化在某种程度上伴随着另一个变量的变化,就说这两个变量**相关**(correlated)。

为了解释相关法,我们可以举个例子:假如一位心理学研究者让被试通过完成一份带有量表的问卷来报告他们每天的压力水平,这些量表与用于测量果断性的量表类似(例如,七点量表包括像"心力交瘁"和"放松"、"匆忙"和"业余时间"、"焦虑"和"平静"等固定点)。由于她想研究压力水平与上呼吸道充血的关系,所以要求被试每天都去看合作医生,由医生记录其充血量,即细菌感染(比如普通感冒)指标。一个月后,她发现,随着每日压力的增加,充血量也增加;压力下降,充血量也减少。当一个变量的高测量值对应另一变量的高测量值,同时一个变量的低测量值对应另一变量的低测量值时,我们就说这两个变量呈**正相关**(positively correlated)。这种相关关系用**相关系数**(correlation coefficient)(即相关程度的指数)来表示。上例中得出的相关系数,用符号 r 表示为 0.67,因为正相关的范围在 0.00 到 1.00 之间,所以说两变量有高的正相关。事实上,这种研究已经让医学界最终认识到,像压力这样的心理因素可能会影响各种健康状况(Cohen, Tyrrell & Smith, 1993)。

就**负相关**(negative correlation)来说,指的是随着一个变量的值增加,另一个变量的值减少。心理学研究表明,随着噪声水平上升,人们在各种认知任务(阅读、算术和问题解决)上的绩效会下降(如,Cohen, Evans, Krantz & Stokols, 1980)。负相关系数的范围在 -1.00 到

0.00之间。如果一种相关是不存在的,说明变量之间没有关系,并且 r 接近零。与一般的看法相反,在阿德勒那一章你会发现,出生顺序——无论是第一个出生,还是第二个、第三个或第四个——与各种人格特质之间的关系事实上是不存在的。

虽然相关法很容易被认为是科学的,但就像其他方法一样,它自身也存在一定的问题。其中最主要的就是,虽然它能表明两个变量是否存在关系,但不能指出是否一个变量决定另一个变量的变化。这一缺点最恰当地体现在"相关不是因果"这一陈述中。也就是说,仅仅因为两个变量相关,并不意味着一个变量"引发"另一变量的变化。某些例子可以阐明这一点。裤子的裤管内缝长与穿着者的身高之间存在高度正相关,但是买更长的牛仔裤并不能使人长得更高,身高增长也不会导致牛仔裤变长。类似地,一个研究者曾发现,亚利桑那州的降雨量与加拿大的自杀率之间存在高度正相关。很明显,没有人乐意去争论是亚利桑那州的降雨量"导致"加拿大的自杀事件,反过来,也没有人会去争论是加拿大的自杀事件影响亚利桑那州的降雨量。该研究文献继续报告,对于检验因果假设来说,实验法优于相关法(Enzel & Wohl,2002)。不管怎么说,相关研究仍然有其令人信服的支持者(Farr, 2002;Jussim, 2002)。

通常会发生这样的情况,当两个相关变量中的一个似乎已引起另一个变量变化的时候,事实上第三或第四个变量更可能是潜在的"原因"。在某国的冬天,鹳在屋顶上的出现与来年夏秋季节婴儿的出生率存在高相关。假定鹳不会带来婴儿,那一定是其他因素导致这种关系。那我们就来考虑一下这种可供选择的解释:鹳栖息在房顶上的烟囱附近取暖,而没有电视可看又厌倦打牌的人就寻找其他形式的晚间娱乐。"躲避寒冷"既导致鹳靠近烟囱,也把人局限到室内,致使娱乐享受的可能性受到限制。

即使运用新的精湛技术,我们也可以确切地说,相关法通常无法告诉我们什么变量决定其他什么变量的变化(第十八章进一步讨论此问题;见序言中的"其他材料"部分)。然而,相关法可能是非常有用的。第一,有时我们并不关注是哪一个变量"引发"了另一个变量的变化。如果智力与学业成绩好成高度正相关,那么大学的招生人员并不介意是智力水平高"引发"学业成绩好还是学业成绩好"引发"智力水平高。他们可能尽力招收那些智力测验成绩好的学生,并且高枕无忧地认为这些学生在大学里会表现得很好。第二,相关法可能暗示两变量间的因果关系,从而提醒研究人员用其他方法去证实这一因果关系。吸烟与肺癌之间持续的正相关就的确暗示了吸烟可能导致肺癌。用另一种方法已经证明,吸烟确实是引发肺癌的一个主要原因。第十八章将重新讨论相关法和因果关系问题。

接下来我们就讨论实验法,但是首先值得提及的是,建立在相关基础上的一种复杂而精密的技术——被称作"因素分析"——对人格研究来说非常重要。它将在卡特尔和艾森克这一章(以及第十八章)中受到相当关注。

实验法

当采用实验法时,心理学家处理的变量可分成两种类型。**自变量**(independent variables),其变化由使用实验法的人——被称为"主试"——来操纵。主试通过特定的操纵给自变量赋值

（数字），从而支配自变量的变化。**因变量**（dependent variables），其值是自由变化的，以致它们易受自变量的影响。实验法指的是进行一次**实验**（experiment），通过这一程序，主试首先调整某（些）自变量的变化，然后查看某（些）因变量的变化是否受到影响。与相关法不同，当两个变量发生相应的变化时，我们采用实验法就可以断定一个变量的变化决定或"引发"另一个变量的变化。这种说法是可能的，因为是主试而不是某个第三变量支配了自变量的变化，自变量转而又引发因变量的相应变化。而运用相关法就不能预先操纵一个变量，接下来证实另一个变量是否受其影响。

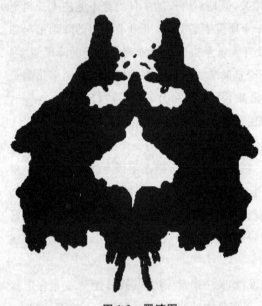

图1-2 墨渍图

由佩里及其同事（Perry, Sprock, Schaible, McDougall, Minassian, Jenkins & Braff, 1995）所做的一个有趣的实验对实验法进行阐析。这些研究者想要弄清楚著名的罗夏墨渍测验（1942/1951）是否对测出由药物引发的焦虑足够灵敏。这个被人熟悉的测验包括10张墨渍卡片，其中5张黑白的，5张彩色的。最初每张墨渍卡片是这样制成的：在一张纸的中央溅些墨水，然后对折。这一技术产生了一些可以用无限种方法解释的随机布局图（见图1-2，这一测验将在下一部分进一步描述）。

主试通过给三组被试不同剂量的药物——右旋安非他明（dextro-amphetamine），这种药被认为可以引发类似焦虑的症状——来引起自变量的变化。第一组被试服用小剂量的右旋安非他明（16.5毫克），第二组服用中小剂量右旋安非他明（29.2毫克），第三组服用看起来跟接受右旋安非他明的被试摄取的一样但包含的仅是些中性物质（0毫克）的胶囊。请注意，服用右旋安非他明的两组被试中的每一组服药的毫克数量都是平均值，因为每个被试用的剂量要视体重而定。

被试服用右旋安非他明3小时后，血液中药物的含量达到最高水平，这时让被试进行罗夏墨渍测验（服用中性物质的被试也要等3小时）。被试注视墨渍图并对其所见加以描述（一看到这些墨水渍，人们通常会作出一些简单反应，如"蝴蝶"或"花"，然后他们再作详尽说明）。这些反应按焦虑量计分。结果表明，服用右旋安非他明的两组被试在其反应中反映出来的焦虑意象的数量上没有差异。然而，服用某种右旋安非他明的被试和没有服用的被试表现出的焦虑之间的差异**统计显著**（statistically significant）：组间差异如此之大，表明不可能完全是偶然的。因此，由主试引起的自变量（右旋安非他明摄入量）的变化与因变量（在对罗夏墨渍图的反应中反映出的焦虑意象的数量）的变化相关。我们可以恰当地说，右旋安非他明决定在对罗夏墨渍图的反应中反映出的焦虑水平。

　　虽然实验法可能是最强有力的科学程序,但它自身也存在问题。其最严重的缺陷可能是,为了控制,研究者需要操纵自变量,实验必须在实验室或者其他人为环境中进行。因此,实验结果就必须在相当谨慎的情况下才能推广到真实生活中去。在封闭的实验室条件下进行的实验,有时可能很少能使我们了解到现实生活中人的真实行为、感觉和思维。与这种对实验以及间接地对过分强调科学性的抱怨相一致,本书的一些理论家也对实验法给予了谴责。想必默里一定记得,当他吹捧"科学主义"的时候,卡特尔对"铜管器械"心理学给予了贬损。许多人本主义者也对实验法声称的"科学"持严肃的保留态度。

人格测验:人格学家的工具

信度和效度

　　就像其他科学家一样,人格学家也有自己的工具。他们使用的工具或评价测验有很多形式,但都可以从信度和效度这两个重要维度来进行评鉴。第一,测验必须验证**信度**,也就是测验结果可重复的程度。在一种情况下做测验,间隔短时间后再测,如果两种情况下的分数非常相近,重测信度就得到验证。如果被试在同种测验的两种形式上得分相近,那么复本信度就得到验证。第二,测验必须验证**效度**(validity),即测验能够测到我们需要测得的程度。如果一个测验的项目确实取样于我们关心的行为,我们就说它具有内容效度。如果一个算术技能测验的项目涉及加法、乘法、除法,那么本测验就具有内容效度。预测效度是指一个测验对人们的行为进行预测的能力。如果儿童攻击性特质测验准确地预测了儿童在操场上的推和撞的行为,那么这个测验就具有预测效度。构念效度是测验测量到的一个给定概念的程度。如果一个测验测量诚实这一概念,那么其一些测验项目应高度相关并且共同反映诚实这一特质。示例项目往往是"我经常撒谎"、"我考试从不作弊"和"我从不偷东西",所有这些都在同意—不同意量表上评定。最后,一个有效的人格特质测验应该与评定同种特质的不同形式的测验呈正相关,即具有聚合效度,而与评定不同特质的相似形式的测验不存在任何相关,即具有发散效度。"助人"的一个多重选择测验和一个测量同种特质的真/假测验应该呈正相关,但是两个真/假测验应该不相关,因为一个测"助人",而另一个测"野心"。

投射测验和客观测验

　　大多数人格测验都包含在投射测验和客观测验这两种类型中。**投射测验**(projective tests)给被试呈现无结构的、模棱两可的或无确定答案的测验项目,从而让被试在一个广阔的自由空间中作出反应。右旋安非他明实验使用的墨渍图是投射测验的一个经典例子(Rorschach,1942/1951)。因为墨渍图是在纸片中间溅些墨汁,然后对折制成的,它们本来是无结构的、模糊的,可以从多方面加以解释(见图 1-2)。被试把心理自我"投射"到墨渍图代表的"空白屏幕"上,从而揭示他们的个人背景、知觉、想法、情感和幻想(Frank,1939)。被试的反应可以用多种方式计分,并且以个体对墨渍图的描述为基础:强调墨渍图的哪个部分、看到什么形状、个体的反应是与其他人相似还是独特新颖的、怎样组织反应、个体怎样运用色彩,个体关于墨渍图的陈述是否与焦虑这样的因素相关? 从史料记载来看,这类测验评分相当主观:它取决于各个心理学家对测验结果的特定解释。

由本书提到的一位理论家默里编制的主题统觉测验也很流行。该测验由20张卡片制成,每张卡片包括一张黑白色的人物情境素描图、油画或者照片,如一个男孩拉小提琴,由于稍后还要详细探讨主题统觉测验,所以暂且描述这么多了。该测验要求个体看每张卡片,并编一个短故事,由人格学家负责记录。这些故事将被分析,以鉴别出对于理解个体人格较为重要的支配性主题,并将之与个体的内部需要和外部压力相联系。在其他种类的投射测验中,被试要完成不完整的句子、添加故事结尾或画一幅房子图或人物像。

在科学评估这一显微镜下,最近有人对投射测验进行了全面彻底的检查,结果非常令人失望(Lilienfeld, Wood & Garb, 2000a, b)。虽然不同的测验测试效果不同,但是被人极为推崇的罗夏墨渍测验显然没有满足使用者的期望。例如,研究发现,罗夏墨渍测验的使用者对约翰·埃克斯纳综合系统(John Exner's Comprehensive System, CS)在测验的实施和计分上的效果表现出来的极大信任未被证明是合理的。利林菲尔德的团队报告,被试对墨渍图的反应构成了埃克斯纳综合系统的标准,而由这些人构成的样本不能代表美国人群。这一标准样本肯定是由完全适应环境的或极不正常的人构成的,因为与他们相比,正常人都看起来是病态的。另外,当受测者是有色人种或非美国人时,埃克斯纳综合系统是不适用的。最后,其信度和效度比预先假设的低很多,而且从绝对意义上讲是相当差的。利林菲尔德团队还报告,人形描画测验的测试效果至少与罗夏墨渍测验一样差。虽然主题统觉测验要好一些,但也显示出一些重大缺陷。不过,关于主题统觉测验的缺陷和优点我们将留到默里那一章探讨。

近来,希巴德(Hibbard, 2003)公开有力地回应了利林菲尔德及其同事,他指出在他们的报告中发现了许多错误、遗漏和误解。因此,投射测验的信度和效度问题仍然悬而未决。

第二种类型是**客观测验**(objective tests),它是高度结构化的纸笔问卷,通常是一些是非题或多重选择题,每个测验都有一个单一的计分键,反映出在得分上达成普遍一致这一事实。客观测验被认为是"结构化的",因为被试回答项目时没有很大的自由度。被试通常要读一些陈述句,并指出哪一个最适合他们,或者说哪些符合他们,哪些不符合。客观性人格测验的一个样本项目可能是:"当我参加一个聚会时"(选择最适合你的陈述),(1)"我是一个没有舞伴的人";(2)"我是聚会中的焦点人物";(3)"我只是与其他人混融在一起";(4)"我是一个让别人扫兴的人"。或者,一个项目可能仅仅是:"我是我参加过的聚会的焦点人物(指出是否符合你)"。有一种方法可以鉴别客观测验和投射技术间的差异,这种方法对你而言将是很熟悉的。比较是非测验和多重选择测验与问答性试题的格式和自由性,然后作出你自己的反应。

客观测验的计分是直接明确的。每种可能的反应都可以被视作确实正确或错误。这样,每个题目都可以被赋一定的数值,将所有项目的得分加起来就得到总分。因为高度结构化的客观测验可以用一种具体的、非任意的方式进行量化,所以与投射测验相比,它们表现出更高的信度和效度。本书中有一些客观性人格测验的例子。

　　与投射测验一样，客观测验也有不足之处。因为要被测量的内容通常是显而易见的，所以客观测验的被试可能选择与事实不符的答案（在每个量表中符合社会期望的答案上打钩；Masling，1997）。与女性相比，男性在客观测验的反应中表现出较低的"信赖性"，但对投射测验的"信赖性"水平没有差异（Masling，1997）。最后，客观测验在短期行为预测方面比投射测验要好，特别是在限制性条件下发生的非常具体的行为。然而，马斯林（Masling，1997）有证据指出，投射测验比客观测验能更好地预测更广泛的长期行为。

人类多样性世界中的人格测验和人格理论建构

　　人类多样性指的是文化以及性别和性取向的多样性，已成为美国及其他国家人群的特征。美国和加拿大一直有很明显的多样性特征。多样性现在也成为许多欧洲国家的特征。一直以来，这些国家的人群中有一半以上是女性。男同性恋、女同性恋、双性恋以及当地人一直交融并存。在加拿大和美国，亚洲人的数量日趋增加，非洲后裔也已经繁衍了几百年。多样性已成事实。如果想要在工作中、学校里乃至社区中生存和繁荣，我们就必须承认并接受这个事实。

　　《人格理论：发展、成长与多样性》一书着重考虑了多样性。强调这一点似乎特别恰当，因为人格理论以及源于人格理论的测验主要是基于对欧美男性的观察。通常，这些理论可能会很快被推广到其他人群，如女性和拉美人。然而，在很多情况下，某些理论和测验不适用于某些群体，这是毋庸置疑的，或者是显而易见的。部分原因是，某些群体的思维方式是不同的，如东亚人和西方人（Nisbett，2003）。

　　最近，在对如何将多样性和人格理论及测验联系起来这一问题的处理上已经取得了进步。例如，惠特沃思和麦克布赖恩（Whitworth & McBlaine，1993）研究表明，著名的客观性人格测验MMPI（明尼苏达多相人格调查表）及其后继者 MMPI-2 在祖籍非西班牙（墨西哥）的美国白人和拉美人身上得分相似。然而，他们发现这两种人群在四个量表上反应的确不同。罗杰斯、弗洛雷斯、尤希达和塞维尔（Rogers，Flores，Ustad & Sewell，1995）把西班牙语人格评定量表（PAI）与相应的英文版本作了比较，选用了一些讲双语的墨西哥裔美国人和一些仅讲西班牙语的人作被试。双语被试对西班牙语版和英文版的反应一致性相当高，并且西班牙语版的两次施测表现出较好的重测信度。然而，有证据表明，被试在两种语言形式的测验上和一种语言形式两次施测的测验上的反应存在变化。希巴德、唐、莱特科、帕克、芒恩、博尔兹和萨默维尔（Hibbard，Tang，Latko，Park，Munn，Bolz & Sommerville，2000）比较了亚洲人和白人的主题统觉测验反应得分和量表效度，并运用《防御机制手册》（*Defense Mechanism Manual*）进行了解释。亚洲人在否认上得分低于白人，但是在投射、认同和总分上都没有差异。对于亚洲人而言，主题统觉测验的平均效度系数更高。张和诺维利蒂斯（Zhang & Norvilitis，2002）发现，中国被试在四种人格量表上的性别差异小于美国被试。只有美国人可能在符合社会期望的维度（如自尊）上的得分高于在不符合社会期望的维度(如自杀观念)上的得分。蒂曼(Tiemann, 2001)发现,双语流利的被试对主题统觉测验卡片的西班牙语描述和英语描述不存在差异,但是他们对罗夏墨渍测验卡片的西班牙语描述和英语描述的确存在差异。瓦斯蒂和科尔蒂纳(Wasti & Cortina, 2002)在关于性骚扰反应的种族差异的报告中指出,土耳其和西班牙妇女比美国白人更多地采取逃避的方式("置身事外"),而与其他种族相比,西班牙人更多地运用否定("试图忘记"),更少地寻求辩护("申冤")。

　　尽管当前已经做出了这些努力,但是在探讨人格理论和测验时对多样性的忽视仍然是个问题。因此,当多样性问题在本版中被明确提出或简单暗示的时候,你就可以通过发起或者展开讨论,来帮助你的同学和教授们。对多样性的考虑越多,我们的测验和理论就越好,更重要的是,我们的社会和职业生活就更丰富和成功。要获得更多有关多样性的信息,你可以按照说明查找我的网页:www. edu/users/mfbpa/bemjr. html。搜索"Diversity"和"Multiculturalism"(或用上面网页地址中的"bemjr"代替"multicultural"或"diversityweb")。通过后者,你就可以找到与你的种族群体相关的网页。

关于"科学"的结语

　　关于科学的所有讨论不应该给你留下这样的印象:科学是好的而其他方法是坏的。科学既非好也非必然地要比其他取向更好;科学就是这样。然而,由于人格理论家通常声称他们的理论属于科学的领域,所以用科学的标准评价它们是合理的。他们提出的一些理论将成功地符合科学的标准。而那些不符合科学标准的理论将会受到应有的批评。但没有任何理论会仅仅因为没有满足科学的标准就被遗弃。我们有充足的理由容纳那些未完全达到科学标准的理论。事实上,非科学领域的优点可能会使这些理论比某些更科学的理论更有价值。有时候一个深思熟虑的哲学观点,虽然因太抽象不能被科学证实,但可能比一个"生硬的科学"观点更有优势。由于这些原因,非科学标准也将用来评价理论。

章节结构

　　本书各章几乎具有相同的结构。当读完几章后,你就能预知下面各章的结构。导论的剩余部分将带你熟悉每章的格式。

介绍性陈述

　　每章的开头都有个简短的介绍语,以完成从前几章到该章的过渡。通过把先前理论家及其理论与当下正探讨的理论家/理论相对比,你就能更快地"转向"新的天地。这部分通常也包括你从该章中获益的方式。

人物传记

正如青年时期受到的压迫使得前最高法院法官瑟古德·马歇尔通过其杰出的职业生涯来追求种族平等一样,由理论家的特殊背景引发的心理学兴趣已经影响到他们的人格理论的发展。本书中包括的一些理论家在他们的成长时期遭受的痛苦影响到他们对哪些人格问题感兴趣。其他理论家的积极经历使他们对特定的人格问题而非其他问题感兴趣。反过来说,他们怎样形成对这些问题的看法,是由他们自己对其重要经历的反应决定的。了解一个理论家的生平能告诉你关于此人是"从哪里来的"这个问题的一些真正有意义的东西。

人物传记部分有两个新特色。第一,每个理论家的照片下都有他/她的网址。第二,本部分还包括一个新的调查和文献检索,用于明确指出本书中的理论家在 20 世纪所有心理学家中获得的极高地位(详见作者前言)。

另外,当我们了解一个理论家的生平时,书中的陌生名字和稀奇照片将会变成有趣的人物形象。事实上,不管以什么标准,书中的很多理论家都是杰出的人物。他们有的战胜了重重困难,赢得了赞誉并且作出了持久的贡献。有的人因通过其理论和个人努力致力于让别人生活得更好而著名。有的人逃脱纳粹的统治,有的人挑战贫困,还有些人摆脱了心理障碍或者童年创伤的阴影。

所有这些信息将会成为你的"记忆钩"。很多人能够轻而易举地记住这些生平,但有时对抽象的理论很难记住。当掌握了一个理论家的个人背景以及这些背景怎样与他/她的理论相联系之后,你就更容易抓住这个人的基本观点。观点就像衣服,如果没有东西"把它们挂起来",就处于混乱状态,但如果能够提供一个带有不同大小和形状的钩的"衣服架",就很容易组织和相互联系。将这项类比扩展到脑科学的进展,如果你有一个关于电脑信息的"神经网",它就是一个有很多钩的记忆架,你可以"悬挂"新遇到的有关电脑的观点。如果你缺乏这样的一个网络,你就不得不用烦琐而低效的机械记忆。为了提供进一步的记忆帮助,有时在每章标题附近的括号中插入记忆术。 15

记忆钩不仅来自理论家的生活细节。通常,理论家的人格特征也是其理论的重要决定因素,因此它们提供了更多的记忆钩。例如,一个理论家的人格可能规定了人际关系的冲突就是规则这样的假设,而另一个理论家的人格可能产生和谐是人际关系的特征这样的假设。要获取理论家的更多信息,请访问网站(各网址都在他们的照片下列出)。也可以登陆我的网站,然后搜索点击奥尔波特的照片。在那里你就可以找到想知道的几乎所有关于人格的知识。另外,还有学生指南一栏,包含有关学习、多项选择题以及更多网站的提示信息,它与我的网页有相同的地址,只是把"personalityguide"换成"bemjr"。

关于人的观点:普遍的哲学倾向

在探讨理论家的基本概念之前,考察一下其内在假设是非常有益的。不知道理论家关于人的倾向及他们的人格机制,理解他们的基本概念将会是很困难的。没有掌握理论家的倾向而试图去学习一个理论,有点像不知道政治家对关键问题的立场而去投票站投票一样。

在理解一个理论家的倾向之前,将会有许多问题需要回答。如果得到足够的支持,每个人都能解决自己的问题,一种理论是建立在这样的信念基础之上吗? 健康人格和变态人格都在同一连续体上,或者这两种人格是完全分离的,如果一种理论基于这一假设,那么它涉及健康人格、变态人格还是两者兼而有之? 该理论家是相信自由意志还是相信决定论? 该理论家是一位把人格资料进行量化以致可以运用相关法和实验法的"科学家",还是一位仅依靠直觉和定性信息的"非科学家"? 该理论家是通过探究人的**过去**还是**现在**(或**未来**)来试图理解他/她的人格? 该理论是否认为仅仅通过考察人的**外部**环境或个体的**内部**过程就可以理解人格吗? 是基因编码决定人格还是出生后的事件塑造了人格? "关于人的观点部分"将解决这些及其他问题,这样在接受他/她的理论概念前,你就能对要关注的理论家的思想有所了解。第十八章将对这些问题作进一步探讨。

基本概念:理论的核心和灵魂

基本概念部分是每章的中心,它介绍了理论结构的组成元素。只要可能,我们就用理论的结构框架来组织概念,而理论结构框架采取特质类型或人格发展阶段的形式。如果合适的话,一个给定的理论可以描述成金字塔形的,更概括的概念在顶部,更基本的概念在底部。无论如何,我们应该强调概念间的联系,以便使理解概念间的联系成为学习的模式,而非死记硬背一些不相关的观点。

评价:正确观察理论

每章的评价部分被分成贡献和局限两部分,可以说是从正反两方面进行组织的。理论的评价有很多标准,因为并不是所有的标准都适用于每一个理论,所以一个既定的理论仅仅适合用某些标准来剖析。这些标准可以分成两类。

科学标准。一个理论要成为科学的,它的结构必须是有逻辑的。概念间彼此必须有一定的关联;然而,可能有些概念被看作比其他更重要,有些建立在其他概念基础之上。因而,一条标准可以说是:"理论前后是连贯的吗,以致概念间的联系是明确的、重叠很少? 或者说,理论是混乱的吗,以致某些概念与其他概念没有联系并且有些概念还重叠?"有些理论可能是联系紧密的概念网,每个概念相对于其他概念都有确切的位置。相反,有的理论可能是许多孤立概念的集合,或几个小理论的组合,彼此之间没有很好地联系起来。

概念的标签是有许多意思的常用术语还是有确切和具体含义的常用或不常用的词? 有多种含义的词,如"热的"、"冷的"或"欢乐的",当被用作概念的标签时,就是一个令人讨厌的东西。当试图把这些标签与其他概念的标签相联系时,不相干的意义就会起阻碍作用。与此相反,因为有精确和具体意义的词没有我们试图回避的无关含义,因此很容易掌握,并且易于把它们彼此联系起来。

那些易于被不同的人赋予不同意义的词也是有问题的。"经验"是人格学家常用的一个词,但用作概念的标签时容易产生混淆,因为通常每个理论家给它下的定义不同。而且,非专业人士使用它的方式也不同。"能力",从另外一方面来说,是一个有助益的词,因为从某种意义上讲它总是指一个人的技能、天赋和才干。

通常而言,概念越少越好。这是简约性的第一条原则。有效解释力的本质也是简约性。每当冗繁的术语彼此冲突时,简约性这一有用的行为就显现出其作用。

另一个科学公理是,如果两个概念在解释某一事物时效果同样好,那就选择最简单的。这就是简约性的第二个原则。拥有简短定义(被它们的标签"出卖掉了")的概念比拥有似乎与它们的标签无关的冗长定义的概念更受欢迎。例如,"积极的自我关注"(positive self-regard)是一个比"sizothymia"更可取的标签。后面那个词大意是"含蓄的",虽然很多人不明就里。"sizothymia"产生了另外一个问题。理论家可能采用希腊词或罗马词来命名概念以免产生歧义,但是,这样做就会把他们的概念隐藏于不必要的神秘感之中。只要没有其他意思,一个家喻户晓的词最合适不过了。

概念是否意味着能被某些方法或其他方法证实或证伪的明确预言吗? 或者它们是否无法产生能通过系统观察来评价的明确预期? 如果一个理论不能被证伪或证实,那它就是不科学的。一方面,高自我效能指的是一个人对做某一功绩的能力的信念,并预示着表现能力的提高。如果一个人有抓蛇的高自我效能,我们就能够预言,此人能毫不犹豫地捡起爬行动物,或许甚至还能紧紧地抓住它。另一方面,统我是指"作为感知到的我",但从此概念可以得出什么预言呢? 17

一个理论有一批数据支持,还是缺乏证实其概念含义的可观察证据? 为了修正前面提到的简约性的第二个原则,如果两个理论同样连贯并且同样简单,就应该选择最能有证据支持的那个理论。本书中的一些理论家已经激励许多研究者得出能支持他们理论的许多新近资料,但是其他理论家的理论缺少证据支持。能吸引每一代新的研究者注意的那些理论,与其他理论相比,更可能在将来出版的书中像在本书中一样占有一席之地。每章设计的对比部分就是按照这些标准和其他标准对理论进行比较。

非科学标准。科学不是万能的。评价理论的标准并非都是严格科学的。理论家不仅能启发研究者,也可以启迪其他人。如果第二代理论家或实践者仍然追随一个给定理论,那么这个理论的长期影响将持续下去。本书中提到的某些理论未能激起大量的研究。然而,其中仍有些理论引起了专业人士的极大兴趣,以致他们在与这些理论相关的专业杂志上展开了一次生动的对话。源于上述某些理论的心理治疗方法已为成千上万的从业者所接受。

反之,上述从业者已用基于理论的治疗方法帮助了成千上万的人。然而,源于理论的治疗方法并非理论家的观点对人产生积极影响的惟一途径。人格理论家通过写书影响了成千上万的读者,其中很多人体验到对自己有了更深的理解,并且满足感增强。本书中的某些理论家在外行人中有一大批追随者,如果不是在研究者和其他理论家中的话。

特殊部分

除了每章必有的部分,还有两部分仅仅出现在某些章节中。一部分叫支持性证据,将出现在那些专门论述已产生重要最新研究的理论的章节中。某些理论应该设立一个有关人格发展的部分,因为它们包括有关这一问题的特别强烈的观点。

结论部分

如果一个理论的积极特征小于它的消极特征,那么它将不会在本书中出现。结论部分阐述了评价部分的内容大量安排在贡献栏里的原因,即使在这一部分不更经常地被记录。

18 **电子邮件互动部分**

有时候我们很难坐下来给某人写封信。我们觉得我们必须"说"很多,至少也要写一页纸。然而,你们中使用过电子邮件的人可以作证,我们往往在使用电子邮件的时候不会表现出"写作抑制"。一转眼的工夫我们就可以键入某人的邮件地址,并且仅再需一小会儿一封由几个长句子构成的信就写好了。这有点儿像给朋友留个便条。我们不必过多担心所写的篇幅及内容。

那么为什么不给作者发电子邮件呢? 你要做的就是键入 b-allen@wiu. edu(或者 mfbpa@wiu. edu)。你可以问任何问题或者陈述你所想的一切。信件简短不仅省事,而且更受喜欢。另外请放心,我当然不会以一个英语老师的眼光来看待你的信件。

我在每章的最后列出了一些你想提出的可能的问题或者观点,以防你想说但又不知该说什么。我的邮箱地址也写在那里,所以你无需去查阅。以你喜欢的任何方式改变一下我提出的问题或观点,或许,它们中有一个将会启发你作出一种创新性的反应。无论是什么,只管去尝试! 有时回信可能需要一段时间,但我保证会回复。

要点总结

1. 人格的操作定义是基于个体差异这一观点的:人的测验得分可能处于行为维度的不同点上。因此,人格就是落在不同行为维度的一系列点的集合,每个点对应一种特质。遗憾的是,"个体差异"一直被用来指一个人在某一维度上的位置是"固定不变的",但是乔治·福尔曼的例子推翻了这一假设。

2. 科学方法涉及将观察量化。个案研究法指的是对单个人的集中观察。无偏观察可能有一定困难,因为观察者要经常与被观察者打交道。另外,被观察者可能不具典型性,并且对一个人的数据进行意义分析很困难。然而,案历(个案史)却能解释理论的重要方面。埃斯特利亚·门罗案历就能涉及所有理论。

3. 一个变量假定有不同的值。如果一个变量的变化紧密对应于另一个变量的变化,那么这两个变量相关。当两个相关变量,一个变量的高值对应于另一个变量的高值,那么这两个变量正相关;如果一个变量的高值对应于另一个变量的低值,那么这两个变量负相关。当变量之间的关系不符合这两种模式中的任何一种时,我们称这种关系为"零相关"。相关法可能是科学的,但是相关并不意味着具有因果关系,尽管它也有自己的辩护者。

4. 在一个实验中,我们可以操纵一个自变量的变化,然后弄清因变量是否受到影响。佩
19 里及其同事给两组被试不同剂量的右旋安非他明,给第三组不含药品的中性物质(自变量),然后让他们做罗夏墨渍测验,以观察操纵对该测验中反映的焦虑产生的影响(因变量)。

5. 人格测验必须验证其信度和效度。信度可以用重测或平行复本技术来确定。确定效度的方法包括内容效度、聚合效度和发散效度。做投射测验时,被试要对模棱两可的、无结构的或者是无确定答案的刺激做出反应。做罗夏墨渍测验时,被试要描述他们在墨渍图上看到

的东西。评分标准相当主观,所以很难证明信度和效度。运用主题统觉测验,被试观看模棱两可的图画后要编故事。当前研究表明,投射测验的信度和效度比以前估计的要低。

6. 客观测验运用多重选择题或者是非题的形式。相对于投射测验,它们具有相当高的信度和效度,同时也有其优点和缺点。人格的测验和理论建构必须考虑到人的种族性、性别和性取向等多样性。有证据显示,测验结果可能在不同的性别和不同种族中存在差异。每章的人物传记部分在一个理论家的人格和生活背景与她/他的理论之间架起了一座桥梁。了解理论家的生平使他们变得真实,同时这也提供了悬挂理论原则的"记忆钩"。

7. 一个理论家的哲学倾向为理解他/她的基本概念奠定了基础。理论家相信人们能解决自己的问题吗?他/她是科学的还是直觉的?他/她相信自由意志吗?是"人的外部环境"重要还是"个体的内部过程"重要?是先天遗传重要还是后天教育重要?鉴于对这些问题的回答,基本概念可以被纳入到一个理论框架中,例如发展阶段。

8. 评价一个理论的科学标准包括:概念的标签是有许多意思的常用术语,还是有非常具体的含义?标签"出卖"概念的意义吗?是否遵从简约性原则?理论家的观点是否引发研究者提供支持性资料呢?

9. 非科学标准包括:该理论是否激发了第二代研究者和从业者继续追随?外行读者是否因受该理论有关书籍的影响而改善了他们的生活?结论部分陈述了每种理论的总体优点。邮件互动部分包括了发送给作者的问题和观点。

问答性/批判性思考题

1. 你接触到人格的基本定义之前,"人格"这一术语对你而言意味着什么?
2. 看到"科学"的正式定义之前,对你来说科学意味着什么?
3. 你能对你了解的某个人做一个个案研究吗?
4. 如果你编制了一个人格测验,你将怎样证明它的信度和效度?
5. 你能构思一个新奇的情境,以便投射测验能比客观测验提供更多的信息?

电子邮件互动

通过 b-allen@wiu.edu 给作者发电子邮件,回答下列中的一个问题或者发送你自己的一个问题。
1. 你在心理学训练中强调了什么?
2. 你为什么决定写这本书?
3. 这本书将有助于我解决我的问题吗?

精神分析的遗产：弗洛伊德

- 男孩与母亲之间的关系不同寻常吗？
- 我们所谓的"心理"有多少是潜意识的？
- 潜意识的东西会在我们的梦中显现吗？

西格蒙德·弗洛伊德
http://Lcweb. loc. gov
/exhibits/Freud

当被问及有关人格的问题时，弗洛伊德通常以一种命中注定要揭示永恒真理的调子作出回答。他的一些回答对理解人格问题有重要的贡献。其他一些观点虽然也同样明确，意义却不大。然而，弗洛伊德以极大的韧性恪守着他所有的观点。对那些与他任一观点不一致的人，他都持怀疑态度。荣格以及许多其他早期追随者，不久都因开始与弗洛伊德的观点产生分歧而与他分道扬镳了。然而，无论他们承认与否，他们都受到弗洛伊德的影响。

弗洛伊德其人

西格蒙德·弗洛伊德(Sigmund Freud)1856 年 5 月 6 日出生于德国的摩拉维亚，现为捷克共和国的一部分。他是阿马莉和雅各布·弗洛伊德八个孩子中的长子。阿马莉是雅各布的第二任妻子，比他小 20 岁，21 岁的时候生下了她"金子般的西格(Sigi)＊"。她性格活泼，聪明机敏。雅各布是一个羊毛商人，富有幽默感，而且是一个思想自由的人。他们都是犹太人。

西格蒙德刚到 10 岁就上了高中，17 岁就考入维也纳大学医学院，在那里，他作为神经科的学生，凭借超群的记忆力显示出卓越的才能(1994，材料来自维也纳弗洛伊德博物馆)。年轻的弗洛伊德深受布吕克教授的影响，布吕克是一位受人尊敬、治学严谨的生理学家，他具有坚韧不拔的精神，犀利的目光能

＊ 即西格蒙德·弗洛伊德。——译者注

把学生吓呆。

在医学院期间，弗洛伊德一心想着成名，并且几项重要发现使他在经济上有了保障(Jones, 1953；Parisi，1987)。学生时代的他做了这样几项研究：(1)首次解剖了四百多条雄鳝来证明它们的确长有睾丸；(2)发现了鱼类神经细胞的新特点；(3)发展出了第一个给神经组织着色的氯化金技术。还有一点值得关注的是，弗洛伊德的"接触屏障"(contact barriers)的概念先于"突触"(synapse)概念的提出，它指的是神经细胞间的空间(Parisi，1987)。他用自己作被试，发现可卡因是一种有效的麻醉剂(Parisi，1987)。然而，他并没有像传言所说的那样终身服用可卡因。尽管如此，他曾经一度提议广泛使用可卡因，甚至用于注射(McCullough，2001)。弗洛伊德在 25 岁那年获得医学博士学位(1994，材料来自维也纳弗洛伊德博物馆)。

弗洛伊德在奥地利首都维也纳生活了整整 78 年，在那里，他建立了自己的私人诊所，为神经失调者提供治疗(1994，材料来自维也纳弗洛伊德博物馆)。他的家和办公室位于 Berggasse 街 19 号，现在那里因为他的荣耀而成为世界闻名的博物馆。当时在那里，弗洛伊德享受着作为三个女儿和三个儿子的父亲的乐趣(1994，材料来自维也纳弗洛伊德博物馆)。他最小的女儿安娜后来成为著名的儿童精神分析学家。1938 年，德国入侵奥地利后不久，由于纳粹对奥地利的犹太人不断进行骚扰，弗洛伊德被迫离开了维也纳。实际上，他并非一个犹太教的忠实信徒，因为他觉得，被文明社会利用的宗教错觉都是用来对付幼稚的无助感的。在他启程离开时，盖世太保(Gestapo，纳粹德国的秘密国家警察)试图让他签注文件，但遭到了弗洛伊德的拒绝。尽管这样，他们仍允许他在 1938 年 6 月 4 日那天移民去了英国，因为不这样做就可能会反过来影响世界对希特勒政权的看法。

弗洛伊德 1939 年 9 月 23 日死于下颚和口腔癌，仅在他移居伦敦一年零三个月后。恶性肿瘤无疑源于他毕生对雪茄的嗜好，他从早到晚不停地吸烟。当你阅读弗洛伊德的口欲理论时，你会发现这种嗜好十分有趣。

在生命的最后时间里，弗洛伊德忍受着巨大的疼痛、说话和进食障碍的折磨，身心俱疲，一次次的手术和一种把鼻腔和口腔分离的医疗器械让他痛苦不堪。在弗洛伊德的葬礼上，散文作家茨威格(Zweig，1962，p. 208)用悼词描述了弗洛伊德"灰色"的观点，这成为弗洛伊德生命中最后那个秋天的最鲜明写照："西格蒙德·弗洛伊德作为一名医生，时间如此之长，经验如此之丰富，以致他逐渐得出人类普遍是病态的结论。因此，当他把目光从咨询室投向外部世界的时候，他的第一个印象就是悲观的……"然而，弗洛伊德勇敢地与疾病和死神作斗争："我宁愿要一个机械的下巴，也比没有下巴强。与死相比，我还是希望活下去。"(引自 Golub，1981，p. 195)然而最终，随着癌症的痛苦不断加剧，手术越来越频繁，1939 年 9 月 21 日弗洛伊德请求自己的私人医生在他死前一直给他使用吗啡(*Monitor on Psychology* *，1998，p. 10)。两天后，吗啡结束了弗洛伊德的生命。

---

　　* 美国心理学会的出版物，类似于机关刊物，每月 5 日出版，反映心理学界及美国心理学会自身的动态，也发表研究报告。——译者注

弗洛伊德关于人的观点

23 弗洛伊德描绘了一幅生动的肖像画,惟妙惟肖地刻画了在本能、潜意识和非理性力量统治下的人性。对他来说,人类机体是一种处于内外交混状态中的自私的存在。即使是在假想纯真的童年时代,也会显示出很多的攻击和性行为。人们受意识控制之外的力量主宰,虽然被一层很薄的文明外壳包裹,但存在于一种持续不断的挫折状态中。人性的这些方面先于自由意志:人类被认为没有能力处理自己的心理问题。他们诉诸宗教,徒劳地希望获得一些对无节制的强烈欲望的控制,也希望获得对无法遏止的享乐追求的豁免。但是,他们无论是获得控制的努力还是对缺乏控制的解释都是徒劳无益的。

弗洛伊德毕生都未停止自我分析。可以说,他最重要的一本书《梦的解析》(*The Interpretation of Dreams*,1900/1958),就有很大部分是基于对他自己的梦的分析。弗洛伊德相信,梦使人们体验到愿望的满足,而这种愿望在现实生活中是隐蔽的(Dement,1976)。他的《日常生活中的心理病理学》(*Psychopathology of Everyday Life*,1901/1965)同样源自自我分析,探讨了记忆、言语、阅读和写作中明显"错误"的心理学意义。这两本著作都受到**心理决定论**(psychological determinism)的影响,心理决定论认为人类没有什么行为是偶然发生的。对弗洛伊德来说,有关人格的任何事情都是被决定的或有其心理原因。人们只需要揭示这些原因并检验它们。不过,他并不是一个纯粹的生物决定论者(Parisi,1987)。事实上,在试图发现人们行事的原因时,弗洛伊德常会强调心理决定论而不是生物决定论。他写道:"意识对于……神经细胞一无所知。"(引自 Parisi,1987,p. 240)他的意思是,虽然没有神经细胞意识就不可能存在,但是出自神经细胞的产物超越了神经细胞本身,不能仅仅用神经细胞来解释。

在自我分析的过程中,弗洛伊德追溯其行为到自己的深层隐秘处。他探究自己与母亲之间的亲密关系,以及对他父亲的敌对情绪。实际上,这些关于自己童年经历的个人探索对他形成男孩想"杀"父"娶"母的观点有非常重要的作用。在弗洛伊德的早期记忆中,"男孩出于[性]的好奇闯入他父母的卧室,并被激怒的父亲赶出去"(Jones,1953,p. 7)。与其理论一致的是,当弗洛伊德 40 岁时他父亲雅各布去世了,对父亲的这些情绪使他产生了负疚感。大约在葬礼期间,弗洛伊德在给朋友弗利斯的信中写道:"穿过堂而皇之的意识后面的某条黑暗通道,这个老人的死深深地触动了我……我现在感觉几乎被连根拔起。"(引自 Bronfen,1989,p. 963)

基本概念:弗洛伊德

人格结构:三个相互作用的系统(SIDE)

弗洛伊德认为,人格有三个基本成分,一个代表的是人格的生物方面,第二个代表的是心理方面，第三个反映了社会对人格的贡献。这些并不是物理意义上的人格"构件"，它们在人体中也没有什么具体的、生理的定位。相反，它们是心理的过程或系统：它们组织心理生活并能动地彼此相互作用。

本我。 本我是人格的本源，是三个系统中最基础的成分。**本我**（id，亦译"伊底"）在意识层面之外，由出生时已有的一切构成，包括与身体驱力满足有关的一些要素，例如性、饥饿或基本的心理需要（如舒适、远离危险）。本我根据**快乐原则**（pleasure principle）活动，即通过降低不舒服、痛苦或者紧张，尽快地、即刻地达成快乐体验。本我通过**初级过程**（primary process）来满足需要，它是一种婴儿的想象和愿望的连续流，需要即刻的、直接的满足。本我在获取需要满足时，不考虑什么对错或是否对个人"有益"。初级过程思维是潜意识的特征（Brakel, Kliensorge, Snodgrass & Shevrin, 2000）。

本我是**本能**（instincts）的蓄水池，是既具有生理特征（身体需要）也具有心理特征（愿望）的天生驱力。本我同其他两个系统一起，由**力比多**（libido）驱动，力比多是一种能量，关于它有多种描述，如"心理愿望"、"性爱倾向"、"广义上的性欲"和"性生活的驱力"（Freud，引自 Rychlak, 1981, p. 54）。弗洛伊德（Freud, 1940/1949）假设，仅有两个基本的本能范畴，即生的本能和死的本能。指向生存的本能，叫做**厄洛斯**（Eros），代表了对自我（自爱）以及同类（他爱）进行保存的能量。弗洛伊德最终把力比多的几种含义都归结为"爱"，由此就把力比多能量与厄洛斯联结在一起。

萨纳托斯（Thanatos）是指向毁灭和死亡的本能，目的是使生命体回到它们原初的无生命状态。攻击性是萨纳托斯最重要的功能。生的本能和死的本能或者会融合在一起，或者相互对立，引起"交替"或者人格的不断变化，以及人格间的个体差异。

新生儿的行为反映了本我的活动方式。它睡觉、醒来、发出吮吸声、为了保暖而扭动身体或者大小便。然而，它不为别人做什么，至少不是有意的。因为婴儿的人格完全由本我主宰，它关注的是自己及其基本的身体需要和舒适。

自我。 婴儿的行为集中在内部的紧张状态，因为本我无法直接与它本身之外的世界建立联系。虽然它能觉察内部紧张状态的变化，如饥饿和寒冷，但它无法克服。它仅仅体验到痛苦/不舒适以及快乐或不快，但是它与外部的调剂和满足源是分离的。

人们只有本我就会难以生存下去，这是显而易见的。只要一个需要产生就立即满足，而不管表面上能够满足需要的客体是否合适，这是相当危险的。例如，饥饿的婴儿会把看起来能吃的东西往嘴里塞，包括有毒的或危险的东西。显然需要另一个结构，它在满足本我需要的同时避免婴儿受到伤害（Freud, 1961）。

自我（ego）是心理过程连贯一致的组织，它来自本我能量，通向意识，并为了达到满足本我需要的目的，尽力与现实保持联系。本我是主观的，指向内部本身的需要和愿望。自我则是客观的或指向自身以外的。自我担负着以增进自我保护的方式满足本我需要的责任。自我已经发展成主格"我"或者宾格"我"，让事情以最有利于自己的方式得以完成。

自我根据**现实原则**（reality principle）行事：自我有一种推迟满足本我愿望直到出现合适目标从而达成没有伤害作用的满足的能力。自我受一种更高水平的心理机能的引导，即**次级**

25　**过程**(secondary process)，它包括思维、评价、计划和决策等心智操作，以此来检验现实并决定特定的行为是不是有利的。因此，自我可作为通向现实的桥梁。它计划能在现实世界中满足本我需要的行动。与本我不同，自我可以鉴别提供食物的乳房或奶瓶与无效客体(如大拇指)或危险品(如毒药)之间的差异。自我过程增加了一种可能性，即本我将在没有伤害作用的情况下体验到愿望的满足。

当自我与现实接触时，它并非全部是意识的(参见图 2-1)。它还要忍受来自第二重身份的"折磨"：它是本我的一名助手，而不是一个完全独立的实体。不论在意识水平还是潜意识水平，自我因其第二重身份，使得它在面对内外威胁的时候都容易受到攻击。由于这一原因，自我始终要紧绷着一根弦。外在危险包括食物和水的匮乏，身体不适，以及身心伤害和亲情丧失的威胁。内部威胁包括不可控的本能能量的积累，尤其是性本能和攻击本能。弗洛伊德(Freud，1923/1961b)用马和骑士作比喻：马(本我)的强大的力量必须在骑士(自我)的控制之下。

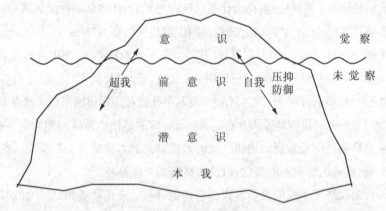

图 2-1　人格就像一座冰山：只有心理冰山的顶部位于水平线之上，它代表的是能够意识到的心理部分。水平线以下的部分心理通过努力能够意识到——前意识——但大部分是无法意识到的——潜意识

自我对威胁性的本能激流的反应是体验到**焦虑**(anxiety)，一种极度不愉快的情绪体验状态。为了减少焦虑，自我唤起各种**防御机制**(defense mechanisms)，它们是内部的、潜意识的、自动的心理策略，用以应对或重新获得对有威胁的本我冲动的控制。防御机制抑制难以接受的欲望或观念，使它们不能到达意识的层面。

最初列出的防御机制应完全归功于弗洛伊德，但是其女儿安娜·弗洛伊德在发展其他几种防御机制中起到了主要作用。**压抑**(repression)是一种记忆模式的选择类型，在这种类型中威胁性的内容无法唤起，因为它已被压入潜意识中。它通过让自我仅仅意识到那些与威胁性
26　内容关系不那么密切的想法和欲望从而保护了人格。**投射**(projection)保护我们远离威胁，其方式是让我们看到自己难以接受的特征只出现在别人身上——"那些丑陋不堪的小人；不像我，他们能想到的就只有性！"对这种防御机制的支持在于，被试报告他们表现出不诚实行为，随后他们把这种不诚实投射到另一个人身上，此后他们报告不诚实行为的几率降低了(Schimel，Greenberg & Martens，2003)。**合理化**(rationalization)使我们为自己破坏性的以及

难以接受的行为和思想找借口——"我从老板那里偷了东西,是因为他们没有给够我应得的。"**否认**(denial)就是通过拒绝考虑或提及来回避那些令人无法承受的东西。当我们在纯理论水平而非情感水平谈论和思考我们所做的事情或者预期那将对我们有威胁的事情时,我们就进行了**理智化**(intellectualize)。(吸烟者说,"癌症和吸烟之间的关系还没有被证实;我已经看过有关研究了。")我们也可能通过展示打算要做的行为来扭转不良行为的后果以尝试**抵消**(undoing)"不好的"行为。("原谅我打了你! 让我屈膝在你的脚下,表达我对你永恒的爱,并买鲜花给你。")

弗洛伊德认为,这些防御机制的过度使用与**神经症**(neuroses)联系在一起,神经症是与过度控制本能有关的变态行为的焦虑驱动模式。其中之一就是**歇斯底里神经症**(hysterical neurosis),是指一个人表现出失调的症状来避免一些对意识而言太痛苦或者太令人恐惧的体验,尽管这种失调缺乏生理的依据("Hysteria"的词根是"子宫"的意思)。例如,一个人感到愤怒,或许会突然感到一只手臂麻痹,以此来减少打人的可能性。这些神经症经常采用隐喻的形式。弗洛伊德的一个患者,感到自己被生命中的重要人物"刺痛了心",于是产生了心区部位的胸痛。另一个患者,她觉得面部失去了知觉,她说丈夫的话"就像打在她脸上的耳光"(White, 1989, p. 1042)。

超我。人格中第三个主要力量是**超我**(superego),它是人格中社会的代表,体现周围文化的规范和标准。儿童努力地**认同**(identify)其父母,由此与他们越来越相像,后面还要详述这一过程。在认同过程中,他们接纳父母对社会规则、常理和是非观念的理解。超我通过这种特殊机制接收其内容,这就是所谓的**心力内投**(introjection)。心力内投是指通过认同父母或社会中其他受欢迎的人物,使个体人格与文化的规范和标准合而为一。

超我被认为是按照**道德原则**(morality principle)行事的,道德原则是有关是非的社会价值观的准则。它的一个方面就等同于**良心**(conscience),良心是当我们做错事的时候会惩罚我们的一种内部机制。就像自我一样,超我也是从本我能量中发展而来的,其最重要的功能就是帮助控制本我冲动,发生作用的方式是引导能量去完全禁止性、攻击和其他反社会本能的本我表达。这样,超我与自我一样要应付本我的需要,但超我更倾向于压抑这些需要而不是去满足它们。

超我能变成一种相对独立和自主的力量,使得人格与社会规范保持高度一致。这种倾向会导致焦虑驱动行为模式的出现,例如,一个人会苛求自己所做的所有事情都百分百的完美。超我能直接监视和影响自我,责备它,命令它做事,或者纠正它。当至善至美的家长式标准——由超我的"良心"方面代表——没有达到时,超我也会用不愉快的情绪体验来威胁自我。这些不愉快情绪包括**负罪感**(guilt),它是后悔自己做错事情并把自我评价为一个没有价值的、不能胜任的人时产生的一种强烈的情感体验。好像正在成熟的人格从不超出"父母的孩子"这一角色。当儿童越来越成熟时,他们逐渐用内部的自我责备来代替父母曾经的言语惩罚,如:"那样不对! 始终要做正确的事情。在每件事情上都要做到十全十美。"通过这一过程,父母说的对与错的声音,移入儿童自身内部,成为个体本人内在的对正义的呼唤。

另一方面,当超我的另一方面发挥作用时,它能给人格提供愉悦的情绪体验。通过**自我理想**(ego ideal)的影响,超我可以使个体产生自豪和自尊的感觉,自我理想是某些积极标准,它以理想化的父母形象为内在表征方式(Freud, 1977;Macmillan, 1997)。这些愉悦的情绪会采用自我陈述的方式来代替父母的陈述:"你是个好孩子。因为你,父母感到骄傲和幸福。他们爱你。"

弗洛伊德把人格设想成一个内部战场,在这里本我、自我和超我是战士,它们彼此之间不断发生战争,都想支配人格。战利品之一就是另一个系统从三个系统中的一个获取能量。胜利者可以使用获取的能量达到自己的目的。有时,它们会暂时停战:一个系统同另一个系统结成同盟。实际上,自我会"说":"超我,让我先满足这一攻击性需要吧,然后你再报复。"表2-1比较了弗洛伊德确定的三个主要的人格结构系统。

表 2-1　弗洛伊德三个人格系统的比较

	本 我	自 我	超 我
性　质	代表生物方面	代表心理方面	代表社会方面
贡　献	本 能	自 利	良 心
时间定向	即 刻	现 在	过 去
水　平	潜意识	意识和潜意识	意识和潜意识
原　则	快 乐	现 实	道 德
目　的	寻求快乐,避免痛苦	适应现实,分辨是非	代表是非
目　标	即刻满足	安全和妥协	完 美
过　程	非理性的	理性的	非逻辑的
现　实	主观的	客观的	主观的

人格发展的五个阶段[老(Old)姨妈(Aunt)帕梅拉(Pamela)爱(Loves)大猩猩(Gorillas)]*

发展是事物由初始状态成长为以后状态的过程,它在植物、动物甚至太阳系中都是存在的。人格也会随着时间推移从一种不成熟的初始状态发展到以后的成熟状态。弗洛伊德假设了人格发展的五个连续阶段。其中四个阶段都与**性感区**(erogenous zones)密切相关,性感区是身体的敏感区域,本能可以从中获得满足(Freud, 1920/1977)。这些区域随着年龄的增长依次出现,它们是口腔、肛门、阴茎或阴蒂,以及阴茎或阴道。弗洛伊德认为阴蒂就是阴茎的缩小物,因为两者从结构上都是外在的性器官,在受到性刺激时都会勃起。

弗洛伊德把"性"(sexual)定义得十分宽泛,包含所有与任何性感区刺激有关的愉悦感。力比多满足的一个例子就是吮吸时对嘴唇和舌头的刺激。考虑到这种泛性的观点,再来理解为什么弗洛伊德把发展阶段说成是**心理性欲阶段**(psychosexual stages)就很容易了,这些所谓"性"的阶段是从最广泛意义上来说的,因为某些阶段涉及通常被看作是"性"的器官,而其他一些一般不被看作是"性"的器官。弗洛伊德认为,人类的基本人格在5岁时就已经确立,而且终生基本保持稳定。

口唇阶段:阶段一。在出生伊始的**口唇**(oral)或**自恋**(narcissistic,**自我中心**/self-centered)

---

* 取每一单词的第一个字母来分别代指人格发展的五个阶段,即口唇阶段(Oral)、肛门阶段(Anal)、生殖器阶段(Phallic)、潜伏期(Latency)和生殖阶段(Genital)。——译者注

阶段(stage)，机体的心理活动集中在满足口腔和消化道的需要，其中包括舌头和嘴唇(Freud，1920/1977，1977)。自恋的典故源自希腊神话中的一个人物——纳喀索斯，当他看到自己在池水中的倒影时，爱上了自己。

能量的产物推动了性欲的自我保存目标的实现，而通过口唇获得的食物营养使其成为可能。无论是什么推进了自我保存，都有可能产生愉悦感。同样，与自我保存推进过程相关的任何事物，即使它不是一个直接促进者，也会产生愉快体验。这样，吮吸就其本身而言能给婴儿带来愉悦。"吮吸大拇指说明，从乳房和奶瓶获得的快乐并非仅仅在于填饱肚子，而且还在于对能唤起性欲的口腔粘膜的刺激；否则，婴儿会因为拇指不产奶而失望地移开它。"(Fenichel，1945，p.63)视窗 2-1 进一步探讨了自恋。

视窗 2-1　成为一个缺乏社会兴趣的自恋的人

很久以前，我认识一个人，"自恋"这个词很适合他。这个人出生后不久就显示出高智商和较强的运动能力。他很早就会走路和说话，而且在上学前就开始阅读和算数运算。他父母把他理想化，认为他是个天才，而且对他娇生惯养。于是渐渐地，他认为自己所做的都是对的，而且他是"独特的"。在他弟妹出生后，他丝毫未受到威胁，因为父母仍旧给他大量的关注和赞扬。与此同时，他的弟妹们充其量被看作是很普通的，不应得到什么特别的关心。事实上，起初父母认为第二个孩子智力迟钝，因为这个小孩在正常的时间开始走路和说话，比起他们的天才孩子要晚得多。这些孩子似乎成了他们天才孩子的玩偶，因为他们在各种技能方面都比不上哥哥，他们顺从他，听从他的吩咐。在第四章你会发现，这样的环境很容易抑制社会兴趣的发展。家庭对一个孩子的偏爱很容易让他具有"领导权"，但是他很少能真正与其他孩子融洽相处或接纳他们。

在小学、初中和高中阶段，他学习好，体育又棒。家人把他的成就看成是"大人物也做不到"的，正如一个人对一个优秀者所期望的。几乎没费多少劲，他就超过他所有的同伴，享受所有他认识的人对他的美慕。他被冠以"吹牛大王"这一称号，这丝毫不令人意外，但他尽量不自夸，以免冒犯他人。在陈述自己之所以伟大的理由时，他是如此实事求是和低调，以致他人往往相信他。著名棒球运动员迪齐·迪安这样说道："如果你确实做到了，那就不是吹牛。"而这个年轻人的确做到了。

这个家庭的英雄，现在显然成了社区的英雄，他放弃参加大学足球队的机会，因为这样一来，他就可以在尽可能短的时间内获得一所著名大学的高技术学位。不满足于此，他还从另一所同样知名的大学获得一个高级学位。他被一家顶级公司录用，成为所有新成员中的宠儿。至此，他的人生取得了另一个毫不费力的成功。朋友们崇拜他，他遇到的女人也崇拜他。

他正忙于他的第二次订婚。然而好事不再。他现在处于一个再也不能无需努力就能成功的现实世界中，在这里，与他人的合作是至关重要的。他不能"生育"以及对他人需要的无动于衷，很快让他失去了工作和未婚妻。当我上次听到他的消息时，他还在游戏人生，好像依然是一个十几岁的孩子。

现代研究证实了上述许多有关自恋者的观念。加布里埃尔、克里泰利和埃(Gabriel, Critelli & Ee, 1994)用自恋测验(Narcissism Test)研究了人们在智力和身体吸引力方面的积极幻想。积极幻想是实际的智力和吸引力被测量并被在统计学上剔除后,对智力和吸引力的过度的自我知觉。高自恋与对智力和身体吸引力的高积极幻想相关,而且没有性别差异。男性倾向于过高估计他们的智力和身体吸引力,而女性只是高估她们的智力,男性比女性的自恋程度更高。与这一结果一致的是,男性表现出比女性更多的对智力和吸引力的积极幻想。

不是所有自恋的人的品格都像上述提及的那些人一样好。在第十五章,你会遇到另一个自恋的人:人格理论学家默里。默里虽然是一个在多方面都不错的人,但是他有时会在与人交往时骄傲蛮横,经常看不起"次要人物"(他遇到的几乎每一个人)。

游戏般的爱情风格(调性游戏)很适合默里。坎贝尔、福斯特和芬克尔(Campbell, Foster & Finkel, 2002, p.343)发现,在自恋量表上得分很高的人表现出游戏般的爱情风格,因为他们会认可这样的测验项目:"我尝试着使我的恋人不太确定我对他/她的承诺",以及"我喜欢与许多不同的人玩爱情游戏"。

自恋的人拥有如此浮夸的自我形象,以致很难维持它(McCullough, Emmons, Kilpatrick & Mooney, 2003)。自恋的人甚至自己也一定知道他们上帝般的自我感觉很难支撑下去,因为他们在保护自己的宏伟形象时近乎妄想狂。在一项包含自恋测验的研究中,与其他被试相比,高自恋分数者可能通过在他们的日记中宣称别人经常侵犯他们从而保护了其自我高大的形象(McCullough, Emmons, Kilpatrick & Mooney, 2003)。这就像是在说,"我应该收敛一些,不要太露锋芒,因为其他人试图要搞垮我"。这种倾向在自恋量表的"剥削/应得的权利"维度上得分很高的一些自恋者身上表现得尤为明显。而且这种其他人"显然是想抓住我"的想法可能使自恋的人通过相信其他人常常合起伙来侵犯他们,来为他们对他人的剥削和期待特权提供正当理由。与这些研究结果一致的是,鲍迈斯特、坎贝尔、克鲁格和福斯(Baumeister, Campbell, Krueger & Vohs, 2003)提供的研究结果表明,当被侮辱激怒时,自恋的人比其他的人更具有攻击性。

布什曼、博纳奇、戴克和鲍迈斯特(Bushman, Bonacci, Dijk & Baumeister, 2003)已经用文献证明,自恋的人有一种甚至更令人恐怖的倾向。在他们的研究中,高自恋被试与其他男性被试相比,对被强奸者表现出较低的同情并更倾向于相信强奸神话(例如,"女人有被强奸的欲望要求")。而且,与低自恋男性相比,他们喜欢看电影里的强奸场景,包括性强暴和强暴前受害者向施暴人的情感表达。与低自恋的男性相比,高自恋男性还发现"情感—然后—强暴"的电影更具娱乐性,更能激起性欲。在该研究中发现,因为高自恋者认同扮演施暴者的男演员,所以很可能他们把对强暴者的情感表达看成是指向于他们自己的。

这些最近的研究发现表明,自恋正在而且将继续处于心理学研究的视域中。事实上,研究者报告自恋行为正呈上升趋势,而且将来会继续上升(Hibbard, 2003)。

这几个阶段在理解成年人人格方面的重要性体现在弗洛伊德的**固着**(fixation)概念中：固着是指在特定阶段中因满足受挫而使发展受到损害，导致力比多能量在这一阶段的持久性投入。在压力之下，固着的人很可能显示出**退行**(regression)，即行为、情感和思想会倒退到先前固着的那个阶段(一个受到狗惊吓的 12 岁的孩子开始吮吸他的拇指)。

弗洛伊德提到在口唇阶段有关固着的以下两种人格类型，它们在成年期得到充分发展。**口唇接受型**(oral-receptive)人格起因于童年时食物在嘴里和消化道中的愉快体验。这种类型的人极容易受到暗示而且容易上当受骗(想"吞咽"所有东西)，他们会建立一种依赖他人的人际关系。这种人也对接收信息、获得物品感兴趣，尤其喜爱甜食、吸烟和口部的性活动。在弗洛伊德看来，肥胖症就源于口唇接受偏好。

口唇攻击型(oral-aggressive)人格也源自与嘴、食物和吃有关的童年快乐体验，但是强调咀嚼和咬(Freud, 1977)。可以预计，这种类型的人更喜欢硬糖而不是棉花软糖，更喜欢硬杆的烟斗而不是纸烟卷。在与他人的交往中他们是口唇攻击的，甚至成为羞辱他人的高手，他们说话的方式既好讽刺挖苦又好争辩。他们还试图抓住别人不放，仿佛要占有别人甚至把别人整个吞下去。

肛门阶段：阶段二。在**肛门阶段**(anal stage)(大约 1 岁半时开始)，当排便解除整个肠道的紧张感并同时刺激肛门时，就出现了性的满足。"许多人终其一生都会有排便的快感，而且从很小的时候就有了"(Freud, 1920/1977, p.316)。

肛门阶段很重要的一个方面在于排便训练，它涉及孩子和父母人际间的冲突。从父母的角度来看，这是个控制问题："我的孩子会不会像我期望的那样'上'厕所?"对孩子来说，这是个权力问题："我应该做我想做的还是做他们想让我做的?"个体差异就在父母和儿童回答这些问题的方式上显现出来了。一些父母是严格和苛刻的，期望他们的孩子"去做! 马上!"这些相互作用会导致一种意志的斗争，与之伴随的是孩子会体验到挫折感以及为了父母去做的压力。这些体验可能会保留至以后的生活情境中，甚至会积累起来反抗其他的权威人物——教师、校长、警察和老板。另一方面，一些父母很民主地接受孩子的喜好并积极支持孩子的个人需要："只要你想就去做。哦，你成功了! 祝贺你。"这类反应能培养孩子积极的自尊。

肛门阶段的固着可能在成年期会充分表现出不同的类型。**肛门滞留**(anal-retentive)人格类型会延缓最终的满意度直到最后可能的时刻，并表现出整洁、吝啬和固执，它是一种便秘倾向。这种类型的人不断地为未来"储存"，不管是钱还是一些需要的满足。他们延缓满足，保留物品以备将来之用，就像从前，在父母的命令下，他们保留着他们的排泄物直到找到一个合适的容器。

与之相对，**肛门排出**(anal-expulsive)人格类型倾向于无视被广泛接受的规则，诸如洁净、秩序、"适宜的行为"等，它是一种"腹泻"倾向。肛门排出的人反抗其他人试图通过让他们做任何他们想要的来限制他们，就像童年期，只要他们想就可以随时随地地排泄。这些人的人格特征包括混乱——他们的生活方式是懒散和邋遢的。他们还可能表现出攻击性破坏、性情易怒、爆炸性的情绪爆发甚至性虐待。

生殖器阶段：阶段三。在**生殖器阶段**(phallic stage)(大约开始于 3 岁；生殖器意味着"阴茎")，满足感最初是通过手淫刺激阴茎或阴蒂获得的(Freud，1920/1977)。通过手淫获得的身体的和幻想的愉悦感受是生殖器阶段的一个重要方面。然而,力比多需要的满足只是这个阶段的一个方面,因为生殖器阶段被男孩有阴茎而女孩没有这种认识支配。那么,焦点就变成这一解剖学差异的意义,就像弗洛伊德著名的"情结"所体现的。弗洛伊德从神话中的俄狄浦斯(他杀死了他的父亲并娶了他的母亲)作出推论,男孩对母亲有独占性的爱的感情,并把父亲视作对手。他把这个过程称为**俄狄浦斯情结**(Oedipus complex),俄狄浦斯情结是各种情感、愿望,以及围绕着男孩渴望母亲、对父亲有害怕/憎恨定向的抗争的集合体。对应女孩的是爱父憎母,称为**厄勒克特拉情结**(Electra complex),该情结由厄勒克特拉的传说而来,她憎恨并参与杀害了她的母亲。父母通过提供"明确带有性活动特点的爱"合作发展了这些情结(Freud, 1910/1977, p. 47)。弗洛伊德赋予与这些镜像情结有关的问题重大意义,这一点可以从他的断言中看出,"如果精神分析能够自夸的话,不是因为其他什么成绩,而是发现了被压抑的俄狄浦斯情结,这应该被单独列出,放在珍贵的人类新成果之列"(Freud, 1940/1949, p. 97)。

性器官的差异是如何影响男孩和女孩的呢?弗洛伊德认为,男孩会体验到**阉割焦虑**(castration anxiety),这是一种害怕他们可能会失去他们为之十分骄傲的阴茎的普遍恐惧(Freud, 1977)。"理由"是,"如果父亲发现我想用他的方式爱妈妈,他就会把'它'切掉"。另一方面,女孩会表现出**阴茎妒羡**(penis envy),它是因为没有男性器官而产生的自卑感,以及希望某天自己也能够获得一个的补偿愿望。她们会埋怨母亲为什么自己没有阴茎——"毕竟她也没有;或许她因为嫉妒把我的切掉了。"

在这一点上,社会化的基础被奠定了。男孩面对着幻想的进退两难境地:或者冒险失去他的阴茎,或者放弃"按照爸爸的方式拥有妈妈"的愿望,以与她建立一种更安全但却更间接的关系。在某种程度上,他选择了后者。男孩对这种想象的阉割威胁的反应方式是接受父亲的统治身份和权力。他们认同父亲,变得"就像父亲一样"。**认同**(identification)就是变得像同性别的父母的过程。就像老虎攻击其他种群的成员而不攻击他们自己的一样,男孩推断,如果他变得像他的父亲,他的父亲就不会攻击他。而且,如果他变得像他的父亲,就好像他是他的父亲。因此,当他的父亲占有并在身体上爱他的母亲时,他也是一样。最后,如果他变得像他的父亲,他就会吸纳那些对他母亲明显具有吸引力的具有男子气的特征。这样,他就获得了男性的性别角色。在这个变得"像父亲"的过程中,他也会向内投射他父亲对社会是非的解释——他的超我开始形成——从而走出解决俄狄浦斯情结的最后一步。

无法适当地认同以及由此无法解决俄狄浦斯情结,对成熟男性的人格有重要影响。固着在生殖器阶段的男性当他长大进入成年期时,可能会变成一个唐璜*式人物,他会乱交以满足童年时未满足的性要求。或者,他可能因为对他的父亲认同不充分而无法获得男性的特征。结果是,可能导致女性倾向并可能对男性有吸引力。对母亲的欲感,即童年期生殖器快感的第一个对象,必须被完全消除。否则,它们会被防御机制深埋在潜意识中,仍然是一个威胁。

弗洛伊德提出,平均而言,女孩完全消除其情结的程度要比男孩低。男孩在阉割焦虑驱使

---

* 唐璜(Don Juan),一个过着放荡生活的西班牙传说里的贵族。——译者注

下会走出他们的情结，但是女孩因缺少阴茎而缺少适当的动力。女孩认同同性别的父母，因此促进了女性性别角色的发展，这样做是为了达到与男孩大致相同的三个目的。然而，认同对她们而言更加困难，原因有两个：第一，女孩对母亲的情感体验是矛盾的。前阴茎崇拜的爱会被厄勒克特拉敌意遮掩，因为女孩可能会因"割掉了我的阴茎"责备她的母亲并因母亲缺少阴茎而贬低她。因此，母亲作为认同对象不那么具有吸引力。女儿认同母亲的可能性会因嫉妒母亲与父亲的亲密关系而进一步降低。第二，女孩的厄勒克特拉情结使她转向父亲，希望或许能通过拥有父亲的一切间接地从他那得到丢失的阴茎。这种动机也会降低女孩完全认同其母亲的可能性。这些在完成认同的过程中出现的困难使弗洛伊德认为，平均而言，女性的超我没有男性的超我发展得完整。此外，生殖器阶段的固着伴随着厄勒克特拉情结的不完全解决，使女性通常具有较少的**自我力量**(ego-strength)，自我力量是自我为了本我的利益成功地与现实相互作用，并阻止本我的冲动直到找到某种"安全的"满足方式的一种能力(Freud, 1977)。不充分的自我力量是因为固着占用了力比多能量，只为自我留下了少量能量用于与现实相处。女性不能充分认同其母亲可能导致男性特质，这些男性特质使她预先有追求男性化以及同性恋的倾向。

无论是古代文明还是现代文明都表现出支持弗洛伊德的生殖器阶段的观点。格雷(Gray, 1999)报告，加纳的特伦西人公开承认俄狄浦斯情结，并把对它的控制列入他们的社会组织系统之中。据莱文-金斯帕格(Levine-Ginsparg, 2000)介绍，电影《秋天的传说》(*Legends of the Fall*)中提供了一个有关恋母情结冲突的很好的例子。影片描述了兄弟三人爱上了同一个女人，她与他们的母亲极其相似。两个年长的兄弟激烈地竞争着，而老大与其父亲彻底决裂。

阅读有关弗洛伊德的著名患者的内容将会帮助你理解生殖器阶段的过程(参见视窗 2-2)。

视窗 2-2 弗洛伊德的著名案历

弗洛伊德承认，在众多案历中，他十分倚重的一个并不是他本人的患者(Freud, 1920/1977)。安娜 O 的真名是贝尔塔·帕彭海姆(Bertha Pappenheim)，她是弗洛伊德的朋友、同事和良师益友布洛伊尔的患者。因为与布洛伊尔的亲密关系，所以弗洛伊德知道安娜 O 病例的所有细节。

安娜 O 表现出的异常症状可以列一个世界级的清单了。虽然安娜 O 聪明、有吸引力而且拥有动人的人格魅力，但是她失调紊乱、迷失方向并在很多方面扭曲(Jones, 1953)。她曾经一度手臂麻痹，缺乏正常的感觉，拒绝喝水，不能吃东西，神经性咳嗽，多重人格，有时只说英语，尽管德语是她的母语。有时，她的眼动不正常，她的视力受到限制而且她的头部姿势也不正常(Freud, 1910/1977)。她还周期性地处于"失神"状态，从现实中退缩或者就像我们今天所说的那样，"昏昏沉沉、疯疯癫癫的"(p. 10)。弗洛伊德怀疑她的症状与她生病的父亲有关，她照顾父亲而且尽心尽力。她的错觉中有这样一种意象：一条蛇正在靠近她，但是因为麻痹，她无力抵御它。安娜 O 的病例对于弗洛伊德的理论至关重要，因为它是引发其理论的关键问题的主要来源：弗洛伊德把解释"诸如安娜 O 的症状……是怎样从……意识中……分离出来的，[而且]是怎样超出患者的控制的"作为他的任务(Macmillan, 1997, p. 5)。

如果说安娜 O 的病例构建了弗洛伊德理论的框架,那么杜拉这个病例则使其理论变得有血有肉。安娜 O 表现出大量的异常症状,而杜拉的生活就像是一部肥皂剧。在 18 岁的时候,杜拉因为她父亲的坚持,勉强接受了弗洛伊德的治疗。她的抵制表现在随着他父亲说出大概关于治疗的"话",她就"失去了意识,……伴随着抽搐和妄想"(Macmillan, 1977, p. 249)。她的早期症状包括 8 岁开始呼吸困难,这被弗洛伊德(Freud, 1977)解释成性交时的沉重呼吸、12 岁的时候周期性偏头痛、16 岁的时候越来越严重的咳嗽,并伴随着失声,持续的疲劳,并有自杀意念的抑郁,以及不能集中注意力。而且,据说,她在长大以后仍然会尿床,这被弗洛伊德作为她孩提时手淫的证据。后来弗洛伊德又发现了更进一步的证据,就是亲眼目睹她把她的手指插入她打开的小钱包中。

杜拉在与父亲相处的时候显得"非常温柔",在她 6 岁的时候,父亲得了结核病,而且当她 12 岁的时候,他父亲因为梅毒患了麻痹症和精神错乱(Macmillan, 1997, p. 249)。杜拉的妈妈整日忙于家务,对于杜拉的问题经常遗忘并少有关心。于是,杜拉就会诉诸 K 夫人,并把她描述成一个"年轻而美丽的女人"(p. 250),拥有"可爱的雪白的身躯"(p. 251)。K 夫人在照料杜拉患结核病的父亲时看起来与他有些情感纠葛。杜拉经常去父亲的公司拜访 K 夫人。而 K 先生对杜拉很着迷,虽然她只有 14 岁,但他亲吻并拥抱了她(Macmillan, 1997)。杜拉感到很"恶心",但是弗洛伊德猜测,K 先生穿过她的衣服把勃起的阴茎压在了杜拉的阴蒂上,这使她极度兴奋。K 先生否认这一非礼行为,而且杜拉的父亲也支持 K 先生。杜拉 16 岁的时候,K 先生向杜拉求过爱。虽然求爱的本意并不清楚,但是据说杜拉给了 K 先生一个耳光。不过很有可能 K 先生是个调戏女人的男人,因为他与孩子的家庭女教师之间有过情感纠葛(Esterson, 1993)。

在杜拉很多重要的梦中,有一个是关于一座着火的房子。就在 K 先生有过分行为的那天夜里,杜拉梦见她父亲站在她的床边,大声拒绝了她母亲的要求,"我不可能因为你的珠宝盒让我自己和我的两个孩子被烧死"(Freud,引自 Macmillan, 1997, p. 252)。当杜拉从梦中醒来时,她闻到了烟味,这个被弗洛伊德解释成她想亲吻 K 先生("没有火不可能有烟";Freud,引自 Esterson, 1993, p. 43)。"珠宝盒"是女性生殖器的象征,重要的是,它不仅仅出现在梦中:K 先生曾给过杜拉一个。在相关的记忆中,杜拉回忆起了她父母的一次争执,是关于她父亲没有给母亲买珍珠坠(精液的象征;Macmillan, 1997)。弗洛伊德认为,这个回忆意味着杜拉想要给她父亲被她母亲拒绝了的性安慰。当"…杜拉不再质疑这些事实[弗洛伊德坚持认为她爱 K 先生]"的时候,治疗结束了(Freud,引自 Esterson, 1997, p. 45)。在下一阶段开始的时候,她说她不会再回来。杜拉结婚了,一直生活到 20 世纪 50 年代早期,在纽约去世(Macmillan, 1997)。

杜拉的病例对于弗洛伊德的理论来说极其重要,因为它始于 1900 年,这一年,《梦的解析》(*The Interpretation of Dreams*)一书变得十分畅销,并被弗洛伊德作为支持他理论的结论性证据。当 1905 年有关他理论的描述出版的时候,弗洛伊德已经声名远扬。

　　尽管杜拉的病例对于弗洛伊德的观点至关重要,但其他三个病例大概更著名。小汉斯(Hans)是个 5 岁的男孩,他父亲说他害怕马会咬他(Macmillan, 1997)。这种对马的恐惧涉及**移置**(displacement)这一防御机制:为某人的强烈情绪寻找一个新的目标,它要比本来的目标有较少的威胁。从这个男孩的角度来看,父亲就像一匹巨大的、有力的、恐怖的马。汉斯对他的父亲既爱又恨,恨来自这个男孩恋母情结的嫉妒,即父亲拥有母亲(Freud, 1977)。看到一匹马倒下,汉斯产生了一个愿望,即希望他的父亲将会倒下并受伤。害怕被马咬其实是担心他的"小便处"(阴茎)会被他所恨的、充满力量的、像马一样的父亲割掉,父亲或许已经被看作想要压制一个年轻的竞争对手。弗洛伊德认为,这种指向父亲的恐惧和憎恨源自继承而来的人类早期经历,他们有全能的男性统治者——部落首领。

　　第二个著名的病例是关于瑟奇·潘克捷夫即"狼人"的,主要是围绕一个富有的俄罗斯人所做的一个重要的梦以及他的一些家庭生活经历(Esterson, 1993)。在 4 岁的时候,瑟奇梦到他看见"六七只像狐狸一样长着大尾巴的白色的狼,安静地坐在一棵很大的胡桃树下,面对着…[他敞开的卧室的]窗户"(p. 68)。关于狼的这个梦与一个小仙女的故事有关,在这个故事中,一匹狼有着像奔拉下来的尾巴一样长的阴茎,这个梦实际上是由他一岁半时看到父母性交激发的[原初场景(the primal scene)]。根据弗洛伊德的解释——这一解释是在治疗成年瑟奇的抑郁和肠紊乱的过程中产生的——这个男孩暴露在最初场景中的最重要的方面是,他从后面发现了他的母亲没有阴茎(Macmillan, 1997)。弗洛伊德认为,这个男孩遭受了"消极俄狄浦斯情结"的折磨:对这个男孩来说,那一幕的意义在于"如果他打算通过在性上满足他父亲从而满足自己的女性的力比多愿望,他将不得不割掉他的阴茎"(Macmillan, 1997, p. 482)。弗洛伊德通过把狼看作是父母的替身,把这个解释与梦联系在了一起(Esterson, 1993)。狼的静止其实就是潜意识压抑的典型的性交暴力行为的对立面。狼的白色皮毛象征着父母的床单和内衣。而狼群面对着男孩并似乎在盯着他,事实上是该男孩盯着其父母这一行为的经审查后的对立面。狼长着长长的尾巴暗示着被阉割的可能。弗洛伊德还推测,"至少有很大的可能"是这个男孩的父亲玩了一个童年的游戏,在游戏中他扮演一匹狼,开玩笑似的把这个男孩吞吃掉(Freud, 1977, p. 30)。

　　第三个众所周知的病例是兰泽尔(Ernst Lanzer)的,一个有强迫障碍的年轻男子,他从 1907 年 10 月 1 日开始,连续见了弗洛伊德七个月(Jones, 1955; *Monitor on Psychology*, 1999)。这个患者后来被叫做"鼠人"(The Rat Man),因为他被一个景象困住,即老鼠们一直蚕食到他先父以及他追求的女人的肛门里(Kerr, 1993)。当这个年轻人表达出一种对父亲的长时间的、强烈的爱的时候,弗洛伊德假设,这种情感的对立面至少部分是真实的:他恨他的父亲(Esterson, 1993)。弗洛伊德认为,这种对父亲的"实际"看法始于一次童年事件,在事件中,父亲因为男孩手淫把他打了一顿之后,说"你找死"(Freud,引自 Esterson, 1993, p. 65)。于是,这个孩子对父亲的敌意就由怨恨产生了:父亲强行中止了他的性愉悦并以阉割威胁他。

弗洛伊德概要地记录了一个与那些鼠人和狼人相似的病例。他的患者之一——一个年轻的美国人,讲述了孩提时代他是怎样因为一个故事变得性兴奋的,故事讲的是"一个阿拉伯首领追逐一个'姜饼男人'并要把他吃掉"。"他把自己与那个吃人的人认同起来,而且阿拉伯首领被看作是父亲的替身"(Freud,1977,p.31)。

显然,小汉斯、狼人和鼠人的病例对弗洛伊德理论的核心成分——俄狄浦斯情结及其相关的阉割焦虑——来说非常关键。虽然鼠人病例与肛门性交狂和肛门施虐/受虐狂(妄图伤害、被伤害;Esterson,1993;Jones,1955)有明显的关系,但关于其他阶段的病例更少。同样,还报告了一个有关口腔强迫的有趣病例,虽然患者并不是弗洛伊德的。我们叫这个病例中的患者为牛奶人(Milkman)。亚伯拉罕,一个弗洛伊德者,"描述一个成年的精神患者喝牛奶的时候要加热到人体的温度,嚷着要吮吸着喝,并往往他从强烈性欲中醒来,这种强烈性欲能从喝牛奶中得到满足……然而,如果这个患者找不到牛奶,他就会手淫"(Macmillan,1997,p.543)。

潜伏期:阶段四。弗洛伊德的第四个阶段被称为一个"时期"(period),因为很明显它缺乏主要的性感区和重要的事件。**潜伏期**(latency)是一个安静的时期,开始于六岁左右,在这一时期,儿童压抑他们对父母的吸引力以及其他幼稚的冲动。并不是说,他们与父母的真实相互作用从意识中消失了(van der Kolk,2000)。更准确地说,是力比多本能被深深埋藏于潜意识之中。它们一直存在着,这可以在**升华**(sublimation)的过程中看出,升华是一个使本能朝着与社会规范相一致的新方向发展的过程。例如,一个固着在肛门阶段的青少年可能会变得对黏土雕刻感兴趣,这是一种想要玩弄粪便的早期愿望的可接受的替代。

生殖阶段:阶段五。弗洛伊德的最后一个阶段叫作**生殖阶段**(genital stage)——成熟性爱时期,开始于青春期,其中包括把性欲和感情指向另一个人。这个更成熟的阶段和前三个阶段的不同之处在于**性力投附**(cathexes)——力比多能量依附于现实的外部世界的客体或幻想的内部世界的意象。前生殖阶段的性力投附被以自我为中心的身体愉悦的最大化代表了,伴随的是与父母和同伴相处时"我是第一"的关系。相反,生殖阶段的性力投附较少指向身体愉悦和自我提升,而是更多地指向利他。认同某人就是要变得越来越像他/她,而性力投附一个人是拥有他/她。

这些指向外部的能量可以用精神分析的、健康成熟人格具有的两个有代表性的功能来表示:爱和工作。于是,与他人的爱恋和关怀的关系就在青少年期和成年早期发展起来,同时与生产性、合作性工作有关的兴趣和活动也得以发展。对这些目标的成功追求会有利于性爱本能目标的实现,即自我和物种的保存。在前几阶段无法避免固着的人,将会在后来的这一阶段中表现出变态的人格模式:不成熟、性偏差以及神经症。

这一阶段的另一个特征是女性在生殖器阶段认同困难的最终解决。可以设想,要顺利地成熟起来,女性必须能够接受阴茎缺失的现实,并且认同阴道。鉴于"女性气质"的这一转向,阴蒂"应当完全或部分地把它的敏感性、重要性移交给阴道"(Freud,1901/1965,p.118)。这个观点支持了弗洛伊德的信念:阴道性高潮是女性成熟、正常以及性体验的标准。

表 2-2 总结了心理性欲发展的五个阶段。

表 2-2　弗洛伊德心理性欲发展阶段概述

阶　段	年　龄	区　域	活　动	任　务
前性器(婴幼儿)阶段				
口唇阶段	0—1.5 岁	口部	吸吮 咬	断奶
肛门阶段	1.5—3 岁	肛门	排泄；滞留	大小便训练
生殖器阶段	3—6 岁	阴茎 阴蒂	手淫	认同
潜伏期	6—13 岁	无	压抑	升华
生殖阶段	13 岁以上	阴茎 阴道	亲密 升华	爱恋他人 工作

一个基本的多样性问题：弗洛伊德的女性观

由于男孩和女孩社会化过程的不同，弗洛伊德认为，女孩更依赖于压抑。更进一步说，由于她们假定的超我发展较不充分，"对女性来说，正常的伦理水平有别于男性"(Freud, 1925/1959，p. 196)。这就是说，弗洛伊德认为，平均而言，与男性相比，女性处在一个较低的道德水平上而且显示出更弱的升华能力(Macmillan, 1997)。这个观点仍然流行，这一事实的证据就是，人们对著名的道德发展理论家科尔伯格的研究兴趣未见衰退，据说，他也把女性置于相对较低的道德机能水平上(Kohlberg, 1981)。吉利根(Gilligan, 1982)试图为女性道德辩护以反对弗洛伊德和科尔伯格的观点，她对这一尝试持续不断的兴趣同样证实了该问题很受关注(参见 Allen, 2001)。而且，在弗洛伊德看来，文明仅仅是一种男性的创造物(Macmillan, 1997)。甚至更糟糕的是，据称女性通过她们不断的性要求，消耗了男性用作创造文化的能量而妨碍了文明的发展(Macmillan, 1997)。弗洛伊德的最后宣言是，他拒绝"因女权主义者的拒绝承认而转变［我对有关女性的结论］，她们急切地要逼迫我们把两性看作在地位和价值方面是完全平等的"(Freud, 1925/1959, p. 197)。

可以假定性别偏见实际上是弗洛伊德女性观的来源，因为他从自身的男性优越的视角来看待女性。由此可见，从一种女性的视角来改写他的理论应该是可能的，并且保留他所有的概念和基本假设，只是有一个除外，即男性低劣将代替女性低劣。视窗 2-3 构建了这样一种逻辑秩序。

视窗 2-3　菲利斯·弗洛伊德

新闻记者斯泰纳姆(Steinem, 1994)曾经问："如果弗洛伊德是个女人会怎样？"这里是一个菲利斯·弗洛伊德(Phyllis Freud)的传记概要，用半开玩笑的方式改写了西格蒙德·弗洛伊德的传记，"只是为了营造一个性别颠倒的世界，名字、代词以及其他任何与性别有关的东西都作了相应转化"(p. 50)。如果你已经注意到对《阴道独白》(*Vagina Monologue*)的介绍，你就会发现它与"菲利斯·弗洛伊德"的某些方面是相似的。

当菲利斯是19世纪中叶维也纳的一个女孩时,妇女们由于与生俱来的生殖能力被看作是优越的。这样,男人们备受子宫嫉妒的折磨。妇女的支配权利处于西方母权社会的核心。那一时期的妇女会认为男人永远也不会成为伟大的艺术家、音乐家或诗人,因为他们没有创造性的真正来源——子宫。他们可能忙于在家做做饭,但仅仅拥有"残缺的,被阉割的乳房的他们只能生产没有营养的食物"(p.50),他们对营养学知识的匮乏永远排除了他们拥有"厨师"头衔的可能。

男人被允许设计他们自己的服装,但对某些式样的偏爱使他们的"创造性"愈发单调。"比如,男性夹克敞开的'V'型领是女性生殖器'V'型的复制;男性领结处复制的是阴蒂,而领结的长尾端采用了阴唇的形状;男性的蝴蝶领结整个就是阴蒂勃起的荣耀。"(p.50)每一个女性都知道,男人由于不经历每月一次的月经,他们与时间、潮汐、星辰和季节都不合拍。几乎没有人怀疑他们不会在数学、工程和科学方面有好的表现。

菲利斯·弗洛伊德类似"子宫嫉妒"和"生理结构是天生的"永恒的表达始终挂在男人的嘴上,即使是没有受过教育的男人。然而,下面的一个概念是特殊魅力的来源。"泰斯底里"(Testyria)尤其激起人们的兴趣,因为用今天的话说,它是不可思议的。男人表现出神秘的症状——尽管他们的眼睛没有任何毛病但他们却什么也看不见——好像起源于睾丸。毕竟,大部分的男人表现出了这些奇怪的症状。因此,他们必须面对男人的独特之处——睾丸(那不应该是阴茎,因为女人也有,是阴蒂)。在弗洛伊德提出她的理论之前使用的早期治疗似乎与我们现在格格不入:"……电击休克……睾丸切除……烧灼阴茎……"(p.51)。避开这些野蛮的方法,弗洛伊德与布洛伊尔医生合作使用催眠术。当处于一种昏睡状态下的时候,著名患者安娜O"讲出了"是他的母亲影响他后来产生了诱惑幻想。尽管这一更加仁慈的方法具有短暂的效用,但勇敢的弗洛伊德利用她个人天赋的影响力发现,如果在完全清醒的状态下把泰斯底里"说出来",效果会更加持久。

弗洛伊德最令人钟爱的品质之一是她很少把她的时间给女性。她能够连续几个小时倾听男人的诉说并认真对待他们。尽管女信徒和专职人员同样对她这一令人惊讶的能力深表诧异,男权主义者虽然没有像现代版本一样高声尖叫,却用"男性恐惧症"来控诉她(p.52)。只要她继续坚持认为男人的生理结构注定他们是劣等的,无论她做什么都无法挽回她在男权主义者眼中的形象。

当面对这些不合理指责的时候,弗洛伊德总是指出科学事实。例如,如果有人因为她断言"男人拥有一个更脆弱的性本能"(p.52)而烦恼,弗洛伊德就会提醒批评者,只有女人会有多次性高潮。她继续说到,女性的性优越怎么能够受到质疑?当性行为产生了一群微小的精子,它们为了与强大的卵子结合,其实仅仅是被它迅速地吞食掉,它们必须非常可怜地全力以赴地战斗。那么阴蒂优越的原因是什么?显而易见,它只有一个单一的功能,而阴茎则需要把能量分开以适应双重功能:"排尿和传递精子"(p.53)。阴茎功能的双重性不仅是一个与基本生理功能有关的问题,它还在一个更加心理的水平上露出它丑陋的面孔。

"不成熟的阴茎高潮不得不被语言的或数字的高潮替代"(p. 54)。

当然,如果不趁早对某些关键假设作出改变,那么弗洛伊德理论的说明就不可能完善。当弗洛伊德第一次听到她年轻的男患者说他们受到母亲的性虐待时,她可能持怀疑态度,但是她很快就有新的启示和发现。他们实际上是被诱惑! 然而,据说后来在对公众舆论反思以及对母亲们——甚至是她自己的(菲利斯有兄弟)——所受的影响进行思考以后,她在给她非常亲密的朋友威廉·弗利斯的信中提到了弗洛伊德从诱惑理论陡然转向。一些人宣称这是心灵的诚实转变;而其他人则继续顽固地质疑其智力的完整性。

评价

贡献

讨论人格的潜意识方面是一回事,而观察或测量这些现象则是另一回事。心理学家们何以可能了解依据定义无法直接进入意识的某些东西? 弗洛伊德提出了一些进入潜意识的途径:自由联想、口误、发生在精神分析治疗期间的某些事件、白日梦以及梦的解析。

自由联想。弗洛伊德用来了解潜意识的最主要的评鉴技术是**自由联想**(free association),即个体采用一种心理定向的方法自发地表达观念、意象、记忆和情感。它使患者体验**宣泄**(catharsis)过程,借助这一过程患者的内在情感可以用能够缓解紧张的语言和行为公开地表达出来。如果一个念头——苹果——引起一种联想的观念——虫子——个体可以围绕着虫子继续自由想下去。自由联想的基本原则是允许表达进入头脑的任何事情和每一件事情,无论它看上去多么没意义、不合逻辑、微不足道、令人不快或荒谬。自由联想之所以重要,是因为它提供给弗洛伊德学派的治疗者一些关于个人潜意识的线索。然而,值得注意的是,自由联想并不完全是自由的。自由联想会谈通常是在治疗者给出一定的主题后开始的(Macmillan, 1997)。而且,当患者的某个想法应该进一步详细说明时,弗洛伊德学派的治疗者们会打断自由联想。

梦的解析。弗洛伊德(Freud, 1900/1958, p. 608)认为,梦是"通往……潜意识的……捷径"。重要的并不仅仅是梦本身,而且对梦的解释也是重要的,这部分地依赖梦中表现出的童年愿望的实现。弗洛伊德认为梦中的**显性内容**(manifest content),即梦者醒来时对梦的记忆,具有欺骗性,不应该只看表面意义。梦源于潜意识,是本我的基本过程。在睡眠中本我力量获得能量,因为睡眠中意识的抑制作用要小于清醒状态。通过使用稽查机制和良好内容的置换,自我歪曲并修改了本我的本能冲动和梦中表现出的意象,从而降低了它们造成的威胁。因此,梦的真实内容从表面上表现得非常少。因为一切都是伪装的和神秘的,所以需要技术性解释以了解**隐性内容**(latent content)——每一个梦的潜在意义。

弗洛伊德假定每一个梦都有一个意义,可以通过破解潜意识材料的代表物加以解释。象征的解释强调用某些合理的潜在的相似物来代替伪装的显现的内容。例如,一个爬楼梯的梦

(显性内容)实际上代表的是性交(隐性内容)。

40   一个**梦的象征**(dream symbol)是梦的内容的一个元素,代表了某些人、事情或者潜意识中的活动。弗洛伊德认为有时候象征对一般人群具有普遍意义。表 2-3 说明了这一点。然而,他更强烈地认为象征通常具有极强的个体性,而非普遍性。他(Freud,1900/1958,p. 105)写到:"当同样的内容发生在不同的人或不同的背景中时,可能隐藏了不同的含义。"

表 2-3   弗洛伊德的一些梦的象征

梦的内容	象征意义	梦的内容	象征意义
刀子、雨伞、蛇	阴茎	左边(方向)	犯罪,性背离
盒子、烤炉、船	子宫	儿童玩耍	手淫
房间、盛满食物的桌子	女性	火	尿床
楼梯、梯子	性交	强盗	父亲
水	出生,母亲	跌落	焦虑
秃头、掉牙	阉割		

精神分析。自由联想很快成为弗洛伊德"谈话治疗"的基本技术(Breuer & Freud,1895/1950)。该技术包含在**精神分析**(psychoanalysis)中,精神分析是弗洛伊德的系统程序,它为消除患者人格中的神经症冲突提供必要的洞察力。对童年经历尤其是对性和父母的侵犯的最终回忆是这些程序的关键。通过**洞察**(insight),隐藏在个体潜意识中的令人无法接受的和被社会"禁忌"的经验成为意识。洞察的体验使患者从童年创伤的控制中解脱出来,由此形成一种"治疗"。

自由联想作为一种治疗技术取代了弗洛伊德早期使用的催眠术——20 世纪初之前,在与约瑟夫·布洛伊尔合作期间,弗洛伊德曾尝试过催眠术(Nathan & Harris,1975)。他们发现患者在催眠昏睡中神经症症状会消失。然而,令弗洛伊德失望的是,当昏迷解除后,症状又复发了。自由联想的疗效则更为持久。

与想象中的潜意识"昏睡"状态不同,自由联想能使患者清醒地理解他们正在诉说的每一件事情。弗洛伊德决定让患者躺在睡椅上的一个原因是它有助于患者习惯一种心理状态,这种状态是有效自由联想需要的(参见第十七章的躺椅图,p.417)。躺椅的使用使患者采用一种被动的姿势和放松的态度,它能产生比通常发生在正常清醒状态下更接近前意识的一种状态。弗洛伊德坐在患者的后面,远离患者的视野,部分原因是把他对患者心理探察的影响降低到最

41   小。他想成为一个类似中立者或空屏的角色,这样他的患者就可以自由表达他们的联想而不必看他的脸色或害怕他的批评和否定。

患者有时会表现出**移情**(transference),在移情中患者把精神分析师当作是他们过去不断经历复杂情感的重要人物。这种不切实际的移情的发生源自患者的潜意识。就好像是患者需要把分析师重塑成父亲或母亲或一些其他重要人物的形象以处理其童年遗留下来的心理问题。躺在躺椅上可以使患者与背景中父母般的精神分析师培养一种像孩子一样的依赖关系,这在一定程度上有助于移情。当分析师把他们自己潜意识的需要投射到患者身上时,**反移情**(countertransference)就发生了。比如分析师可能在性或罗曼蒂克方面被患者吸引,就好像患

者是分析师的异性父母。

支持性证据：早期的和新近的

在至少 70 多年中大约有数千份关于弗洛伊德理论的研究。这一部分提供了早期研究的一个概要和新近研究的一些实例。亨特（Hunt，1979，p. 119）评定了从不同方面对弗洛伊德理论进行调查获得的证据。他发现这些研究对弗洛伊德的"早期经验特别重要"这一一般命题"给予"支持，而对弗洛伊德假定的特殊经验不予支持。马迪（Maddi，1968，p. 392）回顾了研究文献后得出结论：早期文献有效地支持了弗洛伊德的两个概念。首先，尽管不是所有的行为都是防御的，但他声称自我防御这一一般概念是"站得住脚的"，这一点得到了大量的"相当可靠"的与压抑有关的研究的支持。其次，他声称"有更多的证据表明男性比女性有更多的阉割焦虑"。

许多研究都试图证实弗洛伊德最核心的概念——潜意识。弗洛伊德发现了存在于**口误**（slips of the tongue）中的潜意识证据，口误似乎是用假设源自潜意识的言语来代替中性言语的一种表达错误。然而，研究者莫特利（Motley，1985，1987）认为大部分的这类失误应归于大脑及其言语机制的失效。例如，考虑下面的情节：一个年轻人走近有魅力的他想与之共度良宵的女性并喊道："我在性（sex）点接你……我的意思是 6 点（six）！"在莫特利看来，解释这一错误的最有效、最具证实性的方法是所谓的言语修复机制。单词"six"和"sex"3 个字母中有两个是一样的，这样可能储存在有联系的神经网络中。因此，年轻人的大脑"去寻找"单词"six"，却"发现了""sex"，因为它们的结构如此相像，致使它们被彼此"邻近"地储存。

但莫特利认为，有关潜意识的观点并不是全然没有价值。事实上，他的研究已经表明有时潜意识实际上可能抬起它丑陋的头，导致我们很窘迫。在他的一项研究中，他和他的同事测验了三组男大学生。一组男生被安装上电极，并被警告在实验的某一时刻他们将受到一次电击。第二组的学生在一位衣着很具有煽情性的女实验者面前完成任务。要求两组被试和一些控制组被试说一系列成对单词，这些单词被设计成能够产生语言混乱的（首音互换），在弗洛伊德看来，它们是潜意识的流露。受电击威胁的男性倾向于把"sham dock"（虚假的被告）说成"damn shock"（该死的电击），把"worst cottage"（最差的村舍）说成"cursed wattage"（被诅咒的瓦特数），而较少犯与性有关的口误。而有性感女实验者在场的一组倾向于犯以下错误：把"past fashion"（过时）说成"fast passion"（放荡的激情），把"brood nest"（鸟巢）说成"nude breast"（裸露的乳房）。控制组的被试犯与性有关的口误并不多于与电有关的口误。因此，当环境中包含了与某些躲藏在我们潜意识中的特定动机相关的线索时，代表了这些被禁止的动机的单词就可能跳出来。

随着 20 世纪中叶的研究表明，生动的梦受一个原始的低位脑干区域——脑桥——的控制，弗洛伊德关于梦的观点开始受到攻击（Carpenter，1999）。受这一区域的调控与现代观点——梦只不过是随机地不时地被聚合成似乎是有意义的整体的信息组块——是一致的。然而，更近的研究表明前额的大脑皮层（就在前额的后面）要比脑桥对做梦更重要。通常地，前额皮层控制位于其后的情绪领域。然而，做梦期间它受到了抑制。这一结果契合了弗洛伊德关于梦是凌乱的、深奥的,更重要的是充满性欲的观点。控制链从情绪中剥离出来,使它们能够在梦中自由地表达,这恰恰是弗洛伊德希望的证据。

多姆霍夫(Domhoff,2003)为霍布森新出版的《梦》(Dreaming)一书所作的评论,既提供了一些有关弗洛伊德梦论的好的消息也提供了一些坏的消息。与其他梦研究专家一致,霍布森主张"来自脑干的随机信号迫使脑皮层"(Domhoff,2003,p.1997)"妥善处理它所做的糟糕工作,它甚至导致了具有一定连贯性的梦意象从由脑干发出的相对嘈杂的信号中产生"(多姆霍夫引用的霍布森的话,2003,p.1997)。在多姆霍夫看来,霍布森对做梦的描述是对"弗洛伊德理论的全面"挑战(Domhoff,2003,p.1997)。此外,在他的书中,霍布森把梦看作是类似"一种精神病状态"或者是一种"精神错乱"状态,等同于一种脑机能失调,伴随的症状是幻视、思维错乱、近期记忆的丧失和虚构(p.1998)。而且,多姆霍夫引用了福克斯的基于研究而得出的观点,即儿童的梦在7、8岁之前太过"平淡"和"不生动",不契合弗洛伊德的解释。就像你已经看到的并将再次看到的,这对弗洛伊德的理论——儿童早在1岁时就有了真实生活的梦——是很关键的。然而,这一消息并非一无是处。在对《梦》的评论中,多姆霍夫把这一基于研究的观点——"梦是对日常生活世界的合理一致的伪装,它很好地利用了语言和其他的唤醒认知能力"——归因于"认知心理学家"(p.1998)。

现在可以断言存在着潜意识(参见 American Psychologist,v.47,♯6,1992)。然而,潜意识并不是像弗洛伊德假设的那样是可分析的、可操控的和聪明的实体。相反,与意识相比,它可能是简单的、率直的和不可分析的(Greenwald,1992),并且为我们不知不觉在视线之外捕捉到的事物对我们的后继行为产生的影响所揭示(例如,飞速呈现的无法被我们的意识觉察的单词"性感的"将会影响我们后来对人物照片的评价)(Greenwald,Drain & Abrams,1996)。

局限

精神分析理论的不确定地位。通过考虑大量支持精神分析理论的尝试可以看出,它在预言未来行为方面的能力微乎其微。精神分析理论概念最适合用于事实收集起来之后,对个体过去的行为作后溯解释(Stanovich,1989)。

搜集与精神分析理论相关的资料的主要场所是诊所,而不是实验室。在诊所中,与诊断和治疗无关的事件会影响患者和分析者但无法得到控制:中断、患者和分析者的偶然情绪、双方临时的健康状态、环境中的事件(隔壁婴儿在哭)以及恰好在会话前发生的不可知事件(爱人的争吵)。弗洛伊德的一个患者,一位精神病学家写到,在治疗期间弗洛伊德的狗"安静地……坐在床角……一条很大的中国家犬"(Wortis,1954,p.23)。显然,弗洛伊德没有想到,这一可能产生威胁的、至少让人分心的动物的出现可能已经影响到患者的思想、表达和行为,而且反过来会影响弗洛伊德的解释。如果弗洛伊德把患者的不舒服归因于他们谈及敏感的潜意识材料,那他就有可能是不正确的。

弗洛伊德和他的支持者们通常使用的临床被试样本并不能代表一般人群:与大部分人不同,临床被试是有心理障碍的。而且,弗洛伊德主要的个案研究都是关涉维多利亚女王时代的维也纳人的（几乎 100%），他们生活于 1889 年至 1900 年间（50%），表现出病态行为（50% 的人有歇斯底里神经症；Brody，1970）。此外，样本多是年龄介于 18 岁到 20 岁之间（75%）的上层社会的（几乎 100%）单身（75%）女性（67%）。他们可以被描述为 YAVI（年轻，有魅力，有口才，聪明）。这一选择性样本可能使其理论的发展存在偏见并且限制了弗洛伊德观察资料广泛普及的程度。

　　尽管弗洛伊德的观点特别依赖人们的早期经验，但实际上他很少有儿童患者（Daly & Wilson，1990）。他的大部分关于儿童的信息是从他的日常经验、阅读、对他本人童年的回忆、成年患者的回忆以及非患者提供的轶事中获得的。

　　弗洛伊德概念有效性的"证据"通常是非常间接的，以致提供证据的数据可以被其他理论更好地加以解释。就像希尔斯特伦（Kihlstrom，1994）指出的，从安德森及其同事鲍姆和科尔（Anderson & Baum，1994；Anderson & Cole，1990）的数据到分析者和患者之间的移情有一段相当长的距离。在某项能够被认知社会原则很好地加以解释的卓越研究中，安德森和鲍姆（Anderson & Baum，1994）指出，假设一个人在被试的隔壁房间，他被描述成与被试的一个重要他人很相像，被试回忆时描述的形象更接近重要他人，而不是实际的病例。我们往往使我们生活中的那些重要人物成为我们的重要他人。然而，在安德森和鲍姆的研究中被试选择的重要他人很少是亲戚，父母亲则更少。因此，从对"隔壁房间的"非亲人的情感和回忆推论到治疗中的移情似乎缺乏理由。

44

　　当马森（Masson，1984）声称弗洛伊德欠思考地放弃了他最初的"正确"观测，即弗洛伊德早期的患者（19 世纪 80 年代）在孩童时期遭受到性诱惑时，人们对弗洛伊德的攻击加剧了。据说，弗洛伊德公开宣布"诱惑理论"大约仅仅九个月后，由于理论遭到了怀疑激发他改变他的想法。他关心的是这个理论暗示了他自己的父亲，并且他担心他会因为暗示儿童性虐待是普遍存在的而受到谴责。从"小孩性虐待是普遍的"到"不，不是"这一改变可能严重损害了也许的确有成千上万的儿童遭受性虐待的可信度。

　　今天，马森指控的影响性减少了，因为大家已经广泛接受了弗洛伊德早期的患者实际上没有告诉弗洛伊德任何可以解释为"虐待故事"的事情（Esterson，1993；Macmillan，1997；Mc-Cullough，2001）。要么是弗洛伊德对患者告诉他的事情研究得太深，要么是弗洛伊德暗示他们得出他认为的所谓诱惑的确切陈述。关于后者，鲍威尔和博尔（Powell & Boer，1994）从弗洛伊德自己的作品中找到了证据，即强迫患者接受他们被虐待的暗示：一个患者被认为"不诚实"，另外一个患者被威胁要把他赶出去，其他的人据说因为抵制弗洛伊德暗示他们受到了虐待而遭受作用于他们头上的压力。这压力如此之大以致患者有时发表这样的评论，"现在我想起一些事情了，但是显而易见是你[弗洛伊德]把它放进了我的大脑"（Freud，引自 Powell & Boer，1994，p. 1287）。最后，他们引用了很多年后弗洛伊德写的一篇文章，在这篇文章中，弗洛伊德似乎承认他的罪过，即将诱惑情节强加给他早期的患者。"……也许我把自己的[诱惑记忆]强加给了他们"（Freud，引自 Powell & Boer，1994，p. 1286）。很明显弗洛伊德向患者施加压力迫使他们接受他对他们心理问题原因的建议并没有随着诱惑理论的放弃而终止（Esterson, 1993；Macmillan，1997)。

　　人们可能想知道，"错误的记忆"能否真的被移植进入人们的头脑使他们开始相信某些事情发生在他们身上，实际上这些事情从来没有发生过，至少没有以进入、存在于记忆中的方式发生？起初，洛夫特斯(Loftus, 1979)有关错误的记忆能够被成功地移植的研究受到严重的批评(例如，Zaragoza & McCloskey, 1989)。然而最近的研究非常清楚地表明她一直是对的：记忆能被改变，容易与其他的事件相混淆，甚至可能创造出从未发生过的记忆(Belli, Lindsay, Gales & McCarthy, 1994；Ceci, Huffman, Smith & Loftus, 1994；Johnson, Hastroudi & Lindsay, 1993；Lindsay, 1990；Loftus, 1993；Pezdek & Banks, 1996；Zaragoza & Mitchell, 1996)。我们对某一事件的回忆会受到该事件之后发生的事情的影响，尤其如果是一个相似的事件发生在我们试图回忆的事件之后。如果在一个晚会上凯特(Kate)对我们说了些什么，一个同样的朋友玛格丽特(Margaret)在同一个晚会上说了类似的事情，我们就有可能混淆了内容的来源：我们可能会把玛格丽特对我们说的都归到凯特身上(Johnson et al, 1993)。如果你是一个抢劫事件的目击者并且事后被要求回忆你看到的，在真实抢劫之后你从警官播放的电视抢劫篇中看到的细节，可能会闯入你的回忆。如果真正的抢劫者是高个，电视播放的抢劫者是矮个，你可能向警官汇报，真正的抢劫者是"矮个"。

45　　但是有关未经证实的童年性事件的暗示会怎样呢，如弗洛伊德被指控对他的来访者所做的暗示(如，杜拉)？科学研究中的目击事件(类似于真正的抢劫)和随后的事件(类似于电视抢劫)通常是同类事情(抢劫)，而治疗的背景与所谓的虐待背景是不同的。一个特定事件之后发生的事情能够影响对该事件的回忆吗，即使随后的事件是不同的？艾伦和林赛(Allen & Lindsay, 1998)报告的初步证据支持了肯定的答案。最近的研究提出了更有说服力的支持。林赛、艾伦、陈和达尔(Lindsay, Allen, Chen & Dahl, 2004)研究表明，一个事件错误记忆的发生是原始事件发生后出现了与原始事件相同、相似和差异甚远的随后事件的结果。一个人目击一个事件后无论发生了什么，也不管与发生的目击事件是否相似或不同，都能导致关于一个事件的错误记忆。因而，治疗师对一个成年患者的暗示能够使患者伪造对童年事件的回忆。

　　总而言之，认为现代的治疗师甚至也可能暗示他们的患者其问题的来源是童年期遭受的性虐待，即使没有虐待发生，他们的患者也可能会把虐待混入他们的童年记忆，这种情况似乎是可能的(Pendergrast, 1995)。是弗洛伊德影响了这些所谓的"恢复记忆"的治疗家吗(McCullough, 2001)？我想是的。首先，弗洛伊德最基本的假设之一是，一个人过去的伤害是当前问题的"原因"，并且解决的办法是挖掘可怕的过去并再次体验与之相关的情绪与想法(Macmillan, 1997)。但这些假设来自什么地方呢，是弗洛伊德和其他人的科学研究或至少是系统的观察？答案几乎肯定是"不"。弗洛伊德没有报告这样的研究或观察。相反，他的基本假设通过布洛伊尔来自安娜 O，虽然他把它归于布洛伊尔和让内(P. M. F. Janet)(Freud, 1920/1977, p.257；Macmillan, 1997)。其次，它又从当时的民间传说中获得。无论如何，现代证据表明，挖掘过去的伤痛可能是无益的甚或是有害的(Bonanno, 2004)。

　　此外，还有其他的证据表明，相信"恢复的记忆"是真正的记忆的现代治疗家受到弗洛伊德的影响。首先,他们在治疗过程中诱导患者恢复记忆可能用了很多弗洛伊德曾用过的同样的暗示技术(如,催眠)。第二,他们使用的一些压力技术似乎是从弗洛伊德那里借用的:他们像弗洛伊德一样,坚持尝试着说服患者他们在童年期受到了虐待,直到患者呈现出虐待记忆(Pendergrast,1995)。有趣的是,弗洛伊德的患者中至少有一个从未忘记过自己的一次童年经历,但弗洛伊德坚持说这次经历已经受到压抑(Macmillan,1997)。第三,他们似乎显示出与弗洛伊德一样令人吃惊的态度:某些现代精神分析学家和记忆恢复治疗家继承了弗洛伊德的部分遗产,即只要恢复的内容被认为有治疗价值,他们就倾向于漠视在治疗中揭示的东西的真实价值(Macmillan,1997;Pendergrast,1995)。

很明显,这些"恢复记忆"的治疗家们分享着弗洛伊德的信条,即童年期的精神创伤是当前问题的原因,解决的方案是回忆和再次体验这个创伤。也许对后面论及的更多"此时此地"的理论的探讨会使你相信弗洛伊德的"挖掘过去"的假说未必是一个好的假说,而且事实上可能是有害的。最好是让"睡着的狗撒谎"。试图回忆过去可能发生或可能实际上没发生过的恐惧,会产生新的恐怖或使那些真正发生过的恐惧甚至比实际的看上去更糟糕。

注意一句话:"错误记忆"能够相对容易地植入人们的心中,这一点在某些方面仍然存有争议。关于这一争议的完美处理在佩兹德克和班克斯(Pezdek & Banks,1996)的书中可以看到。如果你对由于恢复记忆活动造成的真实生活的损害的主张感兴趣的话,可以参考彭德格拉斯特(Pendergrast,1995)的研究。

比马森和鲍威尔/博尔的研究甚至更受人谴责的是埃斯特森在他颇有吸引力的《诱惑的幻想》(*Seductive Mirage*,1993)一书中的论点,即是弗洛伊德"改变了他的心灵"还是植入了暗示都没有实际意义。并不存在可解释为虐待经历的早期患者的叙述,只是弗洛伊德企图强迫患者去接受他的预先构想的分析性重建。埃斯特森通过显示弗洛伊德早期的"诱惑"病例与他在多年以后出版的作品中描写的不一致来支持自己的观点。首先,当弗洛伊德在1925年写到俄狄浦斯情结时,他要么是遭了严重的记忆损失导致他的能力应该受到质疑,要么他就是不真诚的。在这以后的时间里,弗洛伊德写了父亲诱惑女儿的早期病例,而事实上他的早期作品表明最有可能"受谴责"的是兄弟或非亲属,而不是父亲。在给弗利斯的一封信中,弗洛伊德宣称自己不再着迷于有关诱惑的观点,他指出"父亲…应该受到指控",但不是任何一个父亲都在接受指控(Freud,引自Masson,1984,p.108,再次强调)。那时以及后来他肯定知道,多数具有虐待性倾向的父亲,无论是早期病例的当事人还是1925年他声称幻想的,都不存在。其次,埃斯特森认为,在治疗中无论患者说什么或者不说什么,无论发生什么,弗洛伊德通常虚构一种适合其现行理论的解释。

埃斯特森写道,弗洛伊德喜爱并经常使用类比来支持他的理论,但这些建构的类比经常是错误的。比如,他使用一个类比来暗示精神分析学家可以忽视患者明显的证言而采用其他的"证据"。他写道,一个医生能够看出患者的症状并确定患者的失调,无论患者说什么。通过类比,精神分析学家能够看到患者的症状并判断他(她)儿童期受到的精神创伤,不管患者说什么。埃斯特森在这样一种"推理"路线中看到了一种严重的与科学规范的背离。弗洛伊德假定他的理论是有效的,然后通过在他的理论描述与他强加给患者的之间创造一种契合来"收集证据"。尽管患者的陈述似乎是精神分析解释的重要基础,但具有讽刺意味的是患者在治疗中的明确表述往往受到忽视,这点可以从弗洛伊德的自白中看到,弗洛伊德承认患者经常顽固地拒绝接受他对患者话语的解释。

如果说埃斯特森(Esterson, 1993)的批评是一个逻辑学家对弗洛伊德思想中不合逻辑部分的论述,那么,麦克米兰(Macmillan, 1997)"对弗洛伊德的评价",就像他委婉地所说的,是对弗洛伊德及其所有思想的先发制人式的打击。麦克米兰(750 页以后)厚重的著作把弗洛伊德的理论框架归结还原为原子弹爆炸后矗立的一个被摧毁的所剩无几的建筑物(Crew, 1996)。他用弗洛伊德本人的作品表明在详细的审查下,这位"大师的"观点很少有能够站得住脚的。显而易见,无法给麦克米兰的书提供一个合理的总结,但是我能给出几个他责备弗洛伊德的完整例子。

麦克米兰在好几处指出弗洛伊德犯了同义反复或循环推理的过错:观察产生一个理论,这个理论又被用来解释这种观察。比如,一个歇斯底里的人的痉挛可以产生一个潜意识动机理论,然后这个理论用来解释痉挛。麦克米兰还责备弗洛伊德经常自相矛盾。一个很好的例子就是弗洛伊德认为初级过程和与此相关的压抑机制阻碍结构性思想的发展和存储。然而对梦和症状——可能是压抑性焦虑的结果——的分析,向弗洛伊德揭示了结构完整、有组织的但是潜意识的思想。而且,弗洛伊德在解释各种现象时也不一致。一个特别好的例子需要详细说明。

仅在几年的时间里,弗洛伊德就对同性恋采取了三种不同的观点。当弗洛伊德分析莱奥纳尔多·达·芬奇时,他写了父亲缺失或母亲"把父亲挤出他合理位置"的能力的影响(p. 338)。鉴于这样一种内心中的家庭情况,麦克米兰引用弗洛伊德的话说:"男孩压抑他对母亲的爱:他把自己放在她的位置上,让自己认同于她并把自己的人格作为一个模型,按照这样的模型式样选择他所爱的新对象。通过这种方式他变成了一个同性恋……沿着自恋的路径他找到了他所爱的对象"(p. 338)。也就是说,他变成了他的母亲,爱上像女人一样的自己,并且,当然变得对男人有吸引力。另外一种,弗洛伊德假设男孩早期仅仅选择了他母亲作为性对象——她是所有孩子的第一个对象——并且从来没有放弃那种选择。当他发现母亲没有阴茎时,他变得被那些像女人但是有阴茎的柔弱男人吸引。他在对施雷伯的分析中,还采用了另外一种解释。麦克米兰指出,"弗洛伊德把自恋从一种选择对象的方法[就像被莱奥纳尔多·达·芬奇激发的观点]转换成发展过程中的一个时期"(p. 358)。这一时期,男孩变得关注自己的身体,尤其是他的生殖器,并且选择那些同样有生殖器的人。弗洛伊德同义重复的倾向和他对自我矛盾及不一致的喜好,使人怀疑我们认识的弗洛伊德是不是真的弗洛伊德。也许那些写过弗洛伊德的人具有如此高水平的、尖锐的和重新审视的弗洛伊德思想来处理这三种倾向,以致弗洛伊德的思想不再是他自己的了。

值得注意的是,从 1973 年开始,同性恋倾向不再被正式划分为病态的(Carson, Butcher & Mineka, 1996)。现在大多数临床心理学家和精神病学家把同性恋看作是和其他的人群一样,心理是正常的。关于这些倾向的"原因"可以确切地说,它们在生命早期就已经显现了,就男同性恋而言,至少有可能部分是由基因决定的。

　　最后,麦克米兰揭示的其他缺点值得简单提及。弗洛伊德往往会改变重要术语的定义。**压抑**和**升华**就是例子。就前者而言,压抑有时被视为意识过程,有时又被视为潜意识。根据从弗洛伊德和其他人的作品收集来的令人信服的证据,弗洛伊德抄袭了其他作者的作品并完全从其他治疗者那里偷窃观点。例如,弗洛伊德采用了法国人德尔伯夫的治疗方法,没有归功于他,而且说成好像是他自己发明的。弗洛伊德对记忆的过程并不了解。例如,他让狼人"回忆"1 岁半的时候看见,至少是无意识地看见他的父母在交合。现在很清楚,那么小根本不可能记住任何事情(大多数人无法记住 3 岁前的任何事情,尽管他们"回忆"父母或其他年长者告诉他们的事情,好像他们记住了似的;Loftus, 1993)。而且,很明显记忆不会在休眠 10 年、20 年、30 年之后,依然可能按照压抑性记忆恢复要求的被非常细致地回忆起来。最后,弗洛伊德曾多次声称在把具有暗示性的观点移植进入患者的头脑中的治疗上他什么也没做,这样,人们不得不想知道事实上他是否在意识上承认了他对患者的影响是不正当的。

　　鉴于麦克米兰和其他人的毁灭性攻击,麦克米兰是如何解释为什么弗洛伊德及其理论继续流行的呢? 他提供了五个理由:(1)大多数外行人和许多专家认为弗洛伊德相对不变的精神分析理论是无可非议的(大多数人不知道大量的批评);(2)精神分析似乎考虑到对行为和人格作深入的理解(在此之后弗洛伊德的理论似乎很容易解释行为和人格);(3)人们被非理性吸引(有时,大多数人认为他们受超出他们理解力的力量控制);(4)精神分析处理那些诸如性(和神秘荒诞的梦)等本身很有趣的问题;(5)大部分人想当然地认为精神分析疗法是独一无二的而且疗效很高(他们不知道它并不比其他疗法更有效,可能还不如有些疗法)。视窗 2-4通过再次回顾弗洛伊德著名案历具体阐释了这些批评。最后,弗洛伊德和本书描述的其他11 位人物都是心理学界屈指可数的(Haggbloom et al. , 2002)。在一份心理学家的调查表中,弗洛伊德在 20 世纪所有心理学家中,期刊引用排名第一,导论性教科书引用第一,最经常提名第三,总体排名第三。弗洛伊德依然活着并且影响深远。与他持续的崇高地位相配,他的著作将继续再版,但这次是用便利的、能够装进口袋的平装本,对每个人来说都是易于接受和承担得起的。

结论

　　对弗洛伊德理论堡垒攻击的强度、数量,或许包括说服力似乎与日俱增,以至于它的墙体似乎真的很快就要坍塌了。然而还有另外一种看法。尽管恶意批评者数量不断增加,但是大量的心理学专家或者公开支持弗洛伊德,或者把他的观点置于自己观点的核心给予暗中支持,与后者相比,前者寥寥。就如弗洛伊德最初遭到美国心理学家的谩骂和攻击,但后来逐渐受到他们当中许多人的尊重一样,1999 年,他的生平著作成为美国国会图书馆大型展览的主题(Fancher, 2000)。他的一些追随者正在为他的观点广泛寻找支持(Azar, 1996)。

视窗 2-4 重温弗洛伊德的著名案历

弗洛伊德对"他的"案历的许多解释既不符合病例本身的情况,也不同于其他人的解释。首先来看一下安娜 O 这个案历,她真的像弗洛伊德所说的那样(Freud, 1920/1977, p. 257)被她自己的"谈话"方法治愈了吗? 这种方法后来连同她的"挖掘及重新体验"的假设一同被弗洛伊德采纳。安娜 O 从 1880 年 12 月接受治疗,到 1882 年 6 月布洛伊尔宣称她"被治愈"(Macmillan, 1997)。此后的 5 个星期内她有过 4 次复发并于 1882 年 7 月 12 日被送进疗养院。她随后在另一家疗养院呆了 5 年,直到 80 年代末临床症状也没有完全消除。弗洛伊德的曾经极富同情心的传记作者琼斯(Jones, 1953),承认这些事实以及布洛伊尔和弗洛伊德共享它们。他继续指出,安娜 O(贝尔塔·帕彭海姆)成为了德国的第一个社会工作者,她成立了"几个学院并在那里培训学生"(p. 225)。她还成了欧洲女权主义的领导者,但最终成为纳粹盖世太保的牺牲品(www. Bet-debora. de/2001/jewishfamily/konz. htm)。这样,安娜 O 恢复了正常,但说是由于精神分析的原因却有些牵强。

在给一位同事的信中,弗洛伊德对这个案历进行了评论和解释,似乎把安娜 O 的延迟康复归因于精神分析(Forrester & Cameron, 1999;Tolpin, 2000)。事实上,她同布洛伊尔亲密的治疗关系造成的残留影响多年后被踢开,产生了一种补偿性的人格结构,致使安娜 O 恢复正常功能。更有可能的是,安娜 O 的最终康复是因为她克服了导致她巨大生理痛苦的神经失调,这种神经失调使她对吗啡上瘾,最初提供给她吗啡是布洛伊尔。

杜拉和弗洛伊德之间争论的要点可以概括为这样一个问题:"杜拉是像弗洛伊德坚持认为的那样爱着 K 先生,还是对他既厌恶又痛恨呢?"弗洛伊德提供的"爱的议题"的部分"证据"是当 K 先生拥抱并亲吻处于思春期的杜拉时产生勃起并摩擦她的阴蒂。实际上,除了一个拥抱或一个吻,再也没有一点任何证据(Esterson, 1993;Macmillan, 1997)。除了弗洛伊德,没有一个人,包括杜拉在内,曾经说过任何关于 K 先生勃起并摩擦杜拉的事。事实上,弗洛伊德习惯于制造所谓的"证据"来支持他的理论,尤其当证据与他的理论相反的时候。例如,弗洛伊德说杜拉手淫;她强烈地否认这件事。他的证据呢? 就是杜拉偶然把手指放进包里这件事。把一根手指插进包里意味着一位女性像孩子一样手淫,这就像在说奥林匹克运动员的比分发生逻辑上的陡然转向一样。注意,她的否认并没有阻止他的这一念头。事实上,在弗洛伊德看来,否定意味着被否定的事实际上是真实的(Macmillan, 1997)。如果宣称的事被承认,同样意味着那是真实的。总之,无论患者对某一主张说什么都会被弗洛伊德作为证据证明这一主张是真实的而加以接受,即使是一种没有明确表示意见的阐述。当弗洛伊德强迫人们接受杜拉爱上了 K 先生这一案历的时候,他说到,"杜拉用一种蔑视的语调回答:'为什么任何事情都要以不同寻常的方式表达出来呢?'"(Freud,引自Esterson, 1993, p. 46)。在关于杜拉爱 K 先生这一问题上,弗洛伊德确认他是正确的。

而且,当弗洛伊德在为他的理论寻找证据支持时,无论多么细微的联系都不会被他忽视。你可能想知道为什么"闻烟味"意味着一个人想要一个吻? 当弗洛伊德解释这对她的意义时,杜拉指出她的父亲和K先生抽烟把整个环境弄得臭气熏天。弗洛伊德大胆断言,它"除了意味着渴望一个吻外,几乎没有别的,与一个抽烟者接吻,必然会闻到烟味"(Freud,引自 Esterson,1993,p.44)。此外,由于弗洛伊德本人也是一名吸烟者,所以他突然想到她同样想吻他(所谓的移情和真实的反移情)!

那么珠宝盒和珍珠坠又如何解释呢? 如果展开想象的话,一个人可能会把珠宝盒看作是女性生殖器的象征,而珍珠坠是精子的象征。如果这样,那蚊子就是一条鲸鱼的很好象征。弗洛伊德编进对其患者症状的解释中的那些稀奇古怪的说法怎么样呢? 它们是惟一可能的解释吗? 不。几个评价者给出了同样古怪和同样似是而非的解释(Macmillan,1997)。

一个很中肯的问题是:"弗洛伊德的行为是更好地为了杜拉吗?"由于K先生,一个老得可以做她父亲的男人的淫荡求爱,杜拉可能被降低到治疗的低需要状态(Esterson,1993)。她从弗洛伊德那里得到了什么?:她爱上了骚扰她的那个男人的断言。如果从一开始就假定她真的恨K先生,对他很厌恶的话,治疗可能会更敏感、更有疗效、更加人道。

小汉斯实际上是非心理学专业人士的患者,除非算是弗洛伊德的远亲。弗洛伊德曾经只是与汉斯有了个短暂的会面(Macmillan,1997)。弗洛伊德关于汉斯的几乎所有信息都来自汉斯的父亲,而他对弗洛伊德的理论有强烈的偏见。至于恐马症,第一次发作是在汉斯变得焦虑后不久,焦虑的原因可能是因为与妈妈的分离。尽管恐惧是真实的,但弗洛伊德没有事实支持他编造的故事,即这匹马象征了他的父亲,小男孩因为父亲的阉割威胁以及独占他的母亲而对父亲充满敌意并希望他受到伤害。而且,阉割威胁显而易见是真的(小男孩被告知他的小便处会被割掉,因为他玩弄得太多;Freud,1909/1963)。但是这一威胁随时存在,它不是恐惧或汉斯焦虑的可信的理由(恐马症出现前几个月威胁就存在了)。最后,弗洛伊德认为通过来自人类过去遗传的经验汉斯主要地是恨、恐惧,并希望伤害和替代父亲。为了支持这一信念,弗洛伊德依靠拉马克的理论,他知道该理论已经不足信(关于拉马克在下一章会有更多介绍)。事实上,弗洛伊德坚持这些他认为是错误的理论是因为他需要它们来支持他的理论(Macmillan,1997)。莱奥纳尔多·达·芬奇和施雷伯同样不是弗洛伊德实际治疗过的患者。这两个案历都来自书本。在莱奥纳尔多·达·芬奇的案历中,弗洛伊德把这位伟大艺术家的生活事实在许多方面给歪曲了(Macmillan,1997)。近期的新发现也在进行谴责。鲁德尼茨基(Rudnytsky,1999)报告弗洛伊德送给汉斯一个摇摆的小马作为他的生日礼物,并建议把汉斯作为犹太人来抚养,这意味着他应该净心,祛除杂念。弗洛伊德正在创造一种自我实现的预言使他关于汉斯的假设看起来是有根据的吗?

狼人的案历是个例外,因为兰泽尔活到很大年纪,并接受访问写下了他的回忆。埃斯特森(Esterson,1993,pp.69—70)讲述了兰泽尔反对弗洛伊德的以下一些情况:(1)弗洛伊德宣称狼人在开始精神分析的时候很无能;而狼人宣称精神分析之前他好得多。(2)弗洛伊德表明狼人的肠道问题有心理上的原因;而狼人断言自己的问题是因为乡村医生给开了不合适的药引起的。(3)弗洛伊德宣称精神分析解除了他的肠道问题;狼人认为这一问题伴随了他一生。(4)弗洛伊德宣称假定被小男孩看到的原初场景并不是治疗期间回忆的结果,而是分析建构的。然而弗洛伊德却报告了狼人治疗期间"回忆"起来的相关事件的细节。狼人报告没有有关看到他父母性交的回忆。(5)弗洛伊德宣称狼人把狼想象成一个小男孩,后来的一份报告则描述成有尖尖的耳朵和毛茸茸尾巴的波美拉尼亚丝毛狗(在这个病例的某一处弗洛伊德宣称那些狼实际上是绵羊狗!)。(6)弗洛伊德写到狼人的姐姐用一幅狼的图画来折磨他,致使他大喊狼会吃了他。狼人驳斥说他姐姐许诺给他一幅漂亮女孩的画,但她却给了他一幅小红帽被狼吞食了的画面。因此,他对这个玩笑很生气,而不是害怕狼(狼人继续像一个年轻人一样猎狼,没有报告任何怕狼的记忆)。麦克米兰(Macmillan,1997)补充到,狼人的姐姐勾引了他,这一事实被弗洛伊德知晓,可能成为解释狼人问题的部分原因。此外,琼斯(Jones, 1957, vol. 3)揭示了先前弗洛伊德学派的兰克的争辩,即狼人欺骗了弗洛伊德:狼人得出6或7只狼的想法源自悬挂在治疗室墙上的弗洛伊德小组6个成员的照片。值得一提的是,"父亲扮演狼吃掉小男孩"的故事是弗洛伊德经常提到的有关患者童年生活的未经证实的猜测之一(Freud, 1977, p. 30)。

关于鼠人案历中最值得注意的一个方面是埃斯特森(Esterson, 1993)报告的一项声明,即一位研究者发现弗洛伊德公布的案历报告与在他死后发现的原始记录之间存在着差异。看来弗洛伊德在他的出版物中可能报告了一段比笔记中记录的更长的治疗周期,以说明对鼠人的治疗是非常全面的。而且差不多与此同时,弗洛伊德的出版物宣称鼠人的症状已经消失了,但他的笔记却表明鼠人正在抱怨老鼠啃咬他的肛门。

所谓的对童年手淫的责打是弗洛伊德"提出的",而不是鼠人的父亲。弗洛伊德在拥有支持性证据,包括鼠人的母亲回忆他的父亲曾经打过他之前就编造了这一手淫的故事。当母亲向弗洛伊德报告这次打人事件时,他恰好利用它来支持他的故事,即使她并没有提及手淫(鼠人没有记起这一事件;Macmillan, 1997)。实际上,后来这位母亲说打他是因为他咬别人(Esterson, 1993)。弗洛伊德再次编造了一个故事并把它作为事实呈现以支持其理论。

弗洛伊德的三个具有世界性影响的概念对心理学产生了深远的影响。首先,最重要的一个,弗洛伊德告诉我们不要从表面上来看人的行为以及思想和情绪的表达,而是说,如果我们能够超越表面的喧嚣达至更有挑战性和更有意义的细节的话,我们就能够更好地理解人。他的关于压抑进潜意识的(观点)并非如此之错。通过对特定的神经控制机制的探索(包含在后面的第十七章中),安德森和他的同事(Anderson et al. ,2004)表明控制中心如何与大脑中最重要的记忆器官合作以便对不想要的记忆进行压制。第二,他关于儿童通过认同过程变得更像他们的父母的观点影响了人类发展的大部分理论(Mussen, Conger & Kagan, 1979)。第三,尽管可能不完全像弗洛伊德认为的那样,但即使是某些最固执的实验心理学家现在也承认弗洛伊德最核心的观点——潜意识的存在。而且,他们认为,潜意识在人的生活中扮演极其重要的角色(*American Psychologist*, 47, #6, 1992)。

尽管弗洛伊德的精神分析理论不一定是科学的,但他却处于试图寻求使心理学成为一门科学的早期心理学家的先头部队中(Andreasen, 1997)。他的关于心理学将变成一门科学的信念对心理学的当今科学地位是极大的贡献。至于精神分析理论,即使它不能被认为是一门科学的学科,但也会作为一种哲学观点而存在(Kihlstrom, 1994)。

弗洛伊德的大量著作依然被挖掘用作发现新思想的资源。例如,弗洛伊德关于同性恋的态度走在其时代的前列。很多年前他写到:"我们确实不应该忘记……一个男人对一个男人肉欲的爱,不仅被一个迄今为止文明领先的民族——希腊人——容忍,而且实际上被他们委以重要的社会功能"(引自 Young-Breuhl, 1990, p. 14)。尽管弗洛伊德已经去世 60 多年了,但他身上还有很多东西值得我们学习。一个人如果不拥有弗洛伊德思想的有关知识,他就不能说自己是个有教养的人。视窗 2-5 表明弗洛伊德想要帮助所有请教他的人。

52

视窗 2-5　一位美国女性向弗洛伊德寻求帮助

53

最近,本杰明和狄克逊(Benjamin & Dixon, 1996)发现了一个先前不为人们所知的关于一位年轻的美国女性写信向弗洛伊德求助的案例。弗洛伊德的答复似乎应该值得注意,但是本杰明和狄克逊揭示说,英语会话和书写都很流畅的弗洛伊德试图去回复他邮箱中的所有信件,即便那意味着将要工作到深夜。

这位受到良好教育的、博学多识的、富有的女人与她传统的、显得顽固的父母存在一些冲突,他们剥夺她去见一个意大利人后裔的天主教男人的权利。她声称自己是没有偏见的。她主要关心的是弗洛伊德帮助她理解一个梦,在这个梦中,她发现自己在一个陌生的房间里,里面有一些奇怪的质量低劣的家具。因为天热,她的父亲和伯父在前面的走廊里交谈并扇着扇子。当她听到敲门声并去开门的时候,发现是那个年轻意大利人的兄弟,这个时候她的父亲和伯父已经消失了。他穿着时髦,但是戴了一顶墨西哥帽,一段友好融洽的谈话之后,这位兄弟交给她一封她男朋友的信件,并且允诺会带着一些男性朋友再来拜访她。令她恐惧的是,当她打开那封信之后,她得知她的心上人已经娶了一个名叫道尔(M. Dowl)的女子(作者发现没有这个名字的记录)。她抓起身边的一把大铜制刀刺入了自己的心脏。当刀子穿过她的身体时,她体验到了"永久的恐惧"(p. 464)。她倒在地上"死去",手里仍然拿着那把刀。当她从梦中醒来时,她发现自己正躺在自己梦中自杀的那个位置,久久无法从梦中脱身,脸上泪痕斑驳。那天,她心情抑郁沮丧。

仅仅 22 天以后(1927 年 12 月 2 日),弗洛伊德及时地作出了反应,以温和的语气开场:"我觉得你的信很有韵味……"(Freud,引自 Benjamin & Dixon, 1996, p. 465),但是他继续说道:"梦的解释是一件困难的事情",而且他在不知道道尔这个名字的来历的情况下,也不能提供一种完全可靠的梦的解释。他继续说,她一定在某一地方听到过那个名字:"…梦不是创造,它仅仅是重复或者整合。"不幸的是,她不在维也纳,因此无法交谈。他继续说道他能感受到她对那个年轻的意大利小伙子的情感,非常复杂而且充满矛盾冲突。这些情绪为她对他的爱和"……与父母坚决作对"所掩盖。进而他指出,如果她的"……父母并不是那么讨厌这个男孩",她或许就会意识到"……你的情感的分裂。"他把这个梦看作是一种"走出混乱的……方式",而且他可以肯定,她不会抛弃这个男人。"但是如果他先抛弃了你,那么问题就可以解决。"弗洛伊德在结束的时候说,"我猜想这就是那个梦的意思……,"那个梦的内容就是"依然活跃在你灵魂里的受压抑的敌意"的结果。

有两个问题值得注意。首先,弗洛伊德表现出一定水平的善良和敏感,这对于他来说是很少见的。第二,在没有更多信息的情况下,他很谨慎地不去过多解释那个梦。这种基于有限信息而不愿作出解释的行为,与反对他的断言是不一致的。

弗洛伊德不仅慷慨地为治疗背景以外的人提供帮助,而且他的著作一直帮助人更好地了解自身。马尔茨(Maltz, 2002)发现,弗洛伊德的"一个同性恋女人的病例"(Freud, 1920/1955)对她自己的生活境况同样有所帮助。弗洛伊德的患者是一个年轻的女人,她变得憎恨她的父亲,最后发展到憎恨所有男人,因为当这个患者"本来应该"生下他的孩子的时候,他却让她的竞争对手——妈妈怀孕了。这个年轻女人勃然大怒于他的父亲公开对一个老女人献殷勤。这位"女士",人们这么称呼她,是一个人人皆知的双性人,她最初拒绝做弗洛伊德的患者,她企图自杀过,但没有成功。同样地,马尔茨迷恋上了因"小羊肖普"(Lamb Chop)出名的早期电视人物莎丽(Shari)。就像那位"女士"一样,莎丽是一个坚强的母亲形象,她操纵手动木偶"小羊肖普",并温柔地斥责她的小错误。对莎丽的回忆以及对弗洛伊德患者的类似欣赏帮助马尔茨开始把握她自己的性别认同。

要点总结

1. 弗洛伊德的父母都是犹太人,他出生(1856)在德国的摩拉维亚。当他还是一个年轻的医学院学生时,就有了很多著名的发现。《梦的解析》(1900)为他以后突破性的概念定下了基调,例如力比多。弗洛伊德被纳粹从维也纳驱逐出去,1939 年在伦敦死于癌症。

2. 弗洛伊德把人类描述为受本能的控制,本能有两类:生的本能和死的本能。他对人格进行了研究,认为人格最初的结构是本我,根据快乐原则和初级过程行事。自我用它的现实原则和次级过程对本我进行检查。它用防御机制保护自己。超我是内投射的结果,按照道德的准则行事。

3. 口唇阶段的快乐来自口腔的刺激。固着会导致口唇接受或者口唇攻击的成熟人格类型。自恋是一种与刺激性的危险行为相联的成长现象。在肛门阶段,快乐来自排泄。排便训练会导致固着和肛门滞留型人格或肛门排泄型人格。

4. 在生殖器阶段,男孩会对母亲产生爱恋。对父亲的恐惧表现为阉割焦虑。他们通过与父亲的认同来解决俄狄浦斯情结,如果这一过程成功了,就会导致超我的发展;如果失败了,就会导致过度使用防御机制以及成年以后的性乱交或者女性化。弗洛伊德著名的病例,例如安娜 O、杜拉、汉斯和动物人,揭示了他是如何为他的理论提供支持的。一些现代和古代的文化反映了这种情结。

5. 女孩爱恋自己的父亲而恨自己的母亲,但是没有阉割焦虑,由于没有阴茎(阴茎妒羡),使得她解决厄勒克特拉情结很困难。结果,与男性相比,她或许降低了自我力量和超我发展。弗洛伊德的一名辩护者坚持认为,弗洛伊德并不想贬低女性,但是他自己的话却与该论点相矛盾。

6. 潜伏期并不涉及特定的身体性感区域,但承担起了升华的过程。与前几个阶段相比,生殖阶段包括更利他和更少自我中心的投附。弗洛伊德精神分析的自由联想技术需要一个长躺椅以引导患者畅通地进行内省。它代替了催眠并且涉及了移情和反移情。弗洛伊德发现人们的梦包括显梦和隐梦两部分。最近的神经科学研究结果在某些方面支持了他对梦的一些看法,但在其他方面却驳斥了它。⁵⁴

7. 一些支持弗洛伊德的研究结果包括早期经验重要性的证据以及证实防御机制、自恋倾向和受环境暗示的潜意识活动的证据。他的精神分析理论存在的问题在于预测效度相对较低、不可控的临床环境、取样偏差以及儿童经验的有限性。看似支持他的概念(例如移情)的研究结果显得很牵强。

8. 近年来弗洛伊德的理论观点面临着一些挑战。马森非难说,弗洛伊德出于个人的原因,放弃了早期的诱惑理论而倾向一种幻想观。鲍威尔和博尔指控弗洛伊德用诱惑情节暗示患者,患者可能会把它们纳入记忆中。弗洛伊德的过去经验必须被挖掘出来的假设或许已经推动了最近的"恢复记忆运动",这是基于对记忆过程的误解(治疗过程中的暗示可能会歪曲对早期生活的回忆)而且可能是有害的。埃斯特森断言患者根本没有对弗洛伊德报告任何与诱惑有关的内容,是弗洛伊德自己创造了诱惑的剧情。

9. 麦克米兰指出,弗洛伊德反复改变自己的观点,而且前后不一致、自相矛盾、同义反复。他还从别人那里借用观点并且通过捏造证据的方式来支持自己的理论。他有关同性恋的观点的变化证明了其不一致性。对弗洛伊德的案历再考察发现,他在治疗中实际上并没有多少案历被试,他为一些案历被试捏造了儿童期的创伤,把一些失败的案历写成了成功的(安娜 O),直接干涉影响案历(汉斯),而且他不实地描述了他的治疗效果。

10. 弗洛伊德仍将拥有强大的支持力量。他在 20 世纪的心理学家中排名第三,而且他的研究成为 1999 年美国展览会的主题。他的永久性贡献包括鼓励我们去探究表象之外的东西、认同过程、潜意识以及提升心理学的科学地位。由于弗洛伊德的作品如此浩大,他也许还会教给我们更多。他的美国患者的案历表明了他敏感性强和绝不想轻率地作出判断。他的"一个同性恋女人的案历"曾经帮助了一名现代女性了解了自己。

问答性/批判性思考题

1. 弗洛伊德生活的时代是什么样的以致对他的观点产生如此的影响?

2. 指出两个本文中没有提及的歇斯底里神经症。

3. 治疗过程中的暗示是如何影响对早期生活的回忆的？

4. 为弗洛伊德最有争议的一个病例的解释作一辩护。

5. 描述一个你知道的自恋的人（请不要标明其身份）。

电子邮件互动

通过 b-allen@wiu. edu 给作者发电子邮件，回答下列中的任何一个问题或写下你自己的问题：

1. 你认为弗洛伊德撒谎了吗？

2. 弗洛伊德真的相信女性是低等的吗？

3. 告诉我在研究弗洛伊德时我应当集中关注什么。

人格的遗传基础：荣格

- 你的心智是遗传而得的吗？
- 你是内倾还是外倾？
- 情感、直觉、思维、感觉、判断、感知，你是哪种类型？

卡尔·荣格
www.cgjungpage.org

卡尔·荣格（Carl Jung）在他以前的良师益友去世时这样描述弗洛伊德的工作："掌握潜意识心理之谜……无疑是到目前为止最富有想象力的尝试。对我们年轻的精神病学家来讲，它是启蒙之源"（引自Wehr，1989，p. 29）。尽管弗洛伊德对待荣格已经从一个充满慈爱的父亲变成了一个自认为被背叛了的长辈，但是荣格还是写下了上面的话。在他们合作的早期，弗洛伊德这样恳求荣格："我亲爱的荣格，你要向我承诺永远不放弃性理论。这是最重要的。你知道，我们必须将其确定为一个教条，使其成为无法撼动的精神支柱"（p. 34）。接下来，他给他的"第一继承人，'皇太子'"（p. 34）写道："因此，我又一次戴上父亲式的角质架眼镜，警告我亲爱的儿子要保持冷静的头脑……我也将了将我的聪明的灰色头发……想：哦，年轻人就是这样；只有在不需要拖着我们和他们一块……时，他们才会真的享受事物。"（p. 36）但是，对弗洛伊德而言不幸的是，荣格没有遵从他的教条，也没有背负别人的理论包袱。他有他自己的观点，其中就包括潜意识理论，这种潜意识是由人类遗传下来的过去经验决定的，而非性欲。

弗洛伊德与荣格之间存在矛盾的迹象很早就表现出来了（*Monitor on Psychology*，1999）。1909 年，弗洛伊德曾有一次晕倒，荣格将这归因于他们刚刚结束的有关尸体的对话。而弗洛伊德反过来认为，荣格对其晕倒的解释反映了荣格希望弗洛伊德死掉的愿望。另一次，荣格对超常现象的兴趣使得他宣布其"父亲"是错误的。当着弗洛伊德的面，荣格的隔膜产生了一种奇怪的感觉，紧接着附近的书橱内发出了一种巨大的"爆炸声"。他将这一经历称为"催化产生的外化现象"（catalytic exteriorization phenomenon），对此，弗洛伊德说他"完全是胡说",而荣格大声说:"你错了,教授先生"(p. 35)。接下来,荣格雪上加霜,成功地预测了第二次"爆炸声"。

在弗洛伊德看来,到1913年,这两位精神病学家之间的个人和专业上的分歧已经大到无法弥合的程度。他写信给荣格,提议"让我们一起放弃我们的私人关系吧。这样我不会失去什么,因为……我对你只是有一点点……失望,而这已经是过去的事了……我将获得完全的自由,并从被信以为真的'友谊的义务'中解脱出来"(p. 39)。而荣格却怀疑,他是否真的当过弗洛伊德的学生。

荣格其人

卡尔·古斯塔夫·荣格(Carl Gustav Jung,1875—1961)出生在瑞士的凯斯维尔(Kesswil),是瑞士新教教会的一位牧师的儿子,是一位教授和一位牧师的孙子(Kim, 2002;Wehr, 1989)。有传言说,荣格的祖父或外祖父是歌德的私生子——歌德是德国著名的作家,著有《浮士德》(*Faust*),这是一部关于一个魔术师的戏剧,这个魔术师将其灵魂卖给了魔鬼以换取魔力(Lebowitz, 1990)。荣格继续宣扬着这一传言,因为在那时,他喜欢把自己看作一个与神秘主义、著名人物有关的人。

荣格有过一些痛苦的童年经历,同时伴有许多"幻想"(Feldman, 1992)。在反思这段时光时,他回想起一个黑暗、沉闷的葬礼,在葬礼上身着黑色牧师礼服的人将一口棺材放进一个深洞里,不断地念叨着"主啊"。从那以后,这一句话便让他感到恐惧。荣格在好几年的时间里经常做同一个梦,在梦里有一个黑洞。

> 我向前跑,向里面看……我看到一个石阶……在它的下面是一个门……由一个绿色的窗帘挡着……我将它撩到一边,[并且]看到一个长方形的房子……一块红色的地毯从门口一直铺到一个低平台上。在这个平台上,矗立着一个……金色的宝座……有什么东西放在宝座上……那个东西很大,几乎快到天花板了……那个东西是由皮和肉制成的,在它的上边是一个像圆形的头一样的东西,没有脸,没有头发。就在头的正顶上,有一只眼睛,一动不动地向上盯着。(Lebowitz, 1990, p. 13)

你可能会想到,是不是这个梦明显的生殖器象征意义令荣格如此着迷,以致将其引至弗洛伊德的门下。

部分原因在于,他的母亲曾有一段时间不在他身边——可能被关在精神病院——荣格的大部分青春时光是一个人在"极度孤独"中度过的。他自己雕刻了一个小的人体模特,将其藏在家里的"不许人进的阁楼"的地板下面。他总是对着人体模特讲述自己内心的想法,借此安慰自己(Jung, 1963, p. 42)。

> 我很孤独,因为我知道各种事情,必须含蓄地讲我知道而其他人不知道甚至通常不想知道的事情。孤独不是因为自己周围没有人,而是因为不能交流对自己来讲很重要的事

情,或者对自己的一些想法,别人会觉得不能接受(p. 356)。

　　在巴塞尔大学接受医学训练之后,荣格接触到弗洛伊德的研究,开始反对各种批评者而为
弗洛伊德辩护(Weher,1989)。1905 年,荣格的《词语联想研究》(*Studies in Word Association*)
出版,他给弗洛伊德寄了一份,结果得知这位著名的精神分析专家已经"迫不及待地"得到了一
份。1906 年 4 月,荣格收到了弗洛伊德直言不讳的来信。在此后的七年中,他们两位相互通
了 350 封信。弗洛伊德已经把荣格视作精神分析学派当之无愧的继承人。如果荣格继承了弗
洛伊德的理论,那么这个心胸狭窄的世界就可以放心,精神分析绝非仅是一场"犹太人的运
动"。在弗洛伊德终止他们两人的关系前后,荣格经历了一段寻找灵魂和心理巨变的时期。各
种有关世界末日和灾难的幻觉困扰着荣格。"我看到猛烈的洪水淹没了北海和阿尔卑斯山之
间北部的整片低洼地带……我觉察到一场令人恐怖的大灾难就要来了。我看到巨大的黄色的
波涛翻滚着,上面漂浮着文明的碎片和被淹死的成千上万的数不清的尸体。然后,整个大海就
被鲜血充溢了"(Wehr,1989,p. 41)。那是 1913 年的 10 月。接下来的一年就爆发了第一次
世界大战。

　　"血淋淋的战争"的前兆肯定使荣格震惊了,因为,按荣格的说法,接下来他一直与"各种精
神错乱"相抗争(p. 44)。荣格自己内心的混乱从未停止过,他头脑中充满了各种形象,许多是
神秘的符号和图形。一天,在感到身处"死亡之地"时,荣格看到了两个人影(p. 45)。一个是年
老的智者"以利亚"(Elijah),另一个是眼瞎但非常富有魅力的自称"撒罗米"(Salome)的美人。
这是荣格的潜意识这一独特概念的开始。

荣格关于人的观点

　　荣格和弗洛伊德的观点的确有些共同之处,甚至他们的理论概念有些也不谋而合。与弗
洛伊德一样,荣格也论述心灵、自我、意识和潜意识。荣格的理论中包括某些类似本我和"洞
察"的概念。他们的理论甚至都有一些共同的不足。但是,荣格与弗洛伊德的理论的共同之处
仅止于此。荣格抛弃了弗洛伊德对这些概念的界定,自己赋予这些概念新的内涵。而且,荣格
对梦的内容的看法与弗洛伊德的观点大相径庭。他还认为,人类有机体的身体和心理机能比
弗洛伊德认为的更具目的论(teleological)(具有目的性特征):"生命是有目的性地追求卓越;
其本质是朝向一个目标奋进,生命机体是一个由具有方向性的目标构成的系统,这些目标寻求
自性实现"(Jung,引自 Rychlak,1981,p. 196)。最后,荣格抛弃了弗洛伊德有关性的理论,这
使得他的理论与弗洛伊德的理论有了本质的区别。

　　荣格关于人的观点不仅与弗洛伊德不同,而且与本书介绍的其他人的观点也迥然有别。
与荣格相比,弗洛伊德作为一个心理治疗师更为专制一些,而荣格只是有时作为患者的助手参
与治疗过程,在这一点上,他与罗杰斯十分相像。弗洛伊德绝对不会这样,但是他会允许患者
"自由联想"。相反,荣格在使用联想时通常不会给患者那么大的自由,他会以某种方式给患者

一些限制。在某些时候,荣格甚至会建议患者应该想什么、说什么。

59　　荣格相信人们有能力对自己的"痊愈"发挥作用,这可以在他关于人会"自我分析"的说法中看出。他不时地会运用他人的观点和方法,这反映了他对其他观点有更多的认同。而且,他认为,人的心理不会受到其头颅大小的限制,而是可以扩展到其头颅之外,进入到他人的心理空间。他认为,人的心理之间存在着联系,心理与心理之间可以沟通。此外,如荣格在其关于能够预期"爆炸"的说法中所显示的那样,心理可以与非人实体沟通。毋庸讳言,荣格被称为"神秘主义者",这降低了他在同行中的地位,但可能提高了他在普通公众心目中的地位。

或许"神秘主义者"这一标签并非完全是误用。尽管荣格的前辈中有信奉基督教的,但是荣格本人在意识形态上可能更倾向于东正教。东正教有关对物质主义的超越以及再生的信条使荣格产生了共鸣。事实上,内斯贝特(Nesbett,2003)对东亚思维模式和荣格思想的评价表明这两者相当一致。

在荣格看来,人类是多面的存在,如果他们想要成为完整的自己,就必须接受自己的所有方面,包括令人讨厌的方面和纯朴的方面、自私的一面和无私的一面、身体的方面和精神的方面。我们必须调节我们的精神中相对的力量,使之协调。事实上,人类精神的核心本质是相对力量的碰撞。荣格认为,我们的精神生活的每一面都存在其相对的另一面。每一男性身上都存在女性特征;每一女性身上都存在男性的特点。意识与潜意识相对,情感与思维相对。一个非暴力的人可能幻想暴力,一个崇尚道德的人可能梦想淫乱。如果我们承认这些相对的力量,并使它们相协调,我们就能成为一个自性实现的、完善的人,能够更充分地与他人建立联系,触及超出我们有限的、贫乏的物理现实的经验领域。而且,不但这种观点与东正教的思维方式相一致,非洲人也经常从相对立的方面来看待现实。在"一半的男孩"(The Half Boy)——一个非洲传说——中,只有右边肢体的男孩遇到了只有左边肢体的男孩,他们在打架时跌进了河里。他们变成了一个整体,回到他们的村子后,人们为他们合为一体而庆祝(这一故事经斯克鲁格斯允许引用)。因此,对立的方面可以统一,这也是荣格理论的主题。

基本概念:荣格

意识与潜意识

在荣格看来,潜意识指的是两个不同的实体。他的**个体潜意识**(personal unconsciousness)"主要由曾经属于意识的但因遗忘或被压抑……而从意识中消失的内容构成",与弗洛伊德的潜意识概念有些类似(Jung,1959a,p. 42)。每个人的个体潜意识是由个人在其生命历程中的经验构成的。然而,他将相当部分的注意力投向了**集体潜意识**(collective unconsciousness)。集体潜意识由人类自产生以来共有的遗传经验构成。这种潜意识是集体的,而不仅仅属于单个的人。它"从来不属于意识,因此从来不能被个人习得,而是完全来自遗传"(p. 42)。

60　　在探究许多领域——考古学、历史学、宗教、神话学甚至人们早就已经不再相信的化学科学前身炼金术——的过程中,荣格确定了他关于集体潜意识的概念。此外,由于他对人类学感兴趣,他到美国去考察了美洲印第安人文化。在这些探究过程中,他发现在多种文化、宗教、文学作品和艺术形式中,一些主题总是非常一致地重复出现。尽管所处的时间、地理位置、文化及历史发展时期不同,但各地的人们在运用语词、态度、思想、感受、行动、幻想和梦等表现其生活经历方面具有极大的相似性。荣格认为,许多人类经验是经由普遍而古老的符号、艺术形象、神话、传说、神话故事和民间传说等来传递的。这些形象在历史上一直存在,甚至会出现在那些与它们先前出现的文化没有关系的文化中。荣格认为,这些远古的主题和形象之所以会出现或再出现,是由于集体潜意识在起作用。1937 年荣格在耶鲁大学做了一系列讲座,在这些讲座中,他宣称宗教来自集体潜意识(Kim, 2002)。此外,宗教的核心不是"教义、信条或传统,而是宗教经验"(p. 421)。综合这两种观点可以看出,宗教来自信奉者的内心体验,而不是来自外部习俗。集体潜意识刺激产生内心体验,而这种内心体验表现为宗教信仰和宗教实践。对普通人来说,这些表现最多只不过表现为习俗化的宗教教义。人之所以会有宗教经验,是由于集体潜意识的元素捕捉到了他们,而不是由于他们自己的意志的作用。荣格认为,有利可行的宗教是流动、动态的,而不是静止、僵硬的。在预测诸如 2001 年 9 月 11 日的恐怖袭击及其后果等现代事件方面,荣格批评了极端的宗教教条主义的绝对论观点。在历史上,宗教极端主义曾助长了一种宗教派别对另一宗教派别的迫害,助长了对稍微偏离极端主义观点的人的施暴。

与弗洛伊德一样,荣格提出了**心灵**(psyche)的概念,或者说完整的心理,即所有的意识与潜意识。但是**自我**(ego)指的是个人对自己的思考,即真正的"我",是"整个意识领域的核心"(Jung, 1959b, p. 3)。尽管此处的自我不是弗洛伊德理论中潜意识冲动的仆人,但它确实与集体潜意识有交流。

荣格的"自我"不完全等同于意识。在荣格的理论中,除自我外,意识成分还包括另一面——**人格面具**(persona),即我们因社会赋予我们扮演的角色而具有的身份。荣格写到:

> 每一个行业或职业……都有其特有的人格面具。现在,随着公共人格的形象如此频繁地出现在媒体上,我们很容易去研究这些人格面具。世界赋予这些公共人格某种特定的行为,而职业人要努力去达到这些预期。存在的危险只是他们会认同他们的人格面具,教授认同他的教科书,男高音歌唱家认同他的声音。(Jung, 1959a, pp. 122—123)

里奇拉克(Rychlak, 1981)称人格面具为"集体意识",因为对各种角色的人应该表现出的行为,我们都有一些共同的认识。在某种意义上,人格面具是与各种角色相关的刻板印象:愚蠢的运动员、书呆子似的学生、古板的会计员。

意识与潜意识可以通过**自性**(self)的发展整合成一个统一的整体。自性是"完整的人格",是心灵中起统一作用的核心,正是自性使得意识力量和潜意识力量保持平衡(Jung, 1959b, p. 5)。这种平衡的观点也是东亚文化观念中特有的(阴和阳;Nisbett, 2003)。如果自性能够恰当充分地发展,那么它就会成为位于心灵中心的支点,起着平衡意识与潜意识的作用,就像操场上使跷跷板保持平衡的中心装置一样。然而,自性是一种潜在的力量,有可能不会成为现实。对于自性发展很差的人来讲,意识与潜意识间的平衡就被打破了。其结果就是诱发各种心理疾病。

荣格经常讲到对立的力量或对立面的平衡。同弗洛伊德一样,他提到了**力比多**(libido)这种心理能量。对于力比多,他不像弗洛伊德那样赋予它那么多性的含义。力比多遵循**等值**(equivalence)原则,即为某一意图(如善良的)而消耗的能量与为相对的意图(如敌意的)而消耗的能量间保持平衡。**熵**(entropy)指的是各种差别等同化以实现平衡的过程。男性化与女性化的平衡就是一个例子。视窗 3-1 表明了荣格的多样性的观点。

视窗 3-1 一种酷爱多样性的理论

如果说荣格的理论有一个优点,那么就是泛文化主义。荣格心理学适用于所有文化。如果说荣格的心理学要偏向某些文化而非另一些文化的话,那么它是更倾向于被轻蔑地称为"原始的"文化。在世界各地土生土长的人们,如美国印第安人和澳大利亚土著居民,他们都设法不被同化。他们可能被看作更接近集体潜意识中包含的那些基本的人类本性。他们的文化创造及仪式和习俗更开放、更清楚地反映了这些基本的人类主题,如对自然的敬畏、生/死/重生的轮回以及每一人生的转变。相反,荣格的心理学不偏好所谓的"文明的"文化,因为在这些更新近的文化中,那些远古的性格倾向和表情已经被淹没或消失了。

鉴于荣格的理论承认每一文化的独特性以及文化间的共同之处,任何文化中的人都会接纳荣格的观点,并将之作为与他们自己的文化进行沟通的一种方式。非洲人的后裔会考察埃及文化,以寻求该文化所有人类基本主题的独特表达。金字塔的完美几何造型是否反映了人类对数字精确性的固有追求?斯克鲁格斯(Scruggs,2003,个人信件)认为,荣格的观点有助于解释非洲人的思维模式。美洲印第安人的后裔会考察美洲西南部古老的印第安人村庄,以寻求人类社群意识的内涵。根系在中国的人会考察最近刚刚出土的古代兵马俑的精确排列,以寻求人类关系存在规则性的证据。北欧人的后裔会考察他们的海盗史,以证明人类具有探索其自身属地之外的地方的需要。

原型

集体潜意识的内容被称为**原型**(archetypes)或古代类型,这是一些前世就存在的形式,它们是遗传的、生而就有的,代表着心理倾向性,引导着人们以特定的方式去理解、感受世界以及对周围的世界作出反应(Jung,1959a)。荣格认为,原型的存在完全由于遗传。因此,新生儿的心理并非一块白板或空白的板岩,而是印着人类过去的各种经验。遗传的不是具体的观念或意象,而是认识和理解某些一般观念和意象的心理倾向。它们是潜能而不是实实在在的能力。它们可能通常表现在人类或动物中,但是如果被描述为非生命的符号,如代表着"秩序"的数字,它们许多也可以非常准确地被心灵的眼睛感知。它们可能会被看作是磁铁,将与某一共同主题有关的所有遗传经验吸引到一起。比如,母亲原型就将所有人类社会都存在的包括养育、温情、爱、保护及其他与母性有关的古代经验都整合在了一起。

荣格理论中有一个重要的原型与弗洛伊德的本我相似。**暗影**(shadow)是人格的阴暗面,是人的较差的方面,它们在本质上是情绪性的,并且过于令人不愉快以致人们不想让其显露出来(Jung, 1959a)。荣格认为,对自我来讲,暗影是一个道德问题,因为它可能抵抗道德控制。这种抵抗可能与投射——一个人在别人身上看到自己的一些令人讨厌的特点——密切相关。从非洲文化的观点来看,这种投射可能是相当普遍的(Scruggs, 2003,个人信件)。在写到暗影时,荣格有时会闪烁其词。尽管他没有清楚地表示暗影的内容包括弗洛伊德的原始生物本能,但是它明显地包含生理冲动。然而,还不仅仅是这些。暗影表现为我们粗鲁、笨拙、不成熟和不完善的一面。它是我们最糟糕的部分,是促使我们去做那些"魔鬼要我们做"的事情的部分。不过,暗影又很重要。如果自性要从可能变为现实,那么它就必须完全承认并处理暗影以及自我和人格面具的内容。

阿尼玛(anima)这一原型代表了男性中相对应的女性。这是男性遗传的与女性有关的经验的集合。荣格运用他那个时候的遗传学知识构想出了这一原型。"我们都知道的事实是,性别是依据男性或女性基因所占份量的多少而定的。但是属于另一性别的少数基因并没有消失。因此,一名男性具有女性的一面,即潜意识的女性形象——对这一事实他一般是没有意识到的"(Jung, 1959a, p. 284)。**阿尼姆斯**(animus)是女性中相对应的男性。它是女性遗传的与男性有关的经验的集合。阿尼玛对应厄洛斯(Eros)(性诱惑),而阿尼姆斯对应逻格斯(Logos)(理性思维)。在女性中,阿尼姆斯可能以激辩、固执己见和讽刺的形式"露面"。在男性中,阿尼玛可能表现为不贞、多愁善感和怨恨。当这两种原型"相遇"时,它们就会发生冲突:"阿尼姆斯会拔出其力量之剑,而阿尼玛会射出幻想和诱惑之毒"(Jung, 1959b, p. 15)。有关两性间差异的永恒假设在这两种原型中体现得很明显,同时关于双性人格普遍存在的更现代的假设也暗含其中,即认为男子气与女子气同时存在于许多并可能是大多数人身上。

男性的阿尼玛遇到女性的阿尼姆斯的结果可能很滑稽。起初,男性在阿尼玛的影响下可能很具有吸引力。如果一个女性在阿尼姆斯的作用下和别人发生争论,那么她有可能变得易怒。反过来,她可能会曲意奉承。在荣格看来,"男人和一个阿尼姆斯交谈不超过5分钟,就会成为他自己的阿尼玛的牺牲品。如果一个人仍有足够的幽默感,能客观地倾听接下来的谈话,那么他就会被那些大量的陈词滥调……那些不恰当的老生常谈[和]陈词滥调……吓住"(p. 15)。从积极的方面来看,阿尼玛使男性具有与他人的联系感,这有助于他们更顺利地与他人交往。阿尼姆斯使女性具有反思和深思熟虑的能力,这有助于她们理解自然环境。由此推断,我们似乎可以合理地认定,男性中女性意向的存在以及女性中男性意向的存在能够使得他们更好地相互理解。

虽然荣格认为可能存在无数多的原型,但除了暗影、阿尼玛和阿尼姆斯外,他就仅集中考察了几个。表3-1列出了一些这样的原型以及一些日本人的原型。

表 3-1 荣格的原型和一些日本人的原型

名　　称	特　　性
荣格的原型	
魔术师(也称小丑)	其特征表现为潜意识和改变型体的能力
儿童	开始即结束；难以征服的
母亲	神圣的母性(如圣母玛利亚具有的)
父亲	精力、形式和能量；像大脑一样
沃旦(Wotan)	神斗士
动物	马或蛇
四分之一	用十字符号平分的圆：理想的四等份
次序	数字；数字 3,4
阴阳人	对立面的统一；
日本人的原型	
狮子	荣耀
猴子	一个人的孩子
羊	友谊
奶牛	基本需要
马	一个人的激情

　　荣格将原型影响我们的过程比喻成"一见钟情"式的经历。爱情"可能会突然抓住你"。想象一个人一直装有潜在伴侣的"某一特定形象"，而并不必然认识它。然后另一个人出现了，他／她符合这种内部形象，"你立即被抓住了；你被抓住了"(Jung，引自 Evans，1964，p. 51)。原型影响人的方式与此类似。当你在博物馆中参观，偶然看到中世纪的战士穿的一副盔甲时，你会发现自己被原型抓住了。在你对一个怀孕的妇女表现出特别的兴趣时，一个原型可能会将它的爪伸向你。在你注视着石头或木头上写的符号，即使你以前从未碰到过它——如一个

64 表示四分之一的符号——时，你可能感到一个原型深深影响着你。那是一种似曾相识的感觉：你觉得你以前曾经来过这儿。事实上，荣格会说你来过，或者更准确地说是你的祖先曾经来过。因此，你的共同经验的根以某一原型的形式存在于你的集体潜意识中。

　　荣格(Jung，1978)推测，20 世纪中人们对碟形的不明飞行物(UFOs)的兴趣可能反映了整体性或完整性的原型的作用。他注意到，在第二次世界大战快结束这一充满冲突和斗争的时候，经常有人说看到了飞行的碟形物。人们看到碟形物的心理基础是分裂。分裂的对立面是整体性，可以用一个**曼荼罗**(mandala)或魔力圈来表示。曼荼罗是一个圆形物，中间通常包括一个螺旋形，把人们的眼球吸引到它的圆面中心。整体与分裂相对，它是东亚思维的基础(Nisbett，2003)。因此，包括圆形飞行体在内的"成千上万个个别证据"说明了集体潜意识如何试图产生秩序并"通过圆圈符号来愈合我们在灾难时期的分裂"(Jung，1964，p. 285)。人们通常报告不明飞行物为发光的圆盘，来自另一个星球(潜意识)，载有一些奇怪的创造物(原型)(Hall & Nordby，1973)。

　　原型不仅仅可以用来解释人们关于奇怪现象的感知。它们甚至被用来解释一些更现代的文化表现形式，包括电影。亚克斯诺(Iaccino，1994)写了一本关于恐怖电影中的原型的有趣

且富有启发的书。他的观点是这样的,恐怖电影的体裁是受原型启发而出现的,甚至就是在原型的基础上建立起来的,没有原型就没有恐怖电影。这方面的例子非常多。母亲原型通常是恐怖电影的主题。在《异形》(*Aliens*)中,"一只巨大的蜂王保护着她的令人讨厌的幼虫"(p. 5)。母亲原型也会表现出它那有时非常丑陋的一面,构成"母亲情结"的核心,而"母亲情结"会困扰着电影的主角。在经典的《惊魂记》(*Psycho*)电影中,诺门·贝斯(Norman Bates)就是一个很好的例子。"难以征服的"儿童原型在电影中也大量存在。《驱魔人》(*Exorcist*)、《凶兆》(*Omen*)、《玉米田的孩子》(*Children of the corn*)以及史蒂文·金(Steven King)的其他作品都主要讲了儿童,这些儿童被邪恶掌控,他们被赋予了力量,能够帮助恶魔实现其统治的目的。电影中的暗影原型非常之多,因此亚克斯诺将其分为几类。他将吉基尔博士(Dr. Jekyll)和海德先生(Mr. Hyde)归为假装类。在这些电影中,暗影被掩盖了,但是会定期地表现出来(通常在月圆时)。显然,各种狼人和恐怖片属于这一类:在天黑时正常的人变成了模糊的妖怪。暗影主题可能会夸张得"越来越大"(p. 8),这是第二类。《他们!》(*Them!*)和《金刚》(*King Kong*)就是例子。最近的例子是一个敏感的人变成了愤怒的绿巨人(Hulk)。第三类是非理性的、复仇的暗影。这一类电影中的妖怪是死而复生的人。《活死人之夜》(*Night of the Living Dead*)和《慑魄惊魂》(*Tales from the Crypt*)讲的是恶魔样的东西给活着的人带来了巨大的破坏和劫难。

在某些女性表现出男性的好斗和控制欲望的电影中都可以看到女性的男性意向。《科学怪人的新娘》(*Bride of Frankenstein*)、《豹妹》(*The Cat People*)、《致命的诱惑》(*Fatal Attraction*)以及《伦敦母狼》(*She-Wolf of London*)就是很好的例证。阿尼玛,即女性特征表现在男性身上的情况,在经典电影《热情似火》(*Some Like It Hot*)和《道菲尔太太》(*Mrs. Doubtfire*)中表现得淋漓尽致。

其他的原型包括疯狂的魔术师(the mad magician)(在《科学怪人》系列电影中得以充分表现)和智叟(the wise old man)[在金·阿瑟(King Arthur)电影中的角色终极魔法师(Merlin)以及《星球大战》(*Star Wars*)系列电影中的欧比旺·克诺比(Obi-Wan Kenobi)身上有所表现]。《美国丽人》(*American Beauty*)很好地表现了撒罗米(Salome)这一引诱男人的女性原型。最后,所有涉及变形术的电影都体现了魔术师原型。《破胆三次》(*The Howling*)系列电影以及更近的《X战警》(*X-Men*)系列电影中的魔形女(Mystique)都是很好的例证。

在心灵中,原型似乎时时处处存在。尽管原型主要是情绪性的,但是它们也包含智力成分。然而,并非任何原型都曾在任一个体的意识中出现过(Jung, 1959a)。原型只会通过象征、意象和行为间接地自我表现出来。纯粹的原型形式不是具体实在的,它们表现为潜能,与遗传倾向类似。当它们存在于意识中时,它们就不是它们本身了,而只是由意识产生的一些它们的表征。比如,如果一个人在晚上或白天梦到了圣婴(Christ Child),说明儿童原型还没有进入到意识中。确切地说,它由意识转变成了一种可以认识的形式而表现出来。原型可能会非常有力,以致它们可能产生出一个独立的人格系统,有时在某些有心理障碍的人身上表现出来。视窗 3-2 说明了这些原型。

原型可能会表现在一个人的感受中,而几乎与此同时会表现在某一外部事件上。为了解

65

释这一现象,荣格提出了**同时性**(synchronicity)这一概念,即两个相关但没有直接因果联系的事件同时发生。荣格旨在理解事件之间的有意义的巧合和联系,因为这种巧合和联系作为事件间的联系模式,它们不同于事件间的因果关系。在外部事件和内部事件间存在联系,而这种联系并不是因果关系。他用同时性的概念解释了与某些原型相连的同时发生的内部形象和外部事件。内部形象可能表现为梦、视觉、预言和预感。外部事件包括在过去、现在或将来所能观察的事件。在此是一些日常的例子:"非常神秘,在我和我的妻子谈论孩子时,你打电话告诉我们你的孩子出生了";"祖父的头脑中闪现出他在一战中的经历,而此时打开收音机他听到了第二次世界大战爆发的消息";"上周我梦到了魔鬼,第二天我的一个朋友给了我一本《浮士德》"。

荣格还将同时性与**超心理学**(parapsychology)相连。超心理学是心理学的一个分支,旨在寻求对超感(ESP)现象作可接受的科学解释,如心理感应和千里眼。在了解到这样的事实——超心理的根源来自他的家族史——时,我们就无须疑惑荣格会产生这样的联系(Las Heres, 1992)。当你产生了和别人同样的想法(心理感应;"我正在想克里斯托弗·里夫,这时听到了他死亡的消息")或成功地预测了某一未来事件(千里眼;你感到你的一个亲戚会来你家,在这之后不久他/她就来了)时,你就可能产生了超感。

梦是来自智慧的潜意识的信使

荣格极为推崇梦和幻想。梦是他在心理治疗中使用的主要工具之一。"我花了半个多世纪的时间考察各种自然象征,我得出了这样的结论——梦及其象征并不是无聊乏味的、无意义的"(Jung, 1964, p.93)。他相信,梦包含着来自"智慧的"潜意识的重要信息。我们的任务是去译解这些信息,这一工作没有弗洛伊德认为的那样复杂。

66

视窗 3-2 小安娜的个案

"几乎在弗洛伊德发表其'小汉斯'个案报告的同时,我从一位熟悉精神分析的父亲那里了解到他对他小女儿的一系列观察,那时,他的女儿4岁"(Jung, 1954, p.8)。因此,荣格开始了对这个聪明的小女孩的分析。这个小女孩在预料到她会有一个小弟弟即将出生时,一直被一个问题困扰着:"婴儿是从哪儿来的?"这个问题在一个不太仔细的观察者看来可能是自古以来儿童就会问及的问题。

在安娜被告知她的小弟弟出生之前,人们问她:"如果你今天晚上会有一个小弟弟,你会怎么样?"她快速回答说:"我会杀了它。"这一"令人吃惊"的回答,如果按照弗洛伊德的理论来解释,会被看作是安娜对她新生的弟弟的身体解剖结构的天生的嫉妒,或者"更糟糕的",如果弟弟死了,她可能会取下弟弟的阴茎。然而,荣格对此有不同的解释,他的解释更加温和。他认为,安娜并不是指字面意思"杀它",而"只是丢弃它",这或许是因为她嫉妒弟弟可能会得到别人的注意,或者是因为它是个新的什么东西,而新"事物"令人讨厌,人们必须加以解决。

安娜的有些行为和经历确实是"弗洛伊德主义的"。她看到一些木匠在工作,就做梦梦到其中一个木匠把她的生殖器砍掉了。在玩具房中她玩"摆脱妈妈"的游戏。她看到花匠和她爸爸在门外小便,这让她感到非常好奇。荣格对"阉割的生殖器"解释的反应可供解释安娜对她的生殖器官的用途的好奇。"摆脱妈妈"仅仅是为了不让妈妈打扰孩子的游戏(他们喜欢在玩具房的角落里大便,而妈妈在看到他们这样做时是要制止的)。然而,看男人小便具有更大的意义,但不是弗洛伊德的理论所讲的意义。

在荣格看来,安娜对男人小便感兴趣,是因为她对婴儿是怎么形成的、他们是怎么从妈妈体内"出来"的这些问题非常感兴趣,与她当前关心的事情更相关的是,她想知道在这一过程中父亲起了什么作用。她想知道"父亲做了什么",从而导致了婴儿的出生。这种兴趣不仅仅是孩子式的好奇。安娜的集体潜意识在起作用。在这其中包含着自古就存在的从来没有停止过的生、死及再生的轮回。

安娜喜欢她的叔叔,曾问过她能否和叔叔一起睡觉(想象一下弗洛伊德会怎么解释这件事)。在这么问时,她挽着她爸爸的胳膊,就像她的妈妈通常做的那样。然后,她梦到她爬进了叔叔和婶婶的卧室,偷偷向被子底下看,看到"……叔叔俯卧着,在上面上下摇晃"(p.31)。在这之后,她经常爬到她爸爸的床上,俯卧着——胳膊和腿都伸开趴在那儿,来回地晃,与此同时还喊着,"爸爸就是这么做的"(p.32)。在荣格看来,安娜的所有这些做法是探询在婴儿出生这一事件中"爸爸做了什么"。

安娜曾经问过在婴儿出生后她妈妈会不会死这样的问题。这更清楚地表现出了潜意识对生、死亡及再生的轮回的认识。安娜的问题表明,生是和死交换来的。在安娜和她的祖母的谈话中也可以看到这种轮回:

"奶奶,你的眼睛为什么那么模糊?"

"因为我老了。"

"但是你还会变得年轻的,是吗?"

"哦,亲爱的,不会。我会变得更老,然后我就会死了。"

"再然后呢?"

"再然后我变成天使。"

"再然后你又会成为一个婴儿,对吗?"(p.9)

在荣格看来,许多儿童游戏都与集体潜意识有关。在安娜把枕头填在她的衣服下面,不停地追着大人问"婴儿是哪儿来的"时候,她不仅仅是在玩游戏,或者只是为了满足孩子式的好奇。在她说到在床上像"爸爸做的"那样"上下摇晃"时,她也并非是受到心理性冲动的控制,而是受到了集体潜意识的作用。

荣格没有像弗洛伊德那样区分梦的外显内容和内隐内容。他写道:"'外显的'梦境就是梦本身,它包含着梦的全部意义。弗洛伊德所谓的'梦的表面'是梦的模糊性,这事实上只是反映了我们对此缺乏理解"(Jung,引自 Rychlak,1981,p. 246)。在梦中,集体潜意识的象征没有伪装,易于被解释。但是由于象征的复杂和抽象性质,每一象征至少具有两种含义,这种解释可能是困难的。然而,在梦中,我们无须揭开几层保护性的外衣就能接触到这些象征。它们是毫无遮盖的、公开的、一览无遗的。

补偿(compensation)指的是意识经验与相对的潜意识表征间的平衡,正如我们观察到的,某一个梦的意义通常与人的意识经验相反。在这个意义上,集体潜意识代表着"所有故事的两面"——其中的每一面反映了对另一面具有补偿性的自主功能——中的另一面。正如你已经看到并且还会看到的那样,对立面的平衡是荣格著作中的永恒主题。雅各比(Jacobi,1962,p. 76)给出了一个例子,并对一个补偿性的梦作出了解释:

> 有人梦到现在是春天了,但是公园里他最喜欢的树的树枝还是干枯的。这一年,这棵树没有长树叶,也没有开花。这一梦想要表达的是:你能在这棵树上看到你自己的影子吗?这就是你的状态,尽管你不想承认。你干枯了,在你身上不再有鲜活的生命力。这种梦对意识变得非常自主、被过分强调的人来讲,是一个训诫。当然,对一个潜意识不同寻常、完全靠本能活着的人来说,他的梦相应地会强调他的"另一面"。一个不负责任的无赖通常会做些道德主题的梦,而一个道德模范会经常梦到非道德的形象。

另一种信息是**未来性**的(prospective)或预期性的,通过这类信息,梦会"提前告知"未来的事件和结果。我的最亲近的朋友梦到他在骑自行车,他的弟弟坐在车手把上,这时突然看到路上一个洞,结果他和弟弟都跌了下来。两天后,梦中的这一不幸事件真的发生在了现实生活中。荣格喜欢的这个例子说明了梦是如何使一个人为未来做准备的……,如果这个人关注这个梦的含义的话。荣格的一个朋友向他讲述了这样一个梦:他正在攀爬一座很陡峭的山峰,在爬到山顶时,他感到兴奋无比,似乎要展翅飞翔、飘飘欲仙。荣格向这个朋友郑重建议以后爬山必须谨慎小心,但是他的朋友对此劝告嗤之一笑。后来,这位朋友在一次爬山中死于非命。

人格类型学

两种心理态度:外倾性和内倾性。 荣格花了 20 年的时间观察"所有伟大的国家的各个阶层的"人,然后他提出了如下理论:存在"两种根本不同的一般态度"——外倾性和内倾性——人会倾向于其中之一(Jung,1921/1971,p. 549)。他将**态度**(attitude)定义为"以特定方式行动或[对经验]作出反应的心理准备状态"(p. 414)。他将**类型**(type)定义为一种习惯性的态度或一个人"特有的方式"。

按照荣格的理论(Jung,1921/1971),**外倾性**(extraversion)是力比多"转向于外",表现为兴趣由人的内部体验转向于外部经验的一种正向运动。外倾者的特征包括

> 对外部事物感兴趣,反应能力强,乐于接受外部事件,喜欢去影响各种事件也乐于被影响,喜欢参与……具有忍受[甚至是乐于享受]各种匆忙的事情和噪声的能力……对周围世界有持续的注意,喜欢结交朋友和熟人,对朋友和熟人不加仔细选择,……有着强烈

的表现自己的愿望。(Jung, 1921/1971，p. 549)

内倾性(introversion)是指心理能量"指向于内"，表现为主观兴趣从外部事物转向内心体验的一种负向运动或退缩。荣格就是一个非常明显的(Dolliver, 1994)、自知的内倾者。荣格认为，内倾者在社会关系方面比外倾者有更多的问题(Lebowitz, 1989)。内倾者

> 远离外部事件，不参与、非常不喜欢……呆在人太多的地方。在大规模的聚会中，他感到孤独和失落。人越多，他的抵触情绪就越强……他看起来有些笨手笨脚……[并且]羞怯……他自己的世界是一个安全的港湾，一个……用墙围起来的花园，不允许公众进入，躲在那些窥视的眼睛之后。他自己的小圈子是最好的。在他自己的世界里他感到自在，在这样的世界里只有他自己带来变化。依赖于他自己的资源、依赖于他自己的创造性，他可以做得最好……(Jung，1921/1971，p. 550)

四种心理机能:情感、直觉、思维和感觉(FITS)。荣格提出的四种心理机能和内倾性/外倾性合在一起，就会产生八种可能的组合。**情感**(feeling)评价各种经历是如何影响我们的，对我们来讲它是否合适;它是一种完全主观的判断。情感会告诉我们确定的价值，是接受还是拒绝，喜欢还是不喜欢。情感也包括情绪。**直觉**(intuiting)向我们表明某一事物好像是从哪儿来的，又可能到哪儿去。它是一种"直觉的理解"，具有潜意识根源，而没有实在的基础。当你明白某一事情而又不能解释你是如何理解的或为什么时，就表现为直觉。**思维**(thinking)决定存在的是什么并解释其意义;它将各种思想联系起来从而形成智慧概念或得出解决办法。**感觉**(sensing)确定某一事物是否存在着;它与视觉、听觉、嗅觉、味觉和触觉等感知觉是一样的。感觉功能主要是儿童的特征。

人格发展

个体化。在荣格看来，人格发展的方向是**个体化**(individuation)，个体化是"个体成为一个心理上的'独立个体'，即一个独立的、不可分割的统一体或'整体'的过程"(Jung, 1959a，p. 275)。它是自性实现的过程，在这一过程中被称为"自性"的整体与人格的各部分——包括集体潜意识——分离开来。它是对立的方面的联合，表现为原型阴阳人。我们是的和我们不是的，两者相对。通过个体化，阿尼姆斯与阿尼玛之间达到平衡，意识与潜意识达到平衡。

在开始时，人们拒绝承认潜意识，将潜意识投射到外部，投射到他人身上。但是，后来它变成个体人格不可分割的一部分。在这一过程中，人格发展随着人们逐渐与各种原型达成妥协而展开(Hogan, 1976)。这一过程被认为包括以下步骤:(1)在个体认识到社会目标的人为性后，人格面具解体;(2)在个人认识到自己的自私和破坏性的"阴暗面"后，暗影与其他心理单元相整合;(3)在认识到个体的人格中存在另一性别的成分后，接受阿尼玛或阿尼姆斯;(4)个体化的最后一个阶段是对具有精神或创造性象征意义原型的认可与投入。

个体化的过程进行得很慢，表现为不同的阶段，而其阶段涵盖了整个生命历程。个体化的实现是"一件必须付出昂贵代价的事情"。在这一过程的每个阶段上都需要承认各种原型，而这不是一件容易的任务。然而，这一过程不仅仅是一个与集体潜意识斗争的过程，还是不断适

应集体潜意识的过程。在最终的成人形式上,个体化表现出了在儿童期不会有的特征:确定、完整和成熟。在后面你将会看到,自性个体化的观点早于罗杰斯的自我接受的观点以及马斯洛的自我实现的思想。

毕生发展的四个阶段。童年期(0—13岁)是问题相对较少的一个时期,主要由本能、依赖性以及父母提供的氛围决定(Hall & Norby,1973)。入学时,自我的发展逐渐开始,同时与家庭这一保护性的"心理孕育地"也开始分离。婴儿没有真正的自我,完全依赖于其父母。其潜意识是集体性的,而非个人的。

青少年期(14—21岁)始于青春期的生理变化,宣告着"心理革命"的到来。生活的需求决定决策,而此时青少年却发现他们难以抛开童年期那些幻想和荒唐的想法。随着在这一时期心理开始具有其自己的特点,青少年确立其职业、婚姻和社会角色,个体经历着"心理上的诞生"。这一时期的特点是个体将兴趣转向外界,使生活更加迷人(Kelleher,1992)。

中年期(40岁至老年)开始建立完整的人格。荣格曾目睹成年患者努力地与兴趣和意义的缺失相抗争。中年人更倾向于内心的精神价值,而不是像先前那样喜欢外部的、物质的东西。成年期的主要目标是通过将自性的意识与潜意识的方面联合起来而获得完整的人格(Kelleher,1992)。沉思开始比活动更重要。对立的心理过程,如情感与思维,可能会整合。这一整合的过程涉及超出世俗物质的精神的象征。比如,阴和阳可以被看作象征着自然界中女性的力量和男性的力量。对这一象征的理解会产生出对人的男性和女性方面的整合。

老年期与童年期相似,因为此时又回到了受潜意识控制的状态。蛇咬自己的尾巴的图画象征着生命是一个封闭的圆圈。死亡与出生一样重要。人们普遍有存在后世的观点,荣格认为这是集体潜意识的表现之一(Kim,2002;参见 Campbell,1975)。可能心理生命并不会随着身体的死亡而结束,因为心理会以某种形式再生。这一主题与荣格更青睐于东方宗教及其更强调整体、两极(阴和阳)和直觉而非逻辑的取向相一致(Nisbett,2003)。

评价

贡献

荣格的心理类型说。 内倾性/外倾性是荣格的一个重要贡献。在本书的后面部分,我将会再次提到内倾性/外倾性以及数以百计的支持性研究。这里我要集中谈论的是这一核心维度与四种机能的结合。

基于荣格的类型学而发展出的最受欢迎的心理测量方法是迈尔斯-布里格斯类型指标(Myers,1962),这是一个应用广泛的自陈式问卷(Carlyn,1977;Carskadon,1978)。人们对迈尔斯-布里格斯类型指标以及与之相关的问题一直有着强烈的兴趣(Harvey & Murry,1994)。卡斯卡顿(Carskadon,1978)采用迈尔斯-布里格斯类型指标预测了大学生对心理课堂讨论所作贡献的质量。他发现,在迈尔斯-布里格斯类型指标上自我描述为外倾的学生"对讨论的贡献非常少",而内倾者作出了"经常性、能激发思考的贡献"。然而,这一关系模式看上去与外倾—内倾维度的关系不如与感觉—直觉维度的联系更强。在学期末,研究者评定了学生在讨论中的贡献质量。直觉型得分很高的学生获得的讨论贡献等级最高,感觉型得分高的学生获得的讨论贡献等级最低。作为给老师提出的一般性建议,卡斯卡顿指出:"太多的外倾者只会行动不会思考;太多的内倾者只会思考不会行动。太多的思维型的人只会使用逻辑,而不懂得人性价值;太多的情感型的人只懂得主观价值,而不会批判性分析"(p. 141)。视窗 3-3 分析了当今对迈尔斯-布里格斯类型指标的运用情况。

视窗 3-3　迈尔斯-布里格斯类型指标的当今运用

在荣格提出的四种机能的基础上,研究者又增加了判断(judging)与感知(perceiving)两种(Thorne & Gough, 1991)。情感是在情绪意义上评价的,而判断是在意识形态层面上评价的。在"判断"上得分高的人比较保守,讲究道德,同时相当单调乏味,是"为工作而工作的"人。"感知"的增加更加令人迷惑。心理学中,感知与感觉都属于同一事情:感觉是构成感知的元素(Matlin & Foley, 1997)。然而,如在迈尔斯-布里格斯类型指标中那样,"感知"与感觉间不存在正相关。事实上,在感知机能上得分高的人有反叛性、不可预测性,喜欢低级的感觉经验,比如触摸、味觉和嗅觉,而感觉型的人则有些相反(传统、心胸狭窄、实际,并且讨厌不确定性)。

我将通过我自己来解释新的迈尔斯-布里格斯类型指标。新的迈尔斯-布里格斯类型指标包含 16 种组合。在迈尔斯-布里格斯类型指标上,我测得的结果是 E(外倾)、N(直觉)、F(情感)、J(判断)。ENFJ 的人具有反应性,负责,并且关心他人的所想与所思。他们对他人的情感很敏感,而且在社会情境中很自在。我用网络搜索引擎搜寻"Joe Butt",以找出符合任何一种组合的人。我发现有许多人和我一样。Joe Butt 列出了迪克·范·戴克(Dick Van Dyke)、亚伯拉罕·马斯洛以及亚伯拉罕·林肯,这些公众人物都属于 ENFJ 类型的。

研究公众人物是一种很好的方式,借此可以探求能够说明一些人格类型的案历的构成。以 ENTP 倾向的比尔·科斯比为例。ENTP 倾向者具有创造性、逻辑性,能激发同伴,坦率直言,不喜欢常规性任务,喜欢"唱反调",不停地追逐着一个又一个的兴趣,才智机敏。这一描述非常符合比尔·科斯比。他讲话无疑很大胆、直率。我们都目睹过他对媒体上普遍存在的性、暴力和歧视妇女等现象的斗争。很难想象他能做什么日常的事情。相反,他轻而易举地创作出一个个作品:从《我是间谍》(*I Spy*)这部喜剧惊险小说,到《科斯比秀》(*The Cosby Show*)这部关于父母—儿童关系的作品,再到《科斯比》(*Cosby*)的演出——它讲了一对老夫妻在应对退休和他们已经长大成人的孩子们时的经历,在这其中包含着幽默。很显然,他也富有创造性,非常机敏。他在我的学校中给许多父母以及他们上大学的孩子们的表演让观众乐翻天,惹得他们哈哈大笑。这是我见过的最好的单人滑稽表演。很明显,这恰好是他没有料到的。

荣格的分析性心理治疗。荣格的治疗方法是很灵活的。他会运用所有看起来对个别患者最有效的方法(Hall & Nordby，1973)。在运用自己的方法的同时，他也使用弗洛伊德以及其他理论家提出的方法(Rychlak，1981)。他甚至因让他的天主教徒患者去忏悔而出名，因为他认为他们对那一"方法"的了解会使得其有效运用这一方法来检测出潜意识的影响。

荣格"成功地开拓了短期心理治疗"，并促进了诸如"匿名戒酒互助社"(Alcoholics Anonymous)等自助计划的发展(Roazen，1974，p. 284)。开始他一周见患者四次，然后他会减少到每周一两个小时。最后，他会鼓励患者进行自我分析，而他只是为患者提供咨询(Rychlak，1981)。

作为使用投射测验的先驱，荣格常常鼓励他的患者通过绘画来描述自己的感受，这一技术也被其他人采用，尤其是被儿童治疗师采用。他的唤醒意象(waking-imagery)技术广受癌症晚期患者治疗师的欢迎(Achterberg & Lawlis，1978；Simonton & Simonton，1975)。

由于荣格治疗的患者往往较弗洛伊德的年龄更大(Rychalk，1981)，他的治疗的一个主要目标就是要促进个体化与自性的发展。然而，这些成熟特征的实现被许多的**情结**(complexes)阻断。情结是心灵中的意识内容，它们像丛生的血红细胞一样粘合或集结在一起，最终会在个体潜意识中存留下来。比如，一个人强烈的宗教信仰可能会使各种宗教信仰集合在一起，形成一种情结，这种情结会淹没个体的同一性。情结也可以被看作通往心灵的道路上的障碍，它会阻碍意识与集体潜意识间的交流。荣格分析性心理治疗的一个通常目标是识别出这些情结，并"消除它们"——意思是使它们散开——从而意识与集体潜意识之间能更好地联系。可以用母亲情结(Jung，1959a)——它的核心可能是母亲原型——为例来说明。随着情结的发展，它从集体潜意识这一原型的王国中迁移到个体潜意识中，在此，个体有关母亲的经验集合在一起，从而形成母亲情结。一个具有母亲情结的男孩可能潜意识地在他见到的每一个女性身上寻求他的母亲。

荣格(Jung，1910)的**语词联想测验**(Word Association Test)是最早用于临床的人格测验之一，可以证实母亲情结的存在。这一测验要求人们在听到每个词后说出想到的第一个词，这些词(100 个)来自一个标准化词表(Cramer，1968)。然后根据内容、普及性/独特性、词表的呈现与患者的反应之间的时间差、稍后的回忆以及伴随行为(面部表情、姿势的变换、声音的变化、笑、哭等)对人们由列表上的词产生的联想进行分析。荣格特别地关注情绪反应。对"母亲"这一词的强烈反应意味着存在母亲情结。然而，揭示出情结的存在可能对解决患者的问题几乎没有帮助。因为要遣散情结，患者必须有洞察力。这一关键性事件可能需要更深层次地探查事情的核心——在这一案例中，就是母亲原型。在深入考察这一集体潜意识的时候，也需要运用其他技术。

解释系列的梦。与弗洛伊德不同，荣格通常认为梦与世俗关心的问题无关，而与生命的意义有很大的关系。荣格释梦的方法是**放大法**(amplification)，即通过定向联想使得梦或其他的形象内容得以扩展和丰富(Rychlak，1981)。荣格的解析是以与梦的情绪核心或中心有关的形象和类比为引导进行的。他的方法与弗洛伊德的自由联想存在三个方面的不同：(1)荣格不是通过从现在推回过去来推断梦的意义，而是通过向前推，由现在推测未来以探求梦的意义；

(2)荣格给做梦者提供关于普遍的原型的象征与意义的知识,指引他们朝向特定的方向,主动引导他们的解释(在我们的例子中,他会给患者介绍"母亲"原型的象征);(3)荣格会给出他自己对于梦的内容的联想,有时和患者一起参与联想。其目标是帮助患者获得象征的意义。一旦患者明白了象征的意义,那么那些麻烦的情结就会消失。除了梦的解析以外,放大法在患者与分析师之间的完全清醒的交流中也是有用的。荣格对梦的分析是高度个体化的,在分析中考虑到了不同的人格、环境和背景。比如,尽管对有些人来讲,性代表着色欲,但对另一些人来讲,它可能象征着与另一个人的结合。荣格让他的患者写关于梦的日记,在这一过程中患者寻求着自己对梦的解释,这样,荣格就增强了患者分析梦的能力。

荣格是第一位分析大量连续的梦或**梦的系列**(dream series)的理论家(Jacobi, 1962)。他发现对单个的梦的解释通常不能代表做梦者,但他确实发现后来的梦有助于修正对早先梦的不恰当解释。他也认识到,系列梦的意义并不一定按时间先后排列,而是放射性的。想象一个车轮,辐条从中心向外延伸。不同的辐条象征着不同的梦,但是所有的梦都与中心相连,这个中心便是做梦者的一个情结。

醒梦幻想(waking-dream fantasy)。荣格的另一项有用的技术是**主动想象**(active imagination)。通过在完全清醒的状态下主动进行想象,可以鼓励患者模拟梦的体验(Watkins, 1976)。例如,让患者闭上眼睛,要求她想象自己正在下楼梯(象征着进入到潜意识),让她报告体验到的感觉、知觉、思维和行为。她可能发现自己正在水边,可能是湖,这是潜意识的心理精神最通常的象征。进一步说,在我们的例子中,"深水"象征着母亲。

局限

荣格的许多概念经不起科学的检验。荣格的象征很难把握,因为每一个象征都有至少两种意义。更为甚者,荣格的一些概念可能与其他概念搅在一起而含混不清,比如暗影与魔术师。事实上,他的著作有时令人困惑:一些概念从未有过清晰的界定,情结就是一个例子,其他的一些概念要么定义模糊,要么在不同著作中给出不同的定义,个体化就是这样的一个例证(Rychlak, 1981)。即使是核心概念"集体潜意识",有时也模棱两可。除原型外,在集体潜意识中最初还有什么,荣格没有完全讲清楚。荣格(Jung, 1959a)确实讲到了集体潜意识中一些简单的潜意识成分,如火和水,但是没有讲清楚这些成分是独立存在的,还是仅仅作为原型的部分而存在。

与荣格对集体潜意识是如何形成的论述相比,这些问题就次要得多了。与弗洛伊德一样,荣格也受到了查尔斯·达尔文的前辈拉马克的影响。拉马克认为,动植物在生命过程中为适应它们的环境能够改变其形态,并且这些变化可以传递给后代。换句话说,拉马克相信习得性特征是遗传的:例如,如果一个海生动物的前足消失,那么这种状况会传递至后代。不幸的是,拉马克的观点在科学上是站不住脚的。

广泛地讲,可以认为"心理"(心灵)是由"观念"(观念包括与经验有关的思想和情感)构成的。将"遗传"和"心理"联系起来会出现问题。首先,遗传特质一般会被看成身体性的,但是心理及其内容却不是身体性的。其次,"观念"是人们在生活中习得的,从科学界对拉马克这一臭名昭著的观点的看法来说,"观念"也不能被看作是遗传的。

荣格的理论非常强调"遗传的观念",他认为,集体潜意识的成分来自古代人类的经验,它们被遗传给了现在的一代。按照荣格的观点,古人由于经验而产生了观念,然后这些观念构成了他们的集体潜意识的一部分。他写道:"我们必须承认,总体上存在与人的心灵中某些集体(而非个人)结构成分相对应的[神秘类型],并且这些类型与构成我们的身体形态的成分一样是遗传的"(Jung, 1959a, p. 155)。荣格知道,有关在生命过程中获得的所有特征都会被传递给后代的说法是不足为信的,就像这种观点的宣扬者拉马克一样。为了维护集体潜意识内容的习得性的观点,反对对"习得的个性特征"的驳斥,荣格强调,遗传的不是观点本身,不是具体实在的东西,而是具有倾向性的"经验"。这些倾向使个体为获得某些特定的经验做好准备,但是自己不会表现为任何可观察的形式(记住:原型只以转化后的形式表现在意识中)。然而,问题是:尽管荣格对经验作了界定,但经验是在某一时候发生在个体身上的,如果所有经验都是"遗传的",那么在生命过程中发生的事情就很少了。荣格从来都没能解决这一问题。因此,集体潜意识的观点仍然摆脱不掉"习得性特征的遗传性"这一污名,这可能是荣格理论的最严重的缺点。

在刚过 20 岁的时候,荣格做了一些几乎被忽视了的演讲。现在回忆起来,这些演讲奠定了他后来的理论以及其理论对非常规的科学与神秘主义的依赖的基础(Grivet-Shillito, 1999)。在这些演讲中,他认可招魂术(Spirtism),招魂术认为活着的有机体,尤其是人类,不能被还原到物质层面。人是有意识及自我意识的,因而人是有灵魂的,它们能够超越其物质结构。在格里韦-希利托(Grivet-Shillito, 1999)看来,对招魂术的认可直接来自牧师荣格先生(Reverend Mr. Jung),即卡尔·荣格非常认同的父亲。招魂术导致了超心理学经历,年轻的荣格非常乐于参加此类活动。1895—1899 年间,他"常常在家里参加降神会"(p. 93)。在那里,他参与心灵感应、超感视觉以及预兆性的梦与幻想。在此期间,荣格也对一些科学的信条提出了质疑,其中包括任何现象都必须在物理水平上进行解释,而不能在精神水平上进行解释这一假设。因此,荣格虔诚地相信拉马克主义、超心理学、神秘主义以及其他在他那个时期乃至今天都被置于科学之外的观点。

与弗洛伊德一样,荣格的性格与智力的完整性受到了攻击。荣格时常被指控是反犹太人的,被指责同情纳粹运动(Neuman, 1991; Samuels, 1993)。他也被指责在集体潜意识的科学起源问题上"撒谎"(New York Times Service, 1995)。诺尔在他的著作《荣格的信徒:超常运动的起源》(*The Jung Cult: Origins of a Charismatic Movement*, 1994)一书中指出,荣格对集体潜意识的"科学"起源的解释值得怀疑。按照诺尔的观点,荣格宣称他搜集了支持集体潜意识概念的最初的客观资料,这些资料来自他的一个患者在约 1906 次治疗中报告的幻觉。该患者有关于太阳阴茎(Sun Phallus)的幻觉:太阳从其表面延伸出一个直立的阴茎。1910 年出版的一本书证实,如神话中讲的那样,太阳阴茎确实是一个来自人类古代历史的象征。因为这位被起绰号为"太阳阴茎人"(Sun Phallus Man)的患者是在该书出版前产生了这样的幻觉的,所以荣格认为他的患者之前并不知道关于太阳阴茎的知识。因此,荣格认为太阳阴茎的幻觉肯定来自患者的集体潜意识。但是诺尔驳斥了荣格对一些重要事实的支吾搪塞。首先,患者不是他的,而是由他的学生霍尼格(Honegger)负责的。第二,霍尼格是 1909 年才开始接触这一患者,并记录其关于太阳阴茎的幻觉的。第三,1910 年出版的这部著作被清楚地标明是第二版;第一版是 1903 年出版的,因而它可能是太阳阴茎人产生幻觉的起源。而且,与荣格的精英统治论的观点相反,像太阳阴茎人这样的未受教育的人通过当时的大众传媒很容易了解到神话中的各种象征。鉴于这些说法都是真的,可以说荣格的集体潜意识的存在是建立在被污染的证据基础之上的。虽然这些批评是很严肃的,但它们不像对弗洛伊德理论的批评那样长期有效和坚实有力。只有时间会告诉我们这些指责是否足够有效,从而成为一个值得极为关注的事情。

美国超心理学的领袖是莱因。莱因的观点与荣格的观点非常一致,这使得人们推测超心理学与同时性存在联系。唐(Don, 1999)对一篇关于荣格与莱因之间信件意义的文章及他们的相关著作进行了考察,从而得出结论认为,超心理学与同时性只存在相关,而没有因果关系。如果这种说法成立,那么将会让荣格处于尴尬位置,荣格不希望他的理论被误解为超心理学这样一种神秘主义式的探索。莱因也不可能高兴起来,因为他的研究表明,比如,心灵感应牵涉到人们思维间的真正联系。

结论

75

荣格对人格心理学的贡献产生的影响比弗洛伊德要小。尽管如此,荣格理所当然是前所未有的伟大心理学家之一。哈格布卢姆及其同事(Hagbloom et al., 2002)将荣格列在总排名的第 23 位,正好在巴甫洛夫之前,后者因其对狗进行的经典条件作用研究而出名。他在期刊引用表上位列第 50 位,在教科书引用名单上是第 40 位,在有关心理学家的调查中同样位列第 40 位。

如果我们把科学标准置于一边,将荣格的理论看作更具哲理性,那么这一理论面临的许多问题都会消失。不管"科学"与否,是荣格引进了内倾性/外倾性这一永恒的概念——现在已成为我们语言的一部分——并使"自性"这一重要概念普及开来。而且,正如你在后面的章节中即将看到的那样,他对许多不同的治疗方法的接纳以及对患者治疗的积极参与,都开了先河,至今仍为人们所效仿。更具体地讲,其他的治疗师认可了荣格关于人类经验的整体性质的假设(Rogers, 1961)以及精神意义具有生物根源的观点(Maslow, 1967)。

与弗洛伊德不同,荣格更多的是与正常人打交道,他的患者什么年龄段的都有,包括经历着中年危机的成年人。而且,他的那些心理失常的患者不仅仅是神经症患者,还包括具有严重心理疾病的人。因此,基于他的临床经验而产生的观点比弗洛伊德的观点更具一般代表性。此外,部分地由于患者的多样性而导致他的临床经验的多样性,这使得他的理论更广泛,不仅包括童年期和青少年期,还包括成年期和老年期。正如你已经看到和即将看到的,有证据支持荣格的内倾性与外倾性以及四种机能的观点。专门探讨他的观点的杂志《分析心理学杂志》(*The Journal of Analytical Psychology*)包括英国和美国两个版本。

　　荣格的 20 卷本的著作集包含着许多未被发现的观点。今天的年轻人可能比荣格那个时代的年轻人对他的神秘主义观点以及强调人类过去的历史的取向更感兴趣。可以预期在下一个世纪中人们对荣格的兴趣会增强,这在以下的事实中可以看得出来——荣格主义的治疗师越来越多,荣格的观点开始出现在流行文学作品之中(DeAngelis, 1944)。拉丁文学作家兼荣格主义治疗师埃斯蒂斯的作品《女子跑狼》(*Women Who Run With the Wolves*)是对野蛮的女性原型的一种探索,这一作品的成功就是荣格主义的观点出现在流行作品中的证据。网上的搜索结果也会使你相信荣格主义的复兴。在网络上,有关本书介绍的其他理论家的内容,如果有的话,也很少有超过荣格的。

要点总结

　　1. 荣格 1875 年生于瑞士的凯斯维尔,是一个牧师的儿子,可能是歌德的重孙。他是一个孤独、寂寞的男孩,他有许多幻觉。这种神秘主义在他 20 多岁时得到了强化,并一直持续到成年期。他对东方宗教的兴趣与对东亚和非洲的思维模式的认可是相对应的。他与弗洛伊德的分裂是创伤性的,但是也使他产生了创造性的幻觉和经验。他相信对立面的平衡。荣格的理论是泛文化主义的,能够为任何文化中的人们所接受。

　　2. 荣格的宗教观认可开放和灵活性,拒绝盲从。荣格提出的个体潜意识是因人而异的,但所有人都具有相同的集体潜意识。自我是与意识相连的。人格面具是与某一社会角色相对应的面具。自性是心灵的核心。集体潜意识中包含原型。

　　3. 荣格强调了暗影、阿尼玛和阿尼姆斯这些原型。原型会突然"抓住你",曾被用来解释人们对不明飞行物的报告。原型在恐怖电影中有很多,可能会和外部事件同时表现出来。同时性是与超感相一致的一个概念。

　　4. 荣格不完全认可弗洛伊德主义的解释,他更倾向于认为小安娜存在对生与再生轮回的原型式的强迫观念。与弗洛伊德不同,荣格没有区分梦的内隐内容和外显内容;集体潜意识及其原型的象征直接表现在梦中。梦预示着未来,通过表现出与之相对的潜意识一面而对意识过程起补偿作用。

　　5. 荣格最不朽的贡献是外倾性/内倾性及他的四种心理机能。个体化是一个人成为心理上"独立的个体"的过程。借助超验机能,它将自性与心灵的其他内容区分开来。荣格提出了四个发展阶段。

　　6. 一些关于荣格的心理类型的研究对外倾性的支持似乎比对内倾性的支持更多,对他的四种心理机能的支持强于对内倾性/外倾性的支持。荣格的分析心理治疗是独特的,因为患者和治疗师的地位是相对平等的,治疗过程相对短一些,在治疗中各种不同的技术被视为同等有效。增加了感知与判断机能的迈尔斯-布里格斯类型指标非常受欢迎。

7. 荣格开拓性地使用了投射测验,推动了"情结"概念的普及。消除那些会带来麻烦的情结是心理治疗的一项主要任务。荣格的治疗和诊断技术包括语词联想测验、梦与清醒放大法、梦的系列分析和主动想象。

8. 荣格理论的局限包括:对有些概念的界定很差或不清楚、一些概念间存在混淆、在不同的著作中对同一概念的界定不同以及没有清楚指出集体潜意识的内容。同时性与超心理学的联系进一步降低了他的理论的科学可信性。在荣格成年初期对招魂术的认同中就可以看到他日后的神秘主义倾向的影子。

9. 荣格观点最严重的问题是,其集体潜意识背后的假设带有"获得的特征是遗传的"色彩。荣格在有关集体潜意识的证据上含糊其辞受到人们指责。荣格的影响比不上弗洛伊德,这是因为他站在"大师"的阴影里认同神秘主义。尽管如此,在 20 世纪的心理学家中,荣格仍占据着很高的地位。

10. 荣格的创新之处,如外倾性/内倾性和自性,以及对他人理论的灵活运用和贡献,使得他成为一个主要的贡献者。无疑,当我们更仔细地研究荣格的大量著作后,我们会产生出新的理解。同时,随着时间的流逝,他的更具神秘主义的观点会得到更多注意。他甚至进入了流行文学和网络领域。

对比

理论家	荣格与之比较
弗洛伊德	荣格也运用心灵、自我、意识、潜意识、本我和洞察力等术语,但是他拒绝用性来解释各种现象,没有区分梦的内隐内容与外显内容。
罗杰斯	比罗杰斯更早地论述了自我接纳以及治疗师与患者间的平等关系。
马斯洛	荣格比马斯洛更早论述了自我(性)实现。

问答性/批判性思考题

1. 列出并描述本章中没有提到的三种人格面具。

2. 写一篇 1 页的故事,在其中要包括日本原型(见表 3-1)。

3. 重新想一下小汉斯的例子,用荣格的理论进行解释。

4. 为一个内倾性/外倾性的测验写 4 个项目,其中 2 个内倾性的,2 个外倾性的。

5. 描述你自己的一些梦,然后用荣格的理论来解释。

电子邮件互动

通过 b-allen@wie. edu 给作者发电子邮件,问下面的问题或提出你自己的问题。

1. 你相信超心理学吗?
2. 是否真正会有来自其他星球或集体潜意识的奇怪的东西的造访?
3. 你是内倾还是外倾?

超越自卑、追求卓越：阿德勒

- 几乎每个人的内心深处都存有自卑吗？
- 你出生时排行老大、老二、中间、老小或独生，这对你有什么影响吗？
- 弗兰肯斯坦博士孩提时曾被娇生惯养吗？

在弗洛伊德的追随者中，有些人严格坚持他的观点（Deutsch，1945；Fenichel，1945）；有些人，如荣格，虽然同意弗洛伊德的很多观点，但也产生了偏离；还有些人则提出一些全新的概念，他们怀疑甚至抛弃弗洛伊德的一些基本信条。这些新弗洛伊德主义者主要包括本章和下面两章介绍的一些理论家：阿德勒、霍妮、沙利文。但很难说埃里克森和弗罗姆是不是新弗洛伊德主义者，因为他们与弗洛伊德学派的思想相去甚远。事实上，将霍妮和沙利文，尤其是将阿德勒列为新弗洛伊德主义者也较为勉强，尽管他们的理论都受弗洛伊德的影响，但他们都是在反对弗洛伊德观点的基础上建立起自己的理论的，都放弃了弗洛伊德对儿童性欲论的强调，转而重视亲子关系和社会经验。

阿尔弗雷德·阿德勒
http://ourworld.compuserve.com/homepages/hstein/homepage.htm

如果说荣格和弗洛伊德的分裂是痛苦的，并且是双方不情愿的，那么阿德勒与弗洛伊德的最终决裂更多的是出于自愿。当阿德勒铁了心地拒绝拥护弗洛伊德的性本能时，他就被视为叛徒。在阿德勒看来，荣格的理论与弗洛伊德的"泛性论"仅是稍有不同（Kaiser，1994）。在他忠实追随者的强烈要求下，弗洛伊德决定将阿德勒驱逐出精神分析的阵营。由于二人同为一个重要精神分析刊物的主编，弗洛伊德给杂志社的全体员工写了一封"他或我的信"：如果阿德勒继续留在编辑部，他将会辞职。随即辞职的是阿德勒，从此他们变成了敌人。随后一段时间里，在弗洛伊德与荣格的通信中，有些内容是对 79 阿德勒的抨击。

阿德勒其人

阿尔弗雷德·阿德勒(Alfred Adler)1870 年出生于维也纳的一个中产阶级犹太人家庭，由于不是在犹太人居住区长大的，他从来没有对犹太人产生过强烈的认同感。因此，他年轻时就皈依新教，后来一直视自己为一个基督教徒。

在家里六个孩子中，排行老二这一事实对他有深刻的影响。他感到他一直生活在成功哥哥的阴影下。另外，他在儿童期就遭受疾病的折磨：幼年期患有佝偻病，5 岁时差点死于肺炎，后来却奇迹般地痊愈。年轻的阿德勒发誓要成为一名医生去拯救他人。后来他对残疾尝试过理论上的探讨，认为残疾是一种财富。

60 多岁后，阿德勒在一次讲演中谈到早期的身体疾病对他的重要影响：

> 我生来是一个孱弱的孩子，佝偻病使得我不能自如地活动。尽管如此，现在，几乎在我生命的后期，在美国我站在了你们的面前。你们可以看到我是如何战胜这一困难的。另外，我早年说话不清晰；……然而[现在]我用英语讲话时你们可能没觉察出来，认为我应该是一名非常出色的德语演说家。(Stepansky, 1983, p. 9)

因为在儿童期，阿德勒与父亲比较亲近而与母亲的关系较疏远，所以成年后，他就更倾向于拒绝弗洛伊德关于男孩希望父亲消失而拥有母亲的观点。

学生时代的阿德勒并不突出，小学时表现平平。尽管 1895 年维也纳大学的确授予他医学学位，但他并没有像弗洛伊德那样曾给哪位教授留下足够深刻的印象，以致形成密切的师生关系。在这一时期，他接触了马克思主义，并成为一个学生革命组织的重要人物。在这些反叛的青年人中，有一位来自俄国富裕家庭的知识分子，和阿德勒有相同的社会主义倾向，特别欣赏他，最终成为他的妻子——赖莎·阿德勒(Raissa Alder)。

阿德勒以一个普通医生的身份开始了他的医疗生涯。他医治的对象都是一些典型的穷人，其中有些人表现出突出的身体能力，如杂技演员，在这些强壮的表演者中一些人早期身患疾病，这引起了阿德勒极大的兴趣：他们正像他自己一样，在成年后成为某方面的能手或专家，补偿了童年时的不足。

阿德勒有强烈的社会良知。他支持社会底层人物的倾向可以解释他最初对弗洛伊德的防御。尽管他们之间存在不可调和的矛盾，但阿德勒从未完全拒绝弗洛伊德学说。即使与弗洛伊德决裂之后，阿德勒仍然建议他的学生充分熟悉弗洛伊德关于梦的"有价值"的理论(Adler, 1964)。就像荣格一样，他对弗洛伊德要比弗洛伊德对他更为宽容、开放。

与荣格不同的是，阿德勒的主要观点形成于与弗洛伊德分裂之后，而不是之前。正是在第一次世界大战中作为一名军医服役之后，阿德勒形成了他理论中最重要的概念。这期间，他亲眼目睹了受伤士兵的痛苦和被战争伤害的绝望的儿童。这些人的悲剧和另一些人对他们做出的利他行为使他建立起关于社会兴趣的理论(Gemeinschaftsgefuhl)，探讨对他人的深度关心和与别人联系的需要(Ionedes，1989)。

　　阿德勒遭受了曾为他所吸引的社会意识形态的激进者们的背叛。由于他只为"平民"而不为聚在弗洛伊德客厅里的富人们服务，阿德勒还被免了职。这些困难增强了他超越逆境的兴趣和对不幸者的认同。作为维也纳工人委员会副主席，阿德勒得以在维也纳的 30 所国立学校中设立心理健康诊所。从 1921 年开始到 1934 年被纳粹关闭，阿德勒开设的这些机构一直非常繁荣。阿德勒把这 13 年中维也纳犯罪率的下降归为诊所的功劳。

　　1926 年第一次成功访问美国之后，1934 年阿德勒和妻子便逃离了法西斯势力日益猖獗的奥地利，在美国定居下来。在美国阿德勒成为家长和教师熟知的"不知疲惫的演讲家"和儿童指导所的"常年顾问"(Alexander & Selesnick，1966)。这些都明显地证明了他的外向性格，尤其是与弗洛伊德和荣格相比较而言(Dolliver，1994)。他对孩子的养育非常投入，他四个孩子中有两个，亚历山德拉(Alexandra)和库尔特(Kurt)，继承父亲的衣钵成为精神病学家。随后你还会了解到，他对许多其他的人格心理学家产生了重要影响。

阿德勒关于人的观点

基本定向

　　阿德勒并不把人看作是本我、自我和情结的集合体。他将人看作是一个完整的个体，其各个方面相互联系极为紧密，无法将其彼此割裂开来进行有意义的考察。人生就是由不成熟到成熟的连续体，而非弗洛伊德划分的割裂的心理性欲阶段。阿德勒认为，人们自己决定生活的方向，有时是明智的，有时不是，但不管什么样的方向，他们都是在为自己认为的"完美"而奋斗。

　　起初，阿德勒强调出现在生命早期的天生的自卑感及后来的心理补偿作用(Ansbacher & Ansbacher，1964)。然而，弗格森(Ferguson，1989)认为，阿德勒越来越强调对权力和优越的追求。在阿德勒职业生涯快要结束的时候，"他更明确了这一点，人类作为一个物种努力寻求归属，其目标……是为人类的幸福奋斗"(p. 354)。

　　丁克迈耶和舍曼(Dinkmeyer & Sherman，1989)列出了阿德勒学派关于人及其心理功能的五个基本假定。

　　　1. **所有行为都具有社会意义。** 一个群体，例如家庭，有自己的社会系统，包括联系的方式和传递权力的途径。"在此社会环境中任何行为都具有意义……"(p. 148)。这种强调是心理社会性的，而不是心理性欲的(Mansanger & Gold，2000)。

　　　2. **所有行为都有目的，是目标定向的。** 阿德勒坚持行为目的论(teleological)，行为由目的支配。人们总是朝向一个重要的目标(goal)努力，这个目标是理解他们的关键。

　　　3. **整体和模式。** 阿德勒把人们看作是统一的、不可分割的整体，每个人有自己达到目标的独特的行为模式(Watts，2000)。

4. **行为是用来克服自卑感和追求优越感的。** "我们持续不断地工作,从感到低微到感觉优越,这就是为卓越而奋斗"(p. 149)。

5. **行为是我们主观感知的结果。** "实际上我们创造自己的脚本、结果、方向、行为,并表现出我们的角色"(p. 149)。我们形成看待我们自己与他人关系的独特视角。

这些原则看起来包含矛盾的目标。一方面个体要努力完善自己,另一方面他们又要置身于社会群体,为社会群体作贡献。那么,个体怎样在为群体献身的同时又能实现个人目标呢?库尔特·阿德勒(Kurt Adler, 1994)对此回答说,当一个人发展得很好时,他或她就会形成个人兴趣和社会兴趣的强烈统一,以致他为群体所做的也是为个体自己所做的。

人道主义:关注女性和民族多样性

《心理学家社会责任通讯》(*Psychologists for Social Responsibility Newsletter*)中有一部分,专门论述了阿德勒为世界和平事业和大众心理治疗作出的贡献。拉德曼和安斯巴克(Rudman & Ansbacher, 1989, p. 8)宣称,"阿德勒无论在理论上还是实践上都是一个社会积极分子。他反对一切形式的暴力,并推动了个人和群体的社会兴趣的发展。对他来讲心理健康意味着'被社会肯定的行动'……社会责任是心理学实践的基础……"阿德勒曾这样写道:

> 诚实正直的心理学家不能无视那些阻碍儿童成为社会一员以及有碍他们感到自由自在的社会条件,以及即使是生活在敌国,也能保证他们成长的社会条件。因此,心理学家必须反对种族主义……反对战争……反对使人陷入困境的失业;反对其他一切阻滞在家庭、学校和社会中充分普及社会兴趣的障碍。(引自 Rudman & Ansbacher, 1989, p. 8)

1928 年,在弗朗兹·科布勒(Franz Kobler)主编的《暴力和非暴力:积极和平主义手册》(*Violence and Non-violence: A Handbook of Active Pacifism*)上,收录入了阿德勒和甘地等名人共同撰写的一篇文章,在这篇文章中,他对多样性的理解被证明是领先于他所处的时代的。坚信不掌握权力的人们不应遭受压迫,这使得他成为较早拥护妇女权益的男性。拉德曼和安斯巴克(Rudman & Ansbacher, 1989, p. 8)曾总结了他在妇女问题上的观点:"他概括说战争是导致妇女受压迫的根源,因为战争赋予体力较高的价值,并且他宣称,在好战的国家里,男女不平等的现象更为严重。"阿德勒追求社会平等和承认人们之间差异的思想早于今天的多元文化主义(Watts, 2000)。

82　　尽管是社会主义者,阿德勒却极力反对共产党。他憎恨共产党的主要原因是 1937 年斯大林主义肃清运动期间他女儿瓦伦丁(Valentine)的被捕(她为逃避纳粹而逃到她母亲的祖国俄国)。同年四月,他写道,瓦利(Vali,瓦伦丁的小名)让他彻夜难眠,他不知道他是否能承受女儿入狱的打击。当后来费尽心思也不能使瓦利获释时,他说对女儿的担心使得他寝食不安。大约就在这个时候,他启程前往苏格兰,这是他 1937 年巡回演讲的一部分。在一次早饭后散步时,阿德勒因致命的心脏病发作而辞世。

基本概念：阿德勒

发展社会情感：社交、工作和爱

阿德勒对"个体差异"的态度可以在他表述自己观点的**个体心理学**(individual psychology)中看到,个体心理学试图把独特的个体看作是一个在生物、哲学和心理层面上相互联系的整体(Adler，1929/1971)。鉴于这种独特性和整体性,同样的环境、经验和生活问题对不同人有不同的意义和作用。在承认人们之间存在先天差异的同时,阿德勒警告人们不要对它们过分强调:重要的"不是一个人生来具有什么,而是个体怎么运用它"(Adler，1956，p. 176)。他把个体差异的基础看作是更加心理社会性的而不是遗传的,而对文明极为重要的心理社会性因素是**社会情感**(social feeling),这种情感是对社会的关心和与他人联系或合作的需要(Adler，1964)。

阿德勒相信每个人在一生中都要面对三个不可逃避的任务:社交、工作和爱,这成为个体心理学的基石。对于这些任务的追求需要在儿童期就要作好准备,发展**社会兴趣**(social interest)——个体对发展社会情感的努力(Rychlak，1981)。尽管社会情感是潜在的,而社会兴趣则是指使之成为现实的努力,但阿德勒通常将二者混用(Rychlak，1981)。

首先,社会情感与社交的关系不仅在个体发展和维持友谊、学习和运动中的合作、选择伴侣等能力中显现出来,也包括发展对国家、地区和人类的兴趣。其次,个体必须有对工作产生兴趣的能力。这里社会情感的形式是对他人有益的合作活动,个体有意义的工作不仅为他提供了生存的机会,同时还使他们获得了什么是社会价值的意义,例如,是勤奋而非懒惰。正是通过工作个体才能帮助发展中的团体取得进步。第三,社会情感与爱有关,爱是关心伴侣胜过关心自己的一种能力。在这里,社会情感体现在那种需要两个人合作才能完成的任务上,因为两个人通过照顾后代使人类生生不息。爱的前提包括为完成两人合作任务而进行的儿童期准备、伴侣双方价值平等的永恒意识以及相互奉献的能力。

大约 30 年前,有人提议将"精神性"(spirituality)和"自我"(self)加入到社交、工作和爱的行列中。然而,曼桑格和戈尔德(Mansanger & Gold，2000)注意到提议增加的东西没有传播开来,经过仔细考察之后,声称它们可能对咨询很重要,但不是真正的"生活任务"。

生活风格

个体对社交、工作和爱的态度可以概括成**生活风格**(style of life)。生活风格是个体朝着从童年早期发展起来的自我创造的目标和理想所做的独特而持续的运动(Adler，1964)。生活风格是一种原始的心理定向,它包含个体相对持久的**运动规律**(law of movement)——个体选择的方向源于他在完全利用自己的能量和资源方面进行自由选择的能力(Adler，1933a)。你可能注意到"style of life"(生活风格)和"lifestyle"(生活风格)这样两个词的一致性,后者是现在较为通用的一个,它可能是受阿德勒的关键短语的影响,这是我们的语言已受一些主要人格理论家影响的另一个例子。

阿德勒通过两棵松树的例子来说明生活风格的涵义,一棵生长在山谷,另一棵生长于山顶,尽管它们是相同的物种,但各自表现出独特的生活风格,个性化地"在[一个独特]的环境中表达自己和塑造自己"(Adler, 1956, p. 173)。对人来说,生活风格是中介,我们每个人通过它解释我们存在的事实,通过它生命之花得以绽放。它支配着个人的经验,引导着梦想、幻想、游戏以及童年的回忆。

生活风格引导着人格的发展。人格来自**个体创造力**(creative power of individual)的活动,通过这个过程,我们每个人形成了最初关于自己和世界的概念,同时为完成那三个重要任务而形成一种生活风格(Adler, 1932)。因此,我们每个人都是自己人格的雕刻家。童年的信念主要是在 3—5 岁期间发展起来的,它对生活风格的形成有重要的影响。这些信念一旦确立,与之不同的经验就不会产生大的影响。

未来目标与过去事件

也是在童年期间,每个人建立起自己的**原型**(prototype),即生活风格的"圆满目标",它被视为一种适应生活的手段的虚构,也包括达到目标的策略(Rychlak, 1981, p. 128)。阿德勒(Adler, 1936b)还提出了虚构目的论(fictional finalism),它实际上与原型同义。但阿德勒最终放弃了虚构目的论这一概念,尽管他的一些现代追随者仍在使用它(Watts & Holden, 1994)。

目标使个体的人格指向对未来的预期,而不是过去。它为预期的安全、力量和完美提供方向,并唤起与个体的期望一致的情感。与阿德勒的目的论或目的说相比,弗洛伊德的本能、冲动和儿童期创伤则显得有些苍白无力。

对继续从事这三大任务,我们采取的态度必然反映在我们的人格中。因为人格是一个统一的整体,与其他人一样,我们的生活能力的特点在最细微的表达活动中得以体现。我们的信念、误解、社会兴趣——或未达到目标——使得个体的所有表达方式都带有相应的特点,这些表达方式包括我们的记忆、梦想、身体姿态和不适。而且个体的生活风格在新情境中,尤其是遇到困难时,能更好地显示出来。这是因为一个人的"步态"风格——无论是最具代表性的小跑、慢跑,还是大步疾驰——在困难中比顺境时能更好地展现。

当想象与现实相抵触时,个体可能就会遭受心理**震荡**(shock)。这种打击会导致个体活动范围或前进道路的窄化,对危险性工作的排斥,对没有准备的问题的退缩,进而产生幻灭、失望和孤立。事实上,阿德勒将**神经症**(neurosis)定义为对震荡的一种极端反应形式,即"个体对受震荡影响而形成的症状的自动或不知不觉的利用"(Adler, 1964, p. 180)。

在神经症人群中社会兴趣的平均水平不高,可能因为他们在孩提时曾被纵容娇惯。在最低水平上,负面的人格特质如害羞、焦虑、悲观等表明在与他人交往时"整个人格倾向和准备的欠缺"(p. 112)。阿德勒理论的治疗目标是增强神经症患者对他们缺乏社会情感的意识,阿德勒发现这有助于开发出仍然存在于神经症人格中的"勇气"和"乐观"的社会兴趣。

超越自卑

阿德勒认为作为人就意味着要体验自卑、不足和无助。尽管在他后来的著作中不那么强调了，但如果把他的著作看作是一个整体的话，这一论点仍然是相当重要的。自卑这种人类普遍的体验会产生对完美的努力追求。个体"总是被自卑感占据和驱动"，这种自卑感来自个体不断地与未达到的完美目标的比较（Adler，1964，p. 37）。因为在进化过程中，人类有朝向完美的"巨大的向上的驱力"，或是实现更好适应的"冲动"。从本质上看，所有的人格都是由**自卑感**（inferiority）发展而来的，这种自卑感是个人未能达到社会理想或自己虚构的标准而产生的持续感受（Adler，1964）。个体的一生就是从负面状态到正面状态。**自卑情结**（inferiority complex）是阿德勒的术语，指一种夸大的、持久的不足的结果，这种不足可以部分地由社会兴趣的缺乏来解释（Adler，1964）。自卑感和社会兴趣的缺乏可以归因为三种童年障碍（Adler，1933a）。

身体器官缺陷。对阿德勒来说，"器官"可以是任何一种身体特征，他对于器官缺陷的研究使他推断在许多情况下，心理上的自卑感是由于身体上的局限导致的（Adler，1907/1917）。这是因为生来器官孱弱的儿童，必然需要**补偿**（compensate），通过努力成为某个领域的高手来克服这种缺陷（Adler，1929/1971）。他们甚至会**补偿过度**（overcompensate），竭尽全力去从事或适应因自身缺陷而不能做的事情。古希腊的德摩斯梯尼曾患肺虚且声音微弱，但后来却成为著名的演讲家；钢琴家舒曼克服了儿童期听力障碍；琼斯［达斯·韦德（Darth Vader）］、里韦拉和美国广播公司时事节目《ABC20/20'》中的施托塞尔都克服了口吃，并因其杰出的演讲才能而著名。阿德勒（Adler，1930，p.395）认为人类发展"受益于器官的缺陷"，因为人类发展的成就可以归因于为战胜身体缺陷而作出的努力。

父母的忽视：讨厌的或憎恨的孩子。被忽视的孩子没有经历过爱、合作和友谊，并很难找到值得信任的人，在其一生中，问题"太难"并且解决问题的资源"太有限"。被忽视的儿童可以被描述为冷漠、多疑、不信任他人、心肠硬、嫉妒和仇恨。

父母的过度骄纵：一种往往会导致孩子过度受宠或溺爱的有害做法。阿德勒用过度骄纵（overindulgence）来代替弗洛伊德对导致他得出俄狄浦斯情结的观测资料的性欲解释（Adler，1969）。能归因于"未解决的俄狄浦斯情结"的症状很少，而且这种症状的出现实际上是由孩子异性父母的过度纵容导致的，其基本模式是允许被纵容的孩子主要与纵容他的人接触，排斥他人。导致的结果就是孩子感受到浅薄的优越感，并期望他人遵从自己。在第二章中提到的长大后自恋的那个人就是一个小时候被宠坏的例子。

追求优越与优越情结

在从强调自卑到强调为社会服务的转变中，阿德勒提出**追求优越**（striving for superiority）这一概念，它是一种类似于身体成长的普遍的心理现象，包括追求完美、安全和力量的目标。正如对目标的选择一样，达到完美的特定方法有很多种。**优越情结**（superiority complex）是阿德勒的术语，指追求优越的一种夸张的、非正常的形式，它是个体缺陷的过度补偿。类似于其他严重的心理问题,优越情结可以部分地通过社会兴趣发展不足来解释。神经症患者对优越有一种错误的态度,把它作为逃避社会困难的方法。正常的人没有优越情结,他们对优越感的追求目的在于一般的成功抱负,并通过社会中的工作、爱和合作表达出来。从这点看来,追求优越类似于罗杰斯和马斯洛章节中讨论的"自我实现",是一种积极的追求。相反,优越情结"始终"是与社会合作相对立的。

阿德勒的理论对吹嘘者作了一些说明,吹嘘者是指那些不停地宣称优越并因此可能激怒我们的人。很多人可能认为吹嘘者相信自己是优越的,但阿德勒学派则有不同的解释。阿德勒学派认为,人们越是吹嘘自己就越显出对未解决的自卑感的补偿。也就是说,吹嘘者可能是实际上感到自卑而通过吹嘘来补偿。

"低自尊"是一个现代术语,指的是"自卑感"。"高自尊"与"优越情结"有着惊人的相似。视窗 4-1 表明,阿德勒的"优越"和"自卑"概念早于一些现代关于高自尊和低自尊的研究发现。

视窗 4-1　自尊:可能不像你想的那样

如果一个人用"快乐的、友善的、钟情的、体贴的和爱助人的"这样一些积极性术语来描述自己,就表明他具有高自尊。相反,"忧愁的、吝啬的、虚伪的、生气的和自私的"意味着低自尊。直到现在高自尊被认为是"好的",是每个人应该拥有的。据说,学校的管理者尤其是那些加利福尼亚的学校管理者已经把这些假设牢记在心,因此鼓励老师无论学生做什么都要表扬他们。美国心理学会前主席塞利格曼宣称,通过表扬来提高学生的自尊,并不能(not)提高他们的学业成就,还可能会降低其学业成就,甚至可能是有害的,这在心理学界内部(Polce-Lynch & Lynch, 1998)和外部(Begley, 1998)都引起了不小的轰动,另外一些心理学家进一步支持了塞利格曼的观点。

自尊专家鲍迈斯特(Baumeister, 1996, 1999)认为,没有证据说明攻击会导致低自尊。其同事斯托布(Staub, 1999)赞同这一观点。鲍迈斯特、坎贝尔、克鲁格和福斯(Baumeister, Campbell, Krueger & Vohs, 2003)的研究指出,高自尊不能促进学业成绩的进步或人际关系的成功,但却能带来快乐。在适当范围内(仅以女孩为例)和与健康有关的因素(比如吸烟问题)中,高自尊可能成为更健康的生活方式的决定因素。他们还引用研究结果说明,自尊的水平(高水平、中等水平和低水平)与攻击水平无关。

鲍迈斯特(Baumeister, 1996)和勒纳(Learner, 1996)都认为,自尊与真正的成就没有相关,比如儿童无故受表扬时,这种相关就不存在,这可能会使其产生空洞的甚至有害的自尊。当空洞的自尊面临挑战时则会产生防御性甚至是爆发性的攻击。现在看来很明确了,即提高自尊应该建立在真正的成就基础上。如果各方面的成就得到同样高的评价(比如,音乐、数学、体育和艺术技能获得同等的评价),那么儿童的自尊就不难保持在一个合理水平上。显然,应该抛弃通过空洞的表扬来提升自尊这种做法。

这样看来,没有根基的空洞的"高自尊"就像"优越情结"也不会导致真正的优越感,二者都是个体对觉察到的弱点的防御性反应。相反,"低自尊"并不能预测什么。

家庭对人格发展的影响

对人格发展最重要的家庭影响因素是"母亲"（Adler，1964）。与母亲的接触在儿童社会兴趣发展中起着最重要的作用。这涉及两个任务：一是通过提供最深、最真挚的爱和儿童将来会经历的伙伴关系来鼓励其形成社会情感；二是以与人交往时表现出合作态度的形式，把这种社交关系、信任和友谊由母亲扩展到他人。阿德勒学派的治疗家为那些缺乏社会兴趣的患者安排了这样一些任务。父亲对儿童的影响是第二位的，他通过以下方式来促进儿童的发展：允许孩子自由讲话和提问、给予帮助和支持、鼓励追求个人兴趣、避免嘲笑和藐视儿童以及不试图取代母亲。

第三位的影响是**出生顺序**（birth order），即相对于其他兄弟姐妹的出生位置（Adler，1964；如表4-1所示）。除了出生顺序本身，阿德勒还强调了家庭规模以及兄弟姐妹的性别对人格的影响。在他看来，一个特定的家庭环境对每一个孩子都是一样的这种观点是荒谬的。这一限制条件有利于解释这样的情况，即不同的外部环境对于不同出生顺序的儿童来说，在心理上可能是相似的。因此，兄弟姐妹的差异不是由出生顺序本身决定的，而是由出生顺序导致的心理环境决定的。表4-1总结了阿德勒关于出生顺序的观点。

表4-1　阿德勒关于出生顺序的一些假设

87

出生顺序	占全部人口的百分比例*	假　设
独生子	5	是注意的焦点，有突出的地位，由于父母过多的担心和忧虑而被宠坏
头生子	28	中心地位被罢黜，对第二个出生的孩子有消极态度和情感，有支配的强烈情感，但对人有保护和帮助意识
次生子	28	积极努力超过他人，在与头生子的竞争中取得成功，好动
幺子	18	最娇惯的孩子（最小最弱），快乐的，通过异于他人而超群，往往是个问题儿童
全是女孩/男孩		极度的女子气或男子气倾向

* 采自Simpson, Bloom, Nexlon & Arminio(1994)；百分比相加不等于100，因为他们用的"中间出生"的类型没有包括在内。

"出生顺序"这一影响因素，自从阿德勒提出后，几十年来已有大量的研究（Falbo & Polit，1986），比如，查阅文献表明仅在1963年到1971年之间就有391篇有关出生顺序的研究报告（Miley，1969；Vockell，Felker & Miley，1973）。我最近检索文献时发现，到2003年有1780篇关于出生顺序的文章。《个体心理学》（*Individual Psychology*）1977年5月那一期中，出生顺序是惟一的主题。纵观这些研究，现在可以明确的是，从个体存在差异的程度来看，头生子（或独生子）与后来出生的孩子之间的差异最大。研究表明，头生子和独生子在成就动机和实际成就方面要高于后来出生的孩子。事实可能是这样，因为他们的成长环境中只有成年人，成年人能创造出成就取向的氛围。另一方面，后来出生的孩子的氛围则不够成熟，因为它是由成人和孩子构成的（Zajonc & Markus，1975）。因此，在美国参议院或执行委员会中头生子要多于后来出生的孩子。然而,头生子并非在任何方面都更好,例如,后出生的孩子自我中心的倾向更弱些(Fablo,1981)。

扎伊翁茨及其同事的研究关注的是,由头生子和成人构成的成熟的环境由于后来出生的孩子的加入,其家庭智力氛围被冲淡了。扎伊翁茨和马库斯(Zajonc & Markus,1975)把家庭规模与智力发展联系起来,根据近 400 000 份 19 岁荷兰男性的数据,他们发现较大的家庭规模不利于智力发展。他们对此的解释是,每一个后出生的孩子的加入都会增大家庭规模,从而冲淡了所有孩子的智力氛围。而且,家庭规模越大,孩子之间的年龄间隔就越小,这使得家庭平均年龄降低,进而产生了更加不成熟的智力氛围。规模大的家庭实际上把所有的孩子置于一个后出生孩子的智力氛围中,这是一个由认知能力简单的人们创设的氛围,与头生孩子所在的成人氛围形成了鲜明的对比。例如,如果父母的智商为 100,那么头生子的平均氛围为 100(100[母亲的]＋100[父亲的]＝200/2＝100),然而如果当头生子在九个月时(其智力水平假设为 10)第二个孩子出生,则第二个孩子所处的智力氛围就降为 70(100[母亲的]＋100[父亲的]＋10[头生子的]＝210/3＝70)。

尽管在本书早些的版本中已表述了对出生顺序效应较为悲观的观点,然而自那时起,对出生顺序的研究却一直在增加,研究者只是不愿放弃这一概念。

有些研究结果似乎支持有关出生顺序的传统假设。比如奈特及其同事(Knight et al.,2000)研究了出生顺序与关系认知和分离认知的关系,关系认知(connected knowing)是指"认识者站在他人的立场上试图理解他人的观点",而分离认知(separate knowing)是指"认识者将自己和他人的观点区别开来,喜欢挑战和怀疑"(p.230)。研究发现,头生子在分离认知方面的得分要更高些,这正类似于很多对头生子的描述:不讨人喜欢、独立、自给自足,而后来出生的孩子则相反(e.g.,Sulloway,1996)。由于阿德勒、萨洛韦以及其他人认为后来出生的孩子反叛性更强,所以茨威根哈夫特和安蒙(Zweigenhaft & Ammon,2000)预测并发现,那些曾被捕的学生(有些是为了反抗)更多的是后来出生的。在一篇关于学习是如何与它发生的环境之间存在特定关系的文章中,哈里斯(Harris,2000)提出并证明了她的观点,即出生顺序效应存在于特定的家庭环境中。比如,后出生的孩子在父母和兄弟姐妹身边时,其行为就像萨洛韦和其他人所认为的那样,但是在其他的背景下行为就不是这样的了。在家庭环境中他们获得了后生子的行为方式,这种观点在一定程度上解释了为什么出生顺序的研究结果一直难以统一,而且这些研究结果往往通过把它的效应局限在家庭背景中来保全出生顺序这一概念。

这些结果对那些认为出生顺序是强有力的变量的人来讲是个好消息,然而其他一些结果可能会使对出生顺序研究的兴趣受到打击。由于萨洛韦(Sulloway,1996)的畅销书似乎已经使出生顺序的传统观念得以复苏,因此它一直受到严格的审视。弗里兹、鲍威尔和斯蒂尔曼(Freese,Powell & Steelman,1999)提出萨洛韦的证据来自"历史资料":他研究头生子和后出生的名人的历史记录,以研究他们是否与预期不同,结果与预期是一致的。比如,弗洛伊德是一个典型的有雄心壮志的、高成就的头生子;而后出生的阿德勒是个反判型的社会主义者和人权倡导者。弗里兹及其同事指出,很明显萨洛韦的"样本"存在严重偏差:样本数量小而且都是去世已久的精英式的社会公众人物,比如伏尔泰、达尔文、马丁·路德。为了证明他们的观点,弗里兹及其同事做了横向的研究,他们对近 2000 名现代普通人进行了民意调查,通过对现代人的更具有代表性的大样本调查,他们发现,头生子并非更保守,而后出生的人也并非更自由开放。

另一些令人沮丧的结果来自罗杰斯、克利夫兰、范登·奥尔德和罗(Rodgers, Cleveland, van den Oord & Rowe, 2000),他们指出大多数支持出生顺序这种流行观点的研究都属于横断的:一组由不同家庭抚养的头生子与另一组来自不同家庭的同时代出生的后生子相比较。在出生顺序的研究上几乎没有纵向的:在同一家庭中随着更多孩子的出生来调查研究出生顺序效应的变化过程。罗杰斯及其同事检验了扎伊翁茨的假设,即家庭规模大导致孩子智商更低。他们在家庭内部考察当孩子越来越多时会发生什么,对儿童与母亲的智商都进行检查。罗杰斯那一组直截了当地总结了他们的结果:"……低智商的父母易产生大家庭,……大家庭并不产生低智商儿童"(p. 607)。郭和范韦伊(Guo & Van Wey, 1999a, 1999b)在考察纵向研究数据而非横向研究数据时,发现了同样的结果。这里涉及的研究和其他研究大体上都考虑了儿童的出生间隔。

因此,用纵向研究的数据对态度和智商方面的研究证据进行重新检验表明,萨洛韦和其他人认为的头生子和后生子之间存在差异的观点缺乏证据支持。人格与出生顺序的关系又会怎样呢?比尔和霍恩(Beer & Horn, 2000)指出,先前关于出生顺序与人格的研究把生物学上的出生顺序与抚养顺序混淆了。所有早期的研究使用的孩子既是生物学上的头生子(或后生子)又是首先(或后来)抚养的,因为这些被试都是父母的亲生孩子(没有一个是收养的)。非常明显地看出,早期的研究认为影响儿童人格的是抚养的顺序(第一个或以后养育)而不是出生顺序(第一个或以后出生的)。所有生物学上的头生子被收养时处于不同的养育顺序,比尔和霍恩撇开出生顺序来研究养育顺序。如果萨洛韦和相同思想的研究者是正确的,卡特尔 16PF 的问卷得分应该显示后生的人更"热情",头生子更"强势";后生的人"温柔",头生子更"多疑";后出生的人更"乐于尝试",头生子更"谨慎小心"。然而他们错了,除了一些数据支持最后一点外,抚养的顺序与人格特质之间的关系是微弱的,横向研究和纵向研究的结果都如此。尽管存在这些批评,阿德勒关于头生子的观点仍然带给人们无尽的遐想,正如视窗 4-2 所示。

视窗 4-2　重新审视弗兰肯斯坦及其怪物:阿德勒学派的分析

当休伯、韦德菲尔德和约翰逊(Huber, Widdifield & Johnson, 1989)再一次看谢利(Shelley, 1965)的关于一个在实验室里创造生命的卓越的科学家的经典小说时,非常清晰地阐述了阿德勒的主要原则和概念。休伯及其同事坚持认为,弗兰肯斯坦不是一个对推进自己的行为准则感兴趣的科学家,他也不为实验室操纵错误的受害者着想,更确切地说,他是一个忙着通过追求神圣的优越感来补偿因幼年受娇惯而产生的自卑感的人。进一步说,他创造的"怪物"一开始就具有人的品性,包括渴望成为团体中被爱的一员,如果不是由于他"父亲"弗兰肯斯坦的忽略,他可能已经形成了他的自然社会情感倾向。对谢利被曲解的小说中的两个主要人物进行评析,有助于说明阿德勒最关键的概念。

弗兰肯斯坦:从娇惯的小孩到探索宏伟殿堂的成人

在他生命的头五年里,独生子弗兰肯斯坦在他父母无尽的爱河里成长。他是上天赐予他父母的最天真无助的创造物,是他们的"玩偶和希望"(Shelley, 1965, p. 32),是他们的"惟一"(p. 32)。虽然他的父母后来收养了一个女儿,但他的地位并没有受到威胁。他的小妹妹是送给他的最"美好的礼物",他渐渐把她看作是自己的所有物。在他天真的童年期,弗兰肯斯坦只拥有他的家和仅有的一个朋友,而这些人把他视为宇宙的中心。然而,长大后,从拥有特权的王国进入大学,他立即感到与同学之间的隔阂,这是缺乏社会兴趣的鲜明标志。弗兰肯斯坦并没有寻求他的教授的帮助和合作,而是靠着自己的努力走进了科学的殿堂。在他成年的早期,他只想念那些孩提时宠爱他的人。最终,这种想念如此强烈,以致他不得不通过与收养的妹妹结婚,把童年的世界部分地转移到他的新生活中。

你可能想知道一个被娇纵的儿童是如何像阿德勒所说的,也如休伯及其同事对弗兰肯斯坦推断的那样,隐藏他的自卑情结并过分努力地追求优越。娇纵可能增加自卑,因为被溺爱的小孩没有意识到他的自卑感,也很少觉得需要与这些基本情绪进行斗争。确切地说,他们对这种夸张的注意的反应则是感到很优越,而且让亲近的人帮助他们解决问题。与这些观点一致,弗兰肯斯坦在自认为自己是优越个体的幻想中辛苦地长大成人。

然后突然他进入大学,遭受了身边人对他漠不关心的打击,这对他自认为是一个天才构成挑战。他对打击的反应是计划超越所有的同学和所有的人。通过创造生命,希望自己超越纯粹的凡人。然而他最终没能逃脱与所有被优越情结控制的人那样的自我毁灭的命运。

弗兰肯斯坦的创造:不支持社会情感的发展导致荒诞的结果

与电影描写完全矛盾,弗兰肯斯坦创造的"怪物"在生命一开始就有明显的社会兴趣。他的"生命"深刻地证明了阿德勒的观点,即我们每个人都有潜在的社会情感,它有可能或不可能成为现实。这个"怪物"的力量和智慧都不同寻常,他通过立即展示出的对学习的强烈渴望,表现了他努力向上的需要。尤其是他刻苦学习语言,这是出现社会情感的明确标志。另一个更明显的社会兴趣的标志是,他需要友谊并希望与其他人交往。当村民们经过他简陋的茅舍时,他凝视着他们,并渴望成为他们中的一员。当他们高兴时,他也高兴;他们不开心时,他也感到沮丧。"当看到带有感情的表演,听到有关人类的不公正遭遇和美妙的音乐时,这个创造物感动得哭了。"(Huber et al., 1989, p. 275)

尽管这些都说明社会兴趣在"怪物"的心中萌生发芽,但一些事情也开始唤醒他的自卑感。他曾去拜访一位盲人牧师并期待从他那里获得同情时,开始时还很顺利,可是后来却变了,因为其他人来到后看到他的长相都吓得往后退。这是他第一次充分地感受其他人对自己丑陋的五官是如此地厌恶。当他在水池中第一次看到自己的面容时,他便理解了人们见到他时何以产生如此剧烈的反应。最后的打击是,当他读了捡来的《失乐园》(*Paradise Lost*)这本书并把自己和亚当（Adam）进行对比时发现，亚当有爱、有伴侣，他却没有。当他向他的创造者袒露自己备受孤独的煎熬并希望有一个伴侣时，弗兰肯斯坦在一开始还表达了想为他创造一个妻子的意图。但是当科学家弗兰肯斯坦开始思考他的第二个创造物是什么样子时，他被罪恶感和恐慌压倒了：如果怪兽有了伴侣，他们将繁衍后代，这样的话会对世界造成更大的威胁。这种恐慌感是一种社会兴趣的表现吗？休伯及其同事认为是。他的罪恶感表明了他对人类的真正友好和对社会的爱吗？作者认为没有。他表现出的罪恶感仅仅让他比别人显得更多慈善感。

极端追求优越以自我毁灭告终

当罪恶感使得弗兰肯斯坦毁灭了他的实验室并因此结束了创造女怪物的可能性的时候，怪物意识到他的"父亲"已经抛弃了他。同时，科学家草率的行为使他认识到他在实验室里创造的怪物会给世界带来大灾难，而不会给他带来荣誉。他的创造物，在意识到他对友谊和成为社会成员的向往将永远不能实现时，宣称"……如果我不能得到爱，我将制造恐惧"（Shelley，1965，p. 147）。确实没有什么比没有回报的爱引起的憎恨更强烈的了，被激怒的怪物开始了残忍的暴行。怪物跟踪弗兰肯斯坦，并把科学家所爱的人的伤痕累累的尸体留给他，使他醒来时能够看到。最后，他们达成了共识：毁灭彼此。弗兰肯斯坦拼命地克服由早年娇纵形成的自卑感。同时，这怪兽努力补偿使人厌恶的外形，导致了他们俩最终的死亡。两个都是社会情感发展失败的受害者。

评价

贡献

早期回忆：对现在的预测。阿德勒采用一种简单的方法来评估人们生活风格的各个方面（Adler，1956）。**早期回忆**（early recollections，ERs）表明了一个人是怎样看待自己以及他人的，并且揭示了这个人在生活中追求什么、期待什么，更一般地说是他／她关于生活本身的概念是什么。早期回忆同时也表明了个体目前的态度、信念和动机，也就是说，早期回忆对于他们所讲的她／他现在是什么样比此人小时候是什么样更重要。

收集早期回忆对阿德勒来讲相当珍贵。他会不断地询问患者的早期记忆，他认为这是探讨他们人格的最可靠方式。早期回忆是人格的导言，它与个人当前的生活方式紧密相连。

阿德勒对早期回忆的倚重反映了他特殊的决定论：现在决定过去（the present determines the past），这与弗洛伊德的决定论正好相反。根据阿德勒的观点，个体目前的生活方式迫使他／她精确地选择那些最能代表自己目前状况的过去事件，很少作另外的选择。同样，患者报告的某一早期回忆中的那些事情是否实际发生了并不重要。患者可能报告一个早期事件的某些方面而忽略其他方面，对一些细节进行加工润色，或许还可能虚构出某些其他细节，不管怎样它们与目前的生活方式是相吻合的。很明显，不像弗洛伊德，阿德勒认为，对早期生活的回忆至少部分受到当前情境的影响。他坚持认为对过去事件的回忆受目前事件的影响，这实际上预见了"错误记忆"这一现象。

我最早的记忆之一就反映了这种回忆时的选择性和修饰性。我是在得克萨斯州一个具有800年历史的小镇读的小学。我所在的学校大约有200名学生，从一年级到高中都有，分布在几个不同的班里，每个班都有不止一个年级的学生。一天休息时，我爬上了一根斜靠在窗边的木头，这根木头大约与公用楼的墙面成45°角。不一会儿这根木头滑倒了，我的手臂被挤入窗户的框格里。当我猛地往回抽时，这些锯齿形的玻璃片把我的前臂划了一道4英尺长的伤口。当我第一次被问及"你这个伤疤是在什么地方弄的"时，我回忆起的是什么呢？不是疼痛，不是鲜血，也不是害怕，而是，我被堵在所有学生面前，他们呆呆地看着我，我则报之以微笑，那天，我似乎沐浴在温暖的舞台中央。

阿德勒对早期回忆的推崇从下面一段话中可以看出：

> 在所有心理表现中，一些最具启迪作用的是个体的记忆……没有"随机的记忆"：在个体不可计数的印象中，他只选择记住那些他感到与现在的状况有关系的内容，尽管可能是黑暗的……记忆从来不和生活风格背道而驰。（Adler，1956，p. 351）

萨尼蒂欧索、孔达和方（Sanitioso，Kunda & Fong，1990）的研究结果支持了阿德勒的观点，即人们当前关于自我的概念会对他过去的回忆造成影响。在研究中，他们首先告诉一些被试内向一点比较好；另一些被试则被告知外向些比较好。可以假定第一组被试会认为自己是内向的，第二组被试会认为自己是外向的。然后，让被试阅读电脑屏幕上呈现的一些信息，当他们有与这些信息有关的记忆时，就按"是"键，每条信息都包含了内向或者外向的内容。当线索信息是内向的时，那些认为自己是内向的被试比那些认为自己是外向的被试，更快地产生回忆，类似的结果也发生在觉得自己是外向的人身上。因此，正如阿德勒的预测，如果一个人目前的自我概念是"外向的"，那么他们会更快地提取外向的信息；自我概念是内向的，他们则会更快地提取内向信息。

下面是早期回忆的两个例子以及阿德勒（Adler，1956）的解释。

> #1. 在我3岁那年，父亲给我们买了一对矮种马。他用缰绳把它们套着牵回了家。我姐姐拿着皮鞭，骑着马在街上炫耀。我的小马跟在后面追，它跑得太快，以至于把我拖倒在地，结结实实地摔趴在泥土里。本来是一次很光荣的经历，结果却以屈辱告终。后来尽管我超过了姐姐成为女骑手，但并没有消除那次令人沮丧的回忆。（pp. 354—355）

93　阿德勒认为这个女孩不能赶上她胜利的姐姐，在家里她母亲可能更喜欢姐姐。她认为她必须小心谨慎，否则她姐姐总会胜出，而她只能一直落在她姐姐后面，"弄得满身是灰"。这个女孩在早期回忆中传递的态度是"如果有人超过我，我就会很危险，我必须总是第一"。

> #2. 那年我大约4岁，坐在窗边，看到对面的马路上一些工人在建房子，这时我妈妈正在家中织长袜。（p. 356）

这是一个32岁男子提供的记忆，他是家中的长子，阿德勒称之为"一个被寡妇宠坏的男孩"。

他的生活充满了焦虑,除了在家里时。过去的学习和职业追求,对他来说都很困难。虽然性情善良,但他觉得很难与他人进行交往。他的回忆中以牵挂他的母亲为背景,很可能母亲正在为他织袜子,这正好成了他是一个娇纵的小孩的佐证。更重要的是,充当旁观者的角色是他童年期生活准备的特征:"他观看其他人工作"。阿德勒建议对该男子喜欢观察的自然倾向加以引导,并建议他从事一些艺术工作(art objects)。

阿德勒对早期回忆的研究受到很大关注,并被证明是相当有价值的(Mosak,1969)。1979年,奥尔松(Olson,1979)估计关于早期回忆的论文大约已有 100 篇。到 1992 年为止,沃特金斯(Watkins,1992)统计发现在 1981—1990 年之间又有 30 篇论文发表。伯内尔和所罗门(Burnell & Solomon,1964)用早期回忆来预测空军招飞基本军事训练是否能够成功。杰克逊和西克雷斯特(Jackson & Sechrest,1962)报告了更多的早期回忆主题,如焦虑神经质患者的恐惧、抑郁症患者的遗弃感和心因性疾病患者的病症。哈夫纳、法库里和拉布伦兹(Hafner,Fakouri & Labrentz,1982)的研究发现,与不酗酒者相比,酗酒者更易于记住有威胁的情境,表现的主题是外控而非内控(见下一部分)。海尔、伍兹和鲍德温(Hyer,Woods & Boudewyns,1989)报告了早期回忆的证据,即得了创伤后应激障碍的越战老兵在社会兴趣方面较低,并以错误的方式追求目标,被别人操纵,追求负性结果和主题。

在沃特金斯回顾的 30 项研究中,得到的大多数结果在统计上是显著的和有力的。他总结出四个实质性的结论。首先,早期回忆与当前的人际行为是一致的;其次,与正常的被试相比,精神病患者的早期回忆在情绪基调上倾向于更消极,表现出更多的恐惧/焦虑主题,并反映了被外部因素如命运和运气控制的强烈情感;第三,精神病患者的早期回忆在治疗期间会发生变化,随着令人满意的生活出现后,早期回忆的内容变得更积极;第四,与正常人相比,男性违法犯罪者的回忆中反映出更多的负面情绪,如伤痛或疾病,规则的破坏、受骗以及在不愉快情境中的孤独。

社会兴趣的研究和应用。本书前几版报告了社会兴趣的测量具有较好的信度和效度。我最近搜索文献发现了三篇有代表性的文章:(1)更进一步证明阿德勒"社会兴趣"的有效性;(2)引入了一些与社会兴趣有关的概念,这将在本书后面予以介绍;(3)表明社会兴趣对理解严重的心理失调是有用的。

阿什比、科特曼和德雷珀(Ashby,Kottman & Draper,2002)将克兰德尔的社会兴趣量表与内—外控制点(I—E)测量联系起来,这在后面的罗特一章(第十二章)中会有所涉及。"I"的意思是认为结果是由内部(I)原因控制的,如能力和努力;"E"的意思是认为结果由外部(E)原因控制,如运气、机会和有影响力的他人。I—E 测量包括"由有影响力的他人控制的外控"和"由机会控制的外控"两个分量表。前者可以预测社会兴趣的水平,即"有影响力的他人控制的外控"与社会兴趣呈现显著的负相关;后者和内控都不能预测社会兴趣。与阿德勒社会兴趣的概念相一致,被试越认为被有影响力的他人控制,其社会兴趣就越低。

克里斯托弗、马纳斯特、坎贝尔和魏因费尔德(Christopher,Manaster,Campbell & Weinfeld,2002)将克兰德尔和塔维斯的社会兴趣量表测量的社会兴趣与马西斯的"高峰体验"量表联系起来(马斯洛,第十章)。"高峰体验"是许多强烈、神秘的个人情节片断,伴随着力量、无助、狂喜和惊奇等体验。由于"社会兴趣"意味着对多种多样的经验尤其是与他人有关的经验的开放,因而我们可以预期"社会兴趣"与"高峰体验"呈正相关。研究结果证实了这种预期,不过仅仅适用于克兰德尔和塔维斯的社会兴趣量表。

利珀、卡维尔和休伯(Leeper, Carwile & Huber, 2002)根据阿德勒的"生活风格"和"社会兴趣"概念,研究了卡钦斯基——声名狼藉的"炸弹幽灵"(Unabomber)——生活中的事件。他们推断卡钦斯基是通过酿成错误的优越感来补偿自卑感的,像弗兰肯斯坦那样,这种对"追求优越"的颠覆,导致了卡钦斯基对控制生活之觉知的虚夸和错谬,如利用炸弹幽灵事件造成人们的死亡。更一般地说,他的毁灭性行为反映出的错误生活风格阻碍了其社会兴趣的发展。

阿德勒学派的治疗。当弗洛伊德创立的精神分析疗法逐渐衰退时,阿德勒的理论却受到追捧,一个旨在宣传阿德勒理论和疗法的期刊——《个体心理学》已繁荣了多年。

咨询师们已将阿德勒的方法应用到自己的工作中,克恩和沃尔特(Kern & Walt, 1993)指出阿德勒理论的基本假设对咨询的成功而言至关重要:(1)行为发生的社会背景必须考虑;(2)在与他人交往时最好将人看作是整体的而不是部分的(整体方法);(3)行为改变与生活状态和长期目标有关。

不少心理治疗的一个实际问题是治疗要经过很多阶段,如精神分析疗法。阶段越多,时间和金钱的投入就越多,在这一问题上,阿德勒疗法可能要优于其他疗法,因为阿德勒的方法很容易应用到其他简短疗法(brief therapy approach)中,这些技术可以在特定的、相对短的时间内解决来访者的问题。

卡尔森(Carlson, 1989)列举了一个病例用以说明阿德勒式的简短疗法。一个想要戒烟的叫吉姆的患者,在 9 岁那年,得知现在的父亲原来是位继父。在这之前他是个相当正常的孩子,从那以后他却变成了一个"泼皮混混",这也许是对被亲生父亲抛弃心生自卑感的反应,在他看来被抛弃意味着被拒绝。

吉姆的背景信息显示他有 20 年的吸烟史,这期间消耗掉了 1.5 万支香烟,大约花费了 1.5 万美元。他吸烟成瘾可视为器官缺陷所致。虽然以前一天喝 10 杯咖啡,也喝很多的酒,但吉姆的健康状况基本良好。用克恩(Kern, 1986)的生活风格量表测查,表明他的两种主要生活风格是,完美主义和成为受害者。早期回忆资料表明吉姆是一个追求刺激者,并且有口唇满足的倾向。他回忆说他 6 岁那年,从山上冲下来直奔大海,他对咆哮的海水声如此着迷以致没理会母亲让他停下来的惊恐的喊叫声。7 岁时,在一次大的家庭聚会中,有人把他从树桩上推了下来,他的手臂被划破了,他疼得一边哭一边跑,甚至有人安慰他,他也无法停下来。很明显对这两个事件,阿德勒学派关注的是社会背景。

将吉姆测试的结果与他仍然很瘦并且嗜酒这一事实结合起来看,卡尔森宣布吉姆是"一个极好的戒烟候选人"(p.222)。吉姆被告知在戒烟过程中要激发他的自我效能,即个人有能力完成特定任务的知觉。增加自我效能就是要提高对周围环境的驾驭能力,这是阿德勒学派的一个关键原则。

治疗的第一步是教育，回答卡尔森的询问，"你为什么想要戒烟？"吉姆说是由于身体状况，每天晨起咳嗽、气短，同时吸烟也影响到他交友，他们的"嘲笑"使得他吸烟时要躲到厕所去，这是自卑感的进一步证据。最后，要求吉姆把他不抽烟的理由写在卡片上，当烟瘾上来时就看看卡片。

第二步，要求吉姆要有健康的饮食：想抽烟时就吃瓜子，因为从植物特性上看向日葵与烟草是同科植物，瓜子抑制了烟瘾。卡尔森的第三个建议与尼古丁会提高人体的碱性水平有关。尼古丁会提高人体的碱性含量，打破人体的 PH 值的平衡：酸性与碱性的比例。当一个人停止抽烟时，PH 值的平衡又被打破。戒烟后 PH 平衡的打破可以通过吃一些水果和蔬菜来改善，吉姆同意多吃些苹果和橘子，也同意少吃肉、鸡蛋、糖和咖啡，因为这些食物有碍戒烟。为了减少咖啡因的摄入量，吉姆同意改用小杯子并且喝不含咖啡因的咖啡。最后，建议吉姆吃一些吸烟者通常都缺乏的维生素 C 和 B。

卡尔森推荐了一种简单的"隔膜呼吸"(diaphragmatic breathing)法，可以对抗戒烟后的压力：一只手放在腹部，一只手放在胸前，来访者被告知一边移动腹部的手，一边练习呼吸，而放在胸部的手不要动。鼓励吉姆继续每天的散步和最近开始的自行车运动。再一次说明了以追求自我效能的方式追求优越。为了避开引发吸烟行为的情境，要求吉姆不要再坐抽烟时经常坐的椅子，扔掉烟灰缸，清除汽车里的烟味，进行专业洗牙并经常刷牙。同时还给了吉姆一盒带有催眠作用的录音带，来强化卡尔森早期的建议。这同样是在努力提高"自我效能"。

忠实于阿德勒的定位，卡尔森关注吉姆当前的问题。与精神分析相比，不仅仅鼓励吉姆"把事情讲出来以了解真相"，还与追求优越相联系，要求他完成一些任务，同样与阿德勒强调的提高自尊相一致，鼓励吉姆增强"自我效能"。最后，鼓励吉姆满足在工作中与人相处的需要，关心社交活动为展现社会兴趣提供机会。这种简短的疗法帮助吉姆自己戒掉了烟。此后，卡尔森仅仅对吉姆随访了几次，卡尔森报告说，采纳活动改变的方法使 70% 的来访者在治疗一年后都没再抽烟。

局限

出生顺序的研究：毫无价值的工作？ 有关出生顺序的大量研究产生的混淆比带来的启发要多。矛盾的研究结果是一种普遍情况，而非例外，这可能是由于缺乏明晰的理论说明以及疏忽了兄弟姐妹的性别引起的(MacDonald, 1971; Schooler, 1972)。正如你已看到的，最近很多的研究结果表明出生顺序这个变量应该被彻底放弃(Freese et al., 1999)。同样，当抚养顺序替代出生顺序之后，人格特征和出生顺序之间的相关消失了(Beer & Horn, 2000)。

对出生顺序效应的"由将军到奴隶般的待遇"就像传染病一样，甚至扩散到通俗文献中。科恩(Kohn, 1990)访问了一些这个主题的顶尖研究者，得出的结论是只有做父母的把孩子的出生顺序当回事时，也许它才有作用。研究者法尔博认为："出生顺序确实不能解释很多东西……，但是人们喜欢它，就像人们喜欢占星术一样。也就是说，'我不应该因为我的存在方式而受到责备。'"(Kohn, 1990, p. 34)。

大量的批评指向扎伊翁茨和马库斯(Zajonc & Markus，1975)的主张：规模大的家庭，有很多间隔比较近的后来出生的孩子，这对其智力发展有消极影响。一些优秀的研究报告已经几乎把有关出生顺序/家庭规模/IQ的问题消除了(如 Roders et al.，2000；见 *Americian Psychologist*，2001 年六月/七月)。

为了对出生顺序的研究进展及缺点有个更一般的了解，我对 2002—2003 年间发表的此类研究报告进行回顾，发现在很大程度上并没什么改变：出生顺序的影响要么不存在要么很弱。然而有趣的是，一项针对公众的研究则显示公众仍然相信出生顺序效应(见表 4-1 和相关的内容)(Herrera, Zajonc, Wieczorkowksa & Bogdan，2003)。例如，被试认为不同的人格与出生顺序是有关系的，而且还认为出生顺序靠前的更聪明，事业上更容易取得成功。这一发现以及有关出生顺序的书籍的出版(e.g.，Leman，2002)表明对出生顺序的关注将长期持续下去，然而，视窗 4-3 表明出于某些目的，"出生顺序"或许是有科学价值的。

视窗 4-3　同胞争宠：关于出生顺序的另一种观点

同胞争宠是出生顺序理论的一个"明显"的隐含意义，直到最近才被研究者关注(Sulloway，1996)。后出生的孩子试图与头生子竞争，但是这很困难，因为头生子总是比后出生的孩子技艺领先，并且技术模式早已成熟。因为后生子处于劣势，他们可能会放弃与头生子的竞争，转而追求一些与头生子成就中表现出的家庭传统相异的事情。因此，头生子可能在整个童年期会一直优于后生子，或许童年期过后还如此。

进化论提供了同胞争宠的另一种解释。达尔文的观点已经被运用到包括人格在内的心理学问题中(Buss & Shackelford，1997；Sulloway，1996)。由进化论引申出的假定是，人们最基本的动机是繁衍他们的基因：把他们的基因传给后代。不管什么特征，只要能促进性的成熟，促使出生众多可生育的后代，它们就能在人类基因库中很好地体现出来。这些特征之一就是占有更多母性资源的能力，监护者的所有这些馈赠都是有利于后代的生存和繁荣的，比如滋养、舒适和安全。很明显，母性资源是很有限的，必须被后代分享。后代越多，母性资源会越分散，每个孩子得到的就越少。头生子掌控所有的资源直到其他孩子出生，然后资源必须被分享。头生子会继续尽可能多地争抢资源就像后生子会为他们的分享而努力。尽管头生子具备成熟的技能优势，但后生子能够通过展示他们的无助和贫乏以获得资源。我们可以假定许多特征在获取母性资源中是有用的，比如表达情感，尤其是表达爱的能力以及语言表达的熟练程度。谁拥有这些特征谁就会在兄弟姐妹争夺有限的母性资源中获得更多的利益。对进化论的相关展望会在本书后面的内容中有所涉及。

早期记忆的再审视。 尽管早期记忆很有趣，但这些记忆也是随意的和抽象的，因此对它们的解释肯定会大相径庭(Carlson，1989)。由其性质决定，它们也很难被量化。一个恰当的例子是，海尔及其同事(Hyer, Woods & Boudewyns，1989)曾试图对一些研究对象的早期记忆进行量化，并把它们和一些人格测验结合起来，但他们的研究结果却以表明早期记忆变量和许多不同的人格特征之间几乎毫无关系而著称。沃特金斯(Watkins，1992)在他考察过的几个研究中也发现早期记忆和其他变量之间的关系呈现零或弱相关。最后,一项近期的文献研究发现只有 12 篇关于"早期记忆"的文章,其中最近的一篇发表于 1999 年。

阿德勒的理论和治疗方法濒临消亡吗? 弗里曼(Freeman,1999)不无痛惜地指出阿德勒心理学有趋于消亡的可能,因为阿德勒国家心理学家协会的成员年纪趋于老化,并且协会成员的数量在逐年减少。他声称协会的宗旨不明确,与采用类似治疗方法的非阿德勒学派的关系还没有确立,阿德勒学派的治疗方法需要更多地包容其他方法,并且阿德勒心理学需要更加坚实的研究基础。弗里曼认为,如果不作出这些改变,阿德勒心理学的前景将一片黯淡。

结论

98

如果没有被广泛承认的话,那么从前面的章节中也可以看出,阿德勒对其他理论家的影响是非常大的。他对别人的影响不仅在理论术语上而且表现在心理治疗实践上。弗里曼(Freeman,1999)指出像罗杰斯、埃利斯、贝克、拉扎勒斯、沙利文和霍妮等一些重要的心理学家无论在人格还是在专业方面都曾受到阿德勒的影响。阿德勒是一个尽责的、人道的专业人士的典范。作为一个热心追求世界和平并为更人道地对待人们尤其是妇女和孩子而努力的人,他对所有追随他的心理学家的道德责任感无疑产生了影响。

阿德勒还通过其他方式影响了他那个时代及当今的心理学理论家。他倡导整体治疗法,摒弃将人们视为具有松散联系并且远距离相互作用的集合体的观点。这种做法早于罗杰斯、马斯洛和默里。他同时也是第一个关注现在和未来甚于过去的人。最后,他的简短治疗方法在当今仍然被模仿。从早期到 90 年代后期明显增加的研究论文和出版评论的数量来看,阿德勒可能远远超过了与他同时代的某些人。像荣格一样,阿德勒出现在网上的频率是显著的。用阿德勒的方法训练治疗师的阿德勒研究机构的存在,同样证明了其持续不断的影响。尽管在杂志引用、文章引用和调查列表方面,他在 20 世纪心理学家排名中并不靠前,但整体排名仍列第 67 位(Highbloom et al.,2002)。

要点总结

1. 阿德勒生于 1870 年,在六个孩子中排行第二。他偏向于父亲,克服了童年时代的缺陷。在学校时他表现平平。阿德勒年轻时一直参与一叛逆组织,并在那里遇到了他的妻子赖莎。在他早期的医疗生涯中,他的治疗对象多是些贫穷的患者。在他微不足道的政治生涯中,他建立了儿童诊所。这些诊所被纳粹关闭后,他流亡到美国。

2. 阿德勒把人看成一个不可分割的整体。在他事业的后期,他不再强调自卑,而转向追求优越。他的基本假设包括:每个人的行为都具有社会意义和目的,并且是有目标指向的;行为具有一贯性和模式;行为是我们主观知觉的结果。今天,人们受多样化的驱动,开始关注弱势儿童、妇女和其他受压迫者的需要以及战争的消除,而阿德勒为此奠定了基础。

3. 阿德勒最有用的概念社会兴趣,即社会情感的发展,是指向解决三个生活任务的,即社交、工作和爱。"精神性"和"自我"也可加入其中。个体朝向自我创造目标的独特运动构成了他们的生活风格。他们的"运动法则"的目标所指是作出自由选择和开发他们的技能。"个体的创造力"是每个人形成对自己或自身初始概念的过程。

4. 在孩童时代我们发展起了原型,即虚构的目标,一种目的论观。当个体的理想与现实抵触时,就会遭受打击。对自卑感的一个极端反应是自卑情结,这可能会引起个体的过度补偿,而不是正常补偿。自卑感表现为不同的形式,这取决于此人在童年时是被忽略的还是被娇惯的。

5. 追求优越是对自卑感的一种反应,并有可能导致优越情结的产生。有这一情结的人有可能为掩盖自卑感而自吹自擂。母亲在孩子的发展过程中起到最关键的作用,当然,父亲也很重要。高自尊或低自尊并不必然与结果和个人特质有关。阿德勒认为,独生子倾向于支配他人,往往被宠爱。长子往往因新的孩子的诞生而被干扰,并为支配地位而斗争。次子努力超过别人,而最后出生的儿童往往被娇惯。

6. 早期研究认为,头生子与后出生的孩子间的差异的确存在。但是近期研究表明,萨洛韦的历史证据并没有被来自一个代表性样本的现有数据所证实。同样,扎伊翁茨的家庭规模假设仅能为横向研究得来的数据所证明,但纵向研究数据却无法证明其合理性。弗兰肯斯坦和他令人误解的"怪物"支持了阿德勒的理论原则。

7. 一个早期回忆仅指回忆一个早期童年事件。阿德勒认为,早期回忆是了解一个人当前自我概念和生活风格的指标。萨尼蒂欧索及其同事的记忆研究证明了阿德勒的观点。许多支持性研究表明早期回忆能预测多方面的能力(比如军事训练)。最近有 30 项研究指向另外一些早期回忆与其他变量间的关系。

8. 因强大的他人导致的外部控制点与社会兴趣是负相关的。最近其他研究发现"高峰体验"与社会兴趣呈正相关。最后,社会兴趣发展的缺乏有助于理解"幽灵炸弹"。在对阿德勒学派的原则进行说明时,卡尔森通过发展吉姆的自我效能,改变其饮食,深呼吸,将香烟从其视野中消失,同时也利用催眠和运动使他戒烟。

9. 阿德勒的理论和实践的局限是,最近的研究结果并不支持他的出生顺序的理论假设。尽管如此,人们对有关出生顺序的信念依然强健。早期回忆方法同样受到质疑,但是仍然被采用。进化理论为同胞争宠提供了与众不同的视角。

10. 弗里曼表达了对阿德勒心理学的担忧:如果不具灵活性,又没有新的拥护者的话,它有可能消亡。尽管有这样的局限,但是阿德勒将永远被人们记起,特别是当心理学家们反思他们的社会活动论的根源和他们许多观点的来源时,这些观点包括整体主义、乐观主义、现在/未来定向和简短疗法。深受阿德勒影响的著名心理学家可以列出很多。在 20 世纪所有心理学家中阿德勒排名第 67 位。

对比

100

理论家	阿德勒与之比较
弗洛伊德	他不赞成性欲主义,更注重社会因素,而不是内心因素。他比精神分析理论更强调意识、现在和整体。他认为,人的行为是由目标引导的而不是由本能驱动的。
马斯洛和罗杰斯	追求优越具有"自我实现"的意味。阿德勒和他们一样强调整体原则。
班杜拉	他与班杜拉一样,都强调对未来的期望决定行为,而不是基于过去的动机。自我效能和追求优越具有许多相通之处。
默　里	默里同样认可整体论,并且认为人的行为是由目标引起的而不是由本能驱动的。不同于精神分析理论的是,人格被看作是一个整体,并且认为人有选择自由。

问答性／批判性思考题

1. 比较弗洛伊德和阿德勒,说明他们分别是什么样的人。
2. 运用阿德勒的有关定义,举出一个发生在你身上的有关震荡的最明确的例子。
3. 追求优越的健康和不健康的方式有什么不同?
4. 列出会导致孩子被宠溺的养育方法。
5. 弗兰肯斯坦怎样做才能使他的创造物成为优秀的人?

电子邮件互动

通过 b-allen@wiu.edu 给作者发电子邮件,提下面列出的或自己设计的问题。

1. 告诉我为什么你会把阿德勒刻画得比弗洛伊德和荣格更加亲切温和。
2. 怎么知道自己是否被宠坏?
3. 请告诉我,如果我想了解阿德勒的理论,哪些内容是最重要的。

亲近他人、逃避他人、对抗他人：霍妮

- 为什么说焦虑是基本的？
- 促使人们产生嫉妒的原因是什么？
- 为什么有些女性会处于"阉割焦虑"中？
- 你待人的方式是怎样的，是亲近、逃避还是对抗？

凯伦·霍妮
www. ship. edu/~
cgboeree/horney. html

弗洛伊德认为，人格主要是本能作用的结果。荣格的"集体潜意识"与人类祖先的经验有密切联系，阿德勒的重要概念是"追求优越"。与之形成鲜明对比，霍妮最核心的概念源于对亲子关系，尤其是儿童早期的亲子关系的探讨。亲子互动是霍妮关注的焦点，而受到压抑的对异性父母的迷恋、有关人类祖先残留经验的早期经历或儿童早期为克服自卑感付出的努力并未受到她的重视。尽管霍妮力图创建一种崭新的、更具社会倾向的理论，以修正弗洛伊德的女性观，阐明自己关于亲子关系的假设，但她仍然是以弗洛伊德的理论为参照点的。

霍妮其人

1885 年 9 月 15 日，凯伦·霍妮（Karen Horney）出生于德国汉堡附近的伊尔贝克社区（Quinn, 1988）。她父亲贝恩特·丹尼尔森（Berndt Henrik Wackels Danielsen）是挪威人，在汉堡一家船运公司工作，并任船长。她母亲克洛蒂尔德（Clothilde Marie Van Ronzelen）出生于一个颇负名望的荷裔德国家庭。 102
因此，霍妮并不具有纯正的德国血统。克洛蒂尔德昵称索尼（Sonni），是荷兰建筑师龙泽伦（J. V. Ronzelen）的女儿，漂亮而庄重。索尼的母亲是龙泽伦的第二任妻子，且在索尼刚出生时就去世了，所以索尼是由龙泽伦的第三任妻子抚养长大的。

　　船长丹尼尔森（即她父亲）比索尼年长 18 岁，并与前妻生有四个孩子。霍妮是丹尼尔森和索尼的第二个孩子，霍妮比较崇拜父亲，但父亲是个严厉、虔诚的教徒，他总是试图掌控霍妮的生活。霍妮曾经较为迷恋像父亲那样的男人"野蛮而且……强悍"（Quinn，1988，p. 160）。或许是为了建立与父亲的某种紧密联系，霍妮甚至说自己曾与父亲一起环球航行，但是奎因对此表示怀疑。然而，霍妮对父亲也有不满，曾经与父亲发生过多次冲突，尤其是在关于她的受教育问题上。

　　霍妮很聪慧，孩提时就向往上大学，但是丹尼尔森认为那是男人的事情，因此父女不可避免地发生了冲突，不过幸运的是，母亲比较支持霍妮。尽管母亲的支持是重要的，但霍妮想成为有学识、有涵养的人的愿望，或许是受了外继祖母不平凡的童年经历的影响。这位对待索尼如同己出的名叫龙泽伦（Wilhelmine Lorentz-Mayer Van Ronzelen）或者明娜（Minna）的继祖母被她的父亲安排与她的七个兄弟一起接受教育，这在那个时代是很不寻常的（Quinn，1988）。庆幸的是，丹尼尔森经常出海航行，因此他并没有能真正阻挡霍妮学业的成功。脱离父亲的控制之后，霍妮受到母亲的保护，这逐渐使她失去安全感。由于感觉自己长得不漂亮，因此更加剧了她的无能感（Quinn，1988）。作为一种补偿，霍妮将她全部精力投入到学习中去，仿佛在说"既然我不是美丽的，我就要成为智慧的"。

　　霍妮青少年时期的日记开始极为明显地表露出对人际关系和女性角色的关注。"我非常尊重这样的男人，他们会爱一个女人，仅仅因为她不要求自己穿某种统一制服"（Horney，1980，p. 177）。霍妮 14 岁时就决心成为一名医生，尽管"女医生"在她那个时代是天方夜谭。幸运的是，德国随即发生的社会变化增加了女性从事"男性职业"的机会。1905 年在她 20 岁时，霍妮考入了弗莱堡大学，成为其中寥若晨星的学医的女学生之一。照相时，她身着长裙和绒毛披肩，周围是一群配剑的男生，格外醒目。入学后的第一个学期，她遇到了奥斯卡·霍妮（Oscar Horney），但因奥斯卡攻读法学学位而不得不旋即离开，之后两人保持着亲密的书信往来（Quinn，1988）。4 年以后她与奥斯卡结婚，并且在其医学培训的第二阶段怀孕（三个女儿中的大女儿）。当奥斯卡正要被晋升为一家投资公司的业务经理时，霍妮正努力调节适应着母亲、家庭主妇和医学院学生的角色冲突。1915 年，她终于克服重重困难获得了医学博士学位。

　　或许医学院千头万绪的生活和学业带来的压力是导致霍妮抑郁和试图自杀的原因。1910年，为精神压力纠缠的霍妮接受了弗洛伊德学说的拥护者卡尔·亚伯拉罕（Karl Abraham）博士的治疗。之后她还参加了在亚伯拉罕家中举办的精神分析讨论会，亚伯拉罕也成了她的导师，同时他还是弗罗姆的导师。柏林精神分析协会就是在这些讨论会的基础上建立起来的，霍妮是该协会的早期成员之一。此外，在参加精神分析讨论会的过程中，霍妮渐渐萌发了对弗洛伊德观点的质疑。

　　在写给奥斯卡的早期信件中，霍妮显露出深刻的内心求索和自我怀疑的意向。阿德 ₁₀₃勒关于自卑感和追求优越的概念，尤其是关于社会关系中女性的概念在霍妮当时的思想中影响较为突出。1926 年当她的婚姻开始解体时，追求"真理"的写作成了她热衷的事情。她想不出有什么比"静静地消失在人群中"更令人无法忍受的事情了（Horney，1980，p. 245）。

1932 年，或许是为了逃避纳粹即将掌权的可能，或许是为了逃避婚姻失败的阴影，霍妮移民到了美国。她一到美国就与美国精神分析学院取得了联系。尽管她对弗洛伊德的态度比弗洛伊德对她更加积极，但她并未完全接受弗洛伊德的观点（Horney，2000）。在学院的成员批评她对弗洛伊德的质疑时，她和她的追随者辞职并组建了精神分析进展协会（Association for the advancement of Psychoanalysis，Frosch，1991；Horney，2000）和美国精神分析协会（American Institute of Psychoanalysis）（一个培训机构）。霍妮还是美国精神分析协会的公开发行刊物《美国精神分析杂志》（*American Journal of Psychoanalysis*）的首位主编。她在美国的同事有弗罗姆、沙利文和玛格丽特·米德（Margaret Mead）。其中前两位和霍妮均是黄道俱乐部（Zodiac Club）的成员，他们相信"人际因素在人类发展中起重要作用"（Cresti，2003，p. 196）。霍妮一直居住在美国直至 1952 年因癌症去世。

霍妮关于人的观点

> 我意识到……为了寻求更好的理解，我走向了与弗洛伊德不同的道路。如果如此多地被弗洛伊德视为本能的因素是由文化决定的，如果弗洛伊德如此地认为力比多是对情感的神经性需要，是由焦虑引起且旨在获得安全感，那么力比多理论将不再站得住脚。童年期的经验依然是重要的，不过它以一种新的形式影响着我们的生活。（Horney，1945，p. 13）

焦虑是霍妮理论的核心成分，主要用于解释人格的防御性和安全感策略。虽然与弗洛伊德一样，霍妮也关注焦虑神经症，但她没有用弗洛伊德的本能论来解释与焦虑相关的行为。霍妮还指出口唇的、肛门的、生殖器的驱力并非普遍存在于人类之中（Horney，1937）。在她看来，强迫性驱力的目标不是为了满足性本能的需求，而是为了在感到孤独、无助、恐惧和敌意时寻求安全感。霍妮认为，俄狄浦斯情结不是普遍存在的，也不是理解人格的关键。事实上，她反对弗洛伊德对性的强调："但是……弗洛伊德对性因素的重视会诱使一些人过于看重它们……正视关于性的问题是必要的；但仅仅如此是不够的"（Horney，1942，p. 295）。性心理仅仅与亲子关系中的一些神经性嫉妒病例相关（Horney，1937）。

霍妮着重关注了弗洛伊德关于女性的带有偏见的假定，尤其是他的"阴茎妒羡"的概念（Eckardt，1991）。弗洛伊德将对自己文化的感知外推到其他所有文化，这显示了他的无知。尽管霍妮承认在某些文化中女性会嫉妒男性的躯体，但在其他文化中却恰好相反（Horney，1937）。甚至在欧美文化中，对男性躯体的嫉妒仅存在于患神经症的女性中。弗洛伊德所说的经常与"阴茎妒羡"相联系的女性的"阉割倾向"，被认为源于女性想从男性身上获得自身缺乏的东西的需要。相反，"在精神分析的文献中，被视为导致女性存在阉割倾向以及阴茎妒羡的原因大多是…羞辱男性的愿望",而不是占有他们的阴茎的渴望(Horney,1937,p,199)。弗洛伊德不仅忽视了其他文化,而且"完全"忽视了文化因素对人格的影响。

　　而且,弗洛伊德的观点与社会经验相悖。霍妮(Horney,1945)初到美国时,就注意到这个国家与一些欧洲国家的人们在行为上的重要差异,这种差异"只有通过文化的差异"才可以获得解释。与弗洛伊德对文化的忽视相对立,霍妮建立了另一种社会取向的概念。激发人类态度和行为的真正因素是社会性的:依赖、合作、人际焦虑、敌意、爱、嫉妒、贪婪、竞争和自卑。即使新生儿的第一个经验,哺乳,也是社会合作的形式之一。与阿德勒一样,霍妮强调文化背景中的人际互动:与父母、兄弟姐妹、同伴、重要他人的交流。

　　总体而言,霍妮关注的是意识过程。因此,本我的影响退居幕后,但超我仍然保持重要影响。不过超我与**社会化**(socialization)过程有关,即学习某人所处的特定文化,而不只是"认同"。社会化的主要媒介是家庭,家庭通过将社会文化传递给下一代而发挥重要作用,而不是扮演一个心理性欲的代言人。米莱蒂奇(Miletic,2002)指出,霍妮特别反对弗洛伊德对母性重要作用的忽视。同样,在霍妮看来,男孩的问题出在他的阴茎过小以致无法与母亲交合,而非遭受阉割焦虑。霍妮的非传统观点,我们将在视窗5-1中作进一步讨论。

基本概念:霍妮

基本焦虑:在一个充满敌意的世界中婴儿初期的无助感

　　在霍妮(Horney,1950)看来,如果社会环境允许儿童建立起对自我和他人的基本信任,那么其人格就能获得正常发展。当父母对儿童表现出诚恳、可预料的温情、兴趣和尊重时,最有助于儿童自信的建立。反之,如果周围社会环境阻碍儿童心理的自然成长,那么其人格就不能正常发展。在这种情况下,儿童形成的不是自信,而是**基本焦虑**(basic anxiety),即"个体在一个充满敌意的世界里的孤独感和无助感,这种感受是在不知不觉中不断加剧和弥漫的"(Horney,1937,p.89)。儿童感到"在一个充满虐待、欺骗、攻击、羞辱、背叛、嫉妒的世界里,他们是渺小的、无足轻重的、无助的、为人所弃的、岌岌可危的"(Horney,1937,p.92)。基本焦虑是一种非理性的情感体验,它使个体深陷于一种极其不舒服的带有弥漫性的不愉快情感中。

　　家庭环境中的很多因素都会导致这种基本的不安全感的产生:父母的控制、轻视态度、漠不关心、失信、过度保护、充满敌意的家庭氛围、唆使孩子在夫妻争吵中支持自己、使儿童远离其他的孩子、不尊重儿童的个人需要(Horney,1945)。或许霍妮对这些因素的意识来源于自己童年时家庭中的某些类似经历。然而,由于父母自身不能胜任,"基本的不幸总是与缺乏真正的温情和情感如影随形"(Horney,1937,p.80)。在最后的分析中,人际关系的失调是**神经症**(neuroses)的表现,"心理失调是由恐惧、为克服恐惧采取的防御性措施以及为解决冲突倾向寻求妥协策略的努力引起的"(Horney,1937,pp.28—29)。霍妮认为,神经症患者对安全的需求是过度的,且不具备爱的能力。

视窗 5-1　霍妮关于成年人性欲和性取向的观点

　　尽管霍妮在很大程度上回避了弗洛伊德的心理性欲概念,但她对成年人的性欲却有许多话要说,这对于她那个时代的女性来说,反映出一种非同寻常的性格倾向。霍妮认为手淫是正常的。然而,那些强迫性的(经常而不能控制的)手淫者是为了通过获得性欲的"安全价值"而缓解焦虑(Horney,1937,p.52)。霍妮认为,在性关系领域中存在四种问题人群,他们都主要是为了身体满足之外的其他原因而寻求性爱的。第一种类型寻求性爱是因为这能使他们建立人际联系。不幸的是,在他们与他人建立联系的愿望背后隐藏着恶意的动机:"……性爱的目的不是为了情感的需求,而是为了征服,或者更确切地说,是为了战胜他人"(Horney,1937,p.154)。

　　第二种类型"……倾向于屈从任何性别的人的性挑逗,而且他们为无终止的情感需求所驱使,尤其是为这样一种恐惧感所驱使:他们害怕因为拒绝对方的性需求,或者拒绝对方对他们提出的任何合理或不合理的要求而失去对方"(p.154)。然而,霍妮随即指出这种人并不是真正的两性恋者,即那种对两种性别都感兴趣的人。更确切地说,他们存在着远远超出性欲范围的人际问题。他们因为害怕失去他人而变成了他人的奴隶。

　　对于第三种类型的人来说,性兴奋"……是为了宣泄焦虑和受压抑的心理紧张"(p.155)。当这种人发现他们自己处于一种令人焦虑的环境中时,他们就会变得迷恋现有的最杰出的人物。在接受治疗时,他们会对心理治疗师产生迷恋,或者变得对治疗师极为疏远而无意识地将对性亲近的需要转嫁到另一个与治疗师相像的"外"人身上。最后,他们或许会在梦中表达与治疗师性亲近的需要。具有讽刺意味的是,他们"对任何真正的情感都极为不信任",并认为精神分析家只是为了某些"不可告人的动机"而对他们感兴趣(p.156)。

　　第四种类型为神经症类型的同性恋,他们对性爱的需求源于对竞争的恐惧。这种类型的人(1)从追求异性的努力中退出,从而避免与同性个体的竞争;(2)通过寻求只有同性情感可以提供的安慰来应对由同性竞争引起的焦虑。显然,这种类型的人与真正的同性恋是大不相同的,真正的同性恋与异性恋是一样正常的(Bailey,Gaulin,Agyei & Gladue,1994;Friedman & Downey,1994)。霍妮(Horney,2000)曾提及过该类型的子类型。虽然受压抑的女同性恋者性欲并不明显,但她们迷恋女性,并常常寻求对方的陪伴。

　　霍妮摒弃了弗洛伊德认为女性是受虐狂的观点:渴望受伤害,甚至是身体的伤害,这是关于女性渴望被强奸的神话的一个可能来源(Allen,2001)。她提出了一种与性别无关的普遍观点:"受虐驱力本质上既不是一种性欲现象,也不是生物因素作用的结果,而是由人格冲突引起的"(Horney,1937,p.280)。其他评论家在将女性受虐行为归因于文化因素而不是生物因素时常提及霍妮(Shafter,1992)。

　　霍妮也是维多利亚时代末期首位承认女性性冷淡问题的存在并就此发表看法的人,当时性冷淡不再被认为是一种"女性的正常状态"(Horney,1937,p.199)。不过因为两方面的理由,性冷淡仍可被视为一种"缺陷"。第一,女性表现出性冷淡,可能并非因为没有性欲,而是因为她们想以此羞辱与他一起生活的男人（Horney，2000）。如果她们的配偶有害怕被女性羞辱的神经性恐惧，那么这种解释特别行得通。第二，女性可能因为"……性关系使她们感到受虐、堕落和羞辱"而表现出性冷淡。性曾经是并且在某种程度上仍然是被加于她们身上的，甚至违背她们的意愿，通常在男性的流行问语"你摆平她了吗"中就可看出。在过去，婚姻意味着赋予女性性爱的权利，但是直至今天，有些女性仍然有着保持性冷淡的需求，目的是为了避免产生自己被羞辱的感觉。

106

霍妮对自己的性生活感到很满意。在霍妮看来，性是一种正常的、自然的、令人愉快的体验。在与奥斯卡婚前、成婚、婚后，她一直因风流韵事而闻名遐迩（Quinn，1988）。

总之，霍妮提醒我们，性爱如果曾经是，也很少仅仅是为了达至情欲高潮。性活动背后几乎总是潜藏着某些心理原因，这些原因远比躯体的满足重要。或者说，任何性爱都是复杂的，我们不应轻率地看待或想当然地处理人际关系。

应对十种神经性需要

儿童适应基本焦虑的方法形成了持久的动机模式。这些模式被称为**神经性需要**（neurotic needs），这些在儿童期形成的应对策略由过多的、无法满足的、不现实的需求构成，这些需求是在应对支配个体的基本焦虑的过程中形成的（Horney，1950）。这些需要具体表现在人格的各个重要方面。它们的目的不是弗洛伊德所认为的本能满足，而是寻求安全感。

以下的需要被认为是神经性的：(1)当个体比周围的人更加固执地坚持这些需要时；(2)当个体的潜力与实际成就存在分歧时。神经症患者缺乏应对不同情形的灵活性。例如，大多数人可能是在必须作出困难抉择或对他人的不诚实作出反应时才表现出优柔寡断或多疑。然而，神经症患者始终不能作出决定，或再三地说信任任何人是多么不可能，因为"任何人"的目的都是尽力满足自己的需要。更为甚者，尽管对他们而言，所有事情都看上去运转良好，但他们仍有不适宜的自卑和不幸福体验。他们感到自己挡住了自己的路。表5-1呈现了霍妮的十种神经性需要及其行为表现。

表 5-1　霍妮划分的十种神经性需要及其行为表现

107

	过度需要	行 为 表 现
亲近	1. 关爱和赞许	努力讨别人欢心和取悦他人，努力按他人的期望行事；害怕自作主张和对抗
	2. 拥有伴侣	寻求"爱情"而依赖他人，害怕独自一人
	3. 限制自己的生活范围	努力做一个低调、要求不高和谦逊的人，极容易满足
对抗	4. 权力	追求支配和控制他人；害怕软弱
	5. 剥削他人	占别人便宜、利用他人，害怕"愚蠢"
	6. 社会认可或声望	寻求公众的接受；害怕"丢面子"
	7. 个人成就	力争成为最好的；战胜他人；雄心勃勃；害怕失败

（续表）

过度需要	行 为 表 现
逃 避 8. 个人崇拜	自我美化；不是寻求社会的认可，而是对理想自我形象的崇拜（我真是太有才啦）
9. 自足和自主	力争不需要他人；与他人保持距离，害怕亲近
10. 完美无缺	为追求优越感所驱使；害怕缺陷和批评

亲近他人、对抗他人、逃避他人

在霍妮看来，识别个体居支配地位的需要的特征有助于揭示个体处理人际关系的可能倾向。需要的综合模式还表明了内心冲突可能发生的形式。对霍妮（Horney, 1945）而言，相互矛盾的待人倾向构成了一种极为重要的冲突形式。

冲突（conflict）是霍妮描述的神经症的一个基本方面。所有的正常人都会经历冲突；然而，神经性冲突是对文化常态的过度偏离。最后，神经性冲突与弥漫于整个人格中的相互矛盾的自我倾向相关。霍妮（Horney, 1945）讨论了个体表现出的对待他人和自我的三种普遍倾向。这些倾向可以被看成是多种神经性需要的综合。每一种倾向都是"一种整体的生活方式"，都包含了表 5-1 中的十种需要的若干种。

亲近他人（moving toward people）反映了对伴侣和关爱的神经性需要；它也表现为强迫性的谦让。这种倾向与表 5-1 中的前三种需要相联系，其突出特征是无助和顺从。这种人接受自己的无助，尽管感到疏远和恐惧，也要极力赢得他人的关爱和依附他人。唯有如此，他们才能感到安全。如果在他们的生活圈内发生冲突，他们就会依附于其中最强势的人物或团体。通过服从于强势，他们获得归属感和支持，这种支持能令他们感到不那么软弱或孤立。

108   具有极端亲近他人倾向的人经常采取的应对焦虑的神经性策略是**自我谦卑**（self-effacing），这是一种对待他人的反应模式，每当发生人际冲突时，个体为了避免失去友谊、支持或他人的爱，会不惜任何代价地寻求调和，包括放弃自己原来的主张（Horney, 2000；Muller, 1993）。这是一种扭曲了的谦逊。如果有必要，具有这种性格特征的个体为了继续获得他人的关爱和注意，会压抑自己的兴趣、否认自己的观点和公开贬损自己。

对抗他人（moving against people）反映了对权力、声望和个人抱负的强迫性的、过度的渴望（表 5-1 中的第 4、5、6、7 种需要）。由于这些人过于强调对抗，以致被认为遭受了"基本敌意"的损害。在这种情形下，这些人想当然地认为他们的周围充满了敌意，并有意或无意地进行对抗。他们绝对不信任他人对自己的感情和用意，并千方百计地进行反抗。他们希望自己变得更强大，能够击败他人，一半是为了保护自己，一半是为了进行报复。

具有极端对抗他人倾向的人经常采取的极端神经性策略是**自我膨胀**（expansive），其表现为希望"掌控权力"，不承认自己是错误的（或者不承认他人是正确的），而且在冲突中从不让步（Muller, 1993）。这种人想方设法成为控制者，而不是受控者，因为后者对他们来说是恐怖的事情。他们必须总是决定谁做什么，而从不让别人决定行为的结果。他们也受到**过度竞争**

(hyper-competitiveness)的折磨。过度竞争反映了个体为了维持或提高自我价值感,而盲目地竞争、不惜任何代价谋取胜利(和避免失败)的需要。对他们来说,胜利就是一切;而"游戏"的规则并不重要。

逃避他人(moving away from people)反映了个体对自我的关注,正如在对崇拜和完美的需要中所看到的那样(表 5-1 中的第 8、9、10 种需要)。其突出特征是寻求孤立。这种类型的人"希望的是既不依附于谁,也不与人争斗,而是与人保持距离。他感到自己与众不同,别人无法理解自己⋯⋯他沉浸在自己的世界之中——与自然、玩具、书和梦想为伴"(p. 43)。视窗 5-2 阐明了极端持有这种倾向的种种危险。

这种情形中的神经性解决策略被称为**退却**(resignation),个体作为一个旁观者、非竞争者、回避者和对影响企图极为敏感的人,他们总是远离接近或攻击他人的危险(Horney, 1950;Muller, 1993)。他或她逐渐从社交场合隐身而退。当发生冲突时,这种人倾向于说"这有什么关系"(Muller, 1993, p. 266)。缪勒还指出,这种症状就像美国精神病协会异常行为手册所划分的"边缘"型人格。

上述三种倾向可能同时存在于一个人身上。**基本冲突**(basic conflict)包括亲近他人、逃避他人、对抗他人三种存在于一个神经症患者身上的矛盾倾向。同样,同一个体有时也可能表现出自我谦卑、自我膨胀和退却的倾向。

理想自我与真实自我意象的形成

基本焦虑一旦稳固建立,就会引起个体产生与真实自我的疏离感和不断增长的自我厌恶感。**理想自我意象**(idealized image of self)是以牺牲真正的自我实现为代价的,这种自我意象是虚假的,是个体为了获得一种不真实的统一感而人为制造出来的。例如,设想一个体格魁伟的中年人正在照镜子,并在镜中看见一个衣冠整洁的年轻人(Horney, 1945)。这种理想意象有五种功能:(1)它可以使个体获得一种夸张的、不真实的重要感和力量感,从而代替真正自信和自豪的缺失;(2)它允许个体将自己想象成比他人更有价值的人,从而抵消自我内部真实存在的软弱感和自卑感;(3)它可以弥补真实理想的缺失,从而避免使个体感到迷失;(4)它表现了个体理想中的不为人所知的自我,个体可以凭借它掩饰最明显的缺点或披上迷人的外衣;(5)它表面上解决了个体人格内部的矛盾和不一致性,但实际上并没有做到。相反,理想自我意象之外的**现实自我**(real self)代表了成长中的可能性,如果个体具备的所有潜能完全得到发挥,他就可以达到自我实现(Cresti, 2003)。**自我实现**(self-realization)是真实自我的发展过程。

视窗 5-2　控制者

　　下面这个案例是媒体报道的诸多案例的一个复合品,但究其实质,则体现了一个特别值得关注的问题。兰德尔(Randall)和朱莉安(Jullianne)自从高中三年级以来一直"走得很近",几乎形影不离。如果兰德尔在公共场合被看见是独自一人,那么朱莉安肯定是在家中与父母在一起。他们俩都没有多少朋友,尤其是朱莉安。朱莉安的朋友早就不奢望与她一起共度时光了。如果她的朋友想见她,兰德尔也必须一起参加,在此过程中他会面无表情地监视着朱莉安及其朋友的活动,令人感觉特别不舒服。当他们出现在公共场所时,兰德尔总是把手放在朱莉安身上,通常是用手握住朱莉安的胳膊或者将手搭在她的脖子与背部的汇合处,就好像要掌控她。人们取笑朱莉安是个真正的木偶,而兰德尔是操纵木偶的人。没有人注意到,当一个年轻英俊的男士碰巧从他们身边走过时,朱莉安把目光转移开了。

高中毕业后,朱莉安坚持读完大学后再结婚,结果招致兰德尔的暴怒,加剧了他的控制性行为,以致朱莉安威胁要断绝与他的关系。兰德尔的反应愈演愈烈。他简直是站在朱莉安和她想交谈的人中间。每当别的男人走过来,好像要与朱莉安讲话时,他就会冷冷地盯着对方并冲其怒吼。朱莉安只好匆匆离开以免发生争斗。

最后,朱莉安伤心至极,断绝了与兰德尔的关系。兰德尔不停地向朱莉安家里打电话,但每次都被告知"她不在家"。对这些话信以为真后,兰德尔就去找朱莉安。有时他发现朱莉安的车停在附近或恰巧走进一座商店,他就会跟踪她。有一次,他曾威胁一个正与朱莉安说话的男职员。然而,在朱莉安开始与别的男人约会之前,他的行为还只是维持在令人生厌的水平上。有一个星期六,想起朱莉安与别的男人在一起,兰德尔再也不能忍受了,他跟踪朱莉安和她的情人来到了一个酒吧,并悄悄跟在他们后面。朱莉安和她的男友刚坐下来,他就走过去,并冲他们大喊大叫,突然破坏了他们的约会。在保安把他从酒吧里赶出去之后,他就在车里等着朱莉安他们出来,当他们正要迈进那位男子的汽车时,兰德尔便开枪射击那辆车的发动机,并将脚从刹车踏板上移开,飞速旋转的车轮发出刺耳的声音,车子冲向了这对无助的男女。那名男子似乎对这一撞击有种预感,因躲闪及时受了点轻伤,但朱莉安被车子碾压并当场死亡。兰德尔的头部和脊椎也受了伤。现在,兰德尔自由了:法院宣布他因有心理缺陷而不再构成一种威胁。在其间的几个月中,当他出庭的时候,他似乎有深度的智力迟钝,而他在大学里却表现良好。

110　　理想自我的建立是无意识地发生的。它也可能伴随着其他形式的伪装,例如**外化**(externalization),一种体验内在过程,就像它们发生在自身外部或将自己的困难归因于这些"外部"因素的倾向。外化的功能是通过投射或将造成问题的过失转嫁到外部实体尤其是他人身上来消除自我的责任。外化不只是转移责任,"不只是将自己的不足,而是将所有的感受或多或少地转嫁到他人身上"(Horney, 1945, p. 116)。因此,外化比弗洛伊德所说的投射这一防御机制的内涵要宽泛得多。

"外化还会使个体不可避免地遭受空虚和漂浮感的折磨"(p. 117),并引起自我蔑视的外化,个体或者鄙视他人,或者感觉"别人看不起自己"(p. 118)。最终,愤怒产生并通过三种途径被外化。一是愤怒被"指向外部",或者作为一种普遍的愤怒,或者作为"指向个体本人憎恨的他人缺点的具体愤怒"(p. 120)。二是个体经常认为"令自己无法忍受的缺点将会激怒他人"(p. 121)，从而将愤怒外化。霍妮以前的一位患者就是一个很好的例子，这位患者的理想自我意象如同维克托·雨果的作品《悲惨世界》(Les Misérables)中的神父一样圣洁。她认为他人也会像她一样蔑视她自己，因此她总是装出假仁假义的样子。当她偏离这种天使般的意象并开始生气时，她惊讶地发现别人反而更喜欢她了。三是将愤怒转化成各种身体疾病，包括不断抱怨各种原因不明的疾病，从头痛到浑身乏力。

　　神经症患者的实际行为与其理想自我意象之间的差距如此明显，以致别人会奇怪地想知道他自己是如何做到视而不见的(Horney，1945，p. 132)。在这里霍妮提到**实际自我**(actual self)，它是个体当前的样子，与个体的理想自我相对，理想自我是个体应该成为的样子，而真实自我是个体能够成为的样子。由理想自我与实际自我之间的残忍冲突引起的不可避免的创伤与阿德勒所指的震荡类似。这种破坏性的冲突可以通过以下一种或多种防御机制而得以延缓。

　　盲点(blind spot)是个体力图忽略的一个矛盾区域。霍妮的一位患者从来看不见自己在会议上象征性地用食指枪杀同事的"游戏"与他如耶稣一样的理想自我意象之间的矛盾。在**分割化**(compartmentalization)中，个体将自我的关键特征和生活状况割裂成"逻辑严密"的不同区域。"一个朋友区域和一个敌人区域，一个家人区域和一个外人区域，一个专业生活区域和一个个人生活区域……对神经症患者来说，在一个区域中发生的事情与另一区域中所发生的并不矛盾"(p. 133)。

　　合理化(rationalization)"可以被定义为依靠推理进行的自我欺骗"(p. 135)。通过内部心理操作，个体将自己的卑鄙行为转换成仁慈行为。例如，某人认为自己是在帮助他人，而实际上是强烈的控制倾向在起作用。**过度自控**(excessive self-control)产生于对诸多矛盾情感的反应，包括牢牢掌控情感和行为。"实施这种控制的个体不允许自己被冲昏头脑，不管是热情、性亢奋、自我怜悯还是愤怒"(p. 136)。**恣意正确**(arbitrary rightness)是这样一种人运用的策略，他们认为生活就是残酷的斗争，因此，感觉自己必须总是清楚所有的事情，必须总是正确的，以免受"外部影响"的控制。对这些人来说，怀疑是危险的弱点。当发生冲突时，只要他们宣称自己"有理"，他们就可以感觉自己是"控制者"。

111

　　逃避(elusiveness)是通过拒绝采取明确立场而回避冲突的能力。逃避的人就"像童话故事中的人物，当有人追逐他们时，他们就变成鱼；如果这一伪装还不安全，他们就变成鹿；如果猎人追上了他们，他们就变成小鸟飞走了。你永远无法使他们详细说明某一观点"(p. 138)。如果他们的某一声明受到质疑，他们就会否认自己曾经所说过的任何话，声明其实他们的本意不是那样的，或者重新进行解释。**犬儒主义**(cynicism)指由于根深蒂固的关于道德的不确定性而"拒绝或嘲笑道德价值"(p. 139)。这种人对道德不确定性的反应是道德怀疑主义。他们指非为是，反之亦然。那些思想和行为与之不同的人被他们认为是虚伪或愚蠢的。

一个基本的多样性问题：女性心理学

　　几百年以来女性一直被排斥在经济和政治责任之外，而限定于个人的情感空间里。虽然她们也承担责任,且不得不工作,但是她们的工作只局限于家庭里,因此,其工作的基础是情感而不是实际的人际关系。人们通常认为爱和奉献是女性的特定理想和美德。对女性而言,由于她们与男性和儿童的关系是其获得快乐、安全和名誉的惟一途径,因此爱代表着现实的价值。然而对男性而言,获得能力代表其现实的价值。因此,在女性的心里,只有情感的追求才会受到鼓励,而其他追求都是次要的。

霍妮批判了弗洛伊德及其"男孩眼睛"的解剖学观点(即认为生理解剖特点是男女心理存在差异的基础),从而对女性心理学的发展作出了重要贡献。霍妮还对弗洛伊德下面的推测提出了质疑,即缺乏男性生理解剖结构导致女性:(1)嫉妒男性的阴茎(Symonds, 1991);(2)对自身的生理"缺陷"感到羞耻;(3)将这种缺陷归咎于她们的母亲;(4)过高估计与男性的关系;(5)为了竞争生理结构优越的男性,变得嫉妒其他女性;(6)偏爱阴部刺激,因为它类似于男性的阴茎;(7)极力表现出顺从、依赖和性受虐,因为"这些特质对女性来说是很自然的"(Eldredge, 1989)。

霍妮还对弗洛伊德关于性别的潜在假设提出了质疑。首先,她认为具有特定生物机体的个体会沉迷于获得异性生物特征的假设是不符合逻辑的;其次,跨文化研究并没有表明弗洛伊德关于女性希望具有男性生理解剖特点的假设具有普遍性,实际上有些社会的男性表现出"子宫嫉羡";第三,霍妮(Horney, 1926)声称由男性"创立"的心理学理论或许不完全适合女性。事实上,男性的观点遍布科学界和渗透于大多数欧洲人与欧裔美籍人的思想之中。"就像所有的科学和所有的价值判断一样,女性心理学迄今为止仍被认为仅仅是从男性的视角出发建构起来的"(Horney, 1967, p. 56)。

112　　女性已融入到迫使她们在政治上、经济上和心理上都依赖于男性的社会体系中(Eldredge, 1989)。女性从小就被灌输"我必须嫁给男人"的思想,并寻求在此基础上建立"恋爱"关系(Horney, 1942)。这种思想促使女性无意识地服从男性的要求,并错误地认为她们的行为和情感代表了真正的女性本质。

评价

贡献

帮助解决日常问题。 霍妮经常接触神经症患者,但是由于她对正常人群的日常问题有浓厚的兴趣,在其撰写的科普书籍中,她提倡自我探索。她在书中对抱负、抑郁、自信、依赖和贪欲进行了讨论。其目的不是为神经性冲突提供明确的解决方法,而是为自我反省提供有用的信息。霍妮的著作有《我们时代的神经症人格》(*The Neurotic Personality of Our Time*, 1937),《自我分析》(*Self-Analysis*, 1942),《我们的内心冲突》(*Our Inner Conflicts*, 1945)和《你正在思考精神分析吗?》(*Are You Considering Psychoanalysis*, 1946)。她在青少年时所写的日记至今仍在被研究(Seiffge-Krenke & Kirsch, 2002)。

嫉妒(jealousy)是霍妮在其著作中探讨的日常问题之一。它指个体对失去某种关系的恐惧，这种关系被视为满足无厌的情感需求和对无条件的爱的无止境要求的最有效方式(Horney, 1937)。霍妮认为，甚至在儿童早期，嫉妒就已明显表现出来了。儿童可能会嫉妒他的兄弟姐妹或者父母，因为他们似乎比他更受另一位父母的关注。而且，霍妮承认俄狄浦斯嫉妒可能也存在：儿童可能会因与自己同性别的父母独占了异性父母生理的(性的)和情感的关爱而对其产生嫉妒。

我们所有的人都会存在一定程度的嫉妒，而且嫉妒可能是对某种重要恋爱关系即将结束的可能性的一种相当合理的反应，这种可能性是真实的，但通常是极小的。然而，霍妮所说的那种嫉妒被夸大了，远远超出了理性的界限。喜欢嫉妒的人是如此忧虑，以致任何一位他们所爱的人若不围着他们转，他们就会感到忐忑不安。"这种嫉妒可能会出现在各种人际关系之中——父母对待想交朋友或结婚的子女；子女对待父母；婚姻伴侣之间⋯⋯"(Horney, 1937, p.129)。

成年期的病态嫉妒或许是童年期的神经症的遗留产物：二者都与由未解决的基本焦虑引起的对爱的无止境的需求有关。霍妮认识到了与童年期人际关系有关的嫉妒和与成年期人际关系有关的嫉妒二者之间的可能联系，这使她走在了那个时代的前列。谢弗及其同事(Shaver & Hazan, 1987)指出儿童与父母的互动方式与其成年以后和重要他人，尤其是恋人的互动方式之间有一定的联系。因童年期的需要未能得到持续满足从而没有安全感的成年个体也同样表现出对霍妮提及的无条件的爱的过度需要。因为他们不能得到足够的爱的保障，所以他们就病态地嫉妒分享他们的爱的任何人。视窗5-3包含了与谢弗的理论有关的信息和一个嫉妒量表。在继续阅读下面的内容之前，请先阅读视窗中的指导语并按要求作答。

迪安杰利斯(DeAngelis, 1994)报告了谢弗及其同事进行的另一项研究。谢弗划分的第一种类型，安全型个体在人际敏感性上的得分较高，但在强迫性和义务性照料上的得分较低；第二种类型，焦虑矛盾型成年人则与第一种类型恰恰相反；第三种类型，回避型个体则倾向于"一夜情"，寻求无爱的性快乐。安全型成年人喜欢体验所有类型的身体接触，从拥抱到口交，但前提是两人的关系已较稳定。相反，回避型成年人只喜欢性爱形式的身体接触。焦虑矛盾型成年人喜欢更加温情式的身体接触，但不过度沉迷于性接触。谢弗想知道，写信给安·兰德斯*(Ann Landers)宣称他们更喜欢拥抱而非性交的40 000名读者是否大多都属于焦虑型依恋。

为了探明"对儿童的某种依恋类型的发展起促进作用的父母的依恋类型是怎样的"这一问题，利维、布拉特和谢弗(Levy, Blatt & Shaver, 1998)让被试分别写了一段关于父亲和母亲的描述。不出所料，焦虑矛盾型男性描述的母亲比其他依恋类型/性别被试描述的母亲更加矛盾(积极与消极特征的混合)。出乎意料的是，回避型女性描述的母亲比焦虑矛盾型女性描述的更具矛盾性。安全型被试对父母的描述比其他类型被试的描述概念水平更高(更复杂、抽象的

113

＊　著名的专栏作家，据说从凌晨1点到早上10点是她睡觉的时段，在这个时段，她的电话是拔掉的。——译者注

描述），但是回避型女性对父母的描述也处在一个较高的概念水平上。这样，不仅焦虑矛盾型女性，而且回避型女性描述的母亲也是混合型的。她们还从概念的角度对父母进行了复杂描述。或许是因为当她们还处于儿童期时，她们的父母并不经常拒绝她们，所以父母在这些女性心目中仍然是较为重要的。

戴维斯、谢弗和弗农（Davis, Shaver & Vernon, 2003）开展的一项关于恋爱关系破裂的研究中，对 5 248 名被试进行了网络调查，结果发现，许多消极认知、情感和行为，如过于偏爱过去的伴侣、夸大身体和心理的痛苦，妄想恢复已破裂的恋爱关系，极端愤怒和报复行为，无效的应对策略等均与依恋焦虑有关。尽管依恋回避与逃避和自我依赖两种应对策略呈正相关，但是依恋安全与对朋友和家人的依赖呈正相关。

米库林瑟（Mikulincer, 1998）近期从事的一项研究发现，安全依恋型个体很少生气，处理令人生气的事情的方式也更为公平、积极和适当。相反，焦虑矛盾型个体缺乏对愤怒的控制力，倾向于"在内心沉思或因愤怒的情感而忧虑，而不是把这些愤怒情感公开表达出来"（p. 514）。回避型个体对人怀有较高的敌意，不能意识到自己的怒气，也不想控制自己的怒气。在参与小组任务的背景中，罗姆和米库林瑟（Rom & Mikulincer, 2003）调查了与"亲近目标"（爱）、"远离目标"（自立）、在小组任务中的工具性功能（"我很认真地对待这项任务"）以及社会情感功能（"我帮助小组成员一起工作"）有关的依恋焦虑和依恋回避。依恋焦虑与工具性功能呈负相关，依恋回避与工具性功能和社会情感功能均呈负相关。依恋焦虑与亲近目标呈正相关，依恋回避与远离目标呈正相关。

近年来，有许多与米库林瑟类似的研究表明依恋过程是比较复杂的。例如，库克（Cook, 2000）发现，依恋的安全水平与具体的人际关系有关（对母亲、父亲和爱人的依恋各不相同），依恋的安全性受个体依恋对象的影响，并且依恋安全具有互惠性（当个体感觉依赖他人很舒服时，他人也因依赖他们而感觉很舒服）。学生们经常问我："依恋类型能改变吗？"答案是在一定的条件下"能"。达维拉和科布（Davila & Cobb, 2003）研究发现，1 岁以后，儿童的依恋类型发生了诸多变化，足以说明依恋的变化与几个变量有着意义联系。法尔利（Farley, 2002）研究发现，从 1 岁至 6 岁间，个体的依恋发展较为稳定（相对较小的变化），但是在其他四个年龄段，包括 1 岁至 19 岁，呈现出中等和适度的不稳定性（可感觉到的变化）。在视窗 5-3 中，依恋类型与嫉妒是有关的。

对大众感兴趣的概念的首创性研究。 "嫉妒"只是霍妮的诸多观点之一，这一研究走在她那个时代的前列。她的观点要早于人本主义者的许多观点（第九章和第十章）。与阿德勒一样，霍妮对患者的治疗不只是为了实现弗洛伊德所说的"内省"，而是为了促进个体的成长（Cresti, 2003）。"人类基本上是非理性的"，这是由心理学家埃利斯提出的较为著名的观点，而霍妮早就提出了这样一种看法（Allen, 2001）。正如埃利斯提出的"手淫"概念所反映的那样，霍妮认为有些人常遭受**强迫性规则**（tyranny of the shoulds）的支配，强迫性规则是指这样一种信念，即个体必须做某事，必须做一个优秀的人应该做的任何事情，必须做别人期望的任何事情，而不是做自身的本性使然的事情。深受这种疾病折磨的人认为自己是可怜的寄生虫，为了追求他们无法理解的难以捉摸的完美，必须永远蜿蜒前行。霍妮（Horney，1950，pp. 64—65）在书中写到："忘记你自己实际是个可耻的动物；这是你应该做的；要做到这一点，理想自我是最关键的。你应该能够忍受一切，理解一切，喜欢每一个人，总是具有创造性……"这种规则支配着个体，以致他如果不去做应该做的事情，就会感到焦虑和愧疚。"他应该是最诚实的，最慷慨的，最体贴的……他应该是完美的爱人、丈夫、老师……他应该爱自己的父母、妻子、国家……他应该永远不会感到受伤害，他应该总是内心平静。"（p. 65）他应该是别人认为的任何"那种人"，而从来不是他自己。毋庸置疑，我们中的许多人也被这种"规则"束缚着。霍妮认为，摆脱这种束缚的第一步是认识这些束缚我们的"暴君"，然后我们可能开始承认我们追求的完美理想是不可能实现的，而且实际上阻碍了我们的自我实现。

发展了新的临床技术：自我分析。 霍妮的治疗方法包括信任、信心、尊重每个人的个体独特性与建设性资源、遵循先探索后解释的原则。治疗目标是帮助患者追寻真实的自我，而不是发现严重的问题并以某种方式进行纠正（Cresti，2003）。

视窗 5-3　依恋类型与嫉妒

请首先阅读下面三个关于依恋类型的描述，并从中选择最符合你的一个，然后对马西斯的人际嫉妒量表进行作答，最后参照视窗后面的信息了解两次练习之间的关系。

第一部分：依恋类型

依恋类型是与生活中的重要他人的关系模式，这种模式源于你与父母间的关系。下面请按指导语作答。

谢弗的依恋类型。 阅读下面的内容并勾选出最符合你的一项。如果你不太确定，就选择相对而言比较符合你的一项。

1. 我发现自己比较容易与他人亲密相处，并为彼此能够相互依赖感到舒适。我通常不担心自己被抛弃或某人对自己过于亲密。

2. 我发现别人不愿意像我所想的那样与我亲密相处。我总是担心我的伴侣不是真的喜欢我或者不想与我在一起。我想与另一个人完全融为一体，而这种愿望有时把人给吓跑了。

3. 我对与他人亲密相处感到有些不舒服；我发现自己很难完全信任他人和依赖他人。当有人对我过于亲密时，通常是当爱人想与我更亲密些而令我感到不舒服时，我会感到紧张。

引自谢弗（Shaver，1986，p. 31），已获允许。

第二部分：人际嫉妒量表

请逐一作答每个项目，并将你现在的恋爱对象的名字填在每个项目的空白处。如果你现在没有恋爱对象，那么请填写与你过去有关系的一个人的名字。如果你已结婚，请填写你配偶的名字。然后，请依据下面的量表如实表达你对每个项目描述的情况的感受。例如，如果你感觉某个项目对你而言"完全符合",那么请将9写在项目的左边。如果你感觉是"比较符合",那么请将8写在项目的旁边,等等。

9 = 完全符合

8 = 比较符合

7 = 符合

6 = 有点符合

5 = 不置可否

4 = 有点不符合

3 = 不符合

2 = 比较不符合

1 = 完全不符合

（男女同性恋者们,以下项目涉及"男女两种性别",请您原谅,您作答题目时可以忽略性别的差异问题;请在空白处填写您目前或过去一位伴侣的姓名。）

1. 如果_____要去看望一位异性老朋友,并表现得很快乐,我会感到生气。

2. 如果_____与同性朋友一起出去,我会特别想知道他/她做了些什么。

3. 如果_____崇拜某个异性,我会感到恼火。

4. 如果_____要帮助某个异性做作业,我会起疑心。

5. 当_____喜欢我的一个朋友时,我会感到高兴。

6. 如果_____要独自外出度周末,我惟一关心的是他/她是否玩得开心。

7. 如果_____给某个异性朋友帮了很多忙,我会感到嫉妒。

8. 当_____谈及他/她过去的愉快经历时,我会因为没在其中而感到伤心。

9. 如果_____对我与他人一起度过时光感到不高兴,我会感到很得意。

10. 如果_____和我一起参加聚会,我找不到他/她了,我会变得不安。

11. 我想_____同和他/她过去约会的人保持好朋友关系。

12. 如果_____要与别人约会,我会感到不愉快。

13. 如果我发现_____与一个异性有某些共同点,我会感到嫉妒。

14. 如果_____变得与某个异性非常亲密,我会感到不高兴或生气。

15. 我想要_____忠实于我。

16. 我想如果_____与某个异性调情我不会受烦扰。

17. 如果某个异性恭维_____,我会感到这个人在试图把_____从我这里抢走。

18. 当_____交到一个新朋友时,我会感到很高兴。

19. 如果_____要花一个夜晚的时间来安慰一个刚刚经历了一场悲剧的异性朋友,我会为_____的同情心感到高兴。

20. 如果某个异性关注_____,我会表现出占有他/她的欲望。

21. 如果＿＿＿＿＿＿＿变得情感充溢,并拥抱某个异性,我会因他/她公开表达自己的情感而感觉不错。

22. ＿＿＿＿＿＿＿想吻别人的想法令我怒不可遏。

23. 如果某个异性一看到＿＿＿＿＿＿＿就变得容光焕发,我会感到不安。

24. 我喜欢挑＿＿＿＿＿＿＿的旧情人的毛病。

25. 我感觉想占有＿＿＿＿＿＿＿。

26. 如果＿＿＿＿＿＿＿以前结过婚,我会愤恨其前妻或前夫。

27. 如果我看到＿＿＿＿＿＿＿与其旧情人的照片,我会感到不愉快。

28. 如果＿＿＿＿＿＿＿偶尔叫错我的名字,我会火冒三丈。

注意:为了计算你的得分,请将你为项目 5、6、11、16、18、19、21 赋予的等级数字记为负数,然后求和。接下来计算剩余项目的等级数字之和。你的得分就是这一正数之和减去前面的负数之和。得分越高,表明嫉妒程度越高。转载得到马西斯的许可。

第三部分:两次练习间的关系

通过报纸对大学生调查发现,几乎相同百分比的被调查者都选择了一种特定依恋类型。其中,约 56%的被试选择了第一种类型安全依恋型,19%的选择了第二种类型焦虑矛盾依恋型,25%的选择了第三种类型回避依恋型。近期,米克尔森、凯斯勒和谢弗(Mickelson, Kessler & Shaver, 1997)研究发现,上述三种类型的人所占比例分别为 59%、11.3%和 25.2%(另有 4.5%的人因在三种类型上的得分相等而未被划分)。后两种类型均属于不安全依恋型。这两种类型的人,尤其是焦虑矛盾型的嫉妒心会很强。注意,谢弗的第二种依恋类型表明了对爱的保障的高度需要。霍妮治疗的一名"对关爱有无止境需求"(接近他人)的神经症患者就属于这种类型。第三种依恋类型带有回避的意味。"对抗他人"没有相应的依恋类型,但是我们不是很容易想起控制型的依恋类型吗?

假定在马西斯嫉妒量表上的得分为 100 或 100 以上为高嫉妒,25 或 25 以下为低嫉妒。然而,在评价被试对两次练习的作答情况及其联系时,要记住以下几点。第一,与谢弗的依恋类型和马西斯的嫉妒量表相关的研究均是针对恋爱关系的,但是霍妮的观点涉及的关系类型更广泛些(参见 Mathes, Adams & Davies, 1985)。因此,无论你选择的依恋类型是否与嫉妒量表得分相匹配,均只是部分反映了霍妮的理论观点。第二,在判断你是否属于特别爱嫉妒的人和你的依恋类型之前,还需要参照自己其他方面的大量信息。

117

作答后,再一次回到马西斯嫉妒量表,找出与霍妮的嫉妒观点拟合较好的项目。例如,项目 7 和 17 明显是霍妮所说的"病态嫉妒"的例子。

自我分析(self-analysis)是霍妮的诸多贡献中易受忽视的方面之一。自我分析指个体通过自己的努力,开始更好地理解自我的过程,通常在心理治疗环境之外进行(Horney, 1942)。在没有心理学家、精神病学家或咨询师在场的情况下,依靠自我探索自己的心灵而获得自我发现显然是很少见的,但霍妮就是常常做那些别人几乎不敢做的事情。

在霍妮看来,自我分析与"自我帮助"不同,自我帮助通常是就那些不能获得外界支持而只能诉诸书籍的人而言的。确切地说,它是个体在进行**自我认知**(self-recognition)时采取的一步措施,自我认知是指个体认识自己的神经症、理想自我意象和真实自我,包括积极特征和消极特征。它也是在监督之下采取的一步措施。霍妮在她 1942 年所写的一本书中描述的患者或许在治疗之外曾尝试过"自我分析"(书的标题),但是他们之前已经接受过治疗而且还要再次进行治疗。

我选择克莱尔个案来解释自我分析,因为它是《自我分析》(*Self Analysis*)一书论述的几个案历中最详细的一个。通过阅读克莱尔个案简介,你会对自我分析有所了解,并且会再次部分地领略霍妮的理论。克莱尔的母亲不想要这个孩子,曾试图将其流产,但没有成功。克莱尔的父亲对家里的任何一个孩子都不感兴趣。然而,克莱尔很聪明并接受了良好的教育。接受治疗时她 30 岁,已经结婚,丈夫去世,是一个成功的杂志编辑。治疗期间,她正与彼得交往。彼得是一个商人,这正是克莱尔的症结所在。克莱尔过分依赖他人,缺乏自信,对爱有着过度的需要。这个解释着眼于克莱尔想到的自我认知的例子。

彼得成了克莱尔生活的全部。她希望与彼得形影不离。如果彼得失约(他经常这样),克莱尔就会心神不定。一个星期天的早晨,灯依然亮着,照亮了克莱尔以及她和彼得的关系,她醒来,因一个作者违约未按时向她的杂志提交一篇文章而大发雷霆。当反省这件令人迷惑的事情时,克莱尔认为她不是真的对那个作者生气,也不是对那些违约的人生气,而是因为那个周末彼得未能如约而来,这破坏了她想与彼得在一起的愿望。这点认识令她想起一个小说中的女主人公,当丈夫离家去参战时,那个女主人公失去了知觉。反过来,她曾考虑过自己是否想与彼得断绝关系,但是最终放弃了这种想法,"因为我如此爱他"(p. 194)。这样,尽管克莱尔

₁₁₈ 正确地认识到自己实际是生彼得的气,但是她失去了摆脱彼得对她的控制的机会。

克莱尔"努力摆脱了整个问题",然后去睡觉了(p. 196)。她梦见自己在国外的一个城市迷路了,那个城市的人说的话她听不懂,而且她把行李和钱落在了火车站。然后她来到了一个展览会,那里有人正在赌博,还有一个畸形人展览。当反省这个梦时,她认识到依赖不可靠的彼得就是"掷骰子",而畸形人在一定程度上是彼得的象征。然而,克莱尔能做的就是这种粗浅的分析了。她遗漏了丢失行李和钱的象征意义:她为彼得"倾"其所有,但最终是竹篮打水一场空。

一天早上,一个关于海难的公告令她回忆起自己的一个梦。在梦里,她在海上漂流,有溺水的危险,但是"一个强壮的男子抱住她,把她救了上来"(p. 202)。她有一种归属感和得到永久保护的感觉。"他会永远抱着她,永远不会离开她"(p. 202)。这个梦使她想起了布鲁斯(Bruce),一个老作家,曾答应当她的良师益友。布鲁斯是一个"英雄",他对克莱尔的关心被描述为"(上帝)赐福"。这些经历促使克莱尔进一步认识到自己需要永恒的爱和保护。虽然她也认识到布鲁斯并非像她梦中那样才华横溢,但是她未能将自己的这个发现与生活中的"出众"的男子彼得联系起来。她还需要一段时间才能彻底认清彼得的许多缺点。尽管如此,这是她

第一次真正认识到彼得并不能给予她想要的,也是第一次真正认识到她对自己和彼得的关系并不满意。

克莱尔的心情取决于彼得行为的每一个细微变化。彼得的一次迟到会令她陷入抑郁之中,而最小的关切却能给她带来极大的欢乐。当彼得送给她一条围巾时,她高兴得就好像是得到了希望钻石*。如果彼得发慈悲最终和她一起出去,她就像一个被宣告有罪的人在最后一分钟得到了赦免一样兴奋。后来,克莱尔回忆起一只大鸟飞走的梦。那只鸟羽毛华丽,姿态优雅,就像英俊且舞姿优美的彼得。这个梦意味着克莱尔想躲在彼得的羽翼下,但是彼得飞走了或者要飞走了。

最后,克莱尔认识到自己拼命地想得到彼得,是为了寻求保护和安慰,而不是因为他是一个英雄或自己对他真有感情。幸运的是,当关于彼得风流韵事的谣言传到克莱尔耳朵里时,她正处于摆脱彼得的过程中。当彼得后来写信给她要求分手时,她没有发生情感的崩溃,而在此之前这是不可想象的。相反她度过了危机,而且后来开始认识到她的问题比彼得的更多:"她的自我形象完全由他人的评价……决定"(p. 245)。这个发现几乎令她晕厥过去。后来,克莱尔继续接受治疗,执行了最后一刀,从心灵中把彼得切除,但是霍妮说克莱尔很可能在继续进行的自我分析中早已这样做过了。

尽管自我分析是颇有价值的,但是霍妮承认它也有几点不足。在自我分析期间,患者:(1)可能感觉到自身的某些方面是不真实的,却把它当作是正确的;(2)可能提供的自我信息是正确的,却解释错了;(3)可能对自身有部分或完全的认识,但没有涉及核心的人格倾向;(4)可能正确分析了一个事件对自身的含义,但不知道如何应对。这些都是为什么自我分析应当在监督之下进行的原因,这几点同样适合霍妮的患者,克莱尔在上述四个方面都存在不足。

一些研究支持

虽然霍妮理论的研究支持相对贫乏,但是研究者对其过度竞争的概念进行了大量调查研究。这种"对抗他人"的倾向伴随着在各种情境中操纵和贬低他人的需要。里克曼、桑顿和巴特勒(Ryckman, Thornton & Butler, 1994)将过度竞争的指标与霍妮在其著作(论述了过度竞争的各种特征)中提到的几个测量联系起来。第一个测量的理论基础是霍妮关于过度竞争的个体有自恋倾向的观念。这些个体表面上自我赞誉,但实际上内心充满自卑,感觉自己软弱无力、无足轻重。

在霍妮看来,过度竞争的个体往往喜欢自我表现和标新立异,他们在第二个测量,即感觉寻求量表上应该得高分。第三个测量评价了个体想成为"所有人的一切"(everything to every-body)的倾向(p.86),这种倾向是霍妮命名的,称之为类型 E 量表。类型 E 个体希望自己在所有的事情上都能做到最好,习惯性地承担多种责任,最终致使自己负荷超载,产生角色冲突。

---

　　* 希望钻石(Hope diamond)是世界上现存最大的一颗蓝色钻石,重 45.52 克拉。目前,该钻石藏于美国首都华盛顿史密森尼博物院的国立自然博物馆中。——译者注

过度竞争的个体也是马基雅弗利(Niccolo Machiavelli)(意大利王子马基雅弗利,善于玩弄权术)式的人物,撒谎、欺骗、不择手段地打击敌人,他们的敌人很多,因为他们几乎对所有的人都不喜欢。过度竞争的最佳预测指标是自恋,紧随它的是类型 E 倾向和感觉寻求的一些测量。虽然马基雅弗利主义不是过度竞争的有效预测指标,但是与它呈正相关。

里克曼、里比、范登·波恩、歌尔德和林德纳(Ryckman, Libby, van den Borne, Gold & Lindner, 1997)把过度竞争和个体的发展性竞争进行了比较。过度竞争与自恋的个体主义相联系,但是个体的发展性竞争在自我和他人之间不存在明显的界限。个体的发展性竞争认为"我喜欢竞争因为它可以缩短我和对手之间的距离",然而过度竞争的个体认为"这是一个自相残杀的世界,如果你不能击败别人,别人就必然会击败你"(p.277)。两种类型的个体都表现出以自我为中心的个体主义的价值观——成就、快乐主义、追求刺激和富有挑战性的生活——但是过度竞争的个体赞同"权力和控制他人"。只有发展性竞争者才重视尊重、关爱和关心他人的康乐。伯克勒、里克曼、歌尔德、桑顿和奥德斯(Buckle, Ryckman, Gold, Thornton & Audesse, 1999)研究发现,"过度竞争"与饮食障碍症状有极强的正相关,而"个体发展性竞争"则不然。他们还发现,饮食障碍症状只是与"表面上成功的动机"相联系,而不是与"学术上成功的动机"相联系。

应用:团体治疗

霍妮对团体治疗持极为批判的态度。她的不满之一是她认为团体治疗的结果很难评价,它可能只引起"行为而不是本质结构"的表面改善(Cresti, 2003, p.196),它还会引起难以控制的焦虑(可能是由于在团体成员面前暴露自己的缺点引起),而且它也不是对所有的患者都适用。不过,克雷斯蒂(Cresti, 2003)仍然发现了霍妮的许多思想在团体治疗中的运用。团体成员的支持是真正自我实现的源泉。如果团体中的人际关系是相互尊重和彼此接纳的,那么自我的成长就成为可能。在团体内发扬"富有同情心的美德"(p.197),真实自我的能力将会得到施展。在团体氛围中,将会形成对个体成长有促进作用的亲密性的发展。最后,团体还是一个"温暖的茧"(p.197),其中的亲密感和信任感可促进个体自我潜能的发挥。

不幸的是,与她关于嫉妒的观点一样,霍妮对团体治疗的深刻见解受到了极大的忽视。视窗 5-4 分析了进化心理学家是如何看待嫉妒的。

局限

霍妮的理论之所以缺乏研究支持,部分原因是她的概念难以测量。神经性需要、外化、真实自我以及其他概念都太过抽象,以致无法进行可靠的测量。霍妮与前面提到的其他学者一样,接受的都是医学—精神病学家的训练,而不是心理科学家的训练。他们都没有接受从事能够支持或否定自己的观点的科学研究训练。而且,这些理论家中没有一个看起来能够认识到自己著作中存在的矛盾。例如,根据霍妮关于"对爱的保障的需要"和"嫉妒"的观点,克莱尔应该是一个特别爱嫉妒的人,然而实际上在对她的案例的描述中很少有什么线索表明这一点。

结论

尽管霍妮的有些概念太过宽泛以致无法"处理"，但她的大多数概念还是相当具体的，都有清楚的界定。虽然其他人格理论家都含糊其辞，但霍妮简明干脆、直截了当。实际上，霍妮是一个出色的作家，或许是本书中提到的几位人格理论家中最优秀的。与其他理论家的著作不同，她的著作既具有可读性又可提供有用的信息。而且，只有她关注大众感兴趣的问题。她直觉乐观的"成长途径"与精神分析学家阴郁的观点形成了鲜明的对照（Rubin, 1991）。作为一个治疗家，她因乐观而为人所知（Cresti, 2003）。

说霍妮的概念不可检验或许有些夸大其词。因为她对自己的概念进行了明确界定，其中的许多概念都是可以进行检验的。她关于嫉妒（与对爱的保障的需求有关）的观点具有相当的可验证性。霍妮关于依恋的观点无疑领先于同时代的其他学者。谢弗对霍妮的一些观点进行了检验，尽管他并不赞同霍妮的观点。如果在其他类型的基础上再增加一个"控制"（对抗他人）类型，那么依恋的研究就可能被推进一步。或许有人会问，既然霍妮的观点不像有关它们的研究证据不足所表明的那样，而是更具可验证性，那么为什么它们通常得不到科学界的严格审查呢？较好的回答或许是，虽然这位惟一的女性理论家受到了现代人格心理学家的重视，但与男性理论家相比，其受重视的程度略为逊色。在20世纪杰出心理学家排行榜中（Haggbloom et al., 2002）并没有霍妮的名字。现在似乎是到了对霍妮的著作重新进行评价的时候了。

视窗 5-4　进化理论和嫉妒

121

进化理论为霍妮和谢弗关于嫉妒的观点提供了其他选择。在繁殖基因的过程中，女性和男性面临不同的适应性问题。女性知道她所怀的胎儿拥有自己的基因，因为它就在自己的体内，然而男性永远不能确定他的配偶所怀的胎儿是自己的，因此就不能确保胎儿作为一条船将自己的基因遗传给下一代。男性会遭受"父子关系不确定"的困惑，而女性不会。因此，男性会非常担心女性的性忠贞问题：他必须高度监视她，以防她与别的男人发生性关系，令自己冒极大的风险，将自己的宝贵资源浪费在另一个男人的基因上（Buss, Larsen, Westen & Semmelroth, 1992）。另一方面，女性会更担心男性情感忠贞的问题：他可能与别的女人发生性关系，而这相对于他与那个女人的感情纽带（孩子）而言并不是很重要，重要的是那个女人可能会因此控制他的资源。为了支持进化论的观点，巴斯及其同事进行了几项简单研究。他们要求男性和女性被试在性不忠和情感不忠二者中选择最困扰自己的一个问题。女性表现出更多的情感嫉妒：她们最担心的是配偶可能发生的情感不忠。男性表现出更多的性嫉妒：令他们最心烦意乱的是配偶可能发生的性不忠。邦克、昂莱特纳、奥拜德和巴斯（Buunk, Angleitner, Oubaid & Buss, 1996）在美国、德国和荷兰的研究获得了相同的结论,尽管他们发现的男女在性嫉妒上的差异稍小于在欧洲样本中的差异。进化论观点也得到了运用其他方法进行的研究的支持(Buss & Shackelford, 1997; Shackelford & Buss, 1997; Mason, 1997; Wilson & Daly, 1996)。

然而,有些研究者反对进化论的观点(Harris, 2004)。哈里斯和克里斯滕菲尔德(Harris & Christenfeld, 1996),德斯泰诺和萨洛维(DeSteno & Salovey, 1996)都支持"双重模型假设"(double shot hypothesis):文化信念表明,有时性不忠也意味着情感不忠,或情感不忠也意味着性不忠。哈里斯和克里斯滕菲尔德发现,如果一名男子爱上了另一名女子,那么就意味着他们正在发生性关系(双重模型),但是,如果这名男子正在与另一名女子发生性关系,那么就不一定意味着他爱她(单一模型)。所以女性不那么关心性不忠也就不足为怪了,因为配偶的性不忠不必然意味着他爱上了(情感卷入)别的女人。另一方面,如果一名女子正与另一名男子发生性关系,那么就意味着她爱上了他(情感卷入;双重模型)。或许男性真正关心的是配偶爱上其他男人。他更关心性不忠仅仅是因为它是情感不忠的一个确定指标,情感不忠几乎没有其他具体的、容易识别的表现,所以男性也关注情感不忠。实际上,哈里斯(Harris, 2003)涉及了支持这些可能性的研究结果。与哈里斯和克里斯滕菲尔德以及德斯泰诺和萨洛维的观点相一致,后两位(DeSteno & Salovey, 1996)研究发现,认为性不忠也意味着情感不忠的男性和女性被试越少,他们就越不可能选择性不忠作为更令人痛苦的事情。

德斯泰诺、巴特利特和萨洛维(DeSteno, Bartlett & Salovey, 2002)将对这个问题的认识推向了一个新的水平,他们的研究表明,如果用利克特量表(痛心 1:2:3:4:5:6:7 不痛心)来代替巴斯及其同事的迫选形式(被试被迫在情感不忠和性不忠之中选择一个最令他烦意乱的),那么性别差异就会消失。取而代之,性不忠均会引起两性最大程度的嫉妒。然而,巴斯及其同事研究表明,即使为了防止一种形式的嫉妒(性的)意味着另一种嫉妒(情感的),改变向被试呈现问题的措辞,性别差异仍然存在(Benson, 2002),从而对"双重模型假设"提出了挑战。因此,德斯泰诺及其同事(DeSteno, Bartlett & Salovey, 2002)在其另一项研究中开始寻找不同的策略。他们推论,如果嫉妒的性别差异由可以追溯到远古人类的进化过程来解释,那么它应该留有爬行动物大脑(低水平的大脑)的印记。这样,它应该是无意识的(Harris, 2004)。为了检验这一预测,一些被试在"认知负荷"下行动——他们必须记忆一串呈现在每一个问题之前的数字。如果巴斯的性别差异假设是正确的,那么与没有负荷的被试相比,承载"负荷"的被试应该表现出同样强或者更强的差异。巴斯的性别差异出现在没有负荷的条件下,但是在有负荷的条件下,几乎三分之二的女性和几乎所有的男性选择了性不忠作为最令人伤心的事情。因此,巴斯及其同事的预测没有得到支持。

另一项研究没有完全支持进化论的观点,或者证明它在一定条件下适用。哈里斯(Harris, 2000)让男女被试想象巴斯研究中的"性不忠"和"情感不忠"的情景,同时用设备测量他们的心理反应性(与测谎测验中的一样)。不出所料,男性对"性不忠"的情景反应更强烈。然而,当不涉及不忠的行为时,男性对性情景的反应也比对情感情景的反应更强烈。哈里斯认为,上述结果意味着男性通常更倾向于对性作出反应,而不管周围的情境如何。促使男性寻求与多种情人发生频繁性行为的动力是性迷恋,而不是性嫉妒。

普拉托和赫加蒂(Pratto & Hegarty, 2000)承认,进化规则在生殖行为的性别差异中起作用,但同时认为它们并不能解释差异的全部。他们通过研究发现,男性对于性不忠的猜疑、对自己是否在照料他人的孩子的担忧以及对伴侣进行监视的更强的倾向都与社会控制倾向(social dominance orientation)有关。社会控制倾向是一个社会权力因素,与接纳人们之间的不平等相联系。同样,女性渴望得到社会地位高、经济实力强大、拥有许多资源的配偶,这也与社会控制倾向有关。因此,社会控制倾向作为一种社会因素是导致男女生殖行为存在差异的部分原因。

"性策略的性别差异"是巴斯及其同事对进化理论提出的另一个假设。在这一假设中,男性注定要与尽可能多的女性发生尽可能多的性关系,以便能够将传递基因的机会增加到最大程度。相反,女性只能每隔9个月怀孕一次。与一个能为她的孩子提供资源的男人发生性关系是传递自己基因的最佳途径。马西斯和史密斯(Mathes & Smith, 1999)报告的研究结果与在父子关系不确定性假设未获证实的条件下提出的性策略差异假设相一致。他们的研究发现,只有男性不愿意放弃与伴侣的性关系,来自伴侣的情感温暖则在其次。

巴斯和施米特(Buss & Schmitt, 1993)提供了与性策略的性别差异假设相一致的研究结果。他们报告的数据似乎表明男性追求与许多女性的短期性关系,而女性似乎寻求长期的关系,这必然仅涉及少数男性。然而,米勒、普查-巴格瓦图拉和佩德森(Miller, Putcha-Bhagavatula & Pedersen, 2002)对巴斯和施米特的数据提出了两点质疑。第一,米勒及其同事注意到,巴斯和施米特的研究中,对男性长期和短期关系偏好实施了与女性不同的测量方法。当米勒及其同事运用同样的测量方法对男性和女性进行测量时,他们没有发现长期和短期关系偏好的性别差异。第二,如果男性迷恋与许多女性保持短期性关系(性关系混乱),那么他们应该拥有较大的睾丸。因为滥交的男性在每一次性活动中需要释放许多精子,以便能确保对方怀孕。毕竟,他们与同一个女性不可能有第二次机会(至少在其他男人击败他们赢得该女性之后不会有)。相反,一夫一妻的男性或只与少数几个女性保持性关系(一夫多妻的)的男性只需要较小的睾丸就可以遗传基因,因为他们一生中有许多机会与同一女性或少数女性发生性关系。首先,米勒及其同事研究发现,与其他灵长类动物相比,人类男性的睾丸相对于身体比例而言尺寸较小。其次,与高度性杂交的雄性黑猩猩相比,人类男性的睾丸与其身体的大小比例更接近于单配的(长臂猿)和一夫多妻的(大猩猩和猩猩)灵长类动物。根据巴斯及其同事提出的关于性策略的假设,人类男性的睾丸大小不符合巴斯及其同事提出的标准。理所当然地可以看出,似乎性交能力是睾丸的大小在起作用,而不是阴茎的长短。因此,"阴茎粗长"另有新的意义。

对巴斯及其同事的研究造成更大冲击的是哈里斯(Harris, 2003;参见2004)对进化心理学的研究数据进行的全面审查。第一,哈里斯研究发现,当使用迫选形式考察关于性嫉妒存在性别差异的假设时,的确获得了支持性的研究结果。然而,在其他情况下,例如,当使用利克特量表或调查实际的而非想象的不忠行为时,该假设并没有获得支持。第二,哈里斯报告,当运用生理学方法测量时,正如在她的研究中,支持进化心理学假设的证据减少了。第三,哈里斯对看起来能够支持性嫉妒的性别差异假设的"真实生活"数据提出了质疑。有关谋杀和女性暴力的统计数字似乎符合性嫉妒的假设。据推测,出于性嫉妒,男性会殴打和杀死女性。在对关于杀人的文献进行极其广泛和仔细的分析后,哈里斯得出结论"……没有证据表明嫉妒……存在系统的性别差异……与[进化论的假设]相反"(p. 110;参见 Harris, 2004)。至于虐待配偶的问题,哈里斯谈到了近期的一些证据,即女性承认她们发起家庭暴力的比率与男性相同。而且,新的证据表明"女性报告她们掌掴、拳击和脚踢配偶的次数几乎与男性一样多"(p. 115)。哈里斯提到了荷兰的一项研究,该研究中几乎所有的女性报告她们会对不忠实的配偶进行身体上的攻击,而男性中只有 2/3 的人报告会如此,尽管他们攻击配偶的动机仍不清楚。在该研究中,女性性嫉妒的得分也比男性"高得多"。如果性嫉妒上存在性别差异,那么将来的研究或许会发现女性更嫉妒。

为了解释人们的嫉妒,哈里斯(Harris, 2004)开始采用社会认知理论(参见第十三章)。婴幼儿时期,如果母亲对我们的关注转向其他孩子(即使它仅仅是一个玩具,正如在一项研究中表明的),我们就会变得焦虑不安。当我们对来自竞争者的威胁进行认知评价,并进而感觉一种重要关系将遭到破坏时,就会变得嫉妒。这种关系或者与性有关,或者无关,对任何重要关系的威胁都会导致嫉妒的产生。

最后,利维和凯利(参见 Anderson, 2002)带着我们兜了一圈又回到原位。他们考察了嫉妒的性别差异以及个体依恋类型的差异。结果表明,与性别差异相比,依恋类型更能有效预测嫉妒。更为重要的不在于个体是男性还是女性,而在于他们是焦虑型(高嫉妒)还是安全型(低嫉妒)。

综合这里呈现的新证据和本书前几版中报告的证据,现在似乎可以看出,钟摆已经偏离了以巴斯及其同事为首的进化心理学家,而偏向了他们的批评者的方向。但目前尚无定论。

最后,霍妮是一个很有个人魅力的人。甚至在青少年时,她就写了不少关于自己和身边较亲密的人的优秀作品,而且情感真挚、文学色彩浓厚、语言流畅优美。如果说她在生命早期比其他人格理论学家受到了更多的困扰,那可能是因为她比他们更自我表露。阅读霍妮的青少年日记(Horney, 1980)和她的生活故事(Quinn, 1988),你不只是在细读一个著名人物的传记。它会使你触及一个有趣人物的内心深处,还会使你领略一个对理解人类状况作出重大贡献的伟人的人生发展历程。

124

要点总结

1. 霍妮出生于德国汉堡附近，生身父母分别是挪威人与荷裔德国人。父亲是一名船长，经常出海，但是只要可能，他就会控制霍妮的生活。尽管遭到父亲的阻挠，霍妮还是接受了良好的教育，并考入了医学院。在那里，她遇到了奥斯卡·霍妮，并与之结婚。协调学业与一般家庭主妇所应尽"义务"之间的关系使霍妮的生活充满了压力。最后因抑郁而不得不求助于心理治疗，在此期间，她接触到了精神分析。

2. 霍妮对弗洛伊德的性本能学说、俄狄浦斯理论、性别差异观以及心理性欲发展阶段论提出了质疑。她认为，弗洛伊德所说的阴茎妒羡并不具有普遍性，在欧美文化中它只限于患神经症的女性。她还对弗洛伊德提出的"阉割倾向"及对社会因素的漠视进行了批判。

3. 霍妮认为手淫是正常的，并且区分出了几种类型的性障碍。她也驳斥了弗洛伊德关于女性受虐和性冷淡的观点。基本焦虑是由许多家庭背景因素导致的。霍妮提出的神经性需要包括对关爱和赞许的需要、对伴侣的需要、将自己的生活限制在狭窄范围内的需要、对权力的需要、对剥削他人的需要、对社会认可或声望的需要、对个人崇拜的需要、对个人成就的需要、对自足自主的需要以及对完美无缺的需要。

4. 霍妮提出的三种神经症倾向分别是亲近他人（自我谦卑）、对抗他人（自我膨胀、过度竞争、控制）和逃避他人（退却）。理想自我意象是一种虚假的自豪系统，它与实际自我（个体现在的样子）和真实自我（个体可能成为的样子）相对。实际行为与理想自我之间不可避免的冲突可以通过诉诸盲点、外化、过度自控、逃避和犬儒主义等机制得到缓解。

5. 霍妮抛弃了弗洛伊德关于女性渴望具有男性生理结构的假设以及他对女性这种需要的几种意义解释。她指出，女性渴望男性生理结构这一假设的本质是非逻辑的，弗洛伊德的性别假设的普遍性缺乏证据支持，由男性为男性所创立的理论与女性无关，"我必须拥有一个男人"这一信条是错误的。最后，霍妮还对男性选择过程进行了谴责，该过程创造了一种终将实现的预言。

6. 霍妮的著作语言通俗易懂，适于每个人阅读。她对一般大众关心的概念也表现出非同寻常的兴趣。病态嫉妒的个体过于害怕失去某人的爱。他们过分的嫉妒可能是童年期的延续，是由童年期未解决的基本焦虑引起的对爱的无度要求所致。

7. 霍妮关于嫉妒的观点领先于谢弗，谢弗提出了反映亲子互动的三种依恋类型，其中两种可以预测过分的嫉妒。他和其他研究者报告了安全型、焦虑矛盾型和回避型个体在人际敏感性、关心、性态度/行为和愤怒倾向等方面存在的差异。焦虑者表现出一连串的消极心理症状。其他研究揭示，回避与工具性功能和情绪性功能呈负相关。最近的研究表明了依恋安全的复杂性：它存在于具体的关系中，受依恋对象的影响，并且具有相互性。最近研究表明依恋类型可以改变。

8. 马西斯的嫉妒量表可能与依恋类型相关。霍妮的强迫性规则生动地勾勒了那些感觉自己应该做理想自我所要求的一切的个体的形象。霍妮也改善了治疗方法,使它更关注"成为一个更好的人"。她对自我分析情有独钟,通过自我分析个体可能开始获得自我认知。

9. 克莱尔,一个自我分析的案例,不受父母的喜爱,成年后依赖性强、寻求爱的保障。她病态地依赖于不可靠的彼得。通过对几个梦的自我分析,克莱尔深刻认识到了其依赖性的根源。里克曼及其同事的研究表明,霍妮的过度竞争概念与个体的自恋、类型 E 倾向和感觉寻求有关。饮食障碍症状与"过度竞争"而不是"个体发展竞争"相联系。在实际应用方面,霍妮的理论为团体治疗的效果提供了支持。

10. 进化理论受到了其他解释的质疑,例如双重模型假设。德斯泰诺及其同事研究发现,当使用利克特量表测查时,巴斯所说的嫉妒的影响消失了,并且也不像它应该是的那样无意识地发挥作用。米勒及其同事的研究表明,如果对男性和女性进行同样的测量,性策略影响不复存在,人类男性的睾丸大小也不能为性策略理论提供佐证。哈里斯发现,生理学的数据不能为巴斯的嫉妒理论和关系暴力的性别差异提供证据。事情的真相或许是依恋类型能够预测嫉妒,而性别不能。科学训练的缺乏限制了霍妮对其理论进行检验,但是其他研究者对霍妮理论的忽视或许应归因于他们缺乏对女性的尊重。霍妮是个很富有个人魅力的人,值得我们细细品读,她的作品也应该被重新审视。但是她并没有排入 20 世纪杰出的心理学家之列。

对比

人格理论家	霍妮与之比较
弗洛伊德	不赞同弗洛伊德关于力比多、性动机、俄狄浦斯情结、阴茎妒羡、文化、意识和女性的观点。
阿德勒	赞同阿德勒关于社会合作的观点,她发现的理想自我与真实自我间的冲突类似于阿德勒的"震荡"。
罗杰斯和马斯洛	她的"真实自我"与罗杰斯和马斯洛对人类无穷的积极成长潜能的认识相匹配。
荣格	她也鼓励患者进行自我分析,但是比荣格的更正式。

问答性/批判性思考题

1. 为什么美国的精神分析学家对霍妮关于弗洛伊德的批判感到如此恼火?

2. 在霍妮看来,父母应该怎样做才能成为优秀的父母?

3. 转换霍妮的三个倾向中的一个,使它更具有适应性。

4. 写一段文字描述一个人,使之符合霍妮所说的嫉妒类型。

5. 举例说明你曾经为"强迫性规则"所困扰。

电子邮件互动

通过 b-allen@wiu. edu 给作者发电子邮件，提下面列出的或自己设计的一个问题。

1. 霍妮最重要的贡献是什么？

2. 做你应该做的事情，有什么错误吗？

3. 如果我的配偶是个"醋坛子"，这是否意味着他/她真的爱我？

从人际视角透视人格:沙利文

● 一位具有严重心理问题的人能否给他人提供有用的建议?

● 你的父母是"好父母"还是"坏父母"(或者两种都不是)?

● 给人的性取向分类仅有四种方法吗?

本书前半部分各章的内容可以被认为以弗洛伊德为开端,然后逐渐脱离

哈利·斯塔克·沙利文
www.haverford.edu/psych/
ddavis/sullivan.html

于他。在弗洛伊德早期的学生中,荣格与他之间的合作关系保持时间最长。尽管阿德勒与弗洛伊德意见不合,但是其理论也部分反映了弗洛伊德的思想。霍妮与弗洛伊德之间没有私人联系,但是弗洛伊德的理论是她的理论建立的基础。沙利文与弗洛伊德也没有私人来往,他的一位导师甚至警告过他要提防弗洛伊德(Perry,1982)。然而,沙利文受到弗洛伊德的深刻影响,并像霍妮一样利用精神分析的理论框架来构建自己的观点。不过,他和其他人一样,认为应当放弃对性驱力的强调。在沙利文看来,试图理解人格的关键因素是人际关系(interpersonal relations):个体与生命中重要他人的关系。沙利文理论中的许多概念都体现出两人之间这些重要的关系。

沙利文其人

哈利·斯塔克·沙利文(Harry Stack Sullivan)1892 年出生在美国纽约诺威奇村镇的一个爱尔兰新移民家庭,在附近的一个农场长大。因为他是土生土长的美国人,所以毋庸置疑,可以被称为"美国的精神病学家"(Perry,1982)。他与"田庄人"一起成长,这些田庄人来到美国寻找新的生活,并且拥护新教工作伦理。然而,在某种程度上,他们所过的生活并不符合他们对美国 128

田园生活的浪漫想象。周围地区因抑郁和自杀率高而出名,与世隔绝的农妇频繁自杀,有时还带着孩子一同自杀。

沙利文是独生子,受到母亲斯塔克的宠爱,但是父亲却认为他"不努力工作,因为他一天到晚总是埋头读书"(Perry,1982,p.85)。虽然哈利(Harry)有点过分夸大斯塔克家族的成就,但该家族在当地确实颇受人尊敬。人们可能不会用同样的话来评价沙利文家族。这一对比就是"社会相对论"的一个例子:与沙利文家族相比,斯塔克家族在一个由身份低微的人组成的社区中具有相对较高的地位。事实上,沙利文的家庭背景是本书涉及的心理学家中最平凡的。霍妮的名字随母姓,龙泽伦(Ronzelen),以"范"(van)开头,高贵的象征。相反,沙利文家族"初来乍到"并且属于工人阶级。促使沙利文成功的一个因素可能是他超越自身家庭出身的渴望。换句话说,是沙利文对母亲斯塔克所在家族成就的幻想,促使他"达到她的水平"。沙利文对于改变自己名字的犹豫不决支持了这一观点,即斯塔克家族的影响是他成就动机的根源。当刚刚进入医学院时,他叫 Harry Francis Sullivan(哈利·弗朗西斯·沙利文)或 H. F. Sullivan(经他确认,"弗朗西斯"是在他 13 岁时加进去的)。后来,他使用了多种名字组合,如 Harry F. Sullivan 和仅仅简单地使用 Harry Sullivan。但是,他最终将弗朗西斯弃而不用,转而喜欢母姓斯塔克。他与埃里克森一样,都经历过这段同一性混乱期。

作为一个人,沙利文是孤独的,有点沉默寡言,他对于自身健康带有宿命论的观点,并且使用酒精来"抵抗焦虑"(Perry,1982,p.175)。他不但自己喝酒,还将它推荐给父母,使他们在治疗前放松下来(Le Doux,2002)。他具有演员迪恩(J. Dean)那种容易受伤的、困惑的表情。这些症状都表明他是抑郁症患者。在童年期和前青春期,沙利文不太合群,表现出一种模糊不定的性取向,这些症状一直持续到成年期。可以推测,在前青春期,他可能卷入了同性恋关系中。他很晚才进入青春期,可能直到 17 岁。

在大学里,沙利文的确曾对一名女同学表达过"情欲",但是他身边的人一直不能确定成年沙利文的性取向(Perry,1982)。许多朋友认为,沙利文既有男性性伙伴也有女性性伙伴。不管这些猜测是真是假,众所周知,沙利文渴望结婚,并为自己的单身生活而喟叹不已。佩里(Perry,1982,p.335)甚至指出,沙利文可能曾向一些只是与他熟悉的女士求过婚,但令这些女士大吃一惊。据说,他曾经一度"关注"霍妮,尽管有这么多传闻,他与同事汤普森(Thompson, C.)却没有性方面的关系。不过,他可能将对女性持久不衰的爱恋全部集中到了母亲和姑妈马吉(Maggie)身上。沙利文是同性恋、双性恋还是异性恋可能永远都不为人所知。他所处的那个时代,性取向不同是不被公众"直接"接受的。

心理混乱是沙利文的生活特点。当他还是一名康奈尔大学的学生时,据说他卷入"邮件诈骗"案中,可以推测,沙利文可能是"犯罪团伙"的一分子(Perry,1982)。因为缺少详细的相关证据,佩里猜测,沙利文和"团伙"或许是通过邮件从药房那里获得"麻醉剂"的(Perry,1982)。然而,当时给予沙利文的惩罚是轻微的:被康奈尔大学停学一年,并且可以再回学校(虽然他再没有返校)。从 1909 年开始休学到 1911 年进入医学院这段时间,沙利文失踪了。极小的可能是,他被关进了监狱;之后可能被他的法官叔叔"保释"出来了。更有可能的是,沙利文在此期间精神崩溃，正在接受治疗。无论如何，广为人知的是，年轻的沙利文精神分裂症（schizophre-nia）多次发作，逃避现实，并且思维、情感和行为失调。这些小插曲可以解释为什么他会对精神失调感兴趣。

尽管沙利文在康奈尔大学没有获得荣誉证书，也不是一名合格的物理专业学生，但他却成了芝加哥内外科医学院（CCMS）的学生（Chapman，1976；Perry，1982）。事实上可以说，他从高中直接进入了医学院，因为他并没有在全日制大学教育中受益。沙利文是高中毕业典礼上的告别演说者，这意味着他具有较高的学术能力，但是他进入医学院后却成绩平平。他曾经生活贫困，当过小学物理教师和芝加哥高架铁路列车员，而他在医学院求学时仅获得一次"A"，却有一堆的"D"（Perry，1982）。这样不突出的成绩记录在一所学校里，在当时是令人不敢相信的。佩里（Perry，1982）将芝加哥内外科医学院称为那个时代最普通的大学，而查普曼（Chapman，1976）将其描述成在世纪末出现的一批不能信任的医学工厂之一，沙利文将其称为"文凭制造所"（Chapman，1976）。它于 1917 年关闭，没有留下任何有关沙利文学位的记录（他的文凭是在死后的私人财产中找到的）。

对芝加哥内外科医学院的这些不良评价以及沙利文的在校表现似乎表明，他作为一名学者和知识分子是很平庸的。相反，他是一名才华横溢、见解独特的思想家，他在医学院求学可能只是"走个过场"，使他有资格做他真正想做的事，成为一名精神病学家。在华盛顿圣伊丽莎白医院（St. Elizabeth's Hospital）所做的自我管理精神治疗训练（Chapman，1976）使他对精神病和反常行为产生了许多错误想法，并且其中不少还出版了（Chapman，1976）。然而，通过在患者的帮助下自学精神病学知识，而不是依靠当时精神学教授的教条式讲述，他产生了许多创造性思想，这使他名声大作。在与沙利文训练有关的讽刺事件中，没有比认识到他是一位在精神科训练发展方面的重要人物更为深刻的了（Conci，1993）。沙利文最重要的临床工作涉及治疗精神分裂症患者，他为这些患者建立了一个疗效显著的、基于人际信任的收容治疗计划（Sullivan，1927/1994）。

沙利文逝世于 1949 年 1 月 14 日，他的死带有神秘色彩（Perry，1982）。人们在巴黎旅馆的一间客房里发现了他，他当时平躺在地板上，治疗心脏病的药物撒了一地。有关沙利文自杀的传闻迅速扩散开来，特别是在那个养育了他而自杀频繁的农村社区。然而，佩里非常熟悉沙利文的心脏病，并且认为，鉴于沙利文的健康状况，官方解释的死因——"脑溢血"——是完全有可能的。但是，她想知道是否在死亡当天，沙利文的某种想法加速了死亡，或者恰好导致了
130　死亡。在逝世那天他起床时，已故母亲的生日可能出现在他的脑海中。这个日子又与他一位亲密朋友的周年忌日相近。他可能还想起亲戚利奥·斯塔克在一月的某天也因为相似的原因死在了旅馆里。最后，沙利文在 1931 年预测，他将死于"脑血管破裂，在 57 岁时……"，这与事实惊人地相符。可能这四个事件的记忆一起出现，加速了沙利文的死亡。神秘色彩可能永远不会被破解，但是精神病学界因他的过早逝世遭受了很大损伤。视窗 6-1 表明沙利文的问题是因为自身的多样性引起的。

沙利文相对较低的社会经济地位可以部分地解释他健康不佳及早逝的原因（Adler &

Snibbe,2003)。新证据表明,社会经济地位越低,越易早逝。较低的社会经济地位导致的健康危害包括心血管疾病(沙利文死亡的可能病因)、精神分裂症和抑郁症患病率的增加。当人格因素中乐观(optimism)的程度很高时,可以促进个体的身体健康,而低社会经济地位的人们往往容易悲观。较高的受教育程度和收入水平,可以向人们提供追求健康需要的信息以及获得更好的健康护理。虽然沙利文的家庭可能本来不是很贫穷,但因为它是一个移民家庭,可能具有贫穷的历史。即使个人脱离了贫穷,但是在这种环境里生活时间越长,健康状况就会越差(Adler & Snibbe,2003)。

视窗 6-1　沙利文:多样性的化身

当我们考虑多样性时,通常只停留在种族问题上。然而,对于多样性来说,还有更多的维度,例如宗教。虽然弗洛伊德和阿德勒都不是虔诚的犹太教徒,但是犹太人身份是弗洛伊德具有不安全感的一个明显根源。很显然,沙利文对于宗教的投入是微乎其微的,但成为天主教徒可能与他的家庭移民美国有关系。无论如何,沙利文是爱尔兰人,这必然会影响他。他处在一个对新移民(包括来自爱尔兰的移民)有偏见的时代。同时,那也是一个肯尼迪家族与反爱尔兰顽固派作斗争的时代。

沙利文可能是同性恋或者双性恋,这就让他处在了多样性的另一个维度。其性取向的模棱两可可能极大地影响了他的人际关系。最后,还有一个维度,即心理健康状况,可能一定程度上也影响了沙利文的生活。他可能大半生时间都背负着"精神分裂症"的污名。

低社会经济地位的人面临的环境充满了更多的压力。他们更有可能受社会冲突、过度拥挤、犯罪和其他应激源的影响。贫穷的人可能靠发展短期有效的技术来对抗应激源,比如武装自己对抗罪犯。然而,这些方法虽然可以创设暂时的安全感,但是如果长久地保持高度警惕以确保安全(准备对抗罪犯),从长远观点来看可能会增加压力。随着时间的推移,对紧张性刺激的逐渐适应,例如,保护自己免受罪犯侵害,会增加生理和心理系统的耗损[称为"非稳态负荷"(allostatic load)]。反过来说,与相对较低的社会经济地位有关的累积起来的压力负荷,使生理和心理系统付出了如此沉重的代价,以致健康肯定会受到伤害。从某种程度上说,是社会经济地位较低的家庭史以及他在家乡、康奈尔大学、医学培训期间承受的压力,导致沙利文患上致命的心血管疾病和给他带来痛苦折磨的精神分裂症、抑郁症。

131

沙利文关于人的观点

重要他人与自我

沙利文的理论紧扣这一观点:个体需求的满足和发展任务的完成都需要一系列的两人关系,这种两人关系从"母亲"开始,在性伙伴的选择过程中达到顶点。虽然沙利文认为,我们具有多少种人际关系就有多少种人格,但他将**人格**(personality)正式定义为"成为一个人生活特征的一再发生的人际情境的相对持久的模式"(Sullivan,1953,pp.110—111)。该定义虽然与弗洛伊德的人格定义有所不同,但他还是将自己看成一名精神分析学家。而且他还使用了弗洛伊德的许多研究方法。然而,他背离了弗洛伊德有关心理性欲的基本假设,定位于阿德勒的"社会兴趣"。该定义与霍妮强调的始于婴儿期的焦虑和人际关系有着一定的相似性。大多数人认为他们的理论是一致的。

重要他人(significant others)是指在生活中对我们最有意义的人物。本质上来说,缺少重要他人,人格就不存在。没有这些重要他人,**自我系统**(self-system)就无从发展,"重要他人对个体的幸福感产生影响,在此基础上,作为人格一部分的自我系统就产生了"(Sullivan,1954,p.101)。大多数人都知道,我们的自尊感主要依赖于从他人身上获取的积极和消极评价。有趣的是,这些与他人的关系可能是幻想的,也可能是真实的:我们可能会与假想的玩伴、文学角色和公众人物相处。举例来说,欣克利幻想着与女电影演员福斯特是恋人的关系,为了给她留下印象,他冒险去刺杀里根总统。

亲密感的需求

人格来源于个体经验,个体经验包括生理需求和人际焦虑两大紧张感的降低,其中生理需求与弗洛伊德观点相似,而人际焦虑则不同于弗洛伊德的理论。这些需求(needs)寻求满足(satisfactions):"……满足是指某些需求状态(与身体组织有着相当紧密的联系)的终止",比如对氧气、水、食物、身体温暖等需求得到缓解(Sullivan,1947,p.6)。**人际焦虑**(interpersonal anxiety)是一种紧张状态,在与重要他人的关系或在幸福感中得以缓和。

与霍妮的观点相似,沙利文将婴儿看成是完全无助的,在他人的支配下获得安全感。然而,沙利文进一步将该观点理论化:婴儿几乎完全依赖于**母亲**(mothering one),一个"……重要的、相对成熟的人格,她的合作是维持婴儿生存必需的"(Sullivan,1953,p.54)。这一极为重要的人物解决了婴儿的**亲密感需求**(need for tenderness),它有别于"爱",指的是各种紧张的缓解(Sullivan,1953)。沙利文有效地捕捉到婴儿与母亲亲密联系的本质:"各种需求的紧张激发了婴儿的外显行为,随之导致母亲的紧张感,而这种紧张感……被母亲体验成了亲密感,并且[引发]行为,[使]婴儿的需求得到缓解。"(Sullivan,1953,p.39)

基本概念:沙利文

移情、焦虑与安全感

"当母亲表现出焦虑紧张时,婴儿随之就会产生焦虑"(Sullivan,1953,p.41)。当母亲向婴儿表现出冷漠(比如传达某些事情是"坏的"或者"不被许可的")时,就会将焦虑传递给婴儿,即使母亲紧张的原因与婴儿没有直接的关系。它可能是由于照看者的人格、对父母角色的不确定性或者与婴儿无关的环境，比如父母疾病、疲劳或者坏消息引起的心烦意乱。然而，婴儿无法知道这些可能性。她／他只是通过**移情**（empathy）融入到照看者的紧张或者不适中，"我们用移情这一术语来指代[存在于]婴儿[与]重要他人——母亲或者护士——[之间]的特殊情感联系"（Sullivan, 1947, p.8）。它包括相互的角色替代，体现在婴儿对亲密感需求的表达和母亲提供亲密的动机中（Hayes, 1994）。通过移情或者其他途径获得的焦虑，能够干扰生理需求和亲密感需求的满足。例如，婴儿可能哭叫或者吐奶，从而打乱比如进食等重要行为，而这会进一步增加自身或者母亲的焦虑。因为自身没有有效的途径来转移、减少或者避免焦虑，婴儿完全依赖于照看者缓解焦虑。由于婴儿自身无助的状况，只有母亲能以**人际安全**（interpersonal security）的形式提供安慰，人际安全即"焦虑紧张的缓解"，这种缓解被体验成恢复到原来平静的、无烦恼的状态（Sullivan, 1953, p.42）。这种独特的体验不同于生理需要得到满足时出现的满足感。

三种经验模式和人格发展的六个阶段

　　沙利文界定的人格发展包括六个阶段，从婴儿期到青春后期，每个阶段都以一种独特的人际关系为中心。因为其中三个阶段围绕他提出的相当抽象和复杂的"经验模式"出现，而这些经验模式又很难三言两语"说清楚"，所以我们最好首先介绍它们。

　　经验模式　　原始（prototaxic）模式是最早期（婴儿期）、最原始的经验类型，是一种笼统的感觉或情感状态，没有思维的参与（Sullivan, 1953）。婴儿了解的仅仅是威廉·詹姆斯（William James）所称的一种"大的、繁荣发展的、嗡嗡作响的混沌状态"，只能模糊感觉到这些瞬间状态，没有"前"或"后"的区分。而且，他们也觉察不到自己作为一个实体与世界是分离的。沙利文通常回避给原始经验模式下正式定义，而马拉希（Mullahy, 1948, in Sullivan, 1953, p.28）对"原始的"一词的解释为沙利文解了围：

　　　　婴儿模糊地感觉到或者"领悟到"较前或较后的状态，但是认识不到它们之间的系列联系……他没有意识到自己是与世界的其余部分相分离的实体。换言之，其感觉到的经验完全是未分化的，而且没有明确的范围。他的经验好像是"广阔无边的"。

　　随着婴儿变成了儿童，经验模式也变成了**并列**（parataxic）模式，儿童开始使用语言，但是各种经验之间依旧没有逻辑联系（接近学前期；Sullivan, 1953）。思维和言语是无组织的、分离的，就像在梦中，而且理解力仍然很有限。对"刚发生"的事情有一种"不可思议"的感觉，比如看到彩色的圣诞灯由于电闸的简单打开而突然亮起来。对于成人来说，并列的经验可能为与习惯有关的记忆打下初步的基础。比如：没有有意识的思维参与而经常出现的日常活动：穿衣、走路上学、吃饭或者做重复的数学运算。马拉希再次帮沙利文作出了界定：

　　　　随着婴儿的长大……这种原始的、未分化的经验整体被打破。然而，这些"碎片"……不能以逻辑的方式来联系或联结……儿童还无法将它们彼此联系起来，或者在它们之间作出逻辑上的区分……因为没有建立起联结或联系，不存在从一种思想到另一种思想的逻辑"思维"运动。并列经验模式并不是一个逐步发展的过程。（Mullahy, 1948, in Sulli-

133

van，1953，p.28)

换言之，一个未被打破的集合体，感觉和知觉，像一块果冻，现在被分成了部分，像分割开的小块果冻。然而，这些部分是分离的，彼此没有逻辑联系。

当单词的意义可以与大多数人分享，以至于经验、判断和观察也可以分享时，**综合**（syntaxic）模式变得重要起来（大约小学早期阶段；Sullivan，1953）。个人和他人能够交流综合经验，因为他们同样界定语言的符号。这就是"同感效度"（consensual validation）阶段，在此阶段儿童学会把与他人共享的经验和自身的独特经验区分开来，使别人明确了解自己的想法和情感，并且领会他人的所感所思（Sullivan，1953）。马拉希（Mullahy，1948，in Sullivan，1953，p.28）再次给予澄清：

> 儿童逐渐习得……语言的意义……。这些意义来自群体活动、人际活动和社会经验。具有同感效度的符号活动需要求助于一些原则，这些原则被听者作为事实而加以接受。

当儿童习得了综合经验模式后，也就已经学会了组织思维的共同原则，以致思想和言语不再是分离的。那些没有系统联系的未分化的内容片断，现在已经变成独立部分的集合，每一部分都与其他部分有着联系。三种模式反映的发展方向即社会化的加强。随着时间的推移，"社会主流"将左右个人的解释。

婴儿期："好"看护者和"坏"看护者的原始感觉。 婴儿期（infancy stage）从出生时开始，一直持续到言语的出现（Sullivan，1953）。人格的发展始于进食，因为婴儿最初的人际情境是"吮吸乳头"：婴儿的嘴总是朝向母亲的乳房或者奶瓶。这种经验使婴儿对水、食物和接触的需求与看护者表达亲密的需求整合为一体。伴随着的婴儿的手脚舞动——摸、抓、推、摩擦和搂抱——逐渐成为最初人际情境的重要部分。

随着婴儿开始积累经验，它便形成了**人格化**（personifications），即赋予人或物以人的特性，这些人或物事实上不具有这些给定特征，至少它们还没有被运用到这种程度。例如，如果婴儿需要食物，这时出现了期待中令人满意的乳头，满足了需要，它便形成了早期"好乳头"的人格化。当婴儿与母亲的交流体验是令人满意的、温暖的和舒适的，它便形成了"好母亲"的人格化。这种移情感官意象不是来自真实的母亲，而是婴儿模糊的、原始的感觉：进食体验"很好"，因为这导致紧张感的放松。如果相同的看护者与婴儿交流的方式是"粗鲁的、令人不高兴的，伤害婴儿，并且通常使婴儿烦恼"，婴儿就会形成"坏母亲"的人格化，导致"乳头焦虑"（Sullivan，1953，pp.116 and 87）。沙利文（Sullivan，1953，p.120）概括了这些人格化："……所有与……那些满足……婴儿需求的……人们……的关系……整合成了我称为的好母亲的单一人格化……导致严重焦虑的……所有体验整合成为我称为的……坏母亲的单一人格化。"

这些人格化可能作为"逼真的人物形象"持久地保持在记忆中："虚幻的人"、"想象的人"或者"过去的人"，这些"过去的人"有时还会被挖掘出来与成年生活中的人匹配（老板与"坏母亲"匹配）。个体人格化也开始发展。个体开始知道"我"、"好我"、"坏我"以及"非我"。有趣的是，布勒希纳（Blechner，1994）提出了第五种类型"可能我"，指一种正处于考虑之中的我，一种潜在的我，这种潜在的我包括许多分离的人格方面，个体仍然需要鼓起勇气接受它们。婴儿具有威胁性、攻击性的一面就是一个例子。随着发展,儿童性的一面就符合"可能我"。

你可能会对婴儿怎样区分"好母亲"和"坏母亲"的原始的未分化能力产生疑问。婴儿既不能理解母亲说什么,也不能解释"表象"(Sullivan,1953)。"好"母亲和"坏"母亲可能在基本的外表上看起来相同,包括衣着。"好乳头"和"坏乳头"在外表上也相同。儿童区分"好"和"坏"必须读懂的标志是微妙的。就"坏母亲"来说,其标志是**禁止姿势**(forbidding gestures),指的是消极的、隐藏的线索,比如皱眉头、冰冷的语气、过紧的抓握以及跟婴儿交往时的犹豫、不情愿甚或反感。沙利文(Sullivan,1953,p.86—87)这样表述道:

> 婴儿听到的母亲发声的差异、看到的母亲表情紧张度的差异以及在母亲走向它,出示奶瓶、更换尿布……时整个身体运动的速度和节奏的差异,所有这些……区分……与焦虑,包括奶头焦虑……之间有着频繁的联系。

关于他人的早期经验促使婴儿开始区分它自己的自我系统和周围环境。围绕着"好我"的人格化,婴儿开始组织获得积极满足的体验,比如母亲是快乐的。在这种情况下,人际安全感占优势地位。另一方面,围绕着"坏我"的人格化,婴儿开始组织母子关系中的焦虑体验,这就会导致不安全感。未区分的早期经验开始分成若干部分。婴儿学会在自我和世界之间作出某些区分。

> 135

是什么导致了"坏母亲"?瑟宾和卡普(Serbin & Karp,2003)认为,人们观察的他们父母的行为模式以及自身早期明显的行为取向导致人们形成了自身的父母风格。他们指出,当前父母和下一代父母(即他们的子女)都会受到环境状况的影响,比如贫穷、看护和危险的邻居等。带有攻击性、藐视、拒绝的父母行为模式和严酷的环境会使婴儿发展成带有敌意的、麻木的惩罚型父母。这种破坏性过程引起了坏父母的代际恶性循环。

另一方面,"好母亲"与她们的孩子共同参与一种互动取向(mutually responsive orientation)(Kodhanska,2002)。在互动取向中,父母对婴儿的需求易于作出反应,并与婴儿分享他们自己的"积极情感"。他们为婴儿创造了一种持久的积极心境,这可以使他们的后代与他们之间的关系更加亲密。"好母亲"能读懂自己孩子最轻微的"信号,如痛苦、不高兴、需求、企图获得注意或者试图造成影响"(p.192)。这种紧密的联系促使婴儿不仅尝试取悦父母,而且努力变得像他们一样。互动取向关系中的婴儿表现出的积极特征之一是具有强烈的道德感。视窗 6-2 举例说明了这种互动取向关系。

儿童期:适用于社会习惯和自我的并列学习　　儿童期(childhood stage)由言语表达清楚开始,到出现寻求玩伴行为结束。一系列重要的发展任务在此阶段开始。首先,儿童被迅速社会化,认识到什么是"正确的"。儿童开始接受父母有关进食、厕所使用、清洁、服从、应该和必须这些教导。其次,语言成为一种操纵社交世界以便减轻儿童紧张感的工具。再次,自我系统继续发展,其功能是使焦虑最小化。随着学习能力的成熟,儿童在理解重要他人的禁止姿势方面变得更加熟练。在寻求满足以逃避焦虑方面,自我系统与弗洛伊德的"自我"有着一定的相似性。通过对危险事件选择性不注意(selective inattention)以及预期并进而避免那些与过去发展不相容的经验,自我系统可以使焦虑减轻到最小程度。当它利用分裂(dissociation)切断危险事件或经验与自我的任何联系时,自我系统就会陷入失调状态。我们是通过我们的自我系统在心理上使父母陪伴我们一生,作为什么是"许可的"和什么是"不许可的"的持久提醒者。因此,自我系统与弗洛伊德的"超我"也有相似之处。

第四,儿童还会习得一些消极情绪,比如厌恶、羞愧、愤怒和不满等。儿童还会学习消极的社会互动倾向,比如恶意(malevolence),这可能是儿童期人格发展阶段最具灾难性的教训。具有讽刺意味的是,儿童可能在寻求亲密感的同时形成了恶意倾向。

136

视窗 6-2　好母亲

　　亚当(Adam)是萨拉(Sara)的第一个孩子,但是通过观察他们的互动,你很难看出这点。他们之间似乎有一种无形的联系,就好像脐带仍然完好如初,但它是没有形体的,可以无限扩展。如果亚当在自己的房里,萨拉下楼去客厅,他可能会发出某些声音,这些声音不仅会使她回到他身边,而且还会诱使她带来他需要的任何东西。如果他需要温暖,她就会立即带来毯子;如果他需要食物,她就会带来奶瓶;如果他需要换干净的尿布,她就会带来尿布。当她抱起他时,他不会出现某些婴儿表现出的不协调的紧张感和扭动。当她把他放在肩膀上时,他往往会淡淡地微笑、嘤嘤低语并且保持放松的姿势。如果与偎依方向相反,亚当就会蹬腿,并且用头摩擦她的身体,显然是努力更加亲密一点。如果她不得不离开他一段时间,他会耐心等待,确信当需要她时,她就会出现。当萨拉的朋友来拜访时,对他们的出现他也会表现得很自然。受这种母子之间人际和谐的交响曲的吸引,朋友们经常来访。当萨拉离开房间,朋友接近他时,他不会反抗。事实上,当他们向他低语或者顽皮地挠痒时,他还会甜美地微笑。但是,即使当她回来后,他看不见她,而她仅仅发出些杂音,他也会反射性地将头转向她说话的方向。当她生病或者情绪低落时,他会感觉到她的心情并召唤她到身边,好像要安慰她。同样,当他将"得病"而还没有得之前,她也会感觉到。她的儿科医生很吃惊,在它们有明显的标志(比如发烧)之前,萨拉能够看出亚当的健康问题。萨拉和亚当是一个整体的两个部分。他们之间的相互关系是一个奇迹:合作、协调和彼此影响的同时性。

　　许多儿童……当他们需要亲密时,……不仅得不到亲密,而且被一种引起焦虑的方式对待……儿童可能发现……对周围权威人物的亲密需要……会导致……自身……焦虑……被取笑……在那样的环境中,发展的过程变向了[即]……对亲密的需求预示着焦虑……儿童了解到……对周围权威人物……表现出亲密合作的需求,反而会对自己极为不利,于是,他就表现出……基本的恶意态度,就好像一个人真的生活在敌人中间……(Sullivan, 1953, p. 214)

由于对儿童学习过程产生了强烈的兴趣,沙利文提出了获得有效全新信息的五种主要途径。其中三种途径是直接的、常识性的和不证自明的:(1)尝试和成功(trial and success)(成功的行为作为习惯被储存在记忆里);(2)奖励和惩罚(rewards and punishments);(3)尝试和错误(trial and error)(记录失误以避免重犯)。然而,其中有一种途径是独特的并具有创新性。儿童**通过焦虑学习**(learn by anxiety):当焦虑不严重时,个体就会开始了解焦虑产生的周围情境,以便避免这类情境的再次出现。甚至婴儿也能认识到某些情境或物体是他们不想要的,因此应该避免。随后,随着语言能力的获得,儿童将这些情境称为引起焦虑的情境,从而更容易避开它们。更高一级的焦虑学习涉及**焦虑梯度**(anxiety gradient),"学会区分增加焦虑和减低焦虑,并且朝着减低焦虑的方向改变活动"(Sullivan,1953,p.452)。儿童必须能够监测到自己有时极其微妙的情感变化,并且觉察出这些变化发生的情境。然后,当焦虑程度增加时,他们能够将自身转移到降低焦虑的情境中。例如,儿童可能了解到,当母亲在场时玩弄生殖器会引起焦虑的持续上升。为了改变这种梯度,当母亲在场时,儿童必须停止玩弄生殖器,并且把他的手运用到与降低焦虑有关的任务中,比如,画一些让母亲高兴的图画。

137

沙利文提出了三种促进儿童社会化(socialization)的方式,这种社会化是指成为发挥一定功能的社会公民。对儿童和培养者而言,儿童行为的频率(frequency)可以提示儿童和培养者某些行为正在被习得。对频率的关注可以引发对社会期待行为的培养,还可以剔除不被社会期待的行为。一致性(consistency)是指"特定行为方式的重复"。如果儿童行为表现一致,就意味着已习得的行为正在被执行,或者行为的习得正在进行中。理智(sanity)是指父母的一种品质,他们完全了解自己孩子的优缺点,这样有利于所提教育要求合理和恰当。没有理智,儿童就不会发现自身擅长什么,因此,在以后的发展阶段,他们就不能确定自身的价值(Bromberg,1993)。视窗 6-3 会引导你体验这种学习过程。

视窗 6-3　在培养孩子过程中包含哪些学习过程

沙利文提出的四种学习过程被划分为两种类型,并且每个过程都给予了简单界定。其中的每个过程,都由你或你的父母依据下面的操作过程在 0 到 100 之间挑选一个数字,以表示你的培养百分比。你的四个数字之和应当为一百。例如,你可能给予"通过焦虑学习"数字 10、"奖励和惩罚"20、"尝试和成功"40、"尝试和错误"30。

积极导向过程

过程＿＿＿＿＿＿＿＿＿＿＿＿＿＿＿＿＿＿＿＿＿＿＿＿＿＿**100 以内的数**

尝试和成功——

尝试一种行为直至成功

尝试和错误——

观察自身及他人行为,通过了解其中的错误而获益

消极导向过程

过程＿＿＿＿＿＿＿＿＿＿＿＿＿＿＿＿＿＿＿＿＿＿＿＿＿＿**100 以内的数**

通过焦虑学习——

个体开始了解引发焦虑的情境,以便避开它们

奖励和惩罚——

给予快乐以鼓励某种行为,给予惩罚以阻止某种不良行为

注意哪一过程你给的数字最大。如果某一过程被赋予数字40或者更高,那就表明,该过程显然是你学习历程中的主要培养策略。按类别计数:将积极类型中的两个数字和消极类型中的两个数字分别相加。如果两个总和中的一个是60或者更高,那就表明你主要是经历了积极或消极导向过程的培养,这要依赖于该数字来自二者中的哪一类型。

138 　　**少年期:寻找同伴和怀疑父母的综合经验。少年期**(juvenile era)始于儿童对同龄伙伴或者"与自己相似的玩伴"的寻求。在小学阶段,儿童有很多的机会来学习其他儿童的行为方式,并且对新权威人物像老师、教练和俱乐部领导者表现出社会服从。在此阶段,儿童会找到同伴(compeers),他们会教会他更多的社交能力,并且使其远离孤独。

　　少年形成了对生命中某些变化的正确评价,这些变化是以前从未设想过的,其中有"对"有"错"。在家庭中习得的观点和社交行为在学校或朋友中是不适用的,必须重塑。包括父母在内的权威,从神圣人物降低为人。伴随合作的还有竞争、定型、排斥和妥协等体验。还提到了"我们的团队"与"我们的老师"。同伴压力某种程度上引发了社会适应行为。在对个体需求和未来目标不断理解的基础上,少年形成了一种对个人有意义的生命取向。

　　前青春期:与好友合作。前青春期(preadolescence)是短暂的,开始于对人际亲密关系的需求,与"同等地位"的他人建立亲密关系。8.5—10岁时,儿童"开始形成一种对他人关心的事情的真实敏感性"(Sullivan,1953,p.245)。个体最感兴趣的是与一个密友(chum)(成为朋友和知己的特殊同性个体)建立联系。处于前青春期的少年通过合作,促进了朋友的幸福感。为了使相互之间满意,每个人都会作出相应的调节。当两个年轻人变得对对方来说都很重要时,双方的价值通过同感效度过程得到了支持,在此情况下,指的是分享彼此的信念。前青春期个体可能会在分享白日梦上花费时间。参与小集团或帮派可以被追溯到连锁(interlocking)一词,即形成二人关系:搭档A、B,可能同时还与搭档C、D有关系。通过对合作关系的强烈需求,少年可能战胜由亲密同伴缺失引起的孤独。这种需求是如此强烈,以致尽管害怕受到拒绝,人们还是寻求与他人的联系。

　　青春期初期:从性伙伴身上体验到情欲。当亲密关系需求朝向与性伙伴进行亲密和温柔的情欲感发展时,**青春期初期**(early adolescence)就开始了。个体对异性伙伴,一个"非常不同"的个体,产生的兴趣逐渐取代了对同性伙伴的兴趣。在此阶段,满足**情欲**(lust)的行为模式出现,沙利文将情欲称为"某种生殖器的或与生殖器有关的张力状态",它结束于性高潮(Sullivan,1953,p.109)。"情欲"与亲密(intimacy)需求一起,目前变得更重要。

　　沙利文将情欲和亲密需求划分为三类:(1)以亲密需求为基础的他人取向;(2)以同伴状况

（自己或他人，同性或异性，人类或非人类，活着或死亡；情欲）为基础的他人取向；（3）以性交（情欲）时生殖器的使用方式为基础的他人取向。

　　沙利文使用希腊词根"philos"，意思是"爱"，作为与亲密需求表现有关的术语的后缀。在（1）类中，对应着三类人群，他假设了三种亲密表现（intimacy expression）的选择。首先，**自性恋者**（autophilic person），此类人没有经历过前青春期的发展，因为该阶段没有出现或者没有成功发展，这就导致了个体自我导向的爱的持续。此类人的亲密表现具有"自恋"的味道。"**同性恋者**（isophilic person）没有通过前青春期阶段，并且仍以为只适合与那些和他相似的人（即与自己同性别的成员）建立亲密关系"（Sullivan，1953，p. 192）。最后，"**异性恋者**（heterophilic person）……已经表现出青春期初期的变化，已经开始强烈地对……与异性朋友建立亲密关系感兴趣"（Sullivan，1953，p. 192）。

　　"根据同伴状况的他人取向"类型（2）与情欲相关，并且包含我们非常熟悉的词目。同性恋者（homosexuals）朝向同性，异性恋者（heterosexuals）朝向异性，自性恋者（autosexuals）朝向自身。稍微不熟悉的是尸恋者（katasexual），偏爱动物等非人类或死人。

　　与生殖器（3；哎，请作出赔偿）的使用有关的情欲具有四种独特的类型。**正统生殖**（orthogenital）是指个体的生殖器与异性"自然的生殖器器官"的结合，即针对异性使用生殖器（p. 293）。在性器官的**性欲倒错**（paragenital）使用中，个体寻求与异性生殖器的接触，但是这种方式并不会导致怀孕。用自己的生殖器摩擦异性个体的生殖器就是一个明显的例子。**变位生殖**（metagenital）的使用不涉及个体自身的生殖器，只涉及他人的生殖器。例如，给别人手淫或者口交。**两性生殖**（amphigenital）指的是这种情况，一对性伴侣可能都是同性恋或异性恋，他们中的一个或两个扮演一种与自身日常角色不同的角色。例如，一个女人会戴上自慰器，使用它与同伴性交。在沙利文之前还有另外两种类型：相互手淫（mutual masturbation），意思不言而喻；或者交媾中断（onanism），指的是异性在性交时，在高潮发生之前就结束性交。视窗 6-4 进一步探究同性恋理论。

　　青春期后期：建立爱的关系　区分青春期初期与青春期后期的标准并不是生物学角度的成熟，而是人际成熟。人格各方面的部分发展在此阶段一目了然。人们能容忍许多先前逃避的焦虑，这使得自我系统发生了某些积极变化。**青春期后期**（late adolescence）开始于个体承认自己的生殖行为取向，并且确认怎样使这种行为适应后来生活，结束于"一个完全人性化或成熟的人际关系库的建立"（Sullivan，1953，p. 297）。从迈出成年人第一步起，个体能够"建立起与他人的爱情关系，在这种关系中，他人变得和自身同样重要，或者差不多同样重要"（p. 34）。表 6-1 归纳了上述六个阶段及相应的基准。

评价

贡献

　　身体接触与同伴关系。人类婴儿会表现出与父母形象亲密身体接触的需求，鲍尔比（Bowlby，

表 6-1　沙利文的人格发展的六个阶段

阶　段	特　征	能　力
婴儿期	需要与看护者接触；原始经验	开始说话
儿童期	需要成年人参与活动	语言
少年期	并列经验	与同龄人或玩伴建立关系
前青春期	需要为同龄人接纳	亲密、同性关系——密友
青春期初期	综合经验	亲密，异性关系；情欲或生殖行为模式
青春期后期	需要与所爱的人亲密交流	恋爱关系的成熟、独立发展，在这一关系中对方与自身同等重要

140

视窗 6-4　同性恋理论：比沙利文时期更加完善

目前还没有被大多数科学家一致认同的同性恋理论，对于这点我们可能不会吃惊。同性恋理论共有两种。一些科学家认为同性恋是在成长过程中习得的，而另外一些人确信它是由生物因素决定的。斯托姆斯（Storms，1982）提出了"学习"假设的一个现代例子。根据这一假设，较早达到性成熟的个体将其新的性冲动指向那些最容易获得的、相同性别的朋友，孩子们在他们那个年龄段只和这些朋友联系。那些按时或较晚性成熟的人们已经放弃仅有的同性联系，而喜欢上与异性的交往。因此，他们将性欲指向异性。斯托姆斯的理论在最近几年逐渐衰退，因为缺乏资料支持。

贝姆（Azar，1997；Bem，1996）的"奇异的就是性欲的"理论有一点与斯托姆斯的假设相似，即与同伴的早期交往是关键的，但这里是指与重要异性的联系。贝姆的观点是这样的，例如，如果一个男孩花大部分时间与女孩在一起，并且更喜欢女孩类型的活动，他就会将男孩看成与自身是不同的。因为其他男孩是不同的，是奇异的，所以同性变得具有性吸引力。

我们还发现男同性恋成长的有关证据：男子无名指通常比食指要长。无名指较长的男同性恋人数要少于男异性恋人数（Lippa，2003）。其他研究表明，对某种听觉刺激，女同性恋者和女双性恋者内耳反应的强烈程度处于女异性恋与男异性恋之间（Holden，1998）。子宫中雄性激素的分泌可能是诱导因素。在多胞胎鼠崽中，一个雌性鼠胎如果身边有两个雄性鼠胎，那么在该雌性鼠崽出生后就会表现出明显的雄性鼠的身体特征和行为方式（Vanderbergh，2003）。

一项有关下丘脑——被认为有性欲方面的机能的脑部位——的神经学研究已经揭示了男同性恋和男异性恋之间的差异。莱沃伊（LeVay，1991）发现了男同性恋和"正常"男性的下丘脑在结构上的差异。不过，许多生物研究已经走到尽头。x染色体上有一条基因预先决定了男性具有同性恋倾向，对该基因研究的最初热情已经减退（Rice，Anderson，Risch & Ebers，1999）。

1969)将这种需求称为"最初的客体依恋"。在 1951 年世界卫生组织的一份报告中,鲍尔比指出,婴儿的心理健康需要与母亲形象建立一种温暖、亲密和持久的关系,而这种母亲形象并不一定是生物学意义上的母亲。他指出,把婴儿放在具有公共机构特征的环境中,比如孤儿院中,使其不能从养育方获得身体接触,因为人际缺失,他们就会表现出成长和生存的困难。

为了阐明该观点,斯皮茨(Spitz, 1946)观察了 123 名婴儿中 45 名婴儿的抑郁症状,他们都是在与父母分离后被放入看护房的。其症状包括没有食欲、入睡困难、哭泣、活动慢、神情冷漠、身体退缩(如面向墙壁)、易受影响以及发展缓慢等。该反应的一种极端形式是消瘦症(marasmus),是指遭到忽视的婴儿所患的一种综合征,他们"日益消瘦",但并非物质原因使然(Bosselman, 1985)。消瘦症可以通过与特殊成年看护者的日常身体接触而消除,这已经被写入了国际预防计划,该计划涉及对收养所所有婴儿的日常"抚抱"。罗马尼亚共产主义政权垮台以后,人们发现收养所的许多婴儿和儿童正处于类似于斯皮茨描述的情境中。20 世纪 90年代,许多美国人来到罗马尼亚和俄罗斯领养儿童,或者直接定居下来与儿童亲密、温和地交流,以使儿童生存下来。

分离可以诱发依恋行为,通过依恋行为婴儿努力寻找缺失的看护者,并且重新建立身体接触。而且,婴儿特别是那些受到更长时间冷落的婴儿,可能会表现出冷漠、抵抗或者绝望的脱离行为(Bowlby, 1969;Suomi, Collins, Harlow & Ruppenthal, 1976)。安斯沃思(Ainsworth, 1979)将头几年的人格调适与当前所谓的安全型依恋风格和焦虑矛盾型依恋风格相联系发现,在后几年中,安全型依恋风格比焦虑矛盾型依恋风格更好调适。

哈洛(Harlow, 1958)将小猕猴单独放在笼子里,笼子里还有两个猴妈妈的替身。一个"妈妈"由铁丝网做成,并被安装了一个能够供奶的乳头。另一个由毛巾做,在某些情况下也包含一个乳头。观察发现,小猴更多的时间是与毛巾做成的替代物呆在一起,而不管上边是否还有奶水。当给予小猴恐惧刺激时,比如一个机械玩具熊敲鼓,小猴会立即跑向布妈妈寻求安全感。

索米和哈洛(Suomi & Harlow, 1972)报告,将年轻的同龄伙伴作为"治疗专家",已成功地使原来社交隔离六个月的小猴复原,这一方法令人着迷。年轻的猴"治疗专家"与原来被隔离的小猴关在同一笼子里,它们表现出的支持性行为可以与沙利文的人类治疗方法中特有的"信任"和逐渐"再教育"相类比。这种方法的确类似于同伴相互使对方受益,这在"同伴"和"密友"两个概念中可以看出。

"精神病学访谈":一项帮助人们达到心理调节的贡献。 沙利文(Sullivan, 1954)去世后出版的《精神病学访谈》(*Psychiatric Interview*)是一部经典著作,论述了被人们广泛使用的评估技术,即就心理问题对个体进行访谈。沙利文将该访谈法视为弗洛伊德方法的替代品,因为它能更好地应用于大量从轻微到严重障碍的患者。他对访谈法主要有三个贡献:(1)提出了有关 142访谈资料本质的假设;(2)提出了获取和组织信息的结构框架;(3)提出了解释访谈过程及界定参与者角色的指导方针。

根据沙利文(Sullivan, 1954)的观点,两个因素决定了"在精神病学中没有绝对客观的资料"(p. 3)。首先,在解释人们提供的有关他们自己的信息之前,访谈者需要作出很多推论。其次,访谈者直接影响人们提供的信息。简而言之,患者的相关资料是访谈者获得的,而访谈者作为一名参与观察者会起到一定的作用:

　　　精神病医生不可能躲到一边……[注意]他人的行为,并且在此过程中个人不受影响。他观察的主要工具是其自身——他的人格,作为一个人的他。搜集……科学研究资料的……过程,既不会发生在观察对象身上也不会发生在观察者身上,而是发生在观察者与观察对象之间创设的情境中。(Sullivan, 1954, p. 3)

　　沙利文的以上论述指出了一个不为弗洛伊德以及其他心理学家所完全认识到的具有讽刺意味的状况。尝试评估他人人格必然包含着评估者人格的介入,这会污染有关访谈对象人格的资料。随之,我们便会陷入这样的困境:这些资料在多大程度上涉及了访谈对象的人格,在多大程度上涉及了访谈者的人格? 访谈及其揭示的人格信息的主要来源的核心和灵魂是:

　　　在一个两人团体中,一种最初靠语言交流的情境……[包括]一种逐渐展开话题的专家——当事人……[关系,它阐明了]生活的独特模式[还提供了]……好处[这些好处是通过学习]……他认为特别令人忧虑或者特别有价值的模式而获得的。(Sullivan, 1954, p. 4)

　　访谈四个阶段中的第一个是起始(inception)阶段,正式接待当事人,并且询问他/她来访的原因。第二阶段,即探察(reconnaissance)阶段,"包括获得有关患者社交史或人格史的粗略框架"。在非常重要的第三阶段即详细探究(detailed inquiry)阶段中,进行深入探究,其中牵涉到许多技术上的"巧妙、复杂",所有这些都是为了考察"另一个人的生活"(p. 410)。在第四个阶段,中断(interruption)标志着一个特殊访谈过程已经结束,但是还会进行其他访谈过程,而结束(termination)意味着不会有进一步的访谈。

　　详细探究是精神病学访谈的核心,始于治疗者尝试获得患者的准确印象。这一过程受到患者可以理解的担忧的阻碍,他们担心"医生"对他/她的看法。最初,患者试图避免留下一个坏印象,如果不能创造一个好印象的话。在这一点上,治疗者的任务是获得患者的信任,以便患者能够展露真实自我。这项任务可以通过对患者迂回回答问题的行为表示无怒的宽容来完成,沙利文将这种行为称为"避开明显的答案绕道而行"(p. 98)。最终,患者会发现直接、坦诚的回答将更容易被接受。

143　　除了访谈者和患者最初所玩的猫鼠游戏之外,在详细探究阶段还要解决两个本质性问题。第一个问题,由于访谈过程中突然发生的变化或者谈话内容的转移,访谈对象可能会表现出焦虑。访谈者可以利用这些变化,出于使患者放松的目的减轻焦虑,或者出于探究的目的提升焦虑。当患者担心治疗者对她或他的看法时,焦虑会显著加剧。无论如何,访谈过程中一律要避免这些焦虑的发生。不像害怕有时会吸引我们——我们会看恐怖电影或者坐过山车——我们从来不想要焦虑。因此,在治疗中,就像每天的日常生活一样,当焦虑升高时,患者会做任何必要的事情降低焦虑。他们有时甚至会"表现得……像傻瓜"(Sullivan, 1954, p. 101)。访谈中焦虑的出现提示访谈者,他们已经"触及要害"。

第二个本质性问题涉及自我系统。在儿童期晚期,个体提炼出**安全操作**(security operations),即使禁止姿势得以避免的技能。当这些技能适当成功地应用时,儿童就会保持一种相对愉悦状态。如果这些技能应用失败——自我系统无法保护个体的幸福感——出现愉悦感降低,并体验到焦虑情绪。因此,保护幸福感或相对愉悦感是每个人从婴儿到成人的基本任务,当然也是访谈中患者的一个重要目标。安全操作的实施带给个体更好的**预见**(foresight),即寻求好体验、避免坏体验的前瞻能力。通过不断考察他人赞成与不赞成的示意动作,有助于预见的形成。

患者需要从访谈者身上获得的是表明他/她正做得很好,并且"受到赞成"的信号。治疗者身上没有或者具有模糊的信号就会引起患者焦虑,这种情境会导致患者再一次玩起猫鼠游戏:"你正在研究我,我看起来很好……不!我正留下坏印象……我要努力留下其他的印象。"所有这些信号和错误传达是自我系统"启动并发挥作用"的证据。那么,访谈者的任务就是帮助患者调节自我系统,使之很好地运作,以便他/她获得能够保持愉悦感的信号。

这些是精神病学访谈的治疗任务,但是患者能为自己做什么呢?像阿德勒一样,沙利文认为,这些受到困扰的人必须为了他们自己的利益采取行动,他为患者列出三种任务(Sullivan,1947)。首先,患者和每一个其他的人一样,可以学会**注意自身的变化**(notice changes in the body),这些变化标志着代表焦虑的紧张程度的降低或增长。通过监测自己的身体,患者可以认识到焦虑升高或降低的时间以及这类事件发生的情境。能够意识到与焦虑增长或降低有关的情境是一种自知力,它在焦虑问题解决之前产生。

第二,患者——以及我们这些其余的人——可以学会**注意边缘想法**(notice marginal thoughts),即在结构和语法以及可能引起与他人的交流不完整或被误解的失误方面,那些监控、评论和修改谈话的想法。有两种"评论家"。第一种称为I_1,仅仅关注言语的结构。我们经常会注意到这种"非常不友好的批评者"(Sullivan,1954,p.99)。这是一种由于表达失败而惩罚我们的刺激物。相反,I_2是一个"颇富智慧的创造物",关注更核心的事件:我们如何更好地向他人展示自己。I_2是一面镜子,反映了我们在他人眼里的印象。我们会关注I_1,并且在反馈的基础上矫正自己的行为。而I_2,因为处理更多令人恐惧的人际事物,可能在我们意识之外,并且仅仅在紧张感剧增时才表现出来。如果我们能够察觉到I_2,我们就会采取第一个步骤,处理我们面临的人际问题,同时朝着降低紧张感的方向前进。

不管是患者还是正常人,我们都可以采取第三种行动,即**迅速说出所有涌上心头的想法**(make prompt statements of all that comes to mind),通过信赖"可以表达想法的情境",该过程就可以实现了(p.100)。然而,由于很多的约束因素,表现出该行为说要比做容易得多。人们可能受到以前行为失败想法的折磨。他们可能疑惑自己是否在给访谈者留下坏印象,因此不情愿针对正在讨论的内容"说出自己的想法"。取而代之,他们可能"依照情况说出许多不重要的当前事件,或者过分报告已取得的令人赞叹的好结果,这些好结果都是通过向……治疗者表露而……取得的"(p.100)。只有当他们学会坦诚说出有关当前情境的想法时,他们才能够提供访谈者帮助他们需要的信息。在接下来的任何会谈阶段都会存在详细探究。访谈者的任务

144

（与焦虑和自我系统有关）与患者采取的三种行动一起构成了精神病学访谈的治疗优势。访谈是一种富有成效的"两人"合作关系，患者能够从中获益。

局限

沙利文并没有很好地理解或高度评价真正的科学，作为一名内科医生和精神病学医师，他仅受到过少量的专业培训。与弗洛伊德、霍妮、阿德勒和荣格类似，他是一名临床医生和理论家，而不是科学家。沙利文宣称，做与人格有关的"科学研究"在本质上是不可能的，他只能依赖于非正式的研究方法，比如临床观察。更一般地说，与沙利文所处时代的心理学家不同，那个时代的精神分析学家没有赋予"科学研究"一种重要的优先权。严格来说，他们是治疗家，更适合关注非科学问题，比如解决人们的心理问题。鉴于这种状况，毋庸置疑，直至今日沙利文的理论在本质上缺少直接的科学支持。哈洛有关"猴子"的研究结果虽然与沙利文的观点一致，但并非直接受其引发的。事实上，这些研究支持的是鲍尔比的观点，以及包括霍妮在内的许多其他理论家的观点，而不仅仅是沙利文的观点。似乎沙利文主义者必须依赖他人来支持自己的观点，因为他们自己提出的宝贵观点很少。

虽然沙利文有许多概念非常深刻，但有些不太重要，还有一些好像是从他人那里借鉴的。比如，"奖励和惩罚"是一个常识概念，为每个人的祖母所熟悉；"尝试和成功"似乎是从桑代克那里借来的，却没有表明出处。沙利文看起来像是将所有的问题都理论化了，但是他很少关注是否其他人已经彻底"论述了这一主题"。因为沙利文使用了弗洛伊德的许多概念（自由联想、压抑和洞察），有人可能想知道是否他实际上是一名弗洛伊德主义者，只是以一种"听起来"不同145 的语言表述其思想。无论如何，他从别的理论家那儿获得了重要的理论取向。例如，是他最初对焦虑作出强调的，还是他从霍妮（一位他个人非常熟悉的理论家）观点中获得的启示？沙利文没有被列入 20 世纪最伟大的心理学家之中（Haggblom et al.，2002）。

结论

值得争论的是，沙利文的读者将他的一些观点归功于弗洛伊德，事实上是沙利文的原创思想，甚至没有受到弗洛伊德的启发（Robbins，1989）。正如你所看到的，他的理论和治疗方法仅仅在表面上与弗洛伊德的相似。他可能有时也论述一些无关紧要的观点，但是他确实提出了许多极具原创性的有效的观点，比如"原始、并列和综合"，这些都是沙利文最先提出的，并且早于现代认知发展理论。而且，有人可能会提出疑问：谁"偷窃"了谁的理论？可能霍妮受到了沙利文的重要影响。最后，他的许多观点为未来的理论与研究奠定了坚实的基础。"预见"——受到未来的拉动而不是过去的推动——是他的创造性观点之一，受到当今很多人的支持。禁止姿势，即经常在没有语言的情境下传达的微妙信号，是当今"非语言交流"热门领域的一个首要考虑的早期因素。

这样一位心理失常的精神病专家试图针对我们这些其余的人的问题提出建议，许多人对他的可信度提出了质疑。然而,我们一定要记住,那些对人类环境作出创造性贡献的人,科学家、艺术家和艺人,都具有"阁楼上灿烂的灯,有时会时不时地眨眨眼睛"。受人尊敬的艺术家凡·高被人认为是相当离奇古怪的。相对论理论家爱因斯坦和"原子弹之父"奥本海默至少脾气都很古怪。甚至不同寻常的喜剧演员,像布鲁斯、温特斯、威廉斯和普莱尔都过着烦恼的生活(在荧幕上见到的伍迪·艾伦可能就是现实中的伍迪·艾伦)。事实上,即使严重心理失常的人,比如精神分裂症患者,也可能具有不同寻常的创造力(Carson & Butcher, 1992)。或许,我们中有些人认为的"沙利文著作中晦涩的东西",正是有创造力的思想,它太独特、太复杂了,以致如果不通过深入反思就无法弄懂。或许,我们应当重新思考沙利文的著作,这次要注意那些"暗含在字里行间"的东西。

要点总结

1. 沙利文的家庭位于纽约的郊区。超越家庭背景的渴望使他获得了当今的成就。他的人生反映了他代表的多样性:爱尔兰人、新移民家庭、可能是同性恋或双性恋、天主教徒,并且可能患有精神分裂症。可能是由于受到精神上的打击,他突然从康奈尔大学消失。当再次出现时,他进入了一所名声不好的医学院,在那里表现平平。

2. 沙利文没有经过正规的医院实习就成为一名对精神分裂症感兴趣的精神病学医师。沙利文的死带有神秘色彩。社会经济地位较低的家族史可能加速了其死亡。沙利文的人格定义强调了他的"一次二人"取向。人格的核心部分是自我系统,沙利文假设人们能体验到两种紧张:(1)身体需求;(2)人际焦虑。他认为,婴儿的紧张会诱使母亲的紧张,母亲将这种紧张感体验成满足婴儿需求的亲密感。

3. "移情"是婴儿参与另一个人紧张的模式。通过移情机制引发的焦虑能引起分裂行为。通过人际安全感可以减轻焦虑。沙利文假设了三种经验模式:婴儿非言语的原始模式;并列模式,有言语参与但言语缺乏逻辑联系;综合模式,需要共享意义的出现。

4. 在婴儿期,与母亲从"奶头—到—嘴唇"的联系成为中心。人格化及读懂"禁止姿势"的能力在此时出现。自我系统是组织、融入过程的一个代表。"坏母亲"可能代际传递,而"好母亲"通过互动取向进行操作。在儿童期,言语及同伴需求出现。自我系统继续发展,向着更加有利于逃避焦虑的方向发展。

5. 亲密感需求的表现变得更加复杂:曾经带来亲密感的行为可能现在会带来痛苦;因为寻求亲密感可能是不利的,儿童就会表现恶意态度。沙利文提出了五个学习过程,其中"焦虑学习"具有独特性。沙利文还指出,频率、一致性和理智在儿童培养中的重要性。

6. 在少年期,同伴成为中心。在此阶段,儿童在家学到的东西不能适用于同伴生活。父母失去了他们神仙般的光环,儿童开始将自身看成是团体成员,并且与非家庭成员联系。在前青春期,儿童变得对他人需求由衷地敏感,并且寻找一个具有同等地位的人建立亲密联系。在青春期早期,情欲感产生,与性伙伴的亲密成为寻求目标。

7. 亲密需求的表现有几种不同的形式：(1)自性恋，亲密需求指向自己；(2)同性恋，指向与自己相似的人群；(3)异性恋，指向异性。性取向是自恋、同性恋或异性恋。生殖器使用形式：(1)正统生殖，与异性个体结合；(2)性欲倒错，没有怀孕风险的性交；(3)变位生殖，不涉及自身生殖器；(4)两性生殖，成对个体交换角色。

8. 当今的同性恋理论包括"早期性成熟"、"奇异的就是性欲的"，手指形态、声音刺激、子宫中激素的分泌以及下丘脑结构。哈洛有关铁丝"猴妈妈"和布"猴妈妈"的研究证实了亲密身体接触的极端重要性。斯皮茨表明，缺少母亲的婴儿表现出严重的抑郁。其他研究表明，与母亲的分离可能引发一些婴儿寻求依恋，一些婴儿寻求分离。"猴治疗专家"改善了社交孤立猴子的状况。

9. 精神病学访谈的局限：(1)需要进行推测才能解释人们提供的信息，(2)访谈者可能影响访谈对象提供的信息。四个阶段是：(1)起始阶段；(2)探察阶段；(3)详细探究；(4)中断或结束。在第三阶段，患者关注给对方留下的印象。自我系统创造了安全操作模式，以便保持一种相对愉悦状态。患者对治疗成功作出的贡献在于：(1)关注自身变化，这些变化标志着紧张度的变化；(2)关注边缘想法，特别是 I$_2$；(3)对所有涌上心头的想法迅速作出陈述。

10. 因为沙利文是一名临床医生，而不是科学家，所以很少有科学研究直接支持其理论。读者必须寻求其他信息来解释沙利文的著作。他引用了弗洛伊德如此多的概念，以致有人怀疑沙利文理论实际上是弗洛伊德的。然而，沙利文的许多观点是非常新颖并且极其有用的。其他的概念，像预见、禁止姿势，对许多现代理论与研究都具有启示意义。尽管他是一名生活上的困惑者，但是心理失常的个体通常是具有创造性的。

对比

理论家	沙利文与之相比较
弗洛伊德	他质疑弗洛伊德的"性本能"，但是同意身体需求。他使用"口欲满足"，以及其他弗洛伊德的术语。自我系统有点像自我，也有点像超我。
阿德勒	他的一些观点含有社会兴趣的意味(同伴和好友)，并且和阿德勒相似，他认为人们必须为自身而奋斗。
霍妮	他们都对始于婴儿期的焦虑和人际关系感兴趣。
弗罗姆	"尸恋"有点像弗罗姆的恋尸性格。
荣格	二者都试图让患者感觉到被认可，并且都认为患者能够为自己做很多。

问答性／批判性思考题

1. 一个人对即将死亡的恐惧或感知会加速她／他的死亡吗？
2. 你能提出一种反对沙利文"一次二人"取向的论据吗？

3. "母亲"的重要特征是什么？性别是一个重要因素吗？

4. 你能将沙利文的详细探究阶段至少分为三个部分吗？

5. 当今哪种同性恋理论最符合沙利文的观点？

电子邮件互动

148

通过 b-allen@wiu. edu 给作者发电子邮件，提下面列出的或自己设计的一个问题。

1. 沙利文有别于其他理论家的主要观点是什么？

2. 沙利文性取向的真相是什么？

3. 为什么研究者忽视沙利文的观点？

我们的人生阶段：埃里克森

● 每个人都有同一性危机吗？

● 人格发展结束于青春期吗？

● 人生中的主要任务都在退休年龄完成吗？

埃里克·洪布
格尔·埃里克森

http://facultyweb.cort
land.edu/~andersmd/
erik/welcome.html

埃里克森与本书中涉及的其他理论家有很大的不同。他是惟一一位没有高等学位的理论家。事实上，埃里克森没有接受过高中以上的正规教育（Woodward，1994），但是他尽其所能成功地爬上学术阶梯，获得哈佛大学教授职位。由于缺乏正规训练，他并没有致力于常规的心理学学术传统。他的观点在很大程度上是跨学科的，他独具匠心地将弗洛伊德的观点与人类学语言相融合。一些评论者可能认为，他的研究取向更多的是哲学而不是科学。然而，他又不像弗罗姆和其他从心理科学转向哲学的研究者，埃里克森的一些概念已经得到科学证实。

尽管埃里克森忠实于弗洛伊德，但是他的基本概念是高度原创的，更多来源于常识语言，而不是精神分析晦涩的专业术语。这一倾向使他的观点没有很好地与其他理论家的多数概念联系起来。他最具有创造性的观点就是"同一性危机"，这是他迈入几乎尚未有人探索的人格领域的媒介。奥尔波特的确曾经论述过"成熟人格"，却是埃里克森，而非其他任何人，推广了人格发展并不终止于青春期这一观点。虽然奥尔波特关注到了成人生活，但没有涉及发展阶段，而埃里克森则详细说明了成人发展的三个阶段。正是由于他拓展了人格心理学的发展前景，他才会扩宽人们成年之后生命发展的视界。

埃里克森其人

埃里克·洪布格尔·埃里克森（Erik Homburger Erikson），1902 年出生

于德国法兰克福,父母为丹麦人(Stevens,1983)。而他的名字,去掉"洪布格尔"时,意思为"埃里克的儿子埃里克",是取自他生父的名字,但是他的生父惟一的贡献就是跟他的母亲短暂恋爱之后生了他(Woodward,1996)。甚至在他出生之前,埃里克森就遭到了生父的遗弃,在他仅有几岁大的时候,他的母亲与一位犹太儿科医生结婚,并将他养育成人。

从埃里克森的童年经历就很容易看出,为什么他对"同一性危机"感兴趣。他是一位面临同一性困境的孩子。像大多数男孩一样,他强制自己认同生父,但是与实际上虚无的生父产生认同又几乎是不可能的,于是他就转而认同那位爱他并善待他的养父(Hall,1983)。出于对他的养父的喜爱,埃里克森最初选择了洪布格尔作为自己的姓氏。甚至在其职业生涯的早期,其中包含他与默里一起工作的那段时间,他都称自己为埃里克·洪布格尔。然而不久之后他就出现了矛盾心理,表现在他将洪布格尔降级为一个中间名首字母。这种对他继父的混乱表现,仅仅是发生在他身上的同一性危机的一个罕见的外在标志,这种危机在他身上反复发生。一个从外表看似理想的雅利安人——个儿高高的、白肤金发碧眼——埃里克森在他继父所在的犹太教群中不得不面对其他儿童的嘲笑。同时他又因为他继父的宗教而受到几个德国同学的孤立。后来,他曾仓促地考虑继承他继父的事业做一名医生,还渴望接受高等教育,但都放弃了。缺乏高等学位本身也是他同一性矛盾的根源所在,他在学术上功成名就了吗? 一位以前的同事认为,因为缺乏"统一证件"——哲学博士学位——使得埃里克森在哈佛做教员时总是感到忐忑不安(Keniston,1983)。在他生命的晚期,埃里克森贴切地表达了他童年期的同一性不确定性是怎样影响他的,他回忆说,"我是极度敏感的"("Erik Erikson",1970,p.87)。

年轻的埃里克森没有上大学,而是学习了绘画(Roazen,1976)。他的绘画生涯在1927年取得了成功,维也纳一所进步学校的老朋友兼校长邀请他去奥地利首都从事绘画业。他这位朋友的赞助商包括著名的蒂法尼(Tiffany)家族后裔,美国巨富多尔蒂·伯林厄姆(Dorthy Burlingham),她出很高的酬金请人为她的四个孩子画像。结果她也在接受大师弗洛伊德亲自做的精神分析。由于这层关系,伯林厄姆成为了弗洛伊德的女儿安娜的朋友。安娜将蒂法尼家族的这四个继承人也算在她的第一例儿童患者之内。埃里克森在被伯林厄姆和安娜劝服成为一名儿童分析师之前仅仅与这四个孩子有过短暂的交流。尽管他对这个新专业不是很熟,但是埃里克森很感兴趣并且同意接受安娜·弗洛伊德的精神分析训练。不久他就被吸纳进入维也纳精神分析学会(Vienna Psychoanalytic Society)的内部圈子。

由于埃里克森生性羞怯,而且弗洛伊德当时已经深受口腔癌痛苦的折磨,所以两人之间很少交流。尽管如此,作为弗洛伊德的一名追随者,他沉迷于当时遭受医学界轻视而被迫转入地下活动的精神分析运动。在维也纳的六年中,埃里克森向维也纳精神分析学会提交了他的第一篇论文,并继续进行蒙台梭利教学法研究,同时遇到了他未来的新娘,一位在加拿大出生的美国学生琼·塞尔森(Joan Serson)。

在维也纳作为精神分析师的一段时间里,诸多因素使埃里克森感到心情不畅。罗阿曾(Roazen,1976)认为,埃里克森"不满于作为一名年轻的弗洛伊德信徒"(p.4)。作为一名初学者,他感觉是被指派的"大师的仆人"(p.4)。据说,他甚至用伯林厄姆的车拉着弗洛伊德闲逛。

另外,作为一名没有医学博士学位的"外行"分析师的地位也可能困扰着他。但是有两个原因可以说明他至少是受到相当重视的。首先,由于弗洛伊德因医学界未公开承认自己的观点而心烦意乱,他很容易忽略埃里克森和其他人缺乏"正式的专业证书";其次,人们认为,对于儿童分析师来说,有无医学学历似乎并不重要。总之,弗洛伊德敞开大门欢迎外行分析师的到来,以希望能吸引有广阔学科背景的各色人等。埃里克森也是颇具吸引力的,因为当时儿童分析师职业刚刚起步,而他是愿意致力于该职业的极少数男性之一。最后,因为他是雅利安人。

另一个让他感到心情不舒畅的原因是维也纳小组的结构,尤其是儿童分析师。当时弗洛伊德已经失去了他最能干的一些男性分析师,围绕在他身边的大部分都是由安娜招募来的女性分析师。"埃里克森因为女性分析师母性本能的过度保护而感到压抑。"(p. 6)进一步来讲,他像其他背叛弗洛伊德的男性精神分析师一样,感到了顺从的压力。他描述了"一种日益增长的保守主义,尤其是对某些思想趋势的微妙而普遍的禁止。这些思想主要涉及由弗洛伊德最早的、最才华横溢的合作者提出的一些与弗洛伊德相背离的观点……"(引自 Roazen,1976,pp. 6—7)。

埃里克森可能对弗洛伊德的观点存有不满,但他从来都没有公开承认过,这可以解释为什么他会对 1933 年希特勒在德国夺取政权后迅速作出反应。埃里克森和新婚妻子最初曾尝试定居丹麦,成为丹麦居民,当这种尝试失败后,他们移民到美国,在那里埃里克森成为波士顿第一位儿童分析师(Stevens,1983)。埃里克森在那里如鱼得水,尽管他缺乏专业证书,但因为埃里克森所属的国际精神分析协会(International Psychoanalytic Association)如此让人尊敬,并且人们对任何与弗洛伊德亲近的人感到敬畏,于是他迅速被美国精神分析协会(American Association of Psychoanalysis)接受。

埃里克森的确尝试过弥补学历上的不足,但是他在哈佛附近学习的心理学课程并没有获得学位(Roazen,1976)。那显然是他对接受正规高等教育所作的最后努力,然而他与哈佛的联系并没有结束。不久他将从事的研究汇总成书,并促使默里出名。在此阶段他有很好的机会接触孩子,无论是富裕家庭还是贫穷家庭的孩子。

在耶鲁大学人际关系研究所的工作期限——其间,他还顺带着去了一个苏族(Sioux)印第安人居留地——结束以后,埃里克森迁居加利福尼亚,1939 年,埃里克森在加利福尼亚大学伯利克分校谋得一个职位。他对苏族和尤罗克部落(位于加利福尼亚北部的一个部落)保留下来的许多古代传统的观察,深深地改变了他的研究方向。这些经历使他确信弗洛伊德的性欲说并不具有普遍性。确切地说,他发现,同一性获得的阶段性发展具有跨文化的普适性(Evans,1967)。

在西海岸,埃里克森从事一个儿童发展纵向研究项目,分析希特勒在战争中的演讲,研究潜艇上人们的生活,十年后,他在加利福尼亚大学获得一个教职。但不幸的是,这次任教的时间并不长。当面对被要求签署一项反对共产党的忠诚誓约时,埃里克森虽然不是共产党员,但他拒签誓约并辞去教职(Woodward,1994)。回到美国东海岸,他在一家精神分析中心获得一份职务,专门对儿童的精神病进行研究,不久之后,他就因《儿童与社会》(*Childhood and Society*,

1950)这本书而闻名于世。其他受到普遍欢迎的成功之作伴随着这一重要著作接踵而来:《青年路德》(*Young Man Luther*),一部描写宗教反叛者马丁·路德(Martin Luther)的心理传记;《甘地的真理》(*Gandhi's Truth*),获得普利策奖;《生命周期的完成》(*Life Cycle Completed*)。

到 1960 年,埃里克森的声望已是如日中天,并受到广泛尊敬,以致他被任命为哈佛大学人类发展学教授和精神病学讲师,如果从他没有大学学历这一点来看,他的发展无疑是超乎寻常的。退休之后,他和妻子就回到了圣弗朗西斯科,直到 1994 年 5 月 12 日逝世,他一直积极地维护儿童和老年人的权利,并且发起了要注重人而不是国家的运动。一位同事总结了她和其他人对这位宣扬人格发展永无止境的预言家的敬重:"就像他们曾经说甘地那样,他是一位圣雄,一个伟大的灵魂,非常睿智,[一个]博爱仁慈的人道主义者。"(Diana Eck,引自 *Peoria Journal Star*,1994)

埃里克森关于人的观点

是弗洛伊德主义者吗

埃里克森一直被认为是一名弗洛伊德主义者(或新弗洛伊德主义者)。罗阿曾 (Roazen,1976)断言,埃里克森曾自我宣称为弗洛伊德主义者,并且毫无疑问,从个人的角度来看,他对弗洛伊德非常忠诚。埃里克森阅读了弗洛伊德的所有著作,甚至包括弗洛伊德的通信,一有机会就不由自主地引用弗洛伊德的话。他对弗洛伊德的忠诚似乎是源于他对"伟大领袖"的信念。在对甘地进行研究的过程中,埃里克森对印度非暴力抗议的实践者的思考,揭示了他对巨人的后继者必须解决的两难困境的认识:"……谁才是革命前进的真正代表者——他能够谦虚地继续担当巨人的工作,并且能使他的工作更适合英雄氛围较低的环境,或者他能够继续施展自己的力量来证明自身具有巨大的才能。"(Erikson,引自 Roazen,1976)埃里克森似乎从两个方面进行了申斥,一个是外部的,一个是内部的。从外部角度看,他强调自己作为弗洛伊德主义者,经常为弗洛伊德的个人缺陷(如他的铁路恐惧症)和理论上的弱点(例如他的女性观)进行辩解。埃里克森告别了弗洛伊德有悖常理的关于性关系的中年抛弃论,并且忽略了弗洛伊德与弗利斯在神经学观点上相当的一致性。每次提到他自己的原创观点,他就感觉自己有义务去挖掘一个看起来恰当的弗洛伊德引用语。事实上,埃里克森将自己的某些观点归功于弗洛伊德,尽管,只要想象一下就可知,这些观点得益于他以前的良师益友。甚至他最原创、最重要的理论观点都被置于弗洛伊德理论之门。"埃里克森多次引用弗洛伊德仅提及过一次的内部同一性概念,这就是一个信徒试图把自己的一个原创观点强塞给[弗洛伊德]的例子。"(p. 12)1967 年,埃里克森称自己为精神分析家。从他外在的声明来看,毫无疑问,埃里克森是弗洛伊德主义者。

因自己的观点接受荣誉就会背离谦卑。获得荣誉的同时也意味着接受责备。埃里克森不言而喻地承认,对于有创造力的人来说,获得"承认自己具有创意的勇气"是困难的(Erikson,

引自 Roazen，1976，p.12)。"大约 25 年前，当我开始广泛写作时，我真的以为自己仅仅是在为从弗洛伊德和安娜·弗洛伊德那里学到的内容提供新的阐释。我只是逐渐认识到，任何原始的观察都已经意味着理论上的改变。科学的氛围变异如此之大，以致新老理论之间不可能真正进行比较。"(引自 Evans，1976，p.292)这样，埃里克森含蓄地承认他的观点中属于自己的东西要多于弗洛伊德的。而且，他不再强调性动机，而是转向同一性。潜意识相对自我(ego)退居次要位置，而且自我(ego)被埃里克森塑造为自我(self)的一种形式。超我类似于传统的良心。有时他的观点更类似于荣格而不是弗洛伊德，因为他对人类学问题和古代文化的兴趣似乎超过他对当今西方社会一些困扰的关注。他与苏族和尤罗克族的经历使他更是一位人类学家或者社会学家，而不是一位精神分析学家。同时这也使他看到，弗洛伊德的理论是受文化限制的，是建立在欧洲文化基础之上的，所以并不适用于许多其他文化。

埃里克森更为关注人生命中的使命，因为这些追求贯穿人的整个生命历程，而不是他们与童年期未解决的创伤的斗争。事实上，他公开表示，对弗洛伊德强调早期重大生活事件的观点持保留意见："如果每件事情都'退回到'童年，那么每件事情都是其他人的错误，而这样就削弱了我们相信有为自己负责任的能力。"(引自 Woodward，1994，p.56)总而言之，尽管埃里克森对弗洛伊德充满敬意，但他当然不是一位弗洛伊德主义者，或许也不是一位新弗洛伊德主义者。他的理论如此多地融合了心理学、人类学和社会学，以致不能称为是"精神分析的"。视窗7-1 表明埃里克森与弗洛伊德在女性问题上产生了分歧。

视窗 7-1　承认多样性：埃里克森的女性发展观

　　埃里克森不仅采用男性代词写作，这在他那个时代是很普遍的，而且也经常采用男性术语以文字来表达他的心声："进化促使人类(man)……""成熟的人类(mature man)"，"人类(man)抓住超越自身局限的任何机会……"(Erikson，1968a，p.291)在写到儿童期男孩和女孩的性欲时，他指出"对于男孩来说，性取向是由阴茎的侵扰来支配的，而女孩的性取向则是由魅力和慈母心的内部表现方式决定的"(p.289)。他感到与维也纳女性一起工作有些"压抑"。然而，他是一个开放的人，随着在妇女运动早期阶段的逐渐成熟，他看起来变化很大。他近乎宣称弗洛伊德是"错误的"，他几乎在任何其他领域从没这么说过。在一次访谈中他指出(引自 Evans，1976，p.294—300)：

　　"很显然，如果在今天，[弗洛伊德和我]不会在俄狄浦斯情结，尤其是女性俄狄浦斯情结的普遍原则上取得一致。我感觉，弗洛伊德关于女性同一性的普遍论断是他理论中最薄弱的部分。确切地说，除了他是一个维多利亚女王时代的人，一位家长式人物之外，我不知道应该如何对此作出解释。弗洛伊德的理论可能蒙上了他所处时代的性欲道德的色彩，它最初不可能承认一个上层社会的妇女拥有强烈和积极的性欲望，她们应该是文雅和聪慧的。不管怎样，精神分析文献往往将女性描述成本质上被动的和受虐的动物，她们不仅顺从地接受赋予她们的角色和身份，而且还需要汇集一切受虐狂来感激有阴茎的男性。"

　　埃里克森是灵活的，他改变了并且在改变过程中，他由弗洛伊德向前迈了一步。

生命的任务与极性

　　"生命的任务"这一主题是埃里克森理论的核心。在人类发展的每个后续阶段,人们都有新的任务要去完成。因此,生命与挑战是持续发展的。与弗洛伊德甚至奥尔波特对成熟的看法相反,埃里克森认为成熟并不是大部分人完成或完不成的问题,相反,它是人们接近的程度大小的问题。

　　人们完成一个既定阶段任务的程度取决于他们朝向两极中的哪一极发展,一极代表积极的发展,另一极代表消极的发展,极点是困境力量的象征。父母、个体所处的社会、与同伴的交流以及个体自身的能力决定困境会在多大程度上得到解决。反之,困境的解决促进了一种新**品质**(strength)的发展,即一种优点,它产生于一种占主导地位的运动,该运动朝向积极的一极。伴随困境的解决,应对下一阶段挑战的能力就随之产生。

基本概念:埃里克森

　　埃里克森认为,人要经历八个阶段的心理社会演变,这种演变称为**心理社会发展**(psychosocial development),它是生理欲望和作用在个体身上的文化力量的一种结合("Erik Erikson",1970)。这些阶段包括四个童年阶段、一个青春期阶段和三个成年阶段。它们具有**渐成说**(epigenesis)的特征("epi"意思为"在……之上",genesis意思为"产生"):各阶段逐渐产生"一个阶段在时间和空间上紧接着另一阶段"(引自 Evens,1976,p.294)。每个阶段都建立在前一阶段之上,就像每升高一级的数学课程都是建立在其低一级水平的课程之上。他的最基本的概念就是与这八个阶段密切相连的。

　　就像荣格一样,埃里克森倡导一种实体,在这种实体中,论题与反论题并存,相反事物间的冲突,综合的逻辑推理及冲突的解决。成熟和满足是综合后的结果;停滞和适应不良会在解决冲突失败之后来到。每一阶段的冲突都可以称为"危机"(crisis)。事实上,在每一阶段,个体经历的危机需要在与该阶段有关的对立的正极点和负极点之间拉伸。成功解决一个阶段的危机会让人们对下一阶段的同一性问题作好准备。可能你早已想到,这一流行术语"同一性危机"源于埃里克森的心理社会危机概念。

　　埃里克森明确指出,危机的解决从来都不是绝对的。为了接近解决危机,人们必须经历**适宜比率**(favorable ratio),趋向正极点相对于趋向负极点的力量越大,结果就会越好(Erikson,1968a)。反之,适宜率越大,就表明在既定阶段人们获得的力量就越大。埃里克森多次提到"危机",为了避免读者认为他是悲观主义者,指出这一点非常重要,即冲突的解决是正常的、在预料之中的,并且"危机"是转折点,而不是灾难的威胁(Erikson,1968a)。每种危机的解决同时伴随着向饱满而丰盈的同一性的进步。对于这个问题,在下面视窗 7-2 中,我们会进行探讨。

155 **婴儿期：信任对不信任**

　　婴儿（第一年）从一出生就有基本的生理需求，父母必须愿意并能够满足它们。父母通常会满足婴儿的需求，但是不可避免地存在的满足延迟或忽略以及断奶会产生第一个危机。**基本信任**（basic trust）来源于婴儿需要得以满足的感觉（Erikson，1968a）；世界呈现出一种"值得信任的领域"的气氛。基本信任的反面是**基本不信任**（basic mistrust），即伴随着满足的不确定而产生的抛弃感和无助的愤怒感。信任由不同的母亲以不同的方式注入婴儿的内心。每位母亲都是独特的，所以都以独特的方式传递着信任。"更进一步来讲，不同文化、不同等级和不同种族的母亲必须以不同的方式教会婴儿这种信任感，这样就能够与他们所处的文化对世界的看法相适应。"（Erikson，引自 Evans，1976. p. 293）

视窗7-2　你自身的同一性来源是什么

　　探究你自身的"同一性"感，应该有助于你理解埃里克森关于这个主题的一些观点。首先考察下面所列的所有"同一性来源"，然后尝试决定哪些对你来说是最重要的。这是一件有难度的工作。芭芭拉·乔丹（Barbara Jordan），以前著名的国会女议员和教授，曾经有人让她在两个重要的同一性来源之间作出选择，即是做一名黑人还是做一名女人。这位献身美国宪法的雄辩家迟疑思考了一会儿，她的确作出了选择，但是我在这里就不赘述她选择的是什么了。

　　在考察了来源之后，给它们排列等级顺序，将最重要的来源列为第一等级（1），次重要的列为第二等级（2），就这样排序直到排完为止。迫使你自己作出选择；排序的结果将会告诉你有关你自己的好多事情。选择的结果按照字母表顺序排列。如果你想添加其他来源，请在排序前添加。

　　职业（详细说明现在的或期望的职业）

　　我父母的孩子

　　种族群体（黑人、白人、拉丁美洲人、亚洲人或者其他任何所属的群体）

　　是许多人的朋友

　　性别（男性或女性）

　　业余爱好者（运动、体操或其他事物）

　　人类

　　父母

　　同胞（兄弟或姐妹）

　　[你自己的其他选择]

　　埃里克森强调信任与不信任都是习得的观点。如果我们要成为有完全功能的人，我们都必须学会信任，"但是学会不信任也同样重要"（Erikson，引自 Evans，1976，p. 293）。不信任也是生活的一部分，我们必须熟悉它。然而，我们希望，在这两种倾向所占的比率上，信任将超过

不信任。

基本信任为第一种品质希望的产生奠定了基础,希望是对基本满足的可得性的持久信任。"你看,**希望**(hope)是一种非常基本的人类品质,没有它我们就无法存活。"(Erikson,引自 Evans,1976,p. 293)它是信仰的基础,经常表现在成人的宗教操行中(Hall,1983)。事实上,信仰受到宗教的保护,宗教是信仰的**制度保障**(institutional safeguard),一种保护和促进危机解决产生的文化单位。如果发展基本的信任遭到失败,就会引起不信任和绝望。

儿童早期:自主对羞怯和疑虑

156

在第二个阶段(2—3 岁),儿童形成了运动技能,这就为独立开辟了最初的可能(Evans,1968a)。儿童此时经受的部分创伤会由第一阶段过渡到这一更成熟的第二阶段。正当儿童已经学会对母亲和世界信任的时候,必然变得很任性。儿童必须由单方面地信任他人转变为也值得他人信任。只有要求他人来信任自己,而不仅仅是信任他人,儿童才能按自己的意愿行事。

儿童现在能移向自己想要的物体,从而在没有父母帮助的情况下拥有它们。抓握能力的产生使儿童体验到用手指、手和胳膊握紧物体的力量。力量还来自放手,但放手的同时也产生了冲突。抓握可能是有害的,如束缚;也可能是积极的,如拥抱。放手包含两种另外的意义:放弃某种想要得到的东西或者随便"让它去"。在这里,埃里克森暗示了弗罗姆的"自由的困境":放弃某些东西,就是要去摆脱它,但同时也失去了它。

由于刚刚获得肌肉活动技能,儿童体验到为自己做事情。不幸的是,她也同样知晓由需要他人帮助引起的挫败感:他人对自己的帮助远多于自己能为自己所做的。对埃里克森和奥尔波特来说,自尊来源于自己能为自己做事情。与这一取向一致,危机的两极包含独立和自尊两个主题,自尊随独立而来,与伴随依赖而来的自我疏远相对。**自主**(autonomy)是一种独立,这种独立来源于合理的自我控制,这使得儿童去把握而不是去束缚,去听任而不是去丢弃。**羞怯和疑虑**(shame and doubt)是自我疏远,产生于感到自己被控制和失去自我控制。它是神经症和妄想狂的先兆,前者是为控制环境而进行的拼命斗争,后者是感到被他人控制的一种表现。犹疑不决和自我谦避的儿童就能反映出羞怯和疑虑。

儿童早期危机解决产生的一种品质是**意志力**(will power),即"进行自由选择和自制的不间断的决心,尽管不可避免地体验到羞怯、疑虑以及某种因受控于他人而产生的愤怒"(Erikson,1968a,p. 288)。自由选择的进行有其制度保障——法律和次序原则、公正原则。然而,埃里克森坚持认为,当过分夸大"法律和次序"的作用时,就可能剥夺人们应该受到保护的自由选择权。

埃里克森承认,婴儿经历了弗洛伊德的"肛门阶段",但是"我们必须考虑的是,肛门肌肉组织是整个肌肉组织的一部分"(引自 Evans,1976,p. 293)。婴儿的任务是学习控制其包括括约肌在内的肌肉组织。与弗洛伊德相比,在达到对括约肌的控制上,埃里克森更强调文化而不是一般的生理机能。

游戏期：主动对内疚

在 4 岁左右，儿童开始意识到性别差异。在第三阶段中，性别角色扮演和性欲感会在男孩身上发生。但是埃里克森认为，女孩扮演女性角色，尝试着看起来有魅力和做一些养育工作，而未表现出性欲。在此阶段，良心出现，它会永远限制活动、思想和幻想。在此阶段，一个极点是**主动**(initiative)，它影响一个人的欲望、冲动和潜能；另一个极点是**内疚**(guilt)，即抑制对欲望、冲动和潜能的追求的安全带，是一种过分热衷于道德心的练习。男孩了解到，为了得到一个自己喜欢的位置和母亲竞争，就必然会导致对生殖器官遭到损害的恐惧。结果就是在采取主动行为时，如果未经过允许就会感到内疚(Evans，1967)。埃里克森认为，男孩爱上母亲是正常的，因为母亲是他的一切，是他生活的中心和他的照料者，在这一点上埃里克森与弗洛伊德的理论相去甚远。一名儿童的任何幻想往往集中于对他(她)的生存和繁荣至关重要的方面。因此，男孩的幻想，甚至是与新出现的性冲动相关的幻想，都可能集中于他母亲身上。女孩存在的问题与追求父亲的关注有关。对于两性来说，内疚来源于主动行为开始时表现出来的能力不足(Evans，1967)。

最初，儿童的游戏涉及的仅仅是欲望的满足和幻想，而不是现实目的，但这种情况逐步发生改变。"儿童开始规划目标，他的运动能力和认知已为他作好了准备。儿童也开始思考成为'大人'，认同他可以理解和欣赏其工作和人格的人。"(Erikson，引自 Evans，1967，p.25)也就是说，儿童新产生的一种品质是**目的**(purpose)，即"设想和追求有价值的、明确的目标的勇气，这些目标由道德心来指导，而不是受内疚和惩罚恐惧的麻痹"(Erikson，1968a，p.289)。解决此问题若遭到失败就会导致压抑或者抑制，并且可能会导致成年后的病症，如性欲衰退、过分代偿和暴露癖等。

学龄期：勤奋对自卑

在每一阶段，儿童都会变得与以前稍微不同。在学龄期即第四个阶段(6—12 岁)，儿童的求知欲增强，他们想认识事物，想去学习。在此期间，儿童开始为他们将来成为父母打下基础。他们扮演父母角色来为现实事件作准备，他们第一次与广泛的社会发生联系并且涉及其核心要素之一——工作。他们学着从事会带来实际效益的工作，如，能带来学分的作业或者能带来"薪水"的家务活。

埃里克森有时将学龄期称作无性欲期或者"潜伏期"，然而他又迅速补充道，弗洛伊德丢弃了在学龄期成熟的所有认知发展，"因为他仅仅关注那个阶段的性欲能量"(Erikson，引自 Evans，1976，p.295)。在学龄期，其中的一个极点是**勤奋**(industry)，即儿童专注于他们文化中的"工具世界"——工作日的世界——这使其"为某一层次的学习经验"作准备，"[他们]将会在合作伙伴和见多识广的成人的帮助下来经历这些经验"(Erikson，引自 Evans，1968a，p.289)。当然，学校是第一个能使儿童略微了解一点"工具文化"的生产环境。这里的"工作"是指学习成绩。在其他情境中，它可能指的是运动成绩或者小组游戏活动。在每种情况下，儿童都要学习成人的工作规则，这在"过家家"或扮演"医生"的活动中可以直接看出来。危机的另一个极点是**自卑**(inferiority),如果儿童感到他们技不如人或者在同伴中没有地位,就会产生自卑感。在某些专业性活动(如做游戏或正确拼写)中,由于没能证明其能力,也会产生这种感觉。种族或民族背景可能会阻碍儿童体验到成功及与之相伴的学习愿望的实现。自卑可能会使个体退行到对过分关注异性父母的失望状态,而这又是前一阶段的典型特征。自卑占优势会导致对工作的迷恋,这会成为同一性的惟一来源,一种工作狂倾向。"如果过分顺从的儿童把工作作为价值的惟一标准,过于乐意牺牲想象力和游戏,[成年时],他可能……[会成为]技术的奴隶……"(Erikson, 1968a, p. 289)

学龄期危机的解决赋予儿童重要的经验,其中包括独自工作、与别人一起工作以及"劳动力分工"。这一危机的解决产生的品质是**能力**(competence),即"在完成重要任务时,技巧和智慧的自由施展(未受到婴儿期自卑感的损害)"(Erikson, 1968a, pp. 289—290)。有了能力,儿童就为在某些文化部门参与合作作好了准备。

青春期:同一性对同一性混乱

青春期的自我寻求代表了终生为争取同一性而奋斗的平衡支点。青春期,即第五个阶段(13—19岁),是前几阶段的综合,但又不仅仅是前几阶段发展的总和,它还是向未来的延伸。青春期危机的一个极点是**同一性**(identity),即一种积累起来的自信:一个人先前培养的一致性和连续性此时得到他人的赏识,反之,他人的赏识会给个体的职业和生活方式带来希望。连续性(continuity)是同一性概念中的一个重要术语。"同一性指的是先前所有认同和自我意象的整合,包含消极方面在内。"(Erikson,引自 Evans, 1976, p. 297)连续性确保一个人是过去的自己,但也是现在的自己,未来的自己。同一性的对立面是**同一性混乱**(identity confusion),它是个体先前同一性发展统合的失败表现,这样一来,我们就可以明确地预料他将来会扮演什么角色。虽然所有的青少年都可能会阶段性地改变肤浅的认同——这个月认同哥特人(Goth)的文化,下个月又认同嘻哈文化(hip-hop)——但在较短的时间间隔里反复改变,可能就意味着异常的同一性混乱。混乱的得势预示着由无意义感导致的严重失调。进一步来说,青春期的同一性并不仅仅是获得性成熟,它还是一种关心他人的能力,因为一个人有关先前阶段的自身问题已经得到广泛解决(Evans, 1976)。青少年的同一性问题,一方面与他们个人经历有关,一方面则源于他们的历史时代特有的同一性陷阱。例如,当今的青少年男孩可能在男子气倾向(在他们父辈的同一性中占主导地位)和不带性别色彩的同一性(在今日似乎是恰当的)之间遭受折磨。

在努力回答"我是谁"这一问题的过程中,青少年经常集结成小集团,这些小集团的形成增强了自我意象,并对"敌人"形成了共同防御,这些"敌人"与之不同的特征对他们自身发展着的同一性的"真理"构成了挑战(Hall, 1983)。如果青少年将这种对"不同"的谴责转而对抗社会,就会导致违法犯罪。事实上,现代的青少年团伙可以看作是埃里克森理论所讲的党派,其形成是为了促进同一性发展。然而,在埃里克森看来,至少当考虑到更广泛的文化背景时,青少年的叛逆并不必然是一种消极力量(Erikson, 1968a)。社会必然在灵活发展,埃里克森将青

159 少年的挑战看作是一种文化更新的源泉。在寻求同一性的过程中,青少年对他们的社会规范产生了质疑,强力支持符合要求的规范,促成经不起仔细审查的规则的消亡。青年阶段的动荡不安,证实社会存在弊病,不符合青少年的希望——即最杰出的人将进行统治,统治者要能为群众表现得最佳。20 世纪 60 年代社会的动荡不安,就是一种对社会的领导者没有"表现最佳"的反应。在这样的时候,为达到意识形态的统一,青少年的思想与社会意识融为一体,达成一致目的。

   青春期产生的一种品质是**忠诚**(fidelity),即"实现个人潜能……忠于自己和重要他人……[以及]尽管价值系统存在不可避免的矛盾……却仍然保持忠诚的机会"(Erikson, 1968a, p. 290)。对于埃里克森来说,忠诚是同一性的基石。然而,它不是对某一特殊意识形态的忠诚,而是对适合个体的多种意识形态的忠诚。就像埃里克森所说的,"我将进一步宣称,我们几乎天生就是忠诚的——这意味着当你到达某一年龄时,你就能够并且必须学会忠实于某种意识形态……如果忠诚能力没有得到发展,个体将会……有一个虚弱的自我或者寻找一个偏常群体并忠实于它"(Erikson,引自 Evans, 1976, p. 296)。

   接纳意识形态,尤其是接纳某种焦点意识形态的需要,可能是一个诱使冲动的青少年落网的陷阱。埃里克森认为,"青少年容易受到极权(独裁)政体和各种极权狂热的蛊惑"(Erikson,引自 Evans, 1976, p. 297)。像奥尔波特和弗罗姆一样,他特别担心,因为年轻人容易屈从于"民族主义"(只忠实于自己的民族)的诱惑。民族主义的吸引力在于其意识形态的单纯性以及能够回答所有疑问和解决所有问题的有结果的许诺。早在 1942 年,埃里克森就认识到民族主义对"希特勒青年团"(Hitler Youth)产生的麻痹影响(Hoffman, 1993)。青年人一定要设法避免对近乎本能的忠诚要求(即一个人要迅速接纳现存的最明显的意识形态)作出冲动反应。如果他们不能避免冲动,意识形态就可能成为他们同一性的基础。在考虑到更广泛的意识形态之前,青年人只有通过克制才能抵制像民族主义这样过分简单化的意识形态的魅力。

160   **视窗 7-3 我们如何成为自己**

   人们想知道,在当前时代,一些父母是否已经抽出足够的时间和精力对他们的孩子产生积极影响。在这样一个双职工家庭时代,每天需要乘车往返很长的路程上下班,并且度过休闲时光的途径也很多——100 个频道的电视节目、网络、屏幕更大效果更好的电影、巨型购物商场以及对体育活动日益增长的兴趣——一些父母可能没有足够地经常地影响他们孩子的同一性。那么对这样的父母而言,他们的孩子将会去何处求教呢?一个明显的答案就是就教于媒体。另一个就是求助于"在那儿等着他们"的他人,如教师、教练、牧师和同龄人。不管怎样,单独靠我们自己的选择形成一种同一性是困难的。我们必须靠一些生活中有影响力的人物来提供给我们塑造同一性的标准。

　　但是,我们在青春期和成年早期形成的同一性就是最终的同一性吗? 我曾经认识一名大学生,显然他拒绝接受较保守的、中产阶级父母以及他们支持的一切。他是一名昔日的校园激进分子,即喧嚣骚动的 20 世纪 60 年代晚期。我们现在将会把他看作是嬉皮士、逃避兵役者、反传统者和叛逆形象的典型代表。他的价值观就是自由生活、超前的爱、反对暴力和战争,就像嬉皮士一样。他"行为放荡不羁",所以可以避免服军役(他从来就没有服过役)。他取笑大学的管理者,因为他们请求他在课间和周末待在校园里,以便帮助他们镇压任何"失控"的异议分子。他嘲笑政府,尤其是尼克松总统当政时。他甚至从事一些不太严重的"卑鄙行为",刺激"贪婪的美国企业界"。他才华横溢、幽默滑稽,是促进必要变化产生的催化剂。他现在哪儿呢? 不像先前的多数校园反叛者,他已经转向其他方向。现在,50多岁的他,以其保守的观点而著称。

　　但是当"同一性混乱"发生的时候,是什么出现了混乱呢? 视窗 7-3 表明,不经常享受现在和不经常喜欢受父母影响的青年人可能依赖其他模范人物来寻求同一性。然而,马谢克、阿伦和邦奇米诺(Mashek, Aron & Boncimino, 2003)的研究表明,同一性混乱可以从一个更广阔的视角来看待,而不是局限于"父母—其他成人角色"。他们的结论表明,我们感知到的和我们有某种关系的他人与我们的亲近程度,可以解释同一性混乱。在他们的研究(在三个研究中,被试平均年龄为 19.6 岁)中,从青少年到年轻成人,参与者都会首先提到他们认为亲近的人,像"最好的朋友"、"父亲"。在另一些研究中,参与者还提到了他们感到并不亲密的人:"熟悉的陌生人"(比尔·克林顿)和"不熟悉的陌生人"(切尔西·克林顿)。继而,他们指出了某些特质词语对他们自己的适用性,并采用不同的列表将特质单词归属到亲密他人(最好的朋友)和非亲密他人(比尔·克林顿)身上。最后,参与者被要求做一个记忆测验,在测验中他们要尽量回忆哪些特质单词归属到他们自身,哪些归属到亲密他人,哪些归属到非亲密他人。结果清楚地表明,参与者更可能将归属于亲密他人的特质单词混淆为应用于自身的特质单词,而不是把归属于非亲密他人身上的特质单词混淆为应用于自身的特质词。当表现出同一性混乱时,我们可能会将自身的同一性与生活中我们认为亲密的人的同一性相混淆。

成年早期:亲密对孤独

　　在先前的阶段中,形成的各种品质使两性在合作和富有成效的交流中达到融合。当"陷入爱河"的时候,青少年自身与他人发生依恋关系,试图达到自我确认。青少年在"恋爱"中可以从一个"理想他人"身上看到自身,但却没有积极能动地与他人分开。现在处于第六个发展阶段(20—35 岁),生物遗传差异的主导作用会逐步显著,这样两性在意识和语言上存在相似,但在对爱和生育的成熟追求上存在差异。在第六个阶段,两极的主题是对他人的依恋与疏离。**亲密**(intimacy)"的确是将你的同一性与某个他人的同一性融合的能力,并且不伴有将要失去自我的恐惧"(Erikson,引自 Evans,1967, p.48)。弗罗姆对同他人建立亲密关系的观点与此相似。这种关系不仅仅是在性交换过程中产生的身体亲密(Hall, 1983)。"当然,我的意思是说还有其他的东西——我指的是亲密关系,像友谊、爱、性亲密甚至对自身的熟悉性,即一个人的内部资源,一个人兴奋与承诺的范围"(Erikson,引自 Evans, 1976, p. 300)。鉴于这种对亲密的更宽泛定义,埃里克森预示了婚姻成功的现代理论(Allen, 2001)。他断言,亲密使有意义的婚姻成为可能。

此阶段危机的另外一个极点是**孤独**(isolation),即获得与同性尤其是异性的亲密和合作关系的失败,致使同伴的同一性对个体自身的同一性很重要,但却与之不同。孤独的得势使个体退行到婴儿期固着和持久不成熟状态,这就干扰了爱与工作的顺利进行。从另一个方面来说,亲密使这一时期的品质产生。**爱**(love)"是隐蔽却无处不在的文化风格和个人方式力量的守护神,它把……竞争与合作、生殖与生产的亲密关系统一"成了一种"生活方式"(引自 Evans, 1976, p. 291)。爱"更是一种相互的忠诚,而不是[配偶的]分离功能中固有的对抗"(p. 291)。

成年中期:生产感对无用感

在我写这本书的前十二年里,我的学生以及其他院校的学生向我指出,人的寿命已不是埃里克森最初构建发展阶段时的那个样子,西方妇女的平均寿命接近 80 岁,男性也在 75 岁左右(其他地方甚至更长,像日本)。正如学生所建议的,是到再增加一个阶段的时候了,于是我就提出了一个新阶段,年龄跨度为 35—60 岁,称为"成年中期"。

这个阶段的一个极点是**生产感**(productivity),即人们感知到他们正通过其职业对社会作贡献和通过亲身投入对他们的社区作贡献。在此阶段通过危机的解决形成生产感的人,正在做阿德勒期望做的事情。他们正通过劳动产生出认为对社会有重要作用的成果。显然,中小学教师、社会工作者、农民、医生、大学教师、护士、临床心理学家以及政府官员都能够形成生产感。其他人也能感知到自身职业对社会有贡献:保险代理员、律师、垃圾收集人员、能源生产者以及其他许多人都能对社会有益。任何人都可以通过参与到他们的社区中保持生产感。从只是在地方选举中投票,经向当地慈善机构捐款,到慰问卧病在家的人,这一切都可以称为社区参与。

另一个极点是**无用感**(futility),即感到自己在从事众所周知的单调繁重的工作,仅仅是在维持生活,却没有对社会或者其所在的社区作出有益贡献。若在此阶段没有解决好冲突,人们就会感到除了维持自身生计以外,他们没有生产出任何有价值的东西。他们没有将自己的工作看作职业,而是看作空虚无用的工作。在上面论述"生产感"时列举的那些职业也都可以列在这里,因为无用感就像生产感一样,是从观者的角度来看的:如果一个人不把自己的工作看作是有价值的,那么它就是无价值的。但是,当实际上他们的努力受到高度重视的时候,人们还会将自己的贡献看作是无价值的吗?不可能,因为如果他们的工作受到高度重视的话,他们将会从他人那里得到积极反馈。在绝大多数情况下,无用感是由消极反馈或者是缺乏积极的反馈引起的。无用感会导致个体与社会和社区的疏远。他们认为,社会不需要他们的努力。同样道理,个体可能也不会为他的社区作出有价值的贡献。无用感可能会伴随着抑郁。

此阶段产生的品质是**满足感**（contentment），即感到自己的努力促成了人们幸福感的提 162
高，并且由于"好的工作"在社区中得到尊敬。一个具有满足感的人感到他（她）所做的不仅仅
是劳动，而是对社会的一种服务，通过改善或丰富他人的生活来推动文化发展，是对当地社区
的一种具体贡献，人们能够看得见、感知得到。满足感伴随着相信自己的努力会受到社会和邻
居的重视而产生。视窗 7-4 是埃里克森对社区中文化多样性的呈现。

视窗 7-4　埃里克森论文化多样性

除了荣格以外，直到目前为止论述的理论家，还没有哪个像埃里克森那样使他的理论
向文化多样性敞开宽广之门。他认识到，不同文化形态下的母亲必须以与其传统相一致的
方式教授孩子信任。你可以充分地想象，与北美洲相比，在南美洲和亚洲社会，信任的传递
方式是截然不同的，那里的孩子在妈妈背上被捆扎长达数小时，看不到母亲的面孔。在非
洲社会，信任的传授方式也是不同的，在那里，"整个村庄抚养一个孩子"。尽管埃里克森认
为，不同文化形态下的人们经历了相同的发展阶段，但是他对非西方文化的研究促使他承
认，其阶段出现的方式在不同文化中存在差异。例如，在"学龄期"，儿童了解的"成人工作
规则"和所玩的角色教育游戏在不同文化中是不同的。例如，马萨伊人（Masai）（东非）的孩
子学习怎样照料家畜而毛利人（Maori）（新西兰）的孩子则学习木刻和石刻。埃里克森还认
识到，对于受压迫的社会和种族群体的孩子来说，在学龄期避免自卑比其他群体的孩子要
更加困难。关于青少年期，埃里克森说，青年既是混乱时期文化发展的设计师又是它的受
难者。他在 20 世纪 60 年代年轻人中的声望，源于他认识到美国社会需要变革，而青年将成
为变革的催化剂。他的著作预测，青年人将会是民权运动和结束美国世界警察角色运动的
先锋。

成年晚期：繁殖对停滞

"在此阶段，人们开始在社会中占有一席之地，并且帮助发展和完善［社会］生产的一切"
（Erikson，引自 Evans，1976，pp. 301—302）。人类不仅是"会学习的动物"而且也是老师。在
成年晚期（60—75 岁），对满足他人需要的需求和智慧的累积导致了"教师"角色这一假设的产
生。因此在第七个阶段，人们为**繁殖**（generativity）而努力，"关注于安顿和指导下一代"（Erik-
son，1968a，p. 291）。这在中年人给青年人的建议中可以看出。埃里克森承认"繁殖"是一个
"不文雅的词"（p. 301）。他指出他本来要用"创造性"（creativity）代替"繁殖"的，但是这种替代
会"过于强调属于某些特殊群体的特殊创造力"（p. 301）。繁殖具有更宽泛的意义，适用于一般 163
大众："代际之间产生的一切：孩子、产品、思想观念和艺术品"（p. 301）。

繁殖的失败导致**停滞**（stagnation），即成熟过程的延滞，个体无法把以往的发展经验漏斗
般地注入到下一代的成长中。厌烦是停滞的忠实伴侣，虚假亲密和成人的自我放纵也是。
不可避免地，繁殖的失败会在下一代中以儿童、青少年和成年早期疏远加剧的形式表现

出来。

关心(care)，成熟的品质，是"对由爱、需要或偶然事件导致的一切现象的广泛关注——一种克服了……自私自利狭隘性的关注"(Erikson, 1968a, p. 291)。关心是推动"一代运用有效方法满足下一代需求"(Erikson, 1968a, p. 291)的一种重要力量。埃里克森最初还为"care"(关心)一词的选择问题而担忧，因为它有很多内涵，包括"焦急的担忧"(Evans, 1976)。但是他总结说，这个词已经发生演变，现在意指"'小心去做'某些事情、'关心'某人或某事、'照料'那些需要保护和注意的人或事以及'当心不要去做'某些具有破坏性的事情"(引自 Evans, 1976, 301)。

老年期：整合对失望

老年期的力量是达到鼎盛的才智——一个知识仓库、一种包容性的理解和一种判断的成熟。这些智力贡献，通过提醒人们特定一代的知识不是"真理"，而只是永恒运转的人类经验巨轮上的一个嵌齿，在上一代与下一代间架起了一座桥梁。这一时期(75 岁到死亡)的危机指的是，促进人类身份的连续性对因死亡困扰而从这一崇高目标转移。第八阶段的极点围绕着整体性和完整性对分裂和失败来展开。整合(integrity)是"一种情感的综合，它忠实于过去的意象承担者，并准备去(却最终放弃)领导现在"(Erikson, 1968a, p. 291)。整合是一种连续体，牢固地基于一种作用于现在的过去并投射未来，我的祖母就具有整合感。

若危机没有得到解决就会导致失望(despair)，即感觉时光太短暂，不能完成整合，也不能为亲代之间的联结作出相应贡献。失望会导致一个人自身无法开拓未来，并在与死亡相抗争中失败，这还胜于沉默地接受死亡的苦痛。失望可能会导致悲痛，因为个体无法将自己延续到未来，不能平静地接受死亡，而是与它进行了一场打不赢的战争。在躯体死亡之前，失望就带来了心理的死亡。第八个危机的解决产生的品质是智慧(wisdom)，这是一种"在面对死亡时对生活的超然而积极的关注"，而非魔术般地达到"更高深的知识"(Erikson, 1968a, p. 292；Hall, 1983)。拥有了智慧，死亡就可以被接受，一个人在人生戏剧之中的角色就得到了保障。

埃里克森并不是十分满意"智慧"这一术语，"因为在一些人看来，对每一个老年人来说，它似乎是一个太过艰辛的目标"(Erikson,引自 Evans, 1976, p. 301)。事实上，在老年期，人们可能会再次展现出婴儿期具有的特质，甚至包括老年性幼稚。总之，智慧在老年期并不是必然的。"主要观点仍然是一个有关发展的问题：只有在老年期，真正的智慧才能在具有极高天资的人身上产生。并且在老年期，只要在某种意义上，老年人能够做到领会和展现几分时代的智慧或者明达的老年风趣，某种智慧必定会达到成熟"(p. 301)。尽管马尔科姆去世时并不老，但是在他生命结束之时，他拥有的便是智慧。表 7-1 总结了埃里克森的八个阶段和我新添加的成年中期(35—60 岁)阶段，以及与每一阶段相对应的同一性危机。

表 7-1　埃里克森的心理社会发展八个阶段和一个新阶段

阶　段	危　机	解　决	未解决	品质
婴儿期	基本信任对基本不信任	需求得到满足的信心	由不确定的满足导致的愤怒	希望
儿童早期	自主对羞怯和疑虑	来源于自我控制的独立	由被控制导致的疏远	意志力
游戏期	主动对内疚	作用于欲望、冲动和潜能	良心抑制追求	目的
学龄期	勤奋对自卑	集中注意力于"工具世界"	缺乏技能和地位	能力
青春期	同一性对同一性混乱	确信一致性可由他人看出	先前同一性发展的失败	忠诚
成年早期	亲密对孤独	与他人的同一性相融合	没有亲密关系	爱
成年中期	生产感对无用感	对社会和社区作贡献	疏远感	满足感
成年晚期	繁殖对停滞	指导下一代的成长	成熟过程的延滞	关心
老年期	整合对失望	情感的整合	"时光是短暂的"	智慧

注：成年中期并不是埃里克森划分的阶段，但作者在此将其添加在内，是因为从埃里克森第一次构建阶段理论以来人的寿命也在不断增长。

对埃里克森观点的理论和实证支持

莱文森：中年危机

在 45 岁左右时，莱文森（Levinson，1978）征集了一个中年人群样本。莱文森在他生命中期遭受的危机，使他产生了许多富有创造力的概念。中年转换期（midlife transition）是介于成年早期和中年期的桥梁，是个体回顾他们先前的成功和失败，并展望未来前景的一段时期（Levinson，1978）。由于对死亡的忧虑，人们开始重新评价过去以便更明智地利用未来时光。他们提出关于他们对家庭和职业的贡献以及家庭和职业对他们的贡献的问题。结果通常是去虚幻化（de-illusionment），即一种幻想的减退，认识到关于自我和世界的假设和信念并不是真实的。幻想在生命早期阶段作为抱负和理想的助推剂起了相当重要的作用。到了中年期，是抛弃那些幻想而转向客观评价的时候了。

重新评价可能以剧变的形式表现出来——中年危机。新的生活方式可能取代家庭和职业，或者是对需要优先考虑的事情的一种简单的重新排序。无论如何，荣格的个体化开始，个体化即个体的自我和外部世界之间的关系发生变化，以使自我和世界之间具有较清晰的界限的一种过程。在中年期，成熟的发展使个体在自我、家庭和朋友之间作出了比前几阶段更加明确的区分。同时，个体不再接受那些限制行为和思想的期望。繁殖伴随着个体化而产生。

一些人顺利地完成了中年转换期，而几乎没有遇到问题，他们的生活可能足够稳定和令人满意，以致没有体验到严重的危机。其他人则接受了一些梦想的破灭而能毫无痛苦地面对未来。然而，莱文森声称，大多数人与自我和外部世界的斗争达到了危机的程度（在其样本中占 80%），他们表现出内疚、痛苦、烦乱不安、新的生活方式以及在衣着、发型和语言使用上反映出的人格变化。

接受中年就是要认识到生命已部分结束,死亡必须进入考虑范围。当40岁左右人体机能衰退的时候,人们必须考虑那些难以想象的事情。死亡的可能打破了我们怀有的生命不朽的设想,因此而产生的矛盾并没有因放弃生命不朽的幻想而消除,而是以一种新的眼光来看待它。如果一个人留下了一笔遗产(legacy),如物质财富、供他人使用的智慧以及他人学习的榜样,那么尽管这个人的身体不存在了,但他仍然活着。

希伊:女性的不同声音

希伊(Sheehy, 1977)集中研究了只适合女性的中年危机。对女性来说,35岁是一个危险期的开始。此时,最后一个孩子也已经入学,结束了紧张的儿童照料期,这时候她就可能有时间转而思考她的魅力问题。由于惧怕美丽消退,她不会放弃任何持续美丽的机会。生物钟在滴滴答答作响,随着它的减慢,孕育孩子以及因而传递基因的机会开始减少。这样就可能出现问题。

细心照料孩子的结束就是女性重新踏上工作岗位的开始。经济因素以及填补孩子无需照料时的空虚的需求刺激了户外工作。一旦工作了,她可能就稳定了。这种变化可能好也可能不好,或者两者兼有之。她可能受过良好的教育,因而具备成功的条件。如果这样,她就会因发现他的竞争对手在前进而产生挫败感,而对手通常是在她前面的一些男性,他们具有经验更丰富的优势。如果没有受过良好的教育,她就会发现根本不可能再进步了。排在别人后面而引发的挫败感或者因停滞在低水平的工作上而导致的失望,都可能引起危机。

克莱(Clay, 2003)报告,研究者与麦克阿瑟基金网(McArthur Foundation network)一起戳
166 穿了一些长期存在的关于"中年危机"的神话。例如,阿尔梅达已经发现,是日常应激源(如与配偶的争执和与工作期限的抗争)对中年生活产生了最大影响,而不是非常事件(如爱人的死亡或离婚)。他的研究还表明,在成年早期会体验到更多的日常压力,而超负荷的应激源(overload stressor)——同时从事过多的活动——中年人更经常体验到。然而,在这方面是存在性别差异的,与中年男性相比,中年妇女体验到更多的是交叉应激源(crossover stressor)——来自多个领域的同时要求,如工作和家庭。教育水平是另一个因素:低教育水平的中年人与较高教育水平的中年人相比,报告的应激源数量相同,但是他们将这些压力看得更为严重。显然,可能是相对较"小"的压力的重复出现影响了中年生活,而不是莱文森和希伊强调的庞大的、生活方式变化的危机。

实证支持:证实埃里克森理论观点的研究

奥克塞和普卢格(Ochse & Plug, 1986)考察了南非白人和黑人的信任、自主、主动、勤奋、同一性、亲密和繁殖,被试年龄为15—50岁。前七个阶段的七个正极点以问卷题目的形式呈现出来,并附有对幸福感的测量。就像预期的一样,被试对问卷的回答表明,在其反应中出现的正极点越多,幸福感就越强。此外,对这些成人的数据进行因素分析,揭示出了仅能反映成人极点的因素:亲密对孤独以及繁殖对停滞。

　　此外,正如所料,已渡过的危机——童年时期的那些危机——对应的极点之间的组间相关相对要强。这一结论适合白人妇女,某种程度上也适合白人男性,但不适合黑人。事实上,不管被试是否已经渡过了危机,极点之间的组间相关往往都很高。这一结果意味着"埃里克森的人格因素在某种程度上是并行发展的[而不是按照既定的次序],甚至在相关的危机得到解决之前也是相互依存的"(p. 1246)。这种结论与"渐成说"相反,渐成说认为前期的危机必须得到解决后,后面的危机才会出现。然而,埃里克森"的确指出,所有人格因素的发展在某种程度上贯穿了人的一生,甚至在其关键期到来之前"(p. 1246)。

　　结果证实了这一预设,即女性的亲密感一般要比男性更强,但这只是针对白人而言的。对于黑人来说,男性的亲密感要强于女性。这个结果只是白人和黑人存在差异的结论之一,而只有针对白人的结论证实了埃里克森理论中的预设。这提醒我们一个事实,即埃里克森承认由一种文化群体得出的理论可能并不适用于其他文化人群。有人还预测,二十岁早期与十几岁时相比,同一性与亲密感相关度更高。进一步说,在中年期,繁殖变得极为显著,同一性与繁殖的相关度将会达到最高。但是,通过继续研究这一文化差异趋向表明,埃里克森的预测仅在白人女性身上得到了证实。对于白人和黑人男性来说,只有关于繁殖的预测得到了证实。其他的结论表明,与已经度过的童年阶段的极点相关的得分,呈现出随年龄的增长而降低的趋势,但是与成年阶段极点相关的得分则随着年龄的增长而升高。而且,正如性别角色采择所预测的,男性表现出更强的自主、主动和勤奋。最后而且非常重要的是,因素分析揭示出了一个强有力的压倒性因素:整体感中的"同一性"。这一结果表明,许多阶段各种各样的危机确实是"同一性危机"。　　167

　　科瓦兹和玛西娅(Kowaz & Marcia,1991)为学校管理部门进行了一次有关"勤奋"的测量,测量对象是学校儿童、他们的父母以及教师。这一测量关注三种成分:(1)认知的(技能和知识);(2)行为的(技能和知识的应用);(3)情感的(与技能和知识的习得和运用有关的态度和经验)。关于"勤奋"概念效度的证据是确凿的。不论是以儿童对学业成绩的主观判断还是对等级评分的主观判断来测量,勤奋的认知得分与成就得分都呈正相关。勤奋的综合得分也与成就测验得分呈正相关。对于教师的评价而言,相对于不专注于功课,专注于功课与勤奋得分呈正相关。而且,"推理水平"也与勤奋的综合得分呈正相关。

　　研究者们还对任务过程的关注(与只关注任务结果形成对照)进行了一次测量。这种测量得分与勤奋的综合得分呈正相关:勤奋得分越高,人们对于过程的兴趣相对于结果越大。最后,总体满意度与勤奋呈正相关。结果表明,按照埃里克森的观点,"勤奋"的概念能有效地应用于与之相适应的年龄群体。

　　麦克亚当斯、吕策尔和福利(McAdams, Ruetzel & Foley,1986)考察了繁殖测量与能力、亲密动机指标的关系,其中能力和亲密指标是运用主题统觉测验来进行的。研究对象是年龄介于35—49岁的成年人。繁殖指标来自和被试探讨将来计划的面谈。两名独立的记分员当场寻找证据,这些证据与指导下一代相关,或者是直接地——关心、给予、讲授、指引、指导——或间接地——在文学、科学、艺术或者利他观念方面作出贡献。结果表明,指示能力和亲密动机的主题统觉测验得分与繁殖测量得分呈正相关:繁殖得分越高,这些动机就越强。研究者们将这种结果理解为"繁殖唤起了成人的基本需求:感知到亲密、在他人面前感到有能力"(p. 806)。

曼斯菲尔德和麦克亚当斯(Mansfield & McAdams, 1996)考察了繁殖与交融(communion)之间的关系,交融即肯作出自我牺牲和与他人"融为一体"。他们发现,被试表现出的交融水平越高,繁殖的水平就越高。该团队外加奥比内(de St. Aubin)和戴蒙德(Diamond)(McAdam et al. , 1997),与高繁殖感的人群(例如,从事义务工作的中小学教师)以及与之相对的低繁殖感的人群进行了两三个小时的访谈,从中获取生活故事。高繁殖感的群体在道德坚定、救赎序列(将消极的事件转换成积极的结果)、亲社会未来目标以及早期家庭优势(例如,个体很早就被家庭作为有特殊才能的人挑选出来)方面明显高于一般群体。

麦克亚当斯、雷诺兹、刘易斯、帕藤和鲍曼(McAdams, Reynolds, Lewis, Patten & Bowman, 2001)采访了 74 名成年人,他们被均匀地分成了高繁殖感群体和低繁殖感群体,采访内容是他们的的生活事件。对救赎(将坏的结果转换成好的)和玷污(将好的结果转换成坏的)的测量都源于访谈的资料。救赎与积极特质(例如自尊)呈正相关,与抑郁呈负相关。而玷污与二者之间的关系则正好相反。

普拉特、丹索、阿诺德、诺里斯和菲约(Pratt, Danso, Arnold, Norris & Filyer, 2001)运用麦克亚当斯及其同事(McAdams, Diamond, de St. Aubin & Mansfield, 1997)开发的繁殖感量表来研究繁殖感与教养方式的关系。他们发现,繁殖感与母亲权威式的教养方式(期望孩子行为成熟并强制实施合理的规则)呈正相关。对于母亲来说,繁殖与对孩子发展持积极、乐观态度呈正相关。对于父亲来说,则没有表现出清晰的模式。

彼得森、斯米雷斯和温特沃兹(Peterson, Smirles & Wentworth, 1997)将繁殖感与权威主义(即心胸狭窄及对权威人物及其赞同的价值观过分崇拜的倾向)作了比较。被试为大学生及其父母(完成了相同的问卷)。结果表明,繁殖感与政治参与呈正相关,但与权威主义呈负相关。对于父母来说,繁殖感与经验的开放性呈显著正相关,而权威主义则正好相反。对学生和家长来说,责任心和繁殖感呈正相关,外向性与繁殖感呈正相关,但外向性与权威主义呈负相关。家长的高权威主义通过其权威式教养方式(例如,不允许孩子参与规则制定)导致了与子女的强烈冲突。因此,具有繁殖感的人,尤其是父母,是开放的、有责任心的、外向性的,并且作为父母,他们往往允许孩子参与管理家庭生活的规则的制定。而权威主义者则往往相反。

彼得森和斯图尔特(Peterson & Stewart, 1993)得到了成就、友好—亲密以及权力的主题统觉测验分数。繁殖感是由家长参与、个人生产以及社会关怀的分数分别表示的。对于女性来说,权力动机与家庭教养有关,而成就动机与家庭之外的繁殖感表达的形式有关。男性则表现出相反的倾向:能力动机与家庭之外的繁殖感相关,而成就动机则与家庭教养方式相关。这就可以推论,男性和女性在机会和期望上的差异可以解释性别差异。由于所选被试的平均年龄为 27.7 岁,所以这些结果还表明,人们在中年期之前就开始形成繁殖感了。

弗朗兹、麦克莱兰和温伯格(Franz, McClelland & Weinberger, 1991)接着 20 世纪 50 年代开始的研究继续进行了探索。被试是 94 名男性和女性,到 1990 年他们的年龄大约为 41

岁,他们完成了一份问卷并接受了一次访谈。对繁殖感的测量则来源于参与者提交的关于"未来的希望和梦想"的详细记述(p.589)。这些计划由两名学生运用由麦克亚当斯研发的方法来计分。结果表明,心理社会成熟——以中年期拥有亲密朋友、有一段长久而幸福的婚姻、有孩子为指标——与繁殖感呈正相关。

麦克亚当斯(McAdams,2000)指出,与繁殖感相关的品质"关心",类似于但不同于父母对儿童表达的"关心"。埃里克森提出的成年晚期产生的"关心"内涵更为宽泛,包含志愿活动、公民义务以及家庭关怀,但它并不包括亲子关系中的能力差别关系或支配/依赖关系。他进一步指出,依恋的照顾者-依赖模式很适合亲子关系,但不适合婚恋关系。如果他是正确的,那么谢弗所说的子亲依恋和婚恋依恋之间的相似性就被削弱了。

评价

169

贡献

埃里克森的人生经历是一个传奇。他仅接受了高中水平的教育,却成功地担任了哈佛大学教授这一崇高职位。更重要的是,他建构的理论不仅深远地影响了学术领域也影响了公众。在20世纪60年代期间,埃里克森因其关于青少年与叛逆的观点而成名。他断言人们将会以特定的方式继续成长和变化,这一断言不仅为成千上万的老年人敞开了新的前景,而且也使人格领域的研究发生了革命性变化。在埃里克森之前,人们教条化地认为人格最迟定型于青少年期晚期。埃里克森独特而有创意的观点,使其他理论家开阔了眼界,看到了中年期及以后人格发展的可能性。心理学家再也不会忽视老年人,或者认为他们生活中目前发生的一切事情都是由他们早期生活事件预先决定的。

就像阿德勒、霍妮、弗罗姆、罗杰斯、班杜拉和奥尔波特一样,埃里克森因自己本身而著称。身为大学教师而没有大学学历,这在某种程度上就像作为政治家却没有政治权力掮客的支持一样。如同阿德勒和默里一样,埃里克森将自身的心理缺陷转变成了不仅对自身有助益而且对无数他人也有价值的理论观点。如果我们采纳他的观点,尊重各年龄段人的目标和愿望,那么我们将朝着无论在何处都要尊重所有人这一方向迈出了巨大一步。

感谢埃里克森,最新证据表明,人们经历了与埃里克森的渐成阶段相似的阶段。进一步来说,埃里克森即时想出的两个概念已经得到了研究支持:勤奋和繁殖。

局限

虽然一些人没有获得学位证书——博士学位,却能获得人们的尊敬是令人钦佩的,但是埃里克森缺乏高级训练,在其思维上表现了出来。埃里克森的理论缺乏特定的逻辑一致性。例如,对于他为什么选择"自主对羞怯和疑虑"这一标识来描述儿童早期的发展特征就不是很清楚。同样,在游戏期为什么选择"主动对内疚"?"自主"有一定的逻辑合理性,但为什么"羞怯和疑虑"是代表儿童早期危机的另一面？"内疚"、"自卑"或者其他标识可能同样也适合。"自主"的对立面是"依赖"，而"主动"也可能对应着"依赖"。"能力"看起来和"意志力"一样也符合儿童早期特征，这可能是陈词滥调，从沮丧的节食者到希特勒，每个人都知道。埃里克森对外宣称他很不满意"智慧"这个术语。除了他确实提及过这个词有多重意义外，他本应再增加一点，即这个词被如此多地应用，以致已变得陈旧不堪。有人可能还会问，为什么会是八个阶段？

170   "忠诚"似乎是一个极为含糊的概念。埃里克森对其界定的方式与谈及的方式并不一致。就像埃里克森所指出的，如果忠诚与意识形态的接受有关，人们可能想知道是否把它放在青春期较为合适。或许意识形态在少年时期就萌芽了，但到成年早期或者更晚的时候才开花结果。大学生领导了 20 世纪 60 年代的抗议运动。

    尽管埃里克森激励了几名研究者以及许多一般的民众，但他显然未能征召到著名追随者继续他的事业。如果有的话，也没有几个埃里克森主义者，至少在著名心理学家中没有，或许是因为他的理论与其他理论相比相对缺乏实践意义。他的理论没有涉及与之相关的治疗，而且不像其他理论，埃里克森的理论相当少地被用于解决现实问题。

结论

    尽管埃里克森缺乏专业训练可能是一个缺点，给他的理论带来了局限，但也可以被看作一种优势。人们怀疑，如果埃里克森受过专门心理学训练，他是否还能看到人格发展在 20 岁并未结束这一问题。实际上，他的眼光比大多数人都敏锐。他预测到了"中年危机"，并且提醒我们所有人，老年人也具有生产能力。埃里克森不仅为我们提供了老年阶段有生产的可能性，而且还指出了适合金色年代的创造性工作。

    埃里克森的例子提醒我们，创造性思维适合所有群体，并不仅仅只适合受过高等教育的群体。没有被学术教条和方法论阻碍，他成功地关注了其他人忽视的东西。埃里克森在关键时刻结束了过分关注青少年期的做法。当我们进入"人口老龄化"时代的时候，埃里克森的思想将会越来越显示出其重大意义。埃里克森在杂志中最常被引用的人物列表中排名第 16，在教材中最经常被引用的人物列表中排名第 11，在调查研究中排名第 11，总体排名第 12（Hagg-bloom et al.，2002）。

要点总结

    1. 埃里克森的亲生父母是丹麦人，但他却由犹太儿科医生养大。在他年轻时，儿童肖像画师的工作却是他通向维也纳精神分析学会的通行证。在美国，他进行了获得学位的尝试并与默里一起工作过。他曾经担任过耶鲁大学、加利福尼亚大学以及哈佛大学的教授。

2. 埃里克森是一名弗洛伊德主义者,表现在他对弗洛伊德的忠诚上。然而,埃里克森的大部分重要概念与弗洛伊德的概念还是存在差异的。他抛弃了弗洛伊德坦言不讳的女性观。在生命的每个连续阶段,人们都会发现自身处在新的危机中并面对着新的任务。

3. 埃里克森认为,我们要经历八个连续的心理社会阶段,每个阶段都建立在前面阶段的基础之上(渐成论)。每个阶段会带来新的危机:人们陷在两个新的冲突极点之间。因而表现出的危机永远都不会完全解决,但是,我们希望的是,趋向正极点的比例相对于负极点是有利的。

4. 在第一个阶段即婴儿期,极点为基本信任和基本不信任。这一时期形成的品质是希望。希望是信仰的基石,而信仰受宗教制度的保护。儿童早期表现出的极点为自主对羞怯和疑虑,其品质为意志力。

5. 第三个阶段涉及主动对内疚。男孩沉溺于对其母亲的幻想,这是由于母亲是其生活的中心,而并不仅仅是由于性欲驱动。此阶段的品质是目的。在学龄期,进退两难的危机是勤奋和自卑。在此阶段儿童为"工具文化"作准备。此阶段的品质是能力。

6. 在青春期,极点是同一性对同一性混乱,在此阶段,先前的同一性发展或者得以综合或者没有得到综合。这是反对社会规则和规范的叛逆期。忠诚是此时期的品质:对自我、他人或个人意识形态的忠实。意识形态必须被采纳,但是存在的危险就是同一性从属于意识形态。同一性混乱指的是我们的同一性与亲密他人的同一性相混淆。

7. 埃里克森的理论与多样性相一致,这是因为他承认,他的阶段和危机在不同的文化中表现不同。在成年早期,亲密是一个人的同一性与另一个人的同一性相融合,而没有失去自我。爱使竞争与合作、生殖与生产相结合。在新添的成年中期阶段中,极点为生产感对无用感,其品质为满足感。在成年晚期,繁殖就是关心指导下一代。停滞是其负极点,而关心是这一阶段的品质。

8. 研究表明,中年生活受日常压力——超负荷和交叉应激源——而不是生活突变造成的创伤影响。在老年期,整合对应着失望:把权力和领导能力传递给下一代对应着代际之间没有确立好交接关系。该阶段的品质是智慧,指的是"岁月留下的痕迹"。莱文森的中年转换引起了去虚幻化和个体化。我们必须放弃生命不朽的幻想和思考遗产的问题。女性的危机开始于35 岁:失去孩子和魅力。此时女性面临着离婚、关注"生物钟"以及与男性进行工作竞争。

9. 成年早期和成年期的极点被从因素分析中提取出来,但是其他极点未被提取出来表明它们之间存在重叠。一个最重要的因素"同一性"也被提取出来。埃里克森理论的许多预设都得到了支持,但是通常是针对白人而不是黑人,而且也存在一些令人烦恼的性别差异。在另一项研究中,关于勤奋的测量预测了成就、等级评分以及专注于功课对不专注于功课。麦克亚当斯团体的研究表明,繁殖与交融、道德坚定性、救赎、未来的亲社会目标以及早期的家庭优势相关。麦克亚当斯指出,与繁殖感相关的关心与父母的关心相似但不相同。

10. 彼得森团体发现,相对于权威主义者来说,高繁殖感的人开放性更强,尤其是在家庭规则方面,并且更具责任心、更外向。其他研究发现,在权力和成就上的性别差异与繁殖感有关。考虑到他缺乏哲学博士学位,可以说埃里克森的理论和职业成就是一个奇迹。他是 20 世纪 60 年代青年人关注的焦点,也是老年人的拥护者。绝大多数研究支持了他的观点。令人遗憾的是,他的一些概念看似在不同的阶段之间是可以转换的,一些概念也没有新的含义,一些概念(像"忠诚")意思含糊,并且有些概念又包含太多的含义。研究发现了其他问题,提出了诸多疑问,如"八个阶段是足够的吗?"

对比

理论家	埃里克森与之比较
弗洛伊德	他不再强调潜意识:仅仅提到了口唇、肛门和生殖因素以及潜伏期,并且他不再看重他们的生理性欲方面,转而支持了心理社会方面。他近乎宣称弗洛伊德的女性观是"错误的"。
奥尔波特	他同意奥尔波特认为的自尊来源于能为自己做事的观点,他们都谴责民族主义。
弗罗姆	他也考虑到自由的困境并且两人在民族主义和国家联合上观点相似。
沙利文和霍妮	他也关注早期不恰当的亲子关系。
荣格	与荣格一样,他强调极点(对立面)。

问答性／批判性思考题

1. 现在你生活中的任务是什么? 你希望十年后这些任务会变成什么样子?

2. 你的同一性的主要来源是什么?

3. 为什么"勤奋"和"繁殖"被挑选出来专门研究?

4. 为什么同一性发展在青春期联合,而不在其他发展阶段?

5. 作为一名年轻人,你怎样"将自己的同一性与其他人的同一性相融合而又不丧失"自己的同一性?

电子邮件互动

通过 b-allen@wiu.edu 给作者发电子邮件,提问下面列出的或自己设计的问题。

1. 埃里克森是一个极度自卑的人吗?

2. 指出埃里克森最重要的个人贡献。

3. 埃里克森真的是男性至上主义者吗?

人格的社会心理学取向：弗罗姆

- 是否有一些基本的需要根植于人类的本性中呢？
- 会有一些人喜欢死亡吗？
- 对墨西哥村庄生活的一份调查对洞悉人格有何启示？

埃里克·弗罗姆
www. ship. edu/～cgboeree/
Fromm. html

埃里克·弗罗姆(Erich Fromm)站在现代人格心理学的交叉路口。与埃里克森相似，有人说他也来自弗洛伊德学说心理学大树这一分枝。如果真是这样的话，他培养了一个新的分枝，支撑起了一个基础更加广泛的人格理论。与之前提到的理论家相比，弗罗姆(Fromm，1962，p. 12)用精彩的语言描述了弗洛伊德的科学贡献："……他对个性特征的动力本质的潜意识过程的发现是对人类科学的一个独特贡献，它永久性地改变了人类的面貌。"然而，正如他经常所做的，当他将弗洛伊德与社会理论家马克思比较时，后者无疑是胜者。"我认为马克思在思想上要比弗洛伊德更具深度和广度"(p. 12)。此外，弗罗姆对弗洛伊德的批评主要集中在这一断言，即精神分析"可以科学地解释人"(Funk，1982，p. 13)。的确，弗罗姆认为弗洛伊德的大多数基本观点经不起科学研究的检验。

弗罗姆在人格理论史上之所以重要的另一个原因在于他的学术训练和背景。他是本书中第一位在大学研究所接受过训练的理论家。像埃里克森一样，他没有接受医学院校的训练，而是选择了学习心理学、哲学，尤其是社会学。在完成了"一篇关于三个犹太散居部落的社会心理结构的论文……"(Funk，1982，pp. 2—3)之后，弗罗姆于1922年在海德堡大学获得哲学博士学位。很自然地，他的研究方向也就远离生物学/医学问题，走向**社会心理学取向**(sociopsychological orientation)，即揭示人的心理本质的社会学研究。在漫长的职业生涯中，弗罗姆在多所大学的心理学系担任过教授，这些学校包括密歇根州立大学、耶鲁大学、纽约大学和墨西哥国立自治大学。由于弗罗姆的社会学、政治哲学和心理学

174

的复杂背景,他成了未来事物的先知:人格研究和理论将远离精神病学/精神分析而转向心理学和其他相关科学。

弗罗姆其人

弗罗姆1900年3月23日出生于德国法兰克福,父母是正统的犹太人,家中只有他一个孩子。作为基督教社区中的一个犹太男孩,伴随着时不时出现反犹太主义的事件,他体验到了来自两方面的"宗族"情感。他的父亲是一个独立企业的老板,母亲是一位家庭主妇,弗罗姆认为他们是"高度神经质的",而认为自己是一个"令人无法忍受的、神经质的孩子"(Funk, 1982, p.1)。弗罗姆(Fromm, 1962, pp.3—4)写道,"一个焦虑、忧悒的父亲和一个有抑郁倾向的母亲足以引起我对人类反应的奇特而神秘原因的兴趣"。

年轻的弗罗姆受宗教信仰极其虔诚的家庭的影响而痴迷于《旧约》(*The Old Testament*)的教义,"它打动了我,并且它给我的兴奋胜过我接触到的一切"(Fromm, 1962, p.5)。他被亚当和夏娃破禁的故事以及约拿(Joanh)到尼尼微(Nineveh)的使命深深地吸引住了。以赛亚(Isaiah)、阿莫斯(Amos)和何西阿(Hosea)打动了弗罗姆,与其说是靠他们对灾难的预言,不如说是靠他们对"世界末日"的幻想,那时各国"要将他们的刀剑打成犁头,把矛打成整枝钩刀:这国不举刀攻击那国,他们也不再了解战争"(p.5)。这些话后来被世界和平运动采用,成年后的弗罗姆将会对该运动作出极大贡献。

弗罗姆的概念主要受到弗洛伊德和马克思的影响,并且他曾试图将两个人的思想加以整合(Fromm, 1962;Weiner, 2003)。青少年时期的一次意外激起了他早期对于精神分析的兴趣。他家的一个25岁的朋友在她单亲父亲故去后自杀了,她几乎一辈子都和父亲在一起。

> 我之前从没有听说过俄狄浦斯情结或者父女之间的乱伦倾向。但我被深深地触动了。我非常迷恋这位年轻的女子,讨厌她那位不吸引人的父亲,但在我知道她自杀之前从没有这种感觉。我还被这一想法触动了,"这怎么可能呢?"一个年轻漂亮的女性怎么可能爱上自己的父亲,而且宁愿和父亲葬在一起而不留恋人世间的快乐呢……? (Fromm, 1962, p.4)

1929年,在汉斯·萨克斯(Hans Sachs)和特奥多尔·赖克(Theodor Reik)的指导下,弗罗姆开始以新精神分析学徒的身份在柏林精神分析研究所接受正规训练,这里同样也是霍妮接受训练的地方(Funk, 1982;Hausdorff, 1972)。正如霍妮一样,他也没有直接见过弗洛伊德。由于缺乏医学基础,弗罗姆怀疑弗洛伊德学说的某些方面。虽然弗洛伊德学说的概念从生物学视角看是相当简单的,但即使在当时,许多弗洛伊德主义者认为一个人要理解弗洛伊德的思想需要有一定的医学训练。他们可能认为,弗罗姆避开弗洛伊德的生物学概念是因为他缺乏医学训练,不能理解它们。

在弗罗姆接受精神分析训练后的短暂时间内，他似乎变成了一个虔诚的弗洛伊德主义者（Hausdorff，1972）。他的《基督教义的演变》（*The Development of the Dogma of Christ*，1931）一书支持了弗洛伊德的这一观点：宗教是为了婴儿期满足而被接受的一种幻念，但它在外观上可能具有欺骗性。虽然弗罗姆的弗洛伊德主义阶段一直持续到1934年他移居美国之后，但不久他就称自己充其量是"一个非常不正统的弗洛伊德主义者"（Hausdorff，1972，p. 3）。早在弗罗姆写作《逃避自由》（*Escape from Freedom*，1941）这部特别成功之作期间，他就已经开始从弗洛伊德阵营中撤出了。这部广泛流传的著作宣告了弗罗姆与弗洛伊德的背离，提出了弗罗姆关于极权主义社会及其意识形态（如纳粹德国）如何影响其公民的思想的独特见解。不用说，《逃避自由》适逢其时：美国即将参加第二次世界大战，向作为极权社会代表的日本和德国开战。

如同荣格和阿德勒一样，弗罗姆声称，第一次世界大战"比其他任何事情对我发展的影响都要大"（Fromm，1962，p. 6）。弗罗姆14岁时第一次世界大战开始打响，他第一次对人们面对武力冲突的反应感到了困惑。在战争爆发之前，他的看似热爱和平的拉丁语老师提出了自己信奉的"准则"："如果你希望和平，那就要准备战争"（p. 6）。战争开始之时，拉丁语老师的真我本色表现出来了，他明显兴奋之至。"一个看起来一直热爱和平的人现在居然为战争而如此欢呼雀跃，这何以可能呢？"（p. 6）。

弗罗姆在英语课上的经历帮助他理解了"武力换取和平"这一矛盾说法。他和其他学生被告知要在整个夏天学习英国国歌的实质。然而，当他们回到学校时，英国变成了"敌人"而学生们也骄傲地宣布他们将不再学习英国国歌了。弗罗姆的老师回应了学生们的挑衅，平静而预言性地提醒道："别自欺欺人了；直到目前英国还没有战败过一次"（p. 7）。"这是愚蠢的憎恨中的现实主义的声音——并且这也是一位受人尊敬的……老师的声音！"（p. 7）。弗罗姆不再仅仅认为"武力换取和平"是非常奇怪的。而且还认为这是非常愚蠢的。

在奥韦尔自相矛盾地提出"战略撤退"和"胜利防御"的过程中，弗罗姆发现他的很多叔叔、表兄、老同学已经被杀害了，他再次问自己："这怎么可能呢？"弗罗姆对德国报纸头条的战争辩护感到困惑，其标题为："难道德国不是在对抗奴役和压迫的化身——俄国沙皇吗？"（p. 7）当他读到德意志民族应对战争负责这一有力证据时，他的惊愕程度进一步加深了。但是当他认识到年轻人在为他们国家的宣传买单并为之付出昂贵代价时，这种迷惑与恐惧交织在了一起。他们并不是在为和平、自由和公正牺牲自己的生命和肢臂。他们是在致残和丧命，因为他们的政府宣称对方是"邪恶"的，正如对方政府对他们的公然抨击一样。这种互相对抗团体的投射意象观点仍然存在于当今世界；当一个人看另一个人的时候，他会看到别人在看自己时看到的东西——邪恶。他开始"深深地怀疑所有官方的意识形态和宣言"（Fromm，1962，p. 9）。

弗罗姆是一个真正的世界公民。他在德国的海德堡大学、法兰克福大学和慕尼黑大学接受了学术训练。在美国时，他也居住过许多地方。他的最后一个教授之职是在位于墨西哥市的墨西哥国立自治大学担任的。他在1965年退休之后还迅速进行了一系列的学术活动：完成了他一生中 20％的著作,其中包括他关于墨西哥村民的研究报告,影响深远。1976 年,弗罗姆的最后一部著作问世,他移居到了瑞士和意大利边界美丽的马祖尔湖(Lake Maggiore)畔。1980 年 3 月 18 日,弗罗姆在瑞士的缪拉尔图(Muralto)与世长辞(Funk,1982)。

弗罗姆关于人的观点

正是弗罗姆对社会弊病解决办法的探索把他引向了马克思和弗洛伊德。然而,在研究他们的理论的时候,他开始发现在他们试图使其理论成为科学理论的过程中以及科学本身都存在缺陷和不足。最终,他开始"相信经验观察和思辩结合的出众价值(现代社会科学的困境大多在于它往往只包括经验观察却不包括思辩)……我已经……[受]事实观察的引导,努力在修正我的理论,而观察似乎为我的修正提供了依据"(pp. 9—10)。基于这种观点,他便采纳了科学—经验的方法,并且对思辩也给予了高度重视。

童年时代的弗罗姆在与一个和他父亲一起工作的社会主义者谈论政治的时候,便开始展露出他的左倾倾向(Fromm,1962)。虽然他认为自己当时"并不适合从事政治活动",但在定居纽约后他成了美国社会党的成员(p. 10)。在越战期间,他支持和平运动及其候选人尤金·麦卡锡(Funk,1982)。弗罗姆是 SANE(the Organization for a Sane Nuclear Policy)(理智核政策组织)的共同创始人之一。

正如阿德勒一样,虽然弗罗姆终生都是一个社会主义者,但是他对苏联模式的社会主义持完全保留意见(Funk,1982)。当弗罗姆七十多岁的时候,豪斯多夫(Hausdorff,1972)问他怎样看待自己。弗罗姆回答道,"(我是)一个反对大多数社会主义和共产主义政党的社会主义者……"(p. 3)。他从人本主义的视角来看待社会主义,厌恶共产党为了使其政党官员的权力永存而试图压制人性。他认为苏联共产主义是建立马克思模式社会主义的一次失败的尝试,这从他嘲笑地提到"俄国革命走上邪路"(Fromm,1962,p. 11)这一点上可以看出。尽管存在这些保留意见,但弗罗姆仍然忠诚于社会主义甚至共产主义形式的社会主义,这一点可以从他对当时混乱的社会秩序的解决方案中看出来。为了解决社会问题,他提出了**人本主义的集体社会主义**(humanistic communitarian socialism),这是一个包括经济、社会和道德功能的政治制度,在这种制度中,人们互相协作并且积极参与各种工作(Fromm,1955,1976)。在管理过程中,人们参与到社会的各个方面。每个人都努力确保所有人享受社会产品并且没有人受到剥削。社会目标就是"为人民服务"而不是"一切向钱看"。

177　弗罗姆考虑了影响人格的广泛的社会因素,其中包括中世纪的封建制度、新教改革、19 世纪的工业化以及 20 世纪的纳粹主义、法西斯主义、共产主义和资本主义。尽管他的各种著作都涉及了社会问题,但他的术语至少在某种程度上仍然是精神分析的,并且他也认可弗洛伊德的潜意识(Pietikainen,2004)。尽管如此,他是一个开业的**人本主义精神分析学家**(humanistic psychoanalyst),他相信人的基本价值和尊严以及帮助每个人实现他/她潜能的重要性。弗罗姆坚信心理学不能同哲学、道德伦理、价值、意义、社会学或经济学分开。他认为,心理学有潜力揭穿错误的伦理判断并且建立客观、有效的行为准则。

弗罗姆还受到**存在主义**(existentialism)的影响,存在主义是理解每个人最直接的经验、他/她存在的状态以及在一个混乱的社会中行使选择自由之必要性的一种方法(Binswanger,1963;Boss,1963;Kierkegaard,1954;May,1958;Merleau-Ponty,1963;van Kaam,1963,1965,1969)。存在主义者鼓励心理学家进入每个人的内心世界,去了解这个人如何生活、活动和体验他/她的"存在"(being-in-the-world)(Heidegger,1949)。存在主义的关键概念存在(being)指的一种状态,它对每一实体都是独特的,不管它是一个人还是一粒沙子,并且它超越了实体的特定属性(大小、重量、颜色)。存在不能用一般科学的或精神分析的方法来评估,而只能通过直觉来把握。

存在主义者重视意识和个人责任(Frankl,1963)。人的自由指的不是逃避责任的自由而是接受责任的自由。因此,个体不能依靠教养、早期经验、遗传或当前环境来塑造自己,个体必须靠自己塑造自己。对自己负完全责任可能是沉重的,甚至是可怕的(Sartre,1957)。由于这个原因,存在主义者经常描写虚无、异化、绝望、谬论和焦虑。尽管弗罗姆受到存在主义的影响,但他的观点更为积极。他强调个体创造和爱的独特能力而不是他/她的绝望、异化和焦虑。在提到基本困境时,弗罗姆声称每个人的生活目标应该是在保持自由和独立存在的基础上融入他人。他强调人类特有的各方面的体验,包括选择生活方向和超越的或精神的体验。

基本概念:弗罗姆

存在需要

在弗罗姆看来,人类的相似之处在于他们都体验到同样的困境和矛盾,它们是人类存在的核心和灵魂。这些令人不安的悖论和难题处在根植于人性本质中的对立当中,例如,自由—压制(Fromm,1973)。因此,所有的人都发现自己同他人联系在一起,但又觉得孤单;活着,但又跟死掉一样;自由,但还得尽责任;意识到自身的潜力,但感到无力超越其固有的局限。人类在共有**存在需要**(existential needs)这一点上也是相似的,如果个体的存在(existence)要想有意义、个体的内部存在(inner being)要得到发展、个体的才能要得到充分施展、个体的异常行为要想被避免,这种需要必须得到满足。弗罗姆强调了八种这样的需要。

定向框架和献身目标。人们需要**定向框架**(frame of orientation),即有关他们自然和社会的认知"地图",它可以帮助人们组织并理解困惑的问题从而理性地思考。不管定向框架是"真实的"还是"虚假的",它都是个人生活中的一个重要因素。因此,尽管从客观角度来看它们是虚假物,但是对"图腾动物力量和雨神"以及对"[我的]种族的优越性和命运"的信念可以起着定向框架的作用(Fromm,1959,p.160)。事实上,错误的或非理性的观念成为定向框架时可 178

能特别具有吸引力。同基于科学的观念不同,政治和宗教观念似乎对每个问题都能解答。"一种观念伪称给所有问题提供的答案越多,它就越有吸引力"(Fromm, 1973, p. 231)。

此外,人们还需要某种**献身目标**(object of devotion),从而赋予他们的存在和在世界上的地位一定的意义。这一"终极关注"为生活提供了方向,减少了孤独感并让人超越现实自我。弗罗姆(Fromm, 1973, pp. 231—232)写道:

> 人的献身目标会变化。他可以为献身于一个偶像而杀死自己的孩子或者为献身于某种理想而保护自己的孩子;他可以献身于生命的成长或献身于生命的毁灭。他还可以为囤积财富、获取权利、毁灭而献身或者为爱和成为多产而勇敢的人而献身。他可以为各种各样的目标而献身……然而……献身需要本身是一种初级的存在需要,不管这种需要实现的方式如何,它都要求满足。

这两种动机力量将个体的自我和生存环境融合在一起(Grey, 1993)。一种处理生存困境的方式和一种有意义的目标将自我和生存环境融合在一起。

关联。人类有种强烈的**关联**(relatedness)需要,"这种同其他生命结合在一起的必要性……[构成了]一种强迫性需要,一个人的心智健全依赖于这种需要的满足"(Fromm, 1955, p. 30)。个体满足关联需要的方式之一就是与他人结合成一个**共生联合**(symbiotic union),即一种存在物的结合,互相满足对方的需要,虽然他们"两个人""生活'在一起'",但他们跟"一个人"一样(Fromm, 1956, p. 15)。正如鸟儿依赖生长在鳄鱼和犀牛身上的虫子而活着,这一共生单元的成员是相互依赖的。

共生联合有两种形式,二者都是破坏性的。在被动(passive)联合中,一个人屈从于另一个人、制度或"指导他,引导他,保护他……是他的生命和氧气……的物质"的控制(Fromm, 1956, p. 16)。由于个体受到他/她服从力量的利用或虐待,服从以受虐狂的形式表现出来。如果一个人成为另一个人的附庸,那么另一个人就会成为偶像。这种征服正如性征服一样征服了整个身体。霍妮的接近他人与此也很类似。服从可以指向"命运、疾病、有节奏的音乐、药物引起的狂欢状态……——在所有这些情况下,个体抛弃了自身的完整性,使自己成为了独立于他自身的人或物的工具……"(p. 16)。如果服从一个国家或社会,服从的人或许会表现出**机械服从**(automation conformity),这种情况发生在当个体由于对孤独的恐惧而放弃自由以与社会结合之时。他/她通过严格服从社会标准和习俗竭尽全力维持这种结合。文化价值观是一张严密的网,牢牢地控制我们只做它要求的事情,而从不做我们内心想做的事情(Lesser, 1992)。

在主动(active)共生融合中,联合的主题是支配,它包括受虐狂的对立面——施虐狂。具有支配性的个体试图通过使另一个体成为他/她身体的一部分而逃避孤独。这种类型的人通过与另一个以受虐狂形式崇拜他们的人相结合,而达到施虐狂形式的自我膨胀。每一个个体都非常依赖对方,以致当离开对方时双方都不能生存。"其区别仅仅在于施虐狂者发出命令、施行剥削、作出伤害、实施羞辱,而受虐狂者则服从命令、遭受剥削、遭受伤害、受到凌辱"(Fromm, 1956, p. 17)。虽然施虐狂和受虐狂有区别,但它们也是相同的:在牺牲各自完整性的基础上与对方融合在一起。一个人通常可以针对不同的对象作出施虐形式和受虐形式的反应并不奇怪。例如,希特勒对把他当作上帝来崇拜的德国人民表现出施虐狂的一面。但是他在对待命运时则表现出受虐狂的一面:他任凭命运摆布,从征服的荣耀滑向自杀的耻辱。

与共生联合的悲剧不同,**成熟的爱**(mature love)"是个体在保持自身完整性和独立性基础上的联合……[它]是个体的一种积极力量"(p.17)。爱的力量去除了个体间的壁垒。它克服了孤独和分离,但仍然保持着个体的完整性。爱是"在二的基础上成为一"(p.17)。爱既没有必要夸大自己或另一个人的形象也没有必要对他人和自己抱有幻想。弗罗姆认为,"在爱这一行为中,我是同其他所有人结合成一体的人,但我也还是我自己,一个独特的、独立的、有限的、终将一死的凡人"(Fromm,1955,p.32)。当一个人真正爱另一个人时,一个人会爱所有的人类,当然也包括他自己。这些观念使人联想到埃里克森提到的成年早期同一性危机的解决。

寻根。寻根(rootedness)是一种与自然联系在一起而不"孤立"的深深的渴望(Fromm,1973)。没有"根"的话我们将不得不独立生存在孤独无助当中,不知道我们是谁以及我们在哪里。大多数人在生活上表现出来的进步就是用新根代替旧根。当人的出生和成熟导致生物性分离发生时,就需要寻求替代性依恋,既有象征性的(上帝、国家)也有情感性的(爱、团体)。原始的分离越彻底,人们寻找新"根"的需要就越迫切,这种"根"类似于被包裹在子宫中时所表现出的安全感的天堂。这种对根(如同原始的根一样深邃和安全)的渴望强度如此之大,以致个体可能退化到接近婴儿的状态,这时对母亲的某种象征性替代物的依赖就会产生。这些替代物包括"土地"、"自然"或者"上帝"。与这种朝原始状态退化相对立的健康一面是在"男人们的手足情谊中以及通过将自己从过去的力量中解放出来"寻找新根(Fromm,1973,p.233)。年轻的女孩在她父亲死后自杀的事例说明了一种破坏性的"共生"退化。她不能将她自己同父亲分开。弗罗姆本人提供了一个有关成熟的爱的实例,那就是1953年他同安妮斯·弗里曼(Annis Freeman)的结婚(Hausdorff,1982)。他同她真正地结合在了一起,但他还保持着自己的完整性,这一点可以从他们婚姻期间他的大量作品中表现出来。总而言之,个体可以通过爱来满足寻根需要,也可以通过寻求一种共生关系来走破坏性的路。

我们可以同我们的"根"分离。例如,如果我们被看作非洲裔美国人、拉丁美洲人、亚洲人或美籍印第安人,而且并不了解我们自己文化的语言、历史或传统的话,这种情况就会发生。重新依恋可能是一种强有力的体验。

同一性。同一性(identity)需要是指意识到自己是一个独立的实体,并且是自己行为的主体(Fromm,1955)。个体能说出和感受到"我就是我"。这种需要也适用于将他人看作独立的个体。古代部落的成员有时候不能把自己看作独立于群体而存在,他们把自我的同一性表达成"我就是我们"。纵观历史,个体总是与他们的社会角色相认同。中世纪的角色包括"我是一个农民"或"我是一个地主"。这些观念类似于荣格的面具概念"人格面具"。当封建制度瓦解的时候,重要的不确定性又产生了。农民和地主不能回答"我是谁"或"我如何知道我是谁"的问题。然后,他们借助国家、阶级、宗教和职业来作为他们独特同一性的替代物。人们已试图通过依附这样一些社会角色,如"我是一个美国人……一个新教徒……一个行政长官",来获得一种虚假的个体同一性感、安全感或身份感。生活在 20 世纪的人们也已试图通过放弃他们的个体性,屈从于极权主义政府而"逃避自由"。弗罗姆坚称,我们必须停止这种对同一性的悲哀而毫无结果的追寻。我们必须放弃"作为"我们扮演的角色或"成为"别人想要我们成为的角色。取而代之,我们必须致力于"成为"独立的实体,能够与他人联系但不消融自己。我们可能也希望将我们自己的同一性与亲密他人的同一性分开,因为这些同一性可能是混乱的(Mashek et al.,2003)。

统一性。统一性(unity)是个体内部自我以及个体同"外部的自然和人类世界"相统合的一种感觉(Fromm,1973,p. 233)。统一性可以通过穿兽皮衣服,努力与自然界的动物部分相统一来实现。它也可以通过将个体的精力投入到对权利、名誉或财产的强烈爱好中实现。如果个体通过酒精、毒品、性放荡、昏睡或邪教仪式来麻醉自己,那么统一性的失败可能会避开意识。个体试图利用这些对意识的欺骗手段来找回自我的统一性。的确,个体通过吸毒和酗酒达到了一种个体统一性的体验。然而,弗罗姆认为,这种方式仅具有暂时的积极效果,从长期来看是起反作用的。它会损害使用它的那些人,疏远了那些人与他人的关系,混淆了他们的判断力并使他们依赖投注在自己身上的物质或激情。实现统一性确实可行的途径就是发展人类的理性和爱。宗教可能是照亮这条道路的灯,但是只有个体真正参与进去才会起作用,而被动信仰是没有作用的。世界上所有伟大的宗教都有一个共同的目标:"不是通过退化到动物性存在而是通过成为一个完整的人来达到统一性体验——个体自身的统一、人类和自然之间的统一以及个体同他人之间的统一"(Fromm,1973,p. 234)。

超越。超越(transcendence)就是将自己偶然的、被动的"创造物"角色转变为有目的的、主动的"创造者"角色的行为(Fromm,1955)。正如你不久将要看到的一样,这种思想与罗杰斯和马斯洛的人本主义思想非常相似。实现超越的方式有很多种,以像播种和生产货物一样简单的过程,或者以像创造艺术和思想以及爱他人一样复杂的方式都可以实现超越。通过创造性活动,人类可以超越本身的"创造物"而达到一个目的和自由所在的新高度。但是"如果人不能创造,不能去爱,那么他又如何解决自我超越的问题呢?还有另一种解决超越性需要的办法:如果我不能创造生命,我至少能毁灭生命。毁灭生命也使我超越了生命"(Fromm,1955,p. 37)。因为人类必须超越自身,所以他们被迫创造或毁灭、爱或恨。毁灭和创造的方式都可以实现超越。"然而,创造性需要的满足导致幸福;毁灭性需要的满足导致痛苦,尤其是对于毁灭者本身而言"(Fromm,1955,p. 38)。从这一观点可见,我们必须竭尽所能培养创造性(这是存在于我们每个人中的潜能),这样我们才能获得幸福而不是破坏性。在后面的章节中,你会读到罗杰斯和斯金纳是如何试图提升创造性的。

效能。效能(effectiveness)是通过形成能做一些在生命中"留下印痕"的事情的感觉来补偿"生存在一个陌生和无法抵抗的世界上"的需要(Fromm,1973,p. 235)。要想产生影响就要去"做一些事情"、"去完成"以及成为一个"有能力做某些事情"的人(p. 235)。基于"我存在,因为我有效"这一认识，它还为个体的存在和同一性提供了某些证据。通过产生某些积极或消极的影响——造成嘈杂的喧嚷、从所爱的人身上诱发微笑、做一些被禁止的事情、破坏财产或者甚至在被害人身上制造恐惧——人们可能会体验到快乐。在童年的游戏中，当体验到"作为名人的快乐"时，我们第一次表现出了效能（p. 235）。最早的效能表达之一是小孩所说的"我来……我来"。正如你将要看到的，奥尔波特主张，要产生影响，要亲自做事情是一个具有里程碑意义的发展事件。根据弗罗姆所讲的，追求效能的部分原因是父母力量的压制："……当一个人不得不遵守的时候，就要去控制；挨打的时候就要去攻击；去做被迫忍受的事情，或者去做被禁止做的事情"已经成为孩子的主要目标。作为成年人，我们迷恋于效果并被迫产生它们。我们必须"诱导出被哺养的婴儿身上的满意表情、被爱的人身上的微笑、恋人身上的性反应以及谈话同伴的兴趣"，以便感到"我存在，因为我有效"（pp. 235—236）。正如弗罗姆的其他概念一样，这个概念也有它的消极面。如果我们不能通过我们的行为引起对他人的爱慕之情，我们就会像谢利所讲的弗兰肯斯坦的怪物一样引起人们的恐惧和痛苦。一如既往，创造还是破坏取决于我们的选择。

　　兴奋和刺激。兴奋和刺激（excitation and stimulation）是神经系统"不安"的一种需要，也就是说，要体验某种程度的兴奋的需要（Fromm, 1973）。这种需要的重要性得到了下列研究的支持：睡眠时大脑产生梦活动的研究，在缺少多样性感觉刺激的环境中哺养的婴儿和猴子会出现异常反应，在缺少感官变化的环境中生活的正常年轻人的研究。

　　与弗罗姆的观点一致，很多关于睡眠和梦的研究都表明大脑必须不断接受刺激，即使在某些睡眠阶段也是如此（参见 Anch, Browman, Mitler & Walsh, 1988）。由于感觉刺激在睡眠状态下被隔离，因此大脑就进行自身刺激（Allen, 2001）。在做梦的快速眼动睡眠期（REM），即使感官不接受任何信息，它们好像还是在发挥着作用。在眼睛、耳朵和其他感官背后，大脑，即使就其电活动来说，几乎和它在清醒状态和接收感觉输入时一样正常活动。因此，我们可以体验到生动、色彩逼真的梦境，它们如此真实以致我们可能在恐惧（或狂喜）状态中出着汗醒来。当实验被试被剥夺梦的时候，例如，在其快速眼动睡眠期叫醒被试，他们似乎在解决问题时就会遇到麻烦而且至少还会表现出短期的情绪错乱（参见 Anch et al., 1988，一个警戒）。刺激和兴奋是无时无刻不在的需要。

　　加拿大心理学家赫布（Hebb, 1949）的研究证实，大脑的正常功能需要不断变化的感觉刺激。实验用的灵长类动物猴子或孤儿院中的儿童都是在陈旧不堪的环境中被抚养大的，在那儿，他们看到的、听到的或感觉到的都几乎一成不变（回想一下沙利文一章）。与在不断变化视觉和听觉刺激的环境下养育的猴子和儿童相比，这些猴子和儿童的大脑没有得到充分发展。因此，他们的智力和知觉能力迟钝。赫布的合作者让一些正常大学生进入到一个剥夺视觉、听觉和触觉刺激变化的环境当中（Heron, 1957）。他们戴着散光镜，可以透光，但没有任何图案或形状。而且，让他们靠近一个能产生"白噪声"（所有人们能听到的听觉频率都掺杂在一起）的风扇，双手还被包裹起来。学生们在这样的环境下过两到四天就足以导致他们大脑功能紊乱。不仅他们的脑电波出现了异常，而且他们还表现出了奇怪的幻觉（"一个微型宇宙飞船正在往我胳膊上发射枪弹")、情绪混乱("实验者正在外面等我")以及智力缺陷(问题解决较差)。被试对刺激如此渴求,以致他们宁愿拿一本电话本来读。

　　根据弗罗姆的观点,对变化的感觉刺激输入的需要可以通过简单刺激或诱发刺激来满足。**简单刺激**(simple stimuli)引起反射,这些反射需要作出反应而非行动,尤其是自然产生的迅速而被动的表面反应(surface reation)。简单刺激经常同"毛骨悚然的事件"联系在一起:意外事故、火、犯罪、战争、辩论、与性相关的电影和广告以及电视暴力。这些刺激引起的是下意识的、自动的直觉反应。不断呈现这样的刺激会削弱它们的力量。**诱发刺激**(activating stimuli)比简单刺激要复杂得多,这是因为它们会促使人们长期从事生产性活动。例如,由提出思想、阅读小说、画风景画、听音乐以及与爱人相处产生的刺激。诱发刺激鼓励人们参与到刺激当中,而不是被动地受它们操纵(Fromm,1973,p.240)。重现不会减少诱发刺激的作用,真正的诱发刺激在重现时仍然起很大作用。对弗罗姆而言,诱发刺激更健康,但需要个体的成熟度更高,因为它们不会很快诱发兴奋。诱发刺激需要付出艰辛的努力、耐心、克制、专心、忍耐以及批判性思维。人们必须将这些刺激引入生活当中,而不是作出反应。视窗 8-1 可以让你测查你的需要。

视窗 8-1　你的生活中哪些需要最重要

　　弗罗姆认为,他提出的所有存在需要所有人都必须满足。然而,他却没有写或说出一些东西来反驳某些需要在一些人身上比在另一些人身上更重要的可能性。事实上,一个人个性品质的独特部分也许与一些人比另一些人更重视某些需要有关。至于你与你们班的其他人员作比较这一点,一个练习会帮助你理解。在几种需要的每个简要陈述下面都有一个量表。通过在与量表的一端(而非另一端)更接近处标上"X",你就可以标明你对每种需要倾注的时间和注意(对于某种特定需要,你可以将你的标志放在你认为合适的任何一个标度点上方)。当你完成这些标志后,在你将自己的反应同他人的反应比较之前还有另一项任务要完成。

　　定向框架和献身目标分别是一张引导我们理解困惑问题的认知地图和一个赋予我们的存在以意义的目标。

　　　　　　_:_:_:_:_:_:_:_:_:_

对这种需要投入　　　　　　　对这种需要投入

很多的时间和注意　　　　　　很少的时间和注意

　　关联是同其他生物结合并与它们产生联系的需要;它是一种强迫性需要,我们的心智健全依赖于这种需要的满足。

　　　　　　_:_:_:_:_:_:_:_:_:_

对这种需要投入　　　　　　　对这种需要投入

很多的时间和注意　　　　　　很少的时间和注意

寻根就是深深地渴望保持同自然的联系纽带而不被"孤立"。

——:——:——:——:——:——:——:——:——

对这种需要投入　　　　　　　　　对这种需要投入

很多的时间和注意　　　　　　　　很少的时间和注意

同一性就是意识到自己作为一个独立实体并且感到自己是自己行为的主体的需要。

——:——:——:——:——:——:——:——:——

对这种需要投入　　　　　　　　　对这种需要投入

很多的时间和注意　　　　　　　　很少的时间和注意

统一性是个体内部自我以及个体同"外部的自然和人类世界"相统合的一种感觉。

——:——:——:——:——:——:——:——:——

对这种需要投入　　　　　　　　　对这种需要投入

很多的时间和注意　　　　　　　　很少的时间和注意

超越就是将个体的偶然、被动的"创造物"角色转变成积极、有目的的"创造者"角色的行为。

——:——:——:——:——:——:——:——:——

对这种需要投入　　　　　　　　　对这种需要投入

很多的时间和注意　　　　　　　　很少的时间和注意

效能就是通过形成能做一些在生命中"留下印痕"的事情的感觉,以补偿"生存在一个陌生和无法抵抗的世界上"的需要。

——:——:——:——:——:——:——:——:——

对这种需要投入　　　　　　　　　对这种需要投入

很多的时间和注意　　　　　　　　很少的时间和注意

兴奋和刺激是神经系统"不安"的一种需要,也就是说,要体验某种程度的兴奋的需要。

——:——:——:——:——:——:——:——:——

对这种需要投入　　　　　　　　　对这种需要投入

很多的时间和注意　　　　　　　　很少的时间和注意

现在,从第一个量表上的标志开始到第二个量表上的标志画一条线,依次类推,直到画到最后一个量表上的标志。你就会画出你的"需要轮廓"线。如果所有的学生只要举起他们的书,他们就能看见彼此的轮廓,那么说明所有人都欣赏到了每个人轮廓的独特性。即使需要量表的尺码很小,每个学生的轮廓线也可能会跟其他学生的不同(个体差异)。这一观测将会证实,人们以及他们的需要模式都是很独特的;每个人都是一种独特的创造,不能为世界上任何其他人复制。

在本书后面的内容中,你会了解到对"需要"更进一步的思考。默里的理论在很大程度上是围绕需要展开的,马斯洛的理论也是如此。

184 **个人性格和社会性格**

人之间的个体差异。人们虽然有共同的存在问题和需要,但相互之间还是具有差异的。这可见于弗罗姆对**人格**的定义:"(人格)是遗传和后天获得的心理品质的总和,它标志着一个人的个性特征并使他成为独一无二的人"(Fromm,1947,p.50)。遗传差异和人们在发展历史中形成的差异导致了他们以不同的方式来体验相同的环境。人们在"解决人生问题的特定方式"(Fromm,1947,p.50)上也表现出与众不同的特点。

事实上,弗罗姆对性格(character)概念投入的注意要比人格多得多。性格是建立在个人同世界关联的基础上的,它有两种形式。**个人性格**(individual character)是一个特定个体的独特行为模式,即"由所有非本能驱力组成的相对持久的系统,通过这些驱力个体将他自己与人类和自然世界联系起来"(Fromm,1973,p.226)。由于性格与根深蒂固的习惯和观点直接相关,因此它具有决策功能。它是一个半自动化的思想和行为过程,可以让个体不必每次作选择时都作出审慎而有意识的决定。性格类似于反射,因为适当的刺激一呈现,不用经过思考它就会起作用。能量一旦以某种方式被输入,"与性格特点相应"的行为就会发生。

社会之间的个体差异。到现在为止,我们一直非常重视人与人之间的个体差异。弗罗姆的一个独特贡献在于他将自己的兴趣集中在区分各个社会间的性格差异上。**社会性格**(social character)代表了"特定文化中大多数人共同的性格结构的核心……[并且]表明了性格受到社会和文化模式影响的程度"(Fromm,1947,p.60)。社会性格显然是一个人所在社会的产物。从某种意义上说,当个人性格被社会性格纳入其中时,它就部分地"丢失"了。弗罗姆这样解释道:"一般个体的整个人格受到人们彼此间的交往方式的影响,而且它在很大程度上取决于社会的社会经济和政治结构状况,以致……人们可以根据对某个体的分析来推测他所在的社会结构的总体面貌"(Fromm,1947,p.79)。

弗罗姆(Fromm,1947)将社会性格分为六种类型:接受、剥削、囤积、市场、恋尸癖和创生性的性格。这些性格类型在人们与事物和人类(包括他们自己)发生联系的方式中表现出来。弗罗姆将前五种类型界定为非创生性的(nonproductive),它们充其量导致个体与他人建立伪联系,而在最坏的情况下就会导致个体与别人建立破坏性关系。这些类型的性格是扭曲的、不健全的或者最终是难以令人满足的。相反,**创生性倾向**(productive orientation)是建立在爱——即保持个体完整性的相互亲密关系——的基础上的。虽然这些性格类型是"理想化的",但依据不同的文化价值观,其中一种可能会占据优势地位。而且,由于个体与文化间的相互作用,个人总会有可能影响他们的社会。弗罗姆从**同化**(assimilation)和**社会化**(socialization)两方面对人的社会性格进行了阐释,同化是人们如何获得物体,社会化是人们如何与他人发生联系(见180页表8-1)。而且,五种非创生性社会性格中的四种也可分为两对。一对称为共生(symbiotic)倾向,因为具有这些性格特征的人处于这样的关系中,即一个成员甘愿受另
185 一个成员的剥削。另一对称为回避(withdrawal)倾向,因为这些类型的人把他人看作威胁,因而他们会破坏性地对待他人或同其保持相当远的距离。第五种非创生性倾向的社会性格将会被单独考虑。共生和回避类似于霍妮的亲近他人和逃避他人。

接受(receptive)倾向的人认为,所有好东西的来源都在他们自身之外(Fromm, 1947)。根据弗罗姆所言,接受型的人"……认为取得他所要的东西——不管它是物质性的东西还是感情、爱、知识、快乐——的惟一方式就是从[一个]外部来源中获得它"(p. 62)。这一类型的人从他人那里接受,并且通过喜爱饮食而表现出他们的口欲特征。接受型的人是依赖性的,喜欢说"是"而不是"否",喜欢听他人谈话而不是同他人讲话,喜欢被爱和被帮助而不是给予爱和提供帮助。他们表现出"对给他们喂食的手的感激和永远失去它的恐惧"(p. 62)。在这一点上,弗罗姆明显受到了弗洛伊德的影响。

如果人们信仰宗教,他们就想要并期望从上帝那里得到一切,而不想靠自己的努力获得任何东西。如果他们不信仰宗教,他们就希望依靠一个"神秘的帮助者",这个人将会满足他们的一切需要并解决他们遇到的所有问题。如果他们把许多人看作生活利益的来源,他们就会对许多人表现出忠诚。这样做的结果就是他们会使自己很累并且经常陷入忠诚和诺言的冲突当中。更一般地说,他们往往容易表现得乐观和友好。他们流露出对生活以及生活不得不给予他们的东西的自信,但是当他们感到"供应来源"可能会被撤回时,他们就会表现出极度的焦虑。就同化来说,这一类型的人会被动地接受(接纳)。就社会化来说,他们则会像受虐狂一样服从(忠诚)。这种服从的解决不是反对有权力的其他人,而是要与权威人物一起执行权力(Weiner, 2003)。

接受倾向存在于下层依赖于上层的等级社会中。"不幸成员"受到蛊惑,认为他们付出"牺牲、义务和爱"就会受到社会"幸运"(有权力的)成员的"照顾"(p. 108)。他们声称接受他人的照顾是他们"一辈子的命运",借此将他们的受虐倾向合理化。封建社会中的农民就符合这一模型。

剥削(exploitative)倾向的人也认为,所有好东西的来源都在他们自身之外,但是他们获取这些东西是通过强迫或欺诈,而不是期望从他人那里接受。他们倾向于抢夺、窃取和操纵,同时伴有多疑、愤世嫉俗、嫉妒和满怀敌意等特征。他们看轻自己拥有的,而看重别人拥有的,并且信奉"我夺取我需要的"和"偷来的果子最甜"的座右铭。因此,在爱的王国里,偷来的感情才是珍宝,而由一个未婚的他人无条件给予的爱则是没用的煤渣。并不奇怪,他们发现结婚的或者其他已订婚的人具有非常大的吸引力。爱的表达注定具有这样的"特征":成为"有希望的剥削目标"(Fromm, 1947, p. 65)。霍妮同弗罗姆一样也非常关注剥削性格的人。

像接受型的人一样,剥削性格的个体也不能自己创造任何东西。他们必须夺取他人的劳动成果,包括智力成果。这种人是智力剽窃犯。由于自己没有有用的思想,所以他们就逐字逐句地听取他人的意见。通常的情况是,他们对创造他们自己的"东西"不会感到激动,但是他们在窃取别人成果的过程中体验到快感。剥削性格的人的特征就是充满敌意和善于挖苦。对他们来说只有两类人,一类就是阻挡他们的道路而必须被消除的,另一类就是对他们自私的目的有利用价值的。与接受型的人具有的乐观、接受态度不同,这种性格类型的人总是怀疑他人:他们正在隐瞒什么? 他们正在努力做我要他们做的事情吗? 取代了对他人的友好态度,他们满怀嫉妒:"别人的任何东西都比我的东西要好。"正如你想的那样,他们是擅长说尖刻话语和

186

对他人进行巧妙贬低的能手。就同化而言,这种类型的人倾向于剥削(获取)。就社会化而言,他们以虐待狂形式(权威)与他人联系。像接受性格的人一样,他们与他人以一种共生的方式相联系,但是他们是获取者,而不是接受者。

剥削倾向可见于独裁者统治的社会当中,这些独裁者通过权力、残酷的竞争、独裁主义和"强权公理"来剥削他人和榨取自然资源。在现代社会中,斯大林时代的(1920s-1950s)苏联就很好地说明了这一情况。农民要将自己的劳动成果交给"政府"(实际上是交给斯大林和同他关系密切的政党成员)。如果他们不这么做的话,他们就会被"允许"挨饿;毕竟,他们没什么用处。如果他们抗议的话,他们就会被"清洗":送往声名狼藉的苏联监狱、古拉格(集中营)或被杀害。斯大林是一个十足的剥削型施虐狂,他喜欢向他的受害者散布谣言。就在杀害一些人之前……他还热烈地欢迎他们(Fromm, 1973)。他会向一个苏联民族团体的代表们保证不会逮捕他们最喜欢的诗人;而不久之后就会扣押他们。视窗8-2把希特勒描述为终极剥削者。

囤积(hoarding)倾向的人与前两种类型的人不同:他们认为"东西"来自内部而不是来自外部,来自自己而不是来自他人,因此安全感是建立在节省、尽可能少地消耗的基础上的(Fromm, 1947)。他们不是寻求同别人的共生关系,而是尽量远离他人。他们设立了"一道保护墙,并且他们的目标是以此作为牢固的阵地,尽可能多地把东西带进来,尽可能少地带出去"(p. 65)。他们的信条就是"我的是我的,你的是你的",而且他们在各个方面都是吝啬鬼:金钱、财富、过去的一切、爱。他们不会给予爱,只会通过拥有"爱人"来得到爱。他们仍然很珍爱过去拥有而今只成为记忆的一切东西。如果可能的话,他们会紧紧抓牢他们拥有的一切。因此,他们很"感伤":他们会无尽地沉思过去的经验。

这种人枯燥无味、沉默寡言甚至冷酷无情。由于倾向于退缩,所以他们不愿意露面:他们把他人看作财物的潜在竞争者,而不是人际关系中潜在的同伴。囤积会指向信息以及其他任何东西。他们知道很多,但能做的却很少,因为他们是严格刻板的,被极端的教条束缚着。囤积型的人强迫性地爱干净、过分严守时刻、异常顽固。他们最喜欢说"不",而说"是"对他们意味着放弃某些事情。他们透过自己堡垒的大门向外窥视,招呼那些进入堡垒的人,并将其看作自己的财产之一,但他们从来不会冒险进入他人的世界。就同化来说,他们是囤积的(保存)。就社会化来说,他们是破坏性的(固执己见)。

这种倾向见于信奉努力工作和成功的清教徒道德规范的社会当中,在这种社会,中产阶级的稳定性是通过家庭和财产的占有来获得的。17世纪晚期到19世纪早期的北美洲就证明了这一点。那个时期的很长时间里清教徒宗教得到了蓬勃发展。自给自足的家庭农场是那个时期最基本的社会单位。农场几乎生产了一个家庭需要的一切,而且为了家庭的利益努力工作是生存必需的。到了人有专门职业的程度,如铁匠和蜡烛制造者,他们甚至更加确定地依靠其工作来界定自身,这比我们当今还要严重得多。根据人们的职业来命名的欧洲传统跟随着第一批定居者也来到了"新大陆"。因此,今天依然存在像"Butcher"和"Goldsmith"这样的姓。然而,这个时期的美国社会并不完全符合弗罗姆的"囤积"观念:家庭单位内部及家庭单位之间的合作精神似乎比弗罗姆预料的强烈得多。

视窗 8-2　希特勒：终极剥削者

在某种程度上说，阿道夫·希特勒（Adolph Hitler）将永远是个谜。他疯了（患精神病的）吗？可能没有：他并非常符合常规的精神病范畴。他精神变态（没良心）吗？也许是，也许又不是……他似乎很关心某些人［例如他的爱人埃娃·布劳恩（Eva Braun）］，但是他发誓如果他的狗布朗迪（Blondi）表现出怯弱的话他就会杀死它。然而，他的一个特征表现得相当明显，他是一个剥削者。他利用犹太人来获得他剥削德国人民需要的权力。

然而，你也许会说，如果他真恨犹太人的话，他就不是在有意识地剥削他们。他"仅仅"是出于他的恨而行动。但是当人们发现他没有理由恨犹太人的时候，这一论点也就不攻自破了。当年轻的阿道夫 1909 年到 1913 年间在弗洛伊德居住的维也纳街头游荡的时候，他遇到的犹太人对他都很好（Shirer, 1960；Toland, 1976）。例如，他被允许住在犹太人的青年旅店里，而且当他没有东西用来抵抗严寒时，一个犹太人还给了他一件外套。后来，当犹太人被送往集中营的时候，他还对一个犹太医生表现出感激之情，赦免了他，因为这个医生巧妙地治好了他患病的母亲。

但是他在维也纳的经历可能的确帮助他形成了一种获取和保存政权的策略。在希特勒栖居维也纳街头努力出售他的业余画的那段时期，维也纳充满了强烈的反犹太主义论调。他一定很清楚，反犹主义者会聚集在任何人周围，只要他能告诉他们"如何对付犹太人"。事实上，惨遭踩躏的失业者们将会登上任何一辆能载他们通向政权的快车。希特勒发现，只要使人们确信造成他们失业和社会地位低下的原因是犹太人，一个人就可以招募许多乐意的追随者。因此，他在维也纳的经历教会了他如何有效地利用反犹太主义来为获取权力的目的服务，后来他又用这些权力来蛊惑德国人民。

德国在第一次世界大战中输给盟军以后，整个国家一片混乱。曾经骄傲的德意志民族需要一个救世主来领导他们重塑辉煌。希特勒的策略就是让人们确信战争的失利不是他们的过错：是犹太人背叛了他们。反过来，他如此聪明地许诺要"解决犹太人问题"并且要恢复德意志民族至高无上的地位，以致德国人民和他自己都相信了他关于犹太人的谎言。德国人民自愿地站在了他苍白谎言的一边。在这种共生政权中，他利用德国人民发动了第二次世界大战中的欧洲战事，并且如果战争再持续几年，他就会把他们的力量耗尽。而德国人民也疯狂地以受虐狂的形式依附于他们的教父、他们的元首。从来没有这么多人心甘情愿地受到如此彻底的剥削。

市场（marketing）倾向是现代社会独有的，在现代社会，用商品来换取金钱、其他商品或服务成为"供需"经济的基础（Fromm, 1947）。在当今经济中，商品的价值是由它的供给决定的，而不是由其内在有用性决定的。例如，燃料对于维持工业和汽车运行以及家庭取暖来说都是必需的，但是它的价值取决于它是供应短缺还是供应充足。因此，虽然汽油一直很有用，但是当供应很充分的时候它的价格相对来说就降低，而当某种世界危机导致它的供应减少时它的

188

价格就会上涨。以此类推,这种倾向的人把自己当作可以出售的商品,他们的"交换价值"取决于他们是否供应短缺。他们试图包装和出售自己以使自己显得很不平常或稀缺,并因此"有销路"。当销路从根本上需要一个人具备最低水平的能力时,那么这个特定职业的许多人都会达到这项技能要求的水平。此外,在几乎每一个职业中,都会有许多人的能力远远超过了最低要求。由于许多人的技能并不存在很明显的差异,一个特定的人能否突显出来"被雇佣"就取决于这些个人特质如"'乐观'、'健康'、'进取'、'可靠'、'有抱负'……"(Fromm, 1947, p. 70)。人们都努力地突显自己,以便看起来"独一无二",从而使自己变得稀缺。具有讽刺意味的是,"既然成功在很大程度上取决于个人如何推销自己的人格,那么个体就会把自己看作……同时……是卖家和待售商品"(p. 70)。在这种条件下,人们就不会关注他们的生活或幸福,而只是关注自己是不是畅销。

"一个人必须在人格市场上受欢迎,而要想受欢迎就要知道哪种类型的人格才是最有销路的"(p. 71)。有助益的是,媒体提供了人们构筑畅销人格需要的原材料。畅销的人格特质可见于电视、电影和流行杂志上。"年轻女孩尽力效仿高身价明星的面部表情、发型[和]手势,并将此作为最可能取得成功的手段。年轻男性尽力让自己看起来像他在屏幕上看到的[角色]模型。"(p. 71)一些人在这个游戏中做得很好,但是在某种意义上说,所有的人最终都失败了。一个人可以熟练地操纵自己的人格特质使之有望成为一个销路很好的商品,但是他永远也不会确信做成的商品能否卖出去。因此,一个人的自尊依赖于市场:如果一个人偶尔"畅销",那么自尊水平就高,如果不"畅销",那么自尊水平就低,而且一个人永远也不能准确地预测出售结果。同化在这里表现为"销售"(交换),而社会化表现为"无差别"(公平)。因为弗罗姆认为现代资本主义社会(你可能是其中的一员)显然产生了许多市场类型的人,所以也就无需进一步举例了。

恋尸癖性格(necrophilous character)为死亡所占据、沉迷于死亡并从中体验到快乐(Fromm, 1973)。与这一术语——一种与尸体发生性关系的欲望——的常规临床用法相反,在弗罗姆的用法中,恋尸癖被概化,用来指对死亡的一种倾注。这一术语可以追溯到西班牙内战开始时(1936)米兰·阿斯特赖将军演说期间发生的一件偶然事件。当将军的一个追随者在房间后面高喊他最喜欢的格言——"死亡万岁!"——时,西班牙哲学家乌纳穆诺从听众中站起,厌恶地说道:"死亡万岁!"是一个"恋尸癖的、愚蠢的喊叫……"(p. 331)。这一事件启发了弗罗姆,使之提出了"恋尸癖"性格。

恋尸癖类型的人通过将生命转化为死亡而获得意义和同一性。弗罗姆写道:"从性格意义上来说,恋尸癖可以被描述为对一切死亡、腐烂、腐臭和病弱的东西的极度迷恋;它是把活着的东西转化为无生命的东西的激情;为了破坏而破坏;只对纳粹机械的东西感兴趣。它是'把生命结构撕裂'的激情"(p. 332)。恋尸癖性格的人通过替代参与或直接参与由生到死的转变,设法获得一种权力感和(病态的)欣快感。尽管弗罗姆没有明确指出这一类型的同化和社会化,但从他的作品中也可以推断出来:同化这一术语就是恋尸癖(由生到死),而相应的社会化概念就是"杀人的"(好战)。与"共生"和"回避"相似,恋尸癖类型的人被称为"非人性化的",因为他们迷恋于无生命的人类。

　　弗罗姆看到恋尸癖倾向来源于梦和人们的微妙行为。斯佩尔是希特勒的个人设计师，后来成了他的军备大臣，他或许是希特勒惟一的朋友。斯佩尔做了一个梦，这个梦象征性地说明了这位纳粹领导人的恋尸癖倾向(Fromm，1973)。在梦中，斯佩尔梦见自己在希特勒的小汽车里："我们在一个大广场中停下，广场周围环绕着政府建筑物，一旁是一座战争纪念碑。希特勒过去献了一个花圈"(Fromm，1973，p.333)。而且希特勒又献了一个花圈，又献了一个，又一个。他一直都在唱圣歌"耶稣玛利亚"，这可能是他所受的天主教教养的惟一残余。希特勒通过给纪念碑献花圈表达了对死难者的敬意，但是他在这么做的过程中体现了恋尸癖者典型的机械、冷酷的特点。这首圣歌也可见于下面的象征性言语：希特勒的宗教信仰已变成死亡。

　　其他死亡之梦说明了好战的恋尸癖者的破坏性本质。一个做梦者报告说："我创造了一个伟大发明，名叫'超级破坏王'。它是这样一台机器，只要按一下一个秘密按钮，这只有我自己知道，在第一个小时之内它就会消灭北美的所有生命，而再过一个小时就会消灭地球上所有的生命"(p.334)。提到另一幅场景，做梦者说道，"我按了那个按钮；我发现地球上没有其他生命了，只有我自己，我感到很喜悦。"这一报告可能描述的是一个性格扭曲的电脑游戏爱好者的梦，也可能是一个《龙与地下城》(*Dungeons and Dragons*)或《傀儡大师》(*Puppet Master*)的狂热爱好者的梦。尽管恋尸癖游戏者比较少见，但如今的电子游戏中，栩栩如生的人物形象被游戏者的"炮火"肢解，这种游戏如此逼真以致克莱博尔德和哈里斯可能正是玩这些游戏才导致科伦拜恩的悲剧*。

　　能让恋尸癖者如此激动的一切事情的机械化在另一个梦中可以得到很好的说明。做梦者参加了一个晚会，年轻人在跳舞，但是他们的节奏变得越来越慢直到都不动了。这时两个巨人携带着装备走进了房间。其中一个走近一个男孩，在他背上无情地戳了一个洞，并塞入了一个箱子。另一个巨人也对一个女孩做了同样的事情。钥匙被插入箱子中，当转动钥匙后，男孩和女孩开始精力旺盛地跳舞。所有在场的其他人都被进行了同样的"操作"。人们成为有开关的生命机器。

　　有关产生恋尸癖性格类型的社会的例证有很多，并且我们都很熟悉。20世纪这样的社会包括希特勒、意大利独裁者墨索里尼和屠杀了自己二百万臣民的残忍的柬埔寨暴君波尔布特(Pol Pot)领导的社会。不幸的是，某些领导者继续为他的子民奠定了恋尸癖论调。这方面的例证可见于乌萨马·本拉丹、萨达姆·侯赛因、卢旺达的胡图族人(Hutus)以及某些在波斯尼亚和科索沃战争期间涉入"种族净化"的军事领导者的行为。

　　表8-1归纳了弗罗姆提出的社会性格类型，其中包括惟一的一种积极倾向——**创生性倾向**——一种与世界和自己产生关联的态度，它涉及人类经验的各个领域：推理、爱和工作 190 (Fromm，1947)。创生性性格的人"通过爱和理性从心理和情感上理解世界"(p.97)。创生性

---

　　* 1999年，美国丹佛的两名高中生克莱博尔德和哈里斯手持自动武器进入科伦拜恩高中大开杀戒，共有13人在那次校园杀戮中受害，最后2名凶手也自杀身亡，这起造成15人死亡的恶性案件当时震惊了全美，并随后引发了美国一系列的校园枪击案件。——译者注

倾向并不关注实际结果或"成功"。

　　人类的创生性推理能力可以被用来穿越思想、行为和情绪的表面,进入它们的内部,来达到对其本质的理解。创生性爱的能力可以突破人与人之间的隔阂,让我们每个人都能真正地理解他人的心理和情感核心。创生性的爱以关心、责任、尊重和知识为特征(要注意它与埃里克森成人阶段"关心"的相似性)。创生性工作可以让人们将物质转变为其他形式,通过使用推理和想象来看见一些已不存在的事物。它还会提升创造性,并促使富有成果的计划的产生。这三种倾向指向了恋尸癖的对立面,即热爱生命的**生物自卫本能**(biophilia)(Eckardt,1992)。

表 8-1　弗罗姆的社会性格类型

同化	社会化	
非创生性倾向		
接受	受虐狂	共生
(接纳)	(忠诚)	
剥削	施虐狂	
(获取)	(权威)	
囤积	破坏	回避
(保存)	(固执己见)	
市场	无差别	
(交换)	(公平)	
恋尸癖	杀人	非人性化
(由生到死)	(好战)	
创生性倾向		
工作	爱与推理	人性化
(创造)	(完整性)	

　　从本质上说,创生性倾向为解决人类存在的基本矛盾提供了一个答案。它表明一个人一生中主要的任务是让自己重生,成为一个自我实现的人,这一主题思想将由下一章的人本主义心理学家详细论述。创生性倾向最重要的成果就是一个人的"成熟和完整"的人格。这是因为弗罗姆同荣格一样,认为每个人都不仅仅是"一张任何文化都可以在上面留下其内容的白纸"(Fromm,1947,p. 23)。人性是存在的(Biancoli,1992)。因此,在弗罗姆的人性框架内,从伦理学上讲较为出色的东西就是根据人性规律对人的力量进行揭示。这一观点使弗罗姆(Fromm,1959)提出了一种积极的心理健康观念,那就是心理健康不仅要没有疾病,而且要体验到"幸福"。要体验幸福,一个人就必须意识清醒、敏感、独立、积极、与世界结为一体,还要明白只有创造性地生活才能赋予生命意义。个体必须在生活中感到快乐——通过整个身体来表达快乐——而且要关注存在而不是占有(Fromm,1976)。无法利用个体的先天人类力量就会导致不幸福、心理混乱和神经症。弗罗姆认为,以前或现在似乎没有哪个重要的社会能够可靠地产生创生性社会性格。完成视窗 8-3 中的量表,看看你的创生性倾向以及其他倾向的表现程度。

视窗 8-3　弗罗姆的性格倾向测验

　　指出下面量表中的每一个词在多大程度上符合你的情况：5(非常符合)，4，3，2，1(完全不符合)。

　　从左到右，你需要对前四种性格倾向的得分依次纵向求和。对所有在最右边有"横向总分"栏的各排得分横向求和，然后将这些横向和相加，并将所得之和平分，就得到了最后一种倾向(在最右面一栏)的得分。

温柔的＿＿	迷人的＿＿	整齐的＿＿	机智的＿＿	总分＿＿
易受骗的＿＿	傲慢的＿＿	固执的＿＿	漠不关心的＿＿	
乐观的＿＿	亲切的＿＿	保守的＿＿	好奇的＿＿	总分＿＿
胆小的＿＿	自负的＿＿	多疑的＿＿	无原则的＿＿	
理想化的＿＿	独断的＿＿	节俭的＿＿	年轻的＿＿	总分＿＿
顺从的＿＿	剥削的＿＿	缺乏想象力的＿＿	投机取巧的＿＿	
感伤的＿＿	诱惑的＿＿	强迫性的＿＿	愚蠢的＿＿	
忠诚的＿＿	自信的＿＿	稳定的＿＿	忍让的＿＿	总分＿＿
渴望的＿＿	鲁莽的＿＿	冷酷的＿＿	不机敏的＿＿	
敏感的＿＿	骄傲的＿＿	仔细的＿＿	思想开明的＿＿	总分＿＿
不切实际的＿＿	好斗的＿＿	吝啬的＿＿	幼稚的＿＿	
投入的＿＿	积极的＿＿	实际的＿＿	有目的的＿＿	总分＿＿
总分＿＿	总分＿＿	总分＿＿	总分＿＿	总分分半＿＿
接受倾向	剥削倾向	囤积倾向	市场倾向	创生性倾向

介于 12—24 之间的分数为低，25—36 为中等，37—48 为中等偏高，49—60 属高分。该量表仅仅是为了教育目的；不要过于计较你的分数。

该量表的转载得到了希彭斯堡大学(Shippensburg University)的量表作者伯里博士(Dr. C. G. Boeree)的同意(http：www. ship. edu/～cgboeree)。

192

评价

贡献

　　弗罗姆的许多重要贡献主要围绕着他在现实社会中所做的有关社会性格的开创性研究以及他有影响力的著作。

　　墨西哥村民的社会性格：对多样性的意义。 弗罗姆和麦科比(Fromm & Maccoby，1970)在一个墨西哥村庄对社会性格进行了现场研究。研究目的就是为了说明一个群体的社会性格可以进行评估并同社会经济因素有一定的关系。他们向墨西哥村庄的 406 个成人发放了一个包含 90 个条目的开放式测验。结果发现，人们的接受倾向得分较高而剥削倾向得分较低。男人更具有接受性,而女人更具囤积性。在社会政治方面,村民们大多表现出服从性而非民主性或反抗性。与父母有关的固着几乎完全指向了母亲。在酗酒的成年男性村民中,超过 3/4 在性格上是接受倾向的,与之相比,戒酒者中仅有大约 1/3 是接受倾向的。也存在创生性性格的证据。

囤积性格倾向最适合农业经济需要。相反,接受性格的农民适应性较差。由此得出结论,女性(囤积)比男性(接受)更适应农业经济。总之,结论支持了"社会性格是人性适应特定社会经济条件的结果"这种一般性假设(p. 230)。但是,让人意外的是,在同一种文化中社会性格也存在着极大的多样性。

论述热点问题的趣味性著作。 无数的人受到了弗罗姆的畅销书的影响。《逃避自由》(*Escape from Freedom*,1941)一书提出了一个新奇观点,即所有人在某些时候或者某些人在所有时候可能希望把自己的自由献给"国家"或另一个人。《健全的社会》(*The Sane Society*,1955)一书探讨了许多社会的弊病并提出了一些可供选择的方案。《爱的艺术》(*The Art of Loving*)(1956)告诉人们恋爱并不仅仅是对另一个人的欲望,爱应该是在保持自我完整的基础上与他人的结合。《人的破坏性的分析》(*The Anatomy of Human Destructiveness*,1973)是一部具有说服力的、富有挑衅意味的评论性著作,它对当前文化中存在的促进生与死的力量进行了评论。他 1976 年出版的著作《占有还是生存》(*To Have or to Be*)一书,探讨了人类控制非理性社会力量的重要需要,并为建立一个新的社会指明了方向。

局限

人们往往把弗罗姆看作一个哲学家而不是科学家。他的理论包含众多独立的概念范畴,它们彼此之间没有系统联系。例如,那些在范畴标签"需要"和"性格类型"中提到的概念,实际上,似乎并不存在某种概念性的粘合剂能把这些不同的概念范畴联系在一起。这些概念涉及不同领域,一种是心理领域,另一种是社会领域。弗罗姆充其量是在"社会性格"的背景下讨论了"需要",但并没有指出这两种范畴间的直接概念联系。

193

要证实一个人有某种特质、某种人格成分,我们就必须在一个特定的情境下观察这个人的行为,并假定该行为可以推衍到许多其他不同的情境。人们普遍认为,只有那样,我们才可以说这个人具有与该行为一致的某种特质。遗憾的是,要证实某种行为能够推衍,人格心理学家面临着重大的困难(例如,Allen,1988a,1988b;Allen & Potkay,1981,1983a;Mischel,1968,1977,1984)。从一种情境到另一种情境,从一种场合到另一种场合,人们的行为表现往往不同。如果在个体水平上进行谨慎的推衍就要冒相当大的风险,那么在把一种社会性格类型推衍到许多人而不是社会大多数成员时,我们还要再谨慎多少呢? 考虑到人们自身从一种场景到另一种场景就存在着变化,因此对所有人来说,他们彼此之间肯定会存在着很大程度的差异。由于个体自身和个体之间存在着巨大的变异性,因此去假定许多人是"市场类型"或"接受类型"或任何其他类型都是站不住脚的,更不必说去假定社会大多数成员都如此了。考虑到缺乏证据支持,认为任何一个大的社会群体中甚至有过半数的人拥有同一种社会性格类型也是不合理的。或许社会性格类型应该重新改为人格类型。

正如在第一章中所指明的那样，概念折叠是一种理论的简约行为。弗罗姆的理论肯定能从概念合并中获益。在我们对弗罗姆人格理论的讨论中，我和学生们都注意到弗罗姆的概念中存在几处冗余重复。例如，"关联"是与其他存在物结合在一起的必要性，"寻根"是维持个人的自然纽带，"统一性"是与自然界的结合，这些概念有太多的共同之处。学生们疑惑的是，难道不能用一个诸如"连通性"（connectedness）之类的词来包含这三个概念吗？即使是只包含两个概念也能将他的理论简化，并且可以用新的概念来解释比其中任一概念所能解释的更多的现象。事实正是如此，统一性和寻根都只能解释很少的现象。

虽然弗罗姆是一个思想开放的人，但他仍怀有西方人的偏见。在他的理论建构中，他实际上是批判融入集体而丧失自我的。从西方的个人主义（individualistic）角度来看，他的理论观点能被很好地接受。然而，从许多信仰集体主义（collectivistic）的亚洲文化的立场来看，"融入集体"已成为数千年来一项行之有效的生存技术。

弗罗姆的理论明显缺乏科学研究的支持，或者是因为他的概念难以转化为具体术语来加以科学研究，或者是因为它们太偏离现代科学思维模式而无法令当代社会心理科学家感兴趣。即使是弗罗姆自己对墨西哥村庄的研究，也没有找到一个适合大多数村民的单一的、核心的性格。取而代之的是，他却发现了性格倾向的多样性。只有当弗罗姆的理论能够提供科学的数据时，它才能被合理地称为"科学的"。

作为国际弗罗姆网页（www. erichfromm. de/english/index. html）的一个贡献者，伯斯顿（Burston，2001）悲叹现代心理学和精神病学没能理解和正确评价弗罗姆（www. erichfromm. de/lib_2/burston01. html）。精神分析学的撰稿者由于错误地把弗罗姆看作反弗洛伊德主义者而谴责他。心理学家由于受到教条的行为主义和被看作科学家的需要的蒙蔽而拒斥弗罗姆的质化研究方法。其他一些人认为他的政治（马克思主义者/社会主义者）倾向是古怪的，尤其是当他将之应用于心理学时。那些更倾向于社会学的人则感到弗罗姆试图"将文化和社会心理化"（Weiner，2003，p. 62）。此外，他对"客观伦理学"的初次尝试也与那些将伦理学看作一种主观的、非科学的追求的人不相容。伯斯顿指出，所有这些对其理论的严惩打击注定了弗罗姆在未来的心理学界和精神病学界追随者将会寥寥无几。弗罗姆没能进入 20 世纪最有影响力的 100 名心理学家之列。

结论

弗罗姆也许更应该被看作是哲学家而非科学理论家。那么就得这样认为，毕竟科学不是研究人格的惟一合理途径。不管怎么评价他，他都是一个有独特见解的思想家和对现代生活最有助益的诠释者之一。此外，他还是最早倡导乐观主义的心理学家之一（Weiner，2003）。或许他的概念只受到相对较少的关注，因为它们过于复杂而难以研究。

虽然墨西哥村庄的研究并没有多么有力地支持他的观点,但它对多样性有重要的意义:即使在一个小村庄里,人们在多个多样性维度上也是存在差异的。与多样性有关的另一个间接贡献可见于对种族差异观念加以强制克服的基本人性概念中(Biancoli, 1992)。多样性存在许多合理维度,但正如之后将要激烈争论的,种族差别并不在这些维度中。

他还是一个先驱者。作为一个早期的心理学中的人本主义者,他对下两章我们将会谈论的当代人本主义思想贡献很大。他对爱、乐观主义、创生性以及与他人和自然统一的概念的阐述,为心理学中人本主义思想成长的肥沃土壤添加了养分。而遗憾的是,接下来我们将要探讨其思想的人本主义理论家没有尽力让我们想起弗罗姆的贡献。因此,在开始阅读有关人本主义的章节时,你需要主动地回忆一下弗罗姆的开创性思想。

要点总结

1. 尽管弗罗姆赞扬了弗洛伊德,但也表明了自己的社会心理学立场。弗罗姆出生在一个"神经质的"德国犹太后裔家庭。一位年轻女性在她父亲死后自杀的事件导致弗罗姆开始追随弗洛伊德。马克思主义和存在哲学也对弗罗姆产生了巨大的影响。第一次世界大战带来的大规模破坏以及政府的矛盾说法塑造了他的人本主义和反战倾向。

2. 我们每个人都有"定向框架",它是有关我们世界的认知地图,可以帮助我们理解困惑事件。我们也都有"献身目标":赋予我们的存在以意义的目标。关联是与其他生命存在联系在一起的需要,它表现为两种共生形式:受虐狂的或施虐狂的。积极的应对方式就是成熟的爱,即在保持个体完整性的基础上与他人结合在一起。

3. 满足寻根需要的方式是为一种安全、依赖状态破坏性地追求替代物或者在友爱中寻找新"根"。同一性需要就是要意识到个体是一个独立实体。遗憾的是,我们往往把我们的国家、民族或宗教当作我们同一性的惟一源泉。统一性是一种内部的统一感。我们可以通过追逐权力、名誉和财富来获得它。如果不能实现统一性的话,我们可能就要依靠毒品或激情来打发时日。创生性的应对方式就是爱和理性。

4. 超越就是将自己被动的创造物角色转变为积极的创造者角色的行为。与创造性相对的另一个解决超越需要的方式就是破坏性。效能需要就是对"生活在一个陌生和无力抵抗的世界上"的补偿。要想有效能感就需要实现目标和摆脱父母的控制。如果通过爱不能实现效能感,我们就可能通过使他人受苦来实现。

5. 兴奋和刺激是神经系统"不安"的一种需要。大脑即使在睡眠的时候也需要刺激。必需的感觉输入包括两种形式:简单的和诱发的。人们自身存在着差异,这是"人格"的本质。然而,弗罗姆强调的是性格。个人性格是深深根植于思想和习惯中的一种个体行为模式。

6. 弗罗姆提出了六种社会性格类型。每一种都从同化和社会化两方面进行了阐释。非创生性类型分为两对和一个独立类型。接受性格是两种共生型非创生性性格中的一种,以好东西都存在于自身外部为导向。这种性格的人从他人那里索取东西并依赖于他人。他们对他们的施予者表现出异常的忠诚，还可能会对关心他们的有权力的人付出牺牲、义务和爱。

7. 剥削性格的人会有抢夺、偷盗和操纵的行为，他们愤世嫉俗、多疑、嫉妒。希特勒最大的特长就是剥削。囤积性格的人是两种"回避"类型中的一种，这种人建有一个堡垒，把自己的东西纳入进来，并且只有在他人会成为其财产时才会让他人进来。另一种回避类型就是以用东西换取有价值的目标或服务为导向的市场性格。这种性格类型的人服从于供需经济，他们沉浸其中并培养可以"出售"的人格特质。

8. 恋尸癖性格迷恋死亡。恋尸癖性格的人通过间接或直接地参与由生到死的转变获得一种控制和快乐感。恋尸癖主题在梦中以下列形式表现出来：对死者表现出敬意、想象自己拥有了惊人的力量、把人看作受开关控制的生命机器。杀人视频游戏就是恋尸癖的表现。由第二次世界大战期间的暴君统治的社会和由好战者统治的现代国家为这种性格类型提供了肥沃的土壤。

9. 创生性性格的人具有一种与世界和他们自己关联的态度，它包括推理、爱和工作。创生性的人具有生物自卫本能，是生命的热爱者。他们打破了人们之间的隔阂并且通过关心、责任心、尊重和知识来与他人发生关联。创生性性格类型启发弗罗姆产生了有关幸福的观点。弗罗姆在墨西哥村庄的研究为三种性格类型提供了证据。这是一个有关多样性的例子，即使在一个小村庄也存在多样性。

10. 弗罗姆的著作探讨了为许多人所感兴趣的大众性问题。然而，他的理论哲学性多于科学性，并且缺少一致性。弗罗姆的社会性格类型导致许多困难，他的理论几乎没有得到科学证实。而且，他还表现出偏向西方世界的倾向。他的政治观点、对弗洛伊德的批评、质化研究方法以及客观伦理学的信念与精神病学家和心理学家产生了偏离。但是，他是一个热心的人、一个思维独特的思想家和一个人本主义思想的先驱。

对比

理论家	弗罗姆与之比较
弗洛伊德	他质疑了弗洛伊德的科学贡献，贬低了他的生物决定论，但是同意其宗教是一种幻念的思想。
荣格	他也受到了第一次世界大战的影响，并愿意探讨价值、伦理和意义。他把自我（self）与社会角色相认同，这类似于荣格的人格面具。
埃里克森	他的创生性的爱类似于埃里克森的成年期的关心。他的成熟的爱类似于埃里克森成年早期冲突的解决方式。
罗杰斯	超越类似于罗杰斯（和马斯洛）的某些人本主义思想。他也非常关注创造性。
马斯洛和默里	与这两位理论家一样，他也非常关注需要。
霍妮	他们二者都追求真实自我。他们都认识到了人类的剥削潜能。

问答性／批判性思考题

1. 弗罗姆更像社会学家还是心理学家？
2. 举例说明弗罗姆的某种需要在你自己的经历中是如何体现的。
3. 你能根据自己的经历描述一下共生关系吗？
4. 什么样的社会性格最符合你所在的团体？
5. 你能为一种社会性格适用于整个社会进行辩护吗？

电子邮件互动

通过 b-allen@wiu. edu 给作者发电子邮件，提下面列出的问题或自己设计的问题。

1. 解释一下弗罗姆为什么如此受到公众的欢迎。
2. 当今社会正在悄悄地朝着更剥削、更恋尸癖的方向发展吗？
3. 弗罗姆真的是一个人本主义者吗？

每个人都会受到奖赏:罗杰斯

- 当你的经验与自我发生冲突时,会怎么样?
- 心理学家更有可能使世界和平吗?
- 想象一个拒绝为患者提供任何建议的治疗师。
- 治疗师应该成为与患者平等的伙伴吗?

心理学家经常将人格理论分成如下几类:始于弗洛伊德的精神分析传统;以罗杰斯和马斯洛为代表的人本主义传统;因斯金纳而著名的行为主义传统;以凯利为代表的认知传统;以卡特尔、艾森克和奥尔波特为首的特质传统。因为人本主义原则已经影响了非常多的心理学家、其他学科的专业人士和外行人,罗杰斯成为现代心理学最主要的人物之一。与其他任何人本主义心理学家以及本书涉及的一些别的理论学家相比,罗杰斯的观点也得到了更为系统的研究、探讨和证实。

卡尔·兰塞姆·罗杰斯
www.infed.org/thinkers/
et-rogers.htm

罗杰斯其人

卡尔·兰塞姆·罗杰斯(Carl Ransom Rogers)1902 年 1 月 8 日出生于伊利诺斯州奥克帕克镇。作为六个孩子中的第四个,他"柔弱,易伤感,还脾气暴躁甚至以自己的方式表现出尖刻",这是在家庭的互谅互让中生存必备的特征(Kirschenbaum,1979,p.5)。罗杰斯生活在正统派基督教家庭的氛围中,特点是重视宗教修行、社会往来很少、笃信勤奋工作的美德。罗杰斯甚至记得,当喝第一瓶汽水饮料时,他体验到了一种轻微的"邪恶"感。

罗杰斯(Rogers,1961,p.6)是个寂寞、"孤独的孩子,不停地阅读,整个高中阶段仅有过两次约会"。他是个出色的学生,被他那个注重实践的家庭起绰号为"心不在焉的教授先生"。跟弗罗姆一样,罗杰斯爱读《圣经》。他还喜欢品味流行的冒险小说和创作自己的故事。青少年时代,他对夜里到处乱飞的蛾子很着迷,一年到头观察和喂养它们。他还喜欢阅读农业方面高深的科学书籍。

　　　　没有人告诉我莫里森的《饲养科学》(*Feeds and Feeding*)一书并不适合一个 14 岁的孩童阅读,于是我耕耘在几百页厚的字里行间,学习实验是如何进行的——如何将控制组跟实验组进行匹配,怎样通过随机程序使实验条件保持等值,以便能够确定特定的饲料对肉产量或奶产量造成的影响。我体会到了验证一个假设是多么困难。在实践探究中,我掌握了有关科学方法的知识,并且树立了尊重科学方法的态度……(Rogers,1961,p. 6)

　　正如你将看到的,罗杰斯将其科学程序的知识富有成效地运用到他的事业之中。然而,他并不仅仅将它作为一种理解人的综合方法,而是更多地用它来表明他的治疗的有效性、确认人具有生物性的一面以及使他的概念具有可验证性。

　　在威斯康星大学,罗杰斯本科主修了农业和历史。后来,他放弃了最初所学,变得对宗教相当虔诚,并且开始了旨在成为牧师的课程学习。作为 12 名学生代表中的一员,罗杰斯被选派到中国参加世界基督教学生同盟会议(World Student Christian Federation Conference)。这被证明是"一次非常重要的经历",拓展了他的思维,教会他认识到,正直、诚实的人可能有着非常不同的信仰。很多年后,因为不赞成"原罪",他失去了对宗教的热情(Thorne,1990)。他只是无法接受人生来就有罪孽的痕迹这一缺陷。再后来,他重新审视了视人类为神圣本性的分担者的那些人鼓吹的基督精神。他的中国之行是一次思想解放之旅,但正因如此,他发现自己背离了家族传统。这种新发现的思想上的独立给他的父母带来了"极度的痛苦和紧张",但是"回过头来看,我认为此时我才真正成为了一个独立的人"(Rogers,1961,p. 7)。

　　罗杰斯在开明自由的联合神学院(Union Theological Seminary)研究宗教。恰巧,哥伦比亚大学师范学院正好在街道对过。或许因为对宗教的不满开始冒头,他进入了哥伦比亚大学,并且很快转向儿童心理学,"仅仅从事我感兴趣的活动而已"(Rogers,1961,p. 9)。1928 年获得哲学博士学位后,他在纽约罗彻斯特的一个儿童指导中心工作了几年。其间,罗杰斯吸收了弗洛伊德的观点。正是在这个关键时候,他受到了阿德勒的影响:"我有幸遇见、聆听和观察阿德勒博士……我对阿德勒博士以非常直接和貌似简单的方式联系儿童和父母感到惊讶。过了一段时间我才认识到我究竟从他那里学到了多少。"(Rogers,引自 Ansbacher,1990,p. 47)阿德勒的事例促使罗杰斯重新审视盲目进行测验和保持记录的利弊,也促使他思考童年期创伤问题,而这正是罗彻斯特中心弗洛伊德治疗取向的特色。

　　或许对罗杰斯最有影响的人物是对弗洛伊德学说不满的前弗洛伊德主义者奥托·兰克,兰克认为,出生创伤是人一生中必须经历的众多"分离"中的第一个(deCarvalho,1999)。罗杰斯曾邀请兰克到罗彻斯特,在为期三天的演习会期间,罗杰斯吸收了兰克的观点。兰克理论的如下几个方面对罗杰斯产生了重大影响:(1)"患者从心理治疗的保护性环境中习得的自我接纳和肯定"迁移到外部世界(p. 134);(2)恋母情结前的母婴关系是医患关系的原型;(3)治疗师的作用是创设积极体验以便使患者发现没有恐惧和焦虑的内在人格动力;(4)患者应该自由表达他们的思想和情感,而治疗师的作用仅仅是促进他们的自我发现；(5)强调患者即时的情绪体验。正如你将看到的,罗杰斯以某种形式吸纳了所有这些思想。

罗杰斯逐渐认识到,弗洛伊德的思想跟他接受的严格科学的学术训练的诸多方面存在巨大的冲突。依据自己的临床经验,他开始形成了以人为中心的观点：寻求指导的人应该选择人格变化的方向。不同于弗洛伊德主义者,他不会采用权威的医生与被动服从的患者这样的医患角色,因为"正是(人)才知道究竟是什么造成了伤害,应该沿着什么方向,什么问题至关重要以及什么样的经验被深藏在心里"(Rogers,1961,pp.11—12)。当荣格和兰克对接受治疗的患者提供相同的治疗任务时,他们的治疗体现出了对人的信任。因此,跟兰克一样,罗杰斯拒绝了**医学模式**(medical model),医学模式认为有心理问题的人是有病的,需要接受某些治疗至少类似于医疗,以便使他们再恢复正常(deCarvalho,1999；Rogers,1987a)。跟兰克的取向一致,罗杰斯使用"来访者"(client)这一术语来代替"患者"(patient)。他并不想将患者带回到正常的状态,即回到平均状态。相反,他赞同**成长模式**(growth model),即帮助人"清除存在的阻碍成长的任何障碍",以便使他们朝着超出正常或平均的水平发展(p.40)。

在随后的多年里,罗杰斯在俄亥俄州立大学、芝加哥大学和威斯康星大学从事教学、治疗和行政管理工作。1947年,他担任了美国心理学会主席。他是该学会历史上第一个同时获得科学贡献奖(Scientific Contribution Award)和杰出专业贡献奖(Distinguished Professional Contribution Award)的心理学家。在去世前的几年里,罗杰斯仍然在他参与创建的加利福尼亚拉乔拉(La Jolla)的人学研究中心(Center for Studies of the Person)继续积极地工作："没有足够长的时间来实现我的目的"(communication to Charles R. Potkay, May 9, 1985)。罗杰斯以前的一位同事卡特赖特(Rosalind Cartwright)指出,罗杰斯就是自己理论的活生生的榜样,"一个持续成长、发现自己、检验自己、真实诚恳、总结经验并从经验中学习的人……在最佳人性意义上,继续真诚、完整地生活着"(Kirschenbaum,1979,p.394)。

罗杰斯因髋骨骨折而手术后于1987年2月4日出人意料地去世了(Gendlin,1988)。当时,他一直是极其精力充沛和高效的。在最后几年里,他从南非到苏联,遍游世界,为了促进世界和平和结束战争集团之间的冲突,他曾在北爱尔兰作过停留(见 Rogers,1987b；Rogers & Malcolm,1987；Rogers & Ryback,1984；Rogers & Sanford,1987)。幸运的是,在最后这些年,他发表了大量的文章,本章引用了其中的一些论文,以帮助你更好地了解这位杰出人物以及他对世界各地人们的贡献。视窗9-1考察了"真实的罗杰斯"。

视窗 9-1　真实的罗杰斯：并非如此性情温和,并非如此"平等",并非真正的咨询者,而是一个在临床方面对理解多样性问题作出贡献的开拓者

作为一位世界名人和一个不同寻常的人物,罗杰斯被人们以老套的方式看待。教材编著者和一些教师视他为这样一个人：(1)从来不会生气,更不必说在治疗期间对人口头攻击了；(2)信奉治疗师与当事人之间完全平等；(3)在治疗期间从来不会表现出强烈的情绪；

(4)认为移情是个消极的过程,移情过程中治疗师仅仅倾听来访者并且只不过成为了来访者从中能够看到自己情感的一面镜子;(5)将自己视为咨询者,非常认同自己的领域。这些看法没有一个是完全正确的。

在指导由南非黑人和白人组成的冲突解决小组的过程中,当一个白人心理学家声称某个年轻的黑人革命者只是在试图"获得关注"时,罗杰斯愤怒了(Hill-Hain & Rogers, 1988)。"那根本就不正确……一个白人家伙起来将要打那个黑人时,我也对他发火了。"(p. 62)在同一次访谈中,罗杰斯说:"当我感到小组中一个人正在伤害另一个人时,我拒不容忍。"(p. 65)他还用这件事来说明没有人总是能够体察另一个人的情感世界,甚至他自己也不能。"这就是我没有因对[那个白人心理学家]发火作任何道歉的原因。"(p. 65)

在罗杰斯的南非小组的一次会议期间,当一个主要的黑人参与者离席而去时,罗杰斯受到了强烈影响。他坐在小组中间的地板上,承受着南非黑人的痛苦,他开始落下了泪水。这并不是因为别人在流泪,而是因为他需要"小组中的任何一员"(p. 68)。这种反应对他而言很少见:"我处于如此多的小组之中,以致需要有相当大的力量才能真正使我的人格受触动。"(p. 68)

罗杰斯同意一个批评者对以人为中心的治疗家的指责,这些治疗家完全致力于只是扮演一块共鸣板(sounding board),误解移情的内涵,并且不加思考地遵守治疗师与来访者之间的平等关系。"我完全赞同她……对不可靠的、机械的、呆板的、教条的、以来访者为中心的治疗师的谴责。事实上,我对这些治疗师的感觉可能比他们的表现还要糟糕,因为我感觉我的人格受到了冒犯。"(Rogers, 1987c)同样的,关于移情,罗杰斯写道:"人们认为它是肤浅的,当你仅仅坐在那里倾听时,它是消极的。真正的移情是我知道的最积极的体验之一。你必须真正理解在这样的情形中对此人的感觉是怎样的……真正让自己置身于另一个人的内心世界是我知道的最积极、最困难和要求最高的事情之一。"(Rogers, 1987a, p. 45)

为了解决来访者与治疗师之间的平等关系问题,罗杰斯每次治疗开始前都要考虑对自己提出的问题:"'我完全呈现在来访者面前了吗? 我能与他/她打成一片吗?'……我从来不会想起问自己,'我能使这种关系成为平等的吗?'"(p. 38)。实际上,在罗杰斯学派的治疗中,治疗师与来访者之间的关系有时并不是平等的,而是向来访者一方倾斜。假如罗杰斯正在给一个黑人进行治疗,正如他在芝加哥大学时偶尔出现的情况一样,他就会把自己当成一个学生,倾听非洲裔美国人讲话。只有当一个黑人来访者说罗杰斯训练有素时,他才会感到跟他/她是平等的。来访者中心治疗能够有利地被那些拥有与他们自己的种族性不同的来访者的治疗者采纳。罗杰斯对多样性的另一个贡献可见于他作为一个心理学家积攒了46余年的证据中,即他的理论影响着那些处理种族和文化关系的人。

罗杰斯通常是认同咨询的,咨询这一牵涉到多学科的工作有时会被来自非心理学的专业者从事。甚至与罗杰斯长期共事并为他写了讣告的同事也认为他是咨询这门学科的创建者，并认为罗杰斯对咨询极为认同(Gendlin，1988)。作为对根德林"精彩纪念"的反应，从1935年就认识罗杰斯的休珀(Super，1989)指出了这一事实，即罗杰斯的治疗机构叫芝加哥咨询中心(Chicago Counseling Center)，并且他1942年出版的著作名为《咨询和心理治疗》(*Counseling and Psychotherapy*)。他还写道，"但是卡尔·罗杰斯仍然是一位咨询心理学主流之外的心理治疗学家，也是[美国心理学会]临床分会的成员，但却不是咨询分会的会员"(Super，1989，p.1161)。

鉴于这些事实，为什么书名中还包括"咨询"呢？比克斯勒(Bixler，1990)曾指出，他和其他的学生在上罗杰斯的研究生进修班时，他们的教授曾就给该书起个合适的书名这一问题问询过他们。教授和学生们之所以决定用"咨询"是为了招募咨询师来从事来访者中心治疗，而用"心理治疗"是因为这一术语是他们的专业身份的核心。因此，似乎罗杰斯首先认为自己是一个心理治疗学家，但他乐于与他人分享自己的方法。

罗杰斯关于人的观点

罗杰斯的观点围绕着他帮助创立的一个心理学分支学科——**人本主义心理学**(humanistic psychology)而展开，该学科强调整体人的当前经验和本质价值，倡导创造性、意向论、自由选择和自发性，培养人们可以解决他们自己的心理问题这一信念。20世纪50年代和60年代早期，随着几本重要著作的出版(Buhler，1962，1965；Maslow，1954，1959，1962；Rogers，1961，1970)和1961年《人本主义心理学杂志》(*The Journal of Humanistic Psychology*)这一旗舰性杂志的创刊，人本主义心理学获得了发展的动力。人本主义心理学的支持者声称他们的运动是一个"重要的突破"，因为它首先注重的是理解完整的人，"一个整体的人的功能和经验"(Bugental，1964，p.25)。这一强调也体现出罗杰斯观点的特色，即每个人都可以以一种综合和整体的方式来理解，而不仅仅是他或她的各组成部分的简单相加(Kohler，1947)。

人本主义心理学产生于存在主义和现象学这两种不同的哲学取向，其中一种在最后一章作了介绍。罗洛·梅是存在主义(existentialism)和存在心理治疗最著名的心理学实践者。术语"existence"来自根词"ex-sistere"，意指"突出、出现"(to stand out，to emerge)(May，1983)。在罗洛·梅看来，存在主义试图"将人描述成出现和形成，亦即存在的过程，而不是静态的物质、机制或模式的集合"(p.50)。存在(Being)被"定义为个体独特的潜能模式"(May，1969a，p.19)。他还指出，对某些存在主义者来说，存在就是力行(to be is to do)，即以对自我或他人产生影响的方式行事。此外，他采纳了萨特的观点和埃弗伦·拉米雷斯(Ephren Ramirez)的断言，前者主张我们是我们的选择，后者宣称我们接受我们的生活责任的程度决定了我们成为自由道德主体的程度。

罗洛·梅同意维克多·弗兰克尔(Viktor Frankl)的看法,认为越来越多的人前来接受治疗不是因为通常的"神经质"症状,而是因为他们厌倦了缺乏意义的生活。在沙利文学派的治疗正流行的时代,罗洛·梅认为心理治疗是"两个人存在于一个世界中,此刻这个世界由治疗师的咨询室来代表"(May, 1969b)。在罗洛·梅看来,心理治疗解决六个基本的存在问题。首先,存在者处于她/他的自我的中心。对中心的攻击就是对这个人存在的攻击。我们所谓的"神经症"就是一个人试图保持其中心的过程。因此,只是简单地祛除神经症在存在意义上并不是一个有效的策略。相反,一个人必须解决个体的中心,即存在的脆弱性。因此,神经症只是真正问题的一个迹象,而不是真正问题本身。

第二个过程涉及自我肯定,另一种说法即勇气(courage),如保罗·蒂利希(Paul Tillich)的"存在的勇气"(1952)。自我肯定需要有决定、选择的意志。心理治疗必须创设一种氛围,让人们感到可以自由行使自己作出选择的权利。第三个过程强调所有的存在者都需要"走出自己的中心,参与到其他存在中去"(May, 1969b, p. 74)。但是,冒险脱离自己的中心会引起一个治疗中必须解决的两难处境:一个人要存在,就必须参与到其他生命中去,包括人类,但是这样做的危险是个体将会过于认同他人,从而丧失自己的存在。弗罗姆曾提出过这样的观点。

第四个过程以"中心的主观方面是觉知"这一原则为基础(May, 1969b, p. 77)。在罗洛·梅看来,觉知(awareness)反映了我们与其他动物共有的生物方面。像每隔十秒就打断一次睡眠以便注视捕猎者的海豹一样,我们必须注意对我们存在的威胁。警觉(vigilance)是动物水平上的觉知,它指的是个体必须对威胁保持注意。在治疗中必须考虑运用警觉的需要。第五个过程主要围绕着人类独有的觉知形式——自我意识。与自我觉知相反,自我意识(self-consciousness)是个体认识到自己是一个正在受到威胁的人的能力,认识到自己并不仅仅是一个受影响者,而是有一个他/她能影响的世界。自我意识可以改变任何事物。尽管我们跟其他动物一样都有性的一面,但它对我们而言已变得有所不同。性受到我们的伴侣的影响。心理治疗必须更进一步,以便承认自我意识能使人超越仅知道非存在威胁的肉体。自我意识可以把我们带到超越生物的水平上,在这样的水平上,我们能在与其他存在的关系中看待自己,既能审视我们自己影响其他存在的能力,又能审视所受的影响。

第六个过程跟焦虑有关,焦虑是"保持存在与破坏存在的事物进行斗争中人的状态"(May, 1969b, p. 81)。焦虑反映了存在与非存在(nonbeing)冲突中的永恒斗争,弗洛伊德的萨纳托斯(死的本能)与厄洛斯(生的本能)的斗争也恰恰体现了焦虑。在心理治疗期间,罗洛·梅从来不会减弱个体内部存在与非存在之间的斗争体验。相反,他会促进个体为自己作出选择负责,选择可以增强个人的存在,但如果选择低劣的话,也会使个体的存在遭受威胁。回避选择可使人的存在慢慢地销蚀;作出选择可能维持人的存在,也可能使人更脆弱。这决定着我们是否隐藏在暗处希望怪物花些时间才发现并吞食我们,或者决定着我们是否要逃命,从而我们可以躲避怪物或者直接将我们置于其经过的路上。

在对罗洛·梅观点的评价中,罗杰斯(Rogers, 1969a)赞赏存在主义坚持的观点,即要使现代心理学勇敢地面对这一"事实"——要理解人,就必须深入人内心而不是仅停留在表面。

他坚持认为存在主义者"冲击"了美国心理学，因为他们说的好像是人存在的核心就是自由的、负责的、有选择的。他还承认，跟存在主义的假设一致，作为一名成长中的治疗师，他学会了创设使来访者在对治疗过程作出他们自己的决定时感到舒服的治疗氛围。

　　存在主义心理治疗远不是"非科学"的，它从罗杰斯那里得出了大量有趣的、可以验证的假设。关于罗洛·梅的第一个过程，罗杰斯推论出这一假设，"人的自我越是受到威胁，他就越会表现出防御性的神经症行为"(p. 89)。自我是个体存在的软肋。同时，它也是个体存在的中心和心理结构中最脆弱的部分。为了保护自我，个体将会诉诸任何有效的方法，甚至给个人心灵造成巨大痛苦的焦虑集中方法。从罗洛·梅的第二个过程罗杰斯推论出的假设是，"自我越是不受威胁，个体就越会表现出自我肯定的行为"(p. 89)。威胁越少，自我就越不容易受攻击，并且为了成为"本来的自己"(who one is)，自我就会越爱冒险伸张和收缩其创造的肌肉。第三个过程表明了这一假设，即人们的自我越是不受威胁，他们就越能实现参与其他存在的潜能。第六个过程表明的假设是，只有当个体不再恐惧成为可能成为的人时，焦虑才会减少。当个体接受了自己可能成为什么样的人时，他/她就消去了成为那个人的恐惧。在罗杰斯看来，所有这些假设都是易于验证的，而且如果得到证实，它们将为人本主义的存在主义基础提供科学的支持。

　　对人本主义心理学作出贡献的第二种取向是**现象学**(phenomenology)，它作为一种处理实在问题的方法，是存在主义的密切伴侣。现象学探索的是本质问题，强调意识以及经验描述的必要性，渴望在每一个体独特感知它的时候把握实在。知识和理解的这一主观方法是人本主义和存在主义心理学的一个主要特征(Heidegger, 1949；Husserl, 1961)。"或许我知道的惟一实在就是此刻知觉和经验到的世界。或许你能知道的惟一实在是你此刻知觉和经验到的世界。惟一确定的是那些知觉到的实在是不同的。有多少人就有多少个'真实世界'！"(Rogers, 1980, p. 102)罗洛·梅(May, 1969a)补充说，现象学方法(取向)要求"尽量祛除头脑中的预先假设"(p. 21)，以防我们仅从自己的理论和教条的角度看待来访者。现象学要求一种"开放和欣然的倾听态度"(p. 21)。一种经验在它被经验到的那一刻对经验者来说是真实的，这可见于罗杰斯在他著作中所用的限定语，如"对我来说是真实的"、"基于我的经验"。这并不是说不存在我们都一致同意的客观世界，而是说，它肯定了主观世界并给了它至少与客观世界同等的地位。

　　一方面，每个人都应该基于个体的优势决定他/她将做什么或将成为什么。另一方面，一个人不应该干预其他人的行为方式和生活方式。因此，人们应该为他们自己的决定负责，而不是为他人的决定负责。甚至在他生命的最后岁月，罗杰斯拒绝接受能够回答来访者所提问题的专家治疗者角色，这些问题诸如"你认为我应该怎么做"(Hill-Hain & Rogers, 1988)。

　　除了科学真理的诸多问题以外，现象学方法(取向)对有关人的研究有着特殊的意义。要想理解一个人，我们就需要进入他/她的独特的意义世界。我们通过**移情**(empathy)来实现这一点，移情指的是感知和参与他人的情感世界。人本主义心理学家关注的是每个人赋予他/她所做事情的意义。因此，作为理论家和治疗师，人本主义心理学家试图避免行为主义或神经科学等"其他研究取向那种伪称的或付出极大代价才达到的科学公正"(Bugental，1964，p. 24)。相反，他们通过主观经验而非客观测验或实验来证实他们的发现。这种取向导致了研究人类经验的许多新方法。像奥尔波特一样，人本主义心理学家通常强调特殊规律的(idiographic)研究方法：认为有意义的普适性发现来自对一个人的个别理解。正如罗杰斯(Rogers，1961，p. 26)所写，"最个别的就是最一般的"。

移情并不仅仅是一个人本主义的抽象概念。来自神经科学的日渐增多的证据表明，大脑关键的模仿区和情感区血流量的增加与模仿或观察和多种情绪(如，快乐、愤怒和恐惧；Bower，2003)有关的面部表情是协调一致的。模仿比观察产生了更强的效应。甚至无意识地模仿他人的情绪也看上去像这些人的感受。

罗杰斯采用了**机体论取向**(organismic approach)：人类机体被看作一个整体存在，其身体、心理和精神各方面除了通过人为手段外是不能截然分开的。简言之，它将人置于首要地位。这就是为什么罗杰斯的治疗理论现在通常被称为以人为中心(person-centered)取向[以前称作来访者中心(client-centered)，这个说法仍为某些治疗师和罗杰斯所用，甚至在罗杰斯后期的论文中也有此称谓；Rogers，1987c；Super，1989]。以人为中心取向的核心假设是"个体自身具有大量资源，用于自我理解以及改变他们的自我概念、基本态度和自主行为"，而且这些资源可以通过提供"一种能改进心理态度的可预期的趋势"来开发(Rogers，1980，p. 115)。

不同于弗洛伊德，罗杰斯认为人的自然发展朝向其内在潜能的"建设性实现"。罗杰斯恰当地写道(引自 Kirschenbaum，1979，p. 250)：

> 我倾向于认为，要完全成为一个人就要进入这样一个复杂过程，即成为地球上感知最广泛，最具反应性、创造性和适应性的生物之一。因此，当一个弗洛伊德主义者像门宁格告诉我说……他认为人是"天生罪恶的"或更准确地说是"天生破坏性的"时，我只能惊奇地摇摇头。

在应用机体论取向过程中，罗杰斯拒绝接受他认为多数大学持有的学习观。"一个……独特的元素是，[我的理论]是以经验性和认知性学习为基础的。这似乎是许多大学难以接受的。我知道的多数大学都认为教育[只有]按部就班才能继续进行……并不是这样的！教育或许受到这方面的局限，但学习却是另一回事"(Rogers，1987a，p. 39)。这也是对要求学生积极参与大学课堂活动的教学程序的认可。这些方法如此迅速地获得教授们的欢迎，以致他们声称要取代传统的 50 到 75 分钟的正常讲课活动(deCarvalho，1991)。作为一名教师，罗杰斯"分发了一张可选择的阅读表单，布置了一些作业(例如，来上课、记日记、自己选一个主题写一篇期末论文)，并表示如果学生们要求的话，偶尔也会给大家讲课或做示范"(Kirschenbaum，1991，p. 412)。

罗杰斯认识到，他的观点受到治疗过程中他与来访者关系的深刻影响。然而，跟沙利文一样，他认为心理治疗关系仅仅是一般人际关系的特例，并且"同样的规律"也适用于所有人际关系(Rogers，1961，p. 39)。在许多畅销书中，他都支持这一观点，这些书的主题诸如教育中的学习自由(1969b)、会心团体(1970)、成为婚姻伴侣(1972)以及个人力量的革命性影响(1977)。

基本概念：罗杰斯

实现：一般的和特殊的

一般实现倾向。所有生物都会表现出**一般实现倾向**（general actualizing tendency），即"机体为维持或增强有机体而发展其所有能力的内在倾向"（Rogers，1959，p. 196）。这一建设性的生物倾向是"人类有机体中能量的一个中心来源"，并引发所有其他动机（Rogers，1980，p. 123）。该实现倾向有四个显著特征，并通过各种不同的行为表现出来：

1. 它是**机体论的**（organismic），即在所有生命体的全部功能中反映出来的一种先天的生物性心理倾向。

2. 它是一个**积极的**（active）过程，可以解释为什么有机体总是做某些事情：探索、改变环境、玩耍、创造和寻找食物或性。

3. 它是有**方向的**（directional）而不是随机的，使每种形式的生命都向着成长、自我调节、实现、繁殖和独立于外部控制的方向发展。

4. 它是有**选择性的**（selective），意味着并非所有的潜能都是必然发展的（例如，忍受痛苦的能力）。

罗杰斯借用他家冬季储藏在地窖中的马铃薯来说明这种实现倾向：

　　虽然条件是不利的，但是马铃薯开始发芽了——苍白的嫩芽……这些忧愁、纤弱的芽将会生长……向着远处［地窖］窗户透过来的阳光。它们正在……徒劳地生长，一种目的倾向……的拼死表达。它们将……永远不会成熟，永远不会实现它们真实的潜能。但是在最恶劣的环境下，它们正努力地成长。生命不会放弃，即便它不能繁荣兴旺。（Rogers，1979/1981，p. 228）

机体的实现倾向适合所有生命存在，从马铃薯，经过原生动物，到兔子，最终到人类。如果再算上基因传递，这种机体论取向就与进化论一致了。

自我实现。除了一般实现倾向外，罗杰斯还提出了一种人类特有的倾向，即**自我实现**（self-actualization）。自我实现是一个人实现其成为一个充分起作用的人（fully functioning person）的潜能的毕生过程。自我实现的目标是"成为真正的自我"（Rogers，1961，p. 166）。自我实现的方向是朝向"美好生活"，美好生活指的是一切都从机体论上以完整的人来衡量，这个人可以内心自由地朝向任何方向移动。

罗杰斯（Rogers，1961）将自我实现的过程与以下三个领域中机能的增强联系起来。首先，自我实现包括**经验**开放性的不断增加，经验指的是在任何特定时刻出现在机体身上的所有情绪、认知和知觉，它们可以潜在地被意识到。觉知（awareness）是对经验的有意识理解。其次，自我实现的人存在地生活着，伴随着生命中每一时刻的流逝，并且完全参与其中。她或他是时间的把握者（time competent），在"此时此地"体验生活，没有事物必定同过去一样的严格

206

预先之见,也不需要控制事物将来应该怎么样。第三,自我实现的人完全信任自己的机体直觉,在权衡各种信息后做自己感到正确的事情。她或他相对较少地依赖过去或社会习俗。自我实现的人也由衷地赞赏自由选择、创造性、人性的可信赖性和生命的丰富性。

自我的重要性

显然,自我实现对自我起着核心作用,并为人本主义者所看重。罗杰斯对自我的兴趣部分是由来访者在治疗期间的言语表达引发的:"我想知道我是谁";"我不想让任何人知道真实的我";"让自己自由放松,并且我就是我(just be me),这样感觉很爽"。在罗杰斯(Rogers,1947)看来,人的自我体验是生命的一个基本方面。它塑造并决定行为、认知和情感。

自我作为自我知觉。尽管罗杰斯从未正式界定过人格,但却界定过**自我**(self)。自我指的是有组织的、一致的概念性整体,该整体由有关"主体我"(I)或"客体我"(me)特征的知觉、跟这些知觉有关的价值观以及"主体我"或"客体我"与生命各个方面的关系组成(Rogers,1959,p.200)。这个定义反映了罗杰斯的现象学方法(取向),它明确强调自我的知觉根源:人的自我是一套将知觉者作为目标的知觉系统。此外,因为它是一个人对其自我的知觉,所以自我在功能上等同于自我概念。它包括人们对其机体功能和人际关系的所有评价,借助这些评价人们"整理和解释[他们的]经验"(Shlien,1970,p.95)。而且,自我知觉与他人和各感官提供的知觉有关(Evans,1975)。例如,一个人可能会有自我知觉,"我有六英尺高"。她可能会将这种知觉与他人联系起来,如"我比许多人都要高些",并赋予一些价值判断,如"我喜欢长得高"。

207 在罗杰斯看来,**理想自我**(ideal self)是个体最看重最希望成为的自我。它是"个体最希望具有的自我概念,并认为它对自己是最重要的"(Rogers,1959,p.100)。因此,理想自我的成功追求是价值感的一个重要前提。罗杰斯疗法的治疗师通常让一个人描述他/她的现实自我和理想自我,然后让其比较这两种描述,这也是视窗9-2的目的。

视窗 9-2　对你的现实自我和理想自我的形容词描述

指导语:在纸的左侧写下最能描述你当前生活中的自我的形容词(现实自我)。在纸的右侧写下最能描述你想成为的自我的形容词(理想自我)。越快越好,并确保写的是词典中能够找到的单个词,不能是句子、段落或自己编造的词。在每个标题下尝试着写出10—15个描述自我的形容词,但每一标题不能少于5个。如果某些词语看起来相互矛盾,用不着担心;只要写下最能描述您现实自我和理想自我的形容词即可。

您的现实自我　　　　　　**您的理想自我**

在我和波特凯所做的研究中,当要求他们尽可能多地记录时,学生被试通常写下5—10个形容词(Allen & Potkay,1983a;Potkay & Allen,1988)。跟班上其他同学的形容词相比,你的怎么样?关于现实自我(your self *as you are*)和理想自我(your self *as you would like to be*),你的描述是怎么样的,相同还是不同?你如何处理两个词表中都出现和都没出现的词?你如何实现现实自我到理想自我的转化?

你现在是某种自我（现实自我），或许会变成另一个自我（理想自我），与此相一致，罗杰斯认为最好将自我理解为一个生成的过程，而不是一个固定的终点。因此，自我，你的或任何其他人的，很可能在经历着变化。这就是一个人在不同的时刻自我观可能不同的原因。我们今天的自我观可能与刚刚过去的自我观截然不同。

别人看待你的方式或许与你看待自己的方式不同。我们的大学有位学生，在做有关自我研究的学期专题时，获悉这种不一致，感到非常惊讶。研究者要求她用形容词描述她的真实自我，然后从她的母亲、父亲、男友和最好的女朋友那里获得关于她的真实自我的形容词描述。她用来描述她的自我的形容词（"不安全"、"固执己见"、"没有耐心"）要比生活中其他人所用的（"聪慧"、"友好"、"可爱"）消极得多。她的解释是"我没能更新我的……自我，使之与我今天的真实我相称"（Allen & Potkay, 1983a）。

现实自我与理想自我之间越是一致，自我悦纳和适应就会越好。但是要记住，知觉到理想自我与现实自我之间的不一致可能是一个好的迹象：你认识到需要作出积极的改变了。

与经验的和谐。我们的自我概念可能或多或少都和与自我有关的经验相一致。当一个人处于**和谐**（congruence）状态时，其自我概念和与自我有关的经验就是一致的。那么实现倾向就是相对完整、统一的，这个人就会表现出成熟以及心理上的适应。相反，**不和谐**（incongruence）反映了自我概念和与自我有关的经验的不一致。不和谐可能是由僵化、扭曲、不切实际或过度概括的观念引起的。它也可能源于**否认**这一防御性策略。否认指的是无法承认或接受已产生的经验的存在。当一个人拼命地寻求晋升仍然没能如愿后，流言就在办公室人员中传开了，这时当事人会说"不！不是这样的！"该反应就是否认。**扭曲**（distortion）指的是对经验的再解释，以便使它与个人希望的事态一致，如"你们都错了。昨天老板对我非常友好。"可以看到，跟弗洛伊德和霍妮一样，罗杰斯认为人们具有抵制威胁性经验的防御机制。

与经验不一致的自我知觉可能会导致内部混乱感、紧张感和适应不良的行为。罗杰斯以一个被发现掀起女孩裙子的男孩为例来说明这种现象。当被质问时，男孩否认自己的所为，声称那"不可能"是他，这一否认的说法证明他处于不和谐状态。他的知觉使他保持着一种与他的实际经验不一致的自我概念。因为他的自我概念中不包括性体验，所以他的性好奇和性欲望的机体经验与他的自我概念是冲突的。他使他的意识和与他的自我概念不一致的行为、情感或态度隔绝了。这个男孩的否认反映了个体在面对矛盾信息时旨在维持当前自我结构的防御心理（defensiveness）（Rogers, 1959）。这是当自我概念受到威胁时个体产生的一种典型反应。"他的自我形象（self-picture）不可能那样做，并且也没有那么做。"（Evans, 1975, p.17）

该男孩的成长运动和改善性适应要求他修正自我概念以达到和谐。当男孩意识到自我概念和经验不和谐时就会表现出焦虑，因为"我们每个人都寻求保持这张……描述自己的形象，而且……这一形象的急剧改变是具有相当威胁的"（Rogers, 引自 Evans, 1975, p.17）。如果

208

男孩能够降低防御,这样有关他自己的新信息就会被纳入到他的自我概念中。这样,他就可能考虑用适当的方式表达他的性好奇。如果防御继续下去,就会出现适应不良(maladjustment):男孩会仍然意识不到内在的冲突,并且他的成长就会停滞。

人格发展:某些有利条件

是什么决定一个人的自我概念和经验是和谐的还是不和谐的呢? 罗杰斯指向了外在环境,尤其是人际关系性质的外在环境,它们促进或阻碍个人的成长。他童年期对家中马铃薯的观察突出了环境条件作为生物实现倾向的影响因素的重要性。马铃薯因为周围不利的条件没能实现其最大潜能。

同样的,人和人际环境之间的相互作用代表了人类发展的一个重要方面。实现倾向为所有人成为真正的自我指明了方向,而不管社会环境怎样。然而,某些人际条件促使人们为实现而努力,但其他条件没有。罗杰斯在治疗中与来访者的接触使他确定了某些促进人格积极成长和改变的必要充分条件(Orlov, 1922)。这些条件是受到无条件积极关注、形成正确的移情、实现人际关系的和谐以及发展积极的自我关注。

无条件积极关注。所有人都存在只能在人际关系中才能满足的需要。其中首先是一种普遍习得的对**积极关注**(positive regard)的需要。积极关注指的是体验到自己在他人的生活中产生了积极影响并且从他人那里获得了温暖、乐趣、尊重、同情、接纳、关怀和信任(Rogers, 1959; Standal, 1954)。当个体生活中的其他人提供**无条件积极关注**(unconditional positive regard)时,这种需要就会得到满足;他们没有任何附带条件地表达说,一个人受到接纳、得到重视、有价值、被信任,仅仅因为他/她是一个人。这个人体验到了别人的接纳,并且没有感到这种接纳是以他/她做某些"正确"的事或必须保持他人认为"应该"处于的状态为条件。当我们使人们从霍妮的"强迫性规则"中解放出来时,我们便帮助他们走上了自我实现的路。进一步来说,人没有哪一方面被认为"比其他任何方面更值得积极关注或更不值得积极关注"(Rogers, 1959, p. 208)。不存在一个人是"坏的"或"好的"这样的泛化标签,只有无条件的接纳。

然而,一个人可能会在非创生性环境(只有当他或她满足了其他人设定的价值条件时)中受到积极关注。在这里个体在某些方面感到受到了奖励,但不是在其他方面。她/他于是就会避开他人认为相对"没有价值的"某些经验,而寻求他们认为相对"有价值的"某些其他经验。即使这个人受到"无价值的"经验的吸引而厌恶"有价值的"经验时,这也会出现。非创生性方式是"有条件的",因为它涉及在如果—那么术语中陈述的偶然性。实际上,重要他人会说:"如果你说我喜欢的话,做我喜欢的事,那么我就奖励你。如果你不那么做,我就不奖励。"当有条件的接纳成为社会环境的特征时,孩子就会学着主要以他人尤其是父母赞许的方式行事和思考。儿童了解到:"如果我做父母想要我做的事情,那么父母就爱我。如果我不做,我就得不到父母的爱。"这一经验教训导致了个体的经验和"个体本性"之间的不和谐。在这样的环境中,个体的实现倾向可能会受阻碍。这样,对他人不赞许的个人经验的否认和扭曲就可能出现,接纳与"个体本性"不和谐的经验也是可能的。

关于无条件积极关注，人们通常犯的一个错误观念是，对一个人提供无条件积极关注的人必须总是赞同这个人所说或所做的一切。通过在个体作为一个人与个体自由选择的价值观和行为之间作出仔细区分，罗杰斯反驳了这个错误。例如，尽管体贴和慈爱的父母总是为孩子提供奖赏，但他们这样做并没有同等地注重儿童的所有行为。当孩子跟一个小朋友分享了糖块时父母可能会表现出自豪，或者当孩子咬了朋友时父母表现出不悦。然而，得到赞同或指责的是孩子特定的行为，而不是孩子作为一个人。是分享行为得到赞同，咬人行为得到指责，而不是孩子。尽管毫无疑问家长希望孩子不要咬人，但咬人行为并未导致拒斥。孩子继续受到奖赏，不管他/她的行为怎么样。

正确移情。 如果一个人要实现自我概念和经验的和谐，治疗师和其他人就必须正确"倾听"该个体经历了什么，避免仓促判断。罗杰斯认为，理解另一个人的能力"极其"重要。他发现，这种能力"有助于打开沟通的通道，借此他人可以就自己的情感以及私人的知觉世界跟我进行交流"(Rogers，1961，p. 19)。**正确移情**(accurate empathy)是罗杰斯理论中的术语，指的是以非评价的方式正确地感知来访者内心世界的一种能力。这种移情性理解能够透过另一个人言行的表面，深入到其内部情感、态度、意义、价值观和动机。

与治疗师及他人关系的和谐。 为了促使一个人成长，包括治疗师在内的重要他人必须自然、开放地表明他们愿意并且有能力在跟那个人的关系中表现真实的自我。就一个人对另一个人来说，这种真诚的状态可以被看作一种和谐：两个人对探讨的问题都感到同等的舒适或情感投入。治疗师必须对内部经验表现出开放的态度，以便表达出与来访者的和谐。甚至一个经验丰富的治疗师也可能向来访者承认，"我感到惧怕，因为你触及我从未解决的情感"(Rogers，1959)。一个对与来访者关系的某些方面感到不安的治疗师，如果她/他仍没有意识到不安、回避处理这种不安或表现出与真实自我相反的反应，那么就可以被认为是不和谐的。治疗师的不诚恳态度会造成治疗师、来访者与治疗中发生的经验之间的严重不和谐，以致来访者的成长可能会受到阻碍。

积极自我关注的形成。 当个体受到来自他人的无条件积极关注时，尤其是在成长期间，他们将会形成**积极自我关注**(positive self-regard)，即一种指向自己的有利态度。它反过来又促使他们形成与其真实经验一致的价值观。尽管他们会意识到他人对自己"应该"做什么的期望，但他们更相信自己的判断而不受他人判断的限制。积极自我关注开启了实现倾向，并且让个体成为充分起作用的人。相反，当其他人将价值条件施加于某个人时，这个人形成积极自我关注的可能性就小了。在此情形下，人们的**评价点**(locus of evaluation)，即与他们自身有关的证据来源，不在其自身内部而是在外部，在其他人。他人的判断构成了经验评价的标准。一位年轻女士写给罗杰斯的信(Rogers，1980)就说明了评价点在他人，而不是自身：

　　我想自己在高中时就开始迷失了自我。我一直想从事助人的工作，家人却反对，但我想他们是正确的……大约两年前……我遇到了自己认为理想的男孩。后来，约一年前我仔细审视了我们，认识到我是他想要我成为的一切而不是我自己。我一直都是很情感用事的……我的未婚夫往往会告诉我我简直疯了或快乐极了，而且我往往会说好极了……

后来,当我就此仔细审视我们的时候,才认识到我是愤怒的,因为我没有遵循自己的真实情感。

或许类似于此的问题部分在于人们把他们的自我与生命中重要他人的自我混为一谈了(Mashek et al.,2003)。他们屈从于重要他人的压力而采纳了那些他人的自我。

211 改变人格的程序:来访者中心治疗

罗杰斯有关治疗中人格发展的观点包括以下这一假设,即如果特定条件存在,那么人格改变的独特过程就会出现(Rogers,1959)。这些条件是积极关注、正确的移情性理解以及和谐(Bozarth & Brodley,1991)。同样重要的还有来访者的焦虑水平和改变动机。以人为中心的治疗的设计就反映了这些基本假设。

在罗杰斯学派的治疗中,来访者改变的方向是从固定的、分离的以及跟过去有关的人格转变为自发的、整合的以及随当前经验变动的人格。这个过程有七个独特阶段,在治疗期间依次展开(Rogers,1961)。要捕获来访者经历的那些复杂综合阶段的所有方面是不可能的,但是下面的几个阶段观察具有一定代表性:

阶段1.来访者交流的内容主要是外在的,而不是自我的。

阶段2.来访者描述体验但是并没有认识到这些体验或个人并不"拥有"它们。

阶段3.来访者将自我作为客体讨论,并且经常依据过去的经验。

阶段4.来访者体验到目前的感受,但主要是仅仅描述它们,而且带着不信任和担心,而不是直接表达。

阶段5.来访者自由地体验和表达当前的感受;感受"涌入"意识,表现出个体经历它们的愿望。

阶段6.来访者充分而直接地接受自身的感受。

阶段7.来访者对新经验表现出信任,将这些新经验开放而自由地与他人联系起来。

如果这个过程出现,那么某些认知、情绪和行为改变就会发生。治疗中形成的这些变化促使人们越来越接近自我实现。它们反映出和谐、经验开放性、适应、现实自我与理想自我的一致性、积极自我关注以及对自我和他人悦纳程度的提高。

假设的几次治疗会谈阐明了以人为中心治疗的过程。设想一个成功的律师,每周工作60到70个小时,但却对生活不满意。在早期会谈中,来访者以谈论与其真正关切之事无关的琐事开始。"我不理解我的孩子们为什么这么物质至上,他们只想要更多的垃圾……他们在电视上看到的任何东西。我仅仅是'丰饶之角'*,满足他们的任何奇想。"治疗师答道:"所以你感到你的孩子只是在利用你来满足他们的需要。"这一说法再次映现了来访者的感受和情感,以便得到证实,这个过程更有利于他们进一步探讨。

---

* 丰饶之角(horn of plenty)指的是,希腊神话中的主神宙斯年幼时从亚马尔泰亚羊人的头上拗下一只角,使它具有了魔力,拿这只角的人心里想要什么,角里立刻就有什么。——译者注

来访者在这一点上持续了一段时间,然后在下一次会谈中,他开始表达更为重要的情感,但是显得它们似乎并不是他自己的。"现代人真让人费解,他们怎么能以自己不想做或不擅长的职业作为最终职业呢! 我认识这个家伙,他卖保险,并且正赚大钱,但却盼望着周末的露营之旅。他是那种户外类型的人……曾经想成为一个林业员。"治疗师点了点头,表明对来访者是理解的。

在下一次相约时,来访者开始第一次真正谈论他自己。然而,他谈论的是过去,似乎是要分析另一个人而不是他的当前自我。"我记得当我还是个孩子的时候曾试图描摹过蒙娜丽莎。你可以想象得到我是多么天真! 这个小孩子在努力表现得像个大艺术家。我靠自己画了一些非常好的画……我的老师们都这么说,但是对我来说则不够满意。"治疗师仔细倾听着,不时以"啊、呵"呼应着,表示理解来访者的感受。 `212`

经过几次会谈后,来访者开始考虑目前的自己,但他只是描述而不是分析。"我仍然在画画,你知道的。有时在深夜……有时在周末。我和一家画廊有个约定,你知道吗? 我已经卖了一些画作,但是赚得不多……不能靠那谋生。他们想让我跟他们一起干……你知道,投资画廊,帮助他们管理。或许会有小的变化……但是你知道当我在那些作品中间时我真的很愉快……从卖画所赚一百元中得到的乐趣要胜过赢得十万元的诉讼。"治疗师说:"你觉得画画是很愉快的事,并且你已经取得了某些成功。"来访者开始认识到艺术对他来说有多么重要。在随后的几次会谈中,来访者越来越多地谈论艺术,并且在越来越大的程度上谈到目前的感受。"哦,今天有些不同。我早早地放下工作,去了画廊……里屋有个角落,在那儿我可以绘画。我现在正在从事一件真正使我兴奋的工作,我必须向你表明这一点。我现在认识到艺术是我生命的一部分……核心和灵魂。"

在治疗结束前的最后几次会谈中,这位律师几乎没有提到法律。他谈的都是他最近的艺术工作以及使在画廊的时间慢慢取代在办公室时间的计划。在这里,他意识到行动过程与他的自我实现是更加一致的。"我存有足够的钱来帮助成功经营画廊。我发现我的年轻些的同事都非常关心法律实践问题。你知道,我感到再愉快不过了。我的孩子们似乎不再这么贪婪。就让他们拥有想要的一切吧……我会给他们所有我能给予的。他们将会最终发现他们自己。"

评价

一般性贡献

罗杰斯的现象学方法(取向)对理解人格产生了重要影响。它使个体的人有机会亲自论及他们自己个人经验的本质。罗杰斯指导心理学专业者悬置关于一个人应该是什么样的人的观点,以便他们可以理解一个人实际上是什么样的。他的现象学方法(取向)已经对科学心理学所谓的客观框架提出了质疑,科学心理学寻求从外部(从行为上、机械地、客观地)理解人。罗杰斯质疑存在一种解释实在的绝对方式,甚至怀疑寻求这样一种狭隘"真理"的可取之处

(Rogers，1980)。

　　罗杰斯还试图通过强调对人们的信任来增进我们对他们的理解。考虑到充分支持性的心理状态，个体是可以实现其基于生物学的潜能的，并且能够朝着最终有利于自身和他人的方向发展。这一基本假设是罗杰斯如下信念的一个自然结果：所有有机体都有成长、理解、改变、目的倾向以及负责任地利用个人自由的内在自然能力。

关心人际关系中的人

　　罗杰斯强调关爱与人际关系在人格发展、维持和改变中的作用。在以人为中心的治疗中，治疗师不是无感情的、客观的观察者或"专家"，而是一个人，"一个从事极具人性色彩的活动的有生活力的人"(Truax & Mitchell，1971，p. 344)。在罗杰斯的影响下，甚至经常因忽视人际关系而遭到批评的行为主义治疗师也已改变了治疗程序，"那些过去的治疗程序在他们的批评者看来似乎缺乏人文关怀"(Gendlin & Rychlak，1970)。为着最有利于来访者，罗杰斯将传统的治疗原则搁置一旁。例如，在他职业生涯的早期，罗杰斯通过背离"儿童—指导程序"并对一个感到绝望的母亲的问题（"您这里对成人进行咨询吗？"）说"是"，表现出了其人道的一面(Rogers，1961)。

罗杰斯的科学贡献

　　罗杰斯通过将临床观察资料用于研究而改变了心理治疗领域(Rogers，1989a)。他的(Rogers，1942)赫伯特·布赖恩个案是第一个电子记录和转录（800 个每分钟转 78 转的录象片段和 170 页书）的完整治疗会谈系列。以前从来没有如此丰富的信息供心理学家利用，逐字逐句地，而且带有"嗯"和停顿。始于弗洛伊德的标准化程序是治疗师完全依赖记忆或通常在一天的治疗会谈结束后所做的简要记录。通过将自己的治疗实践置于其他专业人士和公众的监视之下，罗杰斯及其学生使心理治疗不再具有神秘的光环(Wexler & Rice，1974)。他们"完全颠倒了这个领域"，并且"使对高度主观的现象进行经验研究成为可能"(Rogers，1974，p. 116)。

　　不像迄今论及的某些理论家，罗杰斯的许多概念都可以转化为一种可以进行科学检验的形式。一个突出的例子由哈林顿和布洛克夫妇(Harrington，Block & Block，1987)提供。他们对罗杰斯有关儿童抚养方式决定青春期创造力水平的过程的理论感兴趣。他们在被试约 3 岁时就开始追踪和定期施测，一直持续到近 14 岁。他们研究了罗杰斯有关儿童抚养和创造性的著作，然后将其有关二者关系的观点转化为用来测量儿童养育方式的工具上的项目。这些测量方法中的一种是让父母报告他们通常使用的抚养方式。某些被认为最能代表罗杰斯的"创造性促进环境"(creativity fostering environment，CFE)的特点的项目包括，"我尊重孩子的意见，并鼓励他表达出来"以及"我鼓励孩子有好奇心、对事物进行探索和质疑"(p. 852)。某些被认为最不能代表罗杰斯的创造性促进环境的项目包括"我认为应该看孩子而不是听孩子"以及"我不允许孩子对我的决定提出疑问"(p. 852)。

其他的测量方法评估了评价者在亲子关系、任务完成会谈期间观察到的父母的教育行为，然后将评价结果转化成跟罗杰斯的创造性促进环境有关的项目。被认为最能代表创造性促进环境特点的项目包括，"父母是温暖的和支持性的"以及"孩子似乎喜欢这样的环境"。被认为最不能代表创造性促进环境特点的项目包括，"父母倾向于控制任务"以及"父母似乎对自己的孩子感到羞耻"(p. 852)。

当被试在十几岁时，就对其创造性进行评估。被认为适于创造性个体的项目包括"对自己的成就感到自豪"以及"对新经验感到好奇，探索并渴望新经验"。被认为适于非创造性个体的项目包括"对不确定性和复杂性感到不安"以及"在面对逆境时可能会放弃和退缩"(p. 853)。

哈林顿和布洛克夫妇(Harrington, Block & Block, 1987)发现，来自测量罗杰斯创造性促进环境的量表的数据与来自测量创造性的量表的数据之间存在统计学意义上的显著正相关。他们的结论是，罗杰斯有关创造性以及培养创造性的环境的观点是有科学依据的。关于什么是创造性以及哪种父母养育方式会促进创造性，仅看一下他们使用的项目就会获得相当清晰的印象。视窗 9-3 展现的是维持世界和平的罗杰斯。

视窗 9-3　罗杰斯：奔走全球的和平卫士

　　并不是罗杰斯所有的贡献都跟"心理治疗"和"人格理论"有关。罗杰斯对卷入今天世界上发生的许多令人头疼的严重冲突中的个体产生了重要的影响。他结束灾难性冲突的努力遍及世界的每个角落。在前往北爱尔兰的一次旅行中，他试图劝说新教派和天主教派将彼此视为人类，而不是不共戴天的敌人(Rogers & Ryback, 1984)。通过采用适于团体背景的来访者中心方法，罗杰斯将宗教上的敌人密切聚集到了一起。正如你所料，最初的反应是爆炸性的。例如，被罗杰斯形容为年轻而美丽的新教徒吉尔达(Gilda)就说，"如果我看到一个爱尔兰共和军军人躺在地上……我会踩上他，因为对我而言，他刚刚退职，杀死了许多无辜的人"(p. 5)。然而，在罗杰斯的巧妙引导下，个体袒露了他们的心迹，并因此开始互相赏识彼此的人性。在罗杰斯团体小组的环境下互动了相当一段时间后，新教徒丹尼斯(Dennis)和天主教徒贝姬(Becky)诚挚亲切地谈论了对方：

丹尼斯：回到贝尔法斯特(Belfast)，一般印象是如果［贝姬］是天主教徒……你只要把她放进一个小匣子里，就没事了。但是你恰恰不能这么做。她告诉我她处于比我更不利的地位……我觉得她会感到我将会感到的彻底绝望。我不知道如果我是她的一个情侣，我会作何反应。我可能会出去并拿把枪……毙了自己。

贝　姬：语言不能形容我与丹尼斯晚饭期间讨论时对他的感受。我们平静地交谈了约十分钟，我感到在这里我结交了一个朋友，的确是的。

丹尼斯：晚饭期间，当你们都去吃饭时，我们坐在那儿平静地讲了个小故事……

贝　姬：我觉得作为一个人他完全理解我。

丹尼斯：我也是，对此没有任何问题……

> **贝　姬**:正因为这个原因我很感激,我觉得结识了一个朋友。
>
> 这些同样的技术被用于南非黑人和白人之间的冲突中,他们的冲突曾使罗杰斯伤心得流泪(Hill-Hain Rogers,1988),还应用在了前苏联地区(Rogers,1987b)。在莫斯科和第比利斯筋疲力尽的团体互动的最后一次冒险,是对罗杰斯更大关心的回应。他铭记在心的并不仅仅是局部冲突的解决。在他生命的最后几年里,罗杰斯充满激情地论述了消除核武器的必要,对这个问题我跟他同样关心(Allen,1985)。他认为,社会科学家可以对结束核武器的威胁作出较多的贡献(Rogers & Malcolm,1987)。实际上,成功用于降低局部紧张的团体互动方法可以用来化解可能造成核灾难的国际冲突,这正是他的热切意愿(Rogers,1987c,1989b;Rogers & Ryback,1984)。我可以设想由美国总统和俄罗斯总统组成的互动团体,以及他们的部下在罗杰斯的指导下相互交流。因为罗杰斯已经离我们而去,我们能做的就是应用他的智慧和敏锐,并且我们最好能快点。

格洛丽亚这一著名个案:一个教学工具

　　罗杰斯与格洛丽亚(Gloria)的相遇(Shostrom,1965)继续被用来给大学生和研究生讲授罗杰斯学派的治疗原理。尽管治疗会谈的时间仅为 30 分钟长,但是许多书的相应内容都写到了它。对罗杰斯—格洛丽亚文献作出的最激发人兴趣的贡献之一是威克曼和坎贝尔(Wichman & Campbell,2003a)所作的有关治疗期间使用的概念性隐喻(conceptual metaphor,CM)的论文。他们例举了三种概念性隐喻:(1)自我是个容器(SAAC),(2)认识即感受(KIF),(3)认识自己就是通过他人的眼睛审视自我(KOISOTOE)。来访者和治疗师都使用这些隐喻,它们的使用可以使来访者相对容易地交流有关自我的观念和体验,使治疗师回过头来反思对那些观念和体验的理解和评价。

　　自我是个容器。 自我是盛有许多东西的一个完整实体,可以将自我形容为"深的"、"满的"、"完整的"(Wichman & Campbell,2003a,p.18)。罗杰斯通过促使格洛丽亚努力接受她的罪疚感来帮助她,并且确保让她自己设计接受的途径。

　　认识即感受。 "你怎么知道你所做的事情是否正确?"回答是"如果感觉它是正确的,那么它就是正确的"。对这个重要问题的回答就详细说明了认知即感受。格洛丽亚向罗杰斯揭示了与自己的内心对话:"如果你感到不舒服,格洛丽亚,那么它就是不正确的,一定是哪个地方出了问题。"(Wichman & Campbell,2003a,p.19)她指的是自己在跟一个男子发生性关系,而他并不是她的孩子的父亲(她离婚了),她害怕自己的"不轨行为"会损害她在女儿帕姆(Pam)眼中的形象。通过让她大声说"如果我确实感到没什么,那么我就不必担心把事情告诉帕姆",罗杰斯帮助格洛丽亚接受了自己的行为(p.19)。

　　认识自己就是通过他人的眼睛审视自我。 "我讨厌面对孩子,我不想看到我自己……我想让孩子们看待我就像看待[他们的父亲]那样美好"(Wichman & Campbell,2003a,p.20),当格洛丽亚这么说时,她就很好地阐释了这一概念性隐喻。罗杰斯通过诠释帮助了格洛丽亚:"你有点儿这样的感觉,'我想要他们对我的印象就像对他们父亲的印象一样美好。'"(p. 20)

威克曼和坎贝尔(Wichman & Campbell, 2003b)运用许多来自罗杰斯—格洛丽亚录像的类似的引语来说明罗杰斯用以促进来访者努力改变的三种主要治疗工具:移情、真诚和无条件积极关注。通过提议"生活是有风险的。要为成为你想要成为的、[帕姆]支持的人负责就陷入了一个责任的地狱",罗杰斯"表现了对格洛丽亚斗争的移情"(p. 180)。通过在她追求积极改变的过程中向格洛丽亚展示其非专家角色,罗杰斯表现出了真诚。关于帮助她消除她的罪疚感,罗杰斯告诉格洛丽亚,"这是[一个]……非常私人的事情,恐怕我不能为你找到答案。但是我确信当为你提供些帮助时你会努力寻找自己的答案"(p. 180)。依靠相同的说法,通过向格洛丽亚保证他相信她有能力解决自己的问题,罗杰斯还展示了无条件积极关注。

局限

尽管对主观经验的强调是一个主要的贡献,但是它在罗杰斯人格理论和治疗的科学地位方面导致了诸多局限。主要不足有以下几点:(1)将某些概念转变为可以测量的形式存在着困难;(2)在接纳自我报告方面产生的问题;(3)非指导性治疗对某些个体的有效性问题。还有就是对罗杰斯的基本假设以及人们的某些论调的争论,这些论调是治疗过程中罗杰斯的"真诚"是有限的;罗杰斯去世之前拒绝接受他的观点,即使不是他的全部观点,至少也是他的人本主义教育观。

对有意识的、自我报告体验的接受。在有关人格的经典论著中,奥尔波特(Allport, 1937)曾间接提到,行为主义者和精神分析学家倾向于"不相信即时经验的研究证据",并将自我(self)、自我(ego)或"人"从心理学中清除出去。虽然科学的证据已经表明"自我概念"是可以测量的,但自我观念的批评者们还是提出了一些有说服力的论据。首先,由于人们现实地看待自己能力的有限性,自我知觉可能是自我的不完或不准确的表征。其次,如果个体不愿意表达,准确的自我知觉就可能不能在自我陈述中反映出来。第三,自我知觉和自我陈述可能与这个人的所做、所思和所感都不一致。尽管概念测量方面的困难并不会使自我知觉和自我陈述毫无用处,但的确使其科学性受到怀疑。

非指导性方法。不像多数其他心理治疗师,罗杰斯积累了大量支持其治疗程序的有效性的证据(参见 Kirschenbaum & Henderson, 1989)。然而,这些方法显然并不适合每个人。在前面提到的有录像记录的心理治疗会谈中,来访者格洛丽亚显然对罗杰斯不愿意提供专家建议感到极为失望。尽管后来她继续跟罗杰斯接触,但某些观众认为在会谈期间格洛丽亚更喜欢其他两个治疗师,而不是罗杰斯。不久前我偶尔听到某些咨询师表达了类似的失望。他们正在描述对一次罗杰斯学派治疗会谈的观察,其间来访者寻求建议却没有得到。他们似乎明显地看到来访者需要建议以及需要什么建议。尽管他们都观察到了,但该治疗师仍然只是点点头或说"啊哈"。或许罗杰斯的极其聪明而非严重失常的来访者可以很好地自行寻找建议。然而,其他可能有更多困惑而并不十分聪明的来访者或许需要有关如何处理他们的问题的建

议。此外,有迹象表明罗杰斯对两人互动疗法(two-person interactive therapy)感到失望
(Lakin,1996)。在威斯康星大学当教授和治疗师期间,他将非指导性方法广泛应用于各类来
访者中,从通常聪明的、表达能力强的个体到有严重障碍的个体。很显然,该实验的结果是令
人失望的,因为自那以后罗杰斯事实上放弃了两人互动疗法而转向团体疗法。然而,当今的某
些追随者认为,罗杰斯的观点对有严重心理障碍的人是有用的,包括对创伤后应激障碍(Jo-
seph,2004)患者。

有关基本假设的某些问题。因为罗杰斯没有对人格进行定义,所以阐明罗杰斯的基本假
设是困难的。我们只能通过阅读字里行间有关"自我"的陈述,间接地对其潜在假设近似地进
行说明。罗杰斯最基本的假设之一是人天生是"善良"的。正如课堂上对该话题的讨论总是表
明的那样,就像宣称人从根本上来说是"坏的"(没有价值的)在哲学上是困难的一样,维护人基
本上是"好的"(有价值的)这一总判断也是困难的。一个人可以更简单地认为,人既不"好"也
不"坏"。更确切地说,他们相当复杂,完全有可能既"好"又"坏"。"我们如何使好的方面最大
化,而使坏的方面最小化?"从这个问题我们可以看出另一种视角。

关于罗杰斯的真诚和拒绝接受其观点的论调。不管哪个理论家,不管他/她看起来有多么
仁慈、理性和诚实,也不管他/她的理论观点多么可靠,它都会受到批评,仅仅因为谣言与理论
家相伴。当一个人思考不利于某个理论家的批判和论调时,记住这一事实是重要的。对罗杰
斯的指责有两个。奎因(Quinn,1993)声称,罗杰斯的治疗记录,包括格洛丽亚的个案在内,表
明罗杰斯的真诚是有限度的,因为他坚决拒绝有与来访者对抗的倾向。可以推测,要真的是真
诚,治疗师遇到的、体验到的和想到的一切都必须记录在治疗表上成为攻击的对象,其中包括
治疗师对来访者的行事方式想要对抗的感受。格拉夫(Graf,1994)反对奎因的说法,他主张:
(1)奎因提到的所有治疗记录都是短期的治疗实例,过于初始而不能包括罗杰斯的大多数典型
反应;(2)当治疗师感到需要时,对抗(confrontation,又译"面质")是真诚以外的另一种方式:也
就是说,可能优先考虑治疗师提出的问题而不是来访者的问题。格拉夫总结说,在更广泛的会
谈中看待罗杰斯,可以确定他完全是真诚的。

第二个论调是,罗杰斯在去世之前拒绝接受他的人本主义教育哲学,甚至他的整个理论观
点。这一令人惊骇的指责是由库尔森提出来的,据基尔申鲍姆(Kirschenbaum,1991)所言,库
尔森的这一论调是在非专业杂志(比如说通过收音机)上提出的。库尔森曾宣称跟罗杰斯和马
斯洛共同发展了人本主义教育,随后又与他们一起抛弃了它,因为人本主义教育没有得到研究
结果的支持。基尔申鲍姆引用罗杰斯的大量论点清楚地表明,罗杰斯从来都没有抛弃人本主
义教育,更别说整个以人为中心的人本主义理论观了。基尔申鲍姆指出,实际上,随着时间的
推移,罗杰斯成为了一个甚至更为激进的人本主义教育者。进一步说,库尔森从来没能指出罗
杰斯公开发表过任何明确放弃人本主义教育的言论。尽管罗杰斯一向灵活多变,并且对人本
主义教育的某些要素表现出了退缩,但他自始至终是支持人本主义教育的。事实上,一旦罗杰
斯提出了一种观点或实践,通常都会坚持下去(Bozarth,1990)。

结论

　　对罗杰斯的看法可谓仁者见仁、智者见智，但是几乎没有人不喜欢他。他是一个言行一致、躬行实践的人。因此，罗杰斯是那种热心的、易于接纳别人的人，而且他希望我们都能够成为这种人。在阅读跟罗杰斯有关的各种访谈资料以及他的许多弟子对他的颂词时，我们可以明显地看出，他的追随者们并不仅仅对他的观点感兴趣。他们都真诚地忠实于罗杰斯。这些情感深厚的同事和朋友就像他对待他们那样慰藉他、保护他、鼓励他。对他们来说，他是人类精神的最佳典范。他能够真正地融入另一个人，与他/她合二为一。这样，他为了他人的利益而放弃了自己，或许这是一个人能够做出的最高尚的行为。罗杰斯在教材引用表中排名第 5 位，在调查表中排名等级为 9.5，在总表中居第 6 位，但是没有进入杂志引用表。

要点总结

　　1. 罗杰斯从一本农业书籍上学到了科学和成长的原理。他启蒙于弗洛伊德，但后来抛弃了精神分析和医学模式而转向成长模式。他受到阿德勒尤其是兰克的指导。成年后，罗杰斯暂时背离了宗教而成为了一个热心的人，但是仍与他的形象有点不同。

　　2. 罗杰斯可能会生气和焦躁不安，他认为治疗中的平等不是问题，他有时在治疗期间也受到情绪的困扰，他为来访者中心方法的僵化使用感到痛心并且对咨询并不十分认同。与此同时，当他将多样性应用于种族关系和种族性不匹配的治疗师—来访者关系时，他促进了对多样性的认识。

　　3. 人本主义心理学强调整个人的当前经验。罗洛·梅提出了将存在主义心理学和人本主义运动联系起来的六个过程。对罗杰斯的观点极为重要的现象学方法（取向）认为一个人知道的实在是主观的、个人的。然而，我们可以通过移情参与他人的私人世界，移情是植根于人脑的一个过程。罗杰斯将这些观念用于创设人本主义教育。

　　4. 罗杰斯对人的看法是积极的，并且认为人们能够解决自身的问题。治疗中与人们的关系仅仅是出现在日常生活中的关系的实例。人们有一种内在的"一般实现倾向"，它是机体的、主动的、有方向的和选择性的。自我实现是个体实现其潜能的毕生过程，包括经验的开放性、觉知、存在地生活以及相信个人的机体功能。

　　5. 自我的存在可以通过像"我是谁"和"这是我喜欢的"等说法来证实。自我在功能上等同于"自我概念"。自我可能与"理想自我"有关。当我们的自我概念与我们的实际经验一致时，就会产生和谐。不和谐则相反，它因否认和扭曲而产生。

　　6. 成长的某些必要条件包括：(1)无条件积极关注；(2)正确移情；(3)和谐。无条件积极

219 关注指的是接纳和信任一个人,仅仅因为他是他自己,而不管他怎么样,但并不必然接受他的
行为。正确移情指的是以非评价的方式知觉来访者的世界。和谐可以应用于治疗师和来访者
的关系之中。

7. 无条件积极关注可能会导致积极的自我关注,但是如果评价点在他人之处,就不会
导致积极的自我关注。人格变化是从固定的、分离的以及与过去有关的人格转变为自发
的、整合的以及随当前经验变动的人格。治疗的进展过程是从谈论外部事物,到描述不属
于自己的感受,到谈论过去的自我,到只是描述当前的感受,到自由表达当前的感受,到完
全接受感受,到开放自由地联系他人,最后到信任新经验。

8. 罗杰斯的贡献包括允许人们自己说出关于他们的体验的性质。他的方法导致了对试
图从外部理解人的质疑。他倡导信任人们、赋予他们积极的动机、尊重他们的自然实现倾
向,同时也承认他们并不总是表现良好。格洛丽亚的个案例证了概念性隐喻的使用以及成
长的三个条件的实施(见第 6 点)。

9. 在使其他方法人本主义化的同时,罗杰斯采纳了"尽一切必要的努力提升人的价值"这
一格言。作为科学家,罗杰斯打破了心理治疗的神秘感,并且修正了心理治疗的机械方法。他
的某些概念已被转化为可以测量的形式,哈林顿和布洛克夫妇对他提出的儿童抚养方式和创
造性关系的验证表明了这一点。罗杰斯还试图为严重的世界冲突和核战争做些事情。

10. 罗杰斯理论观点的局限包括某些概念的转译问题、他使用的自我报告法存在的问题
以及非指导性治疗方法对某些人不适用。在基本假设上也存在不少棘手的问题。还有人宣
称罗杰斯缺乏真诚和抛弃了人本主义的教育。尽管存在上述缺点,但是罗杰斯是人性温暖
和关注每个人幸福的典型代表。

对比

理论家	罗杰斯与之比较
弗洛伊德	罗杰斯积极而乐观,拒绝弗洛伊德对过去的探索,但在防御机制上有共同之处。
荣格	他和荣格一样,都坚持相互参与治疗取向、注重个体化(自我实现)、关注自我以及相信每个人的完整性和独特性。
阿德勒	罗杰斯从阿德勒那里学会了直接和坦率。
马斯洛	他跟马斯洛在观点上具有共同之处,尤其是在自我实现上。
奥尔波特	罗杰斯跟奥尔波特在个人特质研究法、人本主义和对自我概念的关注上有共同之处。
沙利文	他跟沙利文一样,也关注两人互动。
霍妮	霍妮的真实自我类似于自我实现,她和罗杰斯都指出了现实自我和理想自我的冲突。

220

问答性／批判性思考题

1. 存在主义和人本主义有什么联系？

2. 设想你是一个自我实现的人，你将怎样描述你自己？

3. 指出你的自我概念与你自己的真实经验在哪些方面不一致。

4. 将"原罪"与"人生来就是善良的"调和起来。

5. 一个人怎样做才算真的真诚？他必须把感受到的一切都表达出来吗？

电子邮件互动

通过 b-allen@win. edu 给作者发电子邮件，提下面列出的或自己设计的一个问题。

1. 罗杰斯是一个无神论者吗？

2. 罗杰斯博士与儿童电视节目的著名人物罗杰斯先生*很相像吗？

3. 告诉我罗杰斯理论的核心和灵魂是什么。

---

　　* 真名叫弗雷德•罗杰斯（Fred Rogers），是美国久负盛名的儿童电视节目主持人，被冠名为"美国儿童电视之父"，人称"罗杰斯先生"。自 1968 年以来，他每日主持电视节目《罗杰斯先生的街坊四邻》(Mister Rogers' Neighborhood)，并且总是以完全相同的方式亮相—面带笑容、唱着歌，每次都换衣服和鞋子，一整代儿童都是在观看他独一无二的节目中长大成人的。——译者注

自我实现：马斯洛

● 一位曾经鄙视自己母亲的心理学家可能会有所好转吗？

● 我们在解决其他需要之前必须先满足基本的生理需要吗？

● 人格发展的最高境界是什么？

亚伯拉罕·马斯洛
www. ship. edu/cgboer/
maslow. html

人本主义心理学界最耀眼的两颗巨星无疑是罗杰斯和马斯洛。这不足为奇，他们有许多相同之处。他们都更关注此时此地而不是过去。他们都短暂地涉足过弗洛伊德的思想，并且都受到阿德勒的影响。他们也都非常重视人格功能和人格发展中自我实现的重要性，但在这一点上，二者的相似性有所减弱：对于罗杰斯而言，自我实现只是其若干核心概念中的一个，而马斯洛则将自我实现的概念凌驾于其他概念之上；罗杰斯认为大多数人都能达到自我实现，而马斯洛则认为仅有少数特别优秀的人才能达到自我实现。

作为个体，他们也存在着很大的差异。罗杰斯出生于一个传统家庭，而马斯洛则认为自己是一个饱受虐待而被忽视的孩子，并且是偏见的受害者。罗杰斯总体上是热心的、易于接纳别人的，并假定人性基本是善的。尽管马斯洛也表现出相同的特质，但在青少年时代他充满了难以遏制的愤怒，并且宁愿承认人性具有邪恶的一面。然而，这两位人本主义心理学家都以各自不同的方式试图帮助人们搁置他人对自己的期望，而变成他们自己应该成为的样子。

马斯洛其人

当塞缪尔·马斯洛(Samuel Maslow)离开乌克兰基辅来到美国时，他身无分文，只会讲俄语和依地语(Yiddish)(一种欧洲犹太人通用的语言)(Hoffman，1988）。不久后他搬到纽约与亲戚住在一起，在那里他结识了她的嫡亲表妹罗斯（Rose）并与之结了婚，婚后的罗斯将更多的精力和热忱奉献给了宗教而不是家庭。他们一共生了七个孩子，亚伯拉罕·马斯洛（Abraham Maslow）作为长子出生于1908年的愚人节。命运跟他开了个玩笑，他的父母成了他无穷痛苦的一个主要来源。

马斯洛声称，他的母亲冷酷、恶毒、迷信宗教并且想方设法作践他（Hoffman，1988）。甚至马斯洛年幼时所犯的最微不足道的过失都会激发她咒言：上帝将会毁灭他。这种持续不断的天道的威胁深深地影响了马斯洛。首先，这培养了马斯洛的科学探索精神："我检验……如果你这么做，上帝就要毁灭你。如果我从窗子里爬出去，[我被告知]我就不会长高。但是，我就从窗子里爬出去了，后来测量了自己的身高。"（p.2）当他发现自己没有变矮时，马斯洛得出结论说，宗教是一种恶毒形式的迷信，他执着地坚守着这一观点。

这些实验挽救了他的健全神智，但却无法逃离母亲假借宗教之名对他施加的折磨。在一次母亲强迫他参加的宗教仪式上，他被命令当从宣布对母亲罗斯的爱。当他哽咽无语，丢掉正在宣读的材料，流着眼泪逃脱时，他那一贯"富有洞察力的"母亲呼喊道："你们看啊！他是如此爱我以致激动得都说不出话来啦！"（p.11）

据说，他母亲的残忍是多种多样的。她总使他获得的食物比弟妹们的少，这是对他长子地位的一种有意的侮辱，同时也传达了一种不太微妙的信息：一定程度上食物意味着"爱"，而他是不被爱的（Hoffman，1988）。一天，小马斯洛带着他珍爱的几张每分钟78转的唱片回到家中，把它们和其余的收藏品一起放在客厅的地板上以便仔细检查，然后就心不在焉地离开了房间，却没有执行母亲的命令："捡起你的破烂"。当他回来时，母亲大声喊叫"我告诉你什么了"，并用脚跟碾他那些珍贵的唱片（p.8）。还有一次，马斯洛将两只小猫带回家，并把它们悄悄地放在了地下室，但是罗斯听到了小猫的叫声，于是就质问他，他竟敢把没人要的小猫带回家，居然还用她的碟子给它们喂食。在马斯洛恐惧的注视下，她把小猫一只一只倒拎起来，将它们的头猛地撞向地下室的砖墙，直到把它们撞死。令其弟妹们难过的是，马斯洛一生有好几次公开表达了对母亲罗斯的反抗。当她去世时，他甚至拒绝参加她的葬礼。

与母亲罗斯的残忍不同，父亲塞缪尔只是经常不在家。可能是由于对婚姻感到失望，他每天一大早就离开家，乘坐很长时间的车去上班，并且下班后还特意留下来与好朋友闲聊。当他最终回到家时，孩子们通常都已经上床睡觉了。马斯洛年幼时，基本没与塞缪尔建立什么亲密的联系。然而，当马斯洛长大成人时，父亲在经济大萧条中生意失败了，成了一个受儿子监护的人。他们一起生活，并且成了朋友。因此，与弗洛伊德或沙利文不同，马斯洛更像阿德勒，他在某种意义上是父亲的儿子，而不是母亲的孩子。

马斯洛的早期智力是在布鲁克林公共图书馆中培养起来的，这一点与罗特很像，罗特的思想在本书中也有介绍。但是对于一个犹太男孩来说，布鲁克林的生活是艰辛的，进入图书馆是很困难的。他学会了呆在犹太人的势力范围内，以免被控制附近领地的反犹太人帮伙逮到或追打。当他冒险前往当地的图书馆时，不得不选择特殊的道路，这些路上有便利的逃跑小胡同。为了保护自己，马斯洛试图参加一个犹太人帮会，但是他们要他宰杀猫，并向女孩扔石头，这些行为都与他的天性相悖。于是,他便没有加入该帮会,而是巧妙地悄悄从家里溜到图书馆,他经常如法炮制,以致不久便读完了儿童阅览室里的每一本书,而且还被奖励了一张成人阅读卡。

在学校里,反犹主义也是一个时常发生的问题。有一次,马斯洛赢了课堂拼字游戏的胜利,但持有偏见的老师却拒不承认。这个"可怕的坏女人"让马斯洛继续拼写一系列的单词,直到他在 *parallel*(平行)这个单词上出现错误(p. 4)。然后,她向全班同学宣布,她早就知道马斯洛只是一个冒牌货!然而,马斯洛在学校中的表现却相当好,以致被称为"那个精明的犹太人"。除了这些烦恼之外,马斯洛的相貌也是一个问题,像霍妮一样,他觉得自己长相丑陋。他经常因为瘦弱的身躯和过大的鼻子而遭到嘲笑。他自己的父亲曾问全家人,"难道他不是你们见过的最丑的孩子吗?"(p. 6)。类似的场面使马斯洛产生了强烈的自卑情结,并使他把自己的童年形容为"极其不幸的"(p. 6)。

马斯洛进入一所优秀的男子高中以后,在那里除了几门主课外,他在各个方面表现都极为出色。从此,马斯洛开始了作为一个巡游大学生的生涯。马斯洛想去位于纽约市伊萨卡岛(Ithaca)的颇有名望的康奈尔大学,这是美国东部没有严格限定招收犹太学生数量的少数几个大学之一。马斯洛最好的朋友,他的表兄威尔(Will)被康奈尔大学录取了,但他本人却因缺乏自信而放弃了对康奈尔大学的申请,最终于 1925 年的冬天被纽约市立大学(City College of New York)录取。在那里,他留下了许多欢乐和忧伤的回忆。三角学是他痛苦的一个主要来源,他如此讨厌它,以致经常缺课,因此,尽管他已通过了考试,但这门课仍没有及格。与大多数人不同,马斯洛对待生活中不喜欢的、无趣的东西,很难集中精力去下工夫。如果他不能容忍做某件事,就干脆不去做,即使做这件事实际上很有必要。

在此期间,马斯洛曾作为一个餐馆勤杂工短暂地工作了一段时间,但他感觉受到了虐待,于是便辞职而去。接下来的一个学期是实习期,马斯洛决定学习法律。在进入一所没有学术名望的学校后不久,他便厌烦了。为了顺应自己的内在本性,他退学了,这令他的父亲大失所望,因为马斯洛是在父亲的强烈要求下才学习法律的。当他试尝其学术追求的时候,马斯洛偶然涉足了社会主义,但却没有像阿德勒和弗罗姆那样成为社会活动家。这可能是由于其他事情占据了他的大部分精力,尤其是他对嫡表妹贝莎(Bertha)的迷恋。由于他害怕接近贝莎,"无论如何,我不能与她太亲密……"以及希望与威尔生活在一起,马斯洛 1927 年转到康奈尔大学(p. 24)。

与沙利文的感触如出一辙,马斯洛认为在康奈尔大学的求学经历总体上是令人失望的。尽管这里相对来说较少有针对犹太人的排外政策,但是在伊萨卡岛反犹太主义还是活跃而严重的,并且在大学校园中也是如此。因此,马斯洛居住在了大学城,这一社区住的是一些"地位较低的……波希米亚人以及那些对[大学联谊会]不感兴趣,也难以被接受的学生"(p. 25)。除了大学联谊会以外,许多伊萨卡岛的旅店老板也拒绝接待犹太人,一份大学批准的学生报《康奈尔的太阳》(*Cornell Sun*)也照例不吸收犹太学生参加活动。

在康奈尔大学,马斯洛还第一次接触到心理学。在凯利看来确认无疑的是,早先的心理学课程使得心理学这门学科似乎缺乏吸引力。马斯洛不幸地选修了由铁钦纳教授执教的心理学课程,马斯洛对他的评价是思想落伍却又自命不凡。铁钦纳是心理学创始人冯特的弟子,他1892年来到康奈尔大学任教,是冯特的"构造主义"(structuralism)在美国的主要倡导者。大约35年后,马斯洛见证了铁钦纳上课的景象,他身着学术长袍,在一群顺从的研究生的簇拥下走上讲台。在那里,铁钦纳始终坚守一种除了他自己以外几乎每个人都认为已经消逝多年的理论。这种古板守旧的学术状况是马斯洛仅仅在一个学期后就返回了纽约市立大学的两个重要原因之一。

另一个原因是贝莎。可是,当他们相见时,内在固有的羞怯又使马斯洛无法表白自己浓浓的爱意。有一天,马斯洛坐在他的"甜心"身旁,很渴望接触她,这时,贝莎那过分自信的姐姐安娜(Anna)目睹了他的缄默。她再也不能容忍马斯洛的羞怯和贝莎的被动,于是猛地把这对勉强的爱人推到了一起,并大声说,"看在上帝的份上,吻她吧!"于是,"生活开始了"(p. 29)。

到1928年春天,马斯洛再次烦躁不安。他听说威斯康星大学拥有自由的学术气氛,而且它的心理学系还有最早期的格式塔心理学家之一——考夫卡。因此,他又一次转移了阵地。在去威斯康星大学之前的那年夏天,他拜访了纽约市立大学从前的一位教授,该教授向他推荐了一本名为《1925年的心理学》(*The Psychologies of 1925*)的著作,里面含有当时最著名的行为主义者华生的一篇文章。马斯洛后来写道,"真正使我感到兴奋的是华生的文章……在这最令人激动的时刻,我突然看到在我面前展现出来的是……一门科学心理学的可能性"(p. 33)。一位未来的人本主义心理学家居然受到一位致力于简单刺激—反应关系的心理学家的召唤,走上了他的学术道路,这多么具有讽刺意味啊! 尽管马斯洛发现考夫卡事实上只是该校的一位访问教授,但他仍然被心理学深深吸引住。虽然他的职业生涯已经开始,但他的个人生活却还悬而未决。贝莎牵动着他的整个身心。终于,他再也忍受不了了。他发电报向贝莎求婚,并且赢得她的同意。在1928年的最后一天,他们结婚了。

威斯康星大学的心理学系很小,并且没有受到足够的重视,但这里的教员和学生日后都声名显赫。教授们也是和蔼友善的,都将学生视为朋友而不是下属。到1930年马斯洛获得学士学位时,他已经学完了许多研究生课程。在接下来的研究生学习期间,他结识了许多像赫尔一样的人,赫尔不久成为了20世纪30年代最重要的学习理论家。然而,他最终选择了去哈洛的实验室工作,在沙利文一章中我们已探讨了哈洛关于猴子的深有影响的研究。

随着时光流逝和逐渐获得名望,由童年期的虐待遗留下来的愤怒以及对反犹分子的愤恨渐渐消失了。马斯洛的性格开始变得温柔和顺,对身边的人和事充满了信任,这对早年的他来说几乎是不可思议的事情。然而,在他的内心深处仍然隐藏着丝丝缕缕的痛苦,使他有时候不能竭尽全力去做事情。奥尔德弗(Alderfer, 1989)提到,马斯洛与罗杰斯不同,他在指导敏感性训练团体(sensitivity training groups)——一伙人聚集在一起,揭示他们的内部情感,最终与他人建立亲密关系——方面存在着困难。"这位以智力成果对当时迅速发展的人本主义心理学运动起了如此重要作用的人无法按照与他自己的理论一致的……方式行事。"(p. 359)当20世纪60年代美国反主流文化的浪潮兴起的时候,马斯洛自然成了这场运动的精神领袖,成了心灵探索的年轻一代的英名领导者。然而奥尔德弗认为,马斯洛对年轻人质疑权威的倾向感到不安。马斯洛勇敢地战胜了童年期的悲剧,但那段痛苦的经历在他身上留下了难以磨灭的印迹。

马斯洛继续留在威斯康星大学工作,其间利用业余时间,于1934年完成博士论文。后来,他在哥伦比亚大学教育学院获得了一个临时职位,这里同样也是罗杰斯进入学术界的起点。终于,马斯洛在新建立的布鲁克林学院获得了一个稳定的教职(1937—1951)。其学术生涯的剩余部分是在布兰迪斯大学度过的,在那里他担任了十年的心理学系主任。1968年,马斯洛当选为美国心理学会主席。从中年早期开始,他的身体健康状况就不断恶化,最终于1970年因心脏病突发而去世。

马斯洛关于人的观点

一个理论家的演变

马斯洛对音乐的热爱以及对思想自由的政治家和学者的迷恋,都与他早先对动物神经程序化行为的研究密不可分(Hoffman,1988)。然而,成功就像一块磁铁,吸引着许多研究者继续前行,即使违背他们的意志。在与哈洛一起发表了早期的几篇论文后,马斯洛声名大振,因为他证明了看似猿猴的性行为的行为——一只猿猴不停地跨骑另一只猿猴——实际上是支配行为。"一只猿猴的支配地位越高,它就越有可能跨骑其他地位较低的猿猴;反之,地位越低就越有可能被其他的猿猴跨骑。"(p.61)尽管马斯洛帮助人们确立了对灵长类动物"支配等级"的兴趣,但他最终放弃了对机械的动物行为的研究。

从获得博士学位到找到一份稳定工作这段间隔期,马斯洛拼命地寻求一种稳定的谋生之道。因为经济大萧条仍在继续,所以他为未来安全作出选择,进了医学院。但是,和以往一样,当他做某些事情不是出于自己的本能兴趣时,他就会感到厌烦,并会放弃它。先前打算去著名的耶基斯灵长类动物研究所(Yerkes primate facility)工作的愿望也落空了。面对不景气的就业形势和"非犹太人老同学"关系网——由于反犹主义的存在,他已被拒绝了研究资助——马斯洛愿意做任何工作。令他喜出望外的是,著名的学习心理学家桑代克对他的研究感兴趣。桑代克是哥伦比亚大学教育学院的教授,曾经提出一条基本的学习定律——"效果律"(law of effect)。然而,此时的桑代克已成为一个多面手,他不再观察猫是怎样学会逃出迷笼的,而是制定了几个将心理学应用于实际的宏伟计划,并因此获得了10万美元的资助以实施该计划,这样大数额的研究经费已属前所未闻。马斯洛得以重返纽约,继续从事他的研究,并以此谋生。

尽管仍然沉浸在威斯康星大学时进行的动物实验中,但马斯洛渐渐地开始对弗洛伊德-阿德勒之争产生了兴趣。现在他发现自己正置身于人格心理学早期最迷人的时刻、最吸引人的圣地之中。纽约上空群星璀璨,聚集着霍妮、弗罗姆、阿德勒以及包括格式塔心理学家考夫卡在内的其他心理学家。在这些杰出人物中,马斯洛认为阿德勒对自己产生了特殊影响。当马斯洛前去旁听由这位已与弗洛伊德分道扬镳的前弗洛伊德主义者所作的系列讲座时,他高兴而又惊奇地发现教室里几乎是空的,这使他有充分的机会接近并了解阿德勒,因此也学到了不少东西。无疑,阿德勒的社会兴趣、运动法则(定向自由选择)、追求优越以及前人本主义观点"个体的创造性力量"等观点都深深地影响了马斯洛。

格式塔的影响

　　然而,对马斯洛的思想发展作出最大贡献的可能是格式塔心理学家。纽约新社会研究学院(The New School for Social Research)成为了欧洲学者逃避希特勒的"流亡大学"(University in Exile)。在这些学者中有格式塔心理学的创始人惠特海默,他是一位令人振奋的老师,但不是一位多产的作家。因此,尚需考夫卡对马斯洛的理论构建提供一些重要基础。

　　格式塔心理学——最初只关注对知觉的研究——认为简单知觉是由各部分组成的"整体"(Matlin & Foley, 1997)。人们可能感知到部分或整体,但不能同时对它们进行感知。因此,一幅镶嵌图,即在艺术作品中(和在地板铺设中)构成人物面孔和花纹图案的多块小瓷砖,能够被看作一个整体,或者被感知为各个组成部分。更为重要的是,一旦形成整体,部分与整体就无法分离,而是密不可分地联系在一起:整体是由各部分整合而成的。格式塔理论的很大一部分由"组织原则"构成,这些组织原则可以解释部分是如何构成整体的。其中有:(1)相似的物体聚集到一起容易被知觉成一个整体;(2)彼此邻近或接近的对象倾向于一起被感知;(3)闭合原则,不完满的图形,如一个带缺口的圆,易于被"思维的眼睛"填补完满。另外还有我们熟悉的图形与背景的关系法则:知觉对象可以分成突现出来的图形(figure)和起衬托作用的背景(ground)。"花瓶与面孔"的双关图可以很好地说明这条原则,在这幅图中,一些部分既可看作图形也可看作背景。依照格式塔理论,人们可以看见黑色背景上的一个白色花瓶,或者白色背景上的两个黑色面孔,而不能同时看到这两种情况。

　　这种整体论以及部分不可分割地构成整体的观点成为了马斯洛(Maslow, 1954, p. 63)思想的基石:"我们的第一个命题是个体是一个完整统一的有机整体。"为了阐明这一观点,马斯洛用胃的研究打了一个比方。研究者可以这样来研究肠的最上端:从尸体中摘取一个样本进行检验,假设它离开了人的身体仍然能正常发挥作用。或者,研究活生生的、正呼吸的有机体内部的胃。马斯洛认为后一种方法更为可取,因为胃一旦离开了它所属的活的生命体,就很难得到充分的理解。要知道并不是胃"感觉饿",而是个体产生这种感觉。"而且,饥饿感的满足是针对整个个体而言的,并不专指他的某一部分。"(p. 63)

存在主义的影响

　　虽然马斯洛(Maslow, 1969b)宣称自己并不是一名存在主义者,但他承认自己的观点与存在主义者的主张之间有足够多的一致之处,以表明他受到"存在之意义"(meaning of being)运动的影响。作为对罗洛·梅评论的回答,马斯洛指出了存在主义让他想到的几个重要问题。他指出,由于个体外部价值观的沦丧,他们别无选择,只能审视自我,并将之作为价值体系的一个来源。他赞赏存在主义强调"由人的欲望与自身的局限之间（人是什么、人想成为什么与人能成为什么之间）的鸿沟导致的人的困境"（p.51）。马斯洛还表示，存在主义让他萌生了一个能引发争论的观点：当个体达到了自我实现时，他就超越了自己的文化并且变得"更像他所在种族的一员，而不太像他所在当地群体的一员"（p.52）。

马斯洛还赞赏存在主义提出了一个极为重要的问题：对人来说，什么才是必不可少的，以致缺少了它人就不再称之为人？马斯洛认为存在主义者还准确地指出，心理学家一直在回避探讨在人格塑造过程中责任、勇气和意志问题之间的关系。如果我们没有勇气为自己的发展承担责任，那么我们就不可能拥有"自由意志"。最后，他表示存在主义对未来的关注是至关重要的，因为自我实现一旦与未来脱钩就会变得毫无意义。然而，他指责存在主义者将自我看作是个体自主选择的结果。他认为这种观点太过狭隘，因为它忽视了人格的生理和遗传因素。

动机

"动机"（motivation）一词源于"运动"（motion）这一词根，指的是驱使有机体朝向目标的过程。马斯洛认为，动机因素构成了人格的基础。然而，驱力（drive），一种需要得到满足的单纯性张力——例如饥饿——并不是一个令人完全满意的动机概念。尽管它是心理学的一个传统词汇，并且似乎容易为人们所理解，但马斯洛（Maslow, 1954）却认为驱力概念在本质上是模棱两可的。看到那些似乎与某种驱力相联系的行为，人们可能会产生误解。人在饥饿驱动下外显的行为表现是寻找食物充饥。然而，他们的最终目标可能是获取安全感，而不是降低饥饿驱力。同理，人们进行性行为事实上只是想提升自尊感。正是这些最终目标——例子中的安全感和自尊感——成为了解读人们思想的关键。这些目标超越了既定个体的特定生活环境。寻求目标可看作是对全人类共同寻求的特定满足的需要（needs），而不管其文化、环境或种族如何。

与默里相似，马斯洛坚持这种为大多数理论家所忽视的独特观点，即某种既定行为、思想或情感可能在多重动机的驱动下产生（Maslow, 1954）。我们习惯于试图为自己或他人所实施的每一个重要行为寻找理由。事实上，人类的行为相当复杂。人们所做的任何一件事都可能有多种动机，而不只是一种。一个"罹患"胳膊麻痹却没有任何病理表现的人，可能体验到许多动机诱因：同情、爱和关注，仅举这几个例子。只有最珍贵的思想、行为或情感才会只拥有一种动机来源。要了解更多，请参见视窗 10-1。

视窗 10-1   为什么我们会做我们所做的事情呢？让我们数一数理由……

有时候，心理学专业人员和非专业人员一样都把人类的思想、行为和感觉想象得过于简单。甚至像求婚、自杀、跳槽这样明显复杂的行为也可能被看成只有一种动机在起作用。"他因为坠入爱河而求婚"；"人们因为厌恶自己而自杀"；"她为了赚更多的钱而跳槽"。这类复杂行为很难用单一的动机来解释。

下面是几种常见的决定、活动或心理状态。请逐一思考,并设想自己就是其中的参与者。然后充分发挥你的想象力,写出尽可能多的理由来说明为什么你"做了你所做的事"。在练习题目之前,先看一个例子:

我花了一下午的时间来整理衣柜和壁橱。我想让房间变得井井有条。我什么东西也找不到。我想与妹妹一样干净、整洁。我觉得有必要消耗一下体力。我想把某样东西拆开,然后再整合起来。我心情失落,需要分散一下注意力。我有些厌烦,需要打发一下时间。

"我逛了一下午商店,却没找到任何令我满意的商品。"

"我吃光了家里能找到的每一样食物。"

"我给妈妈写了一封令人不快的信。"

"我跟最要好的朋友说:'我关心你胜过关心任何其他人。'"

"我请了一下午假,开始读一本小说,并且一直看到第二天凌晨3点。"

在马斯洛看来,尽管人们体验到的需要具有普遍性,但用于满足这些需要的方法对个体的文化而言则具有特异性。每个人都有维护和保持自尊的需要,这种需要可以通过成为一个老练的猎人、一名优秀的运动员、一位杰出的陶瓷制作工人或一个令人敬畏的"巫医"(witch doctor)而得到加强,具体通过什么手段还要取决于文化。同理,环境也可以决定需要满足的特定方式,但很快马斯洛就指出环境的作用经常被人们夸大。确切地说,饥饿驱力如何得到满足在某种程度上取决于我们是身处洛杉矶、芝加哥、纽约还是休斯敦,也取决于我们是在野外旅行、在商店购物还是被困在姨妈苏(Sue)的家中。然而,某种环境并不会强加给我们特定满足,而是我们对该环境的知觉和操纵影响了需要满足。马斯洛通过引用"环境障碍"(environmental barriers)说明了环境是由我们塑造的:"一个试图获得某物……但受到某种障碍物阻止的孩子,不仅确定这个物体有价值,而且确定这个障碍物是一种障碍。心理学中并没有这样一个障碍物;只有对那些想得到其欲求之物的人来说,才存在一个障碍物。"(p.74)

最后,一种动机不能被认为与其他动机是脱离的。与默里一样,马斯洛认为某种需要的满足可能取决于其他需要的先行满足、同时满足或随后满足。如果我们长期忍饥挨饿,就很难有创造性。在支持和安慰其他人的过程中,我们可能期望从他们那儿获得提升我们自尊的评语。在大城市里,我们只有拥有了一个安全的住所后,才会期望在家里享受与家人交流的快乐。在一个几乎无限复杂的多维矩阵中,动机之间相互联系。

基本概念:马斯洛

五种基本需要(将满足放在爱、尊重和自我实现之前)

"人是否仅仅依靠面包为生呢?"马斯洛(Maslow, 1954, 1970)对此作了两种解答。当人们没有面包时,答案为"是"。但是,当面包很充足时,答案就变成"不是"。想想那些陷入极度饥饿之中的人们吧,他们不停地想象着食物、做着与食物有关的梦、脑海里浮现的只是食物的样子。所有其他的兴趣都变得一文不值了,生命本身的意义就是吃。对他们来说,乌托邦是一个食物充足的地方。前战俘和集中营里的囚犯可以证明,一旦一个人被残暴剥夺了食物,那么食物就会变成他们最在乎的东西。

然而,当面包唾手可得、人们不再饥肠辘辘时,情形就完全不同了。饥饿感的满足使人们转而寻求更高级的需要。当这些追加的需要出现时,它们就取代了饥饿的位置,开始支配个体。在这个第二等级的需要得到满足后,还会有更高级的需要出现。马斯洛提出的各种需要构成了一个层次体系,由基本的生物性需要到抽象的、人类独有的需要排列成等级。

生理需要(physiological needs)包括人们对水、氧气、蛋白质、维生素、适宜体温、睡眠、性、运动等特定的生物性需求(Maslow, 1954)。当食物供应不足的时候,寻找食物就不是通向其他目标的手段,而其自身就变成了目标。

安全需要(safety needs)包括保障、保护、稳定、结构、法律和秩序以及没有恐惧和混乱。这些需要容易从儿童对生活中突如其来的打击和不测作出的消极反应中推测出来。事实上,如果小孩或成人被看到遭遇危险或受到威胁,那么他们的状态一定是由某种最近的强大刺激激起的。从越南归来的老兵在饮食方面很充裕,然而,当一辆小汽车在附近逆火或者当一架直升飞机在听觉范围内发出急转的、呼呼的奇特声音时,他们中的许多人就会身不由己地畏缩。

归属和爱的需要(belongingness and love needs)使个体朝向与人建立情感关系并在家庭和团体中获得一种存在感。马斯洛认为20世纪60年代敏感性团体(sensitivity group)的广泛流行反映了人们对人与人之间的交往、亲密和团结的普遍渴求。他把"爱的需要的满足受阻"看作个体适应不良的一个基本原因(Maslow, 1970)。数量日益增长的寄养家庭的孩子以及大量离异家庭的孩子通常处于这一需要层次上。

尊重的需要(esteem needs)有两种类型:(1)个体渴望获得充足、控制、能力、成就、信心、独立和自由;(2)渴望从他人那里获得尊重,包括注意、认可、赏识、地位、声望、名誉、支配和尊严(Maslow, 1954)。尊重需要的满足可使人获得价值感、增强心理强度并感到自己是有用的,有存在的必要。"但是,一旦这些需要的满足受阻,个体就会产生自卑感、软弱感和无助感。"(p.91)那些学习优秀、体育活动出色、人际关系和谐的孩子拥有较高的尊重需要。那些没有机会获得成功体验的个体,尊重需要就相对较低。

这五种基本需要中典型的是**自我实现的需要**(need for self-actualization),即"对自我达成的渴望……个体实现自我潜能的倾向"(Maslow, 1954, pp.91—92)。一个人能成为什么,他就感到必须成为什么,不论他是运动员、为人父人母还是社团领导人。音乐家强烈渴望谱出更美妙的乐曲,画家渴望画出更有意义的作品,诗人渴望写出更有影响力的诗句。每个人都会从自己的内心听到一种声音:"善待你的本性"。人与人之间的最大不同就在于自我实现的表现形式。因为每个人与其他人都是有差异的,所以每个人都感到有必要变得与众不同。"在这一层次上,个体间的差异是最大的。"(Maslow,1970,p. 46)图 10-1 描绘了需要的层次体系。

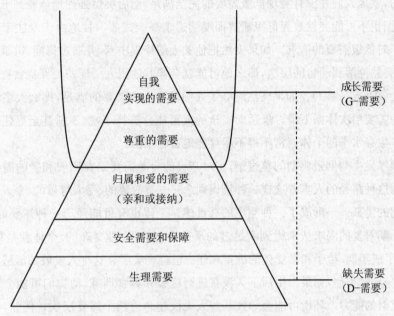

图 10-1　马斯洛的需要层次体系

马斯洛将前四种基本需要称作**缺失需要**(deficiency needs)或 **D-需要**(D-needs),这些需要的满足可以避免个体产生身体疾病和心理失调(Goble,1970;Maslow,1968)。马斯洛援引研究证据得出结论,个体对食物的偏好是机体内实际生理需求或缺失的一个相当明确的指标(Young,1941,1948)。如果机体缺乏一种特殊的生化物质,那么个体就会试图通过形成一种对缺少的营养元素的需求来满足这种缺失。D-需要满足下列标准:(1)人们渴望满足 D-需要;(2)缺少它会引发疾病或阻碍成长;(3)满足它可以治愈缺失性疾病;(4)稳定供给可以预防疾病;(5)健康的人并不表现出缺失性行为。贫穷的人往往会经常体验到 D-需要。

尽管自我实现只有在前面的较低级需要得到满足后才会出现,但是这些需要的满足只是为了给自我实现奠定基础。自我实现者享受着基本需要的充分满足,而且能免于各种身心疾病的困扰。更重要的是,他们积极发挥自己的能力,并显示出与个人价值观相联系的动机。而且,自我实现不同于较低级的需要,它是一种成长需要(growth need),而不是 D-需要。

在层次体系较底端的需要非常占优势(prepotent),比更高级需要更迫切地要求得到满足。它们在发展过程中出现得更早,并且要求先于更高级需要得到满足。安全是一种比归属"更强烈、更急切、更早出现、更重要的需要",而食物需要又比前两者更占优势(Maslow,1959,p. 123)。然而,低级需要的完全满足并不是解决高级需要的先决条件。在一种低级需要完全得到满足之前很久,人们就已经开始追寻层次体系中下一个更高级需要。随着低级需要得到满足,新的需要逐渐出现。如果归属和爱的需要没能充分满足,尊重的需要就可能根本不会出现。然而,随着爱的需要得到适度满足,尊重的需要就会在一定程度上出现。

当然,也存在着与需要层次体系中需要的排列顺序明显矛盾的情况。印度的甘地为了自我实现和更高的价值追求,包括人格尊严、社会平等和政治自由,乐意放弃自己的安全和生理需要。然而,就像人们并没有实现低级需要的完全满足,然后突然强烈地体验到下一层高级需要一样,他们也不可能突然放弃低级需要而继续追求高级需要。甘地由于专注于高级需要而逐渐放弃了对低级需要的追求。如果突然把他关入纳粹集中营,并通过拷问、饥饿和疲惫来折磨他,使之突然沦落到动物的层次,那么他可能就会像其他犯人一样四处寻找食物并紧紧抓住求生的机会(Allen,2001)。如果突然剥夺了人们基本生理需要的满足,那么大多数人将会沿着马斯洛的需要层次体系下滑。舒适而安全的人可能会选择不吃、不睡甚至屏住呼吸。突然降低到基本生存水平的个体通常不得不尽可能地去吃东西。

需要顺序发生颠倒最典型的莫过于,相对高级的自尊需要是在归属和爱的需要之前被追寻的。依循这种路径的人本着这样一种错误观念——有权势的、受人尊敬的、令人敬畏的人将会得到人们的爱慕——形成了一种空虚的尊重感。个体也有可能经历一种需要的永久缺失,例如婴幼儿期对爱的渴求从未得到满足过的反社会型的(心理变态的)个体就是如此(Allen,2001)。到了成年期,给予和接受爱的欲望和能力已经丧失了。这个人发展的敏感期可能已经错过了,这与动物类似,如果出生后不久没有进行吮吸和啄食训练,动物们可能会丧失吮吸反射或啄食反射的能力。环境可能会导致某些人无法超越前两个需要层次。例如,长期经受贫穷或失业的人可能继续只寻求生活上最低限度的满足,如获取适量的食物和住所。因为无家可归的人不可能超越前两个需要层次,所以他们就不可能有与他人建立联系(归属)和“以自己为荣”(尊重)的动机。

人性生而具有,而非后天形成

尽管文化、家庭和父母等环境因素对人类实现而言所起的作用与阳光、食物和水分是一样的,但并非从它们中萌生。马斯洛(Maslow,1970)认为,人性生而具有,而非后天形成。它有一个本质的、内在的结构,该结构由种族内所有成员的内在潜能和价值构成。马斯洛认为,所有的人类需要和价值都是类本能的(instinctoid),或者与本能相似的,原因就在于它们的生物性、遗传性和普遍性特征。因此,所有的基本需要和高级需要“从最严格的意义上讲”都是生物性需要(Maslow,1969a,p.734)。马斯洛使用“类本能”这个词,是因为“本能”这一术语有太多的问题。当本能用来说明人类时,从传统意义上讲,就把人降低到与动物同等水平上了。尽管马斯洛的学术生涯是从研究动物发起的,而且他有时候也会引用动物研究的结果打比方,但他拒绝接受人与其他生物之间存在严格的连续性的假设。依照马斯洛的观点,人类的性行为与其他动物相似却不完全相同。而且,本能的观点似乎暗含了我们与生俱来只有低级需要的意思。从这个角度上讲,高级需要(如爱)是在出生后通过联想学习形成的。例如,在喂养幼儿时,母亲会“表现出爱”。因此,根据这种联想主义的解释,爱获得了其力量,并且实际上通过与喂养行为的联结,它也获得了其作为一种驱力的存在。马斯洛反对这种解释,而是坚持认为在尊重需要、自我实现需要之前先满足生理、安全、归属和爱的需要是更高级需要出现的先决条件,但这并不说明它们依赖于低级需要。

自我实现者:"优良人格"

　　马斯洛认为并不是所有的选择或选择者都是均等的。以动物为例,如果让小鸡自己选择饮食,那么它们在选择有益食物的能力上会呈现出巨大的个体差异(Young,1941,1948)。有一些是"精明的选择者",而另一些是"拙劣的选择者"。精明的选择者较之拙劣的选择者会变得更强、更大、更具优势,任何事情都会进展得很顺利。稍后,当拙劣的选择者被迫进食由精明的选择者选取的食物时,不久它们也会变得更强、更大、更健康以及更具优势,尽管它们永远也达不到精明选择者的水平。因此,精明的选择者能够为拙劣的选择者挑选有益食物,并且比拙劣的选择者为自己实际挑选的食物还要好。

　　马斯洛认为,人类选择者也是这样的。他试图通过观察精英人物来理解人性深处的价值理念。"从长远来看,只有健康者的选择、品味和判断才能告诉我们什么才是对[全]人类都有益的。"(Maslow,1959,p.121)马斯洛研究了"最优秀"人物的人格特质,他认为优秀人物就是那些在心理上最健康、最成熟、高度发展并且完全具有人性的个体。他把这些优秀人物中的少数几个称作自我实现者(self-actualizer),这些人通过充分发挥自身的潜能、能力和才干而得到自我实现,他们已发展到极致,达到了生命的巅峰,因此在能胜任的各项工作中总能做到最好。自我实现者谨遵尼采的教导,"成为完美的自己!"(Become what thou art)

　　马斯洛列举了一些可能的自我实现者,如林肯、杰斐逊、特鲁斯、爱因斯坦、罗斯福、塔伯曼、西泽·查维斯(Cesar Chavez)、施威切、亚当斯、道格拉斯、纪伯伦、罗伯逊、布尔、安东尼、史蒂文森、迪德里克森、马丁·路德·金、小麦尔肯、甘地、黛丽莎。马斯洛认为自我实现者就像这些著名人物一样稀缺,他(Maslow,1970)最初筛选的3 000名学生中只发现一位自我实现者,其中一部分原因是一般学生太年轻而不具备成为一名自我实现者必需的体验。表10-1总结了自我实现者的一些共同特征。

表 10-1　自我实现者的特征

能明确、有效地洞察现实,并与现实保持良好的关系
能接纳自我、他人和自然
自发、坦率和自然
以问题为中心(关注一些他们自身之外的而"必须"当作一项使命来完成的事情)
具有超然于世的品质和独处的需要
具有很强的意志力,相对不受环境的约束
能不断地以新奇的眼光欣赏事物
神秘体验和高峰体验
具有礼俗社会的性格特征(Gemeinschaftsgefuhl),对人类怀有很深的认同感和亲缘感(阿德勒也使用过这个德语单词,后来人们将它翻译成**社会兴趣**)
能与他人建立个人关系(虽然深厚但数量有限)
具有民主的性格结构

（续表）

能对方法和结果、善与恶作出伦理道德上的辨别区分
具有富含哲理的、善意的幽默感
富有创造力
能超越任何一种文化规范，并坚决抵制文化塑造（cultural molding）
缺点：有时候很鲁莽、在社交方面的不礼貌、冷酷、令人厌烦、惹人生气、顽固执拗、残忍无情、健忘、过分严肃、愚蠢、易怒、有一些浅薄的虚荣、友善得有点天真、焦虑、内疚和内心冲突（但不会出现心理失调）

高度的心理健康是通往自我实现的一个环节，只有不到1‰的大学生能达到这个要求，马斯洛视这部分人"发展得很充分"。因此，充分发展的自我实现者极其罕见。马斯洛宣称只有极少的一部分人能符合他提出的自我实现的标准，而且自我实现者并不意味着就是完美无缺的，他们往往是自我中心、自我专注的人（见表10-1的底部）。视窗10-2着重描绘了一位自我实现者。

视窗10-2　我认识的一位自我实现者

他的年龄比较大，这也部分地解释了为什么他能"成为自我实现者"。随着年龄的增长，人们的视域会拓宽，阅历也日益丰富。因为他充分领会到了生命中许多有意义的体验，他富有智慧。他关注的是事物的本质，而非琐碎的东西。尽管他谦恭礼让，但他并不十分在乎别人对他的评价。相反，他真正在乎的是自我评价。他总能兴高采烈地对自己感兴趣的话题侃侃而谈，不论听者是普通市民还是权威人物，这并不令人惊讶。尽管他拥有并珍视其种族身份，但他能做到不受其文化的限制和约束。他与各个地方的人相认同，准确地说他是一个世界公民。他的生活足迹遍布整个美国和若干其他国家。他的每一天都从与大自然的交融开始，每一幅新奇的自然景象都会令他心生敬畏。他愿意与任何事物分享自己的生活空间，不管对方是一座花园还是其他的什么人。在他去世以后，他的仪容平静而温和，给人以启迪和无限沉思。他已经真正地成为了他自己。

234　超越性需要和价值、高峰体验

与自我实现相伴随的是一些特殊需要，包括**认知需要**（cognitive needs），即对事物进行认识、理解、解释和满足好奇心的动机；与美、结构、对称性有关的各种**审美需要**（aesthetic needs）。马斯洛（Maslow，1967）把这些需要统称为**超越性需要**（meta-needs）或者**成长需要**（G-需要），以此来"描述自我实现者的动机"（Maslow，1970，p. 134）。所有这些超越性需要都与压倒一切的自我实现需要密切相关，严格来说，它们不受动机驱使，而是超越了动机。**存在价值**（B-values）是实现超越性需要的终极目标，自我实现者比其他个体更有可能获得这种价值（Maslow，1967）。它们包括真、善、美、统一、完整、超越、活泼、独特、公正、秩序、单纯、丰富、轻而易举、幽默、自足和意义等。

马斯洛还认为自我实现者比其他个体更有可能产生**高峰体验**（peak experiences），即某些

强烈而神秘的体验，具有高峰体验的人会同时感到视野无限开阔、力量强大和无助，感到时空概念丧失，体验到狂喜、惊奇和敬畏（Maslow，1970）。这些体验对个体自身而言非常重要，可以使人们变得坚强或发生改变。它们来自爱和性、创造性的激发、领悟和发现产生的瞬间以及与大自然交融的时刻。高峰体验属于自然而非超自然的现象，威廉·詹姆斯（William James）在很久以前就曾对此作过描述（1958）。

评价

贡献

　　马斯洛的贡献是多种多样的。这里要着重强调的是他坚持的人的需要和价值是内在的和人是自我导向的两个观点、他对心理学科学深刻透彻的批判、对心理学乌托邦的设想以及他对多个领域和学科的贡献。

　　人具有内在的需要和价值，并且是自我导向的。马斯洛（Maslow，1959，1967，1969）坚持认为需要与喉咙、符号思维一样都是人体构造的一部分。他特别强调了（1）一般人类需要和价值的存在以及（2）它们的生物起源。与罗杰斯的看法一致，马斯洛认为"有机体比通常认为的更值得信赖、更具有自我保护性、自我导向性和自我管理性"（Maslow，1970，p. 78）。也与罗杰斯一样，他充分相信我们普遍拥有一个内在的机体评价过程（organismic valuing process）或者"机体智慧"（bodily wisdom）：可回忆前面提到的小鸡自己选择食物的研究。他通过观察还发现心理学家已经越来越相信"婴儿拥有内在的智慧"（Maslow，1959，pp. 120—121）。婴儿能够对食物、断奶时间、睡眠时间长短、排便训练的时间、活动需要等作出上佳的选择。这种观点与斯金纳的理论针锋相对，因为斯金纳强调外部环境对婴儿行为的控制。

　　对心理科学深刻透彻的批判。虽然我们可以在人和动物之间找出有用的相似之处，但它们之间存在着本质属性上的差异。临床心理学家过分地依赖心理失调者的样本，因此通过观察他们糟糕而痛苦的生活，得出了一种扭曲化的人性观；其他的心理学家则采用一种统计学上的计算平均数的程序，将所有被试/患者的实验结果一股脑儿扔进一个"漏斗"中，从而忽视了个体之间的差异。这种技术混淆了健康个体与疾病患者的信息，导致一种既不是上等的香槟也不是廉价的葡萄酒的混合物。

　　心理学的乌托邦：优心态社会。马斯洛（Maslow，1970）坚信，为个体提供一个由杰出人物组成的良好环境，就会促使他们趋向自我实现。这样的环境：（1）可以为个体发挥创造性和想象力以及满足基本需要提供所有必不可少的原料；（2）可以促使个体致力于自己的梦想、要求和选择；（3）接受人们延迟或放弃自己选择的行为；（4）尊重个体的梦想、要求和选择；（5）一旦时机成熟，它就会消失。

　　为了使这一理想环境的标准更加具体化，马斯洛设想了一个未来的**优心态社会**（Eupsychia），即一个其所有成员心理都健康的乌托邦社会。它的哲学基础是无政府主义，即政府无

235

权干涉个体的自由。人们的基本需要和超越性需要都会得到比平常更大的尊重。这里将会有更多的自由选择以及更少的控制、暴力和歧视。它的哲学基础中还蕴含着丰富的道家思想,即崇尚简朴、爱人和无欲。总之,良好的环境不仅承担着物质和经济压力,而且也承担着精神和心理压力。然而,优心态社会并不适合所有个体。"我们这里所说的人们可以自由选择,只是针对那些健康的成人和尚未被扭曲的儿童。"(Maslow, 1970, p. 278)你可以把马斯洛关于乌托邦社会的构想与斯金纳的构想加以对比,这将会是一件非常有趣的事情。

对多个领域和学科的贡献。马斯洛的需要层次理论广泛应用于人事管理、市场营销和组织运营等领域中(Alderfer, 1989; Buttle, 1989)。在组织运作环境中,只有每一位雇员都认识到其他雇员也正在寻求需要的满足,管理层内部以及管理层之间的雇员关系才能顺畅高效。只有做到了这种理解,雇员们才能互相促进需要的满足,并且将个人对满足的追求与公司的目标结合在一起。除非鼓励和帮助高层管理人员尽力达到自我实现,否则,行政会议室内就不会有创造性。最后,如果在对产品的"包装"作出决策时,不考虑产品所能满足的需要,那么产品的销售就达不到最佳的效果。马斯洛的著作《优心态管理》(*Eupsychian Management*, 1965)大篇幅地阐述了这些问题。马斯洛的需要层次理论对于言语—语言病理学家的训练也大有裨益(Houle, 1990)。在病理学家与其求助者会谈之前,会选择马斯洛需要层次体系中的一种需要作为一个会谈的重点。

肖斯特罗姆的个人取向量表(Personal Orientation Inventory, POI)可以用来测量盲人运动员和视力正常运动员的自我实现水平,并对之进行比较(Sherrill et al., 1990; Shostrom, 1966)。类似于一个个人取向量表项目的例子是"单选:(a)我喜欢我的生活"或"(b)我不喜欢我的生活"。除了盲人运动员在存在性(Existentiality)和自我接纳(Self-acceptance)两个子量表上的得分偏低以外,他们与视力正常运动员的自我实现分布图是一致的。与普通人群相比,运动员群体在时间能力(Time Competence)和内在指向性(Inner-Directedness)两个重要的个人取向量表子量表上的得分略低。然而,他们在自我实现价值(Self-Actualizing Value)、情感反应性(Feeling Reactivity)、自发性(Spontaneity)、自我肯定(self-Regard)、攻击接纳(Acceptance of Aggression)等方面的表现正常或更出色一些。

支持性证据

自我实现。马斯洛把"自我实现"这一概念的创立归功于格式塔传统的追随者戈尔德斯坦(Goldstein, 1939)。戈尔德斯坦把"自我实现的驱力"看作是惟一的、人类独有的动机(Maslow, 1954)。尽管马斯洛的观点比戈尔德斯坦的更加宽泛,但是他们都认为有机体会竭尽全力地成长和利用一切可获得的资源。

肖斯特罗姆援引了一项关于接受治疗已达 27 个月的患者在个人取向量表自我实现子量表上的得分的研究。该研究发现接受治疗组在自我实现量表上的得分要明显高于准备参加治疗的控制组。最近,卡塞尔和瑞安(Kasser & Ryan, 1966)发现自我实现和社会威望需要呈反比关系:经济成功、漂亮外貌和社会认可需要的重要性程度越低,自我实现水平就越高。

　　需要层次理论。格雷厄姆和巴洛恩(Graham & Balloun, 1973)首先要求被试自由描述他们生命中最重要的方面,然后要求被试对其生理、安全、社会接纳和自我实现水平的当前满足程度作出评定。最后由研究生将这些描述中表达出来的对于四种需要的满足欲望划分等级。实验结果支持了预先的假设,即低级需要比高级需要获得了更大程度的满足。通过分析实验中先后两次测量的关系,可以证实如下假设,即任何一种需要的满足程度与该需要的满足欲望成负相关:越渴望满足某种需要,这种需要得到的满足越少。

　　威廉斯和佩奇(Williams & Page, 1989)曾测量了被试的安全、归属和尊重三个需要层次。他们对每一层次的评估指标有:(1)需要满足感(need gratification)(个体对一种需要得到满足的程度的认知);(2)需要的重要性(need importance);(3)需要的显著性(need salience)(一种需要"在个体意识内以及要求个体给予关注"的程度);(4)自我概念(与某种需要层次有关;例如,个体可能会对他人对自己的关心程度形成消极或积极的自我概念)。总体上看,学生被试还处在尊重这一需要层次上。这个结论的相关支持性证据有:(1)尊重需要在"重要性"指标上得分最高,并且自我概念也与该需要最协调一致;(2)两种较低层次的需要也被评定为重要的,但"在个体的意识中"却不是特别显著;(3)三个层次在需要满足感指标上的得分都很高,但是其中的尊重需要得分是最低的。其他被证实的预设之一是,安全需要在满足感上得分越高,安全自我概念的得分就越低。这是因为安全需要已经得到满足,个体开始追求更高层次的需要。该项实验的16个实验假设中有14个得到了证实。

　　正如你将会看到的,许多心理学家的研究结果并不支持马斯洛的需要层次理论。为了消解某些不利结果,魏克、布朗、威赫、哈根和里德(Wicker, Brown, Wiehe, Hagan & Reed, 1993)检测了这些无法支持需要层次理论的研究,发现大部分研究只测量了需要满足的"重要性"指标。这些研究经常会发现低层次需要不如被试当前正在追求的高层次需要重要,这是需要层次假说中的一个明显的矛盾。但是魏克及其同事怀疑"重要性"指标太过笼统、模糊。例如,设想有一个人,她认为从事创造性的园艺工作非常"重要"。有一天,天气炎热潮湿,她正在花园里劳作,突然有一股不适感涌上心头,于是她迅速停止了花园里的工作,疾步走进了装有空调的房间。园艺工作在"重要性"上仍然占优势地位,但是另一种需要的满足变得更加迫切。"重要性"并不是一个很好的评估指标,因为它混淆了需要的价值和紧迫性。魏克及其同事认为"意向性"(intention)("我打算远离这炎热的天气")指标将能更好地测量需要的紧迫性。事实上,当同时使用"重要性"和"意向性"这两种指标测量时,只有意向性指标的测量结果验证了需要层次假说:被试认为他们对一种需要达到的满足程度越高,他们就越不倾向于再满足这种需要。魏克、威赫、哈根和布朗(Wicker, Wiehe, Hagan & Brown, 1994)的另一项研究发现,使用"意向性"和另一项测量指标而非"重要性"指标能更好地支持需要层次理论。魏克和威赫(Wicker & Wiehe, 1999)让一组大学生写一篇关于他们与他人成功地建立亲密关系的短文,让另一组大学生写关于他们在这方面的失败的短文。与马斯洛的理论一致,只有第一组大学生对尊重需要表现出强烈的追求。他们认为自己已经满足了归属和爱的需要,能够成功地追求尊重需要。

需要层次理论仍然发挥着巨大的作用。例如,它已被用来帮助那些遭受灾难(如自然灾难、暴力和虐待)的儿童了解他们的基本需要(Harper, Harper & Still, 2003)。

高峰体验。研究发现了一些证据能够支持马斯洛的"高峰体验"概念。拉维扎(Ravizza, 1977)访谈了 12 种不同运动领域的 20 位运动员,他们报告了自己在充分发挥作用时的主观感受。他们在体育运动中的"最佳瞬间"与马斯洛对高峰体验的描述有异曲同工之妙:恐惧感丧失(占样本人数的 100%)、聚精会神或全神贯注(95%)、完美体验(95%)、神一般的控制感(95%)、自我确认(95%)、万物合一(90%)和轻而易举(90%)。然而,这一瞬间也与马斯洛描述的某些方面不太一致:运动员的体验显然是狭窄而不宽泛的,是倾向于身体而非认知或心理反映的、与当前环境关系密切,而并不能带来生活上的重大变化。因此,运动员的"最佳瞬间"仅仅部分等同于马斯洛的高峰体验。

马西斯、泽沃恩、罗特和乔治(Mathes, Zevon, Roter & Joerger, 1982)在考察了有关高峰体验的研究文献后,设计了一个包含 70 个项目的量表来测量人们的高峰体验倾向,称作高峰量表(Peak Scale)。在使用该量表做了五项研究之后,一幅与马斯洛的理论相一致的、报告高峰体验的个体的"经验图"(empirical picture)形成了。在高峰量表中得高分的个体表现出了一种超越和神秘的认知体验以及强烈的幸福感。得分高的被试报告他们获得了存在价值,如真理、美和正义。与没有报告高峰体验的人们相比,女性而非男性在个人取向量表中表现出来的自我实现得分略高。

关于需要层次体系修改的某些提议。罗恩(Rowan, 1999)研究表明,缺失性动机(deficiency motivation)可出现在需要层次体系的任何一个层次,甚至自我实现层次上。而且,与缺失性动机相对应的丰富性动机(abundance motivation)也可出现在任何一个层次,甚至生理层次上。例如,在自我实现层次上的缺失性动机可能是"出于厌倦而寻求高峰体验",而在生理层次上的丰富性动机可能是"为了审美乐趣而大吃大喝"(p. 131)。尽管这种观点很有趣,但是它却远远偏离了马斯洛的理论:马斯洛定义的缺失性动机仅限于较低水平的需要层次,而且丰富性动机出现在较低的需要层次上似乎是不适当的。

基尔(Kiel, 1999)的一项提议也引发了众多研究者的兴趣。我一直很好奇为什么最具发展空间、最复杂的动机是由三角形顶部的小三角来表示的。基尔也提出了类似的疑问。她建议把这个三角形的顶部改造成一个碗状,其中包含着自尊和自我实现两种需要(见前面图 10-1 中顶部未经解释的碗状)。"在这个新的'开放式三角'模型中,自我实现的无限性是显而易见的。"(p. 168)或者,我们可以将这个三角形上下倒置,仍然采用原先从上到下的顺序排列各种需要("生理"需要位于底端的小三角位置)。这两种方式都更为生动地描绘出了高级需要发展过程的无限性。

局限

对马斯洛研究的批评大多集中在自我实现上,其次是需要层次理论和"高峰体验"。马斯洛一度被指责为主观随意性强、忽视文化因素以及未考虑其他的可能性。此外,与其思想有关的研究也已得出了许多与之相矛盾的结论。

　　自我实现。马斯洛在通过对"超越性人格"(super personalities)的研究来支持自我实现理论时使用的是他随意选择的一个小样本,既没经过客观的观察,也没接受系统的评估。"自我实现者"是马斯洛基于对许多未公开资料的考察而自行选择的。被选择者明显偏向西方文化。尽管马斯洛(Maslow,1959)意识到存在的一些缺点,但其他评论者还是一再质疑他用来确认自我实现者及其可能拥有的人格特征的方法的可靠性。

　　菲利普斯、沃特金斯和诺尔(Phillips,Watkins & Noll,1974)将马斯洛的"自我实现"(self-actualization)的测评方法与存在主义者弗兰克尔的"自性实现"(self-realization)的测评方法作了对比:个人取向量表(self-actualization;Shostrom,1969)和生活目标量表(Purpose in Life Test,PIL)(self-realization;Crumbaugh & Maholick,1969)。虽然这两种测评方法本应该是互相验证,存在密切、统一的内部联系的,但是它们只在某些方面相互关联,而在其他方面并不存在联系。托西和霍夫曼(Tosi & Hoffman,1972)只证实了个人取向量表测量可以作为特定概念"健康人格"的一个指标,但未证实它可以作为一般概念"自我实现"的指标。

　　米特尔曼(Mittelman,1991)考察了几篇批评马斯洛理论及其标志性概念"自我实现"的文章。他总结道,"自我实现"是可以解救的,只要它简约为"开放性",其含义是乐于接受来自环境和他人的信息。至于自我实现的剩余部分,他认为很难保得住。海利根(Heylighen,1992)发现"自我实现"概念一经提出就是模棱两可的。依照他的观点,马斯洛在对这个概念的处理上并不一致。例如,在马斯洛理论中体现的自我实现与他研究的超越性人格显示出来的自我实现并不相同。与这一观点相一致,马斯洛的理论并不能预言自我实现者在将来会变得有点自我中心。为了拯救马斯洛,海利根将自我实现重新定义为"在合适的时间满足基本需要的知觉能力"。海利根和米特尔曼均表示,自我实现是一个相当模糊的概念,在使用时一定得加以澄清。

　　马斯洛的核心概念招致的最大指责莫过于指责其"自我实现"概念既不具有普遍性,也不是对"人性完满"(human fulfillment)的"最佳"诠释。戴斯(Das,1989)在一篇名为《超越自我实现》(*Beyond Self-Actualization*)的论文中提到,"完满"的其他概念存在于非西方社会,而且在某些方面可能比"自我实现"更具魅力。与自我实现不同的是,戴斯从佛教的主旨要义中提炼出"自性实现"(self-realization)的概念。与自我实现相比,自性实现是一个更积极主动的过程。它并不仅仅发生在低级需要得到满足之后,其惟一职责是促使个体自由发展他们的内在潜能;人们在自性水平上必须积极工作。而且,在自我实现中强调的自我关注(self-absorption)到了自性实现中则相对被忽视,而是更重视对他人的关心。视窗 10-3 包含了一些关于自性实现的信息,如果与表 10-1 作一下比较,你就可以看出它与自我实现之间的差别,然后你就可以对哪一个概念是"最佳的"下结论了。

佛　陀

239

视窗 10-3 多样性：亚洲宗教对自我实现的另一种说法

在佛教中，通往极乐世界（Nirvana）——忘却忧伤、痛苦和外在现实的终极状态——的方法是首先要掌握"四圣谛"（The Four Noble Truths），然后走"八正道"（The Eightfold Path）（参见 Das，1989）。

四圣谛

1. 人生本来就存在着不满和苦难。

2. 不满和失望源于人们的欲望和渴求。大多数人都无法接受生活的现状。相反，他们否认欲望会带来紧张，并试图延长快乐的体验，正如他们尽力缩短不快乐的体验。

3. 只有当人们不再受欲望驱使时，才会消除苦难。当然没有必要驱除所有的欲望，只是要驱除支配我们生活的最迫切的欲望。

4. 抛除欲念和不满的方法是走上八正道。

八正道

（分为三种行为类型）

1. 坚持道德行为——正语、正业、正命——这需要我们不做对自己或他人有害的行为，并且能够积极帮助他人。我们也必须清空头脑中的邪恶思想。

2. 保持心智训练——正精进、正念、正定——这需要我们控制自己的思想。在经过一段时期的严格训练之后，人们就能控制自己的思想和情感，也能清空内心的一切，以达到彻底宁静。

3. 培养直觉智慧——正思、正见——这需要我们恰当地理解四圣谛以及坚持它们的倾向。

超越文化。显然，马斯洛认为与各个地方的人相认同——成为一个世界公民——是一件好事，这可能的确算得上是一件好事。但是如果凌驾于自己的文化之上意味着抛弃它而认同另一种文化的话，那么他就犯了一个严重的错误。"我是谁"有很大一部分是人们生长于其中的文化。人们会为丢弃自己的文化而付出沉重的代价。例如，如果一个人在非裔美国人的文化环境中长大，那么他/她就会被其他人视为非裔美国人，而且他们还可能遭受到不公正待遇。不认同自己的文化就意味着没有为这种遭遇作好准备，这可能是非常危险的。所以，当有些看上去像白人的非裔美国人效仿白人生活时，他们就疏远了自己的家人，而且事实上丢失了自己的灵魂（Davis，1991）。（黑人后裔）冒充白人（passing）的现象仅仅从内战后期到第二次世界大战末期这段时间就相当普遍。由于个人为此付出的代价太大以及 20 世纪 20 年代加维领导的"黑人自豪"运动（Black Pride movement），这种现象渐渐消失了。拒绝自己的文化就是否定自己。

高峰体验。马斯洛的许多概念很难或根本不可能进行诠释。例如，"真理"（truth）、"喜悦"（joy）和"美"（beauty）。"高峰体验"也不例外。不同的研究者和理论家会使用不同的语言来描绘它，因此添加了一丝随意性的味道（Maths，Zevon，Roter & Joerger，1982）。而且，对它的各种研究之间也产生了分歧。高峰体验被认为是为数较少的高自我实现者的特权。然而,尽管谢里尔及其同事(Sherrill, Gench, Hinson, Gilstrap, Richir & Mastro, 1990)发现运动员往往在自我实现上的得分相对较低,但拉维扎(Ravizza, 1977)却发现运动员易于产生高峰体验,只是人数有限而已。而且,高峰体验可能并不是真的如此独一无二和自发产生。相反,任何人都可以通过人为手段获得这种体验,例如致幻剂(LSD)药物(Leiby, 1997)。在生命晚期的一次险些致命的心脏病突发之后,马斯洛诠释了一种新型的高峰体验(Heitzmann, 2003)——高原体验(plateau experience),即在平凡事物中感知到不平凡,它比高峰体验更自发主动和持续长久,只是强度不够剧烈而已。因此,马斯洛本人也感到“高峰体验”需要加以限定。

需要层次理论。 奥尔德弗(Alderfer, 1989)发现当需要层次理论应用于工商业时存在着相当多的缺陷,这足以保证他提出自己的观点来取代需要层次理论。带着明显不赞同的口吻,巴特尔(Buttle, 1989)表示,马斯洛的需要层次理论“如果说在营销著作中没被神化的话,那就是被具体化了”(p. 201)。他继续宣称,“马斯洛从来没有解释为什么他选择这五种基本需要, 241 为什么他如此排列这五种需要,或者为什么他的理论中没有包括其他的需要”(p. 202)。巴特尔通过提出另外几种可以应用于市场营销中的需要概念来结束他对需要层次理论的批评。

内尔(Neher, 1991)则更进一步,他在一般意义上指责了需要层次理论,而不只针对其特定应用。他其中的一个不满是,马斯洛顽固地贬低文化因素的重要性,他认为文化只是对需要满足的方法产生某些影响。马斯洛甚至认为文化阻碍了有机体需要的满足。如果一种文化不利于基本生理需要的满足,那么它如何得以生存? 内尔进一步指出,是需要层次理论本身而不只是需要满足的方法,要因不同的文化而异。例如,一个社会特有的文化规范(如那些支配子女抚养方式的规范)必定会对哪种需要拥有优先权产生重要影响。

内尔还指出,马斯洛将自我实现与其他需要视为不同种类,因为只有低级需要才可以通过满足而得到缓和。如果自我实现与其他需要的不同在于它是惟一一种不会因满足而缓和的需要,那么它怎么还能算作是一种“需要”呢? 内尔指出,事实上,任何一种需要都会因得到满足而更加兴奋,而不是因此降低驱力(自尊感的提升会刺激人们渴望拥有更多的自尊;获得的安全越多,你渴望得到的安全也就越多)。

与马斯洛不同的是,在我的人格心理学课堂上,一些学生并不认为把自尊需要置于归属和爱的需要之前的做法是不恰当的。他们认为,很难理解的是,一个人如果不首先学会自爱和自我悦纳,他怎么能得到来自他人的爱和接纳。“别人是不会喜欢你的,除非你先喜欢自己。”而且,有些学生还质疑,归属和爱可能是两种单独的需要。难道归属于一个同龄人群体产生的情感与“置身爱河”产生的情感是相同的吗?

结论

鉴于最新发现的研究证据,针对马斯洛的研究所提出的诸多批评显得缺乏说服力。魏克及其同事(Wicker et al. , 1993, 1994)、威廉斯和佩奇(Williams & Page, 1989)做了大量验证性研究。一般观点认为,马斯洛在构思自我实现的概念时依据的"简单观察和描述"过于主观随意,但是随着科学证据日益支持马斯洛关于这一概念的设想,这一观点会渐渐失去意义。需要层次理论在各种专业领域的广泛应用有一天可能会消除人们的指责,即需要不具有普遍性,在某些领域不适用。

马斯洛认为,在他所有的经历中,最重要、最有教育意义的莫过于那些使他明白了自己是怎样一种人的经历:精神分析、与贝莎的婚姻以及第一个孩子的"突然"降生。第二次世界大战也对他产生了巨大影响,促使他想要"证明人类完全有能力从事比战争、偏见和仇恨更重要的事情"(引自 Hall, 1968, p. 54)。他教导两个女儿要"学会憎恶卑劣的行径"。因此,马斯洛成为了一个富有同情心、深思熟虑的人,这一点异于罗杰斯的温和与相对平静。

马斯洛探索人类内心体验的独特方法是寻求人类中"最优秀的"个体——这部分人能够表现出真正的自我实现、高峰体验、领悟和创造性。发现了这些"最优秀的"个体之后,马斯洛就利用他们向我们展示如何变得更好。尽管这些优良个体为我们提供了很多建议,但是没有人比马斯洛自己这个榜样能更好地告诉我们应该怎么做。

马斯洛在杂志的引用排名上并未占据名次,但是在教材引用排名上位居第 14,在调查表中位居第 19,在综合排名中位居第 10(Haggbloom et al., 2002)。

要点总结

1. 亚伯拉罕·马斯洛在家中的七个孩子中排行老大,他出生于 1908 年,有一位疏忽他的父亲和一个残忍的母亲。童年时期,布鲁克林公共图书馆的书成了马斯洛的最爱,由于邻近反犹太帮伙的捣乱,要看到这些书需要冒很大危险。马斯洛在高中的成绩并不出色,之后他先后就读于纽约市立大学、法律学校、康奈尔大学,最后在威斯康星大学成为了一位"对猴子感兴趣的心理学家"。

2. 马斯洛利用在桑代克的研究所供职的机会回到纽约,在那里他受到阿德勒、存在主义以及格式塔心理学家的影响。在格式塔整体观的启发下,马斯洛开始关注动机,即驱使人们朝向一定目标的内在心理过程。这些目标是指对不同文化、环境或种族背景下全人类共同寻求的某些满足的"需要"。

3. 尽管需要具有普遍性,但用于满足需要的方法却因文化和环境的不同而表现出特异性。马斯洛认为需要可以排列成一种层次系统,更加复杂的、人类独有的需要只有在基本的、低级需要得到满足后才会出现。生理需要(D-需要)首先要求得到满足;其次是安全需要;第三是归属和爱的需要;第四是尊重的需要。

4. "自我实现"是"个体的潜力得以充分发挥的倾向"。D-需要在力量上最占优势:它更加强大,要求先于其他需要得到满足。虽然各种需要的满足并不是按照全或无的模式进行的,但也只有低级需要的大部分得到满足之后,高级需要才会出现。当然也有例外,有的人可能为了追求高层次的需要而放弃了低级需要,如甘地。

5. 人的本性生而具有,而非后天形成。因此,即使是自我实现的需要也是类本能的,因为它们都具有生物性、遗传性和普遍性的特征。很少有自我实现者能向我们展示什么才是对我们有益的。他们通过充分发挥自身潜能,完全实现自我。尽管自我实现者拥有自发性、自主性、伦理性和创造性等积极品质,但他们有时也会表现得鲁莽、虚荣、在社交方面不礼貌。

6. 自我实现者有他们自己的动机来源,即存在价值。他们还会产生高峰体验:充满力量感和无助感的强烈而神秘的体验。马斯洛相信,人类拥有普遍的积极需要和价值,是自我导向的。事实上,如果允许有机体进行自由选择,那么他们能够准确地选择对他们最有益的事物。马斯洛对人类持有的积极态度导致他提出了优心态社会的思想。这种思想认为我们可以构建一种环境来促进个体高级需要的满足。

243

7. 马斯洛的思想已被应用于商业和言语病理学。研究者已经发现盲人运动员和正常运动员在个人取向量表的得分上呈现出独特的模式。肖斯特罗姆证实,越是有可能趋向自我实现的个体,在个人取向量表的得分越是高于其他人。卡塞尔和瑞安发现,自我实现与社会威望需要成呈负相关。格罗汉姆和巴洛恩经研究发现,个体对低级需要表现出比高级需要更大程度的满足。

8. 威廉斯和佩奇证明,自我概念与个体目前正处的需要层次最一致。魏克及其同事研究表明,如果调查的指标是意向性而不是重要性,那么就可以扭转那些无法支持需要层次理论的研究结果,而且那些通过短文写作找到"归属感"的人转向了尊重需要。尽管有一些证据可以证明高峰体验的存在,但是这些体验只能部分被达到,而且它们是由那些无望产生这些体验的人报告出来的。

9. 罗恩认为,缺失性动机和丰富性动机可以出现在需要层次体系的任何一个水平上。基尔建议把需要层次模型的顶部扩大成一个碗状。在某些领域,需要层次理论已经被取代,而且人们日益发现马斯洛并无法解释该理论的起源。自我实现理论的缺点包括马斯洛研究的自我实现者是其随意选择的、他们具有自私性、自我实现不具有普遍性,而且还出现了与其竞争的自性实现概念。超越文化可能意味着对自己文化的抛弃,这是一种危险的举动。

10. 米特尔曼和海利根重新定义了自我实现的概念。内尔主张,需要层次体系应因不同的文化而异,而且自我实现与其他的需要有太大的差异。有些学生建议把尊重需要置于归属和爱的需要之前,他们还想知道归属和爱是不是两种单独的需要。然而,随着研究的进展,有关自我实现和需要层次理论的诸多批评可能会消除。尽管马斯洛经历过一个不幸的童年,但他最终成了一位模范人物。

对比

理论家	马斯洛与之比较
阿德勒	他也是一个"只有"父亲的男孩。阿德勒的社会兴趣、追求优越以及个体的创造性能力概念可能对他产生了影响。

(续表)

理论家	马斯洛与之比较
霍 妮	他也觉得自己长相不佳。霍妮的"基本焦虑"类似于他的安全需要。
凯 利	他首次接触心理学的经历也是糟糕的。
默 里	他也认为行为是多种需要共同作用的结果，并且任何一种需要的满足都可能与其他需要的满足相联系。
沙利文	他也认为需要可以通过建立人际关系得到满足。

244

问答性/批判性思考题

1. 情感或报酬的层次体系是怎样的？试构思你自己的心理学层次模型。

2. 马斯洛排列的需要顺序是否正确？试列举另一种排列顺序，并简要说明原因。

3. 试辨析低层次需要也是有价值的。

4. 试说明两种产品是如何吸引不同层次水平的需要的。

5. 你能描绘一下你曾经历过的高峰体验吗？

电子邮件互动

通过 b-allen@wiu. edu 给作者发电子邮件，提下面列出的或自己设计的问题。

1. 你认为，马斯洛的童年生活真的是饱受虐待和磨难，还是这一切只是他自己的妄想和多疑？

2. 你认为，自我实现者和自性实现者，哪一种更好？

3. 请告诉我，我应该如何将自尊提升到一个较高的水平，并长久地稳定在那个水平。

独树一帜:凯利

- 科学原则适用于解决生活问题吗?
- 通过与母亲相处,你能想象自己再变成一个孩子吗?
- 在你的生活中,谁是最幸福的人?

贯穿前面(和之后)多数章节的诸多问题之一是,理论家们强调的是人的"内部"还是"外部"。正如你即将看到的,行为主义者一般只看到外部。而如你所知,精神分析学者仅关注内部。后面章节的其他理论家将会考虑到这两种视角。本章集中探讨一种强调人的内部层面——认知——的人格理论,介绍了一个与弗洛伊德存在另一种分歧的重要人物,这种分歧与人本主义者和弗洛伊德之间的裂痕同样深刻。乔治·凯利充当了"认知"革命的先锋。

乔治·凯利
http://ship.deu/%
7Ecgboeree/kelly.htm

凯利其人

乔治·凯利(George Kelly)1905 年生于美国堪萨斯州的一个小镇,他是一个特立独行的人,父亲是个牧师。作为一个率直的个人主义者,更确切地说是一个先驱,他从第一堂心理学课开始就怀疑有关的心理学原则。在心理学入门课堂上,凯利坐在后排,椅子斜靠在墙上,等待着有趣的东西(Kelly, 1969)。两三周后,他只留下了一个清晰的印象,就是他的教授看起来很友好。一天,他兴奋地坐起来,并且发现,黑板上有两个非常显眼的大写字母"S"与"R",中间由一个箭头从前者指向后者,将二者连接起来。凯利认为这是问题的实质。遗憾的是,接下来的²⁴⁶课程只是让他感到失望。许多年后,他(Kelly, 1969, p.47)描述了这一体验:

> 尽管我专心地连续听了几节课,但之后我对它的最大理解是,"S"是你解释"R"必须有的,而只有把"R"放在那儿"S"才有存在的意义。我从未弄

清楚箭头代表着什么——至今也没弄明白——因此,我几乎已经放弃努力去思考它。

他几乎暂时放弃了心理学,转而选择工程师这一职业。三年后,他离开工程学回到学校,经济大萧条迫使他学习更实际的东西。由于对社会学和劳资关系感兴趣,他认为确实是该关注弗洛伊德的时候了。凯利(Kelly, 1969, p. 47)写道:"我不记得我要努力读完的是弗洛伊德的哪一本书,但我确实记得当时那种越来越怀疑的感觉,即任何人都能写出这些废话,更不用说发表了。"具有讽刺意味的是,怀疑论可以解释为什么他最终成为了一名心理学家。凯利需要展现他合理怀疑的超凡才能,而心理学为他提供了极佳的论坛:似乎所有的心理学原则都值得质疑。

怀疑论有时候伴随着讽刺和挖苦。当人们提示他考虑一下俄国生理学家巴甫洛夫著名的条件作用研究(狗听到铃声会分泌唾液)时,他用半开玩笑的语气说:"分泌唾液……在某种意义上暗示了对食物的预期,或者可能是饥饿——我不确定是哪一个……无论它预示着什么,巴甫洛夫似乎已经证明了它,我们没有任何理由不表示感谢,即使我们并不十分确信他证明的东西是什么。"(Kelly, 1980, p. 29)当人们让他举出不能从经验中受益的人的例子时,他想起了一个"粗枝大叶"的海军军官和一个"有一年工作经验——重复十三次"的学校行政人员(Kelly, 1963, p. 171)。他甚至对所有的同事都颇有微词。在谈到他的基本假设适用于每一个人时,他写道,"同一个假设适用于那些众所周知的也有人的特征的心理学家"(p. 25)。

但有时,他会放声大笑而非温和地奚落。在证明人们指向未来而非过去这一论点时,他(Kelly, 1980, p. 26)描述了一个驾驶的特殊情形:"我的一个朋友……正开着车……当她陷入困境时通常会闭上双眼。这是一个可预期的行为;她怀疑会发生某事,就宁愿眼不见为净。到目前为止,什么事也没有发生,尽管难以理解为什么会这样。"

如果说讽刺是凯利的一个特点,那么它显然被他人格中更为核心的特征——热情——超越。他从事治疗以帮助人们并向他们学习。作为一名心理治疗学家,30年中,他从未因他的服务收过一文钱。

1965年夏天,俄亥俄州立大学的同事齐聚一堂,向他们的同事和朋友凯利任职布兰迪斯大学表示祝贺。凯利以前的三名博士生和来自英国的客座教授(他已把凯利的思想传播到了大不列颠的数所大学)宣读了贺词。在仪式的最后,凯利邀请所有人到家中共进晚餐。有近100人接受了这次友好的邀请。

最重要的是,凯利是一个心胸开阔的人。也许他人格的这一层面源自他的多才多艺,其多才多艺清楚地反映在他自己的告白中(Kelly, 1969, p. 48):

> 我曾在一个劳动学院为劳动组织者作过街头讲演,在一个……未来市民学院做过管理,为美国银行家协会(American Bankers Association)作过公开演讲,在一所专科学校进行过业余演出……我因研究工人对业余时间的利用情况获得了硕士学位,在爱丁堡大学获得了一个教育学高级专业学位,而且……在总共九个月的时间内,我涉猎了教育学、社会学、经济学、劳资关系学、生物测量学、言语病理学、文化人类学,并主修了心理学……

凯利接受了心理学培训,并于1931年在依阿华大学获得哲学博士学位。尽管他的早期职业生涯是在堪萨斯的海斯堡州立学院度过的,但他在俄亥俄州立大学的岁月比在其他任何学术机构都长。因才能出众,凯利到过大约十二所大学,在每一所大学都工作了相当一段时期,并且还周访列国把其理论应用于世界性问题。有点奇怪的是,他欣然接受了在科学的领域内不存在真理这一假设,该假设为许多科学哲学家所认可,也被少数人拒绝(Hempel & Oppenheim, 1960)。与其他科学一样,心理学存在着不同程度上得到证据支持的理论,但没有真理。对一个人格理论家来说,这是一个非同寻常的假设,不过凯利的确也是一名非同寻常的理论家。

不幸的是,凯利六十来岁就去世了,仅创作了极少数著作。幸运的是,他对他的学生产生了如此强烈的影响,以致他的著作以及无数的演讲、课程和谈话已被全部挖掘出来。凯利去世后发表的几篇文章中的心理学“精华”为本章的撰写起了很大作用,这些文章是由他的学生修改或书写的。

凯利关于人的观点

你可能记得,弗洛伊德把人视为被隐藏的享乐冲动吹散的无助微粒。荣格从一个更为宽广的视角来看待人,但有人可能会认为,他把人看作是其原始过去的俘虏。阿德勒、沙利文、弗罗姆和霍妮把人视为他们所处社会环境的产物。与此相反,罗杰斯和马斯洛假定人类有决定自己命运的能力。出于性格原因,凯利与其他任何理论家的取向都不同。相反,他宣称人是由一个内部过程——他们解释其世界中的事件的方式——来支配的。尽管是内在的,但这一过程却起因于一个外部因素——社会关系——产生的结果(Kelly, 1955)。凯利还认为人有自由意志,原因在于他们可以从许多理解人的可供选择的方式中作出选择,这些方式大多从他们与他人的关系中显现出来。进一步来说,凯利的时间概念可能与除阿德勒之外的目前涉及的所有理论家都不同。尽管他没有忽视遥远的过去、新近的过去或现在,但他宣称人类基本上是指向未来的,在很大程度上由他们对未来事件的预期决定(Kelly, 1980)。

248

对凯利如何最终采纳了这一理智、讲究实际而又“顽固”的观点作出推测,是一件很有意思的事情。他是个工程师,又因经济大萧条而变得很讲究实际。对他来说,以思维为取向而不是以其他心理学模式如情感和行为为取向是很自然的事。作为经济大萧条的一名受害者,难怪他更看重未来而不是令人消沉的现在。作为一个住所和他自己都不断变化的人,凯利很少关注过去。

也许凯利与传统心理学家坚持的原则最重要的分歧在于,他认为自己与那些他研究的以及在治疗中帮助的人没有什么不同(Kelly, 1969;要更多地了解研究者对自己的看法与对他研究的人的看法之间的不一致,参见 Allen, 1973, Allen & Smith, 1980)。他指责说,大部分心理学家认为自己是客观的、理性的科学家,能弄清楚人们的行为原因,并能为适应不良行为提供矫正建议。另一方面,他们认为,治疗中的来访者和研究被试不能进行客观观察,无法理清他们自身行为的原因,也不能为自身积极的行为变化编制出系统的程序。与此相反,凯利视自己为一名担任着心理学研究者、心理治疗者角色的科学家,并且仅仅是一个普通人而已。而且,他把来访者、研究对象和一般人都看作科学家。因此,他认为自己和他人之间没有任何区别。要了解我们大家是如何像科学家那样运行日常生活的,就需要考虑一下凯利有关他是怎样发现"人人都是科学家"的回忆(Kelly,1969,pp.60—61):

> 下午1点钟,你会发现我正与一个研究生谈话,做着那些论文指导教师必须做的所有熟悉的事情:鼓励学生准确地找出问题,进行观察,深入了解问题,形成假设……进行一些初步的测验,把他的数据与他的预测联系起来,控制他的实验以便他会知道是什么导致了什么,让他小心归纳,并根据经验校正其思维。2点钟,我可能与一个来访者有预约,在这次会谈中,我将会……帮助这个沮丧的人想出一些解决他生活难题的方法。那么我将做什么呢?噢!我要努力让他查明问题,进行观察,找到问题的实质,形成假设,进行测试,把结果与预期联系起来,控制他的冒险行为以便他能明白是什么导致了什么,让他进行小心归纳,并根据经验校正他的教条思想。3点钟,我将再次会见[那个]学生,可能他很拖拉,在看到他的第一个被试以了解他首先应处理的东西之前,就希望设计某一震惊世界的实验,或未充分考虑就陷入巨大的追求数据的探险中。因此,我将让他去……做……所有我试图让他在一点时要做的事情。4点钟,我还要会见另一个来访者!你猜怎么样!他可能故意拖拉,希望在冒险进行第一次行为改变之前设计一个全新的人格,或陷入某些未经妥善考虑的、付诸行动的异常出轨行为,等等。

做研究的学生和他们的指导教师、心理治疗中的来访者和他们的心理治疗师以及"大街上的行人"平常都像科学家一样行事。有时候他们做得很好,有时候做得不好,但他们每天都在做(Hermans,Kempen & van Loon,1992)。

基本概念:凯利

作为构念系统的人格

凯利所有思想的基础是被称为**构念**(constructs)的认知结构,即解释事件或"理解世界"以预期未来的方式(Fransella,2003;Kelly,1980)。因此,他的理论被称为"个人构念理论"(Personal Construct Theory,PCT)。个体的**人格**(personality)由一个有组织的、以重要性为序列的构念系统组成。"构念"成了凯利建立其最基本的理论框架或理论假设(postulate)(即作为一个理论的起点的基本假设)的基础。这一说法只是被广泛接受,不能被直接验证。凯利的**基本假设**(fundamental postulate)是,一个人的心理过程可以通过他或她预期事件的各个途径或路径来了解(Kelly,2003;Kelly,1963)。从某种意义上说,"理解世界"的方式就形成了通向未来的通道。人是被预期牵引着生活的,而不是被无意识的冲动和驱力推动的,也不是受环境刺激的驱使而行动的。

　　要想理解凯利的其他理论概念,通过考察吉姆(Jim)和琼(Joan)两个人的构念系统可以提供帮助。他俩在一起怎样度过了他们生活中的一个下午。在你阅读的时候,要特别注意斜体字。

　　吉姆的问题。"怎么了?"琼走近消沉地靠在教室外面墙壁上的身影问道。吉姆的回答微弱得让人听不见,一半因为他的手盖住了脸,一半因为他太消沉以致不能大声说话。琼没有被他的反应吓住,继续问:"让我猜一下……又是马丁森(Martinson)教授。"

　　吉姆抬起头,尽管他的头发像瀑布一样遮住了眼睛,但仍没有掩盖住扭曲了他的面孔的愤怒表情。"该死的!"他几乎尖叫着,"我已经做了一切努力,我放弃。"

　　琼有意识地看看四周,不知怎么地,她希望大厅里走过的学生没有注意到这一爆发。然后她慢慢地靠近他的朋友,温和地恳求说:"告诉我发生什么事了。"

　　"同样的事……同样的老问题,"他咕哝着。

　　琼斜靠在墙上,叹息一声:"好吧,那么告诉我你与马特逊教授最近的冲突。"

　　"他讨厌我,我确信。这个性情古怪的人说除非我们有一个好借口,否则我们必须交论文。咳,我有一个好借口……就是春假……我困在佛罗里达了……我们乘坐的是别人的小汽车。我的意思是说,我们怎样回家?"

　　琼的下巴几乎要掉下来,熟悉的皱眉让她撅起了嘴唇。当吉姆第一次讲述"困在佛罗里达"的故事时,马丁森教授的表情与此极其相似,一种怀疑的表情。

　　吉姆的构念。"喂,听我说!"吉姆粗声粗气地说。"你也没什么不同! 我原以为能从你那儿得到些安慰和同情……你应该是个好朋友,是个有点*聪明才智*的人才对。走开……马上在我面前消失!"

　　琼离得更近了些,用胳膊揽住吉姆的肩,但他用肘推开了她。"吉姆,知道吗,你可以*信任*我……我是你的*好朋友*,但请让我休息一下。我知道你认为你的借口很好……让我这么来说吧……试着把它用于其他人;我敢打赌你会得到同样的反应。"

　　沉默了一会儿,然后琼继续说。"来,我提个建议吧。为什么你不……"

　　"不只这些!"吉姆打断琼。这次他大叫着。吓得琼想找地方躲起来。"他嘲笑我! ……他取笑这个理由。'我不会找借口的。其他同学知道……这仅仅是我开玩笑的方式'……他一直认为我是*愚蠢*的! 他可能认为没有比嘲弄我再*信任*我的了! 并且我原以为*有教养*的人都是我这类人。呃,吃一堑长一智。"

　　琼提出改变建议。"这就是你所说的与他的最后一次冲突。"一旦说出这句话,琼就感到一股涩涩的味道。吉姆站起来。他受够了她,但在他离开之前,琼抓住了他的衣袖把他拽了回来。"哎,对不起,"她恳求道,"只不过有时候你似乎不能从经验中学到什么。我的意思是无论何事你都坚持旧观点。为什么马丁森教授喜欢你就那么重要? 我才不关心他是否喜欢我呢!"

　　过了一会,吉姆平静下来,开始亲切地与他的朋友交谈,他们通常都是这样的。他们谈论吉姆与马丁森的关系。"好吧,你赢了,"琼断言。"那么你对马丁森有某种固恋——就是我的

250

心理老师所说的父亲形象——好的,我接受这一点。现在我给你提个建议……试着去做。我的意思是你有足够的时间去评价他。你认为他是'好人',对吗?"吉姆摇摇头表示出明确的"不",但琼视而不见。"你必须做的是,让他知道你认为他属于可选择的同伴。我的意思是,正如我理解的,你期望他认为你是一个'好人',但你不能把他归于同一类。我知道你是怎么回事。你一定可以理解人们喜欢那些喜欢他们的人——这是一个规律——但是他们不能读懂你的内心。你必须与他人交流你的情感。如果我了解你的话,你肯定与马丁森之间很僵硬、很正式。我说得对吗?"

吉姆低下头,咕哝着,"是的,你确实了解我。"

"事实上,总而言之,"琼迅速地说,"你认为他是一个'好人',你钦佩他,也希望他赞美你。我理解,因为如果我喜欢某个人,我也希望那个人会给我一点赞美。"

"钦佩?"吉姆迷惑了,"可能是信任,但钦佩?我不会采取英雄崇拜。"

"那么你最好考虑一下钦佩。如果你喜欢某个人,钦佩是一种不用说出来的交流方式……我的意思是,不用语言……你的嗓音就能做到。"

"好吧,"吉姆小声嘀咕着,"我会试试的。"

琼的构念。现在吉姆跳起来,把琼也拉起来。他们离开了大楼,闲逛到宿舍。沉默了一会,吉姆漫不经心地说,"知道吗?有时候,我很想知道我是谁。我到底是谁?"提到这个问题时,他笑了。

"太棒了,吉姆,这才是你,"琼回答。"有点不可思议,但跟你在一起很有趣。"

他开玩笑地拥抱了她。"那么,你是谁,自作聪明的家伙?"

"这是一个严肃的问题吗?"

"怎么了?"他表示疑问。"你是谁?"

"嗯,我不用晚上熬夜考虑这个问题,但我想我能根据我像谁作出回答……你知道,是类似于。"

"那么,是谁呢?"吉姆严肃地说,以与她突然严肃的语气相配合。

"在内心深处,我想我是个运动员,"琼沉思地说,她本是大学田径代表队的成员。"塞丽娜·威廉斯(Serena Williams),她就是我所像的人……或者……噢……她是我想成为的人。"

"真不幸,"吉姆取笑道。"你缺少她的嗜杀本能。"

琼边走边卖弄风情地继续说,"我也没有这个能力……但谁知道呢,也许我会更好,也许有一天径赛就像网球运动那样引人注目。"

他们走到通往彼此宿舍的十字路口,停了一会。"星期六在金·米尔(Gin Mill)家有个盛会,要去吗?"

"不了,谢谢,"琼向她的宿舍走去。"我要回家……回风景秀丽的乡村……回农场……那里有友好的邻居和宽阔的天空……"

"还有马粪,"当他们离开了好几码远时,吉姆大声地插了一句。

琼捡起一块石头向他扔去。"你可以在你发臭的老城,到处是贩毒者,还有行凶抢劫的路贼。你喜欢它……我将回到一切都很小的地方,人们会互相关心……"

吉姆与琼的人格。用凯利的观点分析吉姆与琼的谈话很有启发意义。图 11-1 会让你细览一些具体的构念例子(凯利不喜欢具体的构念,但却不能逃避它)。图的左半部分展示了吉姆的**构念系统**(construction system):一个多种构念的组织,其上部构念更重要、更抽象,底部构念则较不重要。顶部的构念被称为**上位构念**(superordinate),而底部的被称为**下位构念**(subordinate)。图的右边是琼的构念系统。

构念系统即个体的人格。吉姆最上位的构念由"信任—不信任"来表示,而琼最上位的构念是"评价—描述"。评价指进行判断,描述指为某人或某事贴上标签。一个构念可以被看作是一种特殊的概念(Kelly, 1963)。就像汽车电池那样,构念有相反的两极。**外显极**(emergent pole)是主端,就像好—坏、聪明—愚笨中的好与聪明(Kelly, 1955)。**内隐极**(implicit pole)是相反的一端,就像有教养—无教养、钦佩—不钦佩中的"无教养"与"不钦佩"。通常,外显极首先形成,但是一旦外显极形成,内隐极也通常跟着产生。与荣格一样,凯利相信人们能从两个对立的方面认识世界。即使一个人采用了如宽容—不宽容的构念,没有意识到内隐极,或者内隐极没有表现出来,这些构念也都仍然存在。采用宽容通常会伴随着不宽容。

252

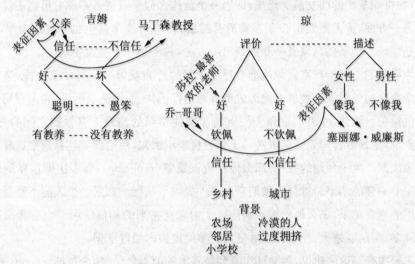

图 11-1 琼与吉姆的构念系统

仔细查看吉姆的构念系统,可以看出他高度依赖构念"信任—不信任",即他的最上位构念。同其他构念一样,它也有凯利所说的**益性范围**(range of convenience),即一个构念适用事件种类的广度和宽度。例如,信任—不信任适用于涉及人的事件,如吉姆与马丁森教授冲突的情节。因为假定吉姆经历过许多涉及不同人的事件是合理的,所以可以说信任—不信任有一个广泛的益性范围。然而,它也有局限。信任—不信任难以被用于解决数学问题或考察体系结构。一个上位构念的适用范围可以被认为包括它的下位构念。与此相反,一个构念的**核心范围**(range of focus)指它最易适用的事件。信任—不信任最适用于朋友、家庭的关系,而不适用于泛泛之交的关系。

吉姆的构念信任—不信任也可以被描述为是相对**不通透性的**(impermeable)，不通透性构念指不随着益性范围或在构念系统中的位置的变化而变化的某些构念。事实上，琼指出吉姆的构念一般说来是不通透的。信任—不信任也是琼的构念系统的一部分，但它在更大程度上是一个下位构念。因此，吉姆与琼的构念系统表现出了**共通性**(commonality)，即有相似经验的两个及以上的人共同具有某些构念(Kelly, 2003)。吉姆与琼都是学生，因此，如你所料，图11-1表明他们的确共同具有某些构念。

相反，**个体性**(individuality)指的是各构念系统之间在组成系统的构念和组织方式两方面表现出的差异。这些差异应归因于经验的差异。琼是一个运动员，而吉姆不是。正如琼指出的，吉姆的问题在于，与她不同，他难以从他的**经验**——个人从过去事件中所学——中获益。吉姆继续对马丁森教授使用同样的旧策略，这不能使他得到他想要的——相互信任。因此，琼建议吉姆改变其构念系统。她认为吉姆应该接受一个新构念，即"钦佩—不钦佩"，并重新组织他的构念系统，以与她的更相似，把"信任—不信任"置于"钦佩—不钦佩"之下。琼努力想把吉姆从**焦虑**——即他或她的构念系统不能应用于重要事件时个体体验到的，如吉姆无法将他的构念系统运用于他与马丁森教授之间的关系——中解救出来。琼必须小心谨慎。在建议一个新构念时，她可能令她的朋友遭受**恐惧**，即当一个新构念似乎要进入系统并可能占优势时个体的体验。另一方面，她无需太担心令吉姆遭受**威胁**，即有可能个体会彻底修改其整个构念系统。琼只是建议一个新构念以及一些重新组织方法，并不是一个重大变动。

琼作为科学的心理治疗家。琼这个心理治疗家的行为就像一个科学家一样，尝试着使吉姆成为一个更好的科学家。她恳求他形成更具通透性的构念，更重要的是，她向吉姆提出了一个假设以供检验。她认为，表达钦佩会使吉姆获得他想要的与马丁森教授之间的相互信任。为了验证假设，她告诉吉姆要尝试着对马丁森教授表示钦佩，然后他要注意观察这样做的效果怎样。如果钦佩产生了预期的效果，那么他就应该**重复**(replicate)，即多次做这样的验证以希望得到与先前一样的结果。重复为预期未来事件提供了基础。如果一个人能不断重复一个构念成功运用的观察结果，那么他就能够确信这个构念在将来的相似情境下也会再次适用。重复的次数越多，可信度越大。事实上，重复是科学能提供的最好证据。

如果吉姆执行了琼的建议，他会证实凯利最基本的原则之一，**构念替换论**(constructive alternativism)，它指的是这样一种假设，即一个人对其生活情境的当前解释可以进行修正和替换(Kelly, 1963)。人们认为，一个构念系统不能总保持原样，它必须随人们生活的变化而变化。

构念之间的关系

图11-1表明吉姆与琼的构念系统的组织方式是不同的，吉姆的系统是按**分裂线延伸**(extension of the cleavage line)的方式来组织的，即吉姆下位构念的两极分别直接被列为其上位构念相应的外显极和内隐极。因此，"好"归属"信任"一类，"坏"归属"不信任"一类(Kelly, 1963)。然而，琼的系统最上端一开始是以**分裂线抽炼**(abstracting across the cleavage line)——整个构念归属于上位构念的外显极或内隐极——的方式组织的。在琼的系统中,她所有的构念都归属于她的最上位构念"评价—描述"。整个构念"好—坏"都归属于显极"评价",而整个构念"女性—男性"都归属于内隐极"描述"。这一特征使琼的系统比吉姆的更复杂、更灵活。她能从评价角度(有好人和坏人)或者从纯粹描述角度(有北美人和非洲人)来看待她的生活情境。

因素(elements)指的是客体、人和事件。一个构念的**背景**(context)由该构念适用的所有因素组成。琼的"城市—乡村"构念的背景包含了农场、邻居、缺乏情感的人和过度拥挤诸因素。既然"益性范围"和"益性焦点"指的是极为总括的、抽象的事件类型,如"与权威人物的关系"和"休闲活动",那么背景和因素指的就是一个人生活中的现实的、具体的人或事物。

表征(symbol)是一个构念适用的因素之一,它能阐明构念。图 11-1 表明,对于吉姆,"父亲"表征着信任—不信任构念。对于琼,"塞丽娜·威廉斯"表征着像我—不像我构念。当然,对话和图 11-1 表明的吉姆与琼的剖面图过于简单化了。凯利可能会争论,没有一个人的人格能够恰当地表现在一幅图中。一方面,这幅图必须像房子那么大,另一方面,许多构念过于抽象,不能像图 11-1 那样具体表现出来。此外,人们通常不会像吉姆与琼那样合作,直言不讳地说出他们的构念。正如你将看到的,获得构念需要更加成熟的方法。视窗 11-1 对凯利和其他心理学家的理论进行了比较。

视窗 11-1　凯利的理论与其他理论家理论的相似之处

鉴于与其他理论的关系,凯利的理论足以引起人们的特别关注,因为它与它们中的任何一个都没有很明显的类似之处,只是与它们中的某些理论存在共同假设。尽管凯利严厉批评行为主义者迷恋诸如"Ss 与 Rs"之类的细枝末节,但他的确与斯金纳共有一个广泛的假设,后者提倡通过安排环境使奖赏达到最大。类似地,凯利认为构念可以通过人的干预得到改变。

与班杜拉和其他社会学习理论家相类似,凯利持未来取向:"……[人们所做]的一切都遵循[他们]在试图预期将要发生的事情过程中拟定的线路……[人们]迫不及待地想看看将会发生什么,[他们]期待着去看将会发生什么"(Kelly,1980,pp. 26—27)。

凯利写道,"现象学心理学家,我当然不是他们中的一员,通常认为,只有过去那一瞬间的经验才是……最重要的……"(Kelly,1980,p. 22)。但是他与人本主义心理学家和现象学家具有许多共同假设(Benesch & Page,1989)。实际上,他的观点本质上被认为是现象学的(Tyler,1994)。

与罗杰斯(和荣格)一样,凯利不认为在治疗中有一套并且仅有一套程序是有效的:"与多数人格理论不同,个人构念心理学并不把自己局限于任何热门心理治疗技术。"(Kelly,1980,p.35)与罗杰斯(和荣格)一样,凯利也认为治疗是一种由治疗师与来访者共同参与和作用的经验:"心理治疗[是]一种经验……当一个人建设性地利用另一个人时,心理治疗就发生了……治疗师的专业技能和他作为有经验的人具备的知识储备都会在交谈中发挥作用。"(p. 21)而且,与罗杰斯一样,凯利把治疗看作是一个人成为真实自我的机会,相对摆脱了社会和他人强加的限制:"心理治疗[的目标]……不是去顺从自己……或社会……[其]目标是使个体不断地独自决定什么才是值得他付出代价的东西……接近他不曾有过的东西……"(Kelly, 1980, p. 20)

与斯金纳、罗杰斯一样,创造性是凯利的关注点之一:"我们预想的创造周期是以放松和紧张相互协调的方式运行的。创造周期开始于放松阶段,该阶段的构念含糊不清、灵活、动摇。走出这一复杂混乱的阶段后,轮廓(shape)便开始出现,个体试图耐心地给它们以明确清晰的形状,直到它们紧张到足以用来讨论和检验。"(Kelly, 1980, p. 34)

人格发展

吉姆和琼是如何获得他们的构念系统(发展他们的人格)的呢?凯利关于从儿童到成人过渡的观点很好地补充了他的理论。

预期

因为"对未来事件的预期"是凯利个人构念理论的一块基石,所以毫不奇怪"预测未来"在其关于儿童构念发展的讨论中处于突出位置。**预期**(predictability)指个体预测未来的能力。构念与它提供的预期程度同样有用(Hermans et al., 1992)。因此,应建议父母(所有儿童环境的主要组成成分)积极为儿童提供预期。如果他们不这样做,他们的孩子预期未来的需要可能会反映在一些极端行为中(Kelly, 1955)。例如,如果"预期"在某些孩子的生活中是一种稀有品,那么他们就可能对预期的实例产生依恋,即使他们的行为会产生消极后果。例如,假设一个孩子约翰尼(Johnny),他的父母仅在几个问题(与惩罚有关的所有事情)上采取一致方式对待他。约翰尼打扫自己的房间,有时候得到注意,有时候得不到注意。约翰尼帮忙叠衣服,有时候会得到表扬。然而,约翰尼发现,如果他在洗"衣服"的时候塞住浴室的水池,由此带来的池水溢出使他从父母那儿获得非常可靠的反应。他们会用巴掌打他的屁股。因此,一个天真的行为主义者可能会断言,约翰尼不会再塞住水池。凯利认为并非如此,塞住水池是约翰尼获得其宝贵的预期的最好方法,这是他极其需要的。

多尔顿和邓尼特(Dalton & Dunnett, 1992)考虑过凯利的构念类型,它们都与预期有关。**紧张构念**(tight constructs)产生不变的预期,而**松弛构念**(loose constructs)产生变化的预期(Kelly, 1955)。多尔顿和邓尼特研究表明,紧张构念的解释者"组织严格,有固定的习惯性,能快速持有对世界的看法"(p. 56)。相反,松弛构念的解释者"似乎随时都进行不同预测。其他人会发现他们难以预测……因为他们的构念导致了变化的预期"(p. 56)。

依赖构念

即使在儿童的社会环境中给予适量的预期,早期构念系统仍然是以组成它们的几个简单构念的不通透性为特征。儿童是幼小的、脆弱的且易受伤害的。他们必须依靠他人才能生存。因此,儿童的早期构念系统大部分是由**依赖构念**(denpendency constructs)构成的,依赖构念是以儿童的生存需要为主要内容的特殊构念。"母亲"构念便是一个例子。对于一个幼儿来说,"母亲"构念可能有一个背景,它包括温暖、营养和没有恐惧声音的安全等因素。(注意依赖构念与荣格的母亲原型、母亲情结以及与沙利文的母子关系概念之间的类似。)

起初,儿童可能根据"像母亲—不像母亲"来理解世界。这一构念非常笼统,并且儿童认识母亲的程度非常有限。该母亲所教的大学课程和她主持的商会委员会对儿童认识母亲不起作用。她代表了温暖、舒适和食物。然而,随着儿童的成长与发展,这一构念变得更有通透性,母亲将不再仅仅是温暖和血缘因素。终有一天,整个构念可能会一起消失,"母亲"将会象征某种其他构念或多个构念中的一个元素。构念的不通透性这种一般倾向会消溶于日益成熟的大潮中。

角色扮演

一个人理解另一个人构念系统的程度也就是他接纳与那个人的关系中某一角色的程度(Kelly, 1963; Kelly, 2003)。**角色**(role)指的是个体以符合生活中重要他人期望的方式行事。

反过来,这种行为又提供了一个人需要的预期。因此,一个 6 岁大的孩子可能会假定,她的角色相对于她的父母来说应该是这样的:被动、顺从、"大人在讲话的时候小孩别插嘴"(seen but not heard)。如果她以一种被动的、顺从的、文雅的方式行事,她预测父母会给她食物、拥抱、玩具等等。至少在儿童期,这个爱猜想的儿童假设的角色可能会起到很好的作用,如果她能准确地感知她的预期得到证实的话。

然而,假定也有可能出现偏差。假定她的观察是有误的,并且她将会看到她的预测事实上并没有得到证实。最终,她将不得不停止自欺。迟早她将必须面对这样一个事实:她的父母并不真的想要一个被动、顺从、文雅的孩子。也许"实际上"他们期望她成为一个坚持己见、主动、独立的孩子。这一新发现导致的结果将会是**内疚**(guilt),即一个人感知到他或她正从某个重要角色(这一角色本来被认为在与重要他人的关系中是非常重要的)中被驱逐出去时产生的结果(Kelly, 2003)。更明确地讲,这一事例中的内疚来源于儿童没有符合标准、没有成为自己父母的孩子、没有迎合重要他人的要求来塑造自己。

选择:C-P-C 循环

无论何时个体面临生活情境中的重大变化或剧变,不管它是短期的小变化还是长期的大变动,他们都必须在他们的构念系统中搜查能最好地适应变化的维度。他们必须作出**精心选择**(elaborative choice),即对"与一个……能为[一个人的]……构念系统作进一步精心设计提供更大机会的构念维度相匹配的某个取舍物"的选择(Kelly, 1980, p. 32)。"在个体发展的某一特定阶段,一个人可能更有希望选择做一些事情,以帮助……更清楚地界定[他的]地位,并因此巩固……收益……但在另一时间,个体可能会选择扩展他的[或她的]系统,以便使它拥有更多未知的东西,并把更多未来的东西置于[他的]掌控之中。"(p. 32)

无论我们采取两种取向中的哪一种来应对生活中的变化,过程都是一样的。我们都要经历 C-P-C 选择循环。首先我们要作解释和分析。"为此,我们将经历**周视期**(circumspection phase),即'尝试'我们个人储备库中的各种构念的时期。"(Kelly,1980,p. 32)为说明这一过程,我们假设一个人在短期内获得了提升。现在,她第一次成了几个员工的老板并必须决定怎样与他们相处。如果她不具备许多相关构念,这一时期将不会持续长久,她可能看起来像"一个行动力很强的人"。若环境对她来说变化太快,使她无法跟上,那么她可能会匆忙地越过循环的这一阶段且表现冲动。当然,她也可能从容不迫。无论如何,她接下来会进入到**先取期**(preemption phase),在这一时期,"允许一个构念预先占有情境,明确个体必须在它们之间作出选择的一对取舍物"(Kelly,1980,p. 33)。自此以后,除非她由原路返回,否则她将始终坚持这一显露出来的构念。假设这一构念是"独裁主义—平等主义"。最终,委托产生了,精心选择的原则取而代之,她作出了**选择**(choice),即在由预先占有情境的构念提供的两个取舍物之间作出的某个决定(Kelly,2003)。在与新下属的关系上,她选择了独裁主义。因此,她完成了 C-P-C 循环:周视、先取、选择。

评价

贡献:支持证据与实践应用

极。凯利理论的一个关键的、可检验的方面是,假设人们从两个对立的方面来构建他们的世界:每一个构念都有两个极(Kelly,2003)。如果这一推测被证明是错误的,那么他的整个理论框架就可能会倒塌。举例来说,如果一个构念是以"所有人都好"而不是以"某些人好"和"某些人坏"来表示的,那么对未来的预期就会失败。实际上,如果每一个构念只有一极,则不会存在什么东西可以预测:所有的人都将被以同样积极(或消极)的方式对待。每个人的生活就成了一种确定的事情。

因此,凯利(Kelly,1963)特别提到了他以前的学生莱尔的某项研究。莱尔首先选择了一些词汇,它们似乎从属于四对两极性范畴,即"快乐—悲伤"、"心胸宽阔—心胸狭隘"、"高雅——粗俗"和"真诚——虚伪"(八种分类标签)。紧接着让样本被试把这些词汇安排到这八种不同的类别中。在一项重要研究中,被试被给了同样的词汇,并被告知将他们放入这八个类别中。结果表明,分类确实与"快乐—悲伤"、"真诚——虚伪"等四种范畴相匹配。被试倾向于把"快乐"与"悲伤"的词汇、"真诚"与"虚伪"的词汇归并在一起。简言之,他们把这些词汇归类或组织到几组对立极中,正像凯利所认为的构念被组织的那样。

凯利理论的扩展。贝尼希和佩奇(Benesch & Page,1989)研究了个体能够理解他人重要构念的环境。被试是按三人小组的形式招纳的,每组由三个关系密切的熟人组成,其中一个成员用"目标"命名,另两个成员用"同伴"命名,他们以各种方式对目标作出反应,试图详细说明目标的构念。目标也表明他们自己的构念。结果表明,目标与同伴两者对目标构念的感知之间存在着很好的一致性。同伴往往能准确地感知目标的构念——他们与目标自我感知到的构念相一致——当那些构念表现出高度的意义性和高度的稳定性(构念的运用具有一致性)时。这些朋友构念系统内容之间的共通性可能对于他们理解彼此的重要构念起到了帮助作用。这些结果通过表明个体能够"解读"他人构念的条件,扩展了凯利的理论。

凯利的个人构念理论最初被用作人格概念化的一种途径和在治疗中帮助他人的一个理论基础,但现在被用来说明特定人群面临的具体环境,如丧偶老人。瓦伊尼、本杰明和普雷斯顿(Viney, Benjamin & Preston, 1989)研究发现,丧失配偶的老人会表现出内疚:他们感觉自己被重要的角色抛弃了。例如,一个失去丈夫的妇女感到自己被包括核心构念"妻子和主妇"的角色遗弃了。瓦伊尼及其同事研究表明,丧偶的老年人缺乏确认其核心构念的方式,需要他人帮助查找新的确认来源。

认知复杂性。凯利的基本观点之一是一个有效的构念系统具有很好的区分度(Tlyer, 1994)。也许受此观点的影响,凯利以前的学生比厄里(Bieri, 1955)界定了一个新维度,认知复杂—认知简单。**认知复杂**(cognitively complex)的人拥有构念之间区分很清楚的构念系统,也就是说,一个构念与另一个构念能很明确地分辨开来。认知复杂的人能够把他人归于多种类别,更多元化地看待人。另一方面,**认知简单**(cognitively simple)的人拥有构念之间区别模糊不清的构念系统——一个区分度较差的系统。他们把他人归于少数几个类别。可以假定,一个认知非常简单的人主要运用一个构念如好—坏,把一半人归为"好",另一半归为"坏"。比厄里表示,认知简单的人难以把他们自己与他人区分开来(他们倾向于假设别人与他们都一样)。与此相反,认知复杂的人能够清楚地区分自己与他人。 259

凯利(Kelly, 1955)认为,一个人使用的构念越多,他或她就越能更好地预测未来事件,包括他人的行为。比厄里证实了这一假设:认知复杂的被试能更好地预测他人行为。如果人们只使用一个构念,比如"好—坏",那么他们一般把自己归为好的一类。若仅给予少量关于他人的信息——比厄里实验中的情况——他们会预期别人与他们一样是好的。认知复杂的人运用多个构念,一些运用于他们自己,另一些运用于他们生活中的众多他人。表 11-1 归纳了认知复杂者和认知简单者的特征。

在早期研究中,西格内尔(Signell, 1966)报告,儿童在 9 岁到 16 岁期间,其认知复杂性日益增长。西克雷斯特和杰克逊(Sechrest & Jackson, 1961)研究发现,社会智力(social intelligence)——社会效力(social effectiveness)的一个指标——与认知复杂性高度相关。在一项更近的研究中,琳维尔(Linville, 1982)报告:(1)对年长男性的描述越简单的学生,对年长男性的评价越偏激;(2)在品尝研究中,与被引导采取更复杂取向的个体相比,被引导采取简单食物取向的个体会给出更极端的评价;(3)年轻男性给年老男性的评价比他们给属于自己年龄段男性的评价更极端;(4)与描述年长群体相比,这些年轻大学生有更多构念用于描述他们自己的年龄群体。

表 11-1   认知复杂的人与认知简单的人的比较

认知复杂的人	认知简单的人
构念间的区分非常清楚	构念间的区分模糊不清
把他人归为多种类型	把他人归为少数几类
能轻松地看到自己与他人之间的区别	难以看清自己与他人的区别
能娴熟地预测他人行为	不能预测他人行为

复杂性／简单性在某种程度上阐明了非言语交流过程。乌勒曼、李和哈斯(Uhlemann, Lee & Hasse, 1989)对被试的非言语线索敏感性进行了一次测量,非言语线索是由一个操纵视频的辅导老师系统展示的。根据复杂性测验的结果,被试被分成了四种认知复杂性水平。他们也要受三种唤醒水平中某一种的支配:(1)低——他们独自观看录像;(2)中——他人在场;(3)高——假定在场的他人都是评价被试的"观察者"。由于具有更高的社会智力和对他人行为的更高感受性,认知复杂的人应该更有能力以各种方法(他们可以用这些方法对人们作出区分)解码非言语线索。结果表明了预期结果,但受唤醒水平的限制。当唤醒水平中或高时,高复杂性的被试比低复杂性的被试更能区分非言语行为,这一优势使他们能更有效地区分他人。

260

人们对于这一研究结果——即人们在对他们"内部群体"的解释上要比对"外部群体"(另一群体)的解释更复杂——的兴趣日益增长。帕克、瑞安和贾德(Park, Ryan & Judd, 1992)报告,被试在对内部群体的描述上产生了比外部群体更多的构念。被试在内部群体中还看到了比外部群体更多的亚群体。

泰特洛克及其同事已经表明,与最初的假设相反,认知复杂比认知简单"好"并不是必然的。在查阅了美国内战前政治家的历史记载后,泰特洛克、阿莫尔和彼得斯(Tetlock, Armor & Peterson, 1994)发现,那些对奴隶制持部分宽容态度的政治家,其认知要比奴隶制的极端支持者或废除者复杂得多。鉴于奴隶制在道德上是站不住脚的,即使认知复杂者对奴隶制的部分支持也与其支持自己道德优越的论据相矛盾。

在一个具有类似主题的研究中,泰特洛克、彼得斯和贝里(Tetlock, Peterson & Berry, 1993)考察了工商管理学硕士学位申请者的人格剖面图。他们的研究结果绘制成了一幅复杂难懂的图,该图并没有很好地符合"复杂的是更好的"这一最初描述。认知复杂的申请者的自我报告反映了高度的开放性和创造性,但他们在"良知"这一有特定价值的特质上得分很低,而且在"社会依从"这一有时也受人重视的特质上得分也很低。他们在主动性和自我客观性上得分很高,但在自恋、敌对、权利动机上得分也很高。这些结果表明认知复杂性是相当复杂的。

格林费尔德和普雷斯顿(Gruenfeld & Preston, 2000)在研究文献中发现了支持以下两个假设的证据:(1)一个群体中的多数成员,由于他们控制着结果,所以他们对于抉择持开放的态度,尤其在他们面临少数自由发表意见的人时;(2)个体在维护现状的过程中特别有力地显示了认知复杂性,因为变化意味着降低认知复杂者的复杂性。他们发现,美国最高法院的法官在维护法律判例(现状)时,比他们用自己的观点推翻判例时表现出更大的复杂性。然而,这种效果对于多数派观点(而非少数派观点)的倡导者来说最强烈。这些结果似乎具有很强的普遍性。例如,设想一个实验者要求一组被试设计一个方案,用于解决同一类型的一系列问题(如,怎样为数种相似的产品做广告)。在方案设计出来后,实验者要求被试每个人或者想出一个更好的设计,或者维护最初的设计。选择维护最初方案的被试应该表现出更大的认知复杂性。或者,被指定去维护原有方案的被试可能比那些被指定去设计新方案的被试表现出更大的认知复杂性。视窗 11-2 展示了认知复杂的人和认知简单的人的例子。

角色构念库测验。凯利最不朽的贡献之一是**角色构念库测验**(Role Constrcut Repertory Test,REP),一种用于揭示个体构念系统(人格)的评估策略。它也是一种治疗中的有用工具。你将会看到,它在近期的应用甚至更广,并有希望用于解决未来更多的问题。

261

视窗 11-2　对认知简单的人和认知复杂的人的访谈

采访者(iv)问认知简单的人(cg)和认知复杂的人(cc):"你认为与你一起工作的人怎么样?"

cg:"哦,他们大都一样。"

cc:"他们多种多样,我喜欢。"

iv:"你的意思是他们跟你不一样?"

cg:"实际不是这样的,他们大都跟我一样。"

cc:"是的,每个人都与我不同。"

iv:"那么你能为我描述一下他们吗?"

cg:"我想可以。他们似乎都相当友好。"

cc:"你指每个人? 那可能一下说不清楚。"

iv:"就选一个来描述吧。"

cg:"萨里很亲切,苏与乔也是。"

cc:"嗯,与我不同,乔很健谈。他最友好。"

iv:"那你还能描述一下他们的其他方面吗?"

cg:"嗯,很难。让我想想⋯⋯他们似乎很会体贴人。"

cc:"有些很体贴人,有些不顾及他人,有些

值得信任,有些不⋯⋯我还能继续?"

iv:"那么,'体贴'与'不顾及他人'有区别吗?"

cg:"我不确定。"

cc:"当然。"

iv:"你能用其他方法描述一下吗?"

cg:"嗯⋯⋯我认为不行。我大多都提到了。"

cc:"是的,但你还有很长时间吗?

iv:"你认为你的同事在家里会怎样呢?"

cg:"我不知道⋯⋯我想他们在家与工作时一样吧。"

cc:"对不起,这是一个难以回答的问题。他们在家里什么都可能做。"

iv:"当你知道他们中的一个编写计算机游戏,另一个是备受赞誉的园丁,你会奇怪吗?"

cg:"哇,不可思议! 我不会那样做。我不相信他们会做那种事情。"

cc:"没有什么可奇怪的。正如我所说的,他们在家里可能会做任何事。"

商业与工业中的角色构念库测验、个人构念理论。取代凯利的传统名称,如自我、母亲、父

亲等,应用研究者们已经插上与商业和工业中的各种情境有关的种种标签(Jankowicz,1987)。
例如,通过用产品名称替代通常的角色名称,研究者发现了被国内检测者用于化妆品和香水的
构念。然后,他们可能会用这些构念表现的维度,如"剧烈—温和",来评定产品等级。这一方
法使研究者得以深入了解顾客对产品的看法,如果他们尝试使用的是他们自己认为有关的维
度,这一成就发现就可能会与他们失之交臂了。用相似的方法,研究者发现了高级经理使用的
信念、价值和知识项目,以便这些信息能够被新的管理职员运用,平稳地进入他们的新角色。
在银行业工作的扬科维奇(Jankowicz, 1987, p. 485)已经全神贯注于确认"有效贷款代理人使
用的构念,并考察它们在种类和程度上与无效贷款代理人所使用的构念是否有所不同,有效性
是根据贷款拖欠的相对量来客观界定的"。多尔顿和邓尼特(Dalton & Dunnett, 1992)概述了
角色构念库测验在商业/工业中的其他应用。

人们经常用角色构念库测验格栅图(见图 11-2)揭示各种心理问题。例如,患神经抽搐症
的人对心理治疗的反应(O'Connor, Gareau & Bowers, 1993);成功和失败的心理治疗来访者
之间的区分(Catina & Tschuschke, 1993);对靠药物治疗的焦虑性障碍患者"生活质量"的评
估(Thunedborg, Allerup, Bech & Joyce, 1993);对自我和他人接受心理治疗后解释相似性增
加的检测(Winter, 1992);以及对以神经症为特征的障碍性思维的鉴定(Pierce, Sewell &
Cromwell, 1992)。角色构念库测验格栅图的其他应用包括对一场教师教育研讨会导致的构
念变化的测量(Fischl & Hoze, 1993);表明教育心理学家的能力(McClatchey, 1994);以及对
潜在的器官捐赠者的身体主体部位和副产品的认知和社会表征的评估(Oliviero, 1993)。利
用视窗 11-3,完成你的角色构念库测验剖面图。

固定角色治疗。尽管凯利没有局限于一种特殊的治疗,但他的确发明了一种独特的治疗
方法。在**固定角色治疗**(fixed-role therapy)中,来访者扮演一个虚构人物的角色,该角色具有
与他或她的实际构念相反的某些构念(Kelly, 1955)。治疗者以来访者的实际构念作为创造虚
构人物构念的基础。过程如下:(1)来访者根据核心的或棘手的构念描述自己;(2)在最简单的
情况下,治疗者为虚构人物描写一个固定角色,要求来访者假设一个构念,该构念要求他做出
与他通常的行为有所不同的行为(他的打断别人谈话的口头攻击倾向,被"保持缄默"和"让别
人说下去"的取向代替。);(3)来访者尝试这一角色,然后与治疗者讨论别人对新角色的反应;
(4)来访者并不一定要采用新的角色,只是要深入了解他通常扮演的角色的另一面。

个人构念理论与多样性。由于包括其角色构念库测验和固定角色疗法在内的个人构念理
论有如下特点:一次一人、无确定答案、灵活和内容自由,它在多种多样的文化和亚文化中有着
巨大的应用潜力。因为它是一种看待世界的方式,而不是一种有特定内容如"性格外向者"(内
容:性格开朗、健谈、社交能力强)的内部实体,所以构念不受任何文化的束缚。任何文化的人
都能陈述他们的构念。把该理论这一无确定答案、内容自由的本质与一般特质理论的特征作
一下对比。一种特质如"固执己见"在某些非西方文化中可能没有任何意义,因为在这方面存
在着极其微小的个体差异(在某些文化中,多数人都不固执己见;而在另一些文化中,多数人都
极为固执己见)。同样的,角色构念库测验很容易被修订以适应任何文化。例如,主要与西方

文化相关的角色人(魅力人)可能会被与文化相关的角色人(虔诚人)取代。类似地,固定角色疗法也适用于不同文化。为虚构人物描述的一个固定角色可能是某一文化特有的。惟一的必要条件是,要产生一个要求个体做出与平时不同的行为的构念。个人构念理论在许多文化中的应用往往会强调文化之间的差异性和相似性。因此,它可能会增强文化之间的相互理解。

视窗 11-3　你自己的构念系统

列表 A 包含了 15 个角色定义。认真读每个定义。在每个空中,写下在你生活中最符合该角色的人的名字。必须运用列表 A 给出的角色定义。如果你记不起那个人的名字,就写一个能使你想起这个人的单词或短语。不要重复任何人名。如果有些人已经被列出来了,就再作一次选择。这样,在靠近单词"自我"的地方写下你自己的名字。然后靠近"母亲"这一单词写下你母亲的名字(或者在你的生活中扮演母亲角色的人),等等,直到 15 个角色都被指定了特定的人。

列表 A:角色定义示例

1. 自我:你自己。_____。

2. 母亲:你的母亲或在你的生活中扮演母亲角色的人。_____。

3. 父亲:你的父亲或在你生活中扮演父亲角色的人。_____。

4. 兄弟:与你年龄最接近的你的兄弟,或,如果你没有兄弟,则是与你年龄相近,对你来说最像你兄弟的男孩。_____。

5. 姐妹:与你年龄最接近的你的姐妹,或,如果你没有姐妹,则是与你年龄相近,对你来说最像你姐妹的女孩。_____。

6. 配偶:你妻子(或丈夫),或者,如果你还没结婚,那就是你最亲密的现任女朋友(或男朋友)。_____。

7. 朋友:你目前最亲近的同性朋友。_____。

8. 以前的朋友:你一度认为是你最亲近的同性朋友,但后来却对他非常失望的人。_____。

9. 爱拒绝的人:你曾经与之交往,但由于某些无法解释的原因,似乎不喜欢你的人。_____。

10. 被同情的人:你很愿意帮助或你感到遗憾的人。_____。

11. 有威胁性的人:对你最有威胁的人或者让你感到最不舒服的人。_____。

12. 有吸引力的人:你最近遇到并愿意进一步了解的人。_____。

13. 令人满意的老师:对你影响最大的老师。_____。

14. 不令人满意的老师:你最反对其观点的老师。_____。

15. 幸福的人:你个人认为最幸福的人。_____。

现在看图 11-2 中矩阵的第一行。注意在 9、10、12 栏方框中有圆圈。这些圆圈代表在分类 1 中你要考虑的三个人(爱拒绝的人、被同情的人、有吸引力的人)。想想这三个人。特别是,他们中的两个人在某方面是如何相似的以及他们与第三个人如何不同? 一旦你决定了他们两个相似但与第三个人不同的最重要方面,就在相似的两人对应的圆圈中填写 X。不要在第三个人的圆圈中写任何东西,让它空着。接下来,在"外显极"一栏中写下一个单词或短语表明他俩是如何相似的。然后,在"内隐极"一栏中,写下一个单词或短语解释第三个人与那两个人的区别之处。最后,考虑剩余的 12 个人,并思考除了你已经用 X 标记的人外,他们中的哪一个也有你在"外显极"中标出的特征。在有这一特征的其他人的名字对应的方框中填 X。当你在第一行完成了这一程序后,继续第二行(分类 2)。这一过程一再重复直到每一行都完成。总之,每行(类)遵循的步骤如下:

1. 考虑在其名字下用圆圈标出的三个人。确定其中两个在某个重要方面如何相似并与第三个如何不同。

2. 在与两个相似的人相对应的圆圈中填写 X,空着剩下的一个圆圈。

3. 在"外显极"一栏中,简要描述两个人的相似之处。

4. 在"内隐极"一栏中,简要描述两个相似的人与第三个人的不同之处。

5. 在同一行,考虑剩下的 12 个人,在也具备"外显极"一栏描述特征的个体对应的方框中填写 X。

6. 在矩阵的每一行重复前 5 个步骤。现在休息一下,看看你已经做了什么:你已经写出了你的构念系统。

分类号	自我 1	母亲 2	父亲 3	兄弟 4	姐妹 5	配偶 6	朋友 7	以前的朋友 8	爱拒绝的人 9	被同情的人 10	有威胁性的人 11	有吸引力的人 12	令人满意的老师 13	不令人满意的老师 14	幸福的人 15	外显极	内隐极
1									○	○		○					
2		○	○	○													
3					○								○		○		
4		○					○					○					
5	○								○		○						
6							○							○			
7				○				○			○						
8						○					○				○		
9							○	○				○					
10				○	○												
11		○	○								○						
12							○	○			○						
13	○					○	○										
14	○	○	○														
15				○					○					○			

图 11-2　你的构念系统

局限

265

两极性观点。凯利的理论以构念中表现出来的两极性的观点为基础。对这一核心观点最明显的攻击在于，许多"构念"的参与者确实没有涉及两极性。或者一极完全缺失，或者它不是一个真正的对立极。对于某些参与者来说，外显极惟一可具体指明的对立面是该极的否定。例如，在吉姆与琼的例子中有目的地使用了"钦佩—不钦佩"。"钦佩—不钦佩"当然有资格成为一个构念（任何一组或两个明显对立的单词大约都是如此）。然而，内隐极是外显极的否定面；它不是某种东西，而是某种东西的缺失。你可以钦佩一个人，但不钦佩一个人则是模糊不清的。这意味着没有明确的关系或行为。类似地，详细检查自我描述（揭示构念）过程中产生的所有列表上的单词，将会揭示出大量其对立面是否定的外显极（Allen & Potkay，1983a）。例如，"畏惧"与"古怪"除了"不畏惧"与"不古怪"之外似乎没有对立面。

尽管在有些情况下，内隐极纯粹是外显极的对立面，但有些情况下，它们可能完全缺失。凯利自己承认他的来访者有时候不能清晰明白地说明构念的内隐极。他假设，这种情况下，来访者拥有一个**隐藏极**（submerged pole），它还没有形成语言形式（可能因为构念是新的）或者是正受到压抑（来访者为了逃避——人们很坏，会找他的茬——这一认知而坚持认为"人们都很好"；Kelly，1963）。也许有些人确实隐藏了某些内隐极，或者也许在有些情况下，他们的确无法表达内隐极，因为它并不存在。

但是，莱尔的研究是怎样支持凯利的两极性观点的呢？先前提到的对单词列表的考查表明，莱尔的研究中运用的八类单词的八种标签有着极大的倾向值（favorability value）。对于四组中的每一组单词来说，每对中的一个单词代表着我们社会中高度评价和期望的一种特征，而另一个代表着一种不被期望的特征（见表 11-2）。而且，所有的八个外显极都有明显的不仅仅是否定的对立面。可能有人想知道，真实人的构念的外显极都有这种清楚的对立面吗？真实人的构念有倾向性极为不同的极吗？从直觉上似乎可以明显地看出，有些现实中的人拥有以下构念：构念的外显极没有对立面、构念的极在倾向性方面并非极端不同。

表 11-2　莱尔的词语分类和相应的倾向值

266

快乐	475	悲伤	213
心胸开阔	425	心胸狭窄	142
高雅	342	粗俗	77
真诚	504	虚伪	107
平均值	437		135

摘自 Allen & Potkay(1983a)；600 为最大倾向值，0 为最小倾向值。

特殊规律研究法与某些概念的含糊性。凯利的个人构念理论存在问题的一个原因是，每个人的构念系统都与他人不同。研究者必须解决研究单一个体存在的这一固有矛盾，以便对因人而异的构念系统进行类化。而且，像其他几个理论家一样，凯利的许多概念过于模糊以致难以用经验加以证实。其中有一些，凯利试图把情绪包括在他的理论中：(1)构念系统可能会被彻底整修的威胁；(2)系统不适用于重大事件的焦虑；(3)新构念可能占支配地位的恐惧。不幸的是，贝克(Beck，1988)研究了这些概念，并发现了某些与预期相反的结果。进一步说来，词语"威胁"、"焦虑"、"恐惧"的应用似乎是不成对的。难道"恐惧"不应该用于"构念系统可能会被彻底检修"这一最具破坏性的情境吗？一些人可能也主张，"焦虑"可能最适用于"新构念可能占统治地位"，"威胁"可能更适合应用于"系统不适用于重大事件"。简言之，概念标签的分配似乎是武断的。

最后，"益性范围"、"核心范围"与"因素"、"背景"是混乱的。当优先考虑后者时，似乎有必要把后者当作"具体的"、前者作为"总的"和"抽象的"。实际上，我已经成功做到了对具体—抽象的区分，因为这两组概念是很难区分开来的。凯利显然没有把这两组概念看作是混乱的，因此也就没有提供能够清楚区分它们的方法。

角色构念库测验的缺点。角色构念库测验的其中一个优点同时也是它的缺点。它使用了一种个人特质研究法，即一次研究一个人。每一个角色构念库测验结果对产生它的人来说都是独特的。一个既定个体的构念，正如他或她的角色构念库测验反应所揭示的那样，可能不能与其他人的构念作有意义的比较，更不用说类化到其他所有人了。甚至在工业和商业的应用中也是如此。由成功的信贷员产生的角色构念库测验结果不能很轻易地推广到其他的信贷员，无论他们是成功的还是失败的。就像一个放射线学者解读 X 射线的方法对他或她来说是独一无二的那样，一个人的角色构念库测验结果也是为他本人所独有的。实际上，角色构念库测验反映了具有高度特殊规律性的个人构念理论，它就是根据该理论产生的。因此，这与美国最流行的取向——律则性(nomothetic)，指鉴别能扩展到所有人的普遍特征和广泛原则——是背道而驰的。与其他重要理论同样流行的个人构念理论，将不得不等待着美国主要取向的变化。凯利没有被列入 20 世纪最杰出的 100 名心理学家之中(Haggbloom et al.，2002)。

结论

乔治·凯利当然是心理学中最具原创性的思想家之一。事实上，对其理论的研究支持可能不像理想中的那么大，因为它是如此有原创性以致研究者可能不知道如何研究它。尽管他的某些观点与其他一些理论家的观点有类同之处，但凯利确实没有直接从任何人那里借用东西。他的理论主要是由新颖独创的观点组成。他的理论中不存在与本我、原型、需要相似的东西。难怪许多美国心理学家很难涉及个人构念理论。在英国则是另一番样子：凯利是非常受欢迎的。一本关于其理论的新手册应该会使这种流行继续下去(Fransella，2003)。

凯利强调了别人忽视的问题实属难能可贵。他，而不是其他任何心理学家，使认知成为了人格研究的根本基础。而且，凯利的"一次研究一个被试或来访者"的方法并不乏优点，只是因为它在美国不常被接受而已。我的同事波特凯和我本人都赞成这种特殊规律研究法(参见 Allen & Portkay，1983a；Portkay & Allen，1988)。人类太过复杂并且每个人都太独特，以致不能轻易地把一个人的表现类推到多数其他人（也参见 Allen，1988a，1988b）。最后，因为凯利在认知方法（取向）即将萌芽的时候已为理解人格提供了认知基础，所以他的许多思想已深入人心。构念、复杂性—简单性、角色构念库测验以及许多其他贡献可能会确保凯利在心理学文献中的地位持续到下个世纪。

要点总结

1. 凯利的背景从工程学到劳资关系不断变化。他认为，反对"刺激—反应"和弗洛伊德主义心理学非常重要。他是同事和学生们温和的良师益友。思维过程是理解人以及理解包括治疗者和来访者在内的人日常生活中像科学家一样行为的关键。

2. 构念是解释事件的方式。吉姆和琼的对话例证了两种不同的构念系统，每一种构念系统都由包含外显极和内隐极的上位构念和下位构念组成。构念的益性范围是构念适用的事件种类的广度，构念的核心范围指它最易适用的事件。

3. 有些构念是非通透性的，有些以共通性为特征，其他的以个体性为特征。焦虑发生于构念系统不能适应重大事件时，恐惧发生在新构念进入系统并可能处于支配地位时，威胁发生于系统面临彻底检修时。

4. 琼推荐吉姆采纳"钦佩—不钦佩"构念，试验一下，接着再试一次（重复）。凯利相信人有能力改变控制他们的东西（斯金纳），是未来取向的（班杜拉），与人本主义者在某些问题上存在一致。他不是特定疗法（荣格、罗杰斯）的倡导者，他对创造性感兴趣（斯金纳、罗杰斯）。

5. 吉姆的构念系统是按照分裂线延伸的方式来组织的。琼的系统反映了分裂线的抽炼。构念的背景指它适用的所有因素、客体或事件。一个表征指一个构念适用的一个与其名字相称的因素。

6. 儿童会做一切必需的事情以达到预期。紧张和松弛构念随他们产生的预期的变化而变化。依赖构念倾向于控制早期系统，但最终它们会对更具通透性的构念让步。然而，曲解他人预期，以至于被从重要角色中驱逐，会导致内疚。C-P-C 循环指周视（尝试），先取（构念界定替换物）和选择（在二择一中作出决定）。

7. 朋友能够理解对方的重要构念。个人构念理论有助于进一步了解丧偶老人的困境。只有认知复杂的人有区分度高的构念。复杂性随年龄的增长而增长，认知简单的男大学生用并不复杂的术语描述年长的男性，并给出较为极端的评价。在中、高唤醒条件下，认知复杂的被试更能区分非言语行为。

8. 人们在群体内使用更多的构念，并且在群体内部成员间发现了更多亚群体。认知复杂不一定都是"好的"。如果美国高级法院法官的观点是维护现状的，则其构念更为复杂。这一结果可能有很强的普遍性。在凯利受欢迎的角色构念库测验中，个体需要指明他们生活中的重要人物，并挑出在某些方面相似而与第三者不同的两个人。

9. 角色构念库测验程序在商业和工业中是有用的。它的格栅图除了对人们的心理问题进行评估外,还有许多应用。在固定角色治疗中,来访者采纳一个虚构人物的角色,该人物的构念与来访者的真实构念相反。凯利的个人构念理论成熟地应用于研究文化之间的相似性和差异性。

10. 个人构念理论的局限在于有些构念没有与它们的外显极相对的真正的对立面。莱尔支持个人构念理论的研究不足在于他使用的单词不具有代表性。凯利的许多概念尚未被研究明确证实。有些概念可能运用得不适当。有些概念是混乱的。最后,角色构念库测验被认为过于"独特"。然而凯利的新颖观点和特殊规律研究法正在流行,特别是在英国。

对比

理论家	凯利与之比较
斯金纳	都相信人能够被改变,并且都对创造性感兴趣。
罗杰斯	凯利也坚持认为个体有选择,赞同治疗家不应把自己束缚在传统方法中。都关注创造性,并认为来访者更像同伴。
马斯洛	对两人来说,"成为自己"是治疗的主要目标。
荣格	他们都根据对立面投射心理现实。
沙利文	凯利的母子关系观点与沙利文的相似。

问答性/批判性思考题

1. 根据你完成的角色构念库测验,画出你的构念系统(见图 11-1)。
2. 简要说明一位亲密朋友或情人的构念。
3. 想象你遭受了凯利所界定的"威胁"。你将如何应对?
4. 什么依赖构念描述了你童年期构念系统的特征?
5. 你能提供什么样的证据支持你是一个认知复杂的人?

电子邮件互动

通过 b-allen@wiu. edu 给作者发电子邮件,提出下面列出的一个问题或你自己设计的问题。

1. 我怎样从参加角色构念库测验中获益?
2. 告诉我认知简单的人有什么样的优势。
3. 你真的支持一次研究一个人吗?

人格研究的社会认知取向:米歇尔和罗特

- 在某个情境中,人们会在采取某种行动之前对环境状况进行估计吗?
- 你的能力和人格有关联吗?
- 我们的人格能脱离环境起作用吗?
- 是什么决定我们的结果:特质、努力还是命运、机会?

凯利的认知研究取向为这一章打下了良好的基础。这里谈到的两个理论家米歇尔和罗特,都强调我们对所处的社会情境(social situations)的认知。两人的理论关联相当密切,米歇尔是罗特的学生。人格不能脱离其赖以存在的社会情境来考虑,是这两种理论的一个基本原则。对为特质(traits)奠定基础的一个基本假设——行为具有相当大的跨越社会情境的稳定性——的怀疑由罗特首先提出,并被米歇尔发展成一个重要的问题。结果,两人都没有将"特质"这一标签运用到他们关于基本人格特征的描述中。不过,米歇尔的理论远远超过他的导师罗特,近年来他的理论激发了更多科学合理的研究,因

沃尔特·米歇尔
www. fmarion. edu/～
personality/exper/
Mischel. html

此米歇尔的理论将在本章重点阐述。然而,他们的总体取向很相似,可以归到同一理论范畴——**社会学习**(social learning),即个体通过与环境中的人和其他因素相互作用(联系)获取有用的信息(Phares,1976)。

米歇尔:对特质的挑战

271

沃尔特·米歇尔(Walter Mischel)在将来某一天可能会被认为是现代人格理论的创始人。米歇尔从两个重要方面拓展了其导师罗特的社会学习观点。首先,他在质疑特质(traits)——决定了行为在跨越诸多社会情境时具有稳定性——这一永恒不变的内部实体方面远远超过罗特(Mischel & Shoda,

1994；Mischel，Shoda & Mendoza-Denton，2002）。以他 1968 年那本非常有名的著作＊为开端，米歇尔掀起了一场革命，致使心理学家们重新思考他们有关特质的假设。尽管针对特质的基本假设的"轰击"已经平息，但其中某些假设仍在废墟中"蓄势待发"。特质心理学将永远不会同一。

其次，米歇尔用认知和情感过程取代特质作为行为的主要决定因素（Mischel & Shoda，1998；Shoda，Tierman & Mischel，2002）。在这样做的过程中，他开始了对人格进行创造性思考，同时全面展示了新的研究前景。米歇尔的研究生动地证明，人格的界定可以不借用传统意义上的"特质"。

社会学习理论特别关注人是怎样从他人那里进行学习的。该理论涉及人格，并在其中的某些理论形态上等同于**相互作用观**（interaction point of view），相互作用观强调内部实体（internal entities）或个人因素与社会情境（social situations）之间的相互影响，而不是彼此隔离的一方（Ayduk，Mischel & Downey，2002；Mischel & Shoda，1995，1998；Shoda & Mischel，1993）。对米歇尔来说，特定的个人认知或情感因素与情境相互作用而产生行为，米歇尔的观点又被称作**社会认知学习理论**（social-cognitive learning theory）。该理论强调，重要的因素是认知和情感过程而不是特质。需要特别说明的是，米歇尔所说的**个体因素**（personal factors）是源于个体过去史的对先前经验的记忆，它决定个体现在利用什么手段产生行为。米歇尔的理论从相互作用层面预测，过去在某个特定情境中经历的奖赏和批评以及在那个情境中发展起来的技能、策略与情感将会决定现在的行为。

米歇尔其人

与阿德勒、弗洛伊德一样，米歇尔也是奥地利人（*American Psychologist*，1983）。他 1930年 2 月 22 日出生在维也纳，其住所距离弗洛伊德的故居很近，并且 1996 年他曾对弗洛伊德的故居进行过"一次颇有敬意的访问"（私人交流，1997 年 8 月）。而且，与阿德勒、弗洛伊德一样，米歇尔和家人也在 1938 年纳粹占领奥地利时逃离维也纳。两年的难民生活之后，米歇尔一家定居布鲁克林，那也是马斯洛和罗特的童年居住地。米歇尔在那里读完了中小学，并获得了学院奖学金。不幸的是，父亲的病情迫使米歇尔放弃高等教育而去打工。后来，米歇尔先后做过采购员、电梯操作员和服装厂的助理，其间，年轻的他还在纽约大学修学，在那里他养成了对绘画、雕塑和心理学的兴趣。他的艺术激情部分是由格林威治村＊＊的生活点燃的，斯金纳年轻时也曾在那里生活过一段时间。

正如凯利对白鼠实验室进行的刺激—反应（S—R）的心理学研究感到厌烦一样，米歇尔也

＊ 指 1968 年出版的《人格及其评定》（*Personality and Assessment*）一书，该书确定了他在心理学界的地位。——译者注
＊＊ 美国纽约曼哈顿，是艺术家、作家等的聚居地。——译者注

是如此。他更喜欢阅读弗洛伊德和存在主义者的著作以及诗歌。1951年,米歇尔将专业选择转向临床心理学,并进入纽约市立学院的文科硕士班学习。在那里,他师从具有格式塔倾向的戈尔德斯坦——马斯洛的导师之一。在这期间,米歇尔作为一名社会工作者,曾帮助过贫穷的孩子和老人。正是这些真实的生活经历使他对弗洛伊德的观点和投射测验作为了解人的途径的有效性感到失望。因此,他决心学习一门更具研究倾向的临床课程,这促使他在罗特和凯利时代到俄亥俄州攻读博士学位。从1953年到1956年,米歇尔汲取了罗特和凯利的智慧。尽管米歇尔可能被认为是罗特的学生,但他在很大程度上也深受凯利思想的影响(Mischel & Shoda, 1995;Shoda & Mischel, 1993)。凯利的认知"构念"及其研究被试和临床患者是"科学家"的观点对米歇尔产生了很重要的影响。

　　带着深厚的认知基础,米歇尔1956—1958年在特立尼达岛的一个村庄对推行精神占有的宗教邪教组织进行研究。他评定了邪教组织成员在精神占有和正常状态两种情况下的幻想、认知和行为。这项工作让他产生了对"选择偏好,更有价值的延迟结果对价值较低的即时结果"的研究兴趣(*American Psychologist*, 1983, p. 10)。这些经历促使他研究延迟满足,并决定研究自然环境而非实验室环境中的人。

　　米歇尔在科罗拉多大学工作两年后,成为哈佛大学的一名助理教授,在那里他尤其受到奥尔波特和默里的影响。1962年他调往斯坦福大学,并在1977—1978年、1982年两度担任系主任。现在他在纽约市的哥伦比亚大学工作,担任罗伯特·约翰斯顿·尼文心理学人文讲座教授(Robert Johnston Niven Professor of Humane Letters in Psychology)(私人交流,1997年8月)。1991年,米歇尔入选美国艺术与科学研究院。1997年6月,他被母校俄亥俄州立大学授予科学荣誉博士学位。最后,米歇尔被美国最受尊重的科学组织——国家科学院——吸收为会员(2004年6月)。现在,米歇尔正致力于一项旨在加强纽约市高危青少年自我控制的课题,"比以前更热衷于绘画"并且"尽情地享受纽约生活"。

米歇尔关于人的观点

　　20世纪60年代,米歇尔研究了用以鉴别具有成功潜力的和平队志愿者的方法,这项工作直接导致他最重要观点的产生,即"在合适的条件下,人们或许有能力预测他们自己的行为以及最有效的[技术]手段"(*American Psychologist*, 1983, p. 10;又见 Shrauger, Ram, Greninger & Mariano, 1996)。也就是说,米歇尔开始相信人们能够比心理学家利用他们最好的人格评定技术来更好地认识他们自己(Mischel, 1973)。米歇尔的观点几乎称得上是现象学的,"如果你想了解人们,就去问他们自己"。在我和波特凯进行有关人们的自我描述的调查时,这一点对我们影响很深(Allen & Potkay, 1983a;Potkay & Allen, 1988)。最近的一项研究表明,与熟悉目标者的他人对目标者的判断相比,目标者能更准确地判断他们自己的情绪和外倾水平(Spain, Eaton & Funder, 2000)。

米歇尔在其经典著作《人格及其评定》(*Personality and Assessment*,1968)一书中甚至更明确地陈述了这一观点,在这本书中,他对作为"特质"概念基础的基本假设——跨情境的一致性——提出了质疑。他宣称,客观观察表明人们倾向于把一个情境和下一个情境相区分,以使自己的行为随着情境的改变而改变。这种跨情境的不一致性预示着特质测量不能很好地预测相应行为。的确,米歇尔研究表明,不同情境中的行为测量结果和特质测量结果的相关系数在 0.30 左右徘徊,因此只能解释大约 9% 的行为变化。当特质测验者试图改进他们的测量时,米歇尔认为他们不得要领"……当时进行的很多人格评定把个体刻板地归为某些类别,这些类别严重简化了他们的复杂性,并且限制了个案的预测值"(*American Psychologist*,1983,p.10)。即使现在,特质评定者在试图测量人格时仍然不得要领(Cervone, Shadel & Jencius, 2001)。

这些公开结果让米歇尔陷入两难境地:人们感知到他们自己和他人的行为具有跨情境的一致性,但是科学观察却很少能证实这些感知。米歇尔及其同事提供了一种方法来解释感知上的一致性和实际上的一致性之间的差异。他们表明,某种原型行为(prototypical behavior)——该行为例证了一种行为类型,如"言语侵犯"——的确具有时间稳定性(temporal stability);只要持续接受情境刺激,相同的行为在同样的情境中就会出现。然而,这种时间稳定性常被误认为跨情境一致性。例如,一个言语侵犯原型是反对他人、同他人争吵、反驳他人和"贬低"他人。一个学生或许会把他同学的这种原型行为的表现视为稳定的,因为这个同学可能会在相同情境(课堂)中、多数时间(在大多数课堂上)内表现这种行为。这个学生在时间上稳定的侵犯行为或许会被误认为跨情境的一致性,因为观察者没有辨明侵犯行为实际上是在不同的时间里在相同的情境中重复出现的,而没有跨越不同的情境。

你可能想知道,当人们误把时间上的一致性看作跨情境一致性时,我们将怎样从他们那里得到有关他们自己行为的准确报告。事实上,除非我们问人们正确的问题,否则我们是不应该期待准确性的。如果一个人问另一个人"你是始终如一的吗"或者"你的朋友是始终如一的吗"。他们会说"是的,当然"。在我们的社会中,我们赞赏始终如一,这通常表明是"可靠的"(Cialdini, 1985)。然而,除了这样或那样的引导性问题,你还可以让人们描述一下他们在社会环境中的行为表现。事实上,就是让他们描述一下在一个特定情境中他们是怎样表现自己的。例如,"如果(If)你参加一个学生宿舍会议,那么(then)你会发表攻击言论吗?"对这类问题,人们表示他们会随着情境变化而变化(Allen & Potkay, 1983a; Potkay & Allen, 1988)。相似的是,如果我们问一个人其他人"怎样",回答可能是某个概括性的特质标签(Shoda & Mischel, 1993, p.579)。但是,相反,如果我们让那个人去理解、同情或回忆另一个人的某些事情,答案将会更加丰富,并且包含很多情境信息。视窗 12-1 探究了某些人格定型。

米歇尔没有对人格重新下定义,而是提出**认知情感人格系统**(Cognitive Affective Personality System,CAPS),它"以……有效的认知和情感单元为特征",以至于"当个体经历某种情境特征的组合时,一个……认知和情感单元就会被激活"(Mischel & Shoda, 1995, p.254)。一个情境,按照它独有的特征,激活与它的特征相应的认知或情感单元,然后这些单元决定行为

(Mischel & Shoda，2000)。这个过程始于对某个情境特征的觉察。一个**情境特征**(feature of situation)是整个情境的一部分，例如其中的一个物理特征，或者更重要的是，一个当情境展现时与在场人有关的因素。特征觉察器刺激影响行为单元强度的认知情感加工单元，而行为单元决定了行为的结果。实际上，情境为产生行为的认知情感人格系统"加工厂"提供原料。例如，玛丽(Marie)看到一个危险的人，一个欺凌弱小者，她认为他可能会欺负她，心中就会害怕。这个过程会诱发试图躲避的行为倾向。玛丽跑到附近一个厕所里，并关上门。

视窗 12-1　特质标签即人格定型

　　你曾经对其他人给你贴特质标签感到累赘吗？一个群体的定型(stereotype)(给整个群体贴的特质标签，也译为刻板印象)——例如，"懒散"——意味着大多数群体成员会表现出与这一标签相应的行为：他们行为"懒散"。类似地，如果你被贴上"不负责任"的标签，这就意味着无论在何种情境下，你都不值得信赖。你或许会怨恨这个标签，因为：(1)你认为过分负责任的人是墨守成规的；(2)尽管你不总是"负责任"，但在某些情境下你认为自己值得信赖是很重要的。因此，或许勉强可以说我们可能会发起一场革命。当有人给我们贴某种标签时，如"友好"(不论在何种情境下都要保持友好，这是一种累赘)、"滑稽"(要是期望一个人在每次聚会时都给别人提供戏剧性的放松，那是过于奢望了)或"易怒"(说某个人"总是易怒"是不公平的；只有特别令人讨厌的人在身边时一个人才可能易怒)，让我们学会反抗。更进一步地说，认识到他人给自己贴个人标签是不公平的，是一种不利条件，或许能够帮助你同情那些被定型为诸如"凶暴"的群体成员，这一标签意味着人们预期他们中的大多数人都会采取暴力行为。正如当你被定型为"不负责任"时，别人会以笼统的、单维的、不公平的方式看你一样，某些种族或民族的成员当被定型为"凶暴"时也会被别人以同样的方式看待。该群体的少数成员在少数情境下可能是凶暴的，但对于一个大的群体来说，它的大多数成员在大多数情境中将不是凶暴的。

　　自问世以来，认知情感人格系统随着支持它的资料的不断积累，已变得成熟起来(Mischel，Shoda & Mendoza-Denton，2002；Zayas，Shoda & Ayduk，2002)。在其中一个(共两个)计算机模拟中，"一个假设人格是[由一个]……网络模拟的，该网络包括 5 种觉察情境特征的输入单元、10 种认知情感单元和 5 种行为输出单元"(Shoda，Leetierman & Mischel，2002，p.319)。40 种这样的"人格"中每一种都涉及 100 个"情境"。在一个"人格"示例中，100 种情境的重复循环并没有导致 100 种输出状态，而是出现了 4 组稳定的目标状态。每种稳定的目标状态，被称作一个**吸引子**(attractor)，代表一种"心理状态"，例如一组信仰或一组情感状态(如安全和愤慨状态)。每 40 种人格，平均能抽取 2.18 个吸引子。因此，相对较少的几个稳定的认知情感目标状态能被许多情境激活。反过来，这几个目标状态产生行为输出，此行为是由对许多情境的反应引发的。换种说法，为了对许多不同情境作出反应，认知情感人格系统进入不同的吸引子状态，其用的方式正如少量这样的状态适应许多不同的情境一样。因此，人格的一致性不是来自跨越许多不同情境的行为一致性,而是源于因多次接触许多情境而在"心灵"中积聚起来的稳定的认知情感状态。通过辅助的计算机模拟,舒达及其同事进一步研究表明,由一种"人格"产生的行为代表了另一种"人格"面临的情境。通过这种方式,两种人格进入吸引子状态,使得每一种人格对另一种人格产生的行为作出适当的反应。

基本概念:米歇尔

能力。在由特定情境激活的诸多认知功能中,首要的是使个体在那些情境中的有效操作得以进行的能力。能力(competency)包括审视情境以便个体能够理解如何在该情境中有效操作的认知能力和导致在该情境中取得成功的行为操作能力。它涉及在一个情境中"知道做什么"并能够做到。有些人或许不知道"闲聊"的能力对在宴会上取得成功是很有必要的。其他一些人或许知道闲聊的重要性,但是做不到。还有一些人既知道闲聊的重要性,又能做得恰到好处。只有最后这一部分人在宴会上才有有走向成功的能力。当然,人们拥有能力的多少是有差异的。有些人拥有一个"装满计谋的大口袋",他们可以在多种情境中使用这些计谋。遗憾的是,其他人拥有较少的能力,只能在相对较少的情境中有效运用它们。舒达、米歇尔和赖特(Shoda,Mischel & Wright,1993)的研究表明,不同的情境需要人们运用不同能力来发挥作用。而且,具有多种能力的人可以跨情境有效地改变自身行为,以满足变化的情境对能力的需要。

描述事件(characterizing events)。"估计"某个情境是一个比从表面上看起来更复杂、更费力的过程,因为每一种情境往往都是复杂的:由许多特征组成。特征产生事件(event),事件由情境中的特征引发。例如,"闷热"就是由一个通风条件很差的大学教室这一情境特征引发的事件。更有说服力的事件就是处于某种情境中的人所表现出来的行为。

描述与某个情境相关联的事件就是要把这些事件归入有意义的类别。这是评估一个情境最初的、关键的一步。一个人可能会描述与整个情境或整个情境的个别特征相关联的事件。例如,一个学生可能会把和大学班级情境有关的言语事件归于"沉默是金"的类别,表明坦率地表达观点是不合适的。另一个学生或许会认为,大学课堂是自由表达与所谈话题相关的观点的场所。很明显,这两个人在班里就会表现迥异。哪一个人最成功,要取决于谁能够更准确地"解读"这个情境中的支配性特征——教授,他更喜欢"沉默是金"还是"自由发表言论"?

除了这种总体的描述,或者取而代之,个体或许会把与某个情境相关联的特定事件划分成几个独立的类别。这些特定事件经常是情境中重要人物的行为。例如,一个学生或许把快速而又充满激情的专业演讲看作是试图"传授重要的信息",材料测试就是由这些内容组成的。这种描述可能会导致个体疯狂地记录。同一学生或许会把随着"要点"的陈述而出现的戏剧性暂停理解为一个信号——到了提问题来表达对教授讲座浓厚兴趣的时间了。舒达和米歇尔

(Shoda & Mischel，1993)举了一个类似的例子表明，具有不同目标的个体对情境进行不同的分类，以至于相同的情境能唤起个体不同的行为：一个人把一个流浪者的接近看作是通过给他一些钱来促进自己的公正目标实现的机会，而另一个没有这种目标的人却把流浪者的这种接近看作是一种激怒。

应该特别注意从某一特定个体的角度来观察，他人的行为并不是情境中惟一重要的行为事件(Mischel，1973；Mischel et al.，2002)。一个试图估计情境的特定个体也是情境的一个特征。那个人自己的行为是与情境关联的重要事件。一个人能拥有的最宝贵的认知能力之一就是认识到，他/她能操纵某些行为改变一个情境，让它成为他/她能够在其中更有效活动的情境(Mischel & Shoda，1995)。人们并不仅是消极地对情境作出反应，他们还能积极地塑造它们(Shoda & Mischel，2000；Zayas，Shoda & Ayduk，2002)。例如，假定一个爱猜想的人苏(Sue)参加一个商务会议，与会人员突然大声谈论。在这种环境中，她不能"做自己的事情"，平静地、准确地、有逻辑性地思考实际问题。因为较善于言辞，苏感觉有必要改变情境，使其更好地展现她的能力。因此，她走到前排，挥舞着手，引起主持官员的注意，提出一个"信息点"。这个举止让主持官在桌子上连续敲击木槌直到屋子里安静下来，达到苏想要的状态。这样，苏就把目前的情境转变成长期以来能让她有效活动的情境了。

预期。在特定刺激出现以及某些行为被实施时，个体在一个情境中丰富的过去经验有可能会帮助他较好地预期什么会发生。对米歇尔来说，一个**刺激**(stimulus)是与一个情境相关联的、定义明确的特征或事件，是物理的或行为的(Mischel & Shoda，1995)。任何从事律师职业多年的人，将很可能相信特定刺激会导致在法庭出现可预测的结果。当一个身着黑色长袍的人从隔壁房间出来，走到法官席后面的时候，律师们预期所有的人都将站起来。对米歇尔来说，**预期**(expectancy)是一种基于为将来结果提供预测的过去经验的信念(Mischel & Shoda，1995)。在我们关于法庭的例子中，刺激可能是情境的一个特征——法官——或者一种行为——执行官说"全部起立"。在任一情况下，刺激都会引起对特定结果——通常是行为——的预期。人们有关于自己或者他人在一个情境中以特定方式行为将会产生什么结果的信念。也就是说，人们对特定行为表现会有什么结果有所预期。知晓了法庭的规章制度，律师就能很容易地预测如果他们彼此大喊不停、打断审理的进程，将会发生什么。总的来说，了解一个情境在某种程度上就是要了解在这个情境中一个特定行为表现将会产生什么结果，也是要了解在特定刺激出现的时候将会发生什么。

结果价值。在审视一个情境以保证能实施成功的行为时，只知道需要做什么并且能够做得到是不够的。如果一个人不能准确描述情境，了解它的特征和事件，那么他将不知道什么时候去做有助于成功的事。更进一步讲，当特定刺激在情境中出现和特定行为在情境中被实施的时候，一个人还必须知道他该预期什么。除此之外，在一个情境中的成功可能还依赖于**结果价值**(values of outcomes)，即一个人对行为或刺激在不断发展的情境中发生时产生结果的注重程度。事实上，**成功**(success)本身就可以被定义为有效地操纵行为，以便产生被操纵者重视的结果。达到某个目标(goal)通常就是一种有价值的结果。

　　心理治疗能提供有价值的结果。熟悉某种特定心理治疗方式的人会知道,对自身能作出较为准确判别的来访者会得到一个明确的结果,即治疗者的称赞(Mischel,1973)。在那些人中,有一些人在作为来访者行事的时候,将会非常注重由良好的自我参照产生的赞扬。然而,其他来访者将会对赞许不予重视,或者重视的程度较低。可以肯定的是,有效的自我参照发生率对两组知识渊博的来访者而言将是大不相同的。一个结果的价值——不管是行为的结果还是某些刺激的结果——是"审视"情境的非常重要的一部分。了解了一个情境特有的结果,个体就会采取一些策略来产生某些将会增加有价值结果出现可能性的行为。

　　自我调节计划。审视情境的最后一方面是某人自己的**自我调节计划**(self-regulatory plans),即在行为操作的机遇到来之前确立的原则,它们可作为向导来决定在特定的情境下什么样的行为是合适的。自我调节计划包括适合某一情境的多个原则,例如在一个舞会上(Mischel & Shoda,1995)。人们意识到情境在此刻和彼时不总是相同的。即便是在单一场合,一个特定情境也是趋于变化的。在整个舞会期间,所有的人自始至终保持同样的行为,你参加过这样的舞会吗? 或许没有。打个比方来说,舞会总是始于"人们彼此试探",直到人们彼此认识或者重新认识,因此彼此相处融洽。接着,狂欢者们放松起来,有趣的内容真正开始。尽管人们对参加舞会或许有大致的计划,例如怎样穿着打扮,是去接近别人还是等待别人接近自己,等等,但他们还必须有在舞会的不同阶段要做什么的计划。例如,如果有人要喝太多酒该怎么办,当"事情进展有些缓慢"时该怎么办。人们通常会事先以计划的形式给出这些或其他问题的答案。

支持证据

　　延迟满足。对不同个体来说,自我调节计划往往是不同的,因为每个个体都有关于情境的独特历史经验。此外,计划是易变的。它们或许因为经验而永久改变,或许因为情境要求而暂时变化(Mischel & Shoda,1995)。米歇尔及其同事的许多研究已发展到确定孩子们是怎样完成**延迟满足**(delaying of gratification)的自我调节任务的,延迟满足即延迟某些快乐,以便能享受到最高程度的快乐或者最佳形式的快乐。在对他们的研究进行回顾后,米歇尔、舒达和罗德里格斯(Mischel,Shoda & Rodriguez,1989)报告说,个体在这种自我控制方面的持久差异早在学前期就表现出来了。

　　舒达、米歇尔和匹克(Shoda,Mischel & Peak,1990)描述了他们几项研究的步骤,用以证明学龄前儿童的延迟满足能力和青少年期的能力呈正相关。他们的基本研究方法已有很长的历史(Miller,Riessman & Seagull,1968)。在这些研究中,一个实验者首先让孩子们从几个物品中选择他们最想要的一种物品(例如,蜜饯或脆饼干)。然后,让他们进入一个没有干扰的房间,并问他们想要的东西的数量(例如,一个或两个蜜饯)。接下来,实验者宣布她必须离开房间,并且告诉孩子们,"如果你们能等到我回来……那么你们将得到这个〔指着两个蜜饯〕。如果你们不想等,也可以随时摇铃让我回来。但是如果你摇了铃,你将得不到这个〔指着两个蜜饯〕，但可以得到那个〔指着一个蜜饯〕"（p. 980）。

　　孩子们会用几种不同的策略来完成延迟满足：(1)掩盖住喜好物（例如，蜜饯）或者让它们在那儿显露着；(2)抽象或具体地想象喜好物（蜜饯是"圆形的"而不是"美味的"）；(3)思考任务或喜好物带来的快乐（"我要等着蜜饯"或者"蜜饯非常好吃"；p. 360）。总之，舒达、米歇尔和匹克（Shoda，Mischel & Peak，1990）发现学龄前延迟满足的时间与青少年时的认知/学业能力以及应对压力/挫折的能力呈正相关。他们还发现，学龄前采用的特定应对策略（例如，掩盖自己更喜欢的物品，如蜜饯）与青少年期的某些人格因素相关，如儿童因小挫折而偏离正轨、屈服于诱惑、易于分心、自制以及处理重要问题的程度。

　　艾杜克、门多萨-登顿、米歇尔、唐尼、匹克和罗德里格斯（Ayduk，Mendoza-Denton，Mischel，Downey，Peake & Rodriguez，2000）继续了1968—1974年间所做的研究，以探讨拒绝敏感（rejection sensitive，RS）者的冲动控制（impulse control）和延迟满足之间的关系。拒绝敏感的人往往是"热反应者"。他们"勃然大怒"，猛击和报复那些被指责拒绝他们的人。在托儿所能够延迟满足并且在长大后是高拒绝敏感的人，能够抑制那些因感到被拒绝（如攻击）而产生的反社会反应和有损健康的反应（如滥用药物）。延迟满足能缓冲高拒绝敏感者的人际困难和个人问题。

　　但如果正考虑拒绝经历的人在产生"冷"反应而非"热"反应的条件下也能这么做，那么将会有什么样的情况发生呢？艾杜克、米歇尔和唐尼（Ayduk，Mischel & Downey，2002）设计了这样一些条件，让被试在"热"指导语（"从情感和情绪方面来思考你的经历。你的心跳怎样？"p. 445）或者"冷"指导语（"从事件中的物体及其空间关系方面来思考事件。相对于你周围的人和物你处于什么位置？"p. 445）的条件下回想过去遭受拒绝的经历。接下来，被试完成一个"词汇判断任务"：如果看到一个真词（如攻击）就在电脑屏幕上按"词"键，如果看到一个假词（如akmow）就按"非词"键。人们认为，那些被试反应快的"词"要比那些反应慢的词更易提取（更容易想起来）。结果表明，接受"热"指导语的被试比接受"冷"指导语的被试更容易提取敌意词。以"愤怒"和"恨"等词的形式表现出的敌对反应在"热"的条件下比在"冷"的条件下更容易想到。

　　人是相互作用者，不是特质理论家。多年前，我和史密斯（Allen & Smith，1980）研究表明，在被问及"恰当"的问题时，一般人会显示出他们是相互作用者，而不是特质理论家，这和许多心理学家普遍认同的观点正好相反。在相关研究中，通常要求人们"观察"某人的行为，然后指出这个人的行为是由他/她的"特质"引起的，还是由他/她所处的情境引起的。相反，如果要求人们从几种行为解释的定义（包括特质定义、情境定义、交互作用定义）中选择看似最合理的一种，人们会选择相互作用。米歇尔及其同事指出，对行为发生的情境进行详细说明或者限定对行为的特质解释，能提高人们对行为的预测，这对起初的研究又作了进一步深入。舒达、米歇尔和赖特（Shoda，Mischel & Wright，1989）调查了成年人对儿童攻击行为的印象。当情境得到详细说明（"当被激惹时，儿童会攻击"）而非界定不清（"儿童会攻击"）时，印象（例如，"是个古怪孩子"）能更准确地预测儿童在整体的实际攻击性上的差异。赖特和米歇尔（Wright &

Mischel，1988)的另一项研究更进一步地审视了儿童和成人用以解释行为的"特质"陈述。这种更仔细的观察揭示了限定词[目标者有时是有攻击性的]和条件陈述句(当目标者被他人取笑时，会有攻击性)的应用。这些结果表明，一般人认可行为不总是跨情境一致的(有时候)，并且行为表现通常依赖于特定情境的存在(当……时候)。

最近，米歇尔及其同事已开始用"如果……那么……"从句来描述特定个体独有的行为—情境关系(Mischel & Shoda，1995，1998；Mischel et al.，2002；Shoda & Mischel，1993)。例如，如果一个叫科万特(Kwanda)的老师面对着一个有攻击性的孩子，那么她会采取安抚措施。但是，另一个叫马蒂(Marty)的老师将会作出攻击性回应。此外，与马蒂和科万特交往并了解他们的人，能够理解他们每个人特有的"如果……那么……"关系(Shoda & Mischel，1993；Zayas et al.，2002)。这些人有时或许会说"马蒂非常具有攻击性"之类的话，但是开始时，他们通常会使用一些限定性或可能性的陈述来进行广泛的、类似特质的归因，如"马蒂只在有人对他不敬时，才会具有攻击性"或者"如果有人对马蒂不敬，那么他就会表现出攻击性"。

关于个体差异、特质理论以及"如果……那么……"关系。对特质理论家来说，如果对两个人的跨情境行为表现进行平均，结果他们的易怒分数相同，那么这两个人都会被贴上"易激怒"的标签。当两个人在"易激怒"上表现不一致时，即他们的易激怒行为在不同情境中不断变化，那么对他们的特质定位就遇到了麻烦。实际上，即使他们总体或平均的易激怒水平相似，我们也不能认为他们是易激怒水平相同的人，不应该期望他们在易激怒上具有一致性。米歇尔和舒达(Mischel & Shoda，1998；Mischel et al.，2002)指出，甲乙两人可能都是"易激怒的"，但是两个人会在不同的情境中显示易激怒性。例如，情境 A 是一个人际互动较少的情境(例如，一个商务会议)，情境 B 是一个人际互动较频繁的情境(宴会)。如果甲在被忽略时变得易激怒，那么他将会在情境 A 而非 B 中易激怒。如果乙是在他人试图与他交往时易激怒(他更喜欢独处)，那么他将只会在情境 B 中易激怒。

就像在"如果……那么……"关系上存在个体差异一样，在重要的、广泛的倾向上也存在着个体差异(Mischel & Shoda，1998；Mischel et al.，2002)。个体在**辨别敏捷性**(discriminative facility)上存在差异，它指的是对情境中影响行为的微妙线索的敏感性，相当于一种社会智能。那些对情境中影响行为的线索敏感的人，在社交方面将是聪明的：他们在情境中的行为通常能获得他人的赞许和支持。那些在敏感性上欠缺的人将不会成功。对线索敏感的人比较擅长"如果……那么……"关系。因此，只要特质定位——强调一般的或总体的倾向——考虑到"如果……那么……"关系，就能有效地把个体划入不同的倾向类别。"拒绝敏感性"是一般倾向的另外一个例子，只要考虑到"如果……那么……"关系，这种倾向就会发挥作用。不同的人在总体上拒绝敏感性可能差不多，但是在一系列不同的情境中某个人可能要比其他人更具有拒绝敏感性。视窗 12-2 比较了米歇尔和特质理论家们的观点。

视窗 12-2　特质理论和社会认知理论的比较

　　塞尔沃纳、沙德尔和延奇斯(Cervone, Shadel & Jencius, 2001)以及塞尔沃纳和舒达(Cervone & Shoda, 1999)对社会认知理论和大五(Big Five)理论进行了比较,大五理论是现在主要的一种特质理论(e. g. , Goldberg, 1993)。大五理论的支持者认为,可以把人格划分为责任心、宜人性、神经质(情绪稳定性)、经验开放性和外倾性(CANOE)五个维度。这种观点的一个主要问题(社会认知理论不具有)就是用循环的方式定义特质:特质是用来"解释"外部行为的,而行为被用来证实内部特质的存在。一种依赖于它所"解释"对象的"解释",仅仅是一种描述,而不是真正的解释。因此,大五理论和其他特质观点只是描述性的,而不是解释性的。

　　相反,社会认知理论涉及的是动态的认知和情感过程,它们同时对情境刺激作出反应,以便产生与特定情境相关的行为。因此,社会认知理论参照连续的过程解释行为,这些过程始于对情境特征的觉察,然后扩展到认知情感加工单元,再到行为单元,最后产生行为。例如,杰尔曼(Germane)发现了一个乐于助人的人,被称为老师的助手,并知道她会帮助自己写作,这让杰尔曼有一种温暖的感觉。这个过程触发了杰尔曼想接近她的行为倾向,他的确就这么做了。

　　从大五理论的观点来看,特质是一个人试图"解释"行为时需要考虑的全部。特质被未知的力量激活,然后"引发"行为。外倾的人"不管做什么"都表现得外倾。相反,社会认知理论认识到产生行为的情境的重要性。然而,并不是整个情境通过认知情感人格系统影响行为,而是情境的特定特征产生影响。而且,与大五理论不同,社会认知理论假定个体的能力、信念、策略、计划(如自我调节)和目标(包括满意值)都对行为的产生有影响。社会认知理论的确承认存在外倾行为倾向,但一个人的信念可能会支配她在宴会上与刚结识的男性朋友交谈甚欢,而对接近她的上司却比较害羞。她认为"不论做什么"都表现得外倾是不合适的。此外,与大五理论不同,社会认知理论认识到,像"责任心"这样的术语不仅对不同的个体意义不同,而且对处在不同情境中的同一个体的意义也是不同的(Cervone, 2004; Shoda et al. 2002)。每个个体对责任心的内涵都有他自己的理解,并且认为不同的情境下责任心的含义会有所不同。

　　社会认知理论比大五理论更具"个别性"(Mischel et al. , 2002)。社会认知理论关注每一个体跨越情境和时间的进展,认为他们会展现独特的行为模式,并因此在不同的情境中表现不同的行为。相反,大五理论认为,每个人在其中一个大五维度上都有一个相对稳定的位置,以便他(或她)在不同的情境中将会表现非常相同的行为。大五理论的倡导者考虑到整个人群,每个人在其中一个维度上都有自己的位置。相比较而言,社会认知理论倾向于独立地,动态地研究每一个体,从来不会假定他(或她)处在任一维度的静态位置上。总之,社会认知理论承认每个人的复杂性,考虑到了他／她的生活环境,而大五理论认为所有人都是相当简单的。

米歇尔总结：跨情境行为模式的一致性

米歇尔及其同事公布了他们在一个夏令营中对 84 个孩子的研究,并用图表显示了米歇尔的观点(Shoda, Mischel & Wright,1993)。对这些孩子在言语攻击(被取笑、被激惹或被威胁)以及身体攻击、顺从行为、亲社会行为方面的行为表现进行记录和评分。这些记录在不同的模拟(nominal)情境中进行,例如木材加工厂和小型会议,在那里孩子们面对五种不同的人际(interpersonal)情境:当一个同伴积极接近时;当一个同伴被取笑、挑衅或威胁时;当被成年人表扬时;当被成年人警告时;当被成年人惩罚时。此项研究的目标是指出跨越这五种人际情境的行为变化。

282　　　　图 12-1 很好地说明了研究结果。就像你看到的一样,编号 17 的孩子在言语攻击上表现出较低的跨情境一致性:对于"同伴接近",孩子的行为低于标准水平(零线),对于"成年人惩罚",却显著高于标准水平。然而,仔细看一下,这里有两条线:实线表示在时间 1 时对人际情境的行为反应,而虚线表示在时间 2 时言语攻击行为的轮廓图。虽然跨情境一致性在这两个时间上都表现得较低,但跨情境的行为轮廓(behavioral profiles)在时间 1 和时间 2 呈现出高度一致;在又一次面临一系列的情境时,孩子们表现出与他(或她)第一次面对这些情境时非常相似的跨情境行为模式。虽然被试作为一个群体表现出较低的跨情境行为一致性,但他们作为一个群体往往在两个不同时间里表现出很相似的行为模式(实线和虚线非常相像)。这种结果很好地说明了米歇尔的理论。尽管人们没有表现出跨情境的一致性,但每个人都重复表现出不同于他人的独特的跨情境行为模式或轮廓。这些现实结果以全新的、更有意义的术语界定了相互作用论:每个人在其特定的个人认知/情感加工单元和一系列情境之间都会表现出一种时间上一致的独特关系。

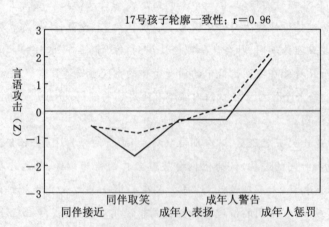

图 12-1　一个孩子在时间 1 和时间 2 的行为—情境轮廓

夏令营研究未解决的一个有趣问题是,人们如何理解他人因情境而变化的行为。普拉克斯、谢弗和舒达(Plaks, Shafer & Shoda,2003)主张,观察者通过了解另一个人的目标可以看
283 到她跨情境变化的行为的一致性。为了证明他们的观点,普拉克斯及其同事设计了一个叫乔

安娜(Joanne)A 的人,她的目标是取得"好分数"。实验者安排她在能取得"好分数"的情境中表现责任心。为了实现这个目标,她从一个教学助手那里寻求帮助,并在课堂上问很多问题。另一方面,她浪费钱,并且她的锻炼计划杂乱无章。其系统的、跨情境变化的责任心行为反映了她的目标。接着,把她的行为模式和乔安娜 B 进行比较,乔安娜 B 有关责任心的跨情境行为是随机的。乔安娜 C 和乔安娜 D 是不变的:无论身处什么情境,都适当地或过度地表现自己的责任心。后三个乔安娜的目标是不好判别的。面对这四个乔安娜不同的行为变化,观察者被试评定乔安娜 A 的行为比其他三个乔安娜的更具有显著的一致性。因为她的行为模式表明了她的目标,所以观察者能够理解她有助于目标实现的变化行为。

观察者被试接触了互助会成员与心理学入门班成员的跨情境变化的行为,也得出了相似的结果。因为这个心理学入门班可能被视为一个随机组合的群体,所以观察者被试认为,可判定的"良好体能"目标只能归于互助会一组。结果,心理学入门班的成员在下列几种条件下的一致性排名并没有什么差异:一个条件是跨情境变化是系统的,一个条件是跨情境不发生变化,一个条件是随机变化。相反,观察者被试发现,互助会那一组在跨情境系统变化条件下的行为比在其他两种条件下的行为更一致。如果一个组被认为有一个目标,并且这个目标是可判别的,那么这个组变化的行为就有可能被看作是一致的。

评价

米歇尔的贡献

米歇尔在人格心理学领域发动了一场智力革命。他用自己的宣言开启了人们的思维:特质概念及其背后的行为稳定性假设对于理解和预测行为作用有限。先前只接受"特质"概念的人格理论家们,不得不挖掘潜伏在这一概念后面的假设并支持它们。结果,在应用特质时要更深入思考、更加谨慎。特质理论家们明确了其定义,改善了其研究方法。

此外,早期罗特没有重视的、直观上合理的观点"相互作用论",突然变成了"可供选择的观点"。面对不可否认的证据——行为跨越情境时会发生相当大的改变,而不是保持稳定——大多数特质理论家认为权宜之计是称自己为"相互作用论者"。遗憾的是,许多特质理论家仍然继续认为行为是跨越情境严格不变的。最终结果是,他们口头承认这一观察结果,即特定行为多发生在特定情境中,而非所有情境中,从特定个体身上表现出来。真正的变化往往紧随"口惠"(lip service)而来,这一事实实际上确保了相互作用论将来会流行。因此,人格心理学家的观点与其研究对象的观点将会更加一致(Allen & Smith, 1980)。米歇尔团队最近对"如果……那么……"原则的证明,大大加速了这一必要变化的发生。

此外,米歇尔关于延迟满足的研究有许多重要的意义(Mischel et al., 1989;Ayduk et al., 2002;Ayduk et al., 2002)。早期的延迟满足能力和后来的学业成就、情绪稳定性、冲动控制有稳固的联系。由此得出结论,心理学家应该开发那些在增强延迟满足能力方面有用的技术,并把它们教授给孩子们。对米歇尔及其同事应用的测验程序和他们获得的结果的考察表明,这样的技术能够被很好地开发。这些用于提高延迟满足能力的方法可能特别有益于那些"处于危险中的孩子"——他们是我们公立学校正在成长中的选民。

局限

　　本书前一版对米歇尔进行的批评主要是他的观点涉及情感(affect),但对它所谈甚少,这种批评在今天是站不住脚的。塞尔沃纳及其同事(Cervone et al. ,1999,2001)、米歇尔及其同事(Ayduk et al. ,2002;Shoda et al. ,2002;Zayas,2002)的文章在对情感作用的正确界定上迈出了一大步。

结论

　　关于米歇尔理论"忽视情感"的说法很快就站不住脚了。目前正在被探讨的"拒绝敏感"就是一个重要的情感过程的例子(Ayduk et al. ,2000;Ayduk et al. ,2002)。人们更加赏识米歇尔的观点了,因为他们开始注意到他对环境(情境)的重视,在情境中人们会表现出有倾向性的行为(Cervone et al. ,2001;Cervone & Shoda,1999)。

　　米歇尔对"特质"的挑战是现代人格研究史上最重要的事件之一。然而,一个可能更重要的贡献在很大程度上被人们忽视了。人格心理学家应该换一种眼光来看待他的理论,着眼于它在理解人格的可供选择的角度上能给他们什么启发。很长时间以来,人们一直认为,没有特质理论家假定的行为一致性,人格就不可能存在(Allen,1988a,1988b)。相反,米歇尔的研究已经表明,存在其他不依赖特质假设的建构人格的方式。事实上,米歇尔已悄无声息地证明了用非特质的术语也能建构人格。他采用的认知取向避开了对人格发展和机能的"特质"解释,而毋需对跨情境的行为一致性进行证据不充分的限定性假设。取而代之,个体在跨越情境时表现的行为模式存在一致性。在个体每次遇到一系列情境时,非常相似的行为模式就会跨越这些情境表现出来。就算米歇尔只是教给了我们避开特质假设来考虑其他的人格概念,我们的确也是受益匪浅的。米歇尔在教材引用列表中排名第 24.5 位,在总列表排名中第 25 位,但没有进入专业期刊引用表和调查表(Haggbloom et al. ,2002)。

视窗 12-3　米歇尔积极地考虑多样性

　　米歇尔关于多样性的观点和凯利相似。二者的观点在内容上都未涉及特质,因此也就避免了在理论上重要的特质无法解释欧美之外的文化和亚文化的尴尬。不过,米歇尔的观点也避免了由文化引起的一个问题,即来自某些文化的被试在描述自己或他人时,通常未能使用特质标签。舒达和米歇尔(Shoda & Mischel,1993)列举了相关证据,当要求东亚人(日本人)描述自己时,他们倾向于提到社会角色("我是一个大学生")。相反,西方人(美国人)往往使用特质标签("我是诚实的")。在要求解释他人的行为时,印度人提到他人行为的环境("非常黑暗"),而西方人(美国人)还是倾向于使用特质标签("他是个懦弱的人")。在美国人和中国人的比较研究中,莫里斯和彭(Morris & Peng, 1994)以及李、哈罗森和赫尔佐格(Lee, Hallahan & Herzog, 1996)也报告了相似的证据。梅农、莫里斯、邱和洪(Menon, Morris, Chiu & Hong, 1999)比较了东亚人和北美人对个体倾向和团体倾向的因果归因。中国人和日本人比北美人更有可能把灾祸归因于团体而不是正处于灾祸中的个人。例如,他们把违反股票市场规则归因于犯错误的公司,而不是承担主要责任的雇员。

　　就像你在前面了解到的那样,尼斯比特(Nisbett, 2003)表明东亚人(例如中国人)和北美人、欧洲人(西方人)的思维方式有差异。桑切斯-伯克斯、李、崔、尼斯比特、赵和古(Sanchez-Burks, Lee, Choi, Nisbett, Zhao & Koo, 2003)研究了在工作和非工作情境中这些不同思维模式对交流的影响程度。总的来说,在与他人交谈时,东亚人倾向于比西方人更委婉,因为他们比西方人更关心和谐的社会关系。一个有关委婉的例子是"你的论文很有意思"。"领会其中的言外之意",论文的作者可能就会知道论文存在一些问题。此外,西方人往往认为在工作环境中关心社会关系比在非工作环境中更为不妥。东亚人往往颠倒了这种偏见。这些研究者的数据证实了他们的预期:西方人总体上没有东亚人委婉,但更重要的是,他们在工作中比工作外更不委婉,而东亚人正好相反。

　　在其他方面的交流上,东西方也存在差异。罗斯、迅和威尔逊(Ross, Xun & Wilson, 2002)研究表明,出生在中国的加拿大学生在用中文交谈时,相比他们或其他人用英文交谈时,更多地使用集体性语句("我们"),而不是个体性语句("我")。他们还表现出较低的自尊感,并且与中国人的文化观点更为一致。最后,他们作了同等数量的有利和不利的自我陈述、积极和消极的心境陈述。在自我陈述方面,讲英语的群体报告了更多有利的内容;在心境陈述方面,他们报告了更多积极内容。语言反映文化,和西方文化相比,东方文化更强调顺畅的社会联系和谦卑的定位。

　　正如尼斯比特(Nisbett, 2003)指出,东亚人思维更灵活,他们在跨情境不一致或者看待自己的方式不一致时并未感觉存在矛盾。和这种观点一致,徐(Suh, 2002)认为,看待自己的方式具有跨情境的一致性是心理幸福感的一个先决条件,这更像是西方人的一种信念。如果是这样,只有对西方人来说,一致性才和较高的积极主观幸福感(SWB;幸福)相关联。徐的研究结果表明,认为自己跨情境比较一致的北美人也具有较高的主观幸福感、较低的消极情感和较高的积极情感。另一项研究表明,在跨越不同情境时保持对自己的一致看法与主观幸福感、积极情感和消极情感的相关,韩国人要比美国人稍弱一些。最后,虽然美国人对那些在自我观点上具有跨情境一致性的人的评价要比对那些不一致的人的评价更为积极,但韩国人对人们在自我观点上一致性与否没有表现出偏好。

　　正如这些结果表明的那样,东亚人的世界观比西方人的世界观更为开放、灵活和易变。和西方人相比,东亚人更多地考虑社会和物理环境。北山、达菲、川村和拉森(Kitayama,

286

Duffy, Kawamura & Larsen, 2003)给参与实验的美国和日本被试呈现一条从一正方形顶边中点到对边中点的垂线段,要求被试在一些大小不一的新方格图形中画一条线段,代表原始垂线。有两套指导语,绝对指导语(absolute instruction)是画一条和原始垂线长度相等的线段。相对指导语(relative instruction)是画一条线段,让它与新图形边的比例和原始线段与原始图形边的比例相同。不出所料,日本人在相对指导语下犯错较少,而美国人在绝对指导语下犯错较少。东亚人感觉比美国人更容易考虑到身处的工作环境(新方格图形)。

像你看到的那样,文化根植于语言中,并且语言影响认知过程(Shoda & Mischel, 1993)。因此,对情境的描述可能因文化和亚文化的变化而变化,因为即使两种或两种以上文化或亚文化的语言是相同的,语言习惯也可能不同。

以白人文化和黑人亚文化为例。黑人亚文化是非洲和美国传统的融合。为了阐明这种事实的影响,让我们来思考一句古老的非洲谚语:"如果你用一块石头砸一群狗,狂叫的那只才是被打中的。"现在,假定一个黑人告诉一组白人:"白人是种族主义者!"白人,因为他们独特的认知策略,可能会把这句话看作是对所有白人的冒犯。但是,这个黑人至少在认知策略上存在轻微的差异,可能表达的意思有很大不同。这个黑人本来可能是要把一块"石头"扔进一群白人中,看看谁会"叫"。当"种族主义者"的石头落下时,叫的那些人可能被看作是种族主义者,而不是"所有的白人"。

罗特:我们行为的内控与外控

朱利安·B. 罗特
http://psych. fullerton.
edu/jmearns. htm

罗特其人

与马斯洛一样,朱利安·B. 罗特(Julian B. Rotter)也是纽约布鲁克林人,1916 年出生于一个犹太家庭。在谈到对"对我启发最大的老师"时,罗特(Rotter, 1982, p. 343)通过引证布鲁克林图书馆,翻开了马斯洛著作中的一页。高中时,他花了很多时间和"老师"在一起,以至于很快汲尽了"它"的智慧,至少在小说类著作方面是这样的。因此,他搜遍书库寻找新的东西,无意中发现了阿德勒和弗洛伊德的著作。到高中三年级时,他开始给其他人释梦。罗特的高中毕业论文题目是"我们为什么会犯错"(Why We Make Mistakes)。

在布鲁克林学院上本科时,罗特继续攻读心理学,但不是主修专业。像凯利一样,因为经济大萧条这一背景,罗特选择了一个比较实用的专业——化学。然而,他把更多的时间用在了心理学上。当罗特后来进入心理学研究院时,这种坚实的科学基础和心理学素养让他受益匪浅。

　　在进行研究时，罗特受到社会心理学家阿施演讲的启发——阿施是格式塔心理学的研究者，以研究从众行为出名。反过来，阿施又使罗特对勒温的观点深感兴趣，勒温是团体动力学研究的先驱，深受格式塔运动的影响。这些学者更强调社会取向，他们对罗特肯定产生了重要的影响，因为罗特更强调社会情境的重要性，而非特质。就像罗杰斯和马斯洛一样，罗特也承认自己的智力发展深受阿德勒的惠泽。在罗特上大学期间，阿德勒就居住在布鲁克林。他的近乎福音传道者般的演讲让年轻的朱利安进一步确信：心理学就是他的命运之神。

　　从布鲁克林学院毕业之后，罗特囊中羞涩地来到衣阿华大学。多亏心理学系主任特拉维斯(Lee Travis)的帮助，他才得以赚到足够的钱来维持生存，并继续攻读硕士学位。几年后，罗特通过帮助我的一个同事乔伊斯(James Joyce)，自己也多有收获，当时詹姆斯还只是个一文不名的俄亥俄州立大学的研究生。很快，罗特加入勒温的一个研讨班，在那里他开始确信个体和他们所处的社会环境之间的相互作用非常重要。

　　罗特立志成为一名优秀的临床心理学家，因而进入印第安纳大学继续攻读博士学位。罗特20世纪40年代早期完成学业后，忐忑不安地展望工作前景，担心学术之门将对犹太人关闭。幸运的是，他在一家州立医院找到了一个临床职位，首次登上了教坛。不幸的是，第二次世界大战爆发了，罗特作为一名心理学家到军中服役。在那里，除了其他贡献以外，他设计了一种降低"擅自离岗"行为发生率的方法。正是在部队，罗特开始了他有关社会学习理论的研究。

　　在对几所大学进行选择的时候，他选择了俄亥俄州立大学，乔治·凯利成了他的同事之一。1951年，凯利辞去了临床管理者职位，罗特继任。虽然他在俄亥俄州立大学时过得非常开心并且成果丰富，但此时共产主义者的诱饵——参议员乔·麦卡锡(Joe McCarthy)的法西斯精神在中西部地区仍然很活跃。因此，罗特在1963年调到东部的康涅狄克大学，担任名誉教授。在那里，他明确提出了社会学习理论。

罗特关于人的观点

　　罗特(Rotter, 1966)认为，被某种强有力的情境的力量控制的人，在行为上会表现出一般趋势。然而，在这些情境内部，人们仍然存在行为上的个体差异。为了说明自己的观点，他提到了几项研究，在这些研究中被试处在机遇(chance)条件或技能(skill)条件下。在机遇条件下，被试被告知运气将会决定他们能做到什么程度；而在技能条件下，他们自己的能力将决定他们的绩效(Phares, 1962，是一个范例研究)。

　　虽然在这两种条件下都存在个体差异，但是技能条件下的被试成绩要优于机遇条件下的被试。此外，无论是在机遇条件下还是在技能条件下，某些被试趋向于表现出**赌徒谬误**(Gambler's Fallacy)，即期望一次尝试的失败意味着下一次尝试很有可能成功。倾向于犯赌徒谬误的人认为，一连串的失败意味着他们在不久后肯定会成功。他们"推断"，运气决定了他们的结果，而运气应该会改变。其他被试的表现正好与赌徒谬误相反，他们认为技能决定结果。一连串的成功意味着他们已经控制了情境，并且将会继续成功。

基本概念:罗特

强化值、心理情境和期待

罗特的社会学习理论是以五个主要概念为基础的(Rotter,1975,1982,1990)。强化(reinforcement)是指能影响行为的产生、倾向或类别的任何东西(Phares,1976)。**强化值**(reinforcement value)是指在许多不同的强化出现的概率相同的条件下,个体对任一强化发生的偏爱程度(Rotter,1954)。强化值取决于,与其他发生几率等同的强化相比,个体偏爱该强化的程度。试想一个名叫玛莎的女子,她会偶尔和一个叫弗雷德的男人约会。对玛莎来说,和弗雷德一起出去有较低的强化值,因为,如果同时有几个约会的话,弗雷德总是排在最后一位。

心理情境(psychological situation)是以一个人特有的方式来描述的,这使得该个体能把它和其他某些情境归为一类,同时把它与另外一些情境区别开来(Phares,1976)。情境是"情人眼中出西施"。如果一个特定个体用某种方式看待一个既定情境,那么这种方式就是适合这个个体的,不管这种归类方式在其他人看来是多么不可思议。一场古典音乐演出对某些个体来说是一种"娱乐",对某些其他人来说则是"一种学术交流",对另一些人而言却纯粹是浪费时间。此外,一个特定个体会把古典音乐和其他娱乐形式归为同一类,例如棒球和电影。其他人则把它和阅读或研究馆藏资料归为一类,是学术追求的形式。就我们列举的约会的例子来说,玛莎计划参加一个摇滚音乐会,她认为这是一个社交聚会。她觉得应该带一个同伴,但是当她在宴会上和其他人交流的时候,这个同伴应该不会担心自己被忽视。

期待(expectancy)是指"个体对自己在某种特定情境下以某种方式行动就会产生特定强化拥有的信念"(Rotter,1954,p.107)。我们假定的玛莎有充分的理由期待,只要她拿起电话,拨打弗雷德的号码,弗雷德马上就会过来。弗雷德疯狂地爱上了她,这是一种她不会作出回报的情感。也就是说,玛莎的特殊期待是给弗雷德打电话,他就会陪她一起参加音乐会,这是一种可能性很高的结果,它会强化玛莎打电话这一行为,但就其本身而言,它具有较低的强化值。但是她也期待有机会和朋友一起参加音乐会,这是一种强化值很高的结果。

此外,玛莎还有一种与期待相关的**类化期待**(generalized expectancy),即个体对某种程度上彼此类似的诸多情境持有的期待(Rotter,1966,1992)。当个体面临他们认为与已知情境具有某种类似之处的新的或模棱两可的情境时,类化期待的运作更有可能(Rotter,1966)。玛莎很少参加摇滚音乐会,但是她会认为这和其他社交场合差不多。她的类化期待是自己能否给朋友们留下印象取决于机遇而不是她的社交技能(她的朋友是否"心情愉快"、音乐会能否进展顺利,等等)。基于对玛莎的这些假设,我们可以预期,她将会给弗雷德打电话,他会陪她参加音乐会,在音乐会上她能否给遇到的朋友留下印象依赖于"已然注定的命运"。

控制点:内控者和外控者

罗特(Rotter,1966,1967)识别出了一种与心理学中一次著名人格测验相关的类化期待。**控制点**(locus of control)是指"个体在多大程度上认为……他们行为的强化[和其他结果]是[依赖于他们自身的]行为或人格特质对在多大程度上[他们认为它是源于]机遇、运气或命运、……其他不可抗拒的力量,或者它简直就是不可预测的"(Rotter,1990,p. 489)。也就是说,个体认为行为结果的控制是取决于个人自己的行为和技能,还是取决于运气和机遇。在罗特看来,控制点是"……心理学和其他社会科学中研究最多的变量之一"(Rotter,1990,p. 489)。相信**外在控制点**(external locus of control)的人认为,他们行为的强化更多地取决于运气、机遇、命运、其他不可抗拒的力量或复杂而不可预测的环境力量,而不是取决于他们自身的行为、努力或特质(Rotter,1966)。相信**内在控制点**(internal locus of control)的人则认为,强化依赖于他们自身的行为或特质——而不是命运、运气或机遇。相信内在控制点的人通常被称作内控者(internals),而相信外在控制点的人被称作外控者(externals)。

人们对外控或内控的信念的确是个体存在差异的因素。然而,罗特(Rotter,1975)非常谨慎地指出,称一个人为"内控者"或"外控者"不能作为一种"特质"或"类型"的参照(Rotter,1990)。事实上,他抨击了一些研究者的做法,他们把因素分析用在对控制点的测量上,并且得出结论说这种方法基本不具有跨情境的普适性(Rotter,1990)。罗特从来没有指出内、外控制点会有很强的跨情境普适性。就像赌徒谬误的研究说明的那样,情境能决定控制点,就像人们对控制的信念能决定他们在某一情境中的行为一样。控制点作为一种类化期待,在情境模棱两可的时候,或许能决定结果。但是,如果一个情境自身与机遇结果或取决于个人技能的结果相关,那么决定结果的是情境而不是控制点。完成视窗 12-4 中的内部—外部(I—E)量表。

视窗 12-4　I—E 量表

> **指导语:**
> 对于每一道题目,选择你认为最恰当的一项。每道题目你只能选择一项,且必须选择一项。要确保你对每一题所作的选择是你事实上认为最真实的,而不是你认为是应该选择的或者期望是正确的。请记住这是对你个人信念的测量。这里没有答案的对错和分数的高低、好坏。
>
> 在每道题目上不要花费太多时间,但每道题目都必须作一个选择。有时你可能会觉得两项都对或者都不对。但无论如何,请作一个决定。
>
> 1. a. 事实上,我经常发现自己会说"爱怎么样就怎么样"。
>   b. 我认为在我身上发生的事情都是我自己的因素使然。
> 2. a. 我应该因我的大部分成就而受到称赞。
>   b. 我很幸运,因为在许多场合都表现很好。
> 3. a. 当你生命的终期来临时,你去世了,事物本来就是那样的。
>   b. 我计划活很长时间,如果能活到 100 岁,我一点都不惊讶。

4. a. 我是一个相当自信的人。我能让很多事情发生。

   b. 有时,我很吃惊事情似乎都出人意料地发生在我身上了。

5. a. 我感觉自己就像一个乒乓球。生活让我在快乐和痛苦之间来回弹跳。

   b. 如果我想快乐,我就选择一件有趣的事情做,并且努力去做。

6. a. 你自作自受并且应该得到你应有的惩罚。

   b. 好的事情发生在我身上,我不会感到内疚;坏的事情发生在我身上,我也不会抱怨。它也会发生在其他人身上。

7. a. 我希望世界上不要有那么多恃强凌弱的人。

   b. 如果有人想威胁我,我会站出来和他们对峙。

8. a. 人们对我友好,是因为我对他们很好。

   b. 人们何时对我好或坏,我无法预料。

9. a. 我对事情做出计划,它们按照我的计划进行。

   b. "随遇而安"是我的格言。我是一株随风摇曳的小草。

10. a. 我过一天算一天。

    b. 我计划我的每一天、每一周、每一月、每一年。我计划未来。

11. a. 我不怕出生入死。管它呢,说不定哪会就滑倒折断腰。

    b. 我在驾驶、运动等事情上很小心。我期望能活得长久。

12. a. 和朋友在一起的时候,我感到非常无助。最后,我通常做他们想要做的事情。

    b. 我和朋友在决定我们将一起做什么的时候很民主,但我的想法总是很受重视。

13. a. 在人群中总能听到我的声音。

    b. 人们似乎要淹没我的声音。

14. a. 在做爱这件事情上,如果我的配偶想做,那很好;如果不想,也没什么。

    b. 在情爱这方面,我往往决定我和配偶在何时、何地以及做什么。

15. a. 我参与许多买彩票、抽签之类的活动。我一直希望自己能暴富。

    b. 我避开从赌博到扑克之类的任何活动,获胜的几率太小了。

16. a. 我总是全力支持失败者。

    b. 对于我来说,我支持成功者。

17. a. 在这个国家,任何有一定天赋并付出努力的人,都将获得成功。

    b. 如果你幸运,你就富有;如果不幸,就会平庸无奇。

18. a. 少数人做得更好,是因为他们接受了更多教育,并且工作更努力。

291

    b. 少数人做得更好,是因为他们最终抓住了机会。

19. a. 有些人在乌云下徘徊,却抱怨阳光照在别人头上。

    b. 让我们面对现实吧,有些人有能力并发挥;有些人有能力但发挥不出来;有些人则没有能力。

20. a. 生活很复杂。只有爱因斯坦那样的人才能获胜。

b. 生活实际上很简单：如果你很优秀并工作努力，就能成功。

21. a. 我喜欢竞争，因为如果我赢了，我觉得自己很伟大，如果我输了，我会说"上帝不眷顾我"。

b. 我喜欢竞争，因为如果我赢了，我能说"我做到了"。

22. a. 我认为我们应该互相帮助，因为不幸可能会降临到我们任何人身上。

b. 我认为人们应该自助。如果有什么不好的事情发生，是他们自己导致的，他们能够处理。

23. a. 有时我感觉自己很强大，能做我想做的任何事情。

b. 有时我感觉很无力，是某种神秘力量的牺牲品。

24. a. 发生的事情让我很迷惑。我不明白发生了什么。

b. 给我足够的时间和信息，我通常能弄明白任何事情。

25. a. 在诸多事件的兴衰起伏中，我们可能会被扫地出门。

b. 如果能登上月球，我们就能改变宏大河流的路线，让天气听从我们的命令。

下面这些选项中，你每选择一项，就给自己加上 1 分：1. a；2. b；3. a；4. b；5. a；6. b；7. a；8. b；9. b；10. a；11. a；12. a；13. b；14. a；15. a；16. b；17. b；18. b；19. a；20. a；21. a；22. a；23. b；24. a；25. a。分数越高，你的外控性越强。如果你在 I—E 量表上的得分在 20—25 之间，说明你是高外控者。如果你的得分在 0—5 之间，说明你是高内控者。大多数人处于这两极之间。

内控者和外控者的特征

从众和适应不良。因为外控者自认为他们是环境的不幸受害者，所以人们预测他们更大程度上是从众主义者。的确，法利斯（Phares，1976）报告，在标准的从众实验中，外控者更有可能从众。从更一般的意义上说，他们往往更顺从（Blau，1993）。同样地，内控者反抗试图影响他们的东西，有时甚至背道而行。

罗特（Rotter，1966）最初假设，在控制点和心理适应之间存在曲线关系，极端内控者和极端外控者都适应不良。然而，最近他承认事实可能并非如此（Rotter，1975）。与内控者相比，外控者似乎更有可能适应不良。其他研究发现外控者更加"疲惫不堪"和"心情烦躁"（Ferguson，1993）。

法利斯（Phares，1976）报告，外控者比内控者具有更高的焦虑感和更低的自尊感。就更为严重的适应不良而言，外控性可能与精神分裂症有关。最近的研究支持了心理问题和外控性相关这一可能性（Hermann，Whitman，Wyler，Anton & Vanderzwagg，1990；Ormel & Schaufeli，1991）。

物质滥用。或许令人吃惊的是，法利斯（Phares，1976）报告，内控者更有可能滥用酒之类的物品。物质滥用者的内控性得分较高,原因可能在于这一事实:研究被试通常是正在痊愈的成瘾者,他们经常被告知"你的治愈取决于你"。因此,酗酒者或许是在用他们在I—E量表上的反应来表明他们肩负的期望。如果是这样,他们可能就不是真正的内控者。或者说,他们可能是"自我医治"以避免外部强加的药物治疗的内控者。此外,最近的一项研究发现,父母的酗酒与孩子的控制点之间没有关系,这一结果与酗酒者的孩子外控性相对较强这一直觉认识相反(Churchill, Broida & Nicholson, 1990)。

学习困难和外控性。我们通常认为学习困难(learning disabilities, LD)的学生往往是外控者。毕竟,他们"应该"感到无法控制自己的学业和职业命运。然而,尽管这种信念很强烈,甚至研究学习困难者的专业人员也认为如此,但马姆林、哈里斯和凯斯(Mamlin, Harris & Case, 2001)通过回顾文献资料发现,原以为支持这一信念的所有证据来源都存在着严重的缺陷。很明显,学习困难的人是外控者这一说法更应该是一种偏见,而非事实。视窗12-5提供了一个外控者的轮廓概貌。

视窗 12-5   一个外控者的轮廓概貌

内德是个非常迷信的人。据说他会绕行一个街区,以避免看到邻居家的那只黑猫从他面前经过。如果他在桌子上弄撒了盐,他会撒一些到右手掌心,然后把它放在左肩上。这些动作据说能赶走坏运气。每年夏天,他戴着同一顶汗迹斑斑的旧帽子参加垒球比赛。在乡间驾驶的时候,每当看到一匹白马,他就会舔舔右手中间的几个手指,然后把它们贴在左手掌上,接着用右拳击打左手掌。这些奇特的动作据说能带来好运气,并且他认为他已经分享了他的那一份。因为他认为特殊的人才能有"好运气",所以他经常大叫,"幸运是好上加好"。当然,他每周会买几注彩票。朋友们推测,这些年他花在买彩票上的钱在$5 000左右。偶尔,他也会中$5或$20,有一次他甚至中过$200,但是总数最多也就是几百美元。他的失利只会让他更加确信下一次买彩票能中百万大奖。

内德最喜欢说的格言是"这就是命"、"该怎么样就怎么样"和"随遇而安"。他认为在他被怀胎的时候他的命运就被安排好了,因此试图勾画自己的未来是没有用的。如果所有的事情都是预先决定的,为什么还要计划呢?这种态度让有些朋友觉得他"随意"。的确,他总是准备放下自己正在做的任何事情,加入到朋友中,无论他们让他做什么。其他朋友则把他这种做法视为不负责任。尽管已经结婚并有两个孩子了,但他还是没有生活保障和退休计划。他认为采取这两个步骤会浪费时间和金钱,因为他的妻子卢拉和孩子们都有他们自己的命运,他或其他任何人都无权改变。

尽管他非常聪明,能够做另外一份工作多赚些钱,但他不愿去做。他相信如果有更好的事情发生的话,肯定会降临到他身上。他惟一一次换工作是因为他在公园的长凳上发现了一张报纸,打开一看,一则招聘广告用铅笔画了一个圈。他想这就是"命运",因此回应了那个广告,并接手了那份工作。类似的事情让他认识了卢拉。高中毕业一年后,他给他前一个女朋友打电话,结果拨错了号码,打到了卢拉那里。在他发现自己的错误之前,他说要把她约出来,而卢拉把他想成了另外一个她曾经约会过的内德,就接受了。通过进一步的交谈发现了这个错误后,他们彼此大笑,但约会就该如此,因此就去赴约了。结果,一见钟情;在那年6月他们就结婚了(两人都是双子座)。你可能会有疑问,她怎么能容忍他"随遇而安"的态度呢?她会对这样的问题感到困惑,因为,你看,她和他的思维方式是相似的。

离婚和婚姻适应。尽管一个人可以被大致描述为是内控的或外控的,但一项有关离婚的研究阐释了内控-外控性是怎样随着生活的起伏跌宕发生变化的。多尔蒂(Doherty, 1983)报告,伴随着离婚,女性在外控性上会增加,经过一段时间后又朝着内控性回落。然而,最近的一项研究表明外控者和内控者对离婚的反应有所不同。巴尼特(Barnet, 1990)访谈了107个离婚的男人和女人,询问他们用了多长时间决定离婚、他们的控制点、离婚带来的压力以及对离婚的适应。决定离婚前,内控者比外控者表现了更多的痛苦,离婚后正好相反。总体而言,内控者的痛苦要比外控者少。因为,相对于外控者,内控者相信他们能控制,他们往往对是否离婚进行更多长期痛苦的思索。基于同样的原因,他们一旦作了离婚的决定,就能更好地适应离异生活。与前面的结果相反,男人的外控性更强,体验到更多离婚后的适应不良。

其他研究表明,内控者更少离婚,因为他们在解决婚姻冲突上表现得更好。米勒、勒夫考特、霍姆斯、韦尔和萨利赫(Miller, Lefcourt, Holmes, Ware & Saleh, 1986)让已婚夫妇完成一个特殊的婚姻控制点(Marital Locus of Control, MLC)问卷,然后解决一些冲突。在一个冲突解决的事例中,丈夫和妻子被单独指导。让一个人假定"你甘愿去拜访姻亲",而让另一个人假定"你不太愿意去拜访[你的]姻亲,并且计划还没有定下来"。接着他们聚集在摄像机前,解决这一个和其他两个冲突。通过分析婚姻控制点问卷的反应和录像可以看出,婚姻满意度内控的个体在问题解决上比外控者更积极、更直接。而且,内控者比外控者能更有效地交流和达到预期目标,表现出更高水平的婚姻满意度。就一般婚姻而言,约翰逊及其同事(Johnson, Nora & Bustros, 1992)报告,暂时结果表明已婚人士比单身的或离异的人更内控。

控制点:变得更加复杂。最近的几项研究表明了控制点与其他变量之间关系的复杂性。波托斯基和博布科(Potosky & Bobko, 2000)报告,内控者更有可能对计算机表现出积极态度,这是一个并不怎么让人惊讶的结果:对计算机的掌握似乎依赖于个体对自己计算机技能的信念。然而,让人惊讶的是,控制点在个体的计算机态度与计算机经验之间的正向关系上不起任何作用。

约翰松及其同事(Johansson et al. , 2001)在有关老年双生子的遗传研究中,调查了健康控制信念与健康问题的关系。他们发现,把遗传和环境影响结合起来这一因素与个体在外控量表上的得分显著相关。与直觉不同的是,这一因素与个体在内控量表上的得分并不相关。

心理和生理健康;理财和工作取向。情绪不正常的人被称作述情障碍者(alexithymics),他们表现出三种症状:(1)"难以鉴别情感,并难以把它们和情绪的肢体感觉区分开";(2)"难以描述情感";(3)"外控导向思维"(Hexel,2003,p.1264)。奥地利心理学家黑克塞尔(Hexel,2003)发现,与外控导向的被试相比,内控导向的被试报告由三种述情障碍量表测得的症状要少。此外,与高外控被试相比,高内控被试在安全依恋风格(自信)上得分较高,在两个非安全依恋风格(认可需要和对关系的过分专注是焦虑/矛盾风格的变式)变式上得分较低。

有肠道疾病——例如肠道易激综合征(Irritable Bowel Syndrome,IBS)、慢性特发性便秘(Chronic Idiopathic Constipation,CIC)和克罗恩氏病(Crohn's Disease,CD)——的人在控制点上可能和其他人有所不同。霍比斯、特平和里德(Hobbis,Turpin & Read,2003)研究发现,克罗恩氏病患者在"被难以驾驭的其他因素控制"量表上的得分比患其他两种疾病的人和健康人得分要高。而且,健康人在内控点上比这三种疾病都患的人得分高。

利姆、汤普森、张和洛(Lim,Thompson,Teo & Loo,2003)把控制点和新加坡华人的理财态度结合起来研究。结果发现,内控者更喜欢对他们的财产作预算,而外控者则把金钱视为一种权力和积极评价的源泉,并且在金钱方面也往往不够慷慨。

施特劳瑟、凯茨和凯姆(Strauser,Ketz & Keim,2002)把控制点与四个子量表结合起来研究,这四个子量表构成了一个工作人格(Work Personality,WP)测量,工作人格即"成功应对工作环境"(p.24)的能力:对工作角色的接纳、从指导或改正中获益的能力、工作持久性和工作忍耐力,所有内容用一个四点量尺测量(1=问题领域,4=显著强度)。控制点用工作控制点(Work Locus of Control,WLC)量表来测量:外控项:"得到你想要的工作很大程度上是一个运气问题";内控项:"工作表现突出的人通常获益很多"(p.24)。工作人格量表中的"工作持续性"显著预测了工作控制点:"工作持续性"越强,工作内控性越高。此外,在工作控制点和工作人格之间存在显著相关,表明工作人格越强,工作内控性越高。

评价

对控制我们生活的贡献

控制点被人们接受似乎没什么问题。如果有的话,那就是人们对它的兴趣日益增长(Rotter,1990,1992)。早在1975年,罗特就能统计到至少有600项关于I—E测量的研究。检索20世纪80年代末期和90年代出版的期刊发现,这个数目又有了非常大的提升。对20世纪末期和21世纪初期出版的心理学文献进行计算机检索发现,数以百计的有关控制点的文章得以发表。

只要将包括情境效应的多重决定因素考虑在内,个体就能解释人类行为,罗特(Rotter,1954,1966,1990)首先认识到这一点。他一直主张,不动脑子、只用一种人格测量方法来理解人是无效的。此外,内控性—外控性只有在人们能沿一个连续体分布时才类似于一个特质维度。然而，人们在内外控维度上的位置不是离散的，而是彼此融合的，在特质维度上就不是这样。而且，个体在不同时间点、不同情境下，他（或她）的位置会改变。这一"滑行的量表透视"表明，只有在包含许多其他因素的情境下才能考虑内控性—外控性的意义。这种更复杂的人格取向确保了罗特在心理学的未来中能占有一席之地。

局限

控制点是罗特理论的核心。支持和反对这一重要概念的证据部分地决定了他理论的有效性。罗特本人也指出了"控制点"存在的一些问题。1966 年，他拿出证据表明控制点与**社会期望**（social desirability）有些重合，社会期望是一种通过表现社会赞许的特性（例如，仁慈、诚实、真挚等等）来取悦他人的需要。这种联系的含义是非常明显的。在完成 I—E 量表时，被试和来访者可能会试图给研究者或心理治疗师留下好的印象，而不是准确地报告他们的实际特性。可以说，社会期望在 I—E 量表中表现的程度，就是控制点分数表明反应失真的程度，而不是一个实际人格因素的指标。戴维斯和考尔斯（Davis & Cowles, 1989）表明，对于控制点测量来说，社会期望仍然是一个问题。

结论

成为一个有持续影响力的人格心理学家的关键是，有几个和他的名字相联系的、持续有用的概念。弗洛伊德有"心理性欲阶段"、荣格有"原型"、阿德勒有"生活风格"、罗杰斯有"无条件积极关注"、马斯洛有"需要层次"。罗特有"内控者和外控者"。从现在起再过一百年，人们或许已经忘记了本书中提到的一些理论家，而罗特可能仍然是一个为大多数心理学家所熟知的名字。除了控制点以外，还有两个其他原因让我们也应该记住罗特：(1)他认识到个人品质跨越情境的稳定性是有限的；(2)他认为考虑个人因素和环境因素的相互作用对了解人至关重要。罗特在专业期刊引用列表中排名第 18 位，在总列表中排名第 64 位，但是他没有被列入教材引用表和调查表（Haggbloom et al. , 2002）。

要点总结

296

1. 米歇尔生于奥地利，长于布鲁克林。本科时学习艺术和心理学。在厌烦了刺激-反应理论后，他开始研究临床心理学，并最终在俄亥俄州立大学获得临床博士学位。在那里，他深受罗特和凯利的影响。在特立尼达岛的研究引发了他对延迟满足的兴趣。

2. 米歇尔发现，在特质与行为测量之间基本没有关系。这种观点导致了一个困境：人们感知到了比实际存在更强的跨情境一致性。认知情感人格系统由被情境特征激活的、有效的认知和情感单元组成。吸引子是代表稳定目标状态的"心理状态",这种目标状态源于重复地从情境中获取刺激。情境为产生行为的认知情感人格系统"加工厂"提供原料。

3. 能力是评估情境和从事将会带来成功的行为的认知能力。情境包括人和物理两方面的特征。描述与某个情境相关联的事件,就是把它们归入有意义的类别中。目标不同的人对情境的描述也是不同的。

4. 从人的观点来看,情境中最重要的特征之一是他(或她)自己。预期是基于过去经验的一种信念,能为将来的结果提供预测。评估情境也涉及确立结果价值。成功是个体对行为的有效操纵,这些行为能产生行为者重视的结果。

5. 在延迟满足实验中,孩子们运用各种策略进行延迟,例如掩盖自己偏爱的物体。最近的研究表明,延迟满足能力可以帮助拒绝敏感者有效应对。冷指导语能帮助个体避免对拒绝的热反应。当我们询问个体"正确"的问题时,可以证明他们是相互作用者。米歇尔表明,如果情境被具体说明,成年人能更准确地预测孩子们的攻击行为。如果运用"限定词"和"条件性陈述",预测效果会更好。社会认知理论和大五理论的对照表明,只有社会认知理论承认人是复杂的、动态的和灵活的。

6. 每个人都能展示他(或她)自己的如果……那么……情境—行为关系。米歇尔团队研究表明,孩子们在遇到一些相同情境时,能重复表现跨情境的行为模式。米歇尔论及了多样性,指出不是所有文化的被试都用特质标签来描述自己或他人。如果我们能知道一个人的目标,那么我们就能理解他(或她)跨情境变化的行为。东亚人多将原因归于集体而不是个人。

7. 东亚人在和他人交往时,特别是在工作中,比较迂回、委婉。加拿大的华人在讲中文时,比较倾向于集体主义,不爱出风头和心情混杂。只有西方人,而非东亚人,在主观幸福感上倾向于高度一致、积极。罗特生于布鲁克林,并汲取布鲁克林图书馆的"养分"长大成才。高中时代,他阅读了弗洛伊德和阿德勒的著作。在布鲁克林学院,他选择了化学作为自己的专业。继衣阿华大学接受训练后,他在印第安纳大学获得了临床博士学位。第二次世界大战服完兵役后,他就职于俄亥俄州立大学。

8. "技能"条件下的被试要比"机遇"条件下的被试表现好,但是在机遇和技能条件下存在个体差异。强化影响行为的发生、倾向或种类。强化值是个体对任何强化发生的偏好程度。期待是个体对某一种强化即将发生持有的信念。

9. 罗特的类化期待导致了内控性—外控性二分法和I—E量表的产生。研究表明,外控者比内控者更加顺从和适应不良,但是不太容易形成物质滥用。学习困难者高度外控,这一刻板印象显然不符合事实上。内控性—外控性在离婚过程中可能会发生变化。而且,已婚人士可能更具内控性。

10. 控制点和述情障碍、肠道疾患、理财态度、工作人格有关联。遗憾的是,社会期望污染了I—E维度。

对比

理论家	米歇尔与之比较
凯利	他认可凯利的认知构念和"人是科学家"的观点。
班杜拉	米歇尔也强调预期和行为的认知控制。
奥尔波特	他也认为必须结合人们所处的情境来考虑倾向。

理论家	罗特与之比较
凯利	他用了凯利的一些术语。
班杜拉	他也认为人们是被未来牵引的。
斯金纳	他们俩都论及强化，但罗特的界定更宽泛。

问答性／批判性思考题

1. 孩童时代，你在延迟满足方面做得怎样？

2. 用"如果……那么……"分析你自己的行为。

3. 选择一些情境，在跨越这些情境时，你在"言语攻击"上的表现如何？

4. 设想一个某人犯有赌徒谬误之"罪"的情节。

5. 我们所谓的"强化"或"奖赏"某种程度上也是"情人眼中出西施"。你能举出三个结果只能对你而不会对你的朋友起强化作用的例子吗？

6. 你是外控的还是内控的？举例说明你的选择。

电子邮件互动

298

通过 b-allen@wiu. edu 给作者发电子邮件，提下面列出的或自己的一个问题。

1. 你"听起来像"一个米歇尔主义者，你是吗？

2. 告诉我成为一个外控者有哪些好处。

3. 除了特质和行为—情境关系，还有其他因素对人格发挥作用吗？

思考未来并学会掌控环境:班杜拉

- 人们能够通过模仿他人学会很多东西吗?
- 我们是受我们过去的历史推动,还是受我们对未来奖赏的预期牵引?
- 是生物因素、认知因素抑或是其他内部事件,还是环境因素驱动行为?

阿尔伯特·班杜拉
www. emory. edu/
EDUCATION/mfp/
bandurabil. html

阿尔伯特·班杜拉(Albert Bandura)对于我们如何获得新行为、新思想和新情感的解释,是属于"社会学习"范畴的,不过他的解释要比米歇尔特别是罗特的理论更具广泛性。事实上,你即将要涉及的理论可能是本书中最富包容性的理论,而且可能比其他任何一种理论都更好地适用于全部人类机能。班杜拉的观点有助于解释我们怎样从动作行为中获得一切——如何恰当地挥动网球拍——又如何克服非理性情绪,比如对蛇的恐惧。他和他的同事已经研究并阐明了人类机能的诸多维度:从对他人的亲社会倾向到使人压制其他人类的认知过程。更一般地说,他的理论有助于解释我们如何掌控我们的生活环境。现在有一个机会就摆在你面前,你马上能够获得对于你的生活真正有用的知识。

班杜拉其人

阿尔伯特·班杜拉,可能是健在的心理学家中最广泛受到钦佩的一位,他 1925 年 12 月 4 日出生在加拿大阿尔伯塔省小镇曼达勒,他的父亲是波兰人,母亲是乌克兰人(*American Psychologist*, 1981)。尽管他的父母都没有接受过正规教育,但他们都非常注重学习。他父亲自学阅读波兰文、俄文和德文(参见第 299 页网站)。

班杜拉通常把"我的小镇"作为"冷空气前锋来自哪里"这一普通问题的答

300

案。他就读于当时一所十分独特的小镇学校,那样的一所学校就能涵盖小学至高中的所有年级(*American Psychologist*, 1981)。然而,它并非一无是处。由于缺乏教师和资源,学生必须靠他们自己的主动性进行学习。有时还需要发挥团体的积极主动性。因为只有两名高中教师负责所有的课程,况且他们还在某些方面一知半解,所以班杜拉和他的同伴组成了自学小组(*Monitor on Psychology*, 1992)。至少从某种程度上来说,他的这一段读书生涯或许就是他信仰自我指导力量的来源。

班杜拉像斯金纳一样,喜欢搞点恶作剧。他曾经和同学一起偷了他们的三角法老师仅有的那本三角数学书。后来读研究生时期,班杜拉和其他同学把一只死老鼠钉在心理学公告板上,并贴了一张纸条,声称老鼠是被他们的著名教授斯彭斯累死的,原因是老鼠竟然按照和他针锋相对的理论家托尔曼的观点跑迷津。

在去一个更宜人的环境求取大学学位之前,班杜拉先来到了让人望而生畏的育空河流域。年轻的班杜拉在那里找到一个维修阿拉斯加公路的工作,这条路正缓缓陷入青苔沼泽地中。在那里,他遇到各种各样的人,从假释犯和欠债的穷鬼到逃避赡养费的离异男子。虽然他的同事都不是模范市民,但他们都干劲十足。吃着拌糖的西红柿,喝着供应充足的家酿纯伏特加,这一切足够他们享用一个整月(Stokes,1986a)。不幸的是,这种享福的日子被当地的灰熊中断了一个月。因此,这一段时间班杜拉得以亲眼目睹人类的莫大悲情,也看到了灰熊们是多么肆无忌惮。这些观察可能恰恰激发了他对革新以及日常生活中的心理问题的兴趣。

机遇总是激起班杜拉很大的兴趣(Bandura,2001a)。在不列颠哥伦比亚大学读本科时,班杜拉首次体验了机遇的巨大影响。为了和一群工程学学生和医学预科生一起乘车,他不得不很早到校。巧合的是,惟一可供选择的早间课就是心理学导论。他选修了这门课,并很喜欢它,再以后发生的事情就可以见诸历史了(Stokes,1986b)。

获得本科学历之后,他前往衣阿华大学继续深造,那时斯彭斯是心理学系的风云人物。由于斯彭斯声名远播,加上衣阿华大学与耶鲁大学以及米勒(Neal Miller)的联系,大家对学习理论的狂热迷倒了班杜拉和他的同学。

在衣阿华大学期间,机遇又一次眷顾了班杜拉,这一次是柔情触动了他的内心。有一次他和一个男性朋友去打高尔夫,他们前面有两位正玩的女士,班杜拉被其中的一位吸引(Stokes,1986a)。他们由两人一组变为四人一组,并且数月后,班杜拉与其中一位女士——护理学院的一名教师瓦恩斯(Virginia Varns)——步入婚姻的殿堂。她的职业生涯也为她带来过另一次意味深长的偶然相遇。"伟大的多面手"戴马拉(Ferdinand Waldo Demara),是她所在医院的妇产科医生,但他曾经冒充过内科医生。众所周知,戴马拉做手术做得非常好,尽管他没接受过任何医学训练。很奇怪,人们相信自己能做,就真能做到。

在一次有关机遇的报告会上,一位书刊编辑来晚了,由于观众很多,他不得不坐在报告厅入口附近的椅子上,恰巧和一位陌生人挨在一起……那位陌生的女士最终成了他的妻子(Bandura,1998a)。尽管班杜拉收集了很多真实生活中机遇发生的例子,但是他很快指出,机遇只是生活的一个影响因素而已。事实上,班杜拉相信人们总能控制自己的生活,他最喜欢的一句格言就是:"机遇只垂青有准备的头脑。"(Pasteur,引自 Bandura,1998a)

1952 年班杜拉获得了博士学位,并在威奇托指导中心(Wichita Guidance Center)完成了临床心理学实习,紧接着他就被任命为斯坦福大学的教师。随着逐级晋升,1964 年他成为一名正教授,并于 1974 年获得了首席教授职位。他喜欢这地方,特别是旧金山富有魅力的餐馆,纳巴山谷古雅的葡萄酒酿造厂,他哪里舍得离开这地方。

1980 年,他荣获美国心理学会颁发的杰出科学贡献奖。他之所以受到嘉奖,"因为他作为研究者、教师和理论家,都是杰出的楷模",还因为"他做了涉及众多话题的创新性实验,包括道德发展、观察学习、恐惧习得、治疗策略、自我控制……以及行为的认知调节……他的……热情和仁慈一直鼓舞着他的很多学生……"(American Psychologist,1981)自 1980 年获奖之后,他的荣誉便接踵而至,成为顶级科学组织国家科学院的成员、拥有 14 个荣誉学位并于 2003 年获得美国心理学会声望更高的奖项之一——卡特尔奖。如果现在还不是的话,至少在离世前,他会成为有史以来获得荣誉最多的心理学家。

班杜拉的优良品质堪与罗杰斯媲美,这一点从学生对他的态度上就能看得很清楚。在他65 岁生日的时候,他被蜂拥而来的朋友和学生惊呆了,那场景就像凯利曾经历的那样。70 岁生日的时候,圣爱德华大学曾经学过他的理论的学生,寄给他一张饱含深情的生日卡片,上面有全班每一个同学的签名。另一所学院的学生写了一首说唱歌曲颂扬他和他的理论。班杜拉收到很多大学生的来信,很可能是因为他们以为他会很真诚地关心他们、乐意回答他们提出的问题、提供他们需要的信息。他,像他之前的弗洛伊德那样,花费很多时间写回信。正如弗洛伊德对其理论对人们现实生活的影响非常敏感,班杜拉也是如此。班杜拉现在正继续他的研究,并将他的专业知识提供给美国政府机构和国会。然而,他最珍视的还是与蒂米(Timmy)和安迪(Andy)一起玩耍的时光,这一对双胞胎是他两个女儿中其中一个的孩子。

班杜拉关于人的观点

内在/外在和交互作用的因果关系

人格研究领域的一个重要争议是,究竟是人的内在力量还是外在力量控制着行为。班杜302拉的理论将行为一致性与内在/外在这一问题联系了起来。赞成个体外部因素决定其行为的人,强调行为的可变性,并将之归因于环境作用的结果。而主张内部因素控制行为的人则断言,个体内部的稳定过程产生了稳定的行为。形成鲜明对比的是,班杜拉关注内外因素的交互作用,因而他的理论既注重行为的可变性也注重行为的稳定性(Bandura,1977,1989a,1998b)。"[人们]……在一个交互影响的网络中激发他们自身的动机、引起自身的行为和促进自己的发展"(Bandura,1989a,p. 6;特别强调)。按照班杜拉的思想,个人因素(personal factors)——例如认知、生物变量和其他内部事件——行为(behavior)和外部环境(external environment)彼此交互影响：每个因素都影响其他因素，同时也受其他因素影响。图 13-1 描绘了这种交互作用关系。

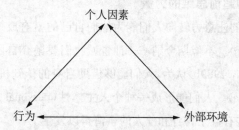

图 13-1　个人因素、行为和外部环境之间的交互作用关系

个人因素、行为和外部环境

　　行为能够影响认知、情感、甚至神经生物学功能。图 13-1 暗含了一些极为不同寻常甚至让人惊奇的理论假设。行为能够影响某些个人因素，如认知范畴中的因素，这并不令人惊讶。如果你第一次尝试做一件事情就做得不错，你可能会改变对做那件事情的能力的认识。如果一个孩子在参观码头的时候试图接近一只海豚并一次就成功地摸到了它，他可能就会将"与海洋哺乳动物交朋友"视为一件"我能做到"的事情。同样地，首次尝试成功会改变一些内部事件，比如对与成功有关的情境的情感。个体会怀着积极的情感与我们栖居大洋的近亲一同戏水。不过，如果说这样的行为可能影响人们的神经生物机能，就会让人吃惊了（Bandura，2001a；Bower，2003）。如果人们连续数年不断地去阅读、讨论和写作有关远洋哺乳动物的内容，他们将形成一个用以加工它们的信息的"神经网络"。反过来，他们将来学习有关鲸和海豚的知识时，就会更容易。

　　环境和信念可能会影响神经生物学功能。在数名女士居住的套房里，一位女士搬了进去，她进入了一个可能影响她的荷尔蒙循环的新环境。从时间上看，她的荷尔蒙循环周期的开始和终止可能会逐渐与她的室友相匹配（Matlin & Foley，1997）。像信念和预期那样的认知因素，可能也影响荷尔蒙循环及其伴随物。如果这位妇女因为宗教教义而相信"咒语"会每 28 天冲击她一次，她会比其他妇女更有规律地经历月经前的抑郁和生理上的不适（Paige，1973）。无论她的宗教信念是什么，只要她预期她即将开始她的"周期"，不管是否真实，她都可能会经历某些生理变化，比如尿潴留增多（Ruble，1977）。

　　行为影响环境，反之亦然。显而易见，人类行为能影响他们的物理环境：看看污染不断增长的悲惨现状吧，那是人类追求即刻满足的无头脑行为的恶果（Bandura，1995）。反过来的影响同样明显：由于污染导致臭氧层破坏，不少人未来将无法尽情享受阳光沙滩。

　　认知和情感影响行为和环境。按照班杜拉的模型（图 13-1），认知和情感这样的内部事件既影响行为又影响环境（Bandura，1989a）。如果某些人认为他们的行为在某个特定环境中将不会成功，那结果很可能就是失败（Bandura，1995）。如果进入某个特定情境时他们会感到恐惧，那么他们将尽量避免进入。如果他们对林区的情感和信念是冷漠的或消极的——"把它们

303

转变为商业财富"——他们将会坐视森林的消失。

自由意志、个人主体性和超前思维的力量

近年来,班杜拉把他的注意力转向人们能为他们自己的富有成效的动机和行为贡献些什么(Bandura,1995,1998b)。不像斯金纳——他告诫我们要抛弃自由意志这一"错误的"理论假设——班杜拉(Bandura,1989b)认为,人们能够借助自身的认知机制,在很大程度上控制他们的环境(Bandura,2001a)。人们能形成一种**个人主体性**(personal agency)感,在此状态下人们逐渐相信自己能使一些有益于自身和他人的事情得以发生。

最近,班杜拉(Bandura,1999a,2000a)已经提到替代主体性(proxy agency),也就是谋求他人的帮助以控制影响自己生活的环境。依赖家庭成员就是一个例子。然而,这种形式的控制有它的弊端。人们可能听任一个并非为他们谋福祉的独裁者(如希特勒)的控制。更一般地说,集体主体性(collective agency)是有利的,这是一种人们对其生活环境实施控制的力量,它体现在人们对其产生预期结果的集体能力的共同信念中(Bandura,1998b,1999a,2000a)。集体主体性并非产生于一个像雾那样漂浮于群体成员头上的"群体心灵"。相反,它产生于单个群体成员对群体作用于生活环境的贡献。个人主体性和集体主体性包绕在一种交互影响的关系中(Bandura,2000a)。特赦国际*就是通过怀有共同人权信念的单个成员的努力来帮助政治犯的。

304　　从某种有意义的程度上讲,人们有"自由意志",与这种观点相一致,班杜拉认为人们不仅能够选择他们所处的环境,还能够创建许多环境。一个人可能感到不得不去上学或者工作,但他也可以选择参加音乐会或拜访朋友。人们可能进入现有的情境中或者创造自己的情境:"搞个聚会"或发起一场辩论。他们也可能把强加于他们身上的情境转变成通过努力可以控制的情境。最后,他们还可能无意识地激发出他人的行为和策略:竞争性的人会引起他人的竞争行为(Zayas et al.,2002)。

学习

与对学习进行理论分析的某些其他人相比,班杜拉认为学习之所以发生,是因为人们对其行为反应的结果进行了细心思考。为了支持这些假设,班杜拉(Bandura,1977)报告了相当多的证据用以证明,如果人们很少或意识不到行为与结果之间存在某种联系,那么对他们而言学习就相当困难。进一步讲,几乎可以肯定地说学习是由意识推动的。意识清醒使人们能够进行**超前思维**(forethought),即对"……[未来]行为的可能结果"的预期(Bandura,1989a,p.27,1994a,2001a)。超前思维使人们从过去奖赏或强化的思想束缚中和试误学习(trial-and-error learning)的苦工中解脱出来(Bandura,1999a)。人们根据对未来结果的预期行事;他们并不专

---

* 特赦国际(Amnesty International),1961年成立于伦敦,是致力于释放和帮助因言论、政治、宗教等个人信仰问题而入狱的犯人的人权组织。——译者注

在现在行事,因为现在的情境类似于那些与过去强化有联系的情境。"向前看",而不是"眼睛长到后脑勺上",是班杜拉与凯利都持有的哲学观点。

行为主义者更喜欢以动物为研究被试,而班杜拉多以人类作被试。动物没有符号思维能力,而人类拥有这种能力。人们能以语言结构或符号的形式记录行为结果,从而形成关于未来将会发生什么的假设(Bandura,1995a,1999a)。如果一个人观察发现,对服务生微笑能使其服务高效而迅捷,那么他/她会把这一观察结果以语言的形式存储,并形成一个假设,即微笑对服务生起作用。这个假设会推动个体在服务生面前微笑,并因此会提高他们在未来场合中冲服务生微笑的可能性。

基本概念:班杜拉

观察学习

一来到斯坦福大学,班杜拉就受到西尔斯的有益影响,当时西尔斯正在研究社会行为和辨别学习的家族影响因素。从这一研究中拓展开来,班杜拉和他的第一个博士生沃尔特斯进行了一系列关于儿童攻击行为的研究,这些研究今天还被人引用(比如,著名的波波玩偶研究)。他们对**观察学习**(observational learning)——通过观察榜样表现的有用行为进行学习——的研究证实,"示范不仅仅是一个行为模仿的过程"(Bandura,1989a,p.18)。观察榜样的人可以获得一种行为表现的价值,即该行为能达到什么目标。因其对人类机能的重要性,观察学习在脑部的表征已经被找到并被定位,这并不令人惊奇(Iacoboni et al.,1999)。然而,最近有研究显示,尽管猴子不具备人类意义上的认知能力,但当它们做出抓握动作或观察人类做抓握动作时出现了神经反应(Bower,2003)。甚至我们的灵长类表亲也不是仅仅去模仿。其他研究表明,非灵长类动物,比如鸟类,确实表现出模仿行为,不过目前尚不确定它们对自己种属的其他个体行为的匹配反应能力是否构成了"观察学习"(Zentall,2003)。

305

班杜拉观察学习的社会认知理论中的"社会的"和"认知的"

班杜拉社会认知理论的另一个内在原则与"社会的"(social)这一术语有关。人们通过观察他人行为间接学习到的知识量与通过直接经验习得的知识量差不多。进一步看,术语"认知"(cognition)和"社会的"是紧密联系的,因为认知是人们向他人学习的媒介。如果个体看到另一个人因为行为的结果而获得了奖赏,那么该观察者很可能会想(认知),"如果我照着做,我也会获得同样奖励"。观察另一个人示范某种能带来奖赏的行为就足以促使学习发生,观察者不必直接得到奖赏。事实上,即使没有看到任何奖赏,个体仍然会发生学习。在有些文化中,"教"(teach)这个词和"示范"(show)这个词是相同的(Bandura,1999a)。视窗13-1对模仿和观察学习进行了比较。

视窗 13-1   猴子看还是猴子做

埃文(Evan)22个月大,聪明伶俐。她已经能讲一些完整的句子了。父母做的一切她似乎都能照着做。每当她的父亲发出"哎哟"声时(身体受伤),他就用力地挠伤处。埃文也照着做。每当她的母亲犯了错误时,她就大喊:"啊,见鬼!"如果埃文做错了事情(比如把盘子从桌上碰掉),她会像她母亲那样用力尖叫:"啊,见鬼!"一个动物观察另外一个动物,并照着它的行为去做,这仅仅是模仿吗?当然不仅仅是模仿,通过观察他人进行学习的过程中,个体意识到榜样做了什么,并对榜样行为的意义进行了深入思索。埃文的"啊,见鬼!"表明她犯了错误,而且这是一个严重的事件,要避免将来再出现。甚至猴子也可能明白它们看到的其他猴子的行为,而且在某种意义上还了解这些行为的意义(回顾第九章中罗洛·梅关于非灵长类动物意识的讨论)。研究表明,只有最简单形式的学习不伴随着意识(Clark & Squire, 1998)。最近我正与其他成人谈论一个孩子,这个孩子提到她父亲的时候经常用一个"脏词"。我们在谈话过程中用过那个字。我们的小孙女坐在隔壁,好像听不到我们的谈话。然而,后来她竟用同一个脏词形容她的祖母!最先提到的孩子6岁了,第二个孩子只有4岁。人小,耳朵倒是挺长的。

以他人为榜样学习

榜样和示范作用。关于观察学习有两个基本概念。**榜样**(model)是指为观众表现某种行为、展示它是如何被做的以及它能带来什么益处的人。**示范**(modeling)是指向一个或多个观察者表现某种行为的过程。当人们通过观察他人进行学习的时候,他们并不是照单全收。在观察他人时,人们总带有某些倾向,这些倾向决定着他们要从他们的所见中学习什么。人们想掌控他们自身特定环境的某些方面。因而,他们从榜样表现出的诸多行为中寻找那些能够有利于掌控环境的行为。

符号表征。人们不会被动接受一个榜样的行为(Bandura, 1989a)。他们会反复思考它,将它与头脑中已有的信息联系起来,对它进行复述、评判,而且如果觉得有用的话就记住它。另外,人们还会将从榜样那里学到的知识转化成符号的形式,以便将来能快速便捷地将其转变成行动。譬如,一个人会问:"心理学大楼怎么走?"得到的回答是"跟我来"。如果问路的人是心理学专业的学生,并且因此将会多次使用这一提示,那么该榜样的行路过程最初可能被看作一系列的右转弯和左转弯,然后就被看作"右边(右)、左边(左)、右、左、左、右"。这样,榜样提供的信息最初以更为具体的形式被接受,之后又以符号的形式得以表征。

符号示范(symbolic modeling)是用语言和图像的形式传达必要的信息,以帮助人们习得与奖赏相关的行为。在符号示范中,人们可以通过不必亲身体验的学习,超越自身环境的束缚(Bandura, 2001a)。观察者可以从电视和电影演员那儿学习,而演员们所处的环境是观察者没有或者无法经历的。然而,榜样不一定由现实的人来充当(Bandura, 1994a)。电视节目,特别是广告都是符号示范的好例证。一个精心设计的待售食物表格,有可能引起人们对未来奖赏的预期,正如一个人的示范行为起到的作用一样。

　　无孔不入的未来媒体,特别是网络,将提升符号示范的作用(Bandura,1999a)。一个榜样通过一个网站就可能一次影响成千上万的观察者。比如,一个网站介绍"如何制作炸弹",不仅以符号的形式传播了可以转变为制造炸弹的行为的信息,而且还传达这样的信息,即造炸弹是可以接受的,甚至是值得称赞的。当然,那样做是不行的。

　　将观察转变成行为。当然,人们接受了榜样的行为,将它转化成符号形式,事情远没有结束。他们会尽力把观察变成行为。他们成功的程度取决于他们是否有能力去实施榜样表现的行为。成功还取决于在实施行为之前,他们是否通过观察已经搜集了榜样行为的一切相关要素。一切齐备之后,观察者会生成一个行为的内部表征(internal representation),然后结合着行为本身不断细磨和精炼,使之符合他们特定的需要(Bandura,2000b,2001a)。这种"精炼"是通过行为表现与内部表征之间的交互作用完成的。例如,一个观察过一名击球好手比赛的球员,会形成一种该击球手挥动姿势的心理表征。当她练习挥动姿势的时候,她会将自己的动作与头脑中的表象比较并尽量与之一致。同时,随着这种挥动姿势不断改进以致成功,该心理表征也会调整以适应新生效的挥动姿势的特性。

　　富有吸引力的榜样。榜样和观察者的特征在决定学习什么甚至是否要学习方面也是重要的。人们不是对所有人都进行观察。我们被榜样吸引,他们的魅力一部分来自我们感兴趣的他们的某些特征(比如,外表、风度和自信),一部分来自他们在一般意义上和特定任务上的成功。另一方面,人们从榜样或其他来源那里学什么,部分地取决于在观察之前他们自身已有的能力(Zimmerman,Bandura & Martinez-Pons,1992)。如果观察者没有受过化学训练,他们就不可能从化学实验演示中获益,不论演示者多么在行。

　　诱因。对行为表现的强化或奖赏以三种不同的方式介入学习序列中。第一,一个人可能观察到一个榜样因从事某种行为正受到奖赏。这种观察会产生一种**诱因**(incentive),即任何能使个体产生——某种行为表现会带来积极结果——这样预期的事件,不管该事件是具体的还是抽象的(Bandura,1989a)。比如,一个孩子观察到另一个孩子因为阻止某些更小的孩子之间的争吵而获得了许多表扬。在将来,另一场年幼孩子之间争吵情形的发生便成了观察者介入以获得赞扬的诱因。第二,榜样——例如,一位试图教一个正在观察的孩子发音的父母——可能会对这个孩子努力模仿正在被示范的发音行为进行奖赏。第三,这或许是最重要的一种情形,观察者可能会因为成功地表现了某种行为反应而进行自我奖赏(Bandura,1994b)。这样,如果某些孩子试图学习"arithmetic"(算术)这个词的发音时,他们会在自己接近正确发音的时候"轻拍一下自己的背表示赞扬"。因此,学发声的时候也伴随着诱因。

目标和自我调节

　　目标(goal)是与当前个人标准一致并期望获得的成绩。目标本身对于行为表现而言是至关重要的决定因素(Bandura,1999a,2001a)。班杜拉(Bandura,1991a)研究表明,人们设置的目标越有挑战性,为完成任务而付出的努力就越多。然而,只有目标提出者不断收到有关目标

实现进程的反馈,他们才能精力充沛地追求目标。因此,班杜拉(Bandura,1991a)报告,设置
目标并收到有关目标实现进程反馈的实验被试表现出很强劲的努力行为。他们的努力程度从
绝对值上很高,并且与其他三组被试比较也很高,这三组被试分别是:(1)只设置目标;(2)只获
得反馈;(3)既不设置目标也没获得反馈。这三种条件下的被试努力水平都很低。要成为有效
的激励因素,目标应具体化而不能泛化,而且能够细分成一些依缓急先后排序的子目标:基础
性目标先实现,以便为最终目标的实现添砖加瓦(Bandura,2000b,2001a)。

即使努力了,但如果没有**自我调节过程**(self-regulatory processes)这一机制,目标的实现
仍然没有把握,自我调节过程是引导和支配为目标实现所作努力的内在的认知情感机能(Ban-
dura,1991a)。这些过程包括自我说服、自我监控、自我褒奖(和贬抑)、个人标准评估、标准调
整、接受挑战和对行为表现作出反应(Bandura,1990a,1991a,1994b,1999a,2000b;
Caprara,Steca,Cervone & Artistico,2003;Caprara et al.,2000)。所有这些都可视为自我
影响的尝试。班杜拉(Bandura,1990a)指出,个体在承担某个任务时的自我影响因素数量越
多,行为动机的提高幅度就越大。

在努力达到目标的过程中,灵活性是自我调节艺术的一部分。能够抛弃无法达到的目标
而转向其他目标的人,有着很高的主观幸福感(SWB)(Wrosch,Scheier,Miller,Schulz &
Carver,2003)。

自我效能

自我效能(self-efficacy)是最强有力的自我调节过程之一,它是个体对自己是否有能力实
施行为达到渴望的预期结果的信念(Artistico,Cervone & Pezzuti,2003;Bandura,1989a,
1989b,1994b,2000b;Caprara,Steca,Cervone & Artistica,2003;Caprara et al.,2000)。在
高自我效能情况下,个体自信能够采取行动控制窘迫的情境。自我效能可以被认为是一种特
定形式的自信。虽然没有人能够对他或她所做的任何事情都有自信,但每个人都能形成对做
出某些特定行为的能力的信念,其中每一种行为在特定环境中都能带来希望的结果。

为阐释自我效能水平与结果预期之间的关系,我们可以就莎拉(Sarah)和萨姆(Sam)在公
开演讲问题上作一下比较。两个人都预期,作一场精彩的公共演讲会赢得鼓掌欢呼和其他积
极的社会结果。然而,莎拉对与公开演讲有关的关键行为有着很强的自我效能感。她觉得自
己能获取与演讲有关的信息,合理地组织它,记住它并清楚流利地表达它。而萨姆则拥有不同
的自我效能信念。他觉得自己充其量只能做好其中少数几个能导致预期结果的行为。

自我效能不仅影响个体是否去做某种行为,而且还决定着行为的质量。伴随着成功预期
的高效能,能使个体在面临障碍与挫折时坚持不懈。最终会导致成功的坚持不懈将会进一步
提升自我效能。低效能将会导致个体降低努力,进而增加了失败和效能进一步降低的可能性
(Bandura,1991a)。

最能有效提高自我效能的方式是行为成功(performance accomplishment)(Bandura,
1999a)。行动带来信心。如果一个低自我效能的人能设法操纵一个让人恐惧的或令人唯恐避

之不及的行为,那么其自我效能就会得到极大提升。然而,替代经验也十分有效,特别是低效 309
能者看到与自己一样心怀惧怕的人冲破险阻取得成功的时候(Bandura,1994b)。**参与者示范**
(participant modeling)——在此过程中低自我效能的人模仿一个榜样的高效能行为——可能
是非常有助益的,甚至在说服和其他影响企图对低自我效能者失效时。因为在面临危险情境
的时候,人们往往参照他们的情绪唤起水平来判断自身的效能状态,所以任何能降低唤起水平
的方法都将会提升效能感(Bandura,1994b)。成功的真实行为表现或积极的替代经验是降低
唤起的方法。

我们从榜样那里学会的除行为之外的东西

预期。 人们从榜样那里学到的不仅是行为。在**替代预期学习**(vicarious expectancy learn-
ing)中,人们接受了其他人对未来事件的预期,特别是那些与他们有相似经历的人的预期
(Bandura,1977,1989a,1994a)。譬如,经历过飓风但没怎么受到伤害的人,也亲眼目睹了同
处险境的其他人受灾的情况。因此,他们也获得了那些受害者的预期。这样,他们对灾难的替
代预期几乎与真正的受害者一样强,这反映在他们心甘情愿地加入到防范未来风暴的行列。
概言之,替代预期学习最可能传递给与榜样有着很多共同经历的人(Bandura,2000b)。

创造、助长和革新。 一个人首先会接受榜样的行为,然后可能会以此为基础进行创造性延
伸。例如,贝多芬就是先吸纳了海顿和莫扎特的作曲形式,后来远远超越了他们的艺术风格,
形成了他自己的更伟大的情感表达形式(Bandura,1977)。相反,在**反应助长**(response facili-
tation)中,个体没学到什么新东西,只是由于观察榜样的行为表现,一些原有的行为反应解除
了抑制(Bandura,1977,1989a)。这样,榜样的行为就充当了一个社会提示符:从事被抑制的
行为是安然无恙的。比如,一个因宗教信仰把跳舞视为"罪恶"而害怕跳舞的人,在看一个"好"
人跳舞而没有招致诟病后就会打破原来的禁忌。正如视窗13-2所阐明的,许多伟大历史人物
凭借其应变能力保持了他们的创造性。

当榜样尝试新事物并借以向他人展示它的好处和优势时,**革新扩散**(diffusion of innova-
tion)就发生了(Bandura,2001b)。一旦人们接受了一种革新行为,它能维持多久部分取决于
伴随的诱因能持续多久。导致接受新事物的诱因维持的时间越长久,革新就停留得越长久。
时尚难长久,因为只能得到短暂的社会认可。呼拉圈就是一例。比较而言,汽车则是新生事物
持续长久的一个例证。开着称心如意的小汽车的人总能得到社会认可,当然他们也得到了必
要的交通便利。

不过,采纳新鲜事物受到一些明确限制。其中包括缺乏从事与新事物有关的行为的必要
技能(Bandura,1993)。英式足球最终能在英国风靡流行,多亏了超级榜样贝利(Pele),但是它 310
的流行也仅限于有足够运动技能的人群。类似地,计算机现今融入了人们生活的大多数领域,
但要想"上网"或制作网页,最起码的"计算机能力"是必要的。具备了最基本的技能后,关于革
新绩效的自我效能就成为关键的了(Bandura,1994a)。革新榜样所做的能提升自我效能的任
何行为,都将增加革新被采纳的可能性(Bandura,2001b)。

视窗 13-2　面对失败保持自我效能：韧性

如果人们面对失败和羞辱无法保持自我效能，那么科学、文学和艺术世界将会一片枯竭。你曾听说过麦克斯韦吗？可能没有。甚至他那个时代的人，也就是 19 世纪，对他也一无所知（Sagan，1995）。然而他关于电磁波谱的发现表明了光与电是有关联的，并导致了收音机和电视的出现。但他是"古怪的"。作为一个年轻人，他被称为"闷葫芦"（daffy），这在他的英国同伴看来意味着"脑子不是很灵光"（p. 10）。

心理学家坎特里尔（Cantril，1960）曾给爱因斯坦展示过一些由心理学家埃姆斯开发的视错觉材料。当坎特里尔抱怨埃姆斯的错觉材料的迷人价值被其他视知觉心理学家置之不理的时候，爱因斯坦回答说，他"多年前就学会了决不浪费时间去让我的同事信服我"（p. vii）。

被许多人誉为现代火箭"之父"的戈达德（Robert Goddard），"曾被他的科学界的同事斩钉截铁地否决过，因为在空气稀薄的外太空火箭推进器根本无法工作"（Bandura，1994b，p. 76）。但他从没放弃过他的有关火箭的创新思想。他的持之以恒本应该在 1969 年那个重大的日子被更牢固地记住，那天"……人类的一大步……"之类的声音响彻全球。

成功的作者们在最终幸运地出版一本畅销书之前，通常都会遭遇多次退稿。毫不夸张地说，萨洛扬（William Saroyan）在最终发表作品之前收到过数以千计的退稿信。乔伊斯（James Joyce）的经典著作《都柏林人》（*Dubliners*）曾遭到 22 个出版商的拒绝。斯泰因（Gertrude Stein）在最终出版著作之前经受了 20 年的受挫时光。在卡明斯（E. E. Cummings）的著作之一终获出版之际，他在献辞中写道"不感谢……"此前曾拒绝其著作的那 16 位出版商（Bandura，1990a，p. 145）。在艺术界，凡·高（Van Gogh）一辈子只卖出了一张油画，潦倒而死。但他留下的数百张画如今却价值连城。罗丁（Auguste Rodin）当年未能让他的作品进入最好的博物馆，赖特（Frank Lloyd Wright）非凡的建筑作品最初也无人赏识。

在多次被拒绝和羞辱的时候，他们是如何坚持下来的？他们令人难以置信地显示了有效、艰难的自我调节过程。显然，卡明斯作为一名作家保持了他的自我效能，他坚信有朝一日会让那些瞧不起他的人受到惩罚。麦克斯韦在没有他人关注的情况下默默坚持，因为其满足自我好奇心的能力使他保持了较高的科学自我效能。埃姆斯和坎特里尔面对拒绝仍坚持己见，后来成了著名的视知觉理论家（Ittleson & Kilpatrick，1951）。凡·高和赖特能坚持下去是因为他们的艺术本身就是奖赏。戈达德如此酷爱问题解决，以致一个有待解决的问题比别人的不信任对他而言更有吸引力。无疑，他们都会在自我效能减退的时候拜访朋友寻求鼓励以提升自我效能、为达到了自己设定的标准而称赞自己、把失败看作是挑战。无论他们对失败和挫折表现出何种特殊反应，但他们中的每一个人都显示出了非凡的**韧性**（resilience），指命运多舛却仍能矢志不渝的能力（Bandura，2000b，2001c）。遭受沉重打击的自我效能将在成功的维护下得以维持。不管你怎么看克林顿（Bill Clinton），他当然是一个相当有韧性的人。无论何时你目睹一个黑人［科林·鲍威尔（Colin Powell）］、拉丁美洲人［安东尼·奎因（Anthony Quinn）］或者美洲印第安人［参议员本·赖特霍斯·坎贝尔（Ben

Lighthorse Campbell)]的成功,你都能看到韧性。正是这种品质战胜了逆境。与以往的假设不同,新的证据表明韧性并不是少见的,不等同于创伤后的复原,也不局限于创伤后时期(Bonanno,2004)。人们甚至在整个创伤期间都能保持韧性。因为他们是有韧性的,所以即使受虐待的孩子和物质滥用者的孩子长大后也能成为坚强而高效的成年人。他们如何应对逆境? 他们可能会利用积极的情绪从紧张的事件中重新振作起来(Tugade & Fredrickson,2004)。

奖赏

　　尽管行为通常是间接习得的,但它主要是靠奖赏来维持的。奖赏可分为两类:一是**外部奖赏**(extrinsic rewards),来自个体的外部,比如金钱;二是**内部奖赏**(intrinsic rewards),生发于个体的内部,譬如自我满足,二者谁更重要一些,尚存有很大的争议(Bandura,1977)。外部奖赏驱动的行为似乎就是为了有形回报才被做的。相反,内部奖赏驱动的行为好像是"为了行为自身的价值而被做的"。班杜拉的观点认为,两者对于人类行为的完整解释而言都是必需的。外部奖赏对于把一个人的注意力引向某个行为并使他开始该行为的最初操作是必要的。而行为的长久保持则更多地依赖于内部奖赏的产生。举例来说,为了开始教一个孩子写作这一任务,有形奖赏——特殊恩惠甚或是金钱——对于使她产生初步尝试可能是必要的。这些奖赏可能必须在进行句子一类的基础练习时使用。然后孩子可能会进步到不再为有形奖赏而写作,代之以父母的称赞,尽管这样的奖赏仍然是外部的。最后,如果写作行为要保持下去,孩子必须明白什么才是好的写作行为,以便她能够因写出语法正确的句子而"低声悄语地"表扬自己。如果她这样做了,内部奖赏便开始发挥作用。

　　内部动机(intrinsic motivation)指的是对内部奖赏的渴望,能推动个体追求内部奖赏。内部动机这个概念存在的问题之一是,它的存在通常是从在没有任何明显外部奖赏的情况下个体仍能坚持某一行为推断出来。班杜拉(Bandura,1977)指出,这种推断是站不住脚的:如果一个人一天看很长时间电视,他很难唤起"内部动机"。更大的可能是,他除了不断地盯着电视屏幕之外别无选择。要确信内部动机在起作用,我们就必须在没有适当外部奖赏但有别的行为选择的情况下观察行为的持久性。

　　内部动机操作的支持证据方面的问题可以通过记录着重于一种自我调节——**自我评估**(self-evaluation)——的观察资料来避免,自我评估指的是个体对自己在完成任务的过程中各个阶段的行为表现进行评价,并对行为的价值作出口头的或者"低声悄语的"判断的过程(Bandura,2001a)。因此,一个吹木箫者不停地吹一个调子,时而停下来皱眉或摇头,就是在自我评估。如果在吹完一个调子后紧跟着一个微笑,观察者就可以判断吹木箫者在给予自己积极的奖赏。多数形式的"行为"都是由内部动机激发的,并因此受内部奖赏的控制。

　　内部奖赏并不是一个人的行为在即时的外部奖赏不存在时得以维持的惟一途径。当一个人观察到另一个人由于从事某种行为而受到奖赏时,**替代强化**(vicarious reinforcement)就发

312　生了(Bandura，2001b)。观察到帮助别人解决争端会得到很多衷心的感谢,这可能会促使观察者将人际冲突的情形转化为彼此合作的氛围。按照班杜拉的观点,替代强化可能会诱使人们去尝试并不喜欢的食物、放弃有价值的目标、透露个人事务,这其中的任何一种行为都可能是有益的(Bandura，1977)。另外,替代惩罚也可能是有效的。班杜拉(Bandura，1977)引证了一个研究:榜样因为从事了某种被禁止的行为后来受到了惩罚,观察者也像榜样那样不会再表现出那种行为。

当然,外部强化不具有任何内在的绝对价值(Bandura，2001b)。奖赏的价值是相对的,其大小由**社会比较**(social comparison)过程来确定,即通过把自己与那些处于同样生活情境的人相比较来确定自己在生活中表现得怎么样(Festinger，1954)。一个工厂工人通过把自己与工厂经理相比较无法确定他在生活中表现得怎么样。取而代之,他要把自己与从事同样工作的人相比较。比如,与从事同样工作的人相比,如果他挣钱和别人一样多或者稍多一些,他就可以得出结论说自己干得还不错。一个人每月所赚的美元数量是高还是低,取决于可比较者每月的收入。萨尔斯、马丁和惠勒(Suls，Martin & Wheeler，2002)研究发现,一个人选择与谁作比较取决于潜在被比较者的专门技能、与选择者的相似性以及先前与选择者的一致性。此外,也存在这样的情况:一个人可能会与另一个比自己地位高或低的人就要比较的相关问题进行比较。当一个人渴望抬高自己的当前地位时可能会与地位低的人相比较;当他想提升自己的位置时可能会与地位高的人相比较。

防御行为

防御行为(defensive behaviors)被用来应对将来有可能发生的不愉快事件(Bandura，1977)。焦虑是伴随着早期防御行为出现的,并不是它的原因(Leventhal，1970)。起初,不愉快事件既伴随着焦虑又伴随着防御行为。一个焦虑的孩子把一个大玩具熊放在床上以"吓走狼"。但是如果防御行为被视作避免不愉快事件的方式,那么它就不可能和焦虑同时出现。因为防御行为意在避免未来的不愉快事件,而不是对付现在的焦虑,所以它很难被消除。不愉快事件没出现"证明"他/她的防御行为起"作用"了。因此,如果孩子被问到:"为什么把大熊放到床上?"现在镇定自若的孩子会回答:"因为它能把狼赶跑。"接着问孩子:"但是现在周围没有狼啊,"孩子会反驳说:"看,这就是大熊在起作用。"让孩子改变主意的"出路"可能就是通过榜样示范。如果一个得到信任的榜样被看到在有可能发生不愉快事件的情境中活动,却没有实施防御行为,况且不愉快事件也没发生,那么孩子的这种防御行为就有可能被摒弃。"看见我在床上了吗? 没有大熊,但也没有狼靠近我。"

但是示范不是对付引发焦虑的情境的惟一方法。对处理威胁自我效能低的人会体验到高
313　度焦虑、担忧,过多地关注自身的不足并把所在环境视为特别危险的地方。相对而言,高自我效能者会采取行动让他们的环境变得不那么"危险"。他们能够控制自己的想法,停止反复考虑灾祸,以使得他们的情绪处于自我调整的状态。控制思绪是困难的,并且总是只能接近于控制,但控制的确是可能的,正如班杜拉(Bandura，1998b，p. 39)的一句格言所说的:"你无法阻

止烦恼、忧虑的鸟儿飞过你的头顶,但是你能阻止它们在你的头发里筑巢。"

评价

支持证据

自我效能。自我效能是 20 世纪 80、90 年代和 21 世纪初叶最热门的研究主题之一。鉴于有关这一自我调节机制的研究数不胜数,限于篇幅,我们这里只摘其中几个能恰当说明自我效能效力的研究作为考察对象。

班杜拉、里斯和亚当斯(Bandura,Reese & Adams,1982)通过报纸广告招募了一些蜘蛛恐惧症患者。恐惧症(phobia)是对没有特殊危险的事物感到强烈的、非理性的惧怕。被试年龄跨度从 16 岁至 61 岁,都极度害怕蜘蛛。仅仅看见蜘蛛甚或只看见蜘蛛的图片,被试就会浑身哆嗦、心脏怦怦直跳、呼吸急促,并且有时呕吐长达数小时。

让被试先做一个行为回避测试,包括 18 个项目,项目的威胁程度逐渐增加(参见表 13-1)。实验开始时,一个被试认为她能做到的最好表现是能够在相当远的安全距离以外观察一只狼蛛,得分接近零分。向被试呈现行为测验中所列的 18 种行为表现,然后让他们在一个百分量表上标明他们操纵每一种行为的自我效能程度,据此来评判被试的自我效能。然后,被试被随机地分配到低级效能或中级效能治疗状态组。

表 13-1 行为回避测验项目示例

接近有蜘蛛的塑料碗
低头看蜘蛛
把赤露着的手伸到碗里
让蜘蛛在[你自己]面前的一个椅子上自由爬行
让蜘蛛在戴着手套的手上爬
让蜘蛛在赤裸的前臂上爬
赤手抓住蜘蛛
让蜘蛛在大腿前部爬

最初,一个实验者把蜘蛛放在一个塑料碗中,并用手指拨弄它。接着,她把蜘蛛从碗里拿出来,并拿着它让它围着她浑身爬。然后,她把蜘蛛散放在一把椅子上。在治疗过程中,每隔一定时间,每个被试都要接受效能测验,如此反复直到每个被试的效能水平与他们各自分配的治疗组相吻合(低级或中级效能水平)。低行为效能被界定为,能容忍蜘蛛在面前的椅子上爬来爬去,并且敢把一只手放在盛蜘蛛的碗里。中级效能状态的被试需要继续接受治疗直到他们达到最大效能水平:用戴手套的或赤裸的手抓住一只蜘蛛。效能测验和早期做的行为测验在被试达到中等效能水平时被施测一次,在达到最高效能水平时再次被施测。低效能被试在分别达到低、中、高效能水平之后也被实施这两种测验。

314

被试被分配的效能水平与他们治疗后的行为表现之间是一个直接的线性关系。低效能组的被试在治疗结束后的行为测试中得到了较低的成绩,而中等效能组的被试则得到了中等的行为表现成绩。而且,当低效能被试处于低效能状态和达到中等效能状态时,都接受了行为表现测试。结果,效能水平与行为表现之间也存在线性关系。如果一名被试说她至多能把手放在倒扣的盛着蜘蛛的碗里,那就是她能做到的一切。自我效能几乎完美地预测了行为表现。在大约两个小时以后,终生受到蜘蛛恐惧症折磨的人能去触摸那个曾让他们心惊肉跳的生物了。从现实意义上说,自我效能的力量如此强大,以致它能改变人生。

在一个类似的研究中,维登费尔德、奥利里、班杜拉、布朗、莱文和拉斯卡(Wiedenfeld, O'Leary, Bandura, Brown, Levine & Raska, 1990)以恐蛇症患者为被试。此外,他们还测量了自我效能获得过程中免疫系统受到的影响,以及这些影响与某些生理反应、内分泌(荷尔蒙)的关系。研究中同样使用了行为回避测验,但是用不伤人的玉米蛇代替了蜘蛛。与班杜拉及其同事(Bandura, Reese & Adams, 1982)的研究不同的是,所有被试都经历了效能提升的所有阶段,从前测/基线阶段,经效能增长阶段,最后到效能最高点。在前测/基线阶段,测量了被试的自我效能水平(通常都很低)以及内分泌、生理和免疫功能指标。在效能增长阶段,让被试接触玉米蛇。一名实验者作示范,逐渐与蛇进行越来越具威胁性的互动,并请被试模仿她的行为。两个小时的演示之后紧跟着两个小时的治疗过程,其间,被试逐渐达到并保持了最大自我效能状态,取得了最好的行为表现成绩。

自我效能的发展过程与班杜拉等人(Bandura, Reese & Adams, 1982)报告的结果相吻合:前测阶段评估时它停留在最低水平,效能增长阶段评估时它急剧爬升,效能最高阶段评估时它停留在了接近最大强度"100"的水平上。免疫系统各成分——如血液淋巴细胞、辅助 T 细胞、抑制 T 细胞——的水平在这三个阶段中都得到了评定。在效能增长的过程中,这些成分指标的显著变化表明免疫系统比基线水平显著增强。

皮质醇升高往往与免疫系统抑制和通常伴随着压力的心率增加联系在一起。研究中自我效能的获得越慢,皮质醇水平越高、心率增长得就越多、免疫系统功能就越低下。相反,自我效能的快速获得与相对高的免疫状态有关。不仅自我效能得到了提升,而且对于大多数被试而言,免疫系统功能也得到了提升。这些结果表明了一种令人振奋的可能性,即社会认知理论可以产生消除恐惧症患者免疫系统多重抑制的途径,以使他们能时而不时地想一想并能实际上去接近那些可怕的事物。

自我效能可应对社会和健康问题。班杜拉的社会认知理论对药物滥用持一种积极主动的(proactive)而不是反应的(reactive)态度(Bandura, 1999b)。社会认知理论不是支持成瘾者是无能力的毒品滥用者这一观点,而是教他们在毒瘾发作时采取搁置策略,并且培养看到吸毒的消极结果和戒毒的积极结果的能力。他们认识到是认知过程而不是躯体依赖决定毒瘾复发。长期节制能消除生理依赖,但同时也使得认知策略力量减弱。例如,通过避免进入有酒场所而延迟饮酒欲望满足的自我效能,如果不通过定期复述来增强,就可能在酒瘾复发时减弱。与这种观点一致,班杜拉引证了一个研究,表明是保持节欲的自我效能而非犯瘾发作的频率预示了

315

真正的节制行为。他还报告,永久节制者的初始自我效能要高于不节制者或复发者。治疗结束时的自我效能可以预测谁会复发,并且高自我效能者将复发视为暂时的倒退并会加倍努力。

埃佩尔、班杜拉和津巴多(Epel, Bandura & Zimbardo, 1999)研究了北加利福尼亚海湾地区 82 个无家可归的人。研究者评估了他们寻找住处和工作的自我效能,同时还测了他们的时间看法(time perspective)。合著者津巴多之前就已表明,与那些定向于现在的人相比,未来定向的人在各种竞争舞台上的自我效能更强。不出所料,高自我效能者比低自我效能者更多地去寻找住处和工作,并且在临时住所里停留的时间更短。高未来定向的人比当前定向的人无家可归的时间更短、更可能进学校读书、更多报告无家可归的状态给他们带来的正面益处。

施瓦策尔(Schwarzer, 2001)提出了一个改变与健康有关的行为的模型,该模型以感知到的健康自我效能、结果预期和风险知觉(risk-perception)作为输入变量。中介因素包括意向和计划。决定行为的因素包括积极性、健康维持和疾病复发的恢复。施瓦策尔研究表明,自我效能是惟一对该模型中介和行为水平的所有要素都十分关键的输入变量。也就是说,如果模型任何层级上的自我效能受损,健康行为的改变就会失败。

对待健康问题所持的乐观主义是自我效能的一种形式。泰勒正在评估艾滋病患者对其疾病控制所持的乐观主义对于治疗进程的影响(Weaver, 2003)。她发现,患者对控制疾病越乐观,存活得越长久。乐观主义显然是通过降低压力及其生理效应来起作用的。过度乐观,甚至乐观得看起来有些幼稚,可能是治疗许多终生疾病的良方(Allen, 2001)。有一本书,通篇都是阐述包括乐观主义在内的积极心理学的,证明了积极定向对所有生命的有益影响(Lopez & Snyder, 2003)。

班杜拉社会认知理论的应用是正在墨西哥、中国和非洲的坦桑尼亚帮助人们应对健康和社会问题(Bandura, 2002; Smith, 2002)。在坦桑尼亚,例如,包括正面榜样——他们示范安全的性行为、作家庭计划、尊重女性——在内的电视剧,正在使这几个范畴中的有益行为增加。在墨西哥,电视剧中的榜样展示着识字的益处。节目播出的第二天,有 25 000 人涌向节目中提到的识字手册派发中心。在另一个墨西哥的例子中,一部倡导降低人口出生率的电视连续剧大大增加了人们对避孕用品的使用量。在中国,一部提倡小家庭观念、女性权利和尊重女孩的连续剧获得了许多中国电视大奖。负面角色的行为也会产生相当大的影响。在一部坦桑尼亚的连续剧中,穆华柱(Mkwaju)是一个长途卡车司机,他的妻子起初容忍了他的不忠和酗酒行为,但最终离他而去,并开始了自己的成功人生。与此同时,穆华柱感染了艾滋病。有多少生命得到拯救、多少生活得到改观不得而知,但一定是数以千计的。一个真正伟大的理论的标志是它的实践价值。

工作、聚会和公园长凳上的自我效能。施特劳瑟、凯茨和凯姆(Strauser, Ketz & Keim, 2002)把工作准备自我效能(Job Readiness Self-efficacy, JRSE;项目示例:"我相信自己有能力与上司相处好,"p. 24)和工作人格(Work Personality, WP;"能很快领会新的任务,"p. 24)、工作控制点量表(Work Locus of Control Scale, WLCS;"得到你想要的工作几乎是一件碰运气的事")联系在一起。工作准备自我效能与工作人格呈十分显著的正相关,与外部控制点呈十分显

316

著的负相关。也就是说,高工作准备自我效能与高工作人格和高内部工作相关控制点相对应。

众所周知,害羞的人倾向于躲避参加聚会。因此,增强能减轻羞怯的人格因素对于改善羞怯者的社交状况具有相当重要的意义。为了分离出这些因素,卡普拉拉、什泰察、塞尔沃纳和阿尔蒂斯蒂科(Caprara, Steca, Cervone & Artistico, 2003)让 364 名意大利青少年填写一个羞怯量表("我参加聚会或其他社交场合时经常感到不舒服,"p. 956),前后两次测量,相隔两年。第一次测量得到的几个人格变量彼此相关,并且与两次测量的羞怯变量也存在相关:管理消极情感的自我效能感(SEMNA;"我能在紧张的环境中让自己保持冷静,"p. 594),管理积极情感的自我效能感(SEMPA;"我能向我喜欢的人表达好感,"p. 954);社交自我效能感(SSE;"当其他同学与我不一致的时候,我能表达自己的观点,"p. 954);子女自我效能感(FSE;"我能对父母讲我对他们的感情,"p. 595);以及情绪稳定性(ES;情绪控制,"如果我感到焦虑,我能想办法应对"、冲动控制,"如果有人激怒我,我能阻止自己对那个人凶恶";这两个例子均由作者设计)。

这些研究者发现,较强的管理积极情感和消极情感的能力与较高水平的社交自我效能感、子女自我效能相关。管理消极情感的自我效能感和子女自我效能感与情绪稳定性呈显著正相关。社交自我效能在前后两次测量中都与羞怯呈显著负相关。然而,情绪稳定性只在前测中与羞怯呈负相关。而且反映了社交自我效能对减轻羞怯的作用的是,发现第一次测量中的高社交自我效能预示了两年后羞怯程度的降低。因此,结果表明管理积极和消极情感的高自我效能促进了高社交自我效能的产生,后者在两次测量中对羞怯都有直接的负向作用。此外,管理消极情感的能力和与父母关系的和谐预示了情绪稳定性。总之,结果显示,表现出较强的社交自我效能的青少年羞怯程度极低,能控制消极情感并与父母关系融洽的青少年情绪是稳定的。

保罗·西蒙(Paul Simon)和阿特·葛芳柯(Art Garfunkle)最近在全美举办巡回演唱会,所唱的经典金曲其中包括"老友"(Old Friends),这首歌描述的是七十多岁的老友们在公园长椅上度过他们的时光(保罗和阿特都是六十出头)。这意味着老人们只能舒舒服服地坐着任凭时光从眼前飞逝。阿尔蒂斯蒂科、塞尔沃纳和佩祖蒂(Artistico, Cervone & Pezzuti, 2003)报告,根据以往的研究结果,老人们完成各种任务的自我效能和实际表现都不如年轻人。但他们继而又认为,过去之所以会得出这些结果部分原因在于,研究者没有注意到那些任务是否与年轻的和年老的被试分别相关(Cervone, 2004)。为了证明自己的观点,他们招募了 20 名年轻的(20—29 岁)和 20 名年老的(65—75 岁)意大利被试。然后,给这些被试呈现先前选择的与年轻人相关的("处理计算机死机问题")和与老年人相关的("想让亲属来探望得更经常一些")一些问题,以及与两者都不相关的一个认知难题。与老年人相比,年轻人不论在哪个认知难题还是与年轻人相关的问题上都报告了更高的自我效能信念,表现出了最好的成绩。与此相反,与年轻人相比,老年人在与老年人相关的问题上报告了更高的自我效能信念,表现出最好的成绩。无需把老年人视为因缺乏他们认为自己能干好并且事实上也能干好的工作而坐在公园的长椅上无所事事。给他们一项与自己相关的任务(Cervone, 2004),他们会表现出比年轻人更高的自我效能,并且比年轻人做得还要棒。

自我效能和学业成绩。 为什么孩子在学校表现差? 当然,原因很多,但有些是可以控制的;通过操纵这些因素来改善成绩。为了研究这些可以控制的因素,班杜拉、巴尔巴拉内利、卡普拉拉和帕斯托雷利(Bandura, Barbaranelli, Caprara & Pastorelli, 1996a)招募了 279 名意大利少年,年龄从 11 岁到 14 岁。研究变量包括:(孩子家庭的)社会经济地位、父母的学业效能(父母能对孩子学业成就产生积极影响的信念)、孩子的学业效能、父母(对孩子)的学业期望、孩子的学业期望、孩子的自我调节效能(孩子感知到自己有能力抵制同伴的压力而参与高风险的活动)、亲社会性(以友好和合作的态度对待同伴)、孩子的社交效能、同伴喜好(孩子在同伴中受欢迎的程度)、问题行为和抑郁。

　　有些结果令人吃惊。比如,与通常的看法不同,社会经济地位对学业成绩没有直接影响,它通过亲社会性和父母的学业期望起作用。社会经济地位越高,亲社会倾向越高,问题行为越少,这一条件与成绩的提高有关。地位越高,父母期望就越高,进而儿童的成绩就越高。因此,低社会经济地位之所以受到关注,只是因为它与低父母学业效能和学业期望有联系。由此得出结论,任何社会经济水平的父母都有可能发展他们的学业效能和期望,从而极大地使他们的孩子获益。

　　父母的学业效能与父母的学业期望存在正相关,后者与儿童的学业成绩存在正相关。父母的学业效能还与儿童的学业效能存在正相关,反过来,二者都直接和间接地与儿童学业成绩呈正相关。

　　高学业效能的儿童往往有很强的亲社会倾向,受欢迎程度也高,与这种状态相联的还有低问题行为和较高的学业成绩。同时,儿童的社交效能和学业效能都与抑郁呈负相关,而抑郁与学业成绩呈负相关。

　　因此,父母确实对儿童的学业成绩有着强有力的影响,但这种影响更多的是间接的。“父母的效能感——他们能影响教师对他们孩子的期望、[教师]会在孩子身上花费多少时间、[教师]在学业上帮助孩子到什么程度——……比父母提高孩子学术活动兴趣和参与性的效能更有可能产生直接影响”(比如,鼓励儿童做家庭作业;p. 1217)。拥有高学业效能和高学业期望的父母,其孩子也有较高的学业成绩。拥有高学业效能、高社交效能和高学业期望的儿童表现出较高的亲社会性、在同伴中受欢迎程度较高、低抑郁、低问题行为,所有这些都有利于学业成绩的提高。

　　同一支研究团队(Bandura et al. , 2001),使用同一批被试,采用同样的研究程序,考察了同一组变量与儿童职业轨迹的关系。初中一毕业,这些孩子就选择了一所职业学校开始为下述的各种职业作准备:科学/技术、医学、教育、艺术、社会服务、管理、警察/军人或农业。起初,社会经济地位只对父母的学业效能和学业期望产生了重要影响,并且只有后者能开启通往职业的路径。父母的学业期望通过儿童的社交效能、学业期望、文学/艺术效能开启了通往教授、作家、设计师职业的路径(每两个品质之间的相关都是正的;比如儿童的社交效能与他们的学业期望相关为 +0.22)。另一条路径同样途经学业期望,但又经教育/医学效能通向了医生、护士、药剂师职业。父母的意见需经儿童感知到的效能和职业期望的过滤才能到达职业效能。后者导致职业选择。或许令人奇怪的是,儿童知觉到的效能而不是学业成绩决定着职业效能。

亲社会性的渗透效应。原有团队和津巴多（Caprara et al.，2000）考察了亲社会性对学业成绩、攻击性和受欢迎程度的影响。自己、同伴和教师的报告都包括攻击和亲社会性得分。同伴对被试的评价依据的是他们作为玩伴和学习伙伴是否受人喜爱。攻击性对学业成绩和受欢迎程度都没有作用，但亲社会性对学业成绩和受欢迎程度都有直接的正向作用。第二个分析关注的是儿童早年的亲社会性、攻击性和学业成绩。分析表明，早年的攻击性和学业成绩与后来的学业成绩和受欢迎程度不相关。相反，早年的亲社会性与后来的学业成绩和受欢迎程度呈正相关。

类似于班杜拉和他的意大利同事（Bandura，Barbaranelli，Caprara & Pastorelli，1996b）所作的其他研究的一项研究，着重考察了道德解约（moral disengagement），它指的是借助认知策略为不道德行为开脱的倾向。道德解约与违法行为和攻击行为两个变量相关。亲社会性、攻击倾向（由同伴命名）以及负罪感和补偿（遏制自己犯罪的自我调节的处罚方式）被视为由道德解约通往违法和攻击行为的可能的中介。

男性的道德解约性要高于女性。原因在于男性更多地使用道德辩护、使用委婉的说辞、把伤害结果最小化、人性丧失和谴责受害者。道德解约与犯罪存在直接的正向关系。它与犯罪也存在间接的关联：高解约与低亲社会性、负罪感/补偿以及高攻击倾向有关，而所有这些都与犯罪增加有关联。那些道德解约的人往往亲社会性很低，很少考虑罪过和补偿，存在高攻击倾向。这三种状况都与犯罪相关。

令人惊奇的是，道德解约并不直接与攻击行为相关。然而，它通过其他三个变量间接指向攻击行为。道德解约与低亲社会性、负罪感/补偿以及高攻击倾向有关，这些条件都与犯罪行为增加相关。道德解约的儿童亲社会性低（不合作/不友好），违规之后往往没有负罪感，并被同伴评定为具有攻击倾向，所有这些都与攻击行为有关。以往研究已经发现道德解约与种族或社会经济地位没有关系。从意大利被试那里得到的结果也表明，道德解约与社会经济地位不存在相关。

班杜拉和意大利团队加上雷加利亚（Regalia，2001），一起研究了违规行为（撒谎、欺骗、偷窃、攻击和破坏）与儿童学业效能、社交效能（控制社交活动的信念）、自我调节效能（有能力抵制同伴压力的信念）、道德解约、反思（思考愤怒的缘由）、易怒（迫切渴望打架）以及亲社会性之间的关系。违规行为经过了两次测量。学业效能和自我调节效能在两次测量中都与违规行为呈直接的负相关。第一次测量中，学业效能与社交效能的作用是经反思通过亲社会性的过滤到达违规行为的。学业效能和自我调节效能都与道德解约呈负相关，而道德解约在第二次测量中与违规行为呈正相关。因此，学业和自我调节效能越高，违规行为就越少。学业效能和社交效能也以亲社会性为中介与违规行为呈负相关。

亲社会行为在某种程度上可能是某些人的行为被复制的结果。我们会无意识地模仿他人的行为（van Baaren，Holland，Kawakami & Knippenberg，2004）。通过这样做，我们从面向大众的榜样那里学到了亲社会行为。即使对于榜样而言我们是陌生人，当我们模仿他们的行为时，我们也能产生既有利于我们自己又能惠及第三方的亲社会行为。

　　总之，亲社会性与学业成绩、受欢迎程度呈正相关，与道德解约、攻击性呈负相关，并且与犯罪呈间接的负相关。亲社会性是学业效能、社交效能与违规行为之间呈现负向关系的中介途径。亲社会性在帮助降低违规行为、犯罪和攻击出现的可能性的同时，似乎能够提高学业成绩和受欢迎程度。但是亲社会性的最初基础是什么？部分可能是母亲与孩子之间的交互响应定向(mutually responsive orientation，MRO)，他们对彼此的情绪状态和需要都保持积极情感并作出相互反应(Kochanska，2002；参见第 136 页视窗 6-2)。交互响应定向使儿童强烈的道德心得以发展，这可能是亲社会性的一个重要先兆。

社会认知理论对道德机能的意义

　　犯罪。社会认知理论有益于人类未来的幸福和繁荣。譬如，它对于解释我们都关注的犯罪现象有重要意义。

　　为什么有人冒着被逮捕和坐牢的风险还要偷窃或犯其他罪？在监狱里我们能找到答案。在我们的惩戒机构中，穷人和有色人种占了极大的份额。人们要想活下来，他们就会选择能活下来的一切方式。两个因素决定着选择犯罪作为一种生存的方式。其一，对于降入社会底层的人来说，犯罪是少数几个可供选择的且易于获得的行为之一。其二，与其他可供选择的行为相比，相对于将来产生不良后果(即被抓或投入监狱)的可能性，犯罪获得的利益还是十分可观的。一个人能从事一种毫无出路的职业，拿着少得可怜的薪水，吃着麦当劳令人作呕的廉价汉堡包，忍受着羞辱和黯淡的前途，他也能转向犯罪。也许你能想象得出，如果摆在面前的选择就那几种，卖强效纯可卡因每周赚数万，要比做快餐外卖拿极低的工资诱惑力大得多。就许多犯罪来说，都是以最小的努力、最小的被抓捕或入狱的可能性获得比投资来得更实惠的利益。从以上推测可得出结论，公开宣传"犯罪就要坐牢"无法阻止犯罪。

　　与穷人和受社会歧视的人相比，中产阶级及其以上阶层有更多、更好的行为可供选择。解决像犯罪这样的社会弊病的方法，就是要让所有人而不仅仅是特权者拥有所有行为机会。

　　为非作歹与逃避认知和情感后果(3-D GAMBLE)。班杜拉的社会认知理论对理解其他给人带来麻烦的行为有重要作用(Bandura，1989a，1990b，1991b，1995)。正如班杜拉所说，"多年来，有修养、有道德的人们经常以宗教信条、正义观念和社会秩序的名义实施暴虐"(Bandura，1977，p.156)。然而，"性格缺陷"并不能很充分地解释为什么人类会残忍地对待同类。相反，犯罪是一种复杂的智力游戏。"人们通常不会从事受人谴责的行为，直到他们为自己的行为赋予道德的色彩。"(Bandura，1999c，p.194)

　　社会认知理论有助于解释为什么个体参与非人道的行为而心安理得。**自我赦免过程**(self-exonerative processes)一般指的是使人们从行为的后果中解脱出来的认知活动。道德解约便使用了这些伎俩(Bandura，1999c)。宗教、意识形态和"秩序"，都是崇高的概念，当它们被调用于赋予罪恶正当性时，事实上便被滥用了。"崇高的事业"可能会被调用于打破行为和后果之间的联系。实际上行为的结果是不道德的和不可饶恕的，这些都被掩盖、置之不理，而以合法的可接受的面目出现。譬如，三K党成员披着宗教的外衣，举着十字架，以正义的名义掩盖他们邪恶的行径(参见《三 K 党》,Southern Poverty Law 出版,1001 South Hull St.,Montgomery, Alabama 36101)。

然而,有时三 K 党的行为如此凶残,以致很难被认定是正当的,即使有"上帝在我们左右"。为了从事折磨和谋杀行为,三 K 党成员必须首先从从心里承认受他们伤害的人是没有人性的。**非人性化**(dehumanization)是一个使某些人由"人类"降至"非人类"的认知过程(这是三个 D 中的第一个)。在班杜拉、安德伍德和弗罗姆森(Bandura, Underwood & Fromson, 1975)的研究中,一个实验者无意中被听到称呼即将成为电击受害者的人为"畜牲一样的"和"堕落的"。这些受害者比那些被称为"知觉灵敏的"和"有判断力的"的被试接受了更多的电击(这里对被试作了隐瞒,实质上没真正进行电击)。从事折磨和杀戮人的活动是很难的,更不必说为其找正当理由了,但是如果判断对方"不是人",就什么都可以做了(Bandura,1990b)。因此,给人们贴上"gooks"(对韩国人、日本人、菲律宾人的蔑称)、"hymies"(对犹太人的蔑称)、"spicks"(<贬>美籍西班牙人,在美国讲西班牙语的人)、"spooks"(鬼怪)或"injuns"(<美方>印第安人)的标签,就使他们成为了理所当然的最终被施暴的目标。

有利比较(advantageous comparison)是一种认知机制,借助这一机制"……遭人谴责的行为通过与罪大恶极的行径比较,似乎是正义的"(gamble 中的"a";Bandura, 1990b, p. 171)。当被指控纳粹分子虐待犹太人时,希特勒习惯引用美国军队镇压美洲印第安人和英国人压迫印度人的事例(Speer, 1970)。昔日的英国人和其他殖民者常常通过指出他们在殖民化过程中所做的一切"善行"——把西方的宗教和"文明"带给了"未开化的人"——来推脱他们对被征服的"当地人"造成的伤害。

委婉标签(euphemistic labeling)是一个认知过程,即赋予令人遗憾的行为一个名字,以使它看起来无害甚或是值得赞美的(gamble 中的"e";Bandura, 1990b, 1991b, 1995, 1999c)。"越南经历"包括许多那样的标签。破坏农作物和灌木栖息地被称为"清除落叶"。剥夺整个村
322 落居民的公民权迫使他们迁移被称为"和平归顺"。尽可能地杀人并把他们的尸体作为战利品收集起来被称作"清点尸体"。由军方高层提出的这些标签是越南暴行产生的部分原因,而非使用这些标签的士兵。如果把在越南服役的士兵整个换成另外一支部队,结果也将是相同的(Allen, 1978)。纳粹当然是创造委婉标签的大师。"安乐死计划"是为毒害精神和身体残疾者想象出来的一个新奇名字(Dawidowicz, 1975)。"犹太人问题的最后解决方案"就是对那场现在被认作大屠杀的人类浩劫的官方口径(Shirer, 1960)。

谴责受害者(blaming victims)的运气不好是十分常见的一种认知活动(gamble 中的"b";Bandura, 1990b, 1991b, 1995, 1999c)。强奸犯经常把罪责归咎于受害者:"她穿得太性感了";"她太轻佻了";"她不应该那么晚出门"。

移置(displacement)就是把某人自己因从事可耻行径遭受的谴责转嫁到别人身上(三个 D 中的第二个;Bandura, 1999c)。杀死平民并说"我只是执行命令"的士兵,是在将谴责转嫁给他们的上级。**责任分散**(diffusion of responsibility)是指把对受谴责行为应负的责任分散到在场的其他人(这是第三个 D;Bandura, 1999c)。它使得一个人从正在遭难的人旁边走过而装着

没看见，只要有许多其他人在场，他就可能会把帮助受害者的责任分散给其他人（Latane & Darley，1970）。

道德合理化（moral justification）使残忍的行为成为"可接受的"，因为施暴者宣称他们的行为具有社会价值、出于道德目的（gamble 中的"m"；Bandura，1990b，1991b，1999c）。希特勒建立了一种特殊的道德准则，每当他的野蛮行径需要进行合理辩护时，他就会提到它："德国人的命运"是他们为了自身利益从事任何行为的正当理由（Shirer，1960）。扬名第一次世界大战的神枪手中士阿尔文·约克，如果未能把他的行为与宗教信仰协调起来的话，他就不会有那么多丰功伟绩。他拒绝服兵役，但被否决了。约克对他的营长引用圣经条文证明基督徒可以参战心存疑虑，他离开军队跑到大山旁无休止地祈祷。后来他确信可以为杀"敌"而献身。道德准则经常被用来证明各种暴行是合法的，包括以宗教的名义实施的残暴行为。事实上，世界上大的宗教派别没有哪个能宽容残害、折磨或杀戮人类。班杜拉最喜爱的另外一句格言是："让你相信谬论的人也能让你实施暴行"（Voltaire，引自 Bandura，1999c，p. 195）。希特勒蛊惑成千上万的德国人接受了他关于人类"种族"的谬论，在此基础上，他煽动他们屠杀了数以百万计被认为是劣等"种族"的人。

渐进的道德解约（gradualistic modal disengagement），在这一过程中，人们逐渐不知不觉地认同通常不接受的行为，这一过程使平凡的人都成了恶魔（gamble 中的"g"；Bandura，1999c）。训练恐怖主义者需要一步一步来，时间往往长达数月之久。训练的每一步，被训练者的内心都会激起一股波澜，抨击"杀人是错误的"这一信念。到训练结束的时候，受训者对杀戮的憎恨完全消失了。"杀戮能力的培养通常会经历一个过程，在此过程中，被招募者可能不能完全意识到他们正经历着转变"（Bandura，1990，p. 186）。在米尔格拉姆（Milgram，1974）著名的"服从权威"研究中，被试在逐渐诱导下对另外一个人实施貌似真实的伤害，每当那人犯一次学习错误，被试就按照渐进的程序对其实施逐渐升高的电击惩罚。

自我评价和自我牺牲/利他行为。 社会认知理论可以预测和解释某些不道德行为，也可以预测和解释某些形式的自我牺牲和利他行为。自我评价（self-evaluation）的作用如此凸显，以致它变得比外部奖赏和惩罚更为重要。1979 年诺贝尔和平奖获得者特蕾莎嬷嬷（Mother Teresa），怀着消除人类苦痛的坚强信念，多年来在物质匮乏的环境中默默地工作，把舒适的生活带给了印度加尔各答的穷人、患者和腿有残疾的人。20 世纪 80 年代早期，一个年轻男子冲过去救一位在公共街道上被强奸的女士。他的行动表明了他对干涉一个男人强奸一个妇女会带来的危险的蔑视，这些危险可以解释其他旁观者为何都不敢向前。类似地，当看到一位妇女因飞机坠毁而挣扎在波拖马可河（Potomac）里时，斯库特尼克（Lenny Skutnik）从人群中间站了起来。看见这个无助的受害者就要慢慢地消失在冰水里，斯库特尼克跳入水中，把她拽上了岸。他的壮举获得了全国人民的称赞，美国总统邀请他到国会作客（*Life*，January 1983）。20 世纪 80 年代初期，一群人围在一个九层楼的窗户下面，那里有个人要跳楼（Mann，1981）。这件事恰巧发生在洛杉矶，一个不乏名人的城市，其中一个名人就在现场。阿里（Muhammad Ali）过去劝那个男人，人群随后发出欢呼。榜样的利他行为会受到很高褒奖。

其他高尚行为的榜样包括马丁·路德·金和苏珊·安东尼,后者是一位女权主义的先锋斗士。金有一个"梦",这个梦的实现对他而言比生命本身还要重要。被暗杀的危险时时处处伴随着他,但是他拒绝保持沉默和停止巡回演说。金博士忠诚地履行自己的使命直到生命的尽头。安东尼是一位受人尊敬的教育家,她的生活可以称得上是十分舒适和安逸的。她情愿地放弃了这些优越的生活,因为她无法忍受那个时代的女性承受的荒谬和麻木的信念与现实。她也无法忍受奴隶制度。这些人和其他人的仁义行为提醒我们,人们具有同情和友善的品质,当更多地了解社会学习过程的时候,人们能够以这些品质更强有力地战胜残暴和冷漠。视窗13-3论及了人类行为的黑暗一面。

马丁·路德·金   苏珊·安东尼

视窗13-3   多样性:"性别大战"是一场百万女性作为牺牲者的战争

在生活中,男人对女人实施暴力,有时会严重伤害甚或杀死她们,这是多么悲惨又是多么熟悉的、遍及世界的生活现象。施虐者使用了许多自我赦免手段:"我看到有许多男人无缘无故杀死他们的女人"(有利比较);"那是一个推操比赛,我只把她推动了一点点"(委婉标签);"我那样做仅仅是为她好。她需要那个;事后她会表现得更好"(道德合理化);"那婊子自作自受"(非人性化)。而且,当然,施虐者会谴责受害者:"她不愿打扫房间,让我不得不那样做";"我每次晚回家她就抱怨个没完,自己找打";或者"我忍无可忍。她总看其他的男人。"除非某些男人的头脑不再被这张认知谬见的大网笼罩,女性才可能停止受难,那些凶手才不再泯灭人性。不幸的是,证据显示有虐待倾向的男人和他们的牺牲品可能会彼此访求。扎亚斯及其同事们(Zayas et al.,2002)对约会进行了研究,结果显示有受虐倾向的女性选择了有潜在施虐倾向的男性的个人广告。男性选择有自卑依恋倾向的女性的个人广告,而已证实具有这种倾向的个体容易陷入虐待关系之中。扎亚斯及其同事(Zayas et al.,2002)还证实,具有焦虑矛盾依恋风格的女性会无意识地表现出吸引有施虐倾向的男性的行为。在这种情形下,虽然她们没有主动追求有施虐倾向的男性,但是她们的表现吸引着那些施虐者。

局限

虽然大多数理论都有其缺点，班杜拉的理论也不例外，但是本书前一版本中对社会认知理论的批评一般来说已经不合时宜了。做"事后诸葛亮"，虽然符合社会认知理论，但不是它独有的，任何理论都可能会被这么不恰当地使用。而且，每一种理论都面临着确定它能解释的领域的问题：明确说明它能解释什么和不能解释什么。再一次说明，社会认知理论存在这个问题，但不只是它存在此问题。再者，指责班杜拉的自我赦免过程这一概念缺乏足够的证据支持，也站不住脚了。单单在意大利进行的关于亲社会性与道德解约、犯罪、攻击的相关性的研究，就彻底摧毁了这一指责。在目前情况下，如果说班杜拉的社会认知理论有一个独有的缺陷的话，那就是它的研究结果的实际应用增长得越来越快，以致无法将其尽快地付诸实践。

结论

班杜拉的社会认知理论在人类行为的许多领域，都具有强有效的预测力，表现出很高的应用价值。你已经看到基于这种理论的技术是如何在几小时之内消除了困扰个体数年的恐惧症的。你也已经看到这种理论如何通过调整父母和儿童的学业效能以实现改善教育质量的愿望，又如何阐释自我赦免过程以减少这种过程的应用。从这些成果看来，我们有理由认为班杜拉的理论比本书中其他绝大多数也可能是所有的理论都更富有实用性。而且，社会认知理论处于心理学认知运动的前沿。就这点而论，它表明了一种确保心理学继续沿着科学的触角伸展的倾向。数十年后，当有人回顾认知心理学的贡献时，班杜拉这个名字将经常被听到并且跃然纸上。

班杜拉是一个具有强烈幽默感、真诚关心他人的好人。这一点在对他的一次录像采访中得到了充分体现(Evans, 1988)。而且，他文风异常简洁明快，堪与霍妮相比。想要领略班杜拉有趣的思想，不妨读一读《自我效能》(*Self-efficacy*, Bandura, 1997)一书。它可以很好地改善你的生活。

班杜拉在杂志引用列表中排名第 5，在教材引用列表中排名第 3，在调查表中排名第 5，总排名第 4(Haggbloom et al., 2002)。这是在世的心理学家中排名最高的；排在班杜拉前面的寥寥数人都已化为天上星辰。

要点总结

1. 班杜拉生长于加拿大，就读于当时最传统的乡村学校。毕业后，他在育空河流域打工，遇到一些不同寻常的工人，激发了他对心理学的兴趣。获得博士学位之后，他受雇于斯坦福大学,与沃尔特斯一起研究观察学习,发现"示范不仅是一个行为模仿的过程",从而开始了他对心理学的独特贡献。

2. 他的社会认知理论认为,个人因素(包括生物因素)、行为和外部环境彼此交互影响。对班杜拉而言,没有意识参与的学习是很困难的。观察学习就是通过观察进行学习。当通过榜样进行替代学习的时候,人们是积极主动的。他们从榜样那里获取信息,在头脑中"辗转反侧",并将之变成符号形式。然后他们对学到的知识进行加工,将其转变成行为,并将行为表现与其内在表征相比较。

3. 奖赏在界定诱因时发挥了作用。自我奖赏是一个非常重要的因素。即使很小的孩子也不会仅仅模仿他人,虽然非灵长类动物那么做。目标对于富有成效的人类行为的产生至关重要。能抛弃不可能实现的目标,而转向其他,幸福就不远了。有韧性的人在挫败面依赖于这些目标。采取防御行为是为了应对将要发生的不愉快事件。自我效能是一种特定形式的自信,不仅能影响个体是否采取某种行为,而且决定着行为表现的质量。成功地完成一个自己恐惧或厌恶的行为,很可能会提升自我效能。

4. 在参与者示范中,个体模仿一个高效能榜样的行为。在替代预期学习中,个体接受他人对未来事件的预期。在反应促进中,个体解除了对以往行为的抑制。当有威信的榜样尝试新事物,并展示它的好处时,革新扩散便产生了。外部奖赏肇始于人的外部,内部奖赏发端于内。内部动机涉及自我评价。当一个人观察另一个人受奖赏时,替代强化便发生了。奖赏的价值由社会比较确定,社会比较可能取决于被比较者的专业知识以及他/她与选择者的相似性、过去的一致性。

5. 在一项对蜘蛛恐惧症患者的研究中,被试的效能与他们的表现十分契合。恐蛇者的自我效能通过示范得到了提升,他们能亲密接触蛇,同时免疫系统也得到改善。嗜酒者的自我效能对于康复的过程和成功具有强有力的影响。具有高自我效能的未来定向的无家可归者,成功地找到了住处和工作。在一个健康保持模型中,健康自我效能在模型的每一个阶段都发挥着重要的作用,并且乐观在应对疾病中至关重要。

6. 自我效能对老年人、胃肠紊乱者和工人都发挥着关键作用。父母的学业效能和父母对孩子的学业期望与儿童的学业成绩存在相关。这些因素与学业成绩的相关以儿童的社交效能、亲社会性、在同伴中的受欢迎程度和问题行为为中介。儿童最终的职业选择以父母的学业期望为起始,以儿童的社交效能和学业期望为中介。

7. 亲社会性与学业成绩和受欢迎程度呈正相关,但与违规行为呈负相关。道德解约与犯罪行为存在直接相关,但通过亲社会性、攻击倾向以及负罪感和补偿与犯罪倾向存在间接相关。道德解约与攻击行为也通过上述三个变量呈间接相关。犯罪在一定程度上是由于穷人和受压迫者缺乏可选择的行为。

8. 除非人们参与自我赦免过程,否则大多数人都不会做恶。非人性化是他们使用的机制之一。其他机制还包括有利比较和委婉标签。谴责受害者命运不好、责任移置和分散都是自我赦免过程。道德合理化是指通过宣称无人道行为是出于社会和道德目的,来使它成为"可接受的"。

9. 在渐进的道德解约中,人们慢慢地、无意识地接受通常不接受的行为。通过自我评价过程,像特蕾莎嬷嬷、马丁·路德·金和苏珊·安东尼等人为了人权甘愿以身触险。不幸的是,自我赦免过程正在被用于为虐待妇女的行径辩护。虐待妇女的男性求助于有利比较、委婉标签、道德合理化、非人性化和谴责受害者来实施暴力。可悲的是,有施暴倾向的男性和作为牺牲者的女性可能会彼此吸引。

10. 班杜拉的理论以前曾被指责为适用范围界定不清,但许多理论都面临这种问题。还有人指责它忽视道德机能,但新的研究使这种说法黯然失色。这一理论的广度真实可信。而且,有理由认为他的社会认知理论在所有理论中有着最高的实践价值。 327

对比

理论家	班杜拉与之比较
米歇尔	都关心自我调节机制,但拒绝特质。
罗特	他也关注期待。
斯金纳	他强调对奖赏的预期,而不是斯金纳的奖赏的过去历史。

问答性／批判性思考题

1. 环境会怎样影响你的神经生物过程?

2. 社会比较如何看待友谊和对抗?

3. 你能从自己的经历中举几个韧性的例子吗?

4. 提出一种书中没提到的班杜拉理论的应用价值。

5. 本书对社会认知理论太过宽容了吗? 对它提出一些独到的批评。

电子邮件互动

通过 b-allen@wiu. edu 给作者发电子邮件,提下面列出的或自己设计的问题。

1. 为什么男性会殴打女性?

2. 父母如何改善对孩子的教育?

3. 一个人能过于乐观吗?

关键在于结果：斯金纳

- 训练动物的原理适合理解人格吗？
- 环境决定人的行为、语言和创造力吗？
- 你愿意在一个箱子里抚养婴儿吗？

伯勒斯·弗雷德里克·斯金纳
www. ship. edu/cgboeree/
skinner. html

到目前为止，我们回顾的理论都与"内在状态是什么"，或"内在状态是什么"与"外在状态是什么"的结合体有关。相反，**行为主义**（behaviorism）心理学派研究的基本问题是"外在的"，即外显的（可观察的）行为。与其他科学家的观点一致，行为主义者认为心理科学应当只研究能被感官证实的现象。他们回避埋藏在人"心灵"中的实体，例如内心的想法、情感、期望或动机（Baars，2003；Baum & Heath，1992）。

有两种类型的行为主义者与斯金纳不同：他们是斯金纳之前的古典行为主义者和方法论行为主义者，后者使用行为主义者的方法，但可能背离了他们的假设。这两类行为主义者把视线局限在当前可观察的事件上——他们关注此时此地。斯金纳形成了一种被称为**激进行为主义**（radical behaviorism）的更为宽泛的观点，它关注当前可观察的事件，还关注能被观察和测量的潜在的未来事件（Rutherford，2003；Salzinger，1990）。因此，斯金纳期待能对未来环境加以安排，以促进令人满意的行为的发生。他认为我们能够设计选择行为的环境——选取一些行为（而不是另一些行为）加以强化——选取的行为对行为者以及其他人可能都是有利的。这一观点听起来有些乌托邦色彩。实际上，确实如此。在斯金纳写作《沃尔登第二》（*Walden Two*，1948）这部小说时，他在里面设计了一个乌托邦社区，这里不使用惩罚，而是用奖赏引导人们充分利用他们的所有与生俱来的能力和特质。斯金纳希望创造这样一个更为美好的世界。 329

斯金纳其人

伯勒斯·弗雷德里克·斯金纳(Burrhus Frederic Skinner)生于 1904 年,在宾夕法尼亚州苏斯昆哈那镇度过他的童年时代,而他的性格形成时期是在斯克兰顿度过的(Skinner,1976a)。晚年时,他记得与父母并不亲密,也不热衷于追逐家庭的新教徒传统(Liptzin,1994)。他还记得自己在很小的时候就对心理学产生了兴趣。就像大多数人一样,他的兴趣最初起源于一些更为神秘的心理现象。三年级的时候,他有了一次"超感体验":他兴奋地举手报告,恰恰在老师说某个词的时候他读到了它。长大些的时候,他对乡村集市上的鸽子训练着了迷,并且在大学期间,他写了一个关于"改变人格的腺体"的剧本和一篇分析哈姆雷特疯狂行为的学期论文。斯金纳记得他年轻的时候,曾经划着独木舟思考关于思维的问题。

从纽约州的一个小学校汉密尔顿学院(Hamilton College)获得英国文学学士学位以后(1926),斯金纳游荡了一段时间(Skinner,1976a)。他非常想成为一名作家,甚至还得到弗罗斯特的鼓励。在那段"黑暗岁月"里,斯金纳呆在斯克兰顿的家中饱受痛苦,因为他当律师的父亲刚被解雇,期待着年轻的斯金纳去"干点什么"(Baars,2003)。由于成果有限,斯金纳没能成为一个成功的小说家。巴尔斯(Baars,2003)声称,没有成为一个成功的作家让斯金纳放弃了精神生活。然而,好像突然间撞见了"真理",斯金纳从韦尔斯(H. G. Wells)和罗素(Bertrand Russell)的书中发现了行为主义,后者是早期行为主义者华生的一名热心追随者。韦尔斯反复沉思:如果他正孤身一人站在码头上,这边是正在水中挣扎的乔治·伯纳德·肖(George Bernard Shaw),另一边是正从视线中慢慢消失的巴甫洛夫,他该将惟一的一件救生衣抛掷给谁[这里指的是巴甫洛夫(Pavlov,1927),著名的俄国生理学家,他教会了狗在听到铃声时分泌唾液]。这件救生衣被赠予了巴甫洛夫——暗指行为主义——并且斯金纳也将毕生的智慧忠诚地献给了行为主义。

之后不久,斯金纳进入哈佛大学攻读心理学研究生课程。其间他有一段时间呆在格林威治村,体验放浪不羁的文化人的生活方式。在那里的一家夜总会,他注意到一个颇有魅力的年轻女子,就像每次发现令人关注的女人时所做的那样,他勇敢地上前介绍了自己。当得知斯金纳即将成为一名心理学专业的学生时,她声称自己渴望被催眠,斯金纳顺水推舟留她过了夜。从两个方面看,这是一次重要的经历。它巩固了他作为一名心理学家的身份,并且也是一桩风流韵事的开端。斯金纳与这名女子开始同居,从而表现出他乐于挑战危险:该女子已经结婚了,而且她正在服兵役的丈夫经常来看望她。这种令人不安的生活最终使得斯金纳作出决定,格林威治村的生活方式并不适合自己。

斯金纳人格的其他方面在《沃尔登第二》(1948)一书中有所展示。书中的主要人物"伯里斯教授"是一个直率的、典型的学究,当试图搞清生命的意义时,他采取理智的方式而不是情感

330 的方式,从他身上可以明显地看到斯金纳个性的影子,这绝非偶然。斯金纳"几乎没有人格"。然而荒谬的是,他是轻佻的,并且偶尔甚至会搞些恶作剧。在他的毕业典礼上,斯金纳用拉丁文发表了一篇演说,内容是讽刺学校的行政部门。当时,学校的一位行政官员大声质问:"被授予毕业证书时学生们为什么不鞠躬?"斯金纳在接受自己的毕业证书时,特别庄重地鞠了一躬。他表现的这一"低级笑话"引发了观众的一阵笑声。

如果严肃地考虑斯金纳(Skinner, 1976b)说过的有关自己的话,你会发现他的人格是很难准确说明的(Skinner, 1983a)。斯金纳本人提供了很少的帮助。在我和波特凯准备编写早期版本的人格教材时,波特凯请斯金纳完成一份人格问卷。斯金纳回复说,他不喜欢被人说成是"有怪癖的",但他的确不相信这类测验。

然而,斯金纳确实没显示出清晰的人格。也就是说,对于每一种能够从他行为的自我报告中推断出来的人格特质,他还显示出与其相反特质相关联的行为。作为一个年轻人,斯金纳害羞而又外向,谨慎而又冒险,聪明可有时又很愚蠢。他的私人生活是相当保守的,但偶尔也会不检点。也许这些都是故意的。如果一个人想要否定人格的存在,他就不会有清晰鲜明的人格(Skinner, 1989)。尽管斯金纳有这么多否定人格的声明,可我们还是可以从斯金纳著作的字里行间嗅到大量的关于人格的味道。翻阅他的自传和早期论著,我们可以看到"客观性"、具体性、情感分离是他的理论特征(Demorest & Siegel, 1996)。但是他究竟有没有精神生活:意识(Baars, 2003)?当然他有。事实是,他去除了意识的原因属性(它是行为的结果而不是原因;Vargas, 2003);然而,像我们所有人一样,当他在不作研究时,他可能会把职业放在一边而投入精神生活(Kihlstrom, 2003)。无论如何,斯金纳已经证明即使一个人没有清晰地显示出大量一致的特质和丰富多彩的精神生活,他也生活得饶有趣味。

斯金纳经常扮演旧习破坏者的角色(Dinsmoor, 1992)。他抓住每一个机会来撼动心理学的既成规则。例如,他经常遭受人道主义者和自由评论者的攻击,指责他把法西斯式的方法应用于人类行为的强制规则。斯金纳注意到他的批评者们一提到"控制"(control)这一词汇就退缩,他便经常使用它。这一策略也足以嘲弄他的对手。通过故意展现他们最憎恨的东西,斯金纳"驱使"对手对他有时具有煽动性的作品作出"没有经过充分考虑的反应"(Dinsmoor, 1992, p. 1458)。

与此同时,就像史蒂文·斯皮尔伯格(Steven Spielberg)影片中的一个儿童角色一样,斯金纳可能是自然真理的极为天真幼稚的"发现者"。在详述他对"消退"(习得反应的消失)的第一次观测时,斯金纳(Skinner, 1979;见 Iversen, 1992)描述了他是如何像其他伟大科学家一样偶然获得其重大发现的(例如玛丽和她的丈夫皮埃尔·居里偶然发现了核辐射)。一次,他把一个动物放进一个当按压杠杆时能自动发放食物的装置中后离开了实验室。当他回来时发现,一个设备故障已经使食物停止发放了。这次幸运的不幸事件给他提供了"第一个"消退蓝图。斯金纳沉溺于科学的狂热,感慨地说"整个周末我穿越街道时,都特别小心,避免一切不必要的冒险,以防止我的发现因我的死亡而丢失"(Skinner, 1979, p. 95;见 Iversen, 1992)。

在他生活的那个时代,斯金纳可能是获奖最多的心理学家。他入选了科学家的"名人堂"——国家科学院。他还获得实验心理学家协会颁发的沃伦奖章(1942)、美国心理学会颁发的杰出科学贡献金质奖章(1958)和国家科学奖章。1990 年,他同时获得美国心理学协会颁发的詹姆斯会士奖和美国心理学会颁发的心理学终身贡献奖(Salzinger,1990)。在与白血病进行了长期的较量后,斯金纳于 1990 年 8 月 18 日溘然辞世,这与他出席最后的获奖仪式并发表演说仅仅相隔了八天(Vargas,2003;斯金纳的女儿 Julie)。面对这致命的疾病,斯金纳心境坦然,临终时他同家人开玩笑说,他推荐白血病作为一条西归之路,因为它相对没有痛苦,而且没有损害他的智慧。

斯金纳关于人的观点

环境论:结果的重要性

斯金纳在其学术生涯的早期抛弃了华生和巴甫洛夫式的心理学(Vargas,2003),之后,他(Skinner,1972g)拒绝接受人们对他的反复谴责,即说他是一个"S→R"或刺激—反应心理学家(Iversen,1992;Salzinger,1990)。按照 S→R 概念,环境中的一个刺激如构成狗进入房子的入口的"门中门",必然会引起狗作出反应,即进入房子。斯金纳说并非如此。狗门为"进入"这一反应设置了场景,但狗是否这样做只是存在可能性,不是绝对的(Moxley,1992)。进一步说,要理解狗的或人的行为,人们需要一个 S→R 描述中缺少的概念(Vargas,2003)。**结果**(consequence)是发生在反应之后并改变反应再次发生的可能性的事件。对狗来说,进入了房间是一个将增加狗未来戳门可能性的结果。"结果"对于斯金纳的观点而言是如此重要,以致他把它列入一本自传书的标题中(Skinner,1983b)。

虽然不是一个 S→R 心理学家,但斯金纳忍受着被指控为是一个环境论者的"罪过"(Skinner,1983a)。在他(Skinner,1971)看来,环境控制一切,但,正如你将要看到的,环境自身也受到控制。他经常谈到环境—行为关系与"自然选择"之间的相似之处,"自然选择"这一过程由达尔文提出,用来解释人类及其他动物是如何进化到他们的现在状态的(Salzinger,1990;要了解有关观点,见 Flynn,2003)。

自然选择可以用一个例子加以说明。在哥斯达黎加的珀斯火山附近的山顶地带,生长着一种花,它有着弯曲的茎,在花瓣的根基处形成了一个深深的凹陷并伸向茎部。当一种蜂雀在此定居时,其中只有少数变异者有足够长和弯曲的喙能够伸到花茎深处吸食营养。这些变异的鸟在山顶得以生存、繁殖和健康成长。环境,具体地说是花的类型,选择了那些具有完美形状的喙以便于成功作出插入花茎反应的鸟生存下来。

同样,人类经过数千年的发展,已能够有效地实施某些行为。环境已经选择了人类的某些身体特征,如灵活的手和手指,因为这些特质有利于某些对生存有价值(利于适应环境)的重要行为的操作。某些欧洲人中的男性具有非常结实的大腿和小腿肌肉。这些体征被选择用来在早期农业时代操纵旧时的犁。因此,环境选择利于某些行为实施的身体特征,这些行为能产生改善生存的结果,如食物的供应。反过来,生存为人类的繁殖提供了机会,从而使控制这些特质的基因得以延续。

斯金纳进一步指出了个体在可能引发行为反应的几种结果上的差异(Skinner,1948)。只有一些人天生能够借可利用的材料有效地搭建一些新奇的东西,这些人有可能作出许多与建筑有关的反应。因为典型的环境提供了这类反应的众多且重要的结果(建造房屋以躲避恶劣天气),所以可能的是,"建筑"行为会经常被选择并且发生的可能性会提高。

然而斯金纳强调,由环境通过自然选择决定的遗传输入使个体倾向于某些行为而非其他的,但它只是限定了行为发展的潜能(Rutherford,2003)。我们每个人生活的特定环境决定了我们自己的独特行为能力。只有在个体所处的特定环境中出现与艺术行为相关的机会时,他生来具有的艺术潜能才会表现为艺术行为(Skinner,1972c)。如果环境不能提供此类艺术行为的重要结果,那么它就不可能选择艺术行为。总而言之,一个人做出的实际行为依赖于他/她的环境特征。

"超越自由与尊严"

如果一个刺激具有引起一个反应的某种可能性,如果我们的遗传倾向限定了我们的行为发展倾向,如果我们所处的特定环境决定了我们将要采取的实际行为,那么我们都是环境的奴隶。也就是说,我们缺乏自由(Dinsmoor,1992;Skinner,1948,1971,1983a)。这一惊人的宣言以及《超越自由与尊严》(*Beyond Freedom and Dignity*,Skinner,1971)一书中的其他观点,使斯金纳这本最成功的著作位居《纽约时报》(*New York Times*)畅销书排行榜的榜首(Rutherford,2003)。根据斯金纳的观点,**自由**(freedom)是指我们自己能选择各种行为而不是被环境控制行动的信念(Skinner,1972f)。显然,斯金纳并不接受他认为属于我们的信念。在他看来,我们受到环境控制是一个事实(Skinner,1983a,1983b,1989)。试图否认环境控制就有被阴险、恶毒的环境和恶意的人控制的危险(Dinsmoor,1992)。政府和阴谋家有时会为了控制者的利益而控制人类(Skinner,1987a)。通常,我们无法觉察这一控制对我们造成的伤害,因为它在当时产生了积极的结果,尽管推迟一段时间后它会产生消极后果。例如,当政府放松对进入我们水源和空气的污染物水平的调节时,我们也许会袖手旁观。我们不去反对,因为对我们来说,有"工作保障"及"促进经济发展"的即时利益。然而,我们必须意识到,从长远来看,放松对污染源的控制和调节会造成恶劣的后果(Skinner,1983a)。

斯金纳(Skinner,1971)问道:"为什么我们不应该决定环境控制我们行为的过程呢?"要不然,我们只能是让机遇控制行为,或者更糟糕的是,让别人为了他们自己的利益来控制我们。一种信念能很好地阐释激进行为主义,那就是我们可以通过操纵环境以增加有益结果发生的可能性来控制我们的行为(Salzinger,1990)。我们不是自主的,但我们可以通过改变环境中与理想结果有关的方面来获得一定程度的自主性。当我们要求自由时,其实我们真正想要的是免于消极或令人厌恶的结果而获得积极结果(Dinsmoor，1992)。我们只有通过安排自己的结果而拥有自由，而不是假定我们能够直接控制行为或将结果留给"政府"或"命运"。这样看来，斯金纳的确承认我们拥有自由，但受很大的限制。我们能够安排环境以便我们期望的结果可能发生，但是，即使我们这样做了，我们还要受到自己创造性的控制(Skinner，1983a，1983b)。

激进行为主义的批评家们指控斯金纳企图强迫性地控制人类行为，而"自由"这一概念及其限定条件使这些批评家犯了错误(Dinsmoor，1992；Rutherford，2003)。斯金纳想要消除这些受专制者青睐的、令人厌恶的控制手段。他将用能产生积极结果的控制取代这些极权主义的做法，这些积极的结果可能是由那些期望实施仁慈控制的人来安排的。

虽然某种程度的自由可以达到，但尊严是难以获得的。"当我们因一个人的所作所为而称赞他时，我们就承认了一个人的**尊严**(dignity)或价值"(着重强调；Skinner，1971，p. 58)。在我们的日常生活中，当我们无法轻易地鉴别出控制一个人行为的结果时，我们就会将行为归因于该个体自身而不是环境。因此，当一个人为一项有价值的事业匿名捐赠时，我们会假设他之所以这样做是因为他内在的某种东西——被称为利他主义——在起作用。在这样分析时，我们就忽视了决定其行为的早期环境中的结果。例如，这个人可能受到了"提倡"(结果)无私奉献的文化环境的熏陶。当人们"做好事"时，称赞他们就是忽视引起"做好事"的结果(Skinner，1983a)。斯金纳(Skinner，1971)建议，我们应鉴别出这些结果并加以控制，以使更多的人更经常地"做好事"。接受他的建议就意味着要放弃我们因所作所为而获得的荣誉，放弃"尊严"。作为回报，他向我们保证，归功于环境而不是我们自己将引导我们为控制行为寻求一些善意的结果。这种探求将形成一种行为技术，它会保证"做好事"经常发生而"做坏事"销声匿迹。

当他/她慷慨大方时，我们就说他/她有"利他主义"的"人格特质"，然而我们忽视了环境决定因素，可以说犯了"基本归因错误"(Hineline，1992)。但是当把原因归于我们自己的行为时，我们往往就不会犯这类错误。通常，我们说我们自己的行为是由环境中的某些东西"导致"的。当我们这样做时，我们便显现出我们能够理解环境决定论(Allen，2001)。

斯金纳躬行己言。在《沃尔登第二》(1948)中，他的主人公弗雷泽(Frazier)，那位设计了书中描述的乌托邦的人，一再拒绝给予人们一些荣誉，尽管他们的所作所为令人满意。斯金纳本人曾经用下面这段话结束过他的一次演讲(Skinner，1972g)：

> 现在我的工作结束了。我完成了我的讲座。我没有为人之父的感觉。如果我的遗传历史和个人历史有所不同的话，我本应该给大家作一个不同内容的讲座。如果我应该得到一些荣誉的话，那仅仅是因为我在这样一个职位上可能做出了某些事情。我将从这个意义上来理解大家给我的礼貌的掌声。

视窗 14-1 论述了描述行为的词汇是如何转变成心灵主义词汇的。

334

视窗 14-1   某些描述性词汇曾经指代行为,但后来不是了

在斯金纳的职业生涯中,他的理论观点面临的、令他苦恼的诸多威胁之一是**心灵主义**(mentalism),它认为决定行为的是人的思想和情感,而不是外部的结果(Baars, 2003；Baum & Heath, 1992；Skinner, 1983b)。他悲叹"认知革命"的诞生和发展,这场运动强调思维过程在决定行为中的重要性(Skinner, 1989)。

我们使用的很多词汇似乎都是支持认知倾向的,它们指代内部条件、思想或心理状态:经验(experience)、态度(attitude)、理解(comprehension)、需要(need)、意志(will)、担忧(worry)和意向(intention)。不过,斯金纳(Skinner, 1989)认为,这些术语最初是指向行为的,而不是内部条件。早些时候,人们是更具行为主义色彩的,但发生于此时和彼时之间的某些事情改变了这一倾向。部分是由于人们喜欢因他们的所作所为获得荣誉,部分是因为人们无法看清他们的行为产生的通常微妙的结果,词汇的意义就改变了。这些术语转变成心灵主义词汇的机制之一与我们观察到的情感与思想发生于行为之后或同时发生有关。然而,这些一览无余的情感与思想与其说是引发行为的原因,还不如说是由于它们与行为相继发生而被误认为原因。行为的真正"原因"是它们的结果,它们通常不是很明显或与行为不是很接近。

"'经验'是一个[与心灵主义相关的词汇的]典型例子……直到19世纪,这个词才用来指感受到的或内省观察到的事情。在此之前,它实际上是指一个人'经历过'的事情(来源于拉丁语 *expiriri*)……"(Skinner, 1989, p. 13)。斯金纳举出了很多其他例子。"意向"来源于拉丁语 *tendere*,最初的含义是'身体的伸展或延伸',与行为有关。"意象"(image),现在的意思是"事物在头脑中的复本",最初的含义是"头部和肩膀的彩色雕塑",来自拉丁语 *imago*。后来它用来指"幽灵",但这两种含义都不是指头脑中的东西。"焦虑"(anxious)和"担忧"这两个词原意是"窒息",就像这句话"狗抓住老鼠,使它窒息了"(p. 15)。"意识"(aware)原来的意思是"小心谨慎的","理解"(comprehend)指"抓住或抓牢",而"解决"(solve)过去是指"溶解",如糖溶解于水。

与他的信念相一致,斯金纳在写作或公开演讲时使用的术语都指向行为。甚至在"私下场合"斯金纳也是一个行为主义者,而且他劝告每一个人都应该如此。当我和妻子在一次心理学会议期间遇到他时,我们忍不住介绍自己。斯金纳的回答很简单,"我正在等候朋友"。他提及他正在做什么,而不是他可能在想什么或感受什么。

基本概念:斯金纳

斯金纳宣称不要建立什么理论(Skinner, 1983a),并且被一些人认为是抵制理论者(anti-theory)(Kendler, 1988；Rockwell, 1994)。另一些人认为他只不过是抵制某些理论罢了,特别是那些提倡心灵实体的理论(Schlinger, 1992),事实上他期望有一种建立在仔细观察基础上

的行为理论的出现(Chiesa,1992)。不管怎样,斯金纳的观点拥有一个理论的全部外在标志,包括众多的概念。

操作条件作用

斯金纳的心理学的观点在于许多心理学家所谓的"工具性"(instrumental)条件作用(见Kimble,1961)。斯金纳的术语是**操作条件作用**(operant conditioning),一种有机体通过操纵环境产生结果而影响该操作或行为再次发生的可能性的过程。这种作用于环境的行为通常被称作操作(Lee,1992)。这里没有提到与斯金纳的操作条件作用对等的巴甫洛夫的"反应条件作用"(respondent conditioning),因为它与操作条件作用比起来基本上不能解释我们的行为(Vargas,2003)。

相倚是斯金纳的概念体系中重要性仅次于结果的关键术语。如果事件 B 与事件 A **相倚**(contingent),那么事件 B 的发生就依赖于事件 A 的先前发生(Holland & Skinner,1961;Lee,1992)。如果鸟鸣与太阳的升起相倚,那么鸟鸣的发生就依赖于太阳的先前升起。在操作条件作用中,结果与某个反应的先前操作相倚,这种反应通常是一个非常不连续的具体行为,例如一只受训犬的"握手"行为。操作条件作用包括积极强化、消极强化和惩罚三类结果。

积极强化和消退

当某事件与某个反应的先前操作相倚,并且在将来情境中这种行为反应产生的可能性有所改变时,**强化**(reinforcement)就发生了。强化物(reinforcer)这一术语通常被用来指代作为反应结果"呈现"的一个刺激物(事件)。**积极强化**(positive reinforcement)是指某一事件(通常是某种刺激)提高一种反应再次发生的可能性的过程,该事件的呈现与该反应相倚。食物是一种最初的积极强化物。如果儿童的哭闹反应导致了父母的喂食举动,那么哭闹在将来就更有可能发生。很容易理解为什么选用强化这个词。强化通常意味着"加强","能积极地强化一个反应"的事件的出现加强了这一反应,即增加了该反应再次发生的可能性。

斯金纳(Skinner,1983a)经常将一只鸽子装进一个笼子里,其专业名字是自由操作室,但通常被称作斯金纳箱。如图 14-1 所示,它看起来和其他圈养动物的笼子没什么两样,只是它

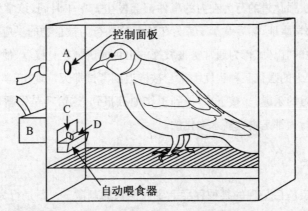

图 14-1　斯金纳箱:鸽子啄 A,带动食物弹盒 B,使得食物沿着管道 C 进入杯子 D

安装着一个鸽子可以啄的控制面板(A)。啄它可以带动一个食物弹盒(B)发放谷粒并沿着管
336 子(C)进入笼子里的一个杯子(D)中(如果是老鼠则压一根杠杆)。在最简单的情境下,鸽子每
次啄控制面板(反应)之后都跟随有谷粒(强化物)的出现。

注意在操作条件作用中发生的反应的类型。反应的发生是由动物发动的,而不是自动产
生的。鸽子可以很多次啄控制面板,也可以一次不啄;它可以啄得很用力,也可以轻轻地啄。
而且,是鸽子控制着事件的进展。除非鸽子开始啄控制面板,并且它必须自己作出反应,否则
不会发生任何事。

当一个动物开始或多或少地作出随机反应时,操作条件作用通常就开始了。鸽子会莫名
其妙地啄很多次。把一只鸽子放进斯金纳箱里,它会四处乱啄,最终啄到了那块面板,这时谷
粒就会沿着管子流进杯子里。鸽子吃了谷粒后会再徘徊几圈。早晚它都会再次啄到那块面
板,接着又会出现同样的结果。如果你仔细观察,就会发现鸽子啄面板的时间间隔明显地越来
越短,直到鸽子以相当高的频率啄面板。当**反应频率**(rate of responding)稳定下来时,条件作
用据说就建立了,这样一种新的反应便习得了。反应频率也是条件作用强度的一个指标,一般
说来,反应频率越高,条件作用就越强。当先前受到强化的反应不再跟随原来的强化物且反应
频率最终降低时,**消退**(extinction)就发生了(Iversen, 1992)。

形成更复杂反应的操作条件作用需要特殊的程序。假如一个人想要教会一只狗转圈。他
会使用**塑造**(shaping),塑造是指利用行为的自然变化性对不断接近目标行为的反应进行强化
而获得新行为的过程(Epstein, 1991;Iversen, 1992)。当一条饥饿的狗焦躁不安地等待喂食
时,它通常会毫无目的地转来转去(注意,如果被剥夺了强化物,动物就有可能形成条件作用)。
337 如果它做出了明显的右转(或左转)动作,就给它一点食物(初级积极强化)。等待它做出一次
更明显的朝同一方向的转动——更接近目标行为的动作——然后再给予更多的食物。通过强
化越来越完整的转圈动作——不断地接近——一个完整的转圈行为很快就会被塑造出来。
在对转圈行为的塑造中,通常最好是让狗自发地开始转动。然而,一些狗可能需要推动
(prompting):它们必须至少被引诱作出一次接近目标行为的反应(Skinner, 1983b)。

积极强化在每个人的生活中每天都会发生,包括一个普通大学生。在一个学生的一天中,
包括那些从前被多次强化过的行为在内的事件都会发生。中午时间,该学生会到他宿舍区的
自助餐厅,出示他的学生证,然后拿盘子盛好午饭。这些行为被食物的供应积极强化。然后这
个学生来到教室,他的"出勤"行为通常是被教授的出色演讲强化。接着,他去了图书馆进行下
午的学习,对这种行为的强化某种程度上将会被推迟到考试那天。现在,学习伴随着一个相当
抽象的强化,即"学习的乐趣"。接下来,他到工作地点报到,这恰巧是发薪水的日子。他那天
和在此之前的工作行为都是由这薪水强化的。

消极强化和惩罚

积极强化——反应后呈现的某种程度上令人愉快的刺激——不是行为习得的惟一途径。
厌恶刺激是不愉快的、令人痛苦的或有害的。**消极强化**(negative reinforcement)是指反应后通过

使厌恶刺激终止、减少或缺乏来增加此反应再次发生的可能性的过程(Holland & Skinner，1961)。这类刺激被称作消极强化物(negative reinforcer)。导致成功逃避(终止)或回避(确保不出现)消极强化物的行为在将来发生的可能性会增加。实际上，回避(或逃避)事件也就是消极强化事件。

利用一个梭箱可以说明逃避和回避行为，如图14-2所示。梭箱实际上是个笼子，它有一个通电的格状地板和一个位于中间的分隔物。把动物放进箱子中的一侧，在这一侧有不舒服但不会有什么伤害的电刺激。动物只需简单地跳到另一侧便可逃避电刺激。跳跃行为被电击的终止强化了。逃避条件作用的例子都涉及不间断的厌恶刺激，它可以通过行使某种行为来终止。一个相对平常的例子是把一只手放在热炉子上：缩手反应被令人不愉快的灼烫感觉的终止强化了。逃避条件作用可以被用来戒除吸烟或饮酒行为。使一个想要戒烟(或戒酒)的人接受适度的电击，每当他吸一口烟(将酒杯举到唇边)就被电击一次。他会把烟熄灭(把酒倒掉)以逃避电击。

当在梭箱两头都安装一盏灯时(见图14-2)，就可能发生回避学习。首先，动物学会逃避。然后，在电击开始之前，动物所在一侧的灯会短暂亮一会儿。开始时，灯光好像对动物的行为没有什么影响。然而，在电击紧随其后的灯光多次呈现之后，动物开始在灯亮之后、电击尚未开始之前跳到另一侧，从而回避电击。现实生活中回避行为的例子很多。不管什么时候，小孩子通常都会面对一些厌恶刺激，例如在放学后不得不照顾弟弟或妹妹，他将会形成回避反应，比如放学后去做体育活动。通过修剪草坪可以回避清洗脏盘子。洗车可以回避去打扫房间的脏乱区域。因为他们想要回避"厌恶刺激"，所以参加体育活动、修剪草坪和洗汽车的可能性增加了。很多神经性或病态性恐惧反应都是回避行为。假如一个人总是有一些丢脸的失礼之举或者犯些其他的社交错误，那么她在社交场合(聚会或者会议)就会变得非常焦虑。而消除焦虑就强化了她对社交聚会的回避。可以再考虑一下一个人惧怕坐飞机，那么坐火车、公共汽车或轿车的行为就会被这种恐惧感的消失强化。

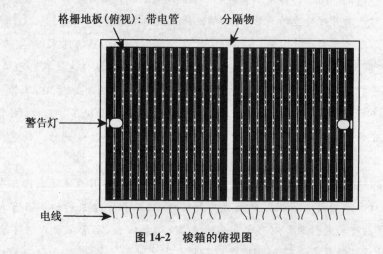

图 14-2　梭箱的俯视图

惩罚(punishment)是指伴随着反应后厌恶刺激的呈现该反应再次出现的可能性降低的过程(Skinner，1971)。(这一过程在学术上被称作积极惩罚。消极惩罚是指积极刺激物的撤销：

"那好,你今天晚上不许看电视!")这两类都包含厌恶刺激的强化恰好相反。然而,消极强化是伴随着厌恶刺激的终止、减少或回避,反应频率增加;惩罚是伴随着厌恶刺激的呈现,反应频率减少。如果一个小孩的手因为伸入甜饼罐而遭到拍打,那么惩罚将会减少再次偷吃小甜饼的可能性。当一个小孩因为打了另一个孩子而"被罚"时,再次攻击其他孩子的可能性就会降低。

斯金纳一直主张这种厌恶性控制技术"惩罚"并不是控制行为的有效方法(Skinner,1948;见 Benjamin & Nielson-Gammon,1999)。他(Skinner,1971)坚持认为,惩罚可能仅仅导致惩罚者(父母)不想要的行为的暂时性抑制。个体可能会一直抑制某种不良行为直到惩罚者不在场为止。之后这种行为可能会以更高的频率发生,以弥补惩罚者在场时被抑制的反应。偷饼行为和攻击行为将会以比平时更高的频率出现,以弥补惩罚者在场时失去的机会。同时惩罚还可能伴随着某些令人遗憾的副作用,如恐惧、焦虑、攻击性、无法作出有利的行为反应等,而且对人而言,还会导致自尊、自信和主动性的丧失。

视窗 14-2　攻击行为的制止:什么不起作用

被父母唤作"鲁迪"(Rudy)的 8 岁的鲁道夫(Rudolph)有个坏习惯,就是攻击惹着他的人,包括他的母亲爱丽莎(Aliza)。爱丽莎的反应是用力回击他。她认为这样会奏效,因为鲁迪暂时停止了对她的攻击。她似乎没有注意到,过段时间以后鲁迪又会打她。当鲁迪打他 4 岁的妹妹爱丽丝(Alice)时,爱丽莎没有像打她时那样给予回击,而是威胁说会给他身体的惩罚。每当鲁迪打他妹妹时,爱丽莎总是大喊:"等你爸爸回来收拾你!"

不幸的是,爱丽莎经常要让孩子们单独待着而且时间相对较长(她利用家庭电脑服务于一家金融市场,工作时她会关上工作间的门)。当她在电脑前工作时,鲁迪就可以对爱丽丝为所欲为了。他会痛打爱丽丝并抢走她的玩具和"特色糖果"(M&Ms)。而且他并不担心被逮着,因为他警告爱丽丝,如果她胆敢告发,他就会拆了她心爱的自行车。不过偶尔他也会听不到母亲离开办公室的声音,这时候他便会被逮个正着。

攻击行为发生几个小时以后,鲁迪的父亲赫尔曼(Hermann)回到家,郑重其事地"打鲁迪的屁股"。实际上,赫尔曼对此并不感兴趣,他只是在表演:把鲁迪放在自己膝盖上,用他那柔软的大手打几下鲁迪的屁股。鲁迪则很配合地哭叫着并且还流着泪,尽管旁观者知道他只是有点不舒服,但不会痛。而爱丽莎则被这样的闹剧给欺骗了。后来,当鲁迪在学校变得具有攻击性时,爱丽莎显得很惊讶。"我已经做了所有我能做到的,"她悲伤地说,"我经常打他,他父亲也是。"

首先,请注意爱丽莎给予的实际惩罚。鲁迪打她,她就更用力地还击他。有三个原因可以解释为什么她的行为不仅无效而且更加糟糕,这助长了攻击行为。当有人攻击我们时,我们的首要冲动是什么?对我们很多人而言,就是回击(尽管多数人并不会那么干)。因此,鲁迪的攻击激惹了爱丽莎,同时爱丽莎的还击又激惹了鲁迪,尽管他可能会将这种攻击行为转移到一个更安全的目标上,如爱丽丝(Baron,1977)。攻击导致攻击:鲁迪在将来进行攻击的可能性增加了。第二，根据班杜拉的研究，爱丽莎是一个极好的攻击榜样，并且很明显，鲁迪是个快速的学习者(Gershoff, 2002)。第三，鲁迪习得了一个更微妙的经验：如果一个人足够强大，他就可以侥幸地成功实施攻击。

　　惩罚威胁作为制止未来攻击行为的一种手段效果如何呢(Allen, 2001; Baron, 1977)？首先，斯金纳知道，在特定条件下，厌恶刺激能够十分有效地控制行为(Solomon & Wynne, 1953)。但在这些条件中，最主要的是惩罚要十分严厉(例如，使用令人痛苦的电击)。历史上有很多利用严厉惩罚对行为进行绝对控制的例子，例如纳粹集中营里的看守成功地控制了被囚禁者的行为。除了严厉(1)之外，还有其他一些因素可以促进威胁性惩罚对于制止攻击行为的效果，这些因素包括：(2)这种威胁性的惩罚必须具有很高的发生可能性；(3)它必须在攻击行为之后立即发生；(4)攻击者一定不能非常愤怒；(5)攻击者从攻击行为中几乎不能获得好处(Baron, 1977)。

　　很明显这五个要素在鲁迪因攻击妹妹而受到身体惩罚威胁时并不具备。首先，他能够指望父亲在实施惩罚时根本就不严厉。第二，惩罚发生的可能性很小，因为鲁迪只在他确信没有人会知道时才打爱丽丝(当爱丽莎在电脑前工作时)。第三，鲁迪的攻击行为和赫尔曼给予惩罚之间的时间间隔达数小时之久，并非在攻击行为之后立即给予。第四，鲁迪总是非常愤怒(这是他的性格)，因此他不太可能在愤怒时特别关注行为的结果。他在缺少思考的"冲动"状态下实施攻击。第五，他能从攻击中获得很多好处：爱丽丝的玩具、糖果、征服感。毫无疑问，他会变得越来越具攻击性。

　　顺便提一下，当我们的司法审判系统试图通过惩罚(监禁或者更糟)的威胁来制止攻击行为时，提高惩罚效果的这些因素都具备吗？当某个人打算攻击另一个人时，这个准攻击者是否考虑了(1)惩罚的严厉性、(2)高可能性和(3)即时性？他是否可能(4)并不特别气愤并且(5)从攻击中也不会获得什么好处？除非这五种情况的回答都是肯定的，否则司法审判系统的惩罚威胁就不太能奏效。然而，如果威胁性的惩罚很严厉，有高发生率并且即刻给予，那么我们民主社会的含义就太可怕了。将当场抓获的攻击者排成队，并且立即击毙他们可能对制止攻击行为奏效。但这也践踏了人权并使罪恶的独裁者保持了权力。

　　就像爱丽莎和我们的司法审判系统一样，我们口头相信惩罚能够制止攻击和其他形式的反社会行为。但是我们真的相信它吗？是否真的相信惩罚可以作为一种对攻击／反社会行为的震慑，一个标准是我们是否按照这一信念去行动。卡尔史密斯、达利和鲁宾逊(Carlsmith, Darley & Robinson, 2002)提出证据表明，当人们必须惩罚不道德行为时，他们对制止措施的口头支持就被对一种"罪有应得"观点的赞同取代了("罪有应得"是指对伤害行为的惩罚是适当的)。这种转变发生在当参与者读完一篇关于蓄意伤害的短文(例如，盗用财产来维持奢靡的生活)后实施惩罚时。这些研究者发现，与制止措施有关的因素不能很好地预测惩罚的力度(制止措施要想起作用，难以检测的有害行为就需要更大力度的惩罚，并且有害行为的公开性越高，制止措施起作用的可能性就越大)。同时，与"罪有应得"

（可减轻罪行的情节的缺失、犯罪的严重性和对道德的践踏）有关的因素有力地预测了惩罚的力度。显然，犯罪制止只是一种我们口头赞同的观点，并不支持我们的行为。或许我们应该重新审视我们关于犯罪制止的信念。

最近有关儿童体罚的研究支持了斯金纳关于惩罚会起到相反作用的观点。体罚与儿童产生的大量消极后果相关，自从这一重大研究结果公布后，体罚（例如，打屁股或者其他形式的身体伤害）已变得具有争议（Gershoff，2002）。体罚在童年期产生的后果有攻击性提高、较低的道德内化、不良的亲子关系、低于正常水平的心理健康、行为不良和反社会行为；受到体罚的儿童在成年后产生的后果是，更倾向于成为一个虐待儿童或伴侣的恶徒、具有很强的攻击性、心理不健康。

卡兹丁和本杰特（Kazdin & Benjet，2003）回顾了这一研究及人们对它的反映，以及一些相关研究。首先，他们指出在美国体罚很普遍。在那些孩子不满 17 岁的父母中，至少有 74% 的人对孩子实施过体罚，而对于 3—4 岁儿童的父母，这一比例上升至 94%。第二，他们指出，相关研究表明，严厉的体罚与由心脏病、癌症、肺病等疾病导致的高发病率和高死亡率之间存在相关（并且当体罚非常严厉时——如虐待儿童——大脑会发生病变）。第三，他们指出，体罚的不良影响似乎是其严厉程度和发生频率的函数。第四，他们接受一个与对格肖夫（Gershoff，2002）的研究的批评相一致的观点：偶尔适度的体罚能够弥补其他形式的儿童行为处理方法，如强化暂停（time out）和对儿童进行说服。然而，卡兹丁和本杰特也指出，迄今为止，还没有研究能够揭示出适度体罚导致的任何可能的害处或益处。因此，尽管研究者还没有得出根本不该使用儿童体罚的结论，但结果明显不支持频繁使用严厉的惩罚。更广泛地说，斯金纳的惩罚会起到相反作用的观点基本上得到了证实。

341　　　表 14-1 将使你一眼就能对各种类型的强化作出比较。

表 14-1　强化的种类

当某事件与某个反应的先前操作相倚，并且在将来情境中这种行为反应产生的可能性有所改变时，强化就发生了。

积极强化是指某一事件（通常是某种刺激）提高一种反应再次发生的可能性的过程，该事件的呈现与该反应相倚。

当先前受到强化的反应不再跟随原来的强化物且该反应的频率最终降低时，消退就发生了。

消极强化是指在一个反应之后，通过使厌恶刺激终止、减少或缺乏，从而导致该反应再次发生的可能性增加的过程。

惩罚是指在一个反应之后给予一个厌恶刺激，结果导致该反应发生的可能性降低的过程。

人类的发展：语言、人格和儿童教养

虽然斯金纳拒绝"人格"这一概念，但是他关于行为是如何获得的观点与这一概念有着密切联系。在这一部分，我们将考察斯金纳关于与人格相联系的人类重要活动的设计和建构的观点。

言语发展。 儿童教养和儿童发展的一个核心问题就是家庭在语言学习中所起的作用。斯金纳(Skinner, 1957, 1972e)认为学习运用口头语言是一件相对简单的事情。当一个2岁的儿童面对刺激物"红灯"(red light)并且说出"红"(red)这个词时,他就会受到"交际群体"(父亲、母亲和兄弟姐妹)的强化。当儿童将两个词放到一块时,比如"那个红色"(That red),他的口语行为就会再次被强化。一个动词的正确插入("那是(is)红色的")同样会受到强化,这就会使儿童学会运用完整的、合乎语法的句子。从更为学术的角度说,口头语言的运用是通过口头反应和交际群体给予的强化之间相倚的形成而习得的。所谓的语言规则也是通过相似的过程而习得的。如果儿童说"我5岁了"(I am five years old)而不是"我5岁了"(I are five years old),其父母就会对他进行表扬(Skinner, 1976a)。因此,语言习得可以通过操作条件作用来解释。

斯金纳关于语言学习的著作一面世(Skinner, 1957),语言学家乔姆斯基(Chomsky, 1959)就提出了许多重要的反对意见。乔姆斯基声称,在解释儿童学习语言的神速时必须考虑其与生俱来的、由遗传决定的"语言装置"(language faculty, LF)(Palmer & Donahoe, 1992)。他推论,儿童突然而又快速的语言学习不可能由单调乏味、按部就班的操作条件作用来解释。儿童天生具有理解语法规则的能力,这使得他们可以跳跃式地学习语言。对这一观点的支持来自儿童极快的语言习得速度以及对儿童言语错误的观察。假设一个儿童在说"看,小鹿正在穿过马路"(Look, the deers are running across the road)时犯了错误。她这种说法一方面表明她对组成复数的规则的了解状况,鉴于她所犯的错误,另一方面也表明她还没有通过强化(父母一般不强化不正确的言语)习得规则。

尽管最初斯金纳主义者似乎未能回应乔姆斯基的挑战,但是现代的激进行为主义者对其进行了还击,某种程度上是通过找出语言装置的漏洞来进行的。他们提出,语言装置就像个体头脑中解释所有感觉输入的小人(小矮人)(并且在这个小人中又有另一个首先对所有外界输入进行解释的小人,等等)。此外,帕尔默和唐纳胡(Palmer & Donahoe, 1992)主张,语言单位必须"被分成短语、单词和组成语言的部分",语言装置才能作出它的解释(p. 1351)。那么,这么做的好处是什么呢?关于语言装置的其他问题包括:"如果它是遗传的,谁能够追踪它发展的进化历史?"并且"如果它是遗传的,谁能够定位其在人类染色体中的相关基因?"这些问题似乎比乔姆斯基针对行为主义所提的问题更具谴责性。

人格塑造。 斯金纳抓住一切机会将人格逐出科学的殿堂。在《超越自由与尊严》(1971)一书的第一章,他嘲笑"障碍人格"这一概念(pp. 8 and 16),他断然写道:"我们没有必要为了对行为进行科学分析而努力揭示自主人的人格、心智状态、情感、性格特征……或其他的品质到底是什么"(p. 15)。然而,在此书以及在《沃尔登第二》(1948)一书中,他巧妙地或者说不知不觉地指出人确实拥有人格,至少在行为表现的个体差异上可以看出,其行为具有跨时间和跨情境的相对稳定性。有时他甚至以一种假设其存在的方式谈起人格(Benjamin & Nielsen-Gammon, 1999, p. 162)。

在《沃尔登第二》一书中,我们认为应比伯里斯教授人格特质更少的那个人,具有丰富而完整的行为,从而使他明显区别于他人。这个人就是弗雷泽,沃尔登第二的奠基者和领导者。他是一个冲动的人,动不动就发脾气。他表现得相当自信,但是在所有虚张声势的行为之后隐藏着根深蒂固的脆弱。某一天,弗雷泽爆发了出来:

> 你认为我自负、好斗、不机敏、自私。你深信我丝毫感受不到我对他人造成的影响……你从我这里无法看到任何个人温情或直接的自然力量,它们使沃尔登第二获得了成功。我的动机是隐秘的和阴险的,我的情感扭曲了。(Skinner, 1948, pp. 236—237)

似乎这位谴责"人格"的作者在他惟一的小说中,提供了有关"较多"人格(弗雷泽)和"较少"人格(伯里斯)的精彩例子。在《超越自由与尊严》(1971)中,斯金纳不仅暗示人们有人格,而且暗示了人为地发展和改变人格的可能性。

为了纪念1984年,斯金纳写了一个新的短剧,在这个短剧中,复活的奥韦尔(George Orwell)——曾写过一本未来主义的书《1984》——试图进入沃尔登第二(Skinner,1987a)。尽管过了相当长的时间,但是弗雷泽和伯里斯看起来还是老样子。这样,斯金纳就验证了人格的稳定性。

343

视窗14-3 箱中婴儿

对斯金纳一直存在争议,至少在他战时试图用鸽子为导弹引航之后(Skinner, 1972d)。然而,斯金纳所做的任何事情都没有他将自己的女儿德博拉(Deborah)放在一个箱子里进行养育带来的评论多。斯金纳(Skinner, 1972a;Rutherford, 2003;Vargas, 2003;and see Benjamin & Nielsen-Gammon, 1999)描述了用来抚养孩子的装置,以及这位行为主义者设计这一非同寻常的程序采用的基本原理。他写道,他的妻子伊夫(Eve)考虑到节约劳动力,特别是她自己的劳动力时,认为是将科学运用到看护孩子的时候了。最初的也是非常恰当的考虑就是孩子身体和心理的健康。德博拉的"箱子"很宽敞,给她和她的玩具提供了充足的空间。在箱子前面的开口部分通常罩着一个可以移动的安全窗格玻璃。箱子内的地面铺着可以通过一个滚动装置随时更换的地毯。而且,箱内的温度和湿度都得到了很好的控制,孩子可以非常舒适地只戴着一块尿布而不穿任何衣服。

在不受衣服限制的情况下,德博拉可以随心所欲地活动她的四肢。与受到衣服限制的孩子相比,她快乐地、尽全力地做着锻炼,结果背部、腿和腹部肌肉都得到了很好发展。锻炼还使孩子的脚异常敏捷并促进了手脚协调。德博拉经常玩悬吊在箱子天花板上的玩具达数小时之久。通过用脚拨动音乐发声器,她可以谱写她自己的乐曲,给家庭带来了很多欢乐。

喂养孩子和给孩子换尿布每天只需要花费1.5小时,但这仅仅是对她时间投入的一小部分。"箱子"实际上是一张床,她和其他的孩子一样有一个游戏围栏(play pen),在她需要和家庭成员亲密接触时也会被抱出来(Vargas, 2003)。德博拉没有被忽视,仍然是家庭关注的中心。附近的孩子不断经过"箱子",以便找机会看"箱子里的孩子"并和她玩耍。德博拉不但没有比其他的孩子接受更少的情感,反而可能获得了更多高质量的情感。从看护的苦差事中解放出来,她的父母有更多的时间和更强烈的愿望来表达他们对孩子的情感。

斯金纳的一些技术和"为建立一个更好的社会而提出的建议"被批评家们认为是机械的,甚至是残暴的(Benjamin & Nielson-Gammon,1999;Haney,1990)。斯金纳本人也被一些人看作是冷酷无情的科学家(Baars,2003;Rutherford,2003)。将孩子放在明显孤立的地方只是为了证明这位著名行为主义者自己的见解。直到今天还在流传的谣言包括:德博拉患上了神经衰弱、她自杀过、她起诉了她的父亲、她感到愉快的荒唐事令她的母亲烦扰不已(Benjamin & Nielson-Gammon,1999)。

实际上,对于德博拉和另一个女儿朱莉(Julie)而言,斯金纳是一个温和而反应积极的父亲(Vargas,2003)。他们经常交流诗作和感人的便条。斯金纳还自愿承担了在女儿们入睡前给她们讲故事的责任(Vargas,2003)。当女儿们拜访他的家庭办公室时,斯金纳也总是马上放下手头的工作来陪伴孩子。在斯金纳自传的最后一卷中,记述了许多对女儿的柔情和关心的例子(Skinner,1983b)。比如,当德博斯(Debs,他对德博拉的昵称)在去阿尔卑斯山滑雪的旅途中摔断腿时,斯金纳当即放下手里的工作飞往日内瓦。斯金纳到日内瓦后,为了能够照顾女儿,在恶劣而危险的天气条件下驱车去了格勒诺布尔(Grenoble)。德博拉回家之后,因为受到拐杖的牵绊,脾气自然会有一些暴躁。在发生不愉快的第二天,德博拉给父亲写了如下的便条:"亲爱的爸爸,你怎么样了? 我写这张便条的目的就是告诉你我爱你。爱你的德博斯。并且,为我昨天不好的表现向爸爸道歉⋯⋯"(Skinner,1983b,p. 234)。在随后给德博斯的便条中,这位激进行为主义者写下了令人吃惊的片断:"我不会因你的任何缺点感到困窘,也不害怕你向整个世界证明我不是一个好的心理学家。过你自己的生活,而不是我的,做你自己。我喜欢真实的你。"(p. 235)坚持罗杰斯模式的"自我"理论家们注意到了这一点。顺便说一下,德博拉成为了一名多才多艺的成功艺术家,而朱莉成为了一名教授。

"婴儿床"在《妇女之家杂志》(*Ladies home journal*)的一篇文章中被误称为"箱子"介绍给公众,并且由毁誉者制造的"斯金纳箱"一开始就在商业市场中名声尽毁(Benjamin & Nielson-Gammon,1999)。特别是在这篇文章发表的1945年,"箱子"意味着"棺材",因为太多的人看到自己的亲戚躺在"箱子"里从战场上回来。"斯金纳箱"意味着德博斯被塞进一个类似于图 14-1 的东西中,并且像鸽子或老鼠一样被对待。由于这些错误的理解,一些公众非常愤怒。一位洛杉矶居民甚至写信给斯金纳时任心理学系主任的印第安纳大学,要求他们对他们的"疯子科学家"提起诉讼(p. 159)。无论如何,婴儿床被投入了市场,并且根据使用者的反映,取得了初步的成功。它最终消失了,可能是因为人们对心理技术的怀疑——他们认为这会降低对儿童需求的敏感性并且减少亲子之间的接触——而不是因为这不是一个好主意。

不管你认为斯金纳试图放弃内部实体(特质)是否可信,必须承认的一点是,他的观点内在地包含某种程度上具有跨时间和情境一致性的行为——这一普遍假设是人格的基础——存在个体差异。如果预示着人格存在的相对一致的行为可以通过环境干预加以改变,那么人为地发展人格也是可能的。实际上,斯金纳在《创造创造型的艺术家》(*Creating the Creative Artist*, 1972c)一文中指出,艺术创作倾向可能是天生的,但是如果没有艺术努力和强化之间相倚关系的发展,这种倾向也不可能得到展现。

但是在艺术作品,如一幅油画中,到底什么起了强化作用? 事实上,从某种角度来说,一幅油画的内容本身就具有奖赏作用,即"内在奖赏"。然而,斯金纳断言,如果我们研究一下流行的绘画主题就会发现,那些拥有生存价值的事物成为了主流(Skinner, 1983a),即"外在奖赏"。比如,人类的手,是一种具有巨大力量和能力的形式,就成为一种经常被采纳的主题。有关食物的绘画在油画中也是很普遍的。更为抽象的是对家庭和所爱的人的肖像描写,这些主题在整个人类进化史上都与生存有关。油画因为其内容而具有强化作用,但就这点而论,它还不是一幅画的内在价值。更确切地说,内容、食物和人类形式之所有价值,是因为人类的进化历史和来自特定艺术家历史的因素。这一取向有点类似于荣格学说。

在每一位艺术家的生涯中,在其作品中都有一些主题特别迎合艺术圈的口味。当在画布上描绘这些主题时,它们就会导致一种我们所有人都很熟悉的强化——表扬。不必多说,上述这位艺术家将会在他/她的作品中表现那些被多次强化的主题。因此,艺术家自己的强化史和人类的历史影响了他/她的作画行为。

345　　　然而,在之前从来没有人提出过,从这一意义上说,创造性是一种幻觉(Skinner, 1972c)。事实上,一个成功的艺术家不仅复制其他艺术家的作品,而且还"复制"他/她自己的经验。结果得出的艺术作品可能是独特的,原因就在于没有人曾经像我们爱假想的艺术家那样贴切地表达过这一经验。然而,这一作品又不完全是原创的,因为它表达了为许多人所共有的经验。再一次,斯金纳看起来有点像荣格。此外,一旦一位艺术家想出了某种表达方式——它至少可以对某些经验作出不同寻常的解释,并因此得到强化——他/她就可能在其整个生涯中不断重复这一表达。为了支持这一观点,斯金纳提到毕加索。据称,毕加索只有第一幅作品不是派生的,其后所有的作品都源于其第一个成果。与这一观点一致,我们的许多"原创思想"可能并不是我们自己的。事实上,可能有很大比例是无意间从别人那里抄袭过来的(Carpenter, 2002)。

在创造性方面,斯金纳是一个非常值得信赖的专家,因为他是一个创造力极高的人。他不仅设计了鸽子引航导弹的项目,还规划了家庭办公室以便他从事专业生产活动和向父亲角色顺利过渡(Vargas & Chance, 2002)。例如,他在时钟上安装了一个阅读灯,以便一揿开关就可以把两者都打开,这就给他提供了开始工作的信号(灯光)并且使他知道自己工作了多长时间(时钟)。当朱莉或德博拉来找父亲玩耍时,他就会将开关关闭,旋转自己的转椅,并微笑着大声问道:"孩子们,我可以帮你们做什么?"(p. 55)在交流结束,女儿们都离开之后,他打开开关继续工作,与女儿共处的这段时间令他感到温暖,并且得知他的工作时间会被准确地记录下来,他又感到安心。

这些并不是他惟一的发明。他还是"教学机"的发明者(Rutherford, 2003)。这个装置通过转动一个曲柄,向学生呈现一个问题,如"谁发现了美洲?"并让学生选择一个答案,然后呈现正确答案("美洲印第安人"。不是你预期的答案?)。通过这种方法,学生的行为——指出正确答案——将会被强化(或者不被强化;如果不被强化的话,学生还有其他的选择机会)。这些教学机一度卖得很好,并被运用于教育情境中。尽管斯金纳最初发明的机型今天已经不见踪影,但是教学机的影响仍历久弥新,即使我们无法认识到斯金纳的影响。比如,他对我的影响,我直到最近才知道。当个人电脑还是新鲜事物并且可用的软件还很少时(20世纪70年代末80年代初),我就用Basic编程来教儿子背诵乘法表。这个程序可以随机呈现乘法题,当他做对一个题时,这个题就再也不会出现了。每做对一个题,屏幕上就会出现一个强化物,如"高手!"或"你成功了!"如果他答错了,则没有任何事情发生(没有强化物)。从几乎不懂乘法到把这些题全都做对(直到10×10),我儿子只用了三分钟的时间。

斯金纳和其他人的研究表明,在作出正确反应后,强化物呈现得越快,学习效果就越好。在这一观点指导下,我(和许多同事)在学生给出多项选择题的答案之后立即给予反馈。比如,我在班上用一个记分器,这个记分器在学生答对大多数问题时会偶尔发出"砰砰"的声音,但是如果学生答错了许多题,那么记分器就发出类似于机械枪支发出的声音(诚然,这肯定是不行的)。如今,许多学科(心理学和其他学科)中的网络课程,都使用了相同的原理:学生在网页上给出自己的答案之后,马上会有正确答案呈现,以便学生可以受到强化(或者没有强化)。当我教一门在线课程的时候,我可以很快给予学生反馈,即使是对主观题答案。

346

很少有人重视斯金纳早期训练动物完成那些对于人类来说太危险或不可能完成的任务的尝试。但或许正是他开启了今天应用价值极高的一些事物的先河。虽然斯金纳于1948年在哈佛大学创建的实验室最终于1998年被关闭了,但是研究者们仍然在运用斯金纳的原理训练动物去做人类和小型机器人不能做或做得不如动物好的任务(Azar,2002)。比如,让老鼠背负与植入其大脑的电极相连的背包,这样,我们就可以在千米之外引导并监测它们爬过小石缝用鼻子寻找目标物,这个目标可能是被困在碎石下的一个人。我们还可以训练老鼠搜寻炸药。未来的某一天,小型机器人可能能够完成类似操作,但是在机器人能够拥有像老鼠一样敏锐的嗅觉能力之前,我们还有很长的路要走。另一个例子,就是训练鸽子探查海上的漂浮目标,它们可能是落水的人。当鸽子探寻的正确概率达到93%时,人类飞行员的正确率仅有38%。鸽子检测药厂传送带上的残缺药片的准确度,可以将动物和人、机器人区别开来。

如果一个人,比如斯金纳,能够在教育和应用科学领域激发那么多的创造性,那么一个社会能够有办法以艺术的形式鼓励人们追求创造性吗?一个简单的答案就是大量接触艺术。大范围的艺术展览将会在两个方面对培养艺术家提供帮助:首先,欣赏艺术的人员数量将会增加,这样就能够赞赏和关注艺术家的作品以对其进行强化;其次,大规模的艺术展览将会发现那些在艺术创作方面有天赋的人。同样的道理,在一个没有体育活动的社会中不可能产生伟大的运动员。如果一个社会不提供强化运动员高超技艺的机会,那么即使社会成员有这方面的先天潜质,也不可能成为很优秀的运动员。从人口比例上看,前东德获得的奥林匹克奖牌比任何其他的国家都多(在奖牌的绝对数量上,前东德仅次于前苏联)。斯金纳会借用遗传和强化间的相互作用来解释这一突出的成就。前东德通过给人们提供触手可及的运动机会、建立运动成绩和强化之间的相倚关系,来全面挖掘优秀的运动人才,而其他的国家仅使用现有的运动人才,并努力使他们做得更好。

什么样的社会能够有意识地促进这样的发展? 这个社会似乎是这样的:"人才发掘者"频繁地设法寻求那些社会需要的特征。相反,在沃尔登第二中,社会为所有成员提供了最大数量和种类的工作,对社会的所有成员都提供可能的强化。人们因为日常工作而获得工分,在一定的灵活度下,他们为了在社区中继续生存每周都需要获得一定数量的工分。与真实社会相反,沃尔登第二给那些枯燥的、难度大的、无趣的任务(如收集垃圾)以最高的工分,而给那些令人愉快的、有趣的任务(如作一场关于一个最受欢迎的话题的报告)以最低的工分。在这一体制中,沃尔登第二的医生在单位时间中获得的工分可能会比劳动者低,因此,医生们为了获得与劳动者相同的工分就需要工作更长的时间。

沃尔登第二工分制度的最终结果是,大多数人都尝试各种职业,但是最后都会转移到适合自己天赋的行业中去。如弗雷泽一样的"策划者",可能因为他们天生就具备"领导"素质,将大量时间花在设计想象社会中的生活上,但有时他们也照管花园、劈柴。与从事教学和在委员会工作时相比,社会的其他成员可能更多地从事修补栅栏、修理谷仓、喂养动物的工作。《沃尔登第二》描述了一个高效率的社会,因为它给社会成员安排了数量多和种类广的工作经历机会,创造了一种运行良好的环境,使人们可以自由选择适合他们自己的行为。因为社会几乎对所有的行为都提供了表现和强化的机会,所以没有必要寻找天才,只要等待天才出现就行。顺便说一下,沃尔登第二并不完全是假想的。一些年轻人在弗吉尼亚州的瑞彻蒙德附近建造了一个与斯金纳的乌托邦相似的社会(Kinkade,1973)。这不仅是复制沃尔登第二的一种尝试(Rutherford,2003)。它是成功的,但如果斯金纳对《沃尔登第二》做些改动并完成的话,它可能会受益更大(Skinner,1983a)。视窗14-4阐述的是斯金纳关于沃尔登第二的多样性和平等性的论述。

视窗14-4　斯金纳论机会的多样性和平等性

斯金纳关注了文化和文化变迁(Pennypacker,1992)。毫无疑义的是,他认为文化的发展是遵循操作原理的。人们发现他们自己处于一个选择特定的行为而不是另外一些行为的自然环境中。例如,在有木瓜生长的特殊环境中,种植、培育和收获木瓜可能是那些生活在此环境中的特定人群选择的行为。除了这些行为还有其他的行为:木瓜的副产品被用作装饰品,并且与种植木瓜相关的礼仪活动得到了发展。

文化变迁也可以用行为主义来解释。被带到美国作奴隶的非洲人带去了丰富的文化传统。这些传统包括食物偏爱和所有伴随他们的偏好及交流方式。显然,某些和食物相连的行为再也得不到强化:因为美国没有这些食物,所以与这些食物相关的一些礼节也随着一起消失了。然而,其他文化传统与被新的美国环境选择的行为相关,新环境为它们提供了强化。一些仍然居住在非洲的人们通过一种莫尔斯码(Morse code)(远远早于莫尔斯制造的电码)用鼓进行交流。这种交流方式对孤立居住在不同种植园的非洲人来说相当便利。使用鼓码这种行为被亲戚和朋友传来的信息强化。因此,文化的变迁和维持可以用操作原理来解释。

如果说斯金纳倡导对人类行为进行法西斯主义的控制这一指控确有其事的话，那么人们不必期望在斯金纳主义的世界里不同的人会拥有平等的机会：某些群体将统治社会（如男性），而某些群体（如妇女和穷人，没受过教育的人）将被排除在统治者之外（Rutherford，2003）。根据丁斯莫尔（Dinsmoor，1992）的说法，在一个由斯金纳原理统治的社会中，人们永远无法了解生活的真谛。在沃尔登第二，管理委员会的半数人员都是妇女。没有哪个群体只被分配到卑贱的工作。事实上，人们都转向了最适合他们的技能和强化史的工作，但是每个人还是继续做每件事情：领导者、教授和外科医生偶尔也从事手工劳动。最后，如果斯金纳主义不拒绝法西斯主义控制，那么厌恶自己的文学创作"老大哥"（big brother）的奥韦尔还会受到沃尔登第二的欢迎吗？这个答案就如同斯金纳对行为的恶意控制持反感态度一样明显。

斯金纳还主张智力潜能的平等性。弱势儿童智力表现改善计划背后的假设是，不良表现能够被改善，因为它是由贫瘠的环境造成的，而不是先天的智力缺陷（Greenwood er al.，1992；Johnson & Layng，1992）。因此，那些用其他方法不见效果的儿童，通过环境相倚的操纵，可能会在学业方面有所改善。

评价

贡献

沿斯金纳传统进行的研究多达数千例。《行为实验分析杂志》（*The Journal of the Experimental Analysis of Behavior*）自 1958 年创办以来，就完全刊登由斯金纳引发的研究。由于这个原因，加上你已经在操作学习部分初步了解了斯金纳的研究方法，这一部分就以问题为导向。

遗传倾向与强化之间的相互关系。 格罗姆利（Gromly，1982）报告了一次研究个体遗传倾向与他们生活中的强化史之间的相关关系的尝试。他提到：

尽管学习理论和生物学观点有时是作为对行为的对立性解释出现的，但是它们更可能是相互补充的。在人格特质的发展中似乎是这样的。这一相互补充的过程可能朝向的一个方向是，在特定环境的限制范围内，人们倾向于选择与他们的生物学倾向相符的经验。这样，个体的经验偏好选择就扮演了一个已有差异的放大器。（p.225）

斯金纳或许会同意格罗姆利的观点，但有一个例外：人们并非从环境中选择经验，而是环境选择个体的行为，并且因此选择了伴随这个行为出现的经验。那些天生发音准确的个体可能最终会出现在辩论队中，在那里，他们良好的讲话能力将会得到加强，如果这个团队接受他们的话（在弗林看来，成为这样一个团队的成员将使遗传效应增加，Flynn，2003）。

为了说明遗传倾向与经验之间的可能联系，格罗姆利让大学兄弟会的人持续记录他们的

经验。实质上,"记录经验"就是记录他们遇到的情境和相应的行为表现。日志记录的一个例
子是"今天打了篮球"。他们也在评估可能的遗传倾向"精力充沛的—身体活跃的"和"喜欢交
往的—外向的、对人友好的"的量表上给自己划分等级。结果表明,在他们报告的所作所为与
349 在"精力充沛的"及"喜欢社交的"项目方面的得分之间有密切相关。因此,对"精力充沛的"和
"喜欢社交的"遗传倾向的测量与行为及与那些遗传倾向相一致的经验是密切相关的。用斯金
纳的术语来说就是,环境为那些天生外倾的人选择了精力充沛的和喜欢社交的行为。重要的
是要注意,人们在一个环境中的行为和他们在其他环境中的行为是不一样的。一个既定的环
境并非简单地扩大和精炼一个人的遗传倾向。它引发了远远超出普遍的和抽象的遗传倾向的
特殊的和具体的行为(Skinner, 1972e)。

　　行为治疗。**行为治疗**(behavior therapy)是指运用行为技术进行的心理治疗,这一短语第
一次出现在斯金纳和他的一个同事发表的一篇文章中,这篇文章描述了他们使用的一种在当
时看来很是新颖的方法(Skinner, 1983b)。几乎所有能归入"行为治疗"的方法要么直接来源
于行为主义的研究,要么已经被行为主义研究证实(Skinner, 1972j)。这些方法包括积极强
化、消极强化和惩罚。行为治疗技术已经被成功运用到各个领域,从肥胖症、重度吸烟和酗酒
的治疗到不愿意和成年人说话和联系的儿童(孤独症儿童)的治疗以及精神病患者的治疗(这
些人回避现实;参见 Ullman & Krasner, 1965)。

　　即使从巨大的行为治疗的心理治疗工具箱中找出一个小例子来加以探讨,也已经超出了
这本书的范围。然而,为了了解一下行为治疗并看看行为治疗是怎么与斯金纳的思想联系在
一起的,我们来探讨一下由斯金纳(Skinner, 1972f)提出的一个假想的例子。假如有一个 5 岁
的孩子,既没有孤独症也没有精神病,但他非常害羞而且性格孤僻,几乎不和任何陌生的成年
人说话或以任何方式与之联系。假如把这个孩子安置在一个有自动售货机的房间里,在自动
售货机前面并排放着两个凳子,让他坐在其中的一个凳子上。我们知道对儿童来说糖果是非
常好的强化物,房间里的自动售货机能够投出儿童喜爱的糖果。这个售货机由一个藏在一块
单向玻璃(观察者透过单向玻璃可以看到儿童,但儿童看到的只是他的影像)后面的观察者操
纵。几分钟之后,一个陌生的成年人进入房间并紧挨着儿童坐下。在很长一段时间里没有发
生任何事情,接着成年人离开了,一会儿再次返回。每一次进入都是一个试探。在儿童最终和
成年人说一个词之前会发生多次试探。一旦儿童开口讲话,自动售货机的操纵者就会立即按
下按钮,售货机便投出儿童喜爱的糖果。也许在儿童再次说话之前还会发生更多的试探,但每
一次说话的情节都会被糖果强化。很快儿童就能正常地和这个陌生人谈话了,然后让其他陌
生人代替最初的成年人进入房间,以便使儿童对成年人的反应泛化到一般成人。

　　无论儿童什么时候和陌生人说话,陌生人都会回答。回答与糖果强化物的出现同时发生。
这样,陌生人的回答就变成了**次级强化物**(secondary reinforcers),即通过和初级强化物建立联
系而开始具有初级强化物(如糖)所有特性的刺激(Kimble, 1961)。从此,回答也可以强化儿
童的说话。现在儿童可以走进真实世界和人交流了,每一次沟通都会被别人的回答强化。这
一特点使儿童在实验室范围之外战胜自身的羞怯成为可能。

局限

　　或许斯金纳因为忽视思想、情感、意识和其他存在于"头脑中"而因此不能直接进行观察的现象，已经受到了极为严厉的批评（Baars，2003；Kihlstrom，2003）。他承认个体，包括他自己在内，的确都有思想和情感，但是他认为没有必要为了理解人而去考察这些内部实体（Skinner，1983a；Vargas，2003）。他认为情感或情绪是行为的副产品，而非其决定因素（Skinner，1971）。根据这个观点，一个人逃跑（行为），然后感到害怕（情绪）。假定事件以这一顺序发生，情绪就不可能是行为的决定因素。他关于行为—情绪顺序的简单采用以及对它的相反顺序的拒绝（人们害怕，然后逃跑）似乎是没有根据的。在荣格（J. Jung，1978）看来，斯金纳认可的这一观点经不起实验程序的验证，并且已经受到了严厉批评。

　　即使从行为中分离出来，情绪和思想也是重要的。著名的英国演员劳伦斯·奥利维尔先生（Sir Laurence Olivier）去世前几年接受了电视采访（1983 年 1 月 2 日播出的《60 分钟》栏目）。他谈道，在其职业生涯的某一时期，他患有严重的怯场症。当扮演莎士比亚笔下的奥赛罗时，被恐惧和不能胜任的想法困扰的奥利维尔觉得自己呼吸困难并怀疑自己是否还能够继续表演下去。但是不管怎样他完成了这一角色。当他扮演的那个忧虑不安的摩尔人*（the Moor）在《60 分钟》播出时，从他的表演中人们没有看出他内心痛苦的任何迹象。评论家们也没有注意到任何非同寻常的事情，像往常一样，他们赞扬了奥利维尔的表现。他的怯场并没有导致外在的后果。然而，演员独自承受的内在恐惧作为生命中最珍贵的经验之一令他记忆犹新。在人们的生活中，情绪和伴随出现的想法是相当重要的，即使没有伴随任何行为的或其他的外在表现。

　　我们大多数人都独自解决过一个从没有遇见过的数学问题或其他复杂的问题。通过推理的过程，我们获得了一个原来并不知道的答案，因此，这个并不可能是过去强化的对象。现在它也没受到交流群体的强化。这种普通的经验以及其他类似的经验证明，与行为无关的思想对日常工作和生活而言是重要的（Hayes，1978）。

　　斯金纳自己也承认，他的行为主义（如 1989 年提出的那样）不能解释人们通过感官接收信息并解释这些信息的过程。事实上，在诸多书籍的感觉和知觉章节你是寻不到斯金纳及其研究的影子的（见 Matlin & Foley，1997）。但是这凸显了关于后斯金纳主义的一个重要观点：激进行为主义如果要想生存下去就必须予以革新。需要改变的例子比比皆是。仅仅向心灵主义方向倾斜一点儿就使得行为主义能够合理说明它过去不能说明的现象。例如，只要考虑一下社会学习理论家关于未来强化的"期望"概念就将提高行为主义的解释能力。那样，它就可以解释人们对具有强化作用的、还不存在的环境发展的预测能力。

　　实际上，朝这个方向上的发展正在进行之中。金布尔（Kimble，2000）断言，"认知"和"情感"一定会成为行为主义者说明人类行为的一部分。他将来还可能增加意味着未来取向的"潜

---

　　* 指莎士比亚戏剧《奥赛罗》中的奥赛罗。——译者注

能"以及暗含"自由意志"的"适应"和"应对"。德格兰普里(DeGrandpre，2000)已经指出,斯金

351 纳的反应—结果序列是目的论的或有目的的:有机体为了要得到结果而进行反应。很明显,这
个解释和斯金纳的基本的、反心灵主义的取向是相矛盾的。这一"问题"将被 R—C→[S—R]
的概念纠正,在这个概念中,反应(R)后面跟着一个结果(C),这个结果强化了引发反应的刺激
(S)和反应(R)之间的关系。因此,一个刺激即看见主人(S),狗就表现出一个站立的反应(R),
这之后紧跟着的就是给予食物(C),食物就强化了看见主人这个刺激(S)和站立这一反应(R)
之间的关系。斯金纳的基本公式已经被改写,包括了他拒绝的 S—R 过程。

关于斯金纳—乔姆斯基的争辩,当前的证据不支持任何一方(Seidenberg, 1997)。儿童既
非生来就有一个"语言装置"(LF),也非通过"交流群体"提供的强化物学习语言。更确切地
说,他们能够"在没有明显指导或奖励的情况下自然地、自动地对看护人言语的统计体(statis-
tical aspects)进行编码"(p. 1601)。也就是说,儿童的大脑(可能)天生就能够计算这一可能性,
即一种既定语言形式可以以既定的方式进行解释,并考虑到它使用的语境。假设一个母亲,在
提到她的朋友时说"他们真的非常友好"。她的孩子就会根据过去遇到的友好(dear)这个词的
发音而"推算",母亲意指"四条腿的带角生物"的几率微乎其微。相反,儿童敢肯定母亲的意思
是这些朋友都对她非常友好。

结论

斯金纳的观点的确引发了大量研究者和理论家去探索许多预测和控制行为的新途径。他
的概念已引起人们对人类行为特殊方面的关注,并激起数量惊人的研究、评论和批评。斯金纳
去世时,报纸和流行杂志溢满了对其所作贡献的感激。与斯金纳一同工作过的心理学家沃德
(Eric Ward)认为,斯金纳的影响如此之大,以致不仅仅是心理学家,就连学校教师和儿童家长
也深受其影响(Hopkins, 1990)。例如,他提到了"强化暂停",该方法现已为大部分教师和家
长所熟知。最初,"强化暂停"是指当鸽子啄那些不与食物盒相连的面板时强化物发放的中断
(也就是说,啄的行为不被强化)。当应用于儿童时,"强化暂停""简单地说是指中断对不良行
为的不经意的奖励",忽视不良行为(不给予强化物)或把儿童安置在他们的"坏行为"无法被强
化的地点。

作为斯金纳直到目前仍继续保持强大影响力的证明,就在他去世前夕,几种出版物上都刊
登了拥赞其观点的文章,有些甚至是与行为主义背道而驰的出版物。例如,在他去世的前一个
月,一篇赞美他的观点的文章发表在《人本主义者》(Humanist)上面(Bennett, 1990)。早些时
候,斯金纳获得了一个享有声望的人本主义者奖(Rutherford, 2003)。在他去世后不久,有人
说他与存在主义者有很多共识(Fallon, 1992)。

即使上面提到的批评在某种程度上是有根据的,但仍然可能的事实是,在整个心理学领域
352 中,斯金纳的观点仍然是最具普遍性的观点之一。很难发现有哪一本导论性心理学著作不在

几个不同的章节中涉及斯金纳的观点。同样,社会心理学、发展心理学、人格和心理治疗的教材通常都会留出相当多的篇幅来介绍斯金纳理论。更重要的是,通过对儿童教养和行为治疗的贡献,他简直对千千万万的人产生了重要和积极的影响。

　　在此书的一个早期版本中,我曾充满信心地预测,有一天斯金纳会超越弗洛伊德,成为心理学领域中最令人尊敬的贡献者。在哈格布卢姆及其同事(Haggbloom et al.,2002)所列的排行榜中,斯金纳在期刊引用率列表中排名第8,在教材引用率列表中排名第2,在调查的心理学家中位列第1,在总表中位列第1(弗洛伊德排在第3位)。巴尔斯(Baars,2003)声称斯金纳是他那个时代最著名的科学家,而希尔斯特伦(Kihlstrom,2003)正确地拒绝了这种说法,显而易见,爱因斯坦应拔得头筹。但希尔斯特伦的错误在于,他认为斯金纳不是他那个时代最受人尊敬的、著名的和最有影响力的心理学家。在斯金纳去世后大约十五年,他成为了心理学史上最优秀的心理学家。他所有的对手,包括最早期的心理学家,都忝列其后(Haggbloom et al.,2002)。

要点总结

　　1. 斯金纳从哈佛大学获得了博士学位,他大部分的学术生涯也是在那里度过的。青少年时代的斯金纳信奉心灵主义。但大学毕业之后,尝试成为作家的失败及在格林威治村的逗留经历使他转向了行为主义。年轻时的斯金纳在作出他的科学贡献方面是天真幼稚的,年长之后,他勇于打破旧习。斯金纳的行为方式变化多样,因而他的人格很难明确说明。

　　2. 斯金纳强调由环境导致的行为反应的结果和环境对行为的选择过程。在《超越自由与尊严》一书中,他声称在有限的意义上,自由是可能的,但尊严则是幻想。当我们把我们自己行为的原因归于我们所在的环境时,我们通常就承认了环境的控制作用。斯金纳指出,许多心灵主义术语最初是指向行为的。

　　3. 在操作条件作用中,有机体对其环境进行操作,产生的结果会增加操作发生的可能性。在积极强化中,刺激增加了反应发生的可能性,刺激的呈现与反应是相倚的。通过逐渐接近的方法可以塑造行为。在消极强化中,伴随着厌恶性刺激的消失,反应发生的可能性会增加。在惩罚中,伴随着厌恶性刺激的出现,反应发生的可能性会降低。

　　4. 惩罚只在有限的条件下对制止攻击行为起作用。在"罪有应得"和"打屁股"研究中,斯金纳反对体罚的观点得到了证实。斯金纳认为,语言是通过交流群体的强化形成的。乔姆斯基提出先天的"语言装置"作为行为主义解释的替代品。这种观点至少与行为主义的观点一样有不少瑕疵。

　　5. 斯金纳用一个"箱子"抚养了女儿德博拉,这有以下优点:摆脱了照看儿童的繁琐工作,有更多的时间与儿童进行情感交流,也有更多机会开发有创意的儿童游戏。不真实的谣言传说德博拉曾试图自杀并饱尝精神崩溃的痛苦。一位市民甚至向斯金纳任教的大学抱怨。事实

353 证明,德博拉和朱莉发展良好而且与父亲的关系融洽亲密,斯金纳总是放下手边的工作与她们交流,并在她们睡前讲故事。

6. 斯金纳明确反对"人格"这一概念,但他经常支持与流行的人格观相一致的观点。斯金纳努力表明,社会是如何通过为强化"创造"和"领导"行为提供机会以促进像"创造力"和"领导能力"等特质发展的。斯金纳通常不被承认的应用性贡献包括布置工作空间、"教学机器"以及其他改进教育的技术。

7. 通过环境对居住于其中的人的行为的选择,一种文化得以生成与发展。文化随着环境的改变而改变。当新环境也选择了某些文化行为时,文化的保持可见。在《沃尔登第二》一书中,斯金纳支持性别平等,并不贬低从事低贱工作的人群。斯金纳用以提高学业成绩的方法假定所有儿童的智力是相当的。

8. 格罗姆利让兄弟会的人进行日志记录,记录与外向性相关的行为,研究结果支持遗传倾向与强化之间的相互作用。大概具有这类特质的人倾向于表现与这些特质相应的行为以及与行为相伴随的经验。斯金纳是行为治疗领域的先驱。

9. 斯金纳认为情绪伴随行为或稍后于行为而发生,这种观点因无法进行科学验证已经受到了批评。一些批评家反对斯金纳的理论,因为强化无法解释那些问题解决者从来没有遇到过的问题解决以及情绪/思想这些完全内在的东西。只有加入社会认知这样的维度而变得更加灵活或变得更具未来导向时,斯金纳的行为主义才具有生命力。

10. 人们已经建议修订斯金纳的反应—结果序列。研究支持语言学习的或然论,而不是斯金纳或乔姆斯基的理论。斯金纳已经启发了许多理解和控制行为的富有成效的理论和实践方法。他去世后,人们大力表彰他的贡献,有些褒奖出自意想不到的杂志。斯金纳的研究已经切实影响到心理学的每个分支领域,甚至已经触动了普通市民。正如本书作者所预测的,斯金纳现在已取代弗洛伊德,成为心理学历史上最受尊敬的心理学家。

对比

理论家	斯金纳与之比较
弗洛伊德	与弗洛伊德不同,斯金纳相信外部原因,谴责"心灵主义"。
罗杰斯	他承认的自我与也关注创造性的罗杰斯的自我不同。
荣格	像荣格一样,他间接提到了反映人类过去进化史的艺术象征主义。

354 ## 问答性／批判性思考题

1. 画一幅斯金纳的人格图(轮廓)(像第一章那样)。

2. 惩罚能用来消除孤独症儿童的自我伤害行为吗？

3. 请在沃尔登第二背景中创作一种具有领导特征的人格。

4. 你将如何消退儿童的引人注意的行为？

5. 为打儿童"屁股"的行为作辩护。

电子邮件互动

通过 b-allen@wiu.edu 给作者发电子邮件，提下面列出的或自己设计的问题。

1. 斯金纳未来的地位将会如何？

2. 我怎样才能教会我的狗用后腿走路？

3. "打屁股"曾经被证明是正当的管教儿童行为的技术吗？

第十五章

人类需要与环境压力：默里

- 被禁止的爱会比职业上的成功更重要吗？
- 当同时产生多种需要时会发生什么？
- 梦能够预测实际生活中的结果吗？

亨利·A. 默里
http://mhhe.com/
mayfieldpub/psychtesting/
profiles/murray.htm

现在您几乎已经绕了一圈。探讨了弗洛伊德强调的潜意识过程以及人们对其思想的反应。谈及了沙利文的人际关系取向和弗罗姆的社会心理学取向。罗杰斯和马斯洛提出了其人本主义概念：移情和自我实现。您已仔细考虑了凯利的认知构念以及由米歇尔、罗特和班杜拉提出的认知过程与社会环境之间的相互作用。最后，斯金纳的激进行为主义提供给您的是一种完全不同的理论视角。本章中默里的思想，为上述几种基本观点与现代人格研究中占统治地位的特质取向之间桥梁的搭建起了极为重要的作用。

无论如何，默里的思想与迄今为止提到的大多数理论家的思想相似，但同时它仍然是独一无二的。荣格激发了默里对心理学的兴趣。默里承认自己得益于弗洛伊德，但是，像霍妮一样，他把弗洛伊德的思想作为创立自己理论的起点。他像沙利文一样，显然也是人际关系取向的：在他的理论中，人与人之间的关系很重要。在一些不太为人所知的研究中，默里将相当多的时间投到对二人关系的研究中（Robinson, 1992）。他也是社会心理学取向的：尽管他忽略了弗罗姆，但是他从社会心理学家勒温那里借鉴了许多。毫无疑问，默里也是认知取向的，在他的思想中内部需要与外部环境之间的相互作用很显著。尽管他轻视实验心理学，但他还是对与他同时代的斯金纳的思想表现出一些亲和力。默里（Murray, 1981a, p. 140）声称："我们可以看到……某些效应比任何被观察到的行动模式对于生命来说更为根本并且更有规律地出现。这种观点与斯金纳的结论相一致。"像斯金纳一样，默里也认为行动的末端效应是

356

独一无二的、极为重要的。行动本身可能是许多行为,并且每一种行为就其效应而言是等同的。默里认为,行为更可能受到"过去的推动"而非"未来的牵引",这一点也与斯金纳类似,但与社会学习理论家不一样(Murray,1981a)。默里一生都才华出众,他广博的思想遍及本书的全程。

默里其人

亨利·A. 默里(Henry A. Murray)1893 年出生于一个富裕家庭,他们住在一栋褐砂石宅子里,现址是纽约市洛克菲勒中心所在位置(Anderson,1988)。默里将自己描述为"一个普通的、享有特权的美国男孩",他家位于纽约长岛的第二个住处如此豪华,以致使他一些富裕朋友的家相形见绌,默里曾为此局促不安(Anderson,1990,p. 305)。与大多数其他理论家不同,默里与自己的母亲从来没有建立起有意义的关系。他曾经梦到她是一个无助的患者,像一个婴儿一样附在他的臂弯里。好像他渴望给予她抚养,而这本是她拒绝给他的(Robinson,1992)。尽管默里没有像马斯洛那样拒绝自己的母亲,但是他像马斯洛一样感觉母亲更喜欢自己的兄弟姐妹。他的母亲是一个情绪温和、一本正经的社交名流,对中间的这个孩子很少表现出慈爱或关心。他曾经对她说"你让我的情感受到了伤害"(Anderson,1988,p. 141)。在默里的一生中,他时不时地尝试着与母亲建立关系,有时显得很勉强。他曾经甚至尝试着对她实施主题统觉测验。最终,他放弃了,宣布他们两人"相互之间没有反应"(p. 141)。当还是小孩子的时候,对于母亲的拒绝,他的外表反应虽然是温和的,但当他长大成人后,他的内心一定很激愤。甚至到他近七十岁时,他还提起这些年使他深受折磨的"痛苦和忧郁的根源"(p. 141)。此外,他一生中的大部分时间都口吃,与其说这是一种生理性的痛苦,倒不如说是一种"心理的"折磨:时间减轻了伤害,到了 20 世纪 30 年代,他口吃的症状减轻了很多,而到了晚年这种症状几乎消失了。但是这些从来没有妨碍默里担当声望很高的职位。第二次世界大战期间,他服务于战略情报局(OSS)——中央情报局的前身(CIA)(Morgan,2003)。第二次世界大战之后,在审讯被指控的叛徒希斯(Alger Hiss)时,默里被传为专家证人,他面对贝利(F. Lee Bailey)的交互讯问,没有发生一次口吃(Robinson,1992)。

默里将他的父亲描述为"一个好人"(Anderson,1988,p. 142),这是对"和蔼可亲的傻瓜"的一种委婉说法。任何一个他认为平庸的人都会被作类似的描述。由于下列多种原因,老默里不免令人失望:他不聪明(他无法听懂做医生的儿子们的谈话);他不能自给自足(他娶了老板的女儿);他缺乏壮志;他很容易为人所预测(其职业是一个保守的银行家);他的价值观和生活方式普通而乏味。事实上,默里将自己看成父亲的对立面。然而,随着默里的不断成熟,他对父亲的尊敬稍有增加(Robinson,1992)。

人们可能想要知道哪种父亲会受到默里的尊敬和喜爱。默里难以维持对任何人的钦佩。他在 1981 年写给安德森(Anderson,1988,p. 143)的信中说:"我对某个人只会钦佩一会儿,然

357

后钦佩就逐渐消失了,转移到另外某个人身上。所有这些都是暂时的。"按照安德森的说法,默里充满了某种"特殊性"。这或许是一种缺点,但也可能是一种优点。默里相信自己的思想具有真正的价值,并相信自己是所属的任何群体的天生领导者,这推动着他去构想有创见的思想并激发他人的创造性思维(Robinson,1992)。默里自我陶醉于自己的宣言,有时候又拿它开玩笑。默里以前的研究伙伴埃里克森"想象了默里的幻想会是什么:让自己的雕像取代巴黎旺多姆广场(Place Vendome)圆柱上拿破仑的塑像"(p. 169)。这位写出了《人格探究》(*Explorations in Personality*,1938)这部永恒之作的团队领导人可能扮演了仁慈独裁者的角色。

尽管这种特殊感不等同于傲慢,但它确实给他一种特权的感觉。像许多"伟大人物"一样,只有一种亲密的浪漫关系是不够的。默里的妻子兰图尔(Josephine L. Rantoul)1916年和他结婚,是一位传统的女人——一位"好妻子和好母亲"——但没有聪明到使默里完全满意。或许为了填补这一空隙,默里与克里斯蒂安娜·摩根(Christiana Morgan)有了牵连,她是他的研究伙伴、知己、朋友和情人。但是,在他那个年代,要同时维持两种浪漫关系很困难,然而他又无法放弃任何一个女人。一方面由于他对荣格思想的痴迷,另一方面也由于克里斯蒂安娜·摩根对瑞士精神病学家的热情,因而他同意了她的极力主张——访问苏黎世,与荣格交谈。在那里,他找到了解决自己两难处境的方法。原来,荣格也遇到了类似的问题,并采用了通常的解决办法:他安排情人托妮·沃尔夫(Toni Wolff)居住在自己家的附近。尽管荣格的做法使他泄气——因为这太冒险了——但默里还是仿效了他的瑞士新同事的做法。虽然他没有向克里斯蒂安娜·摩根提供一所附近的住宅,但她住的地方通常离他不远。

克里斯蒂安娜·摩根不只是一个情人,在默里成人生活的大多数时间里,她都是其世界的中心。他们的激情是如此强烈,以致他们建造了一座塔作为他们爱情的纪念(若有怀疑,请看图片,位于Robinson,1992,与p. 178相对的另一页)。完全在默里的妻子兰图尔和克里斯蒂安娜·摩根的丈夫威尔(Will)的视野中,克里斯蒂安娜·摩根和默里从相遇后不久开始直到克里斯蒂安娜·摩根去世为止演绎了一场暴风雨般的恋情。尽管默里不很赞同荣格的思想,但是由于克里斯蒂安娜·摩根的影响,他从来没有脱离荣格思想的控制。他和克里斯蒂安娜·摩根成了荣格神话里的人物。作为阿尼玛和阿尼姆斯的现实反映,他们偶尔会交换一下性别身份,但更经常的是,沉醉于他的"男性"支配和她的"女性"服从中。

但是,鲁宾逊(Robinson,1992)认为,他们之间的吸引与其说是性的相互吸引,倒不如说是智力的相互吸引。她像是昏暗中的一盏灯,使默里的许多极为重要的著作光彩夺目。她也是他痛苦的一个来源。她冥想的诗篇,深奥而杂乱无章,似乎刻画了他们浪漫关系中阴暗的一面。由于他们都试图减轻兰图尔和威尔的痛苦——默里喜欢威尔并对他的死亡感到悲伤——克里斯蒂安娜·摩根知道自己永远不可能完全拥有默里。她对他的渴望是如此强烈,以致因为缺少他而情感空虚,因为饮酒和绝望而日渐消瘦。在默里说她是"令人厌恶的"之后没多久,当他们在加勒比岛上度假冲浪时,他发现她那被酒精浸泡的身体是那样毫无生气(Robinson,1992,p. 357)。兰图尔死于心脏病突发尚未多久,默里后来便宣布他和克里斯蒂安娜·摩根要在数周后结婚。他已经失去了自己灵魂的一部分,他知道这一点。

通过几年的无数次交流,安德森(Anderson,1988)对默里的人格进行了一次深入分析。除了特殊感和伴随而来的自恋,默里对他的智力天赋有着清醒的认识。他也有很强大的成就需要,以及由于与父母之间关系的缺乏而被迫产生的独立感。他强烈渴望亲密关系的同时,又对亲密关系很警惕。尽管如此,他仍然获得了亲密,尤其是与女人的亲密。这与男人之间的亲密关系不同。他寻找男性同伴身上的弱点,并利用他的发现来肯定自己的优越感。与此同时,他具有一种充当英雄的需要,但他很快就发现这一角色的所有候选人都具有致命的弱点(clay feet)。

尽管他有时候兴高采烈并充满了热情,但他忧郁的本质并没有改变。在他生命中的几个时段,忧郁都困扰着他。他的忧郁甚至影响了他的文学偏好:默里对具有阴郁色彩的经典名著《白鲸》(*Moby Dick*)的兴趣是如此浓烈,以致成了这方面的一个权威。在与默里的一次交谈中,弗洛伊德对默里在"我最喜欢的美国小说!"方面的专业知识留下了深刻的印象(Roazen,2003,p. 4)。《白鲸》的作者,悲观而令人困惑的梅尔维尔(Herman Melville)成了默里的知己(Robinson,1992)。然而,他对自身的信念是永恒的并且他的智力是超群的。他注定要作出巨大的贡献。

默里的学术履历辉煌而不同寻常。他从最高贵的东部男校之一格罗顿(Groton)中学毕业以后,于1911年在哈佛大学注册入校。在那儿,他做了所有"正确的事情":成为划船队的队长(地位相当于足球队队长)和饮酒作乐的交际人物。他以一个还算体面的"C"的平均成绩,于1915年被授予学士学位(Robinson,1992)。在哥伦比亚大学的医学训练使他获得了硕士学位之后,默里完成了20个月的外科实习(Smith & Anderson,1989)。在此期间,默里帮助照顾了正在与小儿麻痹症作斗争的未来的总统罗斯福(Franklin D. Roosevelt),并成功地开始了作为医学研究者的职业生涯(Smith & Anderson,1989)。就在这一段时间里,他也第一次经历了与一个女人之间的有意义联系,这个女人是一个虚弱的将死于梅毒的妓女,他带着真挚的同情徘徊在她的身边(Robinson,1992)。默里在洛克菲勒研究中心对小鸡胚胎的发展进行了四年的研究。发表在顶级医学和生物化学杂志上的二十一篇文章报告了他的研究成果(Anderson,1988)。他对生物化学的兴趣是如此浓烈,以致去了英国的剑桥大学学习,并于1927年在那儿获得了该领域的哲学博士学位。至此,他已经成为生物化学这一崭新领域里的一名受人尊敬的先驱,但是他对自己并不满意。

默里是一个谜,一个诱人的奥秘。他以一种"男学生般的迷恋"爱上别人,似乎在此后不久又拒绝了他们。不过,他永远忠诚于支持他的人。当他的妻子兰图尔死的时候,他悲痛不已。他从来没有完全接受他的弟弟在第一次世界大战期间已经死亡这一事实。他甚至从来没有停止过对克里斯蒂安娜·摩根的丈夫威尔的喜爱。同样地,亲密同事的死亡对他而言也是毁灭性的打击。他不敏感、傲慢自大,然而又温柔、容易受伤;对上司来说,他是一个知己,但是,对多数学术人物来说,他是一个可恨的对手;他经历过无限的欢乐和无尽的绝望。好莱坞对默里的评价是:亨利 A. "哈里"·默里是一个非凡的人,过着一种不可思议的特别的生活。

默里关于人的观点

与心理学的早期接触

像凯利和马斯洛一样，默里在大学里第一次接触到心理学时，发现它一点儿也不令人欢欣鼓舞。他说起他那由德国训练出来的实验心理学教授，"对心理学萌发的一点儿兴趣……被闵斯特伯格教授冰冷的方法给扼杀掉了"（引自 Anderson，1988，p. 146）。后来，他向安德森写的信中提到了他对闵斯特伯格否认"心理学与人有关"这一观点的失望（p. 146）。就这样他与实验心理学家开始了长达一生的争论。

即使在作为一名医学研究者和生物化学家接受训练期间，默里也在经受着一种"深刻的情感剧变"（Anderson，1988，p. 146）。"他突然出乎意料地发现自己'处于一片通明中……这将持续三年时间，并最终会迫使他投入……心理学的怀抱'"（pp. 146—147）。但是，就像他与实验心理学的接触没有带给他任何慰藉一样，对弗洛伊德思想的第一次探索也是如此。默里无意中听到一些学生谈论弗洛伊德，于是他向一位医学院的神经病学家、一位同学的受人尊敬的父亲考特尼（W. Courtney）请教。考特尼把弗洛伊德的思想比作污物。在攻击弗洛伊德的幽默时，他一语双关地说"我认为[弗洛伊德的思想]……是这个时代最伟大的生殖器"（引自 Anderson，1988，p. 146）。尽管考特尼作了这番粗鲁的介绍，但默里最终还是从他那里获得了一些对弗洛伊德及其思想的尊重。不过，当默里需要了解某种心理学观点时，考特尼的回答几乎都没有什么帮助。

1923 年，默里无意中发现了刚刚被翻译过来的荣格的《心理类型说》（*Psychological Types*，再版于 1961 年）。这对他来说是一次启发，也可能是天意，因为他几乎在同时遇见了荣格的狂热崇拜者克里斯蒂安娜·摩根。1925 年，默里拗不过克里斯蒂安那·摩根的一再请求，到苏黎世旅行，和荣格一起度过了令人难忘的三周（Smith & Anderson，1989）。默里（Murray，1981b，pp. 80—81）记述了这次经历：

> 荣格博士是我遇到的第一个精力充沛的、知识全面的人……他[打开]……'奇妙世界的伟大之门'……我用一种从书本上找不到的方式体验了潜意识……所有这些及更多的东西都要归功于荣格博士。

360   与他的人格特征相一致，默里对荣格的钦佩逐渐消失——"他的概念不是太清楚……他相信我告诉他的任何他喜欢的事情……但是他会忽略掉与他的理论不符的东西"（Anderson，1988，p. 155）。在别处，他若有所思地说，荣格"非常富有想象力"，或许"太过于有想象力"了（Roazen，2003，p. 19）。尽管如此，他与克里斯蒂安娜·摩根的关系确保了他从来没有丢弃荣格。他继续引用荣格的思想，并且他的理论反映了荣格的极性倾向。

1927 年，刚刚被委托在哈佛大学创建心理诊所的普林斯（Morton Prince），想雇用一名助手。这是属于心理学系的一个职位，包括讲课和门诊咨询。由于默里不在美国，他的一位朋友兼生理学教授,代他向普林斯说情,"这里有一位杰出的英国化学家,你想要一位科学家,不是吗?"(p. 149)。尽管默里"完全不够资格",但他还是得到了这份工作并被接纳。之后不到两年,普林斯逝世,默里成为心理诊所的负责人。不用说,他所受的心理学教育比他的同事凯利——一名实验心理学怀疑论者——甚至还要短暂。但在早期经常授课的心理学课堂上,默里是一位特色鲜明的讲演者。

为什么默里成了一名心理学家

部分是因为荣格。另外一部分原因是默里觉得自己的医学和生物化学工作机械而沉闷,并对此非常不满(Anderson,1988)。治疗患者确实使他与其他人有了一些亲密联系,但是他形容这种联系"必然是短暂和表面化的"(p. 149)。更重要的是,医学科学研究使他接触不到"自己人格的更深层本源……他自己的内心世界"(p. 149)。最终,是"痛苦和忧郁的力量"成为最强大的磁体,把他引向了心理学。默里属于那种适应不良的个体,为解决个人问题而成为心理学家。事实上,他还将这种模式应用到那些预科生身上,他认为这些听他的变态心理学课程的预科生是为了处理自己的问题才来上这门课的(Anderson,1990)。这种模式竟然见效了。随着默里自己观点的提出,他变得越来越精力充沛,直到他被看作一个适应良好的人。

发展一种理解人的独特方式

默里最初并没有认真对待正统的精神分析。作为波士顿精神分析协会(Boston Psychoanalytic Society)的一位领导人,他在吸纳弗朗茨·亚历山大(Franz Alexander)——柏林精神分析学院(Berlin Psychoanalytic Institute)弗洛伊德的得意门生——为协会新成员方面起了重要作用。20世纪30年代早期,亚历山大成为波士顿的住院精神分析医师,他使默里参与精神分析训练,这次训练共持续了九个月,其中后三个月在芝加哥进行。

可以肯定地说,默里对精神分析没有留下太深的印象,至少不是非常倾心如意(Anderson,1988)。事实上,他心不在焉地做完了分析,从来没有认真对待过它——"我太忙了,顾不上"(p. 158)。默里虽然喜欢亚历山大,但他们却从来没有真正协调一致。安德森从默里那里得到的有关精神分析的少数谈论之一是针对亚历山大的妻子的,她是一个金发、吸人眼球的赛车手,似乎与弗洛伊德以前的一个矮胖健壮且不易动感情的学生合不来。默里猜测她被他吸引住了。

默里认为接受精神分析这一段时间很难熬。知道了自己的潜意识内容并没有治愈他的口吃,弗洛伊德主义也没有帮助他理解自己与父母之间的关系。因为他将父亲看作一个"好人",所以他断定自己不会出现恋母情结。最后,他把亚历山大当作另一个"好人"而拒绝了他,并宣布自己对精神分析的幻想破灭了,但是后来他又否认了这一说法(Robinson,1992)。

有一些细微的迹象表明,和亚历山大在一起的九个月,默里受到了影响。首先,有隐藏的迹象表明,在他内心深处流动着的一种潜在敌意突然迸发了。不仅亚历山大被描述为肥胖和乏味的,他的办公室也被说成具有"压抑的、肮脏的色调"(Anderson,1988,p. 159)。其次,此后他感觉有义务在自己的著作中探讨弗洛伊德的概念,所以他肯定受到了影响(Murray,1981)。尽管有所保留,但他还是实践了精神分析(Anderson,1988)。

弗洛伊德对默里的影响在其他方面也很明显。科学实验解释不了复杂的内部过程,这一信念就是其中之一。实验把人看作是来自同一个模具的机器,其各个部件可以脱离整体来考虑。像马斯洛一样,默里认为人是动态的整体,把人分成部分或部件是没有意义的。

把心理学分成他们珍视的分支学科,就肢解了完整的人,因而是一种严重的错误,不用说,默里哈佛大学的同事对他的这一抱怨不予理会。他"像蜻蜓战机"一样与他们斗争(Anderson,1988,p. 157)。系主任波林(E. G. Boring)警告默里,如果他发表的论文中包含诸如"[约翰·]华生(John Watson)的提议[是]天真、幼稚的乖僻行为"这样的内容,他一生都会遭到美国心理学会的排斥。鲁宾逊(Robinson,1992)声称,由于默里即将刺穿心理学的软肋,加速它的灭亡,波林确实害怕得发抖。此外,默里坚持反对他所谓的学院心理学的"科学主义"。他认为,心理学家们为了沐浴在由物理科学家反射出来的荣誉中,正在敷衍真正的科学——生物化学就是其中一例。在这样做的过程中,他们没有明白心理学不仅不能而且也不应该像其他科学一样。心理学应该研究完整的人,并且完整的人不适合用试管或在显微镜下研究。

奥尔波特,一位社会心理学家和人格理论家,是惟一明确支持默里的同事。奥尔波特的思想优先于其同事强调"感觉元素"和"条件反应"的思想,这对于默里本应该具有吸引力。但是,当奥尔波特主动向默里作出友好的表示时,默里的反应却像平常一样。奥尔波特最初遭到拒绝是因为"他认为意识占大部分……而潜意识只占一丁点儿"(Anderson,1988,p. 154)。尽管如此,默里还是向奥尔波特题献了一本书,和他一起上团队教育课,有时将他作为一个朋友提起(Robinson,1992)。在哈佛的那些年,默里将自己看作为了真理而孤军奋战的英雄。他运用自己那特有的冷嘲热讽谈道:"在心理学系的会议上,有五票支持心理物理学,一票支持精神分析理论"(p. 153)。然而,通过所有这些行为,默里表现出摆脱排斥的倾向。

362 基本概念:默里

命题

默里提出了其理论赖以建立的几个基本"命题"(Murray,1981a)。其中最重要的命题之一就是,研究的对象应该是不可分割的有机体,而不应该是他们的集合。这一前提与一个更为基本的原则一致:整体论,即研究整个有机体,而不是它的各个组成部分。他强调,人类不只是被动地对外界刺激作出反应的惰性机体。他还认为,我们不能通过研究他/她生命存在中的一段经历来理解一个人,即使这段经历相当长。我们必须研究有机体的**长单位**(long unit),即它的生命周期。"有机体的历史就是有机体。"(p. 127)

默里认为,"有机体存在于环境中,它的行为在很大程度上由该环境决定"(p. 127)。事实上,许多现在属于有机体内部的东西都曾经是外部的:当前的安全需求可能来自过去环境中出现的威胁。由于内部和外部的联系是那样密切,因此把机体看作"人—环境"相互作用的产物是必需的,这种相互作用可以被看作心理探究中的"短单位"。因此,长单位,即个体的一生,可以被看作一系列相关的短单位或情节。

机体通常会对有意义的整体的模式而不是个别的"感觉印象"的模式作出反应。"反过来说,机体对环境的反应通常显示出一种**统一趋势**(unitary trend),即活动实质上是有组织的、有方向的,而不是杂乱的、尝试错误的"(p. 128)。一种活动本身可以被看作一种**行为体**(actone),即身体运动本身的一种模式,与它自身的结果相脱离。因此,机体的某种状态,例如饥饿,可能会引起几种不同的行为体,采摘水果或买一份食物,每种都会产生相同的最终结果,即食物进到胃里。虽然默里承认机体行为具有暂时的一致性,但他也赞同行为的变化性是机体生命的一个事实。

一个在事件链的早期阶段出现的基于神经的过程(neurologically-based process)会以一种结果而告终。"因为,根据定义,它是跟随在刺激之后、行为体反应之前的一个过程,所以肯定发生在大脑中。"(p. 131)**支配性的**(regnant)是给"大脑中的优势结构"起的名字,相当于内部表征。一种食物表象就是对由环境中的香味引起的饥饿需要的一种支配性反应。默里提出这个概念是为了说明这一事实:我们称之为"心理学的"的每样东西最终都是由于大脑的活动而产生的。不过,默里宣称,尽管"神经细胞和肌肉细胞的活动是整个行动的必要条件……但从完整意义上说,它们不是它的原因"(p. 131)。大脑活动促使一系列事件产生了某种结果,但它并不是系列事件的最终原因。"原因"在于一个相互关联的内部和外部事件的综合体,这一综合体过于错综复杂和庞大以至于不能用一句简单的话来概括。事实上,"可能有其他原因"。人格不是大脑的奴隶;某种程度上正好相反。

大脑过程对应于我们所谓的"意识":由于支配过程人类能够反映自身。我们经历的有意识的想象来自支配过程。潜意识的支配过程也是存在的:"一种潜意识过程……必须被概念化为支配性的,即使这个[人]无法报告它的出现"(p. 132)。默里通过将潜意识和大脑活动过程联系起来,使之合理化。

需要的定义

363

像马斯洛一样,默里最核心的概念也是**需要**(need),"一种存在于大脑中的[生理化学]力量,它以将令人不满意的情境转化成[令人更加满意的情境]的方式来组织知觉、智力和行动"(Murray, 1981a, p. 189)。默里把需要等同于驱力(他常常互换着使用这两个词),这就使得需要这一概念朝生物学方向发展。在这一点上,默里与马斯洛大为不同,马斯洛努力区分"驱力"和"需要",他强调需要,认为驱力是次要的。默里也间接提出了与本教材的组织有关的另一个反应式。默里的思想为后来的"特质"讨论搭起了桥梁,因为一种需要有时候能够被看作"一种或多或少稳定的人格特质"(p. 142)。他紧接着又补充说,有时候需要可以被看作一种"暂时发生的事件"(一种状态)。

需要的种类

默里（Murray，1981a）将需要分为两个基本的类别。**心因性需要**（psychogenic needs）次于生物性需要，并来源于生物性需要，但是，因为与有机体生物性的一面差一步之遥，它实质上属于心理的方面。像其他类别的需要一样，这些需要隶属于一个更高级因素的不同水平，这个更高级因素用矢量（vectors）来表示，即带有方向性的力。**接近**（adience）指促进需要的正矢量，它描述了趋向物体和人的运动。有几个接近趋向的心因性需要的例子非常出名，甚至对大众来说也是如此。**成就需要**（n achievement）指"克服困难、发挥能力、努力又快又好地完成困难任务"的驱力（Murray，1981a，p. 157）。**亲和需要**（n affiliation）指对友谊和交往的渴望："问候他人、融入他人、与他人生活在一起。与他人合作，和蔼可亲地交谈。去爱，去加入群体"（p. 159）。**求援需要**（n succorance）是指通过向挚爱的抚养者恳求怜悯和帮助以寻求接济、保护、同情的依赖态度，这种需要含有未解决的基本焦虑的意味，基本焦虑是霍妮的中心概念。**次序需要**（n order）涉及安排、组织和收拾好物品；保持有条不紊、整洁并且一丝不苟地追求精确。**支配需要**（n dominance）是指影响、控制、说服、阻止、命令、领导、指导和限制别人以及组织群体行为的驱力。**表现需要**（n exhibition）是渴望通过使他人感到激动、有趣、刺激、震惊或兴奋以吸引别人的注意。**攻击需要**（n aggression）指对他人的攻击或伤害倾向，包括贬损、伤害、责难、控告、嘲笑、严厉惩罚、虐待甚或谋杀。**贬抑需要**（n abasement）包括屈服、顺从、接受惩罚、道歉、忏悔、赎罪，并且通常是受虐狂的。这种需要使人想起霍妮刻画的具有受虐需要的人对恋人（克莱尔）的顺从。

回避（abience）指促进需要的负矢量，它描述远离物体和人的运动。回避趋向的心因性需要的明显例子比较少，但是，其中有些我们很熟悉。**自主需要**（n autonomy）是抵制影响或强迫、挑战权威、追求自由、争取独立的驱力。**不受侵犯需要**（n inviolacy）是一种试图阻止自尊降低、保护好名声、避免批评、维持心理距离的态度。**回避责备的需要**（n blam-avoidance）指通过抑制自我中心的（甚或不合常规的）冲动以回避责备、惩罚、排斥，并成为一个行为良好的、遵守法律的公民。**掩饰需要**（n infavoidance）指通过隐藏（外貌）缺陷、抑制企图做自己能力之外的事情以避免失败、丢脸、羞辱或嘲笑的一种倾向。**独一无二需要**（n contrarience）指行动与他人不同、独一无二、站在对立面，并持有不同寻常观点的驱力。

内脏性需要（viscerogenic needs）包括基本的生物驱力，虽然它们是心因性需要形成的基础，但是相对简单易懂。这是与心因性需要类别相对应的分类。接近趋向的内脏性需要——具有接近物体的倾向特征——包括吸气需要（n inspiration）（需要吸入氧气）、饮水需要（n water）、食物需要（n food）、感觉需要（n sentience）（体验到感官满足的需要，例如，吮吸以及与另一个人的身体接触）、性需要（n sex）和哺乳需要（n lactation）。回避趋向的内脏性需要，具有回避（或驱逐）物体的倾向特征，包括呼气需要（n expiration）（呼出二氧化碳的需要）、排尿需要（n urination）、排便需要（n defecation）、防御需要（n noxavoidance）（去除有害刺激的需要）、回避热的需要（n heatavoidance）、回避冷的需要（n coldavoidance）和躲避伤害的需要（n harmavoidance）。表 15-1 列出了默里的几种最核心的需要。视窗 15-1 提供了与表格有关的练习。

表 15-1　默里的需要总结

接近矢量 （正向需要）	回避矢量 （负向需要）
心因性需要	
成就需要	自主需要
亲和需要	不受侵犯需要
求援需要	回避责备的需要
次序需要	掩饰需要
支配需要	独一无二需要
表现需要	
攻击需要	
贬抑需要	
内脏性需要	
吸气需要	呼气需要
饮水需要	排尿需要
食物需要	排便需要
感觉需要	防御需要
性需要	回避热的需要
哺乳需要	回避冷的需要
	躲避伤害的需要

视窗 15-1　你是回避型/退缩型还是接近型/依附型的

365

　　默里的需要被分为两大因素：(1)回避的/退缩的（回避趋向），即回避或者远离物体和人；(2)接近的/依附的（接近趋向），即接近物体和人或者顺从地/有控制地使自己依附于他们。考察表 15-1 中所有的心因性需要和内脏性需要：有九个接近趋向的需要和七个回避趋向的需要。诚实地确定在这些驱动你的需要中，哪些是显著的。核对你的所有选项。如何衡量呢？如果你有 70％ 或更多的选项属于接近趋向这一类别，那么你就可将自己评为接近/依附型的。例如，如果你核对了十项需要，其中有七项都在接近趋向这一类别里，你就可以被认为是"接近/依附的"。另一方面，如果你有 55％ 或更多的选项都在回避趋向类别里，你将被归为回避/退缩类型（例如，你做了十一个选项，有六个都在回避趋向这一类别里）。如果你两个百分比标准都不符合，那么你既不属于接近/依附型，也不属于回避/退缩型。当然，这只是一次练习。不管是在哪一类别里都没有任何特殊的含义；这两个类别没有一个是绝对好或绝对坏的。不过，如果你处于一个极端或者另一个极端，或许你应该检查一下你未来的行为，并确定一个更好的平衡点，这将对你更有利。

需要的力量和它们之间的相互作用

　　力量。需要的**力量**（strength）是根据它的出现频率、强度和持续时间来测量的（Murray，1981a）。如果一种需要在既定条件下出现的频率高，它就是强需要。如果它极其强烈地偶尔出现，也是强的需要。最后，如果一种需要一旦被唤起，在没有满足的情况下又能持续很长一段时间，那么这种需要也是强的。

　　需要之间的相互关系。在日常生活中，个体可能会突然同时或接连不断地经历几种需要。因此，看到一个人采用设计好的特定行动方案来满足几种需要是件平常的事。像马斯洛一样，默里也认为人是复杂的；他们做任何事情都很少只因为一个理由。

　　需要的融合（fusion of needs）是默里给一个单独的"同时满足两个及其以上需要的行为模式"（p. 161）的命名。公开地唱一首歌而得到报酬的个体就是这样一个例子（获得需要和表现需要的融合）。此个体正在满足获得需要——挣钱——同时也在满足表现需要——得到别人的注意。

　　需要的辅助性（subsidiation of needs）出现于"当一个或多个需要被激活以服务于［一个或多个其他需要］时"（p. 161）。在下面的序列中，每种需要对随后的需要都是辅助性的，最后被提及的需要（成就需要）是最突出的：其他的所有需要都为它服务。

366

　　　　一位政客将他西服上的污渍去掉（防御需要），因为他不想给 X 先生留下坏印象（掩饰需要），以致减少自己赢得他的支持和友谊的机会（亲和需要），他希望从 X 先生这里获得一些与他的政敌 Y 先生的私生活有关的诋毁事实（认知需要），他计划公布这些信息（暴露需要）以毁坏 Y 先生的名声（攻击需要），并因此保证自己的当选（成就需要）：（"S"前面的需要辅助于"S"后面的需要；防御需要 S 掩饰需要 S 亲和需要 S 认知需要 S 暴露需要 S 攻击需要 S 成就需要）。（Murray，1981a，p. 162）

　　相对。需要相对（contrafactions of needs）指的是这样的情况：需要与处于交替阶段的它们的反面有联系。例如，"一个支配阶段被一个顺从阶段跟随。攻击由抚育跟随……节制紧随着放任……"（p. 163）一个在工作中拿破仑式的人物，在家里却是一个地位低微的奴隶。与相对类似的是，荣格的"等值"概念及其梦境内容与清醒时的状况正好相反的观点。

　　冲突。当多种需要相互对立并"在人格内部达到心灵上进退两难的困境时"（p. 163），**需要冲突**（conflict of needs）就出现了。"一个女子由于家庭的反对而犹豫着是否满足自己的激情（'C'＝'冲突'；性需要—C—回避责备的需要）……一名男子由于恐惧而犹豫着是否满足自己开飞机的愿望（成就需要—C—回避伤害的需要）"（p. 163）。这些对立面使各种需要保持平衡，以致任何一方都不会失去控制。

需要整合体（综合体）

　　需要可以组成各种核心结构，而这些结构是人格的核心成分。形成这些核心结构的一个关键的先决条件是**投注**（cathexis），一个客体通过投注过程唤起一种需要。该需要或者具有该需要的人可能会"投注于"该客体。这一弗洛伊德术语最初是指心理能量投放于某些物体上，如一个婴儿投注于他的母亲。如果该物体出现,需要就可能被唤醒。"客体"是没有生命的实体或者是人。普通的投注包括:垃圾(防御需要投注)、照明(回避伤害需要投注)、医生(求援需要投注)、婴儿(抚育需要投注)、英雄(顺从需要投注)、独裁者(自主需要投注),括号外列出的是客体,括号内列出的是投注于其上的需要。

当"被投注的客体表象……和通常由被投注的客体引发的需要及情感在大脑中被整合到一起"(p. 179)时,就形成了一种**需要整合体或综合体**(need integrate or complex)。需要整合体比需要抽象得多,也因此更难诉诸文字。它们是填充我们梦境、幻觉、错觉、妄想的反复出现的现象。一个需要综合体可能会因为遇到一个现实的客体而达至意识(或潜意识),这一客体类似于唤起与它整合在一起的需要的表象。例如,一只在空中轻松飞翔的小鸟可能会被追求自由的需要投注(自主需要)。如果是这样,我们可以预测,有这种综合体的人将会梦到鸟儿飞翔,并且当它们实际上没有出现在(墙纸上、树叶间、林荫道的缝隙间)时,也会产生它们出现的错觉。需要综合体促使我们做某种事情,例如追求独立性。

需要整合体或综合体通过多种形式显示自己,不只是通过做梦。例如,综合体出现在艺术表达、戏剧、仪式、宗教、幻想、渴望和诱惑、小说、童话、剧本和电影、艺术对象甚至儿童(或成人)游戏中。在一个更加普遍而不是个体的水平上,文化可能是需要综合体的来源。人们可以从文化的重要组成部分——艺术对象、故事和宗教活动——中看到需要综合体。基督教文化中的"十字架"就是一个例子。我们应注意到,需要整合体似乎更类似于荣格的原型而不是弗洛伊德的"情结"。视窗 15-2 对梦进行了分析。

367

视窗 15-2　梦有洞察力吗

　　如果需要综合体十分类似于原型,它们可能涉及人类历史中一遍又一遍重复的主题。这种重复表明"历史是对自身的重复"。如果情况果真如此,当综合体的表现出现在梦中时,就可以预测未来事件。因此,综合体反映的、出现于梦中的某种性质的过去事件可以预测同一性质的未来事件。一个相关的事例是绑架/谋杀事件。因为绑架/谋杀在人类历史中出现过许多次,它们是人类知识的一部分。因此,它们是人们形成共同的综合体的依据。鉴于这一推测,人们的梦可能是有洞察力的:能够预测现实中绑架/谋杀的细节。为了验证梦是否能预测未来事件,默里(Murray, 1981c)利用了一个众所周知的事件。在著名飞行员林德伯格(Charles Lindbergh)的婴儿被绑架后、但公众尚不知道任何犯罪细节之前的几天里,默里在报纸上登了一个广告,恳求人们描述与该犯罪有关的梦。大约 1 300 个人对此作出了回应。

　　这一案例的事实是,婴儿在遭到头部殴打致使三处头骨骨折之后就立即死亡了。在离林德伯格家几英里远的公路附近的树林里,发现婴儿"裸露的尸体"被埋在一处浅墓穴中。一位德国血统的犯有前科的人后来被指控为罪犯(他的亲属仍然否认他的罪行)。

　　1 300 个梦中,有许多的确提到了"外国人"和"外国口音"。这一结果也可能源于对"外国人"的怀疑,因为这在当时(1932)和现在都很盛行。然而,只有大约 5% 的梦梦到婴儿似乎死了。而且,当大家知道了犯罪细节时,只有10个梦完全准确地预测了这些犯罪细节。有7个提到死亡的婴儿,还有2个暗示了同样多的内容。10个梦中有5个明确提到了发现婴儿尸体的茂盛树林。有5个提到了坟墓,其中有2个表明它是浅浅的。有3个梦提到了在一条路附近发现了婴儿,还有1个暗示了一条林德伯格家附近的路。1个梦明确表明婴儿是光着身子的,另1个暗示了裸体,并且还有1个梦到婴儿身上仅仅裹着一块尿布。这10个做梦的人中,有3个声称他们在绑架事件发生之前就做了这个梦。这三个人中有两个提到了林德伯格,一个还同时提到了"树林",没有提到林德伯格的那个人确实提及"路边"和"只有尿布"。10个梦中只有3个包括了死亡、坟墓和树林繁茂的场景。

　　搜集梦这一事实表明默里赞同梦具有洞察力这一可能性。因此,他得出梦没有预测未来的能力这一结论,正是对其客观性的一次盛赞。他正确地将结论解释为偶然事件:偶然地,人们将期望1300个梦里有10个(或更多)会包含一些与后来揭示的犯罪事实有关的正确信息。

环境压力

　　默里投入了相当多的篇幅来论述人们置身其中的环境。影响人的环境因素被称为**压力**(press),它指出了一个物体或情境中的方位趋势(压力也是复数词)。对一个与需要综合体密切联系的客体的精神投注推动个体做某些事情或其他事情。相反,"一个客体的压力是指它能够对主体[人]或者为主体做什么,即以这样或那样的方式影响主体利害的力量"(Murray,1981a, p.187)。"据称,能够伤害或者利于机体安康的一切都可以被认为是有压力的,其他的一切是惰性的。"(p.185)在某个体生活中,一个具有支配权的人就是限制和抑制该个体的压力。

　　压力可能是即将来临的事情的征兆。实际上人们经常会觉察到有压力的客体。但是他们很少用现在时态看待它,如"该客体正在对我做这样或那样的事情"。相反,个体会预期:"(如果我仍然是被动的)该客体可能会对我做出这样或那样的事情或者(如果我主动点)我可以通过这样或那样的方式利用该客体"(p.185)。然而,默里很快指出,压力不完全是预先发生的。当前情境的诸方面经常会唤起过去压力情境下的表象。因为个体有过去经验作为行为的向导,所以这些表象使得个体能顺利而有效地处理当前压力。表15-2包括了压力的例子。

表 15-2　压力

亲和压力的客体是一个友好的、爱交际的同伴
抚育压力的客体是一个保护性的、有同情心的联盟
攻击压力的客体是一个好斗的人,一个非难或贬低他人的人
(认识到的)竞争压力的客体是一个竞争者
(经济上)缺乏的压力的客体是贫穷的状况
支配压力的客体是一个抑制、禁止或禁锢他人的人

主题

需要和压力分别是内部实体和外部实体。考虑到默里的整体论观点和他倾向于把与个体有关的所有因素看作一个整体,人们期待他找到一种方法以融合需要和压力。他的确做到了。**主题**(thema)就是某种特定需要和某种特定压力或应激源的结合。在主题情况下,某一客体的出现预示着要对人们或为人们做些什么,从而引发与之一致的需要。这样的例子包括:一个友好的、爱交际的同伴的出现,引发了亲和需要(亲和压力>亲和需要);一个好斗的、爱贬低他人的人的出现引发攻击需要(攻击压力>攻击需要);一个喜欢控制、抑制他人的人的出场引发支配需要(支配压力>支配需要);经常,一种压力引发某种需要,而这种需要又可以产生、对抗或弥补该压力:一个喜欢拒绝的人可能引发拒绝需要,而这又会引起拒绝行为;一个有支配欲的人可能引发自主需要;一个贬损他人的人可能引发成就需要。

369

主题统觉测验拼贴图

评价

贡献

需要。 毫无疑问,默里对需要的概念化是他对人格领域作出的两个永恒的贡献之一。默里的需要是怎样被大量研究者运用的,对此的描述可以单独写成一整本书。此处探讨的范围仅限于有关默里需要的一个重要的、实际的应用:人格测验。

杰克逊(Jackson,1984)的人格研究量表(Personality Research Form,PRF)是对人格特质的测量,它几乎是将默里的 20 种需要直接转化成 20 个特质量表。杰克逊的人格研究量表测量手册在经过三次修订之后,排在"心理学研究文献中最经常被引用的人格测验的第四位"(Paunonen,Jackson & Keinonen,1990)。同样是这些研究者设计了该测验的非言语简笔画版本,在跨文化比较个体对人格测验的反应时,这对消除语言因素应该有用。

辛格(Singer,1990)的研究把默里的 16 种需要重构为"生活目标"。例如,一个目标陈述是,"我想成为一位领导并影响他人向我的意见倾斜"(基于支配需要;p. 541)。另一个是,"我要尽可能地过一种有感觉的、充满情欲的生活"(基于感觉需要和性需要的结合;p. 541)。

370   **主题统觉测验。**默里最长久有效的贡献是创造了一个被广泛应用的投射测验,即**主题统觉测验**(Thematic Apperception Test,TAT),它是一个通过揭示由一些模棱两可的图片引发的主题来评估个体的自省知觉(统觉)的工具(Murray,1981d)。在使用主题统觉测验时,研究者告诉被试或临床来访者,他们正在参加一个"创造想象测验"(p. 391)。然后,将卡片上的 20 张(或更多)图片一次一张地呈献给他们,例如拿一把小提琴的男孩、挽着一名男子的女人和抱着玩偶的小女孩。对每一张图片都请被试或来访者"编造一段情节或故事"(p. 391)。为了协助他们,会向他们问一些问题:"图片中人物之间的关系是什么? 他们发生了什么事? 他们现在的思想和情感是什么? 结果将怎样?"(p. 391)主题统觉测验过去并且现在仍然被用来揭示默里的需要,以及被用作其他目的的(例如,揭示远远超出默里需要的人格倾向和人格特质)。

主题统觉测验的一个优点就是被试/来访者可以用无数种方式来解释这些图片,因为它们本质上就是模糊不清的。因此,无论被试/来访者对图片说什么都来自他/她自己独一无二的潜意识思维。主题统觉测验的优点包括,被试/来访者的反应是自发的,并且相对来说没有被研究者或咨询师提供的任何线索污染。这样的反应包含的信息很丰富,可被深入挖掘,并且可以使我们窥察到潜意识的内容,这是用其他方法得不到的。

研究者现在用各种不同的方法对被试/来访者讲述的故事进行评分。在早期,由测验实施者对这些故事进行非正式的主观分析(Murray,1981d)。通常是将卡片作为一个整体而不是以卡片上的每一个人物形象来分析。大约从 1949 年开始,研究者获得的资料可以用更加具体的、较少主观的方法对根据图片叙述的故事进行分析。对最经常的反应进行编目分类,以便未来的主题统觉测验使用者可以核定来访者或被试对于给定的卡片作出的反应是典型的还是非典型的。卡片用各种度量方法来评定等级,以确定它们在多大程度上暗示了成就、攻击、性等等(见 Hibbard,2003)。

虽然这些努力有利于主题统觉测验分析的客观化,但是评分在某种程度上仍然是随意和非系统化的。为了进行改善,波特凯列出了一些问题:(1)我们通常考虑的是整张卡片,而没有考虑下述事实:一张给定的卡片可能包括两个人物形象,这两个人物在故事中以不同的甚至相反的方式起着作用;(2)当使用客观方法帮助分析时,使用的量表可能会限制被试或来访者的反应,或者可能会向他们暗示应该怎么反应;(3)当更为客观的方法被使用时,它们通常只涉及一些概念(例如,成就和攻击)而不是被试/来访者作反应时可能在头脑中已经拥有的许多概念(Allen & Potkay,1983a)。

为了弥补主题统觉测验的这些不足,扩展它的应用性,波特凯和他的同事让被试说出他们在看到每张图片上的单独一个人物时脑中出现的任何单词,而不是针对看到的整张图片(见 Potkay,Merrens & Allen,1979,in Allen & Potkay,1983a)。这种方法是形容词生成技术

(Adjective Generation Technique，AGT)。它的指导语仅仅是"写下[一些]形容词"（Allen & Potkay，1983a；Potkay & Allen，1988）。在使用形容词生成技术时，(1)考虑了单个的人物形象；³⁷¹ (2)避免了度量技术存在的问题；(3)被试能够使用包含在他们巨大的词汇库中的任何概念。

60 名男性和 60 名女性被试看了 22 张卡片上的 17 个男性和 17 个女性人物，然后他们用三个形容词描述了每一个人物。表 15-3 包含了被调查人物的一个样本，以及对每个人物使用最频繁的三个形容词。表 15-3 中的词目将使你很好地了解主题统觉测验中包含的图片类别以及由使用最频繁的描述性词语定义的它们的特征。由于被试间不存在性别差异，因此表中的百分比是针对所有的 120 位被试计算的。

表 15-3　人物描述及用来描述他们的、使用频率最高的词语

（括号中是被试使用单词的百分比）

主题统觉测验人物	三个最经常使用的形容词
1. 拿小提琴的男孩	无聊的[42]、疲劳的[32]、懒散的[25]
2. 抱书的女人	美丽的[18]、年轻的[18]、聪明的[11]
3. 在田野里劳作的男人	强壮的[43]、不辞辛劳的[30]、肌肉发达的[28]
4. 眼睛向下看的女人	悲伤的[25]、心烦意乱的[17]、沮丧的[14]
5. 挽着女人的男人	生气的[34]、疯狂的[12]、坚决的[10]
6. 挽着男人的女人	深情的[26]、恳求的[14]、关心的[8]
7. 背对着我们的女人	老的[31]、悲伤的[16]、受伤的[1]
8. 眼睛向下看的男人	担忧的[20]、年轻的[16]、悲伤的[11]
9. 拿着烟斗的男人	生气的[12]、吝啬的[8]、专横的[8]
10. 灰白头发的男人	老的[38]、睿智的[22]、理解的[13]
11. 抱木偶的小女孩	年轻的[28]、无聊的[25]、索然无味的[9]
12. 做白日梦的女人	深思的[19]、理性的[10]、好奇的[10]
13. 坐在长椅上的女人	恐惧的[18]、匆忙的[17]、害怕的[12]
14. 拥抱女人的男人	深情的[45]、高兴的[14]、老的[10]
15. 坐着的男孩	孤独的[45]、年轻的[21]、贫穷的[18]
16. 裸体女人	死亡的[37]、疲倦的[13]、精疲力竭的[12]
17. 只显出侧面轮廓的男人	孤独的[15]、(目光)敏锐的[14]、独自的[13]
18. 灯柱旁的男人	孤独的[25]、独自的[18]、老的[10]

鉴于被试可以从自己可获得的数以千计的单词中选择任何单词，许多人竟然选择了完全相同的词来描述一个给定的人物，这一事实反映了相当高的一致性。尤其要看表 15-3 中对人物 1、3、5、7、10、14、15 及 16 使用的那些具有极高频率的词。在这些人物中贯穿着某些主题。他们通常被认为是老的、悲伤的，但是，如果是男性，则被认为是生气的、孤独的，如果是女性，则被认为是充满深情的。从赞许性（FAVorability）、焦虑（ANXiety）、女性化（FEMininity）三个方面对被试使用的形容词进行评分。在赞许性方面得分最高的是"正在拥抱女人的男人"。在焦虑方面得分最高的人物是"坐在长椅上的女人"。在女性化方面得分最高的是"挽着³⁷²男人的女人"。

有趣的是，女性人物比男性人物在赞许性方面得分高。另外，这些人物身上出现的情绪色调也令人很感兴趣:他们是忧郁的、悲伤的和消沉的、深思的及孤独的,就像默里一样。视窗 15-3 描述了主题统觉测验卡片的一个实际的临床应用。

视窗 15-3   用主题统觉测验进行的临床分析

默里(Murray, 1981d)和克里斯蒂安娜·摩根解释了由一名被称为"B"的哈佛在校大学生叙述的主题统觉测验故事。B 是一名恭顺的主修音乐的学生,他经常微眯着眼,好像在对摄影师的闪光灯作出反应。这使他看起来困惑而焦虑。总体而言,他是一个"不显眼的、平庸的"人(p. 402)。B 来到诊所是因为令人不安的图像正在侵扰他的阅读,阻止他对所读东西的理解,但是并没有阻止他记住这些东西。因此,他对所读的东西无法理解,但是可以回忆起所读东西的内容,这使得他在测验时仍可以得高分。

猛一看,这些图像似乎与这位被它们烦扰的个体一样平淡无奇。他看到了来自他遥远过去的风景——牧场和小溪,建筑和森林——和最近的风景——哈佛广场和波士顿州议会大厦。从 B 的自传或接纳访谈(intake interview)中没有发现任何东西可以对他的症状进行解释。他出生在南部一个有教养的、循道宗信徒家庭中,由父母抚养长大,他也很喜欢他们。然而,除了在情绪强度——他父亲的脾气火爆——上外,他在一般倾向上更像他那道德上"正义"的父亲。他母亲经常唠叨他,但是对他表现得很慈爱。他经常和他的妹妹争吵。小时候,他胆小并且害怕水、动物和交通事故。他会周期性地梦到被一头公牛追赶。

B 的自我描述表露出敏感、沉默寡言、回避体育运动和自卑感。经常和他的妹妹玩木偶、异乎寻常的整洁、对气味的极端敏感似乎无意识地描绘出一种女人气特质。死亡的想法常常困扰着他,尤其是在看到一个男人从干草垛上掉下来摔死之后。当他在祖母的葬礼上因泪流满面而被安慰时,这些恐惧增强了。性和他是不相容的:他一直到 18 岁都没有过手淫,也没有过性经历,并且一想到他的父母让农场里的动物为生后代而做的那种事情就害怕。根据默里的观点,"他在大约 10 岁时有过肛交的想法[和]几次口交经历,但是"从那以后再也没有发生过这样的事情(p. 403)。当他还是一个小孩子时,他和自己的父亲睡在一起,而他的母亲和他妹妹睡在一起,所有人都睡在同一走廊上。

在对图片"一个正在攀缘杆的裸体的男人"的反应中,B 将这个人称为"水手",他因为"一些病态的……同性恋的犯罪"被其他船员追赶,企图攀登船的桅杆逃跑(p. 403)。结果被一个后面的水手击毙了。过了四个月,在精神分析之后,他更改了这个故事,指出,那名水手疯狂地努力爬上桅杆以逃离对没有成功地建立起同性恋关系的恐惧。他的面孔"扭曲而充满欲望",并将自己抛进了大海(p. 403)。"攀缘绳索的男人"这张图片引发了他对被困在高栖木上的恐惧。默里注意到了前两个故事中"明显的"同性恋主题以及 B 自己承认的在三个故事中都体现出的恐高表现。

在对"拿小提琴的男孩"这张卡片的反应中,B 讲述了一个在音乐独奏会上取得成功的故事,但是,他又毁掉了这个男孩取得的成绩,他宣称这名男孩随后失去了"手或手指"而不得不放弃音乐(伤害压力>成就需要[失败])。在进行精神分析之后,B 对"拿小提琴的男孩"

给出了一个更加中性的描述。B说"蜷缩在睡椅上的这名男孩"陷入了狂怒,枪杀了一匹马或一条狗,所以导致了当前的自责状态。B叙述道,当他还是一个孩子时,就已经直接参与了对动物的虐待,并替代性地参与了一次杀人行动。精神分析之后,他的故事对残忍行为的强调少了,并且更多地强调这个人物非常自责和接受了教训。默里在B的故事叙述中看到的主题有自我惩罚、阉割焦虑、虐待症和兽恋症。

B说,这位"独自站着的女孩""将会受到一个精神错乱者的攻击。她和他去野炊了。一场即将来临的风暴增加了这个男孩的性欲本能,他侵犯了她"(p.404)。对于"紧抓小女孩儿[她恐惧地退缩着]手臂的怀有恶意的男人"这张卡片,B提出"当时机来临时,他对她进行了攻击"(p.404)。这些女孩遭到攻击的故事暗示,B具有虐待狂的异性恋倾向。根据最后一个故事以及B对下列两部电影的记忆:一名科学家将骨化材料注入一个女人的静脉和一位英雄的妻子死于难产,默里认为B倾向于幻想女人死于性交或难产。

B还看了一些罗夏墨迹图片。在一张墨迹图片中,他看到一名男子正在看一本医学书,在这本书中有一个肢解的男性或女性插图。在另一张中,他看到一个男子正在进行性活动,性对象是一个胚胎或流产的部分器官。默里由此推断B是恋尸癖。

默里得出的结论是,B对同性恋感到内疚和害怕。他还表现出肛门施虐狂、受虐狂和阉割情结的迹象。B的阉割焦虑可能源于他在与庞大的、喜怒无常的父亲(可能是他梦中的公牛)一起睡眠时产生的第一次梦遗。B还表现出子宫幻想、虐待狂倾向和恋尸癖。他幻想怀胎并试图描绘出自己在母亲子宫里的情景。有一次他梦到自己剖开一名女人,并把一些稻草塞进她的子宫里。还有一次他幻想自己怀孕了。为了沉浸于受虐狂角色,就在怀孕幻想之后,他患了便秘,由于腹部疼痛卧在地板上呻吟。B的恋尸癖和肛交主题从他那"最令人激动的幻想"中得以体现,在此幻想中,他掘开一座座坟墓并依次与每个尸体进行肛交(p.407)。在默里看来,出生、死亡和性交在B的头脑中似乎是紧密结合在一起的。

当今的主题统觉测验。主题统觉测验仍然是使用最多的投射测验之一。下面几项研究说明了它的多种应用及灵活性。与非精神错乱的精神病患者的主题统觉测验反应相比,阿尔茨海默病患者使用了更少的词汇描述图片,并且倾向于偏离指导语(Jackson,1994)。相对于非性虐待组,性虐待组的儿童和少女对人的描述显得更加原始和简单,除了需要满足以外没有投资于人的能力,并且心理机能具有极端和未成熟的倾向性(Ornduff,Freedenfeld,Kelsey & Critelli,1994)。在另一项性虐待研究中,相对于没有性虐待历史的组,受过性虐待的女孩表现出性关注,其次是内疚(Pistole & Ornduff,1994)。其他研究结果包括在对"不好事件"作原因解释的主题统觉测验图片描述中的身份识别(Peterson & Ulrey,1994)、主题统觉测验效度的证据(Alvardo,1994;Rosenberg,Blatt,Oxman,McHugo & Ford,1994)以及对主题统觉测验问题解决评估实验报告有能力表明问题解决训练有效果的一次证实(Ronan,Date & Weisbrod,1995)。

希巴德及其同事(Hibbard et al.,2000)发现,白种人和亚洲人在防御机制的使用倾向上　　374

得分比较相似,这正如主题统觉测验反应所揭示的那样。而且,一般来说,防御机制评分程序对两个群体都有效。从一种多样性的视角来看有趣的是,白种人在"否认"防御机制上的得分更高,虽然这两个群体在其他防御机制上没有什么不同。阿克曼及其同事(Ackerman, Clemence, Weatheriil & Hilsenroth, 1999)研究了对人际关系的性质和质量进行计分的一种方法(SCORS/社会认知和客体关系编码系统)的效度,结果正如对主题统觉测验图片的反应所反映的那样。与预期的相同,在四种类型的人格障碍被试中,边缘性人格障碍被试(参见霍妮一章)在"情感色彩"上得分最低:他们比其他人表现出更加消极的情绪色彩。他们在同一性上得分也较低,这与他们的同一感分散和模糊一致。利林菲尔德、伍德和格莱(Lilienfeld, Wood & Garb, 2000a)评判了各种投射技术,并报告,与包括罗夏墨迹测验在内的其他投射测验相比,主题统觉测验的效果相对较好。作为反驳,希巴德(Hibbard, 2003)找出了利林菲尔德及其同事分析中的许多疏漏及错误。在利林菲尔德及其同事的评判中比罗夏墨迹测验的效果要好的主题统觉测验,在经过希巴德的辩护之后,仍然是可行的。

波塞雷利、艾布拉姆斯基、希巴德和卡默(Porcerelli, Abramsky, Hibbard & Kamoo, 2001)应用防御机制和SCORS量表给一名奸杀惯犯的主题统觉测验反应计分。他的得分在几个维度上都被认为是病态的。例如,他的"情感色彩"是恶意的、烦躁不安的、虐待狂的,并且他把他的充满敌意的情感和动机投射到了主题统觉测验人物图片上。

韦斯利·摩根(Morgan, 1995;与克里斯蒂安娜·摩根没有关系)追溯了每一张主题统觉测验图片的发展历史。他发现克里斯蒂安娜·摩根是早期主题统觉测验研究中的一名重要人物和早期主题统觉测验文章的资深作者,但她却从后期的出版物中消失了,这些发现令人很感兴趣。很显然,健康问题、酗酒和对离开学术生活的渴望说明了她消失的原因(来自韦斯利·摩根的个人交流,2001年6月7日)。主题统觉测验图片几乎无一例外地根据当代绘画和杂志上的作品改编(见 Morgan, 1999, 2000, 2002 和 2003,对主题统觉测验图片的描述及它的历史)。克里斯蒂安娜·摩根画出原创作品的能力有限,但是她擅长描摹别人的作品,并且早期描摹的作品最终都成了主题统觉测验图片。很显然,她只是创作了几幅主题统觉测验图片,其中一幅由专业画家萨尔(Samuel Thal)描摹,她从克里斯蒂安娜·摩根那里接过了临摹的任务。萨尔没有向主题统觉测验图片提供任何原创作品(来自2001年6月7日韦斯利·摩根的个人交流)。短篇小说作家琼斯(Eleanor Clement Jones)在1930~1933年间通过寻找可能含有主题统觉测验图片的带插图的杂志也作出了贡献(Morgan, 2002)。

局限

默里的理论和方法的缺陷分为三类:(1)他无法将他的概念与其他类似的概念区分开来;(2)他试图解释一切;(3)他的方法,尤其是与主题统觉测验有关的方法,是不严谨的、基于直觉的,而不是科学的。

在他著作中的某些地方,默里似乎混淆了其概念的本质。需要真的是驱力吗?它们真的是人格特质吗?如果默里不能够确定,这很正常。不确定也可能是使用其需要概念的研究者的特征。正如先前指出的那样，杰克逊（Jackson，1984）把"需要"看作"特质"，辛格（Singer，1990）把它们看作"目标"。只有能够清楚地区分概念时，这些概念在科学上才是有用的（Allen & Potkay，1981，1983b）。与概念间缺乏明确区分相一致，他的一些概念也不能进行恰当分类。例如，使自己开心并寻求消遣的游戏需要，没有出现在表 15-1（p. 364）中。它不适合归到接近或回避矢量门下。

视窗 15-4　　多样性：默里和社会阶级之争

社会阶级是一个被忽视的多样性来源，并且阶级偏见是一种经常被忽视的压迫。默里的权威主义可能部分来自这个假设：上层阶级处于领导地位，这是他那个时代上层阶级的标准（Robinson，1992）。许多与他一起工作的年轻的、中产阶级的哲学博士都抱怨他的傲慢和冷淡。一些人觉得自己几乎像是他种植园里的小佃农。默里对 20 世纪 60 年代的越南战争持悲观的观点，但是他不赞成嬉皮士/抗议者对权威的反抗（Robinson，1992）。在他支持他们对性自由的尊重，尤其是对女人性自由的尊重的同时，他又轻视他们其他的反传统行为。他的社会地位给了他一种"体面的感觉"，并使他认为不正当的性关系和使用违法物品是一种隐私，而不是为了公开展示。

默里的优越感很明显，而我们中的大部分人都对自己的阶级假设感觉太微弱而不能意识到它们。我们中的许多人都缺乏对劳动人民的关注，那是经济大萧条过后我们祖辈的写照。结果，贫穷的、工人阶层的美国人默默地忍受着他们身份的卑微。虽然有色人种不成比例地被归入美国穷人之列，但许多人没有意识到大部分穷人是白人（Blauner，1992）。在这些穷人中有一个群体：贫穷而年轻的白人男性，他们不能要求任何一份他们自己的政府计划。如果他们的数量大批量地增加，并且他们的不满成比例地扩张，我们都要为他们暗淡的状况付出代价。他们是三 K 党、新纳粹分子、国家征兵运动的主要目标。这些例子使我们想起两个多样性"原则"：(1)多样性包括每一个人；(2)没有任何一个群体有要求受压迫的特权。

默里感到有责任解释一切，并使他的观点和其他每个人的观点相互协调（Murray，1981a）。他提及了他那个时代盛行的许多概念，要么拒弃它们并断言自己的概念更好，要么调整它们使之与自己的概念一致。因此，他试图将自己的一些概念和斯金纳的概念调和起来，却又不合时宜地拒绝了华生的思想。试图解释一切的理论不能够精确地解释任何事情。

默里对实验心理学家和"科学主义"的拒弃是如此彻底，以致人们想要知道是否之前的这位生物化学家把科学也一块抛弃了。主题统觉测验就是一个很好的佐证。默里领导着他的同事有点随心所欲地选择主题统觉测验图片。他最终决定使用的图片几乎不是适合投射测验的模糊图片。波特凯及其同事已经指出这些图片有性别偏向（女性比男性受欢迎）并且被赋予被试共有的明确意义（见 Allen & Potkay，1983a；Potkay & Allen，1988）。此外，多年来主题统觉测验的计分方法不够系统，以致对科学而言如此宝贵的量化方法无法得到应用。默里本人

(Murray，1981d)在分析主题统觉测验的故事时易于率性而为、没有揭示出任何特定的体系并常常得出不清晰的结论。主题统觉测验的来源见视窗 15-5。

视窗 15-5　是什么(或谁)启发了默里发明主题统觉测验

　　主题统觉测验是默里自己的想法吗，还是一些先前就有的测验，还是某一个人向他建议了著名的投射测验？安德森(Anderson，1990)提到，20 世纪 30 年代早期，默里的一名学生罗伯茨(Cecilia Roberts)向他描述，她是怎样向自己的儿子出示了一张图片并让他就这张图片讲一个故事的。根据吉泽和摩根(Gieser & Morgan，1999)的说法，默里可能是从沃尔夫(Thomas Wolfe)的小说《天使，望故乡》(*Look Homeward Angel*)里获得了主题统觉测验这一想法，他在 1930 年的几次人格课上都使用了这部小说。在这部书里，主人公格兰特(Eugene Grant)"与其他孩子一起被要求就他们看过的图画写些东西"(p. 57)。第三种可能是，在 20 世纪 30 年代早期，克里斯蒂安娜·摩根和默里了解到精神病学家施瓦茨(Louis Schwartz)曾使用故事描述图片。

　　那么，到底哪种说法是正确的？韦斯利·摩根"……碰巧喜欢《天使，望故乡》……"的解释，但是，他"没有任何特殊理由去怀疑默里说这一想法来自罗伯茨"(2001 年 6 月 8 日与韦斯利·摩根的个人交流)。韦斯利·摩根(Morgan，2002)后来指出，罗伯茨的女儿声称罗伯茨和她的第二任丈夫布林顿(Crane Brinton)曾讽刺地谈到，默里没有公开地把这些归功于她的母亲，直到她因为与布林顿结婚而重返哈佛校区。韦斯利·摩根认为克里斯蒂安娜·摩根和默里并不了解施瓦茨的研究，直到罗伯茨告诉默里她用自己的儿子做实验。在这些推论中被忽视的是，克里斯蒂安娜·摩根对主题统觉测验的贡献要远远超出她最初的绘画及对别人作品的描摹。自 1926 年夏天至 1928 年春天，克里斯蒂安娜·摩根利用荣格活跃的想象力，产生了 100 多幅视觉图像，她把其中的许多绘成了图画(Morgan，2002)。这些图画成为荣格视觉研讨班的基础(Heuer，2001)。由于默里已经了解到这些图画及其对荣格的影响，它们可能也是促使主题统觉测验产生的一系列启发的一部分。

　　尽管利林菲尔德及其同事(Lilienfeld，Wood & Garb，2000)对主题统觉测验比对罗夏测验更为认可，但他们还是对主题统觉测验吹毛求疵。开始，大多数主题统觉测验使用者依赖于他们的临床直觉给主题统觉测验反应计分。只有 3% 的人使用了科学的计分方法。一些主题统觉测验研究者坚持认为，有理由期待主题统觉测验得分与诸如人格测验之类的自我报告测量之间没有相关，另外一些研究者正好持相反的观点。这两种相互矛盾的观点都有证据支持。有关主题统觉测验的研究已经得到主题统觉测验计分方法的效度相互矛盾的结果。例如，一项研究发现，抑郁的人比一般人有更积极的"情绪色彩"得分，尽管这种差别没有达到统计上的显著性。利林菲尔德及其同事的确承认一些研究结果支持 SCORS 方法(见 1999 年阿克曼等人的讨论，在前面的一部分)。然而，就在同样的数据里，他们发现了一些严重的矛盾。例如，反社会人格障碍组——一种因不道德而为人所知的类型——与其他人格障碍组在主题统觉测验道德标准得分上不存在差异。我作一下补充，由主题统觉测验的 SCORS 方法得出的分数充其量也只适合预测美国精神病学会（American Psychiatric Associa-tion, APA）制定的人格障碍诊断标准（美国精神病学会的《精神障碍诊断与统计手册》（DSM IV）是被使用的）。也就是说，心理学家和精神病学家用来诊断人格障碍的标准与 SCORS 之间没有强的相关。在预测极受人们推崇的明尼苏达多项人格问卷-2（MMPI-2）的人格障碍量表得分时，它同样不令人信服。最后，以前提到的比较白种人和亚洲人的主题统觉测验得分的研究报告（Hibbard et al.，2000）对主题统觉测验来说也不都是好消息。荒谬的是，运用从包括大部分白人被试的研究中开发出来的方法得出的防御机制得分，竟然对亚洲人更具有效度。而且，"……整个效度系数都不高"（p.163）。默里的名字没有进入 20 世纪最杰出的心理学家的四个列表（Haggbloom et al.，2002）。

结论

尽管默里的自恋相当出名——而且这可能是真的——但他可能是一个温和而仁慈的人，激起了无数心理学家的爱戴和钦佩。作为对他的影响的一个衡量，人们对他的颂词在其生前就开始了。我们通过读这些颂词可以明显地看出，他影响了许多同事的专业和个人生活。的确，默里的许多概念与其他概念未能很好地区分开来。然而，衡量一名理论家的贡献，往往着眼于他或她激励其他人达到一个怎样的专业新高度，而不是他的概念是否没有缺陷，正如最初提到的那样。尽管默里的名字在当代心理学文献中不经常被提及，但他的需要思想和主题统觉测验却被大量提及。对于主题统觉测验，没有人能够否认它的历史意义：它是曾经被引用和使用最多的测验之一。对主题统觉测验结果的理解主要是靠直觉，一些人将此看作一种优点而不是缺陷。在帮助现实生活中的人时，临床直觉可能是一种比科学方法论更好的工具。

要点总结

1. 默里是富裕家庭的孩子。在他一生的大部分时间，他都与口吃及"痛苦与忧郁"作斗争。他的个人及职业生活都受到他的同事和情人克里斯蒂安娜·摩根的极大影响。对他们关系的考察表明，他具有鲜明的复杂性。当长大成人时，他产生了一种特殊感和一种明显的自恋倾向。这种倾向使他不信任男同事，并拒绝接受其他人的观点。

2. 在拿到生物化学硕士和博士学位毕业并和荣格一起度过几周之后，他到哈佛大学心理诊所工作，并立即与他的"科学的"同事有了冲突。他由于个人问题而接触心理学，并追求他自己的"精神分析"品牌。他接受过心理治疗，但是除了对他的潜意识信念的支持外，他几乎一无所获。

378

3. 默里认为内部表征是占支配地位的,与"大脑中的优势结构"有关。在他看来,需要就是大脑中的一种力,它将一种令人不满意的状况转化成一种令人比较满意的状况。需要与驱力几乎是同义的,并且与特质也有交叠。需要被分为正向(接近矢量)心因性的——例如,成就需要——和负向(回避矢量)心因性的——例如,自主需要。

4. 需要可以根据力量来具体说明。在需要融合中,存在着一种"使两个及其以上需要同时满足的动作模式"。"当一种或多种需要被激发以服务于另一种需要时",就出现了需要的辅助性,需要与它们的相对面交替出现的情况称作需要的相对。但是,在需要冲突中,它们互相抵触。

5. 当被投注的客体的表象和通常由被投注的客体激起的需要及情感在大脑中被整合到一起时,就形成了一种需要的整合体或综合体。需要综合体在梦境、幻觉、幻想和错觉中反复出现,并且在艺术表达中也可见到它们的影子。默里没有找到梦具有洞察力的证据。

6. 压力"对"或"为"人们做些什么,并且常常以未来时态被提及。主题就是某种特定的需要和某种特定的压力或应激源的结合。杰克逊的广为使用的人格研究量表是一种特质测量,它基于默里的需要理论而编制。默里的需要也被转化成"生活目标"。主题统觉测验由呈现于卡片上的一个或多个人物形象组成。由于提议了主题统觉测验,默里的学生罗伯茨得到了迟来的荣誉。

7. 波特凯及其同事使用了形容词生成技术,并且表明主题统觉测验人物具有清楚的、共同的意义:女性得到了更为有利的描述,人物的色调是忧郁的。最近的研究表明,主题统觉测验对于白人和亚洲人都具有效度,并且 SCORS 对人格障碍作出了精确的预测。它的卡片的历史显示出克里斯蒂安娜·摩根在卡片发展及卡片图片来源中的作用。她活跃的想象力影响了荣格,可能也影响了默里。

8. 默里和克里斯蒂安娜·摩根应用主题统觉测验分析了 B,一名被他庞大的、喜怒无常的父亲控制的学生。当 B 还是个小孩子的时候,他就受到死亡念头的折磨,将自己描述为女子气的、胆怯的,并报告了被看作同性恋的经历。B 根据主题统觉测验卡片所作的故事叙述中的主题包括:同性恋、肛门性欲、异性恋施虐狂、受虐狂及恋尸癖。默里明显的阶级偏见是其同事痛苦的一个来源。

9. 默里观点的局限包括,他不能够将自己的概念与其他相似的概念区别开来。主题统觉测验评分方法的缺陷包括,相互矛盾的结果预期及研究结论,以及 SCORS 方法中等的预测效度。尽管利林菲尔德及其同事(Lilienfeld, Wood & Garb, 2000)揭示了主题统觉测验的严重缺陷,但希巴德(Hibbard, 2003)对主题统觉测验的辩护使得主题统觉测验可行。

10. 尽管默里的理论有这些缺陷,但这位甚至在生前就收到溢美之词的人物,激发了许多心理学家以有意义的方式来发展他的概念。他的需要理论和主题统觉测验技术仍然被大量引用——纵然很少人将此归功于他——同时也是对他的天才的见证。

对比

理论家	默里与之比较
弗洛伊德	他为弗洛伊德及精神分析、潜意识辩护。
斯金纳	他也强调"来自后面的推力"和行为结果的重要性。
霍妮	求援需要类似于她的基本焦虑,而贬抑需要类似于她的受虐狂般的服从。
沙利文	他们都是人际关系取向的。
马斯洛	他也认为人是动态的整体,极少一次只对一种需要作出反应。
荣格	需要整合体类似于荣格的原型。他借用了荣格的极性和"需要相对"(等值)。
奥尔波特	他也研究个体而非群体,忽视感觉方面和条件反射,支持人格特质。

问答性／批判性思考题

1. 如果没有克里斯蒂安娜·摩根,默里将会怎样?

2. 你认为一个人能够通过成为一名心理学家而解决个人问题吗?

3. 给出你在社会互动中经常看到的主题的例子。

4. 除了评论家讨论的这些缺陷外,主题统觉测验的其他缺陷是什么?

5. 如果默里是中产阶级,他会成为一个不同的人和理论家吗?

电子邮件互动

通过 b-allen@wiu.edu 给作者发电子邮件,提下面列出的或自己设计的问题。

1. 默里似乎处于多个维度的极端,告诉我真实的他是什么样子。

2. 在默里的一长串需要列表中,哪一种是最重要的?

3. 默里因为什么而被铭记?

人格特质论:卡特尔与艾森克

● 智力共有多少种? 智力在世界各地都是相同的吗?

● 你的基因决定你的人格和智力吗?

● 人格可以仅仅简化为三个维度吗?

如你所见,默里的需要被当作特质来使用。然而,他几乎不像本章中所讲的两位理论家那样致力于成为一名特质理论家。卡特尔与艾森克专门从特质或类特质实体的角度来构想人格。卡特尔是一名经验论者,他相信人格的原始材料能够分解和归纳成一个便于处理的数据库,研究者可以从该数据库中收集大量的数据,并用复杂的统计方法从中梳理出人格的真相。因此,他使用的研究方式与迄今探讨的所有理论家(斯金纳除外)的研究方式相反。艾森克与卡特尔有着许多共同的兴趣。他们都使用因素分析这一统计技术发现了某些中心特质。不过,只有艾森克信奉实验心理学。他认为,研究者应当遵循心理学实验室中形成的原则,并通过运用实验程序将这些原则与人格联系起来。由于这两位人格心理学家之间存在这种差异,所以他们得出不同类别的描绘人格的特质就不足为奇了。

卡特尔其人

雷蒙德 · B. 卡特尔

www.fmarion.edu/~
personality/corr/
cattell/cattell.htm

雷蒙德 · B. 卡特尔(Raymond B. Cattell)1905 年生于英国伯明翰附近,是玛丽 · 菲尔德和艾尔弗雷德 · 欧内斯特 · 卡特尔的儿子(Horn, 2001)。卡特尔将父亲在祖父的制造业中的位置冠以"工程设计师"的伟大称号(Cattell, 1974a)。雷蒙德的父亲性情开朗,喜欢在就餐时间进行关于历史和现代主题的演讲。在进行 IQ 测验时,父亲在智力上比母亲稍逊一筹,这使雷蒙德表现出隐隐的失望,更少谈及父亲。他也只是简略地提及母亲,但是卡特尔曾 381

暗示他与母亲关系更为亲密,并且认为他的较高智力大部分源自母亲。在成为一名心理学家后不久他就作出了这个判断,这个判断是有趣的,因为它体现了卡特尔的早期观点:智力大部分是遗传的。

卡特尔描述说他的童年基本上是幸福的,但是他马上补充说这"并不轻松"(Cattell, 1974b, p. 88)。他将父母和老师描述为"苛刻的"。我们可以感觉到,卡特尔在后来生活中表现出的压力综合征源自强烈的成就动机,而这种动机来源于其中产阶级的家庭和父母施加的压力(Cattell, 1974a)。与美国的中产阶级相比,英国的中产阶级更接近美国的职员阶层。不过,对幸福的追求似乎是真实的。

距第一次世界大战还有三年的时候,卡特尔一家搬到德文希尔海滨。在那里,他和兄弟、朋友"驾船、游泳、打群架、去山洞探险、攀登岩石嶙嶙的小岛……"尽情地享受田园诗般的童年(p. 62)。1937年,他写了一本关于区域的书(Horn, 2001)。即使是战争,当它来临的时候,也变成了一件玩具。卡特尔被选为"海上侦察员",负责监视海岸上的敌舰。像弗罗姆、阿德勒、荣格一样,他对现代战争的毁灭性有着深刻的印象。"我喜欢[侦察],虽然[我]充满敬畏地看到鱼雷和水雷将钢板炸出房子一样大的洞。然后是从佛兰德斯来的长火车,载满了伤员……他们还带着血迹斑斑的绷带。"(p. 63)年轻的卡特尔帮忙照顾这些受伤的士兵。

尽管最好的老师因战争牺牲了,但"选择性中学"(selective secondary school)的教学还是继续下来,卡特尔在那里进行学术研究(Cattell, 1974a, p. 63; Horn, 2001)。然而在整个战争期间,学校的校长保住了他的位置。这个"非常聪明和执著的男人,[《丛林手册》(*Jungle Book*)的作者][鲁迪·]吉卜林(Rudyard Kipling)的一位堂兄"为卡特尔提供了第一个学者角色的榜样(p. 63)。这个男人的智慧和追求只是对卡特尔产生的影响中的一部分:"他将一部分时间用于辅导我的科学和数学,另一部分时间用于教育我违背学校规章制度的行为。"(p. 63)

"在15岁时,我通过了剑桥大学的入学考试(……那次我被授予一等奖),但是由于我的科学兴趣倾向于伦敦大学,而父母不愿让我在这个年龄独自留在伦敦,所以直到16岁我才去了伦敦大学。"(p. 64)这个声明很有趣,在世界上剑桥大学比伦敦大学更负盛名,特别是它因在科学上的杰出贡献而闻名遐迩。看来对于聪明的伟人来说,与卡特尔发生联系的每个学院都是一个避难所。也许这只是他夸奖自己非常出色的一种方式。在他的著作中,他有时会将自己的研究与著名的科学家进行类比。

虽然他可能对自己智慧方面的才能有点自卖自夸,但是他对自己的信心很难说是妄想。在他扬名于中学之后,19岁时卡特尔便以优等成绩完成了化学专业的学习,但他马上决定将聪明才智应用到心理学研究中去。就在获得学位之前,IQ研究者伯特关于高尔顿心理测验研究的报告使他目瞪口呆。他马上被心理测验迷住了。尽管朋友们反对说这样他会失业——那时在整个英国只有少量心理学教授职位——而他,像默里和罗特一样,放弃了试管,与一些世界著名的心理测验人士一起工作,其中包括伯特和著名的统计学家费希尔

（R. A. Fisher）（Horn，2001）。1929 年他获得心理学博士学位，并进入心理学领域。

卡特尔早期"心理学较不重要的工作"包括莱斯特儿童指导中心主任（Director of the Leicester Child Guidance Center）和实验学校的心理咨询师（Cattell，1974b，p. 90；Horn，2001）。在此期间，他将大部分时间用于制定研究计划，却鲜有研究（Cattell，1974a）。在长期的沉思过程中，他开始相信：智力绝大部分是遗传的。1936 年，他为《优生学评论》（*Eugenics Review*）写了一篇文章，在文中他对问题"我们国家的智力在下降吗？"的回答是"是的"（Loehlin，1984）。这一讨论是由"社会地位越高其智力也越高"这个假设开始的。它起因于一些观察资料：低社会阶层的人生育更多的孩子。结论为：智力更低、地位更低的阶层拥有更多的孩子，这使得国家的平均智力下降。根据这些结果，卡特尔写了《为我们国家的智力而战斗》（*The Fight for Our National Intelligence*，1937）一书，该书大胆预言，英国的智力正在下降。

但是事与愿违，其预言的事情并没有发生。15 年后，国家的智力实际上有少许提高（Loehlin，1984）。在英国及世界其他地方，IQ 都在持续提高（Dickens & Flynn，2001；Flynn，1999，2000）。这个令人失望的结果并没有妨碍卡特尔继续成为优生学社团中的成员，这个优生学社团是颇受争议的（Cattell，1974a）。**优生学**（eugenics）是指应用遗传学来提高人类的生物和心理特性。当然，优生学在动物方面也有应用。以其最善意的形式，优生学致力于告诫人们要谨慎地选择配偶，并小心地控制孩子的数量，着眼于提高积极的特性而阻止消极的特性。以其更为恶毒的形式，优生学主张"通过控制生殖来提升种族"（McGuire & Hirsch，1977，p. 61），甚至达到要求政府制定计划以控制人类生殖的地步。

自博士毕业到在一家真正的学术机构找到第一份稳定工作这段时间，卡特尔感受到的是挫折和压力。可能由于长期辛苦的管理职责，卡特尔得了"功能性胃失调"，并因此"从那时起就遭受折磨"（Cattell，1974a，p. 68）。艰苦的工作、压力、胃病及低的薪水也给他的婚姻造成了不良影响。最后，习惯于舒适生活的妻子再也忍受不了他微薄的年薪和"黑暗潮湿的地下室公寓"（p. 68）。她离开了，而卡特尔渴望一个新的开始。由于工作和生活的失败，他到美国寻求发展。

大约就在此时，马斯洛的救世主桑代克开始拯救卡特尔（Cattell，1974a）。"效果律"（强化原则）的提出者读过《为我们国家的智力而战斗》（1937）之后印象如此深刻，以致他在纽约的哥伦比亚大学师范学院为卡特尔提供了一个职位。卡特尔后来改任克拉克大学的霍尔教授之职，之后又在哈佛大学获得讲师的职位。在杜克大学待了一段时间以后，他成为伊利诺斯大学的一名教授，并从 1945 年一直待到 1973 年。卡特尔一生中结了三次婚，并生了五个孩子（Horn，2001）。他在瓦胡岛退休，并与夏威夷大学合作。对于很多人来说退休是一个永久的假期，但是，像弗罗姆一样，卡特尔视之为一个可以连续写论文和著书立说的机会（Horn，2001）。卡特尔病逝于 1998 年 2 月 2 日。

卡特尔关于人的观点

卡特尔了解人的途径

卡特尔的职位最大的优点之一是,他作出了一个与众不同且令人耳目一新的基本的哲学假设。与其他理论家不同,卡特尔没有从"未经仔细思考的想法"开始,这些想法顶多基于简单的直觉或者主观的临床观察。作为一名经验论者,他认为人们应当首先搜集数据,然后用各种统计技术对这些数据进行过滤和筛选,直至真相显现出来为止。而后,这些真相会生成一些可被检验的假设。因此,合适的推理模式首先是归纳,即从个别的观察中推论出一个更加普遍的观点陈述。下一步就是演绎,即从一般性描述推论到个别观察中。然后重复该循环。他沿着**归纳—假设—演绎螺旋**(inductive-hypothetico-deductive spiral)进行操作,"从观测数据中发现的规律可以推导出一个假设,从该假设可以推论到实验结果中,[得出]进一步的数据,从这些数据中可以归纳出新的规律,如此等等进入一个巨大的螺旋"(Wiggin, 1984, p. 189)。经验主义的途径是天文学的方法,也常常是物理学和化学的方法,但绝少是人格心理学的方法。

人格的定义

卡特尔以简单明了的方式将**人格**定义为"可以告诉我们一个[人]在某一特殊情境中将做什么的东西"(Cattell, 1966, p. 25)。用一个简单的方程表达出来就是 $\mathbf{R} = f(\mathbf{S}, \mathbf{P})$,R 为"一个人行为反应的性质及大小,……他[或她]说了什么、想了什么或做了什么,"它是 S 和 P 的某种函数(f),S 指"(人)所处的刺激情境",P 是指他(或她)的人格特性(p. 25)。虽然这些概念看起来简单得令人愉快,但实际上从 P 到 R 是一个复杂的问题。

遗传与环境

卡特尔因沿袭遗传/环境争论中的遗传方面而著名(Hirsch, 1975)。卡特尔在他和其他人的研究基础上提出,人类的一些特性在很大程度上由基因控制,智力更是如此(Loehlin, 1984)。因此,卡特尔认为人是由遗传影响决定的。卡特尔相对强调遗传影响并不意味着他完全忽略了环境(Cattell, 1979, Vol. 1)。$R = f(S. P)$ 中的 S 与他对环境的关注是一致的。

因素分析

人们分离和证实特质的方法之一是用统计相关的方式来寻找数量支持。为了找出这些方式,卡特尔使用了因素分析,这是一种统计过程,用来确定隐藏在大量测量数据之下的因素的数量和性质(Kerlinger, 1973)。其基本假设是:某些简单的反应存在相关,或者共同变化,因此,可以将它们组合在一起以界定一个独立的心理维度或因素。通过确定"什么伴随着什么",因素分析可以将大量复杂的数据简化为较简单的形式(Spearman, 1927)。

为了领会"因素分析"这个概念,可以想象一下,一个由几百人组成的群体(包括你在内)正在做一份包含许多问题的心理测验。假设你和其他一些被试对某一特定测验项目的回答为"是"(如,"是的,这个项目陈述['我感到焦虑不安']适合我"),并且你对其他一些项目也回答为"是",这组项目可能会相关。现在假设另一组不同的被试(不包括你),赞同另一组不同的项目。第二组项目存在内部相关。这样的两组项目会形成两个不同的群,每个群都有一个公分母。因素分析可以鉴别出成组的项目,这样每组项目成员都含有某一公分母。这一步骤是因素分析中的"分析"。因素分析中的**因素**(factor)是指应用于数据群(一组项目)并用来表明测量的是什么的标签。一旦一个因素被鉴别出来,基于研究者对一群项目测量的心理维度是什么的最佳判断,就可以给该因素贴上一个标签。判断要以对被鉴别为一个因素的群贡献最大的项目的内容为指导。"意识"就是给一个因素指定标签的例子。反之,项目对一个因素的贡献大小取决于统计**负荷**(loading),即特定项目与某一特定因素的相关。

从因素分析中得出的因素在全面性或一般性上并不完全一样。其中有些因素是**初级因素**(primary factors),相对较单纯,范围较窄。可以对初级因素进行统计整理,因为它是独立的(Cattell, 1966;Eysenck, 1984)。其他的是**次级因素**(secondary factors),它包含某些初级因素,被称为"表面因素"或"二级因素"(Cattell, 1966;Eysenck, 1984)。卡特尔(Cattell, 1966)及其他人认为外倾性—内倾性是次级因素,包含某些初级因素。

基本概念:卡特尔

特质

特质辅助性。特质(trait)是一个永久的实体,不像状态一样渐显和渐弱;它是先天的,或者在生命历程中是发展的,并且有规律地指导行为。卡特尔制作了一套相当精致的特质分类方法。它从**辅助性**(subsidiation)中产生出来,许多心理实体被包含在其他实体下面,这一概念可能是从默里那儿借鉴来的。因此,特质被排列成一个等级层次,从最普遍和数量最少的,到最特殊和数量最多的。**共同特质**(common trait)是"……通过一组[测验]可以从所有人身上测量出来的一种特质,并且在该特质上,[人们]只存在程度上而不是形式上的差异"(Cattell, 1966, p. 368)。几乎每个人都可以在共同特质维度上找到一个位置,比如,从"外倾的"变化到"内倾的"。相反,**独有特质**(unique trait)是指"对个体来说非常独特的特质,其他人[在此维度上]都不得分"(p. 28)。例如:有人倾向于在每句话的末尾都提高噪音。卡特尔很少关注独有特质。

次级特质。等级的顶端是包容性最强的**次级特质**(second—order trait),"超因素"包括其他特质("次级因素"详细说明次级特质;见图 16-1 中最顶端的 2 条水平线之间)。换言之,其他特质在次级因素之下;可以认为每个次级特质都包含了更低一级的特质,它们都与次级特质的标签相关。卡特尔主要涉及其中 2 个较高级的因素。一个是外倾—内倾,"通过因素建立起来的概括性维度,在行为领域被广泛称为外倾性—内倾性"(p. 369)。另一个次级特质是焦虑,感觉紧张和烦乱,其来源难以确定。在因素分析研究中,经常出现 6 个其他因素,其中的 2 个是智力测量和"良好教养"的指标(具有"良好的礼貌";Cattell,1994)。

根源特质。图 16-1 描绘了卡特尔特质种类的等级以及它们与因素类型之间的关系。**根源特质**(source trait)是指"一个[初级的]因素维度,其值的变化决定于一个单一的影响或来源"(Cattell,1966,p. 374)。与一组行为有关的每个行为彼此之间是相似的。比如,情绪性这个特质涉及如下行为:镇静、神经过敏、"冷静的头脑"以及"兴奋性"。

根源特质可以进一步分为三种类型。**能力特质**(ability trait)表现为"对一个环境的复杂性作出反应,[该反应的选择发生在]个体弄清楚在此情境中想达到什么目的[之后]"(p. 28;图 16-1 中最左边的项目,在"来源(初级因素)"之下)。卡特尔对"能力"种类的研究大部分集中在"一般智力"上,它是由 IQ 测验来测量的,我在后面将探讨这一问题。第二种特质是**气质特质**(temperament trait),"一种一般性人格特质,经常风格化,在这种意义上,它处理的速度、持久性[等等]涵盖了许多种特殊反应"(p. 28)。"情绪化的对稳定的"("情绪性";Wiggins,1984)就是一个很好的例子。

与其他两种根源特质相比,卡特尔对**动力特质**(dynamic trait)倾注了相对较多的心血,动力特质指的是动机与兴趣(Cattell,1966;图 16-1 中"动力"之下中间的三个项目)。这个子类之所以得到较多关注,是因为它非常复杂,由 3 个相互联系的次要类型组成。正如马斯洛的需要一样,动力特质也受目标引导。最基本的是**能**(erg),"是反应的天生来源,通常被描述为驱力[或本能],它指向一个特定的目标……"(p. 369;在图 16-1 中"动力"之下三个项目中的最右边)。这个词来源于希腊语中的 *ergon*,意思是"工作"或"能量"。虽然有许多能的例子,但是几个有代表性的事例就足以说明这一概念。性能的作用可以通过"我想满足我的性需要"之类的表达来表示(p. 190)。恐惧能的例子可见于"我想我们应当攻击并且摧毁任何能威胁我们的可怕军事力量"(p. 189)。

第二种动力特质与第一种相关。能在**态度**(attitude)中显示出来,是能目标的表达,能目标总体上对能起辅助作用。在图 16-1 中,"态度"位于"动力"下面三个项目中的最左侧,并通过前一段中引用的 2 个例子作为例证。第三个动力特质类型是**情操**(sentiment),"……是一组态度,其强度与人们生命中通过接触特定社会机构学到的全部东西联系在一起,[比如]对学校,对家庭,对国家的情操"(强调补充,p. 374;图 16-1 中"动力"下面三个项目的中间)。因此,情操组织和协调态度,以服务于能。可作为例证的情操有:(1)宗教情操:"我想看到有组织的宗教的标准在我们的一生中都得到保持或提高";(2)事业情操:"我想在空军中发展我的事业"(pp. 191—192)。(注意这两种表达中提及的社会机构。)

态度、情操和能之间的关系反映在**动力方格**(dynamic lattice)之中,"……对态度辅助性的追踪……随着一些主要能的目标的满足而结束"(p. 369)。对动力方格的部分说明,表明了态度、情操和能之间的关系(图 16-2)。注意,对于保护能来说,情操是"国家",相关的态度包括"武装力量"及"美国总统"。对于能水平上的性来说,态度落在丈夫的外表和身体状况上。对

386

于自我屈服能来说,态度落在天主教堂和哥伦布爵士上。图 16-1 和图 16-2 简要总结了卡特尔的理论。

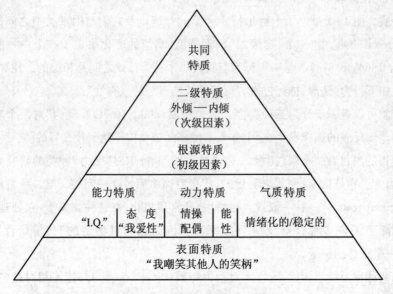

图 16-1　卡特尔的特质分类系统

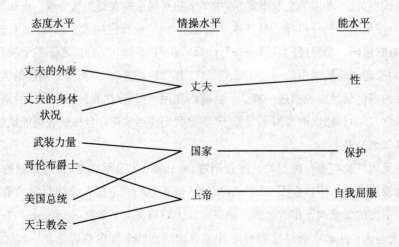

图 16-2　动力方格

　　表面特质。表面特质(surface traits)是指"一组彼此相关但未形成一个因素的人格特点,因此它被认为是由多种影响或来源决定的"(p. 375)。它们是最次要的特质:对个体测验项目作出反应,研究者用这些反应进行因素分析。表面特质是直觉水平的情感、思想和行为,是人格分子的原子(夸克可能是神经事件,正如默里所认为的)。例子有"我喜欢戴水中呼吸机潜水"和"我练习瑜伽"。这些表面特质隶属于根源特质——保守的—敢于尝试的(至"敢于尝试的"结束;参见图 16-3)。

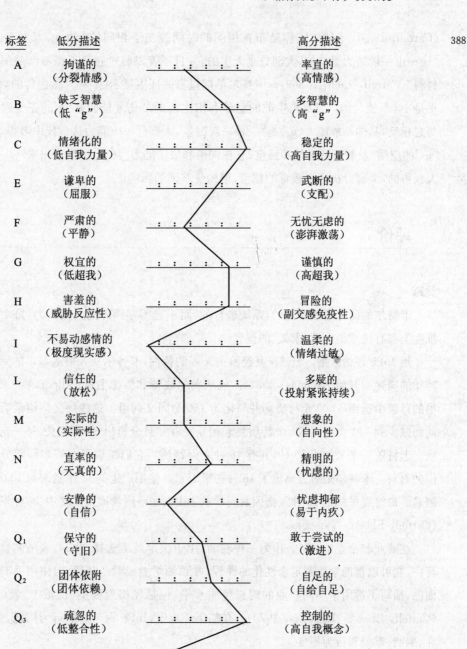

标签	低分描述		高分描述
A	拘谨的 （分裂情感）		率直的 （高情感）
B	缺乏智慧 （低"g"）		多智慧的 （高"g"）
C	情绪化的 （低自我力量）		稳定的 （高自我力量）
E	谦卑的 （屈服）		武断的 （支配）
F	严肃的 （平静）		无忧无虑的 （澎湃激荡）
G	权宜的 （低超我）		谨慎的 （高超我）
H	害羞的 （威胁反应性）		冒险的 （副交感免疫性）
I	不易动感情的 （极度现实感）		温柔的 （情绪过敏）
L	信任的 （放松）		多疑的 （投射紧张持续）
M	实际的 （实际性）		想象的 （自向性）
N	直率的 （天真的）		精明的 （忧虑的）
O	安静的 （自信）		忧虑抑郁 （易于内疚）
Q_1	保守的 （守旧）		敢于尝试的 （激进）
Q_2	团体依附 （团体依赖）		自足的 （自给自足）
Q_3	疏忽的 （低整合性）		控制的 （高自我概念）
Q_4	放松的 （低能量紧张）		紧张的 （能量紧张）

图 16-3　16PF 因素 A 至 Q_4 的技术标签（括号中）和常用标签

智力

　　卡特尔赞同早期心理测验学家斯皮尔曼提出的智力观。斯皮尔曼支持"g"，据推测，g 包括所谓的初级心理能力并构成一般智力的共同核心（McGuire & Hirsch, 1977；Schonemann, 1989，1992）。卡特尔认为这个智力的一般因素很大程度上取决于基因（Cattell, 1966）。卡特尔说他在 1940 年的美国心理学会代表会议上宣读过一篇论文，提出这个"g"分为两种类型

(Cattell，1984b；卡特尔宣称赫布在相同的时间提出了相同的分类)。流体一般能力(g_f)是"……由一般智力组成的，大部分是天生的，并且不管以前对它有无练习都适用于所有类型的材料"(Cattell，1966，p. 369)。卡特尔早期报告的证据显示"g"80%是遗传的，而他宣称 g_f 几乎是100%遗传的。只有出生前的意外和出生后的外伤才能阻止 g_f 的完全遗传，比如脑伤。与之相反，晶体一般能力(g_c)是"一种一般因素，大部分……能力从学校中习得，表现了……对[g_f]的应用，及教育的数量和强度；它在词语和数字能力[测验]中表现出来"(p. 369)。g_c 是后天获得的，大部分决定于教育的质量，很少受基因的影响。

389

评价

贡献

卡特尔的研究是纲领性的，系统进行的，而不是零零碎碎的。他认为，每个人在每个特质维度上都有他或她自己"永久"的位置。

用16PF评估人格。 忠诚于其经验主义者的特性，卡特尔从人格最基本的元素性反映——特质的描述词开始(Wiggins，1984)。他从奥尔波特和奥德伯特(Allport & Odbert，1936)详尽的目录中选出4 500个特质词并简化为160个同义词组。这些同义词组最后通过淘汰同义词而减少到171个词。171个特质要素相互关联并且分析出36组相关，每一组是一个表面特质。卡特尔后来又加了10种，共有46种表面特质。它们组成了卡特尔因素分析库中最有价值的材料。卡特尔最后分离出了16种初级因素。他用产生的16个量表对10 000名被试进行测验。最终成果就是16种人格因素问卷或**16PF**，一个测量成人人格中16种根源特质的测验(Cattell，Eber & Tatsuoka，1970)。

在商业和企业中，16PF作为一种辅助，用于决定员工选择、效率、人员调整和晋升。在教育中，它可以帮助学生制定个性化的课程，并预测学业成就。16PF的使用手册含有125种剖面图，描写了适用于不同职业的理想特质水平，包括飞机驾驶员、机械工、教师、护士和电工(Cattell，Eber & Tatsuoka，1970)。在临床环境中，16PF用于诊断行为问题、焦虑、神经官能症、酗酒、毒瘾和行为不良。

视窗 16-1　你自己的 16PF 剖面图

　　你可以制作自己的16PF剖面图。每个特质中，在你认为代表了自己水平的刻度区间上画一个"×"，然后用一条线将这些"×"连起来。对你自己要忠实；在做自己的剖面图时不要去理睬"飞行员约翰"的曲线。当你完成了剖面图以后，将它与"飞行员"进行比较。无论如何你都要承认，你在此量表上的位置不一定与你做16PF时的实际位置相符合。在实际测验中，每个因素都有许多项目，通过这些项目算出一个分数来代表最后的因素得分。在你回答完所有项目之前，没有信心说你已知道了你在因素中的位置。

图 16-3 描绘了 16PF 量表。在量表中间的"之"字形曲线是一位假设的"飞行员约翰"的人 390
格剖面图，这是从 360 位真正的飞行员的剖面图中推导出来的。依次查看"约翰"在每个量表
上的得分。为了亲身感受该量表，请做视窗 16-1 中的练习。

局限

由于卡特尔过多依赖因素分析，所以他的理论结构和研究解释依赖于因素分析的效度和
意义。遗憾的是，人们普遍认为，如果他们没有事先把它放在那里的话，研究者从因素分析中
什么也得不出来。这是因为因素分析极端依赖于许多有偏差的影响。

因素分析方法的选择是武断的。艾森克（Eysenck，1984）指出，和因素分析一同使用的方
法之一能迫使因素与其他因素相互独立。另一种方法可以迫使因素符合理论。卡特尔的
16PF 研究包括使因素之间相互关联的第三种方法。按照艾森克的说法，这一程序使因素"不
纯"。考虑到这种不纯，他问道："为什么不使用次级因素？它们数量更少，且范围更广。"对于
哪一个正确，克龙巴赫（Cronbach，1970，p. 315）写道："没有一个因素分析的'正确'方式，如同
没有一个描绘威基基海滩的'正确'方式一样。"

主观判断仍然存在。就研究者来说，其武断性与主观性主要反映在四方面。第一，通过预
先选择那些可能与研究者的偏向"有关"的数据以及事后估计有多少种因素可能出现在数据
中，某些因素分析方法得到改善，而非其他方法。卡特尔（Cattell，1973）和艾森克（Eysenck，
1969）称之为"因素的数量问题"。解释人格必要的结构数量的不同决定因素，部分地解释了为
什么会提出不同数量的特质因素。戈德堡（Goldberg，1981，pp. 156—159）认为："卡特尔的系
统中初级人格因素的数量范围是从 20 到 30，⋯⋯16 个最有名的[是]16PF。然而，当他把他的
数据提供给别人时，实际上每个人⋯⋯只找到 5 个。"第二，进入因素分析的项目可能只是根据
因素分析者的偏见进行选择，而不是根据以前的研究。第三，因素一旦被确认，要用标准值来
确定一个项目是否对某一因素具有意义性的贡献。当因素的负荷量在 0.40 到 0.60 之间时，
该因素很可能被大多数因素分析家判断为可接受的。但是 0.35 到 0.10 呢？任何决定都是武
断的。

第四也是最严重的一个局限是因素分析家对所有因素进行解释和贴标签。通过考察一个
因素包含的项目，分析家必须主观地决定其名称。与分析家的理论相一致的标签通常会被赋
予该因素。其他分析家可能根据他们自己的偏见给因素标上不同的标签。这有助于解释为什
么一个研究者的"神经官能症"和"外倾性"（艾森克）就是其他人的"焦虑"和"外倾"（卡特尔）。

遗传—环境：遗传率。对他研究的所有内容，卡特尔几乎都按照同一个标准进行分类处 391
理，这个标准就是事物的变化多大程度上由基因决定及多大程度上是由环境决定的。正如你
所回忆起来的，流体智力的变化（个体差异）几乎被推测为 100％由基因决定，但是这种想法在
晶体智力上就小得多（Cattell，1966）。在 16PF 的因素中，与环境因素相比，有些因素被认为
更多由基因来控制，而有些因素更多地由环境来控制（Cattell，Schuerger & Klein，1982）。

遗传率（heritability）通常指的是一种特质的变化可由基因解释的比例（要了解有关遗传

率指标的讨论,请参见 McGuire & Hirsch,1977)。遗传率可以用不同的方式进行估计,有时更直接地用分开抚养的同卵双生子 IQ 之间的相关来进行(它们相关可以认为他们在基因上是完全相同的,不相关可以认为他们在完全不同的环境中被抚养)。值得称道的是,卡特尔使用了一种新的方法超出了有局限的双生子法。这种方法不仅考虑同卵双生子和异卵双生子,还考虑兄弟姐妹和无关的人。

在一个使用新方法的研究案例中,研究者对 16PF 中的自我强度、超我强度和自我情操因素(自我概念维持;Cattell, Rao & Schuerger,1985)进行了遗传率估计。结果表明,自我情操更多由遗传决定,而超我更多由环境决定,自我强度处于二者之间。但是,遗传率评估明显依赖于使用的评估方法。并且,研究结果并没有与由卡特尔、舒格和克莱因(Cattell, Schuerger & Klein,1982)报告的类似研究的结果完全相符。另外,卡特尔将遗传解释应用到他的计算中去,这一努力因为他在数学方面的欠缺而减少了威力。虽然详述人格特质的基因基础这一尝试已经有很长的历史了,但是这种努力可能只有一个短暂的未来(Azar,2002b)。由于对特定人格特质的发展有影响的基因可能数以十计,许多研究者放弃了对“人格特质基因”的寻找。使用统计技术来说明人格特质的遗传决定性,存在本部分提出的所有问题。

另一方面,值得肯定的是,卡特尔认为随着技术的变化评估也有变化,但是他竭尽全力试图解释结果。这种对遗传率结果的双重思考强调了一个常被卡特尔和其他人忽视的事实:遗传率评估只对使用过的人群有益,且只在它被使用的时间内有益(Hirsch,1975;McGuire & Hirsch,1977;Weizmann, Wiesenthal & Ziegler,1990)。它们不能推广到其他人群或从同一人群中在其他时间选出的其他样本上。另外,这些测量“……无法对一个特定个体可能在一个[不同的]条件下的发展……提供任何信息……”(Hirsch,1975)正如一种树的样本在山顶的发展不同于在山谷中的发展一样,一个特定的个体如果在不同的条件下抚养,而不是在他/她实际生存的条件下抚养的话,他/她可能被培养成不一个样子。注意到这一点很重要,因为遗传率是一个人口统计量,它对于对评估起作用的单个人口数据来说是可判断的。比如,当把白人得出的遗传率评估运用到黑人身上时是无意义的。与这些考虑相关的要点都包括在视窗 16-2 中。

视窗 16-2　智力的多样性:变化和相对性

在对心智能力感兴趣的心理学家中,智力是一个东西“g”这种说法可能成为多数人的意见。卡特尔已经更多地毁掉了它。然而,看起来他只是说一个东西,“g”,可以被想象为一部分是被遗传的(gf),另一部分主要是不遗传的(gc),但它依赖于另一部分。当可能存在一种多数人的意见时,还有一些正在增加的少数持异议者,他们认为智力极其复杂,不只是一个东西而是许多东西。

他们之中杰出的一位是斯腾伯格(Sternberg,1988),他认为智力有三个广泛的种类,而不是只有一个叫做“g”的。一种是本质上的“g”,指搜集信息并分析信息的能力。第二种是基本的创造力,是指将零散的信息整合成全新的东西。第三种可能被认为是“街头聪明”(street smarts),它可以解决日常实践问题并适应不断变化的环境。后两种智力不能在 IQ

测验中真实地测量出来,但是对人们的生存和繁荣昌盛有贡献——它是一个广泛概念上的智力。斯腾伯格(Sternberg,2003)报告,与使用传统测验(与智商相关的成就测验和入学测验)相比,彩虹测验(包括他的三个成分)在得到应用的校园中提高了对学业成功的预测并增加了多样性。

另一个持异议者是加德纳(Gardner,1983),他认为有七种智力而不是只有"g"。他的智力中有一些相当于"g",但是还有音乐能力和身体运动能力,粗略地讲,身体运动能力是运动员的"正确素质"。此外,还有其他两种能力,可以被解释为认识自己的能力和认识他人的能力。加德纳的大部分智力并没有用智力测验来进行测量,设计这些智力测验是用来评价"g"的。很明显,如果IQ测验包括了斯腾伯格和加德纳的智力,某些人的分数会升高(这些个体拥有"新的"智力),而某些人的分数会下降(他们没有"新的"智力)。

萨洛维和迈尔在1990年介绍了"情绪智力"或EQ的概念。在那时和萨洛维与斯勒伊特(Salovey & Sluyter,1997)合写的新书之间,戈尔曼(Goleman,1995)出版了一本书使EQ扬名于世界。EQ包括监视和控制个人情绪的能力,以便人们做任何想做或想完成的事,而不是起妨碍作用。一个人有高的IQ,但是监视和控制情绪的能力低,就不太可能在他们生活的所有领域取得成功。例如,戈尔曼讨论了一位医生,他非常聪明(在IQ上是聪明的),但是他在情绪上是木讷的,不能理解他人的感受。这一不幸的状况毁坏了生活中他与女人的关系,并且很明显,这对他的事业毫无益处。

"情绪智力"的共同设想者萨洛维和迈尔,与卡鲁索一起开发出一种新的情绪智力能力测验,Mayer-Salovey-Caruso情绪智力测验(MSCEIT;Dittman,2003)。布拉克特和迈尔(Brackett & Mayer,2003)发现,在经常研究的人格和幸福感测量方面,MSCEIT比情绪智力自我报告测验更加独立[如,一个大五人格特质测量和主观幸福感的迪安纳测验(Diener-Measure);参见艾森克部分关于这些测量的讨论]。以下是一份自我报告测验的例子,人们赞同(或不赞同)与情绪智力相关的项目:你长期相处的伙伴结束了你们的关系,而你心烦意乱,因为你想让这种关系继续下去。你的反应是(选择一项):(1)每晚呆在家里为分手哭泣;(2)决定充分利用它,并为自己的感情找到健康的出路;(3)与某个你并不在意的人关系密切起来,只是想和某个人在一起;(4)将自己沉浸在许多规划中——也许你没考虑他(赞同选项2的会提高其情绪智力分数)。与自我报告测量相反,"MSCEIT[能力工具]通过人们评定面部图或图案、风景画中表达的特定感情的种类来测量情绪观念,这些图表现了一种基本情绪或混合的情绪"(Brackett & Mayer,2003,p. 1148)。卡鲁索、迈尔和萨洛维(Caruso,Mayer & Salovey,2002)用一种较早的"情绪智力能力测量"(eiat)发现了基本相同的结果:eiat在很大程度上独立于已经研究得很好的人格测量(如16PF)。这些结果表明,以能力为基础的情绪智力的测量正以一种可观的速度发展,从独立于人格和其他有关测量的意义上说,这种测量是有效的。

戈尔曼认为EQ有五个特性。首先是自我觉察,即当一种情绪发生时进行识别的能力。

一个人只有充分觉察到他/她的感觉之后才能控制它们。周期性爆发的人没有足够快地意识到他们的情绪以控制它们。第二是心情控制,指去做或想某事以使坏心情变成较好的心情的能力。没有人能阻止坏心情的产生,但是高 EQ 的人可以通过做某些事来阻止坏心情变得更糟糕,并可能将它转变成好心情。如果一个司机在交通中超过了一个高 EQ 的人,他/她可能通过想"司机可能有急事"来避免产生消极情绪。第三是自我动机,是个人接近对他自己而言很重要的目标的能力。伟大的运动员是自我驱动者。他们无休止地训练,并且不会停止对"胜利"的追求。他们的方法之一是不可救药的乐观主义。他们不考虑失败;如果什么地方出错了,他们不会责怪自己。如果失败了,他们会反冲(班杜拉的韧性)。第四是冲动控制,它是一种自我管制,包括米歇尔所说的"延迟满足"。你可能回忆起:能够延迟满足的孩子(稍后吃两块软糖,而不是现在吃一块)长大后成为成就高的青少年。第五是人际技巧,拥有一定的移情以适当地觉察和回应他人的感受。几乎所有的职业都要与人一起工作。很明显,高 IQ,但是低 EQ,对于多数职业来说不是成功的指示。如果你不能意识到其他成员的感受并作出共鸣反应,那么你不会是一个好的"小组成员"。EQ 的测量得到发展并将被商业执行者接受。

　　大多数对智力感兴趣的心理学家显然都认为以下观点太过绝对:智力是世界范围内共同的东西。假设要测量澳大利亚土著人(土生的澳大利亚人)或藏族人的智力,最需要的是有人将美国的 IQ 测验翻译成其他语言。但是假定智力是相关的:它与个人特定的社会物理环境相关联。在一个环境中能力 A、B、C……对于生存和繁荣来说是极其重要的。在此环境中,具有 A、B、C……的人是聪明的,而不具备的人是不聪明的。但是,在另一环境中,能力 X、Y、Z……极其重要,因为,与第一个环境相比,生存和繁荣需要不同的技能。实际上,由于澳大利亚土著人的祖先必须掌握荒芜、多山、不定形的环境,他们的儿童比欧洲血统儿童的空间视觉能力要强(Kearins, 1981, 1986)。在原始澳大利亚人的大部分历史中,需要这种智力以在广阔而不规则的围绕物中找到方向。他们必须能够看到这个奇形怪状的小山或者那个波浪形的地势并记住它,否则,他们会迷路,甚至可能死亡。与欧洲—澳大利亚儿童相比,土著人的儿童能够更好地记住许多画在广场表面的不规则物体(如岩石)的各自位置(Kearins, 1981)。如果在 IQ 测验中增加此测验中所测的空间视觉能力的比重,土著儿童的分数会上升,而欧洲儿童的分数会下降。

394　　当像卡特尔和其他人那样使用遗传率的时候,遗传率这个概念本身是令人怀疑的。它本来用于估计动物在繁殖中尝试提高某些想要的特质时成功的程度(McGuire & Hirsch, 1977; Weizmann, Wiener, Wiesenthal & Ziegler, 1990),从未想要将它作为区分一个特质中变异是由基因决定还是由环境决定的指标。实际上,在特质中分离变异的行为,不管考虑的是智力还是人格,都是从遗传论的角度猜想出来的。考虑这样一个类比,问题"计算长方形的面积,长和高哪个更重要"是无意义的。同样,问"遗传和环境哪一个更重要"可能也是无意义的(Hirsch,

1975）。每个遗传倾向都在一个环境中表现出来，并且不同的环境与不同的表现相联系。同样，没有一种环境影响能将其与潜在的基因输入相分离。将特质中的基因作用与表现出的环境作用区分开来毫无价值。与认为基因能解释每个事物一样，认为用环境作用心理化地解释每个事物也是固执、错误的。因此，很明显，卡特尔的遗传率工作最起码是有争议的，需要加以谨慎考虑。

基因的表现受环境的影响，在环境中基因的表现具有重要含义。一个含义是：基因和环境可能存在相互作用。如此一来，对于特定的心理因素来说，在某些情况下遗传作用较强，但是在其他情况下环境起决定作用。在一个特别清晰的遗传—环境相互作用的论证中，卡斯皮及其同事（Caspi et al.，2002）研究了暴力行为中单氨氧化酶 A（MAOA）基因的作用。MAOA 破坏了使神经细胞之间交流的生物化学物质。以前的研究表明当这个基因的无效（不起作用的）变体（version）在 X 染色体（男性）上时，反社会行为的可能性会增加。卡斯皮小组假设，当 MAOA 的活动降低时（无效基因出现），暴力性的反社会行为将会提高，但是只有被试的童年环境以虐待为特征时才会这样。他们为行为障碍、暴力犯罪、暴力倾向和反社会人格找到了 MAOA，当 MAOA 活动降低时，这四种倾向性是高的，但是只发生在被试童年受过虐待的情况下。在无虐待时，低和高 MAOA 活动的被试小组之间没有差异。对于高 MAOA 活动的被试（有效基因出现）来说，虐待无影响。只有当被试的童年环境以虐待为特征时，他们才会因出现 MAOA 基因的无效变体（null version）而导致暴力或反社会倾向。

特克海默、黑利、沃尔德伦、多诺费里奥和戈特斯曼（Turkheimer, Haley, Waldron, D'Onofrio & Gottesman，2003）使用复杂的新统计技术，试图分出何时基因对智力（IQ）的影响大，何时环境的影响大。在以往研究的基础上，他们假设中产阶级和较高社会经济（中高阶层）的人在 IQ 测验时，基因作用将会对 IQ 产生较强的影响，但是当社会经济低（低阶层）的人在测验时，环境作用将会明显加强。这个假设在以前从未被测验过，因为以往几乎所有的研究中用的只是中高阶层的被试，几乎所有的研究都表明强的基因作用和弱的环境作用（对于这类研究，如果基因作用强，那么环境作用就弱并且是次要功能）。特克海默和同事的研究数据是从一个将近 50 000 名母亲和她们接近 60 000 名孩子（除了所有的家庭关系类型都考虑到了之外，同卵和异卵双生子也包括在内）的样本中抽取的。结果表明，对于完整的 IQ 测验和操作 IQ 测验（可能包括 g_f 成分）来说，社会经济地位越低，环境影响越强——并且遗传影响越弱。但是，这一交互作用对于言语 IQ 来说是弱的，尽管它在数据图表中明显表现出来。因此，遗传变量可能在很大程度上决定了中高社会阶层的人们中谁是聪明的（在 IQ 意义上），但是环境变量看起来能够区分聪明和不那么聪明的下层人士。

当弗林（Flynn，1999，2000，2003）证明最广泛的智力测验 IQ，其分数在世界范围内急剧提高时，基因决定论受到巨大打击。基因决定论认为基因绝对性地决定着极其重要的特质，如智力。急剧变化的特质不可能由"基因决定"，因为基因的变化要经过许多代才能完成（Cavalli-Sforza，2000）。因此，环境因素必然是 IQ 急剧提高的原因。雪上加霜，卡特尔和其他人宣称几乎完全是"遗传的"属于"g"的一部分的 g_f，变化比 g_c 更快，这不应该是"遗传的"。

达利、惠利、西格曼、埃斯皮诺萨和诺依曼（Daley，Whaley，Sigman，Espinosa & Neumann，2003）的近期研究表明了弗林效应对短期内提高 g_c 特别是 g_f 的作用有多大。这些研究者也拿出证据证明智力提高的背后隐藏的是环境的丰富性。1984 年对孩子和他们的家人进行测量，然后与 1998 年对孩子及其家人进行的测量加以比较［他们都来自非洲肯尼亚的 Embu 部落］。在这 14 年中，瑞文幼儿渐进推理测验（彩色版）（一项对 g_f 的测量）的一个指标增加了 26.3 个 IQ 点，另一个指标增加了 11.2 个 IQ 点。这比在工业化国家所发现的增长要高。14 年中，在言语意义分数（g_c）上也有一个数量微小但是在统计学上显著的提高。Embu 的参与者在 14 年中有所变化的因素可以用来解释智力的增长，包括营养的提高、环境复杂性的增加（如 TV 和印刷材料的可用性）、家庭规模的降低（为每个孩子提供更多金钱）、教育和母亲文化的提高、学前护理的加强等。证据表明，健康状况和出生次序对智力提高没有任何作用。很明显，环境丰富——通过重视学校、教育、文化这种价值观的转变而得到支持——是提高的原因。同样，本次研究大多数提高都是关于 g_f 的，而卡特尔和倡议"g"的其他人认为 g_f 大部分难以变化，因为它是"遗传的"。

遗传决定论者，如卡特尔，不能用他们的观点来解释 IQ 的急剧变化或者 g_f 的急剧变化，因为变化的特点是短期的。此外，有些事实与白人宣称他们在平均 IQ 上优于黑人是"遗传的"这种主张并不十分吻合。遗传决定论不能解释黑人 IQ 的增长有些方面更快于白人（Flynn，1999，2000）或者黑人白人 IQ 的差距在缩小这一事实（Neisser et al.，1996）。

16PF 是一份厚重的遗产吗？ 16PF 肯定是一个有用的人格测评工具，但是它在多大程度上受到人格测评工具使用者的推崇呢？按照沃特金斯、坎贝尔、尼贝丁和哈尔马克（Watkins，Campbell，Nieberding & Hallmark，1995）的看法，在现有的人格测验中，按照临床者使用的频率进行排序，16PF 在 38 个工具中排第 25 位。但是，16PF 可能主要是一个研究工具。如果是这样，它应当在研究文献中被频繁地引用。由布罗斯心理测验协会（Buros Institute of Mental Measurement）出版的年鉴（《心理测量》（*Mental Measurement*）和《已出版的测验》（*Tests in Print*））表明，1985 年（Mitchell，1985）至 1995 年之间，16PF 排名没有高于第 13 位（Conoley & Impara，1995），并且在最常引用的 50 个测验中排名低至第 20 位（Murphy，Close & Impara，1994）。在因帕拉和普拉克（Impara & Plake，1998）所作的研究中没有提及 16PF。很明显，16PF 不处于使用和引用频率最多的测验的顶尖行列。

卡特尔生命末期的灾难：美国心理学会将"终身成就奖"颁给卡特尔，然后又撤销了。 1997 年 8 月初，美国心理学会在它的旗舰杂志威望极高的《美国心理学家》上宣布，"心理科学终身成就金质奖章"这一奖项将颁给卡特尔。奖章将于 8 月中旬在芝加哥召开的美国心理学会年会上颁出。当奖项撤销时我正在现场。大会开始后，在《纽约时报》上刊登了一篇引用历史学家梅勒（Barry Mehler）观点的文章，指责卡特尔是种族主义者（Hilts，1997）。美国心理学会很快暂停了奖项颁发，并任命了一个调查小组。1998 年 1 月，卡特尔撤销了对该奖项的进一步申请。调查小组从来没有活动过。

梅勒从卡特尔的著作中引用的两段话特别具有煽动性。一段来自 1994 年的一份通讯稿，即为卡特尔的"超越主义"活动而办的《超越主义者》（*Byondist*），提出卡特尔认为希特勒没有那么坏："希特勒实际上与平均水平上的美国人的价值观相同。他赞赏……家庭价值观……"（引自 Hilts，1997，p. A10y）。引用还认为希特勒的企图在于优生学，虽然优生学在实践中被误导，但是它在原则上是正确的。"它［优生学］热衷于阻止那些不可避免地要悲惨一生的人以及不能正常快乐生活的人的诞生。它鼓励生育那些能照顾自己和他人的人，他们可以创造和丰富文明，……"希尔茨引用的另一段话出自卡特尔 1972 年的书，《来自科学的一种新道德：超越主义》（*New Morality from Science：Beyondism*）："在什么意义上自愿的安乐死或者由团体决定的种族清洗（genthanasia 一词大体是指用非暴力手段灭绝一个种族或群体）会变得正当？这是一个困难的问题。在允许生育一个人之前表现出审慎的考虑——然而适应不良——已被废除。"（Hilts，1997，p. A10y，特别强调；要了解从《时代》文章中遗漏的括号部分，请参见 Cattell，1972，p. 220）。然而什么是种族清洗？作为反对"有计划地灭种和屠杀……［它是］杀死一个种族中所有活的成员的字面意思的保留……种族清洗［用来保留］以上所谓的'逐步淘汰'，在'逐步淘汰'中，一个濒临死亡的文化通过教育和生育控制手段来结束它的生命，而不需要单个的成员在他的生命自然结束之前死亡"（Hilts，1997，p. A10y；见 Cattell，1972，p. 221）。这两段引语的暗示意义非常明显并且令人恐惧：特定的群体会被淘汰，因为他们没有在地球上继续占有珍贵空间的价值。

塔克（Tucker，1994）仔细研读了卡特尔的早期著作以寻找骇人的种族主义陈述。比如，在卡特尔 1933 年的书中，他攻击种族混合产生的"混血儿"遭受着"有严重缺陷的……智力和道德发展……"（Tucker，1994，p. 240）甚至在那时，卡特尔避开建议消灭"不良分子"，选择代以生育控制。这要通过绝育来进行控制，"并且通过生活在改建的专用地和收容所里进行控制，［在那里，］已经度过他们轮回的种族［可以］实行安乐死"（Tucker，1994，p. 242）。在《为我们国家的智力而战斗》一书中，卡特尔（Cattell，1937）补充说，"如果一个孩子健康、聪明，而另一个孩子头脑不清楚，当这两个孩子同时站在马路中央时，所有的驾车者都会毫不迟疑地撞倒那个头脑不清楚的［孩子］"（Tucker，1994，p. 243）。塔克（Tucker，1994）继而指出，通过阅读卡特尔早期书中的引文可以看出，卡特尔是反犹太的，毫不惊奇，这使他赞同纳粹的种族政策。

也许塔克查阅的是"老卡特尔"，而不是以后 20 多年已经洗心革面的卡特尔（见 Hilts，1997，应卡特尔的要求已改变）。为了弄清楚，我查阅了卡特尔较新版本的《超越主义：从科学中引出的宗教》（*Beyondism：Religion from Science*，1987）。实际上它是 1972 年的书的"清洗"版，包含的炫耀种族灭绝论和种族主义的表述较少。然而，在 189 和 190 页，他列出并讨论了 6 种类型的种族，并强烈暗示，没有他们中的 3 个类型我们照样可以活下去，这 3 种类型是"精神缺陷者"、"心理障碍者"和"意识迟钝者"。有人猜测后者可能包括有色人种。就像他以前所做的那样，卡特尔在 1987 年谴责种族混合："在美国，传统上赞歌都唱给熔炉（Melting Pot），但是成功进行杂交的第一个要求是抛弃可能 90％ 的不成功的混血儿。"（p. 202）"种族群体中的混血儿同样要承受这种被抛弃的命运。"在别处他发表意见说："［对虚伪的人道主义研究计划］的崇拜……延长了基因和文化失败的持续时间，并阻碍了一个看起来长期不适应环境的类型的正常灭绝，这是有悖于所有超越主义者的原则的。"（p. 138）并且，他提出"'A'是一位有名的教授——他因其研究而著名……'B'是一个普通人，为我做一些园艺工作。他进过监狱……；他仅仅能够阅读报纸。然而在现行的民主政治中，……如果［社会］给予这两个完全不同的人相等的投票权的话，那么，在公共事务中 B 的愿望会完全忽略 A 的……贡献"(p. 223)。在 1987 年的《超越主义》一书中，优生学是怎样实现的呢？"……调整所得税……［并提供］儿童津贴，……可能会鼓励那些较大可能生出较高天赋孩子的人。"(p. 215)接下来是，那些被认为"有［较低］可能生出较高天赋孩子"的人将什么也得不到。

梅勒(Mehler, 1997)用文件证明卡特尔与激进右派分子发生持续的、秘密的联系。卡特尔的观点在新纳粹的出版物中被不断地广泛引用。然而，并不是所有的右派分子都信奉卡特尔。卡特尔对基督教的轻视使他成为"宗教上的右派"的敌人。

有人可能要问，美国心理学会的金质奖章颁奖小组怎么会忽略那两本带有引起读者兴趣的、部分题目为"超越主义"的书呢？他们怎么会忽略国会女议员科尔迪斯·科林斯(Cardis Collins)(D—IL)的抗议呢？她抗议超越主义者已经渗透到活跃的学术成就决议中去了。此外，亨特(Hunt，1998)报告，颁奖小组肯定已经知道卡特尔的种族主义信念，因为推荐他获奖的人中至少有 2 个人在他们写给小组的信中谴责过那些信念。有关超越主义的报告已经提交给美国心理学会颁奖小组，见解清楚，但是可能他们最初没有看到。在决定谁得奖时，也许弥漫在心理学界的是"人们只考虑心理学家的科学贡献"这种风气。当然，这种态度或风气被许多心理学家坚持(见 *The National Psychologist* 1998 年 1 月/2 月第 9 页对许多美国心理学会奖获得者归因的评论)。这一态度表明，一个组织应当漠不关心一个获奖候选者的观点和行动将会怎样在他们的群体中反映出来。为了尽可能简要地谴责这一态度，我提出一个琐碎但清楚的类比和一个更加贴切的类比。在决定谁将得到一个团体的奖项时，如果只有专业贡献才与之有关，那么罗斯(Pete Rose)将处于棒球名人堂中了，尽管他对棒球运动过分自信。同样，德国心理学家延施(E. R. Jaensch)会为他在遗觉像(图像记忆)上的创造性工作而得奖，尽管事实上在纳粹时代他是支持纳粹的。

多年来，卡特尔的同事希尔施(Hirsch, 1997)试图表明卡特尔种族主义的观点应当被忽略，因为它们没有科学支持。希尔施(Hirsch, 1997)宣称，卡特尔习惯性地通过自行出版(在他的书中)和在会议颁奖仪式上未检查的评述中发表文章以避免同行评论。需要补充的是，卡特尔不像其他著名的心理学家，他很少在拥有最苛求的编辑评论的最尊敬杂志上发表文章，如《人格杂志》(*Journal of Personality*)、《人格与社会心理学会刊》(*Personality and Social Psychology*)、《人格与社会心理学杂志》(*Journal of Personality and Social Psychology*)。

还需要注意的是，一项对 1940—1944 年 7 月份《心理学公报》(*Psychological Bulletin*)(该刊包含了那些年美国心理学会会议完整的目录表)的搜索表明，没有标题或者摘要支持卡特尔的观点，他声称在此期间的一个美国心理学会会议上自己介绍了流体智力和晶体智力。然而，赫布在 1940 年的会议上呈现了一篇关于两种智力的论文。

但是人们为什么对优生学忧心忡忡呢？ 20 世纪它在这个半球上得以实行了吗？是的，就在 1927 年至 1972 年之间的加拿大［《皮奥里亚杂志明星》(*Peoria Journal Star*)，1998 年 3 月

12 日,及 1998 年其他的美国和加拿大的报纸;另外参见 Tucker,1994]。近来,当阿尔伯达 (Alberta)政府放弃对被迫绝育的精神病患者进行补偿的计划时,在加拿大市民中产生了公开的抗议。是该将应用于所有群体的优生学放入幽深的坟墓的时候了,以致将来试图挖掘它的人无法得逞。视窗 16-2 对卡特尔的智力观提出了质疑。

结论

因为年轻时的卡特尔如此沉迷于优生学以致成熟后的他仍无法摆脱它,所以对二者的记忆将总是被污染。然而,即使忽略了他的优生学和遗传率研究,人们仍然可以指出卡特尔的真正贡献。卡特尔的经验主义观点与本书中提到的许多人格心理学家的"没有经过仔细思考"的理论大相径庭。也许人格心理学家应当更像天文学家而不是化学家。由于心理学家研究的东西十分复杂并且难以"赢得热烈的掌声",甚或"吸引人们的眼球",因而他们在形成假设时应当非常谨慎,直到经过很多次观测后才可以作出假设。就像之前多次提到的那样,一位科学贡献者的价值往往取决于该贡献者自己的观点以及他／她是否激励他人想出新颖、有用的思想。卡特尔差不多已经培养了几十个人格心理学家了。他们中的许多人,如威金斯(Jerry Wiggins)等,已经非常杰出了。如果非要指出一项比所有其他测验能更完善、更有意义地研究人格的测验的话,你可能会投票赞成 16PF。16PF 可能是运用最复杂的方法编制出的最精密的测验。像许多测验一样,它不是"一日之功",而是经历了多年的悉心研究。最后,卡特尔科学贡献的模式不是凭借这样"出名":在职业生涯的早期,做几项研究,而每项研究都是在短时间内完成的,然后出版几本著作。卡特尔在心理学界一直活跃到 90 多岁。他在杂志引用列表中排名第 7,没有进入教材引用列表或调查引用列表,而在总表中排名第 16 位(Haggbloom et al.,2002)。

399

艾森克:16 = 3——将人格构想为三个维度

艾森克和卡特尔常常联系在一起,也许是因为他们都是因素分析的先驱,并且都是在英国接受的训练。他们都大量使用复杂的统计方法,都认为人格和智力极大程度上由基因决定,都将一生献给他们的专业并致力于将人格归为少数维度。他们甚至拥有同一个导师伯特,伯特因为伪造 IQ 的遗传数据而声名狼藉。但是差异还是有的。实际上,关于一个人在解释人格时必须考虑多少维度(十六个还是三个),他们存在相当大的分歧。艾森克的只有三个维度的观点占据了本章剩余篇幅的绝大部分。

汉斯・于尔根・艾森克
www. ship. edu/~cgboer/
eys enck. html

艾森克其人

汉斯·于尔根·艾森克(Hans Jargen Eysenck)1916 年 3 月 4 日在德国出生,父亲爱德华·艾森克是小有名气的演员,母亲鲁斯·沃纳是个有抱负的女演员(Gibson,1981)。他在第一次世界大战之后的贫困期间长大成人。在父母离婚之后,艾森克与外祖母生活在一起,她在宽容的气氛中将他抚养大。结果(或者可能是他的基因),他是一个有坚强意志的男孩,习惯运用自己的方式。比如,在 8 岁时,他咬了一位老师的手指,因为老师由于他强硬地拒绝唱歌而试图惩罚他。后来,他在高中证明了老师的错误,这位老师宣称犹太人缺乏军事上的英勇。有趣的是,他用统计做到这一点:在第一次世界大战中犹太士兵因为英勇获得的德国奖章不成比例地多。同样,他拒绝参加一位老师的演讲,因为这位老师没有给他最高的文章等级。这一行为促使吉布森(Gibson,1981,p. 18)写道:“艾森克显得……对自己的能力有很好的判断”并且“对他自己也一样”。

1933 年在纳粹接管的时候,艾森克离开了德国,因为他的继父马克斯·格拉斯是犹太人,是一位电影制片人兼导演。因此,在 1934 年夏天,他们一家三口前往法国,在那里马克斯重新开始了他的事业。在法国,艾森克短暂地接受了高等教育,直至访问英国的埃克塞特,并从此与英国结下了不解之缘。1934 年秋天,在艾森克 18 岁的时候,英国的魅力还是如此强烈,以致吸引着他来到伦敦。他进入大学学院,打算修一门“严格的”科学课程。遗憾的是,他在科学上有所欠缺,需要时间和金钱来弥补。因此,他加盟心理学,当时心理学刚刚开始被看作是一门“科学”。

就像命运使然,艾森克进入了当时英国最具科学性的心理学系。它是轰轰烈烈的心理测量活动、心理测量运动的地点。尽管是一名大学生,他与伯特爵士一起做研究,伯特帮助他搜集数据,这些数据被用到他的第一本出版物中。值得骄傲的是,艾森克只用了三年的时间就取得了他的心理学博士头衔。

同年即 1940 年,英国对德宣战,艾森克被指控为外敌。由于不准参加海陆空三军,他在米尔紧急救护医院(Mill Emergency Hospital)做研究,该医院与莫兹利医院(Maudsley Hospital)有联系,莫兹利医院后来成为他终身的研究中心。在此期间以及后来,他被谴责为一名“法西斯主义者”,原因可能在于他是一名德国人,并且他看起来支持“遗传就是一切”,并且认定人格和智力不能加以改变。拥有这种观点之后会顺理成章地得出:如果你的智力低,那么你生来如此,并且你没有任何指望了。这一立场受到社会决定论的蔑视,社会决定论假定“环境是一切”,特质和智力都是可变的。尽管有这些障碍,艾森克还是被提升为学术领导。1950 年他被准予担任伦敦大学的高级讲师职位。1955 年,他成为一名教授,此时他继续在莫兹利居统治地位。借助这些有权力的地位,他公然反抗已确立的心理学体制并发动了一个长时间的运动以接受他的“大三”。像卡特尔一样,艾森克积极从事心理学研究直至生命终止的那一天:1997 年 9 月 4 日。

艾森克关于人的观点

艾森克看起来不是罗杰斯那种热情而平易近人的人(Gibson,1981)。他对心理疗法的指责(Eysenck,1952a)——为此,他差点没逃脱人身攻击——可能是因为他无法对神经病患者产生同情心。与卡特尔一样,他认为一项实施多年的持续研究项目是理解人们的合适途径,但是他提出了一项不同的研究计划(Eysenck,1984,p.335;特别强调)。

> 因此,卡特尔从产生主要的涉及因素的假设开始,[并]坚持因素分析……我追随的是完全相反的路线。从一个理论模型出发……我使用因素分析来检验理论而不是创造理论。我……从心理学和生理学中……使用[理论]来连接因素……与表示原因的假设相伴随,这些假设导致全部的外部因素分析。

艾森克补充道,"卡特尔反对当前从实验化的实验室中产生出来的理论,并公开批评了'黄铜铁器'心理学"(p.329)。与之相反,艾森克做了真正的实验并依赖于实验心理学的证据和假设。而且,他在实验程序和因素分析之间转换,直至他感到他正在研究的概念已经琢磨和提炼过了。

"从数量和特性上来说,人们找到的特质在什么水平上对于说明人格是必要的和充分的?"这一问题是艾森克和卡特尔之间差异的中心,也是艾森克相对于其他人格理论家来说极其重要的独特性所在。与卡特尔及其16种因素相反,艾森克认为人格可以通过仅仅三种二级因素而被简明扼要地理解,却不会遗漏其彻底性或者深度。但是就像卡特尔(Cattell,1986)对艾森克的回应一样明显,他们都没有给出一个标准(还可以参见 Eysenck,1997)。

基本概念和贡献:艾森克

艾森克理论中的特质及类型

与卡特尔一样,艾森克理论的本质是人格可以用特质来描述,**特质**(traits)表现为统计上的初级因素,其定义为"以大量习惯性反应之间观测到的组间相关为基础的理论结构"(Eysenck & Eysenck,1969,p.41)。与艾森克理论相关的特质实例包括身体活动、冲动性、冒险、责任心、焦虑不安、无忧无虑和社会能力,这些词语全部来自古希腊。特质常常相应地按种类聚合,称为**类型**(types),二级维度组成统计上组间相关的初级特质。比起"表面因素"来,艾森克更喜欢"二级"(Eysenck,1984)。他识别出了三个此类因素,声称它们"或者与它们极其相似的其他因素"在不同研究中被重复发现(Eysenck,1981,p.6)。艾森克的三个二级因素或类型是:E,外倾性—内倾性;N,神经质—稳定性;P,精神质—超我功能。这些类型在本质上分别与卡特尔的二级因素外倾—内倾和焦虑及他的初级特质"超我力量"相同(Eysenck,1984)。艾森克认为,每个人并不是完全属于外倾性或者内倾性、具有100%的神经质或者完全没有神经质、完全是精神质的或者完全不是精神质的,我们大多数是**中向性格者**(ambiverts),这种人表现出中等程度的外倾性和内倾性。

生物决定论

在心理学家中,很难找出比艾森克更激进的生物和基因决定论倡导者。他一直坚持人格存在一个"实质性的"遗传基础(Eysenck,1990)。多年以来,他仍旧主张智力是由遗传决定的(Eysenck,1971,1974)。他抱怨说心理学公开宣布的目的是研究有机体的行为,但是心理学家没能成功地意识到有机体对相同的环境刺激其反应不同的程度,这与学习无关。"人格在很大程度上决定于……基因;……同时环境[的]影响受到严格的限制。[对于]人格[和]智力来说……遗传的影响极其强大,而环境的作用……是……轻微的"(Eysenck,1976,p.20)。

402   艾森克(Eysenck,1990)估计,在所有特质维度中(包括 E、N 和 P),个体人格差异的 60% 由基因决定。他还指出 E、N 和 P 与生理学联系紧密(Eysenck,1967;Eysenck & Eysenck,1969,1976)。举例来说,外倾性(E)与大脑的**上行网状激活系统**(ascending reticular activating system,ARAS)相联系,它作为一个觉醒机制进行活动。系统的核心是脑干的网状结构。当受到感觉输入刺激时,该结构通过向上的神经纤维发送信息以唤醒大脑皮层,大脑的上级皮层与较低的脑区共同活动。相应地,整个有机体就活动起来。仅在环境事件中的感觉输入来源具有生存价值的情况下,大脑皮层才会将信息返回到网状结构,吩咐它继续提高唤醒。这个反馈循环决定了我们是否继续关注特定的环境事件。外倾者的神经系统由他们的上行网状激活系统控制。他们需要唤醒,并因此寻找唤醒。相反,内倾者的上行网状激活系统提高了他们神经系统的兴奋性。他们不需要唤醒,并因此避免唤醒。艾森克将神经质(N)与边缘系统相联系,边缘系统是大脑的情感中心,控制着性、恐惧和攻击之类的功能。精神质(P)与内分泌腺相联系,特别是分泌性激素的腺体。

有一项研究支持艾森克(Eysenck,1990)的遗传论观点,该研究涉及遗传上的同卵双生子和异卵双生子,异卵双生子之间在遗传上的相似性不比任何两个兄弟姐妹之间的相似性大。由于同卵双生子在遗传上是完全相同的,他们之间的任何差异都归因于环境。同样的道理,任何相同点都归因于遗传。相反,异卵双生子之间的差异可能归因于遗传或者环境(Eysenck,1967)。艾森克(Eysenck,1967,1990)指向经验主义的研究表明:与异卵双生子相比,同卵双生子在人格上更加相似,即使同卵双生子在童年早期就被分开并在单独的环境中抚养。同卵双生子人格上的一致性被认为是由遗传上的一致性决定的。同样,他主张同卵双生子在犯罪和神经质行为上比异卵双生子更为相似。此外,他还声称,与养父母相比,领养的孩子在许多特质维度上更像他们的亲生父母。

走向人格的科学模型

艾森克(Eysenck,1981)的**人格研究的科学模型**(scientific model for studying personality)包括连锁的两个成分:(1)描述,试图回答人格是"什么"的问题,例如,在特质和类型中,可以辨别的个体差异是什么;(2)解释,试图回答人格"为什么"是现在的情形这类问题,"个体差异的原因是什么?"在艾森克的模型中要寻找概念,这将有助于将人们的行为归为少数变量,这些概念通过法则连接在一起,使心理学家能够解释过去的行为并预言将来的事件。

E、N 和 P 的测量与描述

将可观测事件归为少数变量。与卡特尔一样,艾森克坚持辅助性,辅助性是默里的概念。想象一个含有四个水平的金字塔,代表人格特质和可归为"外倾性"的反应。在金字塔的底层是**特殊反应**(specific responses, SR),是指可能或不可能成为个体特点的日常行为或者经验,如向邻居说"嗨"。向上一层是**习惯反应**(habitual responses, HR),指在相同情境下重复出现的特殊反应(卡特尔的表面特质),如经常性地向邻居说"嗨"。第三层水平,习惯反应被组织为初级因素或特质。以外倾性为例,它们是社会能力、冲动性、活动性、活泼性和兴奋性。外倾性处于金字塔的顶部,为二级因素或类型。因此,四个初级特质"……可以形成一群在它们之间有组间相关的特质,并引发出一个更高次序的结构:类型"(Eysenck & Eysenck, 1969, p.41)。很明显,卡特尔和艾森克在什么低于什么方面很接近,但是卡特尔强调初级因素,艾森克则强调二级因素(见图 16-1 中的金字塔,p.387)。

莫兹利医学问卷、莫兹利人格调查表和艾森克人格问卷。莫兹利医学问卷(Maudsley Medical Questionnaire, MMQ)介绍了神经质(N)的概念,莫兹利人格调查表(Maudsley Personality Inventoty, MPI)增加了外倾性—内倾性(E),艾森克人格问卷(Eysenck Personality Questionnaire, EPQ)则增加了精神质(P)(Eysenck, 1952b, 1959; Eysenck & Eysenck, 1968, 1976)。艾森克利用莫兹利医学问卷发现 1 000 名神经质的士兵在 N 上的得分是 1 000 名正常士兵的 2 倍高。N 的得分随着年龄增长而降低,女性比男性高,并且社会经济地位较低的人 N 的得分较高。高 N 为情绪性地过度反应且不稳定、焦虑不安、令人担忧、喜怒无常、不平静、暴躁、常抱怨有躯体症状,且在压力下倾向于崩溃。具有低 N 的人情绪稳定、平静、无忧无虑、冷静,并且可以信赖。

莫兹利人格调查表包含与 N 项目一样的 E 项目。一般来说,男性的 E 分数比女性高,随着年龄增长而降低,并且与社会经济地位无关。具有高 E 的人倾向于好交际、受欢迎、善谈、渴望刺激、冒险、冲动、恶作剧、逍遥自在、乐观、活跃、易怒、不善于控制情绪,并且不可靠。低 E 分的人(性格内倾的人)是孤独的,喜欢书籍,除了亲密朋友以外是疏远的,好内省、安静、谨慎、不冲动、严肃、井井有条、保守、悲观、有道德、沉着、控制感情,并且可靠。视窗 16-3 包括了对 N 和 E 的测量。

艾森克人格问卷除了测量 E 和 N 的项目之外还增加了 P 的项目。临床上"有精神病的"人,特别是精神分裂症,表现出最高的 P 分。罪犯和其他表现出反社会行为的人 P 分也很高。P 的得分往往男性较高,中产阶级的人较低,并且随着年龄增长而降低。具有高 P 分的人孤独、讨厌、不合作、有敌意、残忍、不动感情、寻找感觉、喜欢古怪的东西、爱看战争和恐怖电影、低估他人、社会性退缩、性冷淡、缺乏思考和记忆、不专心、贬低教育、猜疑、情绪失调、表现出动机失调、自杀冲动、有患精神病的亲戚、妄想、幻觉、有创造性。P的特点可见于艾森克(Eysenck,1970)对一个21岁的高P男性的描述。当要求他解释对艾森克人格问卷中"喜欢聚会"这一项目的赞同时,他回答说,"唔,在聚会中你可以得到免费的食物,免费的酒,并有机会拧其他人,不是吗?"然后,带着一个天使般的微笑,他补充说,"并且许多时候你也可以打碎那个地方"(p.427)。近年来艾森克人格问卷得到修订,这使它更好地适合量化研究(Petrides, Jackon, Furnham & Levine,2003)。在这一新的版本中,性别在E和N上不再有差异,但是男性在P分数较高。

404

在继续下面内容之前,先做莫兹利人格调查表(视窗16-3)。

视窗16-3　莫兹利人格调查表(简短形式)

指导语:以下问题是关于人们的行为、感受和活动方式的。决定项目是否表现了你活动或感受的惯常方式,圈出"是"或者"否"来回答每一个项目。如果你发现完全不能决定,圈"?",但是尽量少使用这个答案。

1. 与为行动作计划相比,你更喜欢行动吗?　是　?　否
2. 你有时觉得快乐,有时觉得沮丧,而没有任何明显的原因吗?　是　?　否
3. 当你参与某种需要迅速行动的事件时,你是最幸福的吗?　是　?　否
4. 交新朋友时,你经常是主动的吗?　是　?　否
5. 你倾向于喜怒无常吗?　是　?　否
6. 你认为自己是一个活泼的人吗?　是　?　否
7. 你经常"陷入沉思"吗,甚至假设你正在参与一个对话的时候?　是　?　否
8. 不管有没有明显的原因,你的心情常常起伏变化吗?　是　?　否
9. 你有时精力充沛而有时倦怠无神吗?　是　?　否
10. 在活动中,你倾向于快速而确定吗?　是　?　否
11. 当你试图集中注意的时候,你的注意力经常涣散吗?　是　?　否
12. 如果你进行社会交往时受到阻碍,你会非常不高兴吗?　是　?　否

(改编自 Eysenck & Eysenck,1969;已得到汉斯·艾森克的授权。)

现在设法将项目分为两组:将6个看起来相配的项目放在一起,然后看一下其他6个项目是否相配。如果不配的话,就再次进行分类,直至你提出6个项目的两组,每组看起来测量2个不同的类型。当完成以后,你已经完成了一次粗略的因素分析。在继续之前现在进行分类。

如果你将项目2、5、7、8、9和11放在一组并把它们标为N,而项目1、3、4、6、10和12标为E,那你做得非常好。很明显,如果你对大多数N的项目回答"是",特别是编号为2和8的项目,在神经质上它们的负荷为0.75和0.74,你是"神经质高的"(但是不太严重;若没有进一步的证据,一个6项目测验的结果是不能相信的)。同样明显的是,如果你对E项目都显示"是",特别是编号为6和12的项目,这两个项目在外倾性上的负荷是0.68和0.64,你是外倾性的。

支持证据

内倾性-外倾性的柠檬汁测验。艾森克主张,人们的分数越表明他们是内倾的(今后是内倾者),他们对柠檬汁分泌的唾液就越多,因为内倾者在上行网状激活系统上的皮质唤醒水平比外倾者更高(今后是外倾者;Corcoran, 1964; Eysenck & Eysenck, 1967)。因而,"在相同的刺激条件下,内倾者[的肌肉和腺体内的神经活动]会更强"(p. 1047)。实际上,当将柠檬汁滴在舌头上时,内倾者比外倾者分泌更多的唾液。他们对外部刺激非常敏感,并尽量避免这些刺激,因为他们的上行网状激活系统过于活跃。

405

大声的广告节目对外倾者更具吸引力。众所周知,电视和广播的广告节目比其他的节目音量更大。这一策略被认为是无法抵制的劝说,从而提高收听者购买广告产品的可能性。切托拉和普林凯(Cetola & Prinkey, 1986)发现只有外倾者喜欢比前一个节目音量大的广告节目。由于他们的上行网状激活系统不够活跃,所以他们积极寻找自身缺少的刺激。更大的音量对内倾者不起作用。

麻醉剂、酒精饮料、咖啡和烟草。艾森克认为有镇静作用的麻醉剂,比如酒精,对外倾者具有更大的损害作用,因为他们的上行网状激活系统已经限制了他们的唤醒(Eysenck, 1962)。另一方面,刺激物,比如咖啡和烟草,将对内倾者有更大的危害,因为他们的上行网状激活系统已经允许他们具有过多的唤醒了。对该假设的部分支持是:琼斯(Jones , 1974)报告,尽管酒精对内倾者和外倾者的损害作用相似,但是明显地对外倾者的损害更严重。库普塔和考尔(Cupta & Kaur, 1978)的研究表明,刺激物右旋安非他明(dextroamphetamine)提高了对外倾者的功效,但是降低了内倾者在知觉判断任务中的成绩。

解释现实的行为:群体性歇斯底里症。在 1965 年,脊髓灰质炎的瘟疫覆盖了一个城镇新闻报道的范围,导致外界纷纷逃离"脊髓灰质炎城"。该城镇是一所英国中学的所在地。这一年的稍后,一种生理上的症状在上学的女孩中发作(Moss & McEvedy, 1966)。有一天,学生们参加一项长时间的教堂典礼,在此期间有 20 个女孩晕倒。第二天,学校集会期间有学生继续晕倒。晕倒者躺在地板上,从她们的视线中透出一种兴奋和恐惧,导致呼吸过度、头晕眼花、头痛、感觉冷或者热、颤抖、恶心和软弱无力。该行为很快自发地在学校集会中再次发生。医学实验室的结果并没有检查出生理上的异常。所有在第一天中晕倒并第二天去上学的 25 个女孩受到侵袭,而第一天缺席的女孩在第二天没有受到影响。同样,在后一天仍然晕倒的人受到前一天的影响。与"群体性歇斯底里症"这一标签相一致,在学校集会中新发生的事件数量要高于教室会议中发生的事件数量。对 535 名学生进行了艾森克人格问卷测验,结果表明,受侵袭的学生在 E 和 N 维度上得分都很高。

外倾性:人格概念之王。外倾性(对内倾性)可能在任何时候都是研究最多并且最充实的人格概念,艾森克对它的流行和有效性作出了很大贡献。一些近期的实例研究阐明了艾森克这一中心概念的重要性。

研究文献将对人们的幸福感有意义的心理因素和外倾性联系起来。阿米尔汗、赖辛格和斯威克特(Amirkhan, Risinger & Swickert,1995)发现外倾性和"寻找社会支持"以及乐观呈正

406 相关，我们已经知道这两个概念在应对压力时非常重要。马格努斯、迪纳、藤田和帕沃（Magnus，Diener，Fujita & Pavot，1993）发现外倾性使实验参与者偏向于经历积极的生活事件。鲁宾逊、索尔伯格、瓦尔加斯和塔米尔（Robinson，Solberg，Vargas & Tamir，2003）注意到外倾性可预测主观幸福感（SWB；快乐），但是对于花费更长时间来分辨中性和积极事件的人来说（他们将中性和积极事件搞混，感觉它们是一样的），这种效果更强。泽连斯基和拉森（Zelenski & Larsen，2002）发现由艾森克人格问卷测量的外倾性和神经质由相同的因素承担，称为"奖励期待"，并且一个量表测量奖励敏感性、娱乐需求度和动机。加布里埃尔和坎利使用脑功能磁共振成像，表明与在外倾性上低的人相比，在外倾性上高的人对积极刺激的反应要强于对消极刺激的反应（Carpenter，2001）。在另一项人格—神经质研究中使用同样的成像技术，坎利、西韦尔斯、惠特菲尔德、戈特利布和加布里埃利（Canli，Sivers，Whitfield，Gotlib & Gabrieli，2002）发现，在对带有快乐表情的人脸进行反应时，情绪中心杏仁核的活动与外倾性的相关要比它与其他大五特质的相关更高（见以下讨论），与神经质没有相关，该关系不支持愤怒、恐惧和悲伤的表情。戴维、格林、马丁和萨尔斯（David，Green，Martin & Suls，1997）表明内倾性与积极情绪有负相关，与消极情绪有正相关，而外倾性只与积极情绪有正相关。卢卡斯和藤田（Lucus & Fujita，2000）使许多令人高兴的感情测量与许多外倾性的测量联系起来，包括艾森克人格问卷，结果发现被试越外倾，他表现出来的情绪越愉快。费利森、马拉诺斯和阿奇列（Fleeson，Malanos & Achille，2002）表明，与内倾的活动相比，外倾的活动使参与者更高兴（SWB）。

居住区域关系到区域间的差异和区域间的平均趋势两个方面。奈特（Knight，2003）报告，研究支持美国区域的刻板印象：与其他区域的人相比，中西部居民更加惬意、尽责和外倾。对于大五来说（见以下讨论），东北部居民是最神经质的，而西部和东北部居民对经验是最开放的。卢卡斯、迪纳和同事们（Lucus，Diener，Grob，Suh & Shao，2000）进行了许多研究，包括来自许多国家的被试，结果发现，在所有的研究中外倾性与愉快的情绪呈正相关。他们认为，外倾性的核心是接近有益刺激的趋向。因此，外倾性趋向与许多形式的"积极性"相联系，包括积极情感，使外倾的人将吸引力放到积极刺激（奖赏）上去。

在一项与卢卡斯、迪纳和同事们的相关研究中，在国家水平上测量了主观幸福感（SWB），斯蒂尔和奥尼斯（Steel & Ones，2002）发现神经质与国家的主观幸福感呈显著负相关，而外倾性与国家的主观幸福感呈显著正相关。与卢卡斯、迪纳和同事们以及进化论相一致，坎贝尔、辛普森、斯图尔特和曼宁（Campbell，Simpson，Stewart & Manning，2003）发现，被认为对奖励敏感的外倾男性，一般在集体中作为领导者出现，但是，只有女性评价他们在领导方面的才能时才会如此。他们可能在女性评价者面前卖弄他们的领导能力。

迪纳可能对主观幸福感研究贡献最大。塞利格曼是"积极心理学"和乐观主义运动的领袖。他们（Diener & Seligman，2002）一起研究了对主观幸福感有贡献的因素。他们主要对非
407 常幸福的人和非常不幸福的人进行了比较（在多数测量中存在一个中等群体，处于两个极端之间）。与非常不幸福的人相比，非常幸福的人在外倾性和宜人性上得分较高，就像神经质和其

他精神病理学的测量较低一样。非常幸福的人也拥有更加积极亲密的关系(朋友、家庭、恋情),并体验到更多的积极感受(但没有达到入迷的程度)。然而,他们报告说偶尔也会有消极情绪。

但是外倾性与积极性和主观幸福感的关联并不是外倾性的惟一优点。利伯曼和罗森塔尔(Liberman & Rosenthal,2001)假设外倾者比内倾者更善于同时从事多重目标,他们称之为"多重任务"。多重任务的要求越高,外倾性与反应时间越呈正相关。因此,多重任务的要求越高,以下几点越真实:被试的外倾性分数越高,他们的反应时间越快。研究者认为,他们的结果与艾森克关于外倾性的上行网状激活系统理论是一致的。

艾森克的遗言

当不同的研究产生不一致的研究结果时,研究者就甩手不干转而从事其他的事情,艾森克在他最后的文章中对这种现象感到惋惜。如果他们再深入探究一下,可能就会发现,他们之所以得出不同的结果,是因为研究可能包含了不同的未控制的外源变量(比如,在一个研究中被试被弄得焦虑不安;在第二个研究中,他们被引导着放松)。控制外源变量(比如,被试的焦虑水平)的新实验可能会解决结果之间的冲突并拯救原来的假设。他还为更加理论化的倾向辩护:理论对早期实验进行指导,然后用因素分析来改进以前的结果。接下来,做更多的实验。正如用因素分析所做的那样,只对特质进行分类,然后就撒手不管了,这并不利于人格学家证实特质引发行为这一观点。

艾森克在杂志引用列表中排名第 3,未在教材引用列表中列出,在心理学家调查表中排名第 24,在总列表中排名第 13(Haggbloom et al.,2002)。

局限

唤醒和 E-I

虽然平均起来看,大多数人同意内倾者对刺激更敏感并对它的反应更消极这一观点,但这一差别归于新的特定脑机制,而不是上行网状激活系统(Stelmack,1990)。尽管有这一发展,有些研究者继续支持艾森克的上行网状激活系统理论(Bullock & Gilliland,1993)。另外,马修斯及其同事的研究表明,外倾性对任务成绩的影响是多方面的、复杂的。令人惊讶的是,任务完成时在一天中所处的时间也会影响成绩(Matthews,Davies & Lees,1990;Matthews,Jones & Chamberlain,1989)。在上午,唤醒水平(高或低)对外倾者和内倾者都有影响,但在下午,只有内倾者受唤醒水平的影响。

利伯曼和罗森塔尔(Lieberman & Rosenthal,2001)提及格雷(J. A. Gray)理论对艾森克理

论的替代。格雷强调情绪而不是感觉反应,并且实际上将外倾性等同于冲动。他们认为,格雷的观点——以及其他外倾理论家的观点——对于某些目的而言,可能比艾森克的观点具有更强的解释力。

基因及争论

艾森克在行为遗传方面的研究像卡特尔的研究一样受到质疑。与卡特尔的遭遇相似,由于将遗传率应用到群体之间的差异上,如"黑人"和"白人",他受到许多批评家的强烈谴责(Hirsch,1975)。此外,艾森克认为人格因素主要是由遗传决定的,该观点在许多时候并没有得到支持,或者只有来自其他研究者的有限支持。比如,洛林、霍恩、魏勒曼(Loehlin, Horn & Willerman,1990)发现,人格因素变化的主要来源,包括外倾性,是个体经验而不是遗传。然而,与遗传假说相一致的是,他们发现随着年龄的增长,孩子倾向于朝着他们亲生父母的人格方向变化。

需要注意的是,艾森克和卡特尔没有因为研究行为、人格和智力的遗传学而遭受批评。认为遗传对这些心理实体没有任何作用的想法是可笑的(Hirsch,1981)。毋庸置疑,基因直接或间接地对所有心理方面都起作用。问题是心理学家使用的遗传率理论人为地将心理特质的变化分割为两部分,一部分由遗传说明,一部分由环境说明。遗传及其表达的环境,是不可分割地联系在一起的,所以它们对特质的贡献不能完全分开。心理学家需要成为真正的遗传学家,在生物学实验室中接受训练,所以他们可以将遗传学做得和传统做法一样,将人作为研究对象,而不是行为或认知(Azar,2002,p.45;Hirsch,1964)。适当训练后的心理学家能够直接估计心理特质的遗传基础,而不是仅仅依靠统计进行估计。实际上,此类工作已经开始进行了(Brunner, Nelen & Breakefield,1993;Vande Woude, Richt, Zink, Rott, Narayan & Clements,1990)。

钟形曲线:种族与环境

赫恩斯坦和默里的《钟形曲线》(*The Bell Curve*,Herrnstein & Murray,1994)继续掀起学术界的波澜。来自多种学科的批评谴责了它的主张,即智力主要归因于遗传。假定这一主张是正确的,赫恩斯坦和默里声称智力精英们将毫不夸张地支撑未来的科技社会。他们还指出 IQ 差距有助于欧洲美国人超越非洲美国人,并暗示这可能是"遗传的"。作为他们种族/IQ 讨论的序言,他们决心避开使用"种族"这个词,因为这个词中还有未确定的成分。但是他们在讨论过程中继续使用"种族"一词,因此他们将自己置于遭受许多严厉批评的境地。

将"白人"和"黑人"的 IQ 进行比较的问题开始于那些种族称谓上(Allen,2002,2003;Allen & Adams,1992;Katz,1995;Montague,1997;Weizmann et al.,1990;Yee, Fairchild, Weizmann & Wyatt,1993)。如果专家不同意将人们划分为两个群体的标准,人们很难有意义地比较两个群体的任何方面。即使在将人们划分为种族群体的标准上有一个共同的意见,一个人怎么能证明 IQ 的种族差异是"遗传的"?不能使用遗传率指标,因为它可以应用于一个单一的群体,但不能用于两个群体的比较。简而言之,"'黑人'和'白人'IQ的差异是遗传的吗"是一个虚构的问题。此外,"种族"存在于最基础的水平上,种族群体间的遗传差异还没有确定(Allen,2002,2003;Cavali-Sforza,2000;Cavali-Sforza et al.,1994)。用另一种方式来说,不存在"种族"的科学支持。

有一种途径可以巧妙地解决关于智力是否——它可能比IQ包含更多的含义——是"遗传决定"的争论。可以确定的是,如同医学科学可以防止遗传"决定的"疾病这一事实一样,遗传决定的畸形可以用外科整形手术纠正过来,遗传上骨瘦如柴的人们通过举重可以变得强壮起来,环境干预同样可以改变遗传"决定的"特质的表现。即使智力完全是"遗传的",可能因为早期处在丰富的环境中而使基因输入黯然失色。长久以来人们就知道,如果被认为是"聪明的"动物与被认为"愚笨的"其他动物一出生就在丰富的环境中抚养,它们智力水平是同样高的(比如,一种动物迪斯尼世界:一个非常复杂的环境;例如,见Cooper & Wallace,1958)。近年来,格里诺及其同事已经表明,环境的丰富实际上增加了神经细胞分支的复杂性,因此为动物智力的丰富效应提供了一个解释(例如:Greenough,Black & Wallace,1987)。就人类而言如何呢?近年来,雷米及其同事将一些儿童从婴儿开始就置于丰富的环境中,从遗传上预测这些儿童的智力可能是低的。在一项研究中,与没有提供早期丰富环境的儿童相比,处于丰富环境的儿童显示出显著的较高智力测验分数(Campbell & Ramey,1994)。此外,他们将这一优势保持到12岁,即实验结束的时候。最近的研究揭示了环境对智力的影响,其范围是从出生以前的经验(Devlin,Daniels & Roeder,1997)到学校经验(Neisser et al.,1996)。德夫林及其同事发现,当把出生前的子宫环境考虑在内时,遗传率估计急剧降低。遗传"解剖学"不是智力的必然定数。值得赞许的是,在他的晚年,艾森克承认了这一研究的有效性(*Monitor*,1993)。

大五还是大三(还是大十六)

在艾森克的努力下,最终将人格缩减为仅仅三个维度,它们是"次级的",但是与其他的初级维度相配,因此它们可能不是真正的类型。虽然许多特质理论家已经将人格简化为仅仅五个维度,实际上没有人同意艾森克这种较少数维度的观点(见*American Psychologist*,Comments,1993年12月)。五个维度是尽责性、宜人性、神经质(情绪稳定性)、对经验的开放性、外倾性(CANOE;Guastello,1993;Kroger & Wood,1993)。但是五个就够了,难道真的需要十六个吗?艾森克(Eysenck,1993)注意到责任感和宜人性可以合并到精神质中。因此,最终有三种。但是大五提倡者(如,Goldberg,1993)能够轻易地辩称精神质仅仅是责任感和宜人性的混合。所以我们回到五种。另一方面,卡特尔将大五与他的八种次级因素中的五种匹配起来(Cattell,1993;Guastello,1993)。然而,我们已经看到,卡特尔(Cattell,1994)认为他的十六种初级因素具有更强的预测力。

在视窗12-2中略述了大五理论存在的所有问题(p.281):大五理论仅可用于描述它们被提出后的观察资料,因而不是一种真正的理论。但是不能将它排除在外。斯里瓦斯塔瓦、约翰、戈斯林和波特(Srivastava,John,Goslin & Potter,2003)的研究已经表明大五理论可能更

410

具灵活性,这种灵活性使它具有某些预测力。他们的研究表明,人们在大五维度上的位置不是固定不变的,人们在成年期的大部分时间里,C、A 和 N 都会变化。所有的参与者的 C 和 A 在成年早期和中期都会有不同程度的提高。女性在成年期中 N 会降低。这些变化被归因于多种发展的影响。那我们将何去何从呢?也许我们应当接受一种可能性,即人格太复杂了,不能简单地归为三、五甚至十六种因素(Shadel & Cervone,1993)。

结论

艾森克应该称得上是其他特质心理学家的榜样,他是一贯使用实验方法的少数几个心理学家之一,并且是惟一一位这么做的重要理论家。可能由于其他人害怕使用实验,以免发现他们"稳定的"特质在接受实验处理时不再保持稳定。虽然艾森克关于外倾性的研究受很大局限,但它已使外倾性成为人格领域中最重要的概念之一。荣格构想出了外倾性这个词,但是艾森克阐明了它涉及人类机能的许多方面。艾森克在杂志列表中排名第 3,未进入教材列表,在调查表中排名第 24,在总表中排名第 13(Haggbloom et al.,2002)。

要点总结

1. 卡特尔出生于英国,父母为中产阶级。以优异的成绩从伦敦大学毕业后,他越过化学选择了心理学。在从事一些"边缘工作"后,他最终去美国追随了桑代克。从那开始,他进行了几项颇有声望的工作。卡特尔投入到优生学运动中。他遵循归纳—假设—演绎螺旋。R = ƒ (S. P)表达了他的观点,即人格和环境都对反应起作用。他选择的技术为因素分析:析取出初级和次级因素,然后详细说明这些因素上项目的负荷。

2. 卡特尔强调共同特质。特质的包容顺序如下:次级特质;根源或初级特质(能力、气质和动力:态度、情操、能);表面特质。他认为与次级特质相比,他的 16 种初级特质是更好的预测者。他认为,智力在很大程度上是遗传的,并且可以分为流体和晶体两种形式。卡特尔的毕生工程 16PF,包括 16 种特质维度。它的应用范围包括职员选拔、学术成就和临床诊断。卡特尔为达到不同的目标制作了不同的测验。

3. 因素分析包括常在许多不同的程序间进行任意的选择。数据来源是主观选择的,确定负荷量和因素标签的标准也是这样。遗传率适用于一个单一群体,不适用于其他群体或群体差异。遗传率不适当地将遗传信息和环境信息分割开来。研究者正在放弃寻找作为人格基础的基因,因为涉及的基因太多了。就像用统计方法详细说明遗传对 g 的贡献一样,使用统计方法来说明有关人格特质的研究也受到批评。对 MAOA 基因的无效变体及暴力倾向的研究表明,环境(虐待存在与否)决定基因的表达。

4. 世界范围内 IQ 的急剧增长不能用遗传决定论来解释,并且这对流体 g 来说也是一个问题。16PF 取得了有限的成功。研究表明,当社会经济地位低时,环境会取代遗传成为智力的决定因素。仅仅 14 年,肯尼亚的弗林效应使 g_f 增长了 26 分。智力可能比"g"增长的还要多(斯腾伯格和加德纳分别列出了三种和七种智力)。EQ 可能仍然是智力的另一种形式。新的研究表明 EQ 可以得到可靠的测量,并且与其他心理因素截然不同。与卡特尔相反,智力可能被看作是与社会物理环境相关的。最后,卡特尔通过超越主义运动参与优生学以及他的种族主义倾向使他在晚年失去了一项声望很高的奖项。涉及群体的优生学是无法辩护的。

5. 艾森克,出生于德国,是一个意志坚强的孩子。在逃离纳粹之后,他在伦敦获得了博士学位。他认为人格可以压缩成三个次级因素,并且因素分析应当用于证实理论,而不是产生理论。

6. 他做了真正的实验,并使用了实验心理学和生理学的概念。他的"大三"是外倾性—内倾性(E)、神经质—稳定性(N)和精神质—超我机能(P)。外倾性与上行网状激活系统相联系。他研究人格的科学模型有描述和解释两个成分。

7. 他的基本方法是复杂的统计技术和客观的问卷。他使特殊反应和习惯反应隶属于初级和次级因素。在外倾维度上得分高的人冲动、乐观、好交际,并且相当不可靠。高度内倾者 412 与之相反。高度神经质者不稳定、焦虑、令人不安,并且喜怒无常。高度精神质者孤独、令人烦恼、有敌意、残忍、被古怪的东西吸引、性冷淡,并且不专心。

8. 内倾者比外倾者更容易对刺激作出反应。内倾者对柠檬汁分泌更多的唾液、对刺激物的耐受性高,并且对酒精的反应不太强烈。群体性歇斯底里症可以用高的 E 和 N 得分来解释。现代研究将外倾性与"积极因素"联系在一起,如积极情感和外倾者对快乐的面部表情作出的更强的杏仁核反应。外倾性现在直接与幸福联系起来了。外倾者在多重任务中表现杰出。

9. 奖励刺激的吸引力可能是它的核心。在美国范围内,外倾性已经与国家的幸福感联系起来,并与其他大五特质联系在一起。在他最后的文章中,艾森克提出,与相关方法(因素分析)相比,我们必须更重视理论和实验,并要将它们整合在一起。艾森克关于遗传的假定只能说最多得到部分支持,并且他关于上行网状激活系统的假设没有得到完全的支持:E-I 与唤醒的关系可能是复杂的、间接的。

10. 竞争对手的理论,如格雷的,可能具有同样大的解释力。《钟形曲线》与艾森克的观点一致:IQ 大部分是遗传的。但是它在表述这一问题时犯了错误,"'黑人'和'白人'IQ 的差距是遗传的吗?"种族的整个概念受到质疑。另外,它忽略了强有力的证据:早期环境的丰富可能会胜过遗传因素的影响。人格维度是三个还是五个的争论可能未击中要点:甚至十六种也未能妥善处理人格的复杂性。与艾森克的三因素、卡特尔的十六因素相对的是大五。视窗 12-2 列出了大五存在的所有问题,并且它不是一个真正的理论。然而,使它更加灵活或许可以保全它。艾森克关于外倾性的研究是一个重要的贡献。

对比

理论家	卡特尔与之比较
弗洛伊德	他使用了弗洛伊德的很多概念
斯金纳	像斯金纳一样,他从自然状态的观察开始,这是经验主义的方法。
默里	他借用了默里的辅助性概念。
马斯洛	动力特质与马斯洛的目标引导相似。
理论家	艾森克与之比较
卡特尔	都关注解释人格的特质的数量。
斯金纳	都进行实验室研究。
荣格	他修订了荣格的外倾性。
默里	他借用了默里的辅助性概念。

413

问答性／批判性思考题

1. 你能够为优生学辩护吗?

2. 为支持罗斯进入棒球名人堂进行辩论。

3. 存在多少种智力? 你能说出课本中未提到的一些智力吗?

4. 将 16PF 中的特质分为气质、能力和动力类型。

5. 考察高 E、N 和 P 个体的特质列表,你能看出什么交叠吗?

电子邮件互动

通过 b-allen@wiu. edu 给作者发电子邮件,提下面列出的或者自己设计的问题。

1. 卡特尔是激进的右派成员吗?

2. 给出一个理解卡特尔理论的捷径。

3. 存在多少种特质维度:三种,五种,还是十六种?

人格发展与偏见：奥尔波特

- 什么是最令人钦佩的，是近似于傲慢自大的信心还是真正的谦虚？
- 我们为什么非常重视幽默感？
- "存在偏见"、"种族主义者"和抱有"种族歧视"的观念是一回事吗？

戈登·奥尔波特(Gordon Allport)至少与特质理论家卡特尔、艾森克的地位不相上下，但他是一个特立独行、风格独特的人。作为一个人，奥尔波特崇尚谦逊且身体力行(Allport，1967)。作为一个理论家，他的理论观点博大而开放，包容了其他理论家的观点并且还留有发展的空间。此外，在理解人格方面，奥尔波特与凯利都走了一条艰辛的道路。他坚信每一个体都是独特的，都因其独有的特质而区别于他人，而不是假设少量的特质维度适合所有的人。最后，奥尔波特的兴趣涉及的理论领域远远超出了大部分人格理论家。他非

戈登·奥尔波特
htpp://inside. save. edu/
walsh/allport_3. html

常关心社会问题，这使得他的研究涉及从幽默感到偏见等多种主题。如果精心思考一下奥尔波特的开创性研究，你将能够非常深刻地了解人格发展、成熟以及怀有偏见的思想。

奥尔波特其人

戈登·奥尔波特 1897 年 11 月 11 日出生于美国印第安纳州蒙地陆曼，他是家里三个男孩子中最小的一个(Allport，1967)。奥尔波特的父亲是一位内科医生，具有纯正的"英国人血统"，他的母亲是一位教师，具有德国人和苏格兰人的混合血统(p. 4)。奥尔波特的父亲多才多艺，在从医之前是一位商人，最后兼顾医学与商业。 415

与罗杰斯的成长环境一样，奥尔波特的家庭生活非常温暖，"并且充盈着新教和努力工作的氛围"(p. 4)。他父亲的座右铭是："如果每个人都努力工作

并且索取最少的家庭经济所需,那么我们会很快富裕起来。"全家人都接受了由"博大的人道主义世界观"衍生的这种博爱思想。因为缺乏足够的医疗设施,所以父亲将住所改造成了一个小医院,由家庭成员充当工作人员。奥尔波特记得自己经常做文书工作,清洗瓶子并且时常与患者一起活动。正是因为他的家庭成员之间和睦相处、关系融洽,奥尔波特与其他人的交往几乎没有出现过冲突。奥尔波特能够成功地与各种各样的人打交道,包括他的一些学生,他们与奥尔波特讨论他们在毕业专题研讨会上提出的观点。他拒绝与默里进行口头争辩,并且在与其他人交往时总是设法达成共识。

在成年初期,奥尔波特曾试图用一种更宽泛的人道主义宗教代替自己原初的宗教信仰。在探寻了一个又一个的宗教后,他没有找到合意的信仰,在谈到自己可能接受的世界观的本质时,他说,"人道主义是必不可少的"(p. 7)。家庭中最小的成员这一事实也增加了奥尔波特的谦卑感,因为他的哥哥们都非常成功,尤其是毕业于哈佛大学的实验心理学家——弗洛伊德·奥尔波特,奥尔波特注定会沿着他这位哥哥的脚印走下去。一生中,他经常表现得非常谦逊,经常对自己作无足轻重的自我评价。虽然在高中同年级的 100 名学生中,奥尔波特排名第二,但他却认为"我是一个一般意义上的好学生,但确实是缺乏创造力"(p. 5)。当第一次有机会作为一名社会服务志愿者时,他发现这项工作"非常令人满意,其中一部分原因是我感到有能力胜任这份工作(以消除不能适应环境的自卑感)"(pp. 6—7)。在 1967 年去世前夕,当奥尔波特反复思考自己可能的贡献时,他对自己获得的无数荣誉感到吃惊。奥尔波特认为,最值得一提而且他最引以为豪的是:他以前的学生将他们的著作汇编成两大卷献给了他,"感谢导师对我们个性的尊重——您的学生敬上"(p. 24)。

1915 年高中毕业后,奥尔波特非常向往哈佛大学。奥尔波特以他特有的谦逊方式回忆道"我勉强通过了入学考试"(p. 5)。尽管奥尔波特的早期经验不如默里、凯利和马斯洛,但他仍然被心理学深深吸引了。奥尔波特和默里的第一位心理学老师都是闵斯特伯格,这位老师使奥尔波特想起了奥丁(Wotan),即荣格曾提及的战神。在课程的最初阶段,奥尔波特并不比其他三个人学的东西更多,但是他没有泄气。当他面对质疑自己的铁钦纳教授时也没有迟疑,铁钦纳几乎将马斯洛拒于心理学大门之外。这个心理学的"老古董"要求奥尔波特表述一下自己论文的主题,当奥尔波特描述完后,铁钦纳怒视着他。后来,铁钦纳向奥尔波特的一位指导老师抱怨:"你为什么要让他研究人格问题?"(p. 9)那段时期,年轻调皮的奥尔波特跳舞、喝"私酒",并取笑铁钦纳等乏味的人和心理测试员斯皮尔曼(Barenbaum, 2003)。

那段时间,奥尔波特选修了许多著名心理学家的课程,而且他对社会学和社会伦理学也极感兴趣。在第一次世界大战期间,他曾在"学生军队训练团"度过了一小段时间,最后他又返回了全日制大学。最初,他通过从事各种各样的社会志愿服务(例如,慈善协会)来从事社会伦理学研究。当他还名不见经传时,奥尔波特给杂志社写了一篇关于哈佛大学毕业生莱因哈特(John B. G. Rinehart)的传记(Winter, 1996, 1997)。奥尔波特列举了莱因哈特的许多疑点。莱因哈特是一个操纵者吗?据称,他从宿舍的下面叫喊着自己的名字,然后跑回房间答应,以使自己看起来无人不知。不论莱因哈特的真实性格是怎样的,奥尔波特重新审查了已被确认的莱因哈特事件中较含糊的方面,将他自己仁慈的一面投射到了莱因哈特身上。但是,在奥尔波特的两个人生历史事件(见 Barenbaum,1997)中最著名的一个是"珍妮的故事",珍妮(Jenny)是奥尔波特的大学室友"罗斯"(Ross)的母亲(Allport,1965)。珍妮似乎更乐意接受年轻的奥尔波特及其妻子艾达(Ada),而不喜欢自己的儿子,她称儿子为"可鄙的恶人"(Winter,1997,p.727)。奥尔波特认为,珍妮和她的家庭是一个特例,不遵从大多数家庭正常运转的规则。

1919 年,完成了大学课程后,奥尔波特在土耳其君士坦丁堡的罗伯特学院(Robert College)工作,讲授英语和社会学。在土耳其呆了将近一年后,他收到了邀请他到哈佛大学讲授研究生课程的通知。可能是为了庆贺自己的新职位,归国途中他在维也纳稍作停留,想要拜访弗洛伊德。奥尔波特的年轻鲁莽最终使自己非常尴尬,他通知弗洛伊德说:"我在维也纳,并且暗示,毫无疑问他将会非常高兴与我见面。"(p.7)

弗洛伊德作了回复,"手写的回函邀请我于某一时间去他的办公室见面"(p.7)。进入弗洛伊德的办公室后,奥尔波特惊奇地看到"由红色的粗麻布装饰的房间中,墙上悬挂着许多关于梦的图片"(pp.7—8)。但是,令奥尔波特惊慌的是,当这位年轻的来访者呆呆地看着这些著名的工艺品时,"导师"只是沉默地站着。奥尔波特觉察到这种沉默令人非常尴尬,于是他开始描述在公共车上见到的一个显然有洁癖的男孩。那个孩子不停地向母亲抱怨,他的座位旁边坐着一个"很脏的男人"。奥尔波特认为,那位母亲苛刻而支配性的举止为那个男孩的问题提供了一个现成的解释。跟往常一样,"弗洛伊德用他那慈祥的治疗的目光注视着"年轻的奥尔波特,并问道:"你就是那个小男孩吧?"(p.8)奥尔波特"大吃一惊",但是,同时他对弗洛伊德误解了自己讲述这个故事的原因而感到非常不安,他觉得很荒谬。他认为,弗洛伊德的理论过于注重探究并克服防御机制,但是却完全忽视了在讲述洁癖故事背后自己的真正动机,即"简单的好奇心"和"年轻人的抱负"(p.8)。

在哈佛大学的心理学研究生课程上,奥尔波特表现得非常出色,他发现这对他来说轻松自在,但是像往常一样,他对自己设想的理论上的缺点感到非常遗憾。仅仅教授了这门课程两年后,在 1922 年,奥尔波特 22 岁时获得了博士学位。他的博士论文——《人格特质的实验研究:关注社会诊断问题》(*An Experimental Study of the Traits of Personality:With Special Reference to the Problem of Social Diagnosis*),成为美国第一篇关于人格的专题论文。

在欧洲任研究员期间,他受到了格式塔学派观点的熏陶。之后,他在哈佛大学获得了一个社会伦理学讲师的临时职位(1924)。在哈佛大学,他开设了第一门关于人格的大学课程(Nicholson,1997)。很快他又接受了学校提供的一个社会心理学的长期职位。直到 20 世纪 30 年代后期,奥尔波特完成了他的第一本关于人格的著作(1937),并且在这期间他当选为美国心理学会主席(1939)。第二次世界大战期间,他向政府提出关于士气和"谣言"的建议。关于战争原因和维持和平的方法,他也向政府表达了自己的意见。1954 年,奥尔波特出版了关于偏见的名著。1967 年,在他去世之前的一年半,奥尔波特被授予社会伦理学名誉教授。

弗洛伊德在给许多名人作精神分析时使用的躺椅

　　奥尔波特以他特有的谦逊粗略地叙述了他为慈善事业和社会公平所做的努力。他自称"社会改革家",而且不放过任何机会谴责压迫以及赞扬社会意识。他是文艺复兴时期的人的缩影。本书涉及的任何一位理论家都没有像他那样涉及如此众多的新运动,也没有一个理论家能够致力于如此多样的学术追求。

奥尔波特关于人的观点

是人本主义吗

　　奥尔波特的热情与社会意识表明他具有人本主义倾向。他偶然间提到自己是一个人本主义者,1955 年写了一本题为《形成》(*Becoming*)的著作,并且因为提出了短语"人本主义心理学"而被归入人本主义阵营(DeCarvalho,1991)。因此,很明显,在个人水平上,他是一位人本主义者,但在专业水平上,他不是。人本主义并没有列在《形成》的索引表中。虽然他关注自我,但并不关注人本主义的其他概念。因此,他的观点并不属于主流的人本主义。视窗 17-1 包括了他的存在主义观点,而存在主义是人本主义的一个重要支柱。

视窗 17-1　奥尔波特关于存在主义、人本主义、现象学及死亡的观点

　　在罗洛·梅(May,1969)著的、包括罗杰斯和马斯洛对《存在主义心理学》(*Existential Psychology*)一书的评论的同一本书中,奥尔波特也提供了许多他的观点(Allport,1969)。像罗杰斯一样,他对欧洲许多存在主义者晦涩抑郁的观点持怀疑的态度。对焦虑、绝望和死亡的屈从和接受,看起来不像是具备健康特质的观点。相反,奥尔波特高度赞扬了较积极的以来访者为中心、发展的和自我实现为特征的人本主义。他甚至因为罗洛·梅部分接受了弗洛伊德学派悲观的观点而严厉批评了他。作为可供替代的办法,他提出了一种更具认知性的倾向,即为患者考虑[例如罗洛·梅的太太赫琴斯(Hutchens)]。作为受害者,患者扭曲的思想是可以得到纠正的。但是奥尔波特赞扬了存在主义治疗师的一种倾向,即在治疗初期,他们强调来访者具有的现象学特征。他还建议可以将这种倾向扩展到所有的治疗中。现象学提供了一条发现扭曲思想的途径,并提供了纠正扭曲思想的机会。

尽管有所保留,但是奥尔波特还是运用了多种存在主义词汇。他同意马斯洛的观点"存在主义深化了界定人类环境的概念"(p. 94)。这种广泛聚焦的方法与心理学的零碎方法形成对比。心理学的方法不能了解个体的全貌,存在主义则有助于心理学家为个体刻画一个完整的图像。

存在主义可能对死亡谈论得太多,而心理学则对此探讨得太少了。虽然他谴责过弗洛伊德的"死的本能"的概念,因为"死的本能"暗示我们积极地寻求死亡,但是他承认存在主义将对死亡的思考合理化了。他还是继续建议通过宗教的棱镜来观察死亡,这样存在主义和心理学都能获益匪浅。他预言,因为宗教对自己有用而信奉宗教的人比真诚接受自己的宗教原则的人会更加害怕死亡,他作出这一预言的原因我们很快就会搞清楚。

强调独有的特质和行为的可变性

奥尔波特是人格特质研究的先驱者,但是他在特质理论家中见解独特(Allport, 1966; Zuroff, 1986)。卡特尔和艾森克重视共同特质不注重个人特质,奥尔波特却恰恰相反(Allport,1966,1967)。像凯利一样,他更喜欢观察人们一段时间,并发现一个特定个体的特质一般不适用于他人。他的这种倾向性与卡特尔和艾森克这样的一般规律理论家(nomothetic theorists)截然不同,一般规律理论家都试图找出能适用于所有人的一般规律。相反,奥尔波特是一位特殊规律理论家(idiographic theorists),他试图研究每个个体的独特特质,而不是试图发现少量的适用于每个人的特质维度。虽然,特殊规律范式仍然是少数派的倾向,但是它也有一部分拥趸。例如,佩勒姆(Pelham, 1993)认为特殊规律研究提供了巨大的预测力。而特殊规律研究也可以洞察人类行为的一般模式(例如"所有的人都存在焦虑,但每个人的表达都是独特的")。

跨情境行为的一致性这种观点与典型特质理论家的核心理论相似,但与奥尔波特的理论不一致(Allport, 1966; Zuroff, 1986)。他一直赞同赫胥黎(Aldous Huxley)的观点,"人类惟一完全相同的就是死亡";也同意爱默生(Ralph Waldo Emerson)的观点"……一致性是少数人头脑中的怪物";他还与霍姆斯(Oliver Wendell Holmes)的观点一致,"不要'一致',只要简单的'真实'";他也认同美国艺术家斯隆(John Sloan)"一致性是思想停滞的表现"的观点,他坚信"不同情境中的行为是不一致的,甚至是相反的,因为在不同情境中,不同特质被激活的程度是不同的"(Zuroff,1986,p. 993)。奥尔波特是一位早期的相互作用论者,他写道:跨情境行为的多样性是有意义的,并非差误,并且一个既定的特质只能受到特定的情境或某类情境激活(Zuroff,1986)。

不重视弗洛伊德学说中的潜意识

与弗洛伊德的会见使得奥尔波特确信"深度心理学……可能沉溺得太深"(Allport,1967,p. 8)。令默里极为愤怒的是,奥尔波特认为心理学家不应直接探究深层次的潜意识,而应更多关注外显的动机。奥尔波特经常批评精神分析,甚至与他的亲哥哥分道扬镳,因为弗洛伊德·奥尔波特的一本书中曾提到"精神分析非常适合我的口味"(p. 8)。

基本概念:奥尔波特

人格定义

奥尔波特认为,**人格**(personality)是"个体内在心理物理系统中的动力组织,它决定一个人特有的行为和思想"(Allport,1961,p. 29)。动力组织是在由紧密相关的成分构成的系统内部各种作用力的相互作用。系统内某一成分的兴奋能够以特定的方式激活其他成分。人格受到激活会像交响乐团一样整体兴奋:乐队指挥挥舞着他的指挥棒示意小提琴家进行演奏;当他们发出特定音符后,鼓手开始咚咚作响等等。直到乐团的所有成员都活跃起来。"心理物理学"这一名词"提示我们人格既不是专门的心理也不是……生理"。"决定"一词是指"人格能影响某些事"(p. 29)。在"特有的行为和思想"短语中,用到的特殊的代名词和提到"行为和思想"时涉及的词语"特有的"提示我们,对一个独特的个体来说,他/她的行为和认知都是独特的。

特质

特质的定义。在奥尔波特看来,**特质**(trait)是"一种神经生理结构,它具有使许多刺激在机能上等值的能力,并且它具有激发和引导适应性和表现性行为一致的形式"(p. 347)。简而言之,特质"引导"人们以相同的方式对环境中相似的(但不完全相同)因素(刺激)作出反应。"不友好的人"属于一类刺激中的个别刺激物,这类刺激的成员表现出不同的方式——不同的个体以不同的方式表达不友好。但是,不论形式如何,既定的环境背景产生相似的反应。如果背景是一个正式聚会,并且有一位客人表现出不友好,适当的反应是去安抚那位客人。另一方面,奥尔波特认为,在不同的背景下功能相同的刺激将引发不同的反应:在一个托儿所中,可能需要对对其他小孩不友好的儿童采取一些身体约束。

视窗 17-2　形容词生成技术：受奥尔波特启示发明的方法

本书的许多练习均要求你用许多词汇来描述他人。这种形容词生成技术(The Adjective Generation Technique)于 1969 年首次使用，是由波特凯和我发明的(Allen & Potkay, 1983a; Potkay & Allen, 1988)。关于形容词生成技术最初的想法来自奥尔波特的课堂示范。有一次在他的课堂上，一位陌生人走进来并发表了一通简短而用意含糊的演讲后离开了。然后，奥尔波特让学生们描述一下这位陌生人。"奥尔波特看着这些词语，试图从中得出一种概括的定性的观点，即概括出那位来访者给班级成员留下的印象。"(Allen & Potkay, 1983a, p. 3)。他没有用任何一种方式来对这些单词记分。学生概括了这些词语，而没有将词语列表核对或按照一种维度进行赋值，而这两种方法中的任意一种都比学生们的方法能更好地反映评估者们的倾向。他们可以用自己所知的任何形容词。而且他们自己不可能刻画一幅完整的图像，因为他们进行匿名操作，并且不知道如何对词语记分。

与奥尔波特不同的是，我和波特凯对单词进行简单的计数，以算出当人们进行概述时希望能得出多少个单词。评估者由这种方法可以看出，在描述者的观念中描述目标有多么重要：单词越多越显著。也可以将单词归类，计算在每一类中单词出现的频次。在一项研究中，通过描述"好教师"与"坏教师"的单词发现，好教师比较聪明、整洁、幽默，坏教师则令人厌烦、愚钝但非常博学(见 M. Ward in Allen & Potkey, 1983a)。另外，有近 2 200 个单词被确定了赞许性、焦虑、女性化等级。当人们描述自己时，个体可判定他们所选单词的赞许性怎样、单词反应的焦虑值是多少、男子/女子气属性怎样。

日常记录表

日期：＿＿＿＿＿＿

用 5 个单词描述你自己，只能用能在词典中找到的简单单词，不能用句子或短语。

＿＿＿＿＿＿＿＿＿＿＿＿＿＿＿＿＿＿＿＿＿＿＿＿＿＿＿＿＿＿＿＿＿＿＿＿＿

简要写出你认为在你身上发生的什么事是重要的。

＿＿＿＿＿＿＿＿＿＿＿＿＿＿＿＿＿＿＿＿＿＿＿＿＿＿＿＿＿＿＿＿＿＿＿＿＿

形容词生成技术可以帮助你更了解自己。做 30 份"日常记录表"，在这 30 天里描述自己，并记录每天发生在自己身上的事。在一天结束时进行记录，仅花费几分钟时间。这些单词会为你展示，自己是怎样与日俱进的，每天发生的事是怎样影响你对自己的看法的。

奥尔波特提出特质具有八个特点。首先，他认为人确实具有特质。第二，特质比习惯更具概括性。第三，特质可能决定行为。第四，可通过系统观察确定特质的存在。第五，特质之间相对独立。第六，特质不具备道德功能(不可与"性格"混淆)。第七，特质确实存在前后不一致的情况，但这并不意味着特质不存在。在不同的情境中，与"善良"有关的行为可能前后不一致，因为只有某些情境才能唤起"善良"这一特质。不一致也可能仅是表面现象，因为在不同的 421

环境中,不同的行为可能都反映"善良"这一特质(有时,你需要表现残忍来成就善良),即使在相同的情境下也可能出现这种情况。第八,特质可能与其他群体有关,也可能与持有者人格的其余部分有关。**共同特质**(common traits)"是……就既定文化中的大多数人而言,可以进行有利比较的人格的那些方面"(Allport,1961,p. 340)。显然,卡特尔和奥尔波特对共同特质的理解一致。但是,奥尔波特明显并不重视共同特质,当提到关于共同特质内容时,他贬低这一"维度"并谴责了将每一个人在一系列的共同特质维度上进行定位。对奥尔波特来说,**个人倾向**(personal disposition,p. d.)是特定个体独有的特质。个人倾向的含义与卡特尔的"独特特质"含义相近。在他1961年的著作中,奥尔波特谨慎地使用了"共同特质"和"个人倾向",共同特质是所有人都具备的特质,但是每个人具有不同的等级。当涉及特殊个体具备的独有的特质时,称其为"个人倾向"。"责任心"一词在被当作许多人具备的特质时,它便具有共同的含义,但被当作一个特定个体具备的特质时,它具有特殊的含义[约翰(John)的"责任心"适用于他作为邮递员的工作和作为七个孩子父亲的角色]。奇怪的是,当奥尔波特在撰写1966年的那篇具有重大影响的论义时,他却混淆了这两个特质概念。

"特质"同时涉及"共同特质"和"个人倾向",这带来了一个复杂的问题:特质怎样才能一次涉及两个概念?当奥尔波特知道相同的标签可同时被用于共同特质和个人倾向时,这一困惑变成了一个难题。一个人从某种角度而言可能是极具"责任心的",然而,所有人可能处于"责任心"维度上。通过表明一种特质标签当指代一个特定个体时与指代一般人群时具有不同的特性,奥尔波特试图解决这一矛盾。例如,大部分人可能被认为反映了某种程度的焦虑:"小苏珊(Susan)具有一种自己独特的乐于助人的焦虑"(Allport,1961,p. 359)。请大家注意,我们需要用更多的词语来描述"苏珊的"特质,而焦虑这一个简单的单词则足以描述多数人在某种程度上的表现。将"焦虑"应用于特定个体时,必须是有限度的。毫不奇怪的是,奥尔波特认为,与个人倾向相比,特质标签与共同特质更为吻合。

首要个人倾向、中心个人倾向和次要个人倾向

个人倾向在与个体人格核心的紧密程度方面是不同的。**首要个人倾向**(cardinal p. d.)在一个人一生中普遍存在并且作用显著。当我们整体描述一个人时选择的通常就是指代首要个人倾向的词汇。真实或虚构的人物的名字常常被用于描述首要特质:堂吉诃德式的(quixotic)、纳喀索斯的(narcissistic)、塞迪斯提克的(sadistic)、爱默生的(Emersonian)、福斯塔夫的(Falstaffian)、浮士德的(Faustian)。更为共同的术语可能也涉及首要个人倾向:极古怪的、圣洁的、冷静的、现实主义的、邪恶的、讨厌的。**中心个人倾向**(central p. d.)是内容较丰富的特质列表中的条目之一,我们就是用这些特质来概括个体的人格。当给某人写推荐信时,我们列举他的中心特质。某某一丝不苟、有思想、性情温和,并且还很慷慨,但是害羞并且忧郁。距人格核心再远离一步便是**次要个人倾向**(secondary p. d. s),这些倾向"不太明显、不是很具概括性、不太一致,……不太经常发挥作用……[并且]更加不重要"(Allport,1961,p. 365)。因此,一个人可能偶然间乐于助人,时不时幽默,偶尔非常夸张,这些现象都是次要个人倾向的表现。

然而,麻烦的是,任何一个词都可能被用于三种个人倾向中的任意一种,三种个人倾向之间并没有明确的界限。

人格发展

统我和自我发展的七个阶段

奥尔波特(Allport,1961)用了一章来叙述他所称的"自我感"(sense of self),后来正式将其命名为**统我**(proprium),"能够被感知和认识的我(me)……作为认识和感觉的'客体'的自我(self)"(p. 127)。但是"为什么不只用自我(self)这一术语呢……"像通常定义的那样(p. 127)?他回答说:"本章只是讨论了自我(selfhood)的含义,并没有讨论自我的性质。我们的讨论……主要是心理学的,而不是哲学的……与界定自我相比,感知自我更容易一些"(p. 137)。

婴儿早期。婴儿早期(early infancy)作为第一个阶段没有自我感。婴儿最初不能够将自己与周围的环境分离开来。他们有意识,但是没有自我意识。如果一个婴儿捡起一个物体,那么在他看来,手指和物体是一体并且一样的。如果她弄伤了自己的脚,那她也不知道是自己造成的疼痛。她觉得与妈妈融为一体。随后,我们必须运用做母亲的技巧帮助婴儿度过这一时期,如引导她蹒跚地爬向物体。在爬的过程中,她认识到"其他世界"的物体是独立于她的身体的,但是她仍然不明白自己是独立于其他世界的。

躯体我。自我最原始的状态出现在婴儿出生后第一年的下半年。婴儿表现出了**躯体我**(bodily self)存在的迹象,婴儿能够感觉到肌肉、关节、腱、眼睛、耳朵等等。这时儿童能够体会与身体有关的挫折,比如残断的脚趾或饥饿。这些可以帮助他/她加强对躯体我的正确认识。躯体我是自我的基础,并伴随我们一生。尽管如此,我们却只在躯体我出现问题时才能注意到它。为了鉴别你的身体的所有部分和成分都是"你",对比一下直接吞咽自己的唾液和先将它吐到茶杯中再喝掉的差异。当唾液是你的一部分时,你会同意吞咽,但当它与你身体分离后就不一样了。

自我同一感。奥尔波特的第三个阶段称为**自我同一感**(self-identity),出现于幼儿2岁时,即由记忆产生的过去、现在和未来自我的连续性。"今天我记得自己昨天的一些想法,并且明天我也会记得昨天和今天的自己的想法;而且我肯定这些想法是同一个人的——我的"(p. 114)。因为我们都随着时间而改变,甚至成人后也是这样,这种连续性的感觉是自我感的本质。语言的掌握成为了正确评价延续性的基础。词语的记忆使个体确定昨天和今天的他是同一个人。最重要的是孩子的姓名,姓名相当于锚,被无数次的系到自我同一感这条船上。"约翰尼"(Johnny)每次听到他的名字,例如在"好样的,约翰尼!"中,他对自我同一感的感受便进一步得到了加强。

自尊。躯体自我是自我的基础,自我同一感是自我的框架。**自尊**(self-esteem)是指为自己的追求和取得的成就而感到骄傲。自尊相当于自我的墙壁和屋顶。在儿童3岁的时候,即

423

在奥尔波特所称的第四个阶段,儿童最喜欢惊呼"让我来!"这里的"我"已经超出了仅仅作为一个躯体和连续感的范围,而发展成作为一种工具的感觉,是能够成功应对环境的能力。"我能够做到"暗示"我就代表了我能完成的那些事;不要代我做某些事而无视我的存在"。这种自己单独完成的坚决主张带来的骄傲感刚好与他人帮我完成带来的羞耻感相对应。与自尊相伴而生的是它的孪生兄弟——否定论。奥尔波特说,一个儿童与他奶奶第一次交流的第一句话就是"奶奶,我不要"。"逆反心理"可能已经被这种否定论初步激活了:妈妈解释说:"我不希望你吃花椰菜,它对你不好。"

自我扩展。躯体自我、连续性和骄傲感只是自我结构的一大部分,但不包括环境中最重要的因素——他人。在奥尔波特的第五个阶段(4 岁到 6 岁),儿童发展出了自我的第四个方面——一个自我中心的成分。儿童认为,圣诞老人甚至神都是为他们个人服务的。尽管如此,这种自我聚焦隐含了一种进步。"他"不再只包括他自己,而且扩大到包括所有属于他的东西。这是"他的狗,他的家,他的姐姐"。这种**自我扩展**(extension of self)将个体扩张到了包括环境中所有重要的方面,包括人。这时,家庭和自我合为一体。家庭赋予自我一个外在的道德心,这可能启发儿童:你们需要舍弃许多东西。

自我意象。伴随着与他人的这种初步关系出现的是自我的第五个方面,它不稳定,出现于第五个阶段。**自我意象**(self-image)由希望和渴望组成,这种希望和渴望是由他人对自己的知觉和期望发展而来的。父母说孩子"好"或"淘气"。同伴说她"聪明"或"胖"。不论他人期望什么,她就会按照其期望去做这做那,并最终成为期望的那样。为了验证她是否与自己发展的自我意象相一致,她会将他人对自己怎样做的期望与自己现实的行为进行比较。

理智调适。在第六个阶段(6 岁到 12 岁),自我意象继续发展,自我出现了一个新的方面:**理智调适**(rational coper),自我感不仅仅能够解决问题,而且能够"在头脑中"思考问题,并且提出合理的解决办法。这个理智调适与弗洛伊德的"自我"很相似。它希望能够满足躯体需要(本我)、社会需要(超我)和外部环境的需要。当理智调适发展后,儿童将能够思索自己的思想。

424   **统我追求。**在第七阶段,即自青春期始,个体继续发展自我意象,并对自我同一感进行新的探索。此时,自我同一感专注于试图将青少年和即将成为的成人联系在一起。青少年可能会问:"我怎样才能成长为成人而且还是我自己?"当面对生命中一个时期到下一个时期的重要过渡时,个体必须要保持连续性。社会在解决青少年困境时做得很少。他们能参军,但不能合法地饮酒。于是青少年尝试着进行反抗。他们晚归、喝酒并且性活动较为活跃,总之,他们希望进行所有父母严禁的活动。他们想成为成人,但同时又想忠于过去的自己。当他们的思想转向成人的追求时,自我的另一个成分开始出现:**统我追求**(propriate striving),即通过确立长期目标来计划未来。在青春期,人们开始认识到一生的成功可能依赖于早期的计划。为获得有效的统我追求,目标必须合理、精细并且契合个人的能力。早期,个体可能会有成为电影明星或著名运动员的想法。现在,要变得成熟,目标的设置必须符合实际,并且体现在逐步实现的计划上。

到了青春期,个体体验着埃里克森所说的"同一性危机"。他们试图脱离父母确认自己的身份。青少年试图摆脱父母、同龄人和社会强加到自己身上的道德观,而建立起自己的道德观。此时,道德观由外在的自我转化为内在的自我。这时,做"正确的"事促进了自尊的发展。自我意象包括积极地做自己应该做的事,并且适度地追求成为一个公平、和善和有价值的人。当由青年期进入成人期后,人们不再为了避免良心的谴责而做一些好事,而是积极的追求一些能够支撑成熟自我意象的有价值的目标。表 17-1 总结了奥尔波特的人格发展理论。

表 17-1　奥尔波特的自我感的发展

统我(能够感知到的自我)		
阶　段	自我的方面	定　义
1	婴儿早期	无自我感
2	躯体我	对躯体感觉的意识
3	自我同一感	自我的延续性
4	自尊	为自己的追求而感到骄傲
5	自我扩展	自我包括了环境中的重要方面
6	自我意向	以他人的期望为基础的希望与抱负
7	理智调适	在头脑中思考和解决问题
8	统我追求	计划未来

成熟人格

425

随着个体继续发展,以成人达到以下六个标准的程度来衡量成熟人格的发展。

自我感的拓展。甚至在生命的前十年过后,自我感的拓展也没有完全形成。作为青少年,自我感的拓展像困惑的章鱼一样触角四处延伸。它不知道该为自我保留哪些经验和角色,该消除哪些。随着"初恋"的到来,"自我的界限迅速扩展"(Allport,1961,p. 283)。他人获得幸福成为自己的幸福,事实上,它们可能是统一的。伴随着成熟,"孤独"反映在"新雄心、新成员、新观点、新朋友……新爱好之中,以及最重要的是在某人的职业中"(p. 283)。所有这些新追求都与自我合成一体。这种由青少年向成人的转变涉及认知发展,这种认知发展允许自我与他人具有显著的差异(Labouvie-Vief,2003)。

自我不仅呈现出新的一面,而且原有的一面也会发生改变。一个人可能继续做他曾经做过的事,但是做这件事的原因已经不是最初的了。旧时的追求可能已经脱离了原有的目标。奥尔波特将这种转换命名为**机能自主**(functional autonomy),即由旧的动机发展为新的动机系统的过程,这一新的动机系统产生于新的压力。

这种转换是由卡里奥(Kahlil)阐述的,他的父亲是一位政治家,最初他从政以"追随父亲的脚步"。后来,他变得着迷并沉溺于政治。他因为喜爱政治的过程、权势和荣誉而追逐着权力,比他父亲有过之而无不及。奥尔波特认为,我们做的对自我非常重要的大部分事情都是由最初的动机转化为了机能自主。新的动机比旧的动机更抽象。这些动机包括"审美学"、"内在的兴趣"和"人类的福利"。

成熟的一个问题就是将个体拓展到生活的各个领域。例如,基恩(Yin)在一个工厂里上班,认识很多人,交着工会会费,在当地的酒馆里喝酒,并发现电影是非常重要的消遣。尽管如此,他通常是任务涉入的(task-involved),而很少是自我涉入的(ego-involved)。"他从没有将自己的自我感拓展到生命中的任意一个重要的领域……包括经济的、教育的、娱乐的、政治的、家庭的以及宗教的领域。"(p. 284)不论做什么事情,个体必须与"时刻叫嚷着的躯体"脱离并且找到与自我有关的动机,这样才能获得成熟(p. 285)。基恩加入工会可能是因为"工人公正且公平的待遇",或者有利于"打扫街区"的当地政策。

自我与他人的热情交往。通过自我的拓展,热情的个体能够获得亲密感。良好的关系反映了对家庭、朋友和爱人的爱的能力。但是成熟的热情与同情不可分离,同情是热情的一种形式。不干涉他人,允许他人安排自己的生活。"亲密和同情都要求一个人不能成为另一个人的负担或麻烦,也不能阻止别人寻找自己同一性的自由。"(p. 285)

426
情绪安全(自我接纳)。对奥尔波特来说,"自我接纳"包括避免对驱力的过分反应或者减少分裂的需要。成熟的个体既不经常寻求性方面的满足感,也不是害怕性和压抑性。他们将性欲作为自己的一部分来接受。当"到战场"确实存在危险时,成熟的个体应该有并且的确怀有恐惧。但是,当他们想到在一个大城市中徘徊或者预期会与敌人相遇时,他们感到恐怖但不畏缩。自我接纳使得成熟的个体确信,进行合理的审慎训练能够使自己成功地应对危险。

自我接纳的个体具备较高的**挫折承受力**(frustration tolerance);当事情不顺利时,他们不会怒气冲冲,不会责备他人,也不会沉溺于自我怜悯。相反,他们会接受指责并绕过障碍寻找其他道路,或者接受失败并忘记不愉快直到事情向好的方向发展。部分自我接纳的人认为每个人都会犯错误,但是也相信每个人都有能力弥补错误。

实际的感知与技能。"成熟的人从不扭曲事实迎合自己的需要和幻想。"(p. 289)成熟个体似乎比他人更清晰地"看事情",并且因此比其他人更具智慧。但这是否意味着个体的成熟需要具备高智商呢? 奥尔波特回答说,高智商能促进成熟的获得,但是并不是成熟的必需品。成熟的个体也需要解决各种问题。"虽然我们经常发现技能纯熟的人没有完全成熟,但我们从没发现成熟的人不具备解决问题的技能。"(pp. 289—290)他们不但具备解决与任务有关的问题的能力,而且也具备专注于问题的能力。他们以问题为中心。

自我客观化:自知力和幽默。想象一下,一个人说:"我是一位英语语言学硕士,并且我很了解自己。"然后,此人立刻解释说:"我并不是说我比别人聪明。"奥尔波特认为像那个人一样,我们大多数人都具备洞察自身的能力,但是我们实际上却没有对自身进行内省。我们能获得这种虚构的能力吗? 能,只是大体上能。然而,即使我们假设存在一个单纯的稳定的"真实的人"(从而忽略个体经常变迁的可能性),我们仍然不可能了解那个"真实的人"。没有人会对构成个体的复杂性和精妙之处都有了解,甚至是其本人。因此,我们最好能对比一下自己对自己的看法与别人关于我们的观点。两者的差异越小,个体的自知力越强。

在一项被试进行相互评定的课题中,自知力与幽默感之间的相关为 0.88。什么使得幽默感与自知力的关系如此密切? **真正的幽默感**(genuine sense of humor),并不是欣赏那些性和暴力的笑话，而是能够"嘲讽自己的钟爱之物（当然包括自己和所有属于自己的东西），而且始终爱它们"（p. 292）。自知力强的人与他人交往时能够对自身的缺点自嘲，他们了解并能够接受自身的局限和缺点。因为自知力强，所以这类人能正确地评价他人并被他人接受。可能自知力与幽默感出现高相关的关键是，具有良好"幽默感"的个体将自己对自身的知觉与他人对自己的知觉进行了良好的匹配。朋友们了解一个人的缺点，并通过对比自己对他/她缺点的认识和他/她对自身缺点的认知，从而寻找他/她自知力的证据。

统一的人生哲学和宗教。 人生的统一哲学的一个基本因素是**指向标**（directedness），即树立自己追求的一个或者多个人生目标。这些目标可能会随着生活环境的变化而改变，但是，如果要追求成熟的人格，就必须树立目标。例如，一系列的"倒霉"的事件发生后，我们的目标可能发生变化。目标也可能会随着个体的成熟而发展，并且会变得越来越合理。作为过来人，我们必须承认青年期的许多早期目标不太可能实现（例如，成为社团的领导人）。奥尔波特指出，尤其是20多岁以后，随着婚姻和职业的开始，目标被打破，个体进入觉醒时期。

427

视窗 17-3　我了解的一个成熟的人

　　在第二次世界大战期间，他曾驾驶着皇家空军部队陈旧的轰炸机参与了轰炸欧洲的行动，当时他18岁。他们像热带的雨滴一样从天空中降落。他计算了一下生还的几率，发现如果执行一些任务，还有希望能活下来。所以当军官召集去北非执行飞行任务的志愿者时，他马上举手报名了。这项任务非常危险，但是，他估计在非洲至少他还有一个机会生还。

　　像往常一样，他的估计是正确的。战争过后，他移民去了美国，先在空军部队待了一段时间。后来，为了自身的发展，尽管没有受过高中教育，他考入了一个大学继续深造。多年后，他获得了博士学位。

　　随着成长，他像许多年长的人一样麻烦缠身，最严重的是他的心脏病。但他说，这些改变了自己。他开始对一些小事情感恩，比如说，秋天的一个早晨，空气非常清新。

　　随着他日益年迈，妻子过世了，他也从大学教授的职位上退休了。他现在做着自己经常做的事情——自我教育。虽然他是我知道的一个非常博学的人，但是他还是认为自己懂得太少。每天他会抽出几个小时进行阅读来学习新东西。

　　我的朋友必须尽快地成熟。如果他没有，他就不会在十几岁的时候做出那些事情。但是令我吃惊的是，他在不断地成长。他怎样做到的呢？按他的观点就是——总是有更多的东西需要学习。

　　奥尔波特坚信一致的**宗教情操**（religious sentiment）对于统一的人生哲学非常重要，而统一的人生哲学能促成人格的成熟。他并没有对正规的宗教投入过多的精力，但是，他似乎对这种超能力是否存在非常着迷，而这种超能力是作为人类体验的中心。他将宗教倾向性看作六大价值倾向中最具包容性和综合性的。

　　宗教情操可能是不成熟的：人们可能将神作为能满足自己的暂时利益的形象来接受，就像小时候想的圣诞老人一样。另一种不成熟的宗教情操是宗族预示（tribal type）："神更喜欢我们而不喜欢你们。"（p.300）这两种情况中,其动机均是**外源性的**（extrinsic）、功利主义的并且服务于维护自尊的。这种具有外源动机的（Es）个体利用他们的宗教（Allport & Ross,1967）。相反,成熟的宗教情操支撑的动机是**内源性的**（intrinsic）:宗教本身便是终点,人们为之追寻的就是宗教,而不是去利用它。内源（Is）动机就存在于宗教中（Allport & Ross,1967）。他们的宗教信仰引人入胜并且包容一切。像幽默一样,宗教情操使人避免太看重某些事:与事物普遍存在的宿命相比,在生活中发生的任何事都是微不足道的。

视窗 17-4 宗教预示:偏见、自欺、心理调适、乐观和健康

奥尔波特和罗斯（Allport & Ross,1967）指出外源倾向和内源倾向（以下简称 E 和 I）具有超越宗教本质的含义。他们发现外源倾向与对多种群体的偏见存在较小的相关（r ≈ 0.30）。在不同的宗教群体内,内源倾向的群体比外源倾向的群体较少存在偏见,而外源倾向的群体比不加选择的前宗教人群较少地存在偏见。

多诺霍（Donohue,1985）对关于外源/内源宗教虔诚的文献进行了广泛的评论。奥尔波特最初认为外源与内源倾向处于连续统一体的对立的两端（内源与外源倾向处于两极）。与这种两极的假设相一致,许多研究发现,外源倾向与内源倾向成较小的负相关（r ≈ —0.20）。尽管如此,E 和 I 与其他心理测量的关系表明,最好将这两种倾向看作独立的、不相关的。例如,内源倾向与偏见不存在相关,但是奥尔波特和罗斯发现,外源倾向显然与偏见存在相关（r ≈ 0.30）。而且,内源倾向的个体一般没有出现对死亡的恐惧,但是外源倾向却与这种恐惧成正相关。

伯里斯（Burris,1994）发现,在得分高于内源倾向平均分（平均的内源倾向性分数）的人中,E-I 的关系确实是负相关,但是低于内源倾向平均分的人中,E-I 的关系却并非如此。因此,高 I 与 E 成负相关。虔诚的信奉宗教的人与那些存在外在的、功利主义的和自我利益的想法而追求宗教的人是不同的。但是并不是所有内源倾向的人都是好的。他们善于自我欺骗,而且具有操纵他人对自身印象的倾向。外源倾向的人也存在缺点。外源倾向性上得分高的人比得分低的人更消沉,并且外源倾向性与失调存在相关。

里克曼、桑顿和高尔德（Ryckman,Thornton & Gold,1999）发现过度竞争的人[见霍妮一章]在内源倾向性量表上得分相对较低,在外源倾向性量表上得分相对较高。过度竞争的人常常存在偏见,这与奥尔波特最初关于内外倾向概念相符。

具有内源倾向的人（至少是在内源倾向性上得分高的人）属于"信奉正统派基督教的人",可以认为信奉宗教的个体可能比不太虔诚的个体更乐观。信奉正统派基督教的人从他们的宗教读物中汲取了乐观的力量（Sethi & Seligman,1993）。因此,与外源倾向型得分高的人的失调、沮丧相比,非常虔诚的人健康、达观。同样,他们也自我欺骗,刻意操纵给他人的印象。但是,就像班杜拉（Bandura,1994b）提出的那样,与用事实对其进行警告相比,

为某人设计一个乐观的图像可能是更好的策略。高内源倾向的个体可能这样做,并且这与乐观主义相关。乐观主义的因素与生理健康成正相关,与沮丧成负相关。

很早就有人猜想宗教对促进健康有重要的作用。毕竟,如果笃信宗教的人比他人更乐观,他们应该更热爱健康。鲍威尔、谢哈比和托雷森(Powell, Shahabi & Thoresen, 2003)指出,有关宗教与健康的关系的研究处于初步阶段。然而,他们仍然搜集了大量的公认的研究来得出结论。在健康人群中,经常参加礼拜的人比不常参加的人的死亡率低25%。他们还报告宗教或信仰能对抗心脏血管疾病(他们从不将宗教和信仰分开)。宗教的这一优点显然可以用介入宗教或信仰衍生的健康的生活方式来解释。也有很多获得公认的客观的证据表明"虔诚的祈祷"能减少急性疾病的发病率。然而,他们发现具有内源宗教动机而促成的那种"信仰的深度"不能够促进健康。最后,没有证据证明宗教或信仰能改善癌症或急性疾病的发病率。其他的证据表明适度的使用宗教来应对问题(例如,从教友处获得安慰)能降低那些配偶被诊断为癌症的人们的沮丧感(Dittman, 2003b)。虽然仍然没有确定宗教作为促进健康的积极推动力的重要作用,但是,在治疗中,已经越来越多地将宗教——信仰作为一种治疗手段(Kersting, 2003)。与荣格采取的措施相似的是,许多治疗师开始利用来访者的宗教信念帮助他们应对自己的心理问题。

一般道德心(generic conscience)是人格发展的中心,并且是人格的凝聚力:它几乎确定了个体的所有行为的指导方针。最后,它是个体担负起对自己和对他人的责任的推动力。奥尔波特区分了成人的一般道德心和儿童的"一定要说出来"(must sayer)的道德心。儿童认为,若没能尊重这种道德心的要求,他/她便认为是罪恶的。成熟的一般道德心不会受到这种避免犯罪的自动化需要的困扰。成熟个体不关注这些小过失和小事故。只有与个体选择的道德标准相一致,这些才与成熟个体的自我建立关系。这些标准包括某些社会的道德责难,但并不仅限于这些。

人格和偏见

人格发展可能出现预想不到的转变,证明宗教与偏见之间的关系。但是,究竟是人格发展的哪些方面——儿童(还是成年)的经历——形成了偏见?在寻找答案之前,有必要先思考一下"偏见"以及奥尔波特观点中的有关概念和受他影响的他人的理论中的有关概念。

奥尔波特的《偏见的本质》(*The Nature of Prejudice*,1954)一书出版于美国最高法院颁布学校废止歧视的决策的那一年,这本书是偏见这一主题中最重要的惟一一本著作,原因有三:首先,它是最早的一部全面论述偏见的著作,建立在大量的著名科学研究的基础之上;第二,这本著作对社会科学家形成关于偏见的思想具有极其显著的影响;第三,自1954年奥尔波特对偏见的研究产生了重大影响之后,便可以很容易地将现在关于偏见的发现归于奥尔波特的理论框架中了。

> 有时,每个人或多或少都是种族主义者。
>
> 这并不意味着我们犯下了令人憎恶的罪行。
>
> 四下看看你就会发现,
>
> 没有人是真正的"色盲"。
>
> 可能这就是我们应该面对的事实。
>
> 每个人都根据种族作出评价。
>
> 你或多或少都是一个种族主义者。好吧!……
>
> 如果我们能够承认
>
> 我们是种族主义者(轻微的)
>
> 虽然我们都知道这是错误的
>
> 但是可能这反而有助于我们融洽相处。
>
> (摘自 Q 大街,一场百老汇歌剧)

偏见的定义

奥尔波特(Allport,1954)认为,**偏见**(prejudice)是感受到或表现出的反感,它基于错误、呆板的概括化,可能针对某一个完整的群体,或者指向某个具有某群体身份的个体。因此,偏见是一种关于某团体成员的否定的感觉,这种感觉有时只是个体的内在感受,有时个体将这种感受公开表达。偏见基于一种错误的概括化,导致人们认为某团体的大部分或所有的成员都具有某种负面的特质,例如美国土著人嗜酒。这种概括化通常是一种错误的感觉,没有特质能应用于一个大团体中的大多数成员,更不能应用于团体的所有成员(甚至"黑色"人种的肤色也不尽相同)。

通常,歧视能引导针对特定团体的较多的消极行为,与他人相比,歧视也可能包括更多针对某团体的否定观点和消极感觉。就像在行为方面一样,人们也在感觉和思想方面存在歧视("我恨他们[感觉]因为他们是废物[思想]")。许多偏见的测量是通过询问人们——通常通过问卷——通过判断歧视的严重程度来推断个体的偏见水平。根据以上原因,可以给偏见下一个更经验主义的定义,这一定义与奥尔波特的理论定义一致。偏见测量最典型的提问内容是询问歧视的自我概念。因此,偏见可以被看作:针对某团体成员,个体引导出更多的消极行为、思想和情感,人们对这种歧视信念的确认即偏见。因为偏见是运用完全匿名的问卷来测量的,所以人们对自己的偏见水平的评价可能准确地反映了自己的真实想法。

社交距离

很显然,通过这一经验性定义,我们可以发现人们可能不能精确地了解自身的歧视水平。因为没有人能够完全自省,那些诚实地宣称自己从不歧视他人的人可能确实是这样。为探究这一合理的结论,有必要考虑一下**社交距离**(social distance,SD),一种测量歧视的指标,要求个体说明他/她允许某团体的成员与自己的最近距离。奥尔波特(Allport,1954,p.39)列举了社交距离量表的项目如下:

我能够接纳(某团体的成员)

1. 以婚姻的形式成为亲属。

2. 作为密友成为我俱乐部的一员。

3. 和我住在同一条街上,成为邻居。

4. 被雇用成为我的同行。

5. 成为我国的公民。

6. 仅仅是我的国家的一位游客。

7. 从我的国家中被驱逐出去。

我们需要注意:允许某团体的成员涉入的社会关系非常不同,那些需要与某团体的成员较亲密的、需要对他们有所承诺的和持久的社会关系(列表的上部分)与那些不亲密的、无须承诺的和短暂的社会关系(列表的下半部分)非常不同。

许多人强烈宣称自己没有歧视那些常受贬低的群体,不但这些人确实相信自己,而且在大多数情况下,那些自我宣称为"无偏见"的人们可能也不存在歧视。不过,如果要求他们必须接受某团体中的成员,与他们保持高亲密、需要负高度责任的和较持久的社会关系时,他们会有歧视吗? 为回答这个问题,我向一些白人大学生发放了一份问卷,以确定他们对黑人的偏见程度(Allen,1975)。以他们的分数为根据,将学生们分别划分到"无偏见"等级和"偏见"等级,还有些学生"两者兼有"(他们表现出了关于歧视水平的混合信号)。使用由条目1和3组成的社交距离量表提问所有的被试,用来确定他们允许黑人接近的程度(Triandis,Loh & Levine,1966)。结果显示,这些白人被试的所有类型,甚至那些自称没有种族歧视的被试,事实上均存在歧视。当涉及亲密的、需承诺的和持久的关系时,甚至是"无偏见"被试也表现出了种族歧视。 431

虽然无歧视的白人被试也在社交距离量表上表现出了歧视,但是在这项研究的另一部分,当要求他们说出自己最钦佩的人时,与白人相比,他们更钦佩黑人(这就是所谓的"歧视颠倒效应",即当被试认为他们与测谎仪相连时,这种效应恢复为无歧视)。

但是当涉及亲密的、需承诺的和持久的社会关系时,为什么所有类型的白人(甚至是自诩为无歧视者的白人)事实上都存在歧视呢? 在偏见方面,白人存在很大的个体差异,但是他们在亲密、需承诺和持久的社会关系方面均存在歧视。可能存在某种潜在的维度,在这一维度上个体的差异不太明显,这一维度解释了为什么大多数人有时会存在种族歧视。

在歧视黑人的这一案例中,似乎存在这样一个维度。**种族主义**(racism)是一种针对有色人种的消极的观点,这种观点较为普遍(Allen,1975,2001)。最近,西尔斯和亨利(Sears & Henry,2003)认为种族主义可能还涉及强烈的个人主义,个人主义即人们的这样一种信念:必须独自承担成功或者失败的责任,不能期望或者接受他人的帮助,种族主义还伴随着一种信念:黑人具有暴力的个人主义价值观。存在这样一个争论:种族主义是否是这个国家主流文化的一部分(Gaines & Reed,1995)。主要通过同一化的过程,人们合并了他们的文化,并将文化作为一个整体来接受。他们不仅吸取文化的精华(非常多),而且去除文化的糟粕(种族主义)。因为大多数人会全盘接受自己的文化,所以大多数白人将种族主义内化了。这可能就是为什么甚至无偏见的白人在某些领域也表现出歧视:虽然在其他领域(决定最尊敬的人是谁)种族主义没有出现,但是在选择他人以建立亲密、需承诺和持久的社会关系时,种族主义的丑陋面貌就昭然若揭了。种族主义也可能通过以下这种微妙的途径表现出来。相反,种族歧视通常可以通过存在偏见的个体的言行中反映出来。图 17-1 的最上边表示各个偏见范围的白人内化的种族主义程度。由此可见,种族主义普遍存在,甚至包括"无偏见"的个体。图 17-1 的下部分表明了种族主义的等级水平,这些等级水平是通过各个偏见范围内的白人的社会选择和反应来确定的。你可以发现结果非常清楚,非常有规律:只有在高偏见个体的社会选择和反应中存在种族主义(底部)。注意,这一图示表明,只有高偏见的个体被认为是"种族主义者"。因此,无偏见的白人在大多数的社会选择和反应范围内确实是没有歧视(图 17-1 的底部和大部分右部)。但是,像其他人一样,他们在建立亲密、需承诺和持久的社会关系时作出了不一样的选择,表现出了种族歧视。我们可以看到,通过内隐的方法进行探测时,无偏见的白人也显示出了种族歧视,这显示了种族主义的潜意识效应。

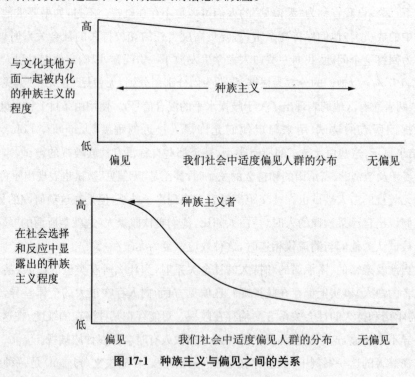

图 17-1　种族主义与偏见之间的关系

种族主义的内隐表现

如果说抵制黑人的情绪仅仅存在于如涉及亲密、需要承诺和持久的关系等相对特殊的反应中,那么就不是一个多么值得关注的问题了。从另一方面来讲,如果研究发现,种族主义效应出现在我们的意识控制之外,那么我们可能开始相信这是一个普遍存在的问题。微妙的反应发生于意识范围之外,它可在多种环境中发生,这种反应给特定目标带来的伤害等于或者大于明显而公开的反应。

　　盖特纳(Gaertner,1973)是首批调查这种微妙反应的研究者之一。给自由主义的和保守的两类白人被试提供一个机会,即帮助通过电话求救的白人或者黑人。在这种"草率挂机"(premature hangup)行为中反映出了细微的差别,"草率挂机"即在获知通话者的种族之后,但在对方求救之前挂断电话。信奉自由主义的年轻被试更频繁地挂断黑人的电话。这也是被试一个整体的趋势,这表明,他们可能没有种族歧视的观念,但在现实中(被呼叫时)他们却做出了这样的行为。

　　没有受过训练的人很难在"求救"的情境中找到歧视的证据。对黑人真正的歧视可能从观察目标中溜走,因为白人的置之不理看起来更像出于其他原因,而不是因为他们是种族的牺牲品,例如其他潜在救助者的出现。未实施救助的白人可能也出于同样的原因而不知道自己存在种族歧视。

　　福雷和盖特纳((Frey & Gaertner,1986)推论:如果白人未救助黑人可以归因于黑人的某种非种族特征,那么与黑人相比,他们会较多地帮助白人;如果白人未救助黑人可以归因于黑人的种族,那么白人将会表现得没有歧视,因为他们唯恐在自己和旁观者面前暴露自己顽固的态度。就像研究者预期的那样,福雷和盖特纳发现,当一个黑人在进行一份简单的测试时,没有努力便寻求帮助,她获得的帮助少于同样情况下的白人。因此,如果白人说自己没有帮助黑人是因为懒惰、对求助者无能为力,而不是因为种族,那么他们歧视黑人。如果他们将没有帮忙归因于求救者的种族,因为她已经非常努力做这份较难的测试了,那么白人没有歧视黑人。没有帮助黑人可以归因于不存在歧视,也可以归因于种族之外的其他特征。

　　与福雷和盖特纳的结果相同的是,尽管犯罪动机和判决并不能简单地归因于被告的种族,白人陪审员也可能表现出种族偏见。萨默斯和埃尔斯沃思(Sommers & Ellsworth,2001)进行了一项假陪审员审讯案件的研究,在其中一种实验条件下,保证不将种族作为一项重要的议题,即在为充当陪审员的白人陈述案件总结时,并不说明与种族有关的资料。尽管如此,在对攻击者——被告和受害者的基本描述中,他们的种族均被提出。在第二步实验情境下,将种族作为一项重要的议题,指出被告是篮球队的少数民族,给被试贴上了种族的标签,这种情况下,被试受到了不公正的责备。只有将种族当成一个重要的议题,而且必须考虑到白人陪审员的种族主义,这样,在定罪和判刑时才能避免歧视。如果不将种族作为一个重要的议题,那么,与白人被告相比,黑人被告更容易被宣告有罪,容易受到更严厉的判刑。

　　雪莉(Shirley,1972)让无偏见的白人被试通过录音机练习指导黑人同伴被试,假设在下面的实验中,会真的要求白人被试指导黑人被试。白人被试也可以任意选择随后的实验中与黑人被试相互作用的类型。此外,在实验准备阶段,白人被试可以说明自己是否愿意与黑人被试一起等候实验开始。所有的这些反应都不易通过意识过程来控制。最后,白人被试表现出了他们对黑人的态度。他们对黑人的态度越积极,他们为指导准备的录音磁带中的口气越差。而且,他们的态度越积极,白人被试越不愿意选择相对亲密的合作方式,并且他们与黑人被试一起等待实验开始的意愿越小。那些将公平意识挂在嘴边上的人再一次表现出了对黑人的歧视态度,但是这一次,他们采取了相当隐蔽的方式,以至于自己和旁观者都没意识到他们的偏见。

通过以上努力,我们运用巧妙的方法就可以发现即使是低偏见被试表现出的种族主义迹象,从那以后,成熟而有效的方法发展起来了。运用这些新方法得出的结果支持本章第一部分的内容:即使是在标准偏见测试中得分很低的被试也表现出了种族主义的迹象。

在这种新方法中,为了"启动"被试呈现出自己的行为类型,我们需要先给被试呈现一些与种族有关的单词,例如"黑人"或者"白人"。这些启动单词可能呈现得非常快,被试甚至意识不到单词的呈现。例如,将启动单词——"black"(黑色)呈现在计算机屏幕上,紧接着呈现一个录音单词比如"lazy"(懒惰),要求被试尽快对录音单词作出一个按键反应。呈现单词与按键反应之间的时间间隔就是对种族主义者所受的影响的测量。维特布林克、贾德和帕克(Wittenbrink, Judd & Park, 1997)发现,在听到启动词"black"之后,所有的白人被试,甚至是低偏见的被试,对否定黑人的录音的反应快于肯定黑人的录音。当启动词是"white"(白色)时,结果相反:对肯定录音的反应快于否定录音。

多维迪奥和盖特纳提出了一套理论,论述了微妙而内隐的偏见与外显而公然的偏见之间的差异。他们和同事川上(Kawakami, 2002)运用了一项较早的技术,这项技术与维特布林克及其同事(Wittenbrink, Judd & Park, 1997)的技术相似,只是在积极单词(例如,好的、善良的、值得信赖的)和消极单词(坏的、残忍的、不值信任的)呈现之前的启动物是黑种人或者白种人的面部图像。这些面部图像仅仅呈现22.5毫秒,呈现得很快,被试根本意识不到,但是这已经足以影响被试后面的反应了(后面的任务报告显示被试没有意识到面部图像的出现)。将一个头像投射到单词呈现的地方,要么将其投射成内含"P"的椭圆形,要么将其投射成内含"H"的长方形。"P"代表"人","H"代表"房子"。当认为屏幕上的单词适用于人时,要求白人女性被试敲击代表"P"的按键,当认为屏幕上的单词适用于房子时,要求被试敲击代表"H"的按键(例如,通风良好的、装备好的、宽敞的)。通过以下方法便可以得出被试的内隐偏见分数(种族主义的微妙表现):与白人面部图像启动物相比,她对随着黑人面部图像启动物出现的消极单词的反应较快,由此获得一个反应等级。与黑人面部图像启动物相比,她对随着白人面部图像启动物出现的积极单词反应较快,由此获得另一个反应等级。将两个等级相对比即得出偏见分数。这一反应时间的分数越高,说明微妙而内隐的种族歧视越厉害。与维特布林克及其同事(Wittenbrink, Judd & Park, 1997)获得的结果相似,多维迪奥、盖特纳及其同事之前也报告了如下内容:与随着白人面部图像启动物呈现的消极单词相比,白人被试对随着黑人面部图像启动物呈现的消极单词的反应更快;并且与黑人面部图像启动物相比,白人被试对随着白人面部图像启动物呈现的积极单词反应更快。

将其他的被试交给另一个主试,实验员告知被试,他们将和另外两个学生继续进行互动。告诉一部分被试,如果第一个"其他的学生"是黑人的话,那么第二个就是白人。告诉另一部分被试同样内容,只是顺序相反。被试不知道的是,这两个人都是实验者安排的。他们一起讨论

"在现时代……"用录音机或者录像机将讨论的过程录制下来。然后将同伴带到另一个房间，她/他与参加者对自己和他人的行为表现的印象进行等级评定(同伴的性别不影响结果)。"感觉到的友善"是一项重要的测量指标。讨论双方均对适用于自己的单词像"残酷的"、"友善的"和"冷淡的"进行了等级评定。利用关掉声音的录像机和编码器在友善量表上对被试的非语言行为进行评定。用录音机评定言语的"友善"水平。友善偏见是指对白人同伴比对黑人同伴的更友善的程度。在学期初期,所有的被试都要进行一个"外在—明显"的偏见测试。

测量的一种类型是"外在—明显"(高度可控性)的测量:外在偏见的测量、言语的友善、友善的自我感知。另一种类型是反映种族主义的"内隐—微妙反应":反应时间的测量、非语言的友善、友善的联合感知和观察者对电子录像带的友善评定。结果表明,内隐—微妙的方法非常可靠,并且这类方法之间存在显著相关,但是与外在—明显的方法不存在相关。相反,外在—明显的方法非常可靠,并且这类方法之间也存在显著相关,但是它们好像与内隐—微妙的方法不存在相关。虽然我们的"明显—外在"的反应可能表现出没有受到种族主义的影响,但是这些易控的反应并不能说明我们在下意识地控制"内隐—微妙"反应方面不存在困难。而后者受到了种族主义的影响。一方面大多数白人非常清楚自己的积极的"明显—外在"反应,另一方面他们容易忘记自己那种"内隐—微妙"的偏见反应。这种双重意识使得他们与黑人交往时非常迷惑而且沮丧,因为当黑人觉察出这两种反应后,他们会对白人作出否定的反应。更糟的是,黑人可能将白人的这种"内隐—微妙"的消极反应看作故意行为,而将他们"外在—明显"的积极反应看作是欺骗行为。如果想要改善黑人和白人之间的关系,只有使白人认识到自己"内隐—微妙"的反应表现出了种族主义,并且使黑人认识到白人并不是有意作出那些反应的。

奈尔、哈顿和德克尔(Nail, Harton & Decker, 2003)验证了多维迪奥和盖特纳在理论中提出的假设。其中一个假设是:与在录像带中看到白人警官因痛打黑人被捕时相比,当在录像带中看到黑人警官因痛打乘坐汽车的白人而被捕时,只有政见自由的白人(政见温和和保守的白人都不会)会偏袒黑人。这种偏袒是"外在—明显"的双重危险等级评定的一个方面:在州立法庭上被宣告无罪后,警官在联邦法庭是否遭到了不公正的民事诉讼。这名警官越是被判断为遭受到双重危险,越是对这名警官有利。结果表明:持自由政见的人偏袒黑人警官,而持温和政见的人没有偏见,较保守的人偏袒白人警官。多维迪奥和盖特纳理论中的第二个假设是:持自由政见的白人存在意识水平上偏袒白人与潜意识中否定黑人的思想矛盾,因此,他们担心自己会暴露出对黑人的偏见。我们向持自由政见的白人呈现黑人,发现他们会出现很高的生理反应,由此我们可以看出他们具有以上特点。为了测量生理反应性,我们将被试与一台皮肤电导率测量仪和一台心率记录仪相连。显然,持自由政见的白人是惟——组呈现出以下行为的人:与受到白人实验员触摸相比,当黑人实验员触摸他时,他会表现出较高的生理反应性。事实上,在两种测量条件下,持自由政见的白人均表现出了以上行为。在两种测量条件下,另外两组被试与两种实验员接触时均表现出了相同的反应水平。有些白人认为,自己没有受种族主义影响,并且在讼案中也是如此,当黑人出现时,这些白人没有出现过度的反应,出现这种情况是因为他们没有意识到自己持有否定黑人的潜意识的观点。

可能你会感到惊讶,但是这种倒转的歧视效应仍然在周围存在。你可能已经观察到了这样一个现象:随着时代的发展,那种公然的明显的种族主义变得越来越少了。歧视的表达不再毫无顾忌。多维迪奥和盖特纳(Dovidio & Gaertner, 2000)根据时间作了一下对比,对比了1988—1989 年与1998—1999 年两个时间段,结果发现,这一时期内,明显的歧视现象减少了,而微妙形式的歧视仍然保持不变。

虽然"逆向歧视"问题不是他们研究的目标,但米切尔、诺塞克和巴纳基(Mitchell, Nosek & Banaji, 2003)得出了有关的研究结果:人们之所以说自己和他人没有歧视,是因为他们能够列举出这些情境:与对白人的反应相比,对黑人的反应更加友好。首先,要求被试对黑人运动员和白人政治家进行评定,根据每个人的直觉评定出三个受人喜爱的黑人运动员和三个令人厌恶的白人政治家。应用格林沃尔德(Anthony Greenwald)对微妙反应形式的译本(在视窗 17-5 中描述过的方法)。在以职业分类的实验部分,姓名呈现在计算机屏幕上,"政治家"和"运动员"的字样呈现在左边或者右边。在以种族分类的实验部分,"黑人"和"白人"的字样呈现在左边或者右边。举例来说,正确的反应是:如果是一位政治家的名字,并且"政治家"的标签出现在左边,那么需要被试按 A 键;如果是一位运动员的名字,并且"运动员"字样出现在右边,那么需要被试按下数字键盘的"5"键。对按种族分类的实验来说,实验程序是一样的,但是屏幕上的分类标签是"黑人"和"白人"。被试的反应以毫秒计算。结果出现了优先选择的现象,例如,对"运动员的"姓名反应快于"政治家的"姓名,或者对"白人的"姓名反应快于"黑人的"姓名。在关于职业的任务中,被人喜爱的黑人运动员的受喜爱程度高于令人厌烦的白人政治家,这一结果与白人被试确实是喜欢黑人运动员而不喜欢白人政治家的观念一致。尽管如此,根据种族分类时,令人厌恶的白人政治家比黑人运动员更受人喜欢。这一结果符合喜欢白人甚于黑人的被试的潜意识,因为"黑人很坏"/"白人很好"与隐藏于我们意识背后的观念一致。

这些结果非常有力地证明了这一现象:微妙反应表现了对外围集团(例如有色人种)的歧视。然而,看起来那些低偏见的人表现出的偏见反应可能是因为他们更喜爱自己的群体,而不是对外围群体表现出更多的拒绝。在某一特定领域内,一种应用于外围集团的特定行为模式促进了人们对这一集团的微妙的反应,存在这样一个领域吗?在"暴力黑人"这种行为模式下,答案似乎是肯定的。这种模式非常普遍,并且处于人们的潜意识中,以至于对黑人来说确实危害很大。这种危害在许多案件中都得到了证实,在这些案件中,尽管黑人已经缴械投降了,警察还是向他们开枪杀死了他们。可能最能说明这种危险的最著名的案件是阿马杜·迪亚洛(Amadou Diallo)的案件,当时他只是将手伸向口袋中的钱包,纽约市警察射了他 41 枪,19 枪击中(他当时已经缴械;Correll, Park, Judd & Wittenbrink, 2002)。在这个和其他类似的案件中,我想并没有足够的时间让大多数白人警察思考这一问题"这是一个黑人……他有枪……最好向他开枪!"事情发生得太快了,是一种自动化的反应,因为这一行为受到"暴力黑人"这一行为模式的驱动,几乎我们所有人的头脑中都存在这一模式。

佩恩(Payne, 2001)做过一项实验,实验中启动刺激是黑人男性或者白人男性的面部图像,呈现启动刺激后,要求被试按下代表"工具"(例如,钳子或者镊子)或者"枪"的反应键。然后测量被试的反应速度,以毫秒计时,该实验运用了微妙反应。与呈现白人面部图像启动刺激相比,如果启动刺激是黑人面部图像时,被试更快地敲击代表"枪"的按键。更重要的是,与呈现白人面部图像启动刺激相比,如果启动刺激是黑人面部图像时,被试更容易错误地认为"工具"就是枪。这些结果说明对这些白人被试而言,"持有暴力武器"和"黑人"在潜意识中是紧密联系的。让我们感到惊奇的是,在"暴力黑人"的研究中,被试的性别似乎并不是一个重要的因素。

佩恩、兰伯特和雅各比(Payne, Lambert & Jacoby, 2002)重复了佩恩(Payne, 2001)的研究,他们所用的程序基本上与以前的相同,但是有一个关键点不同:与黑人持枪、白人持工具这一"暴力黑人"刻板印象一致,与黑人持工具,白人持枪这一刻板印象不一致,在三种条件下比较这两种情况。一种条件和2001年的研究完全一样。在第二种条件下,告诉被试先前的研究结果,并且要求他们反应时避免种族问题。在第三种条件下,告诉被试先前的研究结果,并要求他们反应时需区分种族。在先前的研究中,与白人面部图像启动刺激相比,当呈现黑人面部图像启动刺激时,白人被试更多地将工具误认为是枪;而当呈现白人面部图像启动刺激时,被试更多地将枪误认为是工具。当用于反应的时间越来越短时,三种条件下的所有被试越可能出现与"暴力黑人"模式一致的辨认错误(持工具的黑人被误判为持枪,持枪的白人被误判为持工具),而不易犯与"暴力黑人"模式不一致的辨认错误。在条件二和条件三下,被试的注意力被吸引到种族问题上来,而在条件一中没有提及种族问题。令人惊奇的是,与条件一相比,在条件二和条件三下,这种效果更强烈。当被试需要进行快速反应时,将其注意力转移到种族问题上只能使微妙反应更能反映偏见。

帕克、贾德和维特布林克组成的团队在科雷尔(Correll, 2002)的领导下做了一个相似的研究,但使用了更多的录像游戏的形式。在各种各样的背景上呈现白人和黑人的照片,他们手中拿着枪或其他的物体(镀银的铁罐、黑色的电话或者黑色的钱包)。在按键上贴上"射击"和"不射击"的标签。显然,如果不朝一个持枪的人射击,那么射击一个手无寸铁的人是错误的。通过四个研究得出了几个结果:手无寸铁的黑人比手无寸铁的白人更容易遭到射击;与持枪的黑人相比,对持枪的白人更经常地使用"不射击"的按键;与持枪的白人相比,参与者在对持枪的黑人的反应中更快地按下"射击"按键;与无武装的黑人相比,参与者在对无武装的白人的反应中更快地按下"不射击"按键。在一次研究中,参与者包括白人和黑人,研究结果与以上所有的结论一致。"暴力黑人"的模式甚至存在于黑人的观念中,就像杰克逊(Jesse Jackson)牧师认为的那样。

格林沃尔德是研究偏见的微妙反应的先驱者之一,他和同事奥克斯和霍夫曼(Greenwald, Oakes & Hoffman, 2003)进一步研究了快速反应程序。他们运用了录像游戏的形式,在录像中,黑人和白人警官拿着一把枪,黑人或者白人罪犯拿着枪,平民拿着无危害的物品出现在两个垃圾箱的某一个后面。通过耳机反馈给被试信息,告诉他们反应是否正确(例如,每当警察一开枪,就会听到一声尖叫)。要求被试在一秒内作出反应。白人参与者需站在警官同事的立场上,点击鼠标按钮来射击罪犯,向警官同事按压空格键作为信号,遇到无武装的市民则无需作出任何反应。得出两个基本结果:参与者更可能将黑人持枪还是持无危害武器两种情况混淆;与他们的白人搭档相比,黑人市民更可能遭到射击。显然这个研究与真实生活中的情况直接相关。

视窗 17-5 试图掩饰种族主义的内在与外在原因

内隐联想测验(Implicit Assocoation Test, IAT)是由格林沃尔德及其同事制作的,内隐联想测验可能是一种应用最广的能反映种族主义的内隐反应的测量方法。在对内隐种族偏见的研究中,常常呈现给被试黑人(例如,Malik)和白人(例如,Josh)名字、愉悦的(例如,幸运的)和不愉悦(例如,苦恼的)的单词。要求被试尽快地完成按键反应。按键的规则是:当黑人名字与不愉悦单词成对出现时按一个键,当白人名字和愉悦单词成对出现时按另一个键(与对黑人存在偏见一致)。按键的规则还有:当黑人名字与愉悦的单词成对出现时和当白人名字与不愉悦单词成对出现时(与歧视黑人不一致)。如果被试对一致配对的反应快于对不一致配对的反应,被试就表现出了内隐联想测验种族偏见。在搜集了成千个网上被试的内隐联想测验数据之后,他们估计有 75% 的白人会表现出显著的内隐偏见(A. Greenwald,私人交流,February 16, 2004; Nosek, 2004; Nosek, Banaji & Greenwald, 2002)。当然,这些数据意味着即使是测量对黑人的内隐反应,25% 的白人也没有表现出种族主义的证据。理解这些相对较少的人群有助于解释某些白人怎样避免了种族主义的污染。种族主义是可以传授的,了解了他们的特质可能有助于找到抑制种族主义的方法。

迪瓦恩和她的同事已经发明了一种巧妙的方法,这种方法能区分和研究那些没有表现出甚至是内隐种族主义的个体。普兰特和迪瓦恩(Plant & Devine, 1998)研制并修订了一个量表,这个量表能测量出掩饰偏见的两种动机:掩饰偏见的外在动机(External Motivation to Respond Without Prejudice, EMS)和掩饰偏见的内在动机(Internal Motivation to Respond Without Prejudice, IMS)。在 EMS 因素上得分高的人认同这样的项目,例如"我试图隐藏自己否定黑人的想法是为了避免他人的消极反应"(p. 830)。在 IMS 因素上得分高的人认同这样的项目,例如"因为我的个人价值观,我认为表现出针对黑人的刻板印象是不对的"(p. 830)。

在早期的多个实验中,迪瓦恩、普兰特、阿莫迪奥、哈蒙-琼斯和万斯(Devine, Plant, Amodio, Harmon-Jones & Vance, 2002)运用了一种微妙——内隐反应评估方法,这种方法与多维迪奥及其同事、法齐奥(Fazio)及其同事的方法相似。将黑人和白人的面部图像作为启动物,然后呈现积极(例如,"高兴的")或消极(例如,"可怕的")的单词。当呈现积极的/消极的单词时,要求被试尽快地按下"好"/"坏"的按键。反应时间代表了"简易化"或者 f 分数:f 分数越高,表明将"面部图像的类型"反应为随后的"好的"或者"坏的"单词的速度越快。他们发现其他人的报告:与白人面部图像相比,黑人面部图像的启动刺激使得对消极单词的反应更加简易化。更重要的是,面对黑人面部图像启动刺激时,高 IMS—低 EMS 分数的被试是惟一没有作出对消极单词进行简易化反应的一组被试。(事实上他们的分数低于基线或者零分数)。所有其他组的得分均显著地高于零分数:高 IMS—高 EMS、低 IMS—低 EMS、低 IMS—高 EMS。对这些组来说,黑人面部图像在一个显著水平上(高于基线或零分数)将对消极单词的反应过程简易化。

在第二项研究中,应用了内隐联想测验(黑人和白人的名字作为启动刺激)程序。与其他组相比,高 IMS—低 EMS 分数组的被试再次获得了最低的内隐联想测验种族偏见分数,但是所有的被试组的得分均显著地高于零分数。在第三个研究中,研究者又使用了黑人和白人面部图像,但是运用了内隐联想测验程序。结果和使用面部图像的研究一与研究二基本一样:高 IMS—低 EMS 被试得到了最低的内隐联想测验种族偏见分数,他们组的分数与零分数显著不同。给被试一项"操作任务",即在进行反应时间任务时,要求某些被试同时听录音机,这种"操作任务"对反应没有什么影响。这一结果表明,高 IMS—低 EMS 的被试并不善于有意地控制自己的反应,因为对录音带的注意会干扰对反应的控制。

阿莫迪奥、哈蒙-琼斯和迪瓦恩(Amodio, Harmon-Jones & Devine, 2003)运用了另一项微妙—内隐反应方法来确定高 IMS—低 EMS 被试组和其他组的差异。对一阵白噪声(white noise,包括人类能听到的所有听觉频率)的眨眼惊跳反应是自动化的,似乎不能控制。就像预测的一样,通过一个眨眼惊跳反应作引子,在面对黑人面部图像时,与高 IMS—高 EMS 或者低 IMS 被试相比,高 IMS—低 EMS 的被试组均表现出了较低的情绪反应。此外,按照使用眨眼惊跳反应计算出的消极情绪反应指标,在对黑人和白人面部图像的消极反应方面,高 IMS—低 EMS 被试组是惟一没有表现出差异的一组。其他两组对黑人的面部图像比对白人的面部图像表现出了显著的更消极的反应。最后,另外一项包括亚洲人面部图像的研究没有发现对黑人面部图像的偏见。这一结果意味着对黑人面部图像的反应并不是简单的针对外围团体的反应;这些对黑人面部图像的反应是独特的。

阿莫迪奥、哈蒙-琼斯、迪瓦恩、科廷、哈特利和科弗特(Amodio, Harmon-Jones, Devine, Curtin, Hartley & Covert, 2004)成功地验证了黑人—白人头像启动/枪—工具研究的结果。与白人头像出现相比,当枪伴随着黑人头像出现时,被试确认枪的速度更快,当工具伴随着黑人头像出现时,被试确认工具的速度更慢。与伴随着白人头像相比,当工具伴随着黑人头像出现时,被试易将工具误认为枪。但是与伴随着黑人头像相比,当枪伴随着白人头像出现时,被试容易将枪误认为是工具。更重要的是,测量了当被试将工具误认为是枪时,由这种错误产生的冲突时的脑波反应,"结果发现伴随黑人头像出现的工具被误以为是枪时造成的脑波反应大于伴随白人头像出现的工具被误认为是枪造成的脑波反应"(p. 91)。在对种族偏见错误出现强烈的脑反应的情况下,发现实验结果验证了早期黑人头像—白人头像/枪—工具研究的结果。这种验证的结果与脑反应之间的联系表明,判断错误反映出的种族主义是潜意识的。

最近,迪瓦恩及其同事试图发现高 IMS—低 EMS 一类人的反应机制,甚至是在对种族偏见的微妙—内隐测量中,高 IMS—低 EMS 的被试也没有表现出种族主义。神经科学研究更为关注可能涉及错误检测和随后的错误控制的脑部区域的发现,这些神经科学研究可能揭示了相关的作用机制。这一研究发现,前扣带皮层(Anterior Cingulate Cortex, ACC)(大脑皮层额叶的一部分)用于检测产生冲突的错误,并向前额叶外侧大脑皮层(Lateral Prefrontal Cortex, LPFC)发出信号,提示它谨防重复错误(Kerns, Cohen, MacDonald, Cho, Stenger & Carter, 2004)。我们可以将 ACC 称作错误检测器,将 LPFC 称为避免出现更大错误的调节器。例如,呈现给被试一个用红色墨水书写的单词"黄色",要求被试报告墨水的颜色,单词—颜色不一致的冲突提高了 ACC 的兴奋性,并给 LPFC 发出警报。如果呈现一个不一致的单词—颜色(用红色墨水书写的单词"黄色"),立即再呈现另一个(绿色墨水书写的单词"蓝色"),这时 LPFC 调节器会降低反应时间,即正确反应为"绿色"的时间会比第一次作出"红色"反应的时间快。通过功能性磁共振成像(functional magnetic resonance imagery, fMRI)的记录,在第一阶段对 ACC 的记录结果能够预测第二阶段对 LPFC 的 fMRI 记录结果。这一结果表明,与其说 LPFC 能够正确地报告颜色,不如说 LPFC 具有控制读出单词这一错误倾向的作用。阿莫迪奥、迪瓦恩和哈蒙—琼斯(Amodio, Devine & Harmon-Jones, 2004)开发了一种脑波指标,这种脑波指标能显示出 ACC 检测器/LPFC 调节器对错误进行控制的作用机制。将被试划分为高 IMS-低 EMS(通过以前的研究,假设他们具有良好的调节器),高 IMS—高 EMS(不良的调节器)和低 IMS(无调节器),用这些被试重复了佩恩的枪—工具实验。依照反应时间和错误的测量,结果几乎与佩恩及其同事、迪瓦恩及其同事的结果完全一致。更重要的是,阿莫迪奥及其同事(Amodio et al., 2004)发现,只有对于"良好调节器"的被试,他们在前意识水平进行控制的脑波指标会出现如下现象:与黑人头像—枪组合呈现时相比,当黑人头像—工具组合呈现时(工具可能被误认为是枪)被试的脑波指标会较高。当呈现黑人头像—工具时,不论与不良调节器还是与无调节器比较,良好调节器均表现出了表明控制反应的较高的脑波振幅。因此,良好调节器"一般对产生与偏见相关的错误的可能性较为敏感(例如,对黑人头像—工具的呈现物反应为枪)"……"在努力阻止出现类似错误的这种前意识控制机制方面,良好调节器可能会很有效"(引自 Patricia Devine,私人交流,2/23/04 和 2/22/04)。

许多神经科学研究直接指向杏仁核的反应,这个部位可能是大脑皮层下面最重要的情绪中心。费尔普斯及其同事(Phelps et al., 2000)获得了内隐联想测验反应,眨眼惊跳反应(两种都是对种族主义的内隐反应的测量方法)和现代种族主义分数(Modern Racism Scores)(一种对外在的或意识层面的偏见的测量)。这三种种族偏见的指标都与杏仁核的 fMRI 记录存在关联。对于两种内隐测量和杏仁核记录来说,白人和黑人头像是启动物或刺激。他们发现杏仁核记录与内隐联想测验反应、眨眼惊跳反射呈正相关,但是与现代种族主义分数不存在相关。反映出种族主义的微妙—内隐反应至少部分地、间接地受到大脑最重要的情绪中心——杏仁核的调节。同时偏见的意识——外在的表现与杏仁核的兴奋性无关。

法齐奥及其同事和迪瓦恩及其同事的工作表明,甚至是在测量微妙—内隐的反应中,白人都能够掩饰种族主义的部分原因是他们与黑人的交往历史确实非常愉快。普兰特和迪瓦恩(Plant & Devine, 2003)报告了这样一种可能性:通过评估与黑人相互作用过程中白人被试的反应,将这种反应作为他们报告的与先前黑人相互作用的质量的函数。结果显示,先前与黑人的接触越积极,越没有必要避免与黑人相互作用;对这种相互交往越没有敌意,与黑人相互交往时产生的焦虑就越少,而且对相互交往过程中掩饰偏见的结果的期待就越积极。先前与黑人的积极接触可能确实能解释这种白人的存在,我们大部分人的头脑中存在消极的种族行为模式,而至少在控制这种行为模式的影响方面,他们看似没有受到种族主义的影响。对这类人的研究能够帮助我们找寻减少种族主义的方法。

"种族"差异

441

奥尔波特(Allport,1954)一直对所谓的种族差异的争论非常感兴趣,这种争论聚焦"人类存在不同的类型,并且可分为由好到坏的不同等级"的观点。有一种观念认为一种"种族"与另一"种族"存在很大差异,而在同一种族中,人们的差异不大,这种观念使得思想和生命本身变得更为简单。这样也非常令人满意:某人可以宣称自己的种族是"最好的",并认为其他种族的成员一律很差。

奥尔波特认为,性别能反映出我们对种族作出怎样的反应。"人类的本性在性别方面只有一小部分是有差异的……在很大比例上,人类的物理的、生理的、心理的特质都与性别没有联系。"(p. 109)然而,尽管没有证据证明男女在某些关键特质(例如 IQ)上存在差异,但是"妇女经常被认为较差,应该呆在家里……并且她们被剥夺了男人所拥有的许多合法的权利和特权。她们被赋予了特定的角色,性别基因差异并不能解释这种性别角色赋予的正确性。种族问题也是这样"(p. 109)。在许多研究中,我们却总是关注自己习惯性夸大的性别差异(Allen,1995;见 Eagly, 1987)。

奥尔波特是"种族"问题研究的先驱者,他提出了关于这一概念的两个要点。第一,世界上的大多数人都是"混合血统";因此,无法对大多数人进行种族归类。第二,"大多数描述种族的人类特征都是……[实际上是]行为准则,而不是种族的特征"(p. 113)。今天,"种族"的有效性再次受到了质疑(Allen,2002,2003;Cavalli-Sforza, Menozzi & Piazza, 1994;Katz, 1995;Weizmann et al. , 1990;Yee et al. , 1993;Zuckerman, 1990)。卡瓦利-斯福扎(Cavalli-Sforza, 2000)是一位德高望重的遗传学家,他曾在世界大部分地区进行了探测,试图找到关于"种族"的遗传学证据,但是都没有成功。遗传学家克雷格·文特尔(J. Craig Venter)是染色体研究团体的带头人,染色体研究团体是一个私人团体,曾首次详细描述了基因组。为了证明这一观点,本特尔分别从一个黑人、亚洲人、拉丁人和某些白人身上获取基因,结果发现"种族"并不存在(Recer, 2000)。现在,如果将"种族"用于人类,需要满足三个条件:(1)界定民族间的差异时必须建立双方都同意的差异标准,这个差异标准必须标明一个种族与另一种族之间明确的界限(例如,毛发的特征和面部骨骼的结构);(2)"种族"内的变异必须符合种族内一致的假设(例如,种族内 IQ 的变异远远超出种族间在平均 IQ 上的差异);(3)种族间重叠的部分必须与"种族"确实存在差异的假设一致(在任意的心理因素方面,任意两个种族的差异分数都将存在很大的重叠;Allen & Adams,1992)。事实上,这些条件都不能得到满足。马多克斯和格雷(Maddox & Gray,2002)可能是最早阐述以下观点的研究者,尽管我们总是混淆他们,但是不同"种族"和肤色的人都拥有自己的生活。通过使用先进的计算机技术,他们随意地改变"种族"和肤色。三个白人和三个黑人讨论某些问题(种族的条件)。三个肤色较浅的黑人和三个肤色较深的黑人也在讨论这个问题(肤色的条件)。"其他团体"中的成员都很相似,如果发言者是同一种族或者同肤色团体的成员时,作为观察者的白人或黑人分不清意见的差异。相反,如果对话者是不同肤色或不同种族的成员时,观察者相对容易地确认是谁说的。我们可能有将相同"种族"的人混在一起的倾向,也可能有将相同肤色的人混淆的趋向,但究竟是什么原因导致我们经常混淆他们。

442 刻板印象

奥尔波特认为,偏见影响着我们的思维和情感。偏见与某种信念的发展有关,这种信念假设一个团体的所有或者大部分成员都具有某些特质。我们将这种类型的信念称为**刻板印象**(stereotypes)。刻板印象即认为一个团体的成员都具有某种特质的这种夸大的信念;"刻板印象的功能是使我们对那个[群体]有关的行为合理化"(p. 191)。这种信念可能就是对待他们的"原则的核心"。在过去的岁月中,犹太人在欧洲被认为是"金钱的操纵者",而这仅仅是因为他们只被允许在少数行业谋生。问题是这种诚实的观察却变成了"大多数[或所有]的犹太人沉迷于聚敛金钱"。虽然这可能是刻板印象的"原则的核心",但是任何较大团体的大多数人都拥有某种特质这一假设通常都是错误的(除那些定义该团体的特征之外;例如,所有的天主教徒都信奉天主教)。

奥尔波特在他 1954 年的那部著作中,列举了白人眼中关于黑人的行为特质:愚钝、道德未开化、情绪不稳定、过分武断、懒惰、喧闹、盲从于宗教、赌徒、着装华而不实、罪犯、暴力、生育大量子女、工作不稳定、迷信、随遇而安、愚昧无知、爱好音乐。为了了解这些刻板印象可能会发生怎样的变化,要求 81 名在校大学生写出五个单词描述黑人(Allen,1996),63 个黑人学生给出了相同的说明。其他的大多数单词经常被用于描述黑人。

白人观念中关于黑人的行为模式仍然很消极。虽然很多内容相同——"爱好音乐"和"很吵"(喧闹的)——但是有许多变化。现在认为黑人"幽默"并且"热爱运动"。黑人认同白人所说的"不受约束",但认为提到"热爱运动"的次数不够,并且认为白人遗漏了"聪明"。

与大量其他刻板印象的研究不同的是,这一研究要求黑人描述关于白人的刻板印象。(通常研究并不会询问黑人,或者只对具有各种各样种族的白人进行评估,而不是针对全部白人。)结果表明,黑人和白人很少具有一致的意见。与白人对自己的评估相比,黑人对白人的评定更消极。两者都认为白人非常"贪婪"并且"精明",而且在这一概念上白人的观点更为极端。这一次，白人认为自己"懒惰"，但是黑人并不这样看待白人（黑人很少使用"懒惰"这个单词）。白人也认为自己"聪明"，但是黑人并不这样认为。这些结果是经过一定的程序获得的，这些程序具有特定的优点。程序的一个优点就是，被试从他们自己的词汇中找出这些单词，这要比从某些限制的并且可能是基本的列表中找出单词要好得多。研究的这一点可能也说明了研究结果不是在先前研究的基础上得出的，例如白人被认为是"堕落的"、"偏见的"和"残忍的"，黑人被看作是"友好的"、"有趣的"和"幽默的"。

偏见人格图的绘制

高偏见个体的特质可以用一个短语来概括：危险定向（threat oriented），部分原因是他们将世界看成了一个充满危险的地方（Lambert，Burroughs & Nguyen，1999），然而，很多危险是来自他们内部。偏见的人"好像老是担心自己、畏惧自己的本能、担心自己的意识、害怕改变、担心社会环境"（p.396）。用另外一种方式来说，持偏见的人忍受着"残缺自我"的折磨。通过对其他团体压迫，他们才能确保自己的社会地位不受威胁。

下面提及的都是奥尔波特认为一般有偏见的人通常都具备的一些特质。这些思考与下面这个问题有关："如果大部分白人接受他们的文化时也吸收了其中的种族主义，那么为什么仅有相对很少的一部分人被证明为种族主义者？"（高偏见）部分答案可能是因为与他们的教养方式和童年经历有关。这些方式和经历可能对种族主义起作用，将种族主义从某些人的人格边缘拖到了人格核心，并且将他们拖入了"种族主义者"的圈子。

托尔斯-施文和法齐奥（Towles-Schwen & Fazio，2001）发现控制偏见的表达有两种动机，这个发现支持了上述论点。第一，抑制偏见的表达以避免争论，这与父母存在偏见呈正相关，与在中级学校时和黑人的较少但不愉快的接触有关。（存在这种动机的人们可能更认可，"如果我参加一个班级讨论，一个黑人学生表达了他的看法，但他的看法与我的不一样，我就会犹豫是否要说出我的观点。"p.163）这些偶尔的早期经历可能是偏见形成的母体，与黑人发生不愉快的接触则是种族主义倾向形成的基石。相反的经历则可能阻止种族主义倾向的形成。然而，与论点一致的是种族主义普遍存在，在内隐的反应时间测量中，斯蒂文和法齐奥的白人被试对黑人表现出了否定的反应，这一测量结果与多维迪奥、盖特纳及其同事的结果是一样的。进一步说，他们的测量分数不是与动机类型有关，就是与避免显示偏见有关。然而，近期托尔斯-施文和法齐奥（Towles-Schwen & Fazio，2003）又进行了一项研究，研究调查了关注（concern）和抑制（restraint）之间的关系，调查涉及在与各种各样的人（包括黑人）的相互作用过程中，被试相互作用的期望值和参加的舒适度。对白人被试来说，关注程度越高，预期与黑人相互作用的期望值/舒适度越高。虽然结果没有达到统计上的显著水平，但是他们也报告了抑制的低分与高期望值/舒适度之间存在关联的趋势。而且与艾伦（Allen，1975）的结果一致的是，不考虑关注程度和抑制，如果事先没有清楚地说明：怎样相互交往和相互交往要求亲密，白人参与者在预期与黑人同伴相互作用时，出现较低的期望值/舒适度。

　　对父母的矛盾心理。一种类型的"主义"与其他类型的主义存在相似之处,奥尔波特(Allport,1954)经常用反犹太主义作为"主义"的一个典型。研究者发现反犹太主义的女学生对她们的父母怀有矛盾心态。她们公开赞扬父母,但是同时在投射测验中,这些女生暗暗地对父母怀有敌意。忍耐力强的被试则相反:她们公开责备自己的父母,但是投射测验表明他们并没有针对父母的潜在敌意。偏见学生对父母的敌意可能源自童年主要的教养方式——顺从、惩罚、行为上或恐吓性的拒绝。

444　　**道德教育**(moralism)。奥尔波特提出,如果从非常关注整洁和礼貌的方面来看,偏见很强的人具有很强的道德观念。当反犹太主义的学生被问到"什么最让他们局促不安"时,他们"会回答说在公共场合违反社会习惯和公约,而无偏见者的回答会更多地涉及私人关系不足"(p.398)。这也与儿童教养实践有关。偏见者的父母会因为孩子对自己的生殖器感兴趣或者攻击父母而严厉地惩罚孩子。结果这些孩子通常恶贯满盈,当再次提起他们违反道德的所作所为时,他们表现出自我痛恨的情绪。长大成人后,他们压抑自己对其他团体的敌意,并且他们这种严格的道德感是他们拒绝那些团体成员的根源。

　　一分为二(dichotomization)。高偏见者看事情只有黑和白那样简单。这是好的,那是坏的;这是对的,那是错的。个体这种一分为二的倾向是父母促成的,父母将态度绝对地分成赞同和不赞同:儿童所做的每一件事情非对即错,没有中间地带。并不奇怪,成为成人后,他们将人们只看作两类:一类可以接受,另一类不可接受。

　　确定的需要(need for definiteness)。奥尔波特认为,通过偏见者独特的认知过程能够区别出偏见很强的个体。与他们将每件事一分为二的趋向一致的是,他们表现出了另一个关键特征。高偏见的个体不能忍受模棱两可的事情(tolerance for ambiguity),这种认知倾向要求:所有的事情必须能够清楚地从其他事物中区分出来,问题必须具备确定的答案,问题需要有基本的解决方法。简而言之,有偏见的人希望每一件事都轮廓鲜明,没有灰色区域。与这种倾向性相一致的是,彼得森和雷恩(Peterson & Lane,2001)发现一种偏见的类型——右翼独裁主义者(right wing authoritarians,RWAs),如果右翼独裁主义者主修大学文科,那么他们的年级平均分很低。他们认为大学文科题目模棱两可,这可能导致了他们较差的表现。奥尔波特认为偏见者具有强烈的确定需要,受奥尔波特这种思想激发,沙勒、博伊德、约翰内斯和奥布赖恩(Schaller,Boyd,Yohannes & O'Brien,1995)发现,有偏见倾向的人形成错误的刻板印象,这种刻板印象的形成与高度结构化的个人需要呈正相关。

　　表面化(externalization)。奥尔波特认为高偏见的人缺乏自知力。他们看不到自己的错误;他们将自己投射到他人身上去。进一步,"事情就向那个方向发展了"(p.404)。用霍妮的术语讲:他们总是归咎于外因。与其认为他们运用自身的资源控制了与己有关的事,不如说他们相信命运控制了自己。罗特将这些人划为表面化的一类。奥尔波特解释说:"为避免自我参照(self-reference),最好和最安全的方式是个体处于内在冲突中。与自己引发的事情相比,最好多考虑一下发生于自己身上的事"(p.404)。而且偏见个体通常将惩罚也归为外因:"不是我憎恶和伤害他人;是他们憎恶和伤害我"(p.404)。

　　制度化（institutionalization）。奥尔波特认为高偏见的人喜欢秩序，尤其是社会秩序。在制度化的身份中，他能获得安全感和确定性。"集会处、学校、教堂和国家可能是他在个人生活中应对焦虑的防御物。向它们倾斜使得他避免向自身倾斜。"（p. 404）而且，与无偏见者相比，高偏见者更倾向于制度化。反犹太主义的女大学生在大学女生联谊会中表现得更拘束，更爱国。爱国的人无需存在偏见，而奥尔波特找到证据证明高偏见的个体却总是超级爱国者（super-patriots）。为答谢对他们俱乐部的财政支持，奥尔波特做了一项调查，在这份调查中，俱乐部的成员完成了一份冗长的信念调查表。他测查了很多变量，但是只得出了一个共同特质：民族主义，阿德勒、弗罗姆和埃里克森都曾经谴责过这种倾向性。奥尔波特很快指出"民族"对于这些人的意义并不是它对于大多数人的意义。当大多数人想到民族时，人们脑海中浮现的是人民、宪法的原则和土地。而偏见者将"民族"看作保护他们免受异族人伤害的东西，将"民族"看作维护自己地位的工具。

　　独裁主义（authoritarianism）。奥尔波特认为高偏见者在民主的条件下感到非常不舒服。"他们发现个人自由的结果是不可预知的。"（p. 406）他们认为在权力等级制度下生活较容易，因为在等级制度下，每个人各安其位，最上层被权力无边的人占据。一句话，偏见者是**独裁主义者**（authoritarian），他们无比地顺从权力首脑，屈从于强大的权势，而且有一种控制比自己等级低的人们的需要。奥尔波特引用了一项研究，在研究中，当被问到最尊敬的人是谁时，偏见者罗列了多位独裁者例如拿破仑，然而无偏见者却罗列了如林肯那样的人。从偏见者不信任他人也可以看出其独裁主义倾向。独裁者扎根于强大的民族中，这样可以避免使自己陷入怀疑他人的境地。"对偏见者来说，控制这些猜疑最好的方法是建立一个有序的、独裁的、强大的国家，强烈的民族主义是一件好事，希特勒[并不是]完全错误……美国需要……一个强硬的领导。"（p. 407）

　　独裁主义好像曾被当作右翼现象和保守主义现象来分析。事实上，独裁主义更为复杂。克劳斯（Krauss, 2003）曾在罗马尼亚进行了一项独裁主义的研究，罗马尼亚是与早期的苏联结盟的一个共产主义政权。虽然独裁主义与支持苏联模式的共产主义原则有关，但是它与左翼社会主义支持者不存在相关，与右翼激进分子支持者呈正相关，与赞同西方的中立党派呈负相关。

　　怀特利（Whitely, 1999）比较了独裁主义和社会民主倾向（social dominance orientation, SDO），"在一定程度上，个体期望自己能够在中心群体中获得统治地位，在外围群体中处于优势地位"（p. 126）。当社会民主倾向与大多数针对黑人和同性恋者的偏见形式存在关系时，高独裁主义者倾向于将同性恋者定型，并且对他们产生很强的否定感。索西耶（Saucier, 2000）肯定了奥尔波特暗示的观点：独裁主义与保守主义有关。

　　人们就像提到独裁主义一样提到社会民主倾向，事实上，社会民主更像是独裁主义的一个对立物。尽管如此，杜茨基特、瓦格纳、迪普莱西和比伦（Duckitt, Wagner, du Plessis & Birum, 2002）提出了证据证明，这两个概念可能更多地是互补而不是对立关系，因为这两个概念涉及相关但不同的人格维度。通过与美国人和南非白人（南非人）大学生被试一起工作，他们发现"社会一致性"和"身处危险世界的信念"极大地影响了独裁的倾向，对"充满竞争的弱肉

446   强食的世界"的信奉会影响社会民主。关于"身处危险世界的信仰"的发现与奥尔波特对独裁主义的归因一致:不信任他人,需要一个强大民族的保护。然而,这两个概念呈显著的正相关,并且都与民族主义和偏见呈很高的正相关。

一个由法国人组成的研究团队,吉蒙德、当布兰、米基诺和杜瓦蒂(Guimond, Dambrun, Michinov & Duarte, 2003)揭示了社会民主倾向是通过什么样的途径对偏见起作用的。他们发现,对于他们的法国学生被试来说,"拥有一个较高的地位/权力"将通过社会民主产生偏见。"在社会中拥有一个较高的地位/权力"与社会民主呈较高的正相关,而且这与偏见也呈很高的正相关。同时,当社会民主效应消失时,"拥有一个较高的地位/权力"就与偏见没有了关系。因此,一个职位的变量——"拥有一个较高的地位/权力"与个体变量——社会民主相互作用,能够预测偏见。有趣的是,与受到低水平法制训练的学生相比,他们发现受到高水平法制训练的学生的社会民主性较高,而受到心理学训练的学生的情况却恰恰相反。这可能是因为法制训练促进了社会民主,而心理学训练则减轻了社会民主(至少在法国是这样)。顺便提及的是,没有证据证明法国的学生与美国的学生不同。

评价

贡献

与他的专门概念或者整个理论相比,奥尔波特的更为一般的思想似乎影响更大。人们不断地提到他的特殊规律研究法,这提示我们,寻找适用于所有人的一般规律可能并不是了解人的最好方式(Pelham, 1993)。

在行为一致性问题上,奥尔波特的观点较为温和(Zuroff, 1986)。虽然奥尔波特没有发现关于跨情境行为的高水平一致性的证据,但是他立即争论说,这些重复出现的行为足以支持个人倾向的存在。个人倾向这一概念本身就非常重要,因为它说明每个人都比一般被认为的甚至还要独特。奥尔波特觉察到理解人非常困难,因为每个人都与众不同,并且每个人都异常复杂。此外,奥尔波特关于人格发展的观点具有非常深刻的影响。

《偏见的本质》一书的出版是到那时为止偏见研究史上最重要的事件。尽管年代已久,这本书还是不断地被引用,并不断地启发新的研究。奥尔波特认为,政府应适时地组织一些积极的、具有平等地位的不同种族间的接触,不同的种族在接触中相互协作,这种协作有利于减轻种族间的偏见,他的这一观点至今仍为人们所接受(Dovidio, Gaertner & Validzic, 1998;Scarberry, Ratcliff, Lord, Lanicek & Desforges, 1997)。

虽然奥尔波特的特定术语并没有多少经常在人格理论家中流传,但是也有例外。"首要个人倾向、中心个人倾向和次要个人倾向"已经不仅仅是获得口头上的赞同,因为它们指出了一个
447   重要的值得思考的因素:倾向(特质)对个体生活的重要性。"机能自主"影响重大,因为它表明对一个人可能不是特别重要的暂时倾向是如何发展成刻画她/他的特征的长期存在的倾向的。

局限

　　奥尔波特的"理论"可被看成许多微型理论，它们充其量只是很松散地结合在一起。从某种意义上说，他似乎已经骑上马同时向不同的方向岔开去。他确实是提出了一种特质理论和一种人格发展理论，但是没有明确这两种理论之间的联系。同时作为人格理论家和社会心理学家，他研究了多个主题，例如自我和偏见。难怪他没有将他的各种理论完美地整合在一起。

　　奥尔波特强调独特特质，而不是共同特质，这使他脱离了主流。人格理论的主要趋势是陈述适用于所有人的一般原理，并在某种程度上详细说明大多数人具备的特质（大五）。奥尔波特坚持认为每个人都是极端独特的，这使理解人这一任务令人望而生畏。

　　奥尔波特的许多概念之间的界限非常模糊。一个明显的例子是"首要、中心和次要"个人倾向。在同一个个体内部，好像没有具体的依据来确定为什么一种个人倾向是"首要"的，一种是"中心"的，而另一种是"次要"的。还有，一个既定特质可以是共同特质也可以是个人倾向，这也是令人讨厌的。这无助于表明，一个特质（例如"善良"），从某人和从另一个人身上发现时，两者的"内涵"似乎是不同的。那么为什么同一特质当为不同的人具有时会存在差异呢？在某种意义上，奥尔波特赞同个体之间缺乏连续性。每个人都自成一体，必须要用个体所独有的原理去理解其本人。这种观念使得研究个体所需的代价非常大。奥尔波特观点的其他局限都列在视窗 17-6 中。

结论

　　有些人对奥尔波特的特殊规律研究法挑剔抱怨。而其他人（包括我）认为，他正确地理解了个体的复杂性和非凡的独特性。这些观点使我们可以恰当地认为，任何适用于所有人的一般原理的陈述都极难获得证据支持。许多人格理论家的表现让人感觉似乎理解人比理解化学和物理要容易得多。事实上，人类是这个地球上最复杂的实体。敢于面对解释人存在的困难仅仅是理解这些错综复杂的事物的第一步。

　　虽然奥尔波特可能因为提出了一系列微型理论受到了批评，但是提出一个无所不包的宏伟理论有意义吗？毕竟，甚至爱因斯坦也未能成功地创造出一个统一大多数物理力的理论。鉴于人类的复杂性，试图创造一种理论（例如弗洛伊德）来解释大部分的心理问题的确有点天真。甚至创造只限于解释与人格有关的一切事物的理论也未免太过于野心勃勃。考虑到人格领域现有的"最先进的"研究方法，我们能做得最好的可能是微型理论。

　　本书中提到的几个理论家都因他们自身而著称。像凯利一样，奥尔波特受到他自己学生的热情、诚挚的称赞。像罗杰斯一样，他似乎没有因追逐名利而分神；他关注的是人们的幸福安宁。奥尔波特的一生提示我们：真正有意义的心理学理论要能为人类带来利益。奥尔波特的名字没有出现在杂志引用列表上，但是在教材列表上他排名第 18 位，在调查表中他排名第 14.5 位，总体排名第 11 位（Haggbloom et al. ，2002）。

视窗 17-6　奥尔波特和杜波依斯关于黑人经历、偏见本质和刻板印象的研究

非裔美国人社会心理学家盖恩斯和里德（Gaines & Reed, 1994, 1995）是仰慕奥尔波特的许多人之一。不过，他们认为奥尔波特的著述存在很多严重的缺陷。他们（Gaines & Reed, 1995）将奥尔波特的观点与杜波依斯的社会地位进行了对比，"黑人"的经历只是不同于"白人"经历的一个变量，杜波依斯是一个著名的黑人历史学家，并且他是美国心理学的奠基人詹姆斯（William James）的学生。杜波依斯相信由他们的独特经历而产生的某种两重性塑造了黑人的自我概念。非裔美国人觉得自己是美国人又不是，是国家的公民又不像，是美国梦的参与者但又被那个梦排除在外。黑人常将自己想象成"白人"，媒体和熟悉的白人也经常诱导他们"成为白人"，但是他们又经常被提醒——自己是"黑人"，因此，"白人"的世界不可能接纳他们。从黑人对"扮演白人"的黑人的谴责中可以发现这种两重性相对立的两极。一位非裔美国人通常被假定为"扮演黑人"。通过对这种困境的观察，思考这个问题："如果'白人'被假定为'扮演白人'，你是不是觉得很奇怪？"说起怪异，赶超崇拜者将"扮演黑人"的"白人"看作追求怪异的一种方式。

另一个杜波依斯式的两重性是集体主义和个人主义，集体主义对非洲血统的人来说非常自然，而在美国，白人将个人主义（大部分为男性）看作黑人认为不能"做到"的事情。黑人必须想清楚怎样满足这两个极端。盖恩斯和里德（Gaines & Reed, 1995）也指出奥尔波特也有他的双重性：外在惩罚（责备他人）和内在惩罚（责备自己）。奥尔波特认为，某些黑人是内在惩罚型的，某些黑人是外在惩罚型的。沃什顿以努力安抚白人而著称，杜波依斯是全国有色人种协进会［美］（National Association for the Advancement of Colored People, NAACP）的创立者。盖恩斯和里德认为沃什顿是内在惩罚型的，认为杜波依斯是外在惩罚型的。但是他们仍然感觉二分法是错误的。因为在对黑人压迫的这种环境下，每个人都既有外在惩罚也有内在惩罚。

盖恩斯和里德也反对这一被归因于奥尔波特的观点，即偏见和刻板印象自然地产生于正常的认知过程中。相反，与试图证明可怕的后果是来自残酷的制度一样，偏见/刻板印象源自奴隶制度和它压迫的遗留物。美国的种族主义是有文化基础的，这种文化基础是白人从欧洲带过来的。奴隶和压迫直接产生于这种文化的传入（见 Allen, 1978，与这种观点相同的一种历史的观点）。偏见/刻板印象起源自奴隶制度和压迫。

要点总结

1. 奥尔波特出生于一个温暖而博爱的家庭。他总是很谦逊，对高中和后来学术上的成就都避而不谈。作为家庭中最小的孩子，他跟随着哥哥弗洛伊德·奥尔波特去了哈佛大学。在那里，他与心理学的第一次接触并不很愉快。但他仍然接受了心理学，并取得了哈佛大学的博

士学位。尽管奥尔波特的理论不是人本主义的,但他积极倾向于存在主义——人本主义的一个组成部分。

2. 与别人不一样,奥尔波特是崇尚特殊规律研究取向的,倾向于研究每个人的独有特质。这种研究特殊规律的观点目前正日益受到青睐。他也是相互作用论的先驱。对奥尔波特来说,弗洛伊德的潜意识正如行为一致性一样被过分强调了。形容词生成技术来自奥尔波特放弃一般方法而转向对理解人起作用的方法。人格是决定独有行为和思想的心理物理系统的动力组织。

3. 特质具有使许多刺激等值并引导适应性行为的能力。特质不是习惯或者性格,但可能是共同倾向或个人倾向。当被附于某一特殊个体而非一般人群时,特质会具有不同的含义。首要、中心和次要个人倾向在人格内部居于特质的中心。奥尔波特的人格发展阶段理论是建立在统我即"被感知和认识到的我"基础上的。"躯体我"指的是对身体的感觉。自我同一性是自我在时间上的延续性。

4. 自尊是一个人为自己的追求和成就感到骄傲。在自我的延伸中,自我扩展到包括环境中的重要因素。自我意象由依据他人期望发展的希望组成。理智能够解决头脑中的问题。统我追求是指为未来做好计划。在成熟人格中的自我拓展以机能自主为基础。与成熟他人的热情交往是基于亲密和同情。

5. 自我接纳需要理智地控制冲动和较高的挫折容忍力。对实用技能、内省和幽默的实际知觉是成熟所必备的。自我嘲笑是告诉他人,我们有内省能力。统一的人生哲学是指指导性。成熟的、内在驱动的宗教情操是人格成熟必不可少的要素。外源性动机者倾向于具有偏见且富有竞争性,而高内源性动机者具有与良好的心理和生理健康有关的特质,尽管他们是自我欺骗的印象管理者。

6. 最近研究表明,信奉宗教与良好的身体健康存在直接相关。一般的道德心与自我选择原则有关,而与过失无关。奥尔波特认为,偏见是基于错误概化而产生的反感。从经验论角度来说,偏见就是人们所说的歧视。甚至那些自称没有种族歧视的"白人"在作出需要高亲密感、承诺和持久的选择时也会表现出偏见。

7. 潜在的种族主义可能是为什么几乎大多数人都在某些方面存在歧视的原因。内隐测量(比如口音、当种族不作为一个议题时陪审团的决议和"启动")表明,甚至是"低偏见"的白人也存在种族歧视。多维迪奥和盖特纳发现,内隐测量之间存在相关,但是内隐测量与外显测量不存在相关。外显测量倾向于彼此相关,但是与内隐—外显测量不存在相关。奈尔和德克尔发现当与黑人接触时,只有政治自由主义者表现出强烈的生理反应。

8. 种族差异可能被简约为文化传统的差异,因为"种族"是一个存在问题的概念,它受到某些受人尊敬的遗传学家的谴责。按种族划分团体需要具备三个条件,但是这三个条件没有得到满足。刻板印象是指认为一个群体的大部分成员共同具有某种特质,它可能包含某种真理,但是如果被应用于一个大群体中的所有成员时就会发生错误了。黑人的刻板印象仍然很消极,但是在内容上已经有了很大改变。

9. 一项黑人对白人归因的研究揭示出了多个消极刻板印象。带有偏见的人格是"威胁倾向的"。有证据表明,对父母偏见水平以及父母与黑人接触的数量和质量的感知,可能对自己是否会成为种族主义者产生影响。斯蒂文和法齐奥发现,对偏见表现的关注与在和黑人交往时的意愿/舒适感呈正相关。偏见者对他们的父母存有潜在的敌对感,并且具有极强的道德观念。多个"枪—工具"研究表明,黑人手中的工具总是被误认为枪。更具体地说,在"录像游戏"中,与白人相比,无武装的黑人更可能遭到"射击";武装的黑人比白人更快地遭到"射击";对于无武装的黑人被试应按"不射击"的按键时,被试的反应非常慢;当黑人持枪时,被试容易将枪与无害的物品混淆;黑人市民比白人市民更可能遭到"射击"。偏见者将任何事都一分为二;具有明确界定事物的需要并且如果他们的主修专业缺乏这种明确的界定,那他们在大学中会表现很差;倾向于将他们自己的敌意外化;忠实于他们的风俗制度,尤其是"民族"。独裁主义与保守主义有关,并且表现出了一种与社会民主倾向不同的偏见和歧视模式。社会民主倾向高的美国人和南非白人可能表现出"坚强的性格"和"竞争性",而高独裁主义者表现出社会一致性并且相信世界充满危险。

10. 当根据"种族"划分时,白人更喜欢不招人接受的白人政治家,而不接受受人喜欢的黑人运动员。迪瓦恩的团队发现,高内化—低外化的白人是在内隐—含蓄内隐联想测验中惟一一个没有对黑人作出消极反应的群体。在对黑人作出眨眼和脑波反应的消极反应中,这个群体同样是例外。他们还发现这个群体的潜意识脑反应表明,他们迅速控制了偏见的内隐反应。杜波依斯用双重性术语描述了黑人经历的独特性:是美国的一部分但受到排斥的;集体主义和个体主义。他还主张偏见和刻板印象是由奴隶制度产生的并且是压迫的产物。奥尔波特在"行为一致性"上持温和态度,并且他的"人格发展"具有影响力。《偏见的本质》一书是一个里程碑式的贡献。他的某些具体的概念确实很有用,但是他的理论确实是多个微型理论组成的。他对个人倾向的强调使得他脱离了研究的主流,并且三种个人倾向之间的界限非常模糊。然而,他对人的独特性和复杂性的强调可能与事实相符。他的热情和关怀使其格外引人注目。

对比

理论家	奥尔波特与之比较
弗洛伊德	他认为弗洛伊德挖掘得太深,但使用了他的某些术语。
弗罗姆	他的经济倾向性与弗罗姆的市场类型相似。
默里	在潜意识重要性上,他与默里存在分歧。
马斯洛	他们都提到了多重动机。
凯利	与凯利一样,他接受了"一次一人"方法。
卡特尔和艾森克	他不同意他们强调共同特质。
罗特	他的偏见者与罗特的外控者相似。
霍妮	偏见者表现出了她的"外化"。

问答性／批判性思考题

1. 奥尔波特在哪些方面像他的父母？

2. 嘲笑自己是不是延伸得太远了？

3. 你能描述一些书中没有提到的种族主义的内隐指标吗？

4. 偏见者的"界定"需要是如何与他们的偏见联系起来的？

电子邮件互动

通过 b-allen@wiu. edu 给作者发电子邮件，提下面列出的或自己设计的问题。

1. 告诉我自己是多么独特。有没有很像自己的人？

2. 奥尔波特似乎想要提倡宗教。告诉我他是不是这样的。

3. 如果说白人文化中的种族主义是错误的，那么什么是正确的呢？

人格理论将走向何方

- 如果"特质"概念被抛弃,什么将会取代它?
- 人格研究面临的方法论问题是什么?
- 关于人格,我们能确切知道什么?

潜在假设

无论是外显的还是内隐的,潜在假设都是支撑每一理论的基础。人格理论可以根据其假设区分开来。摆出假设就可以揭示理论的优点和缺点,并且可以展示每一理论独有的假设模式。

时间定向:过去、现在和未来

不同的理论有着不同的时间定向。一些心理学家认为我们的所做、所想和所感取决于过去,有时是遥远的过去发生在我们身上的事情。另外一些心理学家认为,目前正在发生的事情是我们理解他人而惟一需要知道的事情。还有一些心理学家认为,人们预期未来的尝试决定着他们现在和未来的思想、情感和行为。

当然,弗洛伊德几乎只关注过去,斯金纳也是如此,只是程度稍轻一些罢了。二者的区别在于,斯金纳只考虑能用感官感知到的东西,而弗洛伊德专注于无法用感官感知到的精神实体。其他人,例如荣格、霍妮、沙利文、默里,可能还有埃里克森,追随弗洛伊德集中探讨起初可能有某些外显表现而最终未能观察到的过去影响。卡特尔和艾森克着眼于过去,因为他们认为我们生而具有或在生命早期形成的特质决定着我们的现在和未来。

453

"现在"是人本主义者及其志同道合者(如存在主义者)更为关注的对象。未来取向相对较新,它起源于认知心理学。凯利是认知革命的一位领导者并且是强调未来的先驱之一。他认为,人们的所做、所想和所感是为预期未来服务的。同时,他反对现象学家对"即将流逝的一瞬"的近乎迷恋。阿德勒走在他那个年代的前列,强调"未来目标"。罗特、米歇尔和班杜拉加入到他的行列,假设人们对未来的预期驱动着他们目前的思想、行为和情感。

意志自由吗

　　毋庸置疑,弗洛伊德认为我们受自己无法领会的力量驱使。我们的本我和驱力促使我们做我们所做的事情。荣格同意该观点,但是他认为是我们祖先遗留下来的过去经验,而不是我们性欲化的潜意识,造就了现在的我们。在某种程度上,默里同意他们的观点,但他更倾向于赞同弗洛伊德的潜意识因素。人本主义者处于另一个极端,他们和存在主义者相信人类不仅能够而且必须掌控他们的生活。所有的认知人格心理学家都倡导这样的观点:在很大程度上,人们能够通过操纵他们自己的认知过程来决定未来发生在他们身上的事件。班杜拉在论及"个人主体性"时明确认可自由意志。一些学者认为斯金纳采纳了最终的决定论立场。与此相反,他认为我们能够安排好自己的环境,以便我们能够获得需要的结果。但是,如果这样做,我们就又要受自己创造力的控制。

意识和潜意识

　　无论是明确地还是含蓄地,人格理论家都强调意识或潜意识。弗洛伊德是十分明确的:正如他的冰山类比图所表明的,潜意识占据了大部分心理或心灵空间。正是潜意识使我们有所为、有所思和有所感。荣格、霍妮、沙利文和默里也认为潜意识有显著的作用。相反,斯金纳嘲笑所有的心灵主义概念。他承认"意识",但认为在理解对他来说至关重要的、惟一的心理影响因素——行为时,无需考虑意识。是否存在潜意识是个不值得探讨的问题。

　　包括存在主义者在内的人本主义者强调意识。现在"意识到"什么对他们来说是极为重要的。奥尔波特不完全反对潜意识,但他警告在尽力理解人的时候不要"挖掘得太深"。在挖掘心理的过程中,一个人可能正好错过了真正重要的东西。社会认知心理学家罗特、米歇尔和班杜拉通过强调人们的思维过程含蓄地认可了意识。他们很少提及潜意识。卡特尔和埃里克森虽然对弗洛伊德的某些暗指潜意识的概念给予了口头支持,但他们却将重点放在了别处。艾森克只对与个体生理方面相关的概念感兴趣。最后,弗罗姆通过在文化水平上而不是在个体水平上建构理论,超越了关于意识与潜意识的整场争论。

发展阶段

454

　　弗洛伊德"阶段"的使用为人格心理学家设定了一种研究趋向。荣格沿用了这一套思路,沙利文也是如此,但是埃里克森有了创新和发展。除了弗洛伊德,没有哪位心理学家的发展阶段理论能获得比埃里克森的极其重要的人生阶段理论更多的关注。埃里克森使绝大部分心理学家相信人格发展是一个贯穿终生的过程。奥尔波特通过给自我的发展过程作因素分析扩展了人格的发展阶段。

人性:"好"还是"坏"

弗洛伊德学派因将"人性"描述为"坏的"而著称,他们将人性看作自我中心的、追求快乐的一束一束的冲动。人们被认为不能控制他们的生活,并且除了他们自己外,不关心任何事情。虽然荣格对人性持一种略微乐观的态度,但霍妮、沙利文和默里则对人有着同样悲观的理解。弗罗姆对人性的看法也是相当悲观的,尽管他将他的虚无主义限定在人的社会性方面。卡特尔和艾森克也贬损人性,他们赞同遗传的观点——人们主要是由他们的基因来塑造的——这意味着只有极少数人是聪明的,并因而是有价值的。正是人本主义心理学家——尤其是罗杰斯——明确地用积极的眼光来看待人性:人是"值得尊敬的"、"有价值的"并且能够决定他们自己的生命过程。马斯洛同意该观点,但是比较含蓄。社会认知理论家对人持乐观态度,就像奥尔波特。尽管斯金纳的名声与实际不符,但他对人也持相当乐观的态度。他认为,人类能安排好他们的环境,以便使诸如暴力、剥削、战争和贫穷这样的悲剧能够被消除。

内因还是外因

当然,弗洛伊德认为内部因素决定人们的所做、所思和所感。荣格、霍妮、沙利文和默里同样这么认为,他们都是潜意识、焦虑或神经症的迷恋者。虽然卡特尔偏爱被称为"特质"的内部实体,而不是潜意识驱力,但他仍属于"内部"阵营。与他同道的特质理论家艾森克也可以被认为是倾向于内因的,但是他的生物倾向对他的这一内部转向起了主要作用。阿德勒的社会定向使他更多地指向外因。出于几乎同样的原因,弗罗姆基本也坚持这一假设。凯利和米歇尔都倾向于内部原因,因为他们都是认知人格理论家,尽管他们都考虑到了"情境"。相反,罗特和斯金纳都十分依赖外部事件,即"强化",尽管他们对强化的理解不同。奥尔波特,既是社会心理学家又是特质理论家,即强调内因又强调外因。然而,班杜拉是惟一一个同时在内外因上都建构了明确的基本理论的心理学家。

两极性:异极相斥

荣格或许是许多心理学家的领导者,他认为每一种心理特征都沿着一个维度由一极滑向相反的另一极(例如,外倾—内倾)。特质理论家,例如卡特尔、默里、艾森克和奥尔波特都认同
455 这一观点。埃里克森的危机极点符合两极模型,凯利的构念也是如此。其他心理学家至少在他们的几个概念上呈现出两极性:阿德勒(自卑感—优越感)、罗特(内控—外控)和斯金纳([一种反应的]获得—[一种反应的]消退)。

哲学的还是实证的

一些人格理论更多地隶属于哲学,而不是一系列基于实验证据(通过客观观察获得的数据)的规范命题。弗罗姆的观点可能是最明显的例子。他接受过哲学和社会学训练,而未接受过实验科学训练。对于弗罗姆来说,马克思至少是与弗洛伊德一样重要的人物。如果假定存在哲学在人本主义理论中处于核心位置,那么人本主义者也可以归入哲学范畴。然而,罗杰斯

是在治疗期间搜集有关来访者的观察资料的先驱,马斯洛则接受过严格的科学训练。然而,两人都没有做过很多研究。霍妮和沙利文的理论更多地属于哲学范畴,而不是科学范畴。充其量只能说,他们和默里有权宣称只有对患者的观察资料才能支持他们的理论观点。

显而易见,弗洛伊德仅仅是通过对患者的观察来支持自己的概念,并且他的观察资料不能被称为是"客观的"。荣格也同样如此。与此相反,没有人比斯金纳更倾向于实证。卡特尔也属于经验主义范畴。在某种意义上说,卡特尔就像斯金纳一样是一个严谨的经验主义者。他的理论来源于观察而没有受惠于任何先前存在的理论。在那些从理论出发,得出假设来指导观察的心理学家中,班杜拉、米歇尔和艾森克是最好的例子。

整体论对元素论

经典的人格理论,即弗洛伊德的人格理论和那些作为精神分析的扩展或反应的人格理论(荣格、霍妮、沙利文和默里的人格理论),都倾向于把人肢解为碎片。这些理论的特征包括:本我、自我和超我,或者神经性需要以及真实自我与理想自我,或者自我体系和经验模式,或者心因性需要、行为体和综合体。平心而论,默里呼吁将人作为一个整体来考虑。整体的人包括融合成一个单元的神经生理方面和心理方面,但是他关于人的神经学概念是浅薄的,并且术语表达不清。因此,所能剩下的就只有他的心理学概念了,这几乎不能将人统一起来。事实上,是人本主义者(主要是罗杰斯和马斯洛)而非其他人,从整体的角度讨论人,并将每一个人作为整体的、统一的存在来对待。他们至少还私下里深入研究了人的精神方面。然而,甚至他们对人的"机体"方面的认识也没有公开探讨生物学问题。当卡特尔和艾森克将他们幼稚的"遗传学"运用于人格特质时,他们确实给予了生物学以口头支持。相比之下,斯金纳公然关注行为的遗传基础。他在概念水平上对遗传学的理解是独特的。但是在强调个人因素(包括那些生物学性质的个人因素)以及与人的行为相互影响的外部环境现象方面,班杜拉是领导者。只有奥尔波特在考虑人的社会和个人(特质)方面时极为公开地努力呼吁关注人的精神方面。

遗传原因对环境原因

从遗传的角度讲,脱离基因得以表达的环境来讨论基因是不合理的。脱离在某种程度上建构和改变环境的基因来考虑环境也是不合理的。因此,教条的环境决定论者恰恰和目光短浅的基因决定论者一样固执己见。把遗传因素和其他生物因素与外部环境的影响分离开来的做法将来某一天或许会变得过时。但毫无疑问的是,基因在塑造心理特征方面发挥着作用,人格心理学家将来必须更加充分地考虑这一事实。要这么做,他们中更多的人就必须接受生物遗传学家的训练,以便他们能够寻找真正对人格特征的表达起作用的基因。他们的任务将是极为艰巨的,因为每一种人格形态都十分复杂,并因此可能受到很多基因的影响。然而,未来更为精密的技术,最终会使真正的心理遗传学家详细说明环境和基因在人格特征表现过程中的相互作用。

如果这个观点是正确的,那么将人格机能与得到正确解释的生物学证据结合起来将是未来的方向,而那些旧的人格理论将会与这种日益发展的趋势失去一致。在我们发明能清晰地观察思维、感觉和行为的生理过程的精密方法之前,弗洛伊德、荣格、阿德勒、霍妮和默里创造他们理论的时代就已经到来并渐行渐远。现在我们可以做得更好。诸如 MRIs(核磁共振成像)、PET(正电子发射断层扫描仪)和 CT(计算机辅助断层扫描仪)等新的观测技术帮助心理学家(通常与生物学家合作)直接观察行为、思想和情感与生理之间的关系。将来,这些方法可能会使米歇尔和班杜拉的更为复杂的概念用更多生物学的术语来阐释。目前生物学——主要是遗传学——已经在支持奥尔波特的断言:不存在任何人类"种族"。

特殊规律理论对普遍规律理论

　　普遍规律(nomothetic)理论指的是把相对较少的特征应用于所有人的一般"规律"。相反,特殊规律(idiographic)理论提倡对每一个体的独特特征进行研究,并不试图用少数几个维度来描述他/她的人格特征。乍一看上去,似乎只有一个特殊规律理论家——奥尔波特。他也是将这两种对立的理论取向应用于特质并加以推广的理论家。具有讽刺意味的是,奥尔波特对独特特质的强调产生了一个矛盾:他与普遍规律理论家使用了同样的特质标签,但是他声称,不知什么原因,每一种特质标签应用在不同的人身上时蕴含着至少一种不同的特质。因此,有人会问:"就没有在世的特殊规律理论家吗?"可能至少有一个。米歇尔近期的研究正好适合特殊规律模型,它可以作为这一取向的典型实例。在他的研究中,每一个参与者都要在一系列相同的社会情境下接受行为观察。几乎不变的是,在跨越情境时,每一个参与者都显示了一种使他/她区别于他人的行为模式。这是分析人格的一种复杂的方式,但是它似乎确实能让人们观察并区分出自己和其他人。直观地看,我们知道在不同的情境中适应良好的能力依赖于我们采取的行为,而这些行为要符合在这些不同情境中的过去经验。因为我们每个人在任何一个情境中都有着独特的历史,所以每个人在不同的情境下都会显示出某种稍微不同的行为模式。在不同的情境中,我们表现出极为相同的行为举止,这对于我们绝大部分人来说都是违反直觉的。

　　我想补充一句,凯利可以被认为是一位特殊规律理论家,至少在方法论水平上,这似乎是合理的。他的角色构念库测验一次测试一个人,并且每个人都会表现出至少一套稍有不同的构念。

概念化

　　基本概念的分类因不同的人格理论而有所差异。一些集中于"特质"(蕴含有"状态"的意思),而另一些集中于行为倾向和社会情境。还有一些强调认知,另有少部分探讨气质。

特质

　　我已经公开指出特质概念的一个基本缺陷,特质的概念化已经主导现代人格理论(例如卡特尔、艾森克和奥尔波特的理论,此外有些人说,还有默里的理论)。在特质和状态(状态被认为是与特质在概念上相对应的)之间无法划分出一个明确的界限。情况的确就是这样的,因为没有人能回答这样一个问题:"一种行为达到怎样的表现频率,我们才能够推断一个'特质'的存在,相比之下,一种行为达到怎样的表现频率,我们才能推断出一个想象中罕见的'状态'?"

班杜拉已经间接地指出特质的另一个问题,即它们应该是内部表征的。不幸的是,除了可能在起独特作用的器官如大脑的杏仁核(情绪中枢)激活过程中得以表征之外,没有人能够令人信服地说明它们在个体内部是如何表征的。研究者宣称他们已经发现,最接近的一种特质内在生物表征方式是,它们中的某些是"由遗传决定的"。尽管几乎可以确定的是,某一天将会发现与人格机能相关联的基因,但是迄今为止,运用纯粹的统计学上的方法和令人十分怀疑的遗传学上的方法获得了仅有的一些结果,看起来这些结果是支持这一观点的。研究者还在继续发现特质,例如,"寻求刺激",据称特质是由"遗传决定"的,虽然遗传方法只能把一小部分比例的特质变化归于基因的作用。

行为倾向

与特质对等的一个概念是"行为倾向",困扰特质概念的问题在这一概念上很少存在。一种倾向只是对某些事物或其他事物的一种偏向。因此,我们不需要假定人们倾向于做的某种行为具有跨情境的一致性。由于大脑的运动(行为)区域相对比较好理解,所以行为倾向的"内部表征"并不是问题。而且,状态—特质问题也可以避免,因为在推断一种倾向存在之前不需要假设行为必须具有高频率的表现。这一观点的问题在于,人格的其他方面——例如,情绪——不能由行为来直接表现(情绪可能有外显的行为表现,但是情绪本质上是内在的认知过程)。认知的作用也必须被考虑进去。

认知

认知代表的是与特质不同的另一种理论概念。米歇尔的"能力"、罗特的"预期"和班杜拉的"自我调节过程"都是基于认知的概念,它们避免了那些困扰特质的问题。这些理论家的认知实体是技能(能力)、预期反应(期待)或控制未来行为的准则(自我调节过程)。他们中没有人需要计算行为频率或假定行为具有跨情境的一致性。因此,根据认知观点,人们的独特性——人格——是在认知过程的特殊性中表现出来的,而不是通过他们在不同特质维度上所处的不同位置表现出来的。

气质

另一个比特质更有优势的概念是"气质",卡特尔曾提及过此概念,但后来就抛弃了它。因为气质是十分宽泛的倾向——例如,极度活跃的对平静的和不活跃的——所以在提到气质的时候,不需要将它们中的每一种都与特定的行为联系起来。由之,与行为频率和行为一致性相关的问题就不存在了。此外,依据直觉可以判定,宽泛的倾向似乎更可能存在明显的遗传基

458

础。存在无数种特质在将来更可能"被发现"。如果特质的数量无限大,那么由"遗传"决定的特质数量也是无限大的。这一假设夸大了遗传系统的能力(人类基因组将不得不无限大)。相反,从本质上来说,气质的数量是相当少的(非常宽泛的心理实体其数量肯定相对较少)。一部分气质受到基因的显著影响,这似乎完全合理。

构念

"构念"——一个由凯利推广开来的概念——已经被其他心理学家以不同的方式使用。随着构念更通常地被使用,它成了一个以对事件之间关系的观察为基础的概念,而这些事件(我们可以用感官记录这些事件)是可以用经验证实的。对于凯利来说,构念是一种解释事件或"看待世界"以预期未来的方式。在(使用角色构念库测验的)实践中,构念是两极性的,并因此看起来是类特质(trait-like)的。然而,当一个人记得角色构念库测验是一种获得特殊规律的手段时,一个既定构念(如,受过教育的对未受过教育的)当为不同的人拥有时,就会被认为是不同的。这一观察将构念从特质的背负中解脱出来,却将它们留在了"特殊规律"的困境中:如果每个人的构念模式都不同于其他人,那么如何从构念系统的研究中得出普遍性的规律呢?

情境

激进的特质理论家宣称,在很多不同的情境下,与特质相对应的行为几乎具有完全的一致性,这是十分可笑的。"情境论者"宣称所有人在相同的情境下都会表现相同的行为,这同样是十分可笑的。虽然我们无法确定这些情境论者都是哪些人,但可以确定他们绝大多数应该属于"社会心理学家"。作为一个对社会心理学家非常了解的人,我认为,即使他们不是全部也是绝大多数都会同意一个简单的命题:只有很少的情境具有使该情境下的每个人都表现出相同行为的巨大力量。由社会心理学家米尔格拉姆创造的著名的"服从权威"情境就是一个例子。甚至在那样好的情况下,在权威的命令下也不是所有人都作出相同的反应。大部分被试服从权威,但也有一部分挑战权威。我们发现我们自己所处的情境与我们所具有的特质一样,并不能绝对支配我们做什么。

方法论

依靠案历、轶事和未经证实的概念

没必要在这里重申案历的缺点(例如,对单个个案的观测结果不能推广到一般人)。这在第一章中已经讲过了,并且我还讲到了它们的优点(例如,它们能例证和阐明重要观点)。尽管现代理论家不依靠案历来支持他们的理论,但是经典理论大部分都基于案历。例如,弗洛伊德、荣格、霍妮和默里的理论。先前的理论观点是基于对案历武断和主观的解释,而人格理论家应该考虑逐渐从对这些观点的依赖中抽身出来。弗洛伊德对治疗期间来访者的沉思的解释典型地说明了案历的缺点。

弗洛伊德所宣称的其理论的一些支持证据来自轶事。小汉斯的"案历"就是一个例子。弗洛伊德曾经只与小汉斯有了一个短暂的会面。而关于小汉斯的几乎所有的信息,弗洛伊德都是从其父亲那里搜集到的,其父亲是一个狂热的精神分析爱好者。荣格可能更充分地使用了轶事。荣格自己的个人经历构成了一些他十分看重的故事。当他和弗洛伊德听到从书柜中传出噪声时,荣格"预测"它还会再次发生。它确实发生了,但可以确定的是这是巧合。他预先看到混杂着漂浮的尸体和"文明的瓦砾"的洪水这一灾难场景,被认为是对第一次世界大战的准确预言。轶事还能够例证重要的观点,但是它们不应该被误认为科学的证据。

此外,弗洛伊德和荣格还提供了未经证实的概念如何作为重要真理而被接受的例子。精神分析最基础的假设——要治愈患者,就必须挖掘出埋藏在其过去记忆中的恐惧——似乎来自弗洛伊德的指导者约瑟夫·布洛伊尔的一个患者。安娜 O 显然通过布洛伊尔将这一概念传递给了弗洛伊德。这一概念又是从何而来呢?或许它来源于神话。没有任何支持该概念的切实证据曾经被提出过。类似地,荣格最基本的概念——集体潜意识——显然没有出处(除非可能来自他的想象)。也没有证据证实他所说的集体潜意识这一概念来自一个患者的幻觉。

460

相关还不是因果关系

绝大多数人格研究都是相关研究。也就是说,检验的变量"保持不变":没有对它们进行过任何操纵(没有尝试着有目的地设定任何变量的值)。严谨的研究者不会从未经控制的变量与另一个变量的简单的相关系数来推断它们具有因果关系。然而,对更为精密的相关方法的使用诱导一些研究者作出似乎是因果关系的论断。"路径分析"是一个相对较新的方法,对于一些研究者来说它具有诱人的效果[它的一个流行而复杂的变体是"结构方程模型"(Structural Equation Modeling)]。虽然这种技术看起来十分复杂,但是它的基本目标却相当简单。从一些远事变量(remote variable)经其他变量到某些目标变量的路径可以得到预测(路径也可以从远事变量直接到目标变量)。如果预测的路径可以被观察,那么就可以使用语言来说明,从远事变量到目标变量这一范畴内的因果链被揭示。其中暗含的意思是,远事变量"导致"中介变量的可观察的变化,进而,中介变量又"导致"目标变量的变化。实际上,远事变量的变化在其他变量的变化被观察到之前无论如何都不会发生。一个变量先发生变化,紧跟着引发出另一个变量的变化,这通常是作出因果判断的必要条件。或许研究者应该倒转他们的理论路径:观察沿着逆反路径发现的效果,然后用这些效果阐释(甚或计算)他们的理论路径。或许逆反路径中包含了可以在强度上与理论效果相抗衡的效果。另一种方式的"原因"应该与"理论原因"相一致。在任何情况下,远事变量的变化都不是由某个研究者决定或控制的。在对路径分析的结果及其同类技术解释时陷入因果关系的语言显然是不合适的。当然,问题不在于技术而在于一些研究者对技术的使用。实际上,这个方法是一个十分有效的可供选择的技术,在不可能对变量加以操纵的情况下,该技术会十分有用。班杜拉在对意大利人的研究中使用了该方法的多种形式,并且他对报告的结果十分谨慎。尽管如此,就像在第一章中指出的,在检验因果假设时,实验方法仍然优于相关方法。然而,相关方法有着令人信服的拥护者,并且结构方程模型的进展解决了早期技术存在的某些问题。

与之相似的是,因素分析作为一个确立很长时间的方法,属于相关方法。它从一个相关矩阵开始。正因为一个变量"负荷"在一个特定的因素上并不意味着与这个因素有关的某些东西导致了该变量的变化。此外,观察到几个变量在一个因素上都有负荷的情况也不能说明变量之间存在因果关系。最后,正因为两个变量负荷在不同的因素上并不意味着它们是由不同的因素"导致"的。

实验已经走到何处

就像我在本书中所指出的,人格心理学家很少做真正的实验:他们很少操纵一个变量然后观察其他变量是否受到影响。很多人格心理学家——尤其是特质理论家——忽视实验的可能原因是,他们假设人格变量在生命初期就已经被设定好了,因此不可能去操纵它们。对这一"规则"而言,艾森克是个例外。

如果暂且不考虑人格变量是不可变的假设,那么就可以做一个验证。如果一个人格变量真的在生命早期(或在受孕时)就已经被设定好了,那么试图去操纵它就会失败。但是如果操纵某人格变量——例如,外倾性——的实验尝试成功了,那会说明什么呢?让我们假设不仅参与者的外倾水平会改变,而且参与者之间的关系会更亲密,以至于他们中的绝大部分人都会在外倾性得分上获得极端值。改变参与者外倾性的成功能否必然说明外倾性具有高度的可塑性?实际上,在其他人格文献和本书中都报告过类似的"成功案例"。但是它能必然地说明外倾性容易改变而不是相对稳定的吗?不,它不能。从短期来看,或许可能使外倾者向内倾的方向(或者反过来)发展。然而,他很可能最终又返回到外倾量表上原来的大致位置。既然这样,为什么还要不厌其烦地改变他们呢?短期内使人发生改变可以产生一些支持某理论的有趣的观察结果。例如,如果使个体的外倾水平暂时降低会导致他们在群体中的社会交往水平下降,这就支持了群体成员的低外倾性会妨碍群体成员的交往这一理论。

这个故事的寓意是简单直接的:在人格研究中回避做实验是没有任何意义的。这表明,假定不可改变的人格变量能够暂时被改变,并不必然打破这些变量相对稳定的假设。此外,使人格变量接受实验的操纵可能会为一些理论提供强大的支持。总之,很显然,多进行一些实验可以促进人格学科的发展。

关于人格,我们知道什么

尽管理论家们的人格假设和概念遭到如此多的批评,但人们至少在人格的某些特征上达成了一致。此外,现代研究至少使得陈述一些关于人格的强有力的结论成为可能。

人格是独特的

(几乎)所有的人格心理学家都同意关于人格的声明(如果他们被问及),即每个人的一系列独特的心理特征(PCs)构成了他/她的人格。但是心理特征是指"认知过程"、"特质"、"需要"、"构念"或其他事物吗?尽管在这个问题上近期似乎不可能达成共识,但是在独特性上的共识,如果被普遍承认的话,会带来更大的理论灵活性。反之,更大的理论灵活性会带来代表新颖观点的新理论。

人格是复杂的

未来的人格理论家必须理解传统人格心理学家没有理解的东西:人格是复杂的而不是单一的。传统的理论家,如弗洛伊德和荣格,试图使用仅有的几个概念来描述人格。此外,描述人格的术语含糊而抽象,似乎人格是超越大脑的事物。人格几乎就像一个幽灵,在人的周围形成了一股灵气。尽管人们无法用他们的感官看见、摸到或以其他方式感知到"人格",但是他们假定他们可以设法理解它的存在和本质。这就是人格,不需要深入的理解。还有什么能比这个更简单的呢?

如果人格是一种可以用科学的方法来研究和理解的实体,那么它就不可能是仅仅用几个简单的术语来描述的模糊的事物。它必定会成为一种科学家能够将其与神经过程和其他生物过程联系起来的具体而复杂的现象。如果人格理论以这种方式发展,那么总有一天人格的复杂程度如此之高以致它不再被视为一个单一的东西来考虑。也就是说,试图在一个参考框架内解释人格全部的整体性理论将成为过去的事情。取而代之,我们将会看到关涉"人际过程"(例如,形成对他人的依恋)、"个人同一性过程"(例如,自我概念)和"日常运行过程"(例如,道德决策)的理论以及其他更为具体的理论。

21世纪的人格理论将是什么样子

21世纪的人格理论将比前两个世纪的理论更为折中,但不是将所有的理论捆绑在一起试图解释人格的所有方面。它们更为折中表现在,它们将充分利用早先的理论假设、概念和方法论来解释存在于一般人格范畴领域中的现象(如,个人同一性过程)。为了详细说明这一折中取向,我们需要回到前面提出的争论点,并就这些争论点在新世纪将如何结束作一些预测。

时间定向。考虑到认知心理学的迅猛发展,很明显人们的未来定向,而不是过去定向或现在定向,将在本世纪更受重视。这并不意味着未来的人格理论将不考虑人们对过去和现在的关注。然而,它的确意味着,对未来的预期将越来越成为人格理论关注的焦点。现代人格心理学家研究的个体已经成功地经历了过去并活在现在,那么如何使得对他们的理解变得最为容易呢?我们可以凭直觉明显地感觉到,只要能够解释他们未来预期的东西都将提供理解他们的最好方式。这是正确的,因为预期过程被证明是人们实际上在未来所做、所思和所感的好的预测者。

意识和潜意识。安东尼·格林沃尔德（Anthony Greenwald）等心理学家做的可靠研究很清晰地显示出，潜意识确实存在。但是真实的潜意识并不是弗洛伊德和从他那里借用该概念的人所说的那样。人们对这个研究的广泛接受和认知运动的蓬勃兴起将使意识过程在将来更可能成为焦点。

发展阶段。划分发展阶段一直是人格理论和儿童发展理论的一部分。如果关于阶段概念的问题得以更正，这在将来就可能是真的。首先，一系列特定的发展阶段只适用于特定文化而不是所有文化中的人群（例如，弗洛伊德的心理性欲阶段似乎不适用于美洲印第安人）。第二，一系列阶段可能适用于大部分人，但是一些人可能不会按照理论家想象的顺序经历这些发展阶段（例如，埃里克森的理论）。一点灵活性和为每一种广泛的主流文化定制合适阶段的意愿，将会拯救阶段概念的未来。

人性：“好”还是“坏”？当然，确定所有人都是“好的”或者都是“坏的”在哲学上是不可能的。此外，我认为简单地假设“人性既不好也不坏”：人既有“好的”方面又有“坏的”方面（或者人能够做出“好”和“坏”的行为），是徒劳的且会令人不满。这样一种缺失性假设（default assumption）让我们努力地发现人“好的”方面以及“坏的”方面。最好像人本主义者那样，对人做一个积极的假设：人都是有价值的（“好的”）。拥有这样一个乐观的假设将使未来的人格理论着重强调积极的方面，排除消极的方面。假设人性是“好的”的现代理论专注于是什么提升了人的自然价值以及是什么促使他们背叛自己的积极本质。

内因还是外因？（以及）遗传原因对环境原因。尽管在人格理论发展的初期这是一个重要的争论点，但试图在内因和外因之间作出选择，现在看起来几乎是可笑的。当然，两者都是重要的。认知革命和生物心理学的兴起确保：人格理论只有综合考虑内部事件和外部事件，才能在将来幸存下去。“认知”在某种程度上是关于外部事件的内部观念。认知过程既影响着外部事件，也受外部事件的影响。同样地，在内部发挥作用的神经过程、遗传过程和其他生物过程既影响着外部事件也受外部事件的影响。我们无法在人格的内因和外因之间作出决定。这一个争论我们可以叫停了。

出于同样的原因，我们无法在遗传原因和环境原因之间作出选择。基因展现在能够改变特质表现的环境中，而特质还会受到基因的调节。在遗传的影响下，环境可能会发生改变。因此，是到了该叫停另一个争论的时候了。“先天/后天的争论结束了”，这事实上引自一个行为遗传学家在心理学最具权威的其中一本杂志上写下的内容。

两极性。两极性概念一直以来都是人格理论建构的一部分，并且可能今后还会一直持续下去。特质理论家（卡特尔、艾森克和奥尔波特）、传统理论家（荣格）、认知社会人格心理学家（罗特）以及“需要”人格心理学家（默里）都采用两极性概念。由于两极性的这些多样性使用不存在任何矛盾——它们仅仅是使用同一概念的不同方式——因而我们可以预测未来的人格理论家是否使用适合他们的两极性概念。

哲学的还是实证的？在现代科学出现之前的时代，弗洛伊德、荣格和阿德勒的理论就已经存在了,那时推测和"未经仔细思考就得出观点"是有意义的。毕竟,心理学的科学基础是薄弱的或不存在的。那个时候,受人尊敬的学者认为,不需要任何基础,头上的凸起就表明了各种智力特征和人格特征。头越大,意味着脑子越大,因此也越聪明,这是从"凸起"概念推测出的,并且现在仍有人相信。但是现在我们有了现代的科学方法和结论。是重新思考那些没有理论根源并且不具有实际作用或者没有得到实证支持的现代科学之前的概念的时候了。为什么我们固守这些概念呢?因为它们的非科学起源已经消逝在时间长河中,没有人还费心寻找它们。不仅"更大的脑"这一概念和弗洛伊德"挖掘过去"的假设,而且所有未得到任何科学支持以及/或未被证明具有实际应用价值的旧式观点都应该被抛弃。"未经仔细思考得到的"和没有得到证据支持的观点不能进入心理学杂志,这已是事实。将来更会如此。

特殊规律理论对普遍规律理论。随着凯利和奥尔波特的去世,特殊规律理论在现存的重要人格理论家中很少有支持者了。只有米歇尔的理论有资格作为明确的特殊规律理论。因此,特殊规律取向的存活可能依赖于米歇尔的观点在新世纪的兴盛。

特质、气质、行为和其他倾向。21世纪特质还将存在吗?在过去的一个世纪里,特质已经被灌输了这样的惯性,以致它们很可能还将存在下去,特别是如果特质理论家们变得更为灵活的话。"特质"这一概念将会摆脱上个世纪压在它身上的许多累赘,如果它实质上与"气质"同义的话。气质是宽泛的倾向,因为它们拥有很宽的范畴,所以它们不会被预期在一系列特殊的情境中会显示出一致性。它们还将更易于操纵,因为每一种气质都是宽泛的,只有相对较少的气质需要操纵。此外,由于它们具有很宽的范畴,这使得研究者更可能发现与它们有关的基因。如果遗传系统给无数个细致而具体的特征都赋予不同基因,那么它会被自身的繁重所压倒。

每一种气质都可能会产生许多"行为倾向",行为倾向这一短语本身不受特质假设的牵累:一个"倾向"可能在一个特定的情境下显示出来,但这并不是必然的。并且为什么要将人格限制于行为倾向呢?气质会产生许多认知和情绪倾向。总之,如果特质理论家变得心胸更为开阔的话,"特质"将继续存在。

465

认知和构念。认知科学的触角几乎正向心理学的所有分支学科延伸。"认知过程"这个短语出自很多学科的科学家之口,不仅仅是心理学。例如,从事人工智能研究的工程师就对"认知过程"十分热衷。因此,在人格领域以及很多其他领域,"认知"的前途是十分光明的。同样的说法不能应用在凯利构建的术语"构念"上。凯利使用的这一概念可能会因他的学生的故去而消亡。然而,有一点我们还不知道。在英国心理学家顽强努力的支持下,凯利理论的根基可能会在新世纪找到肥沃的土壤。

情境。情境是一个模糊的概念。那些使用它的人很少对其作出界定。可能是因为在情境的定义上没有达成共识,试图划分情境类别的举动也失去了力量。如果对事物是什么都没有共识,那还如何对它进行分类?除非至少绝大多数使用这个术语的人格理论家都同意情境的含义,否则它不可能在下个世纪存在。取而代之的是,每个人格理论家都会提出他/她自己的与人格发生相互作用的社会和物理环境因素的概念。

依赖案历、轶事和未经证实的概念。案历对于说明重要观点将一直有用。然而,我有一个信念，即在稀薄的空气中衍生出的轶事和概念都将成为过去的事情。我们现在可以从坚实的科学基础上获得新的概念。这样就不再需要依靠文化传说、神话或"未经仔细思考的"概念。

相关还是不是因果关系，(以及)实验已经走到何处？ 相关将仍是分析人格数据最常用的技术，一个原因是实验操纵常常是不可行的。如果一个人想知道在大学里责任心与年级的相关如何，他/她不可能想出一种足够有效的责任心操纵的方法来影响年级。进而，这个例子也说明了继续使用相关的第二个原因。试图"操纵"人的基本特征，即使是暂时的，也会引发严重的伦理问题。不过，我预测，就新世纪的人格心理学家来说，提高灵活性将可以增加实验方法的使用。沿某种人格维度创造变异以观察它对社会行为、认知或情绪的影响，从中我们可以学到很多东西。

人格与神经科学

在未来，人格像其他心理学学科一样将更依赖神经科学。最终，我们在 20 世纪获得的关于学习、记忆和知觉的知识都将被转化成神经科学（"大脑"）的解释。实际上，对于那三个学科来说，转化过程正在很好地进行中。就像第十六章所透露的，人格特质的研究正开始上升到神经科学的水平。第十七章也很清晰地指出，理解受种族主义腐蚀的人格和那些相对未受腐蚀的人格，已经成为神经科学的一个重要追求。其他人格子学科将来也会如此。

总之，我们有充分的理由相信，21 世纪的人格理论将包括认知过程、将公开地承认人格是独特的、将变得更灵活、将更倾向于未来、将集中于意识、将摆脱错误的"遗传/环境"二分法、将更倾向于整体论、将更关注生物科学的发展（尤其是神经科学）、将抛弃出处不明的概念、将扩展"特质"概念、将包含实验而且更一般地说将承认人格的复杂性。

要点总结

1. 21 世纪研究者将更关注"未来取向"。班杜拉的"个人主体性"代表着现在和（可能还有）未来的"自由意志"运动。相对于传统人格理论家，现代人格理论家更强调意识。"发展阶段"已经并且可能继续是人格心理学的重要支柱。

2. 确定人性是"好的"还是"坏的"最终是不可能的，并且会得出令人不满意的答案。当然，人格理论必须既要说明思想、情感和行为的外部决定因素也要说明其内部决定因素。"两极性"的继续使用似乎不成问题。人格心理学将永远会有它的哲学基础，但是现在它可能更依赖坚实的证据。

3. 我们将永远有必要从整体论的角度考虑人格。然而，考虑人的"机体"方面（正是人格的这些方面受到基因的显著影响）以及人的精神方面将来可能会成为争论点。将来，心理学家们将需要接受遗传学训练。

4. 其他的生物学的贡献，例如神经成像技术的发展，将在 21 世纪的人格研究中起重要的作用。普遍规律理论在心理学中占主导地位,而特殊规律取向可能最适合人格的复杂性。困扰特质的问题包含它们是如何在内部表征的。"遗传学"似乎是投射人格特质的内部表征的一种途径,但是它也有它自身的问题。

5. "行为倾向"似乎是替代特质的诱人选择,但是它们有自身的局限。另一方面,认知过程有一个光明的前途。"气质"的吸引力在于它的宽泛范畴,这会增加发现与人格相关的大量易操纵的基因的可能性。"构念"目前似乎很少有提倡者,并且今后将会更少。"情境"是一个模糊的概念,在任何情况下,"情境"都不可能完全控制行为。

6. 对案历、轶事和未经证实的概念的依赖曾经有意义,但今后将不再如此。尽管发展出了新的、精密的方法,但相关仍然不是因果关系。实验仍然是进行"因果陈述"的最好途径,并且某些假设需要实验的支持。21世纪的心理学将承认"独特性"作为人格的基础。

7. 人格如此复杂,以致宏大的理论将为小型的理论让路。在未来,神经科学在人格的研究中将更为突出。将来的时间定向将"指向未来"。在未来的研究中,意识将使潜意识黯然失色。发展阶段被普遍接受,但"好人"/"坏人"的争论会被关于人性的积极假设所取代。关于内因对外因,或更为具体地说,基因对环境、"先天/后天"的争论将结束。

8. 实证主义将支配哲学主义而占主导地位,但是在未来,特殊规律取向将需要新的拥护者。如果特质被拓宽范畴并且更为灵活,那么它们将幸存下来。认知被普遍接受,但构念有一个不确定的未来。严重依赖案历、轶事和未经证实的概念的时代已一去不复返。虽然相关在人格研究中会始终拥有一席之地,但今后实验可能会增加。

对比

争论点	认可或不认可这一论点的理论家
过去、现在、未来	分别对应着弗洛伊德、罗杰斯和班杜拉
自由意志	马斯洛、罗杰斯、班杜拉和凯利;部分认可:霍妮、弗罗姆、埃里克森、阿德勒和斯金纳(?)对弗洛伊德、荣格、沙利文和默里
潜意识/意识	弗洛伊德、荣格、霍妮和沙利文对奥尔波特、罗特、米歇尔和班杜拉
发展阶段	弗洛伊德、荣格、埃里克森、奥尔波特和沙利文
人性:"好"还是"坏"	弗洛伊德、霍妮、沙利文和默里对罗杰斯、马斯洛和班杜拉
内因还是外因	弗洛伊德、荣格、霍妮、沙利文、默里、卡特尔和艾森克对阿德勒、罗特和斯金纳
两极性	完全认可:卡特尔、艾森克、默里、奥尔波特和凯利;部分认可:阿德勒、罗特和斯金纳
哲学的对实证的	弗洛伊德、弗罗姆、霍妮、默里和沙利文对卡特尔、艾森克、斯金纳、罗特、米歇尔和班杜拉;部分认可:罗杰斯和马斯洛
整体论对元素论	罗杰斯、马斯洛和默里(部分认可)对其他所有的在不同程度上认可元素论的理论家

（续表）

争论点	认可或不认可这一论点的理论家
天性对教养	卡特尔和艾森克（不是真正的"环境论者"，除了斯金纳在一定意义上是）
特殊规律的对普遍规律的	凯利、米歇尔和奥尔波特（部分认同）对其他所有的在不同程度上认可普遍规律理论的理论家
特质	卡特尔、艾森克、默里和奥尔波特对米歇尔、班杜拉和罗特
倾向	米歇尔、罗特，在某种意义上还有班杜拉
认知	凯利、米歇尔和班杜拉
气质	没有理论家完全从事气质研究
构念	凯利
情境	米歇尔、罗特和班杜拉在他们的研究和理论中使用或暗含"情境"

468

问答性／批判性思考题

1. 讨论：意识已经被忽略了。

2. 谁是真正的整体论取向的人格心理学家？

3. 在相关研究的基础上你什么时候能够得出"因果关系"的结论？

4. 为什么"独特性"对于人格概念如此重要？

5. 为未来的人格研究将逐渐增加实验作辩护。

电子邮件互动

通过 b-allen@wiu.edu 给作者发电子邮件，提下面列出的或自己设计的问题。

1. 关于自由意志，你的立场是什么？

2. 哲学在未来的人格研究中还有地位吗？

3. 在未来的人格研究中，案历的价值是什么？

4. 现在谁的理论更可能延续到未来？

5. 多举一些"气质"的例子。

术　语　表[*]

16 种人格因素问卷（16 Personality Factors Questionnaire）　一个测量成人人格中 16 种根源特质的测验。

R=f(S, P)　R 为"一个人行为反应的性质及大小，……他［或她］说了什么，想了什么么，或做了什么"，它是 S 和 P 的某种函数（f），S 指"（人）所处的刺激情境"，P 是指他或她的人格特性。

阿尔法（alpha）　指实际存在的压力，也就是可以客观证实的压力。

阿尼玛（anima）　指男性中的女性意向。

阿尼姆斯（animus）　指女性中的男性意向。

爱（love）　"是隐蔽却无处不在的文化风格和个人方式力量的守护神，它把……竞争与合作、生殖与生产的亲密关系统一"成了一种"生活方式"。

安全操作（security operations）　即允许躲避禁止姿势的技能。

安全需要（safety needs）　包括对安全感、保护、稳定、组织和法律规范的追求以及逃避恐惧、混乱的欲望。

案历法（case history method）　指通过搜集单个个体各方面的背景资料，并对其进行细致的观察，以发现如何对待此人或者得到可普及到他人的信息。

榜样（model）　指为观众表现行为、展示行为带来益处的人。

背景（context）　一个构念的背景包括该构念适用的所有因素。

贝塔（beta）　个体主观上可以确定的压力，并能由自己加以解释。

本能（instincts）　指既具有生理特征（身体的需要）也具有心理特征（愿望）的天生驱力。

本我（Id）　在意识层面之外由出生时已有的一切构成，包括与身体驱力得到满足有关的一些要素，例如性、饥饿或基本的心理需要（舒适以及远离危险）。

贬抑需要（n abasement）　包括屈服、顺从、接受惩罚、道歉、忏悔、崇拜并且通常是受虐狂的。

辨别敏捷性（discriminative facility）　指对情境中影响行为的微妙线索的敏感性，相当于一种社会智能。

变量（variable）　指用数字来具体指定的数量上的变化。

变位生殖（metagenital）　指使用的不是个体自身的生殖器，而是他人的。

表面化（externalization）　一种跳出自我体验的内在过程或将困难归因于外部因素的倾向。

表面特质（surface traits）　指"一种彼此相关但未形成一个因素的人格特点，因此被认为是由多种影响或来源决定的"。

表现需要（n exhibition）　指渴望通过使他人感到激动、有趣、刺激、震惊或兴奋以吸引别人的注意。

表征（symbol）　一个构念应用的要素之一，能阐明构念。

---

[*]　本表中的术语由英文版按字母排列改为中文版按拼音排列。——译者注

441

并列模式（parataxic mode） 随着婴儿变成了儿童,经验模式也变成了并列模式,儿童开始使用语言,但是各种经验之间仍就没有逻辑联系。

剥削（exploitative） 剥削倾向的人也认为所有好东西的来源都在他们自身之外,但他们获取这些东西是通过强迫或欺诈,而不是期望从他人那里接受。

补偿（compensate） 通过努力成为某种领域的高手来克服这种缺陷。

补偿（compensation） 指意识经验与相对的潜意识表征之间的平衡,正如我们观察到的,某一个梦的意义通常与人的意识经验相反。

补偿过度（overcompensate） 竭尽全力地去做或适应去做他们的缺陷使他们所不能做的。

不和谐（incongruence） 反映了自我概念与自我有关经验的不一致。

不能忍受模棱两可的事情（intolerance for ambiguity） 指这样一种认知倾向:所有的事情必须能够清楚地从其他事物中区分出来,问题必须具备确定的答案,问题需要有基本的解决方法。

不受侵犯需要（n inviolacy） 指试图阻止自尊降低、保护好名声、避免批评、维持心理距离的态度。

不通透性（impermeable） 指不随益性范围或在构念系统中的位置的变化而变化的某些构念。

参与者示范（participant modeling） 低自我效能者模仿榜样示范的高效能的行为。

操作化（operationalized） 把概念转化成一种可以被量化和用数字表示的形式。

操作条件作用（operant conditioning） 指有机体通过操纵环境产生结果而影响到其后该操作或行为再次发生的可能性的过程。

超前思维（forethought） 预期"[将来]行动的……可能结果"。

超我（superego） 指人格中社会的代言,它体现周围文化的规范和标准。

超越（transcendence） 指将自己偶然的、被动的"创造物"角色转变为有目的的、主动的"创造者"的行为。

超越性需要或成长需要（meta-needs, or growth needs, G-需要） "描述自我实现者的动机"的术语。

惩罚（punishment） 指伴随着厌恶刺激的呈现导致反应再次出现的可能性降低的过程。

成功（success） 指有效地表现某种能产生被行为表现者重视的结果的行为。

成就需要（n achievement） 指"克服困难、发挥能力,努力又快又好地完成困难任务"的驱力。

成熟的爱（mature love） "是个体在保持完整性和独立性基础上的结合……(它)是个体的一种积极力量。"

成长模式（growth model） 帮助人们"清除存在的阻碍人成长的任何障碍"以便使他们超出正常的或平均水平。

初级过程（primary process） 指婴儿的想象和愿望的连续流,它需要即刻的、直接的满足。

初级因素（primary factors） 相对较纯,范围较窄,它可以进行统计整理,因为初级因素是独立的。

出生顺序（birth order） 指相对于其他兄弟姐妹的出生位置。

创生性倾向（productive orientation） 指一

种涉及所有人类经验、对世界和自己关系的态度：理性、爱和工作。

刺激（stimulus）　与情境相关联的、定义明确的特征或事件，可以是物理的也可以是行为的。

次级过程（secondary process）　包括诸如思维、评价、计划和决策等心智操作，以此来检验现实并决定特定的行为是否是有利的。

次级强化物（secondary reinforcers）　指通过与一级强化物建立联系而具有一级强化物（如食物）所有性质的刺激。

次级特质（second-order traits）　每个次级特质都可以被看作包含更低一级的特质，它们都与次级特质的标签相关。次级因素详细说明次级特质。

次级因素（secondary factors）　包含一些初级因素，被称为"表面因素"或"二级因素"。

次序需要（n order）　涉及安排、组织和收拾好物品；保持有条不紊、整洁并且一丝不苟地追求精确。

次要个人倾向（secondary p. d. s.）　这些倾向"不太明显、不是很具概括性、不太一致，……不太经常发挥作用……[并且]更加不重要"。

存在价值（B-values）　指实现超越性需要的终极目标。

存在需要（existential needs）　如果个体的存在要想有意义、个体的内部存在要得到发展、个体的才能要得到充分施展、个体的异常方面要想被避免，存在需要必须得到满足。

存在主义（existentialism）　指理解每个人最直接的经验以及他（或她）存在的状态的哲学取向。

挫折承受力（frustrastion tolerance）　当事情不顺利时，他们不会怒气冲冲，不会责备他人，也不会沉迷于自我怜悯。

道德合理化（moral justification）　使得残忍的行为成为"可接受的"，因为施暴者宣称它符合社会目的或道德要求。

道德原则（morality principle）　指有关是非的社会价值观的准则。

等值（equivalence）　指为某一意图（如善良的）而消耗的能量与为相对的意图（如敌意的）而消耗的能量之间保持平衡。

抵消（undoing）　我们通过展示行为来扭转不良行为的后果以尝试抵消"不好的行为"（"原谅我打了你！让我匍匐在你的脚下，表达我对你永恒的爱，我会买鲜花给你"）。

定向框架（frame of orientation）　指能帮助人们组织并理解困惑的问题从而理性思考自然和社会的认知"地图"。

定向目标（object of devotion）　指对他们的存在和在世界上的地位赋予一定的意义。

洞察（insight）　通过洞察能使隐藏在个体潜意识中的令人无法接受的和被社会"禁忌"的经验成为意识。

动力方格（dynamic lattice）　"……对态度辅助性的追踪……随着一些主要能的目标的满足而结束。"

动力特质（dynamic trait）　指人格中的动机与兴趣。

独裁主义者（authoritarians）　这种人对权威人物表现出高度顺从，屈从于权威的力量，并且有控制那些权力低于他们的人的需要。

独一无二需要（n contrarience）　指行动与他人不同、独一无二、站在对立面，并持有不同寻常观点的驱力。

独有特质（unique trait） 指"对个体来说非常独特的特质,其他人[在此维度上]都不能得分"。

赌徒谬误（gambler's fallacy） 期望一次尝试的失败意味着下一次尝试很有可能成功。

对抗他人（moving against people） 反映了对权力、声望和个人抱负的强迫性的、过度的渴望。

多样性（diversity） 指多种文化以及多种性别和性取向,它们反映了美国和其他国家人群的特征。

俄狄浦斯情结（Oedipus complex） 指各种情感、愿望,以及围绕着男孩渴望母亲、对父亲有害怕/憎恨定向的抗争的集合。

厄勒克特拉情结（Electra complex） 来自厄勒克特拉的传说,她憎恨并参与杀害了她的母亲。

厄洛斯（Eros） 代表了对自我（自爱）以及同类（他爱）进行保存的能量。

儿童期（childhood stage） 以发音清晰为开始,以对同辈人的需要的出现为结束（学前年龄）。

繁殖（generativity） "关注安顿和指导下一代。"

反移情（countertransference） 发生于分析师把他们自己潜意识的需要投射到患者身上时。

反应频率（rate of responding） 当反应频率稳定下来,条件作用就建立了,这样一种新的反应便获得了。

反应助长（response facilitation） 没学会什么新东西,但由于看到榜样的表现之后,一些原有的行为反应突破了早先的约束。

防御行为（defensive behaviors） 指为了应对将来有可能发生的不愉快事件而采取的行为。

防御机制（defense mechanisms） 指内部的、潜意识的、自动的心理策略,用以应对或重新获得对有威胁的本我冲动的控制。

放大法（amplification） 指通过定向联想使得梦或其他的形象内容得以扩展和丰富。

非人性化（dehumanization） 指让某些人由"人类"降至"非人类"的认知过程。

非生产性类型（nonproductive types） 它们充其量是导致个体与他人建立伪联系,而在最坏的情况下就会导致个体与别人建立破坏性关系。

分割化（compartmentalization） 指个体将自我的关键特征和生活状况割裂成"逻辑严密"的不同区域。

分裂线抽炼（abstracting across） 它产生于当整个构念归属于上位概念的外显极或内隐极之时。

分裂线延伸（extension of the cleavage line） 指个人的下位构念的两极直接受到相关的最高上位构念的外显和内隐两极的影响。

否认（denial） ①（弗洛伊德）指通过拒绝考虑或提及来回避那些令人无法承受的东西。②（罗杰斯）指不能认识到或不能接受出现的经验的存在。

符号示范（symbolic modeling） 用语言和图像的形式传达必要的信息,以帮助习得与奖赏相连的行为。

负荷（loadings） 指特定项目与某一特定因素的相关。

负相关（negative correlation） 指一个变量随着另一个变量增加而减少。

负罪感（guilt） （弗洛伊德）指后悔自己做错事情或者把自我评价为一个没有价值的、

不能胜任的人时产生的一种强烈的情感体验。

感觉（sensing）　确定某一事物是否存在的；它与视觉、听觉、嗅觉、味觉和触觉等感知觉是一样的。

肛门阶段（anal stage）　在这一时期，当排便解除了整个肠道的紧张感并同时刺激肛门时，就出现了性欲的满足。

肛门排出（anal-expulsive）　一种成人人格类型，它倾向于无视被广泛接受的规则，诸如洁净，秩序和"适宜的行为"等，它是一种"腹泻"倾向。

肛门滞留（anal-retentive）　一种成人人格类型，会延缓最终的满意度直到最后可能的时刻，并表现出整洁、吝啬和固执，它是一种便秘倾向。

高峰体验（peak experiences）　指没有限制、不经努力而自主产生的、压倒一切的神秘体验，在这种体验中，人们忽略了时空概念，体验到了狂喜、庄重、敬畏等强烈情绪。

革新扩散（diffusion of innovation）　当榜样尝试新事物，并借以向他人展示它的好处和优势时，革新扩散就发生了。

个人倾向（personal disposition, p. d.）　指特定个体具备的独有特质。

个人性格（individual character）　指特定个体的行为特征模式，是一个"能将自我与人类和自然联系起来的比较持久的、所有非本能驱力的系统"。

个人主体性（personal agency）　人们逐渐相信他们能使一些有益于自身和他人的事情得以发生。

个体差异（individual differences）　（导论）指对人们多个不同方面的观测。

个体创造力（creative power of the individual）

通过这个过程，我们每个人形成了最初关于自己和世界的概念，同时为完成那三个重要任务而形成一种生活风格。

个体化（individuation）　指"个体成为一个心理上的'独立个体'，即一个独立的、不可分割的统一体或'整体'的过程"。

个体潜意识（personal unconscious）　"主要由曾经属于意识的但因遗忘或被压抑而从意识中消失的内容构成……"

个体心理学（individual psychology）　试图把独特的个体看作是一个在生物、哲学和心理层面上相互联系的整体。

个体性（individuality）　指构念系统之间在组成系统的构念和组织方式两方面表现出的差异。

个体因素（personal factors）　指对个体过去历史经历的记忆，它决定了个体现在乐于表现什么样的行为。

根源特质（source trait）　指"一个[初级的]因素维度，强调其值的变化决定于一个单一的影响或来源"。

攻击需要（n aggression）　指对他人的攻击或伤害倾向，包括好斗、伤害、责难、嘲笑、严厉地惩罚、虐待行为或谋杀。

共生联合（symbiotic union）　指一种存在物的结合，互相满足对方的需要，虽然他们"两个人""生活'在一起'"，但他们跟"一个人"一样。

共通性（commonality）　指有相似经验的两个及以上的人共同具有某些构念。

共同特质（common trait）　①（单数，卡特尔）指"通过一组[测验]可以从所有人身上测量出来的一种特质，并且在该特质上[人们]的差异在于程度上而不是形式上"。②（复数，奥尔波特）"就既定文化中的大多数人而言,可以进行有利比较的人格的那些方面。"

构念(constructs) 解释事件或"看待世界"的方式,以使未来可以预期。

构念替换论(constructive alternativism) 指这样一种假设:一个人对他或她生活情境的当前解释可以进行修正和替换。

构念系统(construction system) 一个多种构念的组织,其上部构念更重要、更抽象,底部构念则较不重要。

孤独(isolation) 由于对同性尤其是异性同伴的亲密和合作关系难以保障所产生的反应,同伴的同一性也很重要,但与其自身同一性又存在差异。

固定角色治疗(fixed-role therapy) 来访者扮演一个虚构人物的角色,该角色具有与他或她的实际构念相反的某些构念。

固着(fixation) 指在特定阶段中因满足受挫而使发展受到损害,导致力比多能量在这一阶段的持久性投入。

观察学习(observational learning) 通过观察另一个人的行动获得有用的信息,并把它转变成行为。

关联(relatedness) "同其他生命存在结合在一起的必要性……[构成了]一种人类自我充分实现所依赖的强制需要。"

关心(care) 指成熟的品质,是"对由爱、需要或偶然事件导致的一切现象的广泛关注——一种克服了……自私自利狭隘性的关注"。

关注边缘想法(notice marginal thoughts) 指在结构、语法方面以及引起不完整或错误理解的交流失误方面,那些监控、评论和修改谈话的想法。(访谈中患者的任务之一)

归纳—假说—演绎螺旋(inductive-hypothetico-deductive spiral) "从观测数据中发现的规律可以推导出一个假设,从该假设可以推论到试验结果中,[得出]进一步的数据,从这些数据中可以归纳出新的规律,如此等等进入一个非常巨大的螺旋。"

归属和爱的需要(belongingness and love needs) 使个体朝向与人建立情感关系并在家庭和团体中获得一种存在感。

过度竞争(hyper-competitiveness) 反映了个体为了维持或提高自我价值感,而盲目地竞争、不惜任何代价谋取胜利(和避免失败)的需要。

过度自控(excessive self-control) 产生于对诸多矛盾情感的反应,包括牢牢掌控情感和行为。

合理化(rationalization) ①(霍妮)允许我们为自己破坏性、无法接受的行为和想法找借口("我是丢了钱,钱在我生活中不那么重要")。②(弗洛伊德)"可以定义为依靠推理进行的自我欺骗。"

和谐(congruence) 当一个人处于和谐状态时,自我概念与自我有关的经验是一致的。

核心范围(range of focus) 指构念最易适用的事件。

回避趋向(abience) 指促进需要的负矢量,它描述远离物体和人的运动。

回避责备的需要(n blamavoidance) 指通过抑制自我中心的(或不合常规的)冲动以回避责备、惩罚、排斥,并成为一个行为良好的、遵守法律的公民。

基本不信任(basic mistrust) 即伴随着满足的不确定而产生的抛弃感和无助的愤怒感。

基本冲突(basic conflict) 包括亲近他人、逃避他人、对抗他人三种存在于一个神经症患者身上的矛盾倾向。

基本假设（fundamental postulate）　一个人的心理过程可以通过他或她预期事件的各个途径或路径来了解。

基本焦虑（basic anxiety）　"个体在一个充满敌意的世界里的孤独感和无助感,这种感受是在不知不觉中不断加剧和弥漫的。"

基本信任（basic trust）　来源于婴儿需要得以满足的感觉,世界呈现出一种"值得信任的领域"的气氛。

积极的自我关注（positive self-regard）　一种指向自己的有利态度。

积极关注（positive regard）　指经验到自己与生命中的其他人不同,并且感受到他人的热情、喜欢、尊重、同情、悦纳、关怀和信任。

积极强化（positive reinforcement）　指凭借某一事件,通常是某种刺激,提高了与这一事件建立了相倚的反应再次发生的可能性的过程。

机能自主（functional autonomy）　指由旧的动机发展为新的动机系统的过程,这一新的动机系统产生于新的压力。

机体论取向（organismic approach）　每一生命体整体机能体现出的一种自然的、生物的和先天的倾向,认为可以将人的机体看作整个存在而其生理、心理和精神方法不能通过人为手段截然分开。

机械服从（automaton conformity）　发生在当个体由于对孤独的恐惧而放弃自由以与社会结合之时,他或她通过严格服从社会标准和习俗从而维持这种结合。

激进行为主义（radical behaviorism）　关注能立即观察的事件及能被观察和测量的潜在的未来事件。

嫉妒（jealousy）　指个体对失去与他人联系的担忧,与他人保持联系被认为是能够满足个体对关爱的永不知足的需要和对无条件的爱的无止境要求的最有效方式。

集体潜意识（collective unconscious）　由遗传的经验构成,这些遗传经验在人类刚出现时就存在而且对所有人来讲是普遍的。

间隔强化（intermittent reinforcement）　每隔一定的时间或者在一定数目的反应发生之后,反应被强化的过程。

简单刺激（simple stimuli）　需要引起反应,尤其是一些自然条件下的迅速和被动的可见反应,而不是行动。

简短疗法（brief therapy approach）　处理并解决在特定和相对短时间内解决来访者问题的各种技术。

渐成说（epigenesis）　（"epi"意思为"在……之上",genesis 意思为"产生"）各阶段逐渐产生,"一个阶段在时间和空间上紧接着另一个阶段"。

渐进的道德解约（gradualistic moral disengagement）　这个过程中人们不知不觉地认同通常不接受的行为。

焦虑（anxiety）　①（弗洛伊德）一种极度不愉快的情绪体验状态。②（凯利）当他或她的构念系统不能应用于重要事件时个体体验到的。

焦虑梯度（anxiety gradient）　指"学会区分增加焦虑和减低焦虑,并且朝着减低焦虑的方向改变活动"。

角色（roles）　包括个体生活中应对重要他人预期方式的行为。

角色构念库测验（Role Construct Repertory Test）　一种用于揭示个体构念系统（人

格)的评价工具。

接近趋向(adience) 指促进需要的正矢量，它描述了趋向物体和人的运动。

接受(receptive) 接受倾向的人认为所有的好东西都在他们自身外面。

结果(consequence) 指发生在反应之后并改变反应再次发生的可能性一个事件。

结果价值(values of outcomes) 指一个人对行为的结果或正在进行的情境中出现的刺激赋予多少价值。

紧张构念(tight constructs) 会产生没有变化的预期。

禁止姿势(forbidding gestures) 消极隐藏的暗示，比如皱眉头、冰冷的语气、过紧的抓握以及跟婴儿接触的犹豫、不情愿甚或反感。

精神分析(psychoanalysis) 指弗洛伊德为消除患者人格中的神经症冲突提供必要洞察力的系统程序。

晶体一般能力(crystallized general ability, g_c) 指"一种一般因素，大部分……能力从学校中习得，表现了……对[g_f]的应用，及教育的数量和强度；它在词语和数字能力[测验]中表现出来"。

精心选择(elaborative chioce) 指对"与一个……能为[一个人的]……构念系统作进一步精心设计提供更大机会的构念维度相匹配的某个取舍物"的选择。

经验(experience) ①(凯利)个人从过去事件中之所学。②(罗杰斯)指在任何特定时刻出现在机体上的可以潜在被意识到的一切。

句法模式(syntaxic mode) 句法模式变得重要了(大约小学早期阶段)，个人和他人能够交流综合经验，因为界定语言的符号是

相近的。

科学的(scientific) 它的最低要求就是无偏观察，而且此观察是定量的，可以系统分析。

刻板印象(stereotype) 指认为一个团体的成员都具有某种特质的这种夸大的信念；"刻板印象的功能是使我们对那个[群体]有关的行为合理化"。

客观测验(objective tests) 高度结构化的纸笔问卷，通常是一些是非题或多重选择题，每个测验都有一个单一的计分键，反映出在得分上达成普遍一致这一事实。

恐惧(fear) 当一个新构念似乎要进入系统并可能占优势时个体的体验。

控制点(locus of control) 指"个体在多大程度上认为……他们行为的强化[和其他结果]是[依赖于他们自身的]行为或人格特质对在多大程度上[他们认为它是源于]机遇、运气或命运、……其他不可抗拒的力量，或者它简直就是不可预测的"。

口唇攻击型(oral-aggressive) 源自与嘴、食物和吃有关的童年快乐体验，但主要是咀嚼和咬。

口唇接受型(oral-receptive) 起因于童年时食物在嘴里和消化道中的愉快体验的人格类型，它与成年后的依赖和易受暗示性有关。

口唇期或自恋(自我中心)阶段[oral or narcissistic(self-centered) stage] 在出生伊始的口唇期或自恋(自我中心)阶段，机体的心理活动集中在满足嘴和消化道，包括舌头和嘴唇的需要方面。

口误(slips) 指用假设源自潜意识的言语来代替中立性言语的一种表达错误。

快乐原则(pleasure principle) 通过降低不

舒服、痛苦或者紧张，尽快地、即刻地达成快乐体验。

老年期（old age）　与儿童期相似，因为此时又回到受潜意识控制的状态。

类化期待（generalized expectancy）　指个体对某种程度上类似的诸多情境持有的期待。

累积记录（cumulative records）　把反应按时间积累和划分来制成的图表。

类型（type）　①（荣格）指一种习惯性的态度，或一个人特有的方式。②（复数，艾森克）二级维度组成统计上组间相关的初级特质。比起"表面特质"来，艾森克更喜欢"二级"。

理想自我（ideal self）　指个人最看重也是最希望成为的自我。

理想自我意象（idealized image of self）　指虚假的，个体为获得一种不真实的统一感而人为制造出来的自我意象。

理智化（intellectualization）　当我们在纯理论水平而不是情感水平谈论和思考我们所做的事情或者预期那将对我们有威胁的时候，我们就进行了理智化（吸烟者说"癌症与吸烟之间的关系还没有被证实。我已经看过有关研究了"）。

理智调适（rational coper）　自我感不仅仅能够解决问题，而且能够"在头脑中"思考问题，提出合理的解决办法。

力比多（libido）　①（弗洛伊德）指一种能量，关于它有多种描述，如"精神愿望"、"性爱倾向"、"广义上的性欲"以及"性生活的驱力"。②（荣格）指一种心理能量。

力量（strength）　（默里）需要的力量是根据它的出现频率、强度和持续时间来测量的。

连续强化（continuous reinforcement）　每次反应后给予一个强化物。

恋尸癖性格（necrophilouse character）　迷恋死亡、专注于死亡并从中体验到快乐。

良心（conscience）　指当我们做错事情的时候会惩罚自己的一种内部机制。

两性生殖（amphigenital）　指这样一种情况：一对性伴侣可能都是同性恋或异性恋，他们中的一个或两个扮演一种与自身日常角色不同的角色。

流体一般能力（fluid general ability, g_f）　指"由一般智力组成的，大部分是天生的，并且适用于所有类型的材料，而不管以前对它有无练习"。

满足感（contentment）　指感到自己的努力促成了人们幸福感的提高，并且由于"好的工作"在社区中得到尊敬。

曼荼罗（mandala）　或称魔力圈，是一个圆形物，中间通常包括一个螺旋形从中心向外旋转。

盲点（blind spot）　指个体力图忽略的一个矛盾区域。

梦的系列（dream series）　指连续分析大量的梦，因为荣格认为一个或少数几个梦不能说明整个故事。

梦的象征（dream symbol）　梦的内容的一个元素，代表了某些人、事情或者潜意识过程中的活动。

迷信行为（superstitious behavior）　一种偶然被强化的反应，因为在反应与强化之间没有预定的相倚关系。

描述事件（characterizing events）　描述与某个情境相关联的事件就是把这些事件归入有意义的类别。

母亲（mothering one）　一个"重要的、相对成熟的人格，她的支持是维持婴儿生存所必需的"。

目标（goals） 指与当前个人标准一致并期望获得的成绩。

目的（purpose） "设想和追求有价值和尝试性的、由道德心来指导的目标，而不是受到内疚的麻痹和对惩罚的恐惧。"

目的论的（teleological） 意思是行为具有目的性。

内部动机（intrinsic motivation） 指对内部奖赏的期望，能推动个体追求内部奖赏。

内部奖赏（intrinsic rewards） 来自个体内部的奖赏（自我赞赏）。

内疚（guilt） ①（埃里克森）指抑制对欲望、冲动和潜能的追求的安全带，是一种过分热衷于道德心的练习。②（凯利）指一个人感知到他或她正从某个重要角色中被驱逐出去时产生的结果。

内倾性（introversion） 指心理能量"指向于内"，表现为主观兴趣从外部事物转向内心体验的一种负向运动或退缩。

内隐极（implicit pole） 指构念中相反的一端，就像有教养—无教养、钦佩—不钦佩中的"无教养"与"不钦佩"。

内源性（intrinsic） （奥尔波特）宗教本身便是终点，人们为之追寻的就是宗教，而不是去利用它。

内在控制点（internal locus of control） 指认为强化依赖于他们自身的行为或特性，而不是命运、运气或机遇。

内脏性需要（viscerogenic needs） 包括基本的生物驱力，虽然它们是心因性需要形成的基础，但是相对简单易懂。

能（erg） "反应的天生来源，比如通常被描述成为驱力[或本能]，它指向一个特定的目标。"

能力（competence） 指"在完成重要任务时技巧和智慧的自由施展（未受到婴儿期自卑感的损害）"。

能力（competency） 包括审视情境以便个体能够理解如何在该情境中有效操作的认知能力和导致在该情境中取得成功的行为操作能力。

能力特质（ability） 表现为"对一个环境的复杂性作出反应，[该反应的选择发生在]个体弄清楚在此情境中想达到什么目的[之后]"。

扭曲（distortion） 指对经验的再解释，以便使它与个人希望的事态相一致。

偏见（prejudice） 指建立在一种错误的和顽固的概括化基础之上的反感的感觉或经历，它可能针对一个群体，或者指向某群体中的成员。

品质（strength） （埃里克森）产生于一种占主导地位的、朝向积极一极的运动的优点。

评价点（locus of evaluation） 指与他们自身有关的证据来源，不在其自身内部而是在外部，在其他人。

期待（expectancy） （罗特）指"个体对自己在某种特定情境下以某种方式行动就会产生特定强化拥有的信念"。

气质特质（temperament） "一种一般性人格特质，经常风格化，在这种意义上，它处理的速度、持久性[等等]涵盖了许多种特殊反应。"

潜伏期（latency） 指一个安静的时期，开始于6岁左右，其间儿童压抑他们对父母的吸引力以及其他幼稚的冲动。

前青春期（preadolescence） 指短暂的，开始于这种指向与"同等地位"的他人建立亲密关系的人际亲密关系需求。

谴责受害者（blaming victims）　自己的命运不好是一种逃避自我责备的自我赦免过程。

强化（reinforcement）　①（罗特）指能影响行为的产生、倾向或类别的任何东西。②（斯金纳）当某事件与先前某个行为表现建立了相倚，并且在将来的情境中这种行为发生的可能性发生改变时，强化就发生了。

强化价值（reinforcementvalue）　指当许多不同的强化出现的概率相同时，个体偏好某种强化而不是另一种强化的程度。

强迫性规则（tyranny of the shoulds）　指个体关于某人必须做某事，必须做一个优秀的人应该做的任何事情，必须做别人所期望的任何事情，而不是自身的本性要做的事情的信念。

亲和需要（n affiliation）　指对友谊和联系的渴望："问候他人、融入他人、和他人生活在一起。"

亲近他人（moving toward people）　反映了对伴侣和关爱的神经性需要；它也表现为强迫性的谦让。

亲密（intimacy）　"事实上是将你的同一性与某个他人的同一性融合的能力，并且不伴有将要失去自我的恐惧。"

亲密感需求（need for tenderness）　有别于"爱"，指的是各种紧张的缓解。

勤奋（industry）　儿童专注于他们文化中的"工具世界"——工作日的世界——这使其"为某一层次的学习经验"作准备，"［他们］将会在合作伙伴和见多识广的成人的帮助下来经历这些经验"。

青春期初期（early adolescence）　当亲密关系需求朝向与性伙伴进行亲密和温柔的性欲感发展时，青春期初期就开始了。

青春期后期（late adolescence）　开始于个体承认自己的生殖行为取向，并且确认怎样使这种行为适应后来生活，结束于"一个完全人性化或成熟人际关系库的建立"。

情操（sentiment）　指"一组态度，其强度与他们生命中通过接触特定的社会机构所学到的全部东西联系在一起，［比如］对学校，对家庭，对国家的情操"。

情感（feeling）　评价各种经历是如何影响我们的，对我们来讲它是否合适；它是一种完全主观的判断。

情结（complexes）　指心灵中的意识内容，它们像丛生的血红细胞一样粘合或集结在一起，最终会在个人潜意识中存留下来。

情境特征（teature of a situation）　整个情境的一部分，例如其中的一个物理特征，或者，更重要的是，当情境被揭示时与某个正在现场的人有关联的因素。

情欲（lust）　沙利文称之为"某种张力状态或者生殖器区带"，这些行为结束于性高潮的体验。

求援需要（n succorance）　一种通过恳求挚爱的看管人的仁慈和帮助以寻求保护、同情的依赖态度。

躯体我（bodily self）　婴儿能够感觉到肌肉、关节、腱、眼睛、耳朵等等。

犬儒主义（cynicism）　指由于根深蒂固的关于道德的不确定性而拒绝或忽视道德观。

缺失需要或 D-需要（deficiency needs, or D-needs）　这些需要的满足可以避免个体产生身体疾病和心理失调。

人本主义的集体社会主义（humanistic communitarian socialism）　这是一个包括经济、社会和道德功能的政治制度，在其中，人们互相协作并积极参与各种工作。

人本主义精神分析学家（humanistic psycho-analyst） 相信人的本质价值和尊严以及帮助每个人实现他（或她）潜能的重要性。

人本主义心理学（humanistic psychology） 该学派强调整体人的当前经验和本质价值，倡导创造性、意向论、自由选择、自发性，培养人们可以解决自己的心理问题的信念。

人格（personality） ①（奥尔波特）指"个体内在心理物理系统中的动力组织，它决定一个人特有的思想和行为"。②（卡特尔）"可以告诉我们一个［人］在某一特殊情境中将做什么的东西。"③（弗罗姆）"（人格）指遗传和后天获得的心理品质的总和，它标志着一个人的个性特征并使他成为独一无二的人。"④（导论）指行为维度的一系列程度的集合，一种程度对应于一种特质。⑤（凯利）组成了一个有组织的、以重要性为序列的构念系统。⑥（沙利文）"人格是成为一个人生活特征的一再发生的人际情境的相对持久的模式"。

人格化（personifications） 指赋予人或物人的特性，这些人或物事实上不具有这些给定特征，至少它们还没有被运用到这种程度。

人格面具（persona） 或称面具，指我们因社会赋予我们扮演的角色而具有的身份。

人格特质（pernality traits） （导论）人格特质的基础是如害羞、仁慈、自私、外向的、支配的等形容词修饰的心理特性。

人格研究的科学模型（scientific model for studying personality） 包括描述和解释这两个相互联系的成分：描述试图回答人格是"什么"的问题，例如，在特质和类型中什么是可以确认的个体差异？解释试图回答人格"为什么"是现在的情形的问题，"个体差异的原因是什么？"

人际安全（interpersonal security） 指"焦虑紧张的缓解，这种缓解被体验成恢复到原来平静的、无烦恼的状态。

人际关系（interpersonal relations） 指个体与生命中重要他人的关系。

人际焦虑（interpersonal anxiety） 一种紧张状态：通过与重要他人联系或者获得幸福感来缓和。

人际信任（interpersonal trust） 一种类化的期待，即人们口头的承诺是可以信赖的。

忍受模棱两可的事情（tolerance for ambiguity） 高偏见的个体不能忍受模棱两可的事情，这种认知倾向要求：所有的事情必须能够清楚地从其他事物中区分出来，问题必须具备确定的答案，问题需要有基本的解决方法。

认同（identification） （弗洛伊德）指变得像同性别的父母的过程。

韧性（resilience） 指命运多舛却仍能矢志不渝的能力。

认知复杂（cognitively complex） 的人拥有构念之间区分很清楚的构念系统，也就是说，一个构念与另一个构念能很明确地分辨开来。

认知简单（cognitively simple） 的人拥有构念之间区别模糊不清的构念系统——一个区分度较差的系统。

认知情感人格系统（cognitive affective personality system, CAPS） （米歇尔）它"以……有效的认知和情感单元为特征"，以至于"当某个个体经历某种情境特征的组合时，一个……认知和情感单元就会被激活"。

认知需要（cognitive needs）　对事物进行认识、理解、解释和满足好奇心的动机。

萨纳托斯（Thanatos）　指向毁灭和死亡的本能，旨在使生命体回到它们原初的无生命状态。

熵（entropy）　指各种差别等同化以实现平衡的过程。

上行网状激活系统（ascending reticular activating system，ARAS）　它作为一个觉醒机制进行活动，系统的核心是脑干的网状结构。

上位构念（superordinate）　指构念系统上面的构念。

少年期（juvenile era）　始于儿童对同龄伙伴或者"与自己相似的玩伴"的寻求。

社会比较（social comparison）　能决定个体与同样生活环境的人相比做得如何。

社会化（socialization）　学习某人所处的特定文化。

社会期望（social desirability）　一种通过表现社会赞许的特性（例如，仁慈、诚实、真挚等等）来取悦他人的需要。

社会情感（social feeling）　这种情感是对社会的关心和与他人合作的需要。

社会认知学习理论（social-cognitive learning theory）　它提出的重要因素是认知或情感过程而不是特质。

社会心理学取向（sociopsychological orientation）　对人类的社会学研究，揭示了人类的心理本质。

社会性格（social character）　指"一个特定文化中大多数人共同的性格结构的核心……[并且它]表明了性格的形成受到社会和文化模式影响的程度"。

社会兴趣（social interest）　个体对发展社会情感的努力。

社会学习（social learning）　个体通过与环境中的人和其他因素相互作用（联系）获取有用的信息。

社交距离（social distance）　一种歧视测量方法，要求个体说明他/她允许某团体的成员与自己的最近距离。

神经性需要（neurotic needs）　（霍妮）源于儿童期的应对策略，由过多的、无法满足的、不现实的需求构成，这些需求形成于应对支配个体的基本焦虑的过程中。

神经症（neurosis）　①（复数，弗洛伊德）指一种与过度控制本能有关的变态行为模式。②（复数，霍妮）人际关系的失调是神经症的表现，"心理失调是由恐惧、为克服恐惧采取的防御性措施以及为解决冲突倾向寻求妥协策略的企图所引起的"。③（单数，阿德勒）对震荡的一种极端反应形式，"个体对因震荡影响形成的症状的自动或不知不觉的利用"。

审美需要（aesthetic needs）　与美、结构和对称性有关。

生产感（productivity）　指人们感知到他们正通过其职业对社会作贡献和通过亲身投入对他们的社区作贡献。

升华（sublimation）　指让本能朝着与社会规范相一致的新方向发展的过程。

生活风格（style of life）　指个体朝着从童年期发展起来的自我创造目标和理想的独特而持续的运动。

生理需要（physiological needs）　包括人们对水、氧气、蛋白质、维他命、适宜的体温、睡眠、性、体育活动等等的特定生理需求。

生物自卫本能（biophilia）　对生命的热爱。

生殖阶段（genital stage）　成熟性爱时期，开始于青春期,其中包含把性欲和感情指向另一个人。

生殖器阶段(phallic stage) 在此时期,满足感主要通过手淫刺激阴茎或阴核获得。

失望(despair) 指感觉时光太短暂,不能完成整合,也不能为亲代之间的联结作出相应贡献。

实际自我(actual self) (霍妮)指个体当前的样子。

实验(experiment) 通过这一程序,主试首先调整某些自变量的变化,然后查看某些因变量的变化是否受到影响。

市场倾向(marketing orientation) 是现代社会所独有的,这个时期用商品来换取金钱、其他商品或服务,成为"供需"经济的基础。

示范(modeling) 指在一个或多个观察者面前表现某种行为的过程。

适宜比率(favorable ratio) 趋向正极点相对于趋向负极点的力量越大,结果就会越好。

首要个人倾向(cardinal p. d. s) 在一个人一生中普遍存在并且作用显著。

顺从(resignation) 具有这种特征的个体是一个旁观者、非竞争者、回避者和对影响意图极为敏感的人,他们总是远离接近或攻击他人的危险。

思维(thinking) 决定存在的是什么并解释其意义;它将思想相互之间联系起来从而形成概念或得出解决办法。

松弛构念(loose constructs) 产生变化的预期。

塑造(shaping) 指利用行为的自然变化性对不断接近目标行为的反应进行强化而获得新行为的过程。

态度(attitude) ①(卡特尔)指能目标的表达,能目标总体上对能起辅助作用。②(荣格)以特定方式行动或[对经验]作出反应的心理准备状态。

逃避(elusiveness) 指通过拒绝采取明确立场而回避冲突的能力。

逃避他人(moving away from people) 反映了个体对自我的关注,正如在对崇拜和完美的需要中所看到的那样。

特殊反应(specific responses,SR) 指可能或不可能成为个体特点的日常行为或者经验,如向邻居说"嗨"。

特殊规律理论家(idiographic theorists) 试图研究每个个体的独特特质,而不是试图发现少量的适用于每个人的特质维度。

特质(trait) ①(奥尔波特)指"一种神经生理结构,它具有使许多刺激在机能上等值的能力,并且它具有激发和引导适应性和表现性行为一致的形式"。②(卡特尔)指一个永久的实体,不会像状态一样渐显和渐弱;它是先天的,或者在生命历程中是发展的,并且有规律地指导行为。③(复数,艾森克)表现为统计上的初级因素,其定义为"以大量习惯性反应之间观测到的以组间相关为基础的理论结构"。

替代强化(vicarious reinforcement) 个体观察他人由于某种行为而受到奖赏时,替代强化就发生了。

替代预期学习(vicarious expectancy learning) 在替代预期学习中,人们获得了其他人对未来事件的预期,特别是那些与他们有相似经历的人的预期。

替换(replacement) 为某人的强烈的情绪寻找一个新的目标,它要比本来的目标有较少的威胁。

停滞(stagnation) 指成熟过程的延滞,个体无法把以往的发展经验漏斗般地注入到下一代的成长中。

通过焦虑学习（learn by anxiety）　当焦虑不严重时，个体就会开始了解焦虑产生的周围情境，以便于避免这类情境的再次出现。

同化（assimilation）　就是人们如何习得事物。

同时性（synchronicity）　指两个相关但没有直接因果联系的事件同时发生。

同性恋者（isophilic）　这种人"没有通过前青春期阶段，并且仍以为只适合与那些和他相似的人（即与自己同性别的成员）建立亲密关系"。

同一性（identity）　①（埃里克森）指一种积累起来的自信：一个人先前培养的同一性和连续性此时得到他人的赏识，反之，他人的赏识会给个体的职业和生活方式带来希望。②（弗罗姆）指意识到自己是一个独立的实体，并且是自己行为的主体的需要。

同一性混乱（identity confusion）　是先前同一性发展与当前事物结合失败造成的，会导致人们对于将来扮演什么角色不清晰。

统计显著（statistically significant）　组间差异非常大，不可能完全是偶然发生的。

统我（proprium）　即"能够被感知和认识的我（me）作为认识和感觉的'客体'的自我"。

统我追求（propriate striving）　即通过确立长期目标来计划未来。

统一趋势（unitary trend）　这种趋势实质上是有组织的、有方向性的而不是杂乱的、尝试错误的。

统一性（unity）　指个体内部自我以及个体同"外部的自然和人类世界"的一种感觉。

投射（projection）　保护我们远离危险的方式是让我们看到自己难以接受的特征只出现在别人身上。

投射测验（projective tests）　给被试呈现无结构的、模棱两可的或开放的测验项目，从而让被试在一个广泛的自由空间中作出反应。

投注（cathexis）　（默里）一个客体通过投注过程唤起一种需要。

退行（regression）　指行为、感情和思想会倒退到先前固着的那个阶段（一个 12 岁的孩子被狗吓着了开始吮吸他的拇指）。

囤积（hoarding）　囤积倾向的人认为"东西"来自内部而不是外部、自己而不是他人，因此安全感是建立在节省、尽可能少地消耗的基础上的。

外部奖赏（extrinsic rewards）　来自个体的外部，比如金钱。

外倾性（extraversion）　指力比多的"转向于外"，表现为注意由人的内部经验转向于外部经历的一种正向运动。

外显极（emergent pole）　一个构念的基础和原则端，就像好—坏、聪明—愚笨中的"好"与"聪明"。

外源性（extrinsic）　（奥尔波特）其动机均是外源性的、功利主义的并且服务于维护自尊的，这种具有外源动机的个体利用他们的宗教。

外在控制点（external locus of control）　相信外在控制点的人认为他们的行为强化更多地取决于运气、机遇、命运、其他不可抗拒的力量或者复杂而不可预测的环境力量，而不是取决于他们自身的行为、努力或者特质。

威胁（threat）　个体全面修正整个构念系统有实现的可能性。

委婉标签（euphemistic labeling）　一个认知过程，即赋予令人遗憾的行为一个名字，以使它看起来无害、甚或是值得赞美的。

无条件积极关注（unconditional positive regard） 当个体生活中的其他人提供无条件积极关注时，他们没有任何附带条件地表达说，一个人受到接纳、得到重视、有价值、被信任，仅仅因为他是一个人。

无用感（futility） 即感到自己在从事众所周知的单调繁重的工作，仅仅是在维持生活，却没有对社会或者其所在的社区作出有益贡献。

希望（hope） 是对基本满足的可得性的持久信任。

吸引子（attractors） 是由于与许多情境的多次接触而产生的稳定的目标状态；每一个吸引子代表一种"心理状态"，例如一组信仰或一组情感状态（如安全和愤慨状态）。

习惯反应（habitual responses，HR） 指在相同情景下重复出现的特殊反应（卡特尔的表面特质），如经常性地向邻居说"嗨"。

系统折中主义（systematic eclecticism） 抽取各种学派思想中最好和最有效的方法和倾向，并把它们汇总成一种全面的方法来了解人。

下位构念（subordinate） 指构念系统底部的构念。

先取期（preemption phase） 即"允许个人构念支配情境，决定个人必须做出其选择的选择"时期。

显现的内容（manifest） 指梦者醒来时对梦的记忆。

现实原则（reality principle） 自我有一种能力，能推迟本我愿望的满足，直到合适目标的出现，从而达成没有伤害作用的满足。

现象学（phenomenology） 探索的是本质问题，强调意识以及经验描述的必要性，重视抓住实在作为个体独特地感知实在的愿望。

相关（correlated） 如果一个变量的变化对应于另一个变量一定程度的变化，我们就说两个变量相关。

相关系数（correlation coefficient） 两变量相关程度的指标，用字母 r 表示。

相互作用观（interaction point of view） 强调内部实体或个体因素与社会情境之间的相互影响，而不是彼此隔离的一方。

相倚（contingent） 如果事件 B 与事件 A 建立了相倚关系，那么事件 B 的发生就依赖于先前发生的事件 A。

消极强化（negative reinforcement） 指通过反应后出现的厌恶刺激的终止、减少或回避以增加此反应再次发生可能性的过程。

消退（extinction） 当先前受到强化的反应不再跟随有原来的强化物且反应频率最终降低时，消退就发生了。

效度（validity） 即测验能够测到我们所需要测得的程度。

效能（effectiveness） 指通过形成能做一些在生命中"留下印痕"的事情的感觉来补偿"生存在一个陌生和无法抵抗的世界上"的需要。

歇斯底里神经症（hysterical neurosis） 指一个人发展出失调的症状来避免一些对意识而言太痛苦或者太令人恐惧的体验，尽管这种失调缺乏生理的依据。

心理决定论（psychological determinism） 认为人类没有什么行为是偶然发生的；有关人格的任何事情都是被"决定的"或有其心理的原因。

心理情境（psychological situation） 指用一

种对个人来说独特的方式定义情境,允许个体把它和其他情境归为一类或区别开。

心理社会性发展(psychosocial development)　指身体的渴望和作用于个体的文化力量的一种结合。

心理性欲阶段(psychosexual stages)　这些所谓"性"的阶段是从最广泛意义上说的,因为某些阶段涉及了通常被看作是"性"的器官,而其他一些一般不被看作是"性"的器官。

心力内投(introjection)　指通过认同父母或社会中其他受欢迎的人物,使个体人格与文化的规范和标准合而为一,比如牧师和教师。

心灵(psyche)　或者说完整的心理,即所有的意识与潜意识。

心灵主义(mentalism)　该理论认为决定行为的是人的思想和情感,而不是外部的结果。

心因性需要(psychogenic needs)　次于生物性需要,并来源于生物性需要,但是,作为脱离有机体生物性的一面,它实质上属于心理的方面。

信度(reliability)　指重复测验的结果的一致性程度。

兴奋和刺激(excitation and stimulation)　指神经系统"不安"的一种需要,也就是说,神经系统要经历某种程度的兴奋的需要。

行为体(actone)　身体运动本身的一种模式,与它自身的结果相脱离。

行为维度(behavioral dimension)　指类似于一把标尺的行为的连续体。

行为治疗(behavioral therapy)　指运用行为技术进行心理治疗的方法。

行为主义(bahaviorism)　指研究"外在"基本问题,即公开的(可观察的)行为的一个心理学派别。

性感区(erogenous zones)　指身体的敏感区域,本能可以从中获得满足。

性力投附(cathexes)　(弗洛伊德)力比多能量依附于现实的外部世界的客体或幻想的内部世界的意象。

性欲倒错(paragenital)　指个体使用了性器官,好像正在寻求与合适异性生殖器的结合,但这种行为方式并不会导致怀孕。

羞怯与疑虑(shame and doubt)　指自我疏远,并导致被控制和失去自我控制。

需要(need)　①(单数,默里)指"一种存在于大脑中的[生理化学]力量,它以将令人不满意的情境转化成[令人更加满意的情境]的方式来组织知觉、智力和行动"。②(复数,马斯洛)寻求某种需要的满足,而不管其文化、环境或种族如何。

需要冲突(conflicts of needs)　当各种需要在人格内部相互对立,对立到产生心灵上进退两难的困境时,需要之间的冲突就出现了。

需要的辅助性(subsidization of needs)　出现于"当一个或多个需要被激活以服务于一个或多个其他需要时"。

需要的融合(fusion of needs)　默里给一个单独的"同时满足两个及以上需要的行为模式"的命名。

需要的整合体或综合体(need integrate or complex)　当"被投注的客体表象……和通常由被投注的客体引发的需要及情感在大脑中被整合到一起"时,就形成了一种需要的整合体或综合体。

需要相对(contrafactions of needs)　指一种需要和处于交替阶段的它的反面有联系。

458 术 语 表

宣泄(catharsis)　借助它患者的内在情感可以用语言和行为公开地表达从而缓解紧张。

选择(choice)　由支配情境的构念提供的二选一之间的决定。

寻根(rootedness)　一种与自然联系在一起而不"孤立"的深深的渴望。

迅速说出所有涌上心头的想法(make prompt ststements of all that comes to mind)　患者在访谈中的一个任务,通过信赖"可以表达想法的情景",该过程就可以实现了。

压力(press)　指出了一个物体或情境中的定向趋势(压力也是复数形式)。

压抑(repression)　一种记忆模式的选择类型,在这种类型中有威胁的内容无法唤起,因为它已被压入潜意识中。

阉割焦虑(castration anxiety)　指一种害怕他们可能会失去他们为之十分骄傲的阴茎的普遍恐惧(父亲可能切掉它)。

延迟满足(delaying gratification)　延迟某些快乐,以便能享受到最高程度的快乐或者最佳形式的快乐。

掩饰需要(n infavoidance)　指通过隐藏缺陷、控制接触自己能力之外的东西以避免失败、丢脸、羞辱或嘲笑。

一般道德心(generic conscience)　人格发展的中心,而且是人格的凝聚力:它几乎确定了个体的所有行为的指导方针。

一般规律理论家(nomothetic theorists)　指试图找出能适用于所有人的一般规律的理论家。

一般实现倾向(general actualizing tendency)　指"机体为维持或增强有机体而发展其所有能力的内在倾向"。

一般因素("g")　被假设为包括所谓的初级

心理能力并形成一般智力的共同核心。

依赖构念(dependency constructs)　环绕在儿童生存需要周围的特别的构念,"母亲"构念便是一个例子。

医学模式(medical model)　医学模式认为有心理问题的人是有病的,需要接受某些治疗至少类似于医疗,以便使他们再次恢复正常。

遗传率(heritability)　通常指一种特质的变化可由基因解释的比例。

移情(empathy)　①(罗杰斯)指感知和参与他人的情感世界。②(沙利文)"我们用移情这一术语来指代[存在于]婴儿[与]重要他人——母亲或者护士——[之间]的特殊情感联系"。

移情(transference)　在移情中患者把精神分析师当作是他们过去不断经历复杂情感的重要他人。

移置(displacement)　为某人强烈的情绪寻找一个新的目标,它要比本来的目标有较少的威胁。

异性恋者(heterophilic person)　"已经表现出青春初期的变化,已经开始强烈地对……与异性朋友建立亲密关系感兴趣。"

益性范围(range of convenience)　构念适用事件种类的广度和宽度。

意志力(will power)　"去练习尚未开垦的决策能力,这涉及自由选择以及自我抑制的能力而不管体验到的不可避免的羞怯、疑虑以及被他人控制的某些愤怒。"

因变量(dependent variables)　随自变量的变化而变化,受自变量的影响,非常容易变化。

阴茎妒羡(penis envy)　指一种因为没有男性器官而产生的自卑感,以及希望某天自己也能够获得一个的代偿愿望。

因素(factor) 在因素分析中指一种假设的结构,它应用于一个数据群(一组项目),并显示测量的是什么。

因素分析(factor analysis) 指用于确定隐藏在大量测量数据下面的因素的数量和性质的统计程序。

阴影(shadow) 指人格的阴暗面,是人的较差的方面,在本质上是情绪性的,非常令人不愉快以至于人们不想让它显露出来。

隐藏极(submerged pole) 是一种内隐极,它还没有形成语言形式,可能因为构念是新的或者是正受到压抑。

隐性内容(latent content) 每一个梦的潜在意义。

婴儿期(infancy stage) (沙利文)从出生后几分钟开始,一直持续到言语的出现。

婴儿早期(early infancy) (奥尔波特)第一个阶段,而且此时婴儿没有自我感。

优生学(eugenics) 指应用遗传学来提高人类的生物和心理特性。

优心态社会(eupsychia) 指一个其所有成员心理都健康的乌托邦社会。

优越情结(superiority complex) 在阿德勒的术语中指追求优越的一种夸张的、非正常的形式,它是个体缺陷的过度补偿。

有利比较(advantageous comparison) 一种认知机制,借助这一机制"遭人谴责的行为通过与罪大恶极的行径比较,似乎是正义的"。

诱发刺激(activating stimuli) 比简单刺激要复杂得多,这是因为它们会促使人们长期从事生产活动。

诱惑命题(seduction thesis) 弗洛伊德认为,正如她们所公开宣称的,他早期的女性患者实际上是受到她们父亲的性骚扰,并且这些创伤是其成人歇斯底里神经症的根源。

诱因(incentive) 指任何能使个体产生某种行为表现会带来积极结果这一预期的事件,不管该事件是具体的还是抽象的。

语词联想测验(Word Association Test) 荣格的一种方法,这一测验要求人们在听到取自一个标准化词表中的每 100 个词后说想到的第一个单词。

预见(foresight) 寻求好体验、避免坏体验的前瞻能力。

预期(expectancy) (米歇尔)指基于过去经验能够为将来结果提供预测的信念。

预期的(prospective) 或称预期性的(anticipatory),即梦会"提前告之"未来的事件和结果。

预知性(predictability) 指预测未来的能力。

原始模式(prototaxic mode) 最早期(婴儿期)、最原始的经验模式,是一种笼统的感觉或情绪状态,没有思维的参与。

原型(archetypes) 或称古代类型,这是一些前世就存在的形式,它们是遗传的、生而就有的,代表着心理倾向性,引导着人们以特定的方式去理解、感受世界以及对周围的世界作出反应。

原型(prototype) 即生活风格的"圆满目标",这种目标被假定为一种适应生活的手段,也包括取得成就的策略。

运动规律(law of movement) 个体选择的方向源于他在完全利用自己的能量和资源方面进行自由选择的能力。

早期回忆(early recollections, ERs) 表明了一个人是怎样看待自己以及他人的,并且揭示了一个人在生活中追求什么、期待什么，尤其是，他关于生活本身的概念。

责任移置和分散（displacement and diffusion of responseibility）　把可耻行径的批评转嫁到别人身上，并且受谴责行为的责任也由在场的其他人来分担。

长单位（long unit）　即有机体的生命周期。

真实自我（real self）　虚假的理想自我意象之外的成长潜能。

真正的幽默感（genuine sense of humor）　并不是欣赏那些性和暴力的笑话，而是能够"嘲讽自己的钟爱之物（当然包括自己和所有属于自己的东西），而且始终爱它们"。

震荡（shock）　当一个人的想象与现实相抵触时可以体验到。

整合（integrity）　"是一种与过去想象的忠信之人相融合的情感，并准备去（并最终强调）代替当前主导的地位。"

正确移情（accurate empathy）　（罗杰斯）指以非评价方式正确感知来访者内心世界的一种能力。

正统生殖（orthogenital）　指个体生殖器与异性"自然受体生殖器"的结合，即与异性的生殖器结合。

正相关（positively correlated）　当一个变量增加另一个变量也增加，而一个变量减少另一个变量也减少，我们就说这两个变量呈正相关。

支配（regnant）　指给"大脑中占统治地位的结构"起的名字，相当于内部表征。

支配需要（n dominance）　指影响、控制、说服、禁止、命令和限制别人并阻止群体行为的驱力。

直觉（intuiting）　直觉会向我们表明某一事物好像是从哪儿来的，又可能到哪儿去；它是一种"直觉的理解"，具有潜意识根源，而

没有实在的基础。

指向标（directedness）　即树立自己所追求的一个或者多个人生目标。

制度保障（institutional safeguard）　一种保护和促进危机解决而产生的文化单位。

智慧（wisdom）　指"直面死亡的、分离而又灵动的"而不是导向较高层知识的不可思议的生命关怀。

忠诚（fidelity）　即"实现个人潜能……忠于自己和重要他人……[以及]……尽管价值系统存在不可避免的矛盾……却仍然保持忠诚的机会。"

中向性格者（ambiverts）　这种人表现出中等程度的外倾性和内倾性，其行为具有这两个方面的特征。

中心个人倾向（central p. d.）　指内容较丰富的特质列表中的条目之一，我们就是用这些特质来概括个体的人格。

种族主义（racism）　一种针对有色人种的消极的观点。

重复（replicate）　希望得到与先前一样的结果重复检验。

重要他人（significant others）　指那些在生活中对我们自己最有意义的人们。

周期性（periodicity）　指活跃和静止的节奏。

周视期（circumspection phase）　即"尝试"我们个人储备库中的各种构念的时期。

主动（initiative）　影响一个人的欲望、驱力和潜能。

主动想象（active imagination）　通过在完全清醒状态下主动进行想象可以鼓励患者模拟梦的体验。

主题（thema）　指某种特定需要和某种特定压力或应激源的结合。

主题统觉测验（Thematic Apperception Test,

TAT）　通过揭示由一些模糊图片引发的主题来评估个体自我反射知觉（统觉）的工具。

注意自身的变化（notice changes in the body）　这些变化指的是代表焦虑程度降低或增长的信号；能意识到焦虑是患者的访谈任务之一。

状态（state）　或称心境（mood），是一种随时间变动和更改的心理存在，而且是"短暂的"，区别于特质，特质是"永恒的"。

追求优越（striving for superiority）　指与身体成长一样普遍的心理现象，包括追求完美、安全和力量的目标。

自卑（inferiority）　（埃里克森）如果儿童感到他们技不如人或者在同伴中没有地位，就会产生自卑感。

自卑感（inferiority）　（阿德勒）指个人未能达到社会理想或自己虚构的标准而产生的持续感受。

自卑情结（inferiority complex）　（阿德勒）指一种夸大的、持久的不足的结果，这种不足可以部分地由社会兴趣的缺乏来解释。

自变量（independent variables）　其变化由使用实验法的人——被称为"主试"——来操纵。

自我（ego）　①（弗洛伊德）指心理过程连贯一致的组织，它来自本我能量，通向意识，并为了实现满足本我需要的目的努力与现实保持联系。②（荣格）指个人对自己的思考，即真正的"我"，是"整个意识世界的核心"。

自我（self）　（罗杰斯）指有组织的、一致的、观念性的整体，该整体由标志主体的我和客体的我的知觉构成，跟这些知觉有关的价值观以及与主体或客体的我有关的生命

的所有方面。

自我分析（self-analysis）　指个体通过自己的努力，开始更好地理解自我的过程，它经常被心理治疗家遗忘。

自我扩展（extension of self）　将个体扩张到包括环境中所有重要的方面，包括人。

自我理想（ego ideal）　指某些积极标准，它以理想化的父母形象为内在表征方式，能使个体产生自豪和自尊的感觉。

自我力量（ego-strength）　指自我为了本我的利益成功地与现实相互作用，并阻止本我的冲动直到找到某种"安全的"满足方式的一种能力。

自我膨胀（expansive）　其表现为希望"掌控权力"，不承认自己是错误的（或者不承认他人是正确的），而且在冲突中从不让步。

自我评估（self-evaluation）　这一过程即在通往成功的不同环节上评价个体的表现，并提出一个口头的或者自己掌握的价值判断。

自我谦卑（self-effacing）　应对焦虑的神经性策略；每当发生人际冲突时，个体为了避免失去友谊、他人的支持和爱，会不惜任何代价的寻求适应，包括放弃自己原来的主张。

自我认知（self-recognition）　开始认识自我的神经症、理想自我意象和真实自我（包括优缺点）的时候所采取的措施。

自我赦免过程（self-exonerative processes）　往往指让人们从行为后果中解脱出来的认知过程。

自我实现（self-actualization）　（罗杰斯）指一个人为成为功能充分发挥的人而实现其潜能的毕生过程。

自我实现的需要（need for self-actualization）

指"一种对自我发挥和完成的欲望……使个体的潜力得以充分实现的倾向"。

自我实现者（self-actulizers）（马斯洛）这些人充分发挥了自身的潜能、能力和才干而得到了完全的实现，他们已发展到极致，达到了生命的巅峰。

自我调节过程（self-regulatory processes）内在的认知情感机能指引和控制努力朝向目标的实现。

自我调节计划（self-regulatory plans）指在某些行为表现之前确立一定的原则，作为向导来决定在特定情境下什么样的行为是合适的。

自我同一感（self-identity）指由记忆产生的过去、现在和未来自我的连续性。

自我系统（self-system）"重要他人对个体的幸福感产生影响，在此基础上，作为人格一部分的自我系统就产生了。"

自我效能（self-efficacy）指个体对自己是否有能力实施行为达到渴望的预期结果的信念。

自我意象（self-image）由那些由他人对自己的知觉和期望发展而来的希望和渴望组成。

自性（self）（荣格）指"完整的人格"，它是心灵中起统一作用的核心，正是自性使得意识力量和潜意识力量保持平衡。

自性恋者（autophilic person）此类人没有经历过前青春期的发展，因为该阶段没有出现或者没有成功发展，这就导致个体自我导向的爱的持续。

恣意正确（arbitrary rightness）指这样一种人所运用的策略，他们认为生活就是残酷的斗争，因此认为自己必须总是清楚所有事情，必须总是"正确的"，以免受"外部影响"的控制。

自由（freedom）指我们自己能选择行为而不是被环境控制行动的信念。

自由联想（free association）指个体采用一种心理定向的方法自由地表达观念、意象、记忆和情感。

自主（autonomy）指这样一种独立：来源于合理的自我控制，这使得儿童去把握而不是去束缚，去听任而不是去丢弃。

自主需要（n autonomy）指抵制影响或强迫、挑战权威、追求自由、争取独立的驱力。

自尊（self-esteem）指为自己的追求和取得的成就而感到骄傲。

尊严或价值（dignity or worth）当我们因一个人的所作所为而给予他荣誉时，我们认识到一个人的尊严或价值。

尊重的需要（esteem needs）有两种类型：个体渴望获得充足、控制、能力、成就、信心、独立和自由；渴望从他人那里获得尊重，包括注意、认可、赏识、地位、声望、名誉、支配和尊严。

参考文献

Abramson, L. , Seligman, M. & Teasdale, J. (1987). Learned helplessness in humans: Critique and reformulation. *Journal of Abnormal Psychology*, *87*, 49—74.

Abt, L. E. & Bellak, L. (Eds.) (1950). *Projective Psychology: Clinical Approaches to the Total Personality*. New York: Grove Press.

Achterberg, J. & Lawlis, G. F. (1978). *Imagery of Cancer*. Champaign, IL: Institute for Personality and Ability Testing.

Ackerman, S. J. , Clemence, A. J. , Weatherill, R. & Hilsenroth, M. J. (1999). Use of the TAT in the assessment of *DSM-IV* Cluster B personality disorders. *Journal of Personality Assessment*, *73*, 422—448.

Adams, P. (1994, Sept. 29). Changing their minds. *Peoria Journal Star*, p. A5.

Adler, A. (1907/1917). *Study of Organ Inferiority and its Psychical Compensation; A Contribution to Clinical Medicine*. New York: Nervous and Mental Diseases Publishing Company.

Adler, A. (1929/1971). *The Practice and Theory of Individual Psychology* (P. Radin, Trans.). London: Routledge & Kegan Paul.

Adler, A. (1932/1964). The structure of neurosis. In H. L. Ansbacher & R. R. Ansbacher(Eds.), *Alfred Adler: Superiority and Social Interest*. Evanston, IL: Northwestern University Press, pp. 204—215.

Adler, A. (1933/1964a). Advantages and disadvantages of the inferiority feeling. In H. L. Ansbacher & R. R. Ansbacher(Eds.), *Alfred Adler: Superiority and Social Interest*. Evanston, IL: Northwestern University Press, pp. 178—189.

Adler, A. (1933/1965b). Religion and individual psychology. In H. L. Ansbacher & R. R. Ansbacher (Eds.), *Alfred Adler: Superiority and Social Interest*. Evanston, IL: Northwestern University Press, pp. 305—316.

Adler, A. (1956). In H. L. Ansbacher & R. R. Ansbacher(Eds.), *The Individual Psychology of Alfred Adler*. New York: Basic Books, pp. 170—179.

Adler, A. (1964). *Social Interest: A Challenge to Mankind*. New York: Capricorn Books.

Adler, A. (1982). In H. L. Ansbacher & R. R. Ansbacher(Trans.), *Co-Operation Between the Sexes*. New York: Norton, 1982.

Adler, K. (1994). Socialist influences on Adlerian psychology. *Individual Psychology Journal of Adlerian Theory, Research and Practice*, *50*, 131—141.

Adler, N. E. & Snibbe, A. C. (2003). The role of psychosocial processes in explaining the gradient between socioeconomic status and health. *Current Directions in Psychological Science*, *12*, 119—123.

Ainsworth, M. D. S. (1979). Infant-mother attachment. *American Psychologist*, *34*, 932—937.

Alderfer, C. P. (1989). Theories reflecting my personal experience and life development. *Journal of Applied Behavioral Science*, *25*, 351—365.

Alicke, M. D. & Klotz, M. L. (1993). Social roles and social judgment: How an impression conveyed influences an impression formed. *Personality and Social Psychology Bulletin*, *1993*, *19*, 185—194.

Allen, B. P. (1973). Perceived trustworthiness of attitudinal and behavioral expressions. *Journal of Social Psychology*, *89*, 211—218.

Allen, B. P. (1975). Social distance and admiration reactions of "unprejudiced" whites. *Journal of Personality*, *43*, 709—726.

Allen, B. P. (1976). Race and physical attractiveness as criteria for white subjects' dating choices. *Social Behavior and Personality*, *4*, 289—296.

Allen, B. P. (1978). *Social Behavior: Fact and Falsehood*. Chicago: Nelson-Hall.

Allen, B. P. (1984). Harrower's and Miale-Selzer's use of Hjalmar Schacht in their characterizations of the Nazi leaders. *Journal of Personality Assessment*, *48*, 257—258.

Allen, B. P. (1985). After the missiles: Sociopsychological effects of nuclear war. *American Psychologist*, *40*, 927—937.

Allen, B. P. (1988a). Dramaturgical quality. *Journal of Social Psychology*, *128*, 181—190.

Allen, B. P. (1998b). Beyond consistency in the definition of personality: Dramaturgical quality and value. *Imagination, Cognition and Personality*, *7*, 201—213.

Allen, B. P. (1990). *Personal Adjustment*. Pacific Grove, CA: Brooks/Cole.

Allen, B. P. (1995). Gender stereotypes are not accurate: A replication of Martin(1987) using diagnostic, self-report, and behavioral criteria. *Sex Roles*, *32*, 583—600.

Allen, B. P. (1996). African-Americans' and European-Americans' mutual attributions: Adjective Generation Technique(AGT) stereotyping. *Journal of Applied Social Psychology*, *26*, 884—912.

Allen, B. P. (2000). World War II: 1939—1948, a Novel. New York: Writers Club Press(iUniversity. com).

Allen, B. P. (2001). *Coping with Life in the 21st Century*. New York: Writers Club Press (iUniversity. com).

Allen, B. P. (2002). "Race" and IQ. *The General Psychologist*, *37*(1), 12—18.

Allen, B. P. (2003). If no "races," no relevance to brain size, and no consensus on intelligence, then no scientific meaning to relationships among these notions: Reply to Rushton. *The General Psychologist*, *38*(?), 31—32.

Allen, B. P. & Adams, J. Q. (1992). The concept "race": Let's go back to the beginning. *Journal of Social Behavior and Personality*, *7*, 163—168.

Allen, B. P. & Lindsay, D. S. (1998). Amalgamations of memories: Intrusions of information from one event into reports of another. *Applied Cognitive Psychology*, *12*, 277—285.

Allen, B. P. & Potkay, C. R. (1973). Variability of self-description on a day-to-day basis: Longitudinal use of the adjective generation technique. *Journal of Personality*, *41*, 638—652.

Allen, B. P. & Potkay, C. R. (1977a). The relationship between AGT self-description and significant life events: A longitudinal study. *Journal of Personality*, *45*, 334—342.

Allen, B. P. & Potkay, C. R. (1977b). Misunderstanding the Adjective Generation Technique(AGT): Comments on Bem's rejoinder. *Journal of Personality*, *45*, 207—219.

Allen, B. P. & Potkay, C. R. (1981). On the arbitrary distinction between states and traits. *Journal of Personality and Social Psychology*, *41*, 916—928.

Allen, B. P. & Potkay, C. R. (1983a). *Adjective Generation Technique(AGT)*. New York: Irvington.

Allen, B. P. & Potkay, C. R. (1983b). Just as arbitrary as ever: Comments on Zuckerman's rejoinder. *Journal of Personality and Social Psychology*, *44*, 1087—1089.

Allen, B. P. & Smith, G. (1980). Traits, situations and their interaction as alternative "causes" of behavior. *Journal of Social Psychology*, *111*, 99—104.

Allport, G. W. (1937). *Personality: A Psychological Interpretation*. New York: Henry Holt.

Allport, G. W. (1942). *The Use of Personal Documents in Psychological Science*. New York: Social Science Research Council.

Allport, G. W. (1954). *The Nature of Prejudice*. Reading, MA: Addison-Wesley.

Allport, G. W. (1955). *Becoming, Basic Considerations for a Psychology of Personality*. New Haven: Yale University Press.

Allport, G. W. (1961). *Pattern and Growth in Personality*. New York: Holt, Rinehart and Winston.

Allport, G. W. (1966). Traits revisited. *American Psychologist*, *21*, 1—10.

Allport, G. W. (1967). Gordon W. Allport. In E. G. Boring & G. Lindzey(Eds.), *A History of Psychology in Autobiography*(Vol. 5). New York: Appleton-Century Crofts, pp. 259—265.

Allport, G. W. (1968). *The Person in Psychology: Selected Essays*. Boston: Beacon.

Allport, G. W. (1969). Comments on earlier chapters. In R. May (Eds.), *Existential Psychology*. New York: Random House, 93—98.

Allport, G. W. & Odbert, H. (1936). Trait-names: A psycho-lexical study. *Psychological Monographs 47*, Whole No. 211.

Allport, G. W. & Ross, J. M. (1967). Personal religious orientation and prejudice. *Journal of Personality and Social Psychology*, *5*, 432—443.

Alpher, V. S. (1988). Comment on Skinner. *American Psychologist*, *43*, 824—825.

Alvardo, N. (1994). Empirical validity of the Thematic Apperception Test. *Journal of Personality Assessment*, *63*, 59—79.

American Psychologist(1958). Award for distinguished scientific contributions to B. F. Skinner. *13*, 735—738.

American Psychologist(1981). Award for distinguished scientific contributions to Albert Bandura *36*, 27—42.

American Psychologist(1983). Award for distinguished scientific contributions to Walter Mischel, *38*, 9—14.

Ames, L. B. , Learned, J. , Metraux, R. W. & Walker, R. N. (1952). *Child Rorschach Responses: Developmental Trends from Two to Ten Years*. New York: Harper & Row.

Amirkhan, J. H. , Risinger, R. T. & Swickert, R. J. (1995). Extraversion: A "hidden" personality factor in coping? *Journal of Personality*, *63*, 189—212.

Amodio, D. M. , Harmon-Jones, E. & Devine, P. (2003). Individual differences in the activation and control of affective race bias as assessed by startle eye-blink response and self-report. *Journal of Personality and Social Psychology*, *84*, 738—753.

Amodio, D. M., Harmon-Jones, E. & Devine, P. (2004). Individual differences in the regulation of race bias among low-prejudice people: The role of conflict detection and neural signals for control. Unpublished manuscript.

Amodio, D. M., Harmon-Jones, E., Devine, P., Curtin, J. J., Hartley, S. L. & Covert, A. E. (2004). Neural signals for the detection of unintentional race bias. *Psychological Science*, *15*, 88—93.

Anastasi, A. (1982). *Psychological Testing* (5th ed.). New York: Macmillan.

Anch, A. M., Browman, C. P., Mitler, M. M. & Walsh, J. K. (1988). Sleep: *A Scientific Perspective*. Englewood Cliffs, NJ: Prentice-Hall.

Andersen, S. M. & Baum, A. (1994). Transference in interpersonal relations: Inferences and affect based on significant-other representations. *Journal of Personality*, *62*, 459—497.

Anderson, C. F. (2002, August). Jealous lovers, cavemen, and psychologists. *Observer* (American Psychological Society), *15*, 25, 49.

Anderson, J. W. (1988). Henry A. Murray's early career: A psychobiographical exploration. *Journal of Personality*, *56*, 137—171.

Anderson, J. W. (1990). The life of Henry A. Murray: 1893—1988. In A. I. Rabin, R. A. Zucker, R. A. Emmons & S. Frank (Eds.), *Studying Persons and Lives*. New York: Springer Publishers, pp. 1—22.

Anderson, M. C., Ochsner, K. N., Kuhl, B. et al. (2004, January). Neural systems underlying suppression of unwanted memories. *Science*, *303*, 232—235.

Anderson, S. M. & Cole, S. W. (1990). "Do I know you?": The role of significant others in general social perception. *Journal of Personality and Social Psychology*, *59*, 384—399.

Andreasen, N. C. (1997). Linking mind and brain in the study of mental illnesses: A project for scientific psychopathology. *Science*, *275*, 1586—1592.

Angyal, A. (1965). *Neurosis and Treatment: A Holistic Theory*. New York: Wiley.

Ansbacher, H. L. (1964). In A. Adler, *Problems of Neurosis: A Book of Case Histories*. P. Mairet (Eds.). New York: Harper & Row.

Ansbacher, H. L. (1990). Alfred Adler's influence on the three leading cofounders of humanistic psychology. *Journal of Humanistic Psychology*, *30*, 45—53.

Ansbacher, H. L. & Ansbacher, R. R. (1956). *The Individual Psychology of Alfred Adler*. New York: Basic Books.

Ansbacher, H. L. & Ansbacher, R. R. (Eds.)(1964). *Alfred Adler: Superiority and Social Interest*. Evanston IL: Northwestern University Press.

APA Monitor (1992, August). Bandura's childhood shaped life interests, p. 13.

APA Monitor (1993, November). Opening addresses, p. 1, 12.

APA Monitor (1999, July/August). Landmark events in psychology's history, p. 6.

APA Monitor (1999, October). Landmark events in psychology's history, p. 6.

Artistico, D., Cervone, D. & Pezzuti, L. (2003). Perceived self-efficacy and everyday problem solving among young and older adults. *Psychology and Aging*, *18*, 68—79.

Asch, S. E. (1952). *Social Psychology*. New York: Prentice-Hall.

Ashby, J. S., Kottman, T. & Draper, K. (2002). Social interest and locus of control: Relationships and implications. *Journal of Individual Psychology*, *58*, 52—61.

Associated Press (1981, September). Homosexuals may differ biologically, scientists say. *Peoria Journal Star*, p. 1A.

Associated Press (1993). NCAA committee accused of racism. *Peoria Journal Star*, December 15, p. D5.

Astin, A. W. (1962). Productivity of undergraduate institutions. *Science*, *136*, 129—135.

Astrachan, B. M. (1994, July/August). The "Seasons of a Man's Life" author Daniel J. Levinson (1920—1994). *Observer*, p. 36.

Ayduk, O., Mendoza-Denton, R., Mischel, W., Downey, G., Peake, P. K. & Rodriguez, M. (2000). Regulating the interpersonal self: Strategic self-regulation for coping with rejection sensitivity. *Journal of Personality and Social Psychology*, *79*, 776—792.

Ayduk, O., Mischel, W. & Downey, G. (2002). Attentional mechanisms linking rejection to hostile reactivity: The role of "hot" versus "cool" focus. *Psychological Science*, *13*, 443—448.

Azar, B. (1997a, October). From exotic to erotic: A new theory on sexuality. *Monitor on Psychology*, p. 29.

Azar, B. (1997b, October). Was Freud right: Maybe, maybe not. *Monitor*, pp. 28, 30.

Azar, B. (2002a, September). Searching for genes that explain our personalities. *Monitor on Psychology*, 44—45.

Azar, B. (2002b, October). Pigeons as baggage screeners, rats as rescuers. *Monitor on Psychology*, 42—44.

Baars, B. J. (2003). The double life of B. F. Skinner: Inner conflict, dissociation and the scientific taboo against consciousness. *Journal of Consciousness Studies*, *10*, 5—25.

Bacciagaluppi, M. (1989). Eric Fromm's views on psychoanalytic "technique." *Contemporary Pyschoanalysis*, *25*, 226—243.

Bailey, M. B. & Bailey, R. E. (1993). "Misbehavior": A case history. *American Psychologist*, *48*, 1157—1158.

Bailey, M. J., Gaulin, S., Agyei, Y. & Gladue, B. A. (1994). Effects of gender and sexual orientation on evolutionarily relevant aspects of human mating psychology. *Journal of Personality and Social Psychology*, *66*, 1081—1093.

Baillargeon, J. & Danis, C. (1984). Barnum meets the computer: A critical test. *Journal of Personality Assessment*, *48*, 415—419.

Bales, J. (1990). Skinner gets award, ovations at APA talk, *Monitor*, *21*(10), pp. 1, 6.

Bandura, A. (1973). *Aggression: A Social Learning Analysis*. Englewood Cliffs, NJ: Prentice-Hall.

Bandura, A. (1977). *Social Learning Theory*. Englewood Cliffs, NJ: Prentice-Hall.

Bandura, A. (1982). The psychology of chance encounters and life paths. *American Psychologist*, *37*, 747—755.

Bandura, A. (1989a). Social cognitive theory. *In Annals of Child Development* (Vol. 6, pp. 1—60). New York: Jai Press.

Bandura, A. (1989b). Human agency in social cognitive theory. *American Psychologist*, *44*, 1175—1184.

Bandura, A. (1989c). Effect of perceived controllability and performance standards of self-regulation of complex decision making. *Journal of Personality and Social Psychology*, *56*, 805—814.

Bandura, A. (1990a). Perceived self-efficacy in the exercise of personal agency. *Applied Sport Psychology*, *2*, 128—163.

Bandura, A. (1990b). Mechanisms of moral disengagement. In W. Reich (Eds.), *Origins of Terrorism: Psychologies, Ideologies, States of Mind*. Cambridge, England: Cambridge University Press, (pp. 161—191).

Bandura, A. (1991a). Social cognitive theory of self-regulation. *Organizational Behavior and Human Decision Making Processes*, *50*, 248—287.

Bandura, A. (1991b). Social cognitive theory of moral thought and action. In W. M. Kurtines & Jacob L. Gerwirtz (Eds.), *Handbook of Moral Behavior and Development*, *Vol. 1: Theory*. Hillsdale, NJ: Lawrence Erlbaum, pp. 45—103.

Bandura, A. (1993). Perceived self-efficacy in cognitive development and functioning. *Educational Psychologist*, *28*, 117—148.

Bandura, A. (1994a). Social cognitive theory of mass communication. In J. Bryant & Dolf Zillmann (Eds.), *Media Effects: Advances in Theory and Research*. Hillsdale, NJ: Lawrence Erlbaum. pp. 61—90.

Bandura, A. (1994b). Self-efficacy. In V. S. Ramachaudran (Eds.), *Encyclopedia of Human Behavior*, Vol. 4. New York: Academic Press, pp. 71—81.

Bandura, A. (1995, July). Reflections on human agency. Keynote address presented at the IV European Congress of Psychology, Athens, Greece.

Bandura, A. (1997), *Self-Efficacy*. New York: W. H. Freeman.

Bandura, A. (1998a). Explorations of fortuitous determinants of life paths. *Psychological Inquiry*, *9*, 95—99.

Bandura, A. (1998b). Personal and collective efficacy in human adaptation and change. In J. G. Adair, D. Belanger & K. L. Dion (Eds.), *Advances in Psychological Science: Vol. 1. Personal, Social And Cultural Aspects*. Hove, UK: Psychology Press, pp. 51—71.

Bandura, A. (1999a). Social cognitive theory of personality. In L. Pervin & O. John (Eds.), *Handbook of Personality* (2nd ed.). New York: Guilfore, pp. 154—196.

Bandura, A. (1999b). A sociocognitive analysis of substance abuse: An agentic perspective. *Psychological Science*, *10*, 214—217.

Bandura, A. (1999c). Moral disengagement in the perpetration of inhumanities. *Personality and Social Psychology Review*, *3*, 193—209.

Bandura, A. (2000a). Exercise of human agency through collective efficacy. *Current Directions in Psychological Science*, 75—78.

Bandura, A. (2000b). Cultivate self-efficacy for personal and organizational effectiveness. In E. A. Lock (Eds.), *Handbook of Principles of Organization Behavior*. Oxford, UK: Blackwell, pp. 120—136.

Bandura, A. (2001a). Social cognitive theory: An agentic perspective. *Annual Review of Psychology*; *52*, 1—23.

Bandura, A. (2001b). Social cognitive theory of mass communication. In J. Bryant & D. Zillmann (Eds.), *Media Effects: Advances in Theory and Research* (2nd ed.). Hillsdale, NJ: Lawrence Erlbaum, pp. 177—195.

Bandura, A. (2001c). The changing face of psychology at the dawning of a globalization era. *Canadian Psychology*, *42*, 12—24.

Bandura, A. (2002). Environmental sustainability by sociocognitive deceleration of population growth. In P.

Schmuck & W. Schultz (Eds.), *The psychology of sustainable development*. Dordrecht, The Netherlands: Kluwer.

Bandura, A., Barbaranelli, S., Caprara, G. V. & Pastorelli, C. (1996a). Multifaceted impact on self-efficacy beliefs on academic functioning. *Child Development*, *67*, 1206—1222.

Bandura, A., Barbaranelli, S., Caprara, G. V. & Pastorelli, C. (1996b). Mechanisms of moral disengagement in the exercise of moral agency. *Journal of Personality and Social Psychology*, *71*, 364—374.

Bandura, A., Barbaranelli, S., Caprara, G. V. & Pastorelli, C. (2001). Self-efficacy beliefs as shapers of children's aspirations and career trajectories. *Child Development*, *72*, 187—206.

Bandura, A., Barbaranelli, S., Caprara, G. V., Pastorelli, C. & Regalia, C. (2001). Sociocognitive self-regulatory mechanisms governing transgressive behavior. *Journal of Personality and Social Psychology*, *80*, 125—135.

Bandura, A. & McDonald, F. (1963). The influence of social reinforcement and the behavior of models in shaping children's moral judgments. *Journal of Abnormal and Social Psychology*, *67*, 274—281.

Bandura, A., Reese, L. & Adams, N. (1982). Microanalysis of action and fear arousal as a function of differential levels of perceived self-efficacy. *Journal of Personality and Social Psychology*, *43*, 5—21.

Bandura, A., Ross, D. & Ross, S. (1963). Imitation of film-mediated aggressive models. *Journal of Abnormal and Social Psychology*, *66*, 3—11.

Bandura, A., Underwood, B. & Fromson, M. E. (1975). Disinhibition of aggression through diffusion of responsibility and dehumanization of victims. *Journal of Research in Personality*, *9*, 253—269.

Bandura, A. & Wood, R. (1989). Effect of perceived controllability and performance standards on self-regulation of complex decision making. *Journal of Personality and Social Psychology*, *56*, 805—814.

Barber, T. X. (1978). "Hypnosis," suggestions, and psychosomatic phenomena: New look from the standpoint of recent experimental studies. In J. Fosshage & P. Olsen (Eds.), *Healing: Implications for Psychotherapy*. New York: Human Sciences Press, pp. 269—297.

Barenbaum, N. B. (1997), The case(s) of Gordon Allport. *Journal of Personality*, *65*, 743—755.

Barenbaum, N. B. (2003). Review of Ian A. M. Nicholson: "Inventing personality: Gordon Allport and the science of selfhood." *Journal of the History of the Behavioral Sciences*, *39*, 408—409.

Barnes, H. E. (1953). Translator's introduction. In J-P. Sartre, *Being and Nothingness*. New York: Philosophical Library, pp. viii—xliii.

Barnet, H. S. (1990). Divorce stress and adjustment model: Locus of control and demographic predictors. *Journal of Divorce*, *13*, 93—109.

Baron, R. A. (1977). *Human Aggression*. New York: Plenum.

Barry, H., Child, I. & Bacon, M. (1959). Relation of child rearing to subsistence economy. *American Anthropologist*, *61*, 51—64.

Baum, W. M. & Heath, J. L. (1992). Behavioral explanations and intentional explanations in psychology. *American Psychologist*, *47*, 1312—1317.

Baumeister, R. F. (1996, summer). Should schools try to boost self-esteem?: Beware of the dark side. *American Educator*, 14—19, 43.

Baumeister, R. F. (1999, January). Low self-esteem does not cause aggression. *Monitor of the American Psychological Association*, 7.

Baumeister, R. F., Campbell, J. D., Krueger, J. I. & Vohs, K. D. (2003). Does high self-esteem cause better performance, interpersonal success, happiness, or healthier lifestyles? *Psychological Science in the Public Interest*, *4*, 1—44.

Beck, J. E. (1988). Testing a personal construct theory model of the experiential learning process——A. The impact of invalidation on the construing processes of participants in sensitivity training groups. *Small Group Behavior*, *19*, 79—102.

Beer, J. M. & Horn, J. M. (2000). The influence of rearing order on personality development within two adoption cohorts. *Journal of Personality*, *68*, 789—819.

Begley, S. (1998, July 13). You're OK, I'm terrific: 'Self-esteem' backfires. *Newsweek*, 69.

Bell, P. A. & Byrne, D. (1978). Repression-Sensitization. In H. London & J. E. Exner, Jr. (Eds.), *Dimensions of Personality*. New York: Wiley, pp. 449—485.

Belli, R. F., Lindsay, D. S., Gales, M. S. & McCarthy, T. T. (1994). Memory impairment and source misattribution in postevent misinformation experiments with short retention intervals. *Memory And Cognition*, *22*, 40—54.

Bem, D. J. (1996). Exotic becomes erotic: A development theory of sexual orientation. *Psychological Review*, *103*, 320—335.

Bem, D. J. & Allen, A. (1974). On predicting some of the people some of the time: The search for crosssituational consistencies in behavior. *Psychological Re-*

view, *81*, 506—520.

Bender, L. (1938). *A Visual Motor Gestalt Test and its Clinical Use*. New York: American Orthopsychiattic Association.

Benesch, K. F. & Page, M. M. (1989). Self-construct systems and interpersonal congruence. *Journal of Personality*, *57*, 137—173.

Benjamin, L. T. (1988). A history of teaching machines. *American Psychologist*, *43*, 703—712.

Benjamin, L. T. & Dixon, D. N. (1996). Dream analysis by mail: An American woman seeks Freud's advice. *American Psychologist*, *51*, 461—468.

Benjamin, L. T. & Nielsen-Gammon, E. B. F. (1999). Skinner and psychotechnology: The case of the heir conditioner. *Review of General Psychology*, *3*, 155—167.

Bennett, C. M. (1990). A Skinnerian view of human freedom. *The Humanist* (July/August), 18—20, 30.

Benson, E. (2002, October). From the same planet after all. *Monitor on Psychology*, 34—36.

Bentler, P. M. , Jackson, D. N. & Messick, S. (1971). Identification of content and style: A twodimensional interpretation of acquiescence. *Psychological Bulletin*, *76*, 186—204.

Bexton, W. , Heron, W. & Scott, T. (1954). The effects of decreased variation in the sensory environment. *Canadian Journal of Psychology*, *8*, 70—76.

Biancoli, R. (1992). Radical humanism in psychoanalysis or psychoanalysis as art. *Contemporary Psychoanalysis*, *28*, 695—731.

Bieri, J. (1955). Cognitive complexity——simplicity and predictive behavior. *Journal of Abnormal and Social Psychology*, *51*, 61—66.

Binswanger, L. (1958). The case of Ellen West: An anthropological-clinical study. In R. May, E. Angel & H. F. Ellenberger(Eds.), *Existence: A New Dimension in Psychiatry and Psychology*. New York: Basic Books, pp. 237—364.

Binswanger, L. (1963). *Being-In-The-World: Selected Papers of Ludwig Binswanger* (J. Needleman, Trans.). New York: Harper & Row.

Bixler, R. H. (1990). Carl Rogers, "counseling," and the Minnesota point of view. *American Psychologist*, *45*, 675.

Bjork, R. A. (2000). Different views of individual differences. *Observer*, *13*, 3, 26.

Blake, M. J. F. (1967). Relationship between circadian rhythm of body temperature and introversion-extraversion. *Nature*, *215*, 896—897.

Blake, M. J. F. (1971). Temperament and time of day. In W. P. Colquhoun(Eds.), *Biological Rhythms and Human Performance*. New York: Academic Press.

Blau, G. (1993). Testing the relationship of locus of control to different performance dimensions. *Journal of Occupational and Organizational Psychology*, *66*, 125—138.

Blauner, R. (1992). The ambiguities of racial change. In M. L. Andersen & P. H. Collins(Eds.), *Race, Class, and Gender*. Belmont, CA: Wadsworth.

Blechner, M. J. (1994). Projective identification, countertransference, and the "maybe-me. " *Contemporary Psychoanalysis*, *30*, 619—631.

Bonanno, G. A. (2004). Loss, trauma, and human resilience: Have we underestimated the human capacity to thrive after extremely aversive events. *American Psychologist*, *59*, 20—28.

Boring, E. (1957). *A History of Experimental Psychology* (2nd ed.). New York: Appleton-Century Crofts.

Bornstein, R. F. (1998). Radical behaviorism, internal states, and the science of psychology: A reply to Skinner. *American Psychologist*, *43*, 819—821.

Boss, M. (1963). *Psychoanalysis and Daseinsanalysis*. (L. B. LeFebre, Trans.) New York: Basic Books.

Bosselman, B. C. (1958). *Self-Destruction: A Study of the Suicidal Impulse*. Springfield, IL: Thomas.

Bottome, P. (1939). *Alfred Adler: Apostle of Freedom*. London: Faber & Faber.

Bower, B. (2003). Repeat after me: Imitation is the sincerest form of perception. *Science News*, *163*, 330—332.

Bowers, K. (1973). Situationalism in psychology: An analysis and a critique. *Psychological Review*, *80*, 307—336.

Bowlby, J. (1969). *Maternal Care and Mental Health*. New York: Schocken.

Bozarth, J. D. (1990). The evolution of Carl Rogers as a therapist. Special issue: Fiftieth anniversary of the person-centered approach. *Person Centered Review*, 387—393.

Bozarth, J. D. & Brodley, B. T. (1991). Actualization: A functional concept in client-centered therapy. Special issue: Handbook of self-actualization. *Journal of Social Behavior and Personality*, *6*, 45—59.

Brackett, M. A. & Mayer, J. D. (2003). Convergent, discriminant, and incremental validity of competing measures of emotional intelligence. *Personality and Social Psychology Bulletin*, *29*, 1147—1158.

Brakel, L. A. , Kleinsorge, S. , Snodgrass, M. & Shevrin, H. (2000). The primary process and the unconscious: Experimental evidence supporting two psychoanalytic presuppositions. *International Journal of*

Psychoanalysis, *81*, 563—569.

Breuer, J. & Freud, S. (1895/1950), *Studies in Hysteria*. Boston: Beacon Press.

Brody, B. (1970). Freud's case-load. *Psychotherapy: Theory, Research and Practice*, *7*, 8—12.

Bromberg, P. M. (1993). "Obsessions and/or obsessionality: Perspectives on a psychoanalytic treatment": Comment and Erratum. *Contemporary Psychoanalysis*, *29*, 372.

Bronfen, E. (1989). The lady vanishes: Sophie Freud and beyond the Pleasure Principle. *South Atlantic Quarterly*, *88*(Fall), 961—991.

Brunner, H. G. , Nelen, M. , Breakefield, X. O. , Ropers, B. A. & van Oost, B. A. (1993, October 22). Abnormal behavior associated with a point mutation in the structural gene for monoamine oxidase A. *Science*, *262*, 578—580.

Buber, M. (1958). *I and Thou* (2nd ed.). New York: Scribners.

Bugental, J. F. T. (1964). The third force in psychology. *Journal of Humanistic Psychology*, *4*, 19—25.

Buhler, C. (1962). *Values in Psychotherapy*. New York: Free Press.

Buhler, C. (1965). Some observations on the psychology of the third force. *Journal of Humanistic Psychology*, *5*, 54—55.

Bullock, W. A. & Gilliland, K. (1993). Eysenck's arousal theory of introversion-extraversion: A converging measures investigation. *Journal of Personality and Social Psychology*, *64*, 113—123.

Burckle, M. A. , Ryckman, R. M. , Gold, J. A. , Thornton, B. & Audesse, R. J. (1999). Forms of competitive attitude and achievement orientation in relation to disordered eating. *Sex Roles*, *40*,853—870.

Burris, C. T. (1994). Curvilinearity and Freligious types: A second look at intrinsic, extrinsic, and quest relations. *International Journal for the Psychology of Religion*, *4*, 245—260.

Bushman, B. J. , Bonacci, A. M. , van Dijk, M. & Baumeister, R. F. (2003). Narcissism, sexual refusal, and aggression: Testing a narcissistic reactance model of sexual coercion. *Journal of Personality and Social Psychology*, *84*, 1027—1040.

Buss, D. M. , Larsen, R. , Weston, D. & Semmelroth, J. (1992). Sex differences in jealousy: Evolution, physiology, and psychology. *Psychological Science*, 251—255.

Buss, D. M. & Schmitt, D. P. (1993). Sexual strategies theory: An evolutionary perspective on human mating. *Psychological Review*, *100*, 204—232.

Buss, D. M. & Shackelford, T. K. (1997). From vigilance to violence: Mate retention tactics in married couples. *Journal of Personality and Social Psychology*, *72*, 346—361.

Bussey, K. & Bandura, A. (1992). Self-regulatory mechanisms governing gender development. *Child Development*, *63*, 1236—1250.

Bussey, K. & Bandura, A. (1999). Social cognitive theory of gender development and differentiation. *Psychological Review*, *106*. 676—713.

Butler, J. M. & Haigh, G. V. (1954). Changes in the relation between self-concepts and ideal concepts consequent upon client-centered counseling. In C. R. Rogers & R. F. Dymond(Eds.), *Psychotherapy and Personality Change*. Chicago: University of Chicago Press, pp. 55—75.

Buttle, F. (1989). The social construction of needs. *Psychology and Marketing*, *6*, 199—207.

Buunk, B. P. , Angleitner, A. , Oubaid, V. & Buss, D. M. (1996). Sex differences in jealousy, evolutionary and cultural perspective: Tests from the Netherlands, Germany, and the United States. *Psychological Science*, *7*, 359—363.

Campbell, D. T. (1975). On the conflicts between biological and social evolution and between psychology and moral tradition. *American Psychologist*, *30*, 1103—1126.

Campbell, D. T. & Fiske, D. W. (1959). Convergent and discriminant validation by the multitraitmultimethod matrix. *Psychological Bulletin*, *56*, 81—105.

Campbell, F. A. & Ramey, C. T. (1994). Effects of early intervention on intellectual and academic achievement: A follow-up study of children from low-income families. *Child Development*, *65*, 684—698.

Campbell, L. , Simpson, J. A. , Stewart, M. & Manning, J. (2003). Putting personality in social context: Extraversion, emergent leadership, and the availability of rewards. *Personality and Social Psychology Bulletin*, *29*, 1547—1559.

Campbell, W. K. , Foster, C. A. & Finkel, E. J. (2002). Does self-love lead to love for others? A story of narcissistic game playing. *Journal of Personality and Social Psychology*, *83*, 340—354.

Canli, T. , Sivers, H. , Whitfield, W. L. , Gotlib, I. H. & Gabrieli, J. D. E. (2002, June 21). Amygdala response to happy faces as a function of extraversion. *Science*, *296*, 291.

Cannon, W. G. (1932). *Wisdom of the Body*. New York: Norton.

Cantor, N. & Mischel, W. (1977). Traits as prototypes: Effects on recognition memory. *Journal of Personality and Social Psychology*, *35*, 38—48.

Cantor, N. , Mischel, W. & Schwartz, J. C. (1982). A prototype analysis of psychological situations. *Cognitive Psychology*, 14, 45—77.

Cantril, H. (1960). *The morning notes of Adelbert Ames, Jr. ; Including a correspondence with John Dewey*. New Brunswick, NJ: Rutgers University Press.

Caprara, G. V. , Barbaranelli, C. , Pastorelli, C. , Bandura, A. & Zimbardo, P. G. (2000). Prosocial foundations of children's academic achievement. *Psychological Science*, 11, 302—306.

Caprara, G. V. , Steca, P. , Cervone, D. & Artistico, D. (2003). The contribution of self-efficacy beliefs to dispositional shyness: On social-cognitive systems and the development of personality dispositions. *Journal of Personality*, 71, 943-970.

Carlsmith, K. M. , Darley, J. D. & Robinson, R. H. (2002). Why do we punish? Deterrence and just deserts as motives for punishment. *Journal of Personality and Social Psychology*, 83, 284—299.

Carlson, J. (1989). Brief therapy for health promotion. *Individual Psychology*, 45, 220—229.

Carlyn, M. (1977). An assessment of the Myers-Briggs Type Indicator. *Journal of Personality Assessment*, 41, 461—473.

Carpenter, S. (1999, July/August). Freud's dream theory gets boost from imaging work. *Monitor on Psychology*, 19.

Carpenter, S. (2001, February). Different dispositions, different brains. *Monitor on Psychology*, 66—67.

Carpenter, S. (2002, February). Plagiarism or memory glitch? *Monitor on Psychology*, 25—26.

Carskadon, T. G. (1978). Use of the Myers-Briggs Type Indicator in psychology courses and discussion groups. *Teaching of Psychology*, 5, 140—142.

Carson, R. C. & Butcher, F. N. (1992). *Abnormal Psychology and Modern Life*. New York: HarperCollins.

Carson, R. C. , Butcher, F. N. & Mineka, S. (1996). *Abnormal Psychology and Modern Life* (10 ed.). New York: Harper Collins.

Cartwright, D. , DeBruin, J. & Berg, S. (1991). Some scales for assessing personality based on Carl Rogers'theory: Further evidence of validity. *Personality and Individual Differences*, 12, 151—156.

Caruso, D. R. , Mayer, J. D. & Salovey, P. (2002). Relation of an ability measure of emotional intelligence to personality. *Journal of Personality Assessment*, 79, 306—320.

Caspi, A. , McClay, J. , Moffitt, T. E. , Mill, J. , Martin, J. , Craig, I. , Taylor, A. & Poulton, R. (2002, August 2). Role of genotype in the cycle of violence in maltreated children. *Science*, 297, 851—853.

Catanzaro, S. J. & Mearns, J. (1990). Measuring generalized expectancies for negative mood regulation: Initial scale development and implications. *Journal of Personality Assessment*, 54, 546—563.

Catina, A. & Tschuschke, V. (1993). A summary of empirical data from the investigation of two psychoanalytic groups by means of repertory grid technique. *Group Analysis*, 26, 443—447.

Cattell, H. E. P. (1993). Comment on Goldberg. *American Psychologist*, 48, 1302—1303.

Cattell, R. B. (1933). *Psychology and Social Progress*. London: C. W. Daniel.

Cattell, R. B. (1936—1937). "Is national intelligence declining?" *Eugenics Review*, 28, 181—203.

Cattell, R. B. (1937). *The Fight for Our National Intelligence*. London: P. S. King.

Cattell, R. B. (1946). *The Description and Measurement of Personality*. New York: World Book.

Cattell, R. B. (1949). *The Sixteen Personality Factor Questionnaire* (1 st ed.). Champaign, IL: Institute for Personality and Ability Testing.

Cattell, R. B. (1950). *Personality: A Systematic, Theoretical and Factual Study*. New York: McGraw-Hill.

Cattell, R. B. (1963). The nature and measurement of anxiety. *Scientific American*, 208, 96—104.

Cattell, R. B. (1966). *The Scientific Analysis of Personality*. Baltimore, MD: Penguin.

Cattell, R. B. (1972). *A New Morality From Science: Beyondism*. New York: Pergamon.

Cattell, R. B. (1973). *Personality and Mood by Questionnaire*. San Francisco: Jossey-Bass.

Cattell, R. B. (1974a). Raymond B. Cattell. In G. Lindzey (Eds.), *A History of Psychology in Autobiography*. Englewood Cliffs, NJ: Prentice-Hall.

Cattell, R. B. (1974b). Travels in psychological hyperspace. In T. S. Krawiec (Eds.), *The Psychologists*. (Vol. 2). New York: Oxford University Press.

Cattell, R. B. (1979). *Personality and Learning Theory* (Vols. 1-2). New York: Springer.

Cattell, R. B. (1983). *Structured Personality-Learning Theory: A Wholistic Multivariate Research Approach*. New York: Praeger.

Cattell, R. B. (1984a). *Human Motivation and the Dynamic Calculus*. New York: Praeger.

Cattell, R. B. (1984b). The voyage of a laboratory, 1928-1984. *Multivariate Behavioral Research*, 19, 121—174.

Cattell, R. B. (1986). The 16 PF personality structure

and Dr. Eysenck. *Journal of Social Behavior and Personality*, *1*, 153—160.

Cattell, R. B. (1987). *Beyondism: Religion From Science*. New York: Praeger.

Cattell, R. B. (1994). Constancy of global, secondorder personality factors over a twenty-year-plus period. *Psychological Reports*, *75*, 3—9.

Cattell, R. B. & Brennan, J. (1984). The cultural types of modern nations, by two quantitative classification methods. *Sociology and Social Research*, *68*, 208—235.

Cattell, R. B., Eber, H. W. & Tatsuoka, M. M. (1970). *Handbook for the Sixteen Personality Factor Questionnaire*. Champaign, IL: Institute for Personality and Ability Testing.

Cattell, R. B. & Kline, P. (1977). *The Scientific Analysis of Personality and Motivation*. New York: Academic Press.

Cattell, R. B., Rao, D. C. & Schuerger, J. M. (1985). Heritability in the personality control system: Ego strength(C), super ego strength(G) and the self-sentiment(Q_3), by the MAVA mode, Q-data, and Maximum likelihood analyses. *Social Behavior and Personality*, *13*, 33—41.

Cattell, R. B. & Scheier, I. H. (1961). *The Meaning and Measurement of Neuroticism and Anxiety*. New York: Ronald Press.

Cattell, R. B., Schuerger, J. M. & Klein, T. W. (1982). Heritabilities of ego strength(factor C), super ego strength(factor G), and self-sentiment(factor Q_3) by multiple abstract variance analysis. *Journal of Clinical Psychology*, *38*, 769—779.

Cattell, R. B. & Warburton, F. W. (1967). *Objective Personality & Motivation Tests: A Theoretical Introduction and Practical Compendium*. Urbana: University of Illinois Press.

Cautela, J. R. & Upper, D. (1976). *The Behavioral Inventory Battery: The Use of Self-Report Measures in Behavioral Analysis and Therapy*. In M. Hersen & A. S. Bellack(Eds.), *Behavioral Assessment: A Practical Handbook*. New York: Pergamon Press.

Cavalli-Sforza, L. L. (2000). *Genes, Peoples and Languages*. New York: North Point Press.

Cavalli-Sforza, L. L., Menozzi, P. & Piazza, A. (1994). *The History and Geography of Human Genes*. Princeton, NJ: Princeton University Press.

Ceci, S. J., Huffman, M. L. C., Smith, E. & Loftus, E. F. (1996). Repeatedly thinking about a nonevent: Source misattributions among preschoolers. In K. Pezdek & W. P. Banks(Eds.), *The Recovered Memory/False Memory Debate*. New York: Academic Press.

Cervone, D. (2004). The architecture of personality. *Psychological Review*, *111*, 183-204.

Cervone, D., Shadel, W. G. & Jencius, S. (2001). Social-cognitive theory of personality assessment. *Personality and Social Psychology Review*, *5*, 33—51.

Cervone, D. & Shoda, Y. (1999). Beyond traits in the study of personality coherence. *Current Directions in Psychological Science*, *8*, 27—31.

Cetola, H. & Prinkey, K. (1986). Introversionextraversion and loud commercials. *Psychology and Marketing*, *3*, 123—132.

Chapman, A. H. (1976). *Harry Stack Sullivan: His Life and His Work*. New York: Putnam.

Cherian, V. I. (1990). Birth order and academic achievement of children in Transkei. *Psychological Reports*, *66*, 19—24.

Chiesa, M. (1992). Radical behaviorism and scientific frameworks: From mechanistic to relational accounts. *American Psychologist*, *47*, 1287—1299.

Chomsky, N. (1959). A review of Verbal Behavior by B. F. Skinner. *Language*, *35*, 26—58.

Christoper, J. C., Manaster, G. J., Campbell, R. L. & Weinfeld, M. B. (2002). Peak experiences, social interest, and moral reasoning: An exploratory study. *Journal of Individual Psychology*, *58*, 35—51.

Churchill, J. C., Broida, J. P. & Nicholson, N. L. (1990). Locus of control and self-esteem of adult children of alcoholics. *Journal of Studies on Alcohol*, *51*, 373—376.

Cialdini, R. B. (1985). *Influence: Science and Practice*. Glenview, IL: Scott, Foresman.

Cioffi, F. (1974). Was Freud a liar? *The Listener*, *91*, 172—174.

Clark, K. B. (1965). The psychology of the ghetto. In *Dark Ghetto*. New York: Harper & Row, pp. 63—80.

Clark, R. E. & Squire, L. R. (1998). Classical conditioning and brain systems: The role of awareness. *Science*, *280*, 77—81.

Clay, R. A. (2003, April). Researchers replace midlife myths with facts. *Monitor on Psychology*, 38—39.

Cohen, D. (1977). *Psychologists on Psychology*. New York: Taplinger.

Cohen, S., Evans, G. W., Krantz, D. S. & Stokols, D. (1980). Physiological, motivational, and cognitive effects of aircraft noise on children. *American Psychologist*, *35*, 231—243.

Cohen, S., Tyrrell, D. A. & Smith, A. P. (1993). Negative life events, perceived stress, negative affect, and susceptibility to the common cold. *Journal of Personality and Social Psychology*, *64*, 131—140.

Collins, B. & Hoyt, M. (1972). Personal responsibility for consequences: An integration and extension of the "forced" compliance literature. *Journal of Experimental Social Psychology*, 8, 558—593.

Conci, M. (1993). Harry Stack Sullivan and the training of the psychiatrist. *Contemporary Psychiatry*, 29, 530—540.

Conoley, J. & Impara, J. C. (1995). *Twelfth Mental Measurement Yearbook*. Lincoln, NE: Buros Institute of Mental Measurement.

Cook, W. L. (2000). Understanding attachment security in family context. *Journal of Personality and Social Psychology*, 78, 285—294.

Cooper, R. & Zubek, J. (1958). Effects of enriched and restricted environments on the learning ability of bright and dull rats. *Canadian Journal of Psychology*, 12, 159—164.

Corcoran, D. W. J. (1964). The relation between introversion and salivation. *American Journal of Psychology*, 77, 298—300.

Correll, J., Park, B., Judd, C. M. & Wittenbrink, B. (2002). The police officer's dilemma: Using ethnicity of disambiguate potentially threatening individuals. *Journal of Personality and Social Psychology*, 83, 1314—1349.

Cramer, P. (1968). *Word Association*. New York: Academic Press.

Crandall, J. E. (1980). Adler's concept of social interest: Theory, measurement, and implications for adjustment. *Journal of Personality and Social Psychology*, 39, 481—495.

Cresti, A. (2003). "The interpersonal perspective of Karen Horney" by Diego Garofalo. *American Journal of Psychoanalysis*, 63, 196—198.

Crews, F. (1996). The verdict on Freud. *Psychological Science*, 7, 63—68.

Crumbaugh, J. & Maholick, L. (1969). *Manual of Instructions for the Purpose in Life Test*. Munster, IN: Psychometric Affiliates.

Dahlberg, T. (2003, January 21). By, George! *Peoria Journal Star*, C2, C4.

Daley, T. C., Whaley, S. E., Sigman, M. D., Espinosa, M. P. & Neumann, C. (2003). IQ on the rise: The Flynn effect in rural Kenyan children. *Psychological Science*, 14, 215—220.

Dalton, P. & Dunnett, G. (1992). A *Psychology For Living: Personal Construct Theory for Professionals and Clients*. New York: John Wiley & Sons.

Daly, M. & Wilson, M. (1990). Is parent-offspring conflict sex-linked? Freudian and Darwinian models. *Journal of Personality*, 58, 163—190.

Danto, A. & Morgenbesser, S. (1960). *Philosophy of Science*. Cleveland: Meridan.

Darley, J. & Zanna, M. (1982). Making moral judgments. *American Scientist*, 70, 515—521.

Das, A. K. (1989). Beyond self-actualization. *International Journal for the Advancement of Counseling*, 12, 13—17.

David, J. P., Green, P. J., Martin, R. & Suls, J. (1997). Differential roles of neuroticism, extraversion, and event desirability for mood in daily life: An integrative model of top-down and bottom-up influences. *Journal of Personality and Social Psychology*, 73, 149—159.

Davidson, P. O. & Costello, C. G. (1969)(Eds.). N = 1: Experimental studies of single cases. New York: Van Nostrand Reinhold.

Davila, J. & Cobb, R. J. (2003). Predicting change in self-reported and interviewer-assessed adult attachment: Tests of the individual difference and life stress models of attachment change. *Personality and Social Psychology Bulletin*, 29, 859—870.

Davis, D., Shaver, P. R. & Vernon, M. L. (2003). Physical, emotional, and behavioral reactions to breaking up: The roles of gender, age, emotional involvement, and attachment style. *Personality and Social Psychology Bulletin*, 29, 871—884.

Davis, F. J. (1991). *Who Is Black*? University Park, PA: Pennsylvania State University Press.

Davis, W. & Phares, E. (1969). Parental antecedents of internal-external control of reinforcement. *Psychological Reports*, 24, 427—436.

Dawidowicz, L. S. (1975). *The War Against the Jews*. New York: Bantam.

DeAngelis, T. (1994a, July). Jung's theories keep pace and remain popular. *Monitor*, p. 41.

DeAngelis, T. (1994b, October). Loving styles may be determined in infancy. *Monitor*, p. 21.

DeAngelis, T. (1994c, October). Not Just a good theory: Transference is proven. *Monitor*, p. 56.

de Bonis, M. & Delgrange, C. (1977). A psycholinguistic approach to the measurement of anxiety. In C. D. Spielberger & I. G. Sarason(Eds.), *Stress and Anxiety*(Vol. 4). New York: Wiley, pp. 67—76.

deCarvalho, R. J. (1990). Contributions to the history of psychology: LXIX. Gordon Allport on the problem of method in psychology. *Psychological Reports*, 67, 267—275.

deCarvalho, R. J. (1991). Gordon Allport and humanistic psychology. *Journal of Humanistic Psychology*, 31, 8—13.

deCarvalho, R. J. (1991). The humanistic paradigm in

education. *Humanistic Psychologist*, *19*, 88—104.

deCarvalho, R. J. (1999). Otto Rank, The Rankian circle in Philadelphia, and the origins of Carl Rogers' person-centered psychotherapy. *History of Psychology*, *2*, 132—148.

deCharms, R. (1972). Personal causation training in the schools. *Journal of Applied Social Psychology*, *2*, 95—113.

deCharms, R. & Moeller, G. H. (1962). Values expressed in American children's readers: 1800—1950. *Journal of Abnormal Psychology*, *64*, 136—142.

deCharms, R. & Muir, M. S. (1978). Motivation: Social approaches. In M. R. Rosenzweig & L. W. Porter (Eds.), *Annual Review of Psychology* (Vol. 29). Palo Alto, CA: Annual Reviews, 91—113.

DeGrandpre, R. J. (2000). A science of meaning: Can behaviorism bring meaning to psychological science? *American Psychologist*, *55*, 721—739.

Dement, W. C. (1976). *Some Must Watch While Some Must Sleep*. New York: Norton.

Demorest, A. P. & Siegel, P. F. (1996). Personal influences on professional work: An empirical case study of B. F. Skinner. *Journal of Personality*, *64*, 241—261.

DePaulo, B. & Rosenthal, R. (1979). Telling lies. *Journal of Personality and Social Psychology*, *37*, 1713—1722.

DeSteno, D., Bartlett, M. Y. & Salovey, P. (2002). Sex differences in jealousy: Evolutionary mechanism or artifact of measurement? *Journal of Personality and Social Psychology*, *83*, 1103—1116.

DeSteno, D. A. & Salovey, P. (1996). Evolutionary origins of sex differences in jealousy? Questioning the "Fitness" of the model. *Psychological Science*, *7*, 367—372.

Detterman, D. K. (1998, May). The Cattell Award. *Monitor*, [Letters], p. 5.

Devine, P., Plant, W. A., Amodio, D. M., Harmon-Jones, E. & Vance, S. L. (2002). The regulation of explicit and implicit race bias: The role of motivations to respond without prejudice. *Journal of Personality and Social Psychology*, *82*, 835—848.

Devlin, B., Daniels, M. & Roeder, K. (1997, July 31). The heritability of I. Q. *Nature*, *388*, 468—471.

Dickens, W. T. & Flynn, J. R. (2001). Heritability estimates vs. environmental effects: The IQ paradox resolved. *Psychological Review*, *108*, 346—369.

Diener, E. & Seligman, M. E. P. (2002). Very happy people. *Psychological Science*, *13*, 81—86.

Diener, E. & Wallbom, M. (1976). Effects of self-awareness on antinormative behavior. *Journal of Research in Personality*, *10*, 107—111.

Dinkmeyer, D. & Sherman, R. (1989). Brief Adlerian family therapy. *Individual Psychology*, *45*, 148—158.

Dinsmoor, J. A. (1992). Setting the record straight: The social views of B. F. Skinner. *American Psychologist*, *47*, 1454—1463.

Dittman, M. (2003b, January). Study explores how religion influences people's ability to cope. *Monitor on Psychology*, 16.

Dittman, M. (2003a, October). How 'emotional intelligence' emerged. *Monitor on Psychology*, 64.

Dixon, N. (1971). *Subliminal Perception: The Nature of a Controversy*. London: McGraw-Hill.

Doherty, W. (1983). Impact of divorce on locus of control orientation in adult women: A longitudinal study. *Journal of Personality and Social Psychology*, *44*, 834—840.

Dolliver, R. H. (1994). Classifying the personality theories and personalities of Adler, Freud, and Jung with introversion/extroversion. *Individual Psychology Journal of Adlerian Theory, Research, and Practice*, *50*, 192—202.

Domhoff, W. G. (2003, March 28). Making sense of dreaming. *Science*, *299*, 1997—1998.

Don, N. W. (1999). "The Rhine-Jung letters: Distinguishing parapsychological from synchronistic events": Comments. *Journal of Parapsychology*, *63*, 184—185.

Donn, J. (2000, March 30). Finger length may reflect sexual orientation. *Peoria Journal Star*, p. A14.

Donohue, M. J. (1985). Intrinsic and extrinsic religiousness: Review and meta-analysis. *Journal of Personality and Social Psychology*, *48*, 400—419.

Dovidio, J. F. & Gaertner, L. S. (2000). Aversive racism and selective decisions: 1989—1999. *Psychological Science*, *11*, 315—319.

Dovidio, J. F., Gaertner, S. L. & Validzic, A. (1998). Intergroup bias: Status, differentiation, and a common in-group identity. *Journal of Personality and Social Psychology*, *75*, 109—120.

Dovidio, J. F., Kawakami, K. & Gaertner, S. L. (2002). Implicit and explicit prejudice and interracial interaction. *Journal of Personality and Social Psychology*, *82*, 62—68.

Dreikurs, R. (1972a). Family counseling: A demonstration. *Journal of Individual Psychology*, *28*, 207—222.

Dreikurs, R. (1972b). Technology of conflict resolution. *Journal of Individual Psychology*, 28, 203—206.

Dry, A. (1961). *The Psychology of Jung: A Critical*

Interpretation. New York: Wiley.

Duckitt, J., Wagner, C., du Plessis, I. & Birum, I. (2002). The psychological bases of ideology and prejudice: Testing a dual process model. *Journal of Personality and Social Psychology*, *83*, 75—93.

Duval, S. & Wicklund, R. A. (1972). *A Theory of Objective Self Awareness*. New York: Academic Press.

Duval, S. & Wicklund, R. A. (1973). Effects of objective self awareness on attribution of causality. *Journal of Experimental Social Psychology*, *9*, 17—31.

Eagly, A. H. (1987). *Sex Differences in Social Behavior: A Social Role Interpretation*. Hillsdale, NJ: Erlbaum.

Eaves, L. J. & Eysenck, H. J. (1975). The nature of extraversion: A genetical analysis. *Journal of Personality and Social Psychology*, *32*, 102—112.

Eckardt, M. H. (1980). Foreward. In K. Horney, *The Adolescent Diaries of Karen Horney*. New York: Basic Books.

Eckardt, M. H. (1991). Feminine psychology revisited: A historical perspective. [Special issue: Karen Horney]. *American Journal of Psychoanalysis*, *51*, 235—243.

Eckardt, M. H. (1992). Fromm's concept of biophilia. *Journal of the American Academy of Psychoanalysis*, *20*, 233—240.

Ekman, P. & Friesen, W. (1974). Detecting deception from the body and face. *Journal of Personality and Social Psychology*, *29*, 288—298.

Eldredge, P. R. (1989). A granddaughter of violence: Doris Lessing's good girls as terrorists. [Special Issue: Interdisciplinary applications of Horney]. *American Journal of Psychoanalysis*, *49*, 225—238.

Ellenberger, H. (1970). *The Discovery of the Unconscious: The History and Evolution of Dynamic Psychiatry*. New York: Basic Books.

Elliot, A. J. & Harackiewicz, J. M. (1996). Approach and avoidance achievement goals and intrinsic motivation: A mediational analysis. *Journal of Personality and Social Psychology*, *70*, 461—465.

Ellis, A. (1974a). Rational-Emotive Theory. In A. Burton (Eds.), *Operational Theories of Personality*. New York: Brunner/Mazel, pp. 308—344.

Ellis, A. (1974b). Experience and rationality: The making of a Rational-Emotive therapist. *Psychotherapy: Theory, Research and Practice*, *11*, 194—198.

Engelhard, G. (1990). Gender differences in performance on mathematics items: Evidence from the United States and Thailand. *Contemporary Educational Psychology*, *15*, 13—26.

Engleman, E. (1976). *Berggasse 19: Sigmund Freud's Home and offices, Vienna 1938*. New York: Basic Books.

Enzle, M. E. & Wohl, M. J. A. (2002). Manipulating personal salience, redux: An occasion for recalling problems with the correlations approach for testing causal hypotheses. *Representative Research in Social Psychology*, *26*, 15—25.

Epel, W. S., Bandura, A. & Zimbardo, P. G. (1999). Escaping homelessness: The influences of selfefficacy and time perspective on coping with homelessness. *Journal of Applied Social Psychology*, *29*, pp. 575—596.

Epstein, R. (1991). Skinner, creativity, and the problems of spontaneous behavior. *Psychological Science*, *2*, pp. 362—370.

Eric Erikson: The quest for identity (1970, December 21). *Newsweek*, pp. 84—89.

Erikson, E. (1950). *Childhood and Society*. New York: W. W. Norton.

Erikson, E. (1968a). Womanhood and the inner space. In E. H. Erikson. *Identity, Youth and Crisis*. New York: Norton, pp. 261—294.

Erikson, E. (1968b). Life cycle. In D. Sills(Eds.), *International Encyclopedia of the Social Sciences*. Vol. 9. New York: Macmillan & Free Press, pp. 286—292.

Erikson, E. (1975). *Life History and the Historical Moment, Diverse Presentations*. New York: Norton.

Esterson, A. (1993). *Seductive Mirage: An Exploration of the Work of Sigmund Freud*. New York: Open Court.

Estes, K. (1944). An experimental study of punishment. *Psychological Monographs*, *47*, No. 263.

Evans, R. I. (1964). *Conversations with Carl Jung, and Reactions From Ernest Jones*. Princeton, NJ: Van Nostrand.

Evans, R. I. (1967). *Dialogue with Erik Erikson*. New York: Harper & Row.

Evans, R. I. (1975). *Carl Rogers, the Man and His Ideas*. New York: E. P. Dutton.

Evans, R. I. (1976). *The Making of Psychology*. New York: A. A. Knoff.

Evans, R. I. (1988). Albert Bandura: A filmed interview. Videotape distributed by Pennsylvania State University.

Eysenck, H. J. (1952a). The effects of psychotherapy: An evaluation. *Journal of Consulting Psychology*, *16*, 319—324.

Eysenck, H. J. (1952b). *The Scientific Study of Personality*. New York: Macmillan.

Eysenck, H. J. (1957). *Sense and Nonsense in Psychol-*

ogy. Baltimore, MD: Penguin.

Eysenck, H. J. (1959). *Manual of the Maudsley Personality Inventory*. London: University of London Press.

Eysenck, H. J. (1962). *The Maudsley Personality Inventory Manual*. San Diego: Educational and Industrial Testing Service.

Eysenck, H. J. (1967). *The Biological Basis of Personality*. Springfield. IL: Charles C. Thomas.

Eysenck, H. J. (1970). A dimensional system of psychodiagnosis. In A. R. Mahrer(Eds.), *New Approaches to Personality Classification*. New York: Columbia University Press.

Eysenck, H. J. (1971). *The I. Q. Argument: Race, Intelligence and Education*. New York: Library Press.

Eysenck, H. J. (1974). *The Inequality of Man*. London: Temple Smith.

Eysenck, H. J. (1976) (Eds.). *The Measurement of Personality*. Baltimore, MD: University Park Press.

Eysenck, H. J. (1980). In G. Lindzey(Eds.), *A History of Psychology in Autobiography* (Vol. 7). San Francisco: W. H. Freeman, pp. 153—187.

Eysenck, H. J. (1981)(Eds.). *A Model for Personality*. New York: Springer-Verlag.

Eysenck, H. J. (1984). Cattell and the theory of personality. *Multivariate Behavioral Research*, *19*, 323—336.

Eysenck, H. J. (1990). Genetic and environmental contributions to individual differences: The three major dimensions of personality. *Journal of Personality*, *58*, 245—261.

Eysenck, H. J. (1993). Comment on Goldberg. *American Psychologist*, *48*, 1299—1300.

Eysenck, H. J. (1997). Personality and experimental psychology: The unification of psychology and the possibility of a paradigm. *Personality and Social Psychology*, *73*, 1224—1237.

Eysenck, H. J. & Eysenck, S. B. G. (1969). *Personality Structure and Measurement*. San Diego, CA: Robert R. Knapp.

Eysenck, H. J. & Eysenck, S. B. G. (1976). *Psychoticism as a Dimension of Personality*. New York: Crane, Russak.

Eysenck, H. J. & Levey, A. (1972). Conditioning, introversion-extraversion and the strength of the nervous system. In V. D. Nebylitsyn & J. A. Gray(Eds.), *Biological Bases of Individual Behavior*. New York: Academic Press, pp. 206—220.

Eysenck, S. B. G. & Eysenck, H. J. (1967). Salivary response to lemon juice as a measure of introversion. *Perceptual and Motor Skills*, *24*, pp. 1047—1053.

Eysenck, S. B. G. & Eysenck, H. J. (1968). The measurement of psychoticism: A study of factor analytic stability and reliability. *British Journal of Social and Clinical Psychology*, *7*, 286—294.

Eysenck, S. B. G. & Eysenck, H. J. (1976). *Personality Structure and Measurement*. New York: Crane.

Fagen, J. W. (1993). Reinforcement is not enough: Learned expectancies and infant behavior. *American Psychologist*, 48, 1153—1155.

Falbo, T. (1981). Relationships between birth category, achievement and interpersonal orientation. *Journal of Personality and Social Psychology*, *41*, 121—131.

Falbo, T. & Polit, D. (1986). Quantitative review of the only child literature: Research evidence and theory development. *Psychological Bulletin*, *100*, 176—189.

Fallon, D. (1992). An existential look at B. F. Skinner. *American Psychologist*, *47*, 1433—1440.

Fancher, R. E. (2000). Snapshots of Freud in America, 1899—1999. *American Psychologist*, *55*, 1025—1028.

Farber, A. (1978). Freud's love letters: Intimations of psychoanalytic theory. *Psychoanalytic Review*, *65*, 167—189.

Farberow, N. L. (1970). A society by any other name. *Journal of Projective Techniques and Personality Assessment*, *34*, 3—5.

Farley, R. C. (2002). Attachment stability from infancy to adulthood: Meta-analysis and dynamic modeling of developmental mechanisms. *Personality and Social Psychology Review*, *6*, 123—151.

Farr, R. M. (2002). Psychology and astrophysics: Overcoming physics envy. *Dialogue*, *17*(1), 17, 21.

Feldman, B. (1992). Jung's infancy and childhood and its influence upon the development of analytical psychology. *Journal of Analytical Psychology*, *37*, 255—274.

Fenichel, O. (1945). *The Psychoanalytic Theory of Neurosis*. New York: Norton.

Ferenczi, S. (1916). *Contributions to Psychoanalysis*. Boston: Badger.

Ferguson, E. D. (1989). Adler's motivational theory: An historical perspective on belonging and the fundamental human striving. *Individual Psychology*, *45*, 354—362.

Festinger, L. (1954). A theory of social comparison processes. *Human Relations*, *2*, 117—140.

Finchilescu, G. (1988). Interracial contact in South Africa within the nursing context. *Journal of Applied Social Psychology*, *18*, 1207—1221.

Findley, M. & Cooper, H. (1983). Locus of control and academic achievement: A literature review. *Journal* of Personality and Social Psychology, 44, 419—427.

Fischer, W. F. (1970). *Theories of Anxiety*. New York: Harper & Row.

Fischl, D. & Hoz, R. (1993). Stability and change of conceptions about teacher education held by teacher educators. [Special issue: International conference on teacher thinking: Ⅱ.] *Journal of Structural Learning*, 12, 53—69.

Fleeson, W., Malanos, A. B. & Achille, N. M. (2002). An intraindividual process approach to the relationship between extraversion and positive affect: Is acting extraverted as "good" as being being extraverted? *Journal of Personality and Social Psychology*, 83, 1409—1422.

Fletcher, J. (1966). *Situation Ethics, The New Morality*. Philadelphia: Westminster Press.

Fliegel, Z. (1982). Half a century later: Current status of Freud's controversial view on women. *Psychoanalytic Review*, 69, 7—28.

Flynn, J. R. (1999). Searching for justice: The discover of IQ gains over time. *American Psychologist*, 54, 5—20.

Flynn, J. R. (2000). IQ gains, WISC subtests and fluid g: g theory and the relevance of Spearman's hypotheses to race. In G. R. Bock & J. A. Goode(Eds.), *The Nature of Intelligence*. New York: Wiley, pp. 202—227.

Flynn, J. R. (2003). Movies about intelligence: The limitations of g. *Current Directions in Psychological Science*, 12, 95—99.

Forrester, J. & Cameron, L. (1999). 'A cure with a defect': A previously unpublished letter by Freud concerning 'Anna O.' *International Journal of Psychoanalysis*, 80, 929—942.

Frank, L. K. (1939). Projective methods for the study of personality. *Journal of Psychology*, 8, 389—413.

Frankl, V. E. (1960). *The Doctor and The Soul: An Introduction To Logotherapy*. New York: Knopf.

Frankl, V. E. (1961). Dynamics, existence and values. *Journal of Existential Psychiatry*, 2, 5—16.

Frankl, V. E. (1963). *Man's Search For Meaning: An Introduction To Logotherapy*. New York: Washington Square Press.

Frankl, V. E. (1968). *Psychotherapy and Existentialism: Selected Papers On Logotherapy*. New York: Simon & Schuster.

Fransella, F. (Eds.)(2003). *International Handbook of Personal Construct Psychology*. West Sussex, England: Wiley.

Franz, C. E., McClelland, D. C. & Weinberger, J.

(1991). Childhood antecedents of conventional social accomplishment in midlife adults: A 36-year prospective study. *Journal of Personality and Social Psychology*, 60, 586—595.

Fredericksen, N. (1972). Toward a taxonomy of situations. *American Psychologist*, 27, 114—123.

Freeman, A. (1999). Will increasing our social interest bring about a loss of our innocence? *Journal of Individual Psychology*, 55, 130—145.

Freese, J., Powell, B. & Steelman, L. C. (1999). Rebel without a cause or effect: Birth order and social attitudes. *American Sociological Review*, 64, 207—231.

Fremont, T., Means, G. H. & Means, R. S. (1970). Anxiety as a function of task performance feedback and extraversion-introversion. *Psychological Reports*, 27, 455—458.

Freud, A. (1936/1967). *The Ego and The Mechanisms of Defense* (Rev. Ed.). New York: International University Press.

Freud, A. (1976). Changes in psychoanalytic practice and experience. *International Journal of Psychoanalysis*, 57, 257—260.

Freud, S. (1923). *The Ego and The Id*. London: Hogarth.

Freud, S. (1923/1936). *The Problem of Anxiety*. New York: Norton.

Freud, S. (1939a). *Moses and Monotheism* (K. Jones, Trans.). New York: Knopf.

Freud, S. (1939b). *Civilization and Its Discontents*. London: Hogarth.

Freud, S. (1940/1949). *An Outline of Psychoanalysis*. New York: Norton.

Freud, S. (1920/1955). The psychogenesis of a case of homosexuality in a woman. *International Journal of Psycho-Analysis*, 1, 125—149.

Freud, S. (1910/1957). Leonardo da Vinci and a memory of his childhood. In J. Strachey(Eds.), *The Standard Edition of The Complete Psychological Works of Sigmund Freud*(Vol. 11). London: Hogarth Press.

Freud, S. (1900/1958). *The Interpretation of Dreams*. New York: Basic Books.

Freud, S. (1925/1959). Some psychological consequences of the anatomical distinction between the sexes. In J. Strachey(Eds.), *The Collected Papers of Sigmund Freud* (Vol. 5). New York: Basic Books, pp. 186—197.

Freud, S. (Eds.)(1961). *Letters of Sigmund Freud*. New York: Basic Books.

Freud, S. (1909/1963). Analysis of a phobia in a five-year-old boy. In S. Freud, *The Sexual Enlightenment of Children*. New York: Collier, pp. 47—138.

Freud, S. (1963). *Three Case Histories*. New York: Collier.

Freud, S. (1901/1965). *Psychopathology of Everyday Life*. New York: Mentor.

Freud, S. (1933/1965). *New Introductory Lectures On Psychoanalysis*. New York: Norton.

Freud, S. (1910/1977). *Five Lectures On Psychoanalysis*. New York: Norton.

Freud, S. (1920/1977). *Introductory Lectures On Psychoanalysis*. New York: Norton.

Freud, S. (1977). *Inhibition, Symptoms and Anxiety* (Alix Strachey, Trans., James Strachey, Eds.). New York: Norton.

Freud, S. & Bullit, W. C. (1966). *Thomas Woodrow Wilson: A Psychological Study*. New York: Avon.

Frey, D. L. & Gaertner, S. L. (1986). Helping and the avoidance of inappropriate interracial behavior: A strategy that perpetuates a nonprejudiced selfimage. *Journal of Personality and Social Psychology*, *50*, 1083—1090.

Friedman, R. C. & Downey, J. I. (1994, October 6). Homosexuality. *New England Journal of Medicine*, *331*, 923—930.

Fromm, E. (1941). *Escape From Freedom*. New York: Holt, Rinehart and Winston.

Fromm, E. (1947). *Man For Himself: An Inquiry Into The Psychology of Ethics*. New York: Holt, Rinehart and Winston.

Fromm, E. (1955). *The Sane Society*. New York: Rinehart.

Fromm, E. (1956). *The Art of Loving*. New York: Harper & Brothers.

Fromm, E. (1959). Values, psychology and human existence. In A. H. Maslow(Eds.), *New Knowledge in Human Values*. New York: Harper & Brothers, pp. 151—164.

Fromm, E. (1961). *May Man Prevail?* Garden City: Doubleday.

Fromm, E. (1962). *Beyond The Chains of Illusion: My Encounter With Marx and Freud*. New York: Pocket Books.

Fromm, E. (1964). *The Heart of Man: Its Genius For Good and Evil*. New York: Harper & Row.

Fromm, E. (1968). On the sources of human destructiveness. In L. Ng(Eds.), *Alternatives To Violence*. New York: Time-Life Books, pp. 11—17.

Fromm, E. (1973). *The Anatomy of Human Destructiveness*. New York: Holt, Rinehart and Winston.

Fromm, E. (1976). *To Have Or To Be?* New York: Harper & Row.

Fromm, E. (1980). *The Greatness and Limitations of Freud's Thought*. New York: Harper and Row.

Fromm, E. & Maccoby, M. (1970). *Social Character in a Mexican Village: A Sociopsychoanalytic Study*. Englewood Cliffs, Prentice-Hall.

Frosch, J. (1991). The New York psychoanalytic civil war. *Journal of the American Psychoanalytic Association*, *39*, 1037—1064.

Funk, R. (1982). *Erich Fromm: The Courage to Be Human*. New York: Continuum.

Gaertner, S. (1973). Helping behavior and racial discrimination among racial liberals and conservatives. *Journal of Personality and Social Psychology*, *25*, 335—341.

Gaines, S. O. & Reed, E. S. (1994). Two social psychologies of prejudice: Gordon W. Allport, W. E. B. DuBois and the legacy of Booker T. Washington. *Journal of Black Psychology*, *20*, 8—29.

Gaines, S. O. & Reed, E. S. (1995). Prejudice: From Allport to DuBois. *American Psychologist*, *50*, 96—103.

Garcia, J. (1993). Misrepresentations of my criticisms of Skinner. *American Psychologist*, *48*, 1158.

Gardner, H. (1988). *Frames of mind: The theory of multiple intelligences*. New York: Basic Books.

Garfield, E. (1978). The hundred most cited authors. *Current Contents*, *45*, 5—15.

Garrison, M. (1978). A new look at Little Hans. *Psychoanalytic Review*, *65*, 523—532.

Gelman, D. & Hager, M. (1981, November 30). Finding the hidden Freud. *Newsweek*, 64—70.

Gendlin, E. T. (1961). Experiencing: A variable in the process of therapeutic change. *American Journal of Psychotherapy*, *15*, 2.

Gendlin, E. T. (1962). *Experiencing and The Creation of Meaning*. New York: Free Press.

Gendlin, E. T. (1988). Carl Rogers (1902—1987). *American Psychologist*, *43*, 127—128.

Gendlin, E. T. & Rychlak, J. F. (1970). Psychotherapeutic processes. In P. H. Mussen & M. R. Rosenzweig (Eds.), *Annual Review of Psychology*, *21*, 155—190.

Gendlin, E. T. & Tomlinson, T. M. (1967). The process of conception and its measurement. In C. R. Rogers(Eds.), *The Therapeutic Relationship and Its Impact: A Study of Psychotherapy With Schizophrenics*. Madison: University of Wisconsin Press.

Genia, V. (1993). A psychometric evaluation of the Allport-Ross I/E scales in a religiously heterogeneous sample. *Journal for the Scientific Study of Religion*, *32*, 284—290.

George, B. L. & Waehler, C. A. (1994). The ups and downs of TAT card 17BM. *Journal of Personality Assessment*, *63*, 167—172.

Gerard, L. (1962). *Sigmund Freud: The Man and His Theories*. New York: Fawcett.

Gershoff, E. T. (2002). Parental corporal punishment and associated child behaviors and experiences: A meta-analysis and theoretical review. *Pyschological Bulletin*, *128*, 539—579.

Gibson, H. B. (1981). *Hans Eysenck: The Man and His Work*. London: Peter Owen.

Gieser, L. & Morgan, W. G. (1999). Look Homeward, Harry: Literary influence on the development of the Thematic Apperception Test. In L. Gieser & M. I. Stein(Eds.), *Evocative Images: The Thematic Apperception Test and The Art of Projection*. Washington, D. C. : American Psychological Association.

Gilberstadt, H. & Duker, J. (1965). *A Handbook For Clinical and Actuarial MMPI Interpretation*. Philadelphia: W. B. Saunders.

Gill, M. (1981). Special book review: A new perspective on Freud and psychoanalysis. *Psychoanalytic Review*, *68*, 343—347.

Goble, F. G. (1970). *The Third Force: The Psychology of Abraham Maslow*. New York: Brossman.

Goetinck, S. (1999, October 31). Modern scientists still analyzing Freud's dream theory. *Peoria Journal Star*, p. A10.

Goldberg, L. R. (1993). Author's reactions to the sixcomments. *American Psychologist*, *48*, 1303—1304.

Goldstein, K. (1939). *The Organism*. New York: American Book.

Goleman, D. (1995). *Emotional Intelligence: Why It May Matter More Than I. Q.* New York: Bantam.

Golub, S. (1981). Coping with cancer: Freud's experiences. *Psychoanalytic Review*, *68*, 191—200.

Gordon, J. E. (1957). Interpersonal prediction of repressors and sensitizers. *Journal of Personality*, *25*, 686—698.

Gorlow, L. , Simonson, N. R. & Krauss, H. (1966). An empirical investigation of the Jungian typology. *British Journal of Social and Clinical Psychology*, *5*, 108—117.

Gorman, C. (1991, September 9). Are gay men born that way? *Time*, pp. 60—61.

Gould, P. & White, R. (1974). *Mental Maps*. Baltimore, MD: Penguin.

Graf, C. (1994). On genuineness and the personcentered approach: A reply to Quinn. *Journal of Humanistic Psychology*, *34*, 90—96.

Graham, W. K. & Balloun, J. (1973). An empirical test of Maslow's need hierarchy theory. *Journal of Humanistic Psychology*, *13*, 97—108.

Gray, F. S. (1999). A model version of Freud's primal religious society in our own times: The psychological anthropology of Meyer Fortes among the Tallensi of West Africa. *Dissertation Abstracts International*, *59* (8-A)(*Feb.*), 3056.

Greene, J. N. , Plank, R. E. & Fowler, D. G. (1989). Compu-grid: A program for computing, sorting, categorizing, and graphing multiple Bieri grid measurements of cognitive complexity. *Educational and Psychological Measurement*, *49*, 623—626.

Greenough, W. T. , Black, J. E. & Wallace, C. S. (1987). Experience and brain development. *Child Development*, *58*, 539—559.

Greenwald, A. G. (1992). New look 3: Unconscious cognition reclaimed. *American Psychologist*, *47*, 766—779.

Greenwald, A. G. , Drain, S. C. & Abrams, R. L. (1996). Three cognitive markers of unconscious semantic activation. *Science*, *273*, 1699—1702.

Greenwald, A. G. , Oakes, M. A. & Hoffman, H. G. (2003). Targets of discrimination: Effects of race on responses to weapons holders. *Journal of Experimental Social Psychology*, *39*, 399—405.

Greenwood, C. R. , Carta, J. J. , Hart, B. , Kamps, D. , Terry, B. , Arreaga-Mayer, C. , Atwater, J. , Walker, D. , Risley, T. & Delquadri, J. C. (1992). Out of the laboratory and into the community: 26 years of applied behavior analysis at the Juniper Gardens Children's Project. *American Psychologist*, *47*, 1464—1474.

Grey, A. L. (1993). The dialectics of psychoanalysis: A new synthesis of Fromm's theory and practice. *Contemporary Psychoanalysis*, *29*, 645—672.

Griffin, D. & Bartholomew, K. (1994). Models of self and other: Fundamental dimensions underlying measures of adult attachment. *Journal of Personality and Social Psychology*, *67*, 430—445.

Grivet-Shillito, M. -L. (1999). Carl Gustav before he became Jung. *Journal of Analytical Psychology*, *44*, 87—100.

Gromly, J. (1982). Behaviorism and the biological viewpoint of personality. *Bulletin of The Psychonomic Society*, *20*, 255—256.

Gross, O. (1981). Die zerebrale Sekundarfunktion. Leipzig, Germany: 1902. Referenced in H. J. Eysenck (Eds.), *A Model For Personality*. New York: Springer-Verlag.

Gruenfeld, D. H. & Preston, J. (2000). Upending the

status quo: Cognitive complexity in U. S. Supreme Court Justices who overturn legal precedent. *Personality and Social Psychology Bulletin*, *26*, 1013—1022.

Guastello, S. J. (1993). A two-(and-a-half)-tiered trait taxonomy. *American Psychologist*, *48*, 1298—1299.

Guilford, J. P. & Zimmerman, W. S. (1956). Fourteen dimensions of temperament. *Psychological Monographs*, *70*, Whole No. 417.

Guimond, S. , Dambrun, M. , Michinov, N. & Duarte, S. (2003). Does social dominance generate prejudice? Integrating individual and contextual determinants of intergroup cognitions. *Journal of Personality and Social Psychology*, *84*, 697—721.

Guo, G. & VanWey, L. K. (1999a). Sibship size and intellectual development: Is the relationship causal? *American Sociological Review*, *64*, 167—187.

Guo, G. & VanWey, L. K. (1999b). The effects of closely spaced and widely spaced sibship size on intellectual development: Reply to Phillips and to Downey et al. *American Sociological Review*, *64*, 199—207.

Gupta, B. S. & Kaur, S. (1978). The effects of dextro-amphetamine on kinesthetic figural after effects. *Psychopharmacology*, *56*, 199—204.

Haan, N. (1978). Two moralities in action contexts. *Journal of Personality and Social Psychology*, *36*, 286—305.

Hafner, J. L. , Fakouri, M. E. & Labrentz, H. L. (1982). First memories of "normal" and alcoholic individuals. *Individual Psychology*, *38*, 238—244.

Haggbloom, S. J. , Warnick, R. , Warnick, J. E. , Jones, V. K. , Yarbrough, B. L. , Russell, T. M. , Borecky, C. M. , McGahhey, R. , Powell III, J. L. , Beavers, J. & Monte, E. (2002). The 100 most eminent psychologists of the 20th century. *Review of General Psychology*, *6*, 139—152.

Hakmiller, K. L. (1966). Threat as a determinant of downward comparison. *Journal of Experimental Social Psychology*, *Supplement No. 1*, 32—39.

Hall, C. & Nordby, V. J. (1973). *A Primer of Jungian Psychology*. New York: Mentor.

Hall, C. & Van de Castle, R. (1965). An empirical investigation of the castration complex in dreams. *Journal of Personality*, *33*, 20—29.

Hall, C. S. & Lindzey, G. (1978). *Theories of Personality*. (3rd ed.). New York: Wiley.

Hall, E. (1983). A conversation with Erik Erikson. *Psychology Today* (June), 35—42.

Hall, M. H. (1968). The psychology of universality. *Psychology Today*, *2*, 34—37, 54—57.

Haney, D. O. (1990, August 20). Psychologist B. F.

Skinner dies at 86. *Peoria Journal Star* (Associated Press), p. B1.

Hanly, C. (1987). Review of *The Assault On Truth: Freud's Suppression of The Seduction Theory* by J. Masson. *International Journal of Psychoanalysis*, *67*, 517—519.

Harber, K. D. (1998). Feedback to minorities: Evidence of positive bias. *Journal of Personality and Social Psychology*, *74*, 622—628.

Harlow, H. F. (1958). The nature of love. *American Psychologist*, *13*, 673—685.

Harlow, H. F. (1959). Love in monkeys. *Scientific American*, *200*, 68—74.

Harper, F. K. , Harper, J. A. & Stills, A. B. (2003). Counseling children in crisis based on Maslow's hierarchy of basic needs. *International Journal for the Advancement of Counseling*, *25*, 10—25.

Harper, H. , Oei, T. P. S. , Mendalgio, S. & Evans, L. (1990). Dimensionality, validity, and utility of the I-E scale with anxiety disorders. *Journal of Anxiety Disorders*, *4*, 89—98.

Harrington, D. M. , Block, J. H. & Block, J. (1987). Testing aspects of Carl Rogers' theory of creative environments: Child-rearing antecedents of creative potential young adolescents. *Journal of Personality and Social Psychology*, *52*, 851—856.

Harris, C. R. (2000). Psychophysiological responses to imagined infidelity: The specific innate modular view of jealousy reconsidered. *Journal of Personality and Social Psychology*, *78*, 1082—1091.

Harris, C. R. (2003). A review of sex differences in sexual jealousy, including self-report data, psychophysiological responses, interpersonal violence, and morbid jealousy. *Personality and Social Psychology Review*, *7*, 102—128.

Harris, C. R. (2004). The evolution of jealousy. *American Scientist*, *92*, 62—71

Harris, C. R. & Christenfeld, N. (1996). Gender, jealousy, and reason. *Psychological Science*, *7*, 364—366.

Harris, J. R. (2000). Context-specific learning, personality, and birth order. *Current Directions in Psychological Science*, *9*, 174—177.

Hart, J. T. & Tomlinson, T. M. (1970). *New Directions In Client-Centered Therapy*. Boston: Houghton Mifflin.

Hartmann, H. (1958). *Ego Psychology and The Problem of Adaptation*. New York: International Universities Press.

Harvey, R. J. & Murry, W. D. (1994). Scoring the Myers-Briggs Type Indicator: Empirical comparison of preference score versus latent-trait methods. *Journal of Personality Assessment*, *62*, 116—129.

Haslam, D. R. (1967). Individual differences in pain threshold and level of arousal. *British Journal of Psychology*, *58*, 139—142.

Haslam, D. R. & Thomas, E. A. C. (1967). An optimum interval in the assessment of pain threshold. *Quarterly Journal of Experimental Psychology*, *19*, 54—58.

Hastorf, A. H. , Schneider, D. J. & Polefka, J. (1970). *Person Perception*. Menlo Park, CA: Addison Wesley.

Hausdorff, D. (1972). *Eric Fromm*. New York: Twayne.

Havassy-De Avila, B. (1971). A critical review of the approach to birth order research. *Canadian Psychologist*, *12*, 282—305.

Hayes, G. E. (1994). Empathy: A conceptual and clinical deconstruction. *Psychoanalytic Dialogues*, *4*, 409—424.

Hayes, J. (1978). *Cognitive Psychology, Thinking and Creating*. Homewood, IL: Dorsey Press.

Hayes, S. C. & Hayes, L. J. (1992). Verbal relations and the evolution of behavior analysis. *American Psychologist*, *47*, 1383—1395.

Hebb, D. O. (1949). *The Organization of Behavior*. New York: John Wiley.

Heckhausen, H. & Krug, S. (1982). Motive modification. In A. J. Stewart, (Eds.), *Motivation and Society*. San Francisco: Jossey-Bass, pp. 274—318.

Heidegger, M. (1949). *Existence and Being*. Chicago: Henry Regnery.

Heidegger, M. (1959). *An Introduction To Metaphysics* (R. Manheim, Trans.). New Haven: Yale University Press.

Heider, F. (1958). *The Psychology of Interpersonal Relations*. New York: Wiley.

Heitzmann, A. L. (2003). The plateau experience in context: An intensive in-depth psychobiographical case study of Abraham Maslow's "postmortem life." *Section B: The Sciences & Engineering*, Vol. 64(1-B), 2003, 453, US: Univ Microfilms International.

Hempel, C. & Oppenheim, P. (1960). Problems of the concept of general law. In A. Danto & S. Morgenbesser (Eds.), *Philosophy of Science*. New York: World.

Henry, W. E. (1974). *The Analysis of Fantasy*. New York: Wiley.

Hermann, B. P. , Whitman, S. W. , Wyler, A. R. , Anton, M. T. & Vanderzwagg, R. (1990). Psychosocial predictors of psychopathology in epilepsy. *British Journal of Psychiatry*, *156*, 98—105.

Hermans, H. J. M. , Kempen, H. J. G. & van Loon, R. J. P. (1992). The dialogical self: Beyond individualism and rationalism. *American Psychologist*, *47*, 23—33.

Heron, W. (1957). The pathology of boredom. In S. Coopersmith(Eds.), *Frontiers of Psychological Research*. San Francisco: W. H. Freeman, 1966(originally appeared *in Scientific American*, January).

Herrera, N. C. , Zajonc, R. B. , Wieczokowska, G. & Bogdan, C. (2003). Beliefs about birth order and their reflection in reality. *Journal of Personality and Social Psychology*, *85*, 142—150.

Herrnstein, R. J. & Murray, C. (1994). *The Bell Curve: Intelligence and Class Structure in American Life*. New York: Free Press.

Heuer, G. (2001). Jung's twin brother. Otto Gross and Carl Gustav Jung. *Journal of Analytical Psychology*, *46*, 655—688.

Hexel, M. (2003). Alexithymia and attachment style in relation to locus of control. *Personality and Individual Differences*, *35*, 1261—1270.

Heylighen, F. (1992). A cognitive-systemic reconstruction of Maslow's theory of self-actualization. *Behavioral Science*, *37*, 39—58.

Heymans, G. (1981). Uber einige psychische Korrelationen. *Z Angew Psychologie*, *1908*, *1*, 313—381. Referenced in H. J. Eysenck (Eds.), *A Model For Personality*. New York: Springer-Verlag.

Hibbard, S. (2003). A critique of Lilienfeld et al. 's (2000) "The scientific status of projective techniques." *Journal of Personality Assessment*, *80*, 260—272.

Hibbard, S. , Tang, P. C. Y. , Latko, R. , Park, J. H. , Munn, S. , Bolz, S. & Sommerville, S. (2000). Differential validity of the Defense Mechanism Manual for the TAT between Asian Americans and whites. *Journal of Personality Assessment*, *75*, 351—372.

Hill-Hain, A. & Rogers, C. R. (1988). A dialogue with Carl Rogers: Cross-cultural challenges of facilitating person-centered groups in South Africa. *Journal of Specialists in Group Work*, *13*, 62—69.

Hilts, P. J. (1997, August 15). Group delays achievement award to psychologist accused of fascist and racist views. *The New York Times*, p. A10y.

Hineline, P. N. (1992). A self-interpretive behavior analysis. *American Psychologist*, *47*, 1274—1286.

Hirsch, J. (1964). Genes and behavior: A reply. *Science*, *144*, 891.

Hirsch, J. (1975). Jensenism: The bankruptcy of "science" without scholarship. *Educational Theory*, *25* (*1*), 1—27.

Hirsch, J. (1981). To "unfrock the charlatans." *Sage Race Relations Abstracts*, *6*, (May), 1—67.

Hirsch, J. (1997). Some history of heredity-vsenvironment, genetic inferiority at Harvard(?), and *The* (incredible) *Bell Curve. Genetica*, *99*, 207—224.

Hobbis, I. C. A., Turpin G. & Read, N. W. (2003). Abnormal illness behaviour and locus of control in patients with functional bowel disorders. *British Journal of Health Psychology*, *8*, 393—408.

Hoffman, E. (1988). *The Right To Be Human*. Los Angeles: Jeremy P. Tarcher.

Hoffman, L. E. (1993). Erikson on Hitler: The origins of "Hitler's imagery and German youth." *Psychohistory Review*, *22*, 69—86.

Hogan, R. (1973). Moral conduct and moral character. *Psychological Bulletin*, *79*, 217—232.

Hogan, R. (1983). A socioanalytic theory of personality. In M. Page & R. Dienstbier (Eds.), *Nebraska Symposium On Motivation*, *1982*: *Personality—Current Theory and Research*. Lincoln: University of Nebraska Press.

Holden, C. (1998, September). A marker for female homosexuality? *Science*, *279*, 1639.

Holland, J. & Skinner, B. (1961). *The Analysis of Behavior*. New York: McGraw-Hill.

Holmstrom, R. W., Karp, S. A. & Silber, D. E. (1991). The apperceptive personality test and Locus of Control. *Psychological Reports*, *68*, 1071—1074.

Holtzman, W., Thorpe, J., Swartz, J. & Herron, E. (1961). *Inkblot Perception and Personality*: *Holtzman Inkblot Technique*. Austin: University of Texas Press.

Hopkins, E. (1990, September 11). The impact of B. F. Skinner. *Peoria Journal Star*, p. A9.

Horn, J. (2001). Raymond Bernard Cattell (1905—1998). *American Psychologist*, *56*, 71—72.

Horney, K. (1926). The flight from womanhood: The masculinity complex in women as viewed by men and by women. *International Journal of Psychoanalysis*, *7*, 324—329.

Horney, K. (1937). *The Neurotic Personality of Our Time*. New York: Norton.

Horney, K. (1939). *New Ways in Psychoanalysis*. New York: Norton.

Horney, K. (1942), *Self Analysis*. New York: Norton.

Horney, K. (1945). *Our Inner Conflicts*: *A Constructive Theory of Neurosis*. New York: Norton.

Horney, K. (1946). *Are You Considering Psychoanalysis*? New York: Norton.

Horney, K. (1950). *Neurosis and Human Growth*: *The Struggle Toward Self-Realization*. New York: Norton.

Horney, K. (1967). *Feminine Psychology*. New York: Norton.

Horney, K. (1980). *The Adolescent Diaries of Karen Horney*. New York: Basic Books.

Horney, K. (2000). *The Unknown Karen Horney*: *Essays on Gender*, *Culture*, *and Psychoanalysis*. New Haven, CT: Yale University Press.

Houle, G. R. (1990). The diagnostic conference planning questionnaire for speech-language pathology. *Language*, *Speech*, *and Hearing Services in Schools*, *21*, 118—119.

Huber, R. J., Widdifield, J. K. & Johnson, C. L. (1989). Frankenstein: An Adlerian odyssey. *Individual Psychology*, *45*, 267—278.

Hunt, E. (1998). The Cattell affair: Do hard cases make poor lessons? *History and Philosophy of Psychology Bulletin*, *10*, 26—29.

Hunt, J. Mc V. (1979). Psychological development: Early experience. In M. Rosenzweig & L. Porter (Eds.), *Annual Review*, *Vol. 30*, pp. 103—144.

Husserl, E. (1961). *Ideas* (Trans. W. R. Boyce Gibson). New York: Collier.

Hyer, L., Woods, M. G. & Boudewyns, P. A. (1989). Early recollections of Vietnam veterans with PTSD. *Individual Psychology*, *45*, 300—312.

Iaccino, J. F. (1994). *Psychological Reflections On Cinematic Terror*: *Jungian Archetypes in Horror Films*. London: Praeger.

Iacoboni, M., Woods, R. P., Brass, M., Bekkering, H., Mazziotta, J. C. & Rizzolatti, G. (1999). Cortical mechanisms of human imitation. *Science*, *286*, 2526—2528.

Impara, J. C. & Plake, B. S. (1998). *Thirteenth Mental Measurement Yearbook*. Lincoln, NE: Buros Institute of Mental Measurement.

Ionedes, N. S. (1989). Social interest psychiatry. *Individual Psychology*, *45*, 416—422.

Ishiyama, F. I., Munson, P. A. & Chabassol, D. J. (1990). Birth order and fear of success among midadolescents. *Psychological Reports*, *66*, 17—18.

Ittelson, W. & Kilpatrick, F. (1951). Experiments in perception. *Scientific American*, *185*, 50—55.

Iversen, I. H, (1992). Skinner's early research: From reflexology to operant conditioning. *American Psychologist*, *47*, 1318—1328.

Jackson, D. & Paunonen, S. V. (1980). Personality structure and assessment. In M. R. Rosenzweig & L. W. Porter (Eds.), *Annual Review of Psychology*, *31*, 503—551.

Jackson, D. N. (1967). *Personality Research Form*

Manual. Goshen, NY: Research Psychologists Press.

Jackson, D. N. (1984). *Personality Research Form Manual* (3rd ed.). Port Huron, MI: Sigma Assessment Systems.

Jackson, M. & Sechrest, L. (1962). Early recollections in four neurotic diagnostic categories. *Journal of Individual Psychology*, 18, 52—56.

Jacobi, J. (1962). *The Psychology of C. G. Jung* (Rev. Ed.). New Haven: Yale University Press.

James, W. (1890/1950). *The Principles of Psychology* (Vol I). New York: Dover.

James, W. (1958). *The Varieties of Religious Experience*. New York: Mentor.

Jankowicz, A. D. (1987). Whatever became of George Kelly? Applications and implications. *American Psychologist*, 42, 481—487.

Jarman, T. L. (1961). *The Rise and Fall of Nazi Germany*. New York: Signet.

Jensen, A. R. (1969). How much can we boost IQ and scholastic achievement? *Harvard Educational Review*, 39, 1—123.

Jensen, A. R. (1978). Sir Cyril Burt in perspective. *American Psychologist*, 33, 499—503.

Johansson, B., Grant, J. D., Plomin, R., Pedersen, N. L., Ahern, F., Berg, S. & McClearn, G. E. (2001). Health locus of control in late life: A study of genetic and environmental influences in twins aged 80 years and older. *Health Psychology*, 20, 33—40.

Johnson, E. E., Nora, R. M. & Bustros, N. (1992). The Rotter I-E scale as a predictor of relapse in a population of compulsive gamblers. *Psychological Reports*, 70, 691—696.

Johnson, J. L. (1994). The Thematic Apperception Test and Alzheimer's Disease. *Journal of Personality Assessment*, 62, 314—319.

Johnson, K. R. & Layng, T. V. J. (1992). Breaking the structuralist barrier: Literacy and numeracy with fluency. *American Psychologist*, 47, 1475—1490.

Johnson, M. K., Hastroudi, S. & Lindsay, D. S. (1993). Source monitoring. *Psychological Bulletin*, 114, 3—29.

Jones, B. M. (1974). Cognition performance of introverts and extraverts following acute alcohol ingestion. *British Journal of Psychology*, 65, 35—42.

Jones, B. M., Hatcher, E., Jones, M. K. & Farris, J. J. (1978). The relationship of extraversion and neuroticism to the effects of alcohol on cognitive performance in male and female social drinkers. In F. A. Seixas (Eds.), *Currents in Alcoholism*. New York: Grune & Stratton.

Jones, E. (1953). *The Life and Work of Sigmund Freud* (Vol. I). New York: Basic Books.

Jones, E. (1955). *The Life and Work of Sigmund Freud* (Vol. II). New York: Basic Books.

Jones, E. (1957). *The Life and Work of Sigmund Freud* (Vol. III.) New York: Basic Books.

Jones, R. A. (2000). On the empirical proof of archetypes: Commentary on Maloney. *Journal of Analytical Psychology*, 45, 599—605.

Jordan, E. W., Whiteside, M. M. & Manaster, G. J. (1982). A practical and effective research measure of birth order. *Individual Psychology*, 38, 253—260.

Joseph, E. (1980). Presidential address: Clinical issues in psychoanalysis. *International Journal of Psychoanalysis*, 61, 1—9.

Joseph, S. (2004). Client-centred (sic) therapy, posttraumatic stress disorder and post-traumatic growth: Theoretical perspectives and practical implications. *Psychology and Psychotherapy: Theory, Research and Practice*, 77, 101—119.

Jourden, F. J., Bandura, A. & Banfield, J. T. (1991). The impact of conceptions of ability on self-regulatory factors and motor skill acquisition. *Journal of Sport & Exercise Psychology*, 8, 213—226.

Jung, C. G. (1910). The association method. *American Journal of Psychology*, 21, 219—269.

Jung, C. G. (1954). *The Development of Personality* (Trans., R. F. C. Hull). New York: Pantheon.

Jung, C. G. (1959a). *The Archetypes and the Collective Unconscious* (Trans., R. F. C. Hull,) Collected Works, Vol. 9, Part I. Princeton, NJ: Princeton University Press.

Jung, C. G. (1959b). *The Archetypes and the Collective Unconscious* (Trans., R. F. C. Hull), Collected Works Vol. IX, Part 2. Princeton, NJ: Princeton University Press.

Jung, C. G. (1963). *Memories, Dreams, Reflections* (Ed., A. Jaffe). New York: Pantheon.

Jung, C. G. (1964). *Man and His Symbols*. New York: Dell.

Jung, C. G. (1921/1971). *Psychological Types* (Trans., R. F. C. Hull). Collected Works Vol. 6. Princeton, NJ: Princeton University Press.

Jung, C. G. (1978). *Flying Saucers: A Modern Myth of Things Seen in the Skies* (Trans., R. F. C. Hull) Princeton, NJ: Princeton University Press.

Jung, J. (1978). *Understanding Human Motivation*. New York: MacMillan.

Jussim, L. (2002). Intellectual imperialism. *Dialogue*, 17(1), 18—20.

Kaiser, W. (1994). Adler and C. G. Jung: The history of their meetings. *Zeitschrift Fur Individual Psycholo-*

gie, *19*, 3—19.

Kal, E. F. (1972). Survey of contemporary Adlerian clinical practice. *Individual Psychology*, *28*, 261—266.

Kanfer, F. H. & Goldstein, A. P. (Eds.) (1980). *Helping People Change: A Textbook of Methods* (2nd ed.). New York: Pergamon Press.

Kasser, R. & Ryan, R. M. (1996). Further examining the American Dream: Differential correlates of intrinsic and extrinsic goals. *Personality and Social Psychology Bulletin*, *22*, 280—287.

Katz, S. H. (1995). Is race a legitimate concept for science? *Unesco Race Statement*. Available from S. H. Katz, Anthropology, University of Pennsylvania.

Kazdin, A. E. & Benjet, C. (2003). Spanking children: Evidence and issues. *Current Directions in Psychological Science*, *12*, 99—103.

Kearins, J. M. (1981). Visual spatial memory in Australian Aboriginal children of desert regions. *Cognitive Psychology*, *13*, 434—460.

Kearins, J. M. (1986). Visual spatial memory in Aboriginal and white Australian children. *Australian Journal of Psychology*, *38*, 203—214.

Kelleher, K. (1992). The afternoon of life: Jung's view of the tasks of the second half of life. *Perspectives in Psychiatric Care*, *28*, 25—28.

Kelley, H. H. (1967). Attribution theory in social psychology. In D. Levine (Eds.), *Nebraska Symposium on Motivation* (Vol. 15). Lincoln: University of Nebraska Press.

Kelley, H. H. (1973). The process of causal attribution. *American Psychologist*, *28*, 107—128.

Kelly, G. (1955). *The Psychology of Personal Constructs* (Vols. 1—2). New York: Norton.

Kelly, G. (1963). *A Theory of Personality: The Psychology of Personal Constructs*. New York: Norton.

Kelly, G. (1969). The autobiography of a theory. In B. Maher (Eds.), *Clinical Psychology and Personality: The Selected Papers of George Kelly*. New York: Wiley.

Kelly, G. (1980). A psychology of the optimal man. In A. W. Landfield & L. M. Leitner (Eds.), *Personal Construct Psychology: Psychotherapy and Personality*. New York: Wiley.

Kelly, G. A. (2003). A brief introduction to personal construct theory. In F. Fransella (Eds.), *International Handbook of Personal Construct Psychology*. West Sussex, England: Wiley, pp. 3—20.

Kelman, H. (1967). Introduction. In K. Horney, *Feminine Psychology*. New York: Norton.

Kendler, H. H. (1988). Behavioral determinism: A stra-tegic assumption? *American Psychologist*, *43*, 822—823.

Keniston, K. (1983). Remembering Erikson at Harvard. *Psychology Today*, (June) 29.

Kerlinger, F. N. (1973). *Foundations of Behavioral Research* (2nd ed.). New York: Holt, Rinehart and Winston.

Kern, C. W. & Watts, R. E. (1993). Adlerian counseling. [Special Issue: Counselor educators' theories of counseling.] *TCA Journal*, *21*, 85—95.

Kerns, H. G., Cohen, J. D., MacDonald III, A. W., Cho, R. Y., Stenger, V. A. & Carter, C. S. (2004, February, 13). Anterior cingulate conflict monitoring and adjustments in control. *Science*, *303*, 1023—1026.

Kerr, J. (1993). *A Most Dangerous Method*. New York: A. A. Knopf.

Kesting, K. (2003, December). Religion and spirituality in the treatment room. *Monitor on Psychology*, 40—42.

Kiel, J. M. (1999). Reshaping Maslow's hierarchy of needs to reflect today's educational and managerial philosophies. *Journal of Instructional Psychology*, *26*, 167—168.

Kierkegaard, S. (1954). *Fear and Trembling, and Sickness Unto Death* (W. Lowrie, Trans.). Garden City, NY: Doubleday.

Kihlstrom, J. F. (1994). Commentary: Psychodynamics and social cognition—notes on the fusion of psychoanalysis and psychology. *Journal of Personality*, *62*, 681—696.

Kihlstrom, J. F. (2003). On B. F. Skinner—Who, had his theory been true, wouldn't have been B. F. Skinner. *Journal of Consciousness Studies*, *10*, 48—54.

Kim, C. J. (2002). A comparison of Alfred North Whitehead's and Carl Gustav Jung's idea of religion. *Journal of Dharma*, *27*, 417—428.

Kimble, G. A. (1961). *Hilgard and Marguis' Conditioning and Learning*. New York: Appleton Century-Crofts.

Kimble, G. A. (2000). Behaviorism and the unity of psychology. *Current Directions in Psychological Science*, *9*, 208—212.

Kinkade, K. (1973). Commune: A Walden Two experiment. *Psychology Today*, *6*, 35.

Kirschenbaum, H. (1979). *On Becoming Carl Rogers*. New York: Delacorte Press.

Kirschenbaum, H. (1991). Denigrating Carl Rogers: William Coulson's last crusade. *Journal of Counseling & Development*, *69*, 411—413.

Kirschenbaum, H. & Henderson, V. L. (Eds.) (1989).

The Carl Rogers Readers. Boston: Houghton Mifflin.

Kitayama, S., Duffy, S., Kawamura, T. & Larsen, J. T. (2003). Perceiving an object and its context in different cultures: A cultural look at new look. *Psychological Science*, *14*, 201—206.

Klein, G. (1970). *Perceptions, Motives and Personality*. New York: Knopf.

Klein, M. (1932). *The Psychoanalysis of Children*. London: Hogarth.

Klein, M. (1961). *Narrative of A Child Analysis*. New York: Delta.

Kline, P. (1972). *Fact and Fantasy in Freudian Theory*. London: Methuen.

Klopfer, B., Meyer, M. M. & Brawer, F. B. (Eds.) (1970). *Developments in The Rorschach Technique* (Vol. 3). New York: Harcourt Brace Jovanovich.

Knapp, R. R. (1976). *Handbook For The Personal Orientation Inventory*. San Diego: EDITS.

Knight, J. L. (2003, August). Consequences of person-environment fit across contexts: We are where we live. *Observer* (American Psychological Society), *28*, 36.

Knight, K. H., Elfenbein, M. H., Capozzi, L., Eason, H. A., Barnardo, M. F. & Ferus, K. S. (2000). Relationship of connected and separate knowing to parental style and birth order. *Sex Roles*, *43*, 229—240.

Kochanska, G. (2002). Mutually responsive orientation between mothers and their young children: A context for the early development of conscience. *Current Directions in Psychological Science*, *11*, 191—195.

Koenig, R. (1997, May, 9). Watson urges "Put Hitler behind us." *Science*, *276*, 892.

Koestler, A. (1972). *The Roots of Coincidence*. New York: Vintage.

Koffka, K. (1935). *Principles of Gestalt Psychology*. New York: Harcourt.

Kohlberg, L. (1981). *The Meaning and Measurement of Moral Development*. Worchester, MA: Clark University Press.

Kohler, W. (1947). *Gestalt Psychology: An Introduction to New Concepts in Psychology*. New York: Liveright.

Kohn, A. (1990, January). The birth-order myth. *Health*, pp. 34—35.

Kohut, H. (1971). *The Analysis of The Self*. New York: International Universities Press.

Korn, J. H., Davis, R. & Davis, S. F. (1991). Historians' and chairpersons' judgments of eminence among psychologists. *American Psychologist*, *46*, 789—792.

Kowaz, A. M. & Marcia, J. E. (1991). Development of and validation of a measure of Eriksonian industry. *Journal of Personality and Social Psychology*, *60*, 390—397.

Krane, R. & Wagner, A. (1975). Taste aversion learning with a delayed shock US: Implications for the "generality of the laws of learning." *Journal of Comparative and Physiological Psychology*, *88*, 882—889.

Krauss, S. W. (2003). Romanian authoritarianism 10 years after communism. *Personality and Social Psychology Bulletin*, *28*, 1255—1264.

Kretschmer, E. (1921/1925). *Physique and Character* (Trans., W. J. H. Spratt). New York: Harcourt.

Krippner, S., Achterberg, J., Bugental, J. F. T., Banathy, B., Collen, A., Jaffe, D. T., Hales, S., Kremer, J., Stigliano, A., Giorgi, A., May, R., Michael, D. N. & Salner, M. (1988). Whatever happened to scholarly discourse? A reply to B. F. Skinner. *American Psychologist*, *43*, 819.

Kroger, R. O. & Wood, L. A. (1993). Reification, "Faking," and the Big Five. *American Psychologist*, *48*, 1297—1298.

Krueger, R. F., Caspi, A., Moffitt, T. E., White, J. & Stouthamer-Loeber, M. (1996). Delay of gratification, psychopathology, and personality: Is low self-control specific to externalizing problems? *Journal of Personality*, *64*, 107—129.

Kuhn, T. S. (1962). *The Structure of Scientific Revolutions*. Chicago: University of Chicago Press.

Labouvie-Vief, G. (2003). Dynamic integration: Affect, cognition, and the self in adulthood. *Current Directions in Psychological Science*, *12*, 201—206.

Lakin, M. (1996). Carl Rogers and the culture of psychotherapy. *The General Psychologist*, *32*, 62—68.

Lambert, A. J., Burroughs, T. & Nguyen, T. (1999). Perceptions of risk and the buffering hypothesis: The role of just world beliefs and right-wing authoritarianism. *Personality and Social Psychology Bulletin*, *25*, 643—656.

Lamiell, J. (1981). Toward an idiothetic psychology of personality. *American Psychologist*, *36*, 276—289.

Langer, W. C. (1972). *The Mind of Adolph Hitler: The Secret Wartime Report*. New York: Signet.

Las Heres, A. (1992). Psychosociology of Jung's parapsychological ability. *Journal of The Society For Psychical Research*, *58*, 189—193.

Latane, B. & Darley, J. (1970). *The Unresponsive Bystander: Why Doesn't He Help?* New York: Appleton-Century-Crofts.

Lattal, K. A. (1992). B. F. Skinner and Psychology: Introduction to the special issue. *American Psycholo-*

gist, 47, 1269—1272.

Laungani, P. (1997). Hans Eysenck(1916—1996). *International Psychologist*, 37, 145.

Lawrence, A. (1938). The voice of Sigmund Freud, an audiotape. *Psychoanalytic Review*.

Learner, B. (1996, Summer). Self-esteem and excellence: The choice and the paradox. *American Educator*, 9—13, 41—42.

Lebowitz, M. (1990). Religious immoralism. *Kenyon Review*, (Spring), 154—156.

Ledoux, J. (2002). *Synaptic self*. New York: Viking.

Lee, D. E. & Ehrlich, H. J. (1977). Sensory alienation and interpersonal constraints as correlates of cognitive structure. *Psychological Reports*, 40, 840—842.

Lee, D. E. , Hallahan, M. & Herzog, T. (1996). Explaining real life events: How culture and domain shape attributions. *Personality and Social Psychology Bulletin*, 22, 734—741.

Lee, V. (1992). Transdermal interpretation of the subject matter of behavior analysis. *American Psychologist*, 47, 1337—1343.

Leeper, A. M. , Carwile, S. & Huber, R. J. (2002). An Adlerian analysis of the Unabomber. *Journal of Individual Psychology*, 58, 169—176.

Leiby, R. (1997, September). The magical mystery cure. *Esquire*, 99—103.

Leman, K. (2002). *The New Birth Order*. Chicago: Covenant.

Lesser, R. M. (1992). Frommian therapeutic practice: "A few rich hours." *Contemporary Psychoanalysis*, 28, 483—494.

Leupold-Lowenthal, H. (1989). The emigration of Freud's family. *Partisan Review*, 56 (Winter), 57—64.

LeVay, S. (1991, September). A difference in hypothalamic structure between heterosexual and homosexual men. *Science*, 253, 1034—1037.

Leventhal, H. (1970). Findings and theory in the study of fear communications. In L. Berkowitz(Eds.), *Advances in Experimental Social Psychology* (Vol. 5). New York: Academic Press, pp. 119—186.

Levine-Ginsparg, S. (2000). Legends of the fall: A movie analysis. *Psychoanalytic Psychology*, 17, (Spring), 400—404.

Levinson, D. (1978). *The Seasons of A Man's Life*. New York: Knopf.

Levy, K. N. , Blatt, S. J. & Shaver, P. R. (1998). Attachment styles and parental representations. *Journal of Personality and Social Psychology*, 74, 407—419.

Lewin, K. (1936). *Principles of Topological Psychol-*

ogy. New York: McGraw-Hill.

Liddell, H. S. (1964). The role of vigilance in the development of animal neurosis. In P. H. Hoch & J. Zubin (Eds.), *Anxiety*. New York: Hafner, pp. 183—196.

Lieberman, M. D. & Rosenthal, R. (2001). Why introverts can't always tell who likes them: Multitasking and nonverbal decoding. *Journal of Personality and Social Psychology*, 80, 294—310.

Lilienfeld, S. O. , Wood, J. M. & Garb, H. N. (2000a). The scientific status of projective techniques. *Psychological Science in The Public Interest*, 1, 27—65.

Lilienfeld, S. O. , Wood, J. M. & Garb, H. N. (2000b). What's wrong with this picture? *Scientific American*, (May), 81—87.

Lilly, J. C. (1973). *The Center of The Cyclone*. New York: Bantam.

Lilly, J. C. (1977). *The Deep Self*. New York: Warner.

Lim, V. D. G. , Thompson, S. H. , Teo, S. H. & Loo, G. L. (2003). Sex, financial hardship and locus of control: An empirical study of attitudes towards money among Singaporean Chinese. *Personality and Individual Differences*, 34, 411—429.

Linder, D. , Cooper, J. & Jones, E. E. (1967). Decision freedom as a determinant of the role of incentive magnitude in attitude change. *Journal of Personality and Social Psychology*, 6, 245—254.

Lindsay, D. S. (1990). Misleading suggestions can impair eyewitnesses' ability to remember event details. *Journal of Experimental Psychology: Learning, Memory, and Cognition*, 16, 1077—1083.

Lindsay, D. S. , Allen, B. P. , Chen, J. & Dhal, L. C. (2004). Eyewitness suggestibility and source similarity: Intrusions of detail from one event into memory reports of another event. *Journal of Memory and Language*, 50, 96—111.

Linville, P. (1982). The complexity-extremity effect and age-based stereotyping. *Journal of Personality and Social Psychology*, 42, 293—311.

Lippa, R. A. (2003). Are 2D: 4D finger-length ratios related to sexual orientation? Yes for men, no for women. *Journal of Personality and Social Psychology*, 85, 179—188.

Liptzin, B. (1994). B. F. Skinner: An example of adaptive aging. *Journal of Geriatric Psychiatry*, 27, 35—40.

Loehlin, J. C. (1984). R. B. Cattell and behavior genetics. *Multivariate Behavioral Research*, 19, 337—343.

Loehlin, J. C. , Horn, J. M. & Willerman, L. (1990). Heredity, environment, and personality change: Evidence from the Texas adoption project. *Journal of Personality*, 58, 221—244.

Loftus, E. F. (1979). *Eyewitness Testimony*. Cambridge, MA: Harvard University Press.

Loftus, E. F. (1993). The reality of repressed memories. *American Psychologist*, 48, 518—537.

Lopez Ibor, J. J. (1980). Basic anxiety as the core of neuroses. In G. D. Burrows & B. Davies (Eds.), *Handbook of Studies on Anxiety*. New York: Elsevier/North-Holland Biomedical Press, pp. 17—20.

Lopez, S. J. & Snyder, C. R. (2003). *Positive Psychological Assessment: A Handbook of Models and Measures*. Washington, DC: American Psychological Association.

Lorenz, K. (1966). *On Aggression*. New York: Harcourt, Brace and World.

Lothane, Z. (1981). Special book review: A new perspective on Freud and psychoanalysis. *Psychoanalytic Review*, 68, 348—361.

Loutitt, C. M. & Browne, C. G. (1947). Psychometric instruments in psychological clinics. *Journal of Consulting Psychology*, 11, 49—54.

Lucus, R. E., Diener, E., Grob, A., Suh, E. M. &Shao, L. (2000). Cross-cultural evidence for the fundamental features of extraversion. *Journal of Personality and Social Psychology*, 79, 452—468.

Lucus, R. E. & Fujita, F. (2000). Factors influencing the relation between extraversion and pleasant affect. *Journal of Personality and Social Psychology*, 79, 1039—1056.

Lynch, M. D., Norem-Hebeisen, A. A. & Gergen, K. J. (1981). *Self-Concept: Advances in Theory and Research*. Cambridge, MA: Ballinger.

Lynn, R. & Eysenck, H. J. (1961). Tolerance for pain, extraversion and neuroticism. *Perceptual and Motor Skills*, 12, 161—162.

MacDonald, A. P., Jr. (1971). Birth order and personality. *Journal of Consulting and Clinical Psychology*, 36, 171—176.

Maddi, S. (1968). *Personality Theories: A Comparative Analysis*. Homewood IL: Dorsey Press.

Maddox, K. B. &Gray, S. A. (2002). Cognitive representations of Black Americans: Reexploring the role of skin tone. *Personality and Social Psychology Bulletin*, 28, 250—259.

Magnus, K., Diener, E., Fujita, F. & Pavot, W. (1993). Extraversion and neuroticism as predictors of objective life events: A longitudinal analysis. *Journal of Personality and Social Psychology*, 65, 1046—1053.

Mahlberg, A. (1997). The rise in IQ scores. *American Psychologist*, 52, 71.

Maier, N. R. F. (1949). *Frustration: The Study of Behavior Without A Goal*. New York: McGraw-Hill.

Maloney, A. (1999). Preference ratings of images representing archetypal themes: An empirical study of the concept of archetypes. *Journal of Analytical Psychology*, 44, 101—116.

Maloney, A. (2000). Response to "On the empirical proof of archetypes": Commentary on Maloney. *Journal of Analytical Psychology*, 45, 607—612.

Maltz, R. (2002). Genesis of a femme and her Desire: Finding Mommy and Daddy in butch/femme. *Journal of Lesbian Studies*, 6(2), 61—71.

Mamlin, N., Harris, K. R. & Case, L. P. (2001). A methodological analysis of research on locus of control and learning disabilities: Rethinking a common assumption. *Journal of Special Education*, 34, 214—225.

Manaster, G. J. & Perryman, T. B. (1979). Manaster-Perryman Manifest Content. In H. A. Olson, *Early recollections: Their use in diagnosis and psychotherapy*. Springfield, IL: Charles Thomas, pp. 347—353.

Mandler, G. & Sarason, S. B. (1952). A study of anxiety and learning. *Journal of Abnormal and Social Psychology*, 47, 166—173.

Mann, L. (1981). The baiting crowd in episodes of threatened suicide. *Journal of Personality and Social Psychology*, 41, 703—709.

Mansager, E. & Gold, L. (2000). Three life tasks or five? *Journal of Individual Psychology*, 56, 155—171.

Mansfield, E. & McAdams, D. P. (1996). Generativity and themes of agency and communion in adult autobiography. *Personality and Social Psychology Bulletin*, 22, 721—731.

Martens, R. & Landers, D. M. (1970). Motor performance under stress: A test of the inverted-U hypothesis. *Journal of Personality and Social Psychology*, 16, 29—37.

Martin, A. R. (1975). Karen Horney's theory in today's world. *American Journal of Psychoanalysis*, 35, 297—302.

Mashek, D. J. Aron, A. & Boncimino, M. (2003). Confusions of self with close others. *Personality and Social Psychology Bulletin*, 29, 382—392.

Masling, J. M. (1997). On the nature and utility of projective and objective tests. *Journal of Personality Assessment*, 69, 257—270.

Maslow, A. H. (1951). Resistance to acculturation. *Journal of Social Issues*, 7, 26—29.

Maslow, A. H. (1954). *Motivation and Personality*. New York: Harper and Row.

Maslow, A. H. (1959). Psychological data and value

theory. In A. H. Maslow(Eds.), *New Knowledge in Human Values*. New York: Harper and Row, pp. 119—136.

Maslow, A. H. (1962). Lessons from the peak experiences. *Journal of Humanistic Psychology*, *2*, 9—18.

Maslow, A. H. (1965). *Eupsychian Management*. Homewood IL: Dorsey Press.

Maslow, A. H. (1966). *The Psychology of Science: A Reconnaissance*. New York: Harper and Row.

Maslow, A. H. (1967). A theory of metamotivation: The biological rooting of the value-life. *Journal of Humanistic Psychology*, *7*, 93—127.

Maslow, A. H. (1968a). *Toward A Psychology of Being*. Princeton, NJ: D. Van Nostrand.

Maslow, A. H. (1968b). Toward the study of violence. In L. Ng (Eds.), *Alternatives To Violence*. New York: Time-Life, pp. 34—37.

Maslow, A. H. (1969a). Toward a humanistic biology. *American Psychologist*, *24*, 724—735.

Maslow, A. H. (1969b). Existential psychology—what's in it for us? In Rollo May(Eds.), *Existential Psychology*. New York: Random House.

Maslow, A. H. (1970). *Motivation and Personality*(2nd ed.). New York: Harper and Row.

Maslow, A. H. (1971). *The Farther Reaches of Human Nature*. New York: Viking Press.

Maslow, B. G. (Eds.)(1972). *Abraham H. Maslow: A Memorial Volume*. Monterey, CA: Brooks/Cole.

Mason, B. J. (1997). A developmental examination of sex differences in jealousy: Fear of being cuckolded or immaturity? Masters Thesis, Western Illinois University, June.

Massey, R. F. (1989). The philosophical compatability of Adler and Berne. *Individual Psychology*, *45*, 323—334.

Masson, J. M. (1984). *The Assault on Truth*. Toronto: Colins.

Mathes, E. W. (1981). *From Survival to the Universe: Values and Psychological Well-Being*. Chicago: Nelson-Hall.

Mathes, E. W. , Adams, H. & Davies, R. (1985). Jealousy: Loss of relationship rewards, loss of self-esteem, depression, anxiety and anger. *Journal of Personality and Social Psychology*, *48*, 1552—1556.

Mathes, E. W. & Smith, S. (1999). Are sex differences in jealousy a function of fear of being cuckolded or sexual strategies? Paper presented at the Midwestern Psychological Association, Chicago, May.

Mathes, E. W. , Zevon, M. A. , Roter, P. M. & Joerger, S. M. (1982). Peak experience tendencies: Scale development and theory testing. *Journal of Humanis-*

tic Psychology, *22*, 92—108.

Matlin, M. W. & Foley, H. J. (1997). *Sensation and Perception*. Boston: Allyn & Bacon.

Matthews, G. , Davies, D. R. & Lees, J. L. (1990). Arousal, extraversion, and individual differences in resource availability. *Journal of Personality and Social Psychology*, *59*, 150—168.

Matthews, G. , Jones, D. M. & Chamberlin, A. G. (1989). Interactive effects of extraversion and arousal on attentional task performance: Multiple resources or encoding processes? *Journal of Personality and Social Psychology*, *56*, 629—639.

Maurer, A. (1964). Did Little Hans really want to marry his mother? *Journal of Health Professions*, *4*, 139—148.

May, R. (1950). *The Meaning of Anxiety*. New York: Ronald Press.

May, R. (1958). Contributions of existential psychotherapy. In R. May, E. Angel & H. F. Ellenberger (Eds.), *Existence: A New Dimension In Psychiatry and Psychology*. New York: Basic Books, pp. 37—91.

May, R. (1969a). The emergence of existential psychology. In Rollo May(Eds.), *Existential Psychology*. New York: Random House, pp. 1—48.

May, R. (1969b). Existential bases of psychotherapy. In Rollo May(Eds.), *Existential Psychology*. New York: Random House, pp. 72—83.

May, R. (1983). *The Discovery of Being*. New York: W. W. Norton.

May, R. , Angel, E. & Ellenberger, H. F. (Eds.) (1958). *Existence: A New Dimension in Psychiatry and Psychology*. New York: Basic Books.

McAdams, D. P. (2000). Attachment, intimacy, and generativity. *Psychological Inquiry*, *11*, 117—120.

McAdams, D. P. , Diamond, A. , de St. Aubin, E. & Mansfield, E. (1997). Stories of commitment: The psychological construction of generative lives. *Journal of Personality and Social Psychology*, *72*, 678—694.

McAdams, D. P. , Reynolds, J. , Lewis, M. , Patten, A. H. & Bowman, P. J. (2001). When bad things turn good and good things turn bad: Sequences of redemption and contamination in life narrative and their relation to psychosocial adaptation in midlife adults and in students. *Personality and Social Psychology Bulletin*, *27*, 474—475.

McAdams, D. P. , Ruetzel, K. & Foley, J. M. (1986). Complexity and generativity at mid-life: Relations among social motives, ego development, and adults' plans for the future. *Journal of Personality and So-*

cial Psychology, 50, 800—807.

McCelland, D. C. (1961). *The Achieving Society*. New York: Free Press.

McClatchey, L. (1994). An investigation into the uniqueness of educational psychologist competences. *Educational and Child Psychology*, 11, 63—74.

McCullough, M. E., Emmons, R, A., Kilpatrick, S. D. & Mooney, C. N. (2003). Narcissists as "victims": The role of narcissism in the perception of transgressions. *Personality and Social Psychology Bulletin*, 29, 885—893.

McCullough, M. L. (2001). Freud's seduction theory and its rehabilitation: A saga of one mistake after another. *Review of General Psychology*, 5, 3—22.

McFatter, R. M. (1994). Interactions in predicting mood from extraversion and neuroticism. *Journal of Personality and Social Psychology*, 66, 570—578.

McGraw-Hill Films. (1971). *Personality*. New York: CRM Educational Films Collection.

McGuire, T. R. & Hirsch, J. (1977). General intelligence(g) and heritability(H^2, h^2). In I. C. Uzgiris & F. Weizmann(Eds.), *The Structuring of Experience*. New York: Plenum, pp. 25—72.

McGuire, W. (Eds.)(1974). *The Freud/Jung Letters* (R. Manheim & R. F. C. Hull, Trans.). Princeton, NJ: Princeton University Press.

McGuire, W. & Hull, R. F. C. (Eds.)(1977). *C. G. Jung Speaking: Interviews and Encounters*. Princeton, NJ: Princeton University Press.

McIntosh, D. (1979). The empirical bearing of psychoanalytic theory. *International Journal of Psychoanalysis*, 60, 405—431.

McMillan, M. (1997). *Freud Evaluated*. London: MIT Press.

Mead, M. (1974). On Freud's view of female psychology. In J. Strouse(Eds.), *Women and Analysis: Dialogues on Psychoanalytic Views of Femininity*. New York: Grossman, pp. 95—106.

Mead, M. (1975). *Blackberry Winter: My Earlier Years*. New York: PocketBooks.

Mearns, J. (1991). Coping with a breakup: Negative mood regulation expectancies and depression following the end of a romantic relationship. *Journal of Personality and Social Psychology*, 60, 327—334.

Mehler, B. (1997). Beyondism: Raymond B. Cattell and the new eugenics. *Genetica*, 99, 153—163.

Meltzoff, J. & Kornreich, M. (1970). *Research in Psychotherapy*. New York: Atherton Press.

Menninger, K. (1963). *The Vital Balance: The Life Process in Mental Health and Illness*. New York: Viking.

Menninger, W. C. (1948). *Psychiatry in a Troubled World*. New York: Macmillan.

Menon, Y., Morris, M. W., Chiu, C. & Hong, Y. (1999). Culture and the construal of agency: Attribution to individual versus group dispositions. *Journal of Personality and Social Psychology*, 76, 701—717.

Merkin, D. (2003, July 13). The literary Freud. *The New York Times Magazine*, NYTimes. com.

Merleau-Ponty, M. (1963). *The Structure of Behavior* (A. L. Fisher, Trans.). Boston: Beacon Press.

Mickelson, K. D., Kessler, R. C. & Shaver, P. R. (1997). Adult attachment in a nationally representative sample. *Journal of Personality and Social Psychology*, 73, 1092—1106.

Mikulincer, M. (1998). Adult attachment style and individual differences in functional versus dysfunctional experiences of anger. *Journal of Personality and Social Psychology*, 74, 513—524.

Miletic, M. P. (2002). The introduction of a feminine psychology to psychoanalysis. *Contemporary Psychoanalysis*, 38, 287—299.

Miley, C. H. (1969). Birth order research 1963—1967: Bibliography and index. *Journal of Individual Psychology*, 25, 64—70.

Milgram, S. (1974). *Obedience to Authority*. New York: Harper & Row.

Miller, L. C., Putcha-Bhagavatula, A. & Pedersen, W. C. (2002). Men's and women's mating preferences: Distinct evolutionary mechanisms? *Current Directions in Psychological Science*, 11, 88—93.

Miller, P. C., Lefcourt, H. M., Holmes, J. G., Ware, E. E. & Saleh, W. E. (1986). Marital locus of control and marital problem solving. *Journal of Personality and Social Psychology*, 51, 161—169.

Miller, S. M., Riessman, R. & Seagull, A. A. (1968). Poverty and self-indulgence: A critique of the non-deferred gratification pattern. In A. Ferman, J. L. Kornbluh & A. Haver(Eds.), *Poverty In America*. Ann Arbor, MI: The University of Michigan Press.

Mischel, W. (1968). *Personality and Assessment*. New York: Wiley.

Mischel, W. (1973). Toward a cognitive social learning reconceptualization of personality. *Psychological Review*, 80, 252—283.

Mischel, W. (1977). On the future of personality measurement. *American Psychologist*, 32, 246—254.

Mischel, W. (1984). Convergences and challenges in the search for consistency. *American Psychologist*, 39, 351—364.

Mischel, W. (1999). Personality coherence and dispositions in a cognitive-affective personality system (CAPS) approach. In D. Cervone & Y. Shoda(Eds.), *The Coherence of Personality*. New York: Guilford Press.

Mischel, W. & Ebbesen, E. (1973). Selective attention to the self: Situational and dispositional determinants. *Journal of Personality and Social Psychology*, *27*, 129—142.

Mischel, W., Ebbesen, E. & Zeiss, A. (1972). Cognitive and attentional mechanisms in delay of gratification. *Journal of Personality and Social Psychology*, *21*, 204—218.

Mischel, W. & Peake, P. (1982a). Analysing the construction of consistency in personality. In M. Page & R. Dienstbier(Eds.), *Nebraska Symposium on Motivation*, *1982*: *Personality—Current Theory and Research*. Lincoln: University of Nebraska Press.

Mischel, W. & Peake, P. (1982b). Beyond déjà vu in the search for cross-situational consistency. *Psychological Review*, *89*, 730—733.

Mischel, W. & Shoda, Y. (1994). Personality psychology has two goals: Must it be two fields? *Psychological Inquiry*, *5*, 156—158.

Mischel, W. & Shoda, Y. (1995). A cognitive-affective system theory of personality: Reconceptualizing situations, dispositions, dynamics, and invariance in personality structure. *Psychological Review*, *102*, 246—268.

Mischel, W. & Shoda, Y. (1998). Reconciling processing dynamics and personality dispositions. *Annual Review of Psychology*, Vol. 49.

Mischel, W. & Shoda, Y. (2000). A cognitive-affective system theory of personality: Reconceptualizing situations, dispositions, dynamics, and invariance in personality structure. In E. T. Higgins & A. W. Kruglanski(Eds.), *Motivational Science*. Philadelphia: Psychology Press.

Mischel, W., Shoda, Y. & Mendoza-Denton, R. (2002). Situation-behavior profiles as a locus of consistency in personality. *Current Directions in Psychological Science*, *11*, 50—54.

Mischel, W., Shoda, Y. & Rodriguez, M. L. (1989). Delay of gratification in children. *Science*, 933—938.

Mischel, W., Shoda, Y. & Wright, J. C. (1994). Intraindividual stability in the organization and patterning of behavior: Incorporating psychological situations into the ideographic analysis of personality. *Journal of Personality and Social Psychology*, *67*, 674—687.

Mitchell, J. V. (1985). *Ninth Mental Measurement Yearbook*. Lincoln, NE: Buros Institute of Mental Measurement.

Mitchell, K. M., Bozarth, J. D. & Krauft, C. C. (1977). A reappraisal of the therapeutic effectiveness of accurate empathy, nonpossessive warmth and genuineness. In A. S. Gurman & A. M. Razin(Eds.), *Effective Psychotherapy*: *A Handbook of Research*. New York: Pergamon, pp. 482—499.

Mittelman, W. (1991). Maslow's study of self-actualization: A reinterpretation. *Journal of Humanistic Psychology*, *31*, 114—135.

Molière, J. (1928). *Le Bourgeois Gentilhomme* (1670). In I. A. Gregory (Eds.), *Three Last Plays*. New York: G. P. Putnam.

Monitor on Psychology (1992, August). Bandura's childhood shaped life interests, p. 13.

Montagu, A. (1997). *Man's most dangerous myth*: *The fallacy of race* (6th ed.). London: AltaMira Press.

Morgan, W. G. (1995). Origin and history of the Thematic Apperception Test images. *Journal of Personality Assessment*, *65*, 237—254.

Morgan, W. G. (1999). The 1943 images: Their origins and history. In L. Gieser & M. I. Stein(Eds.) *Evocative Images*: *The Thematic Apperception Test and The Art of Projection*. Washington, DC: American Psychological Association.

Morgan, W. G. (2000). Origin and history of an early TAT card: Picture C. *Journal of Personality Assessment*, *74*, 88—94.

Morgan, W. G. (2002). Origin and history of the earliest Thematic Apperception Test pictures. *Journal of Personality Assessment*, *79*, 422—445.

Morgan, W. G. (2003). Origin and history of the "Series B" and "Series C" TAT pictures. *Journal of Personality Assessment*, *81*, 133—148.

Morris, M. & Peng, K. (1994). Culture and cause: American and Chinese attributions for social and physical events. *Journal of Personality and Social Psychology*, *67*, 949—971.

Morrow, L. (1984). "I spoke ... as a brother." *Time*, *123*(2), 26—33.

Mosak, H. H. (1969). Early recollections: Evaluation of some recent research. *Journal of Individual Psychology*, *25*, 56—63.

Mosak, H. H. & Kopp, R. R. (1973). The early recollections of Adler, Freud, and Jung. *Journal of Individual Psychology*, *24*, 157—166.

Moss, P. D. & McEvedy, C. P. (1966). An epidemic of overbreathing among schoolgirls. *British Medical Journal*, *2*, 1295—1300.

Motley, M. T. (1985). Slips of the tongue. *Scientific American*, *253*(March), 116—127.

Motley, M. T. (1987). What I mean to say. *Psychology Today*, (February), 24—28.

Mowrer, O. H. (1947). On the dual nature of learning—a reinterpretation of "conditioning" and "problem solving." *Harvard Educational Review*, 17, 102—148.

Moxley, R. A. (1992). From mechanistic to functional behaviorism. *American Psychologist*, 47, 1300—1311.

Mullahy, P. (1948). *Oedipus: Myth and Complex*. New York: Grove Press.

Mullahy, P. (Eds.)(1952). *The Contributions of Harry Stack Sullivan*. New York: Science House.

Mullahy, P. (1970). *The Beginnings of Modern American Psychiatry: The Ideas of Harry Stack Sullivan*. Boston: Houghton Mifflin.

Muller, R. (1993). Karen Horney's "resigned person" heralds DSM-III-R's borderline personality disorder. *Comprehensive Psychiatry*, 34, 264—272.

Murphy, L. L., Close, J. & Impara, J. C. (1994). *Tests in Print IV*(Vol. l.). Lincoln, NE: Buros Institute of Mental Measurement.

Murray, B. (2002, November). Why we don't pick good quarterbacks. *Monitor On Psychology*, 22—23.

Murray, H. A. (1943). *Thematic Apperception Test Manual*. Cambridge: Harvard University Press.

Murray, H. A. (1938/1962). *Explorations in Personality*. New York: Science Editions.

Murray, H. A. (1981a). Proposals for a theory of personality. In E. S. Shneidman (Eds.), *Endeavors in Psychology: Selections from the Personology of Henry A. Murray*. New York: Harper & Row, pp. 125—203.

Murray, H. A. (1981b). Jung: Beyond the hour's most exacting expectation. In E. S. Shneidman(Eds.), *Endeavors in Psychology: Selections from the Personology of Henry A. Murray*. New York: Harper & Row, pp. 79—81.

Murray, H. A. (1981c). A note on the possible clairvoyance of dreams. In E. S. Shneidman (Eds.), *Endeavors in Psychology: Selections from the Personology of Henry A. Murray*. New York: Harper & Row, pp. 563—566.

Murray, H. A. (1981d). A method for investigating fantasies: The Thematic Apperception Test(with Christiana D. Morgan). In E. S. Shneidman(Eds.), *Endeavors in Psychology: "Selections from the Personology of Henry A. Murray*. New York: Harper & Row, pp. 390—408.

Murstein, B. I. (Eds.)(1965). *Handbook of Projective Techniques*. New York: Basic Books.

Murstein, B. I. (1972). Normative written TAT responses for a college sample. *Journal of Personality Assessment*, 36, 109—147.

Mussen, P., Conger, J. & Kagan J. (1979). *Child Development and Personality*. New York: Harper & Row.

Myers, I. B. (1962). *Myers-Briggs Type Indicator Manual*. Palo Alto, CA: Consulting Psychologists Press.

Nail, P. R., Harton, H. C. & Decker, B. P. (2003). Political orientation and modern versus aversive racism: Tests of Dovidio and Gaertner's integrated model. *Journal of Personality and Social Psychology*, 84, 754—770.

Nash, H. (1983). Thinking about thinking about the unthinkable. *Bulletin of the Atomic Scientists*, 39 (October), 39—42.

Nathan, P. E. & Harris, S. L. (1975). *Psychopathology and society*. New York: McGraw-Hill.

National Psychologist(1998). Scientists, colleagues defend Cattell. Jan./Feb., p. 9.

Neher, A. (1991). Maslow's theory of motivation: A critique. *Journal of Humanistic Psychology*, 31, 89—112.

Neisser, U., Boodoo, G., Bouchard, T J., Boykin, A. W., Brody, N., Ceci, S. J., Halpern, D. F., Loehlin, J. C., Perloff, R., Sternberg, R. J. & Urbina, S. (1996). Intelligence: Knowns and unknowns. *American Psychologist*, 51, 77—101.

Nesselroade, J. R. (1984). Concepts of intraindividual variability and change: Impressions of Cattell's influence on lifespan developmental psychology. *Multivariate Behavioral Research*, 19, 269—286.

Neuman, M. (1991). Was Jung an anti-Semite? *Sihotdialogue Israel Journal of Psychotherapy*, 5, 201—208.

Newman, L. S., Higgins, E. T. & Vookles, J. (1992). Self-guide strength and emotional vulnerability: Birth order as a moderator of self affect relations. *Personality and Social Psychology Bulletin*, 18, 402—411.

Newsweek(1970). Erik Erikson: The quest for identity, December 21, 84—89.

New York Times Service(1995). Scholar denied access to Jung papers. *Chicago Tribune*, (June 4), Sec. 1, p. 6.

Nicholson, I. A. M. (1997). To "correlate psychology and social ethics": Gordon Allport and the first course in American personality psychology. *Journal of Personality*, 65, 733—741.

Nisbett, R. E. (2003), *The geography of thought: How Asians and Westerners think differently ... and why*. New York: The Free Press.

Nisbett, R. N. (1980). The trait construct in lay and

professional psychology. In L. Festinger(Eds.), *Retrospections on Social Psychology*. New York: Oxford University Press.

Noll, R. (1994). *The Jung Cult: Origins of a Charismatic Movement*. Princeton, NJ: Princeton University Press.

Norman, W. T. (1963). Toward an adequate taxonomy of personality attributes: Replicated factor structure in peer nomination personality ratings. *Journal of Abnormal and Social Psychology*, *66*, 574—583.

Norton, H. W. (1972). Blood groups and personality traits. *American Journal of Human Genetics*, *23*, 225—226.

Nosek, B. A. (2004, January 30). Moderators of the relationship between implicit and explicit attitudes. Paper presented at the meeting of the Society for Personality and Social Psychology, Austin, Texas.

Nunnally, J. C. (1955). An investigation of some propositions of self-conception: The case of Miss Sun. *Journal of Abnormal and Social Psychology*, *50*, 87—92.

Ochse, R. & Plug C. (1986). Cross-cultural investigation of the validity of Erikson's theory of personality development. *Journal of Personality and Social Psychology*, *50*, 1240—1252.

O'Connor, K. P., Gareau, D. & Blowers, G. H. (1993). Changes in construals of tic-producing situations following cognitive and behavioral therapy. *Perceptual and Motor Skills*, *77*, 776—778.

Oliviero, P. (1993). Social communication of biological materials: Blood, semen, organs, and cadaver. *Cahiers Internationaux de Psychologie Sociale*, June(# 18), 21—51.

Olson, H. A. (Eds.)(1979). *Early Recollections: Their Use in Diagnosis and Psychotherapy*. Springfield, IL: Charles C. Thomas.

Orlov, A. B. (1992). Carl Rogers and contemporary humanism. *Journal of Russian and East European Psychology*, 30(# 1, January/February), 36—41.

Ormel, J. & Schaufeli, W. B. (1991). Stability and change in psychological distress and their relationship with self-esteem and locus of control: A dynamic equilibrium model. *Journal of Personality and Social Psychology*, *60*, 288—299.

Ornduff, S. R., Freedenfeld, R. N., Kelsey, R. M. & Critelli, J. W. (1994). Object relations of sexually abused female subjects: A TAT analysis. *Journal of Personality Assessment*, *63*, 223—238.

Ozer, E. M. & Bandura, A. (1990). Mechanisms governing empowerment effects: A self-efficacy analysis. *Personality and Social Psychology*, *58*, 472—486.

Paige, K. E. (1973). Women learn to sing the menstrual blues. *Psychology Today*, (September), 65—68.

Palmer, D. C. & Donahoe, J. W. (1992). Essentialism and selectionism in cognitive science and behavior analysis. *American Psychologist*, *47*, 1344—1358.

Palmer, E. M. & Hollin, C. R. (2001). Sociomoral reasoning: perceptions of parenting and selfreported delinquency in adolescents. *Applied Cognitive Psychology*, *15*, 85—100.

Parisi, T. (1987). Why Freud failed: Some implications for neurophysiology and sociobiology. *American Psychologist*, *42*, 235—245.

Park, B., Ryan, C. S. & Judd, C. (1992). Role of meaningful subgroups in explaining differences in perceived variability for in-groups and outgroups. *Journal of Personality and Social Psychology*, *63*, 553—567.

Parrish, T. S. (1990). Examining teachers' perceptions of children's support systems. *Journal of Psychology*, *124*, 113—118.

Patterson, C. H. (1961). The self in recent Rogerian theory. *Journal of Individual Psychology*, *17*, 5—11.

Paunonen, S. V., Jackson, D. N. & Keinonen, M. (1990). The structured nonverbal assessment of personality. *Journal of Personality*, *58*, 481—502.

Pavlov, I. P. (1927). *Conditioned Reflexes*. London: Oxford.

Pavlov, I. P. (1957). *Experimental Psychology*. New York: Philosophical Library.

Payne, B. K. (2001). Prejudice and perception: The role of automatic and controlled processes in misperceiving a weapon. *Journal of Personality and Social Psychology*, *81*, 181—192.

Payne, B. K., Lambert, A. J. & Jacoby, L. L. (2002). Best laid plans: Effects of goals on accessibility bias and cognitive control in race-based misperceptions of weapons. *Journal of Experimental Social Psychology*, *38*, 384—396.

Pelham, B. W. (1993). The idiographic nature of human personality: Examples of the idiographic self-concept. *Journal of Personality and Social Psychology*, *64*, 665—677.

Pendergrast, M. (1995). *Victims of Memory: Incest Accusations and Shattered Lives*. Hinesburg, VT: Upper Access.

Pennypacker, H. S. (1992). Is behavior analysis undergoing selection by consequences? *American Psychologist*, *47*, 1491—1498.

Perls, E S. (1969). *Gestalt Therapy Verbatim*. Lafayette, CA: Real People Press.

Peoria Journal Star(1994). Psychoanalyst Erik Erikson

dead at 91. (May 13), p. C8.

Peoria Journal Star (1998). Alberta won't pay off those forced sterilized. (March 12), p. 2A.

Perry, H. S. (1982). *Psychiatrist of America: The Life of Harry Stack Sullivan.* Cambridge: Harvard University Press.

Perry, W., Sprock, J., Schaible, D., McDougall, A., Minassian, A., Jenkins, M. & Braff, D. (1995). Amphetamine on Rorschach measures in normal subjects. *Journal of Personality Assessment, 64,* 456—465.

Pervin, L. A. (1985). Personality: Current controversies, issues, and directions. In M. R. Rosenzweig and L. W. Porter (Eds.) *Annual Review of Psychology, 36,* 83—114.

Peterson, B. E., Doty, R. M. & Winter, D. G. (1993). Authoritarianism and attitudes toward contemporary social issues. *Personality and Social Psychology Bulletin, 19,* 174—184.

Peterson, B. E. & Lane, M. D. (2001). Implications of authoritarianism for young adulthood: Longitudinal analysis of college experiences and future goals. *Personality and Social Psychology Bulletin, 27,* 678—690.

Peterson, B. E., Smirles, K. A. & Wentworth, P. A. (1997). Generativity and authoritarianism: Implications for personality, political involvement, and parenting. *Journal of Personality and Social Psychology, 72,* 1202—1216.

Peterson, B. E. & Stewart, A. J. (1993). Generativity and social motives in young adults. *Journal of Personality and Social Psychology, 65,* 186—198.

Peterson, C. & Ulrey, L. M. (1994). Can explanatory style be scored from TAT protocols? *Personality and Social Psychology Bulletin, 20,* 102—106.

Petrides, K. V., Jackson, C. J., Furnham, A. & Levine, S. Z. (2003). Exploring issues of personality measurement and structure through the development of a short form of the Eysenck Pesonality Profiler. *Journal of Personality Assessment, 81,* 271—280.

Pezdek, K. & Banks, W. (1996). *The Recovered Memory/False Memory Debate.* New York: Academic Press.

Phares, E. (1962). Perceptual threshold decrements as a function of skill and chance expectancies. *Journal of Psychology, 53,* 399—407.

Phares, E. (1976). *Locus of Control in Personality.* Morristown, NJ: General Learning Press.

Phares, E. J. & Lamiell, J. T. (1977). Personality. In M. R. Rosenzweig & L. W. Porter (Eds.), *Annual Review of Psychology, 28,* 113—140.

Phelps, E. A., O'Connor, K. J., Cunningham, W. A., Funayama, E. S., Gatenby, J. C., Gore, J. C. & Banaji, M. R. (2000). Performance on indirect measures of race evaluation predicts amygdala activation. *Journal of Cognitive Neuroscience, 12,* 729—738.

Phillips, W. M., Watkins, J. T. & Noll, G. (1974). Self-actualization, self-transcendence, and personal philosophy. *Journal of Humanistic Psychology, 14,* 53—73.

Piaget, J. (1948). *The Moral Judgment of the Child.* Glencoe, IL: Free Press.

Pierce, D. L., Sewell, K. W. & Cromwell, R. L. (1992). Schizophrenia and depression: Construing and constructing empirical research. In R. A. Niemeyer & G. J. Neimeyer (Eds.), *Advances in Personal Construct Psychology* (Vol. 2). Greenwich, CT: JAI Press.

Pietikainen, P. (2004). 'The sage knows you better than you know yourself': Psychological utopianism in Erich Fromm's work. *History of Political Thought, 25,* 86—115.

Pistole, D. R. & Ornduff, S. R. (1994). TAT assessment of sexually abused girls: An analysis of manifest content. *Journal of Personality Assessment, 63,* 211—222.

Plaks, J. E., Shafer, J. L. & Shoda, Y. (2003). Perceiving individuals and groups as coherent: How do perceivers make sense of variable behavior? *Social Cognition, 21,* 26—60.

Plant, E. A. & Devine, P. G. (1998). Internal and external motivation to respond without prejudice. *Journal of Personality and Social Psychology, 75,* 811—832.

Plant, E. A. & Devine, P. G. (2003). The antecedents and implications of interracial anxiety. *Personality and Social Psychology Bulletin, 29,* 790—801.

Pogrebin, L. (1980). *Growing Up Free.* New York: Bantam.

Polce-Lynch, M. & Lynch, J. R. (1998, September). Dangerous v. healthy self-esteem. *Monitor on Psychology,* 53.

Porcerelli, J., Abramsky, M. F., Hibbard, S. & Kamoo, R. (2001). Object relations and defense mechanisms of a psychopathic serial sexual homicide perpetrator: A TAT analysis. *Journal of Personality Assessment, 77,* 87—104.

Potkay, C. R. & Allen, B. P. (1988). The Adjective Generation Technique (AGT): Assessment via word descriptions of self and others. In C. D. Spielberger & J. N. Butcher (Eds.), *Advances in Personality Assessment.* Hillsdale, NJ: Lawrence Erlbaum.

Potkay, C. R. & Merrens, M. R. (1975). Sources of male chauvinism in the TAT. *Journal of Personality Assessment*, *39*, 471—479.

Potkay, C. R., Merrens, M. R. & Allen, B. P. (1979). AGT descriptions of TAT figures: "Loving" females more favorable than "lonely" males. Paper presented at the Annual Meeting of the Midwestern Psychological Association, Chicago.

Potosky, D. & Bobko, P. (2000). A model for predicting computer experience from attitudes toward computers. *Journal of Business and Psychology 15*, 391—404.

Powell, G. E. (1981). A survey of the effects of brain lesions upon personality. In H. J. Eysenck (Eds.), *A Model For Personality*. New York: Springer-Verlag, pp. 65—87.

Powell, L. H., Shahabi, L. & Thoresen, C. E. (2003). Religion and spirituality: Linkages to physical health. *American Psychologist*, *58*, 36—52.

Powell, R. A. & Boer, D. P. (1994). Did Freud mislead patients to confabulate memories of abuse? *Psychological Reports*, *74*, 1283—1298.

Powell, R. A. & Boer, D. P. (1995). Did Freud misinterpret reported memories of sexual abuse as fantasies? *Psychological Reports*, *77*, 563—570.

Pratt, M. W., Danso, H. A., Arnold, M. L., Norris, J. W. & Filyer, R. (2001). Adult generativity and the socialization of adolescents: Relations to mothers 'and fathers' parenting beliefs, styles and practices. *Journal of Personality*, *69*, 89—120.

Pratto, F. & Hegarty, P. (2000). The political psychology of reproductive strategies. *Psychological Science*, *11*, 57—62.

Purton, C. (1989). The person-centered Jungian. *Person-Centered Review*, *4*, 403—419.

Quinn, R. H. (1993). Confronting Carl Rogers: A developmental-interactional approach to personcentered therapy. *Journal of Humanistic Psychology*, *33*, 7—23.

Quinn, S. (1988). *A Mind of Her Own: The Life of Karen Horney*. New York: Addison-Wesley.

Rank, O. (1945). *Will Therapy and Truth and Reality*. New York: Knopf.

Raskin, R. & Shaw, R. (1988). Narcissism and the use of personal pronouns. *Journal of Personality*, *56*, 393—404.

Ravizza, K. (1977). Peak experiences in sport. *Journal of Humanistic Psychology*, *17*, 35—40.

Recer, P. (2000, June, 27). Scientists decipher the human genetic code. *Peoria Journal Star* (Associated Press), pp. A1 & A5.

Revusky, S. & Garcia, J. (1970). Learned associations over long delays. In G. Bower (Eds.), *The Psychology of Learning and Motivation* (Vol. 4). New York: Academic Press.

Rice, G., Anderson, C., Risch, N. & Ebers, G. (1999, April). Male homosexuality: Absence of linkage to microsatellite markers at xq28. *Science*, *284*, 665—667.

Roazen, P. (1974). *Freud and His Followers*. New York: Knopf.

Roazen, P. (1976). *Erik H. Erikson: The Power and Limits of a Vision*. New York: Free Press.

Roazen, P. (2003). Interviews on Freud and Jung with Henry A. Murray in 1965. *Journal of Analytical Psychology*, *48*, 1—27.

Robbins, A. D. (1989). Harry Stack Sullivan: Neo-Freudian or not? *Contemporary Psychoanalysis*, *25*, 624—640.

Robinson, F. G. (1992). *Love's Story Told: A Life of Henry A. Murray*. Cambridge, MA: Harvard University Press.

Robinson, M. D., Solberg, E. C., Vargas, P. T. & Tamir, M. (2003). Trait as default: Extraversion, subjective well-being, and distinction between neutral and positive events. *Journal of Personality and Social Psychology*, *85*, 517—527.

Rockwell, W. T. (1994). Beyond determinism and indignity: A reinterpretation of operant conditioning. *Behavior and Philosophy*, *22*, 53—66.

Rodgers, J. L., Cleveland, H. H., van den Oord, E. & Rowe, D. C. (2000). Resolving the debate over birth order, family size, and intelligence. *American Psychologist*, *55*, 599—612.

Rodriquez, M. L., Mischel, W. & Shoda, Y. (1989). Cognitive variables in the delay of gratification of older children at risk. *Journal of Personality and Social Psychology*, *57*, 358—367.

Rogers, C. R. (1942). *Counseling and Psychotherapy: Newer Concepts in Practice*. Boston: Houghton Mifflin.

Rogers, C. R. (1947). Some observations on the organization of personality. *American Psychologist*, *2*, 358—368.

Rogers, C. R. (1954). The case of Mrs. Oak: A research analysis. In C. R. Rogers & R. F. Dymond (Eds.), *Psychotherapy and Personality Change*. Chicago: University of Chicago Press, pp. 259—348.

Rogers, C. R. (1957). The necessary and sufficient conditions of therapeutic personality change. *Journal of Consulting Psychology*, *21*, 95—103.

Rogers, C. R. (1959). A theory of therapy, personality,

and interpersonal relationships, as developed in the client-centered framework. In S. Koch(Eds.), *Psychology: A Study of a Science*. New York: McGraw-Hill, pp. 184—256.

Rogers, C. R. (1961). *On Becoming a Person: A Therapist's View of Psychotherapy*. Boston: Houghton Mifflin.

Rogers, C. R. (1969a). Two divergent trends. In Rollo May (Eds.), *Existential Psychology*. New York: Random House.

Rogers, C. R. (1969b). *Freedom to Learn: A View of What Education Might Become*. Columbus, OH: Charles Merrill, pp. 84—92.

Rogers, C. R. (1970). *Carl Rogers on Encounter Groups*. New York: Harper & Row.

Rogers, C. R. (1972). *Becoming Partners: Marriage and Its Alternatives*. New York: Delacorte Press.

Rogers, C. R. (1973). My philosophy of interpersonal relationships and how it grew. *Journal of Humanistic Psychology, 13*, 3—15.

Rogers, C. R. (1974). In retrospect: Forty-six years. *American Psychologist, 29*, 115—123.

Rogers, C. R. (1977). *Carl Rogers on Personal Power*. New York: Delacorte Press.

Rogers, C. R. (1980). *A Way of Being*. Boston: Houghton Mifflin.

Rogers, C. R. (January 4, 1983). Personal communication.

Rogers, C. R. (1983). The foundations of the personcentered approach. *Education, 1979, 100*, 98—107. Reprinted in T. H. Carr & H. E. Fitzgerald (Eds.), *Psychology 83/84*. Guilford, CT: Dushkin, pp. 227—233.

Rogers, C. R. (1987a). The underlying theory: Drawn from experience with individuals and groups. *Counseling and Values, 32*, 38—46.

Rogers, C. R. (1987b). Inside the world of the Soviet professional. *Counseling and Values, 32*, 66.

Rogers, C. R. (1987c). Comments on the issue of equality in psychotherapy. *Journal of Humanistic Psychology, 27*, 38—39.

Rogers, C. R. (1987d). Steps toward Peace, 1948—1986: Tension reduction in theory and practice. *Counseling and Values, 32*, 12—15.

Rogers, C. R. (1989a). What I learned from two research studies. In H. Krischenbaum & V. L. Henderson (Eds.), *The Carl Rogers Reader*. Boston: Houghton Mifflin.

Rogers, C. R. (1989b). A psychologist looks at nuclear war. In H. Krischenbaum & V. L. Henderson(Eds.), *The Carl Rogers Reader*. Boston: Houghton Mifflin.

Rogers, C. R. & Dymond, R. F. (1954)(Eds.). *Psychotherapy and Personality Change*. Chicago: University of Chicago Press.

Rogers, C. R. & Malcolm, D. (1987). The potential contribution of the behavioral scientist to world peace. *Counseling and Values, 32*, 10—11.

Rogers, C. R. & Ryback, D. (1984). One alternative to nuclear planetary suicide. *Counseling Psychologist, 12*, 3—11.

Rogers, C. R. & Sanford, R. (1987), Reflections on our South African experience (January-February 1986). *Counseling and Values, 32*, 17—20.

Rogers, R. , Flores, J. , Ustad, K. & Sewell, K. W. (1995). Initial validation of the Personality Assessment Inventory-Spanish Version with clients from Mexican American communities. *Journal of Personality Assessment, 64*, 340—348.

Rom, E. & Mikulincer, M. (2003). Attachment theory and group processes: The association between attachment style and group-related representations, goals, memories, and functioning. *Journal of Personality and Social Psychology, 84*, 1220—1235.

Ronan, G. E, Date, A. L. & Weisbrod, M. (1995). Personal problem-solving scoring of the TAT: Sensitivity to training. *Journal of Personality Assessment, 64*, 119—131.

Rorer, L. G. & Widiger, T. A. (1983). Personality structure and assessment. In M. R. Rosenzweig & L. W. Porter (Eds.), *Annual Review of Psychology, 34*, 431—463.

Rorschach, H. (1942/1951). *Psychodiagnostics: A Diagnostic Test Based on Perception*. New York: Grune & Stratton.

Rosch, E. (1978). Principles of categorization. In E. Rosch & B. B. Lloyd(Eds.), *Cognition and Categorization*. Hillsdale, NJ: Erlbaum.

Rosenberg, S. D. , Blatt, S. J. , Oxman, T. E. , McHugo, G. J. & Ford, R. Q. (1994). Assessment of object relatedness through a lexical content analysis of the TAT. *Journal of Personality Assessment, 63*, 345—362.

Rosenhan, D. L. & Seliaman, M. E. P. (1995). *Abnormal Psychology*. New York: W. W. Norton.

Rosenthal, R. (1979). The "file drawer problem" and tolerance for null results. *Psychological Bulletin, 86*, 638—641.

Ross, M. , Xun, W. Q. E. & Wilson, A. E. (2002). Language and the bicultural self. *Personality and Social Psychology Bulletin, 28*, 1040—1050.

Rotter, J. (1954). *Social Learning and Clinical Psychology*. New York: Prentice-Hall.

Rotter, J. (1966). Generalized expectancies for internal versus external control of reinforcement. *Psychological Monographs: General and Applied*, *80*, No. 1, [Whole No. 609], 1—28.

Rotter, J. (1967). A new scale for the measurement of interpersonal trust. *Journal of Personality*, *35*, 651—665.

Rotter, J. (1975). Some problems and misconceptions related to the construct of internal versus external control of reinforcement. *Journal of Consulting and Clinical Psychology*, *43*, 56—67.

Rotter, J. (1982). *The Development and Application of Social Learning Theory*. New York: Praeger.

Rotter, J. (1990). Internal versus external control of reinforcement. *American Psychologist*, *45*, 489—493.

Rotter, J. (1992). Cognates of personal control: Locus of control, self-efficacy, and explanatory style. *Applied and Preventive Psychology*, *1*, 127—129.

Rowan, J. (1999). Ascent and descent in Maslow's theory. *Journal of Humanistic Psychology*, *39*, 125—133.

Royce, J. R. & Mos, L. P. (1981). *Humanistic Psychology: Concepts and Criticisms*. New York: Plenum Press.

Rubin, T. I. (1991). Horney, here and now: 1991. Special Issue: (Karen Horney). *American Journal of Psychoanalysis*, *51*, 313—318.

Ruble, D. N. (1977). Premenstrual symptoms: A reinterpretation. *Science*, *197*, 291—292.

Rudman, F. W. & Ansbacher, H. L. (1989). Anti-war psychologists: Alfred Adler. *Psychologists For Social Responsibility Newsletter*, *8*, p. 8.

Rudnytsky, P. L. (1999). "Does the professor talk to God?" Countertransference and Jewish identity in the case of Little Hans. *Psychoanalysis & History*, *1* (2), 175—194.

Rutherford, A. (2003). B. F. Skinner's technology of behavior in American life: From consumer culture to counterculture. *Journal of the History of the Behavioral Sciences*, *39*, 1—23.

Rychlak, J. F. (1968). *A Philosophy of Science for Personality Theory*. Boston: Houghton Mifflin.

Rychlak, J. F. (1976). Is a concept of "self" necessary in psychological theory? In A. Wandersman, P. Poppen & D. Ricks(Eds.), *Humanism and Behaviorism: Dialogue and Growth*. New York: Pergamon Press, pp. 121—143.

Rychlak, J. F. (1981). *Introduction to Personality and Psychotherapy*. Boston: Houghton Mifflin.

Ryckman, R. M., Libby, C. R., van den Borne, B., Gold, J. A. & Lindner, M. A. (1997). Values of hypercompetitive and personal development competitive individuals. *Journal of Personality Assessment*, *69*, 271—283.

Ryckman, R. M., Thornton, B. & Butler, J. C. (1994). Personality correlates of the Hypercompetitive Attitude Scale: Validity tests of Horney's theory of neurosis. *Journal of Personality Assessment*, *62*, 84—94.

Ryckman, R. M., Thornton, B. & Gold, J. A. (1999). Religious orientations of hypercompetitive individuals. Presentation at the Eastern Psychological Association.

Sabatelli, R., Buck, R. & Dreyer, A. (1983). Locus of control, interpersonal trust, and nonverbal communication accuracy. *Journal of Personality and Social Psychology*, *44*, 399—409.

Sagan, C. (1995, September 17). Where did TV come from? *Parade Magazine*, pp. 10 & 12.

Salovey, P. & Mayer, J. D. (1990). Emotional intelligence. *Imagination, Cognition and Personality*, *9*, 185—211.

Salovey, P. & Sluyster, D. (1997). *Emotional Development and Emotional Intelligence*. New York: Basic Books.

Salzinger, K. B. F. (1990, September). Skinner(1904—1990). *APA Observer*, *3*, pp. 1, 3, 4.

Samuels, A. (1993). New material concerning Jung, anti-Semitism, and the Nazis. *Journal of Analytical Psychology*, *38*, 463—470.

Sanchez-Burks, J., Lee, F., Choi, I., Nisbett, R., Zhao, S. & Koo, J. (2003). Conversing across cultures: East-West communication styles in work and nonwork contexts. *Journal of Personality and Social Psychology*, *85*, 363—372.

Sanitioso, R., Kunda, Z. & Fong, G. T. (1990). Motivated recruitment of biographical memories. *Journal of Personality and Social Psychology*, *59*, 229—241.

Sanna, L. J. & Pusecker, P. A. (1994). Self-efficacy, valence of self-evaluation, and performance. *Personality and Social Psychology Bulletin*, *20*, 82—92.

Sapir, E. (1921). *Language: An Introduction to the Study of Speech*. New York: Harcourt, Brace and Company.

Sartre, J-P. (1956). *Being and Nothingness: An Essay on Phenomenological Ontology* (H. Barnes, Trans.). New York: Philosophical Library.

Sartre, J-P. (1957). *Existentialism and Human Emotions*. New York: Philosophical Library.

Saucier, G. (2000). Isms and the structure of social attitudes. *Journal of Personality and Social Psychology*, *78*, 366—385.

Scarberry, N. C. , Ratcliff, C. D. , Lord, C. G. , Lanicek, D. L. &. Desforges, D. M. (1997). Effects of individuating information on the generalization part of Allport's contact hypothesis. *Personality and Social Psychology Bulletin*, *23*, 1291—1299.

Scarr, S. , Webber, P. , Weinberg, R. &. Wittig, M. (1981). Personality resemblance among adolescents and their parents in biologically related and adoptive families. *Journal of Personality and Social Psychology*, *40*, 885—898.

Schafer, R. (1976). *A New Language For Psychoanalysis*. New Haven: Yale University Press.

Schaller, M. , Boyd, C. , Yohannes, J. &. O'Brien, M. (1995). The prejudiced personality revisited: Personal Need for Structure and formation of erroneous group stereotypes. *Journal of Personality and Social Psychology*, *68*, 544—555.

Schimel, J. , Greenberg, J. &. Martens, A. (2003). Evidence that projection of a feared trait can serve a defensive function. *Personality and Social Psychology Bulletin*, *29*, 969—979.

Schlinger, H. D. (1992). Theory in behavior analysis: An application to child development. *American Psychologist*, *47*, 1396—1410.

Schmitz, B. &. Skinner, E. (1993). Perceived control, effort, and academic performance: Interindividual, intraindividual, and multivariate time-series analyses. *Journal of Personality and Social Psychology*, *64*, 1010—1028.

Schonemann, P. H. (1989). Some new results on the Spearman hypothesis artifact. *Bulletin of the Psychonomic Society*, *27*, 462—464.

Schonemann, P. H. (1992). Extension of Guttman's result from g to PC1. *Multivariate Behavioral Research*, *27*, 219—224.

Schooler, C. (1972). Birth order effects: Not here, not now! *Psychological Bulletin*, *78*, 161—175.

Schwartz, B. (1978). *Psychology of Learning and Behavior*. New York: Norton.

Schwarzer, R. (2001). Social-cognitive factors in changing health-related behaviors. *Current Directions in Psychological Science*, *10*, 47—51.

Sears, D. O. &. Henry, P. J. (2003). The origins of symbolic racism. *Journal of Personality and Social Psychology*, *85*, 259—275.

Sechrest, L. &. Jackson, D. N. (1961). Social intelligence and accuracy of interpersonal predictions. *Journal of Personality*, *29*, 167—182.

Seidenberg, M. S. (1997). Language acquisition and use: Learning and applying probabilistic constraints. *Science*, *275*, 1599—1603.

Seiffge-Krenke, I. &. Kirsch, H. S. (2002). The body in adolescent diaries: The case of Karen Horney. *Psychoanalytic Study of the Child*, *57*, 400—410.

Selye, H. (1978). *The Stress of Life*(Rev. ed.). New York: McGraw-Hill.

Serbin, L. &. Karp, J. (2003). Intergeneratonal studies of parenting and the transfer of risk from parent to child. *Current Directions in Psychological Science*, *12*, 138—142.

Sethi, S. &. Seligman, M. E. P. (1993). Optimism and fundamentalism. *Psychological Science*, *4*, 256—260.

Shackelford, T. K. &. Buss, D. M. (1997). Cues to infidelity. *Personality and Social Psychology Bulletin*, *10*, 1034—1045.

Shadle, W. G. &. Cervone, D. (1993). The Big Five versus nobody? *American Psychologist*, *48*, 1300—1302.

Shafter, R. (1992). Women and masochism: An introduction to trends in psychoanalytic thinking. *Issues in Ego Psychology*, *15*, 56—62.

Shaver, P. (1986). Being lonely, falling in love: Perspectives from attachment theory, 1986(August). Paper presented at the American Psychological Association Convention, Washington, D. C. , August.

Shaver, P. &. Hazan, C. (1987). Being lonely and falling love: Perspectives from attachment theory. In M. Hojat &. R. Crandall(Eds.), Loneliness: theory, research and applications, a special issue of *Journal of Social Behavior and Personality*, *2*(2, Pt. 2), 105.

Sheehy, G. (1977). *Passages*. New York: Bantam.

Shelley, M. W. (1965). *Frankenstein: A Modern Prometheus*. New York: Dell.

Sherrill, C. , Gench, B. , Hinson, M. , Gilstrap, T. , Richir, K. &. Mastro, J. (1990). Self-actualization of elite blind athletes: An exploratory study. *Journal of Visual Impairment &. Blindness*, *84*, 55—60.

Shirer, W. L. (1960). *The Rise and Fall of the Third Reich*. Greenwich, CT: Fawcett.

Shlien, J. M. (1970). Phenomenology and personality. In J. T. Hart &. T. M. Tomlinson(Eds.), *New Directions in Client-Centered Therapy*. Boston: Houghton Mifflin, pp. 95—128.

Shlien, J. M. &. Zimring, F. M. (1970). Research directives and methods in client-centered therapy. In J. T. Hart &. T. M. Tomlinson(Eds.), *New Directions in Client-Centered Therapy*. Boston: Houghton Mifflin, pp. 33—57.

Shoda, Y. &. Mischel, W. (1993). Cognitive social approach to dispositional inferences: What if the perceiver is a cognitive social theorist? *Personality and So* cial Psychology Bulletin, 19, 574—585.

Shoda, Y. & Mischel, W. (2000). Reconciling contextualism with the core assumptions of personality psychology. European Journal of Personality, 14, 407—428.

Sboda, Y., Mischel, W. & Peake, P. K. (1990). Predicting adolescent cognitive and self-regulatory competencies from preschool delay of gratification: Identifying diagnostic conditions. Developmental Psychology, 26, 978—986.

Shoda, Y., Mischel, W. & Wright, J. C. (1989). Intuitive interactionism in person perception: Effects of situation-behavior relations on dispositional judgments. Journal of Personality and Social Psychology, 56, 41—53.

Shoda, Y., Mischel, W. & Wright, J. S. (1993). The role of situational demands and cognitive competencies in behavior organization and personality coherence. Journal of Personality and Social Psychology, 65, 1023—1035.

Shoda, Y., Tierman, S. L. & Mischel, W. (2002). Personality as a dynamical system: Emergence of stability and distinctiveness from intra-and interpersonal interactions. Personality and Social Psychology Review, 6, 316—325.

Shostrom, E. L. (Eds.) (1965). Three Approaches To Psychotherapy: Rogers, Perls and Ellis. Orange, CA: Psychological Films.

Shostrom, E. L. (1966). Eits Manual for the Personal Orientation Inventory. San Diego: Educational and Industrial Testing Service.

Shostrom, E. (1972). Freedom To Be: Experiencing and Expressing Your Total Being. New York: Bantam.

Shrauger, J. S., Ram, D., Greninger, S. A. & Mariano, E. (1996). Accuracy of self-predictions versus judgments by knowledgeable others. Personality and Social Psychology Bulletin, 22, 1229—1243.

Signell, K. (1966). Cognitive complexity in person perception and nation perception: A developmental approach. Journal of Personality, 34, 517—537.

Silva-Garcia, J. (1989). Fromm in Mexico, 1950—1973. Contemporary Psychoanalysis, 25, 244—257.

Silverman, L. (1971). An experimental technique for the study of unconscious conflict. British Journal of Medical Psychology, 44, 17—25.

Silverman, L. (1976). Psychoanalytic theory: "The reports of my death are greatly exaggerated." American Psychologist, 31, 621—637.

Simonton, O. C. & Simonton, S. (1975). Belief systems and management of the emotional aspects of malignan-

cy. Journal of Transpersonal Psychology, 7, 29—48.

Simpson, P. W., Bloom, J. W., Newlon, B. J. & Arminio, L. (1994). Birth order proportions of the general population in the United States. Individual Psychology Journal of Adlerian Theory, Research and Practice, 50, 173—182.

Singer, J. (1977). Androgeny: Toward a New Theory of Sexuality. Garden City, NY: Anchor.

Singer, J. A. (1990). Affective responses to autobiographical memories and their relationship to longterm goals. Journal of Personality, 58, 535—563.

Skinner, B. F. (1948). Walden Two. NewYork: McMillan.

Skinner, B. F. (1957). Verbal Behavior. New York: Appleton-Century-Crofts.

Skinner, B. F. (1971). Beyond Freedom and Dignity. New York: Knopf.

Skinner, B. F. (Eds.) (1972). Cumulative Record: A Selection of Papers (3rd ed.). New York: Appleton-Century-Crofts.

Skinner, B. F. (1972a). A lecture on "having" a poem. In B. F. Skinner(Eds.), Cumulative Record: A Selection of Papers (3rd ed.). New York: Appleton-Century-Crofts, pp. 345—358.

Skinner, B. F. (1972b). The design of cultures. In B. F. Skinner(Eds.), Cumulative Record: A Selection of Papers (3rd ed.). New York: Appleton-Century-Crofts, pp. 39—50.

Skinner, B. F. (1972c). Creating the creative artist. In B. F. Skinner(Eds.), Cumulative Record: A Selection of Papers (3rd ed.). New York: Appleton-Century-Crofts, pp. 333—344.

Skinner, B. F(1972d). Freedom and the control of men. In B. F. Skinner(Eds.), Cumulative Record: A Selection of Papers (3rd ed.). New York: Appleton-Century-Crofts, pp. 3—24.

Skinner, B. F. (1972e). The operational analysis of psychological terms. In B. F. Skinner(Eds.), Cumulative Record: A Selection of Papers (3rd ed.). New York: Appleton-Century-Crofts, pp. 370—384.

Skinner, B. F. (1972f). Baby in a box. In B. F. Skinner (Eds.), Cumulative Record: A Selection of Papers (3rd ed.). New York: Appleton-Century-Crofts, pp. 567—573.

Skinner, B. F. (1972g). "Superstition" in the pigeon. In B. F. Skinner(Eds.), Cumulative Record: A Selection of Papers (3rd ed.). New York: Appleton-Century-Crofts, pp. 236—256.

Skinner, B. F. (1972h). Some relations between behavior modification and basic research. In B. F. Skinner

(Eds.), *Cumulative Record: A Selection of Papers* (3rd ed.). New York: Appleton-Century-Crofts, pp. 276—282.

Skinner, B. F. (1972i). What is psychotic behavior? In B. F. Skinner(Eds.), *Cumulative Record: A Selection of Papers* (3rd ed.). New York: Appleton-Century-Crofts, pp. 257—275.

Skinner, B. F. (1972j). Reflection on a decade of teaching machines. In B. F. Skinner(Eds.), *Cumulative Record: A Selection of Papers* (3rd ed.). New York: Appleton-Century-Crofts, pp. 194—207.

Skinner, B. F. (1972k). Contingency management in the classroom. In B. F. Skinner (Eds.), *Cumulative Record: A Selection of Papers* (3rd ed.). New York: Appleton-Century-Crofts, pp. 225—235.

Skinner, B. F. (1972l). Why we need teaching machines. In B. Skinner(Eds.), *Cumulative Record: A Selection of Papers* (3rd ed.). New York: Appleton-Century-Crofts, pp. 171—193.

Skinner, B. F. (1976a). *Particulars of My Life*. New York: Knopf.

Skinner, B. F. (1976b). *About Behaviorism*. New York: Vintage Books.

Skinner, B. F. (1979). *The Shaping of a Behaviorist*. New York: Knopf.

Skinner, B. F. (1983a.) Origins of a behaviorist. *Psychology Today*, September, 22—33.

Skinner, B. F. (1983b). *A Matter of Consequences*. New York: Alfred A. Knopf.

Skinner, B. F. (1987a). *Upon Further Reflection*. Englewood Cliffs, NJ: Prentice-Hall.

Skinner, B. F. (1987b). Whatever happened to psychology as the science of behavior? *American Psychologist*, 42, 780—786.

Skinner, B. F. (1989). The origins of cognitive thought. *American Psychologist*, 44, 13—18.

Skinner, B. F. & Vaughan, M. E. (1983). *Enjoy Old Age*. New York: W. W. Norton.

Smith, B. (1973). On self-actualization: A transambivalent examination of a focal theme in Maslow's psychology. *Journal of Humanistic Psychology*, 13, 17—33.

Smith, D. (2002, October). The theory heard' round the world. *Monitor on Psychology*, 30—32.

Smith, M. B. & Anderson, J. W. (1989). Henry A. Murray(1893—1988). *American Psychologist*, 44, 153—154.

Smith, M. L. & Glass, G. V. (1977). Meta-analysis of psychotherapy outcome studies. *American Psychologist*, 32, 752—760.

Smith, S. L. (1968). Extraversion and sensory threshold. *Psychophysiology*, 5, 293—299.

Solms, M. (1999, January 29). Wishes, perchance to dream. *Times Higher Education Supplement*, p. 16.

Solomon, R. & Wynne, L. (1953). Traumatic avoidance learning: Acquisition in normal dogs. *Psychological Monographs*, 67, No. 354, 19.

Sommers, S. R. & Ellsworth, P. C. (2001). An investigation of prejudice against black defendants in the American courtroom. *Psychology, Public Policy, & Law*, 7, 201—229.

Spain, J. S., Eaton, L. G. & Funder, D. C. (2000). Perspectives on personality: The relative accuracy of self versus others for the prediction of emotion and behavior. *Journal of Personality*, 68, 837—868.

Spearman, C. (1904). "General intelligence" objectively determined and measured. *American Journal of Psychology*, 15, 201—293.

Spearman, C. (1927). *Abilities of Man*. New York: Macmillan.

Speer, A. (1970). *Inside the Third Reich*. New York: Avon.

Spitz, R. A. (1946). Hospitalism: An inquiry into the genesis of psychotic conditions in early childhood. In *Psychoanalytic Study of the Child*, (Vol. 2). New York: International Universities Press.

Spivack, G. & Levine, M. (1964). The Devereux Child Behavior Rating Scales: A study of symptom behaviors in latency age atypical children. *American Journal of Mental Deficiency*, 68, 700—717.

Srivastava, S., John, O. P., Gosling, S. D. & Porter, J. (2003). Development of personality in early and middle adulthood: Set like plaster or persistent change? *Journal of Personality and Social Psychology*, 84, 1041—1053.

Standal, S. (1954). The need for positive regard: A contribution to client-centered theory. Unpublished doctoral dissertation, University of Chicago.

Stanovich, K. E. (1989). *How To Think Straight About Psychology* (2nd ed.). Glenview, IL: Scott, Foresman.

Station WQED(Pittsburgh). (1971). *Because That's My Way*. (film) Lincoln: GPI Television Library, University of Nebraska.

Staub, E. (1999, January). Aggression and self-esteem. *Monitor on Psychology*, 6.

Steel, P. & Ones, D. S. (2002). Personality and happiness: A national-level analysis. *Journal of Personality and Social Psychology*, 83, 767—781.

Steele, R. S. (1982). *Freud and Jung: Conflicts of Interpretation*. London: Routledge.

Steinem, G. (1994). Womb envy, testyria, and breast castration anxiety. *MS*, (March/April), 49—56.

Stelmack, R. M. (1990). Biological bases of extraversion: Psychopsychological evidence. *Journal of Personality*, *58*, 291—311.

Stelmack, R. M. (1997). Toward a paradigm in personality: Comment on Eysenck's(1997) view. *Journal of Personality and Social Psychology*, *73*, 1238—1241.

Stepansky, P. E. (1983). *In Freud's Shadow: Adler in Context*. Hillsdale, NJ: Erlbaum.

Stern, P. J. (1976). *C. G. Jung: The Haunted Prophet*. New York: Delta.

Sternberg, R. J. (1988). *The Triarchic Mind: A New Theory of Human Intelligence*. New York: Viking.

Sternberg, R. J. (2003, April). The other three Rs: Part two, reasoning. *Monitor on Psychology*, 5.

Stevens, R. (1983). *Erik Erikson: An Introduction*. New York: St. Martin's Press.

Stokes, D. (1986a). Chance can play key role in life, psychologist says. *Campus* (Stanford University), (June 4), (Profile).

Stokes, D. (1986b). It's no time to shun psychologists, Bandura says. *Campus* (Stanford University), (June 11), (Profile).

Stolorow, R. D. & Atwood, G. E. (1979). *Faces in a Cloud: Subjectivity in Personality Theory*. New York: Jason Aronson.

Strauser, D. R., Ketz, K. & Keim, J. (2002). The relationship between self-efficacy, locus of control and work personality. *Journal of Rehabilitation*, *68*, 20—26.

Stuttaford, G. (1990). Review of "Freud on women: A reader" by Elisabeth Young-Bruehl. *Publisher's Weekly*, *237* (June), p. 54.

Sub, E. M. (2002). Culture, identity consistency, and subjective well-being. *Journal of Personality and Social Psychology*, *83*, 1378—1391.

Sullivan, H. S. (1947). *Conceptions of Modern Psychiatry*. New York: Norton.

Sullivan, H. S. (1953). *The Interpersonal Theory of Psychiatry* (H. S. Perry & M. L. Gawel, Eds.). New York: Norton.

Sullivan, H. S. (1954). *The Psychiatric Interview* (H. S. Perry & M. L. Gawel, Eds.). New York: Norton.

Sullivan, H. S. (1962). *Schizophrenia as a Human Process*. New York: Norton.

Sullivan, H. S. (1972). *Personal Psychopathology*. New York: Norton.

Sullivan, H. S. (1927/1994). The onset of schizophrenia. *American Journal of Psychiatry*, *151*, (6, supplement), 135—139.

Sulloway, F. J. (1996). *Born To Rebel: Birth Order, Family Dynamics, and Creative Lives*. New York: Vintage.

Suls, J., Martin, R. & Wheeler, L. (2002). Social comparison: Why, with whom, and with what effect? *Current Directions in Psychological Science*, *11*, 159—163.

Suomi, S. J., Collins, M. L., Harlow, H. E. & Ruppenthal, G. C. (1976). Effects of maternal and peer separations on young monkeys. *Journal of Child Psychology and Psychiatry*, *17*, 101—112.

Suomi, S. J. & Harlow, H. F. (1972). Social rehabilitation of isolate-reared monkeys. *Developmental Psychology*, *6*, 487—496.

Super, D. E. (1989). Comment on Carl Rogers' obituary. *American Psychologist*, *44*, 1162—1163.

Sutich, A. J. (1968). Transpersonal psychology: An emerging force. *Journal of Humanistic Psychology*, *7*, 77—78.

Suzuki, D. T. (1974). *An Introduction to Zen Buddhism*. New York: Causeway.

Symonds, A. (1991). Gender issues and Horney's theory. Special Issue: (Karen Horney). *American Journal of Psychoanalysis*, *51*, 301—312.

Taylor, S. E. (1983). Adjustment to threatening events, a theory of cognitive adaptation. *American Psychologist*, *38*, 1161—1173.

Taylor, S. E., Helgeson, V. S., Reed, B. M. & Skokan, L. A. (1991, Winter). Self-generated feelings of control and adjustment to physical illness. *Journal of Social Issues*, 91—110.

Teplov, B. M. (1964). Problems in the study of general types of higher nervous activity in man and animals. In J. A. Gray (Eds.), *Pavlov's Typology* (pp. 3—153). New York: Pergamon Press.

Tetlock, P. E., Armor, D. & Peterson, R. S. (1994). The slavery debate in antebellum America: Cognitive style, value conflict, and the limits of compromise. *Journal of Personality and Social Psychology*, *66*, 115—126.

Tetlock, P. E., Peterson, R. S. & Berry, J. M. (1993). Flattering and unflattering personality portraits of integratively simple and complex managers. *Journal of Personality and Social Psychology*, *64*, 500—511.

Thorne, A. & Gough, H. (1991). *Portraits of Type: An MBTI Research Compendium*. Palo Alto, CA: Consulting Psychologists Press.

Thorne, B. (1990). Carl Rogers and the doctrine of original sin. Special Issue: Fiftieth anniversary of the person-centered approach. *Person Centered Review*, *5*, 394—405.

Thunedborg, K., Allerup, P., Bech, P. & Joyce, C.

R. (1993). Development of the Repertory Grid for measurement of individual quality of life in clinical trials. *International Journal of Methods in Psychiatric Research*, *3*, 45—56.

Tiemann, J. (2001). An exploration of language-based personality differences in fluent bilinguals. Unpublished paper.

Tillich, P. (1952). *The Courage To Be*. New Haven: Yale University Press.

Todd, J. T. & Morris, E. K. (1992). Case histories in the great power of steady misrepresentation. *American Psychologist*, *47*, 1441—1453.

Toffler, A. (1970). *Future Shock*. New York: Random House.

Toland, J. (1976). *Adolf Hitler*. New York: Ballantine Books.

Tolpin, M. (2000). "A cure with a defect": A previously unpublished letter by Freud concerning "Anna O": Commentary. *International Journal of Psychoanalysis*, *81*, 357—359.

Tomkins, S. S. & Izard, C. E. (1965). *Affect, Cognition and Personality*. New York: Springer.

Tosi, D. J. & Hoffman, S. (1972). A factor analysis of the Personal Orientation Inventory. *Journal of Humanistic Psychology*, *12*, 86—93.

Towles-Schwen, T. & Fazio, R. H. (2001). On the origins of racial attitudes: Correlates of childhood experiences. *Personality and Social Psychology Bulletin*, *27*, 162—175.

Towles-Schwen, T. & Fazio, R. H. (2003). Choosing social situations: The relation between automatically activated racial attitudes and anticipated comfort interacting with African Americans. *Personality and Social Psychology Bulletin*, *29*, 170—182.

Triandis, H., Loh, W. & Levine, L. (1966). Race, status, quality of spoken English, and opinion about civil rights as determinants of interpersonal attitudes. *Journal of Personality and Social Psychology*, *3*, 468—472.

Tucker, W. H. (1994). *The Science and Politics of Racial Research*. Chicago: University of Illinois Press.

Tudge, J. R. H. & Winterhoff, P. A(1993). Vygotsky, Piaget, and Bandura: Perspectives on the relations between the social world and cognitive development. *Human Development*, *36*, 61—81.

Tugade, M. M. & Fredrickson, B. L. (2004). Resilient individuals use positive emotions to bounce back from negative emotional experiences. *Journal of Personality and Social Psychology*, *86*, 320—333.

Turco, R., Toon, T., Ackerman, T., Pollack, J. & Sagan, C. (1983). Nuclear winter: Global consequences of multiple nuclear explosions. *Science*, *222*, 1283—1292.

Turkheimer, E., Haley, A., Waldron, M., D'Onofrio, B. & Gottesman, I. I. (2003). Socioeconomic status modifies heritability of IQ in young children. *Psychological Science*, *14*, 623—628.

Tyler, K. (1994). The ecosystemic approach to personality. *Educational Psychology*, *14*, 45—58. •

Uhlemann, M. R., Lee, D. Y. & Hasse, R. F. (1989). The effects of cognitive complexity and arousal on client perception of counselor nonverbal behavior. *Journal of Clinical Psychology*, *45*, 661—664.

Vaihinger, H. (1925). *The Philosophy of 'As If:' A System of the Theoretical, Practical and Religious Fictions of Mankind*. New York: Harcourt, Brace.

van Baaren, R. B., Holland, R. B., Kawakami, K. & van Knippenberg, A. (2004). Mimicry and prosocial behavior. *Psychological Science*, *13*, 71—74.

Vandenbergh, J. G. (2003). Prenatal hormone exposure and sexual variation. *American Scientist*, *91*, 218—225.

Van der Kolk, B. A. (2000). Trauma, neuroscience, and the etiology of hysteria: An exploration of the relevance of Breuer and Freud's 1893 article in light of modern science. *Journal of the American Academy of Psychoanalysis*, *28*, (Summer), 237—262.

VandeWoude, S., Richt, J. A., Zink, M. C., Rott, R., Narayan, O. & Clements J. E. (1990). A borna virus cDNA encoding a protein recognized by antibodies in humans with behavioral diseases. *Science*, *250*, 1278—1281.

Van Kaam, A. (1963). Existential psychology as a comprehensive theory of personality. *Review of Existential Psychology and Psychiatry*, *3*, 11—26.

Van Kaam, A. (1965). Existential and humanistic psychology. *Review of Existential Psychology and Psychiatry*, *5*, 291—296.

Van Kaam, A. (1969). *Existential Foundations of Psychology*. New York: Image Books.

Vargas, J. S. (2003). On 'The Double Life of B. F. Skinner' by B. J. Baars. *Journal of Consciousness Studies*, *10*, 67—73.

Vargas, J. S. & Chance, P. (2002, May/June). The depths of genius. *Psychology Today*, 52—55.

Viken, R. J., Rose, R. J., Kaprio, J. & Koskenvuo, M. (1994). A developmental genetic analysis of adult personality: Extraversion and neuroticism from 18 to 59 years of age. *Journal of Personality and Social Psychology*, *66*, 722—730.

Viney, L. L., Benjamin, Y. N. & Preston, C. (1989). Mourning and reminiscence: Parallel psychotherapeutic processes for elderly people. *International Journal of Aging and Human Development*, 28, 239—249.

Vockell, E. L. , Felker, D. W. & Miley, C. H. (1973). Birth order literature 1967—1971: Bibliography and index. *Journal of Individual Psychology*, 29, 39—53.

Wagner, S. H. , Lavine, H. , Christiansen, N. & Trudeau, M. (1997). Re-evaluating the structure of right-wing authoritarianism. Paper presented at the Midwestern Psychological Association Convention, Chicago.

Wasti, S. A. & Cortina, L. M. (2002). Coping in context: sociocultural determinants of responses to sexual harassment. *Journal of Personality and Social Psychology*, 83, 393—405.

Watkins, C. E. (1992). Adlerian-oriented early memory research: What does it tell us? *Journal of Personality Assessment*, 59, 248—263.

Watkins, C. E. , Campbell, V. L. , Nieberding, R. & Hallmark, R. (1995). Contemporary practice of psychological assessment by clinical psychologists. *Professional Psychology: Research and Practice*, 26, 54—60.

Watkins, M. M. (1976). *Waking Dreams*. New York: Harper.

Watson, D. L. & Tharp, R. G. (1977). *Self-Directed Behavior: Self-Modification for Personal Adjustment* (2nd ed.). Monterey, CA: Brooks/Cole.

Watson, J. (1930). *Behaviorism*. Chicago: University of Chicago Press.

Watson, J. & Rayner, R. (1920). Conditioned emotional reactions. *Journal of Experimental Psychology*, 3, 1—14.

Watson, N. & Watts, R. H. (2001). The predictive strength of personal constructs versus conventional constructs: Self-image disparity and neuroticism. *Journal of Personality*, 69, 121—145.

Watts, A. (1961). *Psychotherapy East and West*. New York: Pantheon.

Watts, R. E. (2000). Adlerian counseling: A viable approach for contemporary practice. *TCA Journal*, 28, 11—23.

Watts, R. E. & Holdeu, J. M. (1994). Why continue to use "fictional finalism"? *Individual Psychology*, 50, 161—163.

Weaver, B. L. (2003, August). Psychology that spans boundaries. *APS Observer*, 16, 9.

Wehr, G. (1989). *An Illustrated Biography of C. G. Jung*. Boston: Shambhala.

Weiner, E. J. (2003). Paths from Erich Fromm: Thinking authority pedagogically. *Journal of Educational Thought*, 37, 59—75.

Weiss, D. , Mendelsohn, G. & Feimer, N. (1982). Reply to the comments of Block and Ozer. *Journal of Personality and Social Psychology*, 42, 1182—1184.

Weitz, S. (1972). Attitude, voice, and behavior: A repressed affect model of interaction. *Journal of Personality and Social Psychology*, 24, 14—21.

Weizmann, F. , Wiener, N. I. , Wiesenthal, D. L. & Ziegler, M. (1990). Differential K theory and racial hierarchies. *Canadian Psychology*, 31, 1—13.

Wexler, D. A. & Rice, L. N. (1974). *Innovations In Client-Centered Therapy*. New York: Wiley.

Wheeler, L. (1966). Motivation as a determinant of upward comparison. *Journal of Experimental Social Psychology*, Supplement No. 1.

Wheeler, L. , Deci, E. , Reis, H. & Zuckerman, M. (1978). *Interpersonal Influence*. Boston: Allyn and Bacon.

Whitley, B. E. (1999). Right-wing authoritarianism, social dominance orientation, and prejudice. *Journal of Personality and Social Psychology*, 77, 126—134.

Whitworth, R. H. & McBlaine, D. D. (1993). Comparison of the MMPI and MMPI-2 administered to Anglo- and Hispanic American University Students. *Journal of Personality Assessment*, 61, 19—27.

Wichman, S. A. & Campbell, C. (2003a). The coconstruction of congruency: Investigating the conceptual metaphors of Carl Rogers and Gloria. *Counselor Education and Supervision*, 43, 15—24.

Wichman, S. A. & Campbell, C. (2003b). An analysis of how Carl Rogers enacted client-centered conversation with Gloria. *Journal of Counseling & Development*, 81, 178—184.

Wicker, F. W. , Brown, G. , Wiehe, J. A. , Hagan, A. S. & Reed, J. L. (1993). On reconsidering Maslow: An examination of the deprivation/domination proposition. *Journal of Research in Personality*, 27, 118—133.

Wicker, F. W. & Wiehe, J. A. (1999). An experimental study of Maslow's deprivation-domination proposition. *Perceptual and Motor Skills*, 88, 1356—1358.

Wicker, F. W. , Wiehe, J. A. , Hagen, A. S. & Brown, G. (1994). From wishing to intending: Differences in salience of positive versus negative consequences. *Journal of Personality*, 62, 347—368.

Wiedenfeld, S. A. , O'Leary, A. , Bandura, A. , Brown, S. , Levine, S. & Raska, K. (1990). Impact of perceived self-efficacy in coping with stressors on components of the immune system. *Journal of Personality and Social Psychology*, 39, 1082—1094.

Wiesel, E. (1961). *Night*. New York: Pyramid.

Wiggins, J. S. (1984). Cattell's system from the perspective of mainstream personality theory. *Multivariate Behavioral Research*, *19*, 176—190.

Will, O. A. (1954). Introduction. In H. S. Sullivan, *The Psychiatric Interview*. New York: Norton, pp. ix—xxiii.

Williams, D. E. & Page, M. M. (1989). A multidimensional measure of Maslow's hierarchy of needs. *Journal of Research in Personality*, *23*, 192—213.

Williams, J. & Morland, J. (1979). Comment on Bank's "White preference in blacks: A paradigm in search of a phenomenon." *Psychological Bulletin*, *86*, 28—32.

Wilson, G. D. (1981). Personality and social behavior. In H. J. Eysenck(Eds.), *A Model For Personality*. New York: Springer Verlag, pp. 210—245.

Wilson, M. I. & Daly, M. (1996). Male sexual proprietariness and violence against wives. *Current Directions in Psychological Science*, *5*, 2—7.

Winter, D. A. (1992). Repertory grid technique as a group psychotherapy research instrument. *Group Analysis*, *25*, 449—462.

Winter, D. G. (1996). Gordon Allport and the legend of "Rinehart." *Journal of Personality*, *64*, 263—273.

Winter, D. G. (1997). Allport's life and Allport's psychology. *Journal of Personality*, *65*, 723—731.

Winterbrink, B., Judd, C. M. & Park, B. (1997). Evidence for racial prejudice at the implicit level and its relationship with questionnaire measures. *Journal of Personality and Social Psychology*, *72*, 262—274.

Wood, R. & Bandura, A. (1989). Impact of conceptions of ability on self-regulatory mechanisms and complex decision making. *Journal of Personality and Social Psychology*, *56*, 407—415.

Woodward, K. L. (1978, December 4). How they bend minds. *Newsweek*, *92*, 72—77.

Woodward, K. L. (1994, May 23). An identity of wisdom. *Newsweek*, 56.

Wortis, J. (1954). *Fragments of an Analysis with Freud*. New York: Charter.

Wright, J. C. & Mischel, W. (1988). Conditional hedges and the intuitive psychology of traits. *Journal of Personality and Social Psychology*, *55*, 454—469.

Wrosch, C., Scheier, M. F., Miller G. E., Schulz, R. & Carver, C. S. (2003). Adaptive self-regulation of unattainable goals: Goal disengagement, goal-reengagement, and subjective well-being. *Personality and Social Psychology Bulletin*, *29*, 1494—1508.

Yee, A. H., Fairchild, H. H., Weizmann, F. & Wyatt, G. E. (1993). Addressing psychology's problems with race. *American Psychologist*, *48*, 1132—1140.

Young, P. T. (1941). The experimental analysis of appetite. *Psychological Bulletin*, *38*, 129—164.

Young, P. T. (1948). Appetite, palatability and feeding habit: A critical review. *Psychological Bulletin*, *45*, 289—320.

Zajonc, R. B. (1986). The decline and rise of the Scholastic Aptitude Scores: A prediction derived from the confluence model. *American Psychologist*, *41*, 862—867.

Zajonc, R. B. & Markus, G. B. (1975). Birth order and intellectual development. *Psychological Review*, *82*, 74—88.

Zaragoza, M. & McCloskey, M. (1989). Misleading postevent information and the memory impairment hypothesis: Comments on Belli and reply to Tversky and Tuchin. *Journal of Experimental Psychology: General*, *118*, 92—99.

Zaragoza, M. & Mitchell, K. J. (1996). Repeated exposure to suggestion and the creation of false memories. *Psychological Science*, *118*, 294—300.

Zayas, V., Shoda, Y. & Ayduk, O. N. (2002). Personality in context: An interpersonal systems perspective. *Journal of Personality*, *70*, 851—900.

Zelenski, H. M. & Larsen, R. J. (2002). Predicting the future: How affect-related personality traits influence likelihood judgments of future events. *Personality and Social Bulletin*, *28*, 1000—1010.

Zentall, T. R. (2003). Imitation by animals: How do they do it? *Current Directions in Psychological Science*, *12*, 91—94.

Zhang, J. & Norvilitis, J. M. (2002). Measuring Chinese psychological well-being with Western developed instruments. *Journal of Personality Assessment*, *79*, 492—511.

Zhurbin, V. I. (1991). The notion of psychological defense in the conceptions of Sigmund Freud and Carl Rogers. *Soviet Psychology*, *29*, 58—72.

Zimbardo, P. (1970). The human choice: Individuation, reason, and order versus deindividuation, impulse, and chaos. In W. Arnold & D. Levine(Eds.), *Nebraska Symposium on Motivation*. Lincoln, NE: University of Nebraska Press.

Zimmerman, B. J., Bandura, A. & Martinez-Pons, M. (1992). Self-motivation for academic attainment: The role of self-efficacy beliefs and personal goal setting. *American Educational Research Journal*, *29*, 663—676.

Zuckerman, M. (1990). Some dubious premises in research and theory on racial differences: Scientific, social, and ethical issues. *American Psychologist*, *12*,

1297—1303.

Zuroff, D. S. (1982). Person, situation, and person-bysituation interaction components in person perception. *Journal of Personality*, 50, 1—14.

Zuroff, D. S. (1986). Was Gordon Allport a trait theorist? *Journal of Personality and Social Psychology*, 51, 993—1000.

Zweig, S. (1962). Wider horizons on Freud. In L. Gerard(Eds.), *Sigmund Freud: The Man and His Theories*. New York: Fawcett.

Zweigenhaft, R. L. & Von Ammon J. (2000). Birth order and civil disobedience: A test of Sulloway's "born to rebel" hypothesis. *The Journal of Social Psychology*, 140, 624—627.

人名索引[*]

阿德勒/Adler, N. E. , 130

阿德勒/Adler, A. , 78—100, 101, 143, 144, 169, 175, 198, 221, 225—226, 247, 248, 271, 287, 445, 453—456

阿德勒/Adler, K. , 81

阿尔蒂斯蒂科/Artistico, D. , 308, 317

阿尔梅达/Almeida, D. , 166

阿尔瓦尔多/Alvarado, N. , 372

阿赫特贝格/Achterberg, J. , 70

阿克曼/Ackerman, S. J. , 374, 376

阿里/ Ali, Muhammad, 6

阿伦/Aron, A. , 159

阿米尔汗/Amirkhan, J. H. , 405

阿莫迪奥/Amodio, D. M. , 438—440

阿奇列/Achille, N. M. , 406

阿施/Asch, S. , 287

阿扎/Azar, B. , 140, 346, 408

埃尔德雷奇/Eldredge, P. R. , 111—112

埃卡特/Eckardt, M. H. , 103, 190

埃克/Eck, D. , 152

埃里克森/Erikson, E. , 78, 128, 149—172, 357, 424, 445, 452, 453, 454

埃利斯/Ellis, A. , 98, 114

埃蒙斯/Emmons, R. A. , 30

埃姆斯/Ames, A. , 310

埃佩尔/Epel, W. S. , 315

埃斯蒂斯/Estes, C. P. , 75

埃斯皮诺萨/Espinosa, M. P. , 395

埃斯特森/Esterson, A. , 34—36, 44, 46, 49—51

埃文斯/Evans, R. I. , 63, 151, 154—164, 206, 208

艾杜克/Ayduk, O. , 271, 278, 279, 284

艾弗森/Iversen, I. H. , 330, 336

艾伦/ Allen, Woody, 145

艾伦/Allen, B. P. , 4—5, 37, 45, 105, 114, 161, 182, 193, 207, 215, 231, 248, 265, 266, 267, 273, 279, 284, 316, 322, 333, 339, 370, 375, 408, 420, 431, 441, 442

爱默生/Emerson, Ralph Waldo, 418

爱泼斯坦/Epstein, R. , 336

艾森克/Eysenck, H. , 4, 8, 197, 380, 384, 390—391, 392, 399—412, 414, 418, 452, 453, 454, 455, 457

艾弯迪斯/Ionedes, N. S. , 80

爱因斯坦/Einstein, Albert, 232, 310

安德烈亚森/Andreasen, N. C. , 51

安德森/Andersen, S. M. , 43, 51

安德森/Anderson, C. F. , 123

安德森/Anderson, J. W. , 356—359, 360, 361

安德森/Anderson, M. C. , 51

安东尼/ Anthony, Susan B. , 232, 323

安克/Anch, A. M. , 182

安娜/Anna O. (贝尔塔・帕彭海姆), 34, 49, 460

安斯巴克/Ansbacher, H. L. , 80, 81, 198

安斯巴克/Ansbacher, R. R. , 80

安斯沃思/Ainsworth, M. D. S. , 141

奥本海默/Oppenheimer, Robert, 145

奥本海姆/Oppenheim, P. , 247

奥德伯特/Odbert, H. , I

奥恩多夫/Ornduff, S. R. , 372

奥尔波特/Allport, G. , 2, 4, 15, 149, 159, 169, 197, 204, 216, 272, 361, 389, 414—451, 453, 454, 455, 456, 457

奥尔德弗/Alderfer. C. P. , 224—225, 235, 240

奥尔洛夫/Orlov, A. B. , 208

奥尔松/Olson, H. A. , 93

奥康纳/O'Connor, K. P. , 262

奥克塞/Ochse, R. , 166

奥克斯/Oakes, M. A. , 437

奥克斯纳/Ochsner, K. N. , 51

奥利韦罗/Oliviero, P. , 262

奥利维尔/Olivier, Sir Laurence, 350

奥梅尔/Ormel, J. , 29l

奥尼斯/Ones, D. S. , 406

奥韦尔/Orwell, George, 175, 342, 348

巴尔斯/Baars, B. J. , 328, 329—230, 334, 343, 350, 352

巴甫洛夫/Pavlov, I. P. , 75, 246, 329, 335

巴伦/Baron, R. A. , 339

巴伦鲍姆/Barenbaum, N. B. , 415, 416

巴纳基/Banaji, M. , 436, 438, 440

巴尼特/Barnet, H. S. , 292

巴斯/Buss, D. M. , 97, 121—123

巴斯德/Pasteur, Louis, 301

主题索引*

16 种人格因素问卷/16PF, 388—390, 395—396

E 类型/Type E, 119

K 先生/Herr K, 49—50

PH 值的平衡/PH balance, 95

SANE(一个理智的核政策组织)/SANE(Organization for a Sane Nuclear Policy), 176

阿尼玛/Anima, 62

阿尼姆斯/Animus, 62

爱/Love, 161

爱尔兰人/Irish, 130, 215

艾滋病/AIDS, 315—316

安娜 O/Anna O, 35, 49

安全操作/Security operations, 143

安全需要/Safety needs, 229

案历/Case histories, 459, 465

案历法/Case history method, 4, 459, 465

澳大利亚土著人/Australian Aborigines, 61, 393

八正道/Eightfold Path, 240

白鲸/Moby Dick, 358

白人/Whites, 12, 286, 374, 408—409, 430—440

白人的社会选择和反应/Social choices and reactions of Whites, 432

榜样/Model, 306

暴力行为/Violent behavior, 394

暴力黑人刻板印象/Violent Black man stereotype, 436—440

悲观/Pessimism, 130

背景(凯利)/Context(Kelly), 254, 266

本能/Instincts, 24

本我/Id, 23—24

贬抑需要/n Abasement, 363

辨别敏捷性/Discriminative facility, 280

发散效度/Divergent validity, 10

变量/Variable, 6

便秘/Constipation, 294

变位生殖/Metagenital, 139

表面化(奥尔波特)/Externalization(Allport), 444

表面特质/Surface traits, 386

表现需要/n Exhibition, 363

表征(凯利)/Symbol(Kelly), 254

并列/Parataxic, 132

剥削倾向(弗罗姆)/Exploitative orientation(Fromm), 185

补偿(阿德勒)/Compensate(Adler), 84

补偿(荣格)/Compensation(Jung), 67

补偿/Compensate, 67, 84

补偿过度/Overcompensate, 84

不和谐/Incongruence, 207

不明飞行物(UFOs)/Unidentified flying objects(UFOs), 64

不受侵犯需要/n Inviolacy, 363

不通透性/Impermeable, 252

参与观察者/Participant observer, 142

参与者示范/Participant modeling, 309

残疾人/disabled people, 322

操作条件作用/Operant conditioning, 335

产生太阳阴茎幻觉的患者/Sun Phallus Man, 74

尝试并成功/Trial and success, 136

尝试和错误/Trial and error, 136

超负荷应激源/Overload stressors, 166

超感(ESP)/Extrasensory perception(ESP), 65

超前思维/Forethought, 304

超我/Superego, 26

超心理学/Parapsychology, 74

超越/Transcendence, 180—181

超越的方式/Transcendental function, 180—181

超越性需要或成长需要(G-需要)/Meta-needs or growth needs(G-Needs), 230, 234

超越主义/Beyondism, 396—398

惩罚/Punishment, 338

成功(米歇尔)/Success(Mischel), 277

成就需要/n Achievement, 363

成年中期/Middle adulthood, 161—162

成熟的爱/Mature love, 179

成熟期(埃里克森)/Mature adulthood(Erikson), 162—163

成熟人格/Mature personality, 425, 427

成长模式/Growth model, 199, 212

成长需要(G-需要)/Meta-needs or growth needs(G-needs), 230, 234

冲动控制/Impulse control, 393

充满压力的环境/Stressful environment, 130

---

* 主题索引后的页码为英文版页码,现为中文版的边页码;排列顺序由英文版按字母改为中文版按拼音。——译者注

图书在版编目(CIP)数据

人格理论：发展、成长与多样性：第五版 / (美)艾伦著；陈英敏 纪林芹 王美萍
王鹏 常淑敏 杜秀芳 等译；高峰强 王申连 审校.
—上海：上海教育出版社，2011.9
(心理学专业经典教材译丛 / 郭本禹主编)
ISBN 978-7-5444-3216-0

Ⅰ.①人… Ⅱ.①艾…②高… Ⅲ.①人格心理学—高等学校—教材
Ⅳ.①B848

中国版本图书馆CIP数据核字(2010)第256830号

上海市版权局著作权合同登记号 图字 09-2007-488 号

心理学专业经典教材译丛
郭本禹主编

人格理论：发展、成长与多样性（第五版）
[美] 贝姆·P·艾伦 著

陈英敏　纪林芹　王美萍　王鹏　常淑敏　杜秀芳 等译
高峰强 王申连 审校

出版发行　上海世纪出版股份有限公司
　　　　　上　海　教　育　出　版　社
　　　　　易文网 www.ewen.cc
地　　址　上海永福路123号
邮　　编　200031
经　　销　各地新华书店
印　　刷　太仓市印刷厂有限公司
开　　本　787×1092　1/16　印张 34.75　插页 2
版　　次　2011年9月第1版
印　　次　2011年9月第1次印刷
书　　号　ISBN 978-7-5444-3216-0/B·0069
定　　价　78.00元

(如发现质量问题，读者可向工厂调换)